"十三五"国家重点图书出版规划项目
《中国兽医诊疗图鉴》丛书
丛书主编　李金祥　陈焕春　沈建忠

羊病图鉴

窦永喜　殷　宏　主编

中国农业科学技术出版社

图书在版编目（CIP）数据

羊病图鉴 / 窦永喜，殷宏主编 . -- 北京：中国农业科学技术出版社，2023.11
（中国兽医诊疗图鉴 / 李金祥，陈焕春，沈建忠主编）
ISBN 978 - 7 - 5116 - 6141 - 8

Ⅰ . ①羊…　Ⅱ . ①窦… ②殷…　Ⅲ . ①羊病－诊疗－图解　Ⅳ . ① S858.26-64

中国版本图书馆 CIP 数据核字（2022）第 246658 号

责任编辑　闫庆健　李冠桥
责任校对　贾若妍　李向荣
责任印制　姜义伟　王思文

出 版 者　中国农业科学技术出版社
北京市中关村南大街 12 号　邮编：100081
电　　话　（010）82106632（编辑室）（010）82109702（发行部）
（010）82109703（读者服务部）
网　　址　https: // castp.caas.cn
经 销 者　各地新华书店
印 刷 者　北京科信印刷有限公司
开　　本　210 mm×297 mm　1/16
印　　张　39.75
字　　数　1 041 千字
版　　次　2023 年 11 月第 1 版　2023 年 11 月第 1 次印刷
定　　价　480.00 元

《中国兽医诊疗图鉴》丛书

编委会

《羊病图鉴》编委会

主　　编　窦永喜　殷　宏
副 主 编　李学瑞　李有全　刘永生
编写人员　(按姓氏音序排序)
陈　泽　河北师范大学
窦永喜　中国农业科学院兰州兽医研究所
兰　喜　中国农业科学院兰州兽医研究所
李学瑞　中国农业科学院兰州兽医研究所
李有全　广东海洋大学
刘永生　河北科技师范学院
骆学农　中国农业科学院兰州兽医研究所
马利青　青海省畜牧兽医科学院
孙晓林　甘肃农业大学
殷　宏　中国农业科学院兰州兽医研究所
曾巧英　甘肃农业大学
翟军军　榆林学院
周绪正　中国农业科学院兰州畜牧与兽药研究所

序

目前，我国养殖业正由千家万户的分散粗放型经营向高科技、规模化、现代化、商品化生产转变，生产水平获得了空前提高，出现了许多优质、高产的生产企业。畜禽集约化养殖规模大、密度高，这就为动物疫病的发生和流行创造了有利条件。因此，降低动物疫病的发病率和死亡率，使一些普遍发生、危害性大的疫病得到有效控制，是养殖业继续稳步发展、再上新台阶的重要保证。

“十二五”时期，我国兽医卫生事业取得了良好的成绩，但动物疫病防控形势并不乐观。重大动物疫病在部分地区呈点状散发态势，一些人兽共患病仍呈地方性流行特点。为贯彻落实原农业部发布的《全国兽医卫生事业发展规划(2016—2020年)》，做好“十三五”时期兽医卫生工作，更好地保障养殖业生产安全、动物产品质量安全、公共卫生安全和生态安全，提高全国兽医工作者业务水平，编撰《中国兽医诊疗图鉴》丛书恰逢其时。

“权”“新“全”“易”是该套丛书的主要特色。

“权”即权威性，该套丛书由我国兽医界教学、科研和技术推广领域最具代表性的作者团队编写。作者团队业界知名度高，专业知识精深，行业地位权威，工作经历丰富，工作业绩突出。同时，邀请了5位兽医界的院士作为出版顾问，从专业角度精准保驾护航。

“新”即新颖性，该套丛书从内容和形式上做了大量创新，其中，类症鉴别是兽医行业图书首见，填补市场空白，既能增加兽医疾病诊断准确率，又能降低疾病鉴别难度；书中采用富媒体形式，不仅图文并茂，同时，制作了常见疾病、重要知识与技术的视频和动漫，与文字和图片形成良好的互补。读者通过扫码看视频的方式，轻而易举地理解技术重点和难点。同时，增强了可读性和趣味性。

“全”即全面性，该套丛书涵盖了猪、牛、羊、鸡、鸭、鹅、犬、猫、兔等我国主要畜种及各畜种主要疾病内容，疾病诊疗专业知识介绍全面、系统。

“易”即通俗易懂，该套丛书图文并茂，并采用融合出版形式，制作了大量视频和动漫，能提升读者的理解，便于学习操作。

该套丛书汇集了一大批国内一流专家团队，经过5年时间，针砭时弊，厚积薄发，采集相关彩色图片20 000多张，其中，包括较为重要的市面未见的图片，且针对个别拍摄实在有困难的和未拍摄到的典型症状图片，制作了视频和动漫2 500分钟。其内容深度和富媒体出版模式已超越国内外现有兽医类出版物水准，代表了我国兽医行业高端水平，具有专著水准和实用读物效果。

《中国兽医诊疗图鉴》丛书的出版，有利于提高动物疫病防控水平，降低公共卫生安全风险，保障人民群众生命财产安全；也有利于兽医科学知识的积累与传播，留存高质量文献资料，推动兽医学科科技创新。相信该套丛书必将为推动畜牧产业健康发展，提高我国养殖业的国际竞争力，提供有力支撑。

值此丛书出版之际，郑重推荐给广大读者！

中国工程院院士

军事科学院军事医学研究院 研究员 夏咸柱

2018年12月

前言

我国是世界养羊大国，也是羊肉生产和消费大国，目前全国羊饲养量超过3.2亿只。养羊业是我国广大农牧民赖以生存的基础，促进养羊业高质量发展已成为广大牧区尤其是我国西部偏远地区乡村振兴的工作重心。近年来，我国养羊业逐步由千家万户粗放散养向适度规模化舍饲养殖转变，养殖品种从地方品种向专业化良种转变，饲养管理及疫病防控水平有了很大提高，其产能有所提高。但是，与发达国家相比，我国的养羊业标准化水平差、疫病防控覆盖面有限、新兴技术应用率低、个体产能和养殖效益仍然较低，这些因素在很大程度上限制了我国养羊业的高质量发展。

本书共十二章，其中第一章至第三章介绍了羊重要生理特点和行为特征、羊场生物安全和羊病诊断技术，第四章至第十二章分别介绍了羊病毒病、羊细菌病、羊寄生虫病、羊常见内科病、羊常见外科病、羊产科疾病、羊营养代谢病、羊中毒病及羊常见多病原混合感染性疾病。本书在详尽介绍各章节内容的基础上，尽可能配以典型图片，以期为羊的健康饲养、疾病诊断及防治提供指导。

本书文字编写分工如下：

第一章至第三章：由窦永喜和翟军军共同编撰。

第四章：窦永喜编撰第一节至第八节、第十节；曾巧英编撰第九节、第十一节至第十三节。

第五章：刘永生编撰第二节、第十六节、第十七节、第十九节、第二十二节、第二十三节；李学瑞编撰第三节至第十一节、第十三节、第二十四节、第二十五节；兰喜编撰第一节、第十二节、第十四节、第十五节、第十八节、第二十节、第二十一节。

第六章：骆学农编撰第一节至第五节、第十六节；陈泽编撰第六节、第八节至第十五节；李有全编撰第七节、第十七节至第十九节。

第七章：窦永喜编撰第一节至第九节；马利青编撰第十节至第十四节。

第八章：马利青编撰。

第九章：周绪正编撰第一节至第三节、第九节、第十节；窦永喜编撰第四节至第八节。

第十章：马利青编撰第一节至第三节；李有全编撰第四节至第八节；骆学农编撰第九节。

第十一章：骆学农编撰第一节、第二节；孙晓林编撰第三节至第六节；周绪正编撰第七节至第九节。

第十二章：刘永生编撰第一节、第二节、第十节；李学瑞编撰第三节至第七节；曾巧英编撰第八节、第十八节；孙晓林编撰第九节、第十六节、第二十四节、第二十八节；马利青编撰第十一节至第十三节、第十九节；翟军军编撰第十四节、第十五节；李有全编撰第二十一节至第二十三节、第二十九节、第三十节；周绪正编撰第十七节、第二十五节、第二十六节、第三十一节；窦永喜编撰第二十节、第二十七节。

全书统稿：殷宏。

特别感谢马利青老师为本书提供的51幅图片。

在本书编写过程中，笔者深感自身水平有限，不足之处在所难免，恳请广大读者和同行提出宝贵意见，以便再版时修订完善。

窦永喜、殷宏

2022年9月

目　录

第一章　羊重要生理特点和行为特征

第一节　羊消化系统生理特点…………………… 2

第二节　羊生殖系统生理特点…………………… 4

第三节　羊的生活习性………………………… 5

第四节　羊重要生理生化指标…………………… 7

第二章　羊场生物安全

第一节　隔　离……………………………………10

第二节　生物安全通道……………………………12

第三节　消　毒……………………………………12

第四节　人员管理…………………………………16

第五节　物流管理…………………………………18

第六节　免疫接种和健康监测……………………18

第三章　羊病诊断技术

第一节　临床诊断…………………………………21

第二节　病理剖检…………………………………23

第三节　实验室诊断………………………………25

第四章　羊病毒病

第一节　小反刍兽疫………………………………30

第二节　口蹄疫……………………………………38

第三节　羊　痘……………………………………47

第四节　羊传染性脓疱……………………………55

第五节　蓝舌病……………………………………62

第六节　山羊关节炎－脑炎　……………………69

第七节　梅迪－维斯纳病　………………………78

第八节　绵羊肺腺瘤病……………………………84

第九节　狂犬病……………………………………89

第十节　伪狂犬病…………………………………96

第十一节　裂谷热………………………… 101

第十二节　边界病………………………… 107

第十三节　痒　病………………………… 113

第五章　羊细菌病

第一节　炭　疽…………………………… 120

第二节　布鲁氏菌病……………………… 125

第三节　羊快疫…………………………… 133

第四节　羔羊痢疾………………………… 139

第五节　羊猝狙…………………………… 145

第六节　肠毒血症………………………… 149

第七节　羊黑疫…………………………… 154

第八节　大肠杆菌病……………………… 158

第九节　沙门氏菌病……………………… 164

第十节　结核病…………………………… 170

第十一节　副结核病……………………… 174

第十二节　坏死杆菌病…………………… 181

第十三节　链球菌病……………………… 187

第十四节　巴氏杆菌病…………………………193
第十五节　肉毒梭菌中毒………………………199
第十六节　气肿疽………………………………204
第十七节　破伤风………………………………209
第十八节　李氏杆菌病…………………………213
第十九节　衣原体病……………………………221
第二十节　传染性胸膜肺炎……………………226
第二十一节　传染性无乳症……………………235
第二十二节　传染性角膜结膜炎………………240
第二十三节　钩端螺旋体病……………………244
第二十四节　附红细胞体病……………………251
第二十五节　无浆体病…………………………259

第六章　羊寄生虫病

第一节　消化道线虫病…………………………269
第二节　肺线虫病………………………………274
第三节　脑多头蚴病……………………………278
第四节　细颈囊尾蚴病…………………………284
第五节　棘球蚴病………………………………288
第六节　片形吸虫病……………………………292
第七节　梨形虫病（焦虫病）…………………298
第八节　弓形虫病………………………………304
第九节　双腔吸虫病……………………………309
第十节　阔盘吸虫病……………………………313
第十一节　前后盘吸虫病………………………316
第十二节　分体吸虫病…………………………320
第十三节　脑脊髓丝状线虫病…………………323
第十四节　球虫病………………………………326
第十五节　东毕吸虫病…………………………331
第十六节　莫尼茨绦虫病………………………337
第十七节　鼻蝇蛆病……………………………342
第十八节　痒螨病………………………………345
第十九节　疥螨病………………………………350

第七章　羊常见内科病

第一节　口　炎…………………………………355
第二节　食道阻塞………………………………357
第三节　前胃弛缓………………………………360
第四节　瘤胃积食………………………………363
第五节　瘤胃臌气………………………………366
第六节　瓣胃阻塞………………………………369
第七节　皱胃阻塞………………………………371
第八节　胃肠炎…………………………………373
第九节　肠套叠…………………………………376
第十节　感　冒…………………………………379
第十一节　贫　血………………………………381
第十二节　尿结石………………………………385
第十三节　中　暑………………………………389
第十四节　癫　痫………………………………393

第八章　羊常见外科病

第一节　腐蹄病…………………………………399
第二节　脓　肿…………………………………402
第三节　蜂窝织炎………………………………405

第九章　羊产科疾病

第一节　绵羊妊娠毒血症………………………410
第二节　乳房炎…………………………………413
第三节　子宫内膜炎……………………………416

第四节　流　产………………………………419
第五节　阴道脱出……………………………422
第六节　子宫脱出……………………………425
第七节　难　产………………………………427
第八节　胎衣不下……………………………430
第九节　母羊生产瘫痪………………………433
第十节　乳房创伤……………………………435

第十章　羊营养代谢病

第一节　白肌病………………………………439
第二节　食毛症………………………………444
第三节　佝偻病………………………………447
第四节　铜缺乏症……………………………450
第五节　碘缺乏症……………………………454
第六节　锌缺乏症……………………………456
第七节　钴缺乏症……………………………458
第八节　维生素 A 缺乏症 …………………461
第九节　酯酮血病……………………………464

第十一章　羊中毒病

第一节　铜中毒症……………………………468
第二节　食盐中毒……………………………471
第三节　硝酸盐与亚硝酸盐中毒……………475
第四节　氢氰酸中毒…………………………478
第五节　棉籽饼中毒…………………………482
第六节　疯草中毒……………………………485
第七节　有机磷中毒…………………………488
第八节　尿素中毒……………………………491
第九节　毒芹中毒……………………………494

第十二章　羊常见多病原混合感染性疾病

第一节　巴氏杆菌和腐败梭菌混合感染……499
第二节　巴氏杆菌和 B 型诺维氏梭菌混合感染……502
第三节　巴氏杆菌与产气荚膜梭菌混合感染……506
第四节　伪狂犬病毒与巴氏杆菌混合感染…510
第五节　传染性胸膜肺炎并发 D 型产气荚膜梭菌感染……513
第六节　传染性胸膜肺炎并发链球菌感染…517
第七节　传染性胸膜肺炎继发大肠杆菌感染……522
第八节　山羊痘病毒和传染性胸膜肺炎病原混合感染……525
第九节　传染性脓疱病毒与坏死杆菌混合感染……528
第十节　传染性脓疱病毒与传染性角膜结膜炎病原混合感染……532
第十一节　腐败梭菌与李氏杆菌混合感染…536
第十二节　腐败梭菌与 C 型产气荚膜梭菌混合感染……540
第十三节　链球菌与产气荚膜梭菌混合感染……543
第十四节　羔羊链球菌和大肠杆菌混合感染……548
第十五节　腐败梭菌和链球菌混合感染……552
第十六节　附红细胞体与链球菌混合感染…555

第十七节　附红细胞体和巴氏杆菌混合感染 …… 559
第十八节　羔羊附红细胞体继发产气荚膜梭菌感染 …… 564
第十九节　李氏杆菌和脑多头蚴混合感染 …… 568
第二十节　B 型诺维氏梭菌与肝片吸虫混合感染 …… 573
第二十一节　焦虫与产气荚膜梭菌混合感染 …… 576
第二十二节　焦虫与附红细胞体混合感染 …… 580
第二十三节　东毕吸虫与双腔吸虫混合感染 …… 583
第二十四节　肝片吸虫与前后盘吸虫混合感染 …… 585
第二十五节　肝片吸虫和莫尼茨绦虫混合感染 …… 589
第二十六节　东毕吸虫与肝片吸虫混合感染 …… 591
第二十七节　棘球蚴和细颈囊尾蚴混合感染 …… 594
第二十八节　莫尼茨绦虫和大肠杆菌混合感染 …… 597
第二十九节　脑包虫和鼻蝇蛆混合感染 …… 600
第三十节　双腔吸虫、细颈囊尾蚴和棘球蚴混合感染 …… 603
第三十一节　产气荚膜梭菌、腐败梭菌、巴氏杆菌和附红细胞体混合感染 …… 607
参考文献
索　引

第一章 羊重要生理特点和行为特征

羊的正常行为和生理功能是运动系统、消化系统、呼吸系统、循环系统、生殖系统和神经系统等系统功能的综合体现，各系统功能不一，但又相互关联，共同受神经内分泌系统的整体调控。现就羊重要且与其生产性能联系较为紧密的消化系统和生殖系统的生理特点进行介绍。

第一节　羊消化系统生理特点

羊的消化系统包括消化管和消化腺，消化管为食物通过的通道，包括口腔、咽、食道、小肠、大肠和肛门；消化腺为分泌消化液的腺体，如肠腺、胃腺、唾液腺、肝脏和胰腺。

一、胃

羊属于反刍动物，有瘤胃、网胃、瓣胃和皱胃4个胃室（图1-1-1）。第一个胃叫瘤胃，容积较大，可作为临时的“贮存库”，贮藏未充分咀嚼而咽下的大量饲草，待休息时反刍。第二个胃叫网胃，为球形，内壁分隔成很多网格，如蜂巢状，又称蜂巢胃，网胃的主要功能如同筛子，随着饲料吃进去的重物，如钉子和铁丝，都存在其中。第三个胃叫瓣胃，内壁有无数纵列的褶膜，对食物进行机械性压榨作用。瓣胃的作用犹如一过滤器，分出液体和消化细粒，输送入皱胃。另外，进入瓣胃食物的水分有30%～60%被吸收，同时，有40%～70%的挥发性脂肪酸、钠、磷等物质被吸收，显著减少了进入皱胃的消化体积。前3个胃由于没有腺体组织，不能分泌酸和消化酶类，仅对饲料起发酵和机械性消化作用，称为前胃。皱胃类似单胃动物的胃，又叫真胃，黏膜内有消化腺，具有分泌盐酸和胃蛋白酶的作用，可对食物进行化学性消化。成年绵羊4个胃总容积近30 L，约占消化道总容积的67%；山羊为16 L左右，约占消化道总容积的66%。

图1-1-1　正常成年羊的4个胃（瘤胃、网胃、瓣胃、皱胃）（窦永喜 供图）

羊胃的大小和功能随年龄的增长而发生变化。初生羔羊的前胃很小，结构还不完善，微生物区系尚未健全，不能消化粗纤维，只能靠母乳生活。此时，母乳不接触前胃的胃壁，靠食道沟的闭锁作用，直接进入真胃，由真胃凝乳酶进行消化。随着日龄的增加，消化系统特别是前胃不断发育完善，一般羔羊出生后 10 d 左右开始补饲一些容易消化的精料和优质牧草，以促进瘤胃发育；到 1.5 个月龄时，瘤胃和网胃重占全胃的比例已经达到成年程度。如不及时采食植物性饲料，则瘤胃发育缓慢。采食植物性饲料后，瘤胃的生长发育加速，并且逐步建立起完善的微生物区系。采食的植物性饲料为微生物的繁殖、生长创造了营养条件，反过来微生物区系又增强了对植物饲料的消化利用。可以说，瘤胃的发育、植物性饲料的利用，以及瘤胃微生物的活动，三者是相辅相成的。因此，瘤胃内微生物区系的建立是通过饲料和个体间的接触产生的。瘤胃在羔羊开始采食饲料时逐渐发育，等到完全转为反刍型消化系统，自然哺乳羔羊需要 1.5 ～ 2 个月，而早期断奶羔羊，如在人工哺乳或自然哺乳阶段实行早期补饲时，仅需要 4 ～ 5 周。

二、小肠

小肠是食物消化和吸收的主要场所，小肠液的分泌与其他大部分消化作用在小肠前进行，而消化产物的吸收在小肠后。蛋白质消化后的多肽和氨基酸，以及碳水化合物消化产物葡萄糖通过肠壁进入血液，运送至全身各组织。在家畜中，山羊和绵羊的小肠最长，山羊小肠为其体长的 27 倍多（图 1–1–2）。

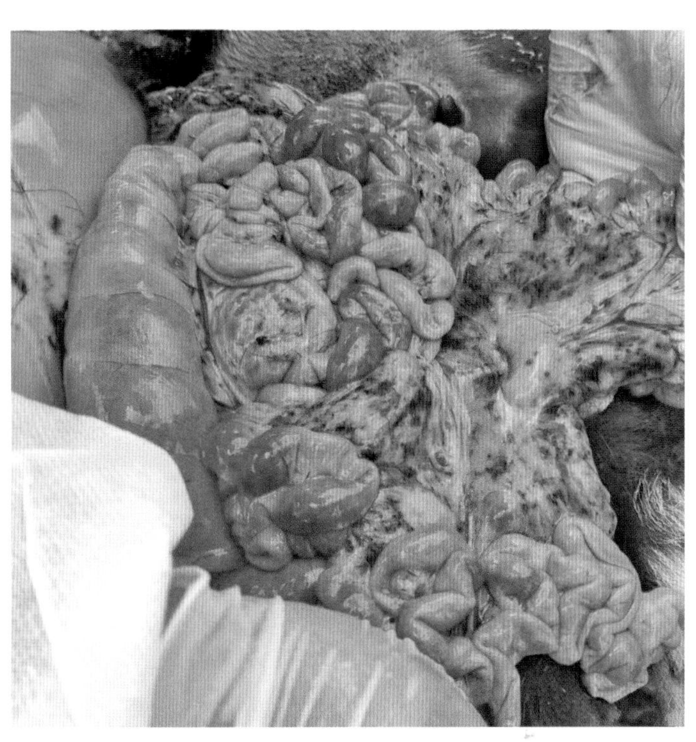

图 1–1–2　正常成年羊小肠（其中深色且较粗者为大肠）（窦永喜　供图）

三、大肠

大肠的直径比小肠大，长度比小肠短，约为 8.5 m。大肠无分泌消化液的功能，但可吸收水分、盐类和低级脂肪酸。凡小肠内未被消化吸收的营养物质，也可在大肠微生物和小肠液带入大肠内的各种消化酶的作用下分解、消化和吸收，剩余渣滓随粪便排出（图 1–1–3）。

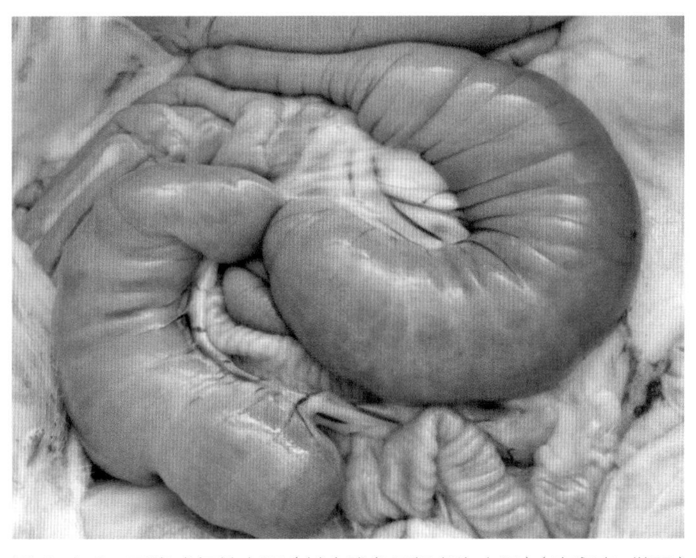

图 1–1–3　正常成年羊大肠（其中浅色且细者为小肠）（窦永喜　供图）

第二节　羊生殖系统生理特点

在养羊生产中，羊的繁殖与生产效益密切相关。母羊只有产羔后才会泌乳，才能提供更多的后备羊和育肥羊。

一、羊的生殖系统组成

公羊的生殖系统包括性腺（睾丸）、输精管道（附睾、输精管、尿生殖道）、副性腺（精囊、前列腺、尿道球腺）和外生殖器（阴茎）；性腺主要产生精子和分泌雄激素；输精管道主要是输送、贮存精子及使精子成熟；副性腺主要作用为加大精液量、活化精子和营养精子；外生殖器起着交配作用。初情期依据品种和分布地区的不同略有差异，绵羊和山羊为 4 ～ 5 月龄，性成熟年龄为 6 ～ 10 月龄，初配年龄 12 ～ 18 月龄，通常要求公羊的体重达到成年时的 70% 时开始配种，繁殖年限 5 ～ 7 年。

母羊的生殖系统包括性腺（卵巢）、生殖道（输卵管、子宫和阴道）、外生殖器（尿生殖前庭、阴唇和阴蒂）。卵巢主要产生卵子、分泌雌激素和孕激素；生殖道可运送卵子、受精卵及胚胎附殖于子宫内膜中。初情期依据品种和分布地区的不同略有差异，绵羊为 6 ～ 8 月龄，山羊为 4 ～ 6 月龄，性成熟年龄为 6 ～ 10 月龄，体成熟年龄为 12 ～ 15 月龄，初配适龄 12 月龄，繁殖年限 5 ～ 7 年。发情周期受品种、个体和饲养条件等因素的影响，绵羊平均为 17 d，山羊平均为 21 d。

二、羊的发情与配种

对羊进行发情鉴定与适时配种是提高母羊繁殖率的保障。母羊发情时，表现为兴奋不安。一般不抗拒公羊接近、爬跨，或者主动接近公羊并接受公羊的爬跨交配。外阴部充血肿大、柔软而松弛，阴道黏膜充血发红、上皮细胞增生，子宫颈开张，子宫蠕动增强，输卵管的蠕动、分泌和上皮纤毛的波动也增强。卵巢中有的卵泡发育成熟，随之破裂，卵子被排出。母羊在某一时期出现上述特征时，通常称为发情。母羊从开始表现上述特征到这些特征消失为止，这一时期叫发情持续期。母羊的发情持续期与品种、个体、年龄和配种季节等有密切的关系，绵羊发情持续期一般为 24 ～ 36 h，山羊为 24 ～ 48 h。绵羊和山羊属于自发性排卵动物，即卵泡成熟后自行破裂排出卵子，绵羊排卵时间在发情开始后为 24 ～ 27 h，山羊为 24 ～ 36 h。

母羊发情有一定的季节性，主要是在光照由长变短的秋冬两季。在饲养管理条件良好的年份，母羊发情早，而且发情整齐旺盛。公羊在任何季节都能配种，在气温高的季节，性欲减弱或者完全消失，精液品质下降，精子数目减少，活力降低，畸形精子增多。但是，在气候温暖、海拔较低、牧草饲料良好的地区，绵羊、山羊一般一年四季都发情，配种时间不受限制。

三、羊的人工授精与分娩

在人工授精或自然交配后，精子与卵子结合、着床，形成胚胎，胚胎经过一段时间的生长发育形成胎儿。孕期的长短，因品种、多胎性、营养状况等不同而略有差异。绵羊和山羊的妊娠期均为5个月左右，其中，绵羊平均为146～155 d，山羊平均为146～160 d。

母羊分娩前有分娩预兆，乳房迅速增大，触之有硬肿之感，可挤出初乳；阴唇逐渐柔软、肿胀，皮肤上的皱纹消失，表现潮红；阴门容易开张，生殖道黏液变稀，牵缕性增加，子宫颈黏液栓也软化，经常排出阴门外；骨盆韧带在分娩前1～2周开始松弛；母羊精神状态显得不安，回顾腹部，时起时卧，躺卧时两后肢不向腹下曲缩，而呈伸直状态。排粪、排尿次数增多。

分娩时母羊有节律的努责，一般经过0.5～1.0 h，胎儿排出。母羊产后0.5～3.0 h排出胎衣，排出的胎衣要及时取走，以防被母羊吞食。

了解胚胎时期的生长发育特点，可为妊娠期母羊的饲养管理提供科学依据。在胚胎发育的前期和中期，绝对增重不大，但分化很强烈，因此，对营养物质的质量要求较高，而营养物质的数量则容易为母体所满足。到胚胎发育后期，胎儿和胎盘的增重都很快，母体还需要贮备一定营养以供产后泌乳，所以，此时对营养物质的数量要求急剧增加，营养物质量的不足，将会直接造成胎儿发育受阻和产后缺奶或少奶。

第三节　羊的生活习性

一、合群性强

羊群居行为很强，绵羊尤甚，很容易建立起群体结构，任何家畜的合群性均不及。羊主要通过视、听、嗅、触等感官活动来传递和接受各种信息。利用合群性可以大群放牧，节省劳力。在羊群出圈、入圈、过河、过桥、饮水、换草场、运输等活动时只要有头羊先行，其他羊只即跟随头羊并发出保持联系的叫声。由于羊的群居行为强，在管理上应避免混群和“炸群”现象。

二、性情特点

绵羊性情温顺、反应迟钝，易受惊吓，是最胆小的家畜。喜从暗处到明处，但不愿从明处到暗处。因此，在药浴池和水坑的水面、门窗栅条的折射光线、板缝和洞眼的透光等光线不明亮处，常表现畏惧不前。

山羊的性情比绵羊活泼，行动敏捷，喜欢登高，善于跳跃。在山区的陡坡和悬崖上放牧时，绵羊不能攀登的地方，山羊能行动自如，正常采食。山羊机警灵敏，大胆顽强，记忆力强，易于训练成特殊用途的羊。山羊喜角斗，角斗形式有正向互相顶撞和跳起斜向相撞两种，绵羊则只有正向相撞一种。

三、采食能力强，可利用饲料广

绵羊的颜面细长，嘴尖，唇薄齿利，上唇中央有一中央纵沟，运动灵活，下颌门齿向外有一定的倾斜度，故能啃食接触地面的短草，利用许多其他家畜不能利用的饲草饲料；山羊嘴较窄、牙齿锋利，嘴唇薄而灵活，比绵羊利用饲料的范围更广泛。山羊喜吃短草、树叶和嫩枝，在不过度放牧的情况下，山羊比绵羊能更好地利用灌木丛林、短草草地以及荒漠草场，甚至在不适于饲养绵羊的地方，山羊也能很好地生长。

山羊和绵羊的采食特点有明显不同：山羊后肢能站立，有助于采食高处的灌木或乔木的嫩幼枝叶，而绵羊只能采食地面上或低处的杂草与枝叶；绵羊与山羊合群放牧时，山羊总是走在前面抢食，而绵羊则慢慢跟随在后低头啃食；山羊舌上苦味感受器发达，对各种苦味植物乐意采食。

四、喜干燥，怕湿热

羊汗腺不发达，散热功能差。在炎热天气应避免湿热对羊体的影响。养羊的牧地、圈舍和休息场都以高燥为宜。我国北方地区相对湿度在 40% ～ 60%，适于养绵羊特别是细毛羊；而在南方高湿高热地区则较适于养肉用羊。山羊较绵羊耐湿，在南方的高湿高热地区较适于养山羊。

五、爱清洁

羊具有爱清洁的习性，喜吃干净的饲料，饮清凉卫生的水。草料、饮水一经污染或有异味就不愿采食、饮用。因此，在舍内饲养时，应少喂勤添，以免造成草料浪费。

六、嗅觉灵敏

羊的嗅觉比视觉和听觉灵敏，这与其发达的腺体有关。母羊主要凭嗅觉鉴别自己的羔羊，视觉和听觉起辅助作用。分娩后，母羊会舔干羔羊体表的羊水，并熟悉羔羊的气味。因此，寄养羔羊时，只要在被寄养的孤羔和多胎羔羊身上涂抹保姆羊的羊水，寄养容易成功；羊能够靠嗅觉辨别植物种类或枝叶，选择含蛋白质多、粗纤维少、没有异味的牧草采食；羊可依靠嗅觉辨别饮水的清洁度。

七、善于游走，适宜放牧

游走有助于增加放牧羊只的采食空间，特别是牧区的羊，终年以放牧为主，需长途跋涉才能吃饱喝好，一日往返里程达到 6 ～ 10 km。

八、适应能力强

绵羊具有很强的生存能力，能依靠粗劣的秸秆、树叶维持生命。山羊耐粗饲性更强，比绵羊对粗纤维的消化率要高出3.7%；绵羊的耐渴性较强，能够通过唇和舌接触牧草搜集叶上凝结的露珠。山羊耐渴性较绵羊更强，山羊每千克体重代谢需水188 mL，绵羊每千克体重代谢则需水197 mL。绵羊的汗腺不发达，蒸发散热主要靠喘气，耐热性较差，在炎热的夏季常表现有停食、喘气和“扎窝子”等。山羊较耐热，气温37.8℃时仍能继续采食。绵羊有厚密的被毛和较多的皮下脂肪，以减少体热散发，故较耐寒。山羊没有厚密的被毛和较多的皮下脂肪，体热散发快，耐寒性低于绵羊。羊的抗病力较强，但也因品种而异。一般来说，粗毛羊的抗病力比细毛羊和肉用品种羊要强，山羊的抗病力比绵羊强。

第四节　羊重要生理生化指标

了解羊的重要生理生化指标，是判断羊的状态及评价羊健康情况的重要指征，也可给疾病诊断提供有价值的信息。下面就羊的正常体温、脉搏、呼吸、瘤胃蠕动次数、性成熟和体成熟的年龄、正常血液生化等做摘录和总结，分别见表1-4-1、表1-4-2和表1-4-3，供参考。

表1-4-1　山羊和绵羊的各种生理常值（一）

种类	体温（℃）	脉搏（次/min）	呼吸（次/min）	性成熟（月）	体成熟（月）
绵羊	38.0～39.5	60～80	10～25	6～10	12～15
山羊	38.5～40.0	70～80	12～30	4～6	8～12
羔羊	40.0～41.0	90～130	25～35		

表1-4-2　山羊和绵羊的各种生理常值（二）

反刍（次/d）	嗳气（次/d）	排粪（次/d）	排尿（次/d）	排尿量（L/d）	排粪（次/d）	尿比重
8～12	20～30	8～10	2～5	0.5～2.0	6～10	12～15

表1-4-3　山羊和绵羊血液生化常值

项目	绵羊	山羊
红细胞（RBC）（10^6个/μL）	9～15	8～18
血红蛋白（Hb）（g/dL）	9～15	8～12
红细胞压积（PCV）（%）	27～45	22～38
血小板计数（$N\times10^3$/μL）	205～705	300～600

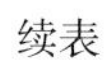
续表

项目	绵羊	山羊
白细胞计数（WBS）（个/μL）	4 000～12 000	4 000～13 000
单核细胞（%）（个/μL）	0～750	0～550
淋巴细胞（%）（个/μL）	2 000～9 000	2 000～9 000
嗜酸性粒细胞（%）（个/μL）	0～1 000	50～650
嗜碱性粒细胞（%）（个/μL）	0～300	0～120
中性粒细胞（%）（个/μL）	700～6 000	1 200～7 200
血浆蛋白（g/dL）	6～7.5	6～7.5
纤维蛋白原（mg/dL）	100～500	100～400
白蛋白（g/dL）	2.4～3.0	2.7～3.9
球蛋白（g/dL）	3.5～5.7	2.7～4.1
葡萄糖（mg/dL）	50～80	50～75
钙（mg/dL）	11.5～12.8	8.9～11.7
磷（mg/dL）	5.0～7.3	4.2～9.1
镁（mg/dL）	2.2～2.8	2.8～3.6
钠（mmol/L）	139～152	142～155
氯（mmol/L）	95～103	99～110.3
钾（mmol/L）	3.9～5.4	3.5～6.7

第二章

羊场生物安全

羊场生物安全措施对保证羊群健康起着决定性作用，同时，也可最大程度地减少养殖场对周围环境的不利影响。羊场生物安全措施主要包括隔离、生物安全通道、消毒、人员管理、物流管理、免疫接种和健康监测等。

第一节　隔　离

隔离措施主要包括空间距离隔离和设置隔离屏障。

一、空间距离隔离

羊场场址应选择在地势高燥、水质良好、排水方便的地方，距离交通干线和居民区 1 000 m 以上，距离其他饲养场 1 500 m 以上，距离屠宰场、畜产品加工厂、垃圾及污水处理厂 2 000 m 以上。

根据生物安全要求的不同，羊场区划分为放牧区、生产区、管理区和生活区，各个功能区之间的间距不少于 50 m。羊舍之间距离不应少于 10 m。

二、隔离屏障

隔离屏障包括围墙、围栏、防疫壕沟、绿化带等。

羊场应设围墙或围栏，将羊场与周围环境明确划分，且可以限制场外人员、动物、车辆等进出养殖场。围墙外应建立绿化隔离带，并在场门口设置警示标志（图 2–1–1）。

放牧区、生产区、管理区和生活区之间应该修筑围墙或建立绿化隔离带（图 2–1–2）。

在远离放牧区和生产区的下风向建隔离舍，四周设隔离带，重点对疑似病畜进行隔离观察。有条件的羊场应建立独立运作的隔离区，重点对新进场动物、外出归场的人员、购买的各种原料、周转物品、交通工具等进行全面消毒和隔离。

图 2-1-1　羊场大门的警示标志（翟军军 供图）

图 2-1-2　羊场内部的绿化隔离带（翟军军 供图）

第二节　生物安全通道

生物安全通道有两方面的含义：一是进出羊场必须经由生物安全通道；二是通过生物安全通道进出羊场可保证生物安全（图 2-2-1、图 2-2-2）。

羊场应尽量减少出入通道，场区、生产区和羊舍最好只保留一个经常出入的通道；生物安全通道要设专人把守，限制人员和车辆进出，并监督人员和车辆执行各项生物安全制度；设置符合安全要求的生物安全设施，如消毒池、消毒通道、装有紫外线灯的更衣室等；场区道路尽可能实现硬化，清洁道和污染道分开且互不交叉。

图 2-2-1　车辆通道及车辆消毒池（翟军军　供图）

图 2-2-2　人员通道（内有脚踏消毒和喷雾消毒设施）（翟军军　供图）

第三节　消　毒

一、预防性消毒

1. 环境消毒

羊场周围及场内污水池、化粪池、下水道出口等设施至少每月消毒 1 次。场区大门口应设与门同宽且有顶棚的消毒池，长度大于 4.5 m、深度大于 20 cm，半个月更换 1 次消毒液或根据工作需要及时更换。羊舍周围环境每半个月消毒 1 次。舍饲羊舍入口处应设长度为 1.5 m 以上、深度为 20 cm 以上的消毒槽，每半个月更换 1 次消毒液；如果为放牧 + 舍饲的养殖方式，羊舍入口可不设消毒槽。羊舍内每半个月消毒 1 次。

2. 人员消毒

工作人员进入生产区要更换清洁的工作服和鞋、帽；工作服和鞋、帽应定期清洗、更换，清洗后的工作服晒干后应用消毒药剂熏蒸消毒 20 min，工作服不准穿出生产区。工作人员的双手要用肥皂洗净后，浸于消毒液中，例如浸泡于 0.2% 柠檬酸、洗必泰（氯已定）或新洁尔灭等溶液内 3 ～ 5 min，再用流动的清水冲洗后烘干，然后穿上生产区的专用鞋，通过脚踏消毒池或经紫外线照射 5 ～ 10 min 或喷雾消毒后进入生产区（图 2-3-1、图 2-3-2）。

图 2-3-1　人员消毒间（脚踏消毒和喷雾消毒）（窦永喜　供图）

图 2-3-2　人员消毒间（脚踏消毒和紫外线照射消毒）（窦永喜　供图）

3. 圈舍消毒

圈舍的全面消毒按羊群排空、清扫、洗净、干燥、消毒、干燥、再消毒的顺序进行。

在羊群出圈后，圈舍先用 3% ～ 5% 氢氧化钠溶液或常规消毒液进行 1 次喷洒消毒，可使用杀虫剂杀灭寄生虫和蚊蝇等。

对排风扇、通风口、天花板、横梁、吊架、墙壁等部位的积垢进行清扫，然后清除所有垫料、粪肥，清除的污物应集中处理。

清扫后，用喷雾器或高压水枪由上到下、由内向外冲洗干净。对较脏的地方，可先进行人工刮除，要注意对角落、缝隙、设施背面的冲洗，做到不留死角。

圈舍经彻底洗净干燥，再经过必要的检修维护后方可进行消毒。首先用 2% 氢氧化钠溶液或 5% 甲醛溶液喷洒消毒。24 h 后用高压水枪冲洗，干燥后再用消毒药喷雾消毒 1 次。为了提高消毒效果，一般要求使用 2 种以上不同类型的消毒药进行至少 3 次的消毒（建议消毒顺序：甲醛→氯制剂→复合碘制剂→熏蒸），喷雾消毒要使消毒对象表面湿润挂水珠。对易于封闭的圈舍，最后一次最好把所有用具放入圈舍再进行密闭熏蒸消毒。熏蒸消毒一般每立方米的圈舍空间，使用福尔马林 42 mL、高锰酸钾 21 g、水 21 mL。先将水倒入耐腐蚀的容器内（一般用瓷器），加入高锰酸钾搅拌均匀，再加入福尔马林，人即离开。门窗密闭 24 h 后，打开门窗通风换气 2 d 以上，散尽余味后方可使用。喂料器、饮水器、供热、通风及笼具等设施设备很难彻底清洗和消毒，必须完全清除残料、粪便、皮屑等有机物，再用压力泵冲洗消毒。更衣间设备也应彻底清洗消毒。在完成所有清洁和消毒步骤后，保持不少于 2 周的空舍时间。羊群进圈前 5 ～ 6 d 对圈舍的地面、墙壁用 2% 氢氧化钠溶液彻底喷洒消毒。24 h 后用清水冲刷干净，再用常规消毒液进行喷雾消毒。

4. 用具及运载工具消毒

出入羊舍的车辆、工具定期进行严格消毒，可采用紫外线照射或消毒药喷洒消毒，然后放入密闭室内用福尔马林熏蒸消毒 30 min 以上。

5. 带畜消毒

带畜消毒的关键是要选用杀菌（毒）作用强而对羊群无害，同时对塑料、金属器具腐蚀性小的消毒药。常选用 0.3% 过氧乙酸、0.1% 次氯酸钠、菌毒敌、百毒杀等。

图 2-3-3　高压动力喷雾消毒装置（窦永喜 供图）

选用高压动力喷雾器（图 2-3-3）或背负式手摇喷雾器，将喷头高举空中，喷嘴向上以画圆圈方式先内后外逐步喷洒，使药液如雾一样缓慢下落。要喷到墙壁、屋顶、地面，以均匀湿润和羊体表稍湿为宜，不得对羊直喷，雾粒直径应控制在 80 ～ 120 μm，同时与通风换气措施配合起来。

二、紧急消毒

紧急消毒是在羊群发生传染病或受到传染病威胁时采取的预防措施，具体方法是应首先对圈舍内外消毒后再进行清理和清洗。将羊舍内的污物、粪便、垫料、剩料等各种污物清理干净，并做无害化处理。所有病死羊只、被扑杀的羊只及其产品、排泄物，以及被污染或可能被污染的垫料、饲料和其他物品应当进行无害化处理。无害化处理可以选择深埋、焚烧等方法，饲料、粪便也可以堆积密封发酵或焚烧处理。羊舍墙壁、地面、笼具，特别是屋顶木架等，用消毒液进行地面和墙壁喷雾或喷洒消毒。对金属笼具等设备可采取火焰消毒。对所有可能被污染的运输车辆、道路应严格消毒，车辆内外所有角落和缝隙都要用消毒液消毒后再用清水冲洗，不留死角。车辆上的物品也要做好消毒。参加疫病防控的各类工作人员，包括工作服、鞋、帽及器械等都应进行严格消毒，消毒方法可采用消毒液浸泡、喷洒、洗涤等。消毒过程中所产生的污水应做无害化处理。

三、消毒药物选择

羊场根据生产实践，结合防控其他动物疫病的需要选择使用。常用消毒药的使用范围及方法如下：

1. 氢氧化钠（烧碱、火碱、苛性钠）

对细菌和病毒均有强大杀灭力，对细菌芽孢、寄生虫卵也有杀灭作用。常用 2% ～ 3% 氢氧化钠溶液消毒出入口、运输用具、料槽等。对金属、油漆物品均有腐蚀性，用清水冲洗后方可使用。

2. 石灰乳

生石灰与水按 1∶1 比例制成石灰乳后再用水配成 10% ～ 20% 的混悬液用于消毒，对大多数繁殖型病菌有效，但对芽孢无效。可涂刷圈舍墙壁、畜栏和地面消毒。应该注意的是单纯生石灰没有消毒作用，长时间放置会从空气中吸收二氧化碳变成碳酸钙导致消毒作用丧失。

3. 过氧乙酸

市场出售的为 20% 过氧乙酸溶液，有效期半年，杀菌作用快而强，对细菌、病毒、霉菌和芽孢均有效。现配现用，常用 0.3% ～ 0.5% 过氧乙酸浓度做喷洒消毒。

4. 次氯酸钠

用 0.1% 的浓度带畜禽消毒，常用 0.3% 浓度用于羊舍和器具消毒。宜现配现用。

5. 漂白粉

含有效氯 25% ～ 30%，用 5% ～ 20% 混悬液对厩舍、饲槽、车辆等喷洒消毒，也可用干粉末撒地。饮水消毒时，每 100 kg 水加 1 g 漂白粉，30 min 后即可饮用。

6. 强力消毒灵

其是目前最新、效果最好的杀毒灭菌药。强力、广谱、速效，对人畜无害、无刺激性与腐蚀性，可带畜禽消毒。只需 0.1% 的浓度，便可以在 2 min 内杀灭所有致病菌和支原体，用 0.05% ～ 0.1% 浓度在 5 ～ 10 min 可将病毒和支原体杀灭。

7. 新洁尔灭

以 0.1% 浓度消毒手，或者浸泡 5 min 消毒皮肤、手术器械等用具。0.01% ～ 0.05% 溶液用于黏膜（子宫、膀胱等）及深部伤口的冲洗。忌与肥皂、碘、高锰酸钾、碱等配合使用。

8. 百毒杀

配制成 0.03% 或相应的浓度，用于圈舍、环境、用具的消毒。该品低浓度杀菌，持续 7 d 杀菌效力是一种较好的双链季铵盐类广谱杀菌消毒剂，无色、无味、无刺激和无腐蚀性。

9. 福尔马林

常用含 37% ～ 40% 福尔马林的水溶液，有广谱杀菌作用，对细菌、真菌、病毒和芽孢等均有效，在有机物存在的情况下也是一种良好消毒剂；缺点是具有刺激性气味，对羊群和人影响较大。常以 2% ～ 5% 的水溶液喷洒墙壁、羊舍地面、料槽及用具消毒；也用于羊舍熏蒸消毒，空间按福尔马林 30 mL/m^3，加高锰酸钾 15 g，室温不低于 15℃，相对湿度 70%，关好所有门窗，密封熏蒸 12 ～ 24 h。消毒完毕后打开门窗，除去气味即可。

四、消毒注意事项

一是羊场环境卫生消毒。在生产过程中保持内外环境的清洁非常重要，清洁是发挥良好消毒作用的基础。羊场场区要求无杂草、垃圾；场区净道、污道分开；道路硬化，两旁有排水沟；沟底硬化，不积水；排水方向从清洁区流向污染区。

二是熏蒸消毒圈舍时，舍内温度保持在 18 ～ 28℃，空气中的相对湿度达到 70% 以上才能很好地起到消毒作用。盛装药品的容器应耐热、耐腐蚀，容积应不小于福尔马林和水总容积的 3 倍，以免福尔马林沸腾时溢出使人灼伤。

三是根据不同消毒药物的消毒作用、特性、成分、原理、使用方法、消毒对象、目的及疫病种类，选用 2 种或 2 种以上的消毒剂交替使用，但更换频率不宜太高，以防相互间产生化学反应，影响消毒效果。

四是消毒操作人员要佩戴防护用具，以免消毒药物刺激眼、手、皮肤及黏膜等。同时，也应注意避免消毒药物伤害动物及物品。

五是消毒剂稀释后稳定性变差，不宜久存，应现用现配，一次用完。配制消毒药液应选择杂质较少的深井水或自来水。寒冷季节水温要高一些，以防水分蒸发引起家畜受凉而患病；炎热季节水温要低一些，以便消毒同时起到防暑降温的作用。喷雾用药物的浓度要均匀，对不易溶于水的药应充分搅拌使其溶解。

六是生产区门口及各圈舍前消毒池内药液均应定期更换。

第四节　人员管理

一、人员行为规范

一是进入羊场的所有人员，一律先经过门口脚踏消毒池（垫）、消毒液洗手、紫外线照射等消毒措施后方可入内。

二是所有进入放牧区和生产区的人员按指定通道出入，必须坚持“三踩一更”的消毒制度。即场区门前消毒池（垫）、更衣室更衣和消毒液洗手、生产区门前消毒池及各动物舍门前消毒池（盆）消毒后方可入内。条件具备时要先沐浴再更衣和消毒才能入内。

三是外来人员禁止入内，并谢绝参观。若生产或业务必需，经消毒后在接待室等候，借助视频等手段了解情况。若系生产需要（如专家指导）也必须严格按照生产人员入场时的消毒程序消毒后入场。

四是任何人不准带食物入场，更不能将生肉、肉制品及含肉制品的食物带入场内，场内职工和食堂均不得从市场采购肉品。

五是在场技术员不得到其他养殖场进行技术服务。

六是羊场工作人员不得在家自行饲养偶蹄动物。

七是饲养人员各负其责，一律不准窜区窜舍，不得互相借用工具。

八是不得使用国家禁止使用的饲料、饲料添加剂及兽药，严格落实休药期规定。

二、管理人员职责

负责对员工和日常事务的管理。

组织各环节、各阶段的兽医卫生防疫工作。

监督养殖场生产、卫生防疫等管理制度的实施。

依照兽医卫生法律法规要求，组织淘汰无饲养价值或疑似传染病的羊，并进行无害化处理。

三、技术人员职责

协助管理人员建立羊场卫生防疫工作制度。

根据羊场的实际情况，制订科学的免疫程序和消毒、检疫、驱虫等工作计划，并参与组织实施。

及时做好免疫、监测工作，如实填写各项记录，并及时做好免疫效果的分析。

发现疫病、异常情况及时报告管理人员，并采取相应预防控制措施。

协助、指导饲养人员和后勤保障人员做好羊群进出、场舍消毒、无害化处理、兽药和生物制品购进及使用、疫病诊治和记录等工作。

四、饲养人员职责

认真执行羊场饲养管理制度。

保持羊舍及环境的干净卫生，做好工具、用具的清洁与保管，做到定时消毒。

观察饲料有无变质，注意观察羊采食和健康状态，排粪有无异常等，发现不正常现象，及时向兽医报告。

协助技术人员做好防疫、隔离等工作。

配合技术人员实施日常监管和抽样。

做好每日生产记录，及时汇总，按要求及时向上级汇报。

五、后勤保障人员职责

门卫做好进出人员的记录；定期进行大门外消毒池清理、更换消毒液工作；检查所有进出车辆的卫生状况，认真冲洗并做好消毒。

采购人员做好原料采购，原料应来源于非疫区；原料到场后，交付工作人员要在专用的隔离区进行消毒。

第五节　物流管理

科学的物流管理可以有效切断病原微生物的传播途径，因此羊场应切实做好物流管理工作，具体要求如下。

一是场内人、羊、物要严格按规定的通道和流向流通。

二是应坚持自繁自养，必须引进种羊时，要确认产地为非疫区，引进后隔离饲养 30 d，进行检疫、监测和免疫，确认健康后并群饲养。

三是圈（舍）实行全进全出制度，出栏后圈（舍）要严格进行清扫、冲洗和消毒，并空圈 14 d 以上方可进畜。

四是羊群出场时要进行免疫接种情况调查并做临床观察，严格禁止带病羊出场；运输工具及装载器具经消毒处理，才可带出。

五是杜绝同外界业务人员近距离接触，杜绝使用经销商送上门的原料；羊场采购人员应向具有生产经营许可证的饲料生产企业采购饲料和饲料添加剂。

六是限制采购人员进入放牧区和生产区。

七是所有废弃物进行无害化处理达标后才能排放。病羊尸体及相关物品应按照农业部（现称农业农村部）2017 年颁布的《病死及病害动物无害化处理技术规范》的规定执行。

第六节　免疫接种和健康监测

免疫接种能激活羊对特定传染病的特异性抵抗力，使其对该种疫病由易感转为不易感。除国家规定强制免疫接种的烈性传染病外，某一地区流行的疫病具有相对的稳定性，养殖场或养殖专业户除了接种国家规定强制免疫的疫苗外，同时应对本地区常见疫病进行免疫接种，这是有效预防和控制传染病的重要措施。各地区、各羊场存在的传染病不同，预防这些传染病所需的疫苗也就各异，免疫期长短也不一致，因此，羊场往往需要多种疫苗来预防不同的传染病，应根据各种疫苗的免疫特点和本地区的发病动态，合理安排疫苗的种类、免疫次数和间隔时间，这就是所谓的免疫程序。目前，国内还没有一个统一的羊传染病的免疫程序，只能在实践中探索，不断总结经验，制订出适合本地、本羊场具体情况的免疫程序，才能有效预防疫病。在进行疫苗接种的过程中，除了严格遵守免疫程序外，还应关注疫苗质量、接种方法及免疫副反应等多个方面，才能保证免疫接种的效果。

健康监测是疫病防控和流行病学调查的重要内容和手段之一，所有影响疫病发生和扩散的风险因素都属于监测的范围。监测内容主要包括羊群免疫抗体水平、场区内环境带毒检测、场区外环境疫情调查、羊群活动情况、羊群带毒情况等，监测对象有病原、羊群和环境，监测手段包括病原分离鉴定、病原核酸检测、抗体效价测定等。健康监测不仅可为疫病防控策略的制订提供指导，在疾病诊断、免疫接种效果评价等方面也具有重要作用。

第三章

羊病诊断技术

羊病诊断是防治工作的前提，只有及时准确地作出诊断，才能进行有效的防治，从而降低羊场的经济损失。羊病诊断常用的方法包括临床诊断、病理剖检和实验室诊断。

第一节　临床诊断

一、病羊的一般检查

1. 眼结膜和鼻的检查

用右手拇指与食指翻开上下眼皮看结膜颜色，健康羊结膜为淡红色、湿润，鼻镜潮湿、发红，鼻孔周围干干净净，湿鼻孔，无黏液流出。病羊的结膜苍白（无血色）、发黄（如巴贝斯虫病的晚期）或赤紫色（如亚硝酸盐中毒），鼻孔周围有大量鼻涕和脓液，常打喷嚏，有时有虫体喷出（如羊鼻蝇幼虫）。

2. 口腔的检查

用食指和中指从羊嘴角处伸进口腔，拉出舌头看舌面。健康羊舌面红润，口腔颜色潮红。病羊舌面有苔，呈黄色、黑赤色、白色，或者有溃疡、脓肿，口内有臭味，舌面干燥。

3. 心脏及脉搏的检查

用听诊器听心脏跳动，部位在左侧由前数第 3 ～ 6 肋骨之间处。健康羊心音清晰，跳动强有力。切脉是用手伸进后肢内侧摸股动脉，健康山羊脉动 70 ～ 80 次 /min，绵羊脉动 60 ～ 80 次 /min。

4. 肺部及呼吸的检查

将耳贴在羊的肺部（也可用听诊器），听肺的呼吸音。健康羊呼吸持续时间长，发出“夫夫”的声音；病羊呼吸短促，发出“呼噜”的水泡音，似拉风箱音。

胸壁与腹壁同时一起一伏为 1 次呼吸，可以用听诊器在气管或肺区听取呼吸音来计数。健康绵羊呼吸 10 ～ 25 次 /min，山羊呼吸 12 ～ 30 次 /min。当患有热性病、呼吸系统疾病、心脏衰弱、贫血、中暑、胃肠臌气、瘤胃积食等疾病时，呼吸次数增加；某些中毒或代谢障碍等，可使羊呼吸次数减少。此外，还应结合检查呼吸类型、呼吸节律及呼吸是否困难等项目。

5. 反刍及消化道的检查

羊是反刍动物，饲喂后 30 min 开始出现反刍，每昼夜反刍 8 ～ 12 次。病羊常停止反刍或反刍弛缓，次数减少。

如羊表现有吞咽障碍并有饲料或水从鼻孔反流时，应对咽及食道进行检查，以发现是否存在咽部炎症或食道阻塞现象。如羊反刍异常，应注意腹围的变化与特点。左侧腹围扩大，除采食大量青饲料等生理情况外，多见于瘤胃积食和积气，特别以左侧为明显；右侧腹围膨大，除母羊妊娠后期外，主要见于真胃积食及瓣胃阻塞；下腹部膨大，如腹水。腹围容积缩小，主要见于长期饲喂不足、食欲紊乱、顽固性下痢、慢性消耗性疾病（如贫血、营养不良、寄生虫病、副结核等）。

6. 体表淋巴结的检查

体表淋巴结的检查对诊断某些疾病上具有重要意义。通常检查的淋巴结主要为肩前淋巴结和股前淋巴结，主要检查淋巴结的大小、形状、硬度等。如羊患有泰勒虫病时，常表现出肩前及股前淋巴结肿胀。

7. 体温的检查

一般用手触摸羊的耳根或将手指插入口腔，即可感知病羊是否发热，但最准确的方法是用兽用体温计进行直肠测温，正常羊的体温为 38.5 ～ 40.0℃，一般幼羊比成年羊的体温要偏高一些，热天比冷天高些，下午比上午高些，运动后比运动前高些，这均属正常生理现象。如果体温超过正常范围，则为发热。

二、临床常见症状及可能原因分析

1. 流产

（1）传染病。施马伦贝格病毒感染、边界病毒感染、布鲁氏菌感染、沙门氏菌感染、胎儿弯曲杆菌感染、土拉杆菌感染、衣原体感染、支原体感染、钩端螺旋体感染等。

（2）寄生虫病。弓形虫感染、住肉孢子虫感染等。

（3）营养代谢病。妊娠毒血症、维生素 A 缺乏、营养不良等。

（4）其他原因。跌倒、顶碰、挤压、惊吓、药物及食物中毒等。

2. 呼吸困难

（1）传染病。绵羊肺腺瘤病、支原体感染、巴氏杆菌感染、链球菌感染、结核杆菌感染、梅迪－维斯纳病、肺炎衣原体感染等。

（2）寄生虫病。肺线虫感染、鼻蝇蛆病。

（3）营养代谢病。无。

（4）其他原因。异物性肺炎、过敏性肺炎等。

3. 腹泻

（1）传染病。副结核病、沙门氏菌感染、大肠杆菌感染、小反刍兽疫、轮状病毒感染、产气荚膜梭菌性感染等。

（2）寄生虫病。球虫感染、隐孢子虫感染等。

（3）营养代谢病。发霉饲料。

（4）其他原因。中毒性疾病、饲喂青绿饲料等。

4. 猝死

（1）传染病。羊快疫、羊肠毒血症、羊黑疫、炭疽、破伤风。

（2）寄生虫病。无。

（3）营养代谢病。无。

（4）其他原因。中毒、日射病、氢氰酸中毒、亚硝酸盐中毒。

5. 跛行

（1）传染病。羊口蹄疫、蹄型羊口疮等。

（2）寄生虫病。脑脊髓丝状虫病。

（3）营养代谢病。维生素 D 缺乏、钙和磷不足或比例失调。

（4）其他原因。外伤引起蹄部受伤，饲养环境恶劣引起的腐蹄病。

6. 神经系统疾病

（1）传染病。李氏杆菌感染、伪狂犬病、狂犬病、山羊关节炎－脑炎、痒病等。

（2）寄生虫病。脑包虫。

（3）营养代谢病。无。

（4）其他原因。外伤引起的脑部神经受损。

7. 皮肤病

（1）传染病。羊痘、羊口疮、放线杆菌感染、葡萄球菌感染、皮肤霉菌感染等。

（2）寄生虫病。羊疥螨病。

（3）营养代谢病。微量元素缺乏导致的脱毛。

（4）其他原因。机械性皮肤损伤。

第二节　病理剖检

病理剖检是对羊病进行现场诊断的一种重要诊断方法。羊发生了传染病、寄生虫病或中毒性疾病时，器官和组织常呈现出特征性病理变化，通过剖检可快速作出诊断。

一、剖检方法和程序

1. 外部检查

主要包括羊的品种、性别、年龄、毛色、特征、营养状况、皮肤等一般情况的检查；口、眼、鼻、耳、肛门和外生殖器等天然孔检查，并注意可视黏膜的变化。

2. 剥皮与皮下检查

（1）剥皮方法。尸体仰卧固定，由下颌间隙经过颈、胸、腹下（绕开阴茎或乳房、阴户）至肛门做一纵切口，再由四肢系部经其内侧至上述切线做 4 条横切口，然后剥离全部皮肤。

（2）皮下检查。应注意检查皮下脂肪、血管、血液、肌肉、外生殖器、乳房、唾液腺、舌、眼、扁桃体、食道、喉、气管、甲状腺、淋巴结等的变化。

3. 腹腔的剖开与检查

（1）腹腔剖开与腹腔脏器的取出。剥皮后使尸体左侧卧位，从右侧肷窝部沿肋骨弓至剑状软骨切开腹壁，再从髋关节至耻骨联合切开腹壁。将此三角形的腹壁向腹侧翻转即可暴露腹腔。检查有无肠变位、腹膜炎、腹水或腹腔积血等异常。在横膈膜之后切断食道，用左手插入食道断端握住食道向后牵拉，右手持刀将胃、肝脏、脾脏背部的韧带和后腔静脉、肠系膜根部切断，即可取出腹腔脏器。

（2）胃的检查。从胃小弯处的瓣皱胃孔开始，沿瓣胃大弯、网瓣胃孔、网胃大弯、瘤胃背囊、瘤胃腹囊、食道、右侧沟线切开，同时注意内容物的性质、数量、质地、颜色、气味、组成及黏膜的变化，特别应注意皱胃的黏膜炎症和寄生虫，瓣胃的阻塞状况，网胃内的异物、刺伤或穿孔，瘤胃内容物的状态等。

（3）肠道的检查。检查肠外膜后，沿肠系膜附着缘对侧剪开肠管，重点检查内容物和肠系膜，注意内容物的质地、颜色、气味和黏膜的各种炎症变化。

（4）其他器官的检查。主要包括肝脏、胰脏、脾脏、肾脏、肾上腺等，重点注意器官的颜色、大小、质地、形状、表面、切面等有无异常变化。

4. 骨盆腔器官的检查

除输尿管、膀胱、尿道外，重点检查公畜的精索、输精管、腹股沟、精囊腺、前列腺、外生殖器官，母畜的卵巢、输卵管、子宫角、子宫体、子宫颈与阴道。重点观察这些器官的位置及表面和内部的异常变化。

5. 胸腔器官的检查

割断前腔静脉、后腔静脉、主动脉、纵隔和气管等与心脏、肺脏的联系后，即可将心脏和肺脏一同取出。检查心脏时应注意心包液的数量、颜色，心脏的大小、形状、软硬度、心室和心房的充盈度，心内膜和心外膜的变化；检查肺脏时，重点注意肺脏的大小变化、表面有无出血点和出血斑、是否发生实变、气管和支气管内有无寄生虫等。

6. 脑的取出与检查

先沿两眼的后缘用锯横向锯断，再沿两角外缘与第一锯相接锯开，并于两角的中间纵锯一正中线，然后两手握住左右角用力向外分开，使颅顶骨分成左右两半，即可露出脑。应注意检查脑膜、脑脊液、脑回和脑沟的变化。

7. 关节的检查

尽量将关节弯曲的背面横切关节囊。注意囊壁的变化，确定关节液的数量、性质及关节面的状态。

二、尸体剖检注意事项

一是所用器械要预先进行高压灭菌消毒。

二是剖检前应对病羊仔细检查，怀疑炭疽时，应先采耳尖血涂片镜检，排除后方可剖检。

三是剖检越早越好（一般不超过 24 h），尤其在夏季，尸体腐败后影响观察和诊断。

四是剖检时应保持清洁，注意消毒，尽量减少对环境和衣物的污染，并做好个人防护。

五是剖检后将尸体和污染物做深埋处理，在尸体上撒上生石灰或 10% 石灰乳、4% 氢氧化钠、5% ～ 20% 漂白粉溶液等。污染的表层土壤铲除后投入坑内，埋好后对埋尸地面要再次进行消毒。

第三节 实验室诊断

羊的个体或群体发生疫病时，有时仅凭临床诊断和病理剖检仍不能确诊，常常需要进行实验室检验，主要包括血液检验、尿液检验、粪便检验、脑脊髓液检验、渗出液与漏出液的检验、骨髓穿刺液的检验、血液生化检验、肝功能检验和肾功能检验等。

一、病料的采集

1. 微生物学检验

（1）血液。主要采集抗凝血或血清，血涂片则需采集末梢血液、静脉血或心血，推血片数张，供血常规、细菌学或寄生虫学镜检。

（2）乳汁。乳房充分洗净消毒，挤乳并弃去最初挤出的 3 ～ 4 滴乳汁，然后采集乳汁 10 ～ 20 mL 于灭菌容器中。

（3）脓液。用注射器刺入未破的脓肿吸取脓汁数毫升，注入灭菌容器中。对于开放的化脓灶也可用灭菌拭子蘸取脓汁后放入试管中。

（4）病羔尸体和流产胎儿。将尸体或流产胎儿用消毒液浸过的棉花或棉布包裹后整体送检。

（5）淋巴结或实质器官（肝、脾、肺、肾等）。将淋巴结连同周围的脂肪一同采集，其他器官可在病变部位各采集 1 ～ 4 cm^3 的组织块，分别置于灭菌容器中。

（6）肠。选取适宜的肠段 6 cm 左右，两端进行结扎，自结扎线的外端剪断，置于玻璃容器或塑料袋中。

（7）胆汁。可将胆囊置于塑料袋中整个送检，也可将胆囊表面烧烙后，用注射器或吸管取胆汁数毫升，注入灭菌容器中。

（8）皮肤。取有病变的皮肤 10 cm^2，置灭菌容器中，疑为炭疽时，可割取整个耳朵，用浸过 3%石炭酸的纱布包裹后，装在塑料袋内。

（9）脑和脊髓。将脑、脊髓取出，浸入适当的保存液中。或将头部整体割下，用浸过 3%石炭酸的纱布包裹好，装在塑料袋内。

（10）供显微镜检查的玻片标本。除前述的血片外，脓汁、胸水等液体也可制成涂片。肝、脾、肺、胃、淋巴结、脑髓等组织可制成触片。致密结节、坏死组织、带有硫黄颗粒的脓汁等，还可制成压片（压在 2 张玻片之间，使 2 张玻片沿水平面相反的方向推移）。每种材料至少制作 2 张片子，如果立即镜检，亦可在一张玻片上用蜡笔划 4 ～ 5 个小方格，涂以不同的标本。

2. 病理组织学检验

各种组织器官，应普遍取材，有病变者应在典型病变与健康组织交界处采集样品。如果各种组织器官显示不同阶段的病变，应分别取样。

如果重点怀疑某一系统疾病，应全面采集该系统的材料。例如消化系统，要分别采集4个胃、小肠（十二指肠、空肠、回肠）及大肠（盲肠、结肠、直肠）；神经系统，要分别采集脑的各部位和脊髓的各段病料，内脏的典型病变应与邻近健康组织一起采集。如为大块病变，应先取病变组织与健康组织的交界区域，再取病变的中心区域。

在采取胃肠道、膀胱或胆囊等囊状器官时，应先将组织放在硬纸板上，停留1～2 min，等浆膜与纸板黏附贴紧以后，再将病变组织与纸板一起剪下，浸入固定液内。

病理组织一般都是切（或剪）成1～2 cm^3 的组织块，用清水洗去血污，立即放入固定液中。

采集病理组织学检验材料时，还应注意以下4点：

（1）避免用手按压采集组织块，以免造成人为的病变。

（2）采集组织块的刀、剪必须锐利，切口要整齐。

（3）盛放组织块的容器要大，并给底部垫一层棉花，以防组织块相互挤压变形。固定液的用量为固定材料的5～10倍。

（4）浸入固定液的标签要用铅笔写在结实的纸上或薄木片上，不能用钢笔或圆珠笔标记。

3. 注意事项

（1）取材要合理。不同的疾病要求采集不同的病料。羊常见传染病病料取样要求见表3-3-1。如遇病因不明的疫病，应全面取样，也可根据症状和病理剖检变化进行采样。

表3-3-1 常见羊的主要传染病病料取样方法

病名	取样要求和目的		备注
	生前	死后	
炭疽	①濒死期采末梢血液制作血涂片； ②取炭疽痈的水肿液或分泌物	与生前同，另采取耳朵	防止感染和散菌
巴氏杆菌病	采血制作血涂片	取肝、脾、肺及心血，作涂片	
结核病	痰、乳汁、粪、尿、精液、阴道分泌物，溃疡渗出物及脓汁	有病变的组织、内脏各两小块，供细菌学和病理组织学检查	防止感染和散菌
布鲁氏菌病	①采血分离血清进行免疫学诊断； ②乳汁、羊水、胎衣坏死灶、胎儿等，进行细菌学及乳汁环状试验	无诊断意义	防止感染和散菌
口蹄疫	①采水疱及水疱液进行病原检测； ②采痊愈血清作血清学试验	无诊断意义	严防散毒
羊副结核性肠炎	采粪便或刮取直肠黏膜	采病变的肠和肿大的肠系膜淋巴结各两小块，分别供细菌学检查和病理组织切片用	
羊快疫类疾病和羔羊痢疾	无诊断意义	①取小肠内容物作毒素检查； ②取肝、肾及小肠一段作细菌分离	
羊痘	采未化脓的丘疹		

（2）取样要可靠。多只羊发病时，应选择症状和病变典型、有代表性的病例，最好能从处于不同发病阶段的病羊机体分别采集病料。

（3）取样要及时。取样应在死后立即进行，最好不超过6 h；否则，影响病原微生物的检出和病理组织学结果，并且要保证取样动物未经抗菌或杀虫药物治疗。

（4）做好病畜的检查登记。剖检取样之前，应先对病情、病史加以了解和记录，并详细进行剖检前的检查。

（5）采集病料的器械要严格进行灭菌消毒。除病理组织学检验材料及胃肠内容物等以外，其他病料均应以无菌过程采取。器械及盛病料的容器要事先进行灭菌。

（6）采用微生物学和病理组织学检验。为了减少污染，应先采集微生物学检验样品，再采取病理组织学检验材料。微生物学检验样品应分别装在不同的灭菌容器中。

二、病料的保存

1. 细菌检验材料

液体标本于管口加橡皮塞或软木塞后，用蜡封固即可。组织块则可保存于饱和盐水或30%甘油缓冲液中。

2. 病毒检验材料

保存液一般为50%甘油盐水溶液或鸡蛋生理盐水溶液。

3. 血清学检验材料

固体病料如肠、耳、脾、肝、肾、皮肤等的组织块，可用硼酸或食盐处理，可在每毫升血清中加5%石炭酸一滴。

4. 病理组织学检验材料

新鲜采集的病料固定于10%甲醛溶液或95%酒精中，任何一种固定液的用量均为标本体积的10倍以上。脑、脊髓组织需用10%甲醛溶液。

三、常见实验室诊断方法

病原学诊断的目的是通过各种手段确定感染原因，为有效治疗和防控疾病传播提供依据。

（一）病原学诊断方法

1. 病原分离鉴定

（1）病毒分离鉴定。无菌采集病料组织，用PBS液（磷酸盐缓冲溶液）反复冲洗3次，然后将组织剪碎、研磨，加PBS液制成1∶10悬液（血液或渗出液可直接制成1∶10悬液），以2 000～3 000 r/min的速度离心沉淀15 min，每毫升加入青霉素和链霉素各100万IU，置冰箱中备用。把样品接种到鸡胚或细胞培养物上进行培养。对分离到的病毒用电子显微镜检查，并用血清学试验及动物试验等进行生理生化鉴定。或将分离培养得到的病毒液，接种易感动物，进行病例复制。

（2）细菌分离鉴定。将病料涂于清洁的载玻片上，干燥后在酒精灯火焰上固定，选用亚甲蓝染色、革兰氏染色和抗酸染色等进行染色镜检，根据所观察的染色结果进行初步诊断；根据病原菌的特点，接种于适宜的培养基，获得纯培养物后，再用特殊的培养基培养，进行细菌的形态学、培养特性、生化特性、致病力和抗原性鉴定；用灭菌生理盐水将病料做成1∶10悬液，或者利用分离培养获得的细菌接种实验动物，并隔离饲养，注意观察。如有死亡，应立即进行剖检及细菌学检查。

（3）寄生虫鉴定。主要包括直接涂片、沉淀法和漂浮法，其中沉淀法主要用于诊断虫卵相对密度大的羊吸虫病，漂浮法能查出多种类的线虫卵和一些绦虫卵，但相对密度大于饱和盐水的吸虫卵和棘头虫卵效果不明显。

2. 特异性目的基因扩增

设计合成病原特异性扩增引物，利用聚合酶链式反应（PCR）、反转录聚合酶链式反应（RT-PCR），实时荧光定量 PCR 进行核酸检测。

（二）血清学诊断方法

血清学检测已经成为羊场获取疫病信息的重要手段，通过对血清学检测结果进行分析和判断，有助于获取有效的疫病信息，并依此做出正确的决策以及改进。常用的血清学诊断方法如下。

1. 酶联免疫吸附试验

该法的基础是抗原或抗体的固相化及抗原或抗体的酶标记，是一种敏感性高、特异性强、重复性好的诊断方法，不仅可以检测抗原，还可以检测抗体。

2. 间接血凝试验

将抗原（或抗体）包被于红细胞表面，成为致敏的载体，然后与相应的抗体（或抗原）结合，从而使红细胞聚集在一起，出现可见的凝集反应。

3. 胶体金试纸条

采用胶体金免疫层析技术研制而成，将特异的抗体交联到试纸条上，试纸条有一条控制线和一条或几条显示结果的测试线，抗体和特异抗原结合后再和带有颜色的特异抗原反应时，就形成了带有颜色的三明治结构。

4. 虎红平板凝集试验

所用的抗原是酸性带色抗原，在国际贸易中，该方法是牛、羊、猪布鲁氏菌病检测的指定试验，在我国也用于人布鲁氏菌病监测的初筛。该法灵敏度高、价格便宜、操作方便、检测快速，适于群体布鲁氏菌病的筛查。

5. 间接免疫荧光标记

将荧光素标记在相应的抗体上，直接与相应抗原反应。该法简便、特异性高，但敏感性偏低，且每检查一种抗原就需要制备一种荧光抗体。常用于细菌、病毒等微生物的快速检查。

（三）病理学诊断方法

对取自羊体的组织样本，通过对病变组织及细胞形态的分析、识别，再结合肉眼观察及临床相关资料，做出各种疾病的诊断。常见的方法有苏木精－伊红（HE）染色、免疫组织化学、原位杂交、流式细胞技术、电子显微镜或分子生物学等方法。

第四章

羊病毒病

第一节　小反刍兽疫

小反刍兽疫（PPR）又被称为羊瘟、小反刍兽伪牛瘟，是由小反刍兽疫病毒（PPRV）引起山羊、绵羊、骆驼以及部分野生动物如野山羊、小鹿瞪羚和长角羚等多种小反刍动物的一种急性、烈性传染病，在临床上主要以出现高烧、腹泻、肠炎、肺炎等症状为特征。

PPR 在 1942 年首次发现于西非的科特迪瓦，其作为世界上重要的烈性传染病之一，目前已被世界动物卫生组织规定为法定报告传染病，我国农业农村部也将其列为一类动物疫病。近几年，小反刍兽疫在多个国家和地区不断蔓延，西亚、南亚、中非及东非都先后有该疫情发生的报道，而且流行形势越来越严峻。2007 年，我国西藏地区首次发生 PPR 疫情，自 2013 年起，我国新疆、甘肃、内蒙古等多个省（自治区）均有该疫情发生的报道。PPR 的流行严重阻碍了养羊业及其相关产业的发展，给我国乃至世界农业生产都造成严重的经济损失。

一、病原

1. 分类与结构特征

小反刍兽疫病毒属于单负链病毒目，副黏病毒科、副黏病毒亚科，麻疫病毒属。该属病毒还有麻疹病毒（MV）、牛瘟病毒（RPV）、犬瘟热病毒（CDV）、海豹瘟病毒（PDV）等。

小反刍兽疫病毒具有多形性，多数情况下呈粗糙的圆形；核衣壳为螺旋中空杆状，长度为 130 ～ 390 nm，呈螺旋对称。PPRV 是有囊膜的单负链 RNA 病毒，基因组全长为 15 948 nt。

2. 培养特性

病毒可在非洲绿猴肾细胞（Vero）、原代羔羊肾细胞、绒猴 –B 类淋巴母细胞系 B95a 等细胞上增殖。将感染羊病理组织经过处理之后，接种长满单层的细胞，每日观察是否出现 CPE［致细胞病变（效应）］，细胞病变特点是细胞变大、变圆、破裂、脱落、聚集形成合胞体等现象。一般第一代很难观察到 CPE，经过多次盲传可出现明显的 CPE。

3. 血清型

该病毒只有一个血清型。PPRV 共分为四系（Ⅰ～Ⅳ），其中Ⅰ和Ⅱ系常见于非洲西部地区，Ⅲ系常见于非洲东部和阿拉伯半岛，Ⅳ系常见于亚洲国家，尤其是中东和印度。通过分子流行病学调查发现，近年来在我国流行的小反刍兽疫病毒与在印度流行的毒株同源性最高，同属于Ⅳ系。因此，人们推测，引起我国小反刍兽疫疫情发生的病原可能是由印度传播而来。

4. 理化特性

PPR 粒子只能在 pH 值为 5.8 ～ 9.5 存活，一旦用强酸强碱刺激，病毒极容易失活，实践证明，2% 的氢氧化钠溶液的消毒效果显著。此外，病毒粒子对紫外线、热、化学灭活剂和去垢剂等均较为敏感，因此，病毒很容易被灭活从而失去感染力。在干燥寒冷或降雨频繁的季节，该病更容易暴发。此外，处于潜伏期内的动物也有可能成为传染源。

二、流行病学

1. 分布

1942 年在非洲西部的科特迪瓦首次发现 PPR 病例，以后逐渐呈蔓延趋势，在撒哈拉沙漠与赤道之间的大多数非洲国家广泛流行。1984 年在非洲东部地区苏丹被发现，随后进一步蔓延，扩大到中东、南亚次大陆和土耳其；至 1987 年，在亚洲的印度南部出现 PPR。之后又在我国周边的一些国家包括老挝、孟加拉国、印度和尼泊尔等暴发疫情，1987 年在野生小反刍兽体内也发现 PPRV，之后又在骆驼（Haroun，et al.，2002；Abraham，et al.，2005）、水牛（Govindarajan，et al.，1997）等动物体内检测到 PPRV。频繁的动物贸易，加之野生小反刍动物的活动范围不受国界限制，该病最终突破了自然地理屏障——喜马拉雅山脉，2007 年 7 月，我国西藏自治区日土县首次发生 PPR 疫情，2013—2014 年在我国境内大范围发生并广泛传播。

在过去的近 40 年中，小反刍兽疫已经演变成为世界流行的重要疫病，并且疫区仍然在不断扩大，尽管很多人认为小反刍兽疫已经被限制在亚洲和非洲，但是，仍有蔓延趋势，并且已经威胁到了欧洲。1996 年，在土耳其检测到了 PPRV，因土耳其重要的地理位置，增加了 PPR 对欧洲地区的威胁，引起了欧洲的重视；同时，PPR 在非洲北部的流行和在摩洛哥的暴发，也增加了 PPR 对欧洲南部的威胁。

2. 易感动物

PPRV 主要感染绵羊和山羊，但山羊比绵羊更为易感，且症状也更加严重。不同品种、不同年龄的羊对 PPRV 的敏感性有显著差别，例如欧洲品系的羊易感性较高，幼龄羊比成年羊更为易感，但在哺乳期的幼仔具有较强的抵抗力。有报道，猪和牛也可能感染 PPRV，但表现为隐性感染，并不表现临床症状，也不会成为传染源而向外界排毒。野生小反刍动物也对 PPRV 敏感。近年来研究发现 PPRV 的宿主谱有所扩大，除了感染小反刍动物外，也能感染水牛、骆驼、麋鹿等大型反刍动物并引起发病。Bhaskar 等在狮子和犬中检测到了 PPRV 的基因组。

3. 传染源

患病动物和隐性感染动物为主要传染源，处于亚临床型的病羊尤为危险。病羊的分泌物和排泄物均含有病毒，可引起传染。

4. 传播途径

PPR 是一种具有高度接触性的传染病，主要通过呼吸系统进行传播。精液和胚胎也是造成动物感染 PPRV 的途径之一。此外，近距离的动物圈舍也可以通过气溶胶形式进行传播。健康动物与被病羊污染的饮水、饲料、工具、水槽、圈舍接触，也有可能间接感染。但是，由于该病毒对外界的抵抗力很弱，在外界存活时间较短，因此间接传播不是主要的传播方式。

5. 流行特点

PPR 一般多发生在雨季以及干燥寒冷的季节。在疫病流行地区，发病率可达 100%，死亡率为 10% ～ 40%；在幼龄动物，死亡率可达 50% ～ 80%。然而，在未免疫地区，幼龄的羔羊和山羊的发病率和死亡率可达 90% 以上，严重暴发时死亡率可高达 100%。

三、临床症状

该病的潜伏期一般为 3 ～ 6 d，最长为 21 d。患病动物发病急剧，主要表现为体温骤升至 40 ～ 42℃，发热持续 3 ～ 5 d。病初病羊精神沉郁，食欲减退，鼻镜干燥，有水样口鼻液，眼睛流泪（图 4–1–1）；此后发展为口、眼、鼻流脓性黏液，阻塞鼻孔，造成呼吸困难，并会遮住眼睑，引起结膜炎（图 4–1–2、图 4–1–3）。发热开始 4 d 内，齿龈充血，后发展为口腔黏膜弥漫性溃疡和大量流涎（图 4–1–4），最常见的是齿龈、硬腭、颊部、舌等处出现坏死性病灶或溃疡（图 4–1–5 至图 4–1–7）。后期多数病羊出现咳嗽、胸部啰音、腹式呼吸及严重腹泻（图 4–1–8），导致脱水、消瘦（图 4–1–9）。

怀孕母羊可发生流产。常在发病后 5 ～ 10 d 死亡，易感羊群发病率为 60%，病死率可达 50%（图 4–1–10）。PPRV 能抑制淋巴细胞的增殖，从而引起免疫抑制，造成继发感染，可能是导致病羊死亡的主要原因。

图 4-1-1　病羊鼻镜干燥，有水样口鼻液，流泪（窦永喜　供图）

图 4-1-2　病羊口、眼、鼻流脓性黏液，阻塞鼻孔，结膜炎（正面）（窦永喜　供图）

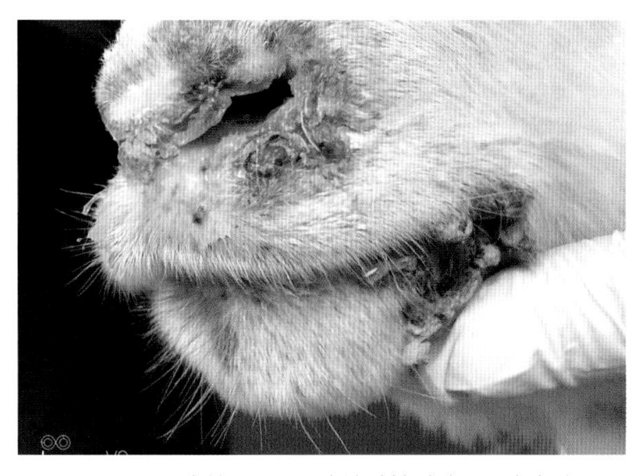

图 4-1-3　病羊口、眼、鼻流脓性黏液，阻塞鼻孔，结膜炎（侧面）（窦永喜　供图）

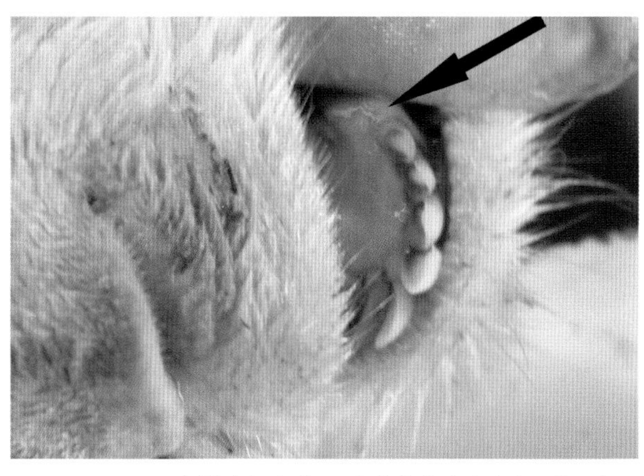

图 4-1-4　病羊齿龈充血，黏膜溃疡（窦永喜　供图）

图 4-1-5　病羊颊部出现坏死性病灶或溃疡（窦永喜　供图）

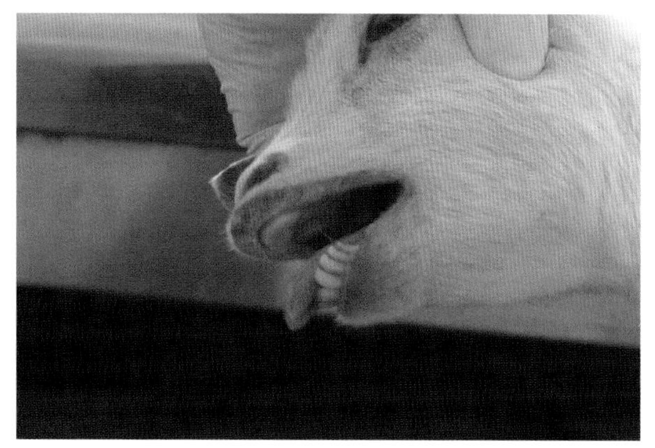

图 4-1-6　病羊嘴唇弥漫性溃疡（窦永喜　供图）

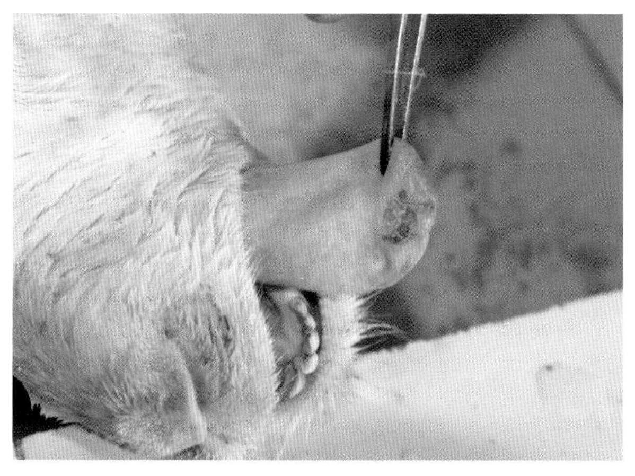

图 4-1-7　病羊舌出现坏死性病灶或溃疡（窦永喜　供图）

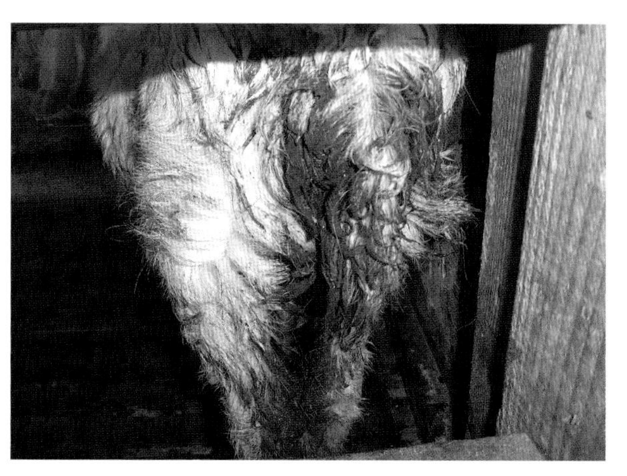

图 4-1-8　病羊严重腹泻（窦永喜　供图）

图 4-1-9　病羊腹泻，导致脱水、消瘦（窦永喜　供图）

图 4-1-10　病羊大批死亡，尸体脱水消瘦（窦永喜　供图）

四、病理变化

PPRV 感染的病羊肺部出现暗红色或紫色区域，触摸手感较硬，出现间质性肺炎灶或支气管肺炎灶等症状（图 4-1-11）。口腔黏膜和胃肠道出现大面积坏死，但瘤胃、网胃和瓣胃却很少有损伤，齿龈、嘴唇等部位出现坏死灶甚至糜烂，皱胃常出现有规则的出血坏死糜烂（图 4-1-12），气管内有黏性分泌物，鼻腔黏膜、鼻甲骨、喉和气管等处可见小的淤血点（图 4-1-13 至图 4-1-15）。

回盲瓣、盲肠－结肠交界处以及直肠表面有严重出血、坏死，在部分病例盲肠－结肠交界处可见特征性的线状条带出血（图 4-1-16）。PPRV 对淋巴细胞和上皮细胞有着特殊的亲和性，能够在上皮细胞和多核巨细胞中形成特征性的嗜伊红胞浆包涵体。此外，还会导致淋巴细胞坏死，淋巴结充血、水肿，特别是肠系膜淋巴结肿大（图 4-1-17），脾脏肿大或梗死（图 4-1-18）。淋巴细胞和上皮细胞坏死，脾脏肿大、坏死等病理变化在诊断上有重要意义。

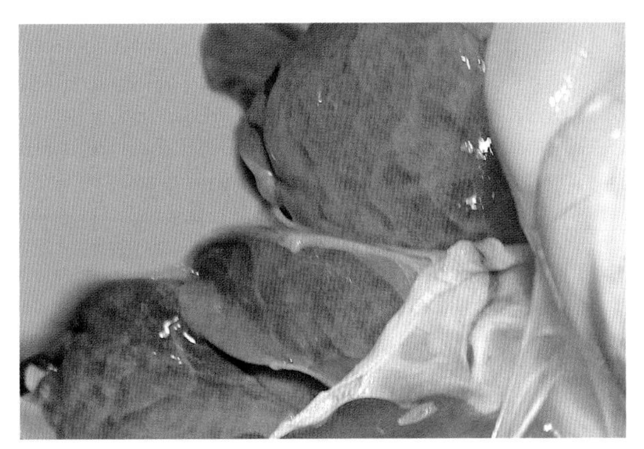

图 4-1-11　肺部出现暗红色或紫色区域（窦永喜　供图）

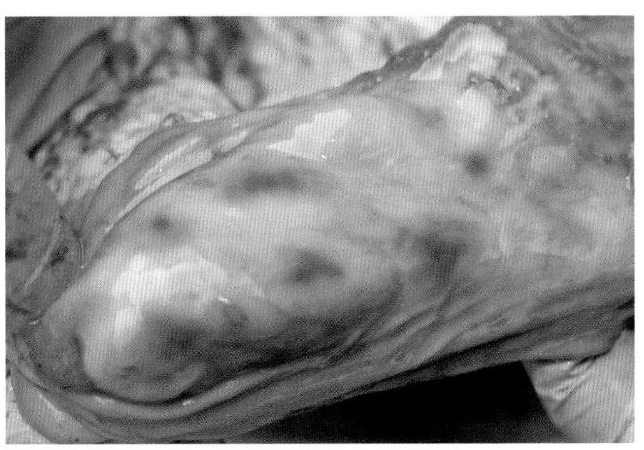

图 4-1-12　皱胃出血、坏死、糜烂（窦永喜　供图）

图 4-1-13　鼻甲骨可见小的淤血点（窦永喜　供图）

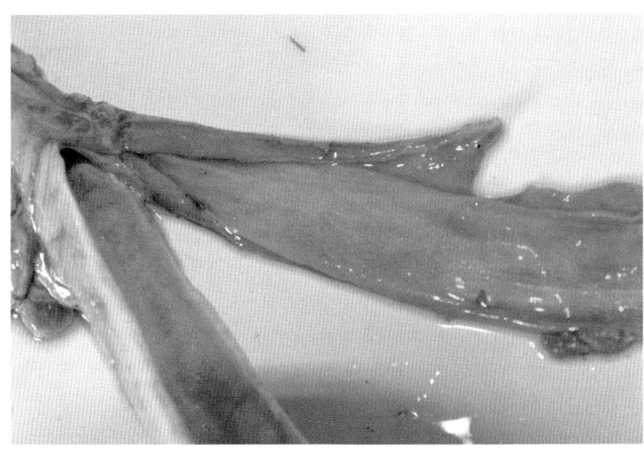

图 4-1-14　气管内有黏性分泌物及淤血斑（窦永喜　供图）

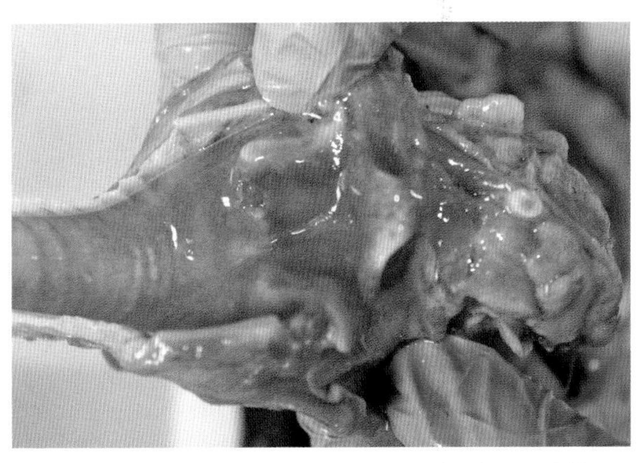

图 4-1-15　喉和气管等处可见小的淤血点和分泌物（窦永喜　供图）

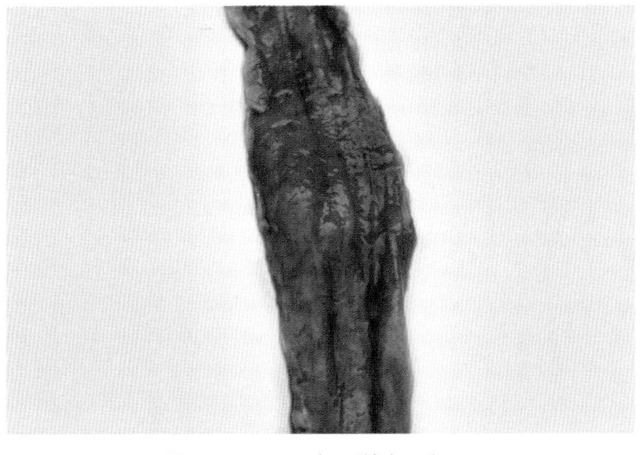

图 4-1-16　直肠淤血、坏死（窦永喜　供图）

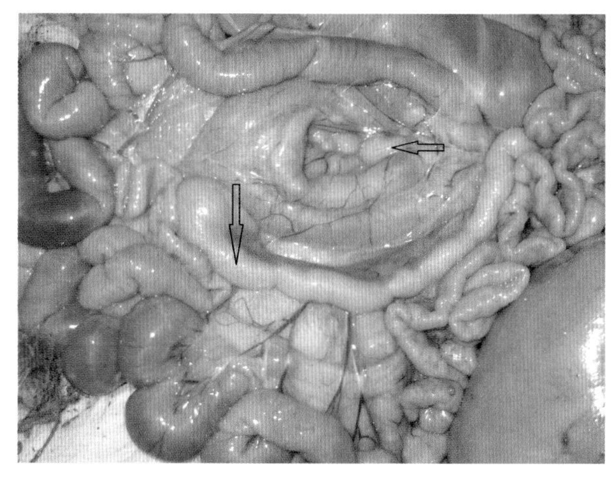

图 4-1-17　肠系膜淋巴结肿大（箭头所指）（窦永喜　供图）

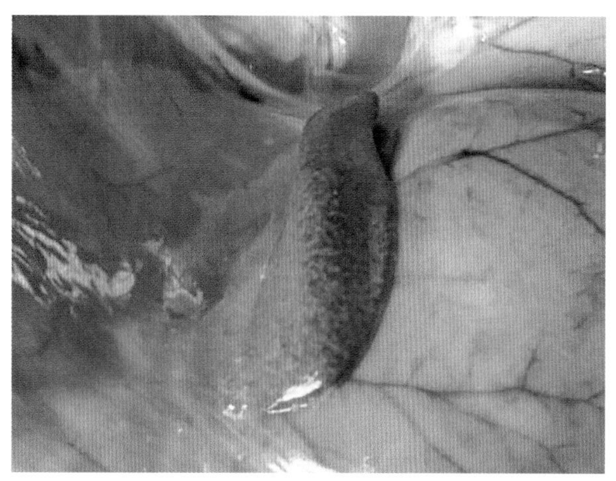
图 4-1-18　脾脏梗死（窦永喜　供图）

五、诊断

要对 PPR 进行确诊，必须进行实验室诊断。由于小反刍兽疫是一种烈性传染病，因此，病毒分离、血清学检测等实验必须在生物安全 3 级以上的实验室进行。目前，常用的实验室诊断技术分为：病毒分离培养、血清学检测和抗原检测。主要包括病毒分离、病毒中和试验（VN）、酶联免疫吸附试验（ELISA）、琼脂凝胶免疫扩散（AGID）、对流免疫电泳（CIEP）、反转录聚合酶链式反应（RT-PCR）、胶体金试纸条以及其他分子生物学检测方法，其中，VN 是国际贸易指定试验，RT-PCR 和竞争 ELISA 被世界动物卫生组织指定为标准的检测方法，同时也是应用最为广泛的检测方法。

1. 病毒分离

病毒的分离鉴定敏感性高、特异性好、鉴定结果准确可靠，但操作相对复杂，费时费力，而且很难保证每次都能成功分离到病毒。采集病毒样本最佳的时机是动物高热之后、腹泻之前，可通过采集口腔、鼻腔、呼吸道、肠道的分泌物来分离病毒。通常采用的细胞是非洲绿猴肾细胞（Vero）、原代羔羊肾细胞、绒猴 -B 类淋巴母细胞系 B95a。将采集的病料经过处理之后，接种长满单层的细胞，经过多次盲传，每日观察是否出现 CPE，病变的细胞可发生细胞变大、变圆、细胞破裂、脱落、聚集形成合胞体等现象。

2. 免疫学诊断方法

（1）病毒中和试验（VN）。VN 是敏感性和特异性都很强的一种血清学检测方法，因为细胞在实际操作中可受到的影响因素有很多，所以该检测方法比较耗时耗力，而且结果判定还需要试验人员具备一定的经验。该试验通常在 96 孔微孔板中操作，用 Vero 细胞或原代羔羊肾细胞培养。

（2）琼脂凝胶免疫扩散（AGID）。AGID 检测方法操作相对简单，用时短，一般一天就可以获得结果，对实验条件要求较低，在室外和一般实验室都能进行，但其灵敏性不高，温和型的 PPRV 病例分泌物中的抗原量较少，利用此方法就检测不到结果。PPRV 标准品抗原是由被感染动物的肠系膜、脾或肺、支气管淋巴结加缓冲液悬浮制成。阴性对照抗原是同样方法制成的正常动物组织悬液。

（3）对流免疫电泳（CIEP）。CIEP 是目前为止最快的一种检测抗原的方法，且操作简单。在本方法中，受电场的作用，抗原抗体分子只能做定向运动，限制其自由扩散，这就在一定程度上增加了抗原抗体的浓度，从而使敏感性提高。因此，该方法比琼脂扩散的敏感性高 10 ～ 16 倍。

（4）酶联免疫吸附试验（ELISA）。ELISA 是小反刍兽疫应用最广泛的诊断方法之一。与其他血清学诊断方法相比，ELISA 方法更加简单快捷，可以用于对大量样品的检测。随着 ELISA 技术的不断发展，间接 ELISA、竞争 ELISA 和夹心 ELISA 的应用也更加普遍。世界动物卫生组织把竞争 ELISA 作为小反刍兽疫的标准诊断方法。目前，报道的竞争 ELISA 检测方法大多数都是针对重组 N 蛋白和 H 蛋白。Libeau 等利用重组杆状病毒表达的 N 蛋白建立了一种竞争 ELISA 方法，用此方法检测 PPRV 抗体，取得了比较好的效果，可以快速鉴别 PPRV 和 RPV。利用单克隆抗体，也可以大大提高检测的特异性。2010 年，毛立等建立了一种检测 PPRV 血清抗体的单抗竞争 ELISA，以单抗作为竞争抗体，纯化后的 PPRV 的 N 蛋白作为包被抗原，经试验证实，该方法特异性和敏感性都较高，与国外同类方法相当。

（5）胶体金试纸条。近年来，随着胶体金试纸条的不断发展，胶体金试纸条也被应用到 PPRV 的检测。2013 年，何红菊成功地建立了一种特异性强且方便快捷的检测 PPRV 的胶体金免疫层析试纸条。该方法耗时短、成本低，对试验环境要求不严格，是一种值得推广的快速检测方法。

3. 分子生物学诊断方法

（1）反转录聚合酶链式反应（RT–PCR）。RT–PCR 是目前应用最为广泛的一种检测技术，该方法耗时短，特异性高，能够在短时间内判断检测样品中是否存在病毒，且所需检测样品量少。1995 年，Forsyth 等首次建立 RT–PCR 方法，可以快速鉴别 PPRV 和 RPV。在国内，毛立等建立了一种可以特异扩增 PPRV 的 N 蛋白的突变基因，而不能扩增 RPV 和 CDV 的 N 基因的检测方法。对试验条件进行优化后，其灵敏性更高，可以检测到低拷贝数的病毒 RNA 含量。

（2）环介导等温扩增检测方法（LAMP）。张忠湛等针对 PPRV N 基因保守区设计 2 对特异性引物和 1 套环引物，对反应体系中的 Mg^{2+}、dNTP（脱氧核糖核苷三磷酸）、环引物和反应温度等条件分别进行优化，建立了用于检测 PPRV 的环介导等温扩增方法。建立的 LAMP 方法检测 PPRV 时，在 62℃水浴锅中反应 30 min 即可直接观察结果。该方法具有高度特异性，可检测到 1.6 个 $TCID_{50}$（半数组织培养物感染量）PPRV。

六、类症鉴别

1. 羊传染性胸膜肺炎（羊支原体病）

相似点：有传染性。病羊体温升高（41 ～ 42℃），食欲减退，精神沉郁，有咳嗽，眼、鼻有分泌物，口流涎，呼吸困难，口腔黏膜发生溃疡。

不同点：该病以浆液性和纤维素性肺炎和胸膜炎为特征症状。最急性型病例可在 12 ～ 36 h 内呼吸极度困难而窒息死亡。急性型病例鼻汁呈铁锈色，肺部叩诊呈浊音或实音，听诊肺泡呼吸音减弱、消失或捻发音；唇、乳房等处皮肤发疹，不见严重腹泻症状。剖检可见，病变局限于胸腔，肺表面凹凸不平，红色或灰色，切面大理石样，流带血液和大量泡沫的褐色液体；胸肋膜变厚，附着纤维素，肺胸膜、肋胸膜、心包膜互相粘连。胸腔积淡黄色液体，遇空气凝集。

2. 羊巴氏杆菌病

相似点：有传染性。病羊精神沉郁，食欲废绝，体温升高（41 ～ 42℃），呼吸急促、困难，咳嗽，眼、鼻流分泌物，腹泻。

不同点：最急性型病例突然发病，数分钟至数小时死亡。急性型病例可视黏膜潮红，病初便秘，颈部、胸下部水肿；不见口腔黏膜弥漫性溃疡。剖检可见，病羊皮下有浆液浸润，胸腔有黄色渗出物，病程长的可见纤维素性胸膜肺炎和心包炎。取病羊血液、黏液、心、肝、脾、渗出物涂片镜检，可见大量革兰氏阴性两端钝圆的杆菌。

3. 羊蓝舌病

相似点：有传染性。病羊体温升高（40 ～ 42℃），食欲废绝，精神委顿，口腔黏膜糜烂、溃疡，呼吸困难，腹泻，消瘦；怀孕母羊流产。

不同点：发病率、死亡率低于 PPR。病羊口腔黏膜、舌发绀呈蓝紫色；蹄冠、蹄叶有炎症，跛行，卧地不起；不见眼结膜炎。剖检可见，皮肤及黏膜有小出血点；蹄、腕、跗趾间的皮肤有发红区；肌肉纤维变性，皮下组织广泛充血和胶冻样浸润。

七、防治措施

PPR 属于一类重大动物疫病，危害极其严重，必须进行科学处理和防范。一旦发现疫情，应立即按照《中华人民共和国动物防疫法》《重大动物疫情应急管理条例》和《小反刍兽疫防治技术规范》等法律法规，及时报告和确诊疫情，按照一类动物疫情处置方法立即划定疫点、疫区进行隔离封锁，对发病和感染动物进行扑杀、销毁，防止疫情继续扩散。对该病而言，没有特效药，防治最主要的方式还是以预防为主。从控制传染源、阻断传播途径、保护易感动物等方面进行防控。

1. 控制传染源

一旦有小反刍动物被确诊为小反刍兽疫的，应立即向当地兽医主管部门、动物疫病预防控制中心报告，由当地主管部门进行处理。对染疫的动物扑杀、消毒、进行无害化处理，对疫区和受威胁地区的动物进行紧急免疫接种，严格控制一切可能的传染源，禁止任何动物和相关动物产品进出疫区。同时，要禁止从发生过小反刍兽疫的国家和地区引进小反刍动物。

2. 阻断传播途径

切断传播途径最主要的方法就是消毒，酒精、酚类消毒剂、碘类消毒剂以及碳酸钠等碱类消毒剂对防控小反刍兽疫都有很好的效果。消毒前要清除被污染的饲料、饮用水、粪便等杂物。对不同的物品、场地等消毒要采取不同的消毒方式：对羊舍、车辆及屠宰加工等场所可以用消毒液清洗、喷洒等方式消毒；对一些金属设备，可以采用火焰消毒和熏蒸消毒；对人员办公、居住的场所可以采用消毒液喷洒消毒方式。

3. 保护易感动物

一旦发生该病，必要时，经农业农村部批准，可以采取免疫措施。日常要对易感动物进行免疫接种，通常在 6 月之前对 2 ～ 6 月龄的羔羊进行免疫接种，目前，最常用的是小反刍兽疫弱毒疫苗，可经颈部皮下注射，2 周左右即可产生免疫抗体。

4. 加强饲养管理和检疫

在平时没有发生小反刍兽疫的时候，也要做好各项防控准备，对于养殖户而言，保持养殖场内的环境卫生对预防小反刍兽疫的发生也有不可小觑的作用。要经常对畜舍环境进行消毒，保持养殖场内通风良好、安全卫生。同时，要避免从来源不明、风险较大的动物交易市场引进山羊或绵羊。

及时对动物进行免疫，尤其是新生羔羊和刚引进的羊只。此外，经常检查动物的精神状态和临床表现，一旦发生可疑情况要及时上报相关部门，切忌私自解决，以免疫情进一步扩大。

5. PPRV 消灭计划

2012 年，世界动物卫生组织提出“PPR 全球控制战略”。PPR 虽然是一种新的危害极其严重的外来传染病，但是，消灭该病还是有一定可能性的。首先，PPRV 只有一个血清型，即一种单一基因系的疫苗都可以预防另外 3 系的 PPRV 病毒感染。目前，应用最广泛的 Nigeria 75/1 弱毒疫苗就可以很好地预防 PPRV 所有 4 个系的病毒感染，且接种该疫苗生产的抗体可达 3 年以上。其次，PPRV 不通过虫媒介传播，这就在一定程度上限制了 PPRV 的传播；同时，该病毒宿主单一，只是感染小反刍兽，且大部分发生疫病的感染宿主是山羊和绵羊。最后，PPRV 并不是人兽共患病，不会导致接触人员的感染。到目前为止，PPR 未造成全球范围内的流行，只在非洲和亚洲流行，美洲、欧洲和大洋洲并没有发生该病的报道。随着技术储备的不断成熟、人们对小反刍兽疫的研究不断深入，从 PPRV 的病原分子学、发病机制、病原学诊断到 PPRV 的疫苗预防等方面都取得了惊人的进展。因此，我们完全相信，PPR 的疫情将逐渐得到控制，世界动物卫生组织制订对消灭 PPR 的计划在不久的将来也会实现。

第二节　口蹄疫

口蹄疫（FMD）是由口蹄疫病毒引起的偶蹄动物多发的一种急性、热性、高度接触传染性的动物疫病，主要感染对象为猪、牛、羊等偶蹄家畜及野生偶蹄动物。在我国又被称为“口疮”“蹄癀”和“五号病”。该病的主要特征是口腔黏膜、舌面、鼻镜、乳头、蹄叉及附蹄周边皮肤形成或发生水疱，水疱易破溃，液体溢出形成烂斑。

1514 年，口蹄疫首次被发现于意大利，但是，直到 1898 年，德国一所大学卫生研究所微生物学家才证明该病病原为滤过性病毒。目前，该病广泛分布于世界各地，除有少数国家已经消灭该病外，至今仍有 70 多个国家还有发生。该病的发病率几乎达 100%，且传播速度极快，但死亡率不高。由于该病传染性极强，对病畜和怀疑处于潜伏期间的同群动物必须紧急处理，对疫点周围的广大范围必须隔离封锁，禁止动物移动和畜产品调运，由此可导致一个国家的畜产品进出口贸易停止，造成巨大的经济损失和政治影响，所以，世界动物卫生组织将该病列入世界范围内重要传染病研究行列，我国将其列为一类动物疫病进行防治。

一、病原

1. 分类与形态特征

该病的病原为口蹄疫病毒（FMDV）。国际病毒分类委员会（ICTV）病毒分类第八次报告将 FMDV 归为小 RNA 病毒科口蹄疫病毒属的成员。到目前为止，已经发现了 7 个血清型，即 A 型、

O 型、C 型（统称为欧洲型）、SAT1 型、SAT2 型、SAT3 型（南非 1 型、南非 2 型、南非 3 型，称为非洲型）和 Asia Ⅰ型（称为亚洲型），各血清型间无交叉免疫反应。

FMDV 是已知动物 RNA 病毒中最小的，病毒粒子直径为 20 ～ 30 nm，近似呈球形，无囊膜。完整病毒粒子由衣壳包裹一分子的 RNA 组成，分子量 6.9×10^6 Da，沉降系数 146 S。口蹄疫病毒的衣壳呈二十面体，衣壳上有高度疏水的小洞，它允许铯离子进入。这一特性决定了口蹄疫病毒粒子有高的浮密度，在小 RNA 病毒中最高。完整的病毒粒子的氯化铯浮密度为 1.43 g/mL，病毒粒子表面相对光滑，无其他小 RNA 病毒的沟（pit）或谷（canyon）。结构蛋白的三维结构和其他小 RNA 病毒相似，由 8 个 β－折叠和 2 个 α－螺旋组成。

2. 培养特性

口蹄疫病毒可在牛舌上皮细胞、甲状腺细胞、牛胚胎皮肤－肌肉细胞以及猪和羊胎肾细胞、兔胚胎肺细胞、幼仓鼠肾细胞（BHK–21 细胞）内增殖，并常引起细胞病变（CPE），其中，致猪肾细胞（IBRS–2 细胞）的 CPE 比牛肾细胞更明显，犊牛甲状腺细胞对口蹄疫病毒极为敏感，并产生极高效价的病毒。幼仓鼠肾和猪肾等细胞系，如 BHK–21 细胞和 IBRS–2 细胞亦被广泛用于口蹄疫病毒的增殖。豚鼠是常用的分离和培养口蹄疫病毒的实验动物。未断乳的小白鼠对该病毒非常敏感，是分离口蹄疫病毒常用的实验动物。

3. 理化特性

该病毒对外界的抵抗力较强，低温下十分稳定，在 4 ～ 7℃下可存活几个月，用 50% 甘油盐水中保存的水疱皮在 5℃环境下可存活 1 年以上，–70 ～ –50℃可以保存几年。但高温和紫外线对病毒有杀灭作用，37℃只能存活 48 h，60℃时，15 min 即可杀灭，煮沸时 3 min 即可杀死，在直射阳光下 1 h 即可被杀死，所以在夏季高温季节很少暴发。

该病毒对酸、碱都非常敏感，在 pH 值为 6.5 的缓冲液中，在 4℃条件下 14 h 可灭活 90%，当 pH 值为 5.5 时 1 min 可灭活 90%，当 pH 值为 5.0 时，1 s 即可灭活 90%。根据此特点，肉品可用酸化处理，利用肌肉后作用时产生的微量乳酸来杀死病毒。但在动物的骨髓、淋巴结、脂肪和腺器官中产酸少，所以往往有病毒长期存活。在鲜牛奶中，病毒可在 37℃下存活 12 h，在 18℃下存活 6 d；在乳酸中，病毒则迅速死亡。

在质量百分比浓度为 1% NaOH 溶液中，1 min 便可杀死该病毒，但该病毒对乙醚等化学消毒药抵抗力很强，1∶1 000 的升汞溶液，3% 来苏儿，6 h 不能杀灭该病毒，在 1% 石炭酸中可存活 5 个月，70% 酒精中可存活 2 ～ 3 d。所以，常用 2% NaOH、2% KOH、4% Na_2CO_3、1% ～ 2% 甲醛溶液或 30% 草木灰水等用于畜舍的消毒，其效果较好。

4. 发病机理

口蹄疫病毒侵入机体以后，首先在侵入部位的上皮细胞内繁殖，使上皮细胞逐渐肿大、变圆，发生水疱性变性和坏死。以后由于细胞间隙出现浆液性渗出，从而形成一个或多个小水疱，称为原发性水疱或第一期水疱，当机体抵抗力不足以抵御病毒的致病力时，则病毒由原发性水疱进入血液而扩散到全身，引起病毒血症，病畜出现体温升高、食欲减退、脉搏加快等症状。这时除病畜的唾液、尿、粪便、乳汁、精液等分泌物、排泄物含大量病毒外，病毒还在口腔黏膜、蹄部、瘤胃和乳房等部位的黏膜与皮肤的上皮细胞内继续增殖，使上皮细胞肿大、变性和溶解，形成大小不等的空腔，后者相互融合，便形成继发性水疱或第二期水疱，继发性水疱发生于人工感染后 48 h，继发性水疱破裂后，于口腔黏膜、舌、皮肤和蹄部形成糜烂和溃疡病灶，此时患病家畜表现大量流涎和采食困难，蹄部病变可导致跛行。

二、流行病学

1. 易感动物

口蹄疫几乎感染所有的偶蹄动物。在自然感染中最易感的是牛，其次为猪、山羊、绵羊和驯鹿，在严重流行和大量口蹄疫病原体传播情况下，有时也能使骆驼，甚至使人患病，其流行强度与易感动物的种类和数量密切相关。动物对口蹄疫的易感性与动物的生理状态（妊娠、哺乳）、饲养条件和使役强度等因素有关系。口蹄疫暴发时若正值牛、羊、猪产仔期间，可导致所有的新生动物大批死亡（几乎 100%），耐过母畜发病重且有并发症。

2. 传染源

病畜是最危险的传染源。口蹄疫在发病初期传染性最强，病畜的水疱皮、水疱液、唾液、粪便、奶和呼出的气体，都含有大量有致病力的病毒。不同种类的患病动物及病程的不同阶段，排出病毒的数量和毒力不同，急性发作的牛和猪，在临床症状表现期排出的病毒特别多，也最危险。绵羊和山羊的口蹄疫，没有明显的临床症状，难以诊断。但它能成为病毒的储存器，造成流行的潜在危险，潜伏期的动物，在未发生口腔水疱前就开始排毒，病愈的动物在病愈后数周至数月仍可带毒，成为传染源。另外，口蹄疫病毒在外界环境中有很强的抵抗力，一有机会就能侵入动物机体复壮，并迅速增殖，因此环境的污染也可造成该病的传播，如污染的水源、棚圈、工具和接触过病毒人员的衣物、鞋帽等。

3. 传播途径

当病畜和健康畜在一个厩舍或牧群相处时，病毒常借助于直接接触方式传播，这种传播方式在牧区大群放牧、牲畜集中饲养的情况下较为多见。通过各种媒介而间接接触传播也具有实际意义。据报道，在陆地上，病毒可经风传播到 60 km 以外的地方，而在海上可传播到 250 km 以外的海面。高湿、短日照、低气温等气候条件有助于空气传播。病毒还可以通过带毒家畜和被污染畜产品的流通，船舶和飞机上的被污染的泔水，风、人和鸟的机械性携带等途径跨国传播。

4. 流行特点

该病的发生没有严格的季节性，但其流行却有明显的季节规律。有的国家和地区以春秋两季为主。一般冬春季较易发生大流行，夏季减缓和平息。口蹄疫的暴发流行有周期性的特点，每隔 1 ～ 2 年或 3 ～ 5 年就流行一次。口蹄疫与一般传染病不同的是它较易从一种动物传到另一种动物。但在某些流行过程中，仅感染牛、羊，而不感染猪，或者仅感染猪而不感染牛、羊。由于病毒型不同，因此每个单独的病毒型都可引起动物的一次发病。新流行地区发病率可达 100%，老疫区发病率 50% 以上。

三、临床症状

该病的典型症状表现为发热，口腔黏膜、蹄部皮肤、乳房、乳头、鼻端、鼻孔等部位出现水疱和溃疡等症状。羊感染口蹄疫病毒后一般经过 1 ～ 7 d 的潜伏期出现症状。

病羊染病初期体温升高可达 40 ～ 41℃，食欲降低，精神沉郁，闭口、流涎（图 4-2-1、图 4-2-2），脉搏和呼吸加快。口腔、蹄、乳房等部位出现水疱、溃疡和糜烂（图 4-2-3 至图 4-2-6）。严重病例可在咽喉、气管、前胃等黏膜上发生圆形烂斑和溃疡，上盖黑棕色痂块。

图 4-2-1　病羊闭口、流涎（窦永喜　供图）

图 4-2-2　病羊精神沉郁（窦永喜　供图）

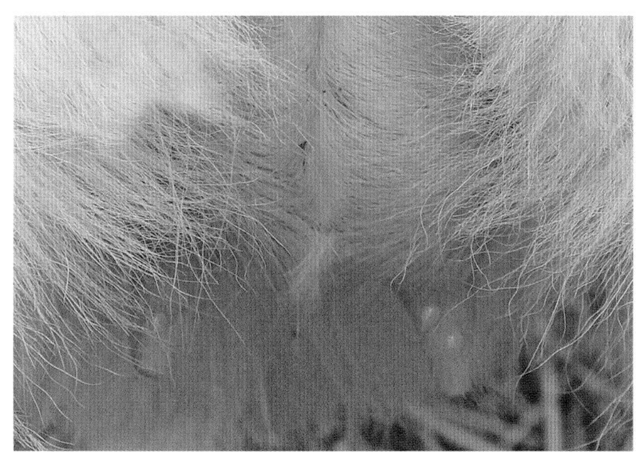

图 4-2-3　病羊乳房有黄豆大水疱（窦永喜　供图）

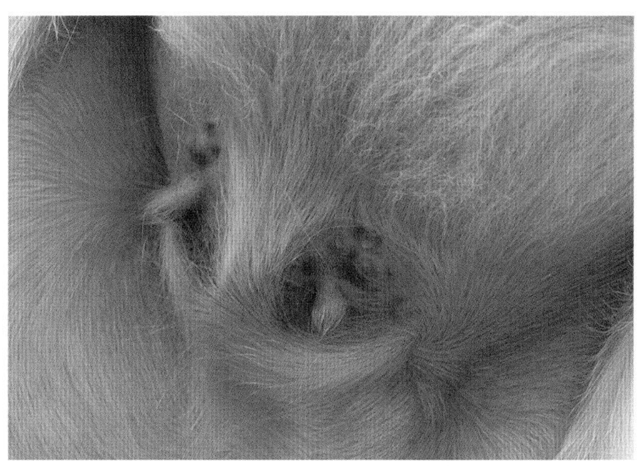

图 4-2-4　病羊乳房出现水疱、溃疡和糜烂（窦永喜　供图）

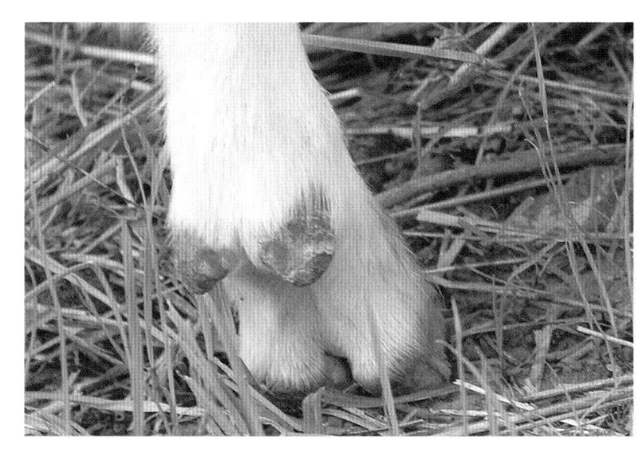

图 4-2-5　病羊蹄冠及蹄叉有黄豆大水疱（窦永喜　供图）

图 4-2-6　病羊蹄冠及蹄叉脓疱破溃形成黄色痂皮（窦永喜　供图）

绵羊水疱多见于蹄部，可有轻度跛行（图4–2–7），口腔黏膜变化较轻；山羊水疱多见于口腔，呈弥散性口腔黏膜炎，水疱见于硬腭和舌面，蹄部病变较轻。该病可引起哺乳羊泌乳量显著减少，孕羊可引起流产。水疱破溃后，体温明显下降，症状逐渐好转。

恶性口蹄疫常表现全身虚弱，肌肉发抖，站立、步态不稳，反刍停止，食欲废绝，心跳加快，节律失常，可突然死亡。

图 4–2–7　病羊跛行（窦永喜　供图）

四、病理变化

除口腔、蹄部的水疱和烂斑外，病羊消化道和胃黏膜有出血性炎症和坏死（图 4–2–8），心包膜有弥散性及点状出血（图 4–2–9），心肌松软，心表面和肌切面有灰白色或淡黄色条纹，或者有不规则的斑点，称“虎斑心”（图 4–2–10、图 4–2–11）。患恶性口蹄疫时，咽喉、气管、支气管和前胃黏膜有烂斑和溃疡形成（图 4–2–12、图 4–2–13）。

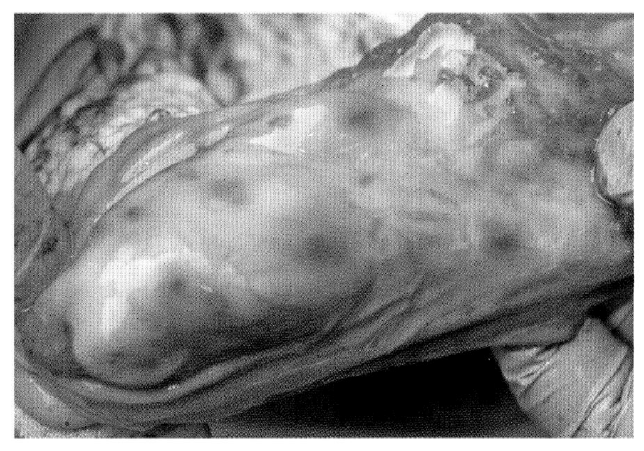

图 4–2–8　病羊真胃有大小不等的坏死区域，其低于周围正常组织（窦永喜　供图）

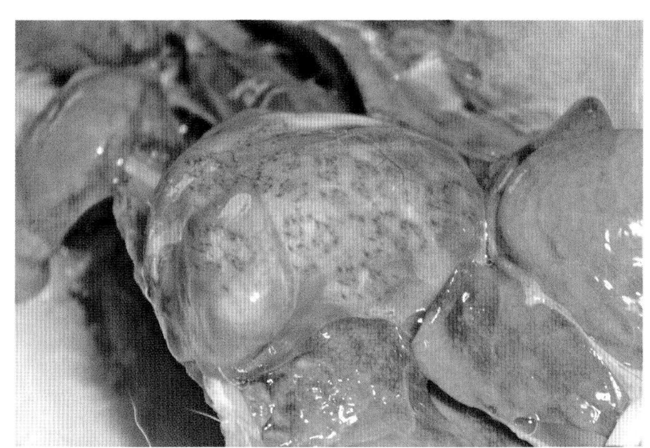

图 4–2–9　病羊心包膜有弥散性及点状出血（窦永喜　供图）

图 4–2–10　病羊心肌表面上有灰白色斑点或条纹，像老虎皮上的斑纹，俗称“虎斑心”（窦永喜　供图）

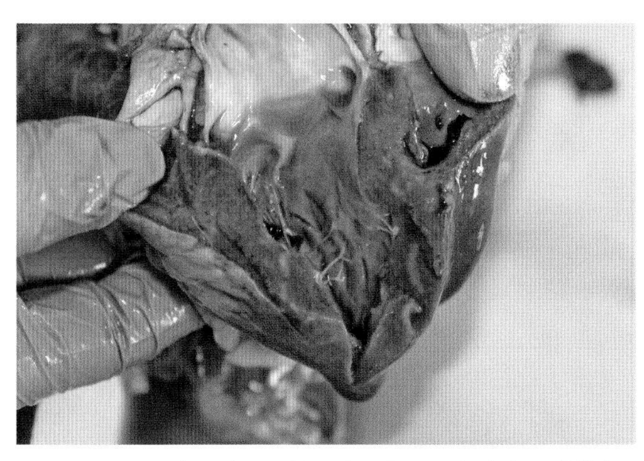

图 4–2–11　病羊心肌松软，心肌切面有灰白色或淡黄色条纹（窦永喜　供图）

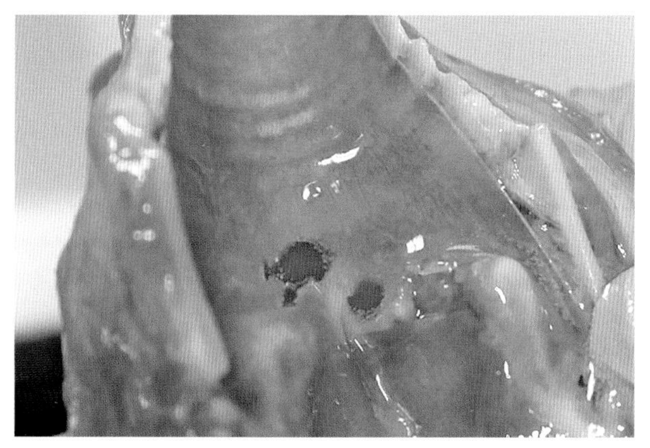

图 4-2-12 病羊喉头黏膜有不规则溃疡面（窦永喜 供图）

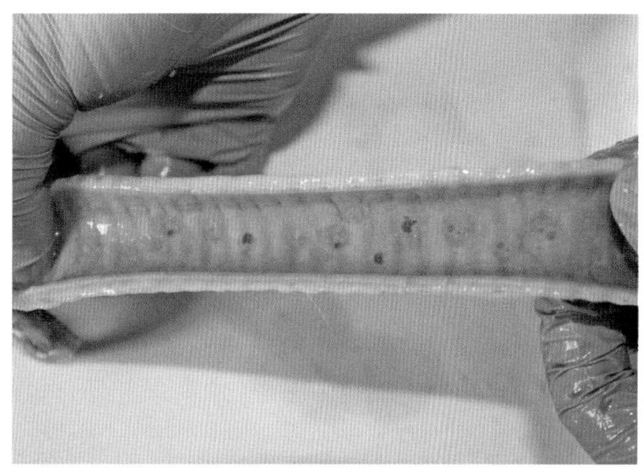

图 4-2-13 病羊气管表面上有多处圆形烂斑和溃疡（窦永喜 供图）

五、诊断

1. 病毒分离

病毒分离技术是诊断口蹄疫的黄金标准，多采用接种动物和组织培养细胞的方法自患畜病料中分离病毒和进行病毒血清型的鉴定。病毒的分离鉴定，包括动物实验和细胞培养，病毒分离鉴定必须在 BSL-3（生物安全防护三级）实验室中进行。

（1）动物接种。乳鼠、豚鼠、仓鼠、乳兔是用于 FMDV 分离的实验动物，以乳鼠和豚鼠最为常用。通常情况下，进行 FMDV 的分离需要用数只乳鼠，以便观察接种乳鼠的死亡情况。如果致病性毒株非常重要时，也可以采用牛等易感动物来分离病毒。

（2）细胞培养。FMDV 可在牛舌上皮、牛肾、豚鼠肾、仓鼠肾和兔肾等原代细胞及猪肾和乳仓鼠等细胞系内增殖。最初用于检测 FMDV 的细胞是初代猪肾细胞，后来随着细胞系的逐渐增加，许多细胞均可用于 FMDV 的分离。由于小牛甲状腺（CYT）细胞对 FMDV 最为敏感，能产生很高的病毒滴度，所以 CYT 细胞在检测病料时具有很好的价值。由于原代细胞存在经过传代后敏感性下降等缺点。目前，许多实验室将 CYT 细胞与 IBRS-2 细胞、BHK-21 等传代细胞结合，作为分离 FMDV 的常规方法。

2. 血清学检测技术

（1）病毒中和试验。该方法的原理是，血清中和抗体与病毒相互作用后，使病毒失去吸附细胞的能力或抑制其侵入和脱壳，从而丧失对易感动物和敏感细胞的感染力，其试验方式有 2 种：固定病毒含量稀释血清法和固定血清含量稀释病毒法。试验方法有：乳鼠中和试验（VNT）、细胞中和试验、微量细胞中和试验和空斑减少中和试验。在 FMD 血清学方法中，VNT 最为经典，是评价疫苗效果和检验其他方法的“金标准”，但操作烦琐，需要培养细胞和活病毒，对实验室生物安全级别和操作人员技术要求较高，而且 VNT 法不能区分免疫抗体和感染抗体。

（2）AGID 技术。Brown 等从 FMDV 感染的组织中发现了病毒感染相关抗原（Virus infectious associated，VIA），即 FMDV 非结构蛋白 3D，并建立了 AGID。但 Newman 等证实了 FMD 病毒本身包裹进 RNA 聚合酶，灭活疫苗免疫后可检出 3D 抗体。因此，使用 AGID 试验已被认为不能区分感染动物和注射疫苗动物。

（3）补体结合试验。1992 年，Brooksby 建立了 CFT（补体结合试验），它是最早标准化的检测方法，成功地用于 FMDV 分型鉴定，一直被世界动物卫生组织参考实验室和 FMD 研究或定型中心应用至今。最初的 CFT 是在试管中进行的，用于待检血清定型，后来被微量法所代替，微量法操作简便，节省试剂，用于亚型和毒株抗原差异分析。CFT 的缺点为敏感性不高，且易受样品中的亲补体性和抗补体性物质的干扰。

（4）间接血凝试验（IHA）。该方法主要有 2 种：正向 IHA 检测和反向 IHA 检测。正向 IHA 检测血清抗体的方法是将 FMDV 的 A 型、O 型、C 型、Asia Ⅰ型可溶性抗原分别吸附于红细胞表面，与被检相应抗体结合，在有电解质存在的适宜条件下发生肉眼可见的凝集反应，对 FMD 自然动物康复后的血清抗体和疫苗免疫后动物的血清抗体进行分型。反向 IHA 检测是将 FMDV 的 A 型、O 型、C 型、Asia Ⅰ型抗原分别免疫动物，获得的高免抗血清经提纯后分别标记于红细胞表面，与 FMDV 结合发生特异性血凝反应。该方法是用已知抗体检测未知抗原，进而对 FMDV 进行分型。IHA 的优点是试验所需设备简单、操作简便、结果易判定，缺点是不能区别 FMD 自然感染动物血清抗体和疫苗免疫动物后的血清抗体。

（5）ELISA。液相阻断 ELISA（Liquid-phase blocking ELISA）是国际贸易指定的 FMDV 抗体检测方法。2003 年，Chanard 等建立了固相竞争 ELISA 用于 FMDV 的检测。其基本原理是被检血清中的 FMD 抗体和定量的型特异性 FMD 豚鼠抗血清相互竞争，与固相抗原结合，被检样品中抗体量越多，结合在固相上的酶标抗体越少，因此，阳性反应呈色浅于阴性反应。该方法只需浓缩的、半纯化的灭活全病毒 146S 做抗原，来检测 FMDV 的抗体，现已广泛用于实验室诊断。固相竞争 ELISA 的优点是特异性超过 99.5%，对 FMDV 感染后 8 d 的病料，敏感性可达 100%，假阳性率较低。

2005 年，刘在新等在国内首先提出应用 3ABC 间接 ELISA 方法诊断 FMD，该方法是用 2C、3AB、3ABC 及 3D 等 FMDV 非结构蛋白做诊断抗原，来区分免疫动物血清抗体和自然感染动物血清抗体。

1987 年，Roeder 等建立了间接夹心 ELISA 方法，用于 FMDV 和血清样品的诊断。该方法是世界动物卫生组织口蹄疫参考实验室确认的检测 FMDV 和鉴定病毒血清型应优先采用的方法。2007 年，吴国华等发展了夹心 ELISA 的方法，建立了 FMD 定型夹心 ELISA 诊断方法。该方法可对 A 型、O 型、Asia Ⅰ型 FMDV 鼠毒和细胞毒进行检测。

3. 分子生物学诊断方法

随着分子生物学技术的发展，以及对 FMDV 病毒研究不断深入，近年来，已建立起检测 FMDV 的各种分子生物学方法，主要包括寡核苷酸指纹图谱法（Aligonucleotide fingerprinting）、PCR、核酸杂交技术（Nucleic acid hybridization）、聚丙烯酰胺凝胶电泳技术（Polyacrylamide gel electrophoresis，PAGE）和基因芯片技术（DNA chips）等。

（1）寡核苷酸指纹图谱法。该方法的原理是将同位素标记在病毒核酸上，然后用专切 3′ 端 G 碱基的核酸 T1 酶消化，经电泳后放射自显影即可获得该病毒特有的带型，即指纹图，其优点是重复性好，能测定毒株间的相关性，可用于病毒变异研究和追踪疫源；缺点是对仪器设备的要求较高，不适于现场对 FMD 的诊断。

（2）PCR。1991 年，Meyer 等用 PCR 检测感染组织中的 FMDV RNA。1996 年，朱彩珠等用 RT-PCR 技术检测猪组织中的 FMDV。1997 年，Callons 设计了 7 对引物用于检测 FMDV，而且可

以根据不同引物的 PCR 产物对 FMDV 进行分型。

2002 年，娄高明证实 RT- PCR 对细胞毒的检测敏感度可达到 $TCID_{50}$，比动物试验高 100 倍左右。2003 年，Margarita 根据 FMDV 编码 RNA 聚合酶基因序列设计合成 1 对引物，经 RT–PCR 扩增获得 454 bp 扩增产物。

2005 年，包慧芳等建立了荧光实时定量 RT–PCR 检测 FMDV 的方法，该方法利用 TaqMan 技术，选择 3D 基因区设计了一组特异的引物和探针，可快速检测 O 型、A 型、C 型及 Asia Ⅰ型 FMDV，且可对病毒进行定量检测，具有高度的特异性和实时性。

（3）核酸杂交技术。1998 年，Rossi 等用 ^{32}P 标记克隆在质粒上的 FMDV 基因组聚合酶序列作为探针，检测实验感染口蹄疫病毒牛的食道 – 咽部刮取物取得了成功。该方法为进出口动物 FMD 检疫提供了快速、准确的检测方法，其缺点是要求用活毒进行检测，对实验室的要求较高。

（4）基因芯片技术。基因芯片技术的原理是将具有代表性的血清型或基因型的 *VP1*、*VP3* 基因片段点阵于芯片上，与荧光分子标记的流行毒 cDNA 或 RNA 杂交，再用芯片扫描仪和相关软件进行荧光信号读取和数据转化分析，可很快查明该样品与芯片中哪个毒株关系密切，从而明确该样品毒株的血清型和基因型。该方法既可用于免疫动物抗体水平的检测，也可用于鉴别免疫动物和自然感染动物，缺点是对仪器设备要求较高。

（5）聚丙烯酰胺凝胶电泳技术（PAGE）。1994 年，Harris 等用 PAGE 对口蹄疫病毒 SAT Ⅰ型强毒株和弱毒株进行了生物化学分析，认为不同的 FMD 毒株，其结构多肽的氨基酸组成是有变化的，特别是 FMDV 的结构蛋白 VP1、VP2 和 VP，该方法的优点是敏感性、特异性高，缺点是对操作人员技术水平要求较高，且检测时间过长。

此外，用于诊断口蹄疫的方法还有 SPA 偶联抗体法、免疫金标记快速检测试纸法、染色体自我复制法、色谱带试验等，高效液相色谱技术、紫外分光光度计检测技术和蛋白上清液检测系统在 FMDV 的分析中也有应用。由于控制口蹄疫的关键在于早期诊断，因此探索一种大量、快速、高效的检测方法仍是今后研究的热点。

六、类症鉴别

1. 羊蓝舌病

相似点：有传染性。病羊发热，食欲不振，精神沉郁，流涎，口腔黏膜出现糜烂，蹄部出现溃烂。

不同点：羊蓝舌病有明显的季节性，一般发生于 5—10 月。病羊口唇水肿，会蔓延至面部和耳部，甚至是颈部和腹部，口腔黏膜充血而后发绀，呈青紫色；鼻流炎性、黏性鼻液，结痂；患病部位不出现水疱。剖检可见病羊舌发绀，似蓝舌头，瘤胃可见暗红色区域，不见口蹄疫的特征性“虎斑心”病变。

2. 羊传染性脓疱

相似点：有传染性，发病率高。病羊口腔、蹄部、乳房等部位有水疱、烂斑、溃疡。

不同点：羊传染性脓疱死亡率低，病羊患病部位先出现丘疹，发展为水疱，并迅速变为脓疱，破溃后结疣状硬性结痂，严重病例结痂后形成痂垢并相互融合，甚至可波及整个口唇、口腔黏膜、颜面部、眼睑等部位，更为严重者整个嘴唇齿牙处有肉芽桑葚样增生。外阴型病例可在母羊阴唇、公羊阴茎等部位出现水疱、脓疱。剖检脏器无明显变化。

七、防治措施

1. 预防

（1）定期接种口蹄疫疫苗。口蹄疫弱毒苗注射后 14 d 产生免疫力，免疫期 4 ～ 6 个月。

种羊场、规模羊场免疫程序：种公羊、后备母羊每年接种疫苗 2 次，间隔 6 个月免疫 1 次，每次肌内注射单价苗 1.5 mL；生产母羊在产后 1 个月或配种前免疫，每年的 3 月、8 月各免疫 1 次，每次肌内注射 1.5 mL。

农村散养羊免疫程序：成年羊每年免疫 2 次，间隔 6 个月免疫 1 次，每次肌内注射 1.5 mL；羔羊出生后 4 ～ 5 个月免疫 1 次，肌内注射 1 mL，隔 6 个月再免疫 1 次，肌内注射 1.5 mL。

（2）严格实行隔离。一旦发现羊群出现疑似口蹄疫症状，第一时间报告当地畜牧兽医行政管理部门，一经确诊，立刻对疫点进行封锁，将死羊和扑杀后的病羊进行焚烧和深埋。禁止销售和食用病死羊。对疫区所有场地进行消毒，可用 5% 火碱。未发病羊进行紧急预防接种，禁止运出和购进种羊，疑似病羊隔离待观察。若需要购买小羊，应了解来源地疫病情况，查验动物检疫证明，确认健康后，再对羊进行身体检查，分辨其皮肤、蹄部、口腔、舌面是否有水疱和结痂，查看呼吸和粪便是否正常。如需要大批购买小羊，则联系当地畜牧兽医部门，对小羊进行疫苗接种，7 d 后若无异常才能运回；再隔离检疫，15 d 后若无异常允许进入场舍，进行合群养殖。

（3）加强饲养管理。要经常打扫羊舍，定期清理用具，保持圈舍干燥，及时清理羊群粪便和其他污物。保持饮水清洁，避免羊口腔感染，禁止饮用脏水和冰冻水。做好环境管理，保持羊舍周围环境清洁，及时处理垃圾和杂物，定期消毒除害，填平污水坑，避免病毒滋生。加强饮食安全管理，要对饲料进行检查，看是否有钉子、铁丝等硬物，避免羊口腔被利器刮伤导致感染病毒和消化道受到损伤。

（4）强化防疫制度。严格管理，要固定工作人员，进出圈舍时要更换工作服和鞋子，严禁闲杂人等进出圈舍；若非必要情况，其他人进入圈舍需要更换衣服和鞋子。严控羊只销售环节，在进行羔羊和种羊销售时严禁其他人员和羊只进入圈舍内，所有程序都在生产区外进行。工作人员要做好衣物和用具的管理，严格分开放置和使用，定期进行消毒和清洗。粪便和褥草不能堆积放置在离羊舍近的地方，进行密闭高温发酵后才能用作肥料。发现病死羊后对其解剖时必须要远离羊舍。

（5）加强消毒管理。定期使用消毒液对羊舍进行消毒。消毒前先将羊舍清空，把设施搬出后再进行消毒。消毒清理区域包括地面、墙壁、羊栏和道路等，消毒后进行高压水冲洗，冲洗后将羊舍晾干，待舍内干燥后再进行消毒。空间、非金属物品消毒可用 2% NaOH 溶液、菌毒杀 2 000 倍液、劲碘 1 500 倍液。金属物品需用 0.1% 新洁尔灭消毒。羊舍内设施先用水清洗后再用火碱消毒，在日光下经紫外线消毒后备用。新进羊在入舍前 3 d 需要将门窗封闭，之后用高锰酸钾和甲醛溶液进行熏蒸，经过一昼夜后打开门窗通风 24 h。若为产房则在羊产羔前进行彻底消毒。

2. 治疗

羊群一旦发生口蹄疫，应按照相关规定进行扑杀和无害化处理，禁止治疗，但对于经济价值高的珍稀种羊，可采取以下措施治疗。

（1）精心饲养，加强护理。若发现疑似口蹄疫羊只则立刻更换饲料和饲草，确保干燥柔软。若病羊无法进食则喂以稀糊状食物，避免病羊因饥饿导致抵抗力下降而死亡。

（2）清洗口腔，处理痂皮。可用 1% 高锰酸钾、食醋进行冲洗，糜烂面上可涂 5% 碘甘油。还可在食槽中加入 3% ～ 5% 浓盐水，有良好消毒效果，促进痊愈。

（3）洗涤出现水疱和溃烂处。蹄部出现水疱和溃烂可用 3% 克辽林洗涤，待其干燥后涂抹龙胆紫溶液再进行包扎。

（4）清洗乳房。乳房出现水疱可用 2% ～ 3% 硼酸水清洗，然后涂抹硼酸软膏。

第三节 羊 痘

羊痘（Sheep/Goat pox virus，SGPV）是由山羊痘病毒属的痘病毒引起羊的一种急性、热性、接触性传染病。包括绵羊痘（SP）和山羊痘（GP），分别由山羊痘病毒属的绵羊痘病毒（SPPV）和山羊痘病毒（GTPV）引起，自然条件下不发生交叉感染。临床主要表现为发热，无毛或少毛部位的皮肤或黏膜发生丘疹和疱疹。羊痘是所有动物痘病中最为严重的一种，病死率较高，能造成巨大的经济损失，严重影响国际贸易和养羊业的发展。我国目前将其列为二类动物疫病进行管理。

羊痘最早记载可见于公元前 200 年，目前在世界范围内持续流行传播。主要分布于非洲北部和中部、中东地区和亚洲的部分国家，流行较为严重。与我国接壤的国家，如巴基斯坦、俄罗斯、蒙古国等国家均有该病的流行，我国山东、内蒙古、黑龙江、甘肃、宁夏、青海等地都有羊痘发生的相关报道。

一、病原

1. 分类与结构特征

绵羊痘和山羊痘分别由绵羊痘病毒（SPPV）和山羊痘病毒（GTPV）引起。2 种病毒均属于痘病毒科、脊椎动物痘病毒亚科、羊痘病毒属。除了这 2 种病毒之外，羊痘病毒属还有一名成员，即皮肤结节病病毒（Lumpy skin disease virus，LSDV），可以引起牛的皮肤结节病（LSD），偶尔也感染绵羊和山羊。LSD 主要在非洲地区广泛流行，近年来，该病流行范围逐步扩大，已蔓延至亚洲大部分国家和地区。羊痘病毒属的 3 种病毒具有密切的关系，在血清学上很难鉴别。

在电镜下观察，山羊痘、绵羊痘病毒粒子初期呈卵圆形，大小为 250 ～ 350 nm；成熟的病毒粒子多呈卵圆形，大小为（150 ～ 180）nm×（150 ～ 180）nm。分子质量为（150 ～ 200）$\times 10^6$ Da，G+C 含量为 35% ～ 40%。在感染细胞内，病毒粒子可形成椭圆形的嗜酸性胞浆包涵体。病毒粒子外层为层管状构造的脂蛋白膜，包围着 2 个功能不清的侧体以及哑铃型的核酸芯髓。病毒基因组是由双股 DNA 构成，其分子质量为（130 ～ 240）$\times 10^6$ ku。

2. 培养特性

羊痘病毒适合在牛、绵羊、山羊源的组织细胞上生长，原代或次代羔羊睾丸和羔羊肾细胞最为敏感。

绵羊睾丸细胞和犊牛睾丸细胞接种羊痘病毒后 24 h 开始出现细胞病变，3 d 后慢慢波及整个细胞单层。绵羊痘病毒在鸡胚绒毛尿囊膜上较难生长，但一些病毒实验室已经育成了适应于鸡胚内生长的绵羊痘病毒株。绵羊痘病毒在绵羊和山羊的肾细胞上增殖，细胞病变在接种后的 4 ～ 6 d 内产生，但病变细胞通常不超过单层细胞的一半。在胎肾或新生羔羊肾制备的细胞中，细胞病变出现得较快，整个细胞单层都发生病变。绵羊痘病毒也常可在胎鼠皮肤和肌肉细胞上产生弥漫性病变。

山羊痘病毒可在鸡胚绒毛尿囊膜上生长，用病料直接接种时常需经 1 ～ 2 代才能适应。羊痘病毒在感染的细胞内形成胞浆内包涵体，且被一个明显的晕环围绕，应用 Paschen 染色法进行特殊染色或在电镜下观察，可清楚见到其中许多密集成堆的原生小体——病毒粒子。

3. 理化特性

羊痘病毒对直射阳光、酸、碱和大多数常用消毒试剂均较敏感。在 55℃条件下，30 min 即可将其灭活，在 2% 的石炭酸或甲醛、2% ～ 3%H_2SO_4 溶液、10%$KMnO_4$ 溶液中几分钟即可将其杀死；但该病毒对 10% 的漂白粉、2% $ZnSO_4$ 溶液均有一定的抵抗力。另外，较耐干燥，在相对湿度较低的羊舍内可存活 6 ～ 8 个月，在干燥的痂皮内能存活更长的时间。绵羊痘病毒与许多其他痘病毒不同，易被 20% 的乙醚或氯仿灭活，对胰蛋白酶和去氧胆酸盐也较敏感。

4. 发病机理

病毒对皮肤和黏膜上皮细胞具有特殊的亲和力，无论通过哪种感染途径侵入机体，都经过血液到达皮肤和黏膜，在上皮细胞内繁殖，引起一系列的炎症过程而发生特异性痘疹，即丘疹、水疱、脓疱和结痂等病理过程。该病毒还在细胞浆内繁殖形成嗜酸性的包涵体，在包涵体内有原生小体，相当于病毒粒子。

羊痘病毒在细胞内繁殖，且大部分是通过被感染的巨噬细胞随血液到达皮肤和黏膜。在此过程中，病毒可有效逃避接种疫苗所产生抗体的中和作用，抗体并不能有效阻止病毒在感染细胞内的复制。

二、流行病学

1. 易感动物

在自然情况下，绵羊痘病毒和山羊痘病毒之间不能交叉感染，只对山羊或绵羊中的一种引起较严重的临床病症，但不同地区的分离株宿主特异性可能存在一定的差异性。各种年龄、品种、性别的羊均易感染羊痘病毒，尤其是羔羊，细毛羊较粗毛羊易感。

2. 传染源

病羊及潜伏期的感染羊是该病的主要传染源。

3. 传播途径

病羊主要通过鼻、口分泌物和泪液排毒。丘疹中含大量病毒，乳汁、尿液和精液也含有病毒。该病主要通过呼吸道感染及接触传染，饲养人员、用具、垫料和体外寄生虫都可能是传播媒介。

4. 流行特点

羊痘一年四季均可发生，以春秋两季多发，主要在冬末春初流行。气候严寒、雨雪、霜冻、枯草、饲养管理不良等均有利于该病的发生，加重病情。该病传播快，感染性高，死亡率较高，尤其是感染山羊痘病毒的羔羊，死亡率可达 20% ～ 50%。妊娠母羊易引起流产。

三、临床症状

自然感染潜伏期一般为 6 ～ 8 d，以体温升高为特征。

1. 典型症状

（1）绵羊痘。发病初期，体温升高到 40 ～ 42℃，精神沉郁。呼吸脉搏加快，眼结膜潮红肿胀，鼻腔分泌浆液性、黏液性或脓性分泌物。1 ～ 2 d，在无毛或少毛的眼、唇、鼻、乳房、外生殖器、尾下面和腿内侧等处，出现圆形红斑；经 2 ～ 3 d 形成丘疹，丘疹逐渐扩大，突出于皮肤表面，变成灰白色或淡红色、半球状的隆起的结节（图 4-3-1）。结节在几天之内变成水疱，中央常常下陷成脐状，内有清亮黄色的液体（图 4-3-2），此时体温略为下降。水疱在 2 ～ 3 d 变成脓疱，此时体温再次升高。3 d 后脓液逐渐吸收、干缩，变为褐色的痂皮（图 4-3-3），痂皮下生长出新上皮组织，痂块脱落遗留下红色斑痕，颜色逐渐变淡，2 ～ 3 周痊愈。

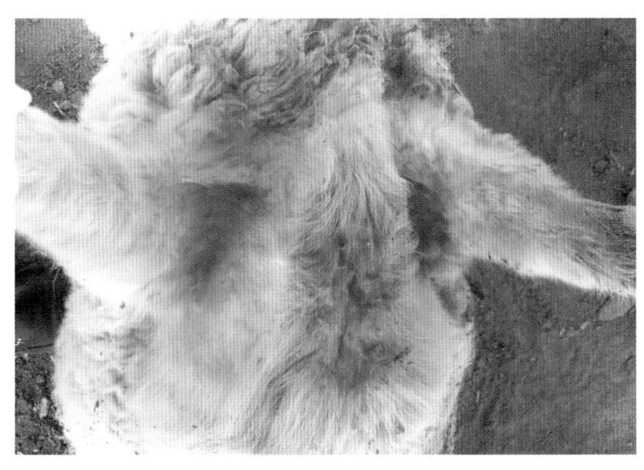

图 4-3-1　病羊无毛或少毛的眼、唇、鼻、乳房、外生殖器、尾下面和腿内侧等处，可见红色的斑块、丘疹和结节（窦永喜　供图）

图 4-3-2　病羊唇有半球状隆起的水疱，里面有清亮黄色的液体，常常中央下陷呈脐状（窦永喜　供图）

（2）山羊痘。发病初期，体温中度升高，精神委顿，食欲不振，甚至废绝。背常拱起，发抖，呆立一边或卧在地上，呼吸促迫，有脓性分泌物从鼻腔、眼角流出（图 4-3-4），有时发生咳嗽，颜面浮肿。和绵羊痘一样，在乳房、外阴、腿内侧等无毛和少毛皮肤上可见痘疹出现（图 4-3-5），奶山羊泌乳减少。有的并发肺炎，后期孕山羊往往引起流产。

2. 非典型症状

（1）顿挫型。有些病羊体温升高，在呼吸道及眼结膜有卡他性炎症发生，而没有痘疹或仅出现少量痘疹，至体温下降后随即痊愈；而有的病羊的结节，进一步变硬，在几天内变干后脱落，不形成脓疱，称为“石痘”。这 2 种类型都为良性经过，即为顿挫型，这种情况易感性不高，病羊较常见。

（2）融合性痘型。全身症状比较严重，痘疹遍布全身，病羊面部痘疹最多，脓疱互相结合而融合成大脓疱，称融合性痘。因继发感染坏死杆菌，痘疹开始糜烂，皮肤和皮下组织发生水肿，有时甚至整块皮肤坏死及脱落，肌肉溃烂，称为坏“疽痘”。

（3）出血痘型。症状最为严重，痘疹内出血，外观上呈黑色（图 4–3–6），病变部皮肤溃烂或坏死，有时波及肌肉，称为“出血痘”或“黑痘”。全身症状严重，走路不稳，常卧地不起，头、颈贴于地上，呼吸困难，尿、粪以及鼻汁内混有血液，此型患羊多数死亡。

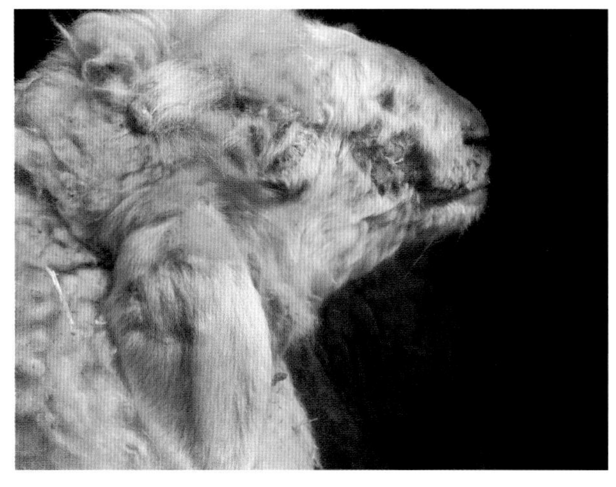

图 4–3–3　病羊脓疱中的脓液逐渐吸收、干缩，变为褐色的痂皮（窦永喜　供图）

图 4–3–4　病羊鼻有脓性分泌物（窦永喜　供图）

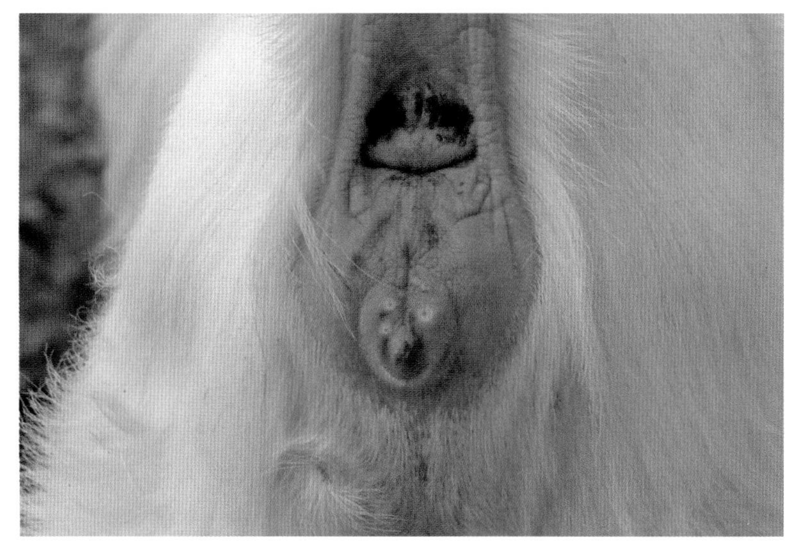

图 4–3–5　病羊外阴有半球状隆起的痘疹和水疱（窦永喜　供图）

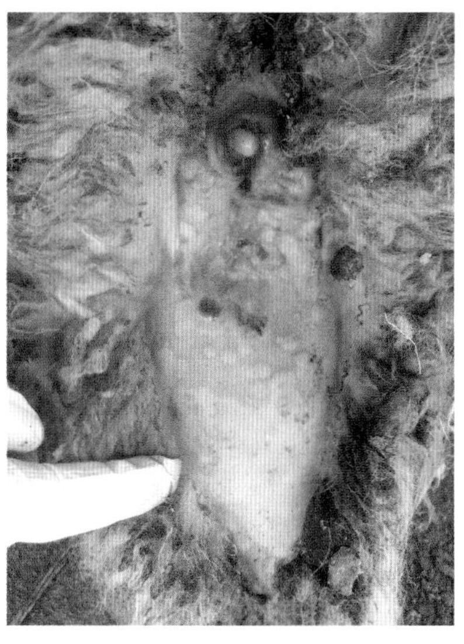

图 4–3–6　病羊尾部部分痘疹内出血，部分皮肤溃烂（窦永喜　供图）

四、病理变化

1. 剖检变化

（1）绵羊痘。绵羊痘的病变多在皮肤和消化系统，在前胃或皱胃的黏膜上常见大小不等的圆形或半圆形坚实的单个或融合存在的结节，严重者前胃黏膜糜烂或溃疡（图 4–3–7）。呼吸道黏膜有出血性炎症，有时可见灰白色、圆形或椭圆形的增生性病灶。口腔、咽和支气管黏膜上有痘疱（图

4-3-8），气管和支气管内充满混有血液的浓稠黏液。在肺的表面多见干酪样结节和卡他性肺炎区，病变部位的切面质地均匀，但很坚硬。

（2）山羊痘。山羊痘的剖检变化主要在呼吸系统、消化系统和淋巴结以及全身体表典型的痘病变。咽喉、气管、支气管和肺脏表面有大小不等的痘斑（图 4-3-9），有时咽喉和气管上的痘斑破溃形成溃疡，肺脏有大片的肝变区。消化道黏膜上有大量白色的痘斑，有时可见溃疡。全身淋巴结高度肿胀，尤其是下颌淋巴结、肺门淋巴结，切面多汁，有时可见周边出血现象。肾脏和肝脏表面有多发性灰白色结节（图 4-3-10、图 4-3-11）。

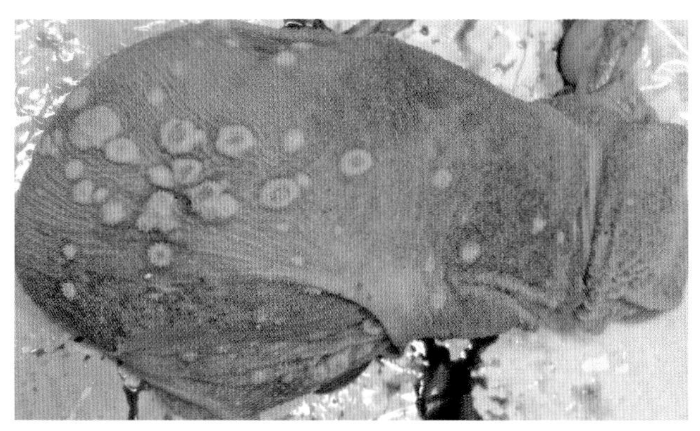
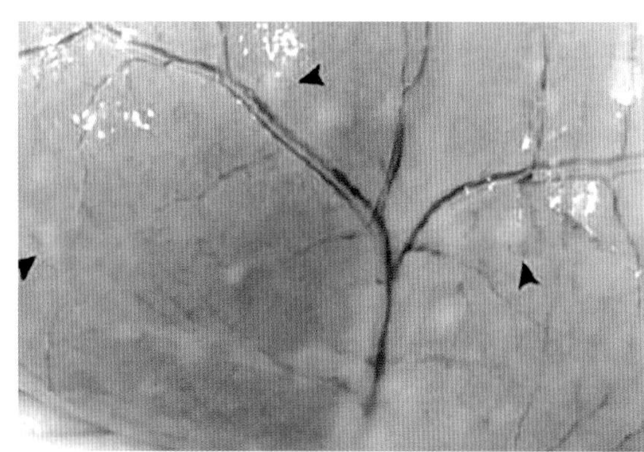

图 4-3-7　瘤胃内外黏膜上的圆形或半圆形的痘疹结节（窦永喜　供图）

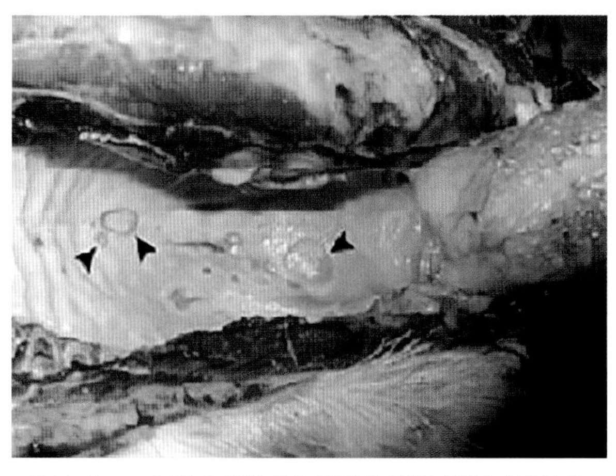

图 4-3-8　口腔上颌黏膜上的圆形或半圆形的痘疹结节（窦永喜　供图）

图 4-3-9　肺脏表面有大小不等的痘斑及结节（窦永喜　供图）

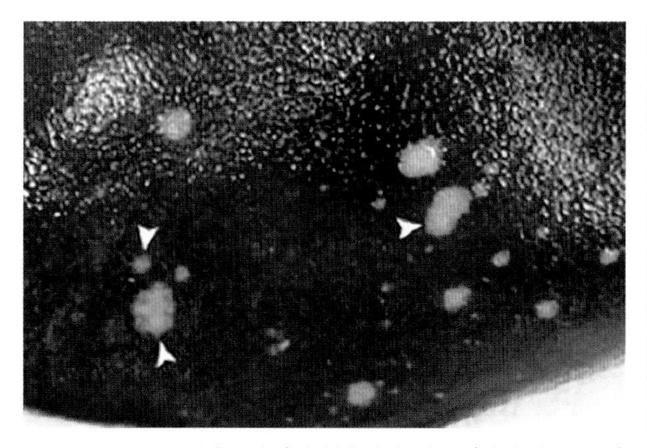

图 4-3-10　肝脏表面有多发性灰白色结节（窦永喜　供图）

图 4-3-11　肾脏表面有多发性灰白色结节，肾脏表面凹凸不平（窦永喜　供图）

羊痘伴有继发病症时，肺有肝变区。肠道黏膜上，痘疹变化少。此外，常见肝脂肪变性、心肌变性、淋巴结急剧肿胀等细菌性败血症变化。非典型羊痘一般多形成较深的溃疡、化脓灶并发出恶臭。

2. 组织学变化

羊痘病理组织学最明显的特征为大量细胞浸润、血管炎、水肿。先是巨噬细胞、嗜中性细胞浸润，随着病情发展，会有更多的巨噬细胞、淋巴细胞和浆细胞浸润。羊痘病毒侵害的上皮细胞一开始表现为细胞增生，随后因血管被痘疹部位压迫而发生坏死。未发生坏死的细胞表现为明显的水肿，细胞内染色质界线不明显。血管炎可引起组织坏死和水肿。肺脏充血，有多处肝变区，肺泡内有大量的渗出物。

五、诊断

1. 病原学诊断

（1）电镜观察。采集病羊皮肤和黏膜的丘疹和水疱病料做成切片负染后直接在电镜观察病毒粒子是诊断羊痘的常用方法，但在现场往往没有这样的设备，难以满足快速诊断的需要。

（2）病毒培养。病毒培养有较高的特异性，羊痘病毒可在牛、绵羊、山羊源的组织培养细胞上生长，原代或次代羔羊睾丸细胞和羔羊肾细胞最为敏感。多数细胞在接种病毒 3 ～ 4 d，细胞 HE 染色后可于胞浆内发现嗜伊红性包涵体，包涵体随接毒天数而逐渐增大，嗜碱性增高，且被一个明显的晕圈围绕。应用银染色法后在电镜下观察，可清楚地见到其中许多密集成堆的原生小体——病毒粒子。SGPV 也可在某些传代细胞系中增殖，如 BHK–21 细胞、Vero 细胞等。

2. 血清学诊断方法

（1）传统血清学方法。诊断 SGPV 的血清学方法有病毒中和试验（VNT）、荧光抗体试验（FAT）、AGID、免疫电泳（IE）、对流免疫电泳（CIE）、反向被动血凝试验（RPHA）、乳胶凝集试验（LAT）、单向辐射状溶血试验（SRH）、单辐射免疫扩散和 ELISA 等。周碧君等建立了山羊痘的 5 种血清学检测方法并进行了比较分析，结果表明，琼脂扩散试验适用于基层兽医开展山羊痘病例的诊断，对流免疫电泳能提高对抗原或抗体的分辨能力，荧光抗体试验能对感染细胞进行 GTPV 定位检测，反向被动血凝试验主要用于临床痘疹痂皮和感染细胞中 GTPV 抗原的定量测定，正向间接血凝试验（IHA）不失为一种 GTPV 抗体监测的最佳方法。

（2）ELISA 方法。ELISA 因其操作便利、快速、敏感、特异性强，便于自动化，能检测群体特异性抗体而备受青睐。目前，国外已建立了许多种检测 SGPV 抗原或抗体的 ELISA 方法。Carn 建立了用于检测从山羊、绵羊、牛的活组织样品中分离的羊痘病毒的抗原捕捉 ELISA 方法，该法适合检测组织培养物中的病毒；Rao 等建立了用于检测皮肤活组织中的 GTPV 抗原的免疫捕捉 IC–ELISA 方法，证明其特异性为 80% ～ 100%，敏感性为 70% ～ 86%，该法也可用来诊断绵羊痘（SP）。有一些 ELISA 方法已成功用于监测疫苗免疫后的抗体，Rao 等建立了检测 SP 特异性 IgM 抗体的敏感、特异的 ELISA 方法；Rao 等建立了用于检测 GTPV 抗体的 Avidin–biotin（抗生素蛋白–生物素）ELISA 方法，特异性为 91.8%，敏感性为 94.1%。由于羊痘病毒和副痘病毒有相似的血清型，以上提到的常规血清学方法因会出现抗体交叉而无法区分来源于牛、绵羊和山羊的病毒毒株以及副痘病毒。

（3）应用特异性重组蛋白建立的诊断方法。P32 蛋白是 SGPV 共有的特异性很强的具有免疫原性的结构蛋白，可用于诊断与预防，是目前羊痘研究领域的热点之一。研究结果表明，全长 P32 蛋白可溶性最大，且在 ELISA 中的反应性最好，但由于其跨膜区对细胞的毒性，使其表达量低，很难纯化到重组 P32 蛋白。国内外研究者多以截取跨膜区的 P32 基因为研究对象，研究其重组蛋白的用途。如 Carn 等用截取跨膜区的重组 P32 蛋白为抗原，研究了检测抗体的间接 ELISA 方法，该法快速、可靠，且没有传染性；同样，以抗重组 P32 蛋白抗体为基础的检测抗原的 ELISA 方法的研究也有报道。虽然以重组 P32 为基础建立的 ELISA 方法具有高度的特异性，与正痘病毒和副痘病毒没有交叉反应，但由于在 ELISA 中的反应性最好的全长 P32 表达量低，因此，其推广受限，至今未见商品化的诊断检测试剂盒问世。陈铁霞等的研究结果表明，全长 P32 蛋白截取跨膜区后，对其免疫原性有一定的影响。鉴于此，很有必要进行羊痘病毒其他特异性强且表达量高的功能基因在羊痘诊断中的应用研究。

3. 分子生物学诊断方法

（1）PCR 方法。Mangana 等建立了鉴别绵羊痘病毒的简单、快速、特异的 PCR 方法，该方法的引物来自羊痘病毒 KS–1 和 InS–1 株的倒置末端重复序列，能将 SPPV 与 CPDV 和疱疹病毒区分开。Markoulatos 等用倒置末端重复序列和 α 微管蛋白为目的基因设计引物，建立了多重 PCR 技术检测皮肤组织中的 SPPV。Hosamani 等依据 GTPV 和 SPPVP32 基因序列的差异，对产物进行限制性酶切分析，建立了区分 GTPV 和 SPPV 的 PCR–RFLP（限制性片段长度多态性）方法，可鉴别 GTPV 和 SPPV。Orlova 等建立了一种快速、简便的鉴别羊痘病毒种的多重 PCR 方法。Orlova 等为了区分一些国家应用的绵羊痘疫苗株与流行株，建立了一种对锚蛋白重复序列基因的 PCR 产物进行限制性分析的方法。Balinsky 等建立了用于快速检测潜伏期、临床发病的和死后的羊体中羊痘病毒 DNA 的实时 PCR 方法，能在 2 h 内得到结果。

国内学者依据 P32 基因和 α 微管蛋白基因，初步建立了诊断山羊皮肤组织中 GTPV 的 PCR 方法。康文玉等（2004）参照 SGPV P32 基因序列，建立了快速、特异、敏感、可定量、可同时检测大量样品的实时荧光定量 PCR 技术。Zheng 等参照已发表的山羊痘病毒和羊口疮病毒的核苷酸序列设计了 2 对引物，建立了一种可以快速鉴别山羊痘病毒和羊口疮病毒的二重 PCR 方法。

（2）LAMP 方法。黄鹤等根据 GenBank 中羊痘病毒的保守基因序列，设计出针对羊痘病毒的 LAMP 引物，利用 LAMP Real Time Turbidimeter LA–320 仪优化得到病毒核酸等温扩增最佳条件是 62℃恒温反应 60 min。在此条件下，病毒核酸的最低检测含量为 3.1×10^{-2}pg/μL，灵敏度比世界动物卫生组织推荐的 PCR 方法高 10^4 倍。添加钙黄绿素建立的目测法，还可实现对上述病原体检测结果肉眼观察。

六、类症鉴别

1. 羊口蹄疫

相似点：病羊口腔黏膜、乳房、乳头、鼻端、鼻孔等部位出现水疱和溃疡。

不同点：口蹄疫病羊高热（40 ～ 41℃），流涎，绵羊蹄部皮肤有水疱病变；剖检可见，心包膜有弥散性及点状出血，心肌松软，心肌切面有灰白色或淡黄色条纹，或者有不规则的斑点，称“虎斑心”。而羊痘病羊在外生殖器、尾下面和腿内侧亦有病变，经丘疹、结节、水疱、脓疱、结痂5个阶段。

2. 羊传染性脓疱

相似点：有传染性，羔羊病死率高。病羊皮肤无毛或少毛部分，如眼周围、唇、鼻、脸颊、四肢和尾内面、阴唇、乳房、阴囊和包皮上，发生痘疹、疱疹，经过丘疹、水疱、脓疱、溃疡、结痂。

不同点：羊传染性脓疱可形成疣状硬性结痂，严重时痂皮融合，波及整个口唇、口腔黏膜、颜面部、眼睑等部位，形成烂斑或溃疡，更为严重者整个嘴唇齿牙处有肉芽桑葚样增生，尸体剖检无明显特征性变化。羊痘病羊剖检可见口腔、咽部、胃部、肺部、肝脏有痘疮、结节。

七、防治措施

1. 预防

（1）疫苗预防。定期对羊群进行免疫预防，新生羔羊可经过初乳获得被动免疫。每年定期对流行地区的健康羊注射疫苗，不论羊只大小，一律在尾根内面或股内侧皮内注射弱毒疫苗，免疫期为1年。对重症病羊应用高免血清，可减轻症状，降低死亡率。

（2）加强饲养管理。做好四季补饲，注意防寒保暖，严禁到疫区放牧，搞好圈内卫生。加强疫情监测，一旦发生疫情，及时上报，并采取强而有力的措施进行封锁和扑灭，严防疫情的扩散，对发病山羊及其同栏羊全部扑杀后深埋，对病死山羊尸体进行消毒后深埋。对羊舍、运动场地及时清扫，将羊粪、垫草等污物集中运往指定地点，消毒后堆积发酵，对羊栏、器具、水槽、饲料槽、发病羊舍、通道和周围环境消毒。对附近的羊群进行普查，对假定健康羊群实行圈养，禁止放牧，并及时接种山羊痘弱毒疫苗，严格限制羊只及其产品运出，严格实行产地检疫，复检后若为阴性，数月后解除封锁。严禁从疫区引进羊和购入羊肉、皮毛制品。从非疫区买羊也要进行检疫和隔离观察，证实无病后再合群。

2. 治疗

（1）清疮治疗。给病羊用药物治疗皮肤上的痘疮，用0.1%高锰酸钾溶液清洗，然后涂上碘甘油、紫药水，水疱或脓疱破裂后应先用3%来苏儿洗涤后，涂上紫药水。

（2）西药治疗。用注射青霉素钾80万～240万U，柴胡注射液10～20 mL，配合地塞米松5 mg，肌内注射，2次/d，连用3 d。

（3）中药治疗。处方：柴胡25 g、黄连50 g、板蓝根100 g、黄柏25 g、射干6 g、地骨皮25 g，煮沸。煎2次，取汁1次灌服，1次/d，连服3 d。

第四节　羊传染性脓疱

羊传染性脓疱（CE）又称为羊接触传染性脓疱性口炎、羊传染性脓疱皮炎、羊口疮、口癣，是由羊传染性脓疱病毒引起的一种高度接触性局部性传染病。主要侵害幼羊和羔羊，在进行剪毛、交易、潮湿的环境及屠宰等情况下容易发生，临床表现以口唇、鼻孔周围、乳房等皮肤和口腔黏膜处形成红斑、丘疹、结节、水疱、脓疱、溃疡和疣状厚痂为特征，主要引起皮肤、黏膜的增生性病变，可影响羔羊的生长发育和羊毛、羊皮的质量。羊传染性脓疱病毒具有高度嗜上皮性，该病不仅能感染山羊和绵羊及野生的麝牛、鹿，也可以感染人，为人兽共患传染病。病毒主要感染新生羊及3～6月龄的羔羊，死亡率约为15%，常呈群发性流行。

羊传染性脓疱病毒是一种古老的病毒，有关羊传染性脓疱病毒的自然感染病例的记载，最早可追溯到1787年，Steeb将其描述为“口疮”。1890年，Walley又将该病描述为接触性皮炎。1920年，Zeller使用采集的病羊痂皮复制该病并获得成功。直至1923年，Aynaud证实了该病是由病毒感染引起的传染性疾病，因此，该病之后又被称为接触传染性脓疱皮炎。此后，澳大利亚、南非、新西兰、印度、意大利、希腊、美国等多个养羊国家均有该病发生和流行的报道。我国有关该病的文献记载最早是在1955年，由廖延雄等撰写的《西北绵羊“口疮”之初步报告》。自此以后，我国西藏、新疆、甘肃、内蒙古、吉林、陕西、四川、云南等多个养羊业发达的省（自治区）均有该病的发生和流行的报道。目前，该病在世界各国的发生呈不断上升趋势，现已广泛分布于世界上各养羊国家和地区。

一、病原

1. 分类及结构特征

羊传染性脓疱病的病原为羊传染性脓疱病毒（CEV），亦称羊口疮病毒（ORFV），是痘病毒科副痘病毒属的家庭成员。副痘病毒属其他重要成员包括有引起牛皮肤良性损伤的伪牛痘病毒（PCPV）、牛丘疹性口炎病毒（BPSV）和新西兰红鹿、松鼠以及海豹痘病毒。

在电子显微镜下该病毒粒子呈卵圆形或椭圆形的线团样，有时也呈现出锥形、砖形以及特殊的球形粒子；病毒粒子长250～280 nm，宽170～200 nm，外有脂类囊膜，内有双股DNA核心。病毒粒子表面呈特征性的编织螺旋结构——绳索样结构相互交叉排列，围绕病毒粒子的长轴作“8”字形缠绕。在超薄切片中，常可在被感染细胞胞浆内发现具有双层囊膜的病毒粒子，其外层为较厚的囊膜，外膜由一个长螺旋的小管组成，内为圆锥形或卵圆形核心，核心的两侧为侧体。

2. 培养特性

羊传染性脓疱病毒可在许多细胞内增殖，并产生细胞病变，如牛肾细胞（MDBK）、BHK-21细胞、HeLa细胞以及Vero细胞等。该病毒也可感染鸡成纤维细胞，但却不能在鸡胚绒毛尿囊膜中增殖。羔羊和犊牛的原代睾丸细胞是 ORFV 最敏感的细胞，细胞病变比较明显，且随传代次数的增加，细胞病变出现的时间逐渐规律，一般接毒后 48 ～ 60 h 即可清楚地观察到细胞变圆、团聚甚至脱落等细胞病变。

3. 理化特性

羊传染性脓疱病毒对外界环境的抵抗力较强，尤其是在干燥和低温等条件下，干燥痂皮内的病毒可长期存活，实验室 -80℃保存的结痂病料中该病毒的活力可维持 15 年之久。但该病毒对热较敏感，痂皮内的病毒于夏季暴晒 30 ～ 60 d 即可丧失致病力；一般 60℃加热 30 min 或者煮沸 3 min，该病毒均可被灭活。羊传染性脓疱病毒对乙醚、氯仿、苯酚等有机溶剂以及强酸、强碱较敏感，pH 值越低，该病毒效价降低越明显，在 1% 石炭酸溶液、2% 甲醛、10% 石灰乳中该病毒几分钟内即可被灭活。同时紫外线照射数分钟也可灭活该病毒。

4. 致病机理

病毒经羊口腔、蹄端、外阴及皮肤黏膜的损伤处进入全身组织。病毒在上皮样细胞中繁殖，引起上皮样细胞的区域性骤然增生、坏死、液化，并形成水疱，继而由于白细胞的增多而变成脓疱，在上皮样细胞质中可出现嗜酸性包涵体。在组织黏膜和蹄端的脓疱上皮脱落后形成烂斑。因坏死杆菌、化脓性棒状杆菌和巴氏杆菌的存在可造成深层组织的坏死和化脓。

二、流行病学

1. 易感动物

ORFV 主要感染山羊和绵羊，一般以 3 ～ 6 月龄的羔羊及幼龄动物最为易感。犊牛、野羊、骆驼、麝牛、鹿、羚羊等偶蹄兽也可感染，亦可以感染人。Wilkinson 等报道了犬、海狮、海豹等也可感染。

2. 传染源

病羊和带毒羊是该病的主要传染源。病羊的唾液和脱落的痂皮含有大量病毒，被病毒污染的饮水、饲料、圈舍和牧场均可成为传播媒介。

3. 传播途径

主要通过皮肤、黏膜的擦伤而传染。其传染方式为直接接触或间接接触传染，病羊用过的圈舍和被污染的牧场常常有该病毒存在，在皮肤和黏膜有损伤的情况下，易造成该病的流行。羔羊在吮乳时可将病毒传播至母羊乳头，且损伤能蔓延至乳房处皮肤。

4. 流行特点

羊传染性脓疱的流行没有明显的季节性，全年无论什么时间都能够发生，不过最为多发的季节还是春季和秋季。由于产羔期等因素使羊传染性脓疱流行的持续时间也不相同，即产羔期越是短暂羊传染性脓疱流行的持续时间也就越短暂，反之则越长。

引起羊传染性脓疱发病的原因很多，例如羊只密度过大、卫生条件差、牧草枯萎、圈舍阴暗潮湿、天气炎热干燥等。据目前相关报道，羊传染性脓疱的流行在性别和品种方面没有特别重要的关联，但是，与年龄有密切的关联，羔羊和幼龄羊发病率和死亡率明显高于成年羊，主要感染 1 岁以内的动物，也能感染成年动物。通常一只发病，短期内可感染大多数羊，其发病率较高，群体发病率有时高达 90%，但死亡率通常较低。

三、临床症状

根据感染羊传染性脓疱的病变部位的不同可分为 4 种类型，也就是蹄型、唇型、外阴型和混合型。

1. 唇形

唇型是羊传染性脓疱感染中发病最多的类型。病羊先在口角、嘴唇边缘和鼻镜上发生散在的小红斑点，很快形成芝麻粒大小的结节（图 4–4–1、图 4–4–2），继而形成脓疱，脓疱破溃后结成黄色或棕色的疣状硬性结痂（图 4–4–3）。病程较轻者，俗称“外口疮”，表现为痂皮逐渐增厚、扩大、干裂，一般可在 1 ～ 2 周自行脱落，病变部位恢复正常。病程较重者，俗称“内口疮”，其症状表现为口腔黏膜（齿龈、舌、颊及软硬腭）上产生水疱（图 4–4–4 至图 4–4–6），继而转变为脓疱，脓疱结痂后形成痂垢并相互融合，甚至可波及整个口唇、口腔黏膜、颜面部、眼睑等部位，这些部位形成烂斑或溃疡，继而形成较大面积的、易出血的痂垢（图 4–4–7）。更为严重者整个嘴唇牙齿处有肉芽桑葚样增生，向外突出（图 4–4–8），导致不能闭拢嘴部，还有的病例舌根溃烂，严重影响采食、吮乳，最终病羊因机体衰弱、营养不良而死亡。有些病例的病变可以延伸至食道、瘤胃黏膜，甚至是扩散至呼吸道及肠道后部。

图 4-4-1　病羊口角、嘴唇边缘和鼻镜上发生芝麻粒大小的结节（窦永喜　供图）

图 4-4-2　病羊唇边的小红斑形成黄豆大的结节或丘疹（窦永喜　供图）

图 4-4-3　病羊唇的脓疱干燥成棕色痂块（窦永喜　供图）

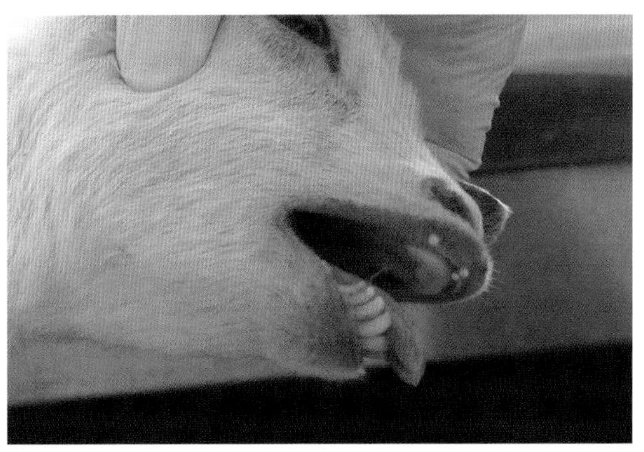

图 4-4-4　病羊唇内面有脓疱（窦永喜　供图）

图 4-4-5 病羊舌有被红晕围绕的灰白色水疱（窦永喜 供图）

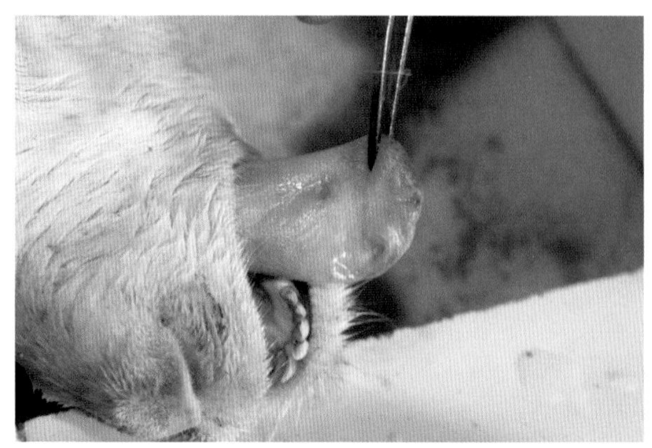

图 4-4-6 病羊舌面有水疱（窦永喜 供图）

图 4-4-7 病羊口角有棕褐色或黑褐色的牢固皲裂的疣状硬痂（窦永喜 供图）

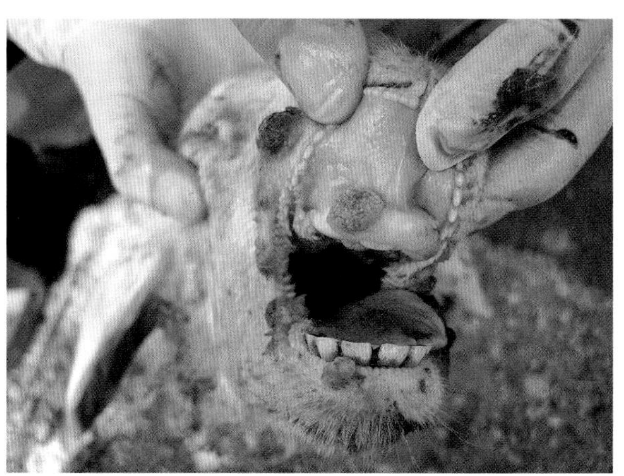

图 4-4-8 病羊整个嘴唇齿牙处有肉芽桑葚样增生（窦永喜 供图）

2. 蹄型

这种类型只侵害绵羊，通常单独发生，偶尔可见混合型。多数病羊仅在一只蹄出现临床症状，但也可能几只蹄同时或相继患病。病羊先在蹄叉、蹄冠或系部皮肤上形成水疱或脓疱，水疱或脓疱破裂后产生黄色脓液并覆盖感染部位，形成溃疡灶（图 4-4-9）。若得不到及时救治，引起继发感染，发生化脓、坏死波及整个基部或蹄，可导致发病时间延长，病羊跛行或长期卧地不爱运动，有时还可能在乳房、肝脏和肺脏等组织器官发生转移性病灶，最终因败血症或机体衰弱而死亡。

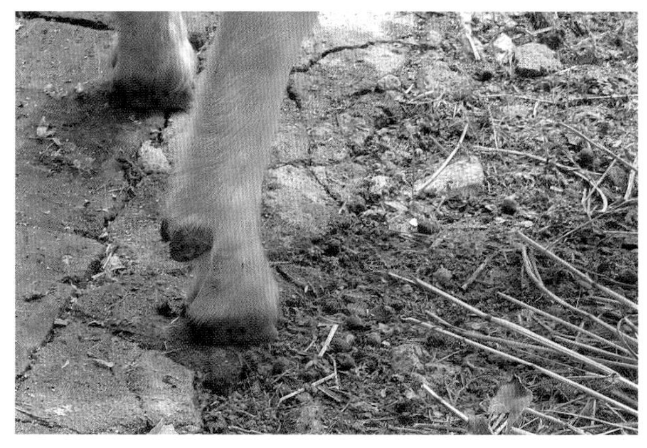

图 4-4-9 病羊蹄叉、蹄冠或系部皮肤上形成水疱或脓疱，水疱或脓疱破裂后产生黄色脓液并覆盖感染部位，形成溃疡灶（窦永喜 供图）

3. 外阴型

此种类型最少见。病羊阴道内有黏性和脓性分泌物，阴唇肿胀，病羊可有明显的疼痛感，阴唇附近的皮肤上有水疱、脓疱及溃疡（图 4–4–10）。另外，乳房和乳头等部位的皮肤上可发现水疱、脓疱、烂斑和痂垢（图 4–4–11），这可能是发病羔羊吃奶时接触传染。公羊在阴鞘口和阴茎上可能会出现小脓疱和溃疡，同时出现精神沉郁，性欲消退。单纯的外阴型病例很少见，而且病羊很少因此死亡，死亡病例常因与其他疾病混合感染造成。

4. 混合型

此型是以上 2 种或 3 种表现型同时出现，可同时在多个部位产生病变，但通常以某一种类型为主。

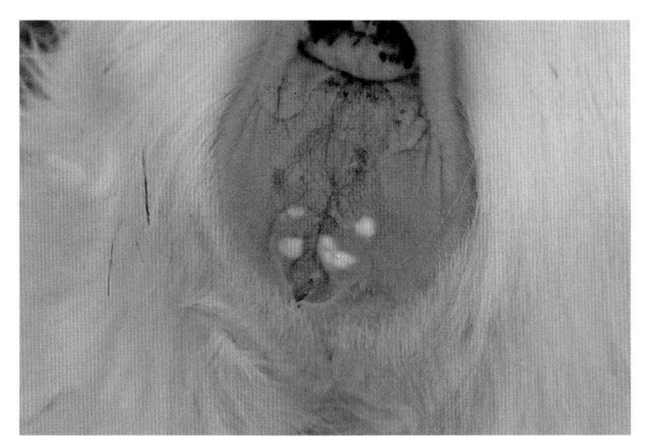

图 4-4-10　病羊阴唇附近的皮肤上有水疱、脓疱及溃疡（窦永喜　供图）

图 4-4-11　病羊乳房发生化脓和坏疽，形成相当深的溃疡（窦永喜　供图）

四、病理变化

1. 剖检变化

病羊消瘦，唇、口腔黏膜、舌、齿龈溃烂，可视黏膜苍白。下颌淋巴肿大，胸腔积液增多，呈黄色胶冻样块状；个别肺脏可能会有脓性病灶和肺水肿。

2. 组织学变化

羊传染性脓疱产生的组织学变化，最主要特征是棘细胞层外层角质形成细胞肿大、变成脓疱或水疱状结痂、表皮角质出现增生、真皮层出现病变，出现脓疱或水疱状结痂、痂皮不断变厚。根据病变程度和发病过程可以分为三期：丘疹水疱期、水疱脓疱期、痂皮期。

（1）丘疹水疱期。有许多形态、大小不同的空泡会出现在细胞浆内，也有许多形态、大小不同的水疱出现在表皮和其下的透明层之间，而且会有多型核白细胞在此聚集。这个时候，通过临床观察，可见病变部位红肿，出现明显的丘疹。

（2）水疱脓疱期。在细胞浆内的许多形态、大小不同的空泡不断增加，表皮和真皮细胞不断地出现增生现象，细胞核出现裂解，虽然还能看见细胞的整体轮廓，但是，细胞的机能已经丧失。此时，患羊的机体免疫机制开始发生作用，进而水疱转化为脓疱。

（3）痂皮期。水疱转化为脓疱后，不断变大，其透明层出现破裂，此时，残留的死亡细胞、透明层的残渣和组织的纤维蛋白聚集形成痂皮。

五、诊断

1. 病毒的分离与鉴定

（1）采集样品。采集临床疑似羊接触传染性脓疱病病料（主要是痂皮，有时是感染动物的组织器官）50 ～ 100 mg，按照一定的比例加入 PBS 匀浆，将匀浆后的产物 3 000 r/min 离心 10 min，取上清液，加入 20% 双抗感作过夜，并将其接种到 ORFV 易感的细胞上，一般盲传 5 代以上，细胞会出现 CPE，例如细胞变圆、间质增宽、固缩、拉网结丝等，将病毒液反复冻融 3 次，病毒从破碎的细胞中释放出来，将病毒液分装到无菌离心管中，–80℃保存或者液氮中保存。

（2）细胞培养。ORFV 宿主主要是绵羊和山羊，由于牛和羊的亲缘关系比较近，所以分离该病毒主要是用牛和羊的原代细胞，实验室常用的细胞主要有牛羊睾丸原代细胞、胎牛原代肌肉细胞、胎羊鼻甲骨细胞、羔羊肾细胞、胎羊真皮细胞、胎羊肌肉细胞，传代细胞系 MDBK、MDCK、Vero 等细胞也可以用于病毒的分离。

（3）电镜观察。取处理好的病料样品，取上清液经过 2% 磷酸钨负染，经电子显微镜观察，若能观察到椭圆形的病毒粒子，长为 250 ～ 280 nm，宽为 170 ～ 200 nm，有囊膜包裹的“8”字形缠绕的螺旋结构即为羊传染性脓疱病病毒粒子。如果病毒的感染量比较少，则可与病毒分离鉴定相结合，先在细胞上培养 1 ～ 2 代，让病毒有一定的富集，然后采集病毒的细胞培养液，反复冻融 3 次，2 000 r/min 离心 10 min，去除细胞碎片，将病毒的细胞培养上清液经过 2% 磷酸钨负染观察即可。

2. 免疫学诊断方法

（1）血清抗体中和试验。血清中和试验经常用于抗体检测，采集疑似 ORFV 感染动物的血清，将其血清与一定滴度病毒相互作用一段时间后，接种于 ORFV 易感染细胞，测定血清中和抗体的效价，如果中和抗体的效价能够达到 8，则为阳性；否则，为阴性。

（2）ELISA 方法。该方法主要是应用纯化的病毒作为抗原，利用抗原抗体反应，检测疑似 ORFV 感染动物的血清为一抗，用 HRP（辣根过氧化物酶）标记的抗羊的抗体作为二抗，然后用 OPD（邻苯二胺）或者 TMB（四甲基联苯胺）显色，终止液终止显色反应，在酶标仪上观察结果。该方法已经用于检测疑似 ORFV 感染的骆驼、羔羊和人。

（3）间接免疫荧光。该方法主要是通过将荧光物质标记到抗原或者抗体上、特异性地检测抗体或者抗原。此方法特异性高，操作简单。主要步骤如下：对疑似 ORFV 病料接种于易感染的细胞，待细胞出现稳定遗传的病变之后，将细胞首先固定于爬片上，接种一定量的病毒，待细胞出现病变之后，将兔抗 ORFV 的阳性血清孵育一段时间，再用荧光物质标记的鼠抗兔抗体孵育一段时间，会形成 ORFV– 兔抗 ORFV 抗体 – 荧光物质标记的鼠抗兔抗体混合的带有荧光的物质。在荧光显微镜下便可以观察结果，如果在显微镜下能够观察到荧光，则说明有 ORFV 感染；否则，则没有 ORFV 感染。

3. 分子生物学诊断方法

（1）PCR 方法。PCR 方法已经成为检测多种病毒的常见实验室诊断手段，这种方法检测在检测 ORFV 也不例外。到目前为止，在单一 PCR 检测 ORFV 的过程中，模板主要是针对病毒的 *B2L*、*F1L*、*VIR* 基因等进行确诊；由于羊痘病毒与羊传染性脓疱病病毒在感染羊群过程中，临床症状类似，为了避免误诊或者错诊的情况，双重 PCR 也随之产生，在双重 PCR 过程中，能够较快地区分到底是发生哪种疾病。郑敏针对 CaPV 的 *A29L* 基因 413bp 和 ORFV 的 *H3L* 基因 708bp 建立了双重 PCR 方法；Venkatesana 等建立的双重 PCR 方法能够检测 350pg 或者 1×10^2 拷贝的单一病毒的 DNA 和 1×10^3 拷贝的山羊痘和羊传染性脓疱病病毒混合的 DNA。

（2）荧光定量 PCR。荧光定量 PCR 检测 ORFV 已经成为实验室常规手段之一，荧光定量 PCR 方法不仅能够定性确诊 ORFV，还能具体定量 ORFV。姚俊等利用 *ORFs121* 基因、*ORFs122* 基因建立的荧光定量 PCR 方法能够检测的最低限度是 1×10^1 拷贝 /μL。鲜思美等利用 *B2L* 基因已经建立了快速检测方法。Bora 等建立的荧光定量 PCR 方法可以检测 3.5 fg 或者 15 拷贝的 ORFV。李超等根据 ORFV *B2L* 基因建立的荧光定量 PCR 方法，灵敏度可达 9.4×10^4 拷贝 /μL，且与绵羊痘病毒不发生交叉反应。Gallina 等根据 ORFV *B2L* 基因建立的荧光定量 PCR 方法可以检测的范围为 1×10^1 ～ 1×10^6 $TCID_{50}$/mL。

（3）LAMP 方法。随着技术的发展进步，LAMP 检测病毒的方法也应运而生，LAMP 检测方法已经能够成功地应用于如疟疾、锥虫病、泰勒虫病和巴贝虫病等病原体的检测。LAMP 检测方法有诸多的优点，包括灵敏度高、反应时间短、操作简单，也已经成功地应用到 ORFV 的检测。在李吉达等利用 *B2L* 基因建立的检测 ORFV LAMP 方法，其敏感度与常规的荧光定量 PCR 方法的敏感度相似。向志龙等利用保守基因 *B2L* 建立的检测 ORFV LAMP 方法，该方法能够检测到 ORFV 5.3fg，比常规 PCR 方法更敏感。

六、类症鉴别

1. 羊口蹄疫

相似点：有传染性，发病率高。病羊口腔、蹄部、乳房等部位有水疱、烂斑、溃疡。

不同点：羊口蹄疫死亡率高。哺乳羊泌乳量显著减少，孕羊流产，水疱破溃后，体温明显下降，症状逐渐好转（区别于 ORF 的疣状硬性结痂）。剖检可见，病羊消化道黏膜有出血性炎症，心包膜有弥散性及点状出血，心肌松软，心肌切面有灰白色或淡黄色条纹，或者有不规则的斑点，称“虎斑心”。

2. 羊蓝舌病

相似点：有传染性。病羊口腔、鼻、唇、舌、蹄等部位出现糜烂，跛行。

不同点：蓝舌病有明显季节性，一般发生于 5—10 月，发病率低于羊传染性脓疱。病羊患病部位不出现水疱、脓疱、痂皮，口唇、舌不发绀，不呈青紫色。病羊口、唇、面部、耳部水肿，甚至蔓延至颈部和腹部。剖检可见，肺泡和肺间质水肿严重，肺部充血严重；骨骼肌变性和坏死非常严重，肌间浸润有清亮的液体，呈现胶样外观。舌、齿龈、硬腭、颊部黏膜出现水肿。

3. 羊痘

相似点：有传染性，羔羊病死率高。病羊皮肤无毛或部分少毛，如眼周围、唇、鼻、脸颊、四肢和尾内面、阴唇、乳房、阴囊和包皮上，发生痘疹、疱疹，经过丘疹、水疱、脓疱、溃疡、结痂。

不同点：羊痘病羊的脓疱不破溃即结痂，不形成疣状硬结痂，无桑葚样增生。剖检可见，前胃或皱胃的黏膜上有大小不等的圆形或半圆形坚实的结节。咽和支气管黏膜上有痘疱，肺的表面多见痘样结节。

七、防治措施

1. 预防

加强防疫工作，不从疫区引进新羊。在羊传染性脓疱病发病期引进新羊时必须隔离观察，经检疫健康者才与其他羊混合饲养。加强饲养管理，产房与育羔舍饲养密度适中，温暖，干燥，阳光充足，通风良好，冬春寒冷季节勤换垫草。在该病常发地区，可用羊传染性脓疱疫苗对7日龄以内的羔羊进行接种，可防止该病的发生。

2. 治疗

（1）隔离消毒。一旦发生疫情，迅速隔离病羊，在病羊污染的地方用1%～2%火碱或甲醛溶液严格消毒。对病羊要加强护理，给予柔软的饲草饲料。

（2）患处治疗。病羊可先以水杨酸软膏将痂垢软化，除去痂垢用0.1%～0.3%高锰酸钾冲洗创面或浸在硫酸铜溶液中除掉溃疡面上的污物。再以2%～3%龙胆紫或碘甘油（5%碘酊加入等量甘油）或土霉素软膏涂抹，每日1～2次。

如果病变发生在蹄部可将蹄部置于福尔马林溶液中浸泡1 min，然后创面涂碘酊，每周1次，连续3次；或每隔2～3 d用3%龙胆紫、1%苦味酸或10%硫酸锌酒精重复擦涂。也可用3%克辽林或来苏儿溶液洗涤，擦干后涂松馏油或鱼石脂膏或青霉素软膏，用绷带包扎。口腔可用清水、食醋冲洗，糜烂面上可涂以1%～2%明矾或碘甘油也可用冰硼酸。乳房可用肥皂水或2%～3%硼酸水清洗，然后涂以青霉素软膏或氧化锌鱼肝油软膏。

（3）全身用药。肌内注射抗生素和抗病毒药物。注射用青霉素钾80万～160万IU、5%病毒灵注射液10～20 mL。支持疗法：静脉输液。

（4）免疫血清。用痊愈羊全血或血清治疗。剂量为羔羊每千克体重1.5～2 mL。应用免疫血清作紧急预防和治疗羔羊疗效较好。成羊皮下注射10～20 mL/只，小羊为5～10 mL/只，必要时可重复注射1次。为防止继发感染可配合应用抗生素。每千克体重青霉素20万～60万IU，每千克体重链霉素0.02～0.06 mg，肌内注射，每日2次。

（5）中药治疗。处方：贯众15 g、甘草10 g、木通12 g、桔梗12 g、赤芍10 g、生地7 g、花粉10 g、荆芥12 g、连翘12 g、大黄12 g、丹皮10 g，共研为末，加蜂蜜150 g为引，用开水冲调，降温灌服。

第五节 蓝舌病

蓝舌病（BT）是由蓝舌病病毒（BTV）引起的，由媒介昆虫（如库蠓等）传播的一种反刍类动物急热性疾病，临床上主要表现发热，面部水肿，口腔黏膜溃疡或出血。主要感染动物为绵羊，牛、山羊等次之，骆驼和许多野生反刍动物（如鹿和羚羊等）也感染此病。该病被世界动物卫生组织列为法定通报性疾病，在我国被列为二类动物疫病。该病是阻碍反刍动物国际贸易和生产的重大疫病，平均每年在全世界造成超过1亿美元的经济损失。

蓝舌病最早于1876年发现于南非的绵羊，由于发病绵羊持续高热后，口腔出现溃疡损伤，口腔黏膜及舌头发蓝，因此，于1906年提议定名为蓝舌病，牛的蓝舌病发现于1943年。1940年前该病仅限于撒哈拉以南的非洲大陆，到20世纪40年代已蔓延至中东一些国家和地区。1948年美国报道此病，1952年西半球首次在美国加利福尼亚州的绵羊体内分离到病毒，1959年在美国俄勒冈州首次从牛中分离到病毒，20世纪70年代后期广泛分布于热带、亚热带国家。1956—1957年在欧洲的西班牙和葡萄牙广泛流行。Davies报道在澳大利亚的库蠓体内分离到BTV。我国于1979年在云南师宗首次先发现，并分离出BTV，从而确定了该病在国内的存在，随后在湖北、安徽、四川、甘肃、山西等29个省（自治区、直辖市）均检出血清学阳性牲畜。

一、病原

1. 分类与结构特征

蓝舌病病毒属于呼肠孤病毒科环状病毒属蓝舌病病毒亚群的成员，环状病毒属共有14个亚群，其中，蓝舌病病毒亚群与鹿出血症病毒（EHDV）亚群有较强的交叉反应性。

BTV粒子呈二十面体对称，无囊膜，核衣壳的直径为53～60 nm，由32个壳粒组成，但因衣壳外面还有一个细绒毛状外层，使病毒粒子的总直径增大到70～80 nm，绒毛状外层又称外衣壳，因此，认为BTV是双层衣壳（图4-5-1）。病毒粒子在氯化铯中离心沉淀以后，绒毛层消失，于电子显微镜下仔细观察，可见绒毛层中的绒毛似乎是由衣壳壳粒上延伸出来的。成熟的病毒粒子经常包围于一个外层囊膜样结构中，这种囊膜样结构可被醚或吐温-80除去，但病毒活性不受影响，因此，人们认为，它们并非BTV必要的组成成分，而是由细胞膜“抢来”的细胞性物质，故又称为“假囊膜”。BTV的衣壳由32个大型壳粒组成，壳粒直径为8～11 nm，呈中空的短圆柱状。

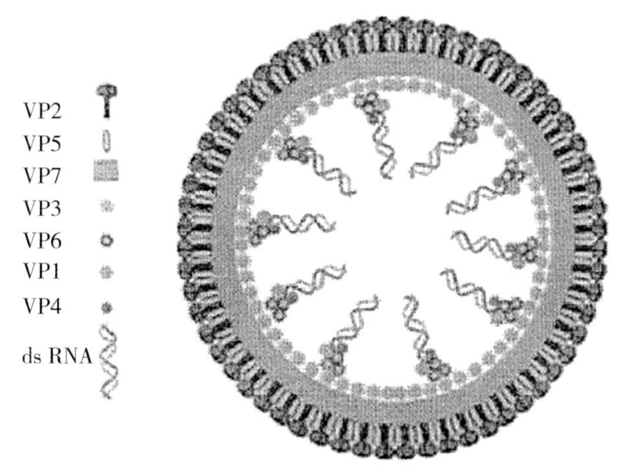

图4-5-1　BTV病毒粒子结构图（窦永喜　供图）

2. 培养特性

BTV容易在6日龄鸡胚的卵黄囊内生长，鸡胚在接种病毒后，应将孵育温度降至33.5℃，接种所用的病毒样品最好是分离于发病早期或有临床发热症状的血液。绒毛尿囊膜接种也可引起感染。因毒株不同，鸡胚一般在接毒后36～72 h病毒即达最高滴度，EID_{50}（鸡胚半数感染量）可达$10^{5.75}$～$10^{8.0}$，鸡胚在接种后4～8 d死亡，胚体广泛出血，病毒通过鸡胚连续传代后，毒力可明显降低，但免疫原性保持不变。目前，已发现个别对鸡胚不敏感的毒株，可选用10～11日龄的鸡胚，通过鸡胚静脉途径进行病毒接种，这种途径的敏感性要比卵黄囊途径高100倍。

BTV能在仓鼠肾细胞、牛肾细胞、羊胚肾细胞或肺细胞等原代细胞和Vero细胞、BHK-21细胞等继代细胞、L 细胞以及鸡胚原代细胞等细胞中增殖，并产生蚀斑或细胞病变，一般在细胞接毒后 1 ～ 3 d 内开始出现细胞病变。此外，也可用人的某些细胞系，如张氏肺细胞、HeLa 细胞、羊膜细胞等。BTV 在 L 细胞内的隐蔽期只有 4 ～ 5 h，在接种后 12 h，细胞培养物内即有高价病毒，宿主细胞的蛋白质合成发生严重障碍。BTV 也可在组织培养的库蠓唾液腺细胞内增殖。BTV 不能在猪、犬和猫等动物的肾细胞培养物内增殖。

3. 理化特性

BTV 可在干燥的被感染的血清或血液中长期存活达 25 年，也可以长期存活在腐败的或含有抗凝剂的血液中。BTV 对 0.1% 去氧胆酸钠、氯仿和乙醚有一定的抵抗力，但 pH 值为 3 的强酸、70% 酒精和 3% 福尔马林能使其灭活。在病毒培养液中加入蛋白质，例如血清、白蛋白及蛋白胨等，可以明显提高其存活率，将感染血液或含毒组织乳剂混于等量的草酸盐 – 石炭酸 – 甘油缓冲液（配方：水 500 mL、甘油 500 mL、草酸钾 5 g、石炭酸 5 g）内，置于 4℃冰箱保存，病毒至少可以存活半年，60℃加热 30 min 以上灭活，75 ～ 95℃可使之迅速灭活。

BTV 可凝集绵羊及人的 O 型红细胞，Walton 等和 Song 等应用提纯的 BTV 制品发现了这种病毒的血凝现象，该现象不受 pH 值、温度、缓冲系统及红细胞种类的影响。同时，BTV 是高效的干扰素诱生剂，小鼠静脉注射 BTV 后其血液中的干扰素每毫升高达 60 万 U，是迄今比任何其他病毒性或非病毒性诱导剂都高 5 ～ 10 倍的干扰素诱生剂。

4. 发病机理

病毒感染动物机体后，首先在局部淋巴结复制，然后进入其他淋巴结、淋巴网状组织和毛细血管、小动脉、小静脉的内皮以及外周内皮细胞和外皮细胞，引起胞浆空泡、胞核和胞浆肥大、皱缩和细胞核裂解。内皮的坏死和再生性增殖及肥大会导致血管闭塞和郁积。BTV 对内皮细胞有较强的选择性，口腔周围皮肤和蹄冠带的复层扁平上皮下的毛细血管内皮病毒往往浓度更高。病毒在靶细胞内复制后，很快通过血液传遍全身，使大多数器官和组织内都含有一定量的病毒。感染后 6 ～ 8 d 病毒中和抗体滴度开始升高，此时，体温上升，初期的组织学病变也同时出现。

二、流行病学

1. 易感动物

所有反刍动物都可以感染 BTV，其中，绵羊的临床症状表现最为明显。牛由于其病毒血症的时间较长，在 BTV 流行病学中起着重要作用，在通常情况下，牛感染只表现出亚临床症状，不过 2006 年在欧洲暴发的由 BTV–8 引起的蓝舌病疫情中，牛感染 BTV 后也表现出明显的临床症状。山羊、骆驼、鹿以及一些野生反刍动物也可感染 BTV，并可长期带毒。

2. 传染源

病羊和带毒羊是该病主要的传染源。牛、羊、鹿以及羚羊等反刍动物可能长期携带病毒，并在疾病流行的间歇期内扮演病毒储藏宿主的角色。

3. 传播途径

蓝舌病主要是通过库蠓属的蠓类传播，在所有的 1 300 ～ 1 400 种库蠓中，只有约 30 种库蠓是 BTV 的传播媒介。除库蠓外，某些节肢类动物也可起到传播媒介的作用，有研究人员曾经从蜱和蚊子中分离到BTV，然而以上这2种传播媒介在蓝舌病的传播中起到的作用被认为是微不足道的。BTV可以通过胎盘屏障进行传播，在牛、绵羊以及犬类动物都有相关的研究报道。公牛在感染BTV并出现病毒血症时，如果精液中含有红细胞，BTV则可以通过公牛精液进行传播。最近的研究显示，BTV也可以通过初乳感染新生牛。目前，尚无足够的证据表明BTV可以经过库蠓虫卵进行垂直传播。

4. 流行特点

BTV多呈地方性流行，其发生、流行与媒介昆虫的分布、习性和生活史密切相关。有明显的季节性，一般发生于5—10月，即以湿热的晚夏与早秋发病率最高，特别是池塘、河流较多的低洼地区。

三、临床症状

病羊有3～8 d的潜伏期。感染初期体温升高至40.5～41.5℃，呈现5～6 d的稽留热。厌食，精神沉郁，流口水，口唇水肿，会蔓延至面部和耳部，甚至是颈部和腹部（图4-5-2）；口腔黏膜充血，而后发绀，呈青紫颜色，患羊持续几天的发热后，口腔和唇、齿龈、颊、舌黏膜出现糜烂（图4-5-3），导致吞咽不便。随病程的恶化，溃疡损伤的部位会有血液渗出，可见红色唾液，口腔有臭味。羊鼻孔流出的分泌物呈现炎性、黏性，鼻孔周围有结痂（图4-5-4），导致患羊呼吸艰难并且能听到鼾声。

有的患羊蹄冠、蹄叶出现炎症，触之敏感，表现程度不同的跛行状态，严重的甚至靠膝部行走或卧地不动（图4-5-5）。患羊体瘦、衰弱，个别便秘或腹泻，有时患羊下痢带血，早期可见白细胞减少症。

疾病会持续6～14 d，发病率30%～40%，病死率2%～3%，有的甚至会高达90%。感染后没有死亡的羊只会在10～15 d康复，6～8周后蹄部也恢复正常。妊娠4～8周的母羊感染蓝舌病时，其分娩的羔羊20%会有发育缺陷，比如，脑积水、小脑发育不足、回沟太多等。

图4-5-2　病羊流口水，面部和口唇水肿（窦永喜　供图）

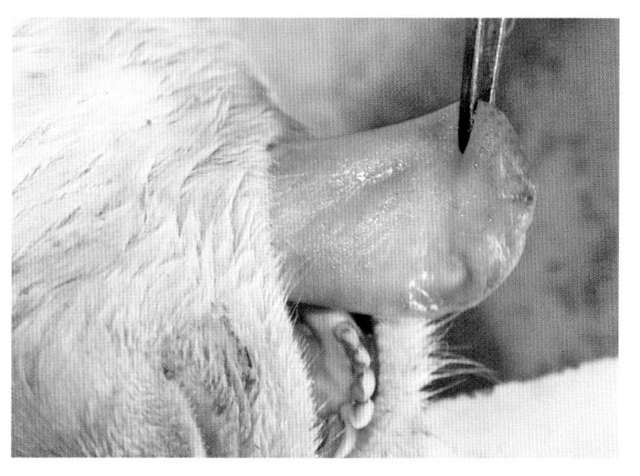

图4-5-3　病羊口腔黏膜及舌头发绀，呈青紫色，舌黏膜出现糜烂（窦永喜　供图）

图 4-5-4　病羊鼻孔周围结痂，阻塞鼻孔，引起呼吸困难（窦永喜　供图）

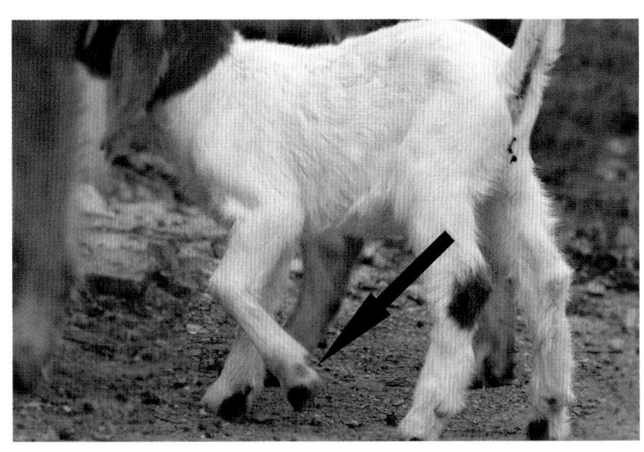

图 4-5-5　病羊蹄叶炎，跛行（窦永喜　供图）

四、病理变化

剖检可见，口腔、瘤胃、心脏、肌肉、皮肤和蹄部均有糜烂性出血点、溃疡和坏死。嘴唇内侧的牙床、舌侧、舌尖、舌面的表皮脱落，皮下组织充血及胶样浸润。乳房和蹄冠等部位的上皮脱落，但没有水疱出现。蹄部蹄叶炎，发生溃烂。肺泡和肺间质水肿，肺部充血严重（图 4-5-6）；脾脏肿大很轻微，被膜下出血；淋巴结水肿，外观呈苍白色；骨骼肌变性和坏死非常严重，肌间浸润有清亮的液体，呈现胶样外观（图 4-5-7）。口腔和舌有糜烂和深红色区域（图 4-5-8），心内外膜、呼吸道和泌尿道黏膜有点状的出血（图 4-5-9）。

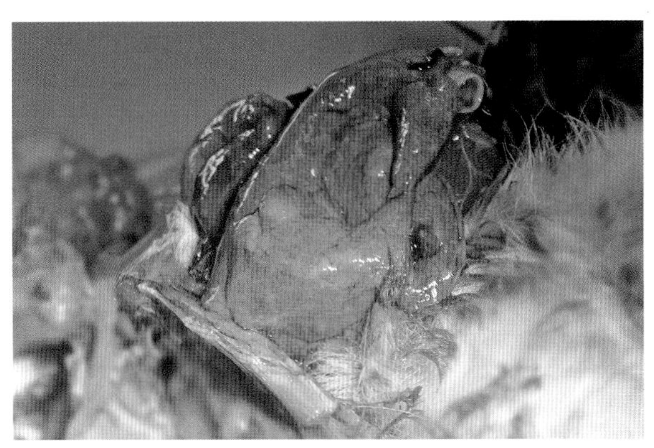

图 4-5-6　病羊肺泡和肺间质水肿，肺部充血严重（窦永喜　供图）

图 4-5-7　病羊骨骼肌变性坏死，肌间浸润有清亮的液体，呈现胶样外观（窦永喜　供图）

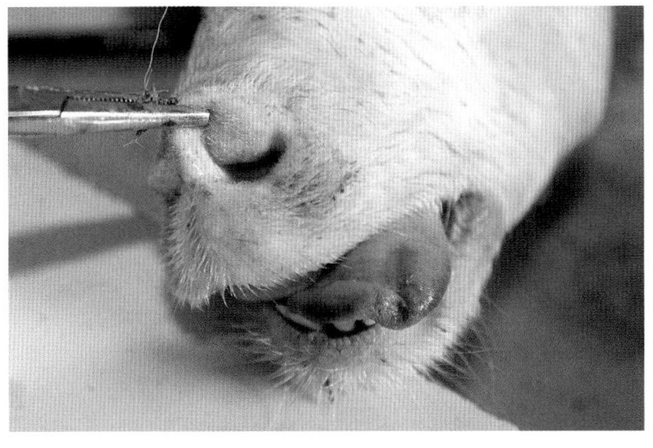

图 4-5-8　病羊舌头有糜烂（窦永喜　供图）

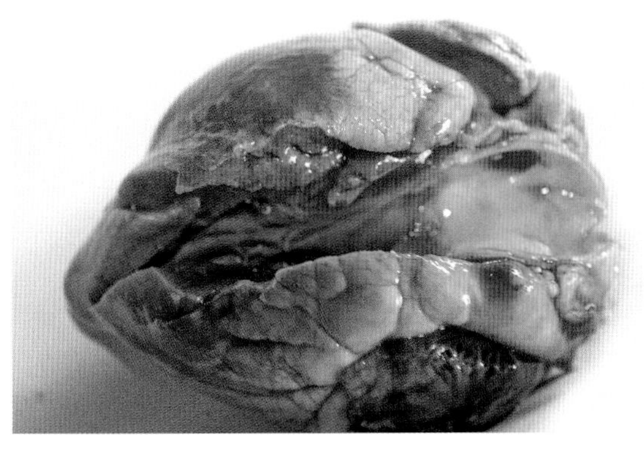

图 4-5-9　病羊心肌点状出血（窦永喜　供图）

五、诊断

1. 病毒分离

BTV可以在鸡胚、细胞以及绵羊身上获得增殖。将洗涤裂解的绵羊红细胞（RBC）或匀浆组织接种到鸡胚或细胞培养物，然后用病毒中和试验（VNT）鉴别BTV的血清型。一般使用9～12日龄的鸡胚，通过静脉接种病料来进行BTV的分离鉴定，其比传统的卵黄囊接种敏感性高100～1 000倍，但该方法对操作人员的技术水平要求较高。BTV既可以使用昆虫源性细胞（如KC细胞、C6/36细胞等），也可以用哺乳动物源性细胞（如BHK-21细胞、MDCK细胞、Vero细胞等）进行分离鉴定。一般情况下先采用接种鸡胚再接种细胞的分离方法。直接接种绵羊来分离BTV也是一种敏感而有效的方法，由于成本较高并且对相应实验室的生物安全级别要求较高，在实际操作中极少采用。

2. 血清学诊断方法

（1）AGID方法。该方法是对群特异性抗体进行检测。到目前为止，国际上依然采用该方法检测BTV。AGID是利用Vero细胞或BHK-21细胞对BTV进行扩增培养，之后从被感染的细胞中提取BTV抗原，将BTV抗原与待检血清加入到浓度为0.9%的琼脂糖凝胶中进行抗原－抗体免疫反应，同时设阴、阳性血清对照。室温作用24 h，有免疫抗原－抗体复合物出现即沉淀线出现的，为BTV抗体阳性血清。该方法具有简便、容易操作、实验设备要求不高等优点，是最早得到推广应用的用于检测BTV抗体的血清学方法之一，AGID方法也是世界动物卫生组织推荐使用的方法。

（2）过氧化物酶染色法（IPS）。该方法是将BTV抗体进行标记后对BTV蛋白抗原进行检测，主要包括：间接过氧化物酶检测法（IP）、荧光抗体检测法（FA）及过氧化物抗过氧化物酶检测法（PAP）3种方法。IP检测法是最早建立并得到应用的检测方法，在众多IP法中，利用抗生物素及生物素的复合物标记过氧化物酶的检测方法（ABC-IP）是IP检测法中最为灵敏的检测方法之一，该方法是利用兔抗BTV血清为第一抗体，可以从被感染动物脑组织中检测出BTV。随后，Ellis等利用ABC-IP方法，以抗BTV VP7蛋白或BTV NS1及NS2蛋白的单克隆抗体为一抗，从被感染动物的白细胞中检测出了BTV。由于ABC-IP方法具有敏感性高的优点，目前在实际生产过程中得到了广泛应用，但该方法的缺点是单克隆抗体制备过程复杂、烦琐，而且不易筛选到理想的单克隆抗体。

（3）血清中和试验（MTSN）。该方法是对BTV型特异性抗体进行检测，并可对抗体进行分离，是目前应用最为广泛的检测方法之一。该方法步骤如下：利用96孔细胞培养板对宿主细胞（Vero细胞或BHK-21细胞）进行培养，当细胞长满孔的80%左右时，将不同血清型的BTV接种于96孔细胞培养板，37℃培养；待检血清先进行灭活，灭活条件为56℃、30 min，之后将血清进行1∶10倍的梯度稀释，将稀释后的血清接种于培养板孔中；37℃孵育1 h后，与阴性血清进行比较，当有25%的孔出现细胞病变效应时可确定该血清为BTV阳性血清，因为不同血清型的BTV之间有一定的交叉反应，当确定为BTV阳性血清后，可再利用定量的MTSN方法来确定该血清的中和效价。

（4）ELISA方法。20世纪80年代Manning等首先建立了间接ELISA（I-ELISA）检测方法，

并利用该方法检测出了感染动物血清中的BTV抗体，该方法与AGID和补体结合试验（CFT）方法相比，具有更高的敏感性。Chand等和Eschbaumer等分别用该方法检测到了库蠓和BHK-21细胞中的BTV抗原；Anderson等建立了阻断ELISA方法（B-ELISA）。Afshar等建立了以McAb为基础的竞争ELISA方法（C-ELISA），并于1993年将该方法进行了改进，目前该检测方法已经商品化，并被确定为血清学诊断的首选方法。

3. 分子生物学诊断方法

（1）PCR技术。随着检测技术的日趋成熟，国内外已经将该技术应用在BTV的基因功能研究及检测等领域。Wade等利用RT-PCR技术检测出了被检样品中含有BTV，该研究根据BTV的8个基因片段的核苷酸序列分别设计并合成了8对特异性引物，对其相应的基因片段进行了RT-PCR扩增。结果表明，根据BTV *S7*基因片段核苷酸序列所设计引物的RT-PCR结果最好，扩增后的PCR产物经序列测定后与已经克隆的*S7*编码基因片段的cDNA进行对比，两者基本吻合，该研究对BTV血清型1型、2型、3型、4型、10型、16型、20型等型同时进行了PCR检测，检测结果均为阳性，并且与环状病毒属其他病毒无任何交叉反应，因而该方法可以作为24个血清型BTV的实验室检测方法。Charles等根据编码BTV *M6*基因的核苷酸序列设计并合成了一对特异性引物，从在美国流行的5种不同血清型BTV感染的BHK-21细胞中扩增出了210 bp的PCR产物，与预期大小相符，利用这对引物对被BTV感染9 d的绵羊血液RNA进行RT-PCR扩增也获得了阳性结果。利用RT-PCR方法对BTV进行检测，具有敏感性好、特异性强及操作简便快捷等特点。

（2）核酸分子杂交技术。利用病毒核苷酸序列，设计并制备cDNA探针，利用该探针与病毒RNA进行核酸杂交检测BTV抗原，较抗原－抗体的检测方法更为直接。Dangler等利用液相载体杂交技术，编码BTV血清型17型的*S7*片段基因设计并制备了探针，用该探针与经Vero细胞培养的BTV血清型2型、10型、11型、13型、17型病毒进行杂交，结果均为阳性。Wang等利用编码BTV血清型17型的*L3*片段基因设计并制备了探针，也可用于检测BTV血清型2型、10型、11型、13型、17型病毒，该方法简便，所用时间短，2 h即可完成，但该研究不能从被感染动物体的单核细胞中检测出BTV核酸。De Mattos等利用编码BTV血清型17型的*L2*片段基因设计并制备了探针，并将该探针用同位素进行了标记，之后作狭线杂交，对培养的5种美国流行的BTV进行检测，结果表明，只有BTV血清型17型是阳性，说明所制备的探针是BTV型特异性的。Brown等利用BTV编码的*M6*片段基因设计并制备了探针，并将该探针用地高辛进行标记，利用原位杂交技术对所有24个血清型的BTV进行了核酸检测，结果表明，该探针可以检测其中20个不同血清型的BTV，说明该探针具有BTV群特异性效果，并且该探针与EHDV血清型1型及2型病毒，以及非洲马瘟病毒血清型4型无任何交叉反应。

六、类症鉴别

1. 羊口蹄疫

相似点：有传染性。病羊发热，食欲不振，精神沉郁，流涎，口腔黏膜出现糜烂。部分病羊跛行。

不同点：羊口蹄疫无明显季节性，发病率、死亡率高。口腔黏膜、蹄部皮肤、乳房、乳头、鼻端、鼻孔等部位出现水疱，哺乳羊泌乳量显著减少，孕羊流产；口唇、面部不水肿，口腔黏膜、舌无发绀、青紫色现象。剖检可见，心包膜有弥散性及点状出血，心肌松软，心肌切面有灰白色或淡黄色条纹，或者有不规则的斑点，称“虎斑心”。

2. 羊传染性脓疱

相似点：有传染性。病羊口腔、鼻、唇、舌等部位出现糜烂，跛行。

不同点：羊传染性脓疱无明显季节性，春秋季多发，发病率高，病羊病变部位先出现丘疹、水疱，后发展为脓疱，破溃后结疣状硬性结痂，严重病例结痂后形成痂垢并相互融合，甚至可波及整个口唇、口腔黏膜、颜面部、眼睑等部位，更为严重者整个嘴唇牙龈处有肉芽桑葚样增生；外阴型病例可在母羊阴唇、公羊阴茎等部位出现水疱、脓疱。剖检无明显病变。

七、防治措施

1. 预防

（1）免疫预防。控制该病的关键是免疫预防。目前，常用的疫苗为灭活疫苗和减毒活疫苗，不过这 2 种疫苗的保护性均具有血清型特异性，因此，在流行多种血清型 BTV 的地区，免疫程序比较复杂。应科学组织疫苗免疫，首先，要在免疫之前详细调查本地流行病毒的血清型，根据血清型合理选择免疫疫苗，这样才能收到较好的免疫效果；其次，如果在同一地区出现不同的病毒血清型，这时应该使用二价苗或者是多价疫苗进行注射，也可以采用不同单价疫苗多次免疫。

（2）加强饲养管理。定期清扫，定期消毒，保证羊舍内环境卫生清洁。外出放牧不要到库蠓滋生的低洼处，定期做好羊舍的驱虫、杀蠓工作，消灭昆虫媒介。

（3）强化引种检疫。为了避免此病从疫区流传至无感染区域，要做好引进羊的检疫，严禁从疫区引进羊只。一旦有疾病传入，要严格根据《中华人民共和国动物防疫法》的相关规定，采取扑杀措施，扑灭所有被感染动物，而对于受疫病威胁动物要紧急进行预防接种。

2. 治疗

目前尚无有效治疗方法。对病羊应加强营养，精心护理，对症治疗。

（1）口腔治疗。口腔用清水、食醋或 0.1% 高锰酸钾液冲洗；再用 1% ～ 3% 硫酸铜、1% ～ 2% 明矾或碘甘油，涂糜烂面；或用冰硼散外用治疗。

（2）蹄部治疗。蹄部可先用 3% 来苏儿洗涤，再用木焦油凡士林（1∶1）、碘甘油或土霉素软膏涂拭，以绷带包扎。

第六节 山羊关节炎－脑炎

山羊关节炎－脑炎（CAE）是由山羊关节炎－脑炎病毒（CAEV）引起的慢性传染病，是世界山羊养殖中破坏力最强、经济学意义最重要的病毒性传染病。该病毒在山羊的免疫细胞特别是单核细胞系中增殖，从而长期不被机体的免疫系统识别，使感染山羊成为终身带毒者，造成山羊的各种慢性疾病，最终导致死亡。临床症状以山羊羔脑脊髓炎和成年山羊多发性关节炎、硬结性乳房炎以及间质性肺炎为特征。

在未认识该病之前，对其说法不一。1964 年，Stunzi 在瑞士称其为山羊慢性淋巴细胞性多发性关节炎；1969 年，Starrou 在德国发现称其为山羊肉芽肿性脑脊髓炎；1974 年，Cark 等在美国报道为山羊病毒性白质脑脊髓炎。最后确诊该病是 1980 年 Crowford 等从患病山羊关节滑液中分离到该病毒，将其接种于山羊关节滑膜组织形成典型的合胞体病毒，经接种 SPF（无特定病原体动物）山羊出现与自然病例相同的关节炎－脑炎症状，之后才正式命名为 CAE，并将其病原划为反转录病毒科慢病毒属。

目前，该病在全球分布广泛，英国、美国等发达国家更为严重。我国于 1982 年进口种山羊时带入该病，1987 年分离到病毒。

一、病原

1. 分类与结构特征

山羊关节炎－脑炎病毒属于反转录病毒科、慢病毒属的成员。同属的病毒还包括梅迪－维斯纳病毒（MVV）、马传染性贫血病毒（EIAV）、牛免疫缺陷病毒（BIV）、猫免疫缺陷病毒（FIV）、猴免疫缺陷病毒（SIV）以及人免疫缺陷病毒（HIV）。CAEV 无论在基因结构和免疫原性上都与 MVV 极其相似，通常将两者统称为小反刍动物慢病毒（SRLV）。

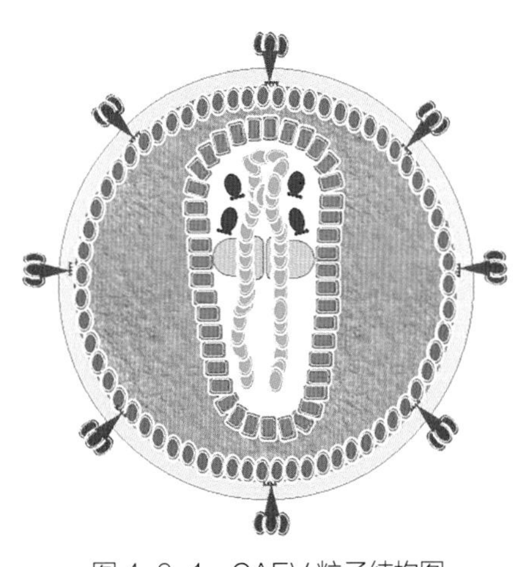

图 4-6-1　CAEV 粒子结构图
（窦永喜　供图）

CAEV 是一种有囊膜的病毒，囊膜外有突刺，芽生成熟的 C 型病毒粒子，直径 80 ～ 110 nm，病毒的核心为两条单股正链 RNA，与内层衣壳构成电子致密的中央类核（图 4-6-1）。在电镜下观察接毒细胞的超薄切片，可看到病毒粒子沿胞膜排列，或者散落在胞浆及空泡中，近似球形，也有呈管状者，膜上有脊突，可见沿胞膜出芽增殖的病毒颗粒，电镜下病毒粒子的直径介于 70 ～ 120 nm。在负染电镜中观察，于暗色背景上也可见有直径 70 ～ 110 nm 的近球形的病毒颗粒。CAEV 为双股单链 RNA 病毒，分子量 5.5×10^{6} Da，核酸线性结构由 64S 和 4S 两个片段组成。病毒中含有低分子量的 RNA 和高分子量的 RNA，其中，基因组组分的 65% 为高分子质量 RNA。

2. 培养特性

CAEV 主要感染单核 / 巨噬细胞系细胞，并可在山羊肺、关节滑膜、睾丸或角膜等细胞上增殖。山羊关节滑膜（GSM）细胞系常用于 CAEV 的分离和体外培养，将感染病羊的关节组织、关节滑液或外周血单核细胞（PBMCs）与 GSM 单层细胞共培养，能够分离得到 CAEV 毒株，并获得良好的病毒增殖。CAEV 在培养细胞内的病变特点是形成合胞体，细胞发生融合形成多核巨细胞，胞质空泡化严重，病变后期病毒粒子以出芽的方式释放，细胞崩解。

3. 理化特性

Haziza 等对 CAEV 感染的细胞培养物进行裂解，通过蔗糖密度梯度离心，测得有囊膜的未成熟和成熟的病毒粒子的浮密度为 1.16 ～ 1.17 g/mL，Ellis 等报道 CAEV 在蔗糖中的浮密度为 1.15 g/cm^3。CAEV 对外界环境的抵抗力较差，经 56℃ 30 min 即可失去感染力；该病毒有囊膜，因此对氯仿等有机溶剂敏感。

4. 致病机理

CAEV 进入体内后首先感染血液单核细胞，然后随感染单核细胞进入脑、关节、肺和乳腺等靶器官发育为巨噬细胞的过程中，病毒基因组转录复制，释放出的子代病毒扩散、感染、刺激形成以巨噬细胞、淋巴细胞增生的炎症反应。随着病毒不断从组织内释放，吸收入血，感染新生单核细胞，由此形成病毒在体内的复制侵染循环。由于病毒只在单核细胞发育成巨噬细胞时开始转录，使巨噬细胞不能发挥清除作用反而成为 CAEV 免疫逃避的屏障，这就是 CAEV 在感染羊体内终生潜伏存在的主要原因。此外，CAEV 感染的山羊体内不产生中和抗体，使宿主免疫系统功能缺陷，有利于病毒的持续性感染。

二、流行病学

1. 易感动物

山羊是 CAEV 的天然宿主。不同年龄、性别、品系的山羊均易感，成年奶山羊更易感，随年龄不同，感染的症状不同。山羊羔主要表现为脑脊髓白质炎，而成年山羊则表现为关节炎、间质性肺炎和硬结性乳房炎。有实验证实，CAEV 可感染绵羊，导致绵羊的血清转阳和发生关节炎，说明 CAEV 对绵羊有一定的致病性。

2. 传染源

CAEV 的传染源主要是患病山羊。

3. 传播途径

CAEV 的传播途径包括：水平传播和垂直传播。CAEV 的感染多发生在羔羊时期，感染母羊通过初乳喂养将 CAEV 传给羔羊，是 CAEV 传播的主要途径。大部分羔羊通过吸吮含病毒的初乳和常乳而感染 CAEV，虽然感染性初乳和乳汁的 CAEV 抗体能被羔羊吸收，但含量不足以阻止羔羊感染；其次，可通过感染羊的排泄物（如阴道分泌物、呼吸道分泌物、唾液和粪便等）经消化道感染，而呼吸道感染尚未证实；此外，羊群集中饲养时，饲草、饲料、饮水以及挤奶机器等都可能成为 CAEV 病毒传播的媒介，使感染机会增多。通常情况下，易感羊因与患病成年羊长期密切接触导致感染。

4. 流行特点

该病一年四季均可发病，呈地方流行性，多呈慢性持续性感染，潜伏期长，待发现时，羊群已大规模感染。CAE 的流行具有区域性，在一些无引种历史的羊群和地区，未出现 CAE 的流行，而在奶山羊养殖较多的地区，该病盛行。群内水平传播半数以上需相互接触 12 个月以上，一小部分 2 个月内也能发生。感染母羊所产的羔羊当年发病率为 16% ～ 19%，病死率高达 100%。

山羊因品种不同其易感性有区别，安格拉山羊的感染率明显低于奶山羊，后者感染率可高达 70%～ 90%；萨能奶山羊的感染率明显高于中国地方山羊；澳大利亚的奶山羊感染广泛，但安哥拉、克什米尔及开土哥拉（Cashgora）种羊感染却非常少，野山羊几乎不存在感染；以色列的杜泊羊（Bedouin）黑山羊对 CAEV 具有抗性，可以抵抗 CAEV 感染。

三、临床症状

CAEV 感染能引起被感染羊多种临床症状，但山羊常常临床症状不明显，当饲养管理条件发生改变或受到外界环境因素刺激时，被感染的山羊会表现明显的临床症状。被感染山羊的症状主要分为脑炎脊髓炎型、多发性关节炎型、间质性肺炎型和乳腺炎型 4 种类型。

1. 脑炎脊髓炎型（神经型）

常见于 2 ～ 6 月龄感染羔羊，但有时也见于大龄山羊，该病的发生带有明显的季节性，多见于 3—8 月，潜伏期为 2 ～ 5 个月，病程为半月到数年。病羊一般无体温变化。发病早期，羔羊精神沉郁，跛行、后肢麻痹和共济失调（图 4-6-2、图 4-6-3），最终发展为四肢僵硬，横卧不起（图 4-6-4），四肢划动作游泳状，角弓反张；有些病羊眼球震颤、惊恐、头痉挛、偏头、发抖、斜颈和做转圈运动（图 4-6-5、图 4-6-6）；有些面神经麻痹，吞咽困难或双目失明；少数病例有肺炎或关节炎症状。病羊经半个月或更长时间死亡，耐过羊多留有后遗症。

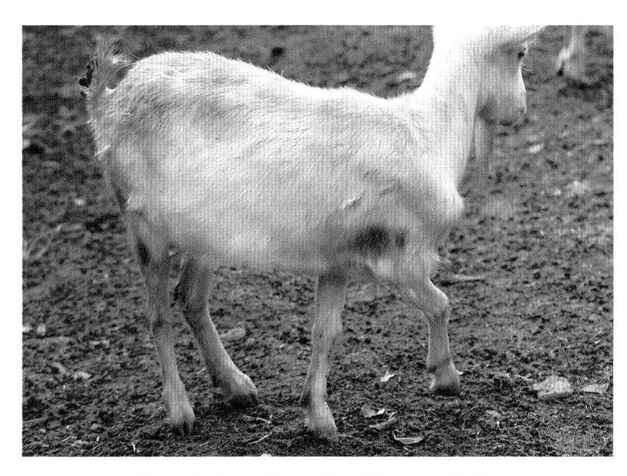

图 4-6-2　病羊跛行（窦永喜　供图）

图 4-6-3　病羊后肢麻痹和共济失调，站立不稳（窦永喜　供图）

2. 多发性关节炎型

此型多见于 1 岁以上性成熟的山羊，随着年龄和感染时间的增加，该症状出现得越多。病羊关节滑膜增厚，关节囊肿大（图 4-6-7、图 4-6-8），膝关节、跗跖关节发炎，也称“大膝病”，行动困难，后期则出现跛行，伏卧不动或由于韧带和肌腱的断裂而长期躺卧。个别病羊肩前淋巴结和腘淋巴结肿大，环枕关节囊和脊椎关节囊高度扩张。此型病羊消瘦，病程的长短与病变的严重程度有关，长期卧倒的病羊多因继发感染而死亡。

3. 间质性肺炎型

肺炎型在各种年龄的羊均可发生，病程 3 ～ 6 个月，但该型在临床上较为少见。病羊呈进行性消瘦，咳嗽，呼吸困难，肺部叩诊有浊音，听诊有湿啰音，抗生素治疗无效。

4. 乳腺炎型

乳腺炎型发生于哺乳的母羊，病羊乳房肿胀坚硬，也称为“硬乳房病”。病羊乳房坚硬肿胀（图 4-6-9）并伴有乳汁减少，乳液中体细胞数上升，有些染病羊乳房能变软，这种病不影响奶的质量，但大部分染病羊的产奶量下降。

图 4-6-4　病羊后肢麻痹，卧地不起（窦永喜　供图）

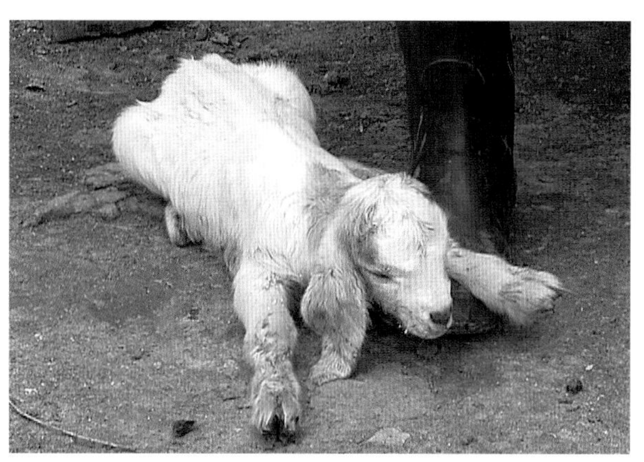
图 4-6-5　病羊四肢僵硬，横卧不起（窦永喜　供图）

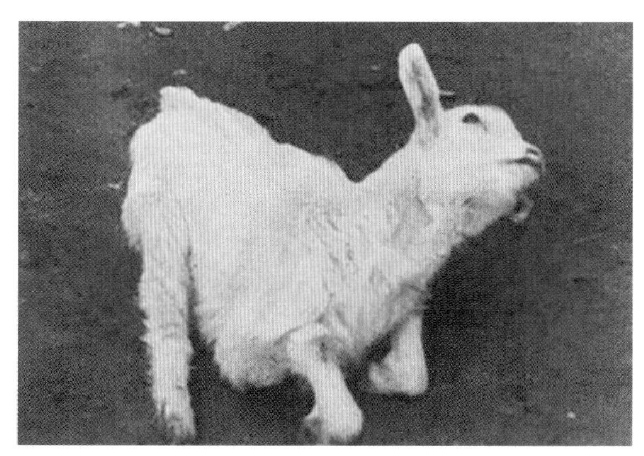
图 4-6-6　病羔有斜颈、后仰等神经症状（引自李健强）

图 4-6-7　病羊关节滑膜增厚，关节囊肿大（窦永喜　供图）

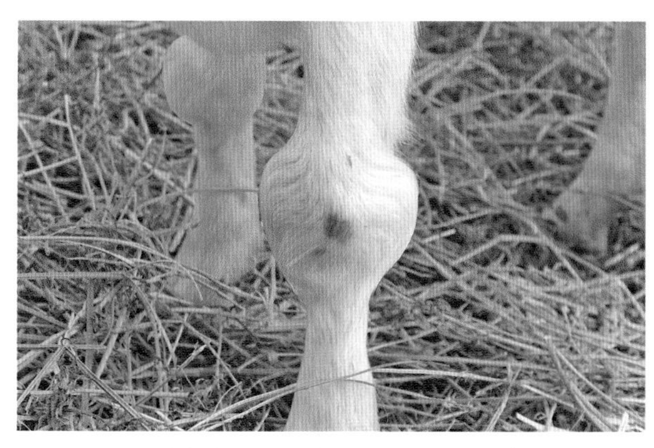
图 4-6-8　病羊关节滑膜增厚，关节囊肿大（局部特写）（窦永喜　供图）

图 4-6-9　病羊乳腺炎，乳房坚硬肿胀（引自李健强）

四、病理变化

1. 脑炎脊髓炎型（神经型）

肉眼可见的病变包括小脑和脊髓白质出现数毫米大、不对称性褐色－粉红色肿胀区，并压迫邻近组织。组织学病变包括脑和脊髓出现多处单核细胞浸润的炎性病灶，且伴有程度不等的脱髓鞘和脑软化。脊髓液的蛋白质含量增高，白细胞数增多，尤其是存在有较多的淋巴细胞和巨噬细胞。

2. 多发性关节炎型

表现为弥漫性滑膜炎，以跗跖关节为主。关节囊肥厚，关节囊腔扩张，充满黄色或粉红色的滑液，内有纤维素絮状物或血凝块；周围软组织水肿，严重者关节骨骼密度降低，关节软骨及周围软组织坏死、纤维化或钙化。镜检显示，滑膜与关节软骨粘连，表面光滑，滑膜细胞增生，绒毛增生，纤维蛋白浓缩甚至坏死；临床显示，发病关节肿胀、波动，皮下浆液渗出；关节滑膜增厚并有出血点。

3. 间质性肺炎型

剖检显示，自然条件下病羊肺脏肿大，质地变硬，表面散在灰白色小点（图 4–6–10），具有大小不等的坏死灶，切面呈斑块状实变区，有泡沫黏液（图 4–6–11、图 4–6–12）；镜检显示，支气管淋巴结和纵隔淋巴结肿大，细支气管以及血管周围淋巴细胞、单核细胞浸润，肺泡上皮增生，小叶间结缔组织增生，邻近细胞萎缩或纤维化。在慢性肺炎病羊的肺泡和膈膜内，非特异性的大酯酶阳性巨噬细胞数量增多。

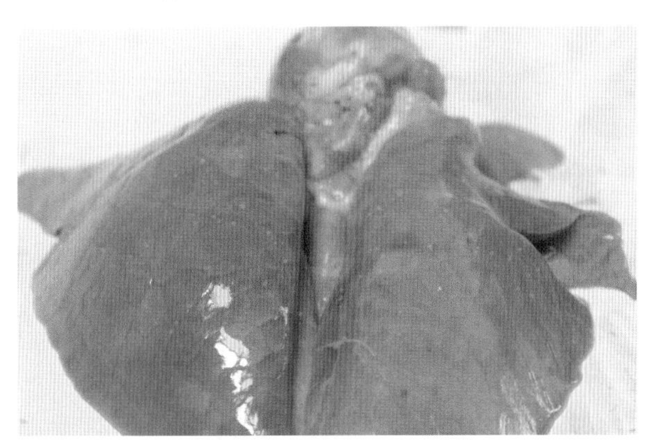

图 4-6-10　肺脏肿大，质地变硬，表面散在灰白色小点（窦永喜　供图）

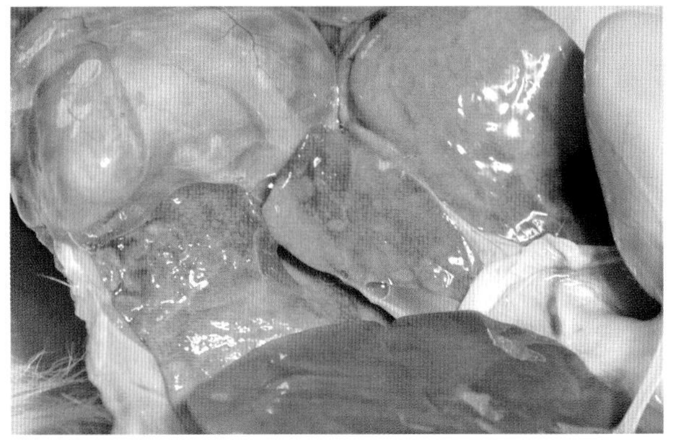

图 4-6-11　肺脏有大小不等的坏死灶（窦永喜　供图）

4. 乳腺炎型

病理组织学检查可见，血管、乳导管周围以及腺叶间有大量淋巴细胞、单核细胞和巨细胞渗出，间质常发生灶状坏死。感染羊乳汁分泌减少，羊奶中体细胞数略有上升，但对奶的质量几乎无影响。

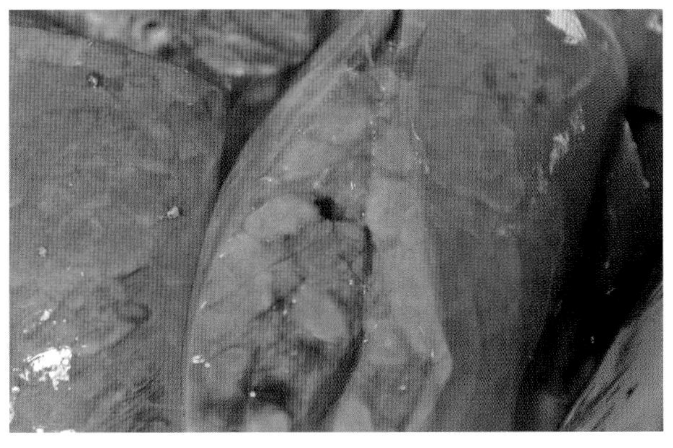

图 4-6-12　肺脏切面呈斑块状实变区，有泡沫黏液（窦永喜　供图）

五、诊断

1. 病毒的分离与鉴定

山羊关节滑膜（GSM）细胞最常用于 CAEV 的分离和培养，CAEV 接种后 5 ～ 10 d 即出现较为明显的细胞病变（CPE）。例如多核巨细胞的出现、细胞溶解等。根据 CPE 的情况，再结合反转录酶试验、免疫标记试验或动物回归试验，可实现对 CAE 的确诊。病毒分离是诊断 CAE 最为确切的一种方法，但该方法需细胞培养，费时、费力，不适合大批样本的诊断。

从动物活体分离病毒，可无菌收集外周血或鲜奶或抽出的关节液，与 GSM 细胞混合培养，待观察到多核巨细胞时，做盖玻片培养、固定，应用免疫标记法（通常用间接荧光抗体试验或间接免疫过氧化物酶试验）检测病毒。从尸检组织分离病毒，可无菌采集新鲜肺、滑膜和乳房组织，与山羊关节滑膜细胞混合培养，检查 CPE，1 ～ 2 周内用血清学、电镜或反转录酶试验检查是否存在病毒。

2. 免疫学诊断方法

（1）免疫组化技术检测。CAEV 免疫组化试验（IHC）可以对病原进行组织内或细胞内定位，通常采用抗衣壳蛋白 p25 的抗体作为一抗。Grossi 等应用该方法在染病羊的骨髓基质干细胞（BMSCs）内观察到明显的阳性信号，特别是纤维原细胞，从而确定骨髓作为该病毒的贮主。而进一步将免疫组化与 PCR 技术相结合应用于样本诊断，可大大提高组织中病原检测的特异性。

（2）AGID 方法。AGID 是用于检测血清中 CAEV 抗体的最常用的方法，也是国际兽医组织推荐的检测方法。常用于 AGID 的抗原是全病毒抗原，而 CAEV 的衣壳蛋白 p25 和囊膜蛋白 gp135 也可以用作 AGID 的抗原。

Knowles 等利用 AGID 对 218 份血清进行了检测，相比 RIA（放射免疫测定），AGID 的敏感性和特异性分别为 91% 和 100%；Varea 等对 693 只羊长达 3 年的血清学监测，结果表明相比于 ELISA，AGID 的灵敏度和特异性分别为 76.3% 和 98.3%。与 RIA、ELISA 和 WB（蛋白印迹技术）相比，AGID 的敏感性稍差，且在检测中存在一定的假阳性。

（3）ELISA 方法。相比 AGID 检测 CAEV 感染，ELISA 更敏感、更经济，且能够用于大规模的血清学筛查，因此，在 2004 年世界动物卫生组织会议上拟将该方法定为 CAE 检测的标准方法。目前，常用的 CAEV ELISA 检测方法大致可以分为：全病毒抗原 ELISA 和重组抗原 ELISA。

采用全病毒作为抗原建立的 ELISA 方法的敏感性为 92% ～ 100%，特异性为 93% ～ 100%。Archambault 等利用全病毒抗原 ELISA 和 p28RIA 对山羊血清进行检测，结果表明，ELISA 的敏感性和特异性分别为 96.9% 和 100%。Heckert 等对基于 CAEV 全病毒抗原的间接 ELISA、AGID、WB 和免疫过氧化物酶试验（FCIPA）进行比较，发现相比以上方法的联合使用，ELISA 的敏感性和特异性分别为 98.3% 和 97.9%。

目前，已建立了多种基于重组蛋白的间接 ELISA 方法，常用的抗原包括 p55（gag）、p28（CA）、p16（MA）和 gp135（env），合成肽也常用于 ELISA 抗原。通常 CAEV 衣壳蛋白 p28 最常用于 ELISA 的检测，尽管血清中抗 p28 的抗体水平要低于抗 gp135 抗体水平，但 p28–ELISA 检测的敏感性和特异性更好。Rimstad 等采用重组表达技术获得了 p28 蛋白、p17 蛋白和 p17+p28 蛋白，分别用以上 3 种蛋白作为抗原构建 ELISA 方法，对山羊血清进行检测，结果表明，用 p28 作为

ELISA抗原比用p17作为抗原更好，用p17+p28作抗原的ELISA检测结果与全病毒抗原的检测结果有较高的一致性，与全病毒抗原相比，p17+p28重组蛋白ELISA更容易鉴定血清的阳性、阴性和不确定性。Archambault等从CAEV感染的细胞培养物中纯化得到p28蛋白，建立了ELISA方法，在对24份具有临床病症的山羊血清的检测中，AGID结果都为阴性，而ELISA和RIA检测都为阳性，说明在CAE的筛查中，ELISA的准确性高于AGID，特别是在染病羊体内抗体水平较低的情况下。

3. 分子生物学诊断方法

（1）核酸探针/原位杂交技术。CAEV核酸探针既可以用于细胞培养物和组织中CAEV RNA检测，也可用于CAEV感染动力学的研究。Clavijo等用非放射性地高辛探针建立了一种CAEV检测方法，可用于检测巨噬细胞和外周血细胞（PBMCs）中CAEV核酸，该方法的敏感性和特异性均高于ELISA。Klevjer等和Zink等分别用^{3}H标记的单链cDNA和^{35}S标记的双链cDNA探针，对CAEV感染巨噬细胞的感染动力学进行了研究。

核酸原位杂交技术（ISH）是一种省时、可靠、特异性高、敏感性好的分子生物学检测工具，可以用来检测经福尔马林固定和石蜡包埋处理的组织病料中的抗原。Storset等应用该技术建立了一种细胞培养物中CAEV mRNA的检测方法，对CAEV感染的巨噬细胞进行检测，在感染24 h后即可以检测到CAEV mRNA；在感染72 h达到检测的高峰，比反转录酶实验的结果提前24 h。

（2）PCR及其衍生技术。PCR技术是目前应用最广泛的分子生物学检测技术，该方法特异性高，操作简单、快速，可以直接对山羊的外周血单核细胞（PBMC）、乳汁细胞（MC）、滑膜液细胞（SFC）中的CAEV核酸进行检测。

Clavijo等根据CAEV p25基因序列设计了一对特异的PCR引物，建立了特异的PCR诊断方法，对40只山羊进行检测，其中，31只羊为PCR阳性，而ELISA检测仅12只为阳性，免疫印迹方法检测仅19只为阳性，表明该PCR方法的敏感性高于ELISA和免疫印迹法。通常情况下，将PBMCs与GSM细胞共同培养后检测细胞培养物，检测的准确度更高。

将PCR与Southern blot杂交检测相结合，可以大大提高检测的敏感性，Rimstad等采用该方法对27只血清学阳性羊进行检测，25只为PCR阳性，而对81只血清学阴性羊进行检测，20只表现为PCR阳性，其中，10只PCR阳性羊在试验后期出现血清学转化，说明该方法可以对染病羊在血清学转化前进行早期检测。

随着人们对CAEV及其所致疾病研究的不断深入，在PCR的基础上，衍生出多种检测手段，如巢式PCR（nested PCR）、半巢式PCR（semi-nested PCR）和RT-PCR等，这些方法检测的敏感性和特异性较常规PCR均有较大的改善。

六、类症鉴别

1. 羊衣原体病（关节炎型）

相似点：有传染性。病羊关节肿大、热痛、僵硬，行动困难，跛行。

不同点：多发于育肥羔羊和哺乳羔羊，尤以3～5月龄羔羊多见。病羊体温升高（41～42℃），强迫运动跛行可减轻或消失，常并发结膜炎。剖检可见，关节或腱鞘内含有大量液体或脓液，严重时关节面溃烂。

2. 羊维生素 E– 硒缺乏症（白肌病）

相似点：与亚急性型病例相似。病羊精神沉郁，站立不稳，后肢瘫痪，卧地不起。

不同点：无传染性。病羊背部、臀部肌肉对称性肿胀，比正常肌肉硬。剖检病变在骨骼肌和心肌，骨骼肌色淡，有局限性的发白或发灰的变性区，呈鱼肉样或煮肉样，双侧对称，以肩胛部、胸背部、腰部、臀部肌肉变化最明显；心内膜下肌肉呈灰白色或黄白色条纹及斑块。

3. 羊维生素 B_1 缺乏症

相似点：羔羊易感。病羊步态不稳，共济失调，惊厥，痉挛，角弓反张。

不同点：无传染性。病羊有便秘、腹泻症状，有时可见水肿；肢体不呈现麻痹、僵硬症状。剖检可见，大脑灰质坏死（区别于 CAE 的白质出现褐色 – 粉红色肿胀区）。

七、防治措施

由于对 CAEV 的致病机制和潜伏机理尚不清楚，迄今为止还没有控制 CAEV 感染的有效措施，也无有效的商品疫苗和药物用来防御 CAEV 感染。因此，防控 CAEV 感染及其相关疾病的发生，必须采取综合性的防治措施，除及时而准确地诊断外，特别要注意加强饲养管理和做好免疫接种，以最大程度地减少由 CAEV 感染带来的损失。

1. 加强引种管理

研究表明，CAEV 主要在活羊贸易和国际引种的过程中，由 CAE 流行国家传播到其他国家，因此，加强出入境检疫可以有效避免 CAEV 跨地域传播。根据世界动物卫生组织的规定，禁止引种有临床病症的活羊；对于引种 1 年龄以上的羊只，须进行血清学检查和 30 d 隔离，并且要求其来源地近 3 年无 CAE 的流行；用于采精的公羊，连续 2 年血清学检测必须为阴性；否则，精液禁止进口。

2. 加强饲养管理

根据羊群的规模、羊的品种和年龄等特点，分别采取严格而科学的防控措施，从而达到有效预防疾病的目的。

母羊和羔羊的管理：分娩前将母羊隔离；分娩期间要注意医疗器械的卫生，使用后及时消毒，避免经医疗器械传播；分娩后及时将羔羊隔离，喂养经 56℃处理 30 min 的初乳或常乳；对新生羊，3 个月后进行血清学检查，血清学阴性方可混群。

生长 / 育肥羊的管理：加强饲养环境的管理，降低羊群密度，改善通风，定期对羊圈进行清洗和消毒；对奶山羊，为了严格隔离阳性羊，必须对共用器具，尤其是挤奶设备实施化学消毒后分开使用；并定期检测奶液中体细胞数。

染病羊群 / 羊只的管理：及时隔离血清学阳性羊，并定期对羊群进行大规模血清学调查，筛查出阳性羊，进行扑杀，对扑杀羊只进行无害化处理。

第七节 梅迪－维斯纳病

梅迪－维斯纳病（MV）是由梅迪－维斯纳病毒（MVV）引起的成年绵羊一种不表现发热症状的接触性传染病。临床特征是经过漫长的潜伏期之后，表现为间质性肺炎或脑膜炎，病羊衰弱、消瘦，最后死亡。梅迪－维斯纳为冰岛语，原是用来描述绵羊的 2 种临床症状表现不同的慢性增生性传染病。梅迪的意思是“呼吸困难”，描述了一种增进性间质性肺炎；维斯纳的意思是“抽搐”或“消耗”，症状为麻痹性脑膜炎。梅迪和维斯纳是由同一病毒引起的不同病理组织学和临床症状的疾病。在美国该病被称为绵羊进行性肺炎（OPP），我国 2022 年新修订的《一、二、三类动物疫病病种名录》将梅迪－维斯纳病列为三类动物疫病。

1939 年，冰岛首次报道梅迪及维斯纳病的存在。1960 年，Sigurdsson 等首次分离到维斯纳病毒。1964 年，Sigurdardottir 和 Thormar 从自然感染病例中分离到梅迪病毒。目前，已知法国、英国、德国、丹麦、荷兰、肯尼亚、印度、以色列、挪威、瑞典、匈牙利、美国、加拿大、希腊、保加利亚、罗马尼亚、瑞士、摩洛哥、尼日利亚、比利时、中国等均有该病流行。我国于 1985 年在绵羊群中分离出该病病毒，目前，对该病的研究有限，据报道在新疆、青海、宁夏、内蒙古、四川、辽宁等省（区）已有不同程度的流行，该病主要危害来自冰岛进口的边区莱斯特纯种羊及其杂交后代，以及与其长期接触的其他绵羊。

一、病原

1. 分类与形态特征

梅迪－维斯纳病毒（MVV）为反转录病毒科、正逆转录病毒亚科、慢病毒属成员之一。其他慢病毒包括猫免疫缺陷病毒（FIV）、猴免疫缺陷病毒（SIV）、山羊关节炎－脑炎病毒（CAEV）、牛免疫缺陷病毒（BWV）、马传贫病毒（EIAV）和人免疫缺陷病毒 1 型和 2 型，除马传贫发病趋向于周期性外，其他慢病毒病以发病缓慢、渐进性衰竭为特征。

梅迪－维斯纳病成熟病毒粒子呈圆形或卵圆形，直径为 90 ～ 100 nm，有囊膜，其表面有长约 10 nm 纤突，具有双层膜结构。蛋白质 p25 和 p17 组成其核心，内有基因组 RNA 链，链上附着有反转录酶，其功能是催化病毒 RNA 的反转录。基因组为正链单股 RNA，大小为 9 189 ～ 9 256 bp。

2. 抗原特性

MVV 有 2 种主要抗原成分：一种是囊膜糖蛋白 gp135，具有特异性抗原决定簇，能诱发中和抗体；另一种是核心蛋白 p25，具有群特异性抗原决定簇，抗原性稳定。这 2 种抗原与山羊关节炎－脑炎病毒的 gp135、p28 抗原之间有强烈的交叉反应。病毒无血细胞吸附和凝集特性。

3. 培养特性

MVV 在绵羊脉络丛（SCP）细胞中生长良好，引起细胞病变、细胞融合，并形成多核的巨细胞。病毒接种 12 ～ 30 h，呈指数生长，并持续 16 ～ 30 h，初次分离病毒，一般要传代 2 代以上才出现 CPE。病毒可在培养基中存活 4 个月之久。维斯纳病毒还能在牛、猴、猪、仓鼠、小鼠和人的细胞中生长。病毒能在绵羊脉络膜丛、肺、睾丸、肾和肾上腺、唾液腺的细胞培养物里繁殖，并经常引起细胞融合而形成多核巨细胞。病毒可感染宿主的巨噬细胞和树突状细胞，侵入宿主的肺、纵隔淋巴结、脾脏等，数周后在血液里出现病毒，并刺激机体产生血清中和抗体和补体结合抗体。

4. 理化特性

经蔗糖密度梯度离心测得病毒密度为 1.15 ～ 1.19 g/cm^3，等电点 pH 值为 3.8。病毒对乙醚、氯仿、甲醛、胰蛋白酶敏感。在 56℃及 pH 值为 2 环境中迅速灭活，对 pH 值为 7.2 ～ 9.2 稳定，对干扰素不敏感，-50℃下可存活数月之久，0.04% 的甲醛、4% 的酚及 50% 的乙醇都能使之灭活。甲苯胺蓝极易使病毒灭活。

5. 致病机理

当病毒被吸入呼吸系统之后，即通过其囊膜糖蛋白吸附细胞表面受体而感染绵羊细胞，有时还可以侵入支气管、纵隔淋巴结、血液、脾和肾。被病毒侵袭的肺细胞、网状细胞或淋巴细胞，由于病毒刺激而增生。随后，肺泡间隔由于出现许多新的组织细胞和一些新的纤维细胞以及胶原纤维而变厚。同时肺泡壁的鳞状上皮细胞变成立方形细胞。此外，细支气管和血液周围的淋巴样组织增生形成活动性的生发中心。由于肺泡的功能减低甚至消失，气体交换受到影响，逐渐发展成致死型的缺氧症。

二、流行病学

1. 易感动物

绵羊是主要的易感动物，多见于 2 岁以上的成年绵羊，山羊也能感染，但感染性较差。所有品种、年龄的绵羊对该病毒均易感，但不同绵羊品种对该病感染的敏感性有差异，其中，细毛羊感染率最高。

2. 传染源

病羊及带毒羊是主要传染源，一旦感染即终生带毒，在发病期间病毒可随唾液、鼻液、粪便排出体外。

3. 传播途径

该病主要是自然感染，传播途径以绵羊间通过呼吸道气溶胶水平传播为主，消化道、生殖道、皮肤等途径也可传播该病。由于该病毒能以前病毒的形式存在于乳汁细胞内，新生羔羊虽可通过初乳从母体获得抗体，但同时又可通过摄入富含致病细胞的初乳而受到感染，因此，母羊与羔羊之间可通过乳汁垂直传播，即使母羊处于潜伏期亦可感染羔羊。间接传播不常见，精液、血液无明显的传染性，也没有交配传播的相关报道。

4. 流行特点

该病呈散发或地方性流行，因地域而有差别。恶劣的环境条件能够极大地加重该病传播和流行，在冬季，羊群被赶到狭小的羊圈能导致该病的快速传播，而羊群在广阔的草原上放牧时则传播率很低。此外，该病病毒可伴随绵羊肺腺瘤和肺线虫病一并传播。

三、临床症状

1. 梅迪病（呼吸道型）

它是 MV 病毒感染后最常见的临床表现，早期表现为体质减弱，运动时喘气（80 ～ 120 次 / min），驱赶羊群时，病羊落于群后。随着病情的进展，患羊休息时也表现呼吸频率增加，在病程后期，则表现为呼吸困难，在某些病例中可见由呼吸困难引起腹部两侧凹陷（图 4-7-1），张口呼吸、长时间卧地（图 4-7-2），病羊仍有食欲，但体重不断下降，表现消瘦和衰弱。有些病畜仅表现消瘦，直至死亡前才出现明显的呼吸功能障碍。梅迪病绵羊由于体况衰弱可导致有不同程度的掉毛，如果没有继发细菌性肺炎，病羊无发热、咳嗽、流鼻涕等症状。妊娠母羊可能流产或产弱仔。

图 4-7-1　病羊因呼吸困难引起腹部两侧凹陷
（窦永喜　供图）

图 4-7-2　病羊鼻孔扩张，张口呼吸
（窦永喜　供图）

梅迪病毒感染母羊表现硬性乳房炎，但是临床上难以发现，原因是这些表现临床症状的母羊通常超过 4 岁，乳腺已经有一定的硬度，但可以通过病理解剖进行确诊，母羊产奶量下降、体细胞数上升。

关节炎是梅迪病感染羊群的另一个临床症状，不常发生，仅有很少的自然感染和实验感染绵羊发生。最常见的是腕关节肿大，双侧的关节及黏液囊明显肿胀，跛行。

2. 维斯纳病（神经型）

发生率较梅迪病要少很多，在梅迪病发生几年后的羊群中，表现为维斯纳病症状的比例每年不到 1%，梅迪病和维斯纳病可能在同一病羊同时出现或者单独出现，维斯纳病也表现为体重减轻，依据病毒损伤的部位不同，表现为脑干型和脊髓型。脑干型主要症状为口唇震颤、头部姿势异常、转圈、伸展过度、共济失调等（图 4-7-3）。脊髓型的症状表现为伸展不足、髋关节弯曲度减少、本体感觉减弱、一侧下肢承重减弱导致走路摇摆，然后出现偏瘫或完全麻痹（图 4-7-4）。2 种型的维斯纳病通过数周发展，神经体征表现逐渐恶化，最后倒地，不能站立，最终死亡。

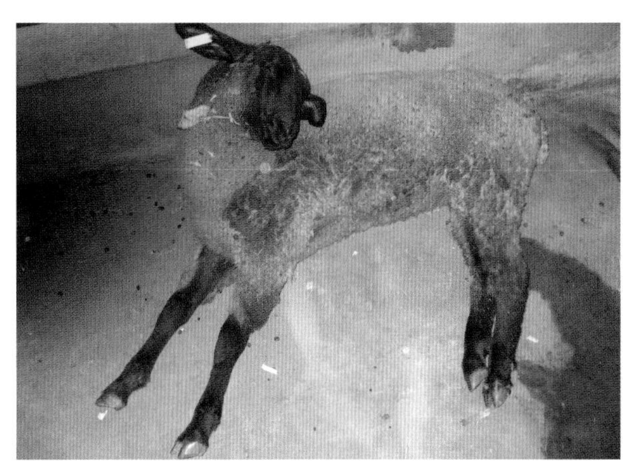
图 4-7-3　病羊头部姿势异常、共济失调等神经症状（窦永喜　供图）

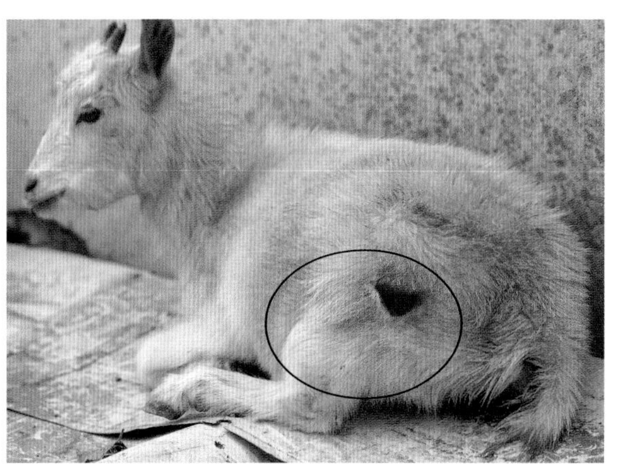
图 4-7-4　病羊因麻痹长时间卧地，导致体侧掉毛（窦永喜　供图）

四、病理变化

1. 梅迪病（呼吸道型）

病变主要见于肺和肺淋巴结。病羊肺体积膨大 2 ～ 4 倍（图 4–7–5），打开胸腔时肺部塌陷，肺重量增加（正常重量为 300 ～ 500 g，患肺平均为 1 200 g），气管中无分泌物，病肺组织致密，质地如肌肉，切面干燥，以膈叶的变化最重，心叶和尖叶次之（图 4–7–6）。支气管淋巴结增大，其重量平均可达 40 g（正常时为 10 ～ 15 g），切面均质发白。各叶之间以及肺和胸壁粘连，胸腔积液，在胸膜下散在许多针尖大小、半透明、暗灰白色的小点（图 4–7–7），严重时突出于表面，有些病例的肺小叶间隔增宽，呈暗灰细网状花纹，在网眼中显出针尖大小暗灰色小点，肺的切面干燥。梅迪的组织病理学变化，主要为慢性间质性炎症。肺泡间隔增厚、淋巴样组织增生。经常还可见到肺泡间隔平滑肌增生，支气管和血管周围的淋巴样细胞浸润，微小的细支气管上皮常有增生，有时邻近的肺泡发生解体和上皮化。肺泡的巨细胞里有包涵体，在肺炎区，肺泡消失或体积缩小。

乳房炎病理组织学检查可见，主导管周围有时在乳腺间质组织内存在弥漫性淋巴细胞聚集，导管上皮呈灶样变性，伴有结缔组织增生，使某些小叶间导管腔受损，邻近的腺组织失去功能。硬结附近的导管上皮增生及空泡化，并有坏死灶和腐肉形成。

关节炎病理变化主要表现为滑液囊膜增生、关节囊纤维化、关节骨和关节软骨变性。关节面干燥，并有纤维素沉着。

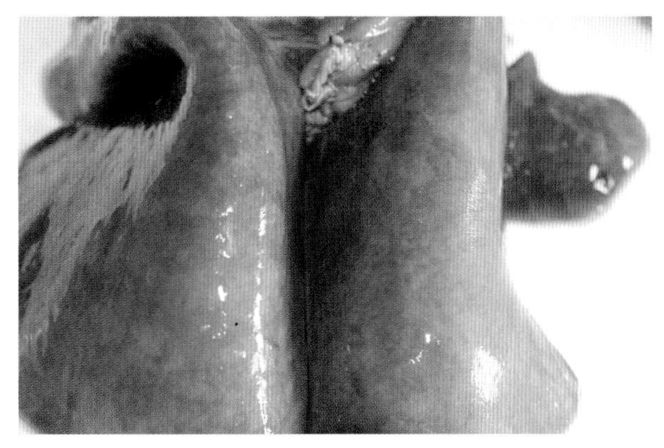
图 4-7-5　病羊肺体积膨大 2 ～ 4 倍（窦永喜　供图）

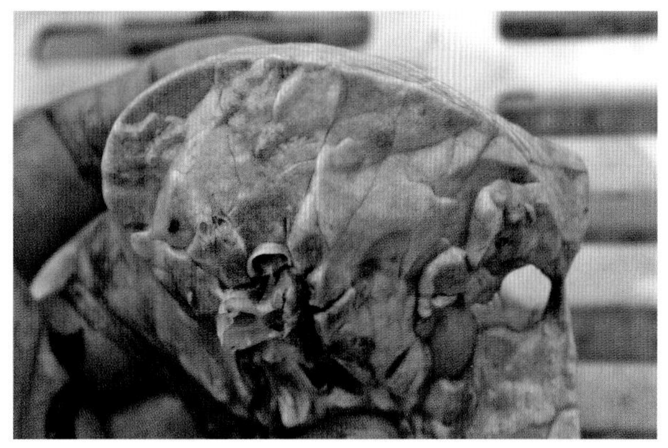
图 4-7-6　病羊肺组织致密，质地如肌肉，切面干燥（窦永喜　供图）

2. 维斯纳病（神经型）

剖检时见不到特异变化，病程很长的，其后肢肌肉经常萎缩。维斯纳的组织病理学变化主要局限于中枢神经系统，表现为弥漫性脑膜脑炎，病重的羊小脑、脑干、脑桥、延髓及脊髓的白质中存在广泛的损害（图 4–7–8），外周神经有弥散性淋巴细胞浸润。

图 4-7-7　病羊胸膜下散在许多针尖大小、半透明、暗灰白色的小点（窦永喜　供图）

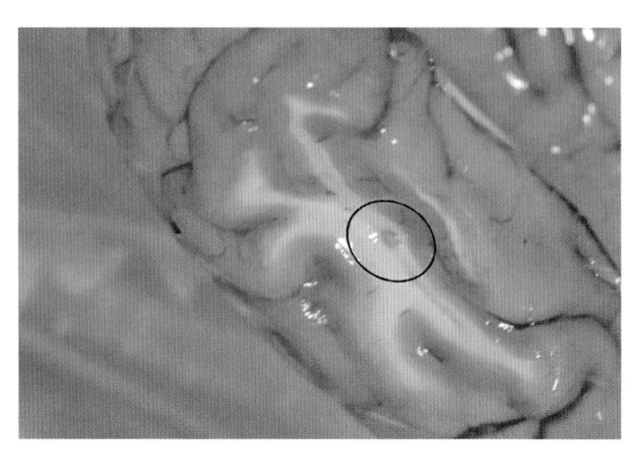
图 4-7-8　病羊脑和脊髓白质中存在广泛的损害（窦永喜　供图）

五、诊断

1. 病毒的分离培养

MVV 培养是检测是否感染的一种可靠方法。细胞培养的最大优点在于能得到流行毒株，但其敏感性不如血清学或 PCR 技术。分离 MVV 时最好将病羊的肺细胞移植培养或将病羊肺组织悬液接种于培养细胞。分离病毒较好的细胞是绵羊脉络丛原代细胞或传代细胞。

2. 血清学诊断方法

（1）AGID 方法。AGID 广泛应用于羊群疫情调查和进出口种羊的疫病检测。目前，琼脂扩散试验仍为世界动物卫生组织认定的检测方法。我国对 MV 检疫也以 AGID 法为准，并制定了《绵羊进行性肺炎琼脂扩散抗原制造及检验规程》。

（2）ELISA 方法。ELISA 已成为 MVV 实验室检测常用方法之一。ELISA 检测结果能否准确地反映 MVV 的感染状况，首先取决于其特异性，其中，包被抗原的制备是影响特异性的主要因素。第一代技术多采用全病毒作为包被抗原，第二代以重组蛋白和第三代以合成肽作为检测抗原广泛应用于 ELISA。

Houwers 和 Gielkens 最早报道应用间接 ELISA 检测 MVV。Pasick 报道，由 MVV 冰岛 1 514 株获取的高纯度重组 gag 和 env 蛋白用于间接 ELISA 检测绵羊、山羊血清中小反刍慢病毒抗体，与 MVV 全病毒 ELISA 和 CAEV 全病毒 ELISA 在检测抗 MVV 抗体和抗 CAEV 抗体相比较而言，重组蛋白 ELISA 检测效果较佳，试验结果提示，这些重组 MVV 蛋白可用于对绵羊、山羊慢病毒感染检测。在国内，符子华、薛飞等采用 OPPV 的全病毒间接 ELISA 抗原检测了试验感染 OPPV 的绵羊、山羊血清，结果表明，这种 ELISA 可用于 OPP 的诊断。

20 世纪 80 年代，Houwers 和 Schaake 建立了应用直接针对病毒主要核心蛋白 p25 的 2 个单克隆抗体复合捕获阻断 ELISA，结果表明，此法可用于 OPPV 检测。

阻断ELISA（Block-ELISA）可用于检测绵羊血清MVV抗体。用病毒囊膜蛋白p90单抗夹心阻断ELISA检测绵羊血清MVV抗体，经免疫印迹分析，阻断ELISA与全病毒I-ELISA相比，具备简易、高敏感性和特异性，证明该方法可行。此外，有人用CAEV竞争ELISA对来自美国的绵羊血清进行了OPPV抗体检测，试验结果显示，CAEV竞争抑制ELISA能应用于绵羊OPPV抗体的检测，并具有较高的敏感性和特异性。应用生物素－亲和素－ELISA（BA-ELISA）检测绵羊MVV抗体和山羊CAEV抗体，通过对欧洲不同国家2 336只绵羊血清样品应用BA-ELISA进行检测，结果与AGID比较，存在差异的样品经Western blot分析，这种ELISA敏感性总体评价是99.4%（95%置信区间，98.4%～99.8%），特异性是99.3%（95%置信区间，98.7%～99.6%）。

（3）免疫印迹试验。薛飞等用AGID和免疫印迹试验（IB）对山羊试验感染OPPV的抗体应答反应进行了研究，用AGID和IB都可在接毒山羊的血清中检测到OPPV抗体。此外，免疫印迹试验最早检出OPPV抗体的时间比AGID早，说明此法更为敏感。由于IB所要求的试验条件比较高，因而其应用受到一定的限制。

3. 分子生物学诊断方法

PCR方法。自然感染MVV绵羊的多种组织中可检测到MVV前病毒DNA。对自然感染MVV的13只绵羊应用PCR和免疫组织化学等方法在肾、肺中检测到前病毒DNA。采用原位PCR（in-situ PCR）和免疫组织化学等方法在自然感染MVV绵羊的第三眼睑检测到前病毒DNA。采用PCR方法在自然感染MVV绵羊的肝脏、心脏组织中检测到前病毒DNA。以MVV基因的长末端重复序列（LTR）和POL序列作为靶序列的2种PCR试验对MVV感染的绵羊样品作进一步调查。结果显示，LTR-PCR相对于其他方法更敏感，能更早检测出前病毒DNA。不同PCR技术已应用于组织样品中MVV检测，甚至用于石蜡包埋组织样品中的MVV前病毒DNA检测。

六、类症鉴别

1. 绵羊肺腺瘤病

相似点：多感染成年羊，病死率可达100%。病羊呼吸加快，听诊肺部有啰音，消瘦。

不同点：病羊咳嗽，鼻流分泌物。绵羊肺腺瘤病以增生性、肿瘤性肺炎为主要特征。剖检可见，病羊肺部有弥漫性增生，病变区灰白色，切面呈明显的颗粒状突出；或见肺部有几个至十几个大小不等的结节，融合成肿块，后期形成肉变区，形状似纤维瘤。

2. 羊痒病

相似点：多感染成年羊，与维斯纳病相似。病羊头颈姿势异常，共济失调，步态蹒跚，卧地不起，躯体麻痹。剖检无明显病变。

不同点：病羊蹭痒或用嘴啃咬瘙痒部位；尾部和臀部皮肤剧烈发抖，被毛断裂、脱落；后期视力丧失。组织学变化仅见于脑干和骨髓，特征性的病变为神经细胞的皱缩和空泡变性，星形细胞异常肥大，增殖和海绵样性变。

七、防治措施

鉴于MV暂无有效的预防和治疗办法，故综合性防治就十分必要。一旦发现该病，唯一可行的就是采取检疫、淘汰措施。防治该病的关键在于防止健康羊接触病羊。

加强进口检疫。引进种羊应来自非疫区，新引进的羊必须隔离观察，经检疫认为健康后才可混群。避免与病情不明羊群共同放牧。

对发现病羊的羊群每6个月做1次血清学检查，淘汰有临床症状和血检阳性的病羊，把血检阳性和阴性的假定健康羊分群隔离饲养。

病羊尸体和污染物应销毁或用石灰掩埋。圈舍、饲管用具应用2%氢氧化钠或4%碳酸钠消毒。

严格隔离饲养。羔羊产出后立即与母羊分开，实行严格隔离饲养，禁止吃母乳，喂以健康羊乳或消毒乳，经过几年的检疫和效果观察，可培育出健康羊群。

第八节　绵羊肺腺瘤病

绵羊肺腺瘤（SPA；OPA），又称绵羊肺癌（OPC）或“驱羊病”（Jaagsiekte），是由绵羊肺腺瘤反转录病毒（SPAV）引起的一种慢性、进行性、接触传染性、肺脏肿瘤性疾病。其主要临床表现是患羊咳嗽、呼吸困难、虚弱、逐渐消瘦、流出大量浆液性鼻漏；主要病理特征是Ⅱ型肺泡上皮细胞和无纤毛细支气管上皮细胞发生肿瘤性增生。

SPA最早是1825年在南非发现的，人们在驱赶有此病的羊群时，发现病羊呼吸非常困难，于是当时用荷兰语命名这种未知疾病为“Jaagsiekte”，即“驱羊病”或“驱赶病”。除了非洲地区外，该病之后又陆续发现于英国（1888年）、德国（1899年）、法国（1899年）、中国（1951年）、墨西哥（1981年）、美国（1982年）、加拿大（1982年）、爱尔兰（1985年）等国。目前，SPA主要发生于欧洲、美洲、非洲、东南亚等地区，几乎所有的养羊业发达的国家和地区，包括我国新疆、内蒙古等地都有该病的发生和流行，严重影响着世界范围内养羊业的发展。SPA被我国农业农村部列为三类动物疫病。

一、病原

1. 分类与结构特征

根据2000年国际病毒分类委员会第七次报告，反转录病毒科仍分7个属，但各成员的命名有所不同，这7个属分别是 α－反转录病毒属、β－反转录病毒属、γ－反转录病毒属、δ－反转录病毒属、ε－反转录病毒属、慢病毒属和泡沫病毒属。

SPAV属于反转录病毒科、β－反转录病毒属，一般也称乙型反转录病毒属，即旧称的哺乳动物B型和D型反转录病毒。目前，多数学者认为SPA是由外源性的 β 型反转录病毒引起的。

SPAV呈球形，有囊膜，在超薄切片中，细胞内的病毒粒子平均直径为74 nm，单个存在或2～3个聚在一起。病毒粒子中有一个电子密度很高的核心。外绕两层密度稍低的壳，外壳的密度低于内壳，外层上可见细小的突起。细胞外的病毒粒子平均直径为127 nm，外层为囊膜，中央为稍偏心的核衣壳。电镜负染标本中病毒粒子直径约为 107 nm，囊膜上布满长 10 ～ 12 nm 的纤突。

2. 培养特性

病毒可在绵羊胚胎组织细胞中增殖，也可在患病绵羊肺细胞上培养，并有致细胞病变作用，同时可在培养的巨噬细胞内见到核内包涵体。该病毒目前尚不能进行人工培养，用肺腺瘤组织悬液的无菌滤液经气管内接种健康羊可引起发病，并能在易感羊体内传代。

3. 理化特性

该病毒对热、酸环境较为敏感，抵抗力不强。病毒在 56℃经 60 min，或者氯仿可使之灭活。在 –20℃条件下病毒可在肺脏细胞内存活数年。常规消毒剂均可杀灭病毒，但相较于其他病毒来说，该病毒对于紫外线及 X 射线照射的抵抗力更强一些。

4. 致病机理

病毒通过呼吸道侵入气管、细支气管、终末支气管和肺泡间的上皮样细胞，逐渐在肺内形成广泛的病灶。经 2 ～ 24 个月的慢性刺激，感染细胞通过病毒的刺激发生增殖，随着其不断增长，渐渐地侵害并代替肺泡的位置。有些肿瘤病灶蔓延并发生融合，导致肺功能严重受损，由此引起呼吸困难。经过长时间的感染，局部淋巴结也能发现病毒的存在，出现肿瘤病变，而胸外器官很少有病毒的侵入。

右心室肥大是由于肺内过度生长肿瘤细胞加重了肺循环的阻力，病羊最后因心力衰竭而死。病毒不能刺激机体产生保护性抗体，但能刺激机体产生高 γ－球蛋白症。在漫长的病理过程中，病羊可产生补体结合抗体和血清中和抗体，这些抗体不能抑制病毒的繁殖。多数感染的羊由于继发感染而发生细菌性肺炎，造成右心室衰竭和缺氧，导致死亡。病毒表达主要集中在肺肿瘤上皮细胞内，引起细胞转化癌变的主要因素是病毒基因组内 LTR 的活化和病毒囊膜蛋白的表达。导致腺瘤产生的可能机制是通过激活磷脂酰基醇 3– 激酶（PI–3K）和蛋白酶 K（AKT）信号通路来启动细胞内抑制细胞凋亡和刺激细胞增殖的信号转导系统，从而引起细胞增生癌变。

二、流行病学

1. 易感动物

主要易感动物是绵羊，其次为山羊，以美利奴羊的易感性最高；主要感染成年羊，尤其是 3 ～ 5 岁的羊。SPAV 对牛和其他物种没有感染性。

2. 传染源

该病主要传染源是病羊。在羊群活动的过程中所引起的尘埃，还有环境中的细菌及寄生虫等均可使该病发生。SPA 病羊咳嗽和喘气时产生含有病毒粒子的飞沫和细胞碎屑均可成为传染源。

3. 传播途径

自然条件下，SPAV 可经飞沫传播、接触传播，也可通过胎盘垂直传播而使羔羊发病。通过呼吸道进行传播时，健康羊吸入病羊咳嗽和深喘时排出的飞沫和气雾中含有带病毒的细胞或者细胞碎屑后，即可被感染。

4. 流行特点

绵羊肺腺瘤的流行呈现季节性，在北半球，高峰期一般是冬季后期和早春。该病呈现世界性分布，在不同的国家、地区发生率差异显著，有散发、暴发及地方流行性特点。在该病的常流行地区，发病羊数量较低，而易感羊群首次接触该病时，发病率则高达 50% ～ 80%。该病的死亡率可因感染的时间长短而不同，当该病成为地方性流行时，死亡率则降至 1% ～ 5%。自然发生的 SPA 潜伏期较长，在非地方性流行区，一般可长达 6 ～ 8 个月，但是，一旦被发现患病，便是致命性的。

三、临床症状

自然感染的病羊以进行性衰弱、消瘦和呼吸困难为主要症状。一般在肺肿瘤很小时并不表现临床症状，只有当肺肿瘤长大到严重影响肺的正常生理功能时才表现临床症状。病初，病羊行动缓慢，在放牧羊群中容易掉队，当病羊被驱赶时，呼吸困难症状更明显，于是称该病为“驱赶病”或“驱羊病”，之后呼吸频率明显增加，病羊伸头呼吸，鼻孔扩张，可见明显的腹壁起伏运动（图 4–8–1）。听诊肺部呼吸音粗粝，为湿啰音。发病后期，该病的一个特征性症状是在呼吸道积聚大量浆液性液体，如迫使病羊低头或将其后躯抬高，则有大量泡沫性、稀薄液体从鼻孔流出（图 4–8–2），这就是所谓的“小推车试验”。这种症状具有一定的参考诊断意义。由于这些液体积聚于呼吸道，造成病羊痉挛性咳嗽，一般在发病的 2 ～ 3 个月内死亡，但是如果并发其他细菌感染，病程则缩短为几周便以死亡告终。在整个病程发展过程中，病羊精神状态良好、无发热表现。

图 4–8–1　病羊伸头张口呼吸，鼻孔扩张（窦永喜　供图）

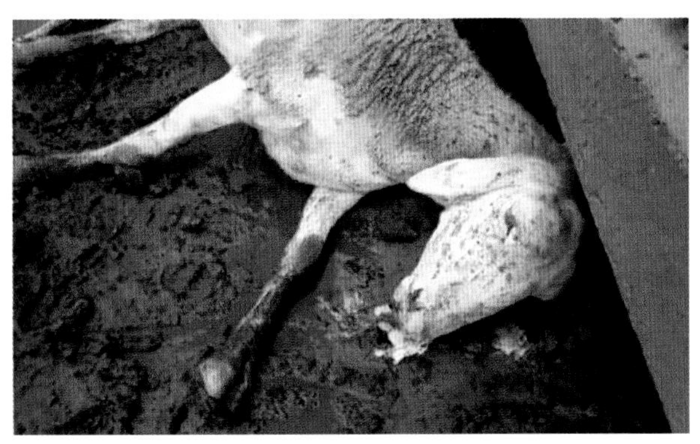

图 4–8–2　病羊低头或将其后躯抬高，则有大量泡沫性、稀薄液体从鼻孔流出（窦永喜　供图）

四、病理变化

1. 剖检变化

主要病理变化集中在肺脏，但有时支气管淋巴结和纵隔淋巴结也显示特征性的病理变化。典型病例的肺部变实，回缩不良，体积变大，重量增加，最大可为正常羊的 3 倍以上。肿瘤病灶多发生在一侧或双侧肺的尖叶、心叶和膈叶的下部，呈灰白或浅褐色的小结节，外观钝圆，质地坚实，小结节可以发生融合，形成大小不一、形态不规则的大结节（图 4–8–3）。在肿瘤灶的周围是狭窄的肺气肿区，而且病灶发生慢性纤维化。切开肿瘤时切面不规整，并有大量液体从切面渗出，肺表面湿润，轻轻触压可从气道内流出清亮的泡沫性液体（图 4–8–4）。随病情的发展肿瘤灶高度纤维化，病灶变为豚脂状白色，质地更加坚实。如果有其他细菌混合感染时，有时会误认为是单纯的细菌性肺炎而忽略肿瘤灶，此时早期剖检在肺内发现孤立小结节是该病的唯一证据。纵隔淋巴结和支气管淋巴结偶见增生和肿大，偶尔在其表面可见小的转移病灶，但尚未见肿瘤转移远距离的器官。

非典型性的 SPA 病例，病变主要发生在膈叶，而且腺瘤灶始终呈结节状，并不融合，病灶呈纯白色，质地非常坚实，很像瘢痕。病变部位与周围实质分界清楚，肺表面比较干燥。这种病例一般少见。虽然典型性和非典型性的 SPA 病例在病理变化上有些区别，但从分子水平上它们区别不大。

图 4-8-3　病羊双侧肺有不规则颜色发白的结节，质地坚硬（窦永喜　供图）

图 4-8-4　病羊肺切面触压流出泡沫性液体（窦永喜　供图）

2. 组织学变化

镜检时，在肺泡和支气管内可见上皮细胞肿瘤性增生灶，并散在于未腺瘤化的肺泡群中，成为乳头状腺瘤（图 4-8-5）。肺泡细胞变为立方或砥柱状细胞，细胞壁完整，核位于细胞的基底部，少见有丝分裂象。胞质嗜酸性，有空泡，并有糖原颗粒沉积。肿瘤的基质较少，常见各种淋巴细胞、浆细胞和结缔组织纤维浸润。随病情发展，在病灶中央区，基质的纤维化特别突出。由于肺肿瘤结节压迫邻近的肺泡而导致膨胀不全或相邻肺泡融合。腺瘤病灶之间有数量不等的未腺瘤化的肺泡群，肺泡腔内充满巨噬细胞。有的腺瘤灶呈圆形，其周围可能有薄层结缔组织包囊，或者由萎陷的肺泡壁构成假性包囊，称类腺瘤区。在终末细支气管内，也有柱状上皮细胞增生并突入腔内，在其周围有淋巴细胞、浆细胞、巨噬细胞环绕。

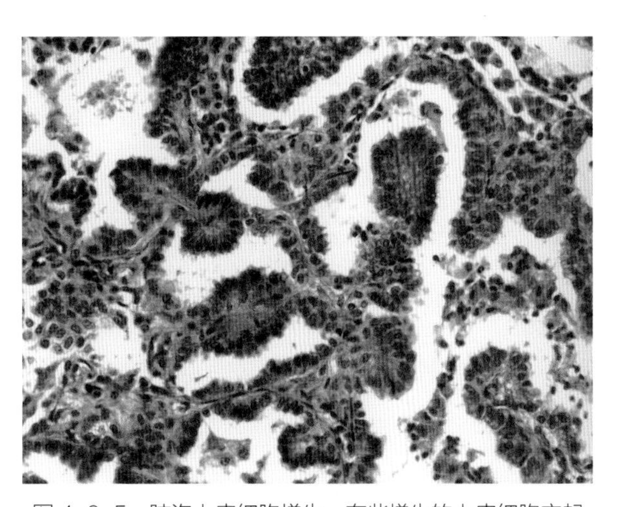

图 4-8-5　肺泡上皮细胞增生，有些增生的上皮细胞突起伸向肺泡腔，肺泡间隔组织也增生并伸入突起中，HE × 200（引自陈怀涛）

五、诊断

1. 临床综合诊断

该病原尚不能体外培养，因此，无法用病毒分离等方法进行诊断，目前，主要依靠流行病史结合临床症状和病理变化进行诊断。疑似该病时，可做驱赶试验观察呼吸数变化和气喘、咳嗽、流鼻液情况，并可将疑似病羊后躯提起，使其头部下垂观察是否有大量鼻液流出等可作出初步诊断。同时，结合病理解剖学，特别是剖检在肺部发现肉瘤和病理组织学检查结果，如肺泡和呼吸性细支气管上皮的腺瘤样增生、间质内细胞浸润等。确诊需作实验室检查，临床化验鼻汁，发现肺上皮细胞。血象检查，临床患病动物出现外周淋巴细胞减少症，以 $CD4^+$T 淋巴细胞及相应的嗜中性细胞减少为特征，血清中出现 γ－球蛋白症有助于该病的诊断。

2. 病原学诊断方法

（1）病理组织学检查。病料的采集通常是病羊肺部的腺瘤组织、鼻腔分泌物（疾病后期抬起病羊后肢，可收集大量的水样分泌物）、淋巴结引流物及外周血（分离单核细胞）等样品。进行病理组织学检查的标本应采集肺脏组织有腺瘤灶的部分连同其周围的肺组织，即使较厚的切片（15 μm）也能在低倍下观察到明显的病变特征而确诊。肺脏组织或细胞培养物做超薄切片，负染色在电镜下可观察到病毒粒子结构。

（2）动物接种试验。将病羊的肺组织或鼻腔分泌物接种于易感性强的羊的气管内，最好接种 1 ～ 6 月龄羔羊，成年羊往往需要几个月或几年才会出现临床症状。将试验羊处死，可发现实验感染的羊只肺脏内有腺瘤病变。

3. 免疫学诊断方法

罗军荣等以阴性、阳性羊肺脏组织为样本，同时对含有大量 SPAV 病毒粒子的鼻漏液也作了检测，建立了以抗 SPAV–CA 单克隆抗体为识别抗体的阻断 ELISA 法。

4. 分子生物学诊断方法

（1）PCR 方法。周艳喜等利用特异性 PCR 方法实现了对绵羊肺腺瘤病毒快速精确诊断和病毒类型的分析，其针对病毒 *env* 基因 YXXM 基序设计了特异性 PCR 引物，建立了特异性 PCR 检测方法。成功扩增出病毒囊膜基因（*env*）多变区序列片段（ST）通过序列比对可确定病毒类型。梁化春等通过对病毒 U3（175bp）、env（225bp）、gag（300bp）序列分析表明不同绵羊肺腺瘤病毒序列同源性较高，分别达 97.2 %、96.5 %、94.4 %。

在此基础上，近年来建立了针对该病毒的套式 PCR 技术和实时荧光定量 PCR，比普通 PCR 方法敏感性高。

（2）斑点杂交技术和原位杂交术。刘淑英等经 RT–PCR 技术扩增出 gag、env、U3 片段，纯化后用地高辛标记制备 3 段特异性探针，以 5 个病肺血液 DNA 和组织的 DNA 为被检样品，分别与 3 段特异性探针在尼龙膜上进行斑点杂交实验，在杂交膜上均可清晰地看到圆形斑点，圆形斑点即为阳性杂交信号，阴性对照未出现斑点，说明斑点杂交技术可有效地检测出绵羊肺腺瘤病病毒。同时，刘淑英等利用该探针对自然状态下感染的病羊肺脏组织进行原位杂交检测，证实该方法可行。

（3）LAMP 方法。刘霄卉等根据 SPAV LTR 设计 2 对特异性引物，建立 JSRV 的 LAMP 检测方法，检测结果表明，该方法对 SPAV 前病毒 DNA 的最小检测限为 10 拷贝，灵敏性高于一步 PCR 方法。LAMP 和特异性 PCR 及套式 PCR 方法检测临床样品的符合率分别为 92% 和 100%。

六、类症鉴别

1. 羊巴氏杆菌病

相似点：病羊呼吸急促、困难，咳嗽，鼻孔有分泌物。

不同点：病羊体温升高至 41 ～ 42℃，可视黏膜潮红，初期便秘，后期腹泻，颈部、胸下部水肿。剖检可见，皮下有浆液浸润，胸腔内有黄色渗出物，胃肠道呈出血性炎症变化。

2. 梅迪 – 维斯纳病

相似点：多见于成年羊。驱赶羊群时，病羊落于群后，呼吸加快、急迫，鼻孔扩张，伸头呼吸，听诊肺部有啰音，消瘦。

不同点：病羊长时间卧地，无鼻液，MMV 还可引起关节炎，泌乳羊乳腺炎。剖检可见，肺脏膨大 2 ～ 4 倍，质地如肌肉；支气管淋巴结增大，切面均质发白；各叶之间以及肺和胸壁粘连，胸腔积液。组织学特征为肺泡间隔增厚、淋巴样组织增生。

七、防治措施

该病目前尚无有效治疗方法，也无特异性的预防制剂可供使用。该病一经传入羊群，很难清除，故须全群淘汰，以消除病原，并通过建立无绵羊肺腺瘤病的健康羊群，逐步消灭该病。

严禁从有该病的国家、地区引进种羊。进口绵羊时，加强口岸检疫工作，引进羊应严格检疫后隔离观察一段时间，进行详细地临床检查，证明无病后方可混入大群饲养。在非疫区，严禁从疫区引进绵羊或山羊，加强平时的预防工作。在疫区，对圈舍和牧场进行消毒并空置一定时间，再重新使用。对疑似病例应做好隔离工作，并通过建立无绵羊肺腺瘤病的健康羊群，逐步清除该病。

加强饲养管理，抓好秋膘，特别是冬春季适当补饲，注意防寒过冬。注意饲养密度和羊舍通风，应有良好的活动空间和新鲜空气，避免经呼吸道传染疫病。种公羊与种母羊分开饲养，减少横向传播的可能性。

第九节　狂犬病

狂犬病由狂犬病病毒属病毒引起的急性、直接接触性传染病，死亡率几乎 100%。所有温血动物都易感，是重要的人兽共患病。呈世界性分布。世界动物卫生组织列为通报疫病。

1881 年巴斯德在病兽脑中发现病毒，并于 1885 年制出了人用疫苗。1904 年 Negni 在狂犬病发病动物的脑中发现了包涵体，称内基氏小体。狂犬病流行于野生动物、家养动物及人类。动物狂犬病病例大多数是犬，牛羊狂犬病病例报道较少。1976年新疆首次报道牛狂犬病。《一、二、三类动物疫病病种名录》将狂犬病列为二类动物疫病。

一、病原

1. 病毒分类

狂犬病的病原为狂犬病病毒属的病毒，属于单负链RNA病毒目弹状病毒科。本科有185种以上成员，感染脊椎动物、无脊椎动物和植物。国际病毒分类委员会（ICTV）2015年公布本科含有13个属，之后又新报道至少7个属，等待正式分类。狂犬病毒属有14种病毒：狂犬病病毒（RABV）、拉各斯蝙蝠病毒（LBV）、蒙哥拉病毒（MOKV）、杜文哈根病毒（DUVV）、欧洲蝙蝠狂犬病病毒1型（EBLV–1）、欧洲蝙蝠狂犬病病毒2型（EBLV–2）、澳大利亚蝙蝠狂犬病病毒（ABLV），目前，99.8%的人和动物的狂犬病是由这7种引起。7个新定种阿拉万病毒（ARAV）、伊尔库特病毒（IRKV）、北塔吉克斯坦病毒（KHUV）、西高加索蝙蝠病毒（WCBV）、西摩尼蝙蝠病毒（SHIBV）、艾河马病毒（IKOV）、伯克罗蝙蝠病毒（BBLV）。还有2个蝙蝠狂犬病病毒（LLEBV），Gannoruwa bat lyssavirus（GBLV）待确定分类地位。除了MOKV（分自鼩鼱）和IKOV（分自非洲麝猫），所有本属病毒都报道自蝙蝠分离，蝙蝠是储存宿主，但各种蝙蝠的地理分布不同。唯有RABV，除了蝙蝠储存宿主，很多种类的食肉动物也是储存宿主，包括犬科、猫科、浣熊、狐狸、猫鼬、臭鼬、貂。7个新近分离的狂犬病病毒未见报道外，其他成员都能引起人的狂犬病。

除RABV外，其他种成员又称为狂犬病相关病毒（Rabies–related virus，RRV）。

狂犬病病毒属成员的基因组相对保守，基因突变的方式主要是单碱基替换。不同国家不同历史时期（相差20年以上）的同种病毒毒株，其基因组相似度达95%～99%。据研究推算，狂犬病病毒在地球上已经存在至少4 000年，但因为基因组稳定，目前的成员并不多，相互间的遗传距离也比其他病毒家族要近一些。

基于G蛋白胞外结构域基因同源性和抗体交叉反应，狂犬病病毒属进一步可分为2个种系演化群。第1群包含10个种，第2群包括LBV、MOKV和SHIBV 3种。LLEBV、IKOV和WCBV不属于现有2个种系群中的任何一个（图4–9–1）。

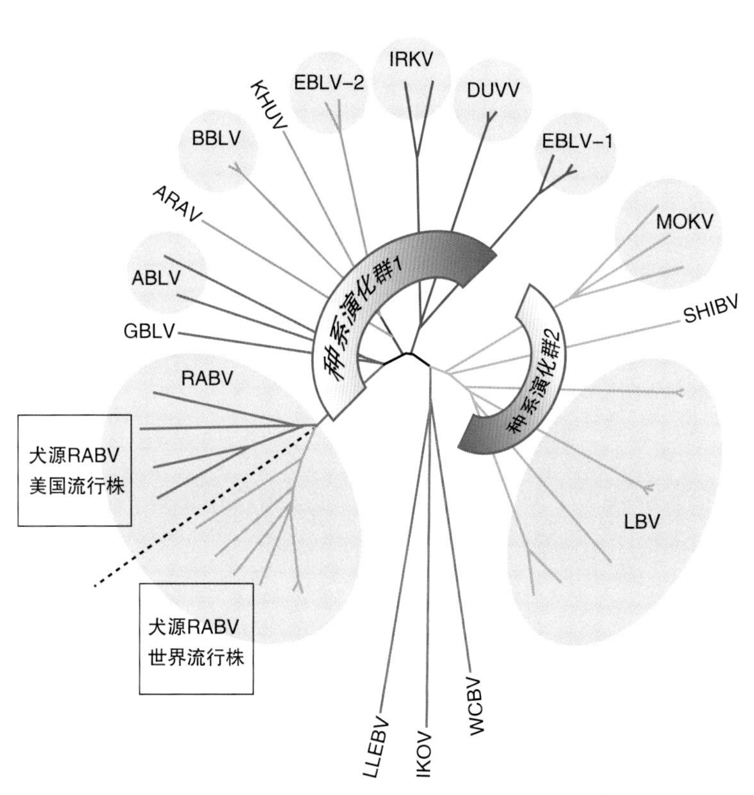

图4–9–1　狂犬病病毒属（*Lyssavirus*）成员及其种系发生关系（据Charles Rupprecht等）

2. 病毒结构

狂犬病病毒（RABV）基因组为负链单股 RNA，11 ～ 16 kb，自 3′-5′ 方向依次编码核衣壳蛋白 N、磷蛋白 P、基质蛋白 M、糖蛋白 G 和大蛋白 L。3′ 端具有一段前导序列，5′ 端具有 polyU 结构。每个基因之间有间隔序列，含有终止－起始信号。

病毒颗粒形态子弹状，其头部为半球形，末端常为平端，并具有典型的子弹结构，约 180 nm × 80 nm。病毒粒子中心是核衣壳，也称核糖核蛋白体（RNP），由基因组 RNA 紧密连接于核衣壳蛋白 N、磷蛋白 P 和大蛋白 L（RNA-RNA 复制酶）构成。每个 N 蛋白覆盖 9 个碱基，总共约 1 200 拷贝 N 蛋白、466 拷贝 P 蛋白和 50 拷贝 L 蛋白，核衣壳螺旋对称长丝状。可自主实现转录和复制，具有感染性。N/P 复合体对于病毒基因组 RNA 复制至关重要，起结构平台和分子伴侣作用，P 是 L 与 N 的连接桥梁，RNA 通过磷酸基团－糖基结合固定于 N 蛋白上才能进行复制，游离 RNA 不能作为模板转录和复制，故 P 蛋白也被认为是 RNA-RNA 复制酶的一个亚基。RNP 外是基质蛋白 M 层，1 200 ～ 1 800 拷贝 M 蛋白结合于 RNP，使 RNP 再次紧致有序排列呈螺旋对称结构（第二层螺旋对称），形成病毒粒子的子弹状形状，故 M 蛋白也称为病毒骨架，该结构称为 M- 核衣壳复合体。装配完成，RNA5′ 位于子弹头部，3′ 端在尾部。感染细胞内，M 蛋白的解离对起始 RNA 转录是必需的。最外层为囊膜，糖蛋白 G 构成同源三聚体，嵌于囊膜表面构成纤突，有 300 ～ 400 个突起。G 蛋白和病毒粒子的细胞吸附、囊膜融合、装配、出芽一系列关键步骤都密切相关（图 4-9-2）。病毒粒子经细胞膜受体和网格蛋白介导，内吞方式进入细胞。内吞体内 pH 值降低，H^+ 增加是其囊膜融合信号。融合后 M 蛋白解聚释放 RNP 即完成脱壳。脱壳后，大部分 M 蛋白依然结合于内吞体膜，少部分游离入核，功能未知。基因组 N → P → M → G → L 3′ 端具有一段前导序

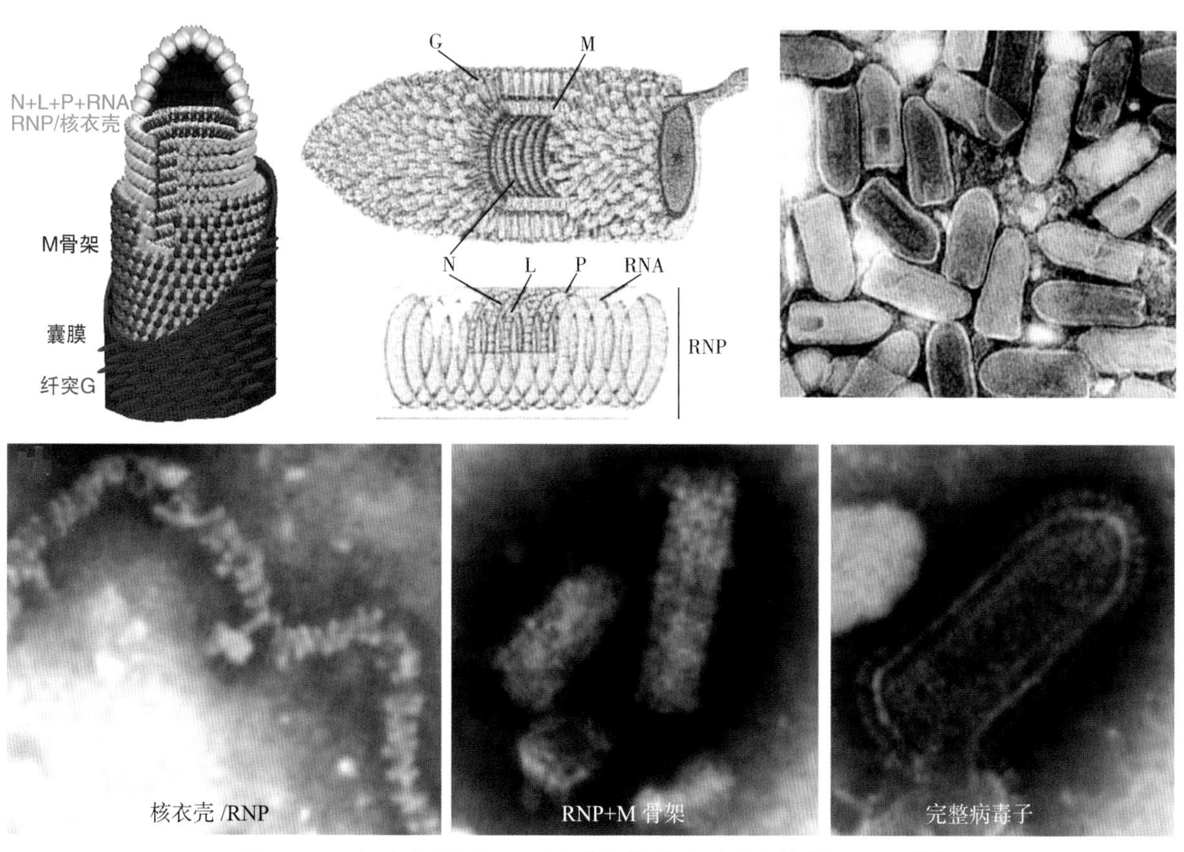

图 4-9-2　狂犬病病毒粒子形态与结构模式图及电镜照片（据 Lyles 等）

列，具有引物和启动子作用，可自行启动转录和复制。各基因之间均有终止子和启动子，每个基因转录后都会停止—再启动下一个，因为“走走停停”，转录起始的频率会依次降低，使排列越后面的基因转录拷贝数越少，实现各蛋白不同需求量的精细调控。M 蛋白合成后是可溶蛋白，部分存在于胞浆，部分附着在细胞膜上。G 蛋白合成后在内质网和高尔基体经复杂的加工过程，最后被运送至细胞膜，在 M 蛋白作用下，成簇嵌在膜上，但 M 和 G 集中的膜区域是分离的，没有共存于同一区域。核衣壳 RNP 装配后靶向细胞膜，形成核衣壳 –M 复合体，随后出芽获得 G 蛋白镶嵌的囊膜并释放。只有在出芽释放过程中，M、G 和核衣壳才出现共定位，在此之前，相互是隔离的。缺失 M 蛋白基因后，病毒粒子不能出芽释放，但缺失 G 蛋白基因后，病毒能够正常释放，只是囊膜表面没有 G 蛋白而已。所有转录和复制都在内氏小体中完成。

3. 培养特性

狂犬病病毒可在鸡胚绒毛尿囊膜、原代鸡胚成纤维细胞、鼠肾细胞、小鼠上皮样细胞中增殖，有的毒株形成蚀斑。细胞胞浆内形成一个或几个包涵体，嗜酸性、圆形或卵圆形，称为内氏小体。

4. 理化特性

病毒对外界抵抗力不强。50 ℃ 15 ～ 60 min、70 ℃ 15 min、100 ℃ 2 ～ 3 min 均可灭活。紫外线和 X 射线照射也能灭活。在冻干或冷冻状态下可长期保存，50% 甘油溶液或 4℃下存活数月到 1 年。对过氧乙酸、高锰酸钾、新洁尔灭、来苏儿等消毒药敏感，1% ～ 2% 肥皂水、43% ～ 70% 酒精、0.01% 碘液、丙酮、乙醚等可灭活。

5. 致病机理

狂犬病病毒高度嗜神经，引起中枢神经系统的急性感染。1804 年 Zinke 首次用实验证明唾液中带毒，狂犬病由唾液传播。巴斯德建立了狂犬病感染模型。

病毒在注射部位附近横纹肌细胞内缓慢增殖，随后进入外周神经细胞增殖，并经脊柱向中枢神经系统大脑逆行感染，在大脑中增殖引起脑脊髓炎，再从中枢神经系统向外周器官扩散，包括唾液腺。动物临床症状的出现，发生在病毒自中枢神经系统向外周扩散的过程中。狂犬病毒在体内的移行可分为 3 个阶段：外周组织内的病毒复制、病毒从外周神经侵入中枢神经系统、病毒从中枢神经系统中向各器官扩散。

相对同科其他病毒，狂犬病毒复制速度较慢，不具备快速关闭宿主细胞功能的机制，宿主细胞对其反应微弱，有些类型的细胞感染后可继续分裂，形成持续感染，没有明显 CPE。而另一些类型细胞（神经细胞）会凋亡，出现空斑。P、M、G 蛋白均能够抑制细胞 IFN 产生，但通过不同的信号途径。P 基因突变株被宿主很快清除。

二、流行病学

1. 易感动物

人、各种畜禽、野生动物、实验动物对该病均易感染。羊自然感染病例较少。

2. 传染源

患病的家犬、病羊及带毒的野生动物是该病的主要传染源。

3. 传播途径

患病动物唾液中含有大量病毒，主要传播途径是咬伤（99%）。健康动物皮肤黏膜损伤，接触到病毒亦能引起感染发病，如舔、划痕、吸入等。

4. 流行特点

该病一般呈散发性，无明显季节性，无年龄和性别的差异。

三、临床症状

该病潜伏期的长短与伤口部位、侵入毒株的毒力和数量有关。一般为 2 ～ 8 周，最短 8 d，长的可达数月或 1 年以上。其典型经过分为前驱期、神经症状期、麻痹期。

1. 前驱期

感染后 2 ～ 10 d 出现症状，但不具特征性，如精神沉郁、常躲在暗处、疲乏、发热、头疼、寒战、怕光、厌食、恶心呕吐、咽部疼痛、咳嗽、腹泻、肌肉骨骼疼痛。出现异嗜，好食碎石、干草、泥土、羽毛及木片等异物。只有一个早期症状具有诊断参考价值，就是咬伤处感觉异常，如发痒甚至奇痒、发热、麻木。羊轻度兴奋，用角抵触人畜和墙壁，甚至用头撞墙等。

2. 神经症状期

前驱期过后，特征性症状出现，主要是神经系统功能障碍性症状，声音异常、行为异常。唾液增加，流涎、咽喉麻痹、下颌下垂、吞咽饮水困难。对声音、光等高度敏感。狂犬病素有“恐水病”之称，但大多数动物不会“恐水”。有兴奋型和麻痹型两大类，兴奋型出现狂躁、起卧不安、攻击人畜，无目的奔走，不断磨牙，大量流涎，反刍停止，轻度臌气。有时出现性欲旺盛、阴茎持续勃起。此期持续 2 ～ 8 d。麻痹型出现病羊消瘦，精神高度迟钝、离群呆立、喜阴暗，因咽喉肌、下颌肌、舌肌、眼肌等麻痹，病羊斜视。因脊神经变性，后躯麻痹瘫痪，甚至四肢瘫痪。麻痹型病程发展慢，持续时间长，6 ～ 10 d，甚至达 30 d。兴奋型中间也可交替发作麻痹症状。但麻痹型持续性麻痹。总体上，兴奋型病例多（>80%），这与感染的毒株有关。

3. 麻痹期

无论主要症状表现为兴奋型还是麻痹型，最后都会转向昏迷，因全身衰竭和呼吸麻痹而死。时间为 3 ～ 7 d。也有的病例不进入昏迷期，直接在兴奋期因心肌麻痹突然死亡。

四、病理变化

病羊尸体消瘦，可视黏膜蓝紫色，血液浓稠，不凝固，体表有咬伤、裂伤；口腔和咽喉黏膜充血、糜烂；胃内空虚或有异物（如木片、石片、沙土等），胃底、幽门区及十二指肠黏膜充血、出血或糜烂。肝、肾、脾充血；胆囊肿大、充满胆汁；脑实质水肿、出血。组织学上主要呈非化脓性脑炎，主要在大脑海马区，其次是小脑、延脑的神经细胞胞浆内出现嗜酸性包涵体（图 4-9-3）。

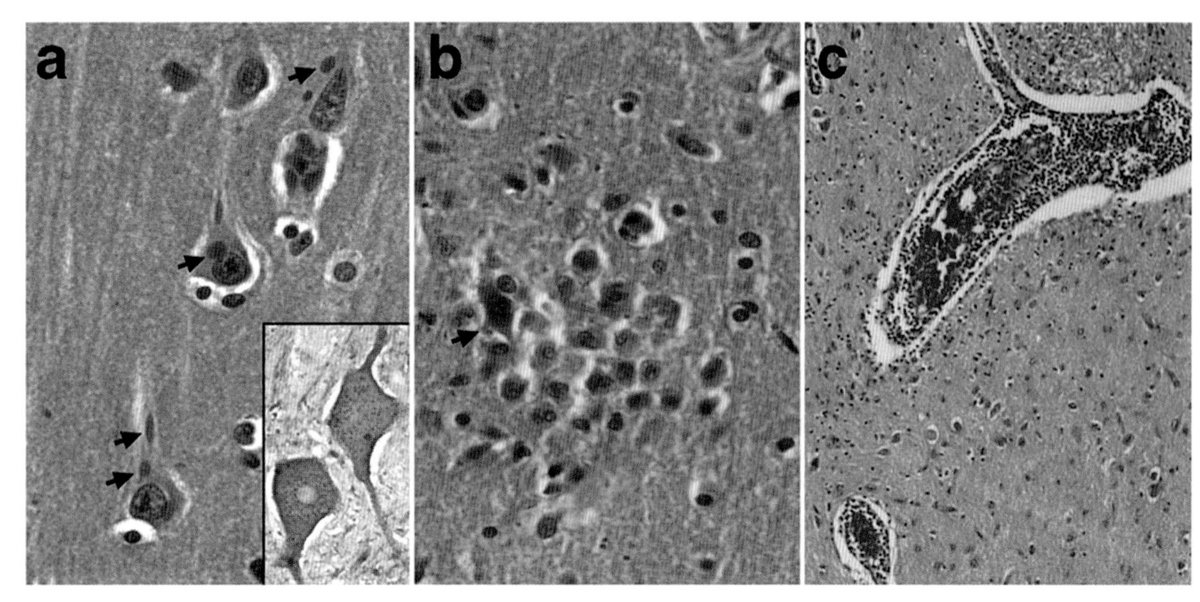

a. 脑皮质椎体神经元结构完整，细胞内的内氏小体（箭头），嵌图是酶标抗体染色；
b. 退化神经细胞（箭头，无内氏小体）被小胶质细胞包围；c. 脑干血管周围的淋巴细胞管套。
图 4-9-3　狂犬病脑组织病理变化（据 Anita Mahadevan）

五、诊断

根据流行病学特性是否有病犬、病畜咬伤的病史，临床症状有明显特征，一般可作出正确的临床诊断。

实验室诊断一般采集脑脊液、唾液直接涂片或咬伤部位皮肤、肌肉组织、脑组织制备冷冻切片。

1. 组织学检查内氏小体（NB）

NB 是 RABV 感染神经细胞后形成的胞浆包涵体，圆形或椭圆形，嗜酸，直径 3 ～ 10 μm，最常见于感染动物的海马及小脑普尔金组织的神经细胞内。检样制片，HE 染色观察。

或用抗病毒 N、P 蛋白荧光抗体染色，NB 清晰可见。

2. 免疫学诊断方法

（1）直接免疫荧光检测（FAT）。FAT 是 WHO 和世界动物卫生组织推荐的方法。检样制片固定，抗 RABV 特异性荧光抗体直接染色观察。

快速酶免疫诊断（RREID）。法国巴斯德研究所建立。该方法将病毒包被于平板，加酶标 -IgG，显色读取结果（裸眼或酶标仪读取 OD 值）。该方法曾在多个世界动物卫生组织狂犬病参考实验室应用。

直接快速免疫组化检测（DRIT）。用双单抗，1 h 出结果，敏感度 98%（96% ～ 100%，95% CI），特异度 95%（92% ～ 96%，95% CI）。在美国、亚洲、非洲、欧洲等地广泛应用。

（2）ELISA。ELISA 用于免疫后监测抗体效价，也可以检测液体样本或组织匀浆的抗原。

（3）乳胶凝集试验（LAT）。乳胶凝集试验能检出脑和唾液中 RABV 抗原。也可以用 RABV 糖蛋白 G 包被乳胶颗粒来捕获抗体，用于中和抗体的检测和滴定。

3. 分子生物学诊断方法

（1）套式 PCR/RT-PCR/qRT-PCR/ High Speed RT-qPCR。敏感性高于免疫学方法，特异性

为 100%。可鉴定不同的种和基因型。

（2）原位杂交法（ISH）。ISH 可检测 RABV RNA。可定种定型。用已知核酸探针检测病毒 RNA 或 mRNA。不仅可以检测病毒基因组 RNA，还可检测病毒是否复制。

4. 病毒分离

人和多种动物的原代、传代细胞均可增殖，如神经细胞、上皮细胞、Vero 细胞、BHK-21 细胞等。荧光抗体或 HE 染色观察包涵体判断结果。

乳鼠脑内接种实验（MIT）。将病羊脑组织研碎，用肉汤或生理盐水制成 10%乳剂，低速离心取上清液，过滤，接种 1 ～ 2 日龄乳鼠脑内，在负压滤过装置柜内饲养。一般在注射后第 9 ～ 11 天死亡，死前 1 ～ 2 d 出现兴奋或麻痹症状。取脑组织检查内氏体，分离病毒。

六、类症鉴别

1. 羊伪狂犬病

相似点：病羊精神沉郁，皮肤瘙痒，咽喉麻痹，大量流涎，卧地不起。

不同点：病羊流浆液性鼻液，唇部、眼睑及整个头部剧痒，其不断在硬物上摩擦发痒部位，或者用蹄拼命搔痒，病羊痒部皮肤脱毛、水肿、出血，而狂犬病羊只有被咬部位瘙痒。

2. 羊破伤风

相似点：病羊流涎，呆立、僵直，无法站立。

不同点：病羊牙关紧闭，腹泻，角弓反张。病羊体表无伤口、裂口，无恐水症状。

3. 羊脑膜脑炎

相似点：病羊或兴奋或抑郁，交替发作。口唇歪斜、斜视，吞咽障碍，瘫痪，外周神经麻痹。

不同点：病羊头颈后仰，刺激或触摸颈、背皮肤可引起强烈疼痛反应和肌肉强直性痉挛；听觉、视觉、味觉、嗅觉减退；精神状态出现迟钝、嗜睡、昏迷及惊厥等，与狂犬病的意识清醒、恐慌不安症状不同。病羊体表无伤口、无裂口，无恐水症状。

七、防治措施

1. 预防

该病的关键在于防止羊只被病犬咬伤。对牧羊犬免疫狂犬病疫苗。羊可接种疫苗，但狂犬病最根本的控制策略是从犬、猫（所有家养的、流浪的、特殊工作犬）入手，严格筛查带毒动物并捕杀，严格进行犬、猫免疫。脑组织灭活苗、细胞培养的弱毒苗、细胞 / 鸡胚培养灭活苗和 G 蛋白亚单位疫苗均可。注重野生动物的弱毒苗免疫。

2. 治疗

被狂犬病病犬或带毒犬咬伤时，立即（不是尽快）用清水或肥皂水洗净伤口，再用 0.1% 升汞、7% 碘酒等彻底消毒。同时用狂犬病血清（每千克体重 1.5 mL）于伤口周围多点注射，然后再紧急接种疫苗。清洗伤口、血清治疗和疫苗接种均等重要，不清洗会增加免疫失败的概率。该病一般预后不良，应尽早处理，对被疯狗咬伤的羊只应及早扑杀，以免危害于人。

第十节　伪狂犬病

伪狂犬病（PR）又称奥耶斯基氏病、奇痒病，是由伪狂犬病病毒引起的一种急性传染病。该病可危害各阶段的羊群，发病后死亡率高达100%，临床上以发热、奇痒以及脑脊髓炎症状为特征。该病在世界范围内发生且广泛流行，近年来，随着我国肉羊产业的发展和羊频繁流动，该病给养羊业带来严重威胁。

伪狂犬病在1813年最早发现于美国的牛群中。1902年，匈牙利学者Aujeszky首次将其与狂犬病区分开，确定为一种独立的疾病，并报道了发生在牛、犬和猫的病例，此病因此被称为Aujeszky' disease（AD）。1910年，Schrniedhofer通过滤过试验证实该病原是一种病毒。1934年，Sabin和Wrght通过研究证明了该病毒为一种疱疹病毒。该病广泛分布于世界各国，已有44个国家报道了40余种动物感染发病，现在主要流行于欧洲和非洲，美国、德国、法国、日本等少数国家为无伪狂犬病国家。

一、病原

该病的病原为伪狂犬病毒（PRV）又称猪疱疹病毒Ⅰ型，属于疱疹病毒科疱疹病毒甲亚科。目前认为该病毒只有1个血清型，但是各分离株在毒力和致病力方面存在较大差异。该病毒具有典型的疱疹病毒的粒子结构，呈圆形或椭圆形，为双股线性双链DNA，病毒粒子直径为110～180 nm，位于细胞核内的无囊膜病毒粒子直径为110～150 nm，位于胞浆内带囊膜的成熟病毒粒子的直径达150～180 nm，带囊膜的完整病毒粒子直径为180 nm。病毒粒子结构依次由纤突、囊膜、核衣壳、核酸和皮层组成。纤突位于囊膜的表面，呈放射状排列，长度为8～10 nm。核衣壳壳粒的长度约为12 nm，宽约为9 nm，其空心部分的直径约为4 nm，此层外衣壳下还有2层以上的蛋白质膜。

1. 理化特性

PRV保存的最适pH值为6～8，过酸或过碱都将使PRV很快灭活。保存在50%的甘油生理盐水中，冰箱温度下可存活154 d，且滴度几乎不降低；在4℃环境中保存24 h，活力无明显降低；在37℃保存24 h，则会下降0.6个对数单位。在-13℃，各种pH值条件下，病毒都会很快失活，-80℃温度下可长期保存。短期保存时，4℃较-15℃和-20℃更好。

PRV的抵抗力较强，在不同的液体和物体表面至少可存活7 d，在畜舍内的干草中，夏季可存活30 d，冬季可存活46 d。对脂溶剂如乙醚、丙酮、氯仿、酒精等高度敏感，对消毒剂无抵抗力。0.5%次氯酸钠，3%酚类10 min可使病毒灭活；56 ℃高温30 min可被灭活；在0.6%的甲醛中需1 h可灭活。碘酊、季铵盐及酚类复合物能迅速有效地杀灭PRV。病毒耐受3%的酚，却不耐受5%的酚。5%的石灰乳和0.5%苏打，0.5%硫酸和盐酸3 min，0.5%～1% NaOH均可将其杀死。胃蛋白酶和胰蛋白酶在pH值为7.6时，90 min可使该病毒破坏。

2. 培养特性

PRV 的培养方法主要有鸡胚培养和细胞培养 2 种。PRV 可以通过多种方式接种鸡胚，适宜后很容易传代。采用鸡胚培养时，强毒接种 9 ～ 11 日龄的鸡胚，3 d 后在绒毛尿囊膜表面上出现隆起灰白色痘疱样病变、溃疡等；随后病毒严重侵入中枢神经系统，导致鸡胚死亡，主要特征为弥漫性出血、水肿等，尤其以胚胎的头盖部表面的皮肤出血最突出；尽管鸡胚对 PRV 不是很敏感，但应用鸡胚作绒毛尿囊膜接种是最早用于病毒的增殖和培养途径，卵黄囊和尿囊腔接种方式，也可用于病毒的增殖和传代。

PRV 具有泛嗜性，可在多种细胞中增殖，多数研究者采用传代细胞系如 PK-15、SK6、PS、IBRS-2、BHK-21，牛的原代肾细胞，人的 HeLa 细胞、猴的 GMK 细胞和鸡胚成纤维原代细胞等都可用于 PRV 的增殖；虽然以上细胞都可用于 PRV 的增殖，但是，它们所表现出的敏感度不同，兔肾和猪肾的原代、传代细胞和鸡胚的成纤维原代细胞被证实最适于 PRV 增殖。细胞被 PRV 感染后，变圆，形成合胞体，或者是变圆，不形成合胞体。这 2 种形式的病变由所感染的毒株决定的，其中，病毒毒株的毒力越强，所形成的合胞体就越多。

二、流行病学

1. 易感动物

自然感染见于牛、绵羊、山羊、猪、猫、犬以及多种野生动物，鼠类也可自然发病。牛、绵羊、山羊、猫、犬均为伪狂犬病的终末宿主，各年龄羊均可发生，但不会彼此间自然传播，也不会传播给其他种属的动物。实验动物以兔最易感，小鼠、大鼠、豚鼠等均可感染。

2. 传染源

感染猪和带毒鼠类是伪狂犬病病毒重要的天然宿主。羊或其他动物感染多与带毒的猪、鼠接触有关。感染动物通过鼻液、唾液、乳汁、尿液等各种分泌物、排泄物排出病毒，污染饲料、牧草、饮水、用具及环境。

3. 传播途径

该病主要通过消化道、呼吸道感染，也可经受伤的皮肤、黏膜以及交配传染。

4. 流行特点

该病一般呈地方性流行或季节性流行性，多在春冬季节发病。

三、临床症状

病羊体温升高至 41 ～ 42℃，食欲废绝、反刍停止，呼吸加快，精神委顿，流浆液性鼻液。病羊唇部、眼睑及整个头部剧痒，不断在硬物上摩擦发痒部位，或者用蹄拼命搔痒。病羊痒部皮肤脱毛、水肿、出血（图 4-10-1、图 4-10-2），有的病羊出现神经症状，如运动失调，烦躁不安，咽喉麻痹，流出带泡沫的唾

图 4-10-1　病羊痒部皮肤脱毛（曾巧英 供图）

液及浆液性鼻液（图 4-10-3），后期病羊衰弱，卧地不起，拒食。绵羊病程短，多于发病后 1 ～ 2 d 内死亡；山羊病程稍长，2 ～ 3 d。患病妊娠母羊易流产和产死胎。

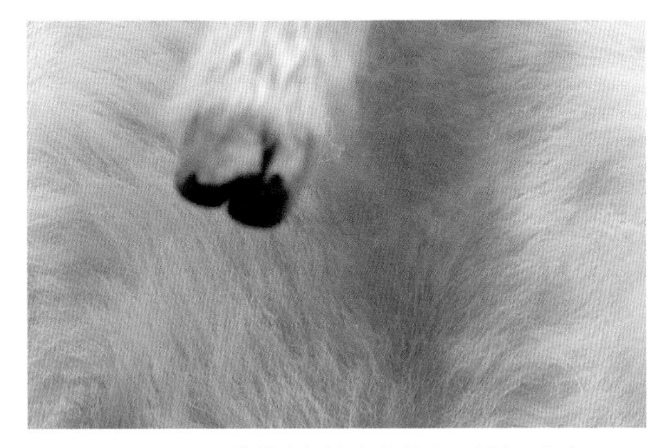

图 4-10-2　病羊痒部的皮肤脱毛、水肿、出血（窦永喜　供图）

图 4-10-3　病羊衰弱，卧地不起，流浆液性鼻液（窦永喜　供图）

四、病理变化

病羊口唇至脸部水肿（图 4-10-4），脑膜充血和出血（图 4-10-5），此外，也可见消化道黏膜、心外膜、肺有充血、出血点和出血斑等变化（图 4-10-6、图 4-10-7），有时见肝、胆肿大（图 4-10-8），肾脏质地变软（图 4-10-9）。镜检可见，弥漫性非化脓性脑脊髓炎及神经节炎变化，病变部位有明显的周围血管套以及弥漫的灶性胶质细胞增生，同时，有广泛的神经节细胞及胶质细胞坏死。

图 4-10-4　病羊口唇至脸部水肿（窦永喜　供图）

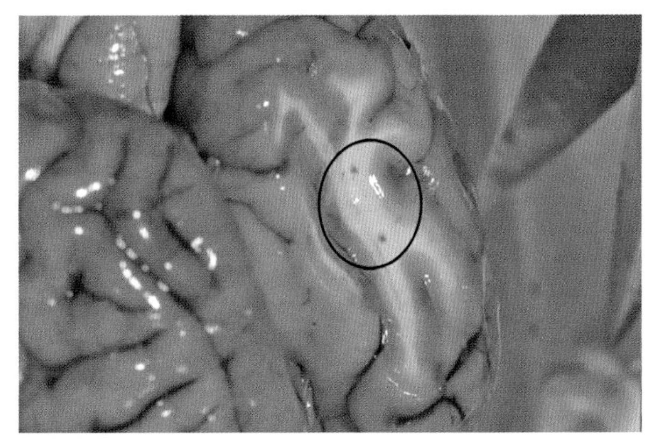

图 4-10-5　病羊脑膜充血和出血（窦永喜　供图）

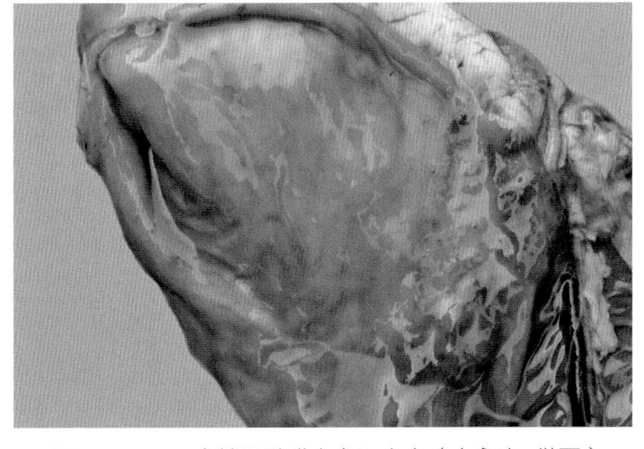

图 4-10-6　病羊胃黏膜充血和出血（窦永喜　供图）

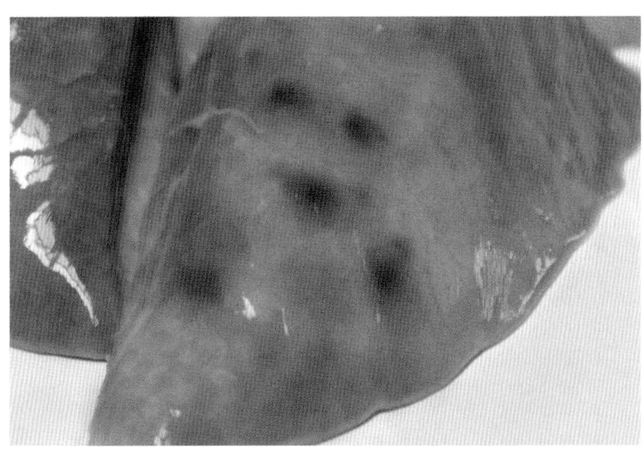

图 4-10-7　病羊肺出血斑（窦永喜　供图）

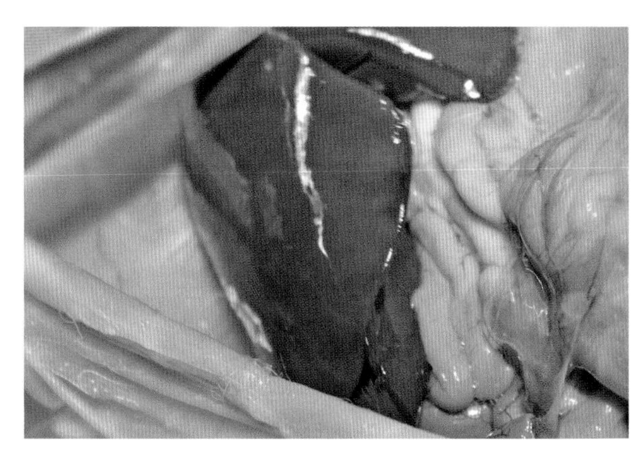

图 4-10-8　病羊肝脏肿大（窦永喜　供图）

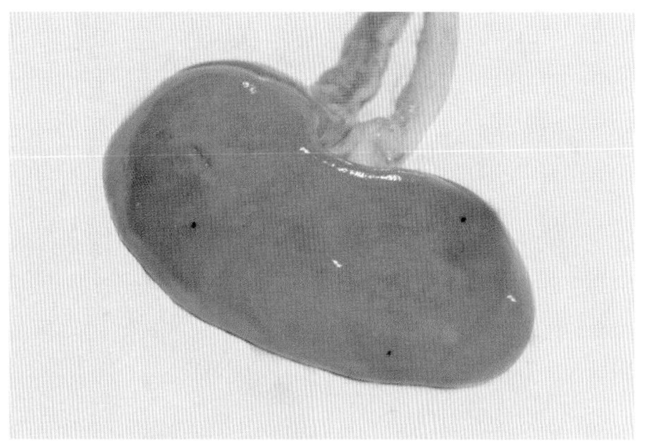

图 4-10-9　病羊肾脏质地变软（窦永喜　供图）

五、诊断

通过对该病典型的临床症状和病理变化分析，结合当地流行病学特点可作出初步诊断。由于该病毒具有广嗜性，病理变化多样，增加了诊断的难度，要确诊必须进行实验室诊断。病料最好选取发热期或死亡不到 1 h 的病死羊脑组织及扁桃体，亚临床感染或康复羊可采集鼻黏液。

1. 病原分离鉴定

病毒分离与鉴定是诊断该病最为可靠的方法之一。

（1）电镜观察。采集中脑、小脑、脑桥和延脑、扁桃体、肺脏、脾脏及淋巴结等组织，经电镜观察呈圆形或椭圆形病毒粒子，中央为核心，内含双股 DNA，其外是衣壳，呈二十面体立体对称，最外层是病毒囊膜，囊膜表面有纤突。

（2）病毒分离。多数传代细胞或原代细胞对 PRV 均敏感，目前，常用的是猪肾传代细胞系，即 PK-15 细胞系。具体操作步骤是：首先，将采集的病料与灭菌生理盐水制成 10% 的匀浆，加双抗（青霉素 200 IU/mL、链霉素 100 IU/mL）置 40℃，6 h；然后，离心取上清液过滤后接种在 PK-15 单层细胞上，逐日观察细胞变化。多数细胞在接种后 48 h 出现细胞病变（CPE）。如没有出现明显的细胞病变，可进行盲传 1 ～ 2 代。分离到的病毒进行电镜检查、直接免疫荧光（FA）、PCR 和 DNA 探针，最终确诊。或将处理后的病料上清液接种 9 ～ 11 日龄鸡胚绒毛尿囊膜，4 d 后绒毛尿囊膜出现灰白色斑性病变，胚体弥漫性出血、水肿，因神经系统受侵害而死亡。

2. 动物接种

主要接种动物为家兔和小鼠，其中，家兔最为敏感。将采集到的病料用生理盐水配制成 1∶10 的组织悬液，同时，加青霉素、链霉素 500 ～ 1 000 IU/mL，然后皮下接种或肌肉接种家兔 1 ～ 2 mL/ 只，接种后 48 ～ 72 h 开始发病，食欲废绝，狂躁不安，体温升高，注射部位表现奇痒等，频频回头用嘴啃咬接种部位，出现脱毛、溃烂、出血，数小时后卧地不起衰竭死亡。病料亦可直接接种猪肾或鸡胚的红细胞，可产生典型的细胞病变。分离出的病毒可再作中和试验确诊。也可将病料脑内或鼻腔接种 1 ～ 4 周龄小鼠，接种后有奇痒症状，持续 12 h，多数在 3 ～ 5 d 内死亡。

3. 血清学诊断方法

该方法是由发病动物体采集血清样本，用已知的病毒或特异性抗原来检测动物血清中的特异性抗体，通过比较动物发病期间血清中抗体效价的变化或特殊抗体的有无，来断定是否存在 PRV 感染。血清学方法主要包括：微量血清中和试验（MSN）、ELISA、乳胶凝集试验（LA）、补体结合试验（CF）、琼脂免疫扩散（AGDP）、对流免疫电泳（CIE）、间接荧光抗体技术（IPA）、荧光抗体技术（PA）。其中，ELISA 是国际贸易指定用于检查 PR 的试验方法之一，国内外研究者成功地将其运用于实践。该方法灵敏、快速、简便，适于大面积血清学调查，国际上已有各种商品化伪狂犬病 ELISA 试剂盒出售，具体检测步骤按试剂盒要求操作即可。

六、类症鉴别

1. 羊狂犬病

相似点：病羊精神沉郁，皮肤瘙痒，咽喉麻痹，大量流涎，卧地不起。

不同点：病羊一般有被犬咬伤的病史。病羊只有被咬部位瘙痒，前驱期异嗜，兴奋期有攻击性行为；病羊下颌肌、舌肌、眼肌不全麻痹，斜视。剖检可见可视黏膜蓝紫色，血液黏稠、不凝固，体表有伤口。病料悬液皮下接种家兔，通常不易感染；脑内接种，发病后没有皮肤瘙痒症状。

2. 羊螨病

相似点：疥螨病症状与羊伪狂犬病相似。病羊唇部、眼睑、面部瘙痒，不断擦痒，消瘦，衰竭死亡。

不同点：幼龄羔羊多发。病羊不出现神经症状，口鼻无分泌物。病羊皮肤有丘疹、结节、水疱，甚至脓疱，后形成痂皮、皲裂，局部皮肤增厚。

七、防治措施

1. 预防

（1）疫苗接种。疫病多发区应按照羊群的免疫程序，定期对羊群免疫接种伪狂犬基因缺失疫苗或牛羊伪狂犬病氢氧化铝甲醛灭活疫苗，增强羊群对该病的抵抗力。结合免疫接种，通过鉴别 gE-ELISA 血清学试验，检疫淘汰羊群中的阳性羊，每年 2 次，逐步净化羊群，消除该病。

（2）加强饲养管理，提倡自繁自养，不从疫区引种。引种时，严格检疫，扑杀、销毁阳性羊。同群羊隔离观察 30 ～ 60 d，确认无病后，方可混群饲养。养羊场和养羊户应做好灭鼠和驱鼠工作，避免鼠在羊群和猪群以及其他动物间的媒介传播。

（3）控制传染源。加强检疫，严禁从患有伪狂犬病的国家、地区引进家畜，加强冷冻精液的管理，严禁用带毒精液进行人工授精。在兴建羊场时，尽量远离牛场和猪场，有效距离不得少于 500 m，并禁止猫和狗进入羊场。

2. 应急措施

（1）消灭传染源。将发现的可疑病例，立即隔离，采集病料送检化验，确诊后，立即扑杀病羊和已出现临床症状的羊。

（2）切断传播途径。疫点内羊舍地面用生石灰消毒，墙壁、用具、运动场地等被污染的环境用 5% 苛性钠溶液或 20% 石灰水喷洒消毒，水槽、饲料槽等用具，用癸甲溴氨消毒液按 1∶500 浸泡、刷洗，1 次 /d，连续 7 d。将羊粪、垫草等污物密封后集中运往指定地点消毒后堆积发酵。

（3）提高羊群体抵抗力。对假定健康羊群用伪狂犬病基因缺失活疫苗进行紧急免疫接种，对受威胁区未免疫的羊群也同样紧急免疫接种。

（4）免疫血清。使用在潜伏期或前驱期伪狂犬病免疫血清或病愈家畜的血清，可获得良好效果。

第十一节 裂谷热

裂谷热（RVF），是由裂谷热病毒（RVFV）引起的一种烈性人兽共患病，世界动物卫生组织将其列为通报疫病，仅允许在生物安全防护4级实验室研究。一般通过蚊子叮咬传染。

该病最早于1912年发现于肯尼亚东非大裂谷，之后在大裂谷流行，1931年首次分离到病毒，并命名为“裂谷热病毒”。RVF在非洲亚热带呈地方流行性，对当地经济造成巨大损失。2000年在非洲大陆以外的沙特阿拉伯和也门暴发，直接威胁到亚洲和欧洲。

一、病原

1. 分类地位

RVFV属于布尼亚病毒科。布尼亚病毒科是最大的虫媒病毒科，已确定的有5个属，共包含350多个成员。其中，番茄斑萎病病毒属是植物病毒，另4个属是动物病毒，包括白蛉病毒属、内罗病毒属、正布尼亚病毒属和汉坦病毒属。均为虫媒病毒，通过蚊、蠓、蜱、蝇及啮齿类动物（汉坦病毒）传播。具备“昆虫→脊椎动物→昆虫”生活史（图4-11-1），其流行随虫媒的地域而呈现特定的地理分布。汉坦病毒由鼠类传播。此外，还有80多种未确定分类地位，有建议设立新属*Goukovirus*、*Herbevirus*、*Phasmaviruse*。

RVFV属于白蛉病毒属，30多种蚊子可传播，包括埃及伊蚊。埃及伊蚊同时携带多种重要病原，如寨卡病毒、黄热病病毒、登革热病毒等。该属包括2个血清群及若干亚群，至少有50种病毒。均由白蛉或蚊传播，重要病毒有RVFV（人兽共患）和白蛉热病毒（仅人感染）。

2. 主要特性

（1）形态结构。布尼亚病毒科病毒粒子形态均为球形（直径80～120 nm），没有典型的核衣壳结构。病毒粒子三层结构：中心是核酸核蛋白复合体（RNP），外面包裹囊膜，最外层是糖蛋白层，或者疏松突起或致密晶格样排列，甚至有的在不同pH值条件下糖蛋白表面的聚合结构不同（图4-11-2）。基因组结构均相似，含3分子单负链RNA（-ssRNA），分别为L（6 300～12 000 nt）、M（3 500～6 000 nt）、S（1 000～2 200 nt），其中，S为双向转录RNA。L编码L蛋白，兼有RNA依赖的RNA聚合酶（RdrRp）和核酸内切酶功能，非常保守，内罗病毒属还多1个卵巢肿瘤样半胱氨酸酶基序。M编码2种穿膜糖蛋白Gn/G1、Gc/G2（40～120 kDa）和1种非结构蛋白NSm（汉坦病毒不编码NSm），S编码核蛋白N（25～50 kDa）和非结构蛋白NSs。每条RNA

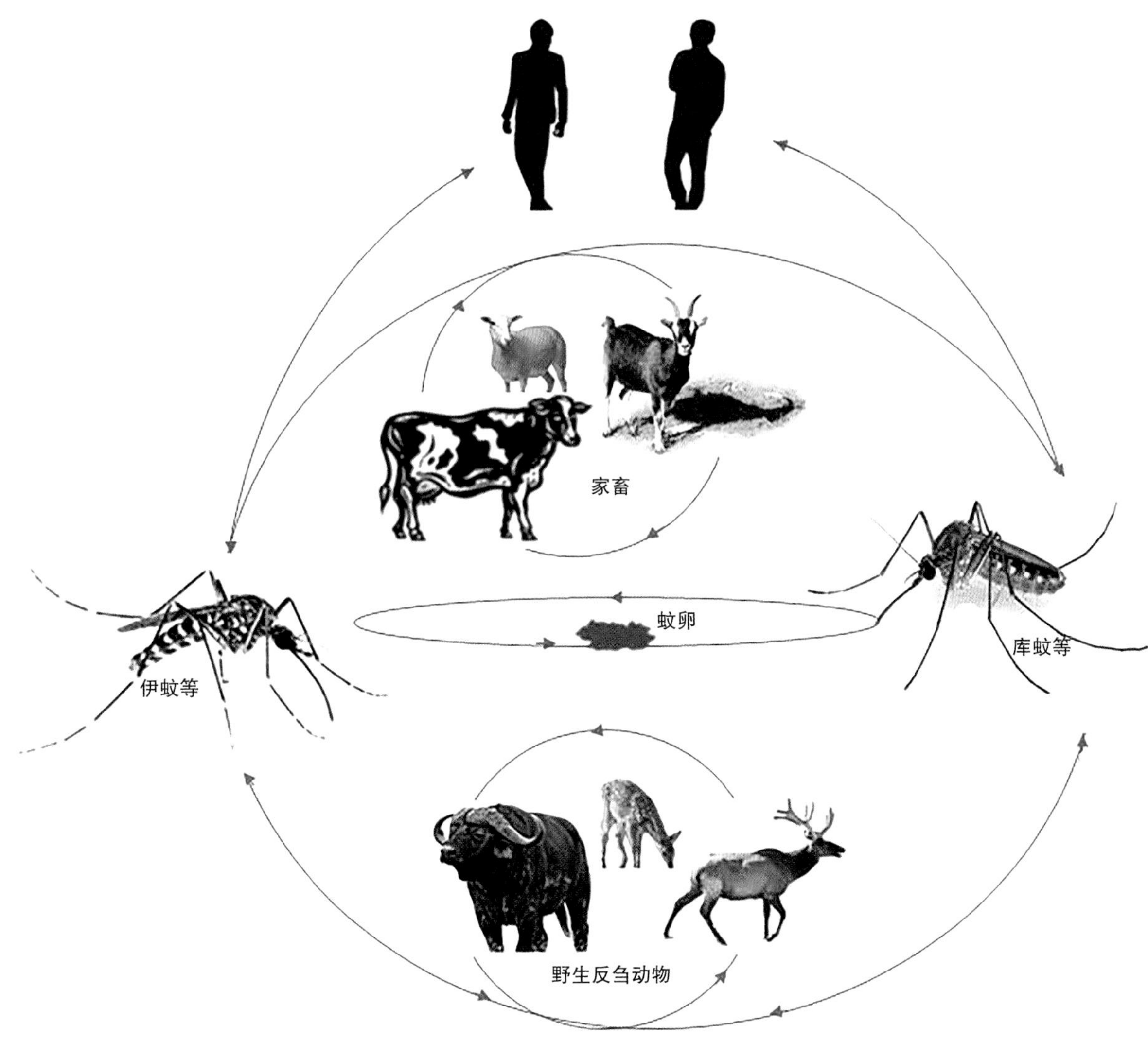

图 4-11-1　RVFV 的循环传播途径（曾巧英　供图）

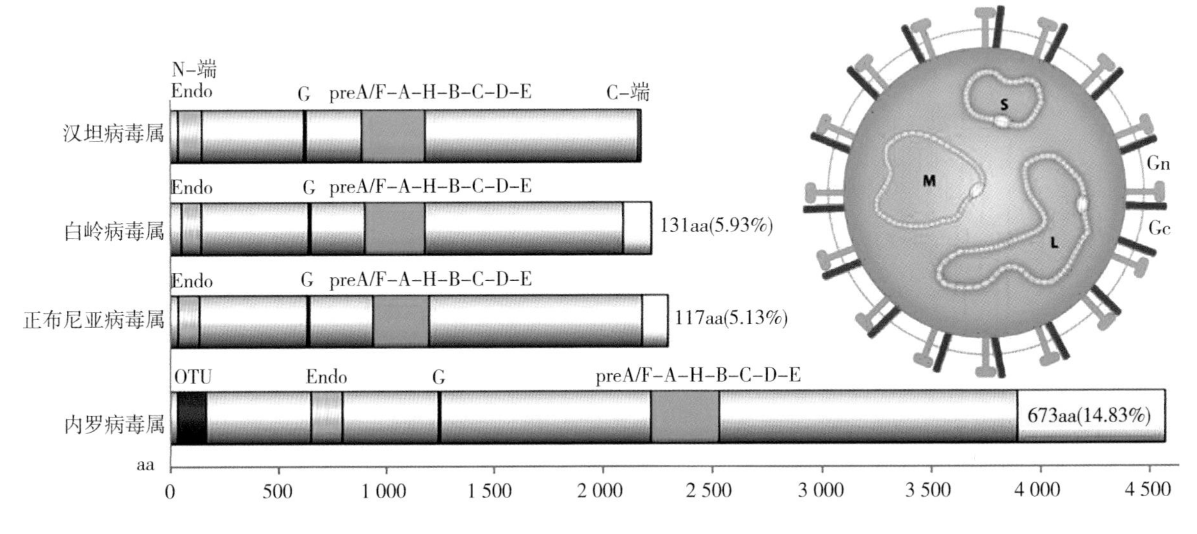

图 4-11-2　布尼亚病毒科成员病毒的结构模式图（据 Marko Zivcec 等）和 L 蛋白结构域比较（Abdennour Amroun）（注：Endo 为内切酶基序；OTU 为卵巢肿瘤样半胱氨酸酶基序；preA/F-A-H-B-C-D-E 为 RNA-RNA 聚合酶基序；黄色部分为差异氨基酸数量。）

分子编码区两端均存在非编码区，即 5′UTR 和 3′ UTR，且 5′ 和 3′ 末端均互补结合形成假环，该环状结构携带核酸转录、复制及衣壳装配的信号。同属病毒的末端互补序列均相同，不同属病毒之间不同。每个 RNA 分子均与核蛋白 N 及转录酶 L 结合形成 RNP，位于病毒粒子的中心。RNP 被脂质双层生物膜包裹 / 囊膜，来自高尔基体膜。Gn 和 Gc 形成异源二聚体，进一步聚合形成多聚体，连接于 RNP、穿过囊膜突出于表面或仅仅嵌膜，形成突起或膜粒 / 壳粒，位于病毒粒子的最表层。Gc 介导囊膜融合，且和黄病毒的融合蛋白同源。病毒主要以内吞方式进入细胞，Gc 介导囊膜和吞噬体膜融合，内吞体的低 pH 值是融合信号之一。囊膜表面的蛋白构型不同，正布尼亚病毒属病毒表面蛋白突起为三聚体，排列稀疏；汉坦病毒属病毒表面蛋白突起为四聚体，排列较密；白蛉病毒属为五聚体和六聚体，规则二十面体对称晶格样排列，完全和衣壳的结构相同（图 4-11-3）。

RVFV 粒子球形，并不是先前认为的多形性。直径约 100 nm，二十面体对称，有囊膜，表面有糖蛋白膜粒。基因组 L（6 404 nt）、M（3 885 nt）、S（1 690 nt）。L 编码 L 蛋白（RNA-RNA 聚合酶和核酸内切酶）。M 编码 2 种穿膜糖蛋白 Gn（54 kDa）、Gc（59 kDa）和非结构蛋白 NSm（14 kDa），还有 78 kDa 中间剪切体，也有认为是另一个非结构蛋白。S 编码核蛋白 N 和非结构蛋白 NSs，NSs 从互补中间体转录而来，系反向编码。Gn-Gc 异源二聚体进一步构成五聚体和六聚体壳粒，起始于 RNP、穿过囊膜突出于表面至 96 Å，排列呈二十面体（T=12）晶格结构，位于病毒粒子的最表层。故 RVFV 粒子的结构独特：最外层是二十面体（类似衣壳）结构，中间层是囊膜，中心 RNP。

（2）抵抗力。 pH 值为 7 ～ 8 最为稳定，pH<6.2 酸液可灭活，pH<3 迅速灭活。血清中的 RVFV 4℃存活 4 个月，0℃以下可存活 8 年。能抵抗 0.5% 的石炭酸达 6 个月，56℃ 40 min 才能灭活。对脂溶剂和去污剂（乙醚、去氧胆酸盐、次氯酸钙 / 钠）、福尔马林敏感。

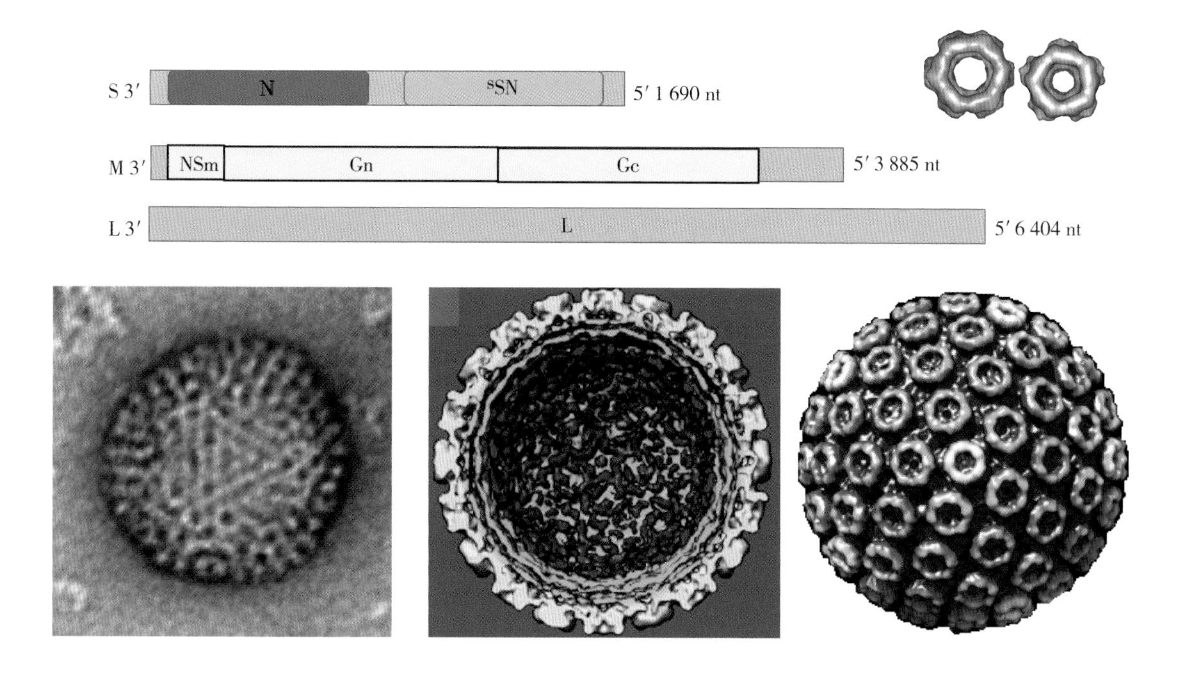

图 4-11-3　RVFV 基因组结构、病毒电镜照片（据 Huiskonen）和模式图（据 Michael）

1. 易感动物

RVFV 具有广泛的宿主范围，人、牛、山羊、绵羊、骆驼、水牛、犀牛、鹿等多种家畜和野生反刍动物、犬科猫科动物都易感。绵羊最易感，尤其羔羊和怀孕母羊，其次是山羊。牛不及羊敏感。

2. 传染源

患病和带毒动物是该病最重要的传染源，其肉、奶、组织、血液、分泌物、排泄物均带毒。还有流产胎儿、胎衣等。在非洲，森林中的鼠类及其他野生动物可能是该病的储存宿主。

3. 传播途径

RVFV 最主要是通过蚊虫叮咬传播，主要是伊蚊和库蚊，还有其他至少 30 种蚊都可传播该病。也可通过气溶胶、经口食入、直接接触感染动物的组织、血液、分泌物和排泄物而传播（如处理流产胎儿）。肉食动物因食入感染动物组织而感染，胎儿通常在子宫内感染。该病全年均可流行，但高发季节和地理范围及传播媒介紧密相关。

三、临床症状

RVFV 感染后在靶器官内增殖速度很快，故潜伏期短，羔羊 12 ～ 36 h，成年动物 30 ～ 72 h。动物出现高滴度病毒血症，维持 3 ～ 5 d，足以使蚊经叮咬吸血感染并成功传播给被叮咬者。潜伏期后病毒入侵肝实质细胞和网状内皮细胞增殖，引起细胞损伤出现症状。

裂谷热暴发的特征是大量幼畜突然死亡和母畜流产。主要症状是持续性 41 ～ 42℃高热、急性出血性腹泻和流产。

感染动物其他症状包括精神沉郁、不愿走动、厌食、体表淋巴结肿大，腹部疼痛。鼻腔出血性黏液分泌物。

新生羔羊在高热症状后 36 ～ 40 h 死亡；2 ～ 13 周龄绵羊少数死亡，大多转为轻度感染；成年绵羊表现呕吐。<1 周龄羔羊死亡率达 90%，>1 周龄后死亡率 20%～ 60%。山羊症状较温和。牛感染后死亡率较羊低，犊牛为 10%～ 70%，成年牛 <10%，但怀孕牛达 90% ～ 100%。其他动物大多表现隐性感染。怀孕绵羊的流产率达 90% ～ 100%，所谓“流产旋风”。

人感染后症状轻者呈感冒样，仅 1% ～ 2% 会出现严重的症状，包括急性肝不适，迟发性脑膜脑炎，视网膜炎、重者失明，出血综合征，入院患者的病死率为 20% ～ 50%。

四、病理变化

特征性病理变化为全身黏膜、胃肠道及浆膜下出血。肝、脾肿大、弥漫性坏死、质脆变软、淡红色到淡黄褐色，并散布有出血点（图 4–11–4）；母羊还有心内膜和心外膜下出血，肾、肠黏膜和淋巴结水肿、出血，肺充血。

组织病理学检查，大部分肝细胞崩解，失去正常的肝组织结构，肝细胞见嗜酸性核内包涵体。（图 4–11–5）

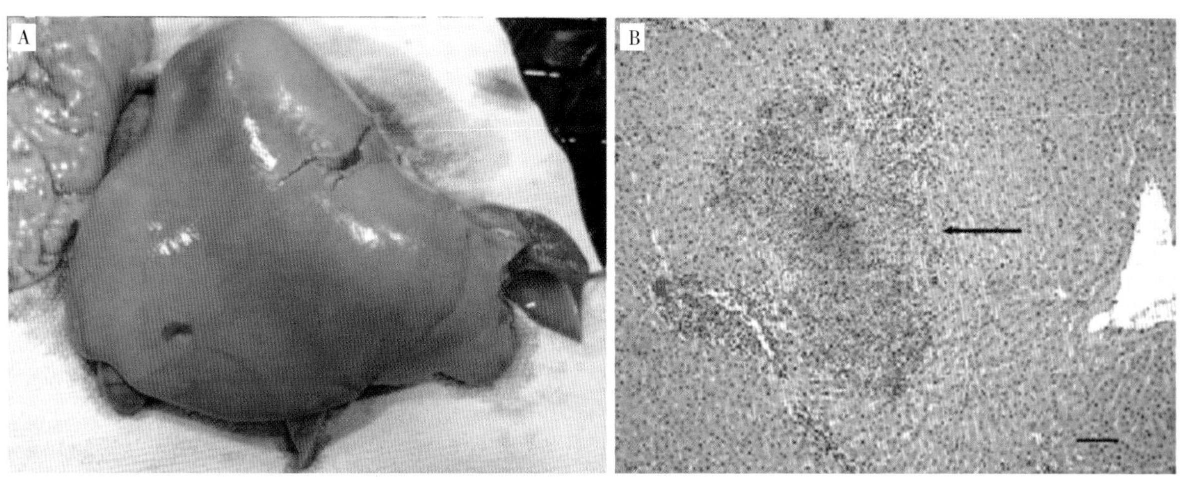

A. 羔羊肝脏出血、坏死，质脆易碎；B. 病变（肝坏死灶，炎性细胞浸润）。

图 4-11-4　RVFV 感染后肝脏特征性病变（据 Drolet 等，2012）

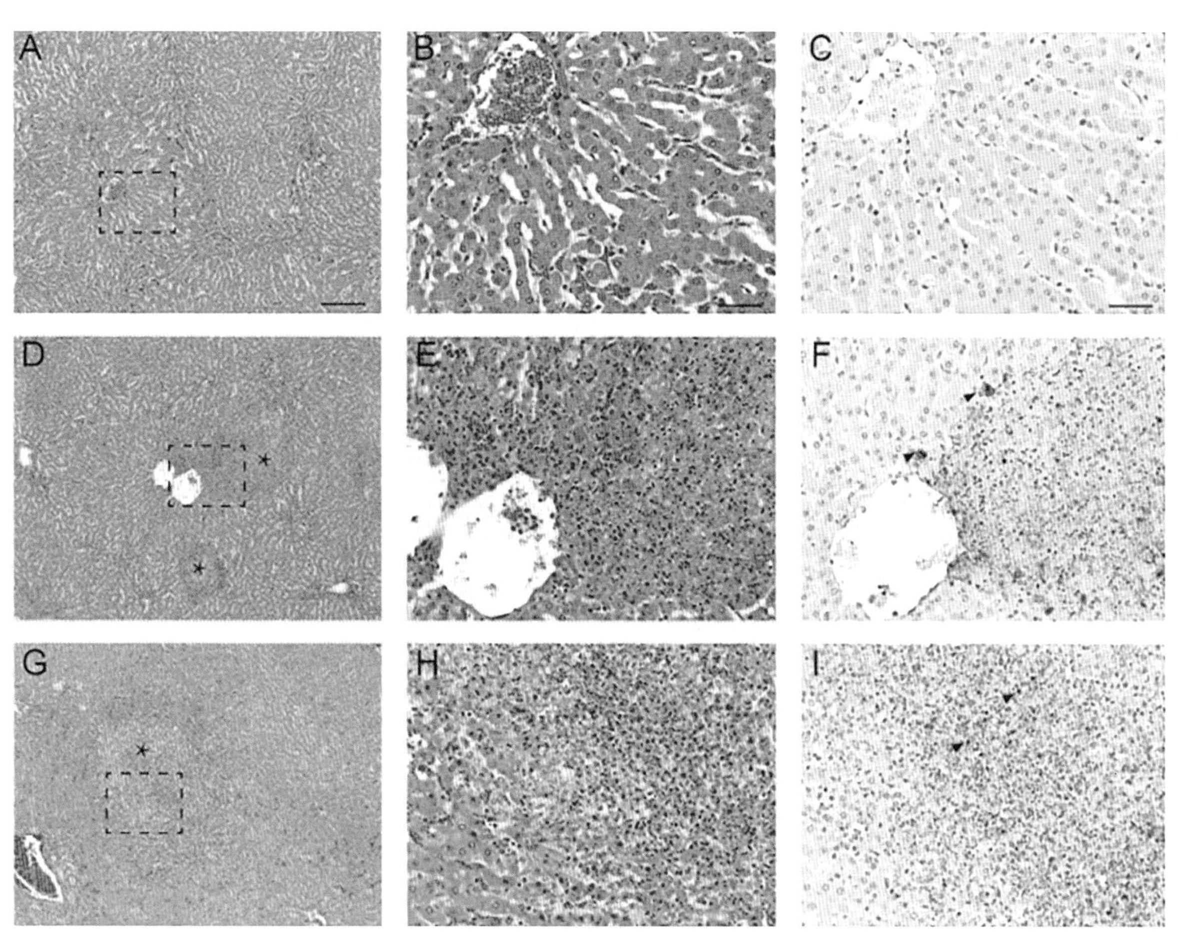

A. 正常肝脏；B. 放大区域；C. RVFV 抗体组化染色阴性；
D. 肝脏初期坏死灶（方框内）；E. 高倍坏死灶区域；F. RVFV 抗体组化染色强阳性；
G. 肝脏坏死灶（方框内）；H. 高倍坏死灶区域；I. RVFV 抗体组化染色阳性。

图 4-11-5　RVFV 感染后肝脏特征性病变（据 Wilson 等，2016）

五、诊断

1. 病毒分离

发病动物血液，死亡动物的肝、脾、大脑，流产胎儿中可分离到 RVFV。RVFV 培养需生物安全 4 级实验室。可感染许多细胞系，包括 Vero、LLC–MK2、BHK–21、BW–JM，可引起细胞病变（CPE），产生空斑和嗜酸性核内包涵体。

2. 动物试验

小鼠高度易感，皮下注射或腹腔接种均可导致其发生急性肝炎和迟发性脑炎；仓鼠、恒河猴感染该病毒不表现临床症状，具有高滴度病毒血症。

3. 血清学诊断方法

RVFV 目前仅有一个血清型。能凝集小鼠等动物的红细胞。

白蛉病毒属成员病毒表面糖蛋白保守，具有共同的群特异性和各自的种特异性抗原位点，可用中和试验、ELISA、HI 试验检测。

ELISA 方法有检测 IgG 的间接 ELISA 和检测 IgM 的捕获 ELISA，敏感性和特异性分别达到 96.47 % 和 99.44 %。IgM 在感染后 4 ～ 5 d 即可检测。

4. 分子生物学诊断方法

常规 RT–PCR 针对 RVFV NSs、Gn/Gc，检测敏感性高。

多重 RT–PCR 鉴别 RVFV、蓝舌病病毒、牛瘟病毒以及小反刍兽病毒。

套式 RT–PCR 和荧光定量 RT–PCR 在感染后 1 ～ 4 d 进行早期诊断，敏感度是 5 ～ 30 拷贝。

逆转录环介导等温扩增（RT–LAMP），不需要精密仪器，在一般的实验中进行检测。

六、鉴别诊断

1. 羊布鲁氏菌病

相似点：怀孕牛羊流产。

不同点：成年羊比羔羊易感。初次妊娠母羊流产多，母羊多发生子宫炎、乳房炎、关节炎、局部脓肿及胎衣停滞，发情后屡配不孕等症状。母羊流产前阴唇潮红肿胀，流出黄色黏液或血样黏性分泌物；乳山羊早期触之有乳腺硬结节，泌乳量减少。公羊呈现睾丸炎和附睾炎。剖检可见，胎膜呈淡黄色胶冻样浸润，胎儿胃内有淡黄色或白色絮状物，胸腹膜有纤维素凝块、淡红色渗出液，皮下或肌间呈浆液性浸润。

2. 羊衣原体病

相似点：病羊发热，精神委顿，食欲减退；腹泻，粪便带血；流黏性鼻液。怀孕母羊流产。

不同点：病羊有结膜充血、水肿、流泪，角膜混浊、溃疡或穿孔；有关节炎症状，表现跛行，离群，喜卧。剖检可见，胎膜水肿、出血；呼吸道黏膜卡他性炎症，肺间质水肿，实质病变，支气管增厚；急性卡他性胃肠炎。

3. 羊沙门氏菌病

相似点：病羊体温升高（40℃以上），精神沉郁，食欲减退；腹泻，粪便带血；怀孕母羊流产，产死胎、弱仔。

不同点：该病无明显季节性。下痢型多发生于 15 ～ 20 日龄羔羊，经 1 ～ 5 d 死亡。病羊鼻腔无出血性分泌物，黄疸症状，成年绵羊不出现呕吐症状。剖检病变主要见于胃肠道，真胃与小肠黏膜充血，肠内容物稀薄，肠黏膜有黏液或血液，肠道、胆囊、肠系膜淋巴结水肿。

七、防治措施

裂谷热被世界动物卫生组织列为通报疫病。预防措施主要是灭蚊、避免蚊虫叮咬，控制和铲除蚊蝇滋生地，尤其是疫区。其次是注射疫苗。

1. 灭蚊

蚊子是该病的重要传播媒介，故第一要务是灭蚊，蚊子幼虫可能生存的潮湿地方，包括隐秘的废水区、水沟、瓦坛及破罐积水等，均应喷洒药剂。

2. 疫苗免疫

美国研制的 TSI GSD 200 福尔马林灭活苗目前只用于兽医、实验室工作人员等高危人群。需要连续免疫 3 次，间隔 4 周，半年后还要加强免疫，使用不方便。

Smithburn 和 MP-12 活疫苗。Smithburn 主要是用于非洲，副作用明显，妊娠母羊引起流产，非人类灵长类试验具有神经毒性。MP-12 系美国研发，已经过了Ⅰ期和Ⅱ期临床试验，并批准有限使用于动物，可致孕畜流产或胎儿畸形，疫苗不带分子标记，不能区分免疫和感染。

目前，在全世界的非疫区，还没有批准使用的疫苗，无论是兽用还是人用。但目前世界范围内该疫苗的研究很多。包括灭活苗 4 种，基因未修饰的活疫苗 2 种，亚单位疫苗 1 种，DNA 疫苗 1 种、VLP 疫苗 1 种、病毒复制子颗粒疫苗 1 种和基因修饰 / 重组 / 缺失弱毒活疫苗 5 种，病毒活载体疫苗 5 种。有的已经按顺序做了对小鼠、羊、牛、骆驼、山羊、非人类灵长类动物，甚至对人类志愿者的免疫保护试验，其中，有一些候选疫苗具有很好的保护力。新型疫苗呼之欲出，如美国的 ΔNSs rRVFV 和 ΔNSs-ΔNSm rRVFV 基因缺失苗，经狨猴免疫攻毒试验，能够诱导高滴度中和抗体，攻毒后不会出现临床症状、病毒血症、肝损伤，可完全保护。

目前，正在研究的疫苗：弱毒苗 MP12 和 Clone13 据说对孕畜和哺乳期幼畜有保护作用且无不良反应，但尚在研究当中，缺乏田间试验，未正式投入生产使用。MP12 来自 ZH548 株（1977 年埃及暴发 RVF 分离株），经诱变剂 5- 氟尿嘧啶压力筛选 12 代致弱，故称作 MP12。Clone13 分离自 1974 年中非暴发 RVF 时一轻症患者。该毒株 10^6PFU 感染小鼠和豚鼠不引起临床症状，而且具有很好的免疫原性，能提供长期的免疫保护。

第十二节　边界病

边界病是由边界病病毒（BDV）引起。最早发现于英格兰与威尔士边界地区，故名为边界病。该病在临床上以繁殖障碍（不孕、流产、死产、木乃伊胎、弱胎）和羔羊畸形、新生羔羊多毛震颤为特征。

边界病 1959 年首次发现于英国的英格兰和威尔士边界地区的羊群中，随后在瑞士、美国、意大利、新西兰、德国、荷兰等许多养羊业发达的国家传播开来，目前，呈世界性分布，自 2013 年李文良等成功从持续性腹泻山羊病例中分离出 BDV，首次证实了边界病在我国的存在。

一、病原

1. 分类与结构特征

边界病病毒（BDV）为黄病毒科瘟病毒属成员之一，同属成员还包括猪瘟病毒、牛病毒性腹泻黏膜病病毒 1 型（BVDV–1）、黏膜病 2 型（BVDV–2）、黏膜病 3 型（BVDV–3）。本属病毒的基因结构和病毒粒子结构相似，亲缘关系密切，只是各自自然感染的宿主不同。猪瘟病毒仅限于猪感染，BDV 主要感染羊，BVDV 主要感染牛，但二者可交互感染，并可感染其他野生动物和家养的反刍类动物。

BDV 病毒粒子呈圆形，直径 50 ～ 60 nm。有结合牢固的类脂囊膜和不太明显的膜粒。核衣壳二十面体对称，病毒核酸为单股正链 RNA（+ssRNA），具有感染性。基因组 12.5 kb，5′UTR–1ORF–3′UTR 结构。5′ 端无甲基化“帽子”结构，3′ 端不含 poly（A）尾结构，有小段 poly（C）。5′UTR 含有 1 个内部核糖体进入位点（IRES），可实现非依赖于 5′“帽子”结构的蛋白翻译，破坏或干扰该位点可阻断病毒增殖周期。仅有 1 个 ORF 编码一条多聚体肽链前体分子，以共翻译或翻译后方式被病毒蛋白酶和宿主蛋白酶切割成 12 条成熟多肽，从 N– 端开始分别是：N 端水解酶（N^{pro}）；衣壳蛋白（C）；囊膜糖蛋白（E^{rns}、E1、E2）；p7；非结构蛋白（NS2、NS3、NS4A、NS4B、NS5A、NS5B）。其中 C、E^{rns}、E1、E2 是 4 个结构蛋白。N^{pro} 通过降干扰素调节因子 3（IRF3）抑制细胞凋亡和干扰素产生，且结合于核糖核蛋白体（RNPs）参与病毒蛋白的翻译。3 种囊膜糖蛋白 E^{rns}、E1、E2 均参与病毒吸附和进入细胞的过程。E^{rns} 无穿膜结构域（TMD），E1 和 E2 均有 TMD。E1–E2 异源二聚体是病毒进入细胞及感染性所必需。E2 同源二聚体，识别细胞受体决定细胞嗜性，诱导中和抗体和 CTL 细胞免疫。E^{rns} 具有 RNase 活性，同源二聚体，诱导中和抗体，抑制 Ⅰ 型 IFN 产生，帮助病毒建立持续性感染（PI）。NS2–3 肽进一步裂解为 NS2、NS3，其中 NS3 和细胞致病效应（CPE）关系密切，即 NS2–3 的切割效率和 CPE 相关。NS3 诱导机体产生强烈的抗体反应。病毒其他的 NSP 抗体反应弱。

5′UTR 非常保守，用于属、种鉴定及基因型、基因亚型分型。BDV 可分为 8 个基因型（也被称为亚种）：BDV 1 ～ 8。中国的山羊分离株属于 BDV3 型（图 4–12–1）。

2. 增殖

BDV 在胞浆内复制，大多数成熟的病毒颗粒通过出芽方式释放，少数通过裂解方式释放。体外培养可用原始宿主的原代胚细胞或传代细胞系，均生长良好，如牛肾细胞系（MDBK）。细胞培养时，有致细胞病变型（CP）和非致细胞病变型（NCP）2 种生物型。CP 型产生空斑，可测定病毒滴度。基因组序列比对发现，CP 毒株由 NCP 毒株突变产生，已有研究发现，CP 毒株 NS2–3 基因附近或内部发生了多种类型的基因突变，如点突变，大片段基因重复、缺失、重排，大片段宿主（如泛素基因）或病毒基因序列插入等。

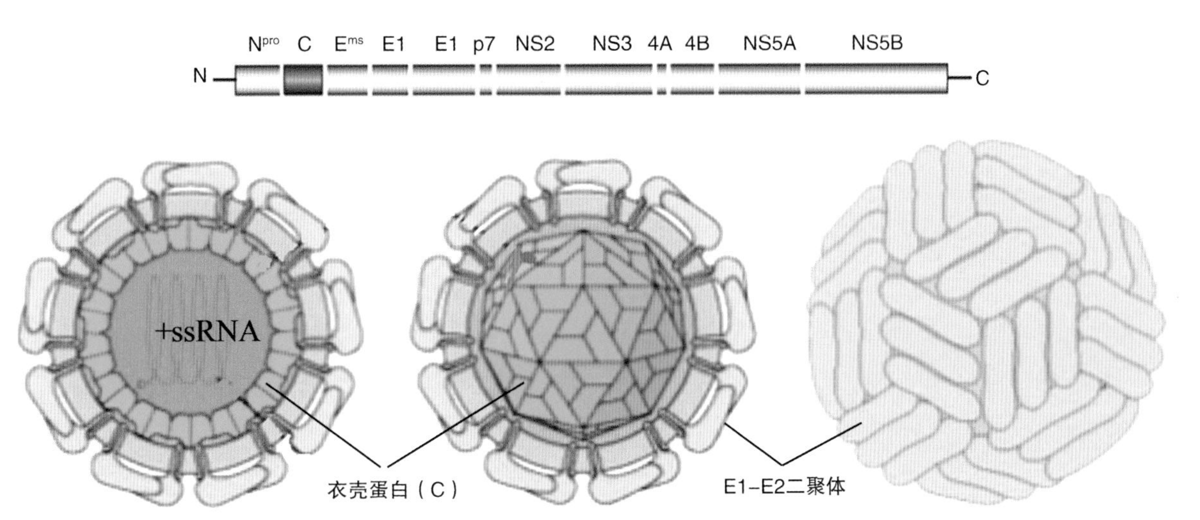

图 4-12-1　BDV 基因结构和病毒粒子结构示意图（曾巧英　供图）

3. 抵抗力

病毒对酸、热、有机溶剂和去污剂敏感。5%的氯仿、乙酸、56℃ 30 min 可灭活；pH=3 的酸性环境中可迅速灭活。0.05%胰酶 37℃ 1 h 可灭活；在外界环境中可存活数周。

二、流行病学

1. 易感动物

BDV 主要的易感动物为绵羊和山羊，偶有牛、猪等家畜及驯鹿、长颈鹿、野牛、羊驼等野生反刍动物的感染报道。

2. 传染源

患病动物和持续感染（PI）动物是主要传染源。

3. 传播途径

主要传播方式为水平传播（口鼻黏膜）和垂直传播，其中，PI 羊可通过呼吸道、消化道和泌尿道向外界持续散毒，PI 母羊可流产死胎或产出 PI 羔羊，从而成为羊群中 BDV 的主要传染源。

4. 流行特点

该病传播迅速，已呈世界性分布，尤其是畜牧业发达国家。据各国已经报道的 BDV 分子流行病学调查分析，BDV 在全球绵羊群中血清学阳性率为 5%～50%。

三、临床症状

症状取决于感染时羊的年龄、免疫力和病毒毒株。成年羊主要出现亚临床感染症状。胎儿感染 BDV 后的临床表现多样，取决于胎龄和毒株。主要表现为以下 3 种（图 4-12-2）。

1. 母畜繁殖障碍

在羊妊娠期的 5 个月内，胎儿直接感染 BDV 或二次感染可引起急性胎盘炎，导致流产、死胎、弱胎等症状，病羊不孕率高达 40%。

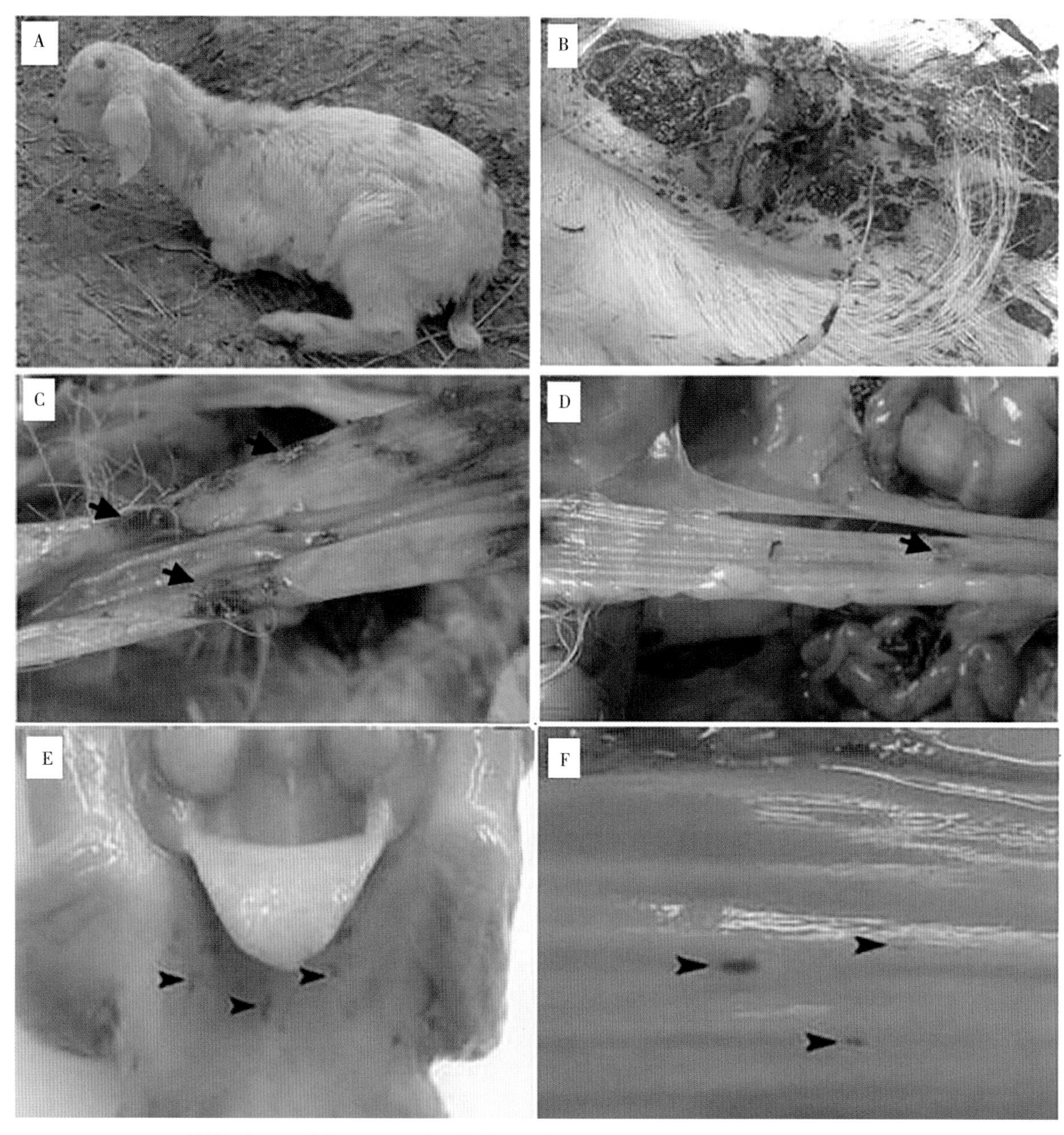

A. 精神沉郁；B. 腹泻；C，D. 小肠与大肠黏膜出血、溃疡；E，F. 咽部及食道黏膜溃疡。

图 4-12-2　BD 症状与病变（据 Wenliang 等）

2. 子代羔羊持续性感染（PI）

从毒株来看，绝大多数 NCP 型毒株表现为 PI 感染，CP 型表现类似黏膜病，但不绝对。

从孕龄来看，怀孕初期感染致死胎、流产。怀孕 21 ～ 75 d 前感染，致胎儿 PI 感染或先天畸形。PI 羔羊终身病毒血症，向外界持续散毒，一般不会产生抗体或产生弱抗体反应。该 PI 羔羊如果再次感染 cp 毒株，则会出现肠黏膜病变和腹泻，类似于 BVDV。胎儿正在发育的中枢神经系统受到病毒感染会导致脑水肿、脑空洞、小脑畸形，胎儿出生后全身震颤，且伴有多毛（颈、背部），俗称为“长毛震颤病”；羔羊体弱、生长缓慢、发育延迟、骨骼畸形（面部、躯体骨骼细短，骨骼密度小，关节弯曲，八字腿，短颈），生殖系统、免疫系统也会先天损伤。羔羊生长缓慢，沉郁，被毛粗乱、反复腹泻，一般 1 岁前死亡，也有成年并终身 PI 状态。受孕 80 d 后，因为胎儿有了免疫力，一般会清除病毒不感染。

从羊种来看，大多绵羊分离株为 NCP 型，CP 型多分离自山羊。

3. 一过性发病

青年羊和成年羊一般亚临床感染为主，出现不明显的短期病毒血症，轻度发热和淋巴细胞减少症。可产生持久的中和抗体。

四、病理变化

如有腹泻，小肠、大肠黏膜出血。其他器官无病变。

PI 感染 BDV，外周血液淋巴细胞亚群失调，循环 T 淋巴细胞（$OvCD_5$）数量显著减少，且 $OvCD_8$: $OvCD_4$ 比率增加。羔羊试验感染后 3 ～ 5 d 淋巴细胞数显著减少，10 d 嗜中性白细胞增多、淋巴细胞减少，但淋巴细胞中 B 和 T 细胞没有显著差异。

肌内接种 BDV 的羔羊无组织学病变，但脑内接种羔羊表现为程度不一的非化脓性脑炎症。子宫内感染后，幸存胎儿和新生羔羊出现广泛病理变化，感染羔羊的大脑比正常小；主要病变为脑积水，大脑皮质缺乏或近于缺失，小脑发育不全或异常，大脑白质软化形成囊肿或空洞，肿胀的神经纤维扭转或弯曲，对髓磷脂染色亲和力低。神经胶质细胞和星状细胞增多，束间胶质细胞增多聚集。细毛羊品种的羔羊感染后，可见体表长茸毛样被毛，偶见异常色素沉积。初级毛囊增生，初级毛纤维大小和数目增加。有时可见骨骼异常，常见于长骨和头部骨骼。

羊感染 BDV 初期，胎盘的子宫肉阜中隔出现坏死性炎症变化，肉眼可见盂形周围出现褐色素沉着带以及子宫隐窝区灰白色坏死灶，伴有不同程度的出血。感染后 10 d，胎盘中隔血管内皮坏死，表现为内皮肿胀，管腔堵塞，随后上皮受侵，最终坏死细胞碎片释放到“胎儿 – 母体”间隔内，被滋养层消化，也有黏膜样病变。

五、诊断

1. 临床诊断

BDV 的临床症状表现为母羊不孕，怀孕母羊流产、死胎、木乃伊胎、脑畸形胎；新生羔羊出现长茸毛样被毛、生长缓慢以及全身震颤、后肢痉挛等神经症状。剖检若可见胎盘坏死、骨骼畸形、初级毛囊增大、脑积水等症状，可诊断为疑似病例。

2. 病原学诊断方法

（1）病毒分离培养。诊断 BDV 病毒血症的有效方法是从病羊白细胞中分离病原。死后分离病毒可采集脾、胸腺、甲状腺、淋巴结、脑和肾组织。

原始宿主的原代胚细胞或传代细胞系，均生长良好，如牛肾细胞系（MDBK）。CP 型 BDV 出现空斑，NCP 型还需结合免疫荧光、RT–PCR 等方法对培养物进行病毒鉴定。

（2）电镜检测。将新鲜病料或细胞培养物超速离心浓缩、负染后直接观察，或者免疫荧光电镜技术观察。

（3）RT–PCR。qRT–PCR、RT–PCR 敏感、特异、快速，是目前应用最广的核酸检测技术，对 RNA 质量要求较高，多靶标 5′–UTR 和 Npro 基因检测。RT–PCR 对死胎和羔羊组织样品进行 BDV

检测，阳性检出率分别为 54.5%和 55.6%，明显高于抗原捕获 ELISA（45.5%和 27.8%）。

3. 血清学诊断方法

（1）病毒中和试验（VNT）。已知的 BDV 毒株大多数为 NCP 型，不利于病毒中和试验结果的判定，尤其当检测大批量样品时，不常选用该检测方法。

（2）ELISA。抗原包被检抗体的 Ab–ELISA，适合大规模流行病学调查群筛，或临床检测血清、牛奶样品，如 rE2–ELISA。需要注意 2 个问题：瘟病毒属成员间亲缘关系密切，尤其 BVDV 和 BDV 存在广泛的抗体交叉反应；PI 动物常免疫耐受，不产生抗体或抗体滴度低，呈现假阴性结果。

组织切片可用已知抗体免疫组化法进行抗原定位和检测。

六、鉴别诊断

1. 羊布鲁氏菌病

相似点：母羊流产，产死胎或弱胎。

不同点：成年羊较幼年羊多发。母羊阴唇潮红肿胀，流黄色或血样黏性分泌物；乳山羊有乳房炎，触之乳房乳腺有小的硬结节，泌乳量减少，乳汁内有小的凝块；公羊呈现睾丸炎和附睾炎。剖检可见胎膜呈淡黄色胶冻样浸润，胎儿胃内有淡黄色或白色絮状物，胸腹膜有纤维素凝块、淡红色渗出液，皮下或肌间呈浆液性浸润。

2. 羊衣原体病

相似点：母羊流产，产死胎或弱胎。

不同点：流产母羊胎衣不下，阴户流炎性分泌物；有的羊呈现结膜炎症状，结膜充血、水肿、流泪；肠炎型病羊持续腹泻，粪便带黏液或血液；肺炎型病羊跛行，有浆液性或黏液性鼻液。剖检可见，胎膜水肿、出血；急性卡他性胃肠炎；呼吸道黏膜卡他性炎症，肺间质水肿，实质病变，支气管增厚。

3. 裂谷热

相似点：母羊流产，产死胎或弱胎。

不同点：裂谷热可感染各种动物和人，疫区内牛也有发病现象；一旦暴发，常出现大批幼畜死亡，母畜流产。病羊体温升高（41 ～ 42℃），腹部疼痛。新生羔羊在高热症状后 36 ～ 40 h 死亡。流产羔羊、新生羔羊的特征性病理变化为弥漫性坏死性肝炎，肝肥大、质脆变软、颜色由淡红色到淡黄褐色并散布有出血点，肝实质内有多量灰黄色光亮呈脂肪变性；皱胃和小肠内容物呈巧克力（褐）色。

七、防治措施

对于染病群，进行群体检疫和净化，才能从根本上解决。成年羊感染后产生持久的高水平中和抗体，一般不会再感染。

对于非染病群，严格进行引入羊只的检验检疫。对检出的病羊应隔离饲养，并尽快屠宰，以清除感染源。

可在种羊配种前 2 个月接种疫苗，使其产生一定免疫力，来抵抗病毒感染。羔羊免疫要考虑母源抗体干扰。组织灭活疫苗、灭活油佐剂细胞传代苗均可使用，但不建议用弱毒苗，避免毒力返强或遇野毒重组事件发生。BVDV 疫苗可用于 BDV 免疫。

第十三节　痒　病

传染性海绵状脑病（TSE）是一类以病程缓慢、渐进性致死、中枢神经变性退化为特征的疾病。人兽共患且可（种间）传染，包括牛海绵状脑病（BSE，又称疯牛病）、羊痒病（Scrapie）、水貂脑软化病（TME）、鹿慢性消瘦病（CWD）、猫海绵状脑病以及人的（新型）克雅氏病（CJD）、库鲁病（Kuru）、家族性失眠（FI）、阿尔茨海默病（AD）、亨廷顿舞蹈病（HD）、帕金森病（PD）、格斯特曼综合征（GSS）等多种疾病。各自主要的症状不同，但致病因子和发病机理均相似。

羊痒病的最早文献记载出现于 1732 年英国，之后 1873 年，法国 Germain 描述了疯牛病，1929 年，Creutzfeldt 和 Jakob 发现了人类克雅氏病（CJD），1947 年，发现水貂脑软化病，以后鹿慢性消瘦病、猫海绵状脑病均被报道。1959—1985 年，英国 2 000 名接受生长激素（来自尸体脑垂体）治疗的侏儒儿童中，27 人死于 CJD。

羊痒病发生于山羊和绵羊，表现为共济失调、痉挛、麻痹、衰弱和剧烈的皮肤瘙痒，病羊常在粗糙的树干和石头表面摩擦致使脱毛皮破，而被称为“羊瘙痒症”。

一、病原

1. 分子结构

朊病毒是正常蛋白变构后获得了致病性。朊病毒蛋白（Prion protein，PrP）有 2 种异构体，构象和功能正常的称为 PrP^c（Cellular prion protein），致病的称为 PrP^{sc}（Scrapie isoform of the prion protein）。PrP^c 广泛存在于动物、植物、真菌和细菌。在哺乳动物和禽类，主要表达于神经细胞和淋巴细胞及其他细胞表面，经 GPI 锚定在细胞膜表面，介导细胞信号转导，参与胆固醇代谢、细胞抗氧化等，具有重要的生物学功能。不同动物的 PrP^c 之间存在序列差异，但高级结构均相似（图 4-13-1）。

2. 理化特性

PrP^c 分子质量为 33 ～ 35ku，又称 PrP33 ～ 35，PrP^{sc} 的 N 端被蛋白酶切割，分子量为 27 ～ 30ku，又称 PrP27 ～ 30。二级结构 PrP^c 以 α 螺旋为主，PrP^{sc} 以 β 折叠为主。

PrP^{sc} 疏水，对多种消毒因素的抵抗力很强，许多足以杀灭病毒及其他微生物的理化因素对 PrP^{sc} 无效，如酸、碱、热、离子辐射、紫外线、蛋白酶及消毒药。痒病动物的脑悬液在 10% ～ 20% 甲醛溶液中 28 个月、20℃ 100% 乙醇内浸泡 14 d、4℃ 18.5% 过氧乙酸或 12.5% 戊二醛 16 h 均不能灭活；可耐受 pH 值为 2.1 ～ 10.5 24 h 以上。但是，5% 次氯酸钠、5 mol/L 氢氧化钠、碘酊、6 mol/L 尿素、90% 苯酚、1% 十二烷基磷酸钠对朊病毒则有较强的灭活作用。

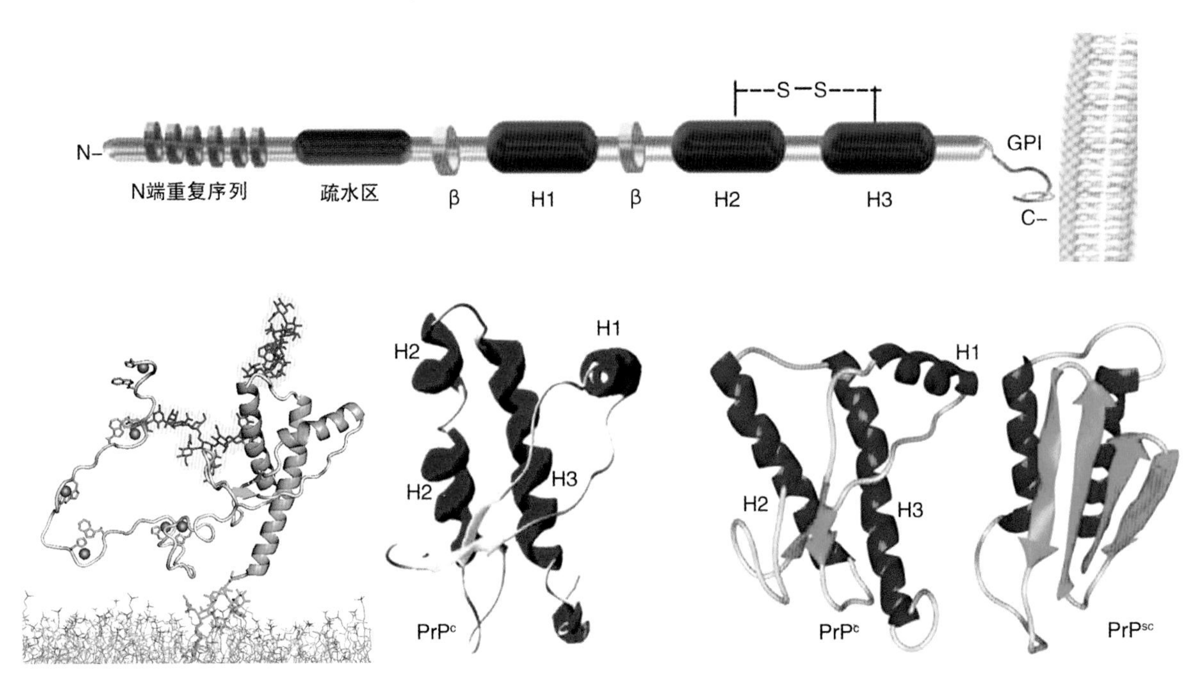

PrP^c 为 43% α－螺旋；PrP^{sc} 为 30% α－螺旋，43% β－片层。

图 4-13-1　PrP 分子结构模式图（据 Glenn Millhauser, Danica Ciric, Riek）

3. 朊病毒 PrP^{SC} 的复制

PrP^{sc} 是非常规病原，其复制机制有别于其他细菌和病毒。有 3 种假说：唯蛋白说、病毒说及 RNA 分子参与说。唯蛋白机制已有证据证实，具体过程是：每 1 分子 PrP^{sc} 结合 1 分子 PrP^c，诱导后者变构成为 PrP^{sc}，如此循环往复。包括成核、指数延伸和形成纤维 3 个步骤，最终形成的 PrP^{sc} 聚集成斑块或纤维（图 4-13-2）。PrP^{sc} 诱导 PrP^c 变构，需要二者结合成二聚体，还需要蛋白伴侣分子（Protein X）参与。其复制曲线近似于细菌的生长曲线，但机制独特。

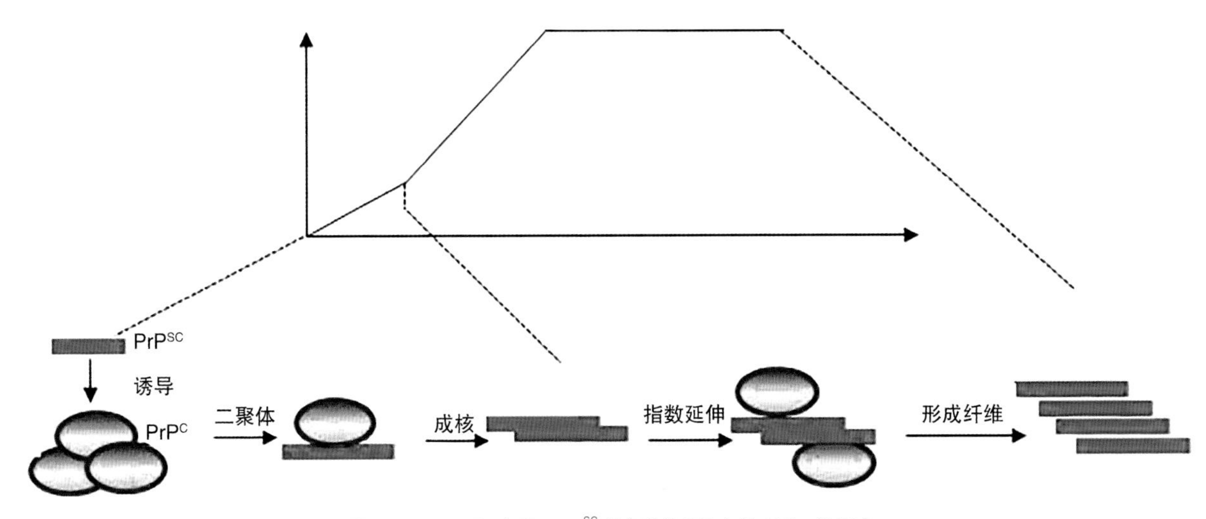

图 4-13-2　朊病毒 PrP^{SC} 的复制过程（曾巧英 供图）

将 TSE 动物脑组织与正常脑组织匀浆混合，然后用超声波处理，可实现 PrP^{sc} 的体外复制。

但无论是体外诱变还是自然感染，PrP^{sc} 诱变 PrP^c 也存在种间屏障，其 3 个构成因素包括：不同种动物的 PrP 氨基酸序列同源性差异、伴侣分子 X 蛋白的识别效率和不同 PrP^{sc} 毒株各自空间结构的差异，这些差异决定了供体 PrP^{sc} 和受体 PrP^{c} 能否相互识别、识别效率及诱变产生的新 PrP^{sc} 的结构。诱变效率和 PrP^{sc} 结构决定了不同的疾病表型。故即使在同一动物，虽然 PrP^{c} 都相同，但不同的 PrP^{sc} 毒株诱导产生的子代 PrP^{sc} 结构不同，引起的症状不同（图 4-13-3）。

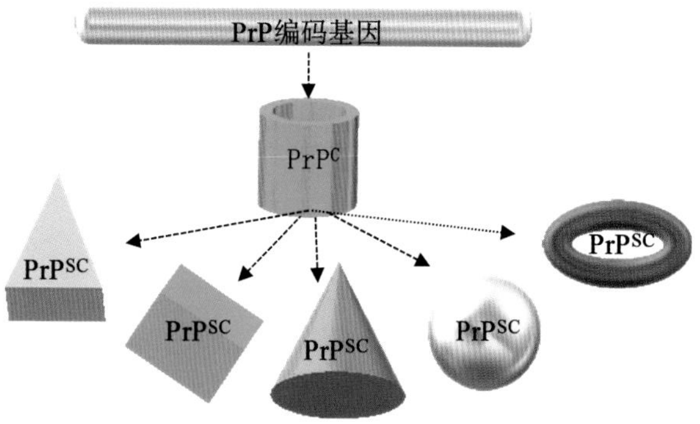

PrP编码基因
PrPC
PrPSC
PrPSC
PrPSC
PrPSC
PrPSC

图 4-13-3　相同的 PrP^{c} 诱变后产生不同结构的 PrP^{sc}
（曾巧英　供图）

二、流行病学

1. 易感动物

某些品系的绵羊、山羊易感。

2. 传染源

病羊及其组织、排泄物、分泌物污染的草场是主要传染源。

3. 传播途径

该病被认为存在水平传播，与患羊直接接触，或在被病羊胎膜羊水污染的草地放牧均可传染。经口感染被认为是主要途径，或含朊病毒的胎盘或体液经体表伤口感染。垂直感染尚无定论。

皮下、腹腔或静脉接种可发病，脑内接种潜伏期大为缩短。

感染后，首先在局部淋巴组织细胞中复制，如扁桃体、肠系膜淋巴结，然后经毛细血管进入消化道外淋巴结和脾，经神经丛侵入神经系统，最后入侵大脑，出现海绵样脑病。无炎症反应，无免疫应答，不诱导干扰素。

4. 流行特点

该病潜伏期长达 2 ～ 5 年。一般发生于 2 ～ 5 岁，1 岁半以下的羊通常不发病。

呈散发性流行，传播缓慢，感染羊群内通常只有少数羊发病，但一旦被感染，很难根除，几乎每年都有少数患羊死于该病。

三、临床症状

病羊表现神经症状。显著特点是瘙痒、不安及运动失调，但体温并不升高。

病初表现沉郁、不愿采食、离群呆立，或敏感、易惊、癫痫，或过度兴奋、抬头、竖耳、有攻击性。

随病情发展，行为异常、共济失调严重，常以一种特征的高抬腿姿态跑步，呈特殊的驴跑步样姿态或雄鸡步样姿态，后肢软弱、无力，肌肉颤抖，常不能跳跃，遇沟坡、土堆或驱赶时常反复跌倒。腹肋部、头颈部肌肉震颤，瘙痒症状轻重不一，一些病羊用后肢搔抓胸侧、腹侧和头部，或咬其体侧和臀部皮肤，严重时在墙壁、栅栏、树干等物体上摩擦其背部、体侧、臀中和头部，致脱毛、皮破甚至撕脱出血。

病羊体温一般不高，食欲正常，但日渐消瘦、视力丧失、痴呆等。病程从几周到几个月，甚至 1 年以上，少数病例为急性经过，患病数日即突然死亡，病死率 100%。

四、病理变化

剖检病死羊尸体，除见皮肤损伤、被毛脱落和尸体消瘦外，常无肉眼可见的病理变化。组织病理学变化则表现为脑实质海绵样病变。神经元凋亡，空泡变性（胞质内出现多个空泡，胞核常被挤压于一侧甚至消失）。星状胶质细胞弥漫性或局灶性增生，多见于大脑灰质和小脑皮质内，通常非炎性且两侧对称（图 4-13-4）。大脑皮层常无明显变化。

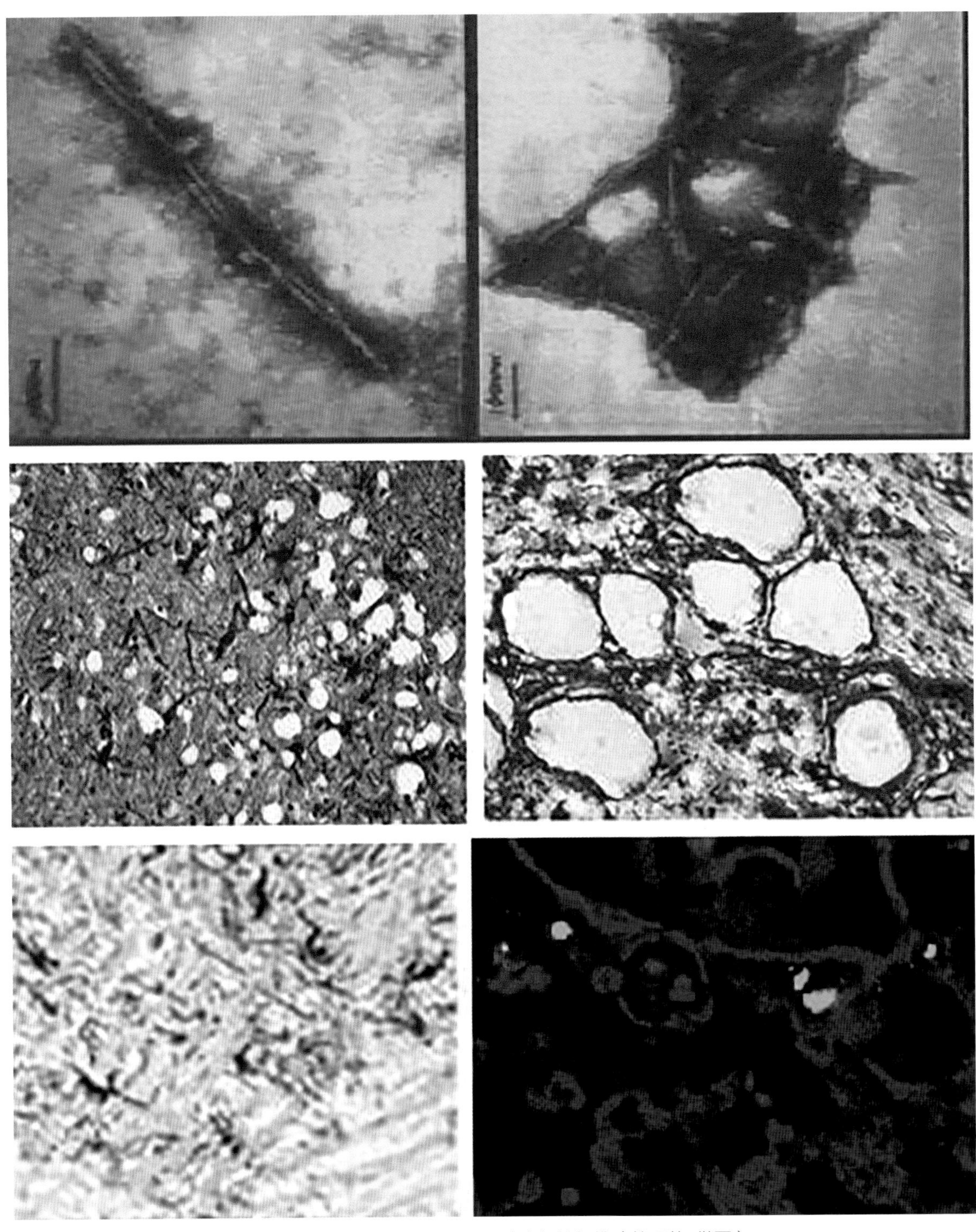

图 4-13-4　羊痒病脑空泡化和痒病相关纤维（曾巧英　供图）

五、诊断

在症状出现之前，目前尚无成熟的检测方法。

发病后，据流行病学分析（由疫区引进种羊，或父母有痒病史）、羊群病史、症状及脑组织病理学检查可作初步诊断。

1. SDS-PAGE

PrP^C 和 PrP^{SC} 对蛋白酶 K 和酸碱的敏感性差异显著，PrP^C 能被完全消化，而 PrP^{sc} 抗蛋白酶 K。故样品中先加入蛋白酶 K（可先后酸、碱处理）消化，然后进行 SDS-PAGE 鉴定。因为不同的 PrP^{SC} 序列不同，对蛋白酶的抗性不同，被切割后的片段极具特征性，会出现特征分子量的谱型，可区分不同动物的 PrP^{SC} 之间、同种动物的 PrP^{SC} 毒株。

2. 免疫组化

用 PrP 抗体对脑组织切片作免疫组化，可见明显痒病相关纤维（SAF）或 PrP 斑块。

3. 液态样本抗体检测

脑组织匀浆液、脑脊液、血液或其他分泌物、排泄物液体样品，用 PrP 抗体做免疫转印、ELISA 等。

4. 实时震动诱导蛋白扩增（RT-QuIC）

类似于检测基因的实时定量 PCR（Real time PCR），体外系统提供足量 PrP^C，在样品中 PrP^{SC}“种子”的诱变作用下，新变构产生的 PrP^{SC} 指数增加，震摇或超声处理会增加反应速度。检测硫黄素 T 荧光信号，因为它能够结合在 PrP^{SC} 形成的纤维上，而且结合后发出的荧光信号波长不同于游离状态。每 15 ～ 60 min 收集一次荧光信号，总检测时间 24 ～ 96 h，甚至更长时间。也可以先盲扩，然后 Western blot 检测扩增产物该方法敏感性高。

六、类症鉴别

1. 梅迪 – 维斯纳病

相似点：多感染成年羊。病羊头颈姿势异常，共济失调，步态蹒跚，卧地不起，躯体麻痹。剖检无明显病变。

不同点：梅迪 – 维斯纳病不出现羊痒病的特征性瘙痒症状。梅迪 – 维斯纳病的组织病理学变化主要表现为弥漫性脑膜脑炎，病变见于小脑、脑干、脑桥、延髓及脊髓白质，外周神经有弥散性淋巴细胞浸润，没有中枢神经海绵变性和星状细胞增生。

2. 羊螨病

相似点：羊螨病有瘙痒症状。病羊背部、臀部、尾根部、体侧等部位瘙痒，病羊不断擦痒，啃咬患部，脱毛，消瘦。

不同点：羊螨病幼龄羔羊多发。病羊患部出现丘疹、结节、水疱，然后形成痂皮、皲裂，局部皮肤增厚。

七、防治措施

PrP^{sc} 对各种理化因素都具有极强抵抗力，常规消毒没有作用。因潜伏期和病程特别长，隔离措施也不适宜。目前尚无有效疫苗和药物。

在生产中可从以下 3 个方面进行防控。

一是坚决不从有痒病病史的国家和地区引进羊只及其产品是预防该病的根本措施。引进动物时，严格口岸检疫，引入羊在检疫隔离期间发现痒病应全部扑杀、销毁，并进行彻底消毒。此外，不得从有痒病病史国家和地区购入含反刍动物蛋白的饲料。从病群引进羊只的羊群，在 42 个月以内应严格进行检疫，染疫羊只及其后代坚决扑杀。从可疑地区或可疑羊群引进羊只的羊群，应该每隔 6 个月检查 1 次，连续施行 42 个月。

二是无痒病病史的地区发生痒病，应立即申报，采取扑杀、隔离、封锁、消毒等措施，并进行疫情监测。

三是常用的消毒方法有：焚烧；5% ～ 10% 氢氧化钠溶液作用 1 h；0.5% ～ 1.0% 次氯酸钠溶液作用 2 h；浸入 3% 十二烷基磺酸钠溶液煮沸 10 min。

第五章

羊细菌病

第一节 炭疽

炭疽是炭疽芽孢杆菌引起的动物源性人兽共患传染病，同时也是一种自然疫源性疾病。兽类炭疽以急性、热性、败血性为主要发病类型特点，以天然孔出血、血液呈煤焦油样凝固不良、皮下及浆膜下结缔组织出血性浸润、脾脏显著肿大为主要病变特征。

1849 年，Davaine 和 Pollender 在病死牛的血液中发现炭疽芽孢杆菌。1876 年，Koch 人工培育炭疽芽孢杆菌获得成功。1881 年，Pasteur 将强毒炭疽芽孢杆菌驯化制备成弱毒疫苗，同时完成了免疫预防注射试验。炭疽散布于世界各地，尤以南美洲、亚洲及非洲等牧区较多见，目前，大约有 82 个国家发现过动物炭疽病。按世界动物卫生组织《哺乳动物、禽、蜜蜂 A 和 B 类疾病诊断试验和疫苗标准手册》（2002 版）及《中华人民共和国农业部公告第 96 号》，在动物疫病病种名录中，列为二类动物疫病。炭疽菌芽孢被认为是一种重要的生物战武器，因此，也是防生物战医学的重要研究对象。

一、病原

1. 形态特征

炭疽芽孢杆菌（Bacillus anthracis）是一种长而直的大杆菌，两端平切，排列如竹节，大小为（1.0 ～ 1.2）μm×（3 ～ 5）μm，无鞭毛，不运动，有芽孢，为革兰氏染色阳性。炭疽芽孢杆菌以芽孢的形式存在于自然界，芽孢呈椭圆，位于菌体中央，其宽度大于菌体的宽度；以繁殖体形式存在于动物体内。

2. 培养特性

该菌在普通培养基中易繁殖。在琼脂平板培养 24 h，长成直径 2 ～ 4 mm 的灰白色粗糙菌落；放大观察菌落，呈卷发状。明胶穿刺培养中，呈倒立的试管刷状生长。在每毫升培养基中含有 0.5 IU 青霉素时，细菌的原生质体互相串成串珠状。在涂菌培养琼脂平板中部滴加一接种环 10^{-6} ～ 10^{-8} 个 ω 型的炭疽杆菌噬菌体时产生噬菌体裂解空斑。在 5%、10% 的绵羊血液琼脂平板上，菌落周围无明显的溶血环，但培养较久后可出现轻度溶血。在普通肉汤中培养 18 ～ 24 h，可见菌液清亮，不形成菌膜，管底有絮状沉淀。

3. 抵抗力

该菌繁殖体的抵抗力弱，在 56℃ 2 h、75℃ 1 min 即可杀灭，常用浓度的消毒剂也能将其迅速杀灭。但其芽孢抵抗力很强，在土壤中可存活数十年，在皮毛制品中可生存 90 年；煮沸 40 min、

140℃干热 3 h、高压蒸 10 min、20% 漂白粉和石灰乳浸泡 2 d、5% 石炭酸 24 h 才能将其杀灭；对碘特别敏感；酒精、来苏儿和石炭酸对其基本无杀灭作用。

4. 发病机理

目前，认为其主要机制是炭疽芽孢杆菌侵入机体后形成荚膜，由于其表面带负电荷，可明显抑制吞噬细胞的吞噬作用，因而增强了细菌的抗吞噬能力，使病原菌在局部得以大量繁殖；同时与其他毒力因子共同作用，抑制了宿主的防卫能力，使得毒力较强的菌株容易突破宿主的防卫屏障向全身扩散，从而引起感染乃至形成败血症。炭疽毒素进入宿主细胞后，其 PA（保护抗原）与细胞受体结合，经 EF（水肿因子）、LF（致死因子）的协同，发挥催化作用，由此损伤体细胞及微血管内皮细胞，增强血管的通透性，改变血液循环动力学，发生水肿，损害肾功能，血液呈高凝状态，易形成感染性中毒性休克和弥散性血管内凝血，最后导致人和动物死亡。

二、流行病学

1. 易感动物

该菌可致各种家畜、野生动物和人类的炭疽病，牛、绵羊、鹿等易感性最强，马、骆驼、山羊、猪等次之，犬、猫、食肉兽等则有相当大的抵抗力，禽类一般不感染。人类对炭疽杆菌的易感性介于食草动物与猪之间。实验动物中小鼠、豚鼠、家兔和仓鼠均极易感染，大鼠则有抵抗力。动物园中的许多野生哺乳动物如猫科动物、鹿科动物、鼬科动物、象科动物、马科动物、牛科动物、灵长目类，甚至鸵鸟等也都见有炭疽流行报道。通过畜间监测发现，南方主要是水牛发生炭疽，其次是猪、狗、马和羊。北方主要是羊炭疽，其次是牛、马、驴、骡。

2. 传染源

患病动物是该病主要传染源。炭疽芽孢杆菌主要存在于病畜和尸体的器官、组织及血液中，特别在临死前由天然孔流出的血液中含有大量细菌，易污染土壤、草场、水源、饲料，使其成为疫源地。

3. 传播途径

此菌主要通过动物的消化道传染，但也可经呼吸道、皮肤创伤或吸血昆虫传播。

4. 流行特点

炭疽病的发生有一定的季节性，多发生于 6—8 月，也可常年发病。绵羊比山羊易感，幼羔羊比成年羊易感，但北非绵羊的抵抗力却特别强。在一定条件下，该病常呈地方性流行。由于夏天天气炎热，有利于土壤中的炭疽芽孢繁殖，加之吸血昆虫众多、降水量大、江河洪水泛滥和集中放牧等因素易发生流行。

三、临床症状

根据病程的不同，羊炭疽病可分为最急性、急性和亚急性 3 种类型。

1. 最急性型

多发生于炭疽病流行的初期，羊只突然发病，全身寒战，行走摇摆，站立不稳，迅速倒地，磨牙，呼吸困难，可视黏膜发绀。在濒死期和死后可见天然孔流出血液，肛门及阴门流出的血液不易凝固（图 5-1-1）。在放牧时羊只有时突然死亡。

2. 急性型

病羊体温升高到 40 ～ 42℃，精神沉郁，食欲减少或废绝，瞳孔散大，恶寒战栗，心悸亢进，脉搏细弱，呼吸困难，可视黏膜呈蓝紫色，并有小出血点。初期便秘，后期下痢并带有血便，有时腹痛。尿液呈暗红色，有时混有血尿。濒死期体温急速下降，呼吸极度困难，唾液及排泄物呈暗红色。肛门出血，全身痉挛 1 ～ 2 d 死亡。

3. 亚急性型

病程较长，一般 2 ～ 5 d，在颈部、胸前、腹下及直肠、口腔黏膜等处出现炭疽痈（图 5–1–2），迅速肿胀增大，初期硬、热、痛，后期逐渐变冷、无热无痛。

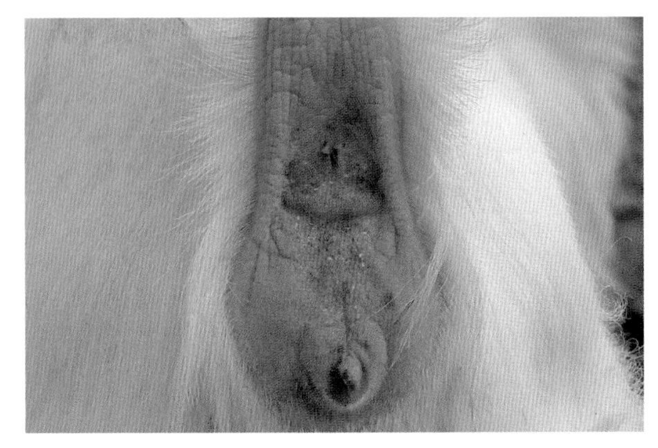

图 5-1-1　病羊肛门及阴门流出的血液不易凝固（兰喜　供图）

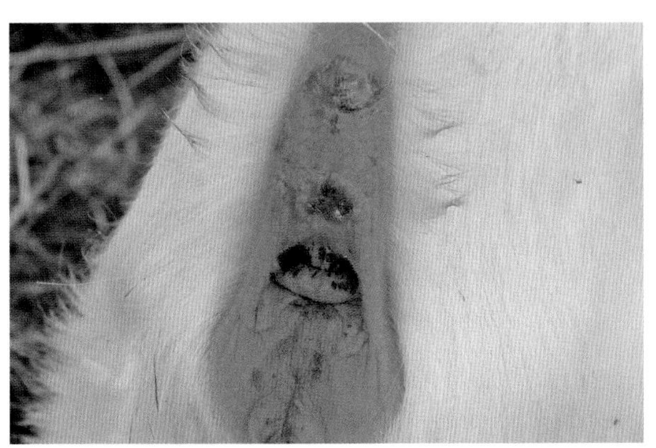

图 5-1-2　病羊肛门出现炭疽痈（兰喜　供图）

四、病理变化

死亡的病羊尸体一般腐败迅速，尸僵不全，自天然孔中流出暗红色带泡沫的血水。血液呈暗红色，不易凝固，黏稠似煤焦油样。可视黏膜呈蓝紫色，并有出血点。皮下、肌间、浆膜下、肾周围、咽喉部等处有黄色胶样浸润（图 5–1–3），并有出血点。脾脏高度肿大，超过正常的 2 ～ 5 倍，包膜紧张，易破裂，脾髓呈黑红色，软化为泥状或糊状，脾小梁与脾小体模糊不清。全身淋巴结，特别是胶样浸润附近的淋巴结高度肿胀，呈黑红色，切面湿润呈褐色并有出血点。肝、肾充血肿胀，质软而脆弱（图 5–1–4）。肺及呼吸道黏膜充血、水肿（图 5–1–5）。胃肠道有出血性坏死性炎症变化。

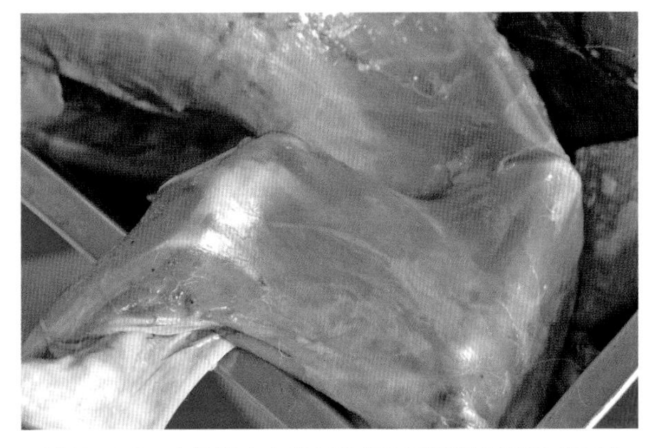

图 5-1-3　病羊肌肉有黄色胶样物质浸润（兰喜　供图）

图 5-1-4　病羊肝、肾充血肿胀（兰喜　供图）

五、诊断

死于炭疽的病畜尸体严禁解剖，只能自耳根部采取血液，必要时可通过穿刺或切开肋间采取脾脏。对炭疽的诊断主要是依据流行病学、临床症状和实验室检查。发现动物没有先兆症状突然倒地死亡时就应疑似为炭疽，从死亡动物的口、鼻腔或肛门流出血水时，更应特别警惕可能是炭疽。

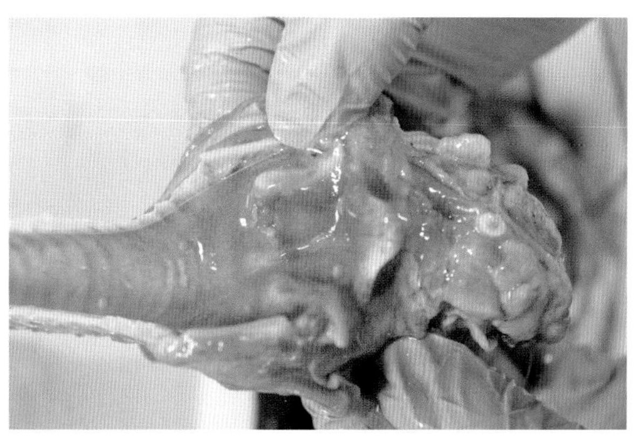

图 5-1-5　病羊呼吸道黏膜充血、水肿（兰喜　供图）

1. 细菌学检查

（1）直接染色镜检。病料涂片以碱性亚甲蓝染色、瑞氏染色或吉姆萨染色镜检，如发现有荚膜的竹节状大杆菌，即可作出初步诊断。另外也可通过荚膜肿胀试验、荚膜荧光抗体染色试验进行检验，作出初步诊断。

（2）细菌分离。可用普通琼脂或血琼脂平板进行分离培养。血琼脂平板在接种前应放在 37℃培养箱中，将表面烘干，接种后培养 12 h，最长不得超过 15 h，取出观察早期菌落特征和溶血性；如培养时间过长，菌落过大，会影响观察。如接种戊脘脒血琼脂平板，虽可抑制其他杂菌，但炭疽芽孢杆菌也会受到轻度抑制，菌落生长较慢、较小，但仍保持狮子头状和不溶血的特征。根据菌落特征和溶血反应，挑选可疑炭疽杆菌菌落，接种于增菌肉汤中，进行纯培养，再将分离到的纯菌进行鉴定。

（3）动物接种试验。无菌采集剖检羊的肝、脾、淋巴结 2 ～ 3 g，剪成小块，加少量灭菌生理盐水，研磨，再加灭菌生理盐水稀释 5 ～ 10 倍，过滤，取上清液，小鼠皮下注射 0.2 mL，豚鼠皮下注射 0.5 mL。若接种小鼠、豚鼠于注射局部发生水肿，经 36 ～ 72 h 死亡，再采集实验动物的血液和实质脏器进行涂片，染色，镜检，见有与病死羊病料中完全相同的杆菌。

2. 血清学诊断方法

（1）环状沉淀试验（Ascoli 氏反应）。用加热抽提待检炭疽菌体多糖抗原与已知抗体进行的沉淀试验。适用各种病料，方法简便，应用较广，但该反应的特异性不高，敏感性也较差。

（2）ELISA 方法。主要用于检验被检血清中的特异性抗毒素抗体。此法具有高度的特异性，快速，可重复性强；缺点是试验中需用相当多量的提纯抗原（一次试验约 45 mgPA），而且目前尚无商品诊断盒，因而只限在一些专门的实验室进行。

（3）免疫组织化学染色法。用标记的抗体对组织内的炭疽杆菌进行定性、定位、定量的检测方法。该法的优点是可以在病变组织原位特异性地检出病原体，具有操作简便、染色深等特点。

其他方法如间接血凝试验、协同凝集试验、串珠荧光抗体检查等也可用于炭疽的检测。

3. 分子生物学诊断方法

（1）质粒电泳图谱分析。由于炭疽杆菌两种质粒编码其毒素和荚膜，性能稳定，并能根据所含质粒判断菌株的毒力强弱，所以，质粒电泳图谱分析作为一种分析和鉴定疑难菌株手段是非常有力的。

（2）PCR 方法。应用 PCR 技术检测炭疽杆菌，采用蜡样的杆菌群进行细菌 DNA 的提取，在临床实践中应选择合适的DNA片段作为模板，设计引物进行扩增，该方法特异性高，快速，敏感性明显高于其他常规方法。

（3）基因探针技术。它是从分子遗传学角度对强毒炭疽杆菌做检测的一种技术，基因探针对强毒炭疽芽孢杆菌非常特异、高度敏感。研究者对炭疽芽孢杆菌的全基因序列进行了分析，利用主基因组特异性序列的片段（GS）和以毒力岛*pagA*基因序列为靶基因，开发了快速、准确、特异检测炭疽芽孢杆菌的TaqMan探针检测体系，能够明确区分出杆菌的强毒株和弱毒株。

六、类症鉴别

1. 羊巴氏杆菌病

相似点：羔羊发病较多。最急性型病例常呼吸困难、寒战，短时间内即死亡。病羊体温升高（41～42℃），精神沉郁，呼吸困难；初期便秘，后期下痢，并带有血便。

不同点：该病春秋季多发，而炭疽病夏季多发。病羊咳嗽，鼻孔常有出血，有时混于黏性分泌物中；可视黏膜潮红，有黏性分泌物；颈部和胸下部发生水肿。剖检可见，肺肿大、淤血、小点状出血，流出粉红色泡沫状液体；胃肠道可见出血性炎症；心包液混浊，混有绒毛样物质，心肌外膜上粘连绒毛样物。

2. 羊快疫

相似点：最急性型病例突然发病，站立不稳、倒地，磨牙，呼吸困难，短时间内死亡，或常不见临床症状即死亡。病羊尸体腐败迅速，皮下组织胶样浸润。

不同点：病羊腹痛、呻吟，口鼻流出泡沫状的液体，痉挛倒地，四肢呈游泳状。粪便中带有炎性黏膜或产物，呈黑绿色。剖检可见，病羊腹部臌气，肠道内容物充满气泡；胸、腹腔及心包积液，积液与空气接触后易凝固；肝脏肿大、有脂变，呈土黄色，胆囊肿胀。

七、防控措施

1. 预防

（1）免疫预防。要控制炭疽，就要从根本上解决外环境的污染问题，有效和比较容易实施的方法就是对重点疫区连续数年坚持高密度的免疫接种。目前，国内现用的菌苗主要有3种：巴氏苗、Sterne芽孢苗和PA佐剂苗。巴氏苗为具有荚膜的减毒株（Cap+Tox−），适用于牛、马、驴、骡、骆驼、绵羊、山羊和猪，免疫期为1年，一般不引起接种反应。Sterne芽孢苗是无荚膜水肿型弱毒疫苗株（Cap−Tox+），适用于牛、马、驴、骡、绵羊和猪，免疫期为1年，山羊对此苗反应强烈，可引起局部反应，甚至死亡。PA佐剂苗反应轻，能抵抗强毒炭疽杆菌芽孢经呼吸道的攻击。另外，还有一种抗炭疽血清，此血清可用于治疗，或在发生炭疽的疫区作紧急预防。

（2）管理传染源。严格隔离病畜，死畜严禁剥皮或煮食，应焚毁或加大量生石灰深埋在地面2 m以下；对病畜活动处、病死畜倒毙处及病死畜剖杀处的土壤严格消毒。

（3）切断传播途径。病死畜的用具、被服、分泌物、排泄物及用过的敷料等均应烧毁或严格消毒；用Ascoli试验检验皮毛、骨粉等样品，对染菌及可疑染菌者应予严格消毒；牲畜收购、调运、屠宰加工要有兽医检疫；要特别注意防止土壤和水源污染，以免形成长久性疫源地。

2. 治疗

（1）紧急措施。疫情发生后应严禁剖检病死畜，并尽快上报疫情。迅速划定疫点、疫区、受威胁区，对疫区实施封锁。立即对死亡畜的尸体及污染物以无渗漏方式运往指定地点进行焚烧、深埋、消毒等处理。对疫点、疫区的圈舍、地面、道路等连续消毒 15 d，消毒 2 次 /d；选择 20% 漂白粉液、10% 烧碱液、0.5% 过氧乙酸等消毒药物进行交替使用。对疫区和受威胁的牛、羊、猪及马属动物紧急接种炭疽芽孢Ⅱ号苗，山羊皮内注射 0.2 mL/ 只，其他牲畜皮下注射 1 mL/ 只。

（2）西药治疗。发生炭疽时，应给全群羊只注射抗炭疽血清，肌内分点注射总量为 30 ～ 80 mL/ 只，必要时 12 h 后重复注射 1 次。

用土霉素、青霉素和金霉素对该病的治疗均有较好的疗效。最常用的是青霉素，第一次用 160 万 IU，以后每隔 4 ～ 6 h 用 80 万 IU，肌内注射。口服磺胺类药物每日用量按每千克体重 0.1 ～ 0.2 g 计算，分 3 ～ 4 次灌服，也可以肌内注射。对皮肤炭疽痈，可在其周围皮下注射普鲁卡因和青霉素。同群畜可全群性投药，逐日用药 1 周并观察 2 周。

（3）中药治疗。

处方 1：白及拔毒散。大黄、天花粉、川椒各 50 g，白及、白芷、白蔹、雄黄、姜黄各 25 g，共研为末。醋调成糊，涂于肿处。

处方 2：紫草散。知母 10 g、黄药子 8 g、白药子 8 g、黄芩 10 g、黄柏 12 g、栀子 12 g、甘草 12 g、黄连 15 g、升麻 10 g、蟾蜍（培干）0.15 g，共研为末，温水调灌，分 2 ～ 3 次灌服。

处方 3：黄柏散。黄柏 12 g、大黄 12 g、天花粉 12 g、知母 10 g、郁金 10 g、贝母 8 g、栀子 12 g、黄芩 10 g、白芷 12 g、山药 12 g、桔梗 10 g，共研为末，蜜蜂 200 g 为引，姜水调服，分 2 ～ 3 次灌服。

第二节　布鲁氏菌病

布鲁氏菌病简称布病，是当前世界上较为流行、危害较大的人兽共患病之一。布鲁氏菌病是由布鲁氏菌属的细菌侵入机体引起的变态反应性人兽共患传染病，可引发流产、不孕和各种组织的局部病灶。羊感染后，以母羊发生流产和公羊发生睾丸炎为特征。

1887 年，马耳他岛上一名英国医生 Bruce 从发热患者的脾脏分离出羊布鲁氏菌，首次明确了布鲁氏菌病的病原菌。后来，为了纪念 Bruce，该病命名为布鲁氏菌病。目前，布鲁氏菌病存在于世界上 170 多个国家和地区，在人和牲畜间较为流行。经过几十年的防治，已有 14 个国家和地区宣布根除了该病，如海峡群岛、挪威、瑞典等国家和地区。此外，一些国家和地区一直未发现人和牲畜感染布鲁氏菌病，如冰岛和维尔京群岛。

在我国，布鲁氏菌病早已存在和流行。公元 708 年，古代医著就对该病的发生进行了描述，由于当时对该病认识有限，并未得以科学论述和命名，但对该病的危害和临床症状有一定的了解。我国对布鲁氏菌病从 20 世纪初开始有较为详细的记载，1905 年在重庆，由 Boone 对该病做出正式报

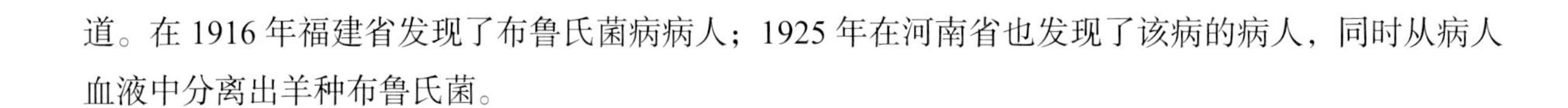
道。在1916年福建省发现了布鲁氏菌病病人；1925年在河南省也发现了该病的病人，同时从病人血液中分离出羊种布鲁氏菌。

一、病原

1. 分类与形态特征

布鲁氏菌是兼性细胞内寄生的革兰氏阴性球杆菌，需氧，不产生包囊，无孢子和鞭毛，不运动，但却含有所有合成鞭毛的基因，一般无荚膜，毒力毒株可有菲薄的荚膜。该菌初次分离时多呈球状、球杆状和卵圆形，传代培养后渐呈短小杆状。布鲁氏菌的细胞膜是一个三层膜的结构，最内层的膜称细胞质膜，外层的膜称为外周胞质膜，最外层膜称为外膜。外膜与肽聚糖（Peptidoglycan，PG）层紧密结合构成细胞壁，外膜含有脂多糖（Lipolpolysaccharide，LPS）、蛋白质和磷脂层。根据LPS是否含有O—链，将布鲁氏菌分为光滑型（S型）和粗糙型（R型）。 S型含有O—链，而R型缺少O—链。

布鲁氏菌属于变形菌门，a-变形菌纲。起初，根据致病性、宿主特异性和表现型的差异，将布鲁氏菌属分为6个种，分别是牛种布鲁氏菌、羊种布鲁氏菌、猪种布鲁氏菌、绵羊附睾种布鲁氏菌、犬种布鲁氏菌和沙林鼠种布鲁氏菌。2007年从海洋哺乳动物中分离到了鲸型布鲁氏菌和鳍型布鲁氏菌2种新的布鲁氏菌。2008年又从田鼠身上分离到了田鼠属布鲁氏菌。

2. 培养特性

布鲁氏菌生长需要较高的营养，要求较为严格，就针对于目前的实验室研究来说，多用牛、羊新鲜胎盘加10%兔血清制作培养基，其效果令人满意。布鲁氏菌甚至在良好的环境下生长仍然缓慢。在不利的条件下，如抗生素的影响下，易引起变异。当布鲁氏菌壁的脂多糖（LPS）遇到受损时，布鲁氏菌菌落由S型变成R型。当胞壁的肽聚糖受损时，布鲁氏菌失去胞壁或形成胞壁不完整的L型布鲁氏菌。这类表型变异造成的布鲁氏菌可以在机体内存在很长时间，当生存环境有所改善时，L型布鲁氏菌可以再恢复原有的特征。

3. 理化特性

在自然条件下，布鲁氏菌有较高的生活力；可在污染的水、土壤及牲畜的排泄物、分泌物中存活1～4个月；可在食品中生存2个月。该菌在强阳光下暴晒4 h或加热到60℃ 30 min、70℃ 5 min，即可杀死；该菌对常用化学消毒剂较为敏感。

4. 抗原性

布鲁氏菌有G和A、M 3种抗原，共同抗原为G，一般牛种菌以A抗原为主，A与M之比为20∶1；猪种菌A∶M为2∶1；羊种菌以M为主，M∶A为20∶1。制备单价A、M抗原可用其鉴定菌种。布鲁氏菌的抗原与沙门氏菌、霍乱弧菌、伤寒、副伤寒等的抗原有部分共同成分。布鲁氏菌致病力与其新陈代谢过程中的酶系统有关。布鲁氏菌死亡或裂解后释放内毒素是致病的重要物质，一般而论，羊种菌的毒力最强；猪种次之；牛种较弱。

5. 致病机理

布鲁氏菌侵入机体后，几天内就可侵入邻近的淋巴结，被吞噬细胞吞噬，有些布鲁氏菌被吞噬细胞吞噬而死亡。若吞噬细胞不能杀死该菌，则布鲁氏菌会在细胞内生长繁殖，形成部分原发病灶。此阶段为淋巴源性迁徙阶段，等同于潜伏期。布鲁氏菌在吞噬细胞内大批繁殖致使吞噬细胞破裂，伴随大批的布鲁氏菌进入血液形成菌血症，同时布鲁氏菌病牲畜会出现体温升高。经淋巴循环及血液循环到达全身各器官的布鲁氏菌，在这些器官中（如肝脏、脾脏、淋巴、生殖器官等）生长、繁殖，引起多发性病灶及多种病理变化。同时裂解的菌体释放大量内毒素及多种胞内物质造成毒血症。在感染中后期，大量活化的巨噬细胞聚集于病灶周围，不断吞噬布鲁氏菌，最终在病灶周围形成肉芽肿。同时布鲁氏菌也会随粪、尿排出。布鲁氏菌进入绒毛膜上皮细胞内增殖，产生胎盘炎，并在绒毛膜与子宫膜之间扩散，产生子宫内膜炎。同时此菌进入胎衣中，随羊水进入胎儿引起病变，由于胎儿胎盘与母体胎盘之间松离，引发胎儿营养障碍和胎儿病变，从而导致母畜出现流产。此菌侵入睾丸、乳腺、关节等也可引起病变。当病灶内释放出来的细菌，超过了吞噬细胞的吞噬能力时，则在细胞外血流中生长、繁殖，临床呈现明显的败血症。

病畜机体的各组织器官，网状内皮系统因布鲁氏菌、代谢产物及内毒素不断进入血流，反复地刺激使敏感性增高，发生变态反应性改变。研究表明，可能Ⅰ型、Ⅱ型、Ⅲ型、Ⅶ型的变态反应在该病发病机理中都发挥一定的作用。此病初期机体的 T 细胞、巨噬细胞及体液免疫功能正常，它们联合作用将布鲁氏菌清除而病愈。如果该菌不能被彻底消灭，则布鲁氏菌、代谢产物、内毒素反复进入血液，对机体产生刺激，导致 T 淋巴细胞致敏，致敏淋巴细胞受抗原约束时，释放各种淋巴因子，如趋化因子、巨噬细胞活性因子、巨噬细胞移动抑制因子、淋巴结通透因子等，导致以单核细胞浸润为特征的变态反应性炎症，形成肉芽肿、纤维组织增生等慢性病变。

二、流行病学

1. 易感动物

目前，已知的布鲁氏菌可以在家畜、家禽、野生动物等 60 余种动物寄生，自然条件下，羊、牛、猪最为易感。动物的易感性随着性成熟而感染率升高，随着年龄增长感染率降低，公畜感染率高于母畜。

2. 传染源

布鲁氏菌病牲畜及带布鲁氏菌动物是该病的主要传染源，被污染的饲料、畜产品、水、乳、内脏均可成为传染源。

3. 传播途径

布鲁氏菌病主要是通过消化道感染，通过食用被该菌污染的饲料、畜产品、水或生乳及内脏感染；皮肤黏膜也是感染途径之一，是通过接触感染。在直接接触受感染的动物或其粪便、阴道分泌物或流产胎儿等过程中，也可以感染该病；可通过呼吸道感染；另外，可通过结膜及吸血昆虫等进行传播。

4. 流行特点

布鲁氏菌病一年四季均可发生，多发生于母畜怀孕季节，即每年 3—8 月。在实际生产中，布鲁氏菌病疫区中的幼畜感染率很低，大部分生产母畜在头胎流产后，头胎以后发生流产的概率极低。在发病高峰季节，该病的流行区可呈点状暴发流行。

三、临床症状

在自然条件下，流产发生于妊娠第 3 ～ 4 个月，在流产前 2 ～ 3 d，体温升高，精神不振，食欲减退，阴道黏膜潮红肿胀，由阴道排出黏液或黏性带血分泌物（图 5-2-1、图 5-2-2），流产的胎儿多数都是早期死亡，成活的则极度衰弱、发育不良。流产母羊多数胎衣不下，其阴道持续排出黏液或灰色的恶臭分泌物，10 ～ 15 d 消散，继发子宫内膜炎。

公羊生殖道感染则发生睾丸炎（图 5-2-3、图 5-2-4），阴囊增厚硬化，睾丸上缩，拱背，饮食减少，逐渐消瘦，性欲降低甚至不能配种，同时，伴有关节炎和关节肿大等症状（图 5-2-5、图 5-2-6）。非妊娠期的羊出现慢性关节炎，关节局部肿大，跛行，行动困难。

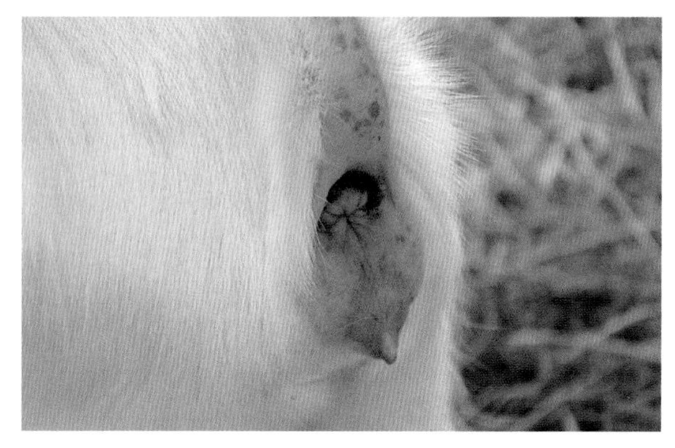

图 5-2-1　病羊阴道肿胀，排出灰色分泌物（刘永生 供图）

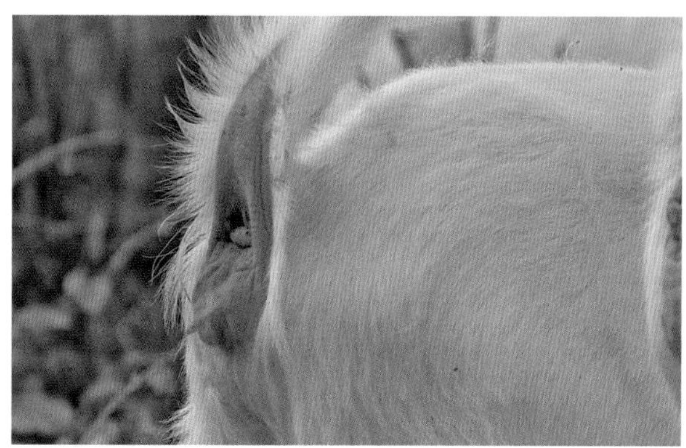

图 5-2-2　病羊阴门流出黄色黏液（刘永生 供图）

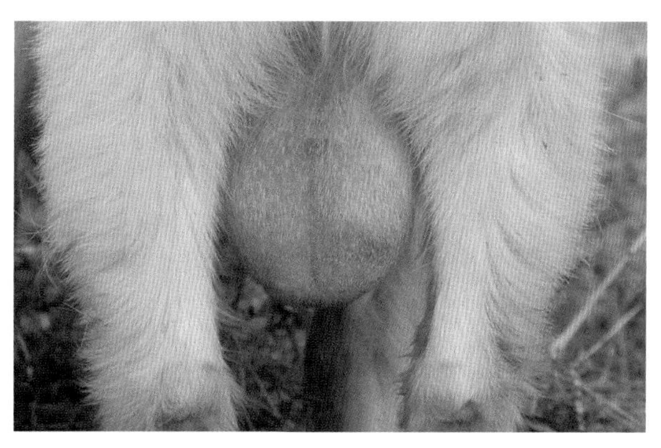

图 5-2-3　病羊睾丸发炎，肿胀（刘永生 供图）

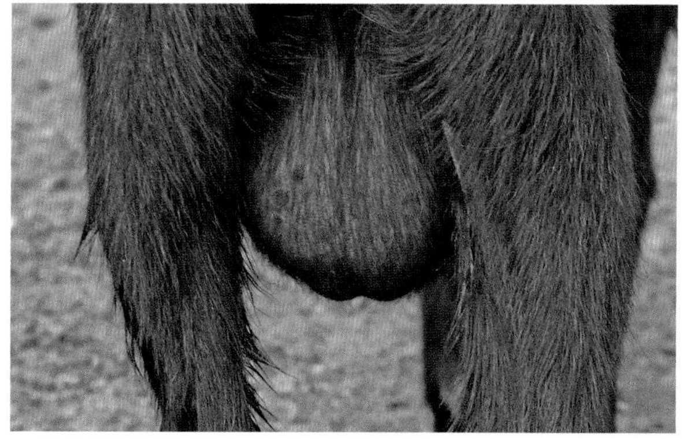

图 5-2-4　病羊睾丸和附睾内有榛子大的炎性坏死灶和化脓灶（刘永生 供图）

图 5-2-5　病羊关节肿大 A（刘永生 供图）

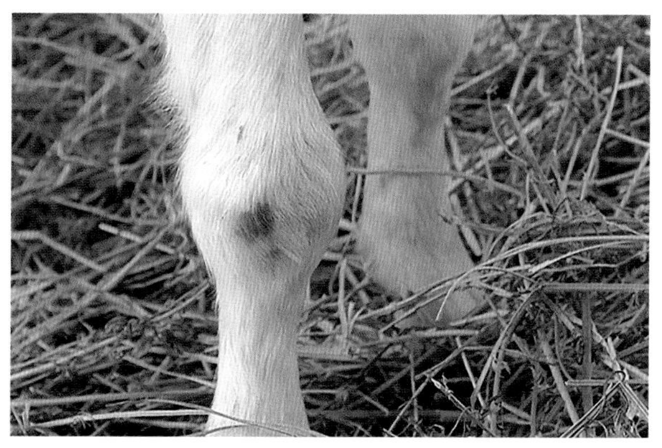

图 5-2-6　病羊关节肿大 B（刘永生 供图）

四、病理变化

剖检可见，子宫内部有灰色或呈黄色胶冻样渗出物（图 5-2-7），表面覆有黄色坏死物。胎膜呈淡黄色的胶冻样浸润，有的部位覆有纤维素和脓液，有的增厚带有出血点。胎儿的病变多呈败血病变化，皮下或肌间呈浆液性浸润，浆膜和黏膜有出血点和出血斑，胸腹膜有纤维素凝块并有淡红色渗出液，脾和淋巴结肿大、出血，胃肠和膀胱的浆膜下面有点状或线状出血（图 5-2-8 至图 5-2-11），脐带呈浆液性浸润、肥厚，有肺炎病灶。公羊的精囊有出血点和坏死灶，睾丸和附睾内有榛子大的炎性坏死灶和化脓灶，有时整个睾丸发生坏死，慢性病例的睾丸和附睾可见结缔组织增生。

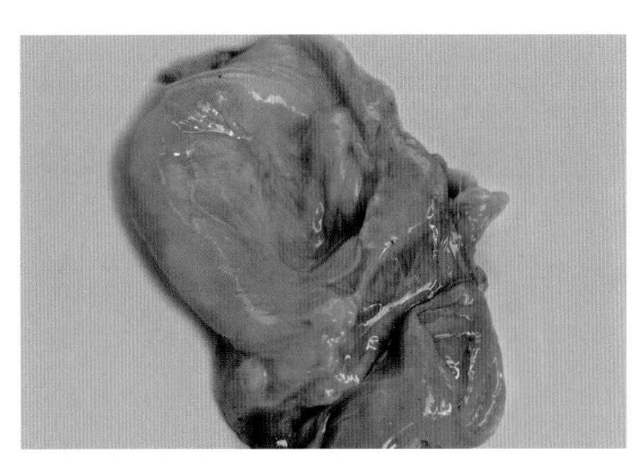

图 5-2-7　病羊子宫内部有灰色胶冻样渗出物（刘永生　供图）

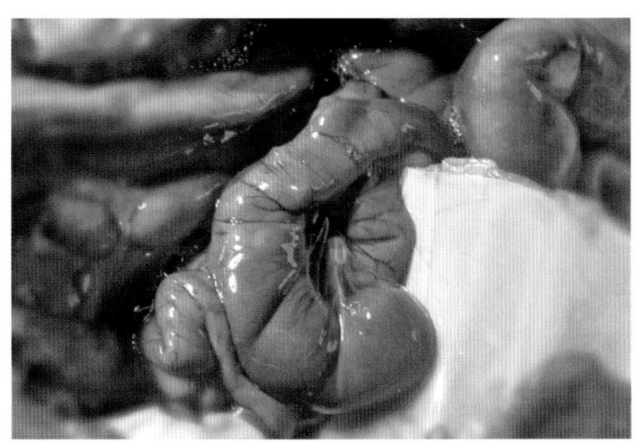

图 5-2-8　病羊肠浆膜下面有线状出血（刘永生　供图）

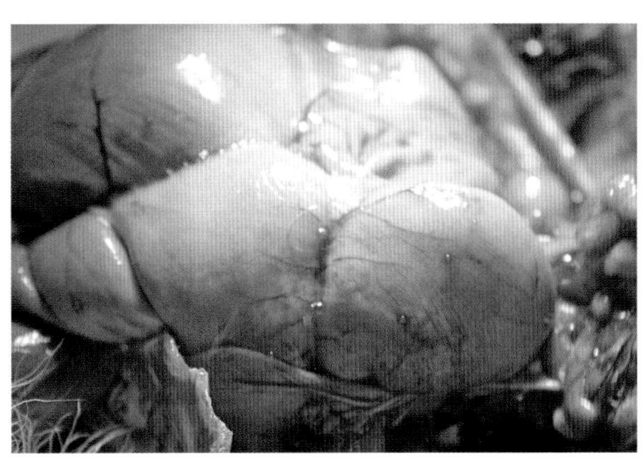

图 5-2-9　病羊胃肠浆膜有线状出血 A（刘永生　供图）

图 5-2-10　病羊胃肠浆膜有线状出血 B（刘永生　供图）

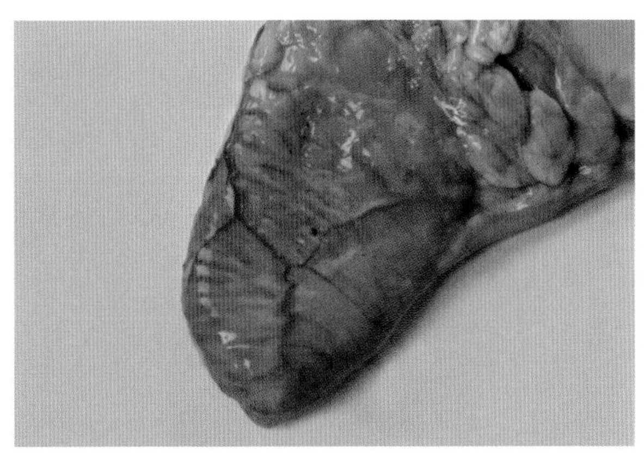

图 5-2-11　病羊膀胱的浆膜下面有线状出血（刘永生　供图）

五、诊断

1. 细菌学诊断

细菌的分离培养是布鲁氏菌病诊断的“金标准”，主要是从组织脏器、阴道分泌物、血液、牛奶中分离布鲁氏菌。布鲁氏菌为革兰氏阴性球杆菌，氧化酶和过氧化氢酶试验呈阳性，可以在血液和巧克力琼脂平板上生长，培养条件为5%～10% CO_2，37℃，有氧培养24～48 h。一般根据布鲁氏菌的形态特征和生化特性进行初步判定。细菌的分离、生化试验、噬菌体检测等需要在专业的设备下进行，必须在生物安全3级及以上的实验室操作。

2. 血清学诊断方法

血清学检测是常用的检测方法，用于布鲁氏菌病的流行病学调查。

（1）试管凝集试验（SAT）。SAT是通过肉眼观察试管底部的凝集情况，超过50%凝集现象的最高血清稀释度为凝集滴度，凝集滴度≥1/160视为阳性，才有诊断价值。SAT检测的是IgG、IgM和IgA的抗体总量，对于急性布鲁氏菌病的检测灵敏度比慢性病高。SAT的抗原是光滑型脂多糖（S–LPS），LPS的O侧链抗原容易与小肠耶尔森氏菌O:9、霍乱弧菌、大肠杆菌O:157等血清发生交叉反应，导致假阳性结果。

（2）虎红平板凝集试验（RBPT）。目前，市售的RBPT抗原种类繁多，必须购买国家标准品用于检测。RBPT操作简单，快速（5～10 min），广泛用于布鲁氏菌病的大规模初步筛选，适于检测急性布鲁氏菌病，在检测慢性布鲁氏菌病时，易出现假阴性结果，特异性较低，由于交叉反应的存在，阳性结果需要其他特异性检测证实。

（3）微量凝集试验（MAT）。实质上是一种小型化的试管凝集试验，在微量滴定板上进行检测。血清和试剂的用量少，一次可以检测多个样品，可用于检测急性布鲁氏菌病。但在慢性病和并发症时，假阴性率较高，由于交叉反应的存在，容易出现假阳性。

（4）补体结合试验（CFT）。它是利用抗原抗体复合物激活补体，致敏的绵羊红细胞作为指示剂，如果不产生溶血现象，则为阳性，反之，为阴性。CFT操作烦琐，费时，需要设立对照，结果判定的主观性强，无法区分疫苗株与自然感染。有时在无抗原存在时，样品中的血清（抗补体活性）能够直接激活补体，还有溶血血清标本的检测，都能影响结果判断。利用CFT检测牛布鲁氏菌病，其敏感性达79%。CFT是控制和消除布鲁氏菌病的检测方法之一，也是世界动物卫生组织规定的国际贸易中布鲁氏菌病检测的指定试验。

（5）免疫胶体金层析法。主要由布鲁氏菌特异性捕获探针即布鲁氏菌脂多糖作为抗原和胶体金标记的抗人IgG或IgM组成。检测结果通过肉眼直接观察，无需仪器，检测速度快，一般10～15 min内即可观察结果，敏感性高、特异性好。适合于基层使用，现场检测布鲁氏菌病抗体，对布鲁氏菌的感染起到辅助诊断的作用，可以用于流行地区布鲁氏菌病疫情的监控。

（6）ELISA方法。它是一种快速（4～6 h）敏感，可以用于临床布鲁氏菌病检测的方法，能检测抗体IgG、IgM、IgA、IgG亚类和IgE。ELISA适用于慢性病和并发症的检测，当RBPT、SAT等反应检测呈阴性时推荐用ELISA检测。ELISA检测临界值的确定能够提高流行地区布鲁氏菌病筛查的特异性。Praud等利用RBPT、FPA、ELISA 3种方法对波利尼西亚的1 595头猪进行布鲁氏菌病流行病学调查，结果表明，与RBPT、FPA相比，ELISA检测的特异性强，敏感性高，二者都达到 95% 以上。Anisur 等比较了 ELISA、RBPT 和 SAT 检测 636 份山羊和 1 044 份绵羊血清的特异性和敏感性，结果 ELISA 检测的特异性和敏感性在三者之中最高，山羊和绵羊的敏感性分别为 92.9% 和 92.0%，特异性分别为 96.5% 和 99.5%。

3. 分子生物学诊断方法

（1）PCR 方法。1990 年首次报道了布鲁氏菌属的 PCR 检测方法，该方法是从编码 *B.abortus* S19 43kDa 外膜蛋白基因中扩增 635bp 的布鲁氏菌属特异性序列，检测的灵敏度为 100 个细菌。Hinic 等利用 7 个独立的 PCR 反应，建立了一种快速区分牛、羊、猪、犬、绵羊附睾和沙林鼠种布鲁氏菌的方法。这种 PCR 检测方法除了具有特异性高的优点外，还适用于传统 PCR 和实时定量 PCR 检测，其不足之处在于无法区分猪种布鲁氏菌生物 4 型和犬种布鲁氏菌。建立于 bcsp31 基础上的属特异性 PCR，可以鉴别布鲁氏菌属细菌与 7 种和布鲁氏菌属细菌相近的其他种细菌。

（2）多重 PCR。多重 PCR 方法可以对布鲁氏菌的种和生物型进行鉴定。1994 年首次根据菌株特异的重复序列多克隆位点 IS711（也称 IS6501）设计引物，建立了 AMOS-PCR，可以区分牛种布鲁氏菌生物型 1 型、2 型、4 型，羊种布鲁氏菌，绵羊附睾种布鲁氏菌以及猪种布鲁氏菌生物 1 型。2010 年，Mayer-Scholl 等建立的多重 PCR，可以将现有的布鲁氏菌种全部区分开来。2018 年，Saytekin 等将 Mayer-Scholl 多重 PCR 加以改进，使之更适合临床诊断。

（3）实时定量 PCR。2001 年，Redkar 等首先建立了能够区分猪种布鲁氏菌、流产布鲁氏菌和马耳他布鲁氏菌的实时定量 PCR 方法。2007 年，Al Dahouk 等建立了基于 *bspc31* 和 *IS711* 等基因的能够特异性鉴定布鲁氏菌的属特异性和种特异性实时定量 PCR 方法。其灵敏度比 PCR-ELISA 高。

（4）LAMP 方法。一般是在 60 ～ 65℃下扩增核酸，结果通过视觉、荧光染料、浊度、电泳观察，具有快速、特异、敏感、费用低的优点。目前，主要是根据布鲁氏菌特异基因 omp25 设计引物，检测布鲁氏菌属，能够检测到 9 fg/μL 布鲁氏菌，一般在 1 h 内完成 DNA 扩增，适于检测血液和牛奶样品。

（5）高变八聚体寡核苷酸指纹技术（Hoof-Prints）。它是利用 DNA 序列“AGGGCAGT”在布鲁氏菌基因组的 8 个位点包含 8 个碱基的变数串联重复序列的特性而建立的一种 PCR 方法。能高效地区分布鲁氏菌株，但无法预测生物型或分离株的种型，所以，不能取代传统的生物分型方法。

（6）限制性片段长度多态性（RFLP）。Vizcaino 等利用 omp31 位点建立的 PCR-RFLP，能成功区分多数布鲁氏菌种，但该方法不能区分猪种布鲁氏菌和沙林鼠种布鲁氏菌，可以区分猪种布鲁氏菌和犬种布鲁氏菌。Sifuentes 等改进了根据 omp2 位点的建立的 PCR-RFLP，改进后的方法已经被许多实验室用于鉴定区分布鲁氏菌种。Whatmore 等利用 PCR-RFLP 技术将布鲁氏菌牛种、羊种、沙林鼠种、猪种、绵羊附睾种以及海洋种布鲁氏菌全部区别开来。1999 年 Brew 报道了第一例由海洋哺乳动物布鲁氏菌引起的人布鲁氏菌病，是通过以 omp2 位点为基础建立的 RFLP-PCR 方法证实的，成功地从人血和动物血中检测出布鲁氏菌。

六、类症鉴别

1. 羊衣原体病

相似点：怀孕母羊阴道流出分泌物，流产、产死胎、弱羔。公羊患有睾丸炎。

不同点：流产通常发生于妊娠的中后期，初次流产母羊占 20%～30%（布鲁氏菌病占 50%以上）。疫区羔羊可能发生关节炎，表现跛行，羔羊拱背而立或侧卧；结膜炎，表现为眼结膜充血、水肿，流泪，后期角膜发生不同程度的混浊、溃疡。流产母羊胎膜水肿、增厚，子叶呈黑红色或土黄色。

2. 羊沙门氏菌病

相似点：母羊流产、死产、产弱羔，阴道流分泌物。

不同点：母羊流产多发生于妊娠后期。部分母羊有腹泻症状，病羊产下的弱羔，表现衰弱，腹泻，粪便气味恶臭，往往于 1～7 d 死亡。羔羊剧烈下痢，病初排黑色稀粪，后期下痢呈喷射状，粪便内混有多量血液，脱水，严重衰竭，1～5 d 死亡。剖检可见死亡胎儿呈败血症变化，肝、脾肿大，有灰白色坏死病灶；胎盘水肿、有出血。死亡的母羊子宫肿胀，内含有凝血块及坏死组织，并有渗出物和滞留的胎盘。

七、防治措施

1. 预防

（1）坚持自繁自育原则。在饲养过程中，应该全面坚持自繁自养的饲养原则，尽量不从外面引种，禁止从疫区引种。如果必须要引种的话，一定要做好产地检疫，并做好隔离观察工作，确定种畜健康之后，才能将其混入种群中。

（2）加强饲养管理。在饲养过程中，还要做好饲养管理工作，禁止投喂被病原菌污染或发霉变质的饲料。

（3）免疫接种。免疫注射是最好的防控该病方法。布鲁氏菌苗对家畜的保护率一般为 70%～80%。在免疫接种过程中，一定要注意接种的时间，特别是对于妊娠期的母畜来说，应该在母畜妊娠前接种，疫苗应该保证当天稀释当天使用。

（4）做好消毒工作。做好养殖场消毒工作是防止布鲁氏菌病传播的一个重要措施。布鲁氏菌对消毒剂十分敏感，最普通的消毒剂就能够将其杀死，在消毒过程中，可以选择使用高锰酸钾、过氧化氢、氢氧化钠以及福尔马林等消毒剂进行消毒。在疫情发病的高峰期，应该增加消毒的次数，保证圈舍清洁干净。

2. 治疗

现阶段，还没有确切的治疗布鲁氏菌病的有效药物，发病之后主要采用药物进行支持治疗。在具体治疗过程中可以选择使用以下药剂。

（1）西药治疗。

处方 1：盐酸四环素，每千克体重 5～10 mg，肌内注射或静脉注射，每日 2 次，首次剂量加倍，连用 2～3 周。

处方 2：硫酸链霉素 200 万～300 万 IU，肌内注射，每日 2 次；本处方与处方 1 联合用药可增强疗效。

处方 3：复方新诺明，每千克体重 20～25 mg，口服，每日 2 次。

（2）中药治疗。中药辅助治疗可增强病羊抵抗力，帮助恢复。

处方：益母草 50 g，黄芩 30 g，川芎、当归、熟地、白术、双花、连翘、白芍各 25 g。研为细末，开水冲服。

第三节　羊快疫

羊快疫是一种由腐败梭菌引起的急性、致死性传染病。以突然发病，病程短促，真胃出血性、炎性损害为特征。不同品种的羊均可感染，但以绵羊最易感，以 1 岁以内、膘情好的羊多发。羊在空腹采食大量青嫩多汁的饲料，特别是采食过量富含蛋白质而缺少维生素的饲料，致使消化不良和肠道弛缓时，病原体会大量繁殖，并产生毒素而导致发病。

一、病原

1. 分类与形态特征

该病病原为梭菌属的腐败梭菌，是一种细长的、两端钝圆的、直或弯曲的大杆菌，其大小为（0.6 ～ 1.9）μm×（1.9 ～ 35）μm。在肝脏表面触片的标本中，该菌呈长丝状或长链状，在组织内侧呈膨大的柠檬状。在体外不良环境下易形成芽孢，芽孢呈卵圆形，位于菌体中央或近端，有鞭毛，能运动，无荚膜，革兰氏染色阳性。腐败梭菌以群居的状态存在，当群体老了之后，就变成了革兰氏阴性，但保留接近末端的孢子（图 5-3-1、图 5-3-2）。

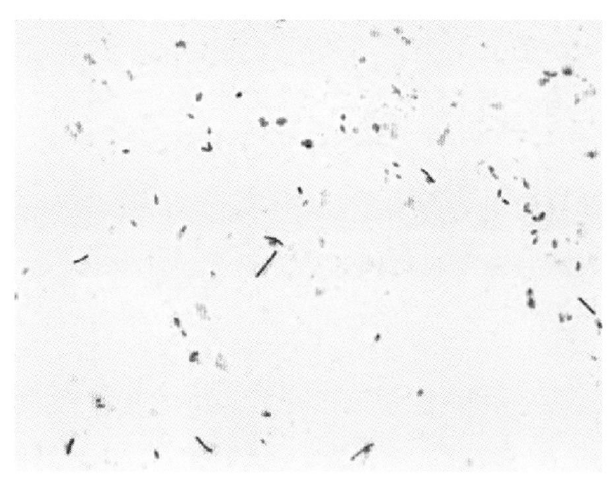

图 5-3-1　腐败梭菌镜检染色（×1 000 倍）（李学瑞　供图）

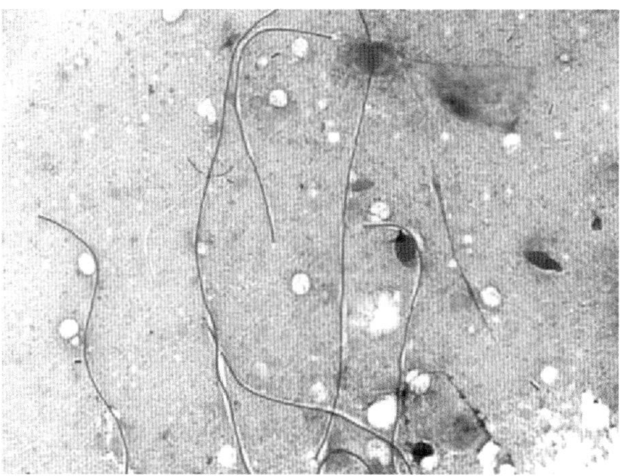

图 5-3-2　小鼠感染腐败梭菌后的肝脏触片镜检（×1 000 倍）（李学瑞　供图）

2. 培养特性

接种厌氧肉肝汤 24 h 后，形成白色絮状沉淀或混浊生长并产气；葡萄糖鲜血琼脂和麦康凯琼脂平板 37℃厌氧培养 48 h，菌落易成片生长，形成中间微隆起，边缘不规则的丝状突起，菌落形态呈心脏形或扁豆形、淡灰色、周围有 β 溶血环；在普通肉汤和普通琼脂中难生长。

3. 生化与理化特性

生化特性为不能分解蔗糖，可以发酵葡萄糖、果糖、乳糖、半乳糖、麦芽糖、水杨苷、甘露糖等，吲哚试验阴性，糖发酵试验的主要产物为乙酸和丁酸，能液化明胶，使牛乳产酸凝固，还原硝酸盐，甲基红试验阳性，硫化氢阳性，伏－波试验阴性，产生靛基质。腐败梭菌在自然界分布极广，其芽孢抵抗力很强，一般消毒药物短期难以奏效，但20%漂白粉、3%～5%硫酸石炭酸合剂、3%～5%氢氧化钠等强力消毒药可于较短时间内杀灭腐败梭菌。

4. 分泌毒素

腐败梭菌主要分泌 α、β、γ 和 δ 4 种毒素。其中，α 毒素为卵磷脂酶，具有坏死、致死和溶血作用；β 毒素为脱氧核糖核酸酶，有杀白细胞的作用；γ 和 δ 毒素分别具有透明质酸酶和溶血素活性。这些毒素可使血管通透性增加，引起组织炎性水肿和坏死，机体吸收毒素后可引起致死性的毒血症。此外，腐败梭菌也产生唾液酸苷酶等一系列其他分泌产物。

二、流行病学

1. 易感动物

腐败梭菌可感染羊、马、牛、猪、犬、猫、鸡、鹿等动物和人。绵羊比山羊易感，以 16～18 月龄的绵羊最为多发。

2. 传染源

腐败梭菌广泛分布于土壤、粪便、灰尘、沼泽及动物的消化道中，除病羊和带菌羊外，被芽孢污染的饲料、饮水和周围环境等均可成为该病的传染源。

3. 传播途径

该菌一般经伤口或消化道传染。羊食入污染的饮水和饲料，病菌随之进入肠道造成感染；许多羊肠道内平时可能就存在该菌，只有当机体抵抗力下降时才能引起发病。

4. 流行特点

由于外伤如去势、断尾、分娩、外科手术、注射等没有严格消毒，致使腐败梭菌芽孢污染而引起感染，这种情况多为散发；另外一种经消化道感染，多呈地方流行，多发于秋冬和初春气候骤变，阴雨连绵的季节。

三、临床症状

该病常突然发生，往往未表现出临床症状，羊只就急促死亡，见其腹部膨胀，有疼痛感，排出黑色稀粪，磨牙。病程稍长的病羊离群独处，卧地，不愿走动，强迫行走时表现运动失调。一般体温正常，食欲停滞。发病后通常数分钟至数小时痉挛而死，很少有病程持续 1 d 以上的病例。

1. 最急性型

潜伏期尚不明显，病羊突然停止采食和反刍，出现呻吟、磨牙和腹痛现象。呼吸困难，四肢分开，后躯摇摆，口鼻流出泡沫状的液体。痉挛倒地，四肢呈游泳状。2～6 h 死亡。

2. 急性型

病初患羊精神不佳，卧地不起，腹部膨胀，步态不稳，食欲减退，排粪困难，呼吸急促，眼结膜充血，呻吟，流涎。粪便中带有炎性黏膜或产物，呈黑绿色（图 5-3-3）。体温升高至 40℃以上时呼吸困难，不久后死亡。

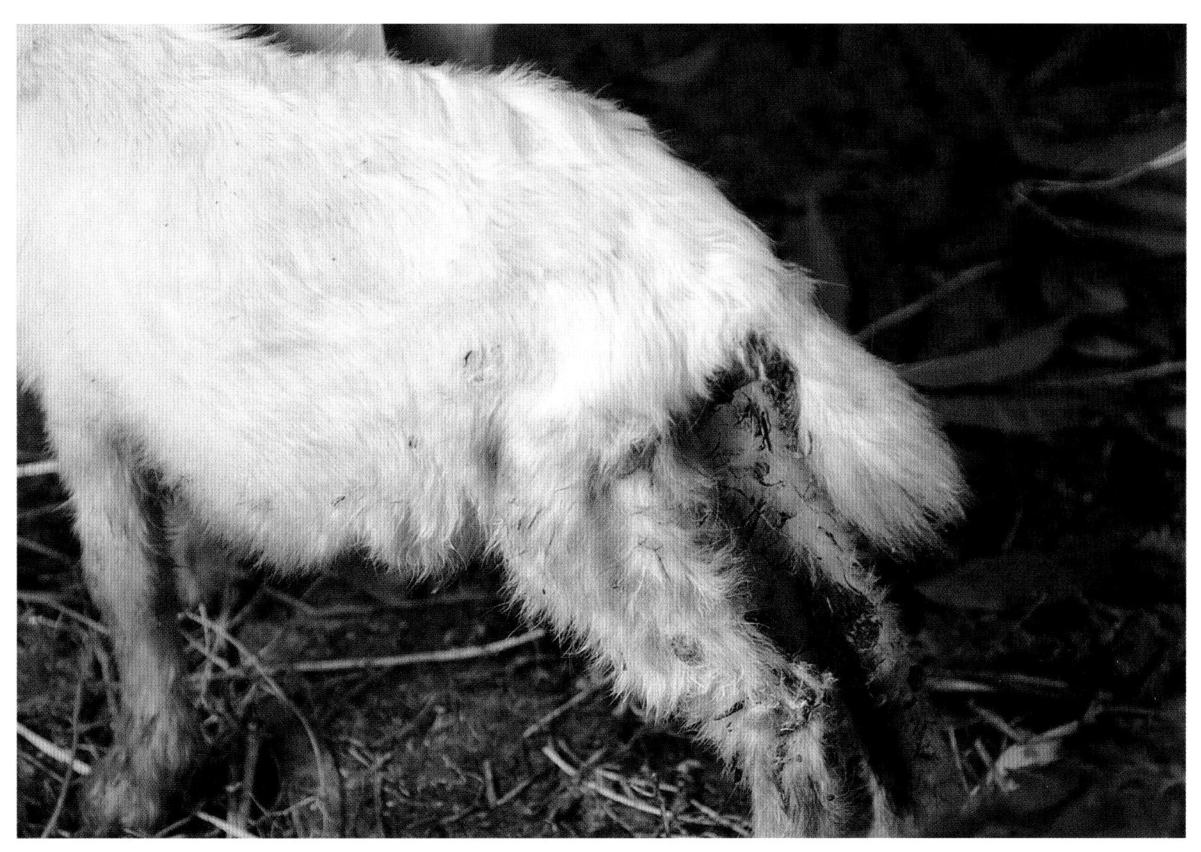

图 5-3-3 病羊粪便中带有炎性黏膜或产物，呈黑绿色（李学瑞 供图）

四、病理变化

病死羊尸体迅速腐败、腹部臌气，腐臭味大，皮下组织胶样浸润（图 5-3-4）。羊真胃有出血性炎症变化，胃底部及幽门附近的黏膜，常有大小不等的出血点、出血斑或弥漫性出血（图 5-3-5），有时有坏死和溃疡（图 5-3-6）。肠道内容物充满气泡。胸、腹腔及心包积液，积液与空气接触后易凝固。肝脏肿大、有脂变，呈土黄色，胆囊多肿胀（图 5-3-7、图 5-3-8）。

图 5-3-4 病羊皮下组织胶样浸润（李学瑞 供图）

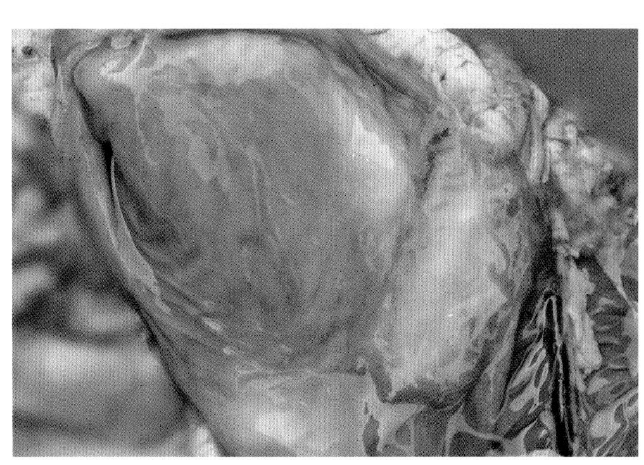

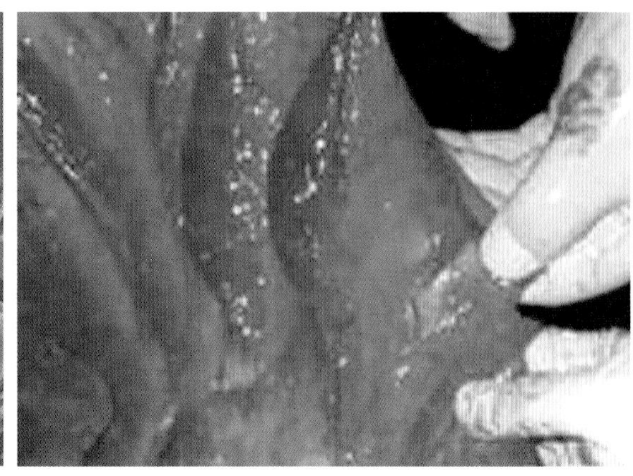

图 5-3-5　病羊真胃有出血性炎症变化（李学瑞　供图）

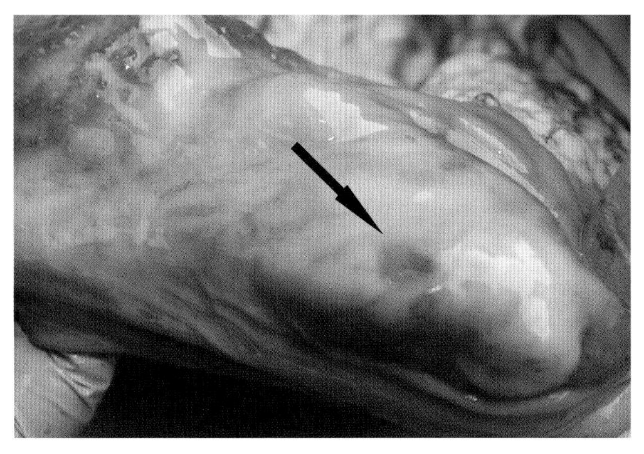

图 5-3-6　病羊真胃黏膜有坏死和溃疡（李学瑞　供图）

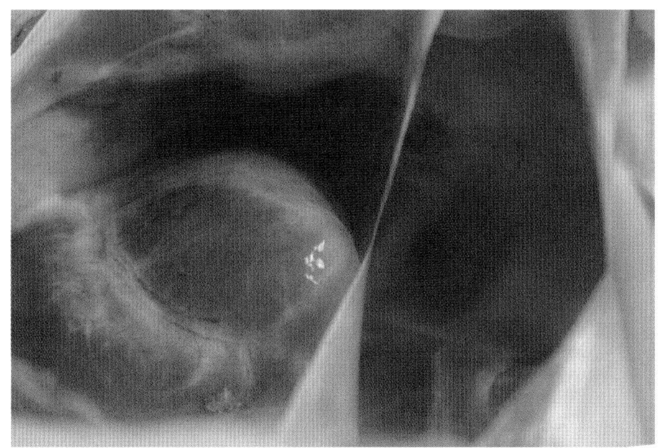

图 5-3-7　病羊胸腔内有大量淡红色混浊液（李学瑞　供图）

五、诊断

1. 病原诊断方法

（1）涂片镜检。无菌采集脾、肾、肝、肝被膜、小肠及胃黏膜直接涂片，染色后镜检。镜检可见革兰氏阳性粗大杆菌，两端钝圆，单个或短链状存在。肝被膜触片除见到菌体外，还可见到无关节的长菌丝。肾被膜触片也可见到菌丝。亚甲蓝染色、荚膜染色无荚膜。

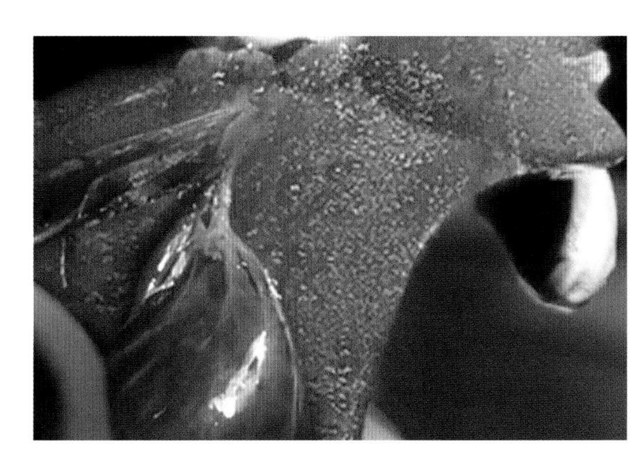

图 5-3-8　病羊肝脏肿大、有脂变，呈土黄色，胆囊多肿胀（李学瑞　供图）

（2）生化试验。取血糖琼脂培养物接种生化管，发酵葡萄糖、麦芽糖、乳糖，水杨苷产酸产气。但不发酵甘露醇、蔗糖、肌醇、木糖，吲哚试验阴性。

（3）动物试验。用肝、肾制成 1∶5 乳剂，尾静脉注射小白鼠 0.2 mL，家兔灌服 3 mL，均死亡。或用分离培养的肉汤培养物用生理盐水 10 倍稀释，肌内注射接种 3 只豚鼠，剂量为 0.5 mL/ 只，对照组注射等量生理盐水，试验组豚鼠于 9 ～ 24 h 死亡。用实验动物肝被膜触片镜检可见革兰氏阳性大杆菌和无关节的长菌丝。取肝做血糖琼脂培养，涂片镜检结果同前。

2. 分子生物学诊断方法

（1）PCR 技术。Sasaki 以 16 ～ 23S rDNA 间隔区为扩增靶序列，分别从气肿疽梭菌和腐败梭菌扩增出大小分别为 522 bp、594 bp 的核酸序列，然后，利用限制性内切酶 *Hind* Ⅲ对扩增的产物酶切消化，分别消化为 2 条带，一条 330 bp 的条带为二者所共有，气肿疽梭菌另一条片段为 192 bp，腐败梭菌的另一条片段为 264 bp。利用该方法可快速、有效地鉴别诊断气肿疽梭菌感染和腐败梭菌感染。Sasaki 还通过扩增、测序鞭毛蛋白 fliC 基因，对腐败梭菌、气肿疽梭菌、溶血梭菌、诺维梭菌 A 型和 B 型共 5 种梭菌进行了 PCR 检测和系统发育分析。

Martin 通过比对分析气肿疽梭菌和腐败梭菌 spo0A 基因的差异，设计了荧光探针，建立了鉴别检测腐败梭菌和气肿疽梭菌的多重实时荧光 PCR 方法，通过与 Sasaki 建立的以上 2 种检测方法对比发现，其所建立的实时 PCR 方法具有更高的灵敏度、时效性和特异性。

Neumann 根据腐败梭菌 α 毒素编码基因设计了一对荧光定量 PCR 引物，对临床健康火鸡和患坏疽性皮炎的火鸡胃肠道、肝脏、腐败的肌肉伤口处腐败梭菌含量进行定性定量检验，发现与传统的分离培养方法具有很好的符合性，检验的灵敏度可达到 20 fg DNA。

（2）基质辅助激光解吸电离飞行时间质谱（MALDI-TOF-MS）。质谱（MS）作为一种分析手段已出现几十年，但直到 1988 年基质辅助激光解吸电离（MAIDI）、电喷雾电离（ES1）等软电离技术的出现才为分析强极性、热不稳定性和难挥发性的生物样品提供了可能，基质辅助激光解吸 / 电离飞行时间质谱基本原理为将制备的样本分析物（核酸）与芯片上一特定的基质分子共结晶，将芯片放入质谱仪的真空管，用瞬时纳秒强光激发，基质分子吸收辐射能量，并迅速产热，使基质晶体升华，核酸分子转变为亚稳定离子，这些电荷离子在加速电场中获得相同动能，飞过自由漂移区到达检测器，到达检测器的时间与其分子量呈反比。质谱仪根据离子到达检测器的时间推算样本分析物的分子量大小并绘制成峰图，它的高灵敏性可以将只相差一个碱基的核酸序列区分开来。我们可以从数据库中下载微生物不同基因型的参考序列后，利用软件生成相应参考序列的模拟峰图，然后将待测样本的质谱图与模拟峰图进行比对，从而可判断出样本微生物的基因型及其种属类型。

Grosse 等利用 MALDI-TOF-MS 技术结合专用生物信息学软件分析工具对梭菌属细菌进行了种间鉴定和系统发育分析，通过对 31 种梭菌 64 株菌的 16S rDNA 序列进行分析发现，该方法不仅可区分梭菌属不同的菌种种类，还可对菌株单菌落进行快速、有效地鉴定，特别是传统方法很难区分的腐败梭菌和气肿疽梭菌，也可实现准确、有效的鉴别和检测。

六、类症鉴别

1. 羊炭疽病

相似点：最急性型病例突然发病，站立不稳、倒地，磨牙，呼吸困难，短时间内死亡，或常不见临床症状即死亡。病羊尸体腐败迅速，皮下组织胶样浸润。

不同点：病羊体温升高到 40 ～ 42℃，恶寒战栗，心悸亢进，脉搏细弱，可视黏膜呈蓝紫色，死前体温下降，唾液及排泄物呈暗红色，肛门出血。剖检可见病羊血液呈暗红色，不易凝固，黏稠似煤焦油样。脾脏高度肿大 2 ～ 5 倍，脾髓呈黑红色，软化为泥状或糊状。全身淋巴结，特别是胶样浸润附近的淋巴结高度肿胀，呈黑红色，切面湿润呈褐色并有出血点。炭疽病的病原为炭疽芽孢杆菌。

2. 羊肠毒血症

相似点：最急性病例突然发病，病羊痉挛倒地，四肢划动，几分钟或者几小时就会死亡。有的羊步态不稳，倒卧，流涎，排黑绿色粪便。剖检可见病羊迅速腐败，肝脏、胆囊肿大，胸、腹腔积液。

不同点：病羊濒死期有明显的血糖升高（从正常的 2.2 ～ 3.6 mmol/L 升高到 20 mmol/L），尿液中含糖量升高（从正常的 1%升高至 6%）。病羊不出现腹痛、腹部膨胀症状。剖检可见病羊肾表面充血肿大，质软如泥，稍加触压即碎，这一特征具有诊断意义；十二指肠、回肠黏膜炎性出血，严重的整个肠壁呈红色“血灌肠”，故亦称“血肠子病”；全身淋巴结充血、肿大，切面呈黑褐色。

3. 羊黑疫

相似点：羊黑疫与羊快疫的临床症状相似。最急性病例突然死亡，临床症状不明显。病程长的可见病羊放牧时离群或站立不动，食欲废绝，反刍采食停止，精神沉郁，呼吸急促，体温升高，流涎、磨牙、呼吸困难，常呈俯卧姿势昏睡而死。病羊幽门部黏膜充血、出血，体腔积液。

不同点：剖检可见尸体皮下静脉显著淤血，使羊皮呈暗黑色外观，肝脏表面和深层有数目不等的凝固性坏死灶，呈灰黑不整圆形，周围有一鲜红色充血带围绕，坏死灶直径可达 2 ～ 3 cm，切面呈半月形。

4. 羊猝狙

相似点：病羊精神委顿，停止采食，离群卧地，排软粪；中、后期病羊腹痛剧烈，呻吟磨牙，口吐白沫，侧卧，头向后仰，全身颤抖，四肢划动。出现症状数小时内死亡。

不同点：剖检可见十二指肠和空肠黏膜严重充血、糜烂，有的区段可见大小不等的溃疡；胸腔、腹腔和心包大量积液，渗出的液体暴露于空气后可形成纤维素絮块。

七、防治措施

1. 预防

（1）加强饲养管理。综合防控主要是加强日常饲养管理，消除冬季气候、环境等多种不利应激因素。羊舍饲也要讲究喂法，羊舍饲期间，最好喂干草，不喂青草或湿草，注意不突然喂给大量苜蓿草或饼类等高含蛋白质的饲料，消除发病诱因。不要喂发病羊青草，应改喂干草，以避免疫病的发生，停止“抢青”或“抢茬”放牧；并给病羊投喂人工盐、大黄等健胃轻泻药或抗菌药物，以促进病羊的尽快康复。适当补充维生素类添加剂和矿物质添加剂，要注意观察羊群，发现病羊及时隔离对症治疗。在饲养过程中要有严格的防疫制度和消毒制度，清扫圈舍要与消毒相结合，减少疾病发生。

（2）免疫接种。入冬前应给羊群定期接种羊五联疫苗（羊快疫、羊猝狙、羊肠毒血症、羊黑疫、羔羊痢疾），无论羊只大小，一律皮下注射 5 mL/ 只，2 周后即产生免疫抗体，免疫期 5 个月以上，对预防该病有很好的作用。

目前，国内预防腐败梭菌引起疾病的疫苗有多种，如梭状芽孢杆菌苗、羊梭菌病四防疫苗、羊厌气梭菌疫苗、预防水肿梭菌和腐败梭菌联合致病的黑疫快疫混合苗、羊快疫、肠毒学症、猝狙三联苗或羊快疫、肠毒学症、猝狙五联苗，及羊快疫、羔羊痢疾和肠毒血症灭活四防苗等，这些均为常规灭活疫苗。

2. 治疗

（1）西药治疗。

处方 1：青霉素。肌内注射，每次 160 万～ 320 万 IU/ 只，每日 2 次。

处方 2：磺胺嘧啶，每千克体重 0.1 ～ 0.2 g，口服，每日 2 次。

处方 3：可用含糖盐水 500 mL，5% 碳酸氢钠 200 ～ 300 mL，混合后静脉注射，每日 1 次。

处方 4：10%～ 20% 石灰乳，灌服，每次 50 ～ 100 mL/ 只，每日 1 ～ 2 次。

处方 5：病羊全群进行预防性投药，如饮水中加入恩诺沙星或环丙沙星。全群普遍投服 2% 的硫酸铜溶液，剂量为 100 mL/ 只。

（2）血清治疗。羊速清 + 头孢 + 干扰素，连用 2 ～ 3 d，也有较好效果。

第四节　羔羊痢疾

羔羊痢疾是一种主要由 B 型产气荚膜梭菌引起的发生于初生羔羊的急性毒血症，其特征是剧烈腹泻和小肠黏膜发生溃疡。除 B 型产气荚膜梭菌外，C 型、D 型产气荚膜梭菌及致病性的大肠杆菌、肠球菌、沙门氏菌等也可诱发或加重该病。羔羊痢疾主要危害 7 日龄以内的羔羊，其中以 2 ～ 5 日龄发病最多，常使羔羊大批死亡。

一、病原

1. 分类与形态特征

产气荚膜梭菌属于芽孢杆菌科，梭状芽孢杆菌属，产气荚膜梭菌种。同属的成员还有气肿疽梭菌、腐败梭菌、诺维氏梭菌、溶血梭菌、肉毒梭菌、阿根廷梭菌、破伤风梭菌、艰难梭菌等。

产气荚膜梭菌是 1892 年英国人 Welchii 和 Nuttad 首先从一位死亡 8 h 后的病人体内分离得到，并以 Welchii 的姓命名的，相当于现在的 A 型产气荚膜梭菌。后来研究发现，该细菌能分解肌肉和结缔组织中的糖类而产生大量气体并可在体内形成荚膜，因此，更名为产气荚膜梭菌。该菌为两端钝圆的革兰氏阳性粗大杆菌，无鞭毛。芽孢位于菌体的中央或偏端，芽孢的横径小于菌体，呈椭圆形，但在组织和普通培养基中很少形成芽孢。培养时间稍长容易转变成革兰氏阴性，因此，宜取幼龄培养物进行革兰氏染色观察。在体内有明显的荚膜，荚膜的组成因菌株不同而有变化，从动物体内初次分离的菌株易于观察到荚膜，在实验室长期继代培养的菌株则比较难以观察到荚膜，需采用 Jasmin 法特殊染色后进行观察。

2. 血清型

产气荚膜梭菌能产生多种外毒素和酶类，目前，已发现的外毒素达 20 种以上（α、β、$β_2$、CPE、ε、δ、ι、θ、κ、λ、μ、BEC、TpeL、NetB、NetF、NetE、NetG、NanI、NanJ、

NanH、α-clostripain），其中，α、β、ε、ι、CPE、NetB 是主要的致死性毒素，也是分型毒素，根据产生这 6 种毒素的能力可将产气荚膜梭菌分为 A、B、C、D、E、F、G 7 个毒素型。

B 型产气荚膜梭菌主要产生 α、β、ε 3 种外毒素。α 毒素主要引起羊的气性坏疽，也会引起肠毒血症。β 毒素是强有力的坏死因子，可产生溶血性坏死，其毒性作用表现在小肠绒毛上，引起坏死性肠炎。ε 毒素在体内能结合上皮细胞和肾小管，并引起强烈的细胞毒性作用，导致致死性肠毒血症。

3. 培养特性

产气荚膜梭菌厌氧，但不十分严格。在 20 ～ 50℃均能旺盛生长，A 型、D 型和 E 型在最适生长温度 35 ～ 45℃、B 型和 C 型在最适生长温度 37 ～ 45℃时的繁殖周期仅为 8 min，有助于分离培养。在不同培养条件下，产气荚膜梭菌的形态可能有差异，就是在同一培养条件下，有的表现大杆菌、有的表现中等杆菌、有的表现粗壮、有的表现细长，这些并不是老龄培养物出现的衰老型，而是不同来源分离菌株所出现的形态差异。产气荚膜梭菌无论在体内，还是在体外都不易形成芽孢。但采用厌氧肉肝汤保存的菌种经 15 d 呈现典型的梭状杆菌。在蛋黄琼脂平板上，菌落周围出现乳白色混浊圈，若在培养基中加入 α 毒素的抗血清，则不出现混浊，此现象称为 Nagler 反应，为该菌的特点。

该菌代谢十分活跃，可分解多种常见的糖类，产酸产气。在疱肉培养基中可分解肉渣中糖类而产生大量气体。在牛奶培养基中能分解乳糖产酸，使其中的酪蛋白凝固，同时产生大量气体（H_2 和 CO_2），可将凝固的酪蛋白冲成蜂窝状，将液面封固的凡士林层上推，甚至冲走试管口棉塞，气势凶猛，称“汹涌发酵”。

4. 生化特性

该菌可液化明胶，能凝固牛奶并产气，可使肉渣变黑，能产生少量硫化氢，能还原硝酸盐。可分解葡萄糖、乳糖、半乳糖及果糖，产酸产气。对水杨苷、木糖、甘露醇、卫矛醇、菊淀粉不产酸。该菌滤液中含有 C 型菌 β 毒素，可致死动物或引起组织坏死。其毒力的强弱与培养基的种类、pH 值及培养条件有关。

5. 理化特性

该菌在含糖的厌氧肉肝汤中，因产酸于几周内即可死亡，而在无糖的厌氧肉汤肝中能存活几个月。该病繁殖体抵抗力不高，常规消毒药均可将其杀死；但芽孢抵抗力非常强，100℃ 5 h 才能将其杀死。在饲料中所含菌株的芽孢可耐煮沸 1 ～ 3 h。

二、流行病学

1. 易感动物

可引起绵羊、山羊发病，各种年龄、品种、性别的羔羊均易感。

2. 传染源

该病的主要传染源是病羊和带菌羊，其排泄物中含有大量病原菌。被污染的饲草、饲料及饮水也可成为该病的传染源。

3. 传播途径

通过消化道、脐带或创伤感染而传播。其中，消化道感染为主要的传播途径，病原菌可以通过羔羊吮乳、饲养器具和羊粪等进入羔羊消化道。

4. 流行特点

产气荚膜梭菌可以通过羔羊吮乳、饲养员的手和羊的粪便而进入羔羊消化道。在外界不良诱因如母羊怀孕期营养不良，羔羊体质瘦弱；气候寒冷，羔羊受冻；哺乳不当，羔羊饥饱不均，羔羊抵抗力减弱时，细菌大量繁殖，产生毒素，易引起羔羊痢疾的发生和流行。

三、临床症状

该病潜伏期一般为 1 ～ 2 d，病羊病初表现为精神委顿，低头弓背，不想吃奶，腹壁紧张，触摸有痛感，随即腹泻。

轻症：以排出稀软粪便为特征，粪便呈黄白色、酸臭，尾根被粪便污染，排粪时表现腹痛，体温、食欲正常，精神较好。若治疗及时，治愈率较高，且痊愈后状况良好。此种类型常见于发病初期。

重症：以剧烈腹泻为特征，粪便稀如水样，呈黄绿色、恶臭，内有黏液及絮状乳或混有血液，腹痛剧烈。病羔失水，被毛粗乱，食欲废绝，卧地不起，最后窒息死亡。这种类型多发生于产羔中后期，如不及时治疗，往往造成死亡。有些病例痊愈后发育不良，生长缓慢。

神经型：多发生于 7 日龄以内的羔羊。其特征是突然发病，步履蹒跚，倒地不起，口吐白沫，腹胀、抽搐，体温升高、腹痛呻吟，很少有腹泻症状，死前四肢划动，呈游泳状，最后昏迷，体温降至常温以下，常在数小时到十几小时内死亡。这种类型发病急、疗效差、死亡率高。

四、病理变化

剖检可见病羊脱水、眼窝下陷，消化道及皱胃内有未消化的凝乳块或白色、乳白色稀糊状内容物，第四胃黏膜和黏膜下层出血、水肿（图 5-4-1），有小的坏死灶。小肠（特别是回肠）黏膜充血、发红（图 5-4-2），常可见到多数直径为 1 ～ 2 mm 大小的溃疡，溃疡周围有一出血带环绕（图 5-4-3）；有的肠内容物呈血色（图 5-4-4）。肠系膜淋巴肿胀充血，间或出血；心包积液，心内膜有时有出血点；肺有充血区域或淤血斑。

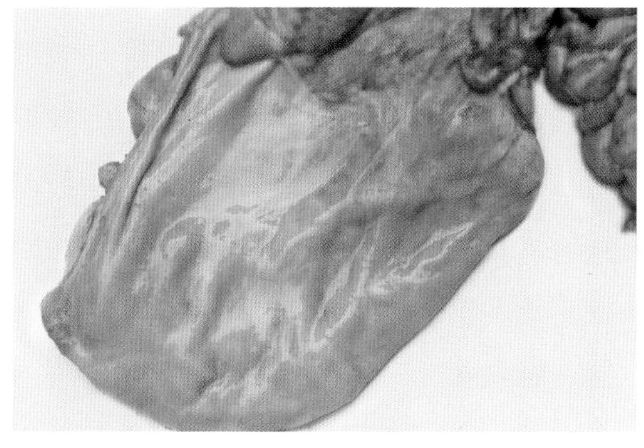

图 5-4-1　病羊胃黏膜和黏膜下层出血、水肿
（李学瑞 供图）

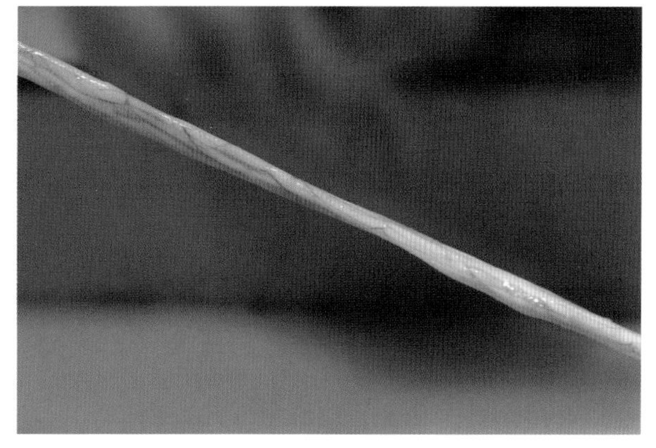

图 5-4-2　病羊小肠（特别是回肠）黏膜充血、发红
（李学瑞 供图）

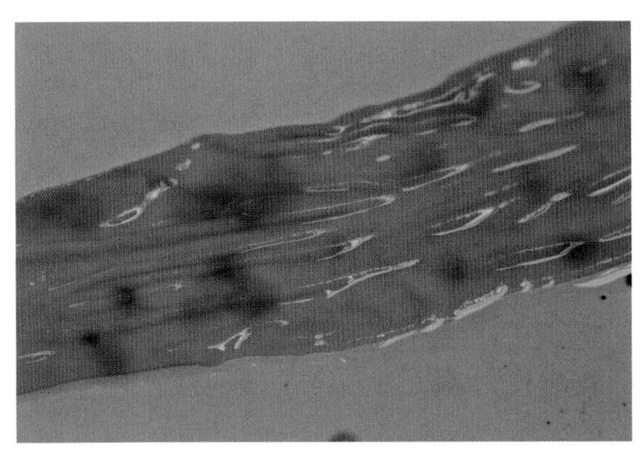

图 5-4-3 病羊小肠（特别是回肠）黏膜可见到多数直径为 1 ~ 2 mm 大小的溃疡，溃疡周围有一出血带环绕
（李学瑞 供图）

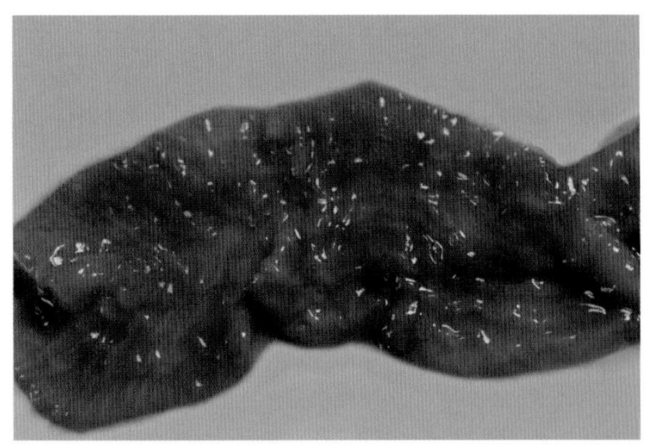

图 5-4-4 病羊肠内容物呈血色
（李学瑞 供图）

五、诊断

1. 病原学诊断

产气荚膜梭菌病研究包括细菌学检测和毒素鉴定两大部分。在细菌学检测中，传统使用的分离培养基是葡萄糖血琼脂平板，在这一培养基上产气荚膜梭菌等厌氧芽孢杆菌生长良好，并且可以观察到菌落的溶血特性。近年来，国内外报道了亚硫酸盐多黏菌素磺胺嘧啶琼脂平板、胰脲 – 亚硫酸盐环丝氨酸琼脂平板、卵黄琼脂平板等培养基。毒素的鉴定则多用动物试验。

（1）小鼠致死试验。于尾静脉注射含产气荚膜梭菌毒素的检样或其稀释液，小鼠或数分钟内发病、死亡。可用产气荚膜梭菌 A、B、C、D、E 抗毒素血清作毒素中和试验，进行鉴别。

（2）兔泡沫肝试验。用产气荚膜梭菌给兔静脉接种后，兔肝肿胀成泡沫状，比正常肝大一倍，且肝组织呈烂泥状，一触即破。肠腔中也产生大量的气体，因而兔腹围显著增大。

（3）豚鼠皮肤蓝斑试验。分点皮内注射产气荚膜梭菌检样 0.05 ～ 0.1 mL，经 2 ～ 3 h 后静脉注射 10%～ 25%伊文思蓝 1 mL，30 min 后观察局部毛细血管渗透性亢进状态，一般于 1 h 后局部呈环状蓝色反应，即为阳性。

（4）结扎肠袢试验。将产气荚膜梭菌接种于 DS 培养基，37℃培养 18 ～ 24 h，取检样于麻醉手术下注入兔肠管结扎段内，90 min 后测量结扎肠管的长度、积液量。邻近肠管段内注入生理盐水作对照。回盲结合部位上端 50 cm 处不宜做试验，因其易呈非特异性阳性反应，可用精制的产气荚膜梭菌肠毒素（CPE）对家兔做免疫注射，可获得特异性抗 CPE 血清，用于多种免疫学检测。

2. 免疫学诊断方法

（1）微量法。Macfarlane 等将卵磷脂酶活性作为产气荚膜梭菌 α 毒素测定的一个指标，Murata 等均报道过精制 α 毒素和精制 α 毒素的卵磷脂酶活性，并使用微量法分别对精制产气荚膜梭菌 α 毒素和精制 α 毒素的卵磷脂酶活性作了测定。所有这些都是以标准毒素为参考单位，如果在没有标准毒素的情况下，以毒素蛋白与卵黄反应的最大反应滴度为单位表示 α 毒素，即微量法测定。我国吕存女等以产气荚膜梭菌培养滤液经硫酸铵分段盐析、丙酮分段沉淀及凝胶过滤获得精制 α

毒素。在 96 孔细胞板上，经卵黄反应浊度（微量）法测定，精制 α 毒素和培养滤液卵黄反应滴度分别为 1∶32 768 和 1∶2 048。微量法是产气荚膜梭菌 α 毒素的一种快速、简便的检测手段。

（2）ELISA 方法。Aschfalk 和 Laitinen 首次采用敏感性和特异性均较高的 PCR-ELISA 方法从野生动物肠内容物中分离出产气荚膜梭菌并成功地进行菌型鉴定。柴同杰等所建立的 ELISA 方法可以区分产气荚膜梭菌类型，且 β 与 ε 毒素的鉴别得到鼠中和试验的验证。他们用 ELISA 方法测得犊牛舍空气悬载产气荚膜梭菌中 A 型为最多，次者是 D 型，第三为 C 型，但未测到 B 型存在，该结果与 1977 年 Collee 和 Bisping 的研究结果相吻合。

我国王云峰等建立了可以定量测定血清中产气荚膜梭菌毒素抗体效价的 Dot-ELISA 方法。他们对粗提毒素经过 Sephadex G-200 进一步纯化后，有效地去除了已糖、核酸、脂肪酸、磷脂等物质，用混合纤维素酯微孔滤膜为固相载体，制备了检测兔产气荚膜梭菌抗毒素的快速诊断膜。Dot-ELISA 与 SPA-ELISA 对比，二者检测结果差异不显著，阴、阳性符合率为 89.06%。

（3）卵磷脂水解抑制试验。产气荚膜梭菌 α 毒素能将卵磷脂水解成磷酸化胆碱，反应后呈现混浊的乳白色，其混浊程度与 α 毒素毒力在一定范围内呈线性相关。William 等通过计算过量的毒素被一定量的抗毒素中和后所能引起的水解反应强度来间接衡量抗毒素的水平，应用卵磷脂水解抑制试验测定血清样品中抗 A 型产气荚膜梭菌 α 毒素。

3. 分子生物学诊断方法

（1）蛋白质电泳技术。Sonser 等首次利用蛋白质电泳技术能表现不同型间菌体蛋白图谱差异性和各菌型的特异性，来鉴定细菌不同血清型。杨明凡等首次应用 SDS 聚丙烯酰胺电泳技术对 A、B、C、D 4 个型产气荚膜梭菌的菌体蛋白和膜蛋白进行分析，进行了该菌的菌型鉴定。结果表明，菌体蛋白图谱中 A 型缺少 54.9 kD 蛋白条带；C 型缺少 107.8 kD 和 36.1 kD 蛋白条带；D 型缺少 107.8 kD 和 66.6 kD 蛋白条带。在膜蛋白图谱中仅 B 型有 91.7 kD 蛋白条带，但缺少 51 kD 蛋白条带，C 型缺少 74.2 kD 蛋白条带，D 型缺少 31 kD 蛋白条带，但比其他 3 个型多 1 个 24.3 kD 蛋白条带，且 38.1 kD 蛋白条带极弱。

（2）PCR 方法。Warren 等应用 PCR 对福尔马林固定石蜡包埋的山羊和绵羊组织中的产气荚膜梭菌的 α、β、ε 毒素基因进行检测，结果分别扩增出 247 bp、1 025 bp、403 bp DNA 片段。在 13 个已知的产气荚膜梭菌感染阳性的样品中，检出 11 个阳性，而阴性对照则无一扩增出 DNA 片段。Kadra 等应用 PCR 对不同来源的产气荚膜梭菌进行毒素分型，对试验的 90 株菌株先用经典的细菌学方法进行鉴定并用小鼠血清中和试验定型。然后采用了单基因、双基因和三基因扩增法，对 α、β、ε 毒素基因，通过 PCR 对所有的试验菌株进行了分析。证明 PCR 用于产气荚膜梭菌的分型是可行的，其特异性和敏感性均优于经典的方法。Miserez 等用特异性 PCR 对分离自死于肠毒血症的绵羊和山羊及屠宰的健康动物的产气荚膜梭菌进行毒素基因的检测。结果从具有肠毒血症病理变化的全部 52 只动物分离的产气荚膜梭菌中均检出了 α、β、ε 毒素基因，但未检出 θ 毒素基因，因而将这些分离株鉴定为 D 型产气荚膜梭菌。而从健康动物分离的菌株仅检出 α 毒素基因，确定为典型的 A 型产气荚膜梭菌。PCR 检测与经典的小鼠毒素致死性测定之间具有良好的相关性。Femandez 等建立了测定山羊粪便中 4 种不同产气荚膜梭菌毒素的多重 PCR 技术，敏感性达每克粪便可检出 2×10^5 个产气荚膜梭菌。我国龚玉梅等建立了简单、具有型特异性的产气荚膜梭菌的多重 PCR 方法。将 A 型、B 型、C 型、D 型产气荚膜梭菌和其他几种对照菌提取基因组后，按照所设计的多重 PCR 方法进行 PCR。产物的电泳结果显示，A 型、B 型、C 型、D 型产气荚膜梭菌均扩增出目的基因片段，而其他菌均为阴性，敏感性为含菌量 4.2×10^5CFU/mL，单个菌落在 10 倍稀释后也能够被检测出。因而 PCR 有可能成为产气荚膜梭菌鉴定和分型的首选工具。

Mark 和 Gregory 等利用荧光发生素通过实时 PCR 定量检测了鸡盲肠道中的产气荚膜梭菌的样本，以产气荚膜梭菌 16S rRNA 基因片段作标准模板，在荧光定量 PCR 仪上作实时检测并绘出标准曲线。检测结果表明，标准品 DNA 的拷贝数与循环闭值的相关值为 0.956，该定量 PCR 法检测的产气荚膜梭菌目的基因片段的最小检出量小于 10 个拷贝。

（3）DNA 芯片技术。 Al–Khaldi 等建立了可区分 cpa（α）、cpb（β_1）、etx（ε）、iap（ι）、cpe（肠毒素）等毒素基因的 DNA 芯片技术，并对临床分离的 8 株产气荚膜梭菌进行了鉴定，认为与传统分型方法所得出的结果相一致。我国张小荣等首次将此方法应用于羊猝死症的诊断研究，他们根据基因文库中已发表的产气荚膜梭菌毒素基因序列，分别设计出针对 α、β、ε 和 ι 4 种分型毒素基因及针对 CPE 和 β_2 毒素基因序列的 6 对特异性引物，进行了多重 PCR 扩增和 PCR 扩增产物的鉴定，并首次在羊源产气荚膜梭菌分离株中发现 β_2 毒素基因。

六、类症鉴别

1. 羊大肠杆菌病

相似点：非腹泻型病羊体温升高，运步失调，口吐白沫，死前四肢划动，很少有腹泻症状。腹泻型病羊腹泻，粪便黄白色，含血液、黏液，粪便污染后躯。剖检可见腹泻病羊胃肠黏膜充血、出血、水肿，胃内有乳凝块，肠内有血液，肠系膜淋巴结肿胀。

不同点：羊大肠杆菌病败血型病羊头向后仰，有的病羊关节肿胀、疼痛；剖检可见胸、腹腔和心包大量积液，内有纤维素；肿大的关节，滑液混浊，内含纤维性脓性絮片；内脏器官表面有出血点。羊大肠杆菌病腹泻型粪便含气泡，无剧烈腹痛症状；剖检可见小肠黏膜有直径为 1 ～ 2 mm 大小的溃疡，溃疡周围有一出血带环绕；肺有充血区域或淤血斑。

2. 羊沙门氏菌病

相似点：羊沙门氏菌病下痢型与羔羊痢疾相似。病羔羊体温升高，精神委顿，低头拱背，食欲减退，腹痛，剧烈下痢，污染其后躯和腿部，病羔脱水。剖检可见肠黏膜附黏液，心内膜有出血点，肠系膜淋巴结肿大、充血。

不同点：沙门氏菌侵害孕羊会致其流产或产死胎。病羔羊初期下痢为黑色，并混有大量泥糊样粪便，喜食污秽物，后期下痢呈喷射状；剖检可见真胃和肠道内空虚，胆囊肿大，胆汁充盈。羔羊痢疾腹泻病例粪便呈黄白色、黄绿色，混有絮状乳，还可见神经型病例，表现口吐白沫、抽搐、四肢划动；剖检可见消化道及皱胃内有未消化的凝乳块或白色、乳白色稀糊状内容物，小肠黏膜溃疡，肠内容物呈血色。

七、防治措施

1. 预防

（1）加强饲养管理。 加强对孕羊的饲养管理，做好母羊的夏秋抓膘和冬春保膘工作，适量补饲，保证所产羔羊健壮，母羊乳汁充足。还应计划配种，避免在寒冷季节产羔，寒冷天气要做好保暖，避免羔羊感冒、受寒，让羔羊及时吃上初乳，保证羔羊母源抗体水平，提高羔羊机体的免疫力和抵抗力。尽早给羔羊补饲，补充富含蛋白质、矿物质饲料。

（2）严格消毒。在产羔前对羊舍和用具进行彻底消毒，并保持母羊身体、乳房及用具的卫生，产羔后脐带要用碘酊严格消毒。注意保暖防寒，保持产羔圈舍卫生、保温、干燥、通风。

（3）预防接种。每年秋季可给母羊注射羊快疫、羊猝狙、羊肠毒血症、羔羊痢疾、羊黑疫五联菌苗或单苗，产前 2 ～ 3 周再接种 1 次。近年来制成的羊快疫、羊猝狙、羊肠毒血症、羔羊痢疾、羊黑疫和大肠杆菌病六联菌苗，对由大肠杆菌引起的羔痢也有预防作用。

（4）药物预防。羔羊生后 12 h 内，口服土霉素 0.15 ～ 0.2 g，每日 1 次，连续灌服 3 d，有一定预防效果；或用磺胺胍 0.5 g，鞣酸蛋白、次硝酸钠、碳酸氢钠各 0.2 g，灌服，每日 3 次。也可使用青霉素、恩诺沙星、磺胺类药物等抗菌药进行预防。

2. 治疗

处方 1：土霉素 0.2 ～ 0.3 g，或再加等量胃蛋白酶，水调灌服，每日 2 次。

处方 2：金霉素 10 ～ 20 mg，用甘氨酸钠 2 ～ 5 mL 溶解后，静脉注射，每日 1 次，连用 3 d。

处方 3：硫酸链霉素，每千克体重 5 ～ 10 mg，肌内注射，连用 3 d。

处方 4：5% 糖盐水 50 mL，10% 安钠咖 2 ～ 4 mL，100% 安乃近 5 mL，10% 维生素 C 5mL，对体质衰弱的羔羊一次静脉注射。

处方 5：磺胺胍 0.5 g，鞣酸蛋白 0.2 g，碱式硝酸铋 0.2 g，碳酸钠 0.2 g，加水灌服，每日 3 次。

处方 6：发病较慢，排稀粪的病羔，可灌服 6% 的硫酸镁（内含 0.5% 的福尔马林）30 ～ 60 mL，6 ～ 8 h，再灌服 1% 的高锰酸钾液 10 ～ 20 mL。

第五节　羊猝狙

羊猝狙是由 C 型产气荚膜梭菌引起的以急性死亡为特征、伴有腹膜炎和溃疡性肠炎的一种毒血症。

1929 年，Mewen 和 Robert 首先在英国发现该病，之后在美国和俄罗斯也有该病的发生，1953 年在我国内蒙古东部地区也曾发生。McEwen 于 1929 年分离到 C 型产气荚膜梭菌。

一、病原

1. 分类与形态特征

请参考羔羊痢疾一节相关部分。

2. 血清型

C 型产气荚膜梭菌主要产生 α、β 2 种外毒素，β 毒素是强有力的坏死因子，可产生溶血性坏死，其毒性作用表现在小肠绒毛上，引起坏死性肠炎，该型可引发多种畜禽的肠炎和肠毒血症。Gibert从一株分离自仔猪坏死性肠炎病例的C型产气荚膜梭菌的培养物上清液中纯化到一种新毒素，分子量28 kD。为了便于区别，该毒素称为β2，而将原先的β毒素称为β1。β2毒素的核苷酸序列与β1毒素及其他已知的产气荚膜梭菌毒素的序列没有明显的同源性，但和β1毒素具有同样的生物学活性。

3. 培养特性

请参考羔羊痢疾一节相关部分。

4. 生化特性

该菌可液化明胶，能凝固牛奶并产气，可使肉渣变黑，能产生少量硫化氢，能还原硝酸盐。可分解葡萄糖、乳糖、半乳糖及果糖，产酸产气。对水杨苷、木糖、甘露醇、卫矛醇、菊淀粉不产酸。该菌菌滤液中含有C型产气荚膜梭菌β毒素，可致死动物或引起组织坏死。其毒力的强弱与培养基的种类、pH值及培养条件有关。

5. 理化特性

请参考羔羊痢疾一节相关部分。

二、流行病学

1. 易感动物

C型产气荚膜梭菌能引起绵羊猝狙，也能引起羔羊、犊牛、仔猪、绵羊的肠毒血症和坏死性肠炎以及人的坏死性肠炎。羊不论其种类、性别等均可感染，但1～2岁的羊比其他年龄的羊发病率高。

2. 传染源

病羊和带菌羊为该病主要传染源。被该菌污染的饲草、饲料及饮水均可成为该病的传染源。

3. 传播途径

主要经消化道、受损伤的黏膜及皮肤外伤感染。该菌随污染的饲料和饮水进入羊只消化道后，在小肠特别是十二指肠和空肠里繁殖，产生β毒素，引起羊只发病。

4. 流行特点

该病多发生于冬春季节，常呈地方流行性。流行区域多见于低洼、沼泽地区。

三、临床症状

病羊表现急性中毒的毒血症症状，临床上与羊肠毒血症相似。病羊开始表现为精神委顿，不吃草，离群卧地，多体温升高（图5-5-1）；病羊排出不成形的软粪便，有的死前腹泻（图5-5-2），有的口吐胃内容物。中、后期病羊急起急卧，腹痛剧烈，呻吟磨牙，口吐白沫，侧卧，头向后仰，全身颤抖，四肢乱蹬。出现症状1～4 h内引起急性死亡。

图 5-5-1　病羊精神委顿，不吃草，离群卧地（李学瑞　供图）

图 5-5-2　病羊腹泻（李学瑞　供图）

四、病理变化

十二指肠和空肠黏膜严重充血、糜烂，有的区段可见大小不等的溃疡，胸腔、腹腔和心包大量积液（图 5-5-3、图 5-5-4），渗出的液体暴露于空气后可形成纤维素絮块。浆膜上有针尖大小的点状出血。

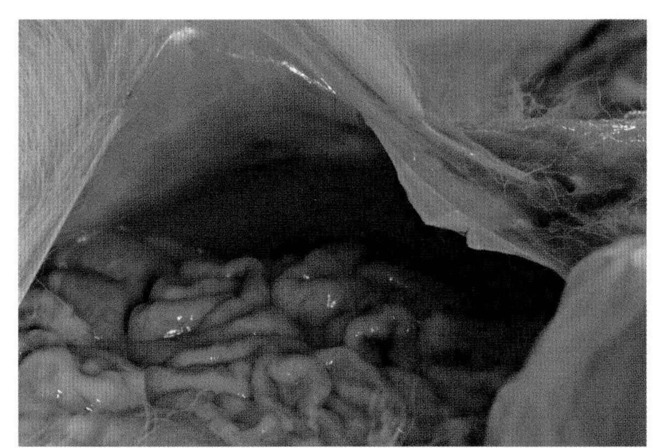

图 5-5-3　病羊腹腔内有淡红色液体（李学瑞　供图）

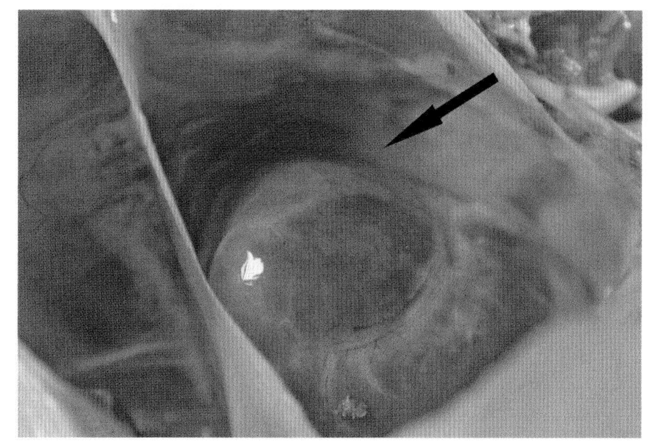

图 5-5-4　病羊心包积液（李学瑞　供图）

五、诊断

请参考羔羊痢疾一节相关部分。

六、类症鉴别

1. 羊黑疫

相似点：病羊精神沉郁，食欲不振或废绝，离群，卧地，磨牙，流涎。

不同点：该病冬季少见，多发于春夏季节，发病常与肝片吸虫的感染侵袭密切相关。病羊呼吸急促、困难，体温升高至 41.5℃，常呈俯卧姿势昏睡而死。剖检可见病羊皮下静脉显著淤血，使羊皮呈暗黑色外观；肝脏表面和深层有数目不等的凝固性坏死灶，呈灰黑不整圆形，周围有一鲜红色充血带围绕，坏死灶直径可达 2 ～ 3 cm，切面呈半月形，肝脏的坏死变化具有重要诊断意义。

2. 羊快疫

相似点：病羊精神委顿，停止采食，离群卧地，排软粪；中、后期病羊腹痛剧烈，呻吟磨牙，口吐白沫，侧卧，头向后仰，全身颤抖，四肢划动。出现症状数小时内死亡。

不同点：病羊腹部膨胀，排粪困难，呼吸急促，眼结膜充血。粪便中带有炎性黏膜或产物，呈黑绿色。体温升高至 40℃以上时呼吸困难，不久后死亡。剖检可见病死羊尸体迅速腐败、腹部臌气，皮下组织胶样浸润；胃底部及幽门部黏膜，有出血点、出血斑或弥漫性出血；肠道内容物充满气泡；胸、腹腔及心包积液与空气接触后易凝固，不形成纤维素絮块。肝脏肿大、有脂变，呈土黄色，胆囊多肿胀。

3. 羊肠毒血症

相似点：病羊精神委顿，停止采食，离群卧地，排软粪，有的羊发生腹泻；中、后期病羊，磨牙，流涎，侧卧，头向后仰，全身颤抖，四肢强烈划动。出现症状数小时内死亡。

不同点：病羊濒死期有明显的血糖升高（从正常的 2.2 ～ 3.6 mmol/L 升高到 20 mmol/L），尿液中含糖量升高（从正常的 1%升高至 6%）。剖检可见病羊肾表面充血肿大，质软如泥，稍加触压即碎，这一特征具有诊断意义；十二指肠、回肠黏膜炎性出血，严重的整个肠壁呈红色“血灌肠”，故亦称“血肠子病”；全身淋巴结充血、肿大，切面呈黑褐色。

七、防治措施

1. 预防

（1）免疫预防。疫区每年定期注射三联苗（羊快疫、羊猝狙、羊肠毒血症）或五联苗（羊快疫、羊猝狙、羊肠毒血症、羊黑疫、羔羊痢疾）。

（2）加强饲养管理。防止受寒，避免羊只采食冰冻饲料或饲喂大量蛋白质、青贮饲料。避免清晨过早放牧，发病后，立即更换牧场。圈舍应建于干燥处。

（3）隔离消毒。及时把羊群中表现异常的羊只挑出隔离，并进行治疗。病死羊销毁，进行无害化处理。清理圈舍内粪便，对羊舍及饲养用具用 0.1% 癸甲溴氨溶液进行全面彻底消毒。

2. 治疗

病羊常急性死亡，但对病程稍长的病羊，可进行治疗。

处方 1：青霉素，肌内注射，80 万～ 160 万 IU/d，2 次 /d。

处方 2：磺胺嘧啶，灌服，按每次每千克体重 5 ～ 6 g，连用 3 ～ 4 次。

处方 3：磺胺脒，按每千克体重 8 ～ 12 g，第 1 天 1 次灌服，第 2 天分 2 次灌服。

处方 4：复方磺胺嘧啶钠注射液，肌内注射，按每次每千克体重 0.015 ～ 0.02 g（以磺胺嘧啶计），2 次 /d。

处方 5：10% 安钠咖 10 mL 加入 500 ～ 1 000 mL 的 5% 葡萄糖中，静脉注射。

处方 6：10%～ 20%石灰乳，全群灌服，50 ～ 100 mL/ 次。

第六节 肠毒血症

羊肠毒血症又称软肾病、过食症，是由D型产气荚膜梭菌在羊肠道中大量繁殖并产生毒素所引起的一种急性毒血症疾病，临床上主要以腹泻、惊厥、麻痹和突然死亡为特征。羊肠毒血症主要危害绵羊，山羊也可感染，主要多发生在15日龄以内的羔羊或断奶饲料中含有高碳水化合物或很少采食青绿饲草的圈养羔羊。该病在世界范围内广泛分布，在我国主要发生于北方，呈散发性，主要多发生在春末、夏季和秋季，发病急、死亡率高。1932年Bennetts在羊肠毒血症病例中分离到D型产气荚膜梭菌。

一、病原

1. 分类与形态特征

请参考羔羊痢疾一节相关部分。

2. 血清型

D型产气荚膜梭菌可产生α、ε外毒素，能引起羔羊、绵羊、山羊、牛以及灰鼠的肠毒血症，其中绵羊的肠毒血症也叫软肾病，各种年龄的绵羊都可发生。该菌常存在于土壤和健康绵羊肠道中，正常情况下在肠道中只产生少量毒素，对宿主无影响，只有在特别的情况下，细菌大量繁殖，产生足够浓度的毒素才引起毒血症。

3. 培养特性

请参考羔羊痢疾一节相关部分。

4. 致病性

ε毒素是D型产气荚膜梭菌的主要致病因子之一。ε毒素可导致血压、血管通透性增高，并可以使组织器官发生充血和水肿；ε毒素可以提高脑血管通透性从而通过血脑屏障，所以中毒后发生肠毒血症的动物会有一些神经症状，角弓反张、惊厥、濒死期挣扎等。

5. 理化特性

该病繁殖体抵抗力不强，常规消毒药均可将其杀死；但芽孢抵抗力非常强，10%的甲醛10 min或95℃ 2.5 h才能将其杀死。

二、流行病学

1. 易感动物

D型产气荚膜梭菌可引起绵羊、山羊、牛以及灰鼠发病。各品种、各年龄的羊均可感染，尤其是1岁左右和肥胖的羊发病较多。

2. 传染源

该菌为土壤常在菌，也存在于污水中。羊只采食了被该菌芽孢所污染的饲草、饲料和饮水，均可引起发病。

3. 传播途径

该病主要经消化道传播。

4. 流行特点

该病流行有明显的季节性，牧区多发生于春末夏初青草萌芽和秋季牧草结实时期；农区发生于收菜或秋收季节，羊只因采食了大量菜根、菜叶或谷物而发生。该病以散发为主，潜伏期较短，常突然发病并死亡，很少见到症状。

三、临床症状

羊肠毒血症一般发病很急，病程短。最急性的病羊，突然发病，出现痉挛、抽搐等症状，几分钟或者几小时就会死亡。症状可分为 2 种类型。一类以抽搐为特征，倒毙前四肢出现强烈的划动。肌肉抽搐，眼球转动，磨牙，流涎，随后头颈显著抽搐，一般在 2 ～ 4 h 内死亡。另一类以昏迷和安静地死去为特征，早期症状为步态不稳，后倒卧，流涎，上下颌摩擦“咯咯”作响，继而昏迷，角膜反射消失；有的羊发生腹泻，排黑色或深绿色稀粪，常在 3 ～ 4 h 内安静地死去。

病程缓慢的病羊，刚发病的时候躁动不安，有异食癖，磨牙；还有的病羊精神萎靡，站立不稳，靠着墙或者栏杆；还有的病羊出现停止采食，呼吸加快，倒地，出现角弓反张，口吐白沫，腿蹄乱蹬，肌肉震颤等症状，一般体温没有明显变化，不及时治疗，2 ～ 3 d 内死亡。

自然感染的病例，濒死期有明显的血糖升高（从正常的 2.2 ～ 3.6 mmol/L 升高到 20 mmol/L），尿液中含糖量升高（从正常的 1%升高至 6%）。

四、病理变化

剖检可见尸僵不全，但内脏迅速腐败，尤以肾表面、胃肠黏膜、全身淋巴、肝脏等部位先变质。肾表面充血肿大，质软如泥，稍加触压即碎（图 5-6-1），这一特征具有诊断意义；真胃、十二指肠、回肠黏膜炎性出血，严重的整个肠壁呈红色“血灌肠”（图 5-6-2），故亦称“血肠子

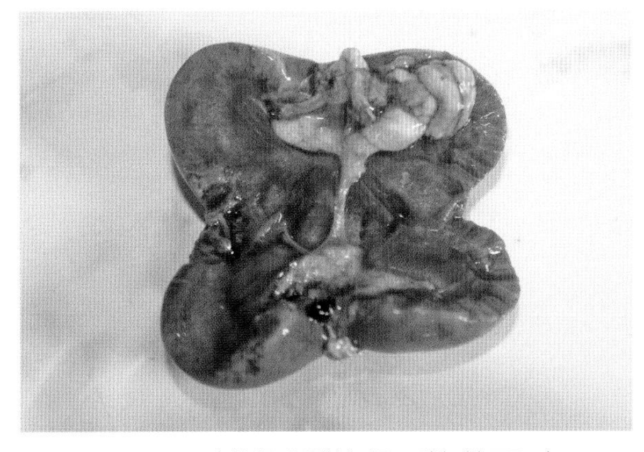

图 5-6-1　病羊肾脏质软如泥，稍加触压即碎（李学瑞 供图）

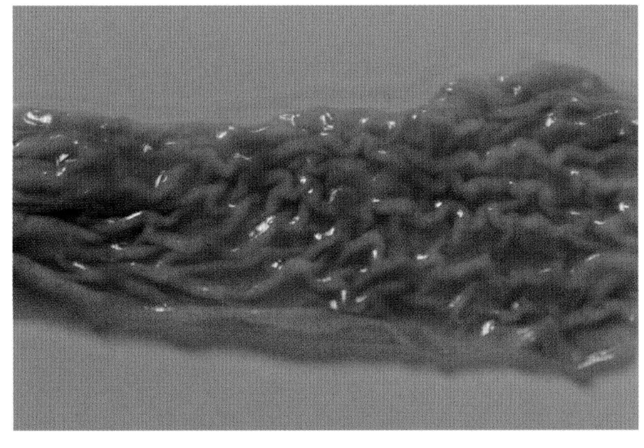

图 5-6-2　病羊肠黏膜炎性出血（李学瑞 供图）

病”；心内、外膜点状出血，心包积液；胸腹腔有橙黄色透明积液渗出；腹膜（图 5-6-3 至图 5-6-5）、脑膜及腹肌斑点状出血（图 5-6-6）；肝脏肿大易脆（图 5-6-7），胆囊肿大 1～3 倍，被黏稠胆汁充盈（图 5-6-8）；全身淋巴结充血、肿大，切面呈黑褐色；肺脏充血水肿等。组织学检查，可发现肾皮质坏死，脑和脑膜血管周围有水肿，脑膜出血，脑组织液化性坏死。

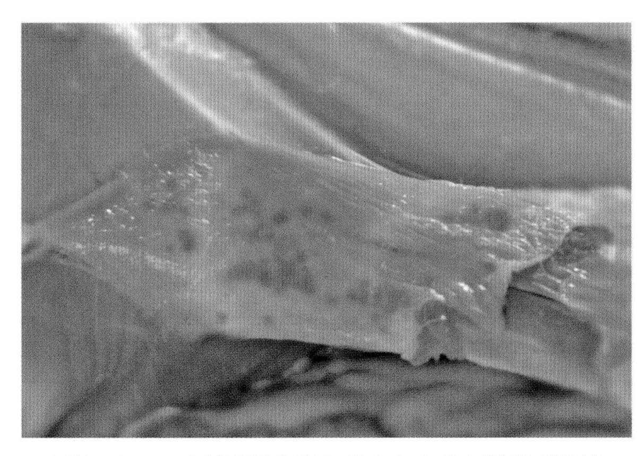

图 5-6-3　病羊腹膜有斑点状出血 A（李学瑞　供图）

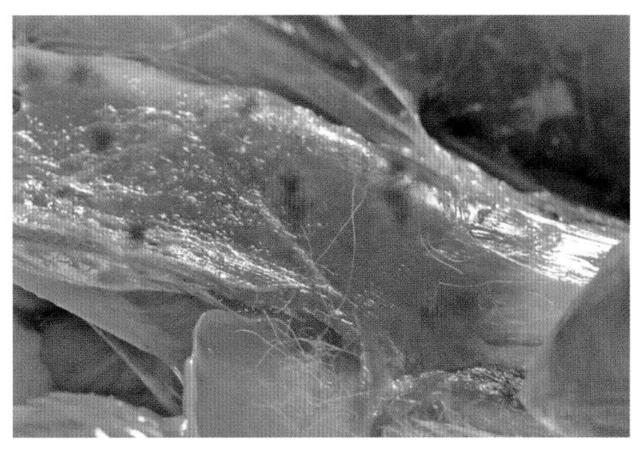

图 5-6-4　病羊腹膜斑点状出血 B（李学瑞　供图）

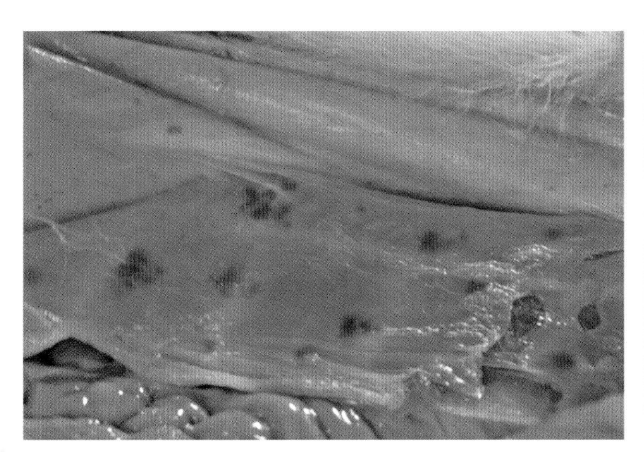

图 5-6-5　病羊腹膜有斑点状出血 C（李学瑞　供图）

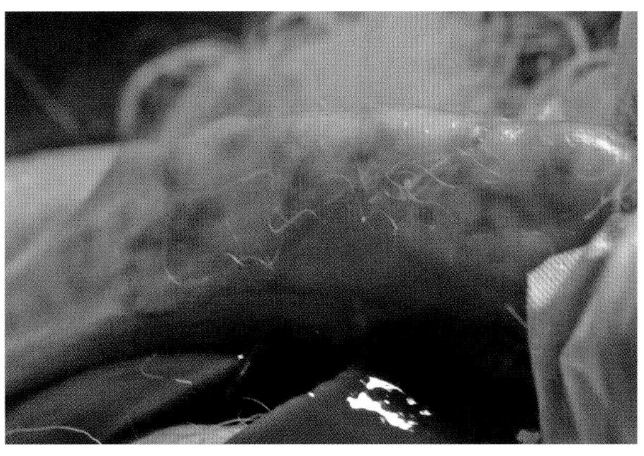

图 5-6-6　病羊腹肌斑点状出血（李学瑞　供图）

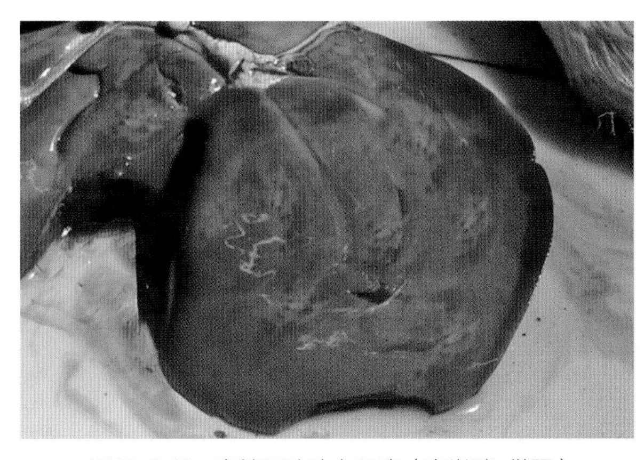

图 5-6-7　病羊肝脏肿大易脆（李学瑞　供图）

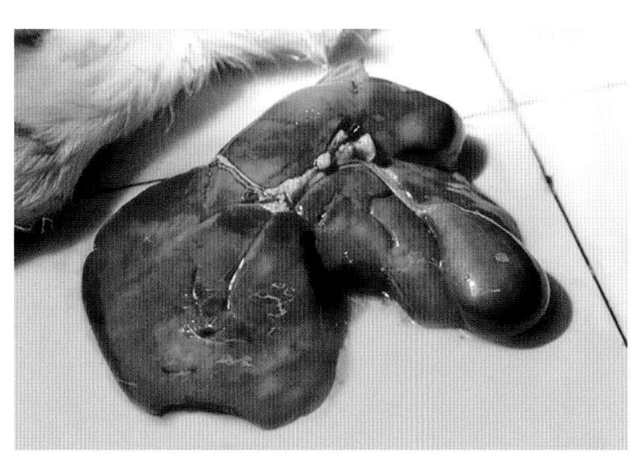

图 5-6-8　病羊胆囊肿大 1 ~ 3 倍，被黏稠胆汁充盈（李学瑞　供图）

五、诊断

参考羔羊痢疾一节相关部分。

六、类症鉴别

1. 羊巴氏杆菌病

相似点：最急性病例常突然发病，几分钟至几小时内死亡。

不同点：病羊咳嗽、呼吸困难，眼、鼻有黏性分泌物，患羊初期便秘，后期腹泻，有时粪便全部变为血水，颈部和胸下部发生水肿。剖检可见肺肿大，流出粉红色泡沫状液体；肝脏淤血质脆，偶见有黄豆至胡桃大的化脓灶；心包液混浊，混有绒毛样物质，心肌外膜上粘连绒毛样物；病期较长者常见纤维素性胸膜炎。

2. 羊快疫

相似点：最急性病例突然发病，病羊痉挛倒地，四肢划动，几分钟或者几小时就会死亡。有的羊步态不稳，倒卧，流涎，排黑绿色粪便。剖检可见病羊迅速腐败，肝脏、胆囊肿大，胸、腹腔积液。

不同点：病羊腹痛、呻吟，腹部膨胀，呼吸急促，眼结膜充血；排粪困难，粪便中带有炎性黏膜或产物，呈黑绿色。剖检可见病死羊腹部臌气，腐臭味大；真胃出血性炎症，胃底部及幽门附近常有大小不等的出血点、出血斑或弥漫性出血，肠道内容物充满气泡，不见十二指肠、回肠炎性出血；肝脏肿大、有脂变，呈土黄色。

3. 羊猝狙

相似点：病羊精神委顿，停止采食，离群卧地，排软粪，有的羊发生腹泻；中、后期病羊，磨牙，流涎，侧卧，头向后仰，全身颤抖，四肢强烈划动。出现症状数小时内死亡。

不同点：病羊发生剧烈腹痛、呻吟。剖检可见十二指肠和空肠黏膜严重充血、糜烂、溃疡（区别于羊肠毒血症的炎性出血，肠壁呈红色“血灌肠”），胸腔、腹腔和心包大量积液，渗出的液体暴露于空气后可形成纤维素絮块。

4. 羊黑疫

相似点：大多数发病羊表现为突然死亡，临床症状不明显。病程长的可见病羊离群、站立不动，食欲废绝，反刍、采食停止，精神沉郁，呼吸急促，流涎、磨牙、呼吸困难，常呈俯卧姿势昏睡而死。

不同点：剖检可见病羊尸体皮下静脉显著淤血，使羊皮呈暗黑色外观；肝脏表面和深层有数目不等的凝固性坏死灶，呈灰黑不整圆形，周围有一鲜红色充血带围绕，坏死灶直径可达 2 ～ 3 厘米，切面呈半月形，肝脏的坏死变化具有重要诊断意义。

七、防治措施

1. 预防

（1）加强饲养管理。尤其在饲粮营养方面，必须保证均衡营养，合理搭配精粗饲料比例，同时，保证羊舍干燥通风、冬暖夏凉，确保羊群适量运动，可有效降低羊群对致病菌产气荚膜梭菌 D 型菌感染率。

（2）合理放牧。羊群放牧时，宜晚出早归，避免采食带露水青草，羊群不易喂食过饱，禁止在低洼积水地带放牧；在羊肠毒血症易感季节，可在羊群日粮中添加适量食盐，加强羊只运动，来增强其抵抗力，预防羊肠毒血症的发生。

（3）免疫接种。疫苗免疫是预防羊肠毒血症最有效办法，可大大降低发病率，养殖场应做好免疫工作，尤其在发病季节前，及时接种疫苗，常用的疫苗有羊肠毒血症单苗或多价苗（如羊肠毒血症、羊快疫、羊猝狙三联苗，羊快疫、羊猝狙、羊肠毒血症、羔羊痢疾四联苗，羊肠毒血症、羊快疫、羊猝狙、羔羊痢疾、羊黑疫五联苗等）。发生疫情时，没有发病的羊常选择三联苗进行紧急预防注射。

（4）紧急防控。一旦发现疑似羊肠毒血症的病羊，应第一时间将其隔离，同时对场内其他羊群及时进行疫苗免疫。急性病羊只通常快速死亡，其尸体应及时进行无害化处理，一般先焚烧，再深埋，可有效控制疫情蔓延；对于病程缓慢的病羊可通过治疗痊愈，一般可注射 D 型产气荚膜梭菌抗毒素血清，也可适当应用抗生素或磺胺类药物进行治疗，效果较好；污染的草场、羊舍、环境及用具等可采用 5% 的来苏儿、强力碘等有效消毒剂进行全面彻底的消毒，避免羊群啃食或饮用污染的青草及饮水。

2. 治疗

急性病例常来不及治疗即死亡，但对慢性病羊要进行及时治疗，根据对症治疗的原则，常采取强心、镇静、解毒等治疗方式，可提高其存活率。

（1）西药治疗。

处方 1：每千克体重青霉素 4 万～ 5 万 IU，肌内注射。

处方 2：1 ～ 2 g 头孢噻呋钠，5 ～ 10 mL 磺胺间甲氧嘧啶，肌内注射，1 次 /d，连续给药 3 ～ 5 d。

处方 3：静脉混合注射 5% 葡萄糖生理盐水 200 ～ 400 mL，5 ～ 10 mL 10% 安钠咖，2 ～ 4 mL 25% 维生素 C 及 0.2 ～ 0.5 mL 1% 地塞米松，1 次 /d，连用 3 ～ 5 d。

处方 4：采用中西药结合治疗羊肠毒血症，患病成年羊分别肌内注射青霉素钠（300 万 IU）和抗病毒（20 mL）、安痛定 20 mL/ 只，同时灌服 10 g 龙胆苏打片或温脾散 60 ～ 80 g、碳酸氢钠片 9 g、磺胺脒片 10 ～ 15 g 等，2 次 /d，连用 3 ～ 5 d。羔羊剂量减半，妊娠母羊用头孢克肟等抗生素代替磺胺脒片。

处方 5：口服肠道消炎药如磺胺或痢菌净等药物，每 4 h 1 次；静脉混合注射 500 mL 生理盐水，5 mL 10% 安钠咖，20 mL 0.5% 氢化可的松及青霉素（可根据病情适当加大剂量），后再静脉注射 300 mL 5% 碳酸氢钠，每 4 h 1 次；当病羊出现疝痛时，可肌内注射 10 mL 安乃近；同时肌内注射 4 mL 止血敏，可防止肠道出血。

（2）中药治疗。

处方 1：黄连 10 g，黄芩 15 g，黄柏 15 g，栀子 20 g。将上述中药研成细末，开水冲服，1 剂 /d，3 ～ 5 d 即可治愈。

处方 2：黄连散。黄连 10 g、川芎 2 g、黄芩 10 g、石膏 2 g、地榆 15 g、诃子 12 g、当归 10 g、生地 12 g、甘草 3 g、木通 6 g、白芍 10 g、乌梅 5 个。共研为末，开水冲服，1 剂 /d。

第七节　羊黑疫

羊黑疫，又称传染性坏死性肝炎，是由 B 型诺维氏梭菌引起的绵羊、山羊的一种急性高度致死性毒血症。该病以肝实质发生坏死性病灶为特征。1929 年，Zeissles 在德国首次发现该病后，其他国家相继有该病的报道。我国在青海、浙江等省也曾有发生。

一、病原

1. 分类与形态特征

诺维氏梭菌又称水肿梭菌，分类上属于梭菌属，为革兰氏阳性的大杆菌，大小为（1.2 ～ 2）μm×（4 ～ 20）μm，可以形成芽孢，不产生荚膜，具有周身鞭毛，能运动。根据该菌产生的外毒素，通常分为 A、B、C 3 型。A 型菌主要产生 α、γ、ε、δ 4 种外毒素；B 型菌主要产生 α、β、η、ζ、θ 5 种外毒素；C 型菌不产生外毒素，一般认为无病原学意义。

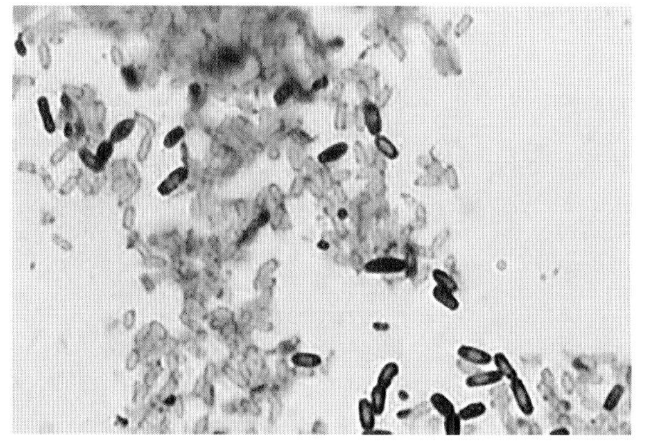

图 5-7-1　诺维氏梭菌革兰氏染色形态（李学瑞　供图）

2. 培养特性

诺维氏梭菌严格厌氧，在葡萄糖鲜血琼脂培养基上 37℃培养 24 ～ 48 h，其菌落浅薄透明、周边不整。在肉肝汤培养时产生腐葱味臭气。

3. 理化特性

该菌大多数菌株的芽孢 95℃ 15 min 仍可存活，湿热 105 ～ 120℃ 5 ～ 6 min 可杀死，在 5%石炭酸溶液、1%甲醛溶液、0.1%硫柳汞中能存活 1 h，次氯酸盐可迅速杀死芽孢。

4. 致病机理

芽孢菌附着在饲料、牧草上，随饮食进入胃肠道，然后在胃肠经门静脉进入肝脏。正常肝脏由于氧化还原电位高，不利于其发芽变为繁殖体，而仍以芽孢的形式存在于肝脏中。当肝脏受到未成熟的肝片吸虫损害发生坏死时，其氧化还原电位降低，存在于该处的芽孢获得适宜的生存条件，迅速生长繁殖，产生毒素，进入血液循环，并发生毒血症，损害神经元和其他与生命有关的细胞，导致病羊急性休克而死亡。

二、流行特点

1. 易感动物

该菌能使 1 岁以上的绵羊发病，以 2 ～ 4 岁、营养好的绵羊多发，山羊也可患病，牛偶可感染。实验动物以豚鼠最为敏感，家兔、小鼠易感性较低。

2. 传染来源

病羊及被该菌污染的土壤、牧草、饲料或饮水均为该病的传染来源。诺维氏梭菌广泛存在于自然界，特别是土壤之中。

3. 传播途径

消化道是该病的主要传播途径。羊采食被芽孢体污染的饲草后，芽孢由胃肠壁经目前尚未阐明的途径进入肝脏。当羊感染肝片吸虫时，肝片吸虫幼虫游走损害肝脏，存在于肝脏的诺维氏梭菌芽孢随即获得适宜的条件，迅速生长繁殖，产生毒素，引起动物中毒死亡。

4. 流行特点

该病多发生于潮湿地区，以春夏季节多发，冬季少见。发病常与肝片吸虫的感染侵袭密切相关，或由于某些原因造成肝脏的损伤，为潜伏的细菌提供了繁殖条件，也可造成该病的发生。

三、临床症状

该病的潜伏期尚不明确。该病临床表现与羊快疫、羊肠毒血症等疾病极为相似。病程短促，大多数发病羊只表现为突然死亡，临床症状不明显。部分病例可拖延 1 ～ 2 d，观察可见病羊放牧时离群或站立不动，食欲废绝，反刍和采食停止，精神沉郁，呼吸急促，体温升高至 41.5℃，流涎、磨牙、呼吸困难，常呈俯卧姿势昏睡而死。病死率几乎 100%。

四、病理变化

病羊尸体皮下静脉显著淤血，使羊皮呈暗黑色外观（黑疫之名由此而来）；真胃幽门部、小肠黏膜充血、出血（图 5-7-2、图 5-7-3）；肝脏表面和深层有数目不等的凝固性坏死灶，呈灰黑不整圆形，周围有一鲜红色充血带围绕（图 5-7-4），坏死灶直径可达 2 ～ 3 cm，切面呈半月形，肝脏的坏死变化具有重要诊断意义；体腔多积液；心内膜常见有出血点。

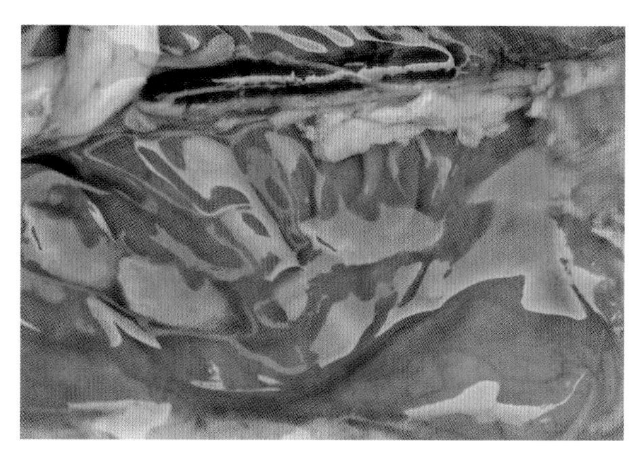

图 5-7-2　病羊真胃黏膜充血、出血 A（李学瑞 供图）

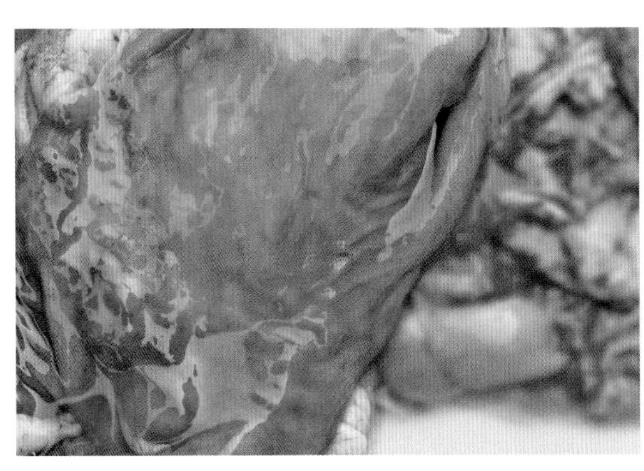

图 5-7-3 病羊真胃黏膜充血、出血 B（李学瑞 供图）

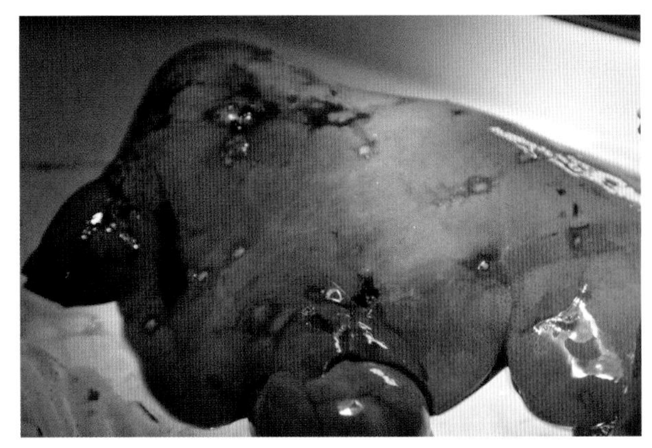

图 5-7-4 病羊肝脏表面和深层有数目不等的凝固性坏死灶，呈灰色不整圆形，周围有一鲜红色充血带围绕（李学瑞 供图）

五、诊断

1. 病原学检查

（1）病料采集。采集肝脏坏死灶边缘与健康组织相邻接的肝组织作为病料，也可采脾脏、心血等材料作为病料。用作分离培养的病料应于死后及时采集，立即接种。

（2）染色镜检。病料组织染色镜检，可见粗大而两端钝圆的诺维氏梭菌，排列多为单个或成双存在，也见 3 ～ 4 个菌体相连的短链。

（3）分离培养。诺维氏梭菌严格厌氧，分离较为困难，特别是当病料污染时则更为不易。病料应于羊只死后尽快采集，严格无菌操作，立即划线接种，在严格厌氧条件下分离培养。由于羊的肝脏、脾脏等组织在正常时可能有该菌芽孢存在，分离得到病原菌后尚要结合流行病学分析、疾病发生和剖检变化综合判断才能确诊。

（4）动物接种试验。病料悬液肌内注射豚鼠，豚鼠死后剖检可见接种部位有出血性水肿，腹部皮下组织呈胶样水肿，透明无色或呈玫瑰色，厚度有时可达 1 cm，这种变化极为特征，具有诊断意义。

（5）毒素检查。一般用卵磷脂酶试验检查病料组织中 B 型诺维氏梭菌产生的毒素。

（6）中和试验。取 10 000MLD/mL 的毒素 1 mL，做 10 倍稀释，与 1 mL 诺维梭菌病诊断血清混合，37 ℃作用 45 min，静脉注射小白鼠 2 只（0.4 mL/ 只），同时设对照组注射稀释后的毒素液和生理盐水。对照组小鼠在 20 h 内全部死亡，中和组小鼠存活。

2. 分子生物学诊断方法

PCR 方法。黄荣等设计了 1 对引物（上游引物，5′-AAATTCAAGGAGGAATTTTA-3′；下游引物，5′-TTATGCTAACTTTAGCTGCGTC-3′）和反应体系，进行 PCR 扩增，结果扩增出一条大小为 531 bp 的 DNA 条带，D 型产气荚膜梭菌、乳酸大肠杆菌及金黄色葡萄球菌扩增结果均为阴性。该 PCR 方法能快速、准确、特异性地诊断出 B 型诺维梭菌。

六、类症鉴别

1. 羊肠毒血症

相似点：发病羊只表现为突然死亡，临床症状不明显。病程长的可见病羊离群、站立不动，食欲废绝，反刍、采食停止，精神沉郁，呼吸急促，流涎、磨牙、呼吸困难，常呈俯卧姿势昏睡而死。

不同点：病羊濒死期有明显的血糖升高（从正常的 2.2 ～ 3.6 mmol/L 升高到 20 mmol/L），尿液中含糖量升高（从正常的 1%升高至 6%）。病羊不出现腹痛、腹部膨胀症状。剖检可见病羊肾表面充血肿大，质软如泥，稍加触压即碎，这一特征具有诊断意义；十二指肠、回肠黏膜炎性出血，严重的整个肠壁呈红色“血灌肠”，故亦称“血肠子病”；全身淋巴结充血、肿大，切面呈黑褐色。

2. 羊快疫

相似点：羊快疫与羊黑疫的临床症状相似。最急性病例突然死亡，临床症状不明显。病程长的可见病羊放牧时离群或站立不动，食欲废绝，反刍、采食停止，精神沉郁，呼吸急促，体温升高至，流涎、磨牙、呼吸困难，常呈俯卧姿势昏睡而死。病羊幽门部黏膜充血、出血，体腔积液。

不同点：病羊腹痛、呻吟，腹部臌胀，呼吸急促，眼结膜充血；排粪困难，粪便中带有炎性黏膜或产物，呈黑绿色。剖检可见病死羊腹部臌气，腐臭味大；真胃出血性炎症，胃底部及幽门附近常有大小不等的出血点、出血斑或弥漫性出血，肠道内容物充满气泡，不见十二指肠、回肠炎性出血；肝脏肿大、有脂变，呈土黄色。

3. 羊猝狙

相似点：病羊精神沉郁，食欲不振或废绝，离群，卧地，磨牙，流涎。

不同点：该病冬春季节多发，夏季少发。病羊排软粪，有的死前腹泻，有的口吐胃内容物；腹痛剧烈，呻吟，头向后仰，全身颤抖，四肢乱蹬。剖检可见病羊十二指肠和空肠黏膜严重充血、糜烂，部分肠段有溃疡；胸腔、腹腔和心包大量积液，渗出的液体暴露于空气后可形成纤维素絮块。

七、防治措施

1. 预防

（1）免疫预防。用羊黑疫病三联四防灭活苗，在每年的秋冬季进行注射免疫，能够取得较好的疗效。对于引种或是出生的羊只，采用皮下注射 1 mL 进行免疫，该疫苗对于羊快疫以及羊猝狙的免疫有效期为 1 年，而对于羊肠毒血症的免疫有效期为 6 个月。

常发病地区应定期接种羊快疫、羊肠毒血症、羊猝狙、羔羊痢疾、羊黑疫五联苗，皮下或肌内注射 5 mL/ 只，注苗后 2 周产生免疫力，保护期达半年。

（2）抗毒血清。该病发生、流行时，将羊群移牧于高燥地区。可用抗诺维氏梭菌血清进行早期预防，皮下或肌内注射 10 ～ 15 mL/ 只，必要时重复 1 次。

（3）加强饲养管理。羊黑疫病多发于冬季，因此为了增强羊群的体质，减少患病概率，需要增强羊群的营养管理，采用蛋白质、维生素以及矿物质饲料增强营养，并且加强消毒管理。饲养管理时，需要合理选择青贮料，饲料要避免土壤污染。采用合适的添加剂降低青贮料的 pH 值，使用合格的饲料。青贮窖四周应该硬化、加高，防止老鼠、动物粪便、污水等污染青贮饲料。

2. 治疗

（1）西药治疗。

处方 1：青霉素，80 万～ 160 万 IU，肌内注射，2 次 /d，连用 3 d；同时口服丙硫苯咪唑片，每千克体重 20 mg。

处方 2：抗诺维氏梭菌血清，用于治疗发病早期病羊，50 ～ 80 mL，静脉注射。

（2）中药治疗。

处方：黄连、连翘、茯苓、大青叶等药物水煎灌服。采用主穴为血印、涌泉进行针灸治疗。

第八节　大肠杆菌病

羔羊大肠杆菌病是由致病性大肠杆菌引起的一种急性、败血性传染病，死亡率高。在临床上主要表现为腹泻、脱水和酸中毒，进而衰竭导致死亡，部分病例表现败血症状。

一、病原

1. 分类与形态特征

该病的病原为大肠埃希菌（*E.coli*），俗称大肠杆菌，属于肠杆菌科埃希菌属的成员。

E. coli 为直杆菌，菌体大小为（0.4 ～ 0.7）μm ×（2 ～ 3）μm，单在或成对排列。多数菌株有荚膜，有周身鞭毛，一般为 4 ～ 6 根（图 5-8-1），能运动（也有少数无鞭毛，不运动的变异株）。除少数菌株外，通常不形成芽孢，具有不同的血凝活性。革兰氏染色为阴性，碱性染料对该菌有良好的着色性，菌体两端偶尔略深染。

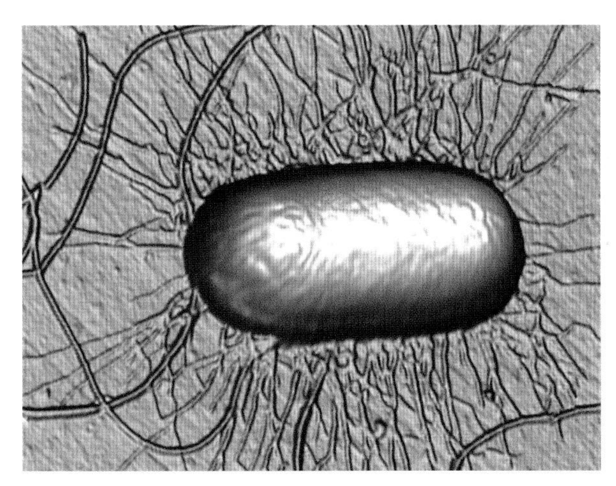

图 5-8-1　大肠杆菌呈短杆状并具有周身鞭毛（李学瑞 供图）

2. 培养及生化特性

E. coli 为需氧或兼性厌氧，有呼吸和发酵 2 种类型。在普通培养基上生长良好，最适生长温度为 37℃，最适生长 pH 值为 7.2 ～ 7.4，可见到 3 种常见菌落。①光滑型，大多数为该型，边缘整齐、湿润、呈灰色，表面有光泽，在生理盐水中容易分散。②粗糙型，在新分离的菌株中多见，菌落扁平、干涩、边缘不整，在生理盐水中发生自家凝集。③黏液型，有荚膜的菌株常见，培养基中含有糖类或在室温中放置易出现。在麦康凯和远藤琼脂培养基生长良好，可形成红色菌落；伊红亚

甲蓝琼脂上产生黑色带金属闪光的菌落；SS琼脂上一般不生长或生长较差，生长者呈红色，菌落较小。吲哚形成试验、甲基红反应、伏–波试验和枸橼酸盐利用4项试验（IMVIC试验）是卫生细菌学中常用的检测指标。凡能发酵乳糖产酸产气，并IMVIC试验为"+、+、–、–"者为典型的大肠杆菌。

3. 抗原与血清型

大肠杆菌的抗原构造及其血清型及其复杂，抗原主要有：菌体（O）抗原，鞭毛（H）抗原和荚膜（K）抗原。O抗原由多糖、磷脂和蛋白质组成，在大肠杆菌病的诊断和流行病学调查中十分有用。K抗原是多糖或蛋白质，存在于荚膜、被膜或菌毛中，与细菌毒力有关。H抗原为蛋白质，具有良好的抗原性。迄今，已确定的大肠杆菌O抗原有171种，K抗原80种，H抗原56种。其中，K抗原又可分为L、A和B 3型。

4. 理化特性

常用消毒药在数分钟内即可杀死该菌。在潮湿、阴暗而温暖的外界环境中，其存活不超过30 d，在寒冷而干燥的环境中存活较久。各地分离的大肠杆菌菌株对抗菌药物的敏感性差异较大，且易产生耐药性。

5. 发病机理

初生羔胃酸酸度较低，病菌易通过皱胃到达肠道，病菌在羔羊的肠内进行大量的繁殖。如机体因多种因素引起抵抗力降低和肠道功能减退，则大肠杆菌在羔羊的肠道内进行生长并繁殖，能够产生2种毒素。产生的不耐热毒素使肠黏膜绒毛的柱状上皮发生改变，成为立方状上皮。立方状上皮上的微绒毛消失，使得羔羊肠内渗透压升高，肠内产生积水的现象，进而羔羊的外在表现为泄水，使得羔羊机体大量失水，导致电解质平衡紊乱、脱水和酸中毒，严重的情况能够使羔羊因毒血症而死亡，此即为肠型大肠杆菌病。如病菌侵入肠壁后进入血液循环，则可发展为败血型大肠杆菌病。

二、流行特点

1. 易感动物

各个品种和年龄的羊均易感，幼龄羔羊对该病易感性最强。表现临床症状的羊多为数日龄至6周龄的羔羊。

2. 传染源

带菌羊和病羊是该病主要的传染源，被污染的垫草、饲槽、粪便、用具等亦是主要传染源。

3. 传播途径

病原菌随粪便排出体外，污染饲料、饮水、用具、垫草、地面、母羊的乳房、乳头，羔羊舔食后通过消化道而感染，所以，消化道为主要传播途径，其次为脐带，损伤的皮肤及子宫内均可感染，也有部分是通过呼吸道感染。

4. 流行特点

羔羊大肠杆菌病发生于数日龄至6周龄的羔羊，有些地方3～8月龄的羊也有发生，体况较差的大羊也有发生。该病呈现地方性流行，也有散发的。该病的发生与气候变化过快、营养不足、场圈潮湿不洁有关。放牧季节很少发生，冬春舍饲期间常发。能够引起羔羊抵抗力下降的各种因素也能促进该病的发生或使病情加重，例如母羊营养不足或者是饲料中缺乏维生素、蛋白质等。母羊乳房不洁和羔羊脐部感染，羔羊出生后吃不到初乳或者圈舍潮湿阴冷、气候骤变等都可以促进该病的发生流行。

三、临床症状

羔羊大肠杆菌的潜伏期为数小时至 1 ～ 2 d，分为败血型和肠型 2 种。

败血型：主要发生于 2 ～ 6 周龄的羔羊，病初体温升高至 41.5 ～ 42℃，精神沉郁，脉搏快，呼吸浅表；四肢僵硬，运步失调，卧地磨牙，头向后仰（图 5-8-2），一肢或数肢做划水动作，口吐白沫，有的病羊关节肿胀、疼痛（图 5-8-3），很少或没有腹泻，多于发病后 4 ～ 12 h 死亡。近年来，有的地区 3 ～ 8 月龄的绵羊羔和山羊羔也有败血型大肠杆菌病发生，病情急，死亡快。

肠型：主要发生于 2 ～ 8 日龄以内的羔羊，病初体温升高到 41℃左右，不久即下痢，体温降至正常或略高；粪便先呈黄色半液状、粥状（图 5-8-4），继而颜色由黄色变为灰色（图 5-8-5），以后粪便呈液体状，含气泡或乳凝块，有时混有血液和黏液，后期患病羔羊肛门失禁，污染后躯和腿部，可经 24 ～ 36 h 死亡，病死率达 15%～ 75%。成年羊发病常表现腹泻型。

图 5-8-2　病羊运步失调，头向后仰（李学瑞　供图）

图 5-8-3　病羊关节肿胀、疼痛（李学瑞　供图）

图 5-8-4　病羊粪便先呈黄色半液状、粥状（李学瑞　供图）

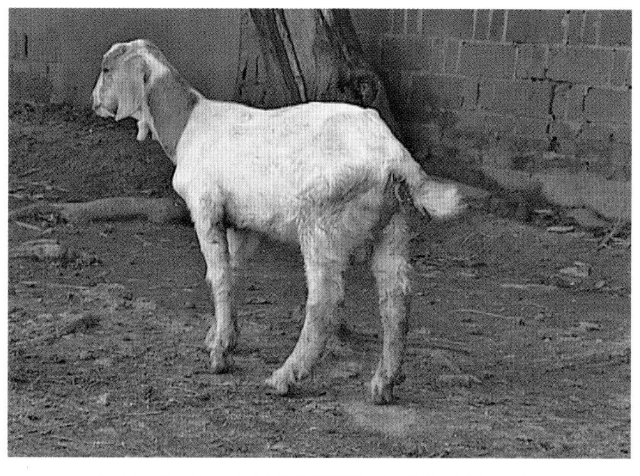

图 5-8-5　病羊粪便颜色由黄色变为灰色（李学瑞　供图）

四、病理变化

羔羊大肠杆菌病的败血型病变是胸、腹腔和心包大量积液（图 5-8-6），内有纤维素；肿大的关节，滑液混浊，内含纤维性脓性絮片；脑膜充血，有很多小出血点（图 5-8-7）；内脏器官如肝脏、肾表面、肾盂有出血点（图 5-8-8、图 5-8-9）。

肠型的病变为急性胃肠炎变化，胃内乳凝块发酵（图 5-8-10），胃、肠黏膜充血、水肿和出血（图 5-8-11），肠内混有血液和气泡，肠系膜淋巴结肿胀，切面多汁或充血（图 5-8-12）。

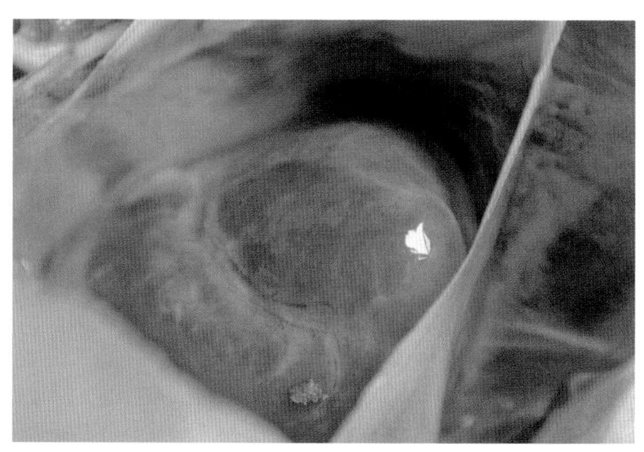

图 5-8-6　病羊心包大量积液（李学瑞　供图）

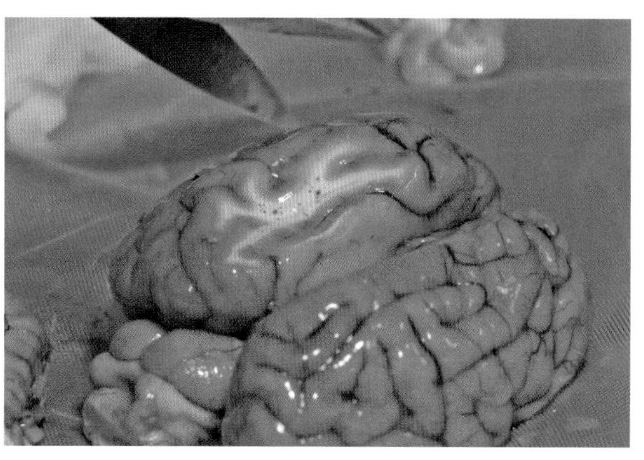

图 5-8-7　病羊脑膜充血，有很多小出血点（李学瑞　供图）

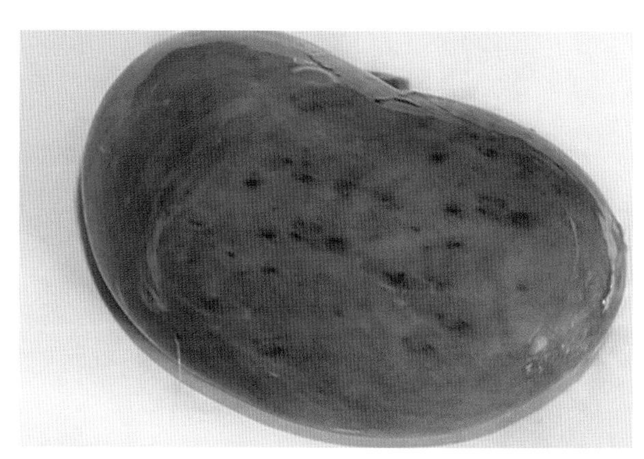

图 5-8-8　病羊肾表面有出血点（李学瑞　供图）

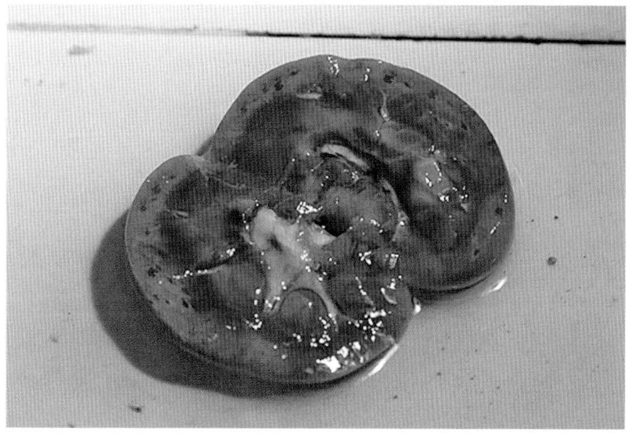

图 5-8-9　病羊肾盂有出血点（李学瑞　供图）

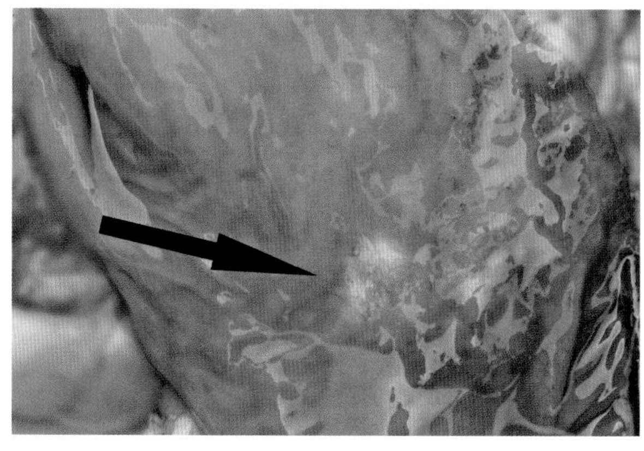

图 5-8-10　病羊胃内乳凝块发酵（李学瑞　供图）

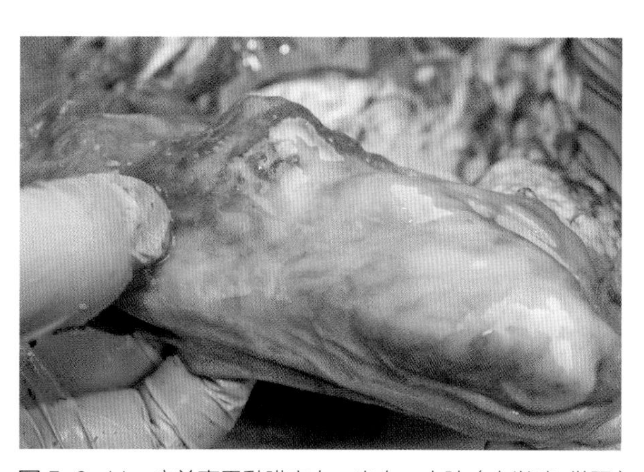

图 5-8-11　病羊真胃黏膜充血、出血，水肿（李学瑞　供图）

五、诊断

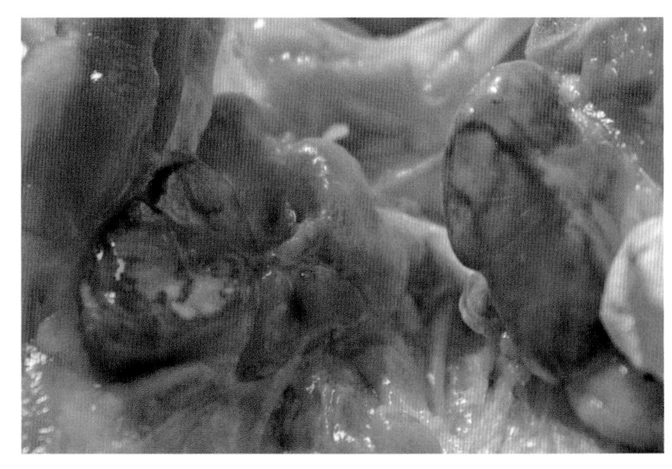

图 5-8-12　病羊肠系膜淋巴结肿胀，切面多汁或充血（李学瑞 供图）

细菌学诊断

诊断要点。根据发病情况、发病日龄、临床症状和实验室诊断（采集新鲜粪便制作触片，革兰氏染色后镜检可见两端钝圆、中等大小、无芽孢的阴性杆菌）可作出初步诊断。也可无菌采集病死羔羊的内脏，比如肝、肾、脾、肠系膜淋巴结涂片染色后镜检，观察到大肠埃希菌特征的菌体有助于诊断。

（2）细菌培养。无菌取病料接种于血液琼脂平板，在厌氧和有氧的条件下分别于 37℃培养 24 h，均能长出浅灰色、透明且光滑的菌落，β 型溶血。将疑似菌落挑取后接种于麦康凯培养基，在 37℃培养 24 h，可长出红色菌落。如果接种于伊红亚甲蓝培养基中在 37℃培养 24 h，可长出有金属荧光的菌落。将菌落涂片后革兰氏染色，在显微镜下可见革兰氏阴性、无荚膜、两端钝圆、中等大小的杆菌，与病料涂片镜检的结果相一致。

（3）生化试验。该菌能发酵葡萄糖、乳糖、甘露醇和麦芽糖使其产酸、产气，能使蔗糖少量产酸、产气。MR 试验、吲哚试验均为阳性，伏 – 波试验阴性，赖氨酸脱羧酶及尿素酶试验为阴性，能还原硝酸盐，不利用枸橼酸盐。

六、类症鉴别

1. 羔羊痢疾

相似点：非腹泻型病羊体温升高，运步失调，口吐白沫，死前四肢划动，很少有腹泻症状。腹泻型病羊腹泻，粪便黄白色，含血液、黏液，粪便污染后躯。剖检可见腹泻病羊胃肠黏膜充血、出血、水肿，胃内有乳凝块，肠内有血液，肠系膜淋巴结肿胀。

不同点：羔羊痢疾病羊腹痛剧烈，头不往后仰，粪便含气泡，关节肿大等症状。剖检可见小肠黏膜有直径为 1 ～ 2 mm 大小的溃疡，溃疡周围有一出血带环绕；肺有充血区域或淤血斑；无胸、腹腔和心包大量积液，关节肿大，滑液混浊内含纤维性脓性絮片，内脏器官表面有出血点等症状。

2. 羊沙门氏菌病

相似点：羊沙门氏菌病下痢型与羊大肠杆菌病肠型相似。病羔羊体温升高，精神委顿，低头拱背，食欲减退，下痢，污染其后躯和腿部，病羔脱水。剖检可见肠系膜淋巴结肿大、充血。

不同点：沙门氏菌侵害孕羊会致其流产或产死胎。病羔羊初期下痢为黑色并混有大量泥糊样粪便，喜食污秽物，后期下痢呈喷射状；剖检可见真胃和肠道内空虚，胆囊肿大，胆汁充盈。大肠杆菌病肠型粪便呈黄、灰色，混有气泡、乳凝块，还可见败血型病例，表现口吐白沫、抽搐、头后仰、四肢划动，关节肿胀；剖检可见肠型胃内乳凝块发酵，胃、肠黏膜充血、水肿、出血；败血性胸、腹腔和心包大量积液，肿大关节滑液混浊，内含纤维性脓性絮片，脑膜充血、出血，内脏器官有出血点。

七、防治措施

1. 预防

（1）加强母羊的饲养管理。加强怀孕母羊和产羔母羊的饲养管理，使母羊膘肥体壮，保证所生羔羊体质健壮、抗病力增强。增加饲料中蛋白质、维生素、矿物质的含量。产羔前对产羔场地、棚圈等做一次彻底的消毒。

（2）加强羔羊的饲养管理。新生羔羊做好保暖和及早吃初乳工作，哺乳前用 0.1% 的高锰酸钾水擦拭母羊的乳房、乳头和腹下，让羔羊吃到足够的初乳，产后母子留圈 2 ～ 4 d，精心饲喂。对于缺奶羔羊，一次不要饲喂过量。对有病的羔羊及时进行隔离治疗，并做好严格的消毒。

（3）免疫接种。大肠杆菌血清型众多，常发病地区可用市场销售的大肠杆菌疫苗免疫，也可用本地流行的大肠杆菌血清型制备的活苗或灭活苗接种妊娠母羊或羔羊，以使羔羊获得免疫抗体。

（4）定期消毒、及时隔离。羊舍卫生要做到定时、定期进行彻底清理消毒。发现病羊后，为防止疫情扩散，将病羊与健康羊立即隔离，及早治疗，同时应注意病羊的保暖；对污染的环境、用具，用消毒药物彻底消毒，粪便和污染的垫草要进行无害化处理。

2. 治疗

（1）西药治疗。

处方 1：卡那霉素常规用量对全群进行肌内注射，每日 2 次，连用 3 d。

处方 2：20% 磺胺嘧啶钠 5 ～ 10 mL，肌内注射，每日 2 次。

处方 3：土霉素，每千克体重 20 ～ 50 mg，分 2 ～ 3 次口服，或每千克体重 10 ～ 20 mg，分 2 次，肌内注射。

处方 4：新霉素，每千克体重 10 ～ 15 mg，口服，每日 2 次，连用 3 d。

处方 5：环丙沙星 3 ～ 5 mL、地塞米松 3 mL、5% 葡萄糖 20 mL 混合静脉注射，每日 2 次，连用 2 ～ 3 d。

（2）对症治疗。新生羔羊用胃蛋白酶 0.2 ～ 0.3 g 灌服；对心脏衰弱的皮下注射樟脑 1 ～ 3 mL 或安钠咖 0.5 ～ 1.0 mL；对脱水严重的静脉注射 5% 葡萄糖盐水 20 ～ 100 mL，为防止酸中毒，可加入 5%碳酸氢钠注射液 5 ～ 10 mL；对有兴奋症状的病羔，用水合氯醛 0.1 ～ 0.2 g 加水灌服。抗休克可用地塞米松磷酸钠注射液 2 mg，肌内或静脉注射；也可用山莨菪碱注射液，每千克体重 0.1 ～ 0.2 mg，肌内注射，每日 1 ～ 2 次，或每千克体重 0.3 ～ 2 mg，静脉注射。

（3）中药治疗。取大蒜 100 g，95%酒精 150 mL，浸泡 15 d，过滤制成大蒜酊，2 ～ 3 mL，加温水，1 次灌服。或用杨树花（雄性花序）制成 5%煎剂，羔羊每次 10 ～ 30 mL，口服，连用 3 ～ 5 d，效果明显。

第九节　沙门氏菌病

羊沙门氏菌病主要是由鼠伤寒沙门氏菌、都柏林沙门氏菌和羊流产沙门氏菌引起的，以羔羊急性败血症和下痢、母羊怀孕后期流产为主要特征的急性传染病。羊流产沙门氏菌属于宿主适应血清型细菌，羊是这种细菌的固定适应的宿主；鼠伤寒沙门氏菌和都柏林沙门氏菌属于非宿主适应血清型细菌，除羊以外，还可感染其他多种动物。

一、病原

1. 分类与形态特征

鼠伤寒沙门氏菌、都柏林沙门氏菌、羊流产沙门氏菌均为肠杆菌科、沙门氏菌属的成员。沙门氏菌属可分为肠道沙门氏菌和邦戈尔沙门氏菌 2 个种，已确认的血清型超过 2 500 种。

沙门氏菌形态与染色特性与同科的大多数其他菌属相似，呈直杆状，革兰氏阴性，除雏鸡沙门氏菌和鸡沙门氏菌无鞭毛、不运动外，其余各菌以周身鞭毛运动，且绝大多数具有 I 型菌毛。

2. 生化特性

沙门氏菌对营养要求不高，在普通琼脂培养基上能良好生长。在普通琼脂培养基上培养 24 h 后，形成圆形、光滑、湿润的菌落，与大肠杆菌极为相似。在三糖铁琼脂斜面上生长时，斜面产碱（红色），底层产酸（黄色），大部分产硫化氢气体，导致底部有黑色沉淀。发酵 D- 葡萄糖和其他糖类产酸，但不发酵乳糖和蔗糖，明胶液化试验阴性，尿素酶试验阴性，伏 – 波试验阴性，不产吲哚，大多数菌产酸产气，产硫化氢，少数只产酸不产气。羊流产沙门氏菌在肉汤琼脂上生长不良，形成较小的菌落。

3. 理化特性

沙门氏菌生长温度范围较宽，在 10 ～ 45℃下均能生长，但最佳温度为 37℃，最适 pH 值为 6.8 ～ 7.8。沙门氏菌对热、消毒药及外界环境的耐受力较弱，一般在 60℃维持 20 ～ 30 min 即被杀灭，100℃立即死亡。在 –25℃低温冻存可存活 10 个月以上。在 5% 石碳酸等消毒液中处理 5 min 即可致死。

二、流行病学

1. 易感动物

不同性别、年龄、品种的羊均有易感性，但羔羊易感性较成年羊高，有侵害 7 ～ 15 日龄的羔羊，也有 2 ～ 3 日龄的羔羊发病。孕羊流产主要发生在绵羊，但山羊流产也时有发生。

2. 传染源

病羔和带菌羊是主要传染源，病愈羊可带菌数月。

3. 传播途径

病原菌通过粪便、尿、乳汁和流产胎儿、胎衣、羊水排出体外，污染饲料、饮水、工具、垫草等，经消化道而感染。另外，病羊和健康羊配种，采集病公羊的精液人工授精也可传染母羊。

4. 流行特点

该病在各季节均可发生，但在阴雨潮湿的季节多发。孕羊、初生羔羊多在晚冬、早春发病，育成期羔羊常于夏季和早秋发病，呈地方流行或散发。由于沙门氏菌在健康羊体内普遍存在，消化道、淋巴组织和胆囊尤为突出，一旦外界条件发生改变，如气候突变、饲料改变或不足等，则病原菌在体内大肆繁殖，发生内源性感染，并在传播后使其毒力增强而传染蔓延。该病在饲养管理不善的羊场更易发生。羊舍卫生条件恶劣、潮湿，饲养密度大、拥挤，饲料和饮水缺乏，长途运输，母羊奶水不足等，均可诱发该病。

三、临床症状

1. 下痢型（羔羊副伤寒）

下痢型多见于羔羊。病初羔羊体温突然升高至 40.8℃以上，呈稽留热或弛张热，精神沉郁，怕冷、拱背（图 5–9–1），食欲减退，甚至废绝，运动迟缓，喜卧，跛行（图 5–9–2）。大多数病羊出现腹痛症状，发生剧烈下痢，初期下痢为黑色并混有大量泥糊样粪便（图 5–9–3）。中期患病羔羊排粪时用力努责后流出少许粪便，污染其后躯和腿部（图 5–9–4），患病羔羊喜食污秽物。后期下痢呈喷射状，粪便内混有多量血液，患病羔羊迅速出现脱水症状，眼球下陷，口渴喜饮，严重衰竭。有的病羊表现呼吸急促，流出黏液性鼻液（图 5–9–5），咳嗽等症状，经 1 ～ 5 d 死亡。有的经 2 周康复。

2. 流产型

流产型多在孕期最后 1 ～ 2 个月发生流产或产死胎，病羊在流产前体温升高至 40 ～ 41℃；厌食、精神沉郁，部分母羊有腹泻症状。流产前后数天阴道有黏性带有血丝或血块的分泌物流出。发病母羊可在流产后或无流产的情况下死亡。病羊产下的羔羊，表现衰弱，委顿，卧地，拒食，腹泻，粪便气味恶臭，往往于 1 ～ 7 d 死亡。羊群暴发 1 次，一般持续 10 ～ 15 d。流产率和死亡率高者可达 60% 左右。

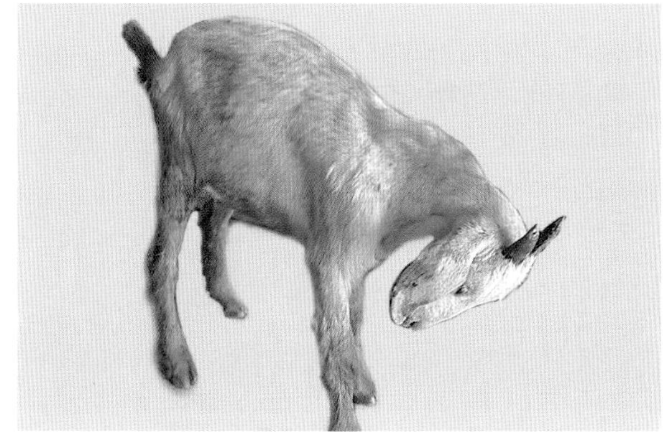
图 5–9–1　病羊精神沉郁，怕冷、拱背（李学瑞 供图）

图 5–9–2　病羊喜卧，跛行，眼球下陷（李学瑞 供图）

图 5-9-3　病羊初期下痢为黑色并混有大量泥糊样粪便（李学瑞　供图）

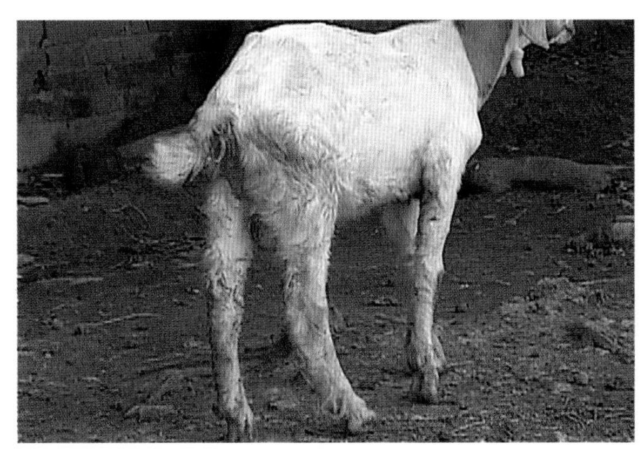

图 5-9-4　病羊中期排粪时用力努责后流出少许粪便，污染其后躯和腿部（李学瑞　供图）

图 5-9-5　病羊流出黏液性鼻液（李学瑞　供图）

四、病理变化

1. 下痢型（羔羊副伤寒）

病羊尸体后躯被毛、皮肤常被稀粪污染，大多数组织脱水。真胃和肠道内空虚，肠黏膜附有黏液，并含有小血块；胆囊肿大，胆汁充盈（图 5–9–6）；肠系膜淋巴结肿大，充血（图 5–9–7）；心内膜和外膜上有小出血点（图 5–9–8）。

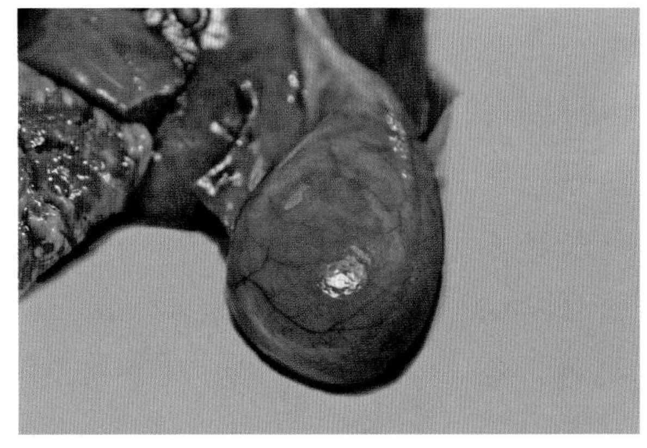

图 5-9-6　病羊胆囊肿大，胆汁充盈（李学瑞　供图）

图 5-9-7　病羊肠系膜淋巴结肿大，充血（李学瑞　供图）

2. 流产型

死亡胎儿或生后几天内死亡的弱羔，呈败血症变化，表现组织水肿、充血，肝、脾肿大，有灰白色坏死病灶；胎盘水肿、有出血。死亡的母羊呈急性子宫炎症状，其子宫肿胀，内含有凝血块及坏死组织，并有渗出物和滞留的胎盘。

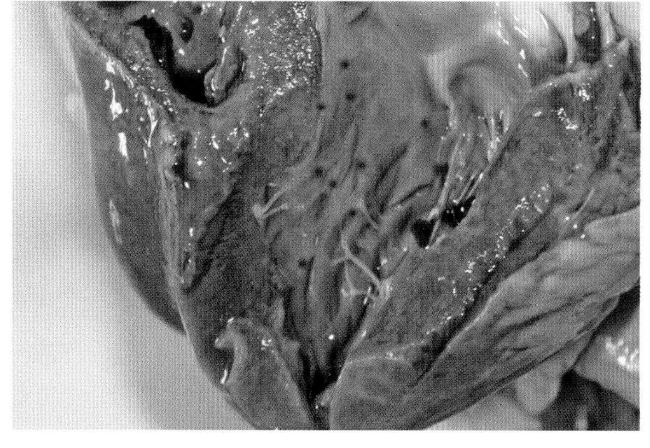
图 5-9-8　病羊心内膜有多处点状出血（李学瑞 供图）

五、诊断

1. 细菌学诊断

（1）涂片镜检。无菌采集病（死）羊的肝、脾、心、血、粪便、肠系膜淋巴结，以及阴道分泌物、胎盘或胎儿组织的病料。制备涂片，自然干燥后，用革兰氏染色法染色、镜检。该菌革兰氏染色呈阴性，两端钝圆或卵圆的小杆菌，不形成芽孢和荚膜。

（2）分离培养。将采集到的病料，接种于沙门氏菌增菌培养基（SC、MM 或 TTB），或直接用病料划线于 SS、DHL 等培养基上。沙门氏菌接种麦康凯鉴别培养基后，因不发酵乳糖而形成无色菌落。沙门氏菌的菌落一般为无色透明或半透明，中等大小，边沿整齐、光滑、湿润，中心稍隆起，有的菌株因产生硫化氢而在 SS、DHL 等琼脂上形成中心黑色菌落。

（3）生化试验。挑选可疑菌落接种于三糖铁（TSI）琼脂上，经 37℃培养 24 h 后，若斜面不变色，仅试管底层产酸或产酸产气或底层产硫化氢（变黑）可初步确定为沙门氏菌。

2. 免疫学诊断方法

（1）间接血凝试验。宋农等利用肠道菌共同抗原（ECA）免疫兔制备兔抗 ECA 抗血清，结合间接血凝试验，用于检验致病性大肠埃希氏菌、沙门氏菌和志贺氏菌，试验特异性较强，仅需 2 h 即可判定结果。

（2）乳胶凝集试验。该试验是将特异性的抗体包被在载体颗粒上，通过抗体与相应的细菌抗原结合，产生肉眼可见的凝集反应进行鉴定。王林业等用沙门氏菌多价血清致敏乳胶并制成乳胶抗体，建立了乳胶凝集试验检测方法（LAT），用于检测牛、羊淋巴结中的沙门氏菌，试验操作简便、快速、敏感性高、特异性强。

（3）胶体金免疫层析。该方法的原理是利用氯金酸在还原剂作用下，可聚合成一定大小的金颗粒，形成带负电的疏水胶溶液，由于静电作用而成为稳定的胶体状态。胶体金标记，实质上是蛋白质等高分子被吸附到胶体金颗粒表面的包被过程。目前，广泛应用于快速检测行业，一般约 10 min 就能完成。王中民等利用胶体金免疫层析法（GICA）用于快速检测沙门氏菌，该方法灵敏度高，简便快速。

（4）荧光抗体法。用于快速检测细菌的荧光抗体技术主要有直接法和间接法。直接法是在检测样品上直接滴加已知特异性荧光标记的抗血清，经洗涤后在荧光显微镜下观察结果。间接法是在检样上滴加已知的细菌特异性抗体，待作用后经洗涤，再加入荧光标记的第二抗体。牛桂玲利用荧光抗体法检测仔猪中副伤寒沙门氏菌，在 2 ～ 3 h 内就可完成检测，比直接镜检更具有特异性和敏感性。

（5）协同凝集试验。由于葡萄球菌 A 蛋白（SPA）具有与人及各种哺乳动物 IgG 的 Fc 段结合的能力，而不影响抗体 Fab 段的活性，因此可利用葡萄球菌作载体，使抗原抗体结合，形成肉眼明显可见的凝集反应。Erganis 等利用协同凝集试验来检测羊胚胎胃中沙门氏菌，结果较传统培养技术更快捷、更灵敏。卢玉民等采用协同凝集试验来检测肉制品中的沙门氏菌，将待检样品增菌 8 ～ 10 h，几分钟就可检出沙门氏菌，与常规检验法的检测结果有较好的一致性。

（6）酶联免疫技术。酶联免疫技术现已广泛应用于病原微生物的检验，有许多商业化的检测试剂盒面世，并已拓展到仪器应用方面，如法国梅里埃生产的基于酶联免疫原理的 Vidas 全自动免疫分析仪，检测灵敏度较高，速度快，可以在 48 h 内快速对沙门氏菌、*E.Coli* O157：H7、单增李氏杆菌、空肠弯曲杆菌和葡萄球菌肠毒素等进行初筛检测。Cornelia 等利用 Vidas 全自动免疫分析仪对德国猪肉中的沙门氏菌进行监控检测，结果发现采用 VIDAS 的阳性样品检出率比显色培养基更高，较传统培养更灵敏。

（7）免疫磁珠技术。该法的原理是利用样品直接与含抗目标微生物抗体的磁珠混合，样品中的目标微生物与免疫磁珠结合，然后利用特定磁场将目标微生物浓缩分离出来，再将含目标微生物的磁珠在适宜分离鉴定培养基上进行培养鉴定。由于该技术不需增菌培养步骤，故检测速度快、敏感性高，已有针对各类致病菌的商业化免疫磁珠试剂盒可供选择。王海明等应用免疫磁珠技术快速检测沙门氏菌，检测限达到＜ 10 CFU/25 g，检测周期约为 40 h，比传统方法省时。

（8）快速触酶法。该法的原理是将传统的细菌分离与生化反应有机结合起来，在培养基中添加与细菌特异性酶作用的底物和指示剂，通过细菌在培养基上出现的颜色变化，快速鉴定细菌，也就是日常所说的显色培养。由于该技术检测结果直观准确，已列入到了沙门氏菌检测的国家标准 GB 4789.4—2016。

（9）快速生化鉴定系统。随着生物技术的不断进步和科学家的不懈努力，现在已能将常规的生化反应结果通过现代信息化手段进行后期处理，大大克服了检验人员主观因素造成的误判，减少试验误差，提高细菌鉴定结果的准确率。商业化产品中最具代表性的是美国 VITEK 公司 AMS 微生物自动分析系统及法国梅里埃 API 系统，广泛应用于沙门氏菌后期鉴定，现已发展成为了全球细菌鉴定的"金标准"。AMS 系统通过应用一系列含有生化基质的多孔聚苯乙烯卡片进行测试，一般检测所需时间 4 ～ 8 h。API 细菌鉴定系统则是采用新型的色原或荧光底物代替传统的糖类和氨基酸，具有特异性强，反应迅速，易于自动化检测的优点，明显提高了细菌生化反应准确性，实现了细菌生化反应革命性变化，每个鉴定板条一次可做 10 ～ 40 项生化试验，可在 2 ～ 6 h 内完成。

3. 分子生物学诊断方法

（1）PCR 方法。PCR 应用于沙门氏菌的快速检测在国内外有大量报道，绝大部分是针对沙门氏菌的 invA 靶基因、hilA 靶基因、fimA 靶基因和 stn 靶基因等进行检测，但由于日常样品检测中影响 PCR 反应结果的因素太多，目前，国内外尚无统一的检测标准，除了常规 PCR 技术外，多重 PCR 技术、荧光定量 PCR 技术的应用也很普遍。Juliane 等利用多重 PCR 快速检测鸡肉中的沙门氏菌，检测低限可达到 1 CFU/mL。

（2）核酸探针技术。核酸探针是能识别特异碱基序列的一段单链 DNA 或 RNA 分子。AOAC 认可的 GENE-TARK 沙门氏菌探针分析法，利用该法对 239 株沙门氏菌进行检测，检出率为 100%，假阳性率为 0.8%。Almeida 等利用核酸探针检测沙门氏菌，检测低限为 1 CFU/10 g（mL），方法特异性和敏感性均为 100%。

（3）等温扩增核酸技术。等温扩增核酸检测技术也是基于 PCR 原理，目前主要分为以下五类：LAMP、链替代扩增、转录介导的扩增、依赖核酸序列的扩增、滚环扩增。其中，LAMP 广泛应用于沙门氏菌的快速检测。万进等利用 LAMP 方法对牛奶中 35 株沙门氏菌临床菌株进行快速检测，检出率 100%，其他阴性菌株基因组均无检出，牛奶中灵敏度为 33 CFU/ 管。

（4）基因芯片技术。基因芯片检测技术是目前较热门的可用于多种微生物的快速检测手段之一。饶宝等通过 16S rRNA 基因序列设计了通用引物和特异性探针并对下游引物进行荧光标记，通过 PCR 扩增、基因芯片杂交和信号扫读实现了同时检测沙门氏菌、金黄色葡萄球菌和大肠杆菌。

六、类症鉴别

1. 羊布鲁氏菌病

相似点：怀孕母羊体温升高，精神不振，食欲减退，流产、产死胎、弱羔，阴道流黏性或带血分泌物。

不同点：该病成年羊较幼年羊多发，流产多发生于妊娠后 3 ～ 4 个月（沙门氏菌病流产多发生于产前 1 ～ 2 个月）。剖检可见胎膜呈淡黄色的胶冻样浸润，胎儿的病变多呈败血病变化，皮下或肌间呈浆液性浸润，胸腹膜有纤维素凝块并有淡红色渗出液。

2. 羊衣原体病

相似点：母羊流产多发生于妊娠后期。母羊流产、产死胎、产弱羔，阴道流分泌物。

不同点：母羊阴道分泌物不带血，呈浅黄色；羔羊和母羊不出现腹泻症状。疫区羔羊可能发生关节炎，表现跛行，羔羊拱背而立或侧卧；结膜炎，表现为眼结膜充血、水肿，流泪，后期角膜发生不同程度的混浊、溃疡。流产母羊胎膜水肿、增厚，子叶呈黑红色或土黄色。

3. 羊大肠杆菌病

相似点：羊大肠杆菌病肠型与羊沙门氏菌病下痢型相似。病羔羊体温升高，精神委顿，低头拱背，食欲减退，下痢，污染其后躯和腿部，病羔脱水。剖检可见肠系膜淋巴结肿大、充血。

不同点：羊大肠杆菌肠型粪便黄色、灰色，含气泡或乳凝块；剖检可见胃内乳凝块发酵，胃、肠黏膜充血、水肿和出血，肠内混有血液和气泡。羊沙门氏菌病下痢型初期下痢为黑色并混有大量泥糊样粪便，后期下痢呈喷射状；真胃和肠道内空虚，心内膜和外膜上有小出血点。

七、防治措施

1. 预防

羊沙门氏菌的防治主要是搞好饲养管理，经常保持畜舍清洁卫生，定期进行消毒。不要使饲料和饮水受到污染。冬季圈舍要保暖，防止感冒。发现病羊要及时进行隔离治疗。在受到该病威胁的地区，可给羊群注射相应的菌苗。

免疫接种。用于控制羊沙门氏菌的菌苗是用加热杀死鼠伤寒沙门氏菌和都柏林沙门氏菌所制成，每年接种 2 次，2 mL/ 次。间隔 2 ～ 3 周，皮下注射，一般于注射后 14 d 可产生免疫力。

2. 治疗

（1）西药治疗。

处方 1：硫酸新霉素。每千克体重 5 ～ 10 mL，口服，每日 2 次。

处方 2：庆大霉素 8 万 IU，每日 2 次，肌内注射。

处方 3：磺胺二甲基嘧啶，每千克体重 0.15 ～ 0.20 g，每日 2 次，口服。

处方 4：复方新诺明 3 片（内含有效成分 1.26 g/ 片），鞣酸蛋白 0.2 g，次硝酸铋 0.2 g，重碳酸钠 0.2 g，灌服，每日 2 次。

（2）补液解毒。对病程较长、脱水严重的羔羊以抗菌消炎、强心止血、补液解毒为主。

葡萄糖氯化钠溶液 200 mL，青霉素 160 万 IU，5% 葡萄糖注射液 100 mL，酚磺乙胺 250 mg，碳酸氢钠注射液 150 mL，静脉注射，每日 2 次。根据脱水情况进行调整补液量。

（3）中药治疗。

处方 1：郁金 30 g、香附 30 g、黄连 16 g、陈皮 30 g、木香 30 g、地榆 30 g、苍术 30 g、熟地 60 g、白术 30 g、白芍 60 g、首乌 20 g、黄柏 20 g、诃子 30 g、槐花 20 g、石榴皮 20 g、乌梅 30 g、阿胶 30 g、黄芩 20 g、龙胆草 2 g、蒲公英 60 g、车前子 20 g、炙甘草 10 g，为 10 只羔羊用量，水煎 2 次，用小胃管（可用导尿管代用）灌服，每日 2 次。

处方 2：青木香、苍术、黄连、白头翁、车前子各 6 g，地榆炭、炒白芍各 9 g，烧枣 5 个为引，研末拌入料中，一次口服，每日 2 次。

第十节　结核病

结核病（TB）是结核由分枝杆菌引起的一种人兽共患的慢性传染病，其主要特征是在各种器官形成无血管的干酪样变性的结节，称为结核。结核病是一种古老的传染病，在历史上曾在全世界广泛流行。1882 年，Koch 发现了结核病的病原菌为结核杆菌，但由于没有有效的治疗药物，该病仍在全球广泛流行。自 20 世纪 50 年代以来，不断发现有效的抗结核药物，使其流行得到了一定的控制。该病被我国列为二类动物疫病。

一、病原

1. 分类与形态结构

该病病原结核分枝杆菌属于分枝杆菌属，包括人型结核分枝杆菌、牛型结核分枝杆菌和禽型结核分枝杆菌。牛型结核分枝杆菌毒力较强，常能引起各种家畜的全身性结核，也是山羊结核病的主要传染来源；禽型结核分枝杆菌也是羊结核病的病原，绵羊最为易感。

分枝杆菌为细长略带弯曲的杆菌，大小为（1 ～ 4）μm×0.4 μm，不产生芽孢和荚膜，不能运动。分枝杆菌是一种特殊的革兰氏染色阳性菌，一般染色不易着染，常用 Ziehl–Neelsen 氏抗酸染色观察该菌的形态，以5%石炭酸复红加温染色后可以染色，但用3%盐酸乙醇不易脱色。若再用亚甲蓝复染，则结核杆菌呈红色，而其他细菌和背景中的物质为蓝色。人型、牛型和禽型在形态上的区别很小，人型的细长而稍弯曲，牛型的略短而稍粗，禽型的粗短而略具多形性。

近年来发现结核杆菌在细胞壁外尚有一层荚膜。一般因制片时遭受破坏而不易观察到。若在制备电镜标本固定前用明胶处理，可防止荚膜脱水收缩。在电镜下可看到菌体外有一层较厚的透明区，即荚膜。

2. 培养特性

该菌专性厌氧，最适生长温度为37～38℃，最适合该菌生长的pH值，牛型为5.9～6.9，人型为7.4～8.0，禽型为7.2。结核杆菌细胞壁的脂质含量较高，影响营养物质的吸收，故生长缓慢。在一般培养基中分裂1代需18～24 h，营养丰富时只需5 h，初次分离需要营养丰富的培养基。一般2～4周可见菌落生长，菌落呈颗粒、结节或花菜状，乳白色或米黄色，不透明。在液体培养基中可能由于接触营养面大，细菌生长较为迅速。

3. 理化特性

分枝杆菌对外界环境的抵抗力较强，对于干燥、腐败作用和一般消毒药物的耐受性都很强。在干燥的痰内可生存6～8个月，在冰点下可生存4～5个月，在污水中可保持活力11～15个月，直射阳光照射下约2小时可被全部杀死。对湿热的抵抗力差，60℃经30 min即可失去活力，100℃立刻死亡，5%石炭酸或来苏儿溶液需24 h才能将其杀死，4%福尔马林12 h将其杀死，常用消毒药（如5%来苏儿、3%～5%甲醛液、70%酒精、10%漂白粉溶液等）均可杀灭该菌。

二、流行病学

1. 易感动物

人型结核分枝杆菌可使人、牛、羊、猪、狗和猫等与人类密切接触的动物发病。牛型分枝杆菌主要感染不同种属的温血动物，包括有蹄动物、有袋动物、食肉类动物、灵长类动物、鳍脚类动物和啮齿类动物在内的50多种哺乳动物，还包括北美洲乌鸦等20多种禽类。禽分枝杆菌旧称禽结核分枝杆菌，是家禽、鸟类和哺乳动物结核病的病原菌，可使鸡、人、牛、羊、猪和马发病。

2. 传染源

传染源为患结核病动物的排泄物和分泌物污染的饲料和饮水。病情严重患畜的痰液、粪、尿、奶、泌尿生殖道分泌物及体表溃疡分泌物中均含有结核杆菌。

3. 传播途径

羊主要通过消化道感染该病，也可通过空气和生殖道感染。健康羊只食入了被细菌污染的饲料和饮水，或者吸入了含有细菌的空气，即可受到感染。

4. 流行特点

结核病一年四季均可发生，呈散发性。饲养管理不良，畜舍阴暗、潮湿和拥挤等不良因素，均可促进该病发生与传播。

三、临床症状

病羊体温多正常，有时稍升高。消瘦，被毛干燥，精神不振，羊结核急性病例少见，多呈慢性经过。当患肺结核时，病羊咳嗽，流脓性鼻液；当乳房被感染时，乳房硬化，乳房淋巴结肿大；当患肠结核时，病羊有持续性消化机能障碍、便秘、腹泻或轻度胀气。身体浅表淋巴明显肿大；种畜出现繁殖障碍性病症，母羊发情紊乱、屡配不孕、流产或产死弱胎，公羊睾丸炎（睾丸、附睾水肿），病畜常因生殖系统结核病变而出现性欲亢进、频繁发情等异常病理现象；病程后期由于继发感染而加重，还可出现明显神经症状（癫痫、共济失调、角弓反张、惊厥、肌僵）和全身性败血症。

四、病理变化

病羊尸体消瘦，黏膜苍白，在肺脏、肝脏和其他器官及浆膜上形成特异性结核结节和干酪样坏死灶（图 5-10-1）。干酪样物质趋向软化和液化，并具明显的组织膜，这是山羊结核结节的特征。原发性结核病灶常见于肺脏和纵隔淋巴结，可见白色或黄色结节，有时发展成小叶性肺炎。在胸膜上可见灰白色半透明珍珠状结节，肠系膜淋巴结有结节病灶（图 5-10-2 至图 5-10-6）。

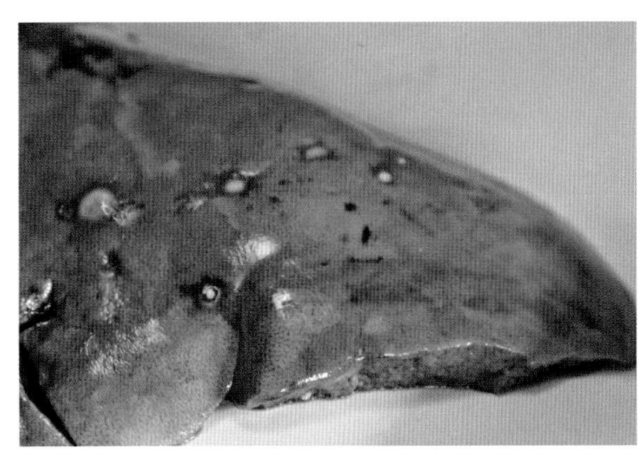

图 5-10-1　病羊肝脏形成特异性结核结节和干酪样坏死灶（李学瑞　供图）

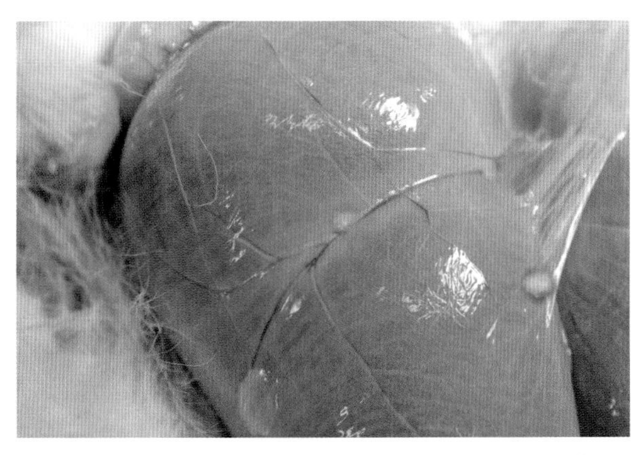

图 5-10-2　病羊瘤胃上有圆形或半球形坚实的结节（李学瑞　供图）

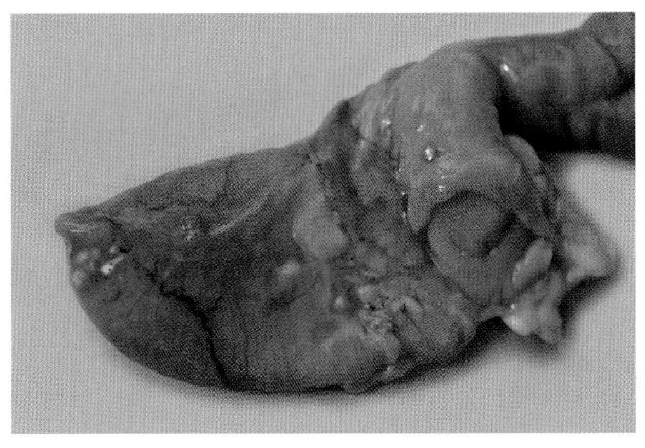

图 5-10-3　病羊膀胱壁上有多个灰白色小结节（李学瑞　供图）

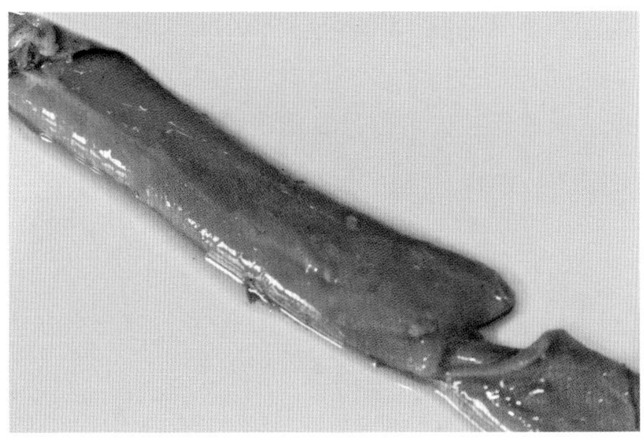

图 5-10-4　病羊食道表面有灰白色小结节（李学瑞　供图）

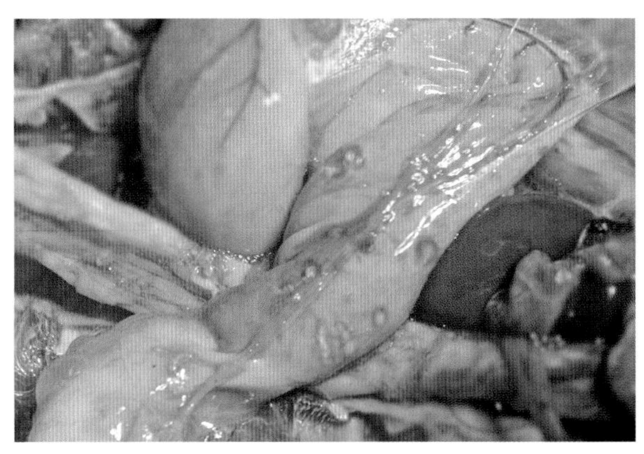
图 5-10-5　病羊皱胃上有圆形或半球形坚实的结节（李学瑞　供图）

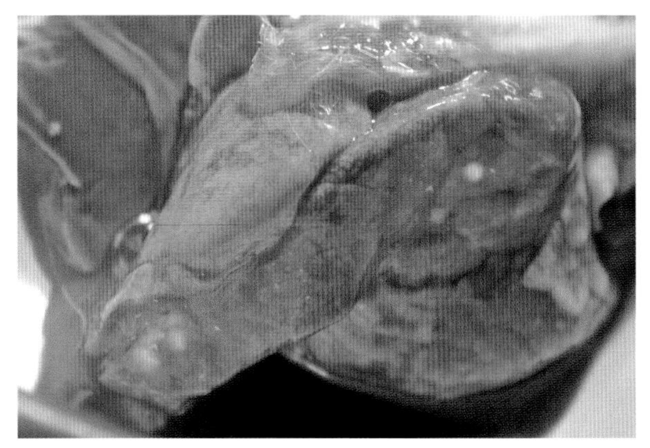
图 5-10-6　病羊肺脏可见白色或黄色结节（李学瑞　供图）

五、诊断

1. 临床诊断要点

在羊群中有发生进行性消瘦、咳嗽、慢性乳房炎、顽固下痢、体表淋巴结慢性肿胀等病羊，可作为初步诊断。尚需结合流行病学、临床症状、病理变化、结核菌素试验、细菌试验及血清学试验等综合诊断。

2. 病原学诊断

（1）涂片镜检。采集病羊的病灶、痰、粪、尿、乳及其他分泌物，进行涂片抗酸染色镜检，分离培养和动物接种试验。对病料进行荧光抗体染色，在荧光显微镜下出现翠绿色荧光者为阳性。

（2）变态反应。实验室中诊断羊结核病的方法是采用结核菌素做变态反应。先用 1∶4 稀释的牛型结核菌素和禽型结核菌素分别给绵羊的耳根外侧、山羊的肩胛部皮内接种约 0.1 mL，72 h 后观察其反应，如果局部皮肤出现明显肿胀、热痛等炎症反应且皮厚，皮差为 4 mm 为阳性，或不到 4 mm，但局部呈弥漫性水肿的可判定为阳性；皮差为 2.1 ～ 3.9 mm，炎性水肿不明显的可判定为疑似反应；皮差小于等于 2 mm，无炎性水肿的，或仅有坚实冷硬小结或呈纽扣状肿的可判定为阴性。

3. PCR 方法

冉懋韬等根据 GenBank 中的牛分枝杆菌的 *Pnca* 基因序列，设计了 1 对引物，建立了山羊结核病的 PCR 检测方法。该方法的扩增产物阳性条带为 241 bp，特异性与敏感性结果显示，最低核酸检测量为 0.62 ng/L，同时，检测羊大肠杆菌、羊链球菌、羊产气荚膜梭菌、金黄色葡萄球菌、羊多杀性巴氏杆菌，结果均为阴性。应用该方法对 154 份临床样本及 864 份血清（全血）进行检测，山羊结核病阳性率为 43.5%，结果高于细菌学检测。该 PCR 方法具有很好的特异性和敏感性，可用于临床山羊结核病的早期快速诊断。

六、类症鉴别

1. 羊棘球蚴病

相似点：病羊营养不良，消瘦，肺部感染时有明显的咳嗽。

不同点：病羊被毛逆立，时常脱毛，喜卧地，不愿起立。剖检可见肝、肺表面凹凸不平，有数量不等的棘球蚴囊泡突起，肝、肺实质中存在有数量不等、大小不一的棘球蚴包囊，囊内含有大量液体，除不育囊外，囊液沉淀后，即可见大量的包囊砂。

2. 山羊传染性胸膜肺炎

相似点：慢性型与结核病症状相似。病羊咳嗽，流鼻液，被毛蓬乱。

不同点：剖检可见浆液性或纤维素性胸膜肺炎症状，胸肋膜变厚，附着粗糙的纤维素，肺胸膜、肋胸膜、心包膜互相粘连；胸腔积液现象严重，可达 500 ～ 2 000 mL，积液长时间暴露于外界空气中则形成纤维蛋白凝块；肺脏凹凸不平，颜色红色、灰色不等，切面呈大理石状。

七、防治措施

1. 预防

（1）定期检查。定期对羊群进行临床检查，发现阳性者，及时采取隔离消毒措施，对利用价值不大者应扑杀，以免传染健康羊。

（2）严格隔离。严格隔离病羊与健康羊只，禁止病羊与健康羊只之间发生任何直接接触或间接接触，例如放牧时对病羊单独使用一个牧道或牧场。

（3）入群前检查。病羊所产羊羔用 1%来苏儿或其他消毒液洗涤消毒后，隔离饲养，同时，避免用病羊乳汁哺乳，3 个月后进行结核菌素试验，阴性者方可与健康羊群混养。引进新羊时也必须先做结核菌素试验以确定羊只是否健康，方可引进。

2. 治疗

确诊为该病后最好果断淘汰。对有价值的或病情较轻的病羊可采用异烟肼、链霉素等药物治疗。

处方 1：链霉素，每千克体重 10 mg，肌内注射，2 次 /d，连用数日。

处方 2：异烟肼，每千克体重 4 ～ 8 mg，分 3 次灌服，连用 1 个月。

处方 3：链霉素 700 万～ 800 万 IU+ 黄芪多糖注射液 20 ～ 30 mL 混合肌内注射，2 剂 /d、连用 3 d。

处方 4：卡那霉素 400 万 IU 肌内注射，2 剂 /d、连用 3 d。

第十一节　副结核病

副结核病，又称为副结核性肠炎、Johne’s 病，是由禽分枝杆菌副结核亚种（Map）引起的，以牛、羊、鹿、羊驼等反刍动物为主，以慢性增生性、顽固性肠炎和进行性消瘦为特征的多种动物共患的一种慢性、消耗性传染病。

副结核病于 1825 年首次在维多利亚诊断发现。1895 年，Johne 和 Frothingham 最先从病牛组织中发现 Map，开始误认为是禽型结核菌，并认为是非典型的结核病。直到 1906 年，Bang 用病牛肠饲喂犊牛感染成功，证实了副结核病是一种不同于结核病的独立疾病，并将其命名为约内氏病（即 Johne's 病）。1910 年，Twort 首次成功分离出该病的病原体。1973 年，我国学者韩有库首次在我国分离出 Map。副结核病潜伏期长，患畜长期大量排菌，易于传染，无可靠的治疗方法和疫苗，很难控制，严重危害畜牧业的发展。另外，该病还与人类的克罗恩病（Crohn's disease，又称局限性肠炎或节段性肠炎）密切相关，对人类的健康存在潜在的威胁。

一、病原

1. 分类与形态特征

禽分枝杆菌副结核亚种（Map）属于分枝杆菌科、分枝杆菌属。该菌属细菌为平直微弯的杆菌，因有分枝生长的趋势而得名。该菌属的最显著特性是其胞壁中含有大量的类脂，可达菌体干重的 40% 左右。Map 为抗酸染色阳性、革兰氏染色阳性、不能运动的短杆菌，大小为（0.5 ～ 1.5）μm×（0.2 ～ 0.5）μm，镜检呈短杆状，成丛排列，无鞭毛和芽孢。

2. 培养特性

Map 属于需氧菌，培养最适温度为 37℃，最适 pH 值为 6.8 ～ 7.2，初次分离培养很困难，在人工培养基上生长缓慢且依赖分枝杆菌素。初代培养经 6 周后，细菌在培养基上多形成坚硬、粗糙的白色小菌落，偶尔产生黄色素。该菌在从粪便分离率较低，而从病变肠段及肠系膜淋巴结分离率较高。从病料分离培养细菌时，先将病料用 4% H_2SO_4 或 2% NaOH 处理，经中和后再接种选择培养基如 Herrald 卵黄培养基、小川氏培养基、Dubos 培养基或 Waston-Reid 培养基。

3. 理化特性

该菌对自然环境的抵抗力很强，在河水中可存活 163 d，在粪便和土壤中可存活 11 个月，在 70℃温度下 3 ～ 51 周仍可维持活力。但对热敏感，63℃ 30 min，70℃ 20 min，80℃ 1 ～ 5 min 均可杀死该菌。Map 抗强酸强碱，在 5% 草酸、5% 硫酸、15% 次氯酸钠、4% 苛性钠溶液中可保持活力 30 min。在 5% 来苏儿、5% 甲醛或石碳酸（1∶40）中，10 min 内可将其杀灭。

4. 发病机理

Map 进入机体后，到达小肠后段、盲肠和结肠生长繁殖。这些部位肠液分泌较少，黏液分泌较多，酶含量少，理化环境较单纯，适于该菌的生存。Map 不产生强大的毒素，因此不引起肠黏膜的中毒性坏死和明显的败血症，而仅在局部肠黏膜引起慢性增生性炎症。在固有层和黏膜下层有大量淋巴细胞、巨噬细胞和上皮样细胞增生，嗜酸性粒细胞、浆细胞和肥大细胞增多，胶原纤维也发生变性，增生的淋巴细胞主要为 T 细胞。机体首先产生细胞免疫，随后体液免疫逐渐增高，所以，这种慢性肠炎是以细胞免疫为主的Ⅳ型变态反应。在严重病例，黏膜固有层、黏膜下层都充满上皮样细胞和巨噬细胞，所属淋巴管和淋巴结也会明显受害。肠绒毛的损害，肠腺的萎缩，淋巴管与血管的受压，可造成肠的吸收、分泌、蠕动等功能障碍，从而导致腹泻、营养不良和慢性消瘦。

二、流行病学

1. 易感动物

该病主要引起牛、羊、羊驼等反刍动物的慢性消耗性传染病，一些马、猪等非反刍动物也感染该病。副结核病的宿主范围非常广泛，近年来的调查发现，野生动物在该病的流行中占重要地位，这包括美国的大角绵羊、野牛、意大利山羊等。另外，有些灵长类动物如猕猴也感染该病。幼年动物对该病最为易感。怀孕、分娩后哺乳期以及营养不良、管理不当、气候恶劣、阴雨潮湿或长途运输等不利条件下，动物易感染出现临床症状。

2. 传染源

患畜是该病主要的传染源，症状明显和隐性感染期内的病畜均能向体外排菌。有学者认为动物产品也是副结核病传播的重要媒介（如乳产品）。

3. 传播途径

病原菌主要随粪便排出体外，严重污染周围环境。该菌也可随乳汁、尿液排出体外，可在周围环境中存活数月之久。健康的动物主要通过摄入被污染的饲料、饮水、乳汁经消化道感染，另外，该病可垂直传播，通过子宫传染给胎儿。

4. 流行特点

动物一旦感染，该病即可在饲养畜群中持续发生。该病的散播比较缓慢，各个病例的出现往往间隔较长的时间，因此，从表面上似乎呈散发性，实际上它是一种地方流行性疾病。该病感染率高，而发病率和死亡率低。在青黄不接、草料供应不上、饲料中缺乏无机盐和维生素、羊只体质不良、机体的抵抗力减弱时，发病率上升。转入青草期，病羊症状减轻，病情好转。

三、临床症状

该病潜伏期很长，数月至数年，通常为 3～5 年，大多在幼龄时感染，到成年时才表现临床症状。

病羊发病早期体温正常或略有升高，食欲和饮欲正常，但不长膘。表现为精神不振，常呆立低头。特征性症状是间歇性或持续性腹泻，粪便稀软不成形，表面常有灰白色、黏液样物附着，有时可见血液，会阴部、肛门及后躯常被粪便污染。腹泻期间病羊食欲降低，被毛干燥蓬乱无光泽，无毛或少毛部位皮肤灰白干燥，病羊渐进性消瘦十分明显。

发病后期排水样稀便，指压肛门可排出水样的稀便；病羊衰弱、消瘦、脱毛、可视黏膜苍白、喜卧、昏睡、食欲减少。可见患羊两侧臀部呈凹陷状态，肋骨显露，脊柱两侧凹陷成沟，上脊突明显突出，两侧腹肋部下陷，触诊可触及对侧腹壁或肾脏（图 5-11-1）。少数下颌和腹下水肿。怀多胎的母羊后期多流产，或母羊、羔羊同时死亡。产羔后的母羊泌乳量下降

图 5-11-1 病羊两侧臀部呈凹陷状态，肋骨显露（李学瑞 供图）

或无乳，公羊性欲降低。多数病羊后期运动和采食能力下降，最后常因消瘦、衰竭而死亡。也有的病羊后期并发肺炎，常咳嗽或气喘，同时，可见下颌部水肿。病羊临死前体温多偏低。临床应用各种抗生素药物治疗无效，强心、补液只能延缓病程。病程为 6 个月到 2 年。

四、病理变化

病死羊尸体剖检可见皮下脂肪耗尽，特别是肠系膜脂肪只剩薄膜，呈胶冻样水肿（图 5-11-2）。肌肉色淡、萎缩，筋膜明显增生（图 5-11-3）。血液稀薄、色淡、凝固不全。胸、腹腔及心包腔内积有不等量淡黄色或灰白色、稍透明液体。因呼吸困难而病死的羊肺淤血、水肿，肺尖、心叶或膈叶与心、尖叶交界处有紫红色灶状病变、质地较硬（图 5-11-4），其他部位肺组织间质增宽。消化道病变明显，病变主要发生在空肠后端、回肠、盲肠和结肠等部位，可见有间断性或连续性、长短不一的肠段增厚，比正常肠壁增厚 1 ～ 2 倍，其黏膜面呈灰白或灰黄色，形成明显皱褶，皱褶高 1 ～ 2 mm，呈纵或横形排列，不易压平。有些病死羊肠管外表面形成串珠状结构。肠系膜淋巴管扩张明显，呈绳索状。肠系膜淋巴结较正常大 2 ～ 3 倍，呈灰白色、切面外翻、湿润多水，有大量黏稠的淋巴液流出。肠系膜及盲肠、结肠浆膜面灰白色，呈树枝状充血（图 5-11-5、图 5-11-6），有少量干酪样坏死灶，甚至有个别出现粟粒至黄豆大的钙化灶。肝脏边缘稍钝、色淡黄且无光（图 5-11-7）。

图 5-11-2　病羊皮下脂肪耗尽，特别是肠系膜脂肪只剩薄膜，呈胶冻样水肿（李学瑞　供图）

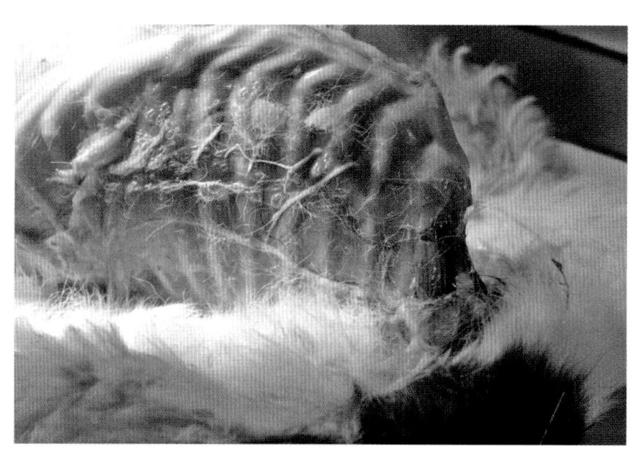

图 5-11-3　病羊肌肉色淡、萎缩，筋膜明显增生（李学瑞　供图）

图 5-11-4　病羊肺淤血、水肿，肺尖、心叶或膈叶与心、尖叶交界处有紫红色灶状病变、质地较硬（李学瑞　供图）

图 5-11-5　病羊肠系膜及盲、结肠浆膜面灰白色，呈树枝状充血 A（李学瑞　供图）

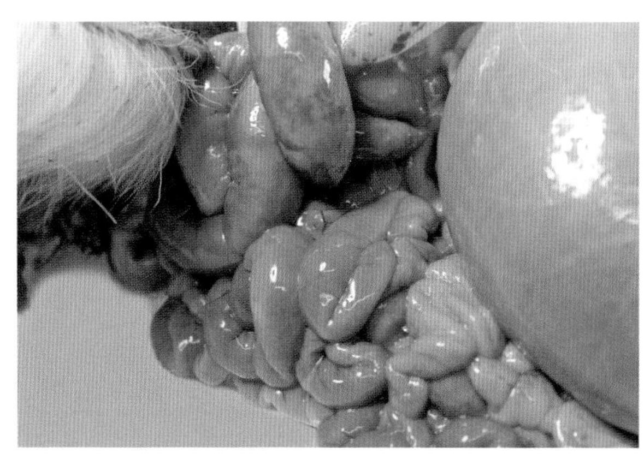

图 5-11-6 病羊肠系膜及盲、结肠浆膜面灰白色，呈树枝状充血 B（李学瑞 供图）

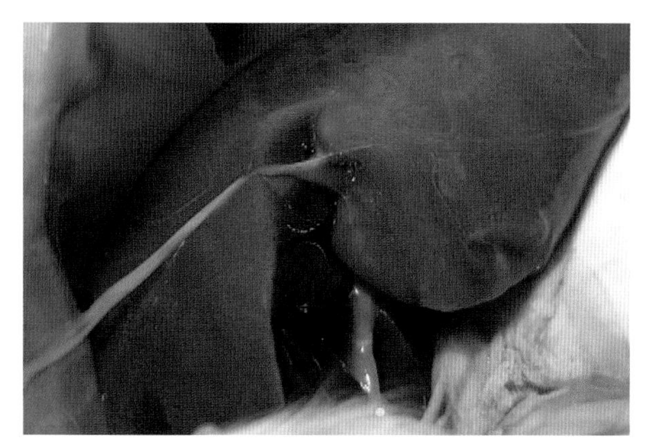

图 5-11-7 病羊肝脏边缘稍钝、色淡黄且无光（李学瑞 供图）

五、诊断

1. 细菌学诊断

该方法采集可疑病畜的粪便或肠刮取物，涂片，抗酸染色，镜下观察，能够观察到成丛成团、细长稍弯的红色副结核杆菌。本方法不需要特殊的设备和仪器，操作简单，检验速度快，费用低，但仅 1/3 左右的病例可通过此方法诊断，而且在粪便中还常有其他的抗酸菌，容易造成误诊。因此在必要时，应反复进行几次检查，方能提高检出率。也可将可疑病料或粪便接种于专用培养基增殖培养，但需要 1 ～ 2 个月才能长出针尖大小的菌落，阴性结果的排除则需要 3 ～ 6 个月的时间，费时耗工，分离率较低。

2. 变态反应

用副结核菌素（PPD）或禽型结核菌素（效价为 0.5 mg，含 25 000 U）于颈部或尾根部皮内注射 0.1 mL，注射后分别于 48 h 及 72 h 观察 2 次，于 72 h 进行判定。皮厚差为 4 mm 以上，并有红肿、热、痛的炎性肿胀者，判为阳性。此方法在感染后 3 ～ 9 月龄反应良好，但至 15 ～ 24 月龄反应下降。2017 年，张兴会等检测绒山羊副结核的结果发现，采用皮内变态反应可筛选出在早期阶段感染副结核的个体，随着感染时间的延长，其皮内变态反应效果将不再明显。因此，该方法主要用于感染初期、隐性感染的动物，不适用于中后期有明显症状的动物。此时大部分排菌羊及一部分感染羊均呈阴性反应，即许多患畜在疾病末期表现耐受性或无反应状态。段希武等以副结核菌素对绵羊进行皮内变态反应诊断研究，变态反应阳性检出率 54%～ 99%。但各国报道不一，假阳性一般在 20%左右。

3. 血清学诊断方法

（1）AGID 方法。1986 年，李艳琴等开始研究应用 AGID 诊断绵羊副结核，并进行了皮内变态反应和 AGID 2 种方法的比较。病理学检测发现，37 头琼脂扩散试验阳性羊均有副结核病变，琼脂扩散与病理学检查符合率为 100%。而 10 头皮试阳性羊中 9 头有病变，1 头无病变，皮试与病理学检查符合率为 90%。在 23 例琼脂扩散阳性羊病料培养中，琼脂扩散与细菌培养符合率为 95.6%。在 32 例皮试阳性羊病料培养中，皮试与细菌培养符合率为 81.2%。因此，认为 AGID 是比皮内试验更特异的诊断羊副结核病的方法。AGID 使用的抗原来自 Map 的粗提物，可用于鉴定临床病畜或粪便中大量排毒的病畜，操作简单，结果容易判定。张喜悦等比较各种琼脂扩散抗原的试验效果后，发现用细胞壁粉碎抗原和细胞浆抗原进行 AGID 能获得较为满意的效果。何昭阳等应用 AGID 诊断牛副结核病，也认为细胞壁粉碎抗原较好。另外，据报道检测牛副结核病的 AGID 也可以用于鉴别诊断绵羊的副结核病。但该方法敏感性低，不宜用作筛选和鉴定亚临床感染病例，国内外关于 Map 琼脂扩散抗原的报道也非常少。

（2）补体结合试验（CF）。补体结合试验是最早用于该病的诊断方法，为国际上诊断副结核病常用的血清学方法。与变态反应一样，病畜在出现临床症状之前即对补体结合反应呈阳性反应，其消失比变态反应迟。但有的未感染的家畜会出现假阳性反应，有的病畜在症状出现前呈阳性反应，而出现症状明显后滴度又下降。1952 年 Hole 首次应用补体结合试验诊断副结核病，认为补体结合试验对发病牛的检出率在 90%以上。Rice 等对有病理变化而无临床症状的隐性感染牛用补体结合试验进行检疫，其阳性率只有 19.3%。这是由于抗体在感染过程中出现较晚，所以，补体结合试验虽然对有临床症状的病畜检出率较高，但用于潜伏感染病例时效果不佳，因此，不宜用作筛选和鉴定亚临床感染的检测。

（3）ELISA 方法。常规 ELISA 是世界动物卫生组织推荐的检测副结核病的主要方法，也是检测最敏感的血清学方法，尤其适用于大规模的动物检疫。ELISA 方法比 CF 试验提前数日检出阳性抗体。为了排除 ELISA 的假阳性反应，学者们提出了 2 种方法：一是提纯抗原，主要采用凝胶层析、亲和层析技术等方法提取副结核抗原成分；二是排除待检血清中的非特异性抗体，主要采用抗原和待检血清非特异性成分中和等方法。1996 年王永清摘译的文献中认为，用 ELISA 方法诊断山羊副结核病的敏感性为 54%，特异性为 99%。在第二次国际副结核病会议上，日本、阿根廷、加拿大、澳大利亚、荷兰、葡萄牙提供了有关 ELISA 诊断的论文，证明了 ELISA 方法的高特异性和实用性。2017 年，我国学者张兴会等用 ELISA 检测绒山羊副结核敏感性达 93% 以上。

全血 γ 干扰素 ELISA：本方法是依据副结核病在亚临床感染阶段呈现强细胞免疫反应或低体液免疫反应而开发的。动物感染 Map 后，体内的淋巴细胞会被 Map 致敏，如果感染动物产生的致敏淋巴细胞遇到鸟分枝杆菌或结核分枝杆菌时，可以在体外模拟迟发性过敏反应，致敏淋巴细胞会释放 γ 干扰素，γ 干扰素可用 ELISA 方法检测，且检测的结果与 Map 或鸟分枝杆菌接触量相关。本方法比较敏感，有希望作为常用的诊断法。

（4）胶体金技术。免疫胶体金技术是以胶体金作为示踪标志物应用于抗原抗体反应的一种新型的免疫标记技术。胶体金是由氯金酸在还原剂如白磷、抗坏血酸、枸橼酸钠、鞣酸等作用下，聚合成为特定大小的金颗粒，并由于静电作用成为一种稳定的胶体状态，称为胶体金。胶体金在弱碱环境下带负电荷，可与蛋白质分子的正电荷基团形成牢固的结合，由于这种结合是静电结合，所以，不影响蛋白质的生物特性。金鑫等建立了胶体金标记羊抗兔 IgG 检测牛副结核病抗体 IgG1 的银加强胶体金技术，发现此方法可信度至少达 96%。该方法敏感、特异、简便、经济，适合于现场推广应用。

4. 分子生物学诊断方法

（1）基因探针技术。1988 年，美国威斯康星州大学 Hurley 首次报道了副结核的基因探针，他提取了副结核菌特异的 DNA 片段，并进行放射免疫标记，然后检测牛粪中该菌互补的 DNA 片段，此方法阳性检出率比粪细菌培养高 34%。1989 年，Huerly 等报道了用放射免疫标记 Map 基因片段制成的探针，检测牛粪便，结果阳性率高于粪培阳性率。

（2）PCR 方法。PCR 方法具有比常规方法敏感性高、速度快的优点，仅需要几个小时，能及早诊断副结核病，对于副结核病的控制具有十分重要的应用价值，是目前诊断副结核病较为理想的办法。据报道，PCR 方法检测不同来源样品中 Map 的阳性率比镜检高 0% ～ 42.3%，绝大多数高出 10%，比常规细菌培养高 0% ～ 31%，多数高出 6%，由此可见，PCR 方法比传统方法具有更高的检出率，且快速，克服了其他常规方法耗时、敏感性不强等缺点，有望成为副结核病的一种实用而可靠的检测手段。Vary 等用高特异性引物对 *IS900* 基因进行聚合酶链式反应，成功地建立了副结核的 PCR 诊断方法，与禽分枝杆菌无交叉反应。Collins 等认为 PCR 技术在检测奶、组织和粪便中的副结核分枝杆菌时是一种快速、敏感的方法；2003 年，Barrington 报道认为用 PCR 技术检测奶比检测粪便更加敏感。2006 年 David 等使用以 *F57* 和 *locus255* 基因为基础的 PCR 方法。Ridge 等在 1993—1994 年把 PCR 检测技术用于羊驼副结核病的诊断。

六、类症鉴别

1. 羊沙门氏菌病

相似点：母羊怀孕后期流产或产死胎，母羊可在流产前后死亡。病羊腹泻，粪便稀软，污染后躯，粪便有时带血，后期排水样粪便。

不同点：羊沙门氏菌病腹泻多发于羔羊，而羊副结核病多发生于成年羊。母羊流产前后数天，阴道有黏性带有血丝或血块的分泌物流出。腹泻病羊腹痛，剧烈腹泻，迅速脱水，眼球下陷，口渴喜饮，严重衰竭，经 1 ～ 5 d 死亡。剖检可见真胃和肠道内空虚，肠黏膜附有黏液，并含有小血块；胆囊肿大，胆汁充盈。

2. 羊消化道线虫病

相似点：病羊精神沉郁，腹泻，有时带血，消瘦，贫血，下颌水肿。

不同点：剖检病羊可见消化道各部位有数量不等的相应线虫寄生；真胃黏膜水肿，有时可见虫咬的痕迹和针尖大到粟粒大的小结节；小肠和盲肠黏膜有卡他性炎症，大肠可见到黄色小点状的结节或化脓性结节，以及肠壁上遗留下的一些瘢痕性斑点。

3. 营养不良的鉴别

羊只出现营养不良常发生于冬春枯草时节，病羊虽然也会出现消瘦和腹泻症状，然而病羊的肠道却没有羊副结核病肠黏膜显著增厚且形成皱褶的病理变化。

七、防治措施

1. 预防

（1）隔离饲养，定期检疫。发现病羊和可疑羊，应及时隔离饲养，以减少对环境的污染。经实验室确诊后应尽快宰杀处理。对疑似羊采取隔离检疫，每 2 个月 1 次。病羊群用变态反应每年检疫 4 次，对出现临床症状或变态反应阳性的病羊，及时淘汰。

（2）严格消毒。对病羊污染的羊舍、羊栏、饲槽、用具和运动场等用苛性钠等消毒药进行消毒。对羊舍进行全面清理、彻底消毒，空置 1 年后再引入健康羊。粪便应堆积，经生物发酵后方可利用。被病羊粪便污染的草场，要确保至少 1 年内不在该草场放牧。

（3）免疫和净化。用副结核菌苗对羔羊进行接种，减少发病率和延长发病时间。对疫区羊群通过皮内变态反应、补体结合试验、琼脂扩散试验进行检疫和净化。

（4）加强饲养管理。在该病多发生的地区应多增加干草料，适当补充一些微量元素，如硒、铜、铁等矿物质元素。

2. 治疗

该病治疗的关键是选用敏感的抗生素进行早期治疗。副结核分枝杆菌对青霉素高度敏感，但因脓肿有较厚的包囊，故有时疗效不好。该病应用链霉素、异烟肼类药物，均无疗效。止泻剂至多能使该病暂时好转。

（1）西药治疗。

处方 1：早期使用青霉素 80 万～ 160 万 IU，生理盐水 10 mL，混合溶解后，在肿胀周围深部肌内注射，2 次 /d，连用 3 d。

处方 2：20%磺胺嘧啶钠注射液 10 mL，静脉一次注射，1 次 /d，连用 2 d。

（2）手术治疗。体表脓肿较大时，应按外科常规手术，将脓肿连同包囊一并摘除，配合抗生素治疗，效果明显。

第十二节　坏死杆菌病

坏死杆菌病是由坏死梭杆菌（Fn）引起的可侵害家畜、家禽和野生动物的一种传染病，特征是动物的皮肤、皮下组织和消化道黏膜发生坏死，有时在其他脏器上形成转移性坏死灶，多为慢性经过、常呈散发或地方流行。羊坏死杆菌病临床上表现有腐蹄病、坏死性皮炎、坏死性口炎（白喉）等多种病型。

1877 年 Dammann 首先描述了犊牛白喉，误认为是白喉杆菌，直至 1884 年证实该细菌是一种类似于坏死放线菌的革兰氏阴性菌，1897 年 Veillon 和 Zuber 从病人的化脓病灶中分离出革兰氏阴性厌氧菌，坏死杆菌就是其中的一个代表菌。

一、病原

1. 分类与形态特征

坏死梭杆菌（Fn）属于梭杆菌属。最近更新的梭杆菌属成员共 12 个种，包括具核梭杆菌、猴梭杆菌、牙周梭杆菌、拉氏梭杆菌、坏死梭杆菌、马梭杆菌、微生子梭杆菌、死亡梭杆菌、溃疡梭杆菌、变形梭杆菌、坏疽梭杆菌以及恶臭梭杆菌。

坏死梭杆菌是一种多形态的革兰氏阴性菌，根据该菌的生长条件、培养时间和菌株的差异，该菌可呈现球形、短杆状、长杆状以至长丝状。坏死梭杆菌无鞭毛、无荚膜、不形成芽孢。坏死梭杆菌菌体宽约 1 μm，长有的可超过 700 μm，甚至更长。一般分离自感染组织中的细菌表现典型的长丝状菌体，而经过液体培养基多次传代后，菌体的长度逐渐缩短，一直到长杆状才基本不变。在固体培养基和老龄培养物中短杆状和球状菌较常见（图 5-12-1）。

坏死梭杆菌具有非抗酸性，对普通苯胺染料容易着染。其早期培养物可均匀着染，但是对于 24 h 后的培养物使用革兰氏染色方法效果不佳，用石碳酸 - 复红加温染色，菌体呈浓淡相间的串珠状的不均匀着色；用碱性复红 - 亚甲蓝染色，菌体更为明显。对于 72 h 后的老龄培养物，使用普通苯胺染料着色，效果很差，染色微弱，表现两极浓染。

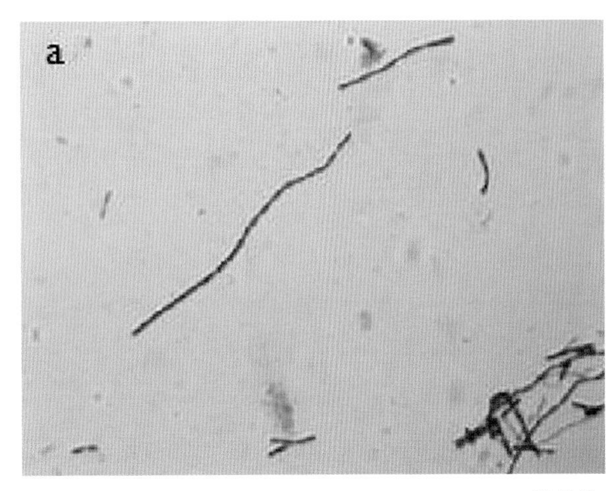

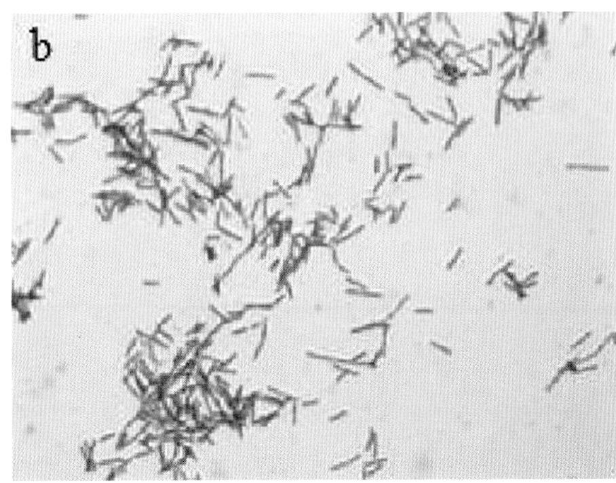

a. 长丝状；b. 短杆状。

图 5-12-1　坏死梭菌多形性（兰喜　供图）

2. 培养特性

坏死梭杆菌是一种严格厌氧菌，培养条件苛刻，必须在完全无氧的环境中才能正常繁殖。特别是初代培养物，对培养条件要求更高，需要在培养基中加入一定量的还原剂对培养基进行预还原，降低氧化还原电势。坏死梭杆菌的最适生长温度为 37 ～ 39℃，在 30 ～ 40℃的条件下也能生长。一般坏死梭杆菌培养基的 pH 值控制在 6.0 ～ 8.0，pH 值为 7.4 时生长最好。坏死梭杆菌常用培养气体的最佳比例是 5% ～ 10% CO_2、5% ～ 10% H_2、80% ～ 90% N_2。在培养基中加入硫乙醇酸钠、酵母粉或酵母浸出液、L- 半胱氨酸盐酸盐、5% ～ 10% 的血清、血液、氯化血红素、葡萄糖、维生素 K_1 和肉渣等成分能够促进坏死梭杆菌生长。坏死杆菌病的病灶中通常存在链球菌、葡萄球菌和变形杆菌等杂菌，因此，从病料中分离到坏死梭杆菌的纯培养相对困难。一般在分离培养基中加入 0.01% 的亮绿、0.02% 结晶紫、200 μg/mL 新霉素和 7.5 μg/mL 万古霉素均能够抑制杂菌的生长，获得该菌纯培养的概率也大大提高。

3. 毒力因子

坏死梭杆菌感染动物涉及很多毒力因子的作用，这些毒力因子主要包括白细胞毒素、内毒素 LPS、溶血素、血凝素、荚膜、菌毛或细胞壁表面配基、血小板凝集因子、皮肤坏死毒素以及几种分泌的胞外酶，包括朊酶类和脱氧核糖核酸酶类。所有这些毒力因子对于坏死梭杆菌的黏附、侵袭、繁殖以及定居的各个阶段均起到很大的作用。不过，白细胞毒素被认为是坏死梭杆菌感染动物并发生坏死性病变的最主要毒力因子。

4. 理化特性

该菌对理化因素抵抗力不强。在 1%高锰酸钾溶液，5%氢氧化钠，1%甲醛溶液，5%来苏儿或 4%的乙酸中，1 min 可将其杀死。60℃ 30 min，煮沸 20 min 可将其灭活。该菌可在土壤中存活

10 ～ 30 d，尿中可存活 15 d，在粪便中可存活 50 d。

二、流行病学

1. 易感动物

所有畜禽和野生动物均有易感性，常见于牛、羊、马、猪、鸡和鹿。人也偶有感染，实验动物以家兔和小白鼠最易感，豚鼠次之。该病也见于观赏动物，如袋鼠、猴、羚羊、蛇及龟类等。

2. 传染源

病羊和带菌动物是该病的传染源。病菌随病羊的病灶分泌物和坏死组织排出，另外，健康羊的口腔、肠道、外生殖器等处也存在着坏死杆菌，可通过唾液、粪便、尿液排菌。

3. 传播途径

该病经皮肤和黏膜的损伤而传播（特别是四肢和口腔的创伤），有时可经脐带感染。在口蹄疫、绵羊痘、猪瘟、副伤寒等发病的同时，该病原菌常常为继发感染菌。

4. 流行特点

该病多为地方流行或散发，尤其在 5—10 月多发。在多雨或低温潮湿地区放牧或长途运输，行进在崎岖或荆棘丛生的道路易造成蹄部外伤，这些因素能促使该病的发生。

三、临床症状

1. 腐蹄病

多见于成年羊，病初跛行，患肢不敢负重，喜卧地，蹄部肿胀或溃疡，流出恶臭的脓汁。叩击蹄壳，用力按压病部时呈现疼痛，清理蹄底，可见小孔或创伤，内有腐烂的角质和污黑臭水。在趾间、蹄冠、蹄缘、蹄踵出现蜂窝织炎时，多形成脓肿，脓漏和皮肤坏死，病变如向深部扩展，则可波及腱、韧带和关节、滑液囊，严重者可出现蹄壳脱落（图 5-12-2）。重症者有全身症状，如发热、厌食、卧地不起（图 5-12-3），进而发生脓毒败血症死亡。

2. 坏死性皮炎

一般发生于羊羔体侧、臂部及颈部，以体表皮肤及皮下发生坏死和溃疡为特征。病初局部发痒，可见有干痂的结节，肿胀但不热不疼。随后痂组织坏死，并形成囊状的坏死灶（图 5-12-4、图 5-12-5）。病部脱毛、皮肤发白。病灶内组织坏死溶解，形成灰黄色或灰棕色恶臭液体，破溃后从创口流出。创口边缘不整齐，创底凹凸不平，这种坏死灶有的病羊发生 4 ～ 5 处，多的可多达 10 多处。一般病羊全身症状不明显，病变部位形成灰黄色、灰棕色或黑色结痂，痂皮下有脓性溃疡，严重者病羊全身结痂竖起，呈刺猬样，食欲减退、体温升高、消瘦

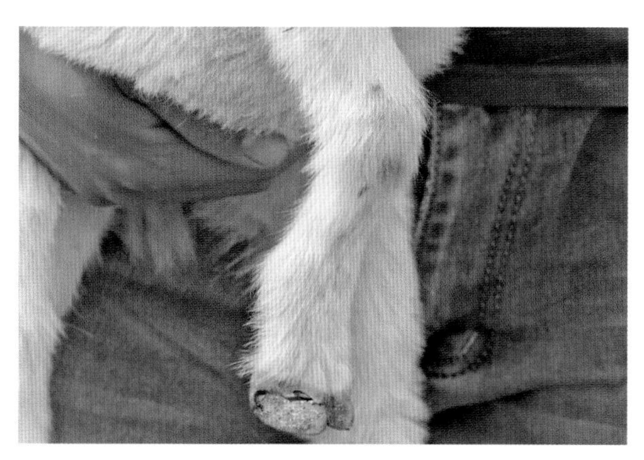

图 5-12-2　病羊蹄壳脱落（兰喜 供图）

常因恶病质而死亡。

3. 坏死性口炎

又称“白喉”，多见于羔羊。病初厌食、发热、流涎、有鼻涕或气喘（图 5-12-6）。病羊口腔黏膜红肿，在舌、齿龈、上颚、颊、喉头等处黏膜上附有假膜，粗糙、污秽的灰褐色或灰白色，用力剥脱假膜，可见其下露出不规则的溃疡面，易出血（图 5-12-7、图 5-12-8）。病变发生在咽喉时，表现下颌水肿、呕吐，不能吞咽，严重的呼吸困难。病变蔓延及肺部或转移到其他部位时，常引起化脓性炎症，最终导致死亡。病程 4 ～ 5 d，有的可延续 2 ～ 3 周。

图 5-12-3　病羊患肢不敢负重，喜卧地（兰喜　供图）

图 5-12-4　病羊颈部以体表皮肤及皮下发生坏死和溃疡（兰喜　供图）

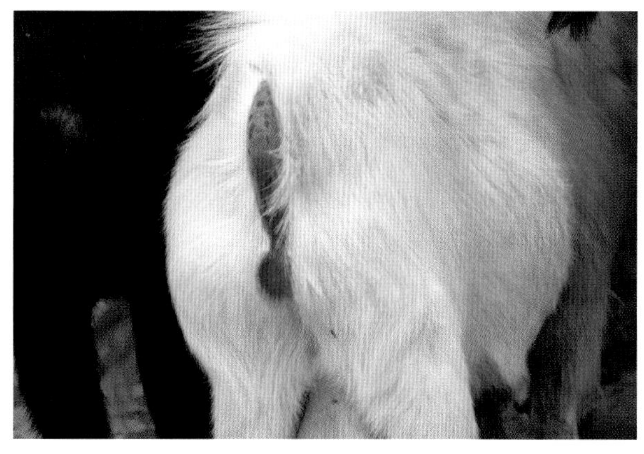

图 5-12-5　病羊臂部以体表皮肤及皮下发生坏死和溃疡（兰喜　供图）

图 5-12-6　病羊流涎、有鼻汁或气喘（兰喜　供图）

图 5-12-7　患病颊部有不规则的溃疡面，易出血（兰喜　供图）

图 5-12-8　病羊舌有大面积的溃疡面，易出血（兰喜　供图）

四、诊断

1. 临床诊断要点

根据临床症状，观察病变部位，坏死组织的特殊病理变化及病灶散发出的臭味和运动障碍，结合疾病的流行情况，一般可确诊。

2. 病原学诊断方法

（1）涂片镜检。对可疑病羊，采集病变组织做细菌学检查。用病料涂片，以酒精与醚的等量混合液固定 5 ～ 10 min，用石炭酸复红 – 亚甲蓝液染色 30 s。病菌着色不均，呈蓝色的长丝状，背景略带粉红色。可将病料接种于肉肝汤、血清琼脂或血清葡萄糖琼脂平板上做厌氧分离培养。

（2）动物试验。将病料研磨后制备成 1∶5 的组织悬液，分别皮下注射家兔 0.5 mL，小鼠 0.2 mL。接种部位局部坏死，经 8 ～ 12 d 死亡。在内脏可见转移性坏死灶。

3. 分子生物学诊断方法

（1）16S rRNA 基因序列分析。16S rRNA 基因是原核生物核糖体中一种核糖体 RNA，是细菌染色体上编码 rRNA 相对应的 DNA 序列，存在于所有细菌的染色体基因组中，但在病毒、真菌等非原核生物体内并不存在。16S rRNA 基因作为原核生物分类的分子标志已得到广泛应用。而 16S rRNA 分子较小、包含的信息量较少，对于亲缘关系较近的细菌可能分辨率不够，常不能反映关系较近的种间关系，16S rRNA 基因序列分析也只能在属的水平上区分细菌，而种水平分类单元仍需要通过 DNA–DNA 杂交结果来最后确定。Sigge 等通过 16S rRNA 基因设计荧光原位杂交（FISH）探针鉴别坏死梭杆菌。这项 FISH 技术通过荧光标记的以坏死梭杆菌 16S rRNA 基因为检测目标的探针，可快速准确地检测到血液以及脑脊髓液中微量的坏死梭杆菌，这样就克服了因坏死梭杆菌生长缓慢、培养相对困难而不易鉴定的缺点，能够对疾病进行早期诊断。

（2）16 ～ 23S rRNA 基因间序列分析。由于 16S rRNA 基因序列进化速度非常慢，序列相对保守，无法区分某些种系非常接近的菌种以及同一菌种的不同菌株。而 16 ～ 23S rRNA 基因间序列（ISR）的进化速度是 16S rRNA 的 10 倍，再加上 16S rRNA 端和 23S rRNA 端的高度保守序列，使 16 ～ 23S rRNA 的 ISR 分析成了继 16S rRNA 后又一新方法，同时，也可以用于菌种间的鉴别。Narayanan 等利用 PCR 扩增坏死梭杆菌两个亚种 16 ～ 23S rRNA 的 ISR，经鉴定坏死梭杆菌至少有 2 种 ISR 模式，其中，较大的 ISR 序列为 304 bp，较小的 ISR 序列为 142 bp。坏死梭杆菌这 2 种 ISR 序列的 16S rRNA 衔接端和 23S rRNA 衔接端分别有 27 个碱基和 93 个碱基具有同一性。然而，由于电泳迁移率存在差异现象，又出现了其余的非特异性条带。因此，依据 16 ～ 23S rRNA 的 ISR 序列进行的 PCR 试验仅仅依靠条带的差异进行判别，可能是不可靠的。

（3）坏死梭杆菌 *rpoB* 基因特异性。*rpoB* 编码 RNA 多聚酶 β 亚单位，是进行细菌的多态性分析和鉴别的主要基因，特别是对于研究亲缘关系相近的菌株具有重要意义。Narongwanichgarn 等设计了一对 *rpoB* 基因的特异性引物，坏死梭杆菌的 2 个亚种均能够扩增出 900 bp 的片段。并使用 PCR 产物作为扩增子进行斑点杂交试验进一步证明，这对特异性引物不能在包括梭菌属在内的其他菌种细菌中扩增出 900 bp 特异性片段，最后表明 *rpoB* 基因特异性引物能够在种属水平上区分坏死梭杆菌。基于此，Aliyu 等通过实时定量 PCR 法成功地证明了坏死梭杆菌是引起人类咽喉痛的重要病原。

（4）坏死梭杆菌 DNA 促旋酶的 B 亚单位基因。细菌 DNA 促旋酶的 B 亚单位基因（*gyrB*）编码 DNA 促旋酶的 B 亚单位蛋白，属于信息通路中与 DNA 复制、限制、修饰和修复有关的蛋白编码基因，呈单拷贝，普遍存在于各种细菌中。因其不显现频繁的基因横向转移，并且基于该序列的分析与 DNA 杂交同源性分析有较好的一致性，在以核苷酸序列为基础的细菌鉴别研究中，可作为靶分子。一般常采用对该基因测序或对其 PCR 产物 RFLP 等方法进行研究。JIN 等对坏死梭杆菌 2 个亚种、变形杆菌以及具核梭杆菌 2 个亚种的 *gyrB* 序列进行比对分析。基于梭杆菌属系统发育树的构建，表明 *gyrB* 能够精确地区分梭杆菌属中菌种。这表明可以依据坏死梭杆菌 *gyrB* 设计特异性引物，对坏死梭杆菌进行菌种水平上的鉴别。Jensen 等利用坏死梭杆菌 *gyrB* 设计出亚种水平上的特异性引物，检测患有非链球菌性扁桃体炎的 61 位病人，结果发现，感染坏死梭杆菌的病人均是由感染坏死梭杆菌 Fnf 亚种导致发病。因此，可以通过坏死梭杆菌 *gyrB* 对坏死梭杆菌进行亚种水平上的鉴定。

（5）LAMP 方法。Notomi 等建立了一种新的体外扩增特异 DNA 片段的分子生物学技术，即环介导等温扩增技术。该法针对靶基因的 6 个区域设计 4 条特异引物利用一种链置换 DNA 聚合酶（Bst DNA polymerase）在恒温条件（65℃左右）保温约 60 min 即可完成核酸扩增反应，扩增出 LAMP 特征性梯状条带。扩增结果可直接对扩增副产物焦磷酸镁沉淀通过肉眼进行判断或者对其浊度进行检测，也可用结合双链 DNA 的荧光染料 SYBR Green Ⅰ染色，在紫外线灯或日光下通过肉眼进行判定，如果含有扩增产物，反应混合物变绿；反之，保持 SYBR Green Ⅰ的橙色不变。该技术具有特异性强、等温高效、灵敏度高、操作简单等特点。

五、类症鉴别

1. 羊口蹄疫

相似点：病羊跛行，蹄部有溃疡；发热、食欲减退、流涎、呼吸加快，口腔、咽喉处黏膜红肿、溃疡。

不同点：病羊在病变部位发生水疱。严重病例可在气管、前胃黏膜上发生圆形烂斑和溃疡，上盖黑棕色痂块。剖检可见病羊心肌松软，心肌切面有灰白色或淡黄色条纹，或者有不规则的斑点，称“虎斑心”。怀孕母羊可流产。

2. 羊传染性脓疱

相似点：病羊口腔黏膜形成烂斑或溃疡，蹄部溃疡、化脓、疼痛，跛行或喜卧。

不同点：羊传染性脓疱先于患处发生红斑，后发展为结节、脓疱，破溃后结成黄色或棕色的疣状硬性结痂，痂垢相互融合，可波及整个口唇、口腔黏膜、颜面部、眼睑等部位，更为严重者整个嘴唇齿牙处有肉芽桑葚样增生。

3. 羊蓝舌病

相似点：病羊体温升高，精神沉郁，厌食，流涎，口腔和唇、齿龈、颊、舌黏膜糜烂，跛行，蹄部疼痛敏感、溃烂。

不同点：病羊口唇水肿，蔓延至面部和耳部，口腔黏膜充血而后发绀，呈青紫颜色；鼻流炎性、黏性分泌物，鼻孔周围有结痂。

六、防治措施

1. 预防

（1）加强管理，搞好棚舍卫生。彻底清除棚圈内的草、毛等污物，使圈内保持清洁、干燥。同时加强羔羊的护理，防止皮肤、黏膜的损伤。

（2）严格消毒。产羔前用 2% 的煤酚皂、20% 漂白粉等溶液对棚舍及其周围环境消毒，产羔草场用强力消毒灵一次性消毒；产羔期对羔羊圈舍及产羔用具等用煤酚皂每周消毒 1 次；初生羔羊脐带断端以 5% 碘酒消毒。

（3）科学去势和断尾。改变以往用橡皮圈勒扎断尾和去势的方法，以免损伤皮肤。推行科学的断尾和去势技术，对尾巴断端和阴囊切口施行烧烙或严格消毒。

2. 治疗

（1）局部治疗。首先清创及用药，对患部剪毛，清洗消毒，清除坏死组织、脓汁和异物，患部扩创后用 0.1% 高锰酸钾溶液清洗，然后涂上 5%碘酊，用生理盐水冲洗后，在坏死灶内撒入链霉素、青霉素粉末，再涂抹鱼石脂软膏，用纱布包扎，每隔 2 d 清洗换药 1 次。对于坏死面积较大，侵入组织较深或形成瘘管时，可用 20%食盐水中加 1%高锰酸钾溶液放入水桶中，使患部在水桶中浸泡 1 h，连续 3 d 后，改用 10%～20%碘酊涂擦或向瘘管注射。

（2）西药治疗。在该病的早期阶段，服用磺胺类药物和抗生素可以快速控制和治疗该病。

处方 1：长效土霉素，肌内注射，每日 9 mg/LB。

处方 2：普鲁卡因青霉素，肌内注射，每日 20 000IU/LB，疗效甚佳。

处方 3：磺胺类药物比如磺胺地托辛，口服或者颈静脉给药，开始每日 25 mg/LB，根据病程发展逐渐到每日 12.5 mg/LB，对急性病例也有疗效；或用 10%磺胺嘧啶 10 ～ 20 mL，肌内注射，2 次 /d，连用 3 ～ 5 d。

处方 4：青霉素，80 万～ 160 万 IU，肌内注射，2 次 /d，连用 3 ～ 5 d。

（3）中药治疗。

处方 1：陈石灰 500 g、大黄 250 g，先将大黄放入锅内加适量水，煮沸 10 ～ 15 min，再掺入陈石灰搅匀炒干，将大黄除去，研为细末，撒于伤处，有生肌、消肿、散血、止痛之功效。

处方 2：用硼砂、黄丹各等份共研为末，用羊骨髓调匀擦涂患处。

处方 3：有口炎症状时，可用冰硼酸，即冰片 15 g、朱砂 18 g、硼砂 150 g、元明粉 150 g，共研为末，涂抹于患处。

第十三节　链球菌病

羊链球菌病（Streptococcosis）是主要由 C 群马链球菌兽疫亚种（S. equi subsp. zooepidemicus）

引起的一种急性热性传染病。其临床特征为下颌淋巴结和咽喉肿胀，各脏器充血，大叶性肺炎，胆囊肿大。

1910 年，Gaertner 等首次描述了该病；1914 年 Aqiessgn 和 Koilstock 首次报道了该病。目前，我国西部牧区时有发生。

一、病原

1. 分类与形态特征

链球菌（*Streptococci*）属于链球菌属，为革兰氏阳性、球形或卵圆形细菌。不形成芽孢，亦无鞭毛，不能运动，有的可形成荚膜。链球菌直径 0.6 ～ 1.0 μm，常排列成链状，链的长短不一，短者 4 ～ 8 个细菌组成，长者 20 ～ 30 个细菌组成。致病性链球菌一般较长，非致病性或毒力弱的菌株菌链较短。在液体培养中易呈长链，在固体培养基上常呈短链。

2. 培养特性

链球菌为需氧或兼性厌氧菌。多数菌株的生长温度为 20 ～ 42℃，最适温度为 37℃，最适 pH 值为 7.4 ～ 7.6。多数致病性菌株的营养要求较高，在普通培养基上生长不良，必须加血液、血清、腹水等。血琼脂平板 37℃经 18 ～ 24 h，形成灰白色、半透明或不透明、表面光滑、有乳光的细小菌落。菌落周围可有不同的溶血现象，有的完全溶血，有的不完全溶血，形成草绿色溶血环；有的不发生溶血，无溶血环可见。马铃薯培养基上非致病性链球菌发育良好，而致病性链球菌则不生长或生长不良。

3. 生化特性

该菌能发酵简单的糖类，产酸不产气。能发酵葡萄糖、蔗糖、乳糖、麦芽糖、水杨苷、海藻糖和菊糖产酸，不能发酵阿拉伯糖、甘露醇、山梨醇、甘油、松三糖和核糖。对棉子糖和蜜二糖的发酵结果不定。实验证明，血清 7 型和 8 型的大多数菌株能产生透明质酸酶，其他菌株则不产生。能水解精氨酸、七叶苷、水杨苷、淀粉和糖原。一般不分解菊糖，不被胆汁或 1% 去氧胆酸钠所溶解，这 2 种特性用来鉴定甲型（α）溶血型链球菌和肺炎球菌。

4. 理化特性

在外界环境中抵抗力大多不强，55℃可杀死大部分链球菌，对一般消毒剂敏感，在干燥尘埃中可存活数日，对青霉素、红霉素、四环素等均敏感，耐药性低。

二、流行病学

1. 易感动物

绵羊最易感，山羊次之，幼龄羊以及怀孕后期的母羊易感性高。实验动物中的家兔最为易感，有少量的菌即可引起死亡。

2. 传染源

主要的传染源是带菌羊和病羊，该菌多存在于鼻液、鼻腔、器官和肺部，通过分泌物排出体外造成易感羊群感染。病死动物的肉、骨、皮、毛等可散播病原，在该病传播中具有重要作用。

3. 传播途径

主要经呼吸道进行传播，也可以通过皮肤损伤，蚊子、苍蝇等吸血昆虫进行传播。

4. 流行特点

此病的流行有明显的季节性。多发于寒冷、多风、缺草的冬春季节，即每年的 11 月到翌年的 4 月，尤以 2—3 月最为严重。当天气寒冷、空气干燥、草质不良和羊群拥挤，导致羊机体抵抗力降低时易发生该病。在新疫区的危害较强，经常呈现出流行性；而在经常发生的地区，则呈现出散发性。在羊群没有进行疫苗接种的情况下，羊链球菌病的传播速度非常迅速，死亡率也很高，危害大。

三、临床症状

人工感染的潜伏期为 3 ～ 10 d，最急性型病例在 24 h 内死亡，急性型的病程多为 2 ～ 3 d，很少有超过 5 d。自然病例感染的潜伏期为 2 ～ 7 d，少数可达 10 d。该病的主要特征为呼吸急促而困难，每分钟呼吸 50 ～ 60 次，心率每分钟 110 ～ 160 次，有的舌肿大（图 5-13-1），粪便松软，有时带有黏液和血液。妊娠山羊多发生流产。有的病羊眼睑、唇、颊和乳房呈现肿胀，临死前磨牙，呻吟，且有抽搐现象。临床上可将该病分为 4 种类型。

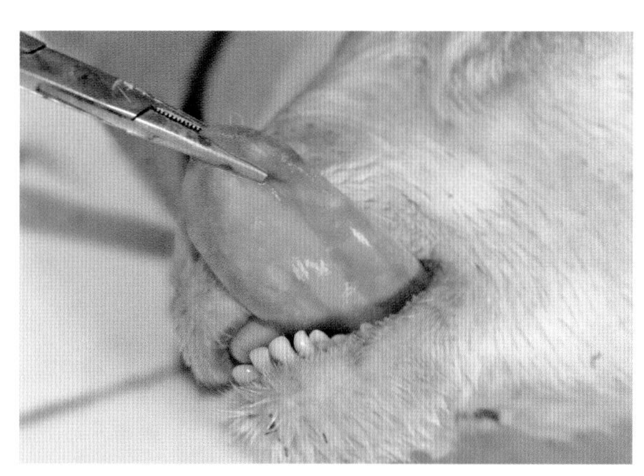

图 5-13-1　病羊舌肿大（李学瑞 供图）

1. 最急性型

病羊发病初期不易被发现，常于 24 h 内死亡，或在清晨检查圈舍时发现死于圈内。

2. 急性型

病羊在发病初期体温高达 40.5 ～ 41.8℃；呼吸急促，30 ～ 75 次 /min；脉搏 90 ～ 160 次 /min。食欲减退或废绝；精神不振，拱背垂头，呆立不动，反刍停止；眼角膜充血、流泪，随后流出脓性分泌物（图 5-13-2）；鼻孔流出浆液性鼻涕，后转化为脓性分泌物，经常挂满鼻孔的两侧；咽部、下颌淋巴结肿大，呼吸困难、流涎、咳嗽，有的舌头也出现肿大，有时可见部分病羊的眼睑、面颊、嘴唇以及乳房有肿胀的现象。

3. 亚急性型

与急性型症状相似，但较缓和。病羊体温升高，食欲减少，呼吸困难，流黏性鼻涕，咳嗽，并常有肺炎表现。粪便稀软，常常还带有白色黏液或者血液。在发病后期，羊只一般都垂头、拱背、呆立、不愿意行走，遇见物体用头顶着在那里不动或者急速向前奔跑，步态不稳。病羊濒死前卧地不起，四肢做游泳状动作，打着寒战，时而尖叫，时而磨牙。严重的时候，会出现角弓反张等神经症状，以幼龄羊多见。最后衰竭死亡，不死者可转为慢性。病程 1 ～ 2 周。

4. 慢性型

病情不稳定，病羊轻度发热，消瘦，食欲不振（图 5-13-3），腹围缩小，步态僵硬，常有咳嗽、关节炎。病程 1 个月左右，转归死亡。

图 5-13-2　病羊眼流出脓性分泌物（李学瑞　供图）

图 5-13-3　病羊轻度发热，消瘦（李学瑞　供图）

四、病理变化

主要表现为全身性的败血变化。尸僵不全，病羊的鼻子、咽喉、气管黏膜出血，肺常有大叶性肺炎变化，表现为水肿、气肿和出血变化，各器官组织广泛性出血，尤以大网膜、肠系膜最为严重。肺有肝变区，尖叶坏死，肺脏器官常与胸膜粘连，胸腹腔器官的浆膜面上还附有黏丝状纤维素性物质；各个脏器淋巴结肿大、出血、化脓、坏死，内脏器官中的肝、脾肿大、胆囊肿大并充盈。第三胃（瓣胃）内容物干涸似石灰状，第四胃出血，内容物稀薄；肠道充满气体，胃肠黏膜肿胀，十二指肠内容物变黄色。肾肿大、变性，脆弱质软，有贫血性梗死区，被膜不易剥离（图 5-13-4）。

图 5-13-4　病羊肾肿大、变性，脆弱质软，有贫血性梗死区，被膜不易剥离（李学瑞　供图）

五、诊断

根据流行病学、临床症状及剖检病理变化，可以作出初步诊断。确诊应进行实验室检查。

1. 病原学诊断

（1）涂片镜检。实验室诊断最为简便的方法是直接涂片镜检，病畜的肝、脾、肺、血液、淋巴结、脑、关节囊液和腹、胸腔积液等均可作涂片，染色镜检，如发现单个、成双或呈短链的革兰氏阳性球菌，就可以初步诊断。

（2）分离培养。脓汁或棉拭子直接划线接种在血琼脂平板上，孵育后观察有无链球菌菌落。

（3）生化鉴定。链球菌的常规生化检测虽然苛刻而费时，且敏感性和特异性不高，但常规生化检测是检测链球菌的“金标准”。

近年来，随着计算机技术的不断发展，对病原微生物的鉴定技术朝着微量化、系列化、自动化的方向发展，从而开辟了微生物检测与鉴定的新领域。最有代表性的是 VITEK32 全自动微生物分析仪，属于自动化程度高的仪器，由 7 个部件组成，应用一系列小的多孔的聚苯乙烯卡片进行测试，卡片含有干燥的抗菌药物和生化基质，可用于不同的用途，卡片用后可弃去。操作时，先制备一定浓度的欲鉴定菌株的菌悬液，然后将菌悬液接种到各种细菌的小卡上，将其放入具有读数功能的孵箱内，每隔一定时间，仪器会自动检测培养基的发酵情况，并换算成能被计算机所接受的生物编码。最后由计算机判定，打印出鉴定结果。该套系统检测卡片为 14 种，每一种鉴定卡片含有 25 种以上的生化反应指标，基本同常规检测鉴定，检测所需时间最短 8 h，最长不超过 20 h。

2. 免疫学检测法

免疫学技术是以抗原抗体的特异性反应为基础发展起来的一种技术，早在 1918 年，该技术就已经应用于植物病原细菌的检测，目前，已经广泛应用于动植物病毒、真菌、线虫等病原物的检测中。免疫学诊断是一种应用广且敏感性高的诊断方法，是应用免疫学理论设计的一系列测定抗原、抗体、免疫细胞及其分泌的细胞因子的实验方法，通常有抗血清凝集技术、乳胶凝集实验、荧光抗体检测技术、协同凝集试验（COA）和酶联免疫测试技术。

（1）凝集试验。玻片凝集试验属于定性试验。在玻片上各加一滴诊断血清（抗体）、受检颗粒抗原（菌液或红细胞悬液等），混合均匀，稍等片刻用肉眼观察结果，出现颗粒凝集者即判为阳性。此法用于初步鉴定菌种或菌株分型。

协同凝集试验是检测猪链球菌的一种较为广泛的手段，最常用的载体是金黄色葡萄球菌 A 蛋白（SPA）。试验步骤是先把猪链球菌标准抗血清与 SPA 结合，再将结合了 SPA 的猪链球菌标准抗血清作抗体与试验分离株做玻片凝集试验，结果表明，阳性反应的敏感度是普通凝集试验的 2 ～ 8 倍，可有效鉴定菌种或进行菌株分型。

（2）免疫印迹分析。免疫印迹分析的操作步骤一般可分为分离抗原（提取待测菌株的荚膜多糖，用凝胶电泳法进行分离）、抗原印迹（将分离得到的荚膜多糖转移到硝酸纤维素膜上）、抗原鉴定（使用特异性抗体与转移到硝酸纤维素膜上的荚膜多糖进行杂交，酶联显色，判定结果）3 个步骤，试验过程相对繁杂，因此，不适用于大规模筛选鉴定。

（3）酶联免疫吸附试验（ELISA）。它是常用的免疫学诊断方法，根据抗原抗体反应的特异性和酶催化反应的高敏感性而建立起来的免疫检测技术。李明等分别用猪链球菌 2 型（SS2）和马链球菌兽疫亚种（SEZ）的全菌（WAC）、超声波抗原（UA）和荚膜多糖（CPS）做包被抗原，建立的间接 ELISA 诊断方法的证明 CPS-ELISA 方法特异性最强，比全菌（WAC）WAC-ELISA 好，CPS-ELISA 诊断得出的阳性率最高，且具有较好的特异性、敏感性和稳定性。该方法在猪链球菌病的诊断和流行病学调查等方面有着重要意义。

3. 分子生物学诊断方法

（1）PCR 方法。16S rRNA、tuf、rnpB 等基因均被用以设计链球菌种特异性引物，并通过对扩增产物测序，将链球菌鉴定到种的水平。多重 PCR 技术建立在常规 PCR 基础之上。它是扩增多个目标序列，独特之处是在同一 PCR 反应体系里加入多对引物，主要用于多种病原微生物的同时鉴定，尤其适用于临床混合感染病例的鉴别诊断上。Alber 等通过同时扩增超氧化物歧化酶 A 的编码基因（*SodA*）和外毒素的编码基因（*See I*）来实现马链球菌中兽疫亚种和马亚种的区别鉴定。Båverud 等建立了基于 *SodA* 和 *See I* 基因的实时荧光定量 PCR 技术，该方法更敏感，能够更好地区别马链球菌中兽疫亚种和马亚种。

（2）脉冲场凝胶电泳法（PFGE）。脉冲场凝胶电泳法的主要原理是通过电泳时电场在2种方向的不断变动，使凝胶中DNA分子的移动方向做出相应改变，由于不同大小的DNA分子的迁移速率不同，从而在凝胶上呈现出不同的电泳带型。此方法能够用来分离分子量为10kb至10Mb的DNA分子。Soedarmanto等曾用此方法检测34株β－溶血性链球菌，结果证实34株分离株都属于马链球菌兽疫亚种。此方法可应用于分离鉴定猪链球菌病致病株和非致病株。Jovanovic等在一例人感染马链球菌兽疫亚种的病例诊断中，应用PFGE测定三株分离株的遗传关系。结果显示此三株分离株PFGE模式一致，表明患者感染的菌株与马所携带细菌具有同源性。

六、类症鉴别

1. 羊巴氏杆菌病

相似点：最急性型病例常突然死亡。病羊体温升高，咳嗽，呼吸困难，眼结膜潮红，眼、鼻有分泌物。

不同点：患羊初期便秘，后期腹泻，有时粪便全部变为血水；颈部和胸下部发生水肿。剖检可见肺体积肿大，流出粉红色泡沫状液体；肝脏淤血质脆，偶见有黄豆至胡桃大的化脓灶；心包液混浊，混有绒毛样物质，心肌外膜上粘连绒毛样物。

2. 羊快疫

相似点：常有羊只突然发病，未见临床症状就突然死亡。病羊呼吸困难，停止采食，流涎，眼结膜充血，磨牙、尖叫，四肢呈游泳状，甚至角弓反张。

不同点：病羊腹痛、腹部膨胀，口鼻流出泡沫状的液体；粪便中带有炎性黏膜或产物，呈黑绿色。剖检可见尸体迅速腐败，腐臭味大；真胃有出血性炎症变化，胃底部及幽门附近的黏膜，常有大小不等的出血点、出血斑或弥漫性出血；肠道内容物充满气泡；胸、腹腔及心包积液，积液与空气接触后凝固；肝脏肿大、有脂变，呈土黄色。

七、防治措施

1. 预防

（1）加强饲养管理。做好保暖防寒，坚持自繁自养，必须引进种羊时，严禁自疫区引进羊只及相关动物制品，做好检疫措施。

（2）计划免疫。加强日常免疫接种工作，尤其是常发病区，每年发病季节来临之际，及时使用羊链球菌氢氧化铝甲醛苗进行免疫接种。参考免疫程序：一般选择在背部皮下进行免疫疫苗的注射工作，3月龄以下羔羊，首次注射3 mL/只，待到6月龄，加强免疫1次，注射剂量为3 mL；6月龄以上羊只，注射剂量为5 mL/只。一般免疫效力可维持6个月之久。

（3）病畜处理。一旦有发病症状出现，对于疑似病畜立即进行隔离，封锁疫病区，同时，对病患畜饲养区域进行消毒处理。对于圈舍内残留的粪便，集中处理，堆积发酵，病死畜深埋或焚烧。圈舍常用的消毒药剂有二氯异氰尿酸钠（用药按照1∶800的比例进行稀释）、石灰乳（药用浓度为10%）、来苏儿（药用浓度为3%）、甲醛液（药用浓度为1%）等。同时，病患羊只要固定地点进行放牧，严禁与健康羊只接触。同群中尚未有发病症状的，可提前注射羊链球菌血清做好预防措施。

2. 治疗

（1）西药治疗。青霉素或磺胺类药物对于此病都有较好的治疗效果。

处方 1：早期治疗使用青霉素，肌内注射，2 次 /d，80 万～ 160 万 IU/ 次，2 ～ 3 d 为一个疗程。

处方 2：磺胺类药物治疗，如磺胺嘧啶，添加剂量 5 ～ 6 g/ 次，小羊减半，1 次 /d，口服 2 ～ 3 d，可有效缓解症状。

处方 3：盐酸四环素，可用 10 万 IU 溶于浓度为 5% 的葡萄糖溶液 100 mL，待混合均匀之后，于颈部静脉注射。

处方 4：高热者每只用 30% 安乃近 3 mL 肌内注射；病情严重、食欲废绝的给予强心补液，5% 葡萄糖盐水 500 mL，安钠咖 5 mL，维生素 C 5 mL，地塞米松 10 mL 静脉滴注，连用 3 d，2 次 /d。

（2）中药治疗。西药治疗配合中药疗法，有较好疗效。中药用芩连败毒散：羌活、独活、柴胡、前胡、川芎、枳壳、桔梗、黄芩、连翘、甘草，连续用药 1 周，康复效果较好。

第十四节　巴氏杆菌病

羊巴氏杆菌病又称羊鼻疽、羊出血性败血症、卡他热，是由巴氏杆菌引起的一种急性、热性传染病。动物巴氏杆菌病的急性型常以败血症和出血性炎症为主要特征，所以过去又叫“出血性败血症”。羊巴氏杆菌病为多发于羔羊的一种发病率较高的传染病，多由多杀性巴氏杆菌引起，溶血性巴氏杆菌亦常是该病的病原体，临床上以呼吸道黏膜和内脏器官的出血性炎症为特征。最急性型病例多见于哺乳羔羊，往往突然发病，呈现高热、食欲不振、呼吸困难等症状，于数分钟至数小时内死亡。

一、病原

1. 分类与形态特征

引起羊巴氏杆菌病的病原多为多杀性巴氏杆菌（PM）和溶血性巴氏杆菌，二者属于巴氏杆菌科、巴氏杆菌属。多杀性巴氏杆菌和溶血性巴氏杆菌的形态特征和培养特性都相似，区别在于溶血性巴氏杆菌有溶血性，吲哚试验阴性，据此可鉴别这 2 种菌。

巴氏杆菌为卵圆形的小短杆菌，少数近于球形，长 0.6 ～ 2.5 μm，宽 0.2 ～ 0.4 μm。无鞭毛，不能运动；不形成芽孢；革兰氏染色阴性，多呈单个或成对存在。在组织、血液和新分离培养物中的菌体呈明显的两极着色。许多血清型菌株由脂多糖类构成的荚膜。

2. 培养特性

巴氏杆菌为需氧或兼性厌氧菌。普通培养基上可生长，但在血清、血液培养基上生长较好。37℃培养 18 ～ 24 h，可见灰白色、半透明、光滑、湿润、隆起、边缘整齐的露滴状小菌落，直径

1 ～ 2 mm；在血液培养基上培养，多杀性巴氏杆菌不溶血，溶血性巴氏杆菌溶血。巴氏杆菌在普通肉汤中生长时，肉汤起初均匀混浊，以后便有沉淀，振摇时沉淀物呈辫状升起。

该菌可利用果糖、甘露醇、蔗糖，产酸不产气；不能利用肌醇、乳糖；靛基质过氧化氢酶、氧化酶和硝酸盐还原阳性，尿素酶阴性，不液化明胶。

3. 理化特性

此菌对外界不利因素的抵抗力不强。在直射阳光和干燥条件下，常迅速死亡；对热敏感，56℃加热 15 min、60℃加热 10 min 可被杀死。该菌对各种消毒药的抵抗力不强，5% ～ 10% 生石灰、1% 漂白粉溶液、1% ～ 2% 烧碱、3% ～ 5% 石碳酸、3% 来苏儿、0.1% 过氧乙酸、70% 酒精、1 ～ 5 mg/kg 的二氯异氰尿酸钠等，均可在数分钟到数十分钟将其杀死，密封试管内的肉汤培养物，在室温下可存活 2 年，在 2 ～ 4℃冰箱中可存活 1 年，在 -30℃可保存较长时间，巴氏杆菌在肌肉组织中存活较久，尸体内可存活 1 ～ 13 个月，粪便中可存活 1 个月。

二、流行病学

1. 易感动物

该菌可感染多种哺乳动物，如牛、羊、马、猪、山羊以及多种鼠类等，还可感染多种鸟类，人也可感染。多发于幼龄绵羊和羔羊，各种年龄的绵羊均易感，山羊次之。

2. 传染源

病羊及带菌动物是该病的传染源。其排泄物、分泌物是主要的传播媒介。

3. 传播途径

该病主要经消化道、呼吸道传染，也可通过吸血昆虫叮咬，经皮肤、黏膜的创伤感染。

4. 流行特点

该病的发生无明显的季节性，以春秋季较多发。一般为散发，2 ～ 3 岁羔羊发病较多；有时也可能呈地方流行性，则各种年龄的羊都可感染。当遇到饲养环境不佳、气候剧变、寒冷、闷热、潮湿、拥挤、圈舍通风不良、营养缺乏、饲料霉变、寄生虫病等诱发因素时，羊只机体抵抗力降低，则易发病。

三、临床症状

该病按病程长短可分为最急性型、急性型和慢性型 3 种。

1. 最急性型

最急性型多见于哺乳羔羊，突然发病，出现寒战，虚弱，呼吸困难等症状，数分钟至数小时内死亡。

2. 急性型

急性病例表现精神沉郁，体温升高到 41 ～ 42℃。咳嗽，呼吸急促，鼻孔常有出血，鼻血有时混于黏性分泌物中（图 5-14-1）。可视黏膜潮红，有黏性分泌物（图 5-14-2）。患羊初期便秘，后期腹泻，有时粪便全部变为血水。颈部和胸下部发生水肿。病羊常在严重腹泻后虚脱而死，病期为 2 ～ 5 d。

3. 慢性型

慢性病例病程可达 3 周，病羊消瘦，食欲废绝，流黏脓性鼻液，时而咳嗽，呼吸困难。有时颈部和胸下部发生水肿。出现角膜炎、腹泻，临死前极度衰弱，体温下降。

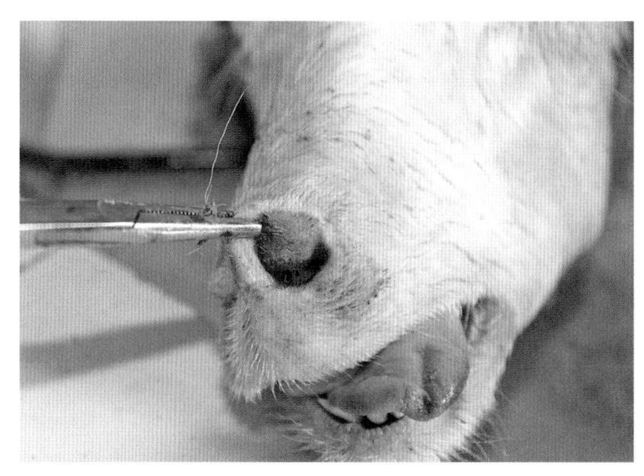

图 5-14-1　病羊鼻孔常有出血，混于黏性分泌物中（兰喜　供图）

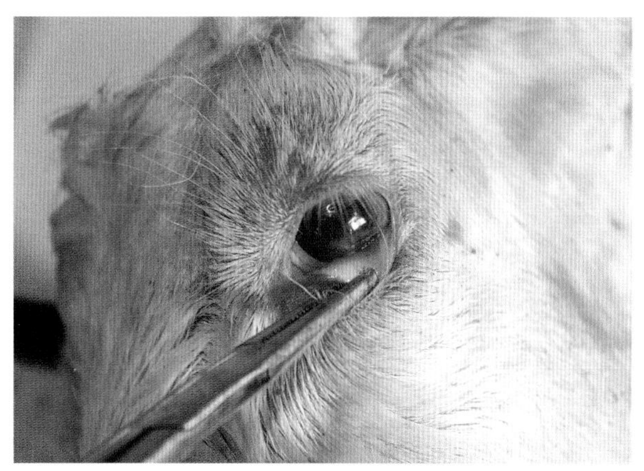

图 5-14-2　可视黏膜潮红，有黏性分泌物（兰喜　供图）

四、病理变化

剖检病变主要在羊胸腔器官和肝脏上。病羊皮下有液体浸润和小点状出血（图 5-14-3），胸腔内有黄色渗出物（图 5-14-4）。肺体积肿大，有淤血、小点状出血，流出粉红色泡沫状液体（图 5-14-5、图 5-14-6），肺门淋巴结肿大（图 5-14-7）。肝脏淤血质脆，偶见有黄豆至胡桃大的化脓灶（图 5-14-8）。肠系膜淋巴结有不同程度的充血、出血、水肿（图 5-14-9），胃肠出血性炎症（图 5-14-10）。心包液混浊，混有绒毛样物质，心肌外膜上粘连绒毛样物（图 5-14-11、图 5-14-12）。其他脏器水肿、淤血，有时有小点状出血，脾脏不肿大（图 5-14-13）。病期较长者尸体消瘦，皮下胶样浸润，常见纤维素性胸膜炎。

图 5-14-3　病羊颈部和胸部皮下有液体浸润（兰喜　供图）

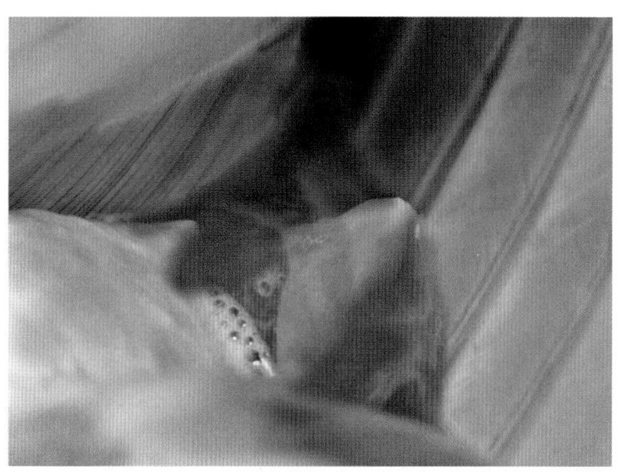

图 5-14-4　胸腔内有黄色渗出物（兰喜　供图）

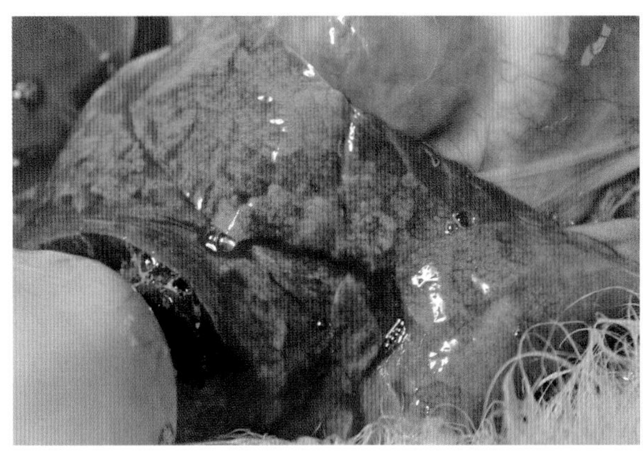

图 5-14-5　病羊肺体积肿大，有淤血、出血，流出粉红色泡沫状液体（兰喜　供图）

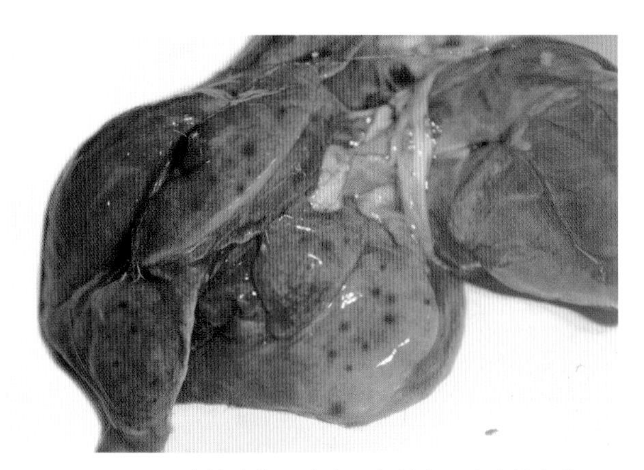

图 5-14-6　病羊肺体积肿大，有淤血、小点状出血（兰喜　供图）

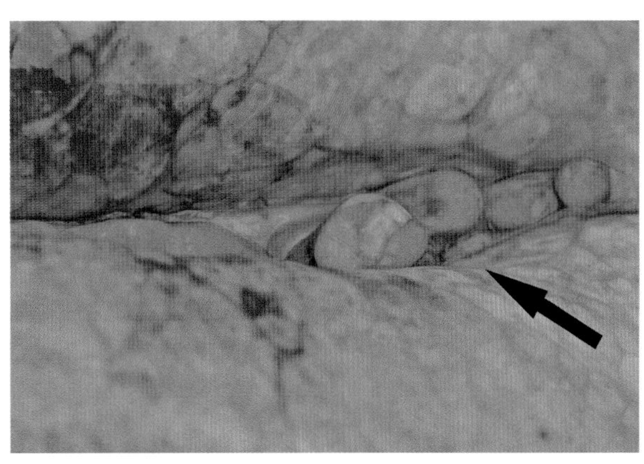

图 5-14-7　病羊肺门淋巴结肿大（兰喜　供图）

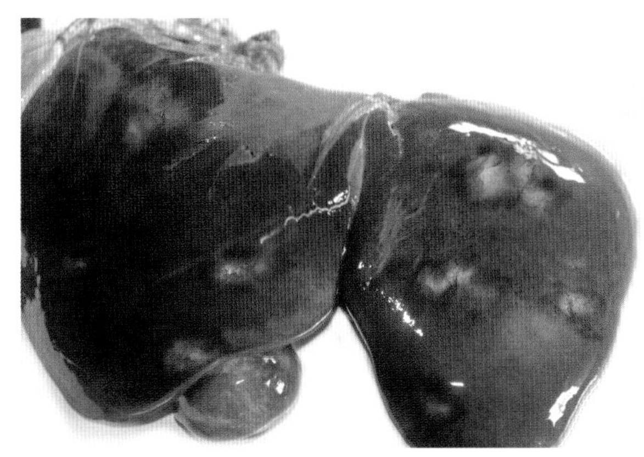

图 5-14-8　肝脏淤血质脆，偶见有黄豆至胡桃大的化脓灶（兰喜　供图）

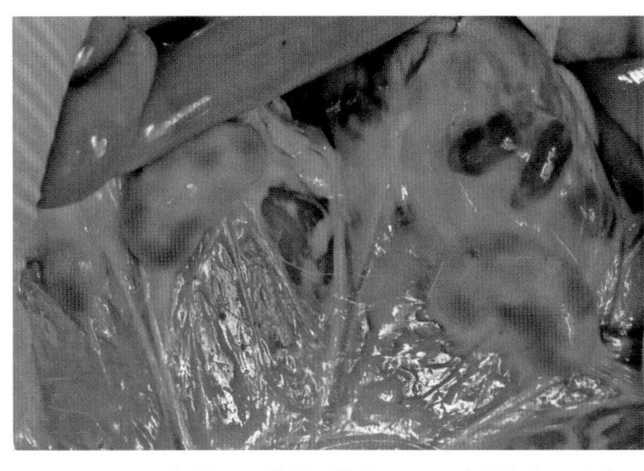

图 5-14-9　病羊肠系膜淋巴结有不同程度的充血、出血、水肿（兰喜　供图）

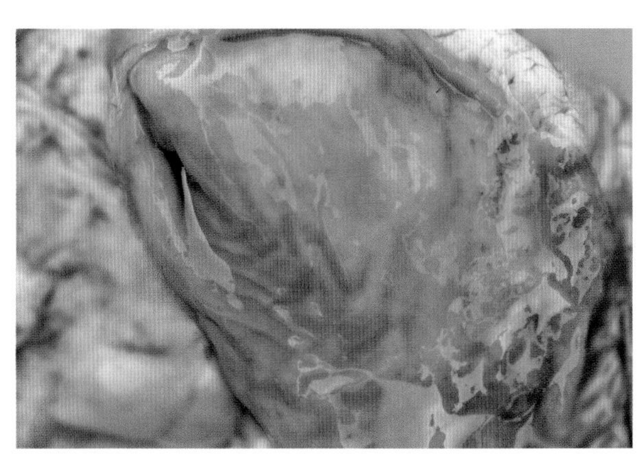

图 5-14-10　病羊胃出血性炎症（兰喜　供图）

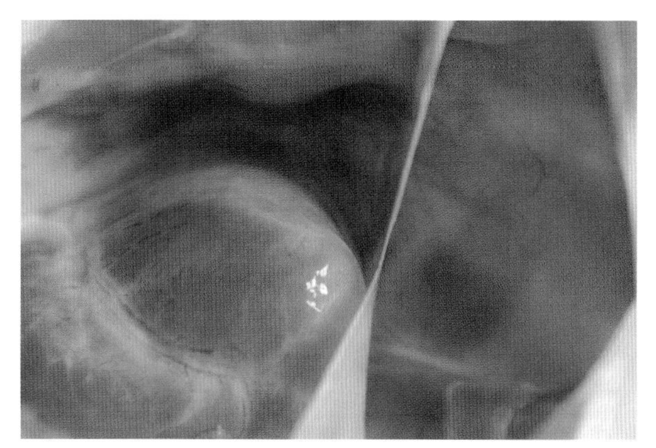

图 5-14-11　病羊心包液混浊（兰喜　供图）

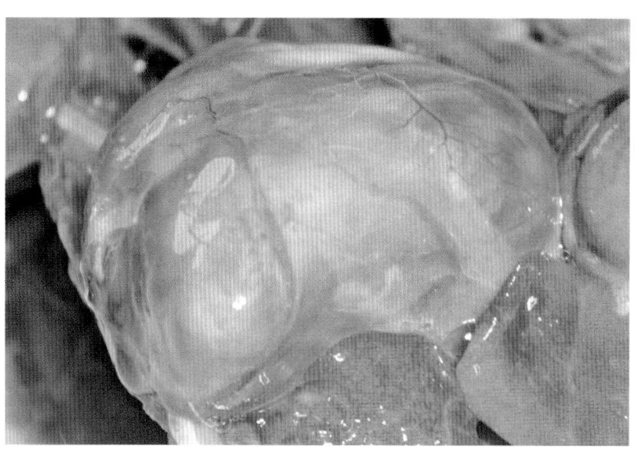

图 5-14-12　病羊心包液混浊，混有绒毛样物质（兰喜　供图）

五、诊断

1. 病原学诊断

（1）涂片镜检。无菌采集病羊的血液及黏液，尸体可取肝脏、心脏、淋巴结、脾脏、肠系膜或体腔渗出物等涂片镜检，并接种肉汤镜检，结果可见大量的革兰氏阴性两端钝圆的杆菌，则可初步判定为羊巴氏杆菌病。

图 5-14-13　病羊部分脏器水肿、淤血，有时有小点状出血（兰喜　供图）

（2）分离培养。无菌采集病料，接种于鲜血琼脂平板、普通琼脂平板、肉汤培养基、麦康凯琼脂培养基，pH 值为 7.2，培养 24 h。

（3）生化试验。取纯培养物，接种于各种生化培养基。巴氏杆菌能分解葡萄糖、果糖、蔗糖、甘露糖，产酸不产气；不分解麦芽糖、乳糖、木糖、鼠李糖、山梨糖、山梨醇和甘露醇；生成靛基质；MR 试验和伏 - 波试验均为阴性；过氧化氢酶和氧化酶均为阳性。

（4）动物试验。将病料用分离培养菌菌液或制成的 1∶10 乳剂皮下或腹腔接种小鼠 2 ～ 5 只，0.2 mg/ 只，在 72 h 死亡者，进行剖检、镜检和细菌培养，即可作出诊断。

2. 半自动 / 全自动细菌鉴定系统

2004 年，Boot 等用 API 系统对巴氏杆菌科的细菌进行鉴定。Vera 等研究发现 API 20E 能鉴定 95% 的菌株，但是只有 60% 的菌株可以确定到种的水平；API 50CHB 存在更大的差异。全自动细菌鉴定系统的优点是比传统方法更省事、更节省时间，但会出现非特异性引起的假阳性结果，而且仪器本身及其耗材价格也比较高。

3. 分子生物学诊断方法

（1）PCR 方法。PM 种特异性 PCR 鉴定是 20 世纪 90 年代发展起来的，可用于检测混合培养基或临床样品中的菌体。Nagai 等在 1994 年首次应用 PCR 技术，根据 *toxA* 基因（编码导致进行性萎缩性鼻炎的皮肤坏死毒素）序列构建引物对产毒多杀性巴氏杆菌菌株进行鉴定。Kasten 等在 1997 年利用寡核苷酸引物对编码 PM P6 样蛋白（*Psl*）的 *Psl* 基因进行扩增，发现该基因与流感嗜血杆菌和副流感嗜血杆菌 P6 蛋白基因有高度相似性。Townsend 等在 1998 年发表的《对特定物种类型的多杀性巴氏杆菌分离鉴定的 PCR 检测方法的建立》中提出，HSB–PCR 可对出血性败血症血清 B 群巴氏杆菌进行特异性检测。同时，他还建立了对所有多杀性巴氏杆菌进行分析研究的 PM–PCR 鉴定方法。该方法是以特异性 DNA 序列（KMT1）为基础，设计了引物 KMT1T7 和 KMT1SP6，该引物扩增后可以产生一个独特的扩增产物而对所有巴氏杆菌进行鉴定，且此 PM–PCR 方法可以对细菌菌落进行检测，极大地提高了巴氏杆菌的检测速度和灵敏度。

（2）16S rRNA 基因分析法。16S rRNA 基因分析以 16 ～ 23S rRNA 为探针的 ribotype（核糖体型）分析以其快速、准确地诊断优点以及分析目的菌株的分子背景为出发点，在生物的鉴定及分子分类中起到了非常重要的作用。

2003 年，管宇等在应用 16S rRNA 基因测序法鉴定禽多杀性巴氏杆菌的研究中，利用 16S rRNA 基因分析方法对标准强毒疫苗株 C48–1 和弱毒疫苗代表株 G190E40 和 2 株禽源多杀性巴氏杆菌分离鉴定株进行了 16S rRNA 基因序列分析。

Kamille 等证实以 16 ～ 23S rRNA 为探针，进行多杀性巴氏杆菌亚种的 ribotype 分析，其结果为所有多杀性巴氏杆菌均有 0.8kb、0.9kb 2 条共同的电泳条带，这说明多杀性巴氏杆菌各亚种之间在 16S rRNA 及 23S rRNA 基因上含有近 1.7kb 区域高度同源，以 16S rRNA 基因进行亚种的区分较为困难。

Dey 等对 PMB:2 血清型分离株的 16S rRNA 序列进行比较分析表明，来自不同宿主 PM 分离株间 16S rRNA 序列同源性高达 99.9%，而且引起不同动物败血症 B:2 血清型分离株种系发生关系很近。Corney 等采用 16S rRNA 测序的方法对 PM 进行了分析，具有很高的敏感性和特异性。国内贺英等分别对禽、猪等 PM 分离株的 16S rRNA 序列进行了分析，并证实以 16S rRNA 为靶基因设计的 PCR 方法可以快速、准确地鉴定 PM。

六、类症鉴别

1. 羊链球菌病

相似点：绵羊易感性高于山羊。新疫区常呈流行性，老疫区呈散发性。最急性型病例常在短时间内死亡。急性型病例体温升高，精神沉郁，食欲减退；鼻腔流黏性分泌物，咳嗽，呼吸急促、困难；可视黏膜潮红，有黏性分泌物；颈部、胸下部肿大；病程 2 ～ 5 d。慢性型病例消瘦，僵硬，病程 20 ～ 30 d。

不同点：急性型病例咽喉、颌下淋巴结肿大。粪便带有黏液或血液，但病羊不出现严重腹泻。孕羊阴门红肿，流产。剖检可见病死羊尸僵不全，各脏器广泛出血，淋巴结肿大；鼻腔、咽喉、气管黏膜出血，肺水肿、气肿、出血，有时呈肝变区，坏死部与胸壁粘连；肝脏、胆囊肿大，胆汁外渗；靠近胆囊的十二指肠呈黄色；肾脏变白、质软、有贫血性梗死区；第三胃内容物如石灰；腹腔器官的浆膜面附有纤维素。取脏器组织涂片镜检，可见双球形或带有荚膜 3 ～ 5 个相连的革兰氏阳性球菌。

2. 羊肠毒血症

相似点：绵羊发生较多。最急性型病例病羊常短时间内死亡。

不同点：多发于夏初至秋季。一些病羊死亡前出现四肢强烈划动、肌肉抽搐、磨牙、流涎、头颈显著抽搐症状；另一些病羊感觉过敏，流涎，上下颌摩擦，继而安静地死亡；有的病羊腹泻，排黑色或深绿色稀粪。剖检可见病羊肾脏质软，呈泥状，这一症状具有诊断意义；脑、脑膜血管水肿，脑膜出血，脑组织液化性坏死；小肠黏膜严重充血、出血，整个肠壁呈血红色，肠内有红色内容物。

七、防治措施

1. 预防

巴氏杆菌为条件性致病菌，在健康羊只的呼吸道存在这种菌，由于不良因素的作用，常可诱发该病。因此，预防该病的根本办法在于消除降低机体抵抗力的一切不良因素，当环境改变，如气温突变、运输、饲料改变时要选用药物进行预防。

（1）加强饲养管理，坚持自繁自养。防止外引新羊带入病原。提高羊群的营养水平，补充富含维生素的饲料，给予清洁饮水，提高羊的抗病力。防止饲草、饲料发霉变质，及时清除粪便，保持栏舍干燥。污染的环境、用具用 20% 漂白粉或 5% 烧碱进行彻底消毒。

（2）定期驱虫。定期对羊只进行驱虫，杀灭圈舍内外的蚊蝇等寄生虫，防止该病的传播。

（3）免疫预防。在每年春秋两季可按 1 ～ 1.5 mL/ 只给羊群接种羊巴氏杆菌灭活疫苗。

2. 治疗

（1）西药治疗。

处方 1：土霉素或氟苯尼考每千克体重 20 mg，肌内注射，每日上午 1 次；磺胺嘧啶钠，每千克体重 50 ～ 100 mg，肌内注射，每日下午 1 次。

处方 2：全群羊只肌内注射羊巴氏杆菌高免血清，成羊 50 mg/ 次，幼羊 30 mg/ 次，必要时 12 h 后可再进行 1 次注射。

处方 3：病情严重患羊静脉注射 5% 葡萄糖注射液、0.9% 生理盐水、樟脑、维生素 C、能量合剂等，1 次 /d，连续 3 d。

（2）抗血清治疗。发病初期，可给全群羊只注射抗巴氏杆菌高免血清，每只羊每日肌内注射 30 ～ 80 mL，必要时于 12 h 再重复注射 1 次。用羊巴氏杆菌组织灭活疫苗对羊群进行免疫接种，可收到良好的免疫效果。

第十五节　肉毒梭菌中毒

肉毒梭菌中毒症是由于摄入肉毒梭菌毒素而发生的一种中毒性疾病，引起中毒的主要是 C 型和 D 型肉毒梭菌。其特征主要为运动神经及延脑麻痹。

1870 年，Muler 将该病命名为肉毒梭菌中毒症。1896 年 Van Ermengem 在比利时从食入腊肠而中毒的人体中分离得到肉毒梭菌。该病在世界各地均有发生，一般不常见。羊的肉毒梭菌中毒症在我国曾有报道，该病的特点是死亡率高。

一、病原

1. 分类与形态特征

该病病原为肉毒梭菌，是一种腐生菌，属于梭菌属。该菌革兰氏染色阳性，多单个存在，有鞭毛，能运动。芽孢呈卵圆形，位于菌体近端，大于菌体直径，使细胞膨大。

2. 培养特性

该菌为专性厌氧菌，最适培养温度一般为 30 ～ 37℃，多数菌种在 25℃或 45℃可增殖。在血琼脂平板上培养，可形成 1 ～ 6 mm 的圆形、扇形及各种不规则的菌落，扁平或隆起，透明或半透明，灰色至灰白色，常带有斑状或花叶状的中心结构。在肉汤培养基中 24 ～ 48 h 生长良好，大量产气（除 G 型菌外）。

3. 血清型与毒素

肉毒梭菌根据所产生毒素血清学特性的不同，可分为 A、B、C、D、E、F 共 6 个毒素型。根据细菌的基因型和表型差异，可分为群Ⅰ、群Ⅱ、群Ⅲ、群Ⅳ。一般情况下，群Ⅰ和群Ⅱ导致人肉毒中毒症，群Ⅲ导致动物肉毒中毒症，而群Ⅳ不致病。群Ⅲ菌株产生 C 型、D 型毒素。在人致病性菌株中，群Ⅰ产生 A 型、B 型或 F 型毒素，群Ⅱ产生 B 型、E 型或 F 型毒素。

肉毒神经毒素为一种具有锌内肽酶活性的蛋白质，分子量为 150kD，是迄今为止人类所发现的毒力最强的生物毒素之一。刚分泌出来的毒素称为前体毒素，包括神经毒素和非毒性部分。非毒性部分保护神经毒素免受外环境的压力，同时协助神经毒素进入机体。神经毒素包含 2 个亚单位：大小为 100kD 的重链和大小为 50kD 的轻链。重链通过特异性的受体结合并通过突触膜，轻链对介导乙酰胆碱小泡对接和与突触前膜融合的蛋白质进行切割。神经递质释放受到抑制，导致肌肉弛缓性麻痹。神经毒素只有经酶活化后毒力才会达到最强。蛋白水解性群Ⅰ肉毒梭菌可通过自身的内源酶介导毒素活化，而非蛋白水解性群Ⅱ菌株则需依赖外源酶如胰酶。C 型、D 型毒素由噬菌体介导活化。

4. 理化特性

该菌繁殖体抵抗力不强，80℃加热 30 min 或 100℃ 10 min 均能将其杀死。芽孢的抵抗力极强，不同菌株的芽孢对热的抵抗力不同，A 型、B 型和 F 型菌的抵抗力最强。在动物尸体、肉类、饲料内繁殖时产生外毒素，毒素的毒力很强，能耐高热，100℃ 30 min 才被破坏，且能耐胃酸、胃蛋白酶及胰酶的作用。因此，在消化道内不被破坏，从而引起羊的食物中毒症。

5. 致病机理

肉毒梭菌毒素由肠黏膜吸收后，主要侵害羊的中枢神经系统，其中的延脑神经核损伤比较明显，运动神经末梢亦有损伤。因此，神经末梢停止释放乙酰胆碱，阻碍神经冲动对运动终端的传导，进而发生一系列神经症状。这种神经的损伤是不可逆的，常常造成羊只的死亡。

二、流行病学

1. 易感动物

绵羊、山羊都可发病，实验动物小鼠和豚鼠易感。

2. 传染来源

病羊及带菌羊是该病的主要来源。病菌可以暂时寄生在病羊的肠道中，但不致病，病羊从粪便排出细菌，在污染的土壤中形成芽孢后长期存活。其芽孢遍布于自然界的土壤、水、干草、蔬菜、青贮饲料、粪便。在该病流行地区动物的尸体、碎屑、骨骼内均有该菌芽孢的存在。

3. 传播途径

经消化道传播可引起中毒发病。病菌多存在于发霉的饲料、骨粉、腐败动物尸体、骨骼内。当温度适宜时，即可大量繁殖并产生毒素，在缺少磷的地区，羊采食后就会引起发病。

4. 流行特点

该病多在每年的 4—10 月发生，冬季自然停止，多散发。在温度适宜的 4—10 月，在沟渠、池塘、湖泊的四周，当温度高时，腐败的动物尸体和植物是病菌繁殖和产生毒素的良好场所。

三、临床症状

病的潜伏期变化颇大，由几小时到几天不等，主要取决于动物种类和摄入毒素的量。羊患病以后，表现有最急性、急性和慢性 3 种类型。各型病例死亡率都很高，但也有少数自愈的。最明显的症状为运动神经麻痹，病初病症从头部开始，然后迅速向四肢和后躯发展。

1. 最急性型

最急性的病羊不表现任何症状而突然死亡。

2. 急性型

急性的病羊精神兴奋不安，发生吞咽困难，步态僵硬，运动时头颈向一侧倾斜，做点头运动，尾巴一侧摆动，颈部、腹部和大腿肌肉轻微松弛及麻痹。以后食欲及饮欲消失，舌尖露于口外，口流黏性唾液，流浆液性鼻汁，多数发生便秘，呼吸困难，最终因呼吸麻痹而死亡。体温正常，知觉和反射活动仍存在。病情发展快者，1 d 之内死亡，慢者可延至 4 ～ 5 d。

3. 慢性型

慢性除有急性型的症状外，常并发肺炎，最后因极度消瘦而死亡。

四、病理变化

该病在病理学上缺乏特异性的变化，剖检可见尸体消瘦，口腔含有咀嚼不全的饲料，口腔有恶臭，舌外露。胃内含有少量饲料，也可见到有木石、骨片之类的物质，肠黏膜上有卡他性炎症，实质脏器及淋巴结充血，质地柔软，肺充血和水肿（图 5-15-1）。脑血管怒张（图 5-15-2），在浆膜上和膀胱、喉、咽黏膜及心内外膜上均有点状或带状出血（图 5-15-3），咽喉黏膜有灰黄色被覆物。

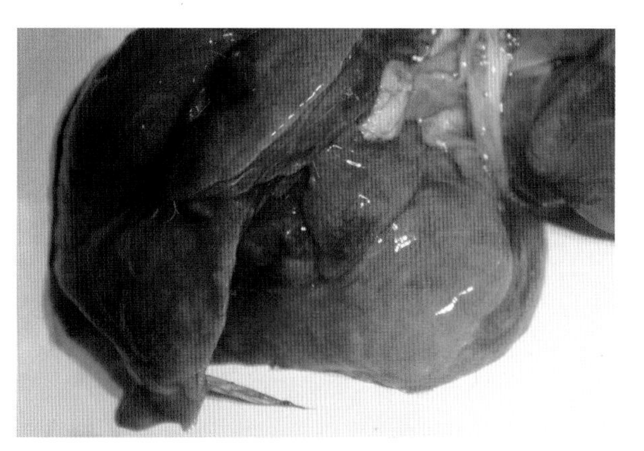

图 5-15-1　病羊肺充血和水肿（兰喜　供图）

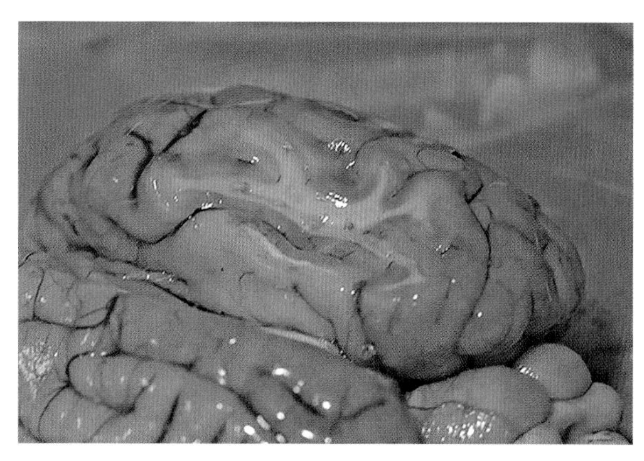

图 5-15-2　病羊脑血管怒张（兰喜　供图）

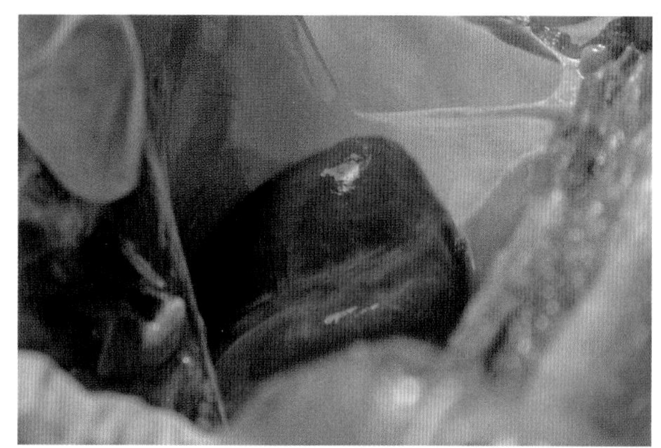

图 5-15-3　病羊心外膜出血（兰喜　供图）

五、诊断

1. 病原诊断方法

动物试验。小鼠致死性试验为肉毒神经毒素检测的经典试验方法。小鼠致死性试验是肉毒梭菌毒素检测的标准程序，需要 4 d 才能完成。将待检样品适当稀释，腹腔或静脉注射小鼠。若样本中含有毒素，则小鼠出现典型的肉毒中毒症症状如卷毛、肌肉无力、呼吸衰竭（表现为类蜂样窄腰）而死亡。症状通常于注射后 1 d 出现，也可能需要几天。群Ⅱ肉毒梭菌在试验前需经胰酶活化。小鼠致死性试验敏感性强，腹腔注射半数致死量为 5 ～ 10 pg，样本洗脱液的检测极限为 0.01 ng/mL。小鼠致死性试验常用于粪便、血清、肠道、创伤、食物样本和细菌培养物上清液中毒素的检测。

小鸡眼睑试验是通过滴加神经毒素致小鸡眼睑闭合来显示毒素阳性。用于检测 A 型、B 型、E 型毒素，其检测极限可达 5 ～ 250 个小鼠 LD_{50}。小鸡眼睑试验可于 0.4 ～ 6 h 完成，与破伤风毒素有一定交叉反应。但可以通过型特异性血清中和试验予以鉴别。

2. 免疫学诊断方法

免疫学试验技术简单、操作快速且易于解释，信号扩增技术的发展使其检测的敏感性达到与小鼠试验相当的水平。但免疫学试验也存在一些缺点，如通常较难获得高质量的抗体、灭活毒素（如热处理后）可能会造成假阳性结果、单克隆抗体的亲和性低可能导致假阴性结果。

（1）ELISA 方法。美国建立的双抗夹心 ELISA 方法已经被 SDA 和 AOAC 批准成为第二个官方认可的检测方法。固相载体预先包被针对一个或多个毒素的单克隆捕获抗体，样本中的神经毒素再结合到固相载体上，另一毒素抗体然后结合到毒素上，最后酶（如碱性磷酸酶或辣根过氧化物酶）标抗毒素通过酶与底物反应而显色。常规 ELISA 方法的敏感性比小鼠生物试验低 10 ～ 100 倍。目前常采用信号放大技术来提高试验的敏感性。Sharma 等使用地高辛标记抗体的 ELISA 检测食物中肉毒梭菌 A 型、B 型、E 型、F 型毒素，结果显示，在 4 种毒素混合的酪蛋白缓冲液中，4 种毒素的检测限为 60 ～ 176 pg/mL，而在食物样本中，可检出 2 ng/mL 毒素。

（2）胶体金免疫层析。它是最常用的免疫层析法，原理为将特异抗体先固定于硝酸纤维素膜一端，当该膜另一端浸入样品后，毛细管作用使样品将沿膜向干燥端移动，抗原抗体将发生特异性结合，用胶体金做标记物使该区域显示一定的颜色，故称胶体金免疫层析。目前，该技术已被制成多种快速检测试剂盒来应用。Sharma 等对 2 种检测肉毒毒素的胶体金免疫层析试剂盒进行评估。试剂盒的检测限均为 10 ng/mL（毒素 A 和毒素 B），20 ng/mL（毒素 E），反应时间为 15 ～ 30 min。虽然该技术的灵敏性不高，但反应时间短、便于操作等优点对致病梭菌感染的快速检测具有重要意义。

（3）电化学发光免疫测定（ECLI）。它是继放射免疫、酶免疫、荧光免疫、化学发光免疫测定以后的新一代标记免疫测定技术。Rivera 等建立并评价了检测样本中肉毒毒素的电化学发光免疫试验，该试验将生物素化的抗体绑定于亲和素包被的磁珠上，借助抗原抗体反应来捕获待检抗原，并利用钌螯合物标记的抗体以及 M1R 分析仪来实现电化学发光检测。该试验对临床样本中 A、B、E、F 四型毒素的检测限为 50 ～ 400 pg/mL，对食物样本的检测限为 50 ～ 100 pg/mL。

（4）肽链内切酶联免疫检测（Endopeptidase ELISA）。内毒素通过影响神经递质释放相关蛋白阻断神经递质尤其是乙酰胆碱释放而发挥毒性。Endopeptidase ELISA 利用毒素的锌离子内肽酶活性，结合免疫学检测方法或光谱技术检测裂解的受体多肽；或者在蛋白受体上作荧光标记，裂解后检测荧光信号。

3. 分子生物学诊断方法

基于 DNA 的检测方法包括 PCR 和 Southern 杂交，两者与细菌培养和小鼠试验相比，均具有敏感、特异、快速的特点。分子检测技术的缺点在于它们都是仅检测肉毒神经毒素基因（*bot*），因而既无法检测基因的活性，也无法检测毒素。

（1）PCR 方法。PCR 方法大多是以一个反应对 6 个型毒素基因中的单个检测为基础的。多重 PCR 已经开发出来，一个反应可以同时检测 *botA*、*botB*、*botE*、*botF* 基因。多重 PCR 产物可以通过凝胶电泳或在包被有针对 PCR 产物的 cDNA 探针的膜上杂交来检测，两者敏感性相当。套式 PCR 技术可提高试验的敏感性，缩短或彻底除去集菌步骤。然而尚需对该方法的检测极限进行进一步确定。以苯丙氨酸代谢相关的 *fldB* 基因为基础的 PCR 鉴别 36 株群Ⅰ和 24 株群Ⅱ肉毒梭菌，准确率达 100%。直接从芽孢中抽提 DNA 进行 PCR，可于一个工作日完成。它能够对靶序列进行定量，反映生物体的水平。然而低于 100 个芽孢则无法被检测到。肉毒梭菌在食物、临床和环境样本中自然污染水平是 10 ～ 1 000 个芽孢 /kg，显然增菌是必要的。

（2）基因探针。也称 DNA 探针，特点是特异性好、灵敏度高、检测速度快、一次可检出大量标本，尤其可检查单个菌落的产毒特性，无需专门产毒培养。细菌毒素探针制备，通常取自病原菌染色体或质粒毒素基因片段，用于检测毒性相关基因，也可鉴别遗传性状类似的种。

六、类症鉴别

1. 羊破伤风

相似点：病羊步态僵硬，行动不便，流涎，呼吸急促、困难。

不同点：该病无明显季节性。病羊瞬膜外露；全身肌肉僵直，各关节屈曲困难，步态僵硬，呈典型的木马状；应激性增高，受外界刺激时常仰头向后，遇到障碍物时易摔倒，倒地后不能自行站立。

2. 羊风湿病

相似点：病羊步态僵硬、强拘，食欲减退，呼吸增数，头颈向一侧歪斜。发病部位肌肉松弛或僵硬、麻痹。

不同点：病羊不出现舌尖外露，流涎和鼻液症状。病羊体温升高，结膜和口腔黏膜潮红；触诊患部肌肉表现疼痛不安，肌肉肿胀，表面凹凸不平，严重者肌肉中常有结节性肿胀。

3. 羊脑多头蚴病

相似点：病羊兴奋不安，头颈向一侧弯曲。

不同点：病羊做回旋运动、前冲或后退及痉挛性抽搐，常出现明显的视力障碍；不出现流涎、流浆液性鼻液，呼吸麻痹死亡等症状。剖检可见脑膜上有六钩蚴移行时留下的弯曲痕迹；病程长的可在大脑某个部位找到一个或更多囊体。

七、防治措施

1. 预防

（1）加强饲养管理。不用腐败发霉的饲料喂羊，制作青贮饲料时不可混入动物（鼠、兔、鸟类等）尸体，适当配给钙磷比例，羊的粪便生物发酵后方可使用。经常清除牧场、羊舍和其周围的垃圾和尸体。如果发生可疑病例，应立即停喂可能受污染的饲料，必要时可更换牧场。

（2）疫苗预防。在常发病地区，每年定期预防性注射肉毒梭菌中毒症C型透析灭活苗，1 mL/只，皮下注射。

2. 治疗

（1）抗血清治疗。病初可应用肉毒抗毒素治疗。在未确定毒素类型的情况下，可应用多价抗毒素治疗，如果确定毒素类型，则用同型抗毒素治疗。静脉或肌内注射，4～6 h重复一次，直至病愈。

（2）洗胃。因肉毒素在碱性环境中易被破坏，在氧化作用下毒力减弱。对已发病的羊灌服大量的0.1%高锰酸钾或硫酸钠，也可应用泻剂，调整胃肠机能。

（3）对症治疗。呼吸困难者可给予呼吸兴奋剂，有阵发性痉挛的可使用镇静剂，以增强体质和排出肠内毒素。体温升高者，可注射抗生素或磺胺类药物防止继发肺炎。

第十六节　气肿疽

气肿疽又称黑腿病、鸣疽、气肿性炭疽，是由气肿疽梭菌引起的牛、羊等反刍动物的一种急性败血性传染病，以皮下组织和肌肉丰满部位发生气性肿胀，压之有捻发音的特征。

Bollinger和Feser分别于1875年和1876年发现该病，1879—1884年由Arloing和Thomas阐明气肿疽梭菌为气肿疽的病原菌，1887年Roux首次成功培养出气肿疽梭菌。2006年，一名58岁日本男子感染气肿疽梭菌死亡，打破了气肿疽梭菌只感染动物的定论。在我国，1954年开始有气肿疽的病例报告。该病遍布全世界，由于疫苗的应用，许多国家已控制或消灭该病。

一、病原

1. 分类与形态特征

气肿疽梭菌又称肖氏梭菌、费氏梭菌，俗称黑腿病杆菌，属厚壁菌门，梭菌纲，梭菌目，梭菌科，梭菌属，为专性厌氧菌。该菌为菌端圆形的杆菌，（0.5 ～ 1.7）μm×（1.6 ～ 9.7）μm，有时出现多形性菌，如柠檬形。在组织和新鲜培养物中为革兰氏阳性，在陈旧培养物中可染成阴性。不形成荚膜，有周围鞭毛，能运动，偶然出现不运动的变种。在体内外均可形成圆形芽孢，比菌体宽，位于菌体中心或偏端，在液体和固体培养基中很快形成芽孢，呈纺锤状。在接种气肿疽梭菌的豚鼠腹腔渗出物中，该菌单个存在或呈 3 ～ 5 个菌体形成的短链，是该菌与能形成长链的腐败梭菌在形态上的主要区别之一。

2. 培养特性

气肿疽梭菌是专性厌氧菌，在普通培养基上生长不良，加入葡萄糖或肝浸液能促进生长。在血液琼脂平皿表面，菌落 β 溶血，呈圆形，边缘不大整齐、扁平、直径 0.5 ～ 3 mm 灰白色纽扣状，有时出现同心环，有时中心凸起。在厌气肉肝汤中生长时，培养基混浊，产气，然后菌体下沉，呈絮状沉淀。能分解葡萄糖、蔗糖产酸产气，不分解水杨苷和甘露醇，最适生长温度 37℃。

3. 抗原性

气肿疽梭菌有鞭毛抗原（H）、菌体抗原（O）及芽孢抗原，所有的菌株都具有相同的菌体抗原，而鞭毛抗原可分成 2 个型。该菌与腐败梭菌有一个共同的芽孢抗原。在适当的培养基中培养产生 α、β、γ 和 ε 4 种毒素。α 毒素是耐氧的溶血素，溶解牛、绵羊和猪的红细胞，但不溶解马和豚鼠的红细胞；α 毒素也是神经毒素，能引起皮肤坏死和纤维溶解。β 毒素是脱氧核糖核酸酶，γ 毒素是透明质酸酶，ε 毒素是厌氧性溶血素。

4. 理化特性

该菌的繁殖体对理化因素的抵抗力不强，但芽孢体对理化因素的抵抗力很强，病原菌一旦形成芽孢，则对消毒药、湿热及寒冷等各方面都具有非常强的抵抗力，在泥土中能存活 5 年以上，干燥病料内芽孢在室温中可以生存 10 年以上。3% 甲醛 15 min、0.2% 升汞 10 min 可杀死芽孢；液体或组织内的芽孢经煮沸 20 min 方能杀死。在盐腌肌肉中可存活 2 年以上，在腐败的肌肉中可存活 6 个月。该菌产生的毒素不耐热，在 52℃ 30 min 可被破坏。

5. 致病机理

气肿疽梭菌在机体组织内发育时，可产生 α 毒素和透明质酸酶，使受侵害的部位发生高度的充血、出血及血浆渗出。被侵袭部位的皮下结缔组织和肌膜受到透明质酸酶的作用，使透明质分解，细胞崩溃及组织的渗透性增加，因此，肌膜间隙和皮下组织形成水肿。此时肌肉纤维的蛋白质和碳水化合物被相关酶类分解后产生二氧化碳和氢气，形成气肿疽特有的坏疽性炎性变化。由于蛋白质和红细胞分解形成硫化氢和含铁黄素等，致使肌肉颜色呈暗红褐色至污黑色。严重的引起中枢神经障碍，使病情加剧，发生呼吸困难。细菌侵入血液，并随血流分布到全身而引起败血症，导致病羊死亡。

二、流行病学

1. 易感动物

自然情况下，气肿疽梭菌主要侵害黄牛、水牛，绵羊少见，山羊、鹿以及骆驼有过发病报道，猪与貂类虽可感染但更少见。鸡、马、骡、驴、犬、猫不感染。绵羊易感性高于山羊。

2. 传染源

该病传染源为患病动物，但并不直接传播，主要传播因素是土壤，即芽孢长期生存于土壤中，进而污染饲草或饮水。

3. 传播途径

动物采食被污染的饲草或饮水后，经口腔和咽喉创伤侵入组织，也可经胃、肠黏膜侵入血液，随后在肌肉组织潜伏，潜伏部位含氧量降低，诱发细菌增殖和毒素产生。绵羊气肿疽多为创伤感染，即芽孢随着泥土通过产羔、断尾、剪毛、去势等创伤进入组织而感染。

4. 流行特点

该病常呈散发或地方性流行，有一定的地区性和季节性。多发生在潮湿的山谷牧场及低洼沼泽地区，较多病例见于天气炎热的多雨季节以及洪水泛滥时。夏季昆虫活动猖獗时，也易发生。舍饲牲畜则因饲喂了疫区的饲料而发病。草场或放牧地被气肿疽梭菌污染后，此病将会年复一年地在易感动物中有规律地重复出现。

三、临床症状

该病的潜伏期为 3 ～ 5 d，最短 1 ～ 2 d，最长 7 ～ 9 d，病羊体温达到 41 ～ 42℃，24 h 后体温逐渐下降。食欲下降或食欲废绝、反刍停止、磨牙、眼结膜潮红、呼吸增速和脉搏加速等症状。并伴有焦躁不安、跛行等现象。股部、臀部、肩部或胸前肌肉丰满的部位发生气性炎性水肿，起始时肿胀部位热而疼痛，以后肿胀部位的中心变冷，失去知觉，产生大量气体，触诊有捻发音，叩诊有明显鼓音，局部淋巴结肿大、发硬，病变部位坏死，呈暗红色或发黑。切开肿胀处，流出泡沫状黑红色、酸臭液体。因此，又称黑腿病。一般病程 1 ～ 3 d 死亡。

四、病理变化

病羊在死后尸体会出现四肢僵硬的状态，呈现开张伸直的姿势，死后尸体以很快的速度腐败并膨胀。从鼻孔、肛门和阴道中会流出带有泡沫状、伴有恶臭气味的血样液体，肌肉丰厚部位有捻发音性肿胀，剖检时，患处肌肉干硬、呈黑红色，膨胀充满气体，有腐败、恶臭等气味，肌肉呈现出疏松多孔海绵状变异。割开气管会发现气管及喉头黏膜充血。剖开胸、腹腔，可见大量的暗红色浆液。通常伴有局部淋巴结充血、肿大或出血。心内外膜均可见出血斑，心肌变性，肺小叶间水肿，淋巴结急性肿大和出血性浆性浸润。脾常无变化或被小气泡所胀大，血呈暗红色，切面有大小不等棕色干燥病灶，这种病灶在死后仍继续扩大，由于产气，形成多孔的海绵状，肾脏也有类似变化。胃肠有时有轻微出血性炎症。

五、诊断

1. 病原学诊断

气肿疽的诊断主要是根据流行特点、临床症状、病理剖检等进行初步判定，确诊需采集病料进行细菌分离鉴定和对豚鼠进行接种试验等。豚鼠接种实验较为准确，但耗时长，同时，易受病料污染菌或细菌生长条件的限制。

（1）涂片镜检。取心、肝、脾和肿胀部位的肌肉或水肿液制备触片，染色后镜检。可见单在或成链，有芽孢或无芽孢，革兰氏染色阳性、两端钝圆的大杆菌。

（2）细菌分离。将病料研磨后用无菌生理盐水稀释成 1∶10 乳液，然后接种于厌氧肉肝汤和血液琼脂平板，37℃培养 24 ～ 48 h，挑选典型菌落，再移植到厌氧肉肝汤中进行纯培养。用纯培养作毒力测定。

（3）实验动物接种。取上述制备的 1∶10 乳液，接种豚鼠，肌内注射 0.25 ～ 0.5 mL，在 6 ～ 60 h 内死亡。再采集实质脏器分离细菌进行生化试验，如为阳性反应则可作出判定。

2. 血清学诊断方法

该病目前还没有标准化的血清学诊断制剂。琼脂扩散试验检测特异性高、操作较简便，但灵敏度低。间接 ELISA 法和 Dot-ELISA 检测方法有良好的特异性和重复性，胶体金试纸条有较高的灵敏度、特异性和稳定性。

3. 分子生物学诊断方法

随着分子生物学的快速发展，PCR 技术依靠其灵敏、快速且特异性强的优点在疾病诊断研究中起着重要作用。自 2000 年以来，日本学者 Sasaki 等分别利用气肿疽梭菌 16 ～ 23S rDNA 间隔区以及鞭毛基因等基因序列设计 PCR 引物，根据扩增产物条带的不同来区分气肿疽梭菌和其他梭菌。2010 年，姜丹丹等根据 GenBank 中发表的气肿疽梭菌 16S rRNA 基因序列设计 2 对特异性引物，建立了气肿疽梭菌套式 PCR 的检测方法，具有较高的特异性和敏感性。2011 年，我国学者彭小兵等用包含 16 ～ 23S rDNA 间隔区及 23S rDNA 部分序列作为气肿疽梭菌的特异性标志，以 α 毒素部分序列作为腐败梭菌的特异性标志，建立了快速、准确鉴别气肿疽梭菌与腐败梭菌的二重 PCR 方法。2014 年，Idrees 等以 16S rRNA 为模板，扩增出气肿疽梭菌特有的 863bp 的基因片段。

气肿疽梭菌和腐败梭菌的 PCR 鉴别诊断：2010 年，德国学者 Martin 等以 *spo OA* 基因为目的基因建立多重实时 PCR 同时检测气肿疽梭菌和腐败梭菌。同年，Halm 等依据 16S rRNA 基因序列建立了实时 PCR 方法，可同步检测和鉴别引起气性坏疽的气肿疽梭菌和腐败梭菌。2011 年，Garofolo 等建立了基于 *TPI* 基因的 TaqMan 实时多重 PCR 法鉴别气肿疽梭菌和腐败梭菌，该技术具有更强的特异性和敏感性，应用前景广阔。

六、类症鉴别

1. 羊炭疽

相似点：病羊体温升高，精神沉郁，食欲减退或废绝，步态不稳，呼吸困难；死后从鼻孔、肛门和阴道中流出带泡沫的血样液体；体表有肿胀，初期硬、热、痛，后期逐渐变冷、无热无痛。

不同点：病羊可视黏膜呈蓝紫色；初期便秘，后期下痢并带有血便，有时腹痛，尿液呈暗红色；炭疽病的肿胀可发生于直肠和口腔黏膜等处，触诊无捻发音。剖检可见病羊皮下、肌间、浆膜下、肾周围、咽喉部等处有黄色胶样浸润；脾脏高度肿大，易破裂，脾髓呈黑红色，软化为泥状或糊状，脾小梁与脾小体模糊不清；全身淋巴结，特别是胶样浸润附近的淋巴结高度肿胀，呈黑红色，切面湿润呈褐色并有出血点。取耳静脉血液涂片镜检可见带有荚膜的刀切竹节状的炭疽杆菌；炭疽沉淀反应呈阳性。

2. 羊恶性水肿病

相似点：病羊精神沉郁，呼吸困难，步态不稳；体表气性炎性水肿，触诊有捻发音。剖检可见肌肉呈黑红色，有气泡，皮下有黄色胶样浸润；胸腔、腹腔、心包积液；肝脏肿大，切面有血液和气泡流出。

不同点：该病与创伤感染有关，肝表面触片染色镜检可见微弯曲长丝状的腐败杆菌。肿胀部位初期触压呈捏粉样，区别于气肿疽的硬、热、痛。

3. 羊巴氏杆菌病

相似点：病羊精神不振，食欲减退或废绝，呼吸困难，眼结膜潮红，鼻孔、肛门流出血水，体表发生水肿。

不同点：病羊水肿多发生于颈部和胸下部，无捻发音，剖检可见液体浸润，无气泡。初期常有病羊数分钟至数小时内突然发病死亡。病羊咳嗽，腹泻，眼有黏性分泌物。剖检常见纤维素性胸膜炎；心包液混浊，混有绒毛样物质，心肌外膜上粘连绒毛样物。血液或病理组织图片染色镜检可见两极浓染的巴氏杆菌。

七、防治措施

1. 预防

由于该病病程短，发病急，死亡率高，对于该病的控制主要预防为主。

（1）疫苗预防。疫苗接种为主要的措施，目前，中国兽医药品监察所和郑州兽医生物药品厂共同研制的气肿疽灭活疫苗为我国正在使用的疫苗。该疫苗所使用的菌株为C54–1株和C54–2株。无论羊只大小一律皮下注射1 mL。免疫期为6个月。在该病流行地区每年按免疫计划实施免疫接种。

（2）无害化处理。配制3%甲酚皂溶液，或25%漂白粉溶液，或3%甲醛溶液，彻底消毒畜舍、墙壁、地面、饲养用具等。无害化处理患病动物污染的粪尿、垫草等，连同尸体一起深埋或焚烧处理，以防止形成气肿疽疫源地。

2. 治疗

（1）紧急接种。发生该病后，立即对羊群进行检疫。对健康羊免疫注射气肿疽灭活疫苗。对疑似病羊先肌内注射抗气肿疽血清15～20 mL，间歇7 d后再皮下注射气肿疽灭活疫苗1 mL。

（2）西药治疗。

处方1：肿胀发生的早期，在肿胀中心处切开约2 cm的切口，用2%的高锰酸钾溶液冲洗切口，并在肿胀部周围分点肌内注射2%高锰酸钾溶液2 mL。

处方2：160万IU青霉素，再加入2 mL硫酸阿托品，每隔5 h注射1次，连用3针。

处方3：每千克体重注射4万IU青霉素，庆大霉素0.2 g×10支，地塞米松5 mg×10支，500 mL 10%葡萄糖2瓶/d，静脉注射。

（3）中药治疗。

处方1：百部15 g、石韦6 g、独活6 g、龙胆草12 g、花粉12 g、黄柏8 g、八里麻12 g、血藤12 g、银花9 g、连翘9 g，煎服，或研末后用温水调制后灌服。

处方2：天冬6 g、马鞭草9 g、薄荷6 g、连翘9 g、车前草9 g、黄柏9 g共研末，用冷开水调制后灌服。

处方3：穿山甲、枳壳、荆芥、天冬、金银花、天花粉、连翘各15 g，黄柏、木香、茯苓各12 g，升麻、甘草各10 g，煎水灌服。

第十七节　破伤风

破伤风又称“锁口风”“强直症”。它是由破伤风梭菌在感染组织中产生的特异性嗜神经毒素引起的一种急性、创伤性人畜共患的中毒性传染病。其特征为患畜骨骼肌持续性痉挛和对外界刺激反射兴奋性增高。羊多因剪毛、烙角、断脐、分娩、手术及外伤等未消毒或消毒不严格而感染发病。

一、病原

1. 分类与形态特征

破伤风的病原为破伤风梭菌，属于梭菌属的成员。由于该菌释放的毒素多引起动物肌肉强直性痉挛，又被叫作强直梭菌。

破伤风梭菌两端钝圆、正直或微弯曲，大小为（0.5 ～ 1.7）μm×（2.1 ～ 18.1）μm 的细长杆菌，长度变化很大。多单个存在，有时成双，偶有短链，在湿润的琼脂表面，可形成较长的丝状。该菌可形成芽孢，位于菌体一端，似鼓槌状（图5-17-1）；无荚膜，周身鞭毛（图5-17-2），可运动。早期培养物中革兰氏阳性，48 h后常呈阴性反应。

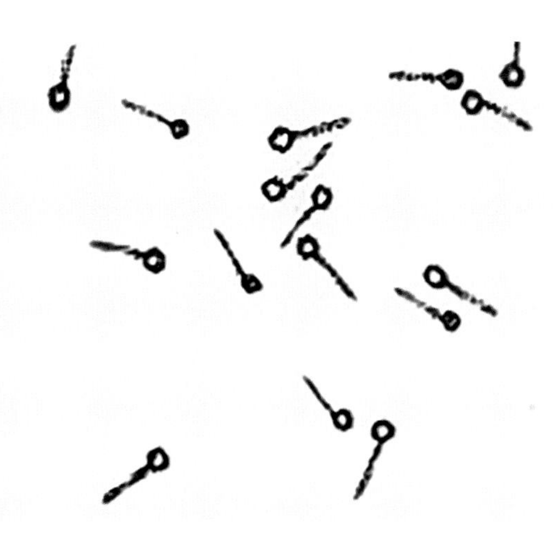

图5-17-1　破伤风梭菌芽孢位于菌体一端，似鼓槌状
（刘永生 供图）

图5-17-2　破伤风梭菌电镜照片，具有周身鞭毛
（刘永生 供图）

2. 培养特性

该菌严格厌氧，遇氧气则马上死亡。对营养要求不高，在普通培养基中即可生长，最适生长温度 37℃，最适 pH 值为 7.0 ～ 7.5。在血液琼脂平板上生长，表面可形成直径 4 ～ 6 mm，扁平、灰色、半透明、表面昏暗，边缘有羽毛状细丝的不规则圆形菌落，培养基湿润时可融合成片，菌落周围可形成轻度的 β 溶血环。在厌氧肉肝汤、疱肉培养基和 PYG 肉汤中，微混浊生长，有颗粒状或黏稠状沉淀，肉渣被细菌部分消化，颜色微变黑，产生少量气体，并发出特殊咸臭味。该菌脱氧核糖核酸酶阳性，神经氨酸苷酶阴性，20% 胆汁或 6.5% NaCl 可抑制其生长。深层葡萄糖琼脂穿刺培养菌落为绒毛状、棉花团状。明胶穿刺后，细菌先沿穿刺线像试管刷状生长，继而液化并使培养基变黑并产生气泡，可使紫乳培养基缓慢凝固或无变化。通常不发酵糖类，有少数菌株可发酵葡萄糖。不还原硝酸盐，不分解尿素。

3. 血清型与致病性

该菌有不耐热的鞭毛抗原，用凝集试验可分为 10 个血清型，第Ⅵ型为无鞭毛不运动菌株，我国最常见的是第Ⅴ型。各型细菌都有一个共同的耐热性菌体抗原，Ⅱ型、Ⅳ型、Ⅴ型和Ⅸ型有一个共同的第 2 菌体抗原。各型细菌均可产生抗原性相同的外毒素。破伤风梭菌可产生 3 种毒素，即破伤风痉挛毒素、破伤风溶血素和非痉挛素。破伤风痉挛毒素为一种蛋白质，分子量为 150 000Da，毒力非常强，可被胃液破坏，很难由黏膜吸收，能引起该病特征性症状和刺激保护性抗体的产生；破伤风溶血素是仅次于肉毒梭菌毒素的第 2 种毒性最强的细菌毒素，不耐热，对氧敏感，能溶解马及家兔的红细胞，引起局部组织坏死；非痉挛毒素对神经有麻痹作用。破伤风梭菌的毒素具有良好的免疫原性，用其制成类毒素，能产生坚强的免疫力。

4. 理化特性

该菌繁殖体抵抗力不强，但芽孢抵抗力极强，在土壤中可存活几十年。煮沸 10 ～ 90 min，湿热 80℃ 6 h、90℃ 2 ～ 3 h、105℃ 25 min 和 120℃ 20 min 可杀死芽孢体。5% 石碳酸 10 ～ 12 h，0.5% 盐酸 2 h，10% 碘酊、10% 漂白粉及 30% H_2O_2 等约 10 min 可杀死芽孢。该菌对青霉素、磺胺类敏感。

5. 致病机理

破伤风梭菌芽孢经创伤感染后，在机体抵抗力强时，病原体被消灭，创伤愈合，但有可能在愈创内残留病原体。另外，创伤感染之后，在机体抵抗力弱时，感染的和残留的病原体芽孢型就会变为生长型，破伤风梭菌生长繁殖，同时，产生外毒素。

破伤风痉挛毒素对中枢神经系统，尤其是脑干神经和脊髓前角神经细胞，有高度的亲和力。细菌繁殖产生的毒素可经 2 个途径被吸收。一是被淋巴吸收，经血液循环可达运动神经中枢，和脑干神经结合，可依次引起头颈、前肢、躯干和后肢肌肉痉挛，谓之下行性痉挛。二是被运动神经末梢吸收，通过外周运动或感觉神经纤维间的空隙，到达脊髓腹角运动神经细胞，其与腰、颈部脊髓和桥脑灰质部亲和力最大，常表现上行性痉挛。破伤风痉挛毒素对脊髓抑制突触起封闭作用，阻止了甘氨酸的释放。甘氨酸是脊髓抑制神经突触的介质，所以，阻抑了上、下神经元之间的正常抑制性冲动的传递。结果导致神经兴奋性异常增高和骨骼肌痉挛等。此外，该毒素还可作用于外周神经末梢，阻止神经肌肉终末装置的传导作用，引起骨骼肌痉挛。毒素对脑中蛋白质合成也有抑制作用。破伤风痉挛毒素和神经组织中的神经节苷脂相结合。神经节苷脂是一种糖脂蛋白，含有神经氨酸和硬脂酸葡萄糖等，能溶于氯仿和水中。每一个毒素分子可以和 2 个神经节苷脂分子结合，这种反应是不可逆的，所以，中和抗体对已结合毒素是无效的。

二、流行病学

1. 易感动物

各种家畜均有易感性，猪、羊均可发生，羔羊及产后母羊多发。实验动物以豚鼠最易感，次为小鼠，家兔有抵抗力。人对该病也有较强的易感性。

2. 传染源

破伤风梭菌及其芽孢广泛存在于被污染的土壤、厩舍、粪便当中。

3. 传播途径

主要通过创伤部位感染，病畜不能直接传播。在创伤深，创口小，创伤内组织损伤严重，有出血和异物的环境，更适合破伤风芽孢发育繁殖的伤口更易产生外毒素而致病。破伤风常见的感染伤有钉伤、刺伤、脐带伤、阉割伤及手术伤。羊经创伤感染破伤风梭菌后，如果创伤内具备缺氧条件，病原体在创口内生长繁殖产生毒素而致发病。在临床诊断时有部分病例往往找不出创伤，这种情况可能是因为在破伤风潜伏期中创伤已经愈合，也可能是经胃肠黏膜的损伤而感染。

4. 流行特点

该病多散发，无明显的季节性，各种品种、年龄、性别的易感动物均可发生。

三、临床症状

该病的潜伏期一般在 1 ～ 2 周，最短的 1 d。病羊眼神呆滞，进食缓慢，口腔有很多黏液，开口困难，牙关紧闭，流涎，瞬膜外露，并伴有气喘，呼吸急促和困难；两耳直立，颈项直伸，全身肌肉僵直，行动不便，四肢张开站立，各关节屈曲困难，步态僵硬，呈典型的木马状；应激性增高，受外界刺激时常仰头向后，遇到障碍物时易摔倒，倒地后不能站立，但人工扶助拉走时，仍能站立行走；粪便干燥，尿频，体温正常；瘤胃臌气，采食困难。母羊多发生于产死胎或胎衣停滞后，羔羊多因脐带感染，病死率很高。

四、病理变化

该病病理变化无特征性。剖检可见尸体僵硬，心肌变性（图 5-17-3），肺淤血、水肿，脊髓和脊髓膜充血、出血，实质器官和肠浆膜有出血点。

图 5-17-3　病羊心肌变性（刘永生 供图）

五、诊断

1. 诊断要点

一般根据病史和症状即可诊断。病羊牙关紧闭，流涎；瞬膜突出，耳直立；四肢强直、痉挛，不能行走，卧地后不能再自行站立，呈木马状。临床症状不明显，无创伤病史，未发现任何创伤，难以确诊时，可进行细菌学检查。

2. 细菌学诊断

（1）直接涂片镜检。取病灶部渗出液，进行涂片，用革兰氏染色后，镜下可见鼓槌状典型破伤风梭菌形态的革兰氏阳性杆菌。

（2）动物接种试验。采集创伤分泌物或坏死组织，培养于肝片肉汤中。经 4 ～ 7 d 后滤过，将滤液接种小鼠，观察发病情况；或直接将病料做成乳剂，注射于小鼠尾根部，一般经 2 ～ 3 d 可表现症状。也可取病羊全血 0.5 mL，肌内注射于小鼠臀部，一般经 18 h 后，小白鼠出现典型的破伤风症状，可确诊为羊破伤风。

3. 血清学诊断

目前，常用的血清学检测方法有 ELISA 和免疫胶体金检测。1982 年，酶联免疫吸附试验首次用于破伤风毒素抗体的检测。此后，Dot-ELISA、Capure-ELISA、双抗原夹心 ELISA 等 ELISA 方法先后用于破伤风毒素抗体的检测。免疫胶体金检测方法更为方便，免疫胶体金检测方法的检测范围为 0 ～ 0.5 IU/mL，线性关系为 0.01 ～ 0.1 IU/mL，实验检测限为 0.01 IU/mL。而荧光纳米球免疫层析测试条更灵敏，检测浓度范围为 0.000 2 ～ 0.022 0 IU/mL，检测下限为 0.000 11 IU/mL，比传统的胶体金敏感性高 100 倍。

4. 分子生物学检测

2005 年，脉冲场凝胶电泳和 PCR 技术首次应用于破伤风梭菌的分子鉴定。2013 年，环介导等温扩增法应用于破伤风梭菌的分子鉴定，该方法以破伤风杆菌破伤风毒素基因为靶基因。特异性强，灵敏度高，检测限为 10 CFU/mL。2022 年，重组酶聚合酶扩增应用于破伤风梭菌的分子鉴定，扩增反应不到 20 min，检测限为 20 拷贝 / 反应。

六、类症鉴别

1. 羊脑膜脑炎

相似点：呈散发性。病羊牙关紧闭，采食困难，颈部肌肉强直，头颈后仰，行动不便；应激性升高，受外界刺激时常仰头向后。

不同点：病羊体温升高，口唇歪斜，听觉减退，视觉丧失，味觉、嗅觉错乱。病羊不似破伤风出现瞬膜外露，四肢逐渐僵直，呈木马状症状。脑膜脑炎淋巴细胞和小胶质细胞增生、浸润及血管套现象，小脑、大脑、脑桥、延脑和脊髓的白质内出现弥散性脱髓鞘。

2. 羊狂犬病

相似点：病羊体表或有伤口，流涎，吞咽困难，饮水困难，臌气，后期行动不便。

不同点：病羊被咬伤口奇痒，前期异嗜；中期兴奋，狂躁不安，攻击人畜；后期脸部麻痹，斜视，最后全身衰竭和呼吸麻痹而死。剖检可见视黏膜蓝紫色，血液黏稠不凝固；牙齿折断，口腔黏膜糜烂；胃黏膜充血、出血，肠黏膜呈急性卡他性炎变化。

3. 羊风湿病

相似点：肌肉风湿病与破伤风症状有相似，病羊精神沉郁，食欲不振，呼吸增数，肌肉僵硬，颈部僵直，运步强拘，起立困难。

不同点：病羊体温升高，结膜和口腔黏膜潮红，肌肉中常有结节性肿胀。破伤风常呈全身性肌肉僵硬，风湿病由不同部位发病可造成不同的症状；单侧颈部肌肉发病可造成头颈侧弯；腰背发病造成腰背稍拱起；四肢风湿病造成举步困难，步态僵硬；关节风湿病呈关节粗大，热痛，肿胀，穿刺液有纤维素性絮状混浊物。

七、防治措施

1. 预防

免疫预防。妊娠母羊在临产前 1 个月肌内注射破伤风类毒素，可使机体产生抗体，羔羊可通过吸吮初乳而获得被动免疫。

2. 治疗

（1）清除病原。仔细查找伤口，若伤口已化脓，应进行清创和扩创术，彻底排除脓汁，清除异物和坏死组织。用 3% 的过氧化氢、1% 高锰酸钾溶液冲洗伤口，然后注入 5% 碘酊涂布，或用烧红的烙铁烧烙，并在创口周围肌内注射青霉素 200 万～ 400 万 IU。

（2）早期应用破伤风高免血清。可一次分点肌内注射 20 ～ 80 mL，也可将 20 ～ 80 mL 分 2 ～ 3 次注射，皮下、肌内或静脉注射均可，破伤风血清在体内可保留 2 周。

第十八节　李氏杆菌病

李氏杆菌病是由单核细胞增生性李氏杆菌引起的一种人兽共患散发性传染病，家畜和人以脑膜炎、败血症、流产为临床特征。世界卫生组织（WHO）将其定为四大食源性疾病致病菌（致病性大肠杆菌、嗜水气单胞菌、产单核细胞李氏杆菌、肉毒梭菌）之一。

Murray 等于 1926 年首先从兔体内分离到产单核细胞性李氏杆菌。由于该菌可引起家兔及豚鼠发生以单核细胞增多为特征的全身感染，故将其称为单核细胞增生性杆菌。后来 Pirie（1927）为了纪念 Lister 在微生物学方面作出的贡献，提议将该菌命名为产单核细胞李氏杆菌。1933 年 Cill 等查明羊转圈病的病原是李氏杆菌后，开始对该病重视。

一、病原

1. 分类与形态特征

该病的病原为单核细胞增生性李氏杆菌（LM），该菌属于李氏杆菌属的成员。李氏杆菌属共包括 7 个种，除单核细胞增生性李氏杆菌外，还包括伊氏李氏杆菌、无害李氏杆菌、韦氏李氏杆菌、塞氏李氏杆菌、格氏李氏杆菌和莫氏李氏杆菌，其中 LM 是人和动物的主要致病菌。

单核细胞增生性李氏杆菌为规则的短杆状，两端钝圆。无芽孢，不形成荚膜，有鞭毛，大小为

（0.4 ～ 0.5）μm×（0.5 ～ 2.0）μm。多单在，有时排列成“V”字形、短链。老的培养物或粗糙型菌落的菌体可形成长丝状，长达 100 μm，革兰氏染色为阳性。20 ～ 25℃培养可产生 4 根周身鞭毛（图 5-18-1），在 37℃至少可产生 1 根。

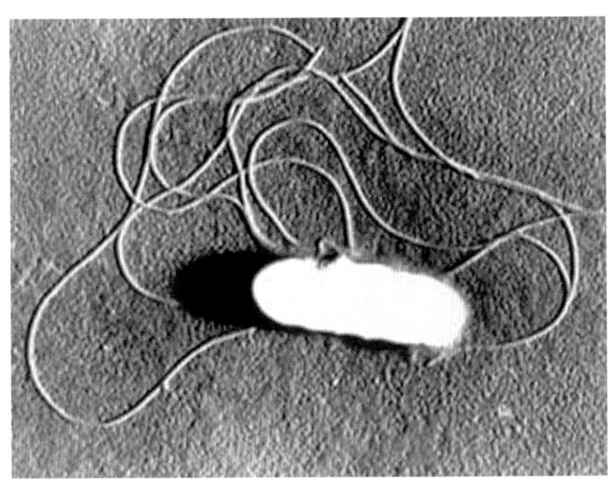

图 5-18-1　单核细胞增生性李氏杆菌呈短杆状有周身鞭毛（SEM）（兰喜 供图）

2. 抗原及血清型

李氏杆菌具有菌体抗原（O）及鞭毛抗原（H），O 抗原用阿拉伯数字表示，H 抗原用小写英文字母表示，不同 O 抗原及 H 抗原可组合成 16 个血清型。单核细胞增生性李氏杆菌具有 13 个血清型，即 1/2a、1/2b、1/2c、3a、3b、3c、4a、4ab、4b、4c、4d、4e 和 7。

3. 生化与培养特性

LM 是不多的几种嗜温好冷菌之一。这种菌喜爱在 37℃的温度中生长，但也可在低达 2.5℃的温度中生长。冷藏温度通常为 4 ～ 5℃，李氏杆菌可在冷藏下良好生长，因此也称为“冰箱菌”。

该菌对营养需求不高，需氧或兼性厌氧、最佳生长温度是 30 ～ 37℃。在普通琼脂培养基上，通常于 72 h 内开始生长，一般在斜面的基部或培养基的边缘生长。然后将其移植于琼脂平板上培养 24 ～ 48 h，呈中等大小的扁平菌落，表面光滑、边缘整齐、半透明状，在透光检查时呈淡蓝色或浅灰色，作反射光线检查时呈乳白色。在普通肉汤中培养 24 h 后，肉汤呈均匀的轻微混浊，有少量黄色颗粒状沉淀，振摇试管时呈发辫状浮起，不形成菌环及菌膜。在肝汤葡萄糖琼脂中形成圆形、光滑、平坦、黏稠、透明的菌落。在血液亚碲酸钾培养基中形成黑色菌落，有明显的 β 型溶血现象。半固体培养基上培养 24 h，可出现倒伞形生长。但该菌在麦康凯琼脂上不生长。

该菌在 24 h 内可发酵葡萄糖、果糖、蕈糖和麦芽糖，产酸不产气；在 3 ～ 10 d 内，可发酵阿拉伯糖、乳糖、蔗糖等，产酸不产气。触酶反应阳性；MR 和 VP 反应阳性。

4. 理化特性

该菌生存力较强，在青贮饲料、干草、干燥土壤和粪便中能长期存活。对碱和盐的耐受性较大，在 pH 值为 9.6 的 10% 食盐溶液中能生长，在 20% 食盐溶液中可经久不死，能抵抗 25% NaCl。菌液在 60 ～ 70℃经 5 ～ 10 min 可被杀死。在潮湿的泥土中能存活 11 个月以上，在湿粪中可存活 16 个月，在干燥的泥土和干粪中可存活 2 个月以上，在垫草和厩肥中可存活 4 ～ 6 个月，在淤泥中可存活 300 d，在饲料中可存活 6 ～ 26 周。

该菌对热和一般消毒药抵抗力不强，一般消毒药可使之灭活，2.5% 石炭酸、70% 的酒精 5 min，2.5% 氢氧化钠、2.5% 甲醛 20 min 可杀死该菌。对链霉素、氨苄青霉素、四环素和磺胺类药物敏感，对土霉素等敏感性差，对磺胺、枯草杆菌素和多黏菌素有抵抗力。

5. 致病机理

该菌侵入机体后，常先在入侵部的上皮细胞（如结膜、肠道和膀胱等）内增殖，并破坏细胞，继之突破机体的防御屏障进入血液而引起菌血症。能寄居于吞噬细胞内，还能被带到机体各部。由于李氏杆菌能产生类似溶血素的外毒素，它一方面可导致血液中单核细胞增多（反刍动物和马则为嗜中性白细胞增多），另一方面可使内脏发生细小坏死灶，从而引起隐的、败血型和子宫炎型的李氏杆菌病。若病原菌随血液突破血脑屏障侵入脑组织，则可引起脑膜脑炎。据报道脑膜脑炎还可由下述途径引起，即病原菌随同污染的饲料经口腔黏膜的损伤侵入，继而进入三叉神经的分支，沿神经鞘或在轴突内向心性运动，上达三叉神经根，最后侵入延髓，引起脑膜炎。据 Smith 等的试验证明，李氏杆菌能通过胎盘而达胎儿肝脏，在此增生、繁殖，导致胎儿死亡。

二、流行病学

1. 易感动物

该病的易感动物极其广泛，已查明的有 42 种哺乳动物和 22 种鸟类都有易感性。家畜以绵羊、猪和家兔最易感，牛、山羊次之，马、犬、猫很少；在家禽中以鸡、火鸡、鹅较多，鸭较少；野兽、野禽和鼠类也易感；人亦易感。各种年龄动物都可发病，以幼龄较易感染，发病较急，妊娠母畜也较易感，感染后常发生流产。

2. 传染源

患病动物和带菌动物是该病的传染源，细菌主要分布于粪、尿、乳汁、流产胎儿、子宫分泌物、精液及眼、鼻分泌物中。同时，李氏杆菌为腐生菌，广泛存在于土壤和腐烂植物中，牧草、青贮饲料、污泥和河水中。老鼠也可能是该病的疫源。

3. 传播途径

主要经消化道感染，被污染的食品、饲料和水源是该病主要的传播媒介，易感动物接触了被污染的饲料和饮水，从而感染该病。还可通过呼吸道、眼结膜和损伤的皮肤感染，吸血昆虫是重要的媒介。

4. 流行特点

该病多发于早春秋冬或气候突变的时节，因此，其流行具有显著的季节性，呈散发性，偶尔可见地方性流行，发病率一般只有百分之几，而病死率却很高。牛羊发生该病多与青贮饲料有密切关系，故有时将该病称为“青贮病”。各种年龄动物都可发病，以幼龄较易感染，发病较急，妊娠母畜也较易感，感染后常发生流产。天气骤变，缺乏青饲料，有内寄生虫或沙门氏菌感染时可诱发该病发生。

三、临床症状

潜伏期一般为 2 ～ 3 周，短的仅数天，也有的长达 2 个月。病羊短期内体温升高，精神沉郁，食欲减退，眼睛发炎，视力减退，甚至失明，眼球常凸出（图 5-18-2）。随之出现神经症状，多数病例出现做转圈运动而不能强迫改变，遇障碍物，则以头抵靠而不动。颈项肌肉发生痉挛性收缩时，颈项强直，头颈偏向一侧，角弓反张；颜面神经麻痹、嚼肌麻痹、咽麻痹、昏迷、大量流涎等。病的后期，病羊倒地不起，神态昏迷，四肢爬动作游泳状，一般 3 ～ 6 天死亡。孕羊可出现流产。羔羊多因急性败血症而迅速死亡，可在 2 ～ 3 天内死亡，死亡率有时高达 10%。

四、病理变化

李氏杆菌病剖检主要变化局限于中枢神经系统，其他器官和组织并没有显著的形态学变化。脑膜炎患羊剖检可见脑膜和脑实质炎性水肿（图 5-18-3），脑脊液增加且稍混浊。脑干变软并有细小的化脓灶，血管周围有以单核细胞为主的细胞浸润。

有败血症症状的患羊剖检可见，支气管淋巴结、肝门淋巴结及肠系膜淋巴结增大、水肿而湿润，切面上有小出血点（图 5-18-4）。肺充血、水肿。有时具有卡他性支气管炎。心、肝、肾发生变性，并有多数出血（图 5-18-5），有时可见有瓣膜性心内膜炎，在肝、脾及深层肌内常可见到化脓性坏死灶（图 5-18-6、图 5-18-7）。流产母畜可见到子宫内膜炎变化。

图 5-18-2　病羊精神沉郁，食欲减退，眼睛发炎，视力减退，甚至失明，眼球常凸出（兰喜　供图）

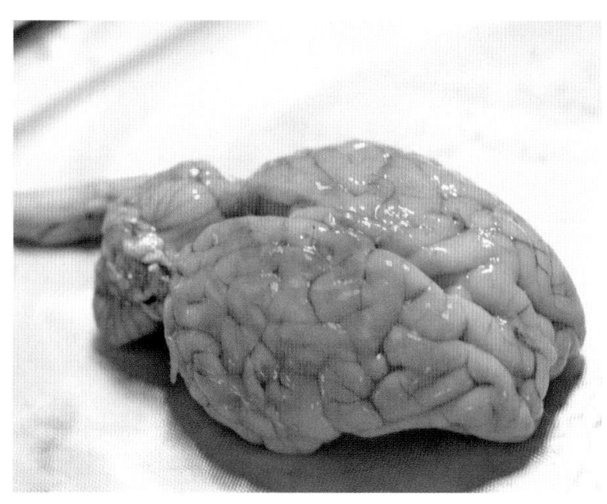

图 5-18-3　病羊脑膜炎者剖检可见脑膜和脑实质炎性水肿（兰喜　供图）

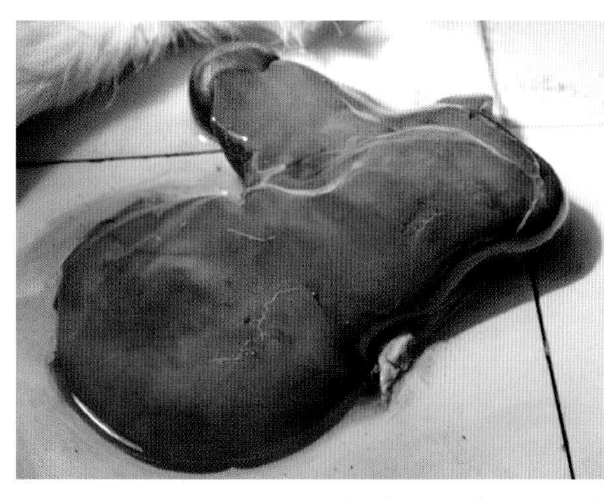

图 5-18-4　病羊肝发生变性，并有多数出血（兰喜　供图）

图 5-18-5　病羊肾发生变性，并有多数出血（兰喜　供图）

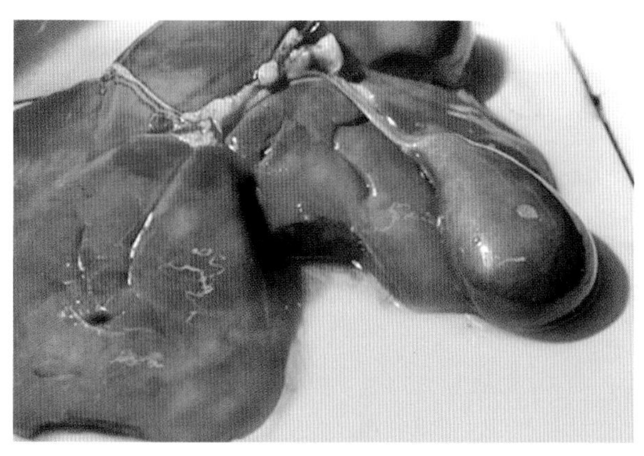

图 5-18-6　病羊肝、脾及深层肌内常可见到化脓性坏死灶（兰喜　供图）

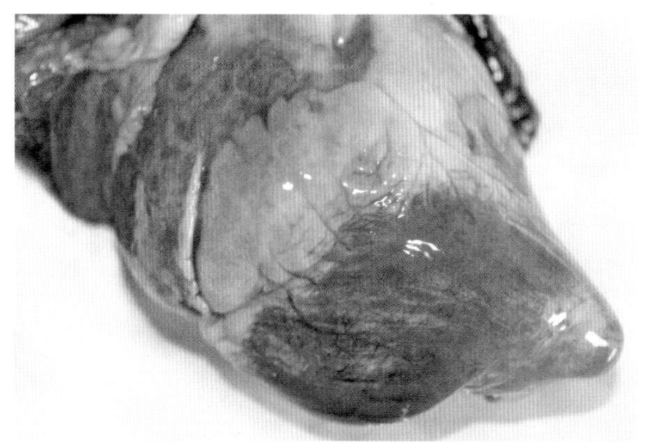

图 5-18-7　病羊心发生变性，并有多数出血（兰喜　供图）

五、诊断

1. 细菌培养鉴定

脑膜炎病例取脑脊液或脑实质；败血症主要取肝、脾和血液；流产病例取流产胎儿的肝脏、脾脏、母羊子宫和阴道分泌物。

（1）琼脂平板培养。将材料划线接种于血液（羊或兔）琼脂平板上，置 10% CO_2 环境中 37℃ 孵育 24 ～ 48 h。可见露珠状针头大菌落，继续培养 48 h，菌落为米粒大扁平或边缘略高菌落，呈灰蓝色或淡黄色，周围有明显的 β 溶血环。

（2）亚碲酸钾血琼脂培养基。由于李氏杆菌对亚碲酸钾具有相当的抵抗力，而多数革兰氏阴性菌的生长被抑制。李氏杆菌在培养基上形成易于辨认的黑色、细小、β－溶血菌落。

（3）肉汤培养。将病料接种于相应的肉汤培养基中，经 37℃ 24 h 培养呈轻微均匀混浊，48 h 有颗粒状见于管底，摇动时有发辫状浮起，无菌膜和壁环。

（4）组织压片镜检。在细胞内外可见革兰氏阳性小杆菌或球杆菌，幼龄培养物抹片，可见细菌呈“V”字形排列；人工培养物染色镜检，可见粗糙型菌形成短链或丝状，无芽孢、无荚膜、有鞭毛，能做滚动运动。

（5）生化试验。生化鉴定，能发酵葡萄糖、乳糖、麦芽糖、鼠李糖、水杨素，产酸不产气；能发酵蔗糖和糊精，但很慢。不发酵阿拉伯糖、棉子糖、木糖、卫予醇、甘露醇；MR 和伏－波试验常为阳性。

（6）动物接种试验。

Anton 氏试验：取 24 h 后的菌体纯培养物 1 滴，滴入兔、豚鼠的眼结膜囊内，另一侧作对照。兔 24 h 内出现化脓性结膜和角膜炎，豚鼠 4 d 后出现化脓性结膜炎。

幼兔耳静脉接种：取 3×10^9 个菌 /mL 的菌液 0.5 mL，接种于幼兔耳静脉内，3 ～ 7 d 内兔体温升高，血液中单核细胞增多（40% 以上），大剂量接种，出现脑炎症状，可能在 7 d 内死亡，剖检有多发型灶性坏死，偶见心肌脓肿和脑膜炎症状。腹腔接种后可引起浆液性、化脓性和纤维素性腹膜炎，孕兔并发子宫内膜炎及流产。

2. 血清学诊断方法

利用抗原抗体反应的特异性来进行细菌鉴别已经有半个多世纪的历史。基于细菌菌体和鞭毛抗原的存在，可以在此基础上建立一些快速的方法。目前，LM 检测的免疫学方法主要有酶联免疫吸附法（ELISA）和免疫荧光试验（IFA）。

（1）免疫荧光试验（IFA）。首先，将李氏杆菌 TSA-YE，37℃培养 18 h，以 PBS 制成 10^8 个细菌 /mL 悬液；或经 TSB-YE 培养，离心沉淀后，重新悬液至上述浓度，取上述菌液涂片，室温干燥，用 -20℃丙酮固定 15 min，应用荧光抗体作直接法染色，李氏杆菌在菌液涂片内呈现具有荧光的球菌状与双球菌状特征。

（2）ELISA 方法。1987 年，Farber 报道了针对 LM 鞭毛抗原的单克隆抗体 ELISA 检验程序，先通过硝酸纤维素膜滤过被污染的动物性食品，然后滤膜置于改良的 McBride 李氏杆菌分离培养基上，30℃下培养 48 h 后移去膜，用 LM 特异的单抗酶联免疫法检验，该法可在 2 ～ 3 d 内从自然污染样品中检出 LM。目前，随着 ELISA 试剂盒的开发，其在食源性致病菌的快速检测中被广泛运用。ELISA 方法检出 LM 的极限范围在 10^5 ～ 10^6 CFU/mL，而且操作简便，可在同一时间内检测大量样品，并可将纯肉汤培养物中的分离物进行属的鉴定。但该方法也有不足之处，主要是由于菌体及鞭毛抗原存在交叉反应，难以进行李氏杆菌种间特异分析。同时，LM 等李氏杆菌与猪链球菌等多种属细菌有广泛的共同抗原，给 LM 的单抗研制增加了不少困难。

3. 分子生物学方法

随着分子生物学的快速发展，许多分子生物学技术已被用于 LM 的快速检测。

（1）常规 PCR 方法。目前，根据 LM 已知的致病因子：LLO（Listeriolysino）、内化素、磷脂酶等特异的毒力基因序列设计引物，均可用于 LM 的 PCR 检测。16S rRNA 也可以作为靶基因鉴定李氏杆菌属特异和 LM 种特异，能够在 1 d 内检测出食品中的李氏杆菌属和 LM 污染。针对不同的目的基因有不同的引物，但是，不同的引物之间有很大的差异，因此，做实验之前要做比对和筛选。王海燕等对单核细胞增生性李氏杆菌 PCR 方法目前常用的 5 对引物做了特异性比较，用 LM、非 LM 以及其他菌属的细菌，将 7 对引物 LII/U1、FM1/FM2、LMA/LMB、A1/A2、LAP1/LAP2、Mono A/Lis B、HA1/HA2 的扩增产物进行特异性比较，结果引物 LII/U1 和 FM1/FM2 可以成为检测单核细胞增生性李氏杆菌的最佳方法。

（2）多重 PCR 方法。单一 PCR 虽然快速、敏感，但是，存在如果反应不成功会导致假阴性，样品污染也会导致假阳性。为了避免这种情况，在 PCR 中使用 2 对或者更多对的引物进行扩增，就是多重 PCR。

多重 PCR 能够达到一次反应，多个目的片段的效果，可以充分节省模板 DNA、节约时间、减少费用。曾海燕等将 *iap* 基因作为李氏杆菌的种、属特异基因，hly 作为 LM 特异性靶目标进行三重 PCR，可以特异性地检出李氏杆菌，同时鉴别出产品中的 LM。

（3）免疫磁珠和多重 PCR 联用。寇运同等研究了用免疫磁珠捕集法（Lister Test）检测食品中 LM 的可行性。对 25 株 LM 和 9 株干扰菌的检测结果与实际相符；对增菌液和样品中 LM、英诺克李氏杆菌、绵羊李氏杆菌的检测低限均达到甚至超过了传统方法；检测结果基本不受干扰菌影响。

李晓虹等用免疫磁珠和复合 PCR（multiplex-PCR）联用方法，从样品中直接浓缩获取 LM。针对 LM 的 *llo* 基因和李氏杆菌属的 23S rRNA 设计两对特异性引物，作为 PCR 的靶基因，经 PCR 反应分别得到 700 bp 和 240 bp。用 IMS/PCR 方法和 SN 方法同时检测了样品 162 份，结果通过 API

方法确证，符合率达到 100%，灵敏度达到 1.5 CFU /mL，检测时间只需要 24 h。

李敏等设计了 Listeriolysin O、23S rRNA 和 hly、iap 四对引物分别做双重 PCR 引物，并与免疫磁珠法分离 LM 相结合对 LM 进行快速鉴定。结果显示，这四对引物可分辨不同种属的李氏杆菌和其他不同菌株。建立的 IMS-PCR 方法最低检测限可达到 1 CFU/25 g（mL）食品，通过检测食品样本 188 份，结果与常规检测方法所得的结果一致率为 100%。建立的 IMS-PCR 方法具有极好的特异性、敏感性和稳定性，在 24 h 内可得到准确的检测结果。

（4）巢式 PCR 检测方法。张耀华等使用巢式 PCR 检测李氏杆菌（包括 7 个菌株）和其他常见细菌（大肠杆菌、沙门氏菌、金黄色葡萄球菌），根据 *iap* 基因设计了 2 对引物（CLM-1/CLM-2 外侧扩增引物，MAR-1/MAR-2 内套扩增引物），只有单核细胞增生性李氏杆菌可以扩增出相应片段，与预期的大小一致，其他细菌没有。巢氏 PCR 特异性强，灵敏度高，检测可在 7 h 内完成，特别适用于快速检测。

（5）基因芯片鉴定技术。Sergeev 等开发了一种微阵列，能够检测与疾病相关的 4 种弯曲菌，6 种李氏杆菌，16 种葡萄球菌肠毒素，对于纯培养物，该阵列的检测限达到 200 CFU/g。采用复合 PCR 方法扩增致病菌特异性 DNA 片段，结合基因芯片杂交技术鉴定不同的食源性致病菌。顾鸣等采用 3 对引物的复合 PCR 扩增，不同致病菌特异性核苷酸片段同时布阵在一张芯片上，标记物质采用了非放射性的生物素，经不同标准菌种、实际检验样品和水平测试样品的考核验证，该鉴定系统灵敏度达 620 CFU/g，特异性高，基因芯片质量稳定。常见食源性致病菌基因芯片鉴定技术，可为常规细菌检验方法的最终鉴定提供进一步佐证，尤其对一些培养条件苛刻的致病菌（LM、弯曲菌等）的鉴定提供了方便。Borucki 等构建的混合基因组微阵列可准确鉴别各种近缘 LM 分离物。Volokhov 等通过单管复合体扩增和基因芯片技术可检测和鉴别 6 种产单核细胞李氏杆菌。

（6）ATP 快速发光检测技术。居华等通过对冷却猪肉中的产单核细胞李氏杆菌、冷却鸡肉中的空肠弯曲杆菌、菲律宾蛤仔中的副溶血性弧菌及 3 种样品中的菌落总数、大肠杆菌的辐照灭菌效应研究，确定了辐照控制冷却猪肉、鸡肉、菲律宾蛤仔中的细菌的 D10 值（将细菌总量降至其初始值 10% 所需的辐射剂量）及辐照灭菌剂量。Nam 等研究发现，辐照猪腰肉中的李斯特氏菌 D10 值为 0.58kGy，并且在冰箱贮藏过程中，该菌仍然逐步生长。Oscar 发现在低于 1kGy 剂量辐照的香瓜中，3 种不同李氏杆菌（10^7 ～ 10^9CFU/mL）的 D10 值范围在 0.66 ～ 0.72 kGy。

六、类症鉴别

1. 羊脑多头蚴病

相似点：病羊做转圈运动，视力减退，角弓反张。

不同点：羊脑多头蚴病病羊根据多头蚴侵害部位的不同表现出不同症状，除转圈运动、视力减退、角弓反张外，还会出现运动失调，行走时患侧肢高举，提肢无力，后肢麻痹，膀胱括约肌麻痹，小便失禁等症状，不出现颜面神经、肌肉麻痹，大量流涎，孕羊流产症状；剖检可见脑膜上有六钩蚴移行时留下的弯曲痕迹，可在脑部找到一个或多个囊体，与虫体接触的头骨骨质变薄、松软，甚至穿孔，在多头蚴寄生的部位脑组织萎缩。

2. 山羊关节炎 – 脑炎

相似点：山羊关节炎 – 脑炎神经型与羊李氏杆菌病相似。病羊做转圈运动，头弯向一侧，双目失明，吞咽困难，头颈痉挛，四肢划动做游泳状，角弓反张，倒地不起。

不同点：山羊关节炎－脑炎神经型发病早期表现跛行、后肢麻痹，随后四肢僵硬，无颜面神经、肌肉麻痹，大量流涎症状；剖检可见小脑和脊髓白质出现数毫米大、不对称性褐色和粉红色肿胀区。羊李氏杆菌病剖检可见脑膜和脑实质炎性水肿，脑脊液增加且稍混浊。

七、防治措施

1. 预防

由于李氏杆菌的血清型变种较多，而且 LM 属胞内菌，主要的免疫应答是细胞免疫，所以，至今尚无有效的疫苗应用于实践。

（1）坚持自繁自养。通过自繁自养可以有效地减少因引种不慎而将疫病传入羊场的风险。如确需引进羊只，应严格检疫，不从有病地区引入羊只。从外地引进的羊只，要调查其来源，引进后在隔离场所饲养 2 个月，健康羊才能混群饲养。

（2）加强饲养管理。圈舍通风、干燥、保暖、供给青绿饲草和优质青贮饲料。尤其在冬季舍饲期间，应供给富含蛋白质、维生素及矿物质的饲料，夏秋季节应注意消灭蜱、蚤、蝇等体外寄生虫。青贮饲料是草食动物的基础饲料，pH 值为 3.5 ～ 4.2 的青贮饲料气味酸香，柔软多汁、适口性好、营养丰富，其喂量一般以不超过日粮的 30% ～ 50% 为宜。不要饲喂不合格的青贮饲料，防止和减少“青贮病”的发生。

（3）加强消毒灭源工作。加强环境和羊舍的消毒，药物可选用 3%来苏儿、10%漂白粉、5%石炭酸或 4%苛性钠溶液进行彻底消毒。通过消毒能有效降低羊场环境和羊舍内病原微生物的危害，降低羊感染的风险。对进出羊场的人员和车辆必须经消毒后方可进出，从而切断传播途径。同时加大灭鼠力度，减少李氏杆菌的储存宿主。

（4）药物预防。对于受威胁的羊群，采取预防性投药，遏制该病的发生。饮水中添加黄芪多糖，饲料中加清瘟败毒散或板蓝根，增强羊的抗病能力。

2. 治疗

（1）西药治疗。

处方 1：磺胺嘧啶钠每千克体重 50 mg，乳糖酸红霉素每千克体重 5 mg，B 族维生素每千克体重 2.5 mg，每日 1 次，连用 3 ～ 5 d。

处方 2：青霉素 160 万～ 240 万 IU，链霉素 100 万～ 200 万 IU，加蒸馏水 5 mL，混合后一次肌内注射，每日 2 次，连用 3 d。

处方 3：20%磺胺嘧啶钠 5 ～ 10 mL，氨苄青霉素每千克体重 1 万～ 1.5 万 IU，庆大霉素每千克体重 1 000 ～ 5 000 IU，均肌内注射，每日 2 次，同时加维生素 C、维生素 B_6 有一定疗效。

（2）中药治疗。

处方：金银花 10 g、山栀根 10 g、蒲公英 10 g、野菊花 10 g、茵陈 10 g、钩藤根 6 g、茯神 6 g、车前草 5 g、乌梅 5 g、诃子 5 g、甘草 3 g。1 剂 /d，煎汁分早晚灌服，连用 3 d。

第十九节　衣原体病

羊衣原体病是由嗜衣原体属嗜衣原体引起的绵羊、山羊的一种传染病。临床上以发热、流产、产死胎和产弱羔为特征。在疾病流行的过程中，部分病羊表现为多发性关节炎、结膜炎等症状。

一、病原

1. 分类地位

引起羊衣原体病的病原体属于衣原体科嗜衣原体属。1999 年，根据 16 ～ 23S rRNA 基因序列分析，衣原体科病原被分为衣原体属和嗜衣原体属。衣原体属包括沙眼衣原体、猪衣原体和鼠衣原体；嗜衣原体属包括流产嗜衣原体、豚鼠嗜衣原体、猫嗜衣原体、家畜嗜衣原体、肺炎嗜衣原体和鹦鹉热嗜衣原体等衣原体。其中，流产嗜衣原体可引起绵羊、山羊流产、精囊炎、乳腺炎；家畜嗜衣原体可引起绵羊、山羊结膜炎、多发性关节炎等症状。

2. 形态特征

衣原体是一类原核细胞型的微生物，介于细菌和病毒之间，是一类在真核细胞内专性能量寄生的小型革兰氏阴性原核生物。其进化来源尚未明确、感染宿主广泛、致病表现复杂。衣原体有 3 种形态，较大的称为网状体（Reticular body，RB），直径 0.6 ～ 1.5 μm，呈球形或不规则形态，为繁殖性形态；较小的具有感染力的个体称为原体包涵体（Elementary body，EB），直径 0.2 ～ 0.5 μm，呈球形或卵圆形；还有一种过渡形态，称为中间体（Intermediate body，IB）。Giemsa 染色或碘染色后在光学显微镜下可以观察到衣原体形态。

3. 生活周期

衣原体具有 DNA 和 RNA，可合成自己的 DNA、RNA 和蛋白质。衣原体具有细胞壁，有酶系统，可进行一定的分解代谢活动。衣原体以二分裂方式繁殖，有独特的生活周期。衣原体感染宿主后 1 ～ 2 h，通过配体吸附于敏感宿主细胞表面受体上，宿主细胞将 EB 吞饮，EB 进入宿主胞浆的空泡或液泡。感染后 2.5 h，EB 开始发育，体积逐渐增大，经 8 ～ 12 h，发育成 RB，呈网状分布在均一的胞浆中。感染后 20 h，宿主细胞内充满 RB，宿主细胞核移位，一些 RB 出现二分裂。到感染后 30 h，宿主细胞内 RB 减少，出现 IB、RB 和子代 EB 3 种形态。繁殖的衣原体聚集形成胞浆内包涵体。感染后 36 ～ 48 h，宿主细胞破裂，释放出具有感染力的子代 EB（图 5-19-1）。

4. 培养特性

衣原体培养方法主要是鸡胚培养、细胞培养及动物接种。目前，常用于衣原体培养的组织细胞有 Hep-2 细胞、Vero 细胞、McCoy 细胞、HeLa 细胞、人绒毛膜细胞等。将衣原体接种于 6 ～ 8 日龄的鸡胚卵黄囊中生长繁殖，鸡胚一般在接种 3 ～ 6 d 死亡，将所取的死鸡胚的卵黄膜进行涂片镜检，通过镜检可以观察到含有包涵体、网状体颗粒及原体。

5. 理化特性

衣原体耐低温，4℃可保存 2 d，-20℃可保存 4 周，-70℃以下可保存数年。对高温和多种消毒药敏感，在 60℃ 10 min、2%来苏儿、0.1%甲醛、0.5%石碳酸作用 10 min 均可灭活，对四环素、红霉素、阿奇霉素敏感。

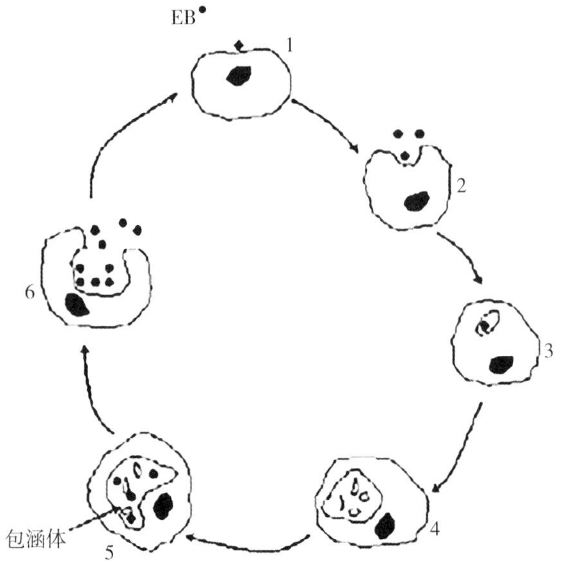

1. EB 吸附；2. EB 被吞入；3. 8h 后发育成 RB；
4. 24h、RB 增殖；5. 30h，RB 分化成 EB，包涵体形成；
6. 48h，细胞破裂，释放 EB。

图 5-19-1　衣原体的发育周期（刘永生 供图）

二、流行病学

1. 易感动物

衣原体宿主广泛，各种禽类（包括火鸡、鸡、鸭、鹅和野禽）、多种哺乳动物和人均能感染。流产嗜衣原体可感染绵羊、山羊、牛、猪、鸽子、火鸡、麻雀等多种动物，还可感染人类；家畜嗜衣原体可感染绵羊、山羊、牛、考拉、猪等多种动物。

2. 传染源

患病动物和带菌动物为主要传染源，可通过粪便、尿液、乳汁、泪液、鼻分泌物以及流产的胎儿、胎衣、羊水等排出病原体，污染水源、饲料及环境。

3. 传播途径

该病主要通过呼吸道、消化道、眼结膜、伤口或生殖道感染。患病公羊精液经人工授精或与母羊交配可传播该病，吸血昆虫（如蜱、螨、蝇、虱等）可带毒在动物间传播。

4. 流行特点

该病原发病无明显季节性，一年四季均有发生，但在寒冷阴湿、气候骤变时，更易感染。多呈地方性流行。饲养密集，营养缺乏，长途运输或迁徙，寄生虫侵袭等应激因素可促进该病的流行。

图 5-19-2　病羊离群、跛行（刘永生 供图）

三、临床症状

1. 关节炎型

主要发生于羔羊。羔羊发病初期体温上升至 41 ～ 42℃，食欲降低，离群，跛行（图 5-19-2），肢关节摸之有痛感。随病情的发展，羔羊拱背而立或侧卧（图 5-19-3），体重减少。羔羊两眼常伴随滤泡性结膜炎发生。

2. 结膜炎型

主要发生于哺乳羔羊和育肥羔羊。病羊的

一眼或双眼都可感染，开始时眼结膜充血、水肿（图 5-19-4），流泪。角膜发生不同程度的混浊、溃疡。

3. 流产型

羊流产型衣原体病的潜伏期为 50 ～ 90 d。流产通常发生于妊娠的中后期，临床症状主要表现为母羊排浅黄色分泌物，流产、死产或分娩出弱羔。羊群中公羊患有睾丸炎、附睾炎。

图 5-19-3　病羊拱背（刘永生 供图）

图 5-19-4　病羊眼结膜充血、水肿（刘永生 供图）

四、病理变化

1. 剖检变化

流产母羊胎膜水肿、增厚，子叶呈黑红色或土黄色。流产胎儿水肿，皮肤、皮下组织、胸腺及淋巴结等处有点状出血，肝脏充血、肿胀，肝脏表面有针尖大小的病灶。衣原体侵害乳房时，可见乳房明显肿胀、发热、水肿（图 5-19-5），产奶量下降，奶变成带有大量白色纤维素的凝块。随着病程发展，双侧或单侧乳房萎缩、不对称变形、停乳。

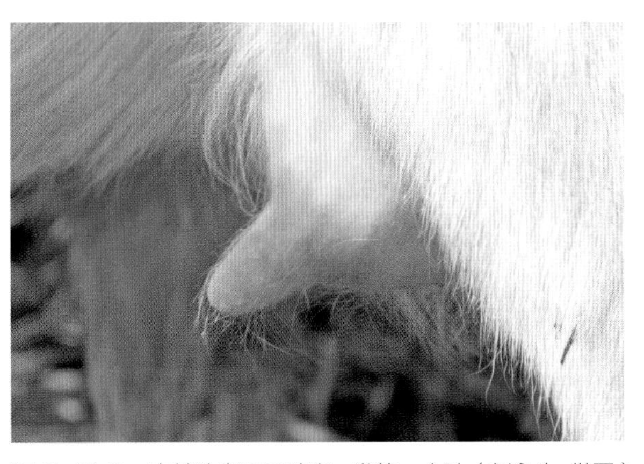
图 5-19-5　病羊乳房明显肿胀、发热、水肿（刘永生 供图）

2. 组织学变化

胎儿肝、肺、肾、心肌和骨骼肌血管周围网状内皮细胞增生，脑和脊髓的神经元变性、坏死，并有淋巴细胞浸润。母羊乳腺被衣原体感染后腺泡腔内可见脱落的腺泡细胞、淋巴细胞、嗜中性粒细胞及巨噬细胞；间质水肿，结缔组织间隙可见大量淋巴细胞嗜中性粒细胞及巨噬细胞浸润。

五、诊断

1. 病原学诊断方法

（1）染色镜检。采集血液、脾脏、肺脏、肠道、眼睑分泌物、流产胎儿及流产分泌物等病料涂片，吉姆萨染色镜检，可发现包涵体。包涵体中原生小体呈红色或紫红色，网状体呈蓝绿色。病理组织切片中能观察到组织细胞胞浆中衣原体包涵体，呈圆形或不规则形。

（2）分离培养。病料悬液 0.2 mL 接种于孵化 5 ～ 7 d 的鸡胚卵黄囊内感染鸡胚，鸡胚常于 5 ～ 12 d 死亡，胚胎或卵黄囊出现充血、出血。取卵黄囊抹片镜检，可发现大量的衣原体。将病料接种健康小鼠或豚鼠，经鼻腔或腹腔途径接种，均可进行衣原体的繁殖。

（3）细胞分离法。用无衣原体抗体的胎牛血清和对衣原体无抑制作用的抗生素，如硫酸卡拉霉素、庆大霉素和新霉素等，制成标准组织细胞培养液，培养出盖玻片单层细胞，然后将病料悬液 0.5 ～ 1.0 mL 接种于细胞，5 d 后取出感染细胞盖玻片，PBS 洗 2 ～ 3 次，风干，无水甲醇固定，碘染色（包涵体呈棕褐色）或吉姆萨染色阳性即可确诊。

2. 血清学诊断方法

（1）间接血凝试验。使用纯的衣原体抗原致敏绵羊红细胞后，检测动物血清中衣原体抗体。该方法操作简单快速，灵敏度相对较高。姜天童等将此方法分别与补体结合试验、间接补体结合试验进行了相应的比较，结果表明，在鹦鹉热衣原体抗体的检测中，间接血凝试验能产生特异性反应，并且重复性较好。随后该方法被应用于牛、羊衣原体、猪衣原体感染的血清学调查研究中。

（2）补体结合试验（CFT）。CFT 是衣原体实验室诊断的重要方法之一。原理在于利用抗原抗体复合物与补体结合，把含有已知浓度的补体反应液中的补体消耗掉，使补体浓度减低，以检出抗原或抗体。首先将经过 56℃处理 30 min 灭活补体的抗血清，与抗原及补体混合起反应。第二阶段是加入已同抗绵羊红细胞抗体相结合的致敏红细胞。在最初阶段对消耗补体建立起足够的抗原抗体反应时，没有发生致敏红细胞的溶血，但补体剩余下来则引起溶血反应。Stamp 等于 1952 年建立衣原体补体结合试验检测衣原体。但流产嗜衣原体与家畜嗜衣原体及某些细菌如假单胞菌属具有共同抗原，因此，CFT 不是完全特异性的，也无法区别免疫接种和自然感染。在没有流产病史的畜群或个体出现低滴度抗体时，结果判定困难。

（3）血清中和、噬斑减少和毒素中和试验。这 3 种试验机理相似，不同的是噬斑减少法是用细胞培养作指示系统，而其他两法则多用鸡胚或小鼠进行。3 种试验均需高滴度的抗体。

（4）琼胶扩散试验。用超声波和去氧胆酸盐处理衣原体，与抗血清作琼脂扩散试验或凝胶双扩散试验都表现出含有 2 种抗原成分。一种为属别抗原，另一种为种别抗原。此法可用于种别鉴定，但敏感性较低。

（5）直接荧光抗体测定（DFA）。标记衣原体荧光抗体与衣原体结合，在荧光显微镜可以检查到荧光着色的衣原体。针对脂多糖（LPS）的抗体荧光不够亮，且染色不匀；针对外膜主蛋白（MOMP）的抗体荧光更亮，但非特异染色减少。与培养法比较，DFA 不需要有活力的病原体，但缺陷是结果判定带有主观性，荧光易淬灭，不适于批量标本检测。常常被用作确证试验。

（6）ELISA 方法。ELISA 具有快速、准确、特异、敏感、实用性强等特点，是一种非常常用的血清学检测方法。目前，没有能够区分自然感染和免疫接种抗体的 ELISA。ELISA 试剂盒针对脂多糖类抗原（LPS）的较多，但是，衣原体脂多糖类抗原有些表位与其他革兰氏阴性细菌相同，出现交叉反应和假阳性。ELISA 诊断绵羊、山羊地方性流产的实验感染和自然病例样品时，敏感性比 CFT 高，但无种特异性。Kaltenboeck 报道用合成多肽抗原 ELISA 检测反刍动物流产嗜衣原体，取得较好的结果。应用单克隆抗体建立的竞争性 ELISA 和应用重组抗原间接 ELISA 鉴别流产嗜衣原体与家畜嗜衣原体比 CFT 的特异性和敏感性高。用流产嗜性衣原体、家畜嗜性衣原体和猪衣原体重组 MOMP 抗原 –ELISA 检测感染流产嗜性衣原体的小母牛血清，重组 MOMP 抗原 –ELISA 特异性强。

3. 分子生物学诊断方法

（1）核酸探针技术。用化学发光物质（如地高辛等）标记沙眼衣原体的主要外膜蛋白，再与其相应的特定核糖体 RNA 杂交，利用照度计进行检测。检测沙眼衣原体的灵敏性约为 90%，特异性为 96%。总检测时间 2 ～ 3 h，并且能处理大量样品。主要用于高危人群的检测；对于低危人群的检测，灵敏度低且假阳性也较高。

（2）连接酶链反应（LCR）。Dille 等 1993 年报道用 LCR 扩增沙眼衣原体后，有学者陆续报道用 LCR 检测子宫颈、尿生殖道、尿标本、关节炎滑液细胞沙眼衣原体。标本中抑制物可影响 LCR 的结果，而将标本冻融、稀释可减少抑制物，提高 LCR 的敏感性。

（3）PCR 方法。PCR 检测法能检测到 10^{-6} 的 DNA，相当于一个原体，灵敏度和特异性等同或超过病原分离。关于衣原体检测的 PCR 报道较多，有普通 PCR、多重 PCR、套式 PCR 等。目前的衣原体 PCR 主要针对 MOMP 基因或 16 ～ 23S rRNA 基因，现有一些性能良好的衣原体巢式 PCR 检测方法。

荧光定量 PCR 方法在衣原体诊断中也得到了应用。杨建民报道利用 SYBR Green 建立了检测衣原体种特异性实时 PCR 方法，能准确检测最少 250 fg 衣原体 DNA。中山大学达安基因股份有限公司申请了实时荧光定量检测肺炎嗜衣原体的方法及试剂盒发明专利。吴东海等研发的鹦鹉热嗜衣原体实时定量 PCR 检测方法，当模板浓度范围为（1.78×10^{2}）～（1.78×10^{8}）拷贝 /μL 时，标准曲线相关系数达 0.998；批内和批间变异系数分别为 1.30% ～ 4.59% 和 5.72% ～ 9.87%。冯悦等利用 TaqMan-MGB 荧光定量 PCR 检测禽鸟类粪便鹦鹉热嗜衣原体，检出率为 14.3%，高于常规 PCR 检测法的 7.4%。

多重 PCR 通过引物套用，实现对样品中低拷贝靶标的高灵敏度检测，在衣原体病的研究中受到广泛的应用。2018 年，Monica 等研究出多重 PCR- 反向线点杂交技术，实现了对 14 种沙眼衣原体基因型的鉴别诊断。

六、类症鉴别

1. 羊布鲁氏菌病

相似点：怀孕母羊阴道流分泌物，流产、产死胎、弱羔。公羊患有睾丸炎。

不同点：该病成年羊较幼年羊多发，流产多发生于妊娠后 3 ～ 4 个月（衣原体病流产多发生于产前 1 个月）。剖检可见胎膜呈淡黄色的胶冻样浸润，胎儿的病变多呈败血病变化，皮下或肌间呈浆液性浸润，胸腹膜有纤维素凝块并有淡红色渗出液。

2. 羊沙门氏菌病

相似点：母羊流产多发生于妊娠后期。母羊流产、产死胎、产弱羔，阴道流分泌物。

不同点：部分母羊有腹泻症状，病羊产下的弱羔，表现衰弱，腹泻，粪便气味恶臭，往往于 1 ～ 7 d 死亡。羔羊剧烈下痢，病初排黑色稀粪，后期下痢呈喷射状，粪便内混有大量血液，脱水，严重衰竭，1 ～ 5 d 死亡。剖检可见死亡胎儿呈败血症变化，肝、脾肿大，有灰白色坏死病灶；胎盘水肿、有出血。死亡的母羊子宫肿胀，内含有凝血块及坏死组织，并有渗出物和滞留的胎盘。

七、防治措施

1. 预防

（1）免疫接种。采用羊衣原体灭活苗，严格按疫苗使用说明书对妊娠和未妊娠母羊进行免疫接种或紧急预防接种，皮下注射 3 mL/ 只。免疫期绵羊为 2 年，山羊为 7 个月。

（2）药物预防。发病期间可按每吨料中添加氟苯尼考混饲按每吨拌料 50 ～ 100 g。连续饲喂 2 周可预防该病暴发流行。休药期 30 d。

（3）驱虫。定期驱虫可控制和降低羊只体内外寄生虫的危害，驱虫后对粪便堆积进行生物发酵。伊力佳按 33 kg 体重 2 片投药或伊维菌素按每 10 kg 体重 0.2 mL，肌内或皮下注射。澳螨消配成含双甲脒 0.025% ～ 0.05% 溶液进行药浴、喷洒、涂擦，休药期 21 d。

（4）消毒。对病羊分泌物、排泄物及被污染的土壤、场地、圈舍、用具和饲养人员衣物等，用 2% 氢氧化钠溶液和 84 消毒液消毒灭菌处理，每 2 周 1 次。也可用 2% 来苏儿溶液进行喷洒消毒，发病期每 2 d 1 次。

（5）加强饲养管理。养殖场实行全进全出的封闭饲养管理。采取放牧与舍饲相结合的饲养方法，定时定量补料或加喂颗粒料和添加微量元素、复合维生素和低聚糖。防止拥挤、缺水、霉变饲草、寒冷、高温、鼠害、寄生虫等有害因素对羊群的侵袭。

2. 治疗

注射用复方苄星青霉素Ⅲ号（青霉素 K、普鲁卡因青霉素），用于呼吸道、败血症、生殖道感染等。200 万～ 300 万 IU/ 次，2 次 /d，连用 3 d。

盐酸林可霉素用于呼吸道感染、骨髓炎、关节和软组织感染、败血症等。按羊每千克体重 0.03 mL，每日 2 次，连用 3 d。

磺胺二甲嘧啶钠主要用于衣原体结膜炎。每克该品加水 15 ～ 20 kg 混饮；每克该品拌料 8 ～ 12 kg 混饲。

氟苯尼考混饲全群羊只按每克拌料 10 ～ 20 kg，或每千克体重 20 ～ 30 mg。每日 2 次，连用 3 ～ 5 d。

第二十节　传染性胸膜肺炎

羊传染性胸膜肺炎（CCPP），又称羊支原体性肺炎，是由羊肺炎支原体引起的一种羊的慢性呼吸道传染病。其临床上以高热、咳嗽、喘气、渐进性消瘦及慢性增生性间质性肺炎为特征。该病是世界动物卫生组织所列法定报告动物传染病之一。该病对非洲和亚洲羊养殖业的危害较为严重，新传入地区严重暴发时发病率可高达 80% ～ 100%，死亡率达 60% ～ 80%。

CCPP 早在 1873 年就有记载，但直到 100 多年后的 1976 年才分离到病原体羊支原体羊肺炎亚种（Mccp），并证明了其致病性。由于 Mccp 对体外培养条件要求苛刻，不易分离培养，而且因其属于丝状支原簇（Mm cluster）成员，不易通过常规的生化反应和血清学特性进行准确鉴定。所以迄今为止，世界上已有 40 余国家报道 CCPP 流行，但分离或检测到病原的仅有 19 个国家。

一、病原

1. 分类与形态特征

Mccp 是丝状支原体簇成员之一。丝状支原体簇是柔膜体纲、支原体目、支原体科、支原体属下一群遗传上和血清学关系相近的支原体，原来由 6 个重要的反刍兽病原支原体组成：除 Mccp 以外，还包括牛传染性胸膜肺炎（CBPP）的病原丝状支原体丝状亚种小菌落型（Mmm SC）、Mmm LC、Mmc、羊支原体羊亚种（Mcc）和牛群支原体 7 型（MBG7）等。

最近，该簇成员分类地位发生了改变，Mmm LC 和 Mmc 合并为同一个亚种，Mmm LC 成为 Mmc 的一个血清型；MBG7 被新命名为李奇氏支原体。这样一来，该群成员就可分为 3 个亚群：羊支原体、丝状支原体和李奇氏支原体。修正后的丝状支原体簇成员中与小反刍兽有关的 3 种支原体名称中都包括羊一词，即 Mccp、Mcc 和 Mmc。

与其他支原体一样，Mccp 无细胞壁，由三层细胞膜包裹，呈多形性。在电镜下最常见的菌落形态为球状颗粒，也有球杆状、杆状或短丝状等多种形态。菌体直径大小为 200 ～ 500 nm，可通过 0.22 ～ 0.45 μm 滤膜。革兰氏染色阴性，常用吉姆萨染色法染色，菌体多呈蓝紫色或淡蓝色，形态多样。

2. 培养特性

Mccp 对营养要求严格，这是其难以分离培养的原因之一。现在一般使用 Thiaucourt 氏培养基或改良 Thiaucourt 氏培养基对 Mccp 进行分离培养。初次分离同时接种固体和液体培养基，可提高分离率，也有利于从可能混合感染的支原体中进行克隆纯化。接种过 Mccp 的固体培养基放入湿盒中置 37℃培养，或在含有 5% 二氧化碳、95% 空气或氮气下培养，生长 5 ～ 7 d，将平皿置于显微镜下观察，可以观察到“煎蛋状”带中心脐菌落，菌落较小，直径 200 ～ 500 μm。液体培养基中初代培养耗时较长，通常需盲传 1 ～ 3 代才可见培养基颜色变化。在培养基中添加丙酮酸钠能显著提高发酵葡萄糖菌株的体外培养产量，也说明有机酸是 Mccp 重要的能量来源。

3. 生化特性

丝状支原体簇成员种间具有相似的生化特征，且 Mccp 不同菌株间还可存在一些生化反应差异。因此，生化特性不足以对 Mccp 或有关支原体分离菌株进行准确鉴定，但可用来作为最终鉴定的佐证之一。通常情况下，Mccp 对洋地黄皂苷敏感、能发酵葡萄糖、不水解精氨酸、不分解尿素、膜斑试验阴性、能还原四唑氮、可液化血清和消化酪蛋白。但部分 Mccp 菌株（包括模式株 F38）用有机酸提供能源而不发酵葡萄糖。尽管这种同一个支原体亚种内菌株间生化特性上表现多样性是罕见的，但由于葡萄糖发酵是菌株生化鉴定的一个关键步骤，因此给 Mccp 菌株鉴定带来了困难。

4. 理化特性

Mccp 对理化因素比较敏感，一般 55℃加热 5 ～ 15 min 即被杀死。对常用浓度的重金属盐类、石碳酸、来苏儿等消毒剂均较敏感，对表面活性物质洋地黄皂苷敏感，易被脂溶剂乙醚、氯仿等裂解，但对醋酸铊、结晶紫、亚硝酸钾等有较强的抵抗力。由于支原体没有细胞壁，对通过作用细菌细胞壁发挥杀菌作用的抗菌药物如青霉素类、头孢菌素类有抵抗力，对大环内酯类药物如红霉素、螺旋霉素、泰乐菌素等药物比较敏感。

5. 致病机理

Mccp侵入动物机体后，经气管、支气管到达细支气管终末分支的黏膜，引起支气管黏膜及肺泡的炎性反应，肺泡、细支气管、小叶间隔和胸膜下结缔组织中性粒细胞浸润肺小叶内结缔组织和淋巴间隙中，致小叶内结缔组织广泛而急剧的炎性水肿，淋巴管扩张，淋巴液增加。淋巴液的增加又促进了病菌的繁殖，这种相互促进的结果就造成血液和淋巴循环系统的堵塞，进而引起肺组织梗死。邻近的肺泡壁出现炎性渗出、显著增厚和发生纤维素性沉积；肺泡壁的毛细血管显著扩张充血，肺泡中积聚大量的炎性渗出物，从而致使肺部发生肝样变。

二、流行病学

1. 易感动物

不同年龄、性别的羊对Mccp均易感，羔羊感染后死亡率要高于成年羊。长期以来认为Mccp只感染山羊，绵羊一般认为不会感染Mccp，但可能作为储存宿主传播病原。但也有报道从表现呼吸道症状的绵羊中分离到Mccp，或绵羊出现Mccp血清阳性反应。还有从乳腺炎病牛分离到Mccp的报道。最近还确认卡塔尔野生动物园捕获的多种偶蹄类野生动物感染Mccp，阿联酋某些野生动物如瞪羚也发生Mccp感染。

2. 传染源

病羊是该病主要的传染来源。耐过病羊在相当长时间内可通过呼吸道向外界排毒，成为传染源。病原体存在于病羊肺组织和胸腔渗出液中，可经支气管分泌物排出，污染周围环境。

3. 传播途径

Mccp在自然环境中不易存活，主要依靠飞沫短距离接触传播，目前尚不清楚间接传播途径。

4. 流行特点

CCPP一年四季都可发生，但冬春季节多发。CCPP常由不表现症状的病羊将疾病引入一个新的地区。CCPP易于传染，只需短期接触即可迅速传播，将发病羊引入易感羊群20 d左右即可波及全群，引起暴发。初次接触该病的易感羊群，发病率可高达100%，死亡率达80%。但在该病流行的地区，严重或具典型表现的病例少见，临床症状多温和，如间歇性咳嗽等。加重CCPP流行的因素包括营养缺乏、气候骤变、羊群密集、长途调运、寒冷潮湿，PRV和CPV等病毒感染也是导致支原体继发感染的重要因素。而与其他病原如Movi、Mh和PM等混合感染也可促进疾病的发生和危害加重。

三、临床症状

一般潜伏期2～28 d，平均约10 d，潜伏期短的感染后5～6 d便可发病，潜伏期长的在感染后3～4周才能表现出相应的临床症状。根据病程的长短可将该病划分为最急性型、急性型和慢性型3种类型，这3种类型除表现出精神沉郁、食欲不振等疾病经过中的一般症状外，还分别具有其他一些典型症状。

1. 最急性型

发病初期可表现出明显的体温升高，达 41 ～ 42℃，病羊呼吸急促痛苦，有时发出痛苦的鸣叫，发病后数小时便可表现出典型肺炎的临床症状，肺部叩诊呈浊音，听诊时肺泡呼吸音减弱，严重者肺泡呼吸音消失，咳嗽，流浆液性带血鼻液（图 5–20–1）；12 ～ 36 h，因肺部的病变导致机体严重缺氧，可见病羊全身可视黏膜发绀（图 5–20–2），卧地不起，四肢伸直，一般发病后 4 ～ 5 d 病羊便可因高度呼吸困难而窒息死亡，严重的病例甚至不超过 24 h。

2. 急性型

该型在实际临床中比较常见，病羊发病初期可表现出轻微的体温升高，流浆液性鼻液，食欲减退，呆立，随着病程的发展可表现出频繁的短暂、湿性咳嗽，这一现象清晨或傍晚尤为严重；经 4 ～ 5 d 鼻液由浆液性转变为铁锈色并黏附于口、鼻、唇等四周（图 5–20–3）；肺部叩诊呈浊音，听诊时肺泡呼吸音减弱，严重者肺泡呼吸音消失、减弱或呈捻发音，触压胸壁敏感、疼痛。病羊体质下降，喜卧，不爱运动，呼吸困难，眼睑肿胀，流泪或有眼分泌物（图 5–20–4），口半开，流泡沫状唾液（图 5–20–5）；怀孕母羊 70%～ 80% 发生流产、乳房炎等症状。最后病羊卧地不起，个别发生腹泻和腹胀，口腔黏膜溃疡，临死前体温降到常温以下。该类型的病程较长，一般为 4 ～ 5 d，个别病例可达一周多，但一般不会超过半个月，该类型死亡率极高，可达 60%～ 90%，耐过没死亡的病例则转为慢性型。

图 5–20–1　病羊流浆液性带血鼻液（兰喜　供图）

图 5–20–2　病羊眼睑发绀（兰喜　供图）

图 5–20–3　病羊鼻液由浆液性转变为铁锈色并黏附于口、鼻、唇等四周（兰喜　供图）

图 5–20–4　病羊眼睑肿胀，流泪或有眼分泌物（兰喜　供图）

3. 慢性型

多由急性型病例发展转归而来，该类型多发生于夏季炎热季节，临床症状不明显，仅可见病羊有间歇断续的咳嗽，鼻汁时有时无；病羊被毛蓬乱，精神沉郁并伴有轻度的体温升高，一般不会超过 40℃；奶羊有乳腺炎、败血症、关节炎及肺炎等症状。处于此期的病羊如果饲养管理不当或与急性病例接触时极易发生迅速死亡。

四、病理变化

该病的病理变化比较集中，一般只局限于胸腔各内脏器官，剖检时在打开胸腔的瞬间可闻到难闻的腐败性臭味，胸腔各脏器呈灰色、白色或黄灰色样变（图 5-20-6）；可见浆液性或纤维素性胸膜肺炎（图 5-20-7、图 5-20-8）症状，胸肋膜变厚，附着粗糙的纤维素（图 5-20-9），肺胸膜、肋胸膜、心包膜互相粘连；胸腔积液现象严重（图 5-20-10），可达 500 ～ 2 000 mL，积液长时间暴露于外界空气中则形成纤维蛋白凝块（图 5-20-11）。病变各器官中以肺脏的病变最为明显，肺部表面凹凸不平，色泽红色或灰色，严重的病例可见肺脏的心叶、尖叶以及膈叶均出现肝变（图 5-20-12），该肝变区明显高于正常肺脏组织，肝变区颜色随病变程度不同而不一；切开病变的肺脏组织可见切面呈典型的大理石样病变（图 5-20-13），切面流出带血液和大量泡沫样的褐色液体（图 5-20-14）。肺小叶被凝固的渗出液充盈，而导致其界线明显宽于正常肺小叶；个别病例还可见关节炎，乳房炎等病理变化。

图 5-20-5　病羊口半开，流泡沫状唾液（兰喜　供图）

图 5-20-6　病羊肺呈灰色、质地致密，呈白色或黄灰色（兰喜　供图）

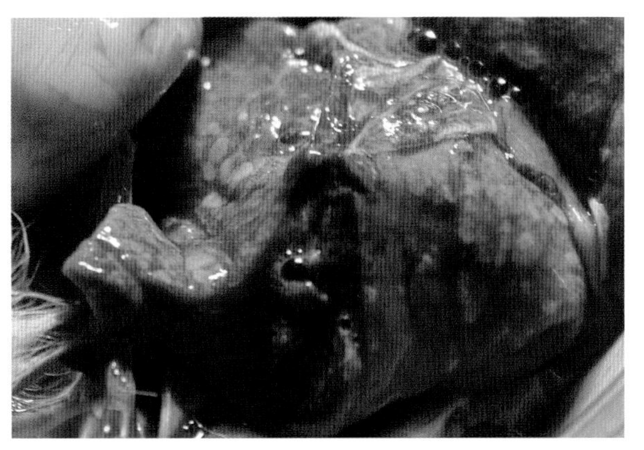

图 5-20-7　病羊浆液性肺炎（兰喜　供图）

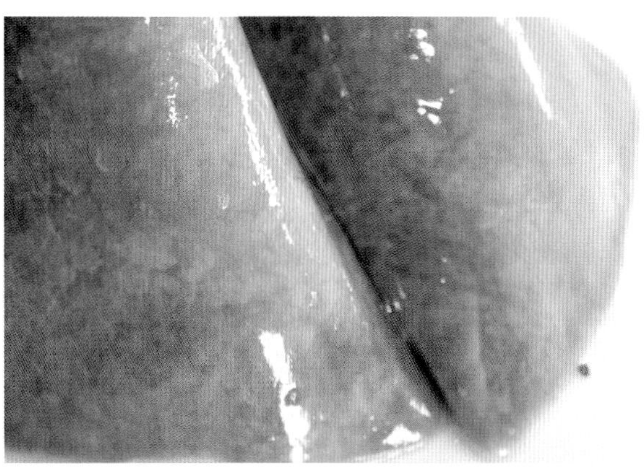

图 5-20-8　病羊纤维素性肺炎（兰喜　供图）

图 5-20-9　病羊胸肋膜变厚，附着粗糙的纤维素（兰喜　供图）

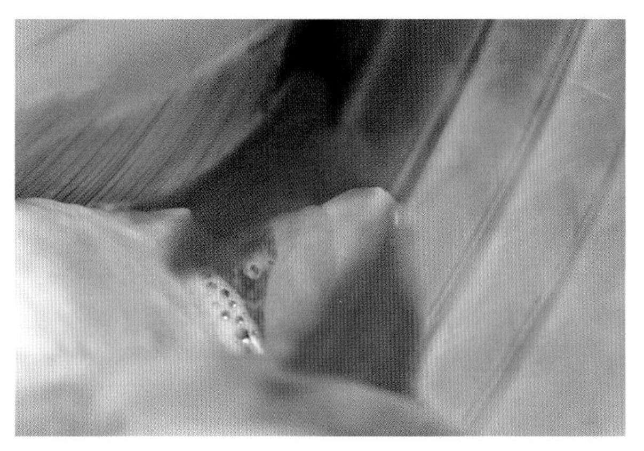

图 5-20-10　病羊胸腔内有大量积液（兰喜　供图）

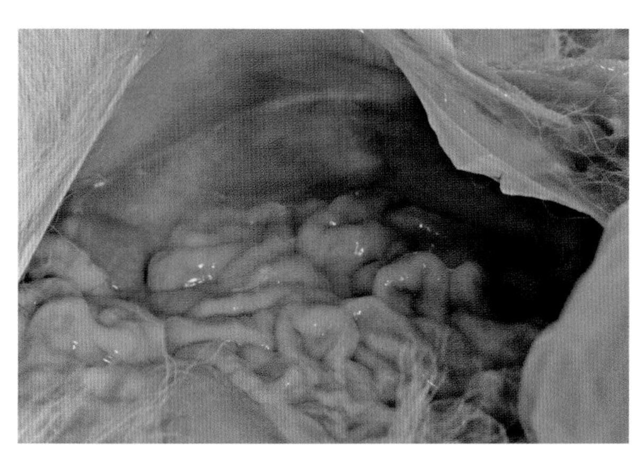

图 5-20-11　病羊胸腔积纤维蛋白凝块（兰喜　供图）

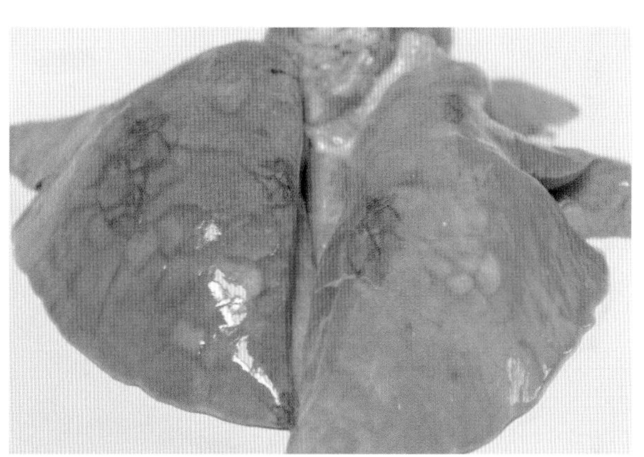

图 5-20-12　病羊肺有大小不等的区域性肝变区，使肺表面凹凸不平（兰喜　供图）

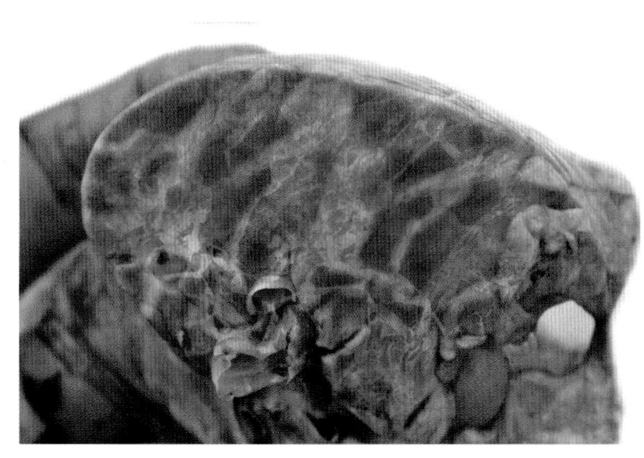

图 5-20-13　病羊肺切面平整，质地坚实，同一切面上有淡红色、暗红色、灰色及灰红色病变而呈现大理石样（兰喜　供图）

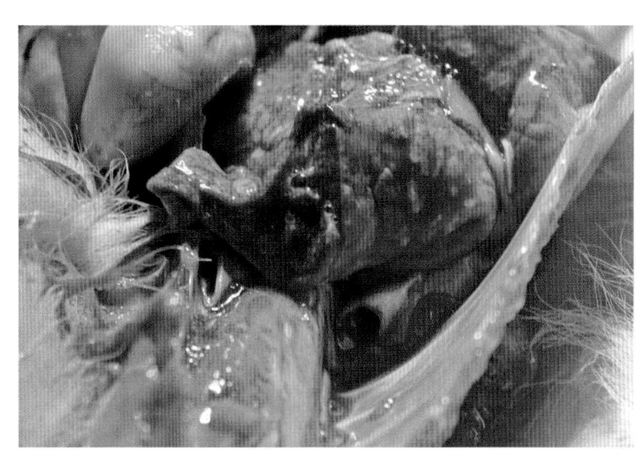

图 5-20-14　病羊肺脏切面流出带血液和大量泡沫样的褐色液体（兰喜　供图）

五、诊断

1. 病原学诊断

Nicholas 提出 CCPP 诊断需满足以下条件：分离到 Mccp 或用血清学方法证实；病变局限于肺和胸膜，形成胸膜肺炎；具高度传染性和高发病率与死亡率；肺小叶间隔不扩大。但由于临床感染的复杂性，如混合或继发感染、疫区慢性感染等可导致临诊表现的多样性，诊断 CCPP 或多或少不能充分满足这些条件。只有病原分离鉴定仍是目前世界动物卫生组织确认 CCPP 在某地区流行的主要依据。

病原分离鉴定。Mccp 体外生长非常困难，另外样品长途运输通常也会导致支原体的失活。最佳样品是富含支原体的胸水、肝变区和非病变区交界处的肺组织。一般鼻腔分泌物样品拭子悬浮于 2 ～ 3 mL 的培养基中。组织样品剪碎后每克样品加培养基 9 mL，强烈振荡，或在培养基内捣碎制备成悬浮液。胸水、样品悬液均须用培养基 10 倍梯度稀释 3 个梯度到 10^{-4}。各梯度稀释液最好同时接种固体培养基和液体培养基进行培养。目前，最常用的是改良 Thiaucourt's 培养基，在英国有一种商业培养基（UK）经过实践检验具有很好的分离效率，该公司还研发了一种诊断 CCPP 用培养基，Mccp 会在这种半固体培养基中长出红色的菌落。其他的可用于 Mccp 的培养基还包括 H25P、添加 2 g/L 丙酮酸钠的 FP 培养基、改良的 Hayflick's 培养基和 Newing's 培养基、WJ 培养基、羊肉肝汤（VFG）培养基以及 Gourlay's 培养基等。无论何种培养基，应尽量新鲜配制，并添加 2 ～ 8 g/L 丙酮酸钠，有利于提高 Mccp 培养速度和产量。接种病料的液体培养物应每日检查有无颜色变化及有无混浊。若出现混浊，应将培养物用孔径 0.45 μm 滤膜过滤后，按 10% 体积接种于新的液体培养基中，也可以划线或滴入固体平皿中继续培养。

2. 血清学诊断方法

（1）补体结合试验（CFT）。CFT 是目前 CCPP 国际贸易指定检疫试验，该方法具有较好的特异性，但缺乏敏感性，且需要一定的设备和经验丰富的操作人员。Sharew 等对包括 CFT 在内的 3 种检测 Mccp 抗体的血清学方法进行了比较，发现在检测田间血清时，Mccp-CFT 与用 Mmm SC 抗原建立的 CFT 方法具有交叉反应，但 Mccp 抗原阻断酶联免疫吸附试验（Blocking ELISA）方法比 CFT 特异和敏感，适合于田间血清学调查，用新的方法取代 CFT 势在必行。

（2）乳胶凝集试验（LAT）。LAT 技术为 CCPP 快速诊断提供了有力手段。该方法是将提取自 Mccp 的分泌多糖致敏到乳胶颗粒上检测羊血清中的 Mccp 抗体，若羊血液中存在特异性抗体则出现凝集。该方法具有良好的特异性，操作只需几分钟，不需要特殊仪器和专业培训的人员，且比补体结合试验（CFT）敏感，阳性检出率高，比竞争性酶联免疫吸附试验（c-ELISA）易于操作，适合于田间抗体筛查，阳性样品可用 c-ELISA 进一步确认。

（3）间接血凝试验（IHAT）。Muthomi 等用超声波破碎裂解的 Mccp 抗原致敏戊二醛处理的绵羊红细胞，建立了诊断 CCPP 的间接血凝试验，但特异性评价表明，该方法与丝状支原体簇成员 Mmc、Mcc 和 Mmm SC 均有严重的交叉反应，Mccp 血清还可与 Mcc 和 Mmc 致敏的抗原发生交叉反应。

（4）间接 ELISA。Wamwayi 等用全菌抗原建立了检测 Mccp 抗体的间接酶联免疫吸附试验，但同样也遇到了丝状支原体簇之间存在的交叉反应的问题。但仅就检测 Mccp 抗体而言，ELISA 方法比 CFT 具有更高的敏感性。

（5）**竞争 ELISA**。Thiaucourt 等利用从 Mccp 培养物分离的多糖制备的单抗为基础，建立了一种竞争 ELISA（c–ELISA）方法检测 Mccp 抗体。该方法具有良好的特异性，但与其他血清学检测方法相比，c–ELISA 只能成功检测其他方法阳性样品的 30% ～ 60%，结果不稳定，因此，不适合个体血清学诊断，但适用于群体流行病学调查。目前，该方法还在进行稳定性方面的改进试验，未能形成商业化诊断试剂。

3. 分子生物学诊断方法

PCR 方法。Bashiruddin 等分别根据 Cap–21 探针设计了套式 PCR 扩增方法可用于鉴定丝状支原体簇成员。Bascunana 等通过对丝状支原体簇成员的 16S rRNA 基因 2 个操纵子序列进行分析，发现 Mccp 2 个操纵子之间有部分序列变异，导致酶切位点发生变化，并根据该位点变异建立了一种用于鉴定 Mccp 的 PCR– 限制性酶切分析（PCR–REA）方法，将 PCR 产物用限制性内切酶 Pst Ⅰ消化后，Mccp 可产生特征性的 3 条带，而丝状支原体簇其他成员仅产生 2 条带。Woubit 等根据丝状支原体簇成员的 *Adi* 基因差异设计了一套特异性鉴定 Mccp 的 PCR 方法，只有 Mccp 能扩增出特异性目的条带，但 Mmm LC 代表株 Y–goat 也可出现一条非特异性的微弱条带。在该 PCR 方法基础上，2008 年 Lorenzon 等建立了一种实时定量 PCR 方法用于检测 Mccp，提高了检测的特异性，敏感性更是提高了 2 ～ 3 个数量级。

六、类症鉴别

1. 羊巴氏杆菌病

相似点：病羊体温升高至 41 ～ 42℃，精神沉郁，咳嗽，呼吸困难，鼻流带血黏性分泌物，眼有分泌物。剖检可见病羊胸腔内有黄色渗出物，肺脏流出血色泡沫样液体。羊巴氏杆菌病病程长的病羊剖检可见纤维素性胸膜炎，与羊传染性胸膜肺炎极其相似。

不同点：羊群中有病羊突然发病，数分钟至数小时内死亡。病程稍长的病例可见患羊可视黏膜潮红；初期便秘，后期腹泻，有时粪便全部变为血水；颈部和胸下部发生水肿。剖检可见肠系膜淋巴结有不同程度的充血、出血、水肿，胃肠出血性炎症；心包液混浊，混有绒毛样物质，心肌外膜上粘连绒毛样物。

2. 羊肺线虫病

相似点：病羊咳嗽，呼吸促迫、困难，鼻流分泌物。

不同点：病羊呼吸声粗重，如“拉风箱”声音；常咳出黏液团块，镜检可见虫卵和幼虫；病羊常打喷嚏，贫血，头、胸及四肢水肿。剖检可见病羊肺部膨胀不全、肺气肿，表面隆起，呈灰白色，触之坚硬；支气管中有黏液性或脓性混有血丝的分泌团块；气管、支气管及细支气管内可发现数量不等的大、小肺线虫。

3. 羊鼻蝇蛆病

相似点：病羊流鼻液，呼吸困难，眼睑肿胀，流泪。

不同点：病羊打喷嚏，甩鼻，磨鼻，摇头，不表现咳嗽症状；数月后病羊可能表现神经症状，运动失调，旋转运动，头弯向一侧或发生麻痹。没有怀孕母羊流产、乳房炎等症状。剖检病死羊，可见鼻腔黏膜和额窦黏膜发炎和肿胀，可在鼻腔、鼻窦或额窦内发现各期幼虫。

七、防治措施

1. 预防

（1）严格引种。在引入外来羊之前，养殖场必须对引入地动物疫病流行情况进行全面调查，避免从疫区引入羊。在引入羊之后，必须根据要求为羊接种羊传染性胸膜肺炎疫苗，隔离观察45 d以上，在确认无疫病之后才能够将其混入羊群进行饲养。此外，养殖场在引种时，应当尽可能地避免寒冷季节，运输时，尽量缩短运输时间，以防羊只出现应激反应，感染羊传染性胸膜肺炎。

（2）加强饲养管理。对饲养管理条件进行改善，为羊只提供营养均衡的日粮，积极推行精细化管理，尽可能地避免应激因素。加强通风换气处理，确保圈舍空气质量优良，避免氮气浓度过高；每日坚持对圈舍进行清洗，保证圈舍干净；在季节交替的时段，应注意对温度和环境进行控制，秋冬注意保暖，夏季注意防暑降温。在饲料中加入多种维生素、防霉剂和微量元素，与此同时，在羊群饮用水中，适当加入抗应激药物和多维电解质，使羊群的免疫力能够得到提升，避免因应激导致羊群发病。

（3）预防接种。完善羊只免疫程序，使羊传染性胸膜肺炎的免疫工作能够得到有效落实，与此同时，加强羊传染性胸膜肺炎等疾病的控制，避免由于继发感染导致发病。在对羊只进行免疫时，采用的疫苗必须是经农业农村部批准的，并根据疫苗说明书来完成免疫。接种最好选在春秋两季，为了提高安全性，可采用灭活的羊传染性胸膜肺炎疫苗。6月龄以下的羊，经肌内注射3 mL/只；6月龄以上的羊，经肌内注射5 mL/只；针对双月龄或者产后20 d的羊羔，注射剂量则以3 mL/只为宜，根据正常的程序来进行注射。通常在接种14 d后，羊就可形成免疫力，免疫保护可达到1年。

（4）严格消毒。加强羊舍环境卫生，及时对排泄物进行清理，同时对进行集中的焚烧或者密封发酵处理；定期进行日常消毒处理，避免外来病原的传入导致疾病。建议每周进行1次消毒，应选择杀灭病毒效果显著的消毒剂，建议选择2～3种，进行轮流使用。此外，对羊舍和周边环境进行消毒处理，并积极落实杀虫灭鼠等工作，避免这些昆虫、老鼠等成为媒介带入疾病。

2. 治疗

（1）西药治疗。

处方1：泰乐菌素、氟苯尼考注射液联合用药。上午使用泰乐菌素50万IU，用地塞米松10 mL稀释，按每千克体重1万IU注射，发热明显的加安痛定5～10 mL；下午用氟苯尼考注射液按每千克体重0.2 mL，连续3 d。

处方2：25%葡萄糖液50～100 mL，维生素C 2～4 g，安钠咖0.5～2 g混合，静脉注射，每日2次，连用3 d。

处方3：200 kg水加入阿奇霉素药粉200 g混合饮用，连用3～5 d，同时，病羊肌内注射磺胺嘧啶钠，每千克体重0.5～1 mL，每日1次，连用3 d。

处方4：20%的氟苯尼考5 mL、盐酸多西环素10 mL、板蓝根20 mL或20%的氟苯尼考10 mL、板蓝根20 mL或30%的替米考星10 mL、板蓝根20 mL，肌内注射，按治疗50 kg的羊用药，每日1次，连用3～5 d。

（2）中药治疗。

处方 1：荆芥 300 g，薄荷 300 g、银花 500 g、连翘 450 g、桔梗 300 g、芦根 350 g、黄芩 300 g、神曲 350 g、山楂 200 g、甘草 200 g，共研细末，或煎熬给羊群灌服，每日 1 剂，连用 2 剂。

处方 2：清肺散，配方为白芍 30 g、黄芩 10 g、大青叶 10 g、知母 8 g、炙杷叶 7 g、炒牛蒡子 7 g、连翘 6 g、炒葶苈子 3 g、桔梗 6 g、甘草 3 g，共研细末，加 2 个鸡蛋的蛋清灌服或水煎服，每日 1 次，连服 3 d。

第二十一节　传染性无乳症

羊传染性无乳症（CA）是由无乳支原体（MA）引起的一种绵羊和山羊的接触性传染病。临床上以无乳症、关节炎、角膜炎和流产为主要特征。由于泌乳羊只患病时，乳汁发生改变和完全停止泌乳，而且可在发病牧场内迅速传播，故称为传染性无乳症。

该病于 19 世纪由 Metaxa 在意大利和 Zanggen 在瑞士先后发现，如今在世界上许多国家和地区如欧洲、西亚、美国和北非都有发生，特别是法国、意大利、西班牙、瑞士、伊朗、巴基斯坦、印度等国，我国青岛、新疆等地曾有报道。

一、病原

无乳支原体（MA）是羊传染性无乳症的主要病原，后来发现山羊支原体山羊亚种（Mcc）、丝状支原体丝状亚种大菌落型（mmmLC）及腐败支原体也可引起相似的临床症状。

该类微生物形态多变，一般在 24 h 培养物的染色涂片中，呈现出卵圆形或小杆状，有时则 2 个连在一起呈小链状；在 48 h 培养物中，呈现出多个小环状构造物；在 96 h 培养物中，呈现出类似纤维物和酵母菌的线团状，或大圆形、大环状、丝状等。无乳支原体比较敏感，大多数消毒药物均可快速将其杀死，如 3% 克辽林、10% 石灰乳等。无乳支原体会在沙土和草垫上呈休眠状态，可存活几周。

二、流行病学

1. 易感动物

各种年龄、性别、品种的羊群都有易感性，山羊易感性较绵羊高。 绵羊和山羊是该病唯一的易感宿主，而其他家畜和实验动物均无易感性。 不论是性成熟的母羊还是没有性成熟的母羊和公羊都可感染发病。 泌乳期的奶山羊发病较多，以初产第一个泌乳期的奶山羊发生最多。

2. 传染源

病羊和带菌羊是该病主要的传染源，病愈不久的羊的脓汁、乳汁、眼和鼻的分泌物以及粪尿等可长期带菌，并可通过机体排出，是该病最危险的传染源。

3. 传播途径

该病经水平传播，接触性传播极强，可经消化道、呼吸道、眼结膜、乳腺或创伤传染给健康羊只。乳汁中包含大量支原体，羔羊会通过吮吸感染的乳汁患病。成年母羊可以通过绵羊或山羊的呼吸道分泌物感染，也可以通过挤奶工的手或是垫草感染。

4. 流行特点

接触感染时，潜伏期为 12 ～ 60 d，人工感染时则为 2 ～ 6 d。该病一般于母羊产羔后开始发生，呈地区性流行，引入的新品种较本地品种易感；如防治不及时，常常不断发生。母羊在非哺乳期感染传染性无乳症，病症会延迟发生，在首次泌乳时会出现临床症状。无乳症支原体可寄居于外耳道和在此处的螨虫体内。无乳症载体在传染的保持和扩散中起重要作用。

三、临床症状

传染性无乳症可根据病程的不同分为急性和慢性 2 种：急性病例的病程一般为数天到 1 个月，山羊和绵羊常呈急性病程，严重者甚至在 5 ～ 7 d 死亡，死亡率达 30%～ 50% ；慢性病例的病程则可延续 3 ～ 5 个月，甚至更久。

传染性无乳症可根据发病部位分为 3 种类型，分别为乳房炎型、关节型和眼型，亦可表现为 3 种或任意 2 种的混合型，一般认为，伴发关节或眼疾患（有时伴发其他疾患）的乳房炎型是传染性无乳症的主要病型。

1. 乳房炎型

泌乳羊的主要表现为乳腺疾患。开始在 1 ～ 2 个乳叶内发炎，触诊乳房稍肿大、发热；乳房上淋巴结肿大，乳头基部有硬团状结节（图 5-21-1）；触摸时病羊感觉疼痛，表现出紧张情绪。随后炎症范围逐渐扩大，乳汁变稠且带有咸味，甚至凝固；乳量减少，常见带有凝块的水样液体自乳房流出；最后乳腺逐渐萎缩（图 5-21-2），泌乳停止。

患病较轻的病例，5 ～ 12 d 乳汁的性状可逐渐恢复，但泌乳量较正常羊大幅度减少，大部分达不到正常标准。

2. 关节型

关节型的病程为 2 ～ 8 周或更长，关节型一般可独立发生或者与其他病型同时发生，在各种年龄阶段的羊只中均可发现。在乳房发病后 2 ～ 3 周，泌乳羊的跗跖关节及腕关节往往呈现疾患，髋关节、肘关节等其他关节一般不会发病。最初病羊出现跛行，但关节无明显变化，随着跛行加剧，触摸患病关节时，稍感发热，病羊则有疼痛表现。病症轻微的羊只，3 ～ 4 周跛行自行消失；而病症较重的羊只则 2 d 后，关节肿胀加剧，做屈伸动作时疼痛难以忍受。当关节囊、腱鞘及其相邻组织发生病变时，肿胀增大且波动。最后患病关节出现部分僵硬或完全僵硬，病羊不能站立运动，只能躺卧不动，从而引发褥疮，当化脓菌侵入时，易造成化脓性关节炎。

3. 眼型

该型病例最初表现为惧光、流泪和结膜炎；2 ～ 3 d，角膜混浊增厚，转变成白翳（图 5-21-3），白翳消失后往往形成边缘不整且发红的溃疡（图 5-21-4）；再经若干天后，溃疡转变成白色星状的瘢痕，随后逐渐融合形成角膜白斑；再经过一段时间，角膜逐渐透明，白斑消失。严重病例的角膜组织会发生崩解，晶状体甚至连眼球均会脱落出来。

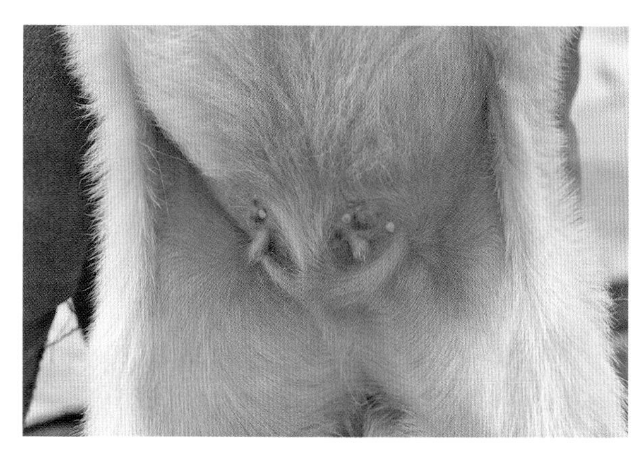

图 5-21-1　病羊乳头基部有硬团状结节（兰喜　供图）

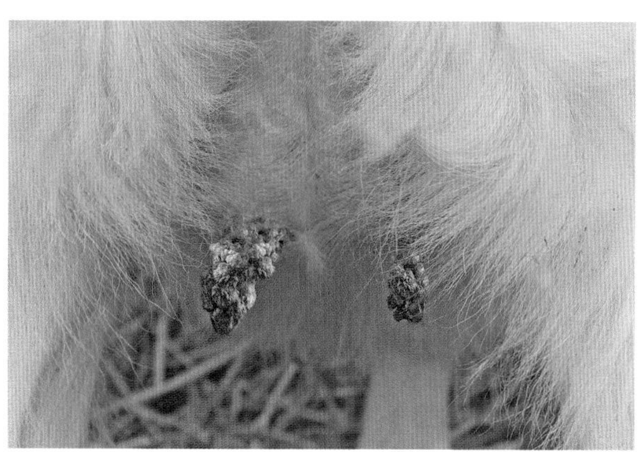

图 5-21-2　病羊乳腺逐渐萎缩（兰喜　供图）

图 5-21-3　病羊眼角膜混浊增厚，转变成白翳（兰喜　供图）

图 5-21-4　病羊眼白翳消失后往往形成边缘不整且发红的溃疡（兰喜　供图）

四、病理变化

1. 乳房炎型

通常乳腺断面呈多室性腔状，一叶或两叶逐渐变得坚硬，有时萎缩，腔内充满凝乳样物质，呈绿色或白色，其断面呈大理石状。有豌豆大小的结节在乳房实质内分布，挤压时流出酸乳样物质，在该种情况下，间质性乳房炎和卡他性输乳管炎可随之并发。

2. 关节型

由于浆液浸润了关节囊壁和皮下蜂窝组织，并且脓性或纤维素性渗出物充满了整个关节腔内，骨关节面及关节囊壁内面充血，导致关节剧烈肿胀。结缔组织增生导致关节囊壁变得肥厚。

3. 眼型

一般病羊角膜呈现乳白色，眼前房液中往往发现浮游的半透明胶样凝块。严重时角膜突出，厚度达 3 ～ 4 mm，呈圆锥状，其中央出现大头针大小的白色小病灶，逐渐转变为直径 2 ～ 4 mm 的小溃疡；更严重时角膜中央出现界线明显的角膜白斑；极度严重时，角膜晶状体突出，常常发生穿孔性溃疡，甚至流出玻璃体，导致全眼球炎症。

五、诊断

1. 临床诊断

以母羊分娩后 2 月内，临床呈现出乳房炎、结膜炎、关节炎 3 种特征性的症状，且流行率高，基本可以确诊。

2. 实验室诊断

实验室诊断需要检测到无乳支原体。无乳支原体存在于处于该病急性阶段的羊的乳腺分泌物和关节滑液中。无乳支原体的培养并不复杂，只需要普通的肉汤培养基，无乳支原体可以通过葡萄糖发酵试验阴性反应来与其他支原体区分，以及通过兔子超免疫血清的荧光抗体试验来区分。

最近，已经可以用扩增支原体 DNA 特殊片段的 PCR 方法来鉴定人工分离菌，该方法也可以应用于临床样品检测来加快实验室的诊断。对于慢性感染的患病动物，通常检测不到支原体 DNA。

血清学检测对于羊传染性无乳症的诊断十分重要。在国际认证中仍然使用复杂的定位试验，但灵敏度低。酶联免疫吸附试验技术已经取得一定进展，但特异性低。

六、类症鉴别

1. 羊乳房炎

相似点：病羊乳房发热、疼痛，淋巴结肿大，泌乳量减少。

不同点：该病主要因乳房损伤引起的细菌感染引起，发病急，病情重。重症病例乳汁呈淡黄水样或带有红色水样黏性液，区别于传染性无乳症的凝乳汁。出现不同程度的全身症状，表现食欲减退或废绝，瘤胃蠕动和反刍停滞；体温高达 41 ～ 42℃；呼吸和心搏加快；病羊起卧困难，有时站立不愿卧地，有时体温升高持续数天而不退，急剧消瘦，常因败血症而死亡。

2. 羊衣原体病

相似点：病羊跛行、关节疼痛、躺卧，病羊的一眼或双眼发生结膜炎，眼结膜充血、水肿，流泪，角膜发生不同程度的混浊、溃疡。乳房明显肿胀、发热、水肿，产奶量下降，奶变成凝块。随着病程发展，双侧或单侧乳房萎缩、停乳。

不同点：羊衣原体病结膜型和关节炎型为羔羊多发。母羊感染衣原体后除有乳房炎外，最主要症状为流产，表现为母羊排浅黄色分泌物，流产、产死胎或分娩出弱羔。羊群中公羊患有睾丸炎、附睾炎。流产母羊胎膜水肿、增厚，子叶呈黑红色或土黄色。

3. 羊传染性角膜结膜炎

相似点：病羊结膜炎，怕光、流泪，随着病程的发展，角膜有白色混浊、增厚形成角膜翳，溃疡，甚至角膜破裂，晶状体脱出；部分病羊跛行。

不同点：该病多发生于 5—10 月。病羊先发生结膜炎症状，3 ～ 4 d 出现角膜炎症状；初期结膜潮红，有浆液性分泌物，2 ～ 3 d 结膜和瞬膜红肿，眼分泌物粘连睫毛，并沾污眼下毛皮。该病一般与乳房炎及关节病变同时发生。

七、防治措施

1. 预防

（1）免疫预防。采用注射氢氧化铝疫苗的方法加强羊只免疫力，实践证明可以获得良好的预防效果。

（2）加强引进羊只检疫。耐过传染性无乳症的羊只作为长期带菌和排菌者，可在较长的时间内散病原，因此，补充羊只的牧场应特别注意，要加强引种前的各项检疫。在未经详细检疫的情况下，绝不允许将不安全地区的羊只运送到安全牧场或羊群中。牧场的羊群不能在放牧地或饮水处接触其他牧场的羊群。禁止在疫区进行分群、交换、出售、展览等集中动物活动。

（3）规范操作。牧场工作人员必须穿工作服。隔离病羊和可疑羊时，应由专人护理和治疗。挤奶人员在操作前应消毒双手，并用新洁尔灭等消毒药水擦洗羊的乳房，以防传染。

（4）隔离饲养。要将健康羊与病羊隔离开来，转移至新的牧地进行放牧，并设置新的饮水处。

（5）彻底消毒。对羊的圈舍及病羊活动场所等进行清扫，并用 3% 来苏儿、3% ～ 5% 漂白粉、2% 苛性碱或石炭酸等消毒溶液进行彻底消毒。褥草和病羊排泄物要立即进行无害化处理。患无乳症的病羊奶，经煮沸以后才准饮用。

2. 治疗

（1）全身治疗。

处方 1：用 0.1 ～ 0.2 g 10% 醋酰胺胂溶液，对病羊进行注射，每日 3 次。

处方 2：单用青霉素或新胂凡纳明进行注射，或新胂凡纳明与乌洛托品合用，可获得更佳的效果。

处方 3：静脉注射红霉素注射液 10 ～ 20 mL、水杨酸钠 20 ～ 30 mL 或 20% 的乌洛托品 15 ～ 20 mL，均可获得可靠的效果。

（2）局部治疗。

乳房炎：先对病羊乳房反复擦洗后，以 20 万～ 40 万 IU 青霉素溶解于 1% 普鲁卡因溶液 5 ～ 10 mL 进行乳房内注射，每日 1 次，5 d 为 1 个疗程。或用 10 ～ 20 mL 1% 碘化钾水溶液进行乳房内注射，每日 1 次，4 d 为 1 个疗程。

关节炎：用鱼石脂软膏、碘软膏等消散性软膏。将中生霉素与复方碘液结合应用，效果更好。

角膜炎：用 10 万～ 20 万 IU 青霉素作眼睑皮下注射，每日 1 次，或用弱硼酸溶液冲洗患眼，并于眼内涂抹四环素可的松软膏，均可获得良好的效果。

第二十二节 传染性角膜结膜炎

传染性角膜结膜炎（IKC）又称流行性眼炎、红眼病，是由结膜支原体、鹦鹉热衣原体、立克次氏体、奈氏球菌、李氏杆菌等多种病原体引起的羊、牛等反刍动物眼角膜结膜发炎的一种急性接触性传染病。该病的特征是传染快、眼角膜和结膜明显发炎、大量流泪，严重时发生角膜混浊甚至溃疡失明。该病于1889年发现于美国、荷兰、印度、加拿大和非洲，至今已广泛分布于世界各地。Giacometti等证实只有结膜支原体是家养绵羊、山羊和野生山羊的最主要的病原体。

一、病因

该病最主要的病原为结膜支原体（MC）。1968年Surman、1969年Klingler，1972年Langford分别在山羊、绵羊结膜炎和角膜炎病例中分离到结膜支原体。1972年由Barible建议设立新种，模式株为HRC581。

羊在引种过程中经过长途运输，导致环境改变、体况下降是该病发生的主要诱因。北方奶山羊入冬后常进入塑料大棚饲养，在大棚内饲养密度过大，且通风不良，致使空气污浊、羊只密切接触，导致该病的快速传播。

二、流行病学

1. 易感动物

该病主要侵害反刍动物，山羊不分性别和年龄均易感，但幼畜多发。绵羊、奶牛、黄牛、水牛、骆驼等也可感染。

2. 传染源

病羊是主要的传染源。病羊的分泌物（鼻涕、泪、奶及尿液）污染的饲料也可成为传染源。

3. 传播途径

该病呈水平传播。带病羊只通过同群放牧、同圈饲养直接或密切接触传染，或通过蚊蝇叮咬、飞蛾传播该病。刮风、尘土等因素有利于该病的传播。

4. 流行特点

主要发生于天气炎热和温度较高的季节，一般在5—10月的夏秋季。太阳紫外线的照射、刮风、尘土、蝇类媒介等是导致该病发病率高的主要因素。其他季节发病率较低，冬季舍饲期间多散发。该病一旦发生，传播迅速，发病率高，多呈地方流行性。气候炎热、圈舍低矮、狭小拥挤、饲养密度大、阴暗潮湿、空气流通不畅、圈舍内氨气浓度过高都可促使该病的发生与传播。

三、临床症状

该病潜伏期约为 1 周。临床症状主要表现为眼结膜和角膜发生明显的炎症变化。

病初患羊多单眼患病，后期为双眼感染。发病初期病羊怕强光照射，经常流泪，泪液为清澈的水滴状，眼睑肿胀、疼痛，睁不开眼，结膜潮红，有浆液性分泌物（图 5–22–1），此时，如不加以治疗，可迅速波及全群。

发病 2 ～ 3 d 病羊结膜和瞬膜红肿，角膜凸起（图 5–22–2），血管充血，眼分泌物迅速增加，病情较重的变为脓性分泌物（图 5–22–3），眼分泌物粘连睫毛，并沾污眼下毛皮（图 5–22–4）。

发病 3 ～ 4 d 角膜开始发生病变，有的病例在角膜中央发生轻度白色混浊，并逐渐向外扩展，波及整个角膜，呈云雾状（图 5–22–5），此时，视力明显减弱，甚至失明。有的患羊在眼结膜上形成 2 ～ 5 mm 黄红色小丘状突起，部分病羊暂时失明。随着病程的发展，角膜的中央变成微黄色，严重的角膜增厚，形成角膜瘢痕及角膜翳，并发生溃疡，甚至角膜破裂，晶状体脱出，导致患羊失明（图 5–22–6）。

病羊一般无全身症状，体温 38.7 ～ 39.0℃。有的病例出现关节炎、跛行。个别患羊角膜化脓、病情较重的山羊表现体温升高，食欲减退、精神沉郁，离群呆立状态。病羊多数能痊愈，但常可导致角膜白斑、云翳，甚至失明。病程一般为 25 ～ 35 d。

图 5–22–1　病羊眼睑肿胀、流泪，结膜潮红，有浆液性分泌物（刘永生　供图）

图 5–22–2　病羊结膜和瞬膜红肿，角膜凸起（刘永生　供图）

图 5–22–3　病羊眼分泌物迅速增加，有脓性分泌物（刘永生　供图）

图 5–22–4　病羊眼分泌物粘连睫毛，并沾污眼下毛皮（刘永生　供图）

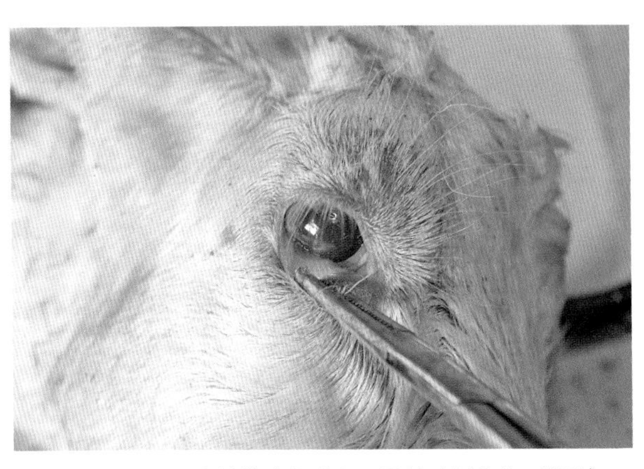

图 5-22-5　病羊整个角膜呈云雾状（刘永生　供图）

图 5-22-6　病羊失明（刘永生　供图）

四、病理变化

镜检可见结膜固有层纤维组织明显充血、水肿和炎症细胞浸润，纤维组织疏松，呈海绵状。上皮变性、坏死或程度不等的脱落。角膜的变化基本相同，有明显炎症细胞和组织变质过程，但无血管反应。

五、诊断

1. 诊断要点

根据眼的临床症状，以及传播迅速和发病季节，可以初步确诊。

2. 实验室诊断

取病羊脓性分泌物制成涂片后分别使用革兰氏染色和吉姆萨染色后镜检，支原体感染时，吉姆萨染色发现存在球状、丝状、链状等各种形态的致病菌。将病料接种到麦康凯培养基上在 37℃下培养 5 d 后，发现在麦康凯培养基上生长出典型的“荷包蛋”样菌落，并能吸附多种动物红细胞和气管上皮细胞、HeLa 细胞等，小心挑取致病菌菌落制成涂片用吉姆萨染色后镜检，发现存在球状、丝状、链状等各种形态的致病菌。

鹦鹉热衣原体感染时，病料涂片后用吉姆萨染色，衣原体呈现红色。用 Stamp 氏法染色，结果是在淡绿色背景的衬托下，衣原体呈现鲜红色。用碘染色（Rice）法时，低倍镜下，鹦鹉热衣原体的包涵体由于不含有糖原不被着色。在荧光显微镜下检查，可见亮绿色边界清晰的圆形颗粒，柱状细胞内可见亮绿色包涵体。在细菌培养基上不生长。可用鸡胚卵黄囊接种，小鼠腹腔、鼻内接种和多种细胞接种。

立克次氏体感染时，革兰氏染色阴性，但不宜着色。可见球形、球杆形、杆形，甚至哑铃形或丝状等，但主要是球杆状。单个或成对排列，有时呈短链状。可用鸡胚卵黄囊接种培养出立克次氏体。

奈氏球菌感染时，革兰氏染色阴性小型球菌，常呈链状或成对排列。在含血液或血清的固体培基内奈氏菌生长良好，并可在温度为 35 ～ 37℃、CO_2 含量为 5% ～ 10%，氧气减少的大气中大量繁殖。置于烛光容器内的巧克力琼脂培养基为其适宜环境。

李氏杆菌感染时，挑取致病菌制成涂片用革兰氏染色镜检，发现革兰氏阳性染色的呈现“V”字形或者“Y”字形排列的大短棒杆菌。将病料接种到血液葡萄糖琼脂培养基和麦康凯培养基上，37℃培养 24 h，可长出露滴状菌落，呈 β 溶血。

必要时可作微生物学检查或用沉淀反应试验、凝集反应试验、间接血凝反应试验、补体结合反应试验及荧光抗体试验以确诊。支原体在体外培养很困难，所以推荐对采集的拭子样品直接用 PCR 或 PCR/DGGE 技术进行确诊。

六、类症鉴别

1. 羊传染性无乳症

相似点：病羊结膜炎，怕光、流泪，随着病程的发展角膜有白色混浊、增厚形成角膜翳，溃疡，甚至角膜破裂，晶状体脱出；部分病羊跛行。

不同点：该病多发生于母羊产羔后，而传染性角膜结膜炎多发生于 5—10 月。羊传染性无乳症除有眼部症状外，还有乳房炎和关节炎症状。泌乳母羊乳量减少，乳汁黏稠，有凝块；乳房先肿大、热痛、有结节，后萎缩，泌乳停止。乳房发病后 2 ～ 3 周，泌乳羊跗跖关节、腕关节发生病变，病羊跛行，关节热痛、肿胀，最后关节僵硬，病羊躺卧不动；剖检可见脓性或纤维素性渗出物充满了整个关节腔内，骨关节面及关节囊壁内面充血，关节囊壁肥厚。

2. 羊衣原体病

相似点：羔羊多发，病羊结膜炎，单眼或双眼均可感染，眼结膜充血、水肿，流泪，角膜发生混浊、溃疡。

不同点：该病发病无季节性。妊娠母羊感染衣原体发生流产，常发生于妊娠中后期，母羊排浅黄色分泌物，流产、产死胎或分娩出弱羔；羊群中公羊患有睾丸炎、附睾炎。羔羊还发生关节炎，体温升高至 41 ～ 42℃，跛行，肢关节有痛感，羔羊拱背或侧卧。剖检可见流产母羊胎膜水肿、增厚，子叶呈黑红色或土黄色。

七、防治措施

1. 预防

（1）不从疫区引进种羊及其产品。引入羊只时要严格进行检疫及隔离观察，至少隔离观察 1 个月，经过检疫确定无病后方可混群。

（2）加强饲养管理。对禁牧舍饲的羊群使其进行适当的运动，应避免强烈阳光直射羊只，对圈舍要进行通风，但也要防止强风、扬尘侵袭羊只，夏、秋季节注意灭蝇。

（3）做好羊舍内消毒工作。粪便在圈舍堆积发酵所产生的氨气最容易滋生支原体和细菌，因此养殖者应定期清理粪便。此外，对于病死羊只及其粪便要做好无害化处理工作，以防出现二次感染。

（4）隔离病羊。对病羊立即进行隔离、治疗，对场舍全面消毒，可用 5% 氢氧化钠溶液、0.1% 高锰酸钾溶液对圈舍进行消毒，2 次 /d，上、下午各 1 次，连续使用 5 d，以后 1 次 / 周。为病羊提供新鲜的青草以及饲料，补充微量元素、维生素以及蛋白质等，以提高病羊机体抵抗力。疾病流行时，应划定并封锁疫区，禁止易感动物流动。

（5）饲养人员防护。因人类也会感染羊传染性角膜结膜炎，因而饲养人员在日常的养殖过程中，必须要做好自身的防护工作，在保证自身安全的同时保证整个羊群的安全，以防出现不必要的恐慌。

2. 治疗

（1）西药治疗。

处方1：病羊用3%～5%硼酸水冲洗患部，拭干后涂红霉素眼膏，每日3次，适用于发病初期。

处方2：角膜混浊时，涂1%～2%黄降汞软膏，每日3次，连用3 d。

处方3：封闭治疗法，青霉素40万IU、链霉素20万IU、地塞米松5 mg、3%的盐酸普鲁卡因5 mL、生理盐水30 mL，混合后在眼球后封闭注射。

（2）中药治疗。

处方1：柴胡、石决明、赤芍、防风、蝉蜕、茺蔚子各18 g，青葙子、香附、谷精草、菊花各12 g，灯芯引，水煎灌服，每日1剂，连用3～7 d。

处方2：黄连15 g、决明子、黄芩、川柏、蝉蜕、菊花各20 g，木贼草、苏薄荷、栀子、荆芥、干草、白芷各30 g，谷精草为引，共研为末，开水冲服。

处方3：硼砂6 g、白矾6 g、荆芥6 g、防风6 g、郁金3 g，水煎去渣，趁温洗眼。

第二十三节　钩端螺旋体病

钩端螺旋体病是由多种致病性钩端螺旋体引起的多种家畜和人的共患病，是一种自然疫源性疾病。急性病例的临床特征主要呈现短期发热、贫血、黄疸、血红蛋白尿、黏膜及皮肤坏死等症状，该病又称黄疸血红蛋白尿。但大多数动物都是隐性感染，缺乏明显的临床症状。

1937年，在我国首次确诊人的钩端螺旋体病，随后在28个省（区、市）陆续发现该病或带菌动物。由于该病地理分布广，动物宿主多，血清型复杂，感染方式和临床类型繁多，所以对人、畜的危害性很大。

一、病原

1. 分类地位

该病病原是多种钩端螺旋体。钩端螺旋体属原本是螺旋体目螺旋体科5个属（螺旋体属、脊螺旋体属、密螺旋体属、包柔体属和钩端螺旋体属）中的1属，1984年版《伯杰系统细菌学手册》将钩端螺旋体属上升为与螺旋体科平行的钩端螺旋体科，其下分为2个属，即钩端螺旋体属和细丝体属。前者又分为问号钩端螺旋体和双曲钩端螺旋体。问号钩端螺旋体为寄生、致病性钩体，而双曲钩端螺旋体则为腐生、非致病性钩体。

2. 形态与染色特征

钩端螺旋体（简称钩体）是形态学与生理特征一致、血清学与流行病学各异的一类螺旋体，菌体纤细，长短不一，长为 6 ～ 30 μm，直径为 0.1 ～ 0.2 μm。因由 12 ～ 18 个螺旋规则而紧密盘绕，一端或二端弯曲成钩状而得名。在暗视野或相差显微镜下，钩体呈细长的丝状、圆柱状，螺纹细密而规则，菌体两端弯曲成钩状，通常呈“C”或“S”字形弯曲（图 5-23-1），运动活泼，可曲屈，前后移动或沿长轴做快速旋转。在干燥的涂片或固定液中呈多形结构，难以辨认。在电镜下观察，其基本结构由圆柱形螺旋状原生质柱、轴丝和外膜 3 部分组成，原生质由细胞壁、细胞膜和胞浆内容物组成。革兰氏染色阴性，但较难着色；吉姆萨染液可着色，呈淡紫红色，但效果不好；镀银染色和刚果红负染效果好，镀银染色为黑色或棕褐色。

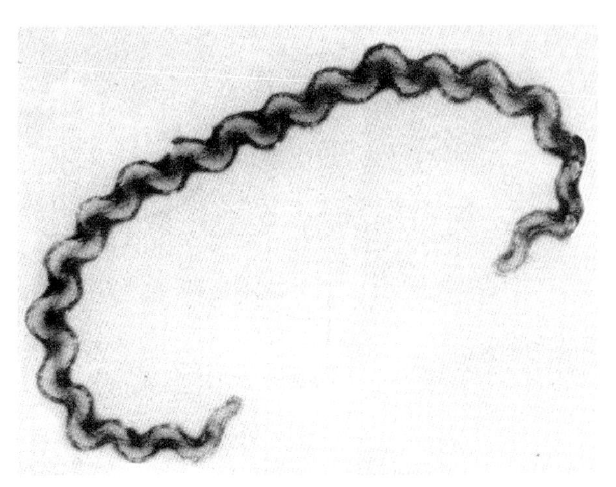

图 5-23-1　钩端螺旋体形态观察（刘永生　供图）

3. 血清型

根据抗原结构成分，以凝集溶解反应可将该菌区分为黄疸出血、爪哇犬、秋季、澳洲、波摩那、流感伤寒、七日热等 19 个血清群。再以交互凝集吸收试验将血清群又区分为 180 个血清型。我国至今已分离出 18 个血清群，70 个血清型。

4. 培养特性

该菌需氧，对营养要求不高，较易在人工培养基上生长。钩体通常在含动物血清和蛋白胨的 Korthof 培养基、不含血清的半综合培养基、无蛋白全综合培养基以及选择培养基上生长良好。最适 pH 值为 7.2 ～ 7.4，最适生长温度为 28 ～ 30℃。在液体培养基中，培养 1 ～ 2 周，可见其变成半透明、云雾状混浊，之后逐渐透明，管底出现沉淀块；半固体培养基中，菌体生长较液体培养基要迅速、稠密且持久，在表面下数毫米处生长形成白色致密的生长层；固体培养基可形成无色、透明、边缘整齐，平贴于琼脂表面的菲薄菌落，大的直径有 4 ～ 5 mm，小的有 0.5 ～ 1.0 mm。钩体不发酵糖类、不分解蛋白质，氧化酶和过氧化氢酶均为阳性，某些菌株能产生溶血素。

5. 理化特性

钩体对热和日光敏感，50℃加热 30 min 或 60℃ 10 min 便可杀死；在干燥环境中容易死亡，不耐酸碱，一般的消毒剂如苯酚、煤酚、乙醇、高锰酸钾等以常用浓度均可将其杀死。1%漂白粉、70%酒精、5%碘酊均可在短时间内迅速将其杀死。对青霉素、四环素族抗生素敏感。

6. 发病机理

钩端螺旋体具有较强的侵袭力，能通过皮肤的微小损伤、眼结膜、鼻或口腔黏膜、消化道侵入机体，然后迅速地到达血液，在血液中繁殖，几天后出现钩端螺旋体血症，波及脾脏、肝脏、肾脏、脑等全身器官与组织，损伤血管和肝、肾的实质细胞，引起一系列临床症状或尚未表现出临床症状而猝死。钩端螺旋体血症出现几天后，机体便产生抗体，在抗体与溶酶的参与下，杀死血液和组织内的钩端螺旋体。抗体不能到达或抗体效价较低的机体部位为残留钩端螺旋体的存活与定居提供了理想的环境。

二、流行病学

1. 易感动物

在自然条件下所有温血动物均可感染，猪、牛、羊、犬、猫、家禽均可感染和带菌，各种野生动物特别是啮齿目的鼠类是最重要的储存宿主，人也能感染发病。

2. 传染源

病畜及带菌动物为主要传染源。动物感染后，病原体可通过肾脏随尿排出，污染水源、土壤、栏舍、用具等而成为传染源。鼠类和猪是该病的 2 个重要保菌、带菌的宿主，可以通过尿液长期排菌而成为该病的主要传染源。带菌的鼠类和带菌的动物构成自然牢固的疫源地。

3. 传播途径

该病主要通过破损的皮肤、黏膜和消化道传染，也可能通过交配、人工授精和在菌血症期间通过昆虫如蜱、蝇等传播。

4. 流行特点

该病一年四季均可发生，每年 7—10 月为流行的高峰期。呈散发性或地方性流行。

三、临床症状

绵羊和山羊钩端螺旋体病的潜伏期通常为 4 ～ 5 d。根据病程的不同可以把该病分为最急性、急性、亚急性、慢性和非典型性 5 类。病羊一般都为急性或亚急性表现，很少有呈慢性的患羊。

1. 最急性型

最急性患羊的体温升高，可以高达 40.0 ～ 41.5℃，脉搏增加，达到 90 ～ 100 次 /min，可见其呼吸加快，且可视黏膜呈黄色，尿液呈红色，有下痢表现（图 5-23-2），一般经过 12 ～ 14 h 死亡。

2. 急性型

急性患羊的体温可以高达 40.5 ～ 41.0℃，常因为胃肠道的弛缓而出现便秘情况，尿液呈暗红色。患羊的眼有结膜炎并且流泪；其鼻腔会流出黏液脓性或脓性分泌物，鼻孔周围的皮肤出现破裂。病羊发病期可以持续 5 ～ 10 d，死亡率能够达到 50%～ 70%。

3. 亚急性型

亚急性患羊的症状与急性患羊的发病表现相似，但疾病的发展比较缓慢。羊患病后体温会升高，然后能够迅速降低到常温，也有可能下降后再次重复升高，黄疸及血红蛋白尿非常明显。病羊耳部、躯干及乳头处的皮肤均能发生坏死（图 5-23-3 至图 5-23-6），胃肠道明显弛缓，所以，会出现严重的便秘情况。病羊即使痊愈，其胃肠道蠕动也会特别缓慢。死亡率可以达到 24% ～ 25%。

图 5-23-2　病羊下痢（刘永生 供图）

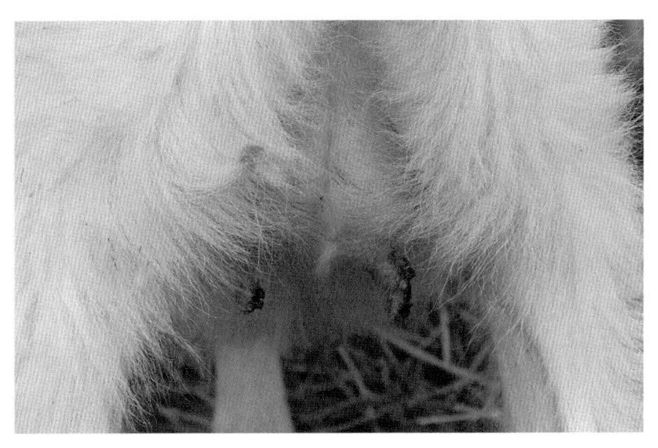
图 5-23-3　病羊耳部、躯干及乳头处的皮肤均能发生坏死（刘永生 供图）

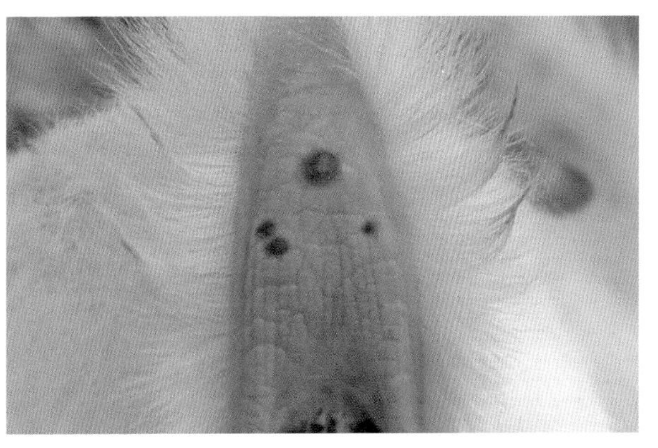
图 5-23-4　病羊尾下面的皮肤发生坏死（刘永生 供图）

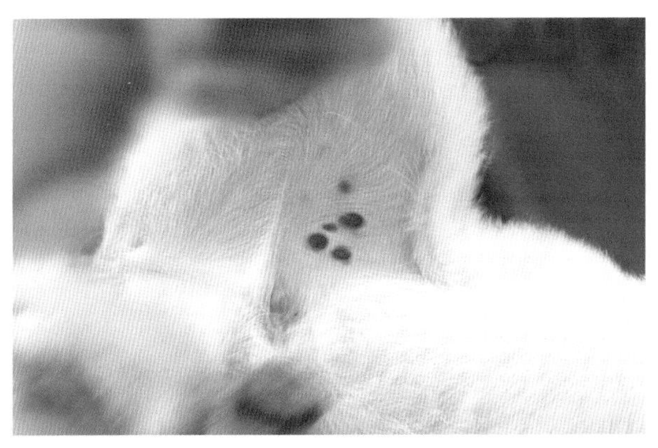
图 5-23-5　病羊腿内侧的皮肤发生坏死（刘永生 供图）

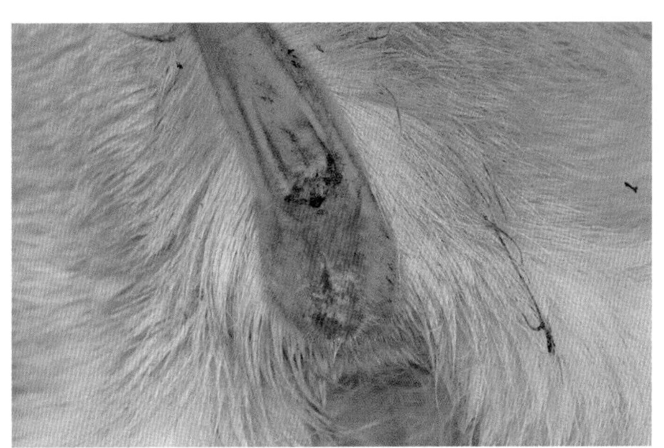
图 5-23-6　病羊会阴部皮肤黏膜坏死（刘永生 供图）

4. 慢性型

慢性患羊的临床症状不明显，仅可见发热及排血尿，病羊的食欲降低，精神不振，因为肠胃道弛缓而出现便秘。患病时间长者会出现消瘦，个别病羊可能会痊愈，但是病期可长达 3 ～ 5 个月。非典型性患羊呈急性型时，其特有的症状并不明显，患羊只会出现体温短暂升高的症状。

四、病理变化

病死羊尸体消瘦，黏膜湿润，呈现深浅不同的黄色，腹膜黄染（图 5-23-7）皮下组织可见水肿、黄染（图 5-23-8），骨骼肌软弱且多汁，呈柠檬黄色，可见其胸、腹腔内有黄色液体存在。肝

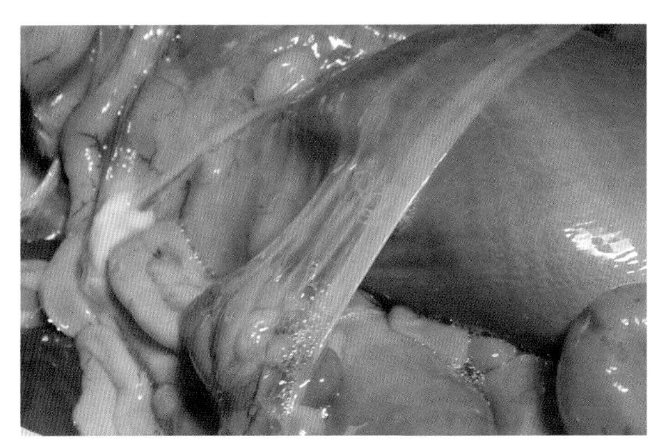
图 5-23-7　病羊腹膜黄染（刘永生 供图）

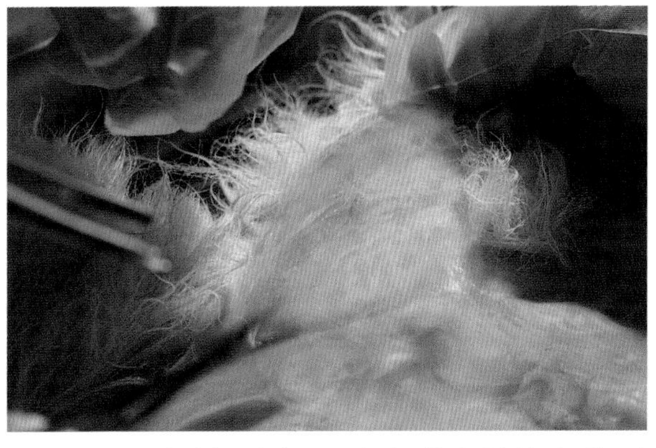
图 5-23-8　病羊皮下组织可见水肿而黄染（刘永生 供图）

脏增大，呈黄褐色，质脆弱或柔软（图 5-23-9）。肾脏的病变有诊断意义，肾脏快速增大，被膜极易剥离（图 5-23-10），切面常湿润，髓质与皮质的界线消失，组织柔软而脆弱（图 5-23-11）；病程长久，则肾脏呈坚硬状。可见肺脏黄染，有时水肿（图 5-23-12），而心脏淡红，大多情况带淡黄色，膀胱黏膜出血（图 5-23-13），脑室中积聚大量液体（图 5-23-14）。血液稀薄如水，红细胞溶解，在空气中长时间放置不会凝固。

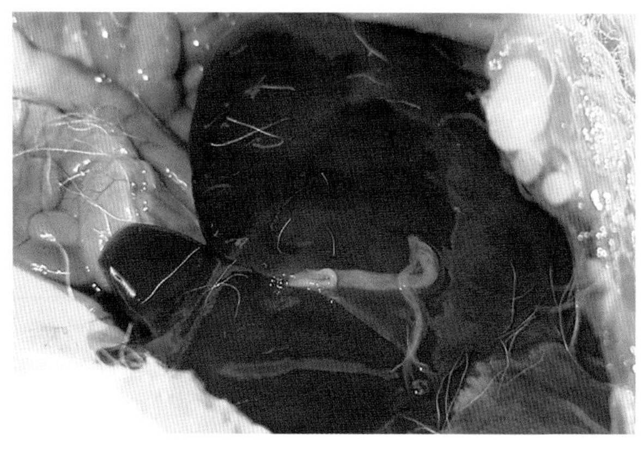

图 5-23-9　病羊肝脏增大，呈黄褐色，质脆弱或柔软（刘永生 供图）

图 5-23-10　病羊肾脏快速增大，被膜极易剥离（刘永生 供图）

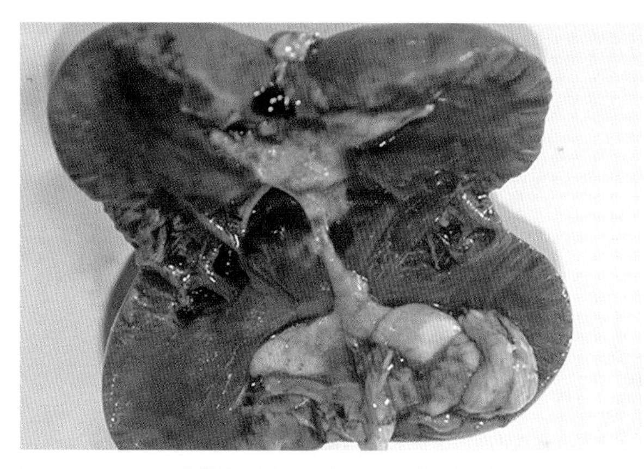

图 5-23-11　病羊肾脏切面常湿润，髓质与皮质的界线消失（刘永生 供图）

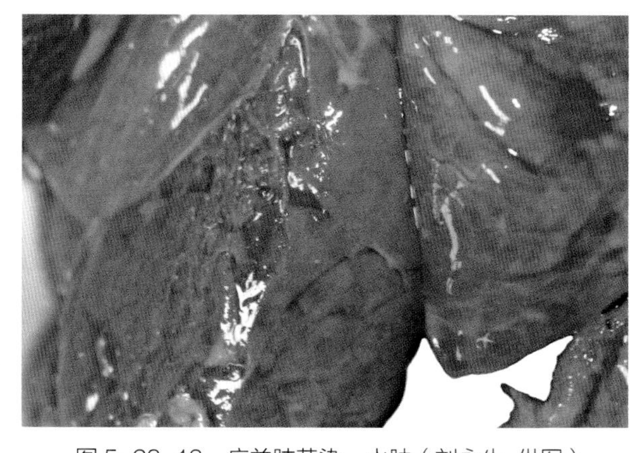

图 5-23-12　病羊肺黄染，水肿（刘永生 供图）

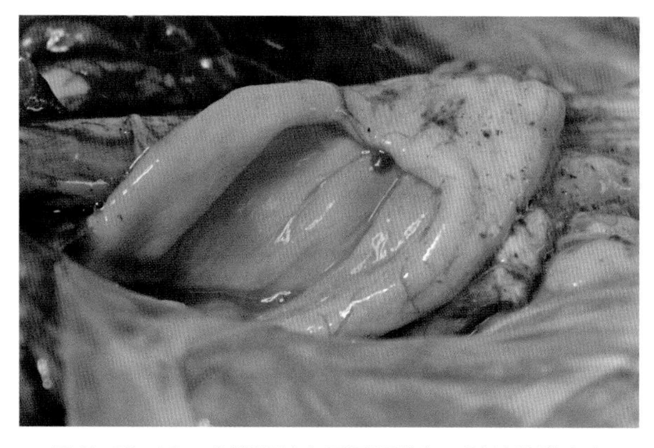

图 5-23-13　病羊膀胱内尿呈深黄色、膀胱黏膜出血（刘永生 供图）

图 5-23-14　病羊脑室中积聚大量液体（刘永生 供图）

五、诊断

根据患羊的临床症状和病理变化不易诊断该病，应该结合实验室检验进行综合性诊断，进行确诊。

1. 病原学诊断

（1）直接镜检。采集羊的血液、尿液、脑脊液、肝、肾、脾、脑等病料。血液、尿、脊髓液以 3 000 r/min 的速度离心 30 min，然后采集沉淀物制成压滴标本，在暗视野显微镜下进行检查。将肝、肾、脾组织先制成 1∶（5 ～ 10）悬液，然后经过 1 500 r/min 的速度离心 5 ～ 10 min，再将其上清液以 3 000 r/min 的速度离心 30 min，最后将沉淀物制片镜检。还可以将病料接种于柯索夫、希夫纳培养基或鸡胚中在 25 ～ 30℃的环境中进行培养，隔 5 ～ 7 d 取病料在暗视野下检查。如果可以看见钩端螺旋体存在，即可确诊。血清学检查，主要是通过凝集溶解试验、补体结合试验、间接血凝试验和酶联免疫吸附试验诊断该病。

（2）动物试验。采取鲜血、尿液或肝、肾及胎儿等组织制成乳剂，吸取 1 ～ 3 mL 乳剂接种于体重为 100 ～ 200 g 的幼龄仓鼠、脉鼠或者接种于体重为 250 ～ 400 g 的 14 ～ 18 日龄的仔兔，3 ～ 5 d 后若实验动物体温升高、食欲降低、黄疸，在体温下降时进行扑杀，见有广泛性黄疸和出血，而且肝、肾涂片有大量钩端螺旋体，即可确诊为该病。

2. 血清学检测方法

血清学试验是诊断钩端螺旋体病应用最为广泛的方法，其中显微凝集试验（MAT）已成为标准的血清学试验，当检测动物个体时候，诊断急性感染用 MAT 非常有用，高的抗体效价是急性期和恢复期血清样本的特征。另外，常用的还有凝集溶解试验、补体结合试验、ELISA 等。凝集溶解试验是首先将被检血清低倍稀释，与各个血清群的标准菌株抗原作初步定性试验，若有反应，再做进一步的稀释与已经查出的群体各型抗原作定量试验，测定其型别的凝集效价，以判断其血清群。间接荧光抗体试验只能用于属特异性，而不能用于型特异性的鉴别。将被检血清用 PBS 梯度稀释。判断标准为：血清滴度大于 1∶100，双份血清增加 4 倍以上或急性期为阴性而恢复期滴度达到 1∶100 有荧光反应，具有诊断价值。ELISA 适于早期诊断。

3. 生物学诊断方法

PCR 方法。PCR 技术是一种灵敏、特异、快速的钩端螺旋体病诊断方法。PCR 用于钩端螺旋体病的快速检测已取得一定进展。杨胜利等利用 PCR 对羊钩端螺旋体病进行了临床诊断。丁文学参照钩端螺旋体 16S rRNA 基因序列，设计出一对引物 R1、R2，扩增长度为 270 bp，利用建立的 PCR 方法检测 20 份疑似钩端螺旋体病羊全血，结果 5 例病例为阳性，与当地防疫部门临床诊断的结果相同。

六、类症鉴别

1. 羊梨形虫病（羊泰勒虫病）

相似点：病羊精神沉郁，食欲减退，体温升高至 40℃以上，病羊排血红蛋白尿，尿液呈暗红色，可视黏膜黄染。剖检可见病羊皮下组织黄染。

不同点：病羊呼吸困难，肺泡音粗，心律不齐，口鼻有大量泡沫，肩前或下颌淋巴结肿大，四肢僵硬，行走困难。剖检可见病羊全身淋巴结有不同程度的肿大；肺脏增生，肺泡大小不等、变形；肾脏呈黄褐色，表面有出血点和黄色或灰白色结节；皱胃黏膜有溃疡斑。血液涂片染色镜检可见虫体。

2. 羊梨形虫病（羊巴贝斯虫病）

相似点：病羊精神沉郁，食欲减退，体温升高，呼吸浅表，脉搏加速，黏膜显著黄染，出现血红蛋白尿。剖检可见病羊黏膜与皮下组织黄染，肝脏肿大。

不同点：病羊腹泻，不出现结膜炎、流泪、鼻流黏液性或脓性分泌物、鼻孔周围皮肤破裂等症状。剖检可见病羊胆囊肿大 2 ～ 4 倍，肾脏充血发炎，膀胱扩张，充满红色尿液。脑涂片染色镜检可观察到虫体。

3. 羊铜中毒

相似点：病羊食欲减退，精神沉郁，贫血，排血红蛋白尿，可视黏膜黄染。剖检可见皮下组织黄染，血液稀薄，腹腔积液，肝脏肿大、呈黄褐色，心脏色淡。

不同点：急性中毒病羊表现严重的胃肠炎，腹痛、腹泻，粪便含有大量蓝绿色黏液。剖检可见病羊真胃糜烂、溃疡；肾脏肿大呈青铜色；脾脏肿大，实质呈棕黑色。

七、防治措施

1. 预防

（1）加强管理。严禁将病羊或可疑病羊（钩端螺旋体携带者）引入安全牧场。注意环境卫生，严防病羊尿液污染周围环境。要净化带菌羊群，改造疫源地，坚持经常灭鼠，消除鼠类繁殖条件。作好排水工作，可用漂白粉净化被污染的水源和排出的污水。在洪涝年份必须加倍注意对疫源地的管护，杜绝钩端螺旋体病的发生、蔓延和流行，并要努力控制外源侵袭。洪水过后应尽早对畜舍粪池、屠宰场、畜禽及加工厂、饮水源、畜禽交易市场、用具等进行彻底消毒，切断污染源，消灭病原体。

（2）彻底消毒。对栏舍进行全面清扫，彻底清除病羊舍的粪便及污物，用 10% ～ 20% 生石灰水或 2% 氢氧化钠溶液严格消毒，每日 1 次，每隔 2 d 给圈舍地面铺撒 1 薄层生石灰。对于饲槽、水桶及其他日常用具，应用开水或热草木灰水处理。将粪便堆积起来，熟化消毒。

（3）隔离饲养。对发病羊立即进行隔离治疗，饲喂绿色饲料和多汁饲料，经常供给饮水，避免受直射阳光的长期照射。

（4）药物预防。对未发病的羊肌内注射复方长效土霉素注射液（每千克体重 20 mg），每日 1 次，连续 3 d；7 ～ 10 d 在饲料中添加 2 ～ 3 g（每只每日）磺胺粉，连续 5 d。

2. 治疗

（1）西药治疗。

处方 1：新胂凡纳明，每千克体重 15 mg，用灭菌蒸馏水溶解成 10% 的溶液后进行 1 次静脉注射，如果效果不明显，可隔 3 ～ 4 d 再注射 1 次。

处方 2：硫酸链霉素，按每千克体重 10 mg，用适量的灭菌注射用水先行溶解，肌内注射，每日 2 次，连续注射 3 ～ 4 d。

处方 3：复方长效土霉素注射液，每千克体重 20 mg，加先锋霉素，肌内注射；并配合肝泰乐、ATP、辅酶 A，进行对症治疗。

（2）中药治疗。

处方：秦艽、蒲黄碳、瞿麦、当归、栀子、车前子、三七、地榆、竹叶、泽泻、血余碳、甘草，研成细末，口服。每日 2 剂，连服 3 d。

第二十四节 附红细胞体病

附红细胞体病简称附红体病，由专性血液寄生生物附红细胞体引起。羊附红细胞体病是由羊附红细胞体寄生在羊的红细胞表面或血浆之中的一种人兽共患烈性传染病，一般认为，附红细胞体在骨髓内增殖。发病特征主要表现为高热、黄疸、溶血性贫血、繁殖障碍等。怀孕母羊容易发病，以哺乳羔羊的母羊发病率和死亡率较高，最高可达 90%以上。不同年龄、不同品种的羊均有易感性。

有关附红细胞体病的报道始于 1928 年，Schilling 和 Dingen 在啮齿类动物中查到了类球状血虫体。1932 年，Doyle 对猪附红细胞体病进行了简要报道。1934 年，Neitz 等在绵羊的红细胞及周围发现有多形态的微生物寄生，命名为绵羊附红细胞体。同年，Adler 等在牛体内发现了与类球状体形态相似的微生物，命名为温氏附红细胞体。1950 年，Splitter 等证实猪附红细胞体是引起猪黄疸病的病因，并正式命名为猪附红细胞体。1986 年，Puntaric 等正式描述了人附红细胞体病，之后，国内也相继有人感染附红细胞体病的报道。目前，世界上已有 30 多个国家和地区报道过该病。我国对该病的最早报道是 1981 年晋希民在家兔中发现附红细胞体，之后才在猪、奶牛、犬及其他畜禽中相继报道发现附红细胞体病。国内外各地区均有报道，但感染率高低不一，这种感染率的差异可能与调查地区环境、采样季节不同以及检测方法敏感性的高低有较大的关系。

一、病原

1. 分类地位

附红细胞体的分类学地位存在争议，目前，国际上按 1984 年版《伯杰细菌鉴定手册》进行分类，附红细胞体属于立克次氏体目、无浆体科、附红细胞体属。但 Neimark 等根据 16S rRNA 基因序列进行系统发育分析和其他分子分类学，以及病原形态方面的证据，认为附红细胞体在分类上和血巴尔通氏体一起，应更接近于支原体属，是与肺炎支原体更为接近的新群体。以前，人们对于两者的分类是根据附红细胞体在显微镜下可以看到环形，而血巴尔通氏体很少见到；附红细胞体主要寄生于红细胞的表面，也可以游离于胞浆中，而血巴尔通氏体仅仅附着于红细胞表面，这些并不是确切的分类依据，根据 16S rRNA 基因的序列分析，表明附红细胞体和血巴尔通氏体有较近的关系，应该合并为一个属。

不同动物寄生附红细胞体有多种名称，如牛的温氏附红细胞体，绵羊附红细胞体，猪的附红细胞体等，其中猪的附红细胞体和绵羊附红细胞体致病力强。Splitter 曾将猪的附红细胞体分为两类，猪附红细胞体和小附红细胞体，Zachary 和 Liebich 利用电镜照片观察研究发现这不是 2 种不同的病原，而是猪的附红细胞体在成熟过程中大小和形状发生了改变。

2. 形态与染色特性

附红细胞体一般以游离于血浆中或附着于红细胞表面 2 种形式存在，其形态具有多样性，且在不同宿主动物体内的不同发病阶段，其形态和大小也有所差异。一般小型附红细胞体为 0.3 ～ 1.3 μm，大型附红细胞体为 0.5 ～ 2.6 μm，多数为环形、卵圆形，也有顿号或杆状等形态，具有折光性。一个红细胞上可能附有 1 ～ 15 个附红细胞体，以 6 ～ 7 个最多，大多位于红细胞边缘，被寄生的红细胞变形为齿轮状、星芒状或不规则形状。在游离于血浆中时，附红细胞体有运动性，出现升降、左右摇摆、前后爬行、扭转、翻滚、伸屈、转圈等运动。附红细胞体对苯胺色素易于着色，革兰氏染色阴性，吉姆萨染色呈紫红色，瑞氏染色为淡蓝色，吖啶橙染色为典型的黄绿色荧光，对碘不着色。

3. 培养特性

由于附红细胞体在红细胞上以直接分裂或出芽方式进行裂殖，因此，培养条件十分苛刻，至今还不能用无细胞培养基进行体外培养。附红细胞体在 75 ～ 100℃水浴中作用 0.5 ～ 1 min，失去活性，停止运动。在 45 ～ 56℃水浴 1 ～ 5 min，便从红细胞表面脱落下来而游离于血浆中，运动较为活跃。在 0 ～ 4℃冰箱中，附红细胞体可存活 60 d，并保持其感染能力，达到 90 d 时，仍有 30% 左右的附红细胞体具有活动力。在 –30℃冰冻条件下 120 d，存活率在 80% 以上，而且具有感染能力。–70℃条件下，附红细胞体可保存数年之久。

4. 致病性

大量附红细胞体附着于红细胞表面，把抗原释放在血液中，刺激了免疫反应和网状内皮系统增生，使被黏附着的红细胞受到破坏，因此，贫血是附红细胞体病的主要特征，贫血又刺激了造血器官，在附红细胞体病的后期，补偿性的血细胞迅速增生，出现网织细胞增多，并伴发巨红细胞症。红细胞大小不匀，多染细胞增多和有核红细胞出现。当附红细胞体感染动物时，一般并不表现临床症状，只有当附红细胞体感染达到一定比例之后，才出现较明显的临床症状。

5. 理化特性

附红细胞体对化学消毒剂的抗性很低，对干燥和化学试剂均敏感，但对低温有较强的抵抗力。在含氯消毒剂中作用 1 min 即全部灭活；0.5% 的石炭酸溶液 37℃作用 3 h 即可杀死病原体；在含碘消毒剂中，附红细胞体很快停止运动并失去活性，用无菌 PBS 洗涤后也不能恢复活动力，更无感染能力。

二、流行特点

1. 易感动物

不同年龄、不同品种的山羊、绵羊均有易感性，但以羔羊和怀孕母羊发病率和死亡率较高，羔羊的死亡率占羊附红细胞体病总死亡率的 91%左右。羊附红细胞体也存在于野生动物中，如白尾鹿和驯鹿，羊附红细胞体病是否可以感染猪、牛、人等其他哺乳动物仍未有定论。

2. 传染源

患病动物及隐性感染动物是重要的传染源，另外，隐性携带附红细胞体的人、鼠类在该病的传播中起重要作用。有报道指出，附红细胞体可长时期寄居于动物体内，病愈后的动物可终生带毒。

3. 传播途径

附红细胞体病传播途径较多，但机理尚不完全清楚，概括起来有媒介昆虫传播、血源性传播、垂直传播、接触性传播等。在所有的感染途径中，吸血昆虫的传播是最重要的，未见经呼吸道和消化道传播此病的报道。

（1）经吸血昆虫和节肢动物传播。在夏秋或雨水较多的季节，吸血昆虫的活动、繁殖为该病的传播起到了关键媒介作用，常见的吸血昆虫和节肢动物有猪虱、蚊虫、螯蝇、蠓、蜱等，国外已有用螯蝇传播绵羊附红细胞体成功的报道。但目前对吸血昆虫和节肢动物传播该病的机制尚不清楚。

（2）垂直传播。该途径是目前最受重视的传播方式，新生羔羊经垂直感染而患此病。

（3）血源性传播。羊通过摄食血液或带血的物质，例如舔食断尾的伤口、互相斗殴，喝被血污染的尿、交配等相互传播。注射针头的传播也是不可忽视的因素，在注射治疗或免疫接种时，同窝的羊往往用一只针头注射，有可能造成附红细胞体人为传播。

（4）接触性传播。包括动物间的直接接触，以及人与动物之间的相互传播。

4. 流行特点

该病呈地方流行性，多发生在夏秋季节，尤其是多雨之后。外部条件也是诱发该病的原因，例如饲料质量差、管理技术低、生存环境差、运输条件差等方面因素。在良好的卫生环境、优质的饲料喂养以及良好的营养结构和健全的管理体制下，能够较好地预防此病的发生。

三、临床症状

根据临床特点，该病可分为急性、亚急性、慢性 3 类。

1. 急性型

患羊突然死亡，死时口鼻及肛门出血，全身红紫（图 5-24-1、图 5-24-2）。发病期间，突然瘫痪，食欲不振，呻吟，四肢抽搐，此现象多发生于 1 ～ 6 月龄羔羊阶段，病程 1 ～ 3 d。

2. 亚急性型

病羊初期体温升高到 41.5℃，最高体温可达 42.5℃，潜伏期前期便秘，后期腹泻，粪便含有血

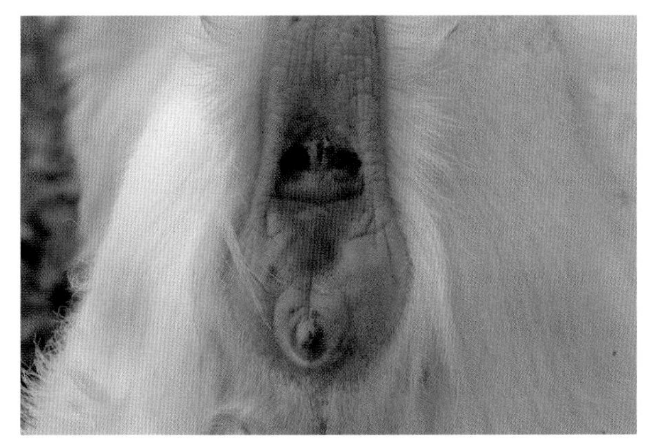

图 5-24-1　病羊肛门出血（李学瑞 供图）

图 5-24-2　病羊全身红紫（李学瑞 供图）

和黏液（图 5-24-3），尿色呈深黄色或者酱油色（图 5-24-4）。病羊全身会出现严重的紫斑，颈部、四肢内侧皮肤等部位发红，指压不褪色。主要表现，羊体淋巴结肿大，后躯无力，呼吸困难，眼结膜发炎（图 5-24-5），喜卧。潜伏期为 2 ～ 30 d，主要见于 6 ～ 12 月龄羊，病程 4 ～ 6 d。

3. 慢性型

病羊主要表现为持续性贫血和黄疸（图 5-24-6 至图 5-24-8）。主要多见于 12 月龄以上成年羊，病程 7 ～ 11 d，也有少数病程长达 15 ～ 18 d。

公羊和母羊症状不一。公羊表现为性欲减退，精液稀薄，畸形精子增多，受胎率低等；母羊表现为流产、产死胎、弱羔增加、产羔数下降、不发情等繁殖障碍，多发病于母羊临产前。

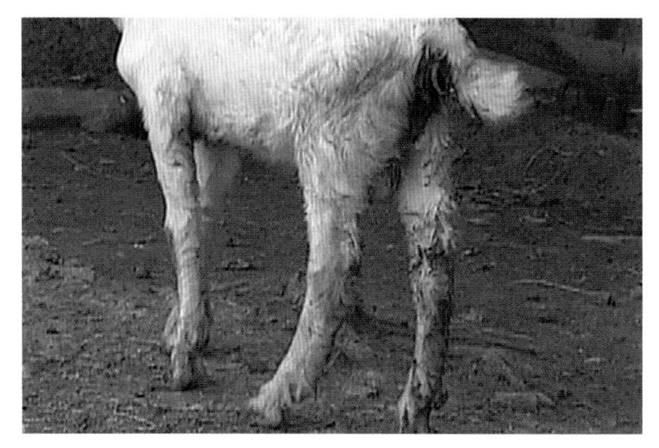

图 5-24-3　病羊粪便含有血和黏液（李学瑞 供图）

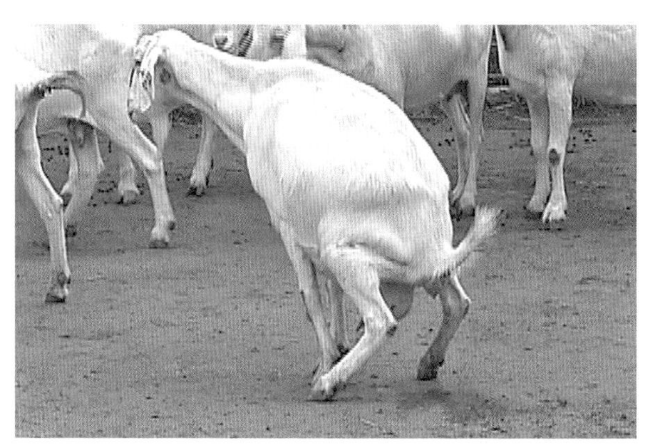

图 5-24-4　病羊尿色呈深黄色（李学瑞 供图）

图 5-24-5　病羊眼结膜发炎（李学瑞 供图）

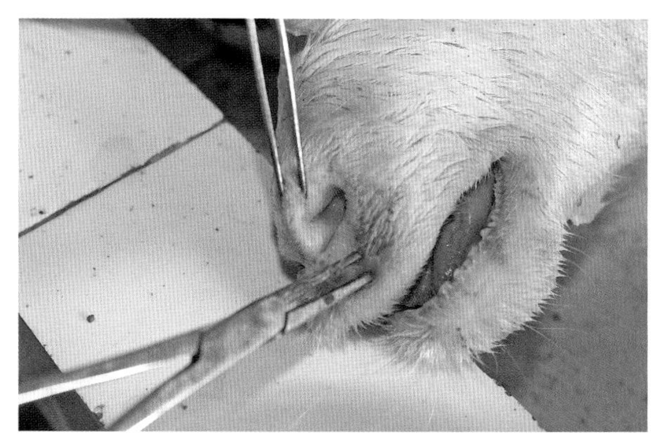

图 5-24-6　病羊鼻孔黏膜黄染（李学瑞 供图）

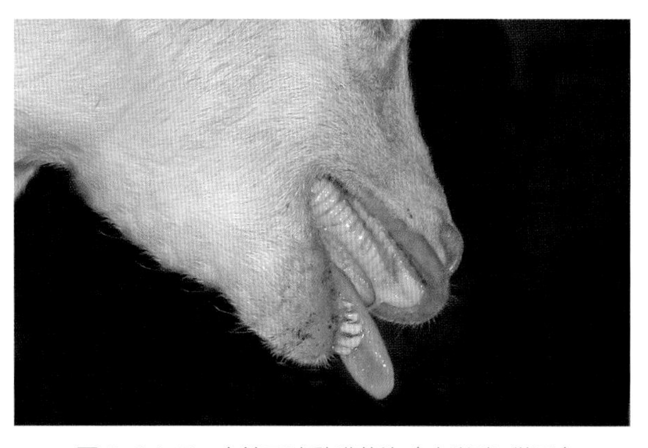

图 5-24-7　病羊口腔黏膜黄染（李学瑞 供图）

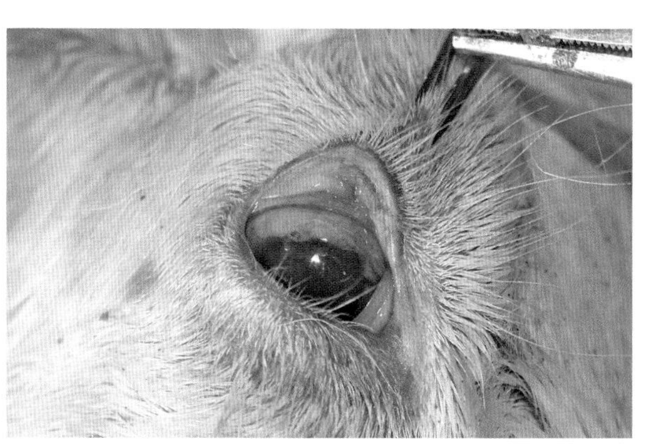

图 5-24-8　病羊眼睑黄染（李学瑞 供图）

四、病理变化

剖检可见贫血、黄疸。血液稀薄呈水样，呈淡红色，也有的呈酱油色，凝固不良（图 5-24-9）。全身性黄疸，黏膜、浆膜黄染，皮下组织及肌间浸润，散在斑状出血。心肌苍白，质地松软（图 5-24-10），心包囊有积液（图 5-24-11），个别有少量呈腐乳状结块。肠系膜淋巴结肿胀，颜色较深或发红，有的淋巴结呈索状肿胀（图 5-24-12）。肝、脾肿大，肝脏脂肪变性，质地较脆，土黄色，实质性炎症变化、坏死；脾被膜有结节，结构模糊（图 5-24-13）。胆囊肿大，充满浓稠胆汁（图 5-24-14）。肺肿胀，切面渗出液较多（图 5-24-15、图 5-24-16）。

图 5-24-9　病羊血液呈酱油色，凝固不良（李学瑞　供图）

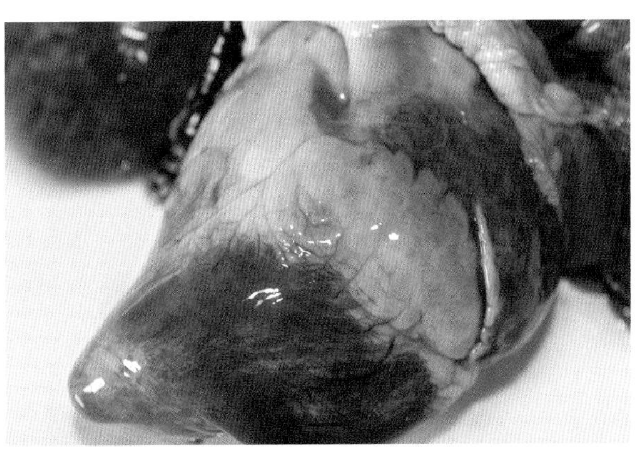

图 5-24-10　病羊心肌苍白，质地松软（李学瑞　供图）

图 5-24-11　病羊心包囊有积液（李学瑞　供图）

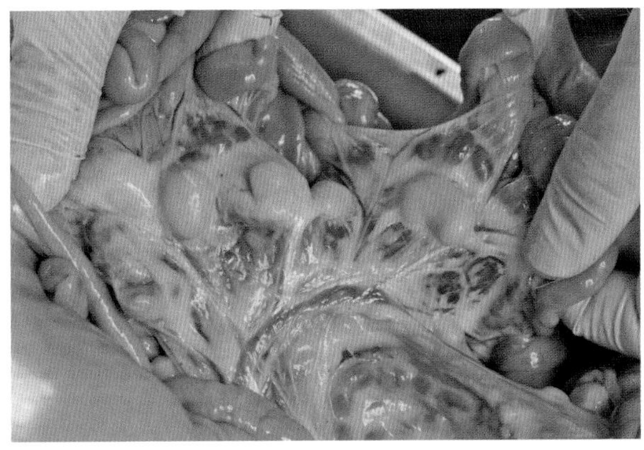

图 5-24-12　病羊淋巴结呈索状肿胀（李学瑞　供图）

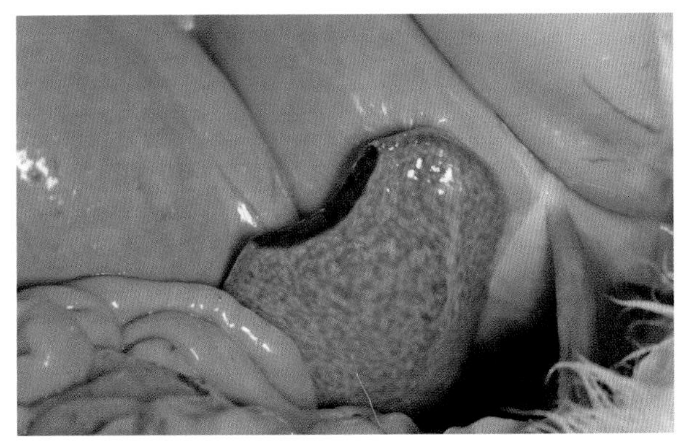

图 5-24-13　病羊脾脏肿大，脾被膜结构模糊（李学瑞　供图）

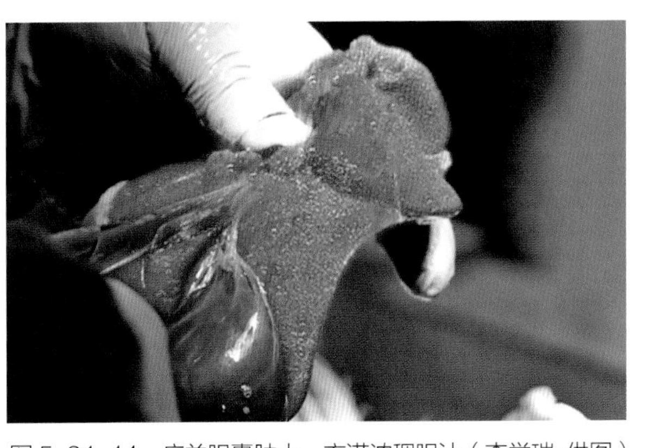

图 5-24-14　病羊胆囊肿大，充满浓稠胆汁（李学瑞　供图）

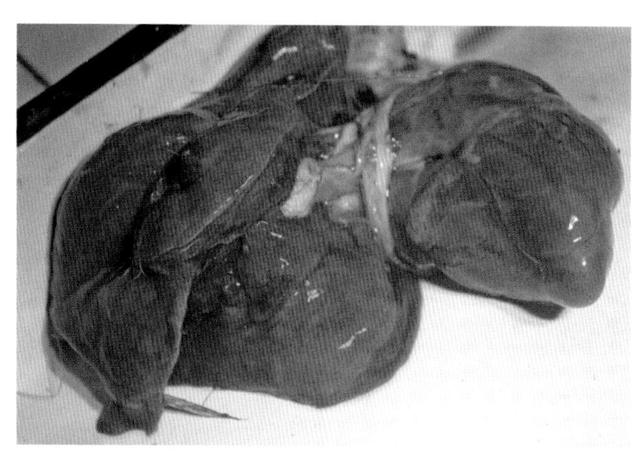

图 5-24-15　病羊肺脏肿胀（李学瑞　供图）

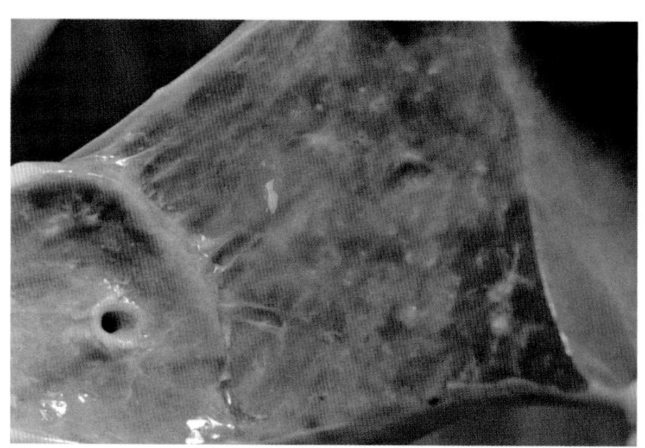

图 5-24-16　病羊肺肿胀，切面渗出液较多（李学瑞　供图）

五、诊断

1. 实验室诊断

（1）鲜血悬滴镜检。病羊耳静脉采血，滴 1 滴于载玻片上，加等量的生理盐水稀释，在 400 ～ 1 000 倍的显微镜下观察。在镜下可见带刺或齿状的红细胞，红细胞有轻微颤动，以及红细胞有皱缩、变形等。

（2）血压片镜检。从病羊耳静脉采集少量血液，抗凝处理，取 1 滴于载玻片上，再加等量生理盐水稀释，用盖玻片压制，于高倍光学显微镜下观察。可在红细胞表面、边缘及血浆中见到呈球形、逗点状、月牙形、杆状或颗粒状的病原体，少则 3 ～ 5 个，多则 15 ～ 20 个。血浆中的病原体可以做伸展、收缩、转体等运动。附着附红细胞体的红细胞由于张力作用的改变，在视野内做上下或左右震动，红细胞的形态也因此发生了变化，呈菠萝状、星芒状或锯齿状等不规则形状（图 5-24-17）。该方法简便、直观，但是敏感性差。在感染早期，附红细胞体的形状较为典型，检测结果，相对可靠，而在感染后期，由于红细胞和附红细胞体均受到不同程度的破坏，不易检出。

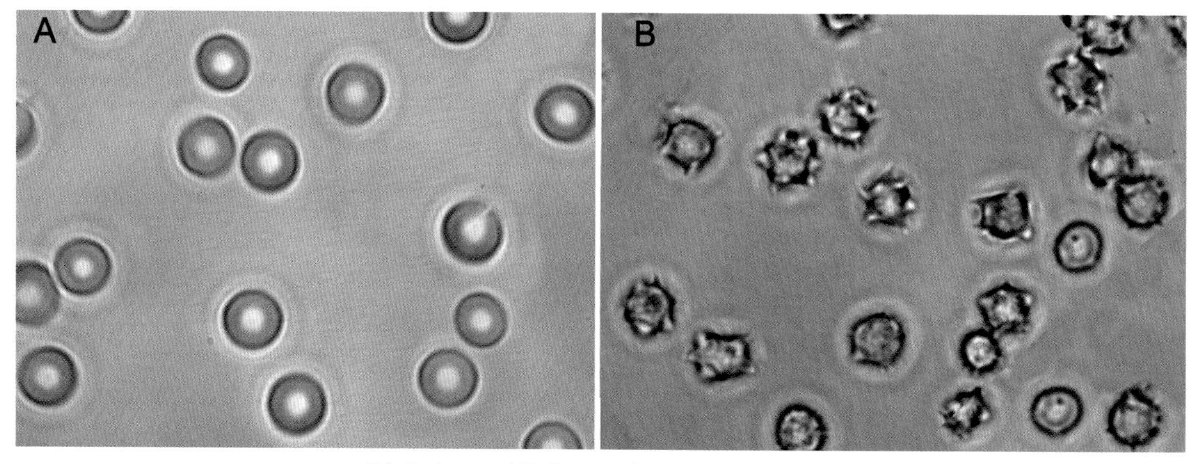

A. 正常红细胞；B. 感染附红细胞体的红细胞（×1 000 倍）。

图 5-24-17　血压片镜检照片（李学瑞　供图）

（3）**血涂片的染色镜检**。滴加一滴抗凝血于载玻片一端，即刻用血推片放于血滴前方，稍向后拖动，刚好接触血滴，让血滴自由扩散成一条线，然后以 30° 角度水平匀速推动，尽快使血涂片迅速在室温中风干，及时用甲醇固定，染色后观察。附红细胞体的血涂片对许多染料均易着色，革兰氏染色呈阴性；吉姆萨染色后虫体浓染成紫蓝色，有折光性，其外周有白色光环。瑞氏染色，虫体为淡蓝色，有蓝宝石样的光彩，具有较强的折光性；荧光吖啶黄染色时观察到较大的 HE 呈橘红色，提示有 RNA 的存在，较小的为淡绿色，提示有一定数量的 DNA 存在。在急性感染的病例中，吉姆萨染色呈淡黄色至浅绿色的小点状。每个红细胞上附着的附红细胞体数量各异，中度感染一般为 6 ～ 7 个，重度感染时可达 20 个以上，在暗视野下红细胞如同齿轮状（图 5-24-18）。该方法也比较简便，在一般的实验室均可操作，检出率稍高。但对于混合感染和感染后期等情况，由于附红细胞体形态的改变以及其他病原体与之在形态和染色性质上的相似性，仍不能很好地检测和鉴别。

（4）**动物接种**。用疑似附红细胞体病羊的血液接种健康实验动物，如小鼠、鸡或鸡胚等，接种后观察其表现并采血检测附红细胞体；应用切除脾的健康羊进行人工感染试验，被认为是诊断该病的最确实方法，接种后第 3 ～ 20 天，被感染羊表现为急性发病，并可检出附红细胞体，该方法比较耗时，但有一定的辅助诊断意义。

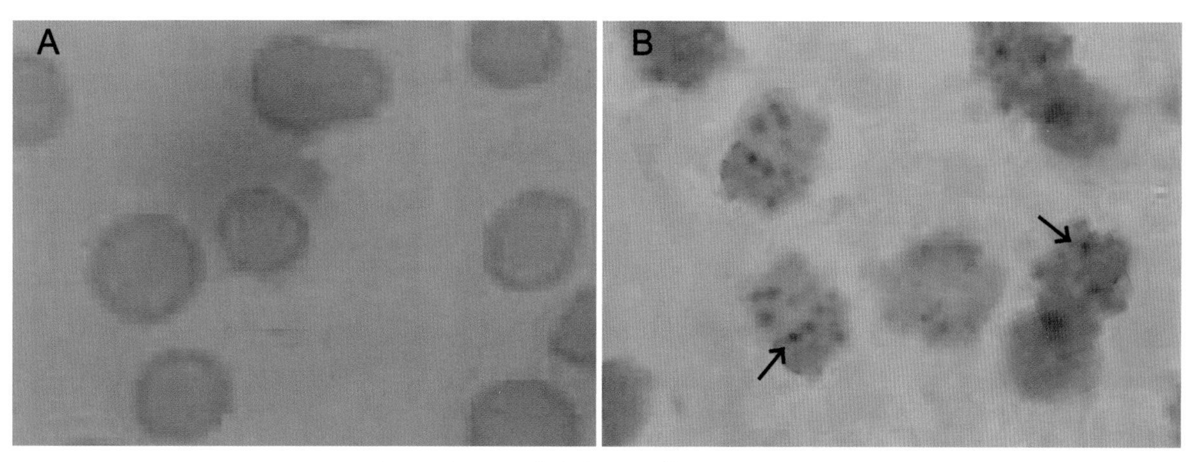

A. 正常红细胞；B. 蓝紫色附红细胞体附着于红细胞表面。

图 5-24-18　吉姆萨染色观察（李学瑞 供图）

2. 血清学诊断方法

主要有补体结合试验（CFT）、间接血凝试验（IHA）、酶联免疫吸附试验（ELISA）等特异性检验方法。CFT 可用于羊附红细胞体病的诊断，但对慢性感染者的检测易出现阴性结果，有报道认为，此法仅适合于群体检测；IHA 灵敏性高，能检测出隐性感染动物和补反阴转后的耐过动物，但分离抗原的过程相当复杂，对诊断慢性感染动物意义不大；ELISA 的敏感性较高，试验证明 ELISA 比 IHA 的敏感性高 7 ～ 9 倍，但也不适用急性病例的诊断。

ELISA 方法是目前临床使用较普遍的一种方法。Lang 等分离的绵羊附红细胞体抗原对羊进行酶联免疫吸附试验，并与 IHA 进行比较发现，ELISA 的敏感性比 IHA 高 8 倍。Hsu 等对 ELISA 检测猪附红细胞体与 IHA 检测方法进行了比较，结果 2 种方法差异极显著，ELISA 检测方法的敏感性高于 IHA。秦建华等建立的羊附红细胞体病 ELISA 检测方法，对羊附红细胞体的最小检出量为 50.30 μg/mL。在国内，李继连等均建立了羊附红细胞体的双抗体夹心 ELISA 诊断方法，均有良好的特异性和敏感性，抗原最低检出量分别为 3.55 μg/mL 和 7.81 μg/mL。

3. 分子生物学诊断方法

（1）DNA 探针杂交技术。1990 年，DNA 探针杂交技术用于检测附红细胞体，该方法是从感染附红细胞体病的动物血液中提取 DNA，用 ^{32}P 标记探针，可用于检测多种样品，区别动物体是否感染了附红细胞体。

（2）聚合酶链式反应（PCR）。PCR 在所有方法中是应用最广泛的。由于附红细胞体 16S rRNA 基因高度保守，故可利用其上的保守区设计特异性引物。1993 年，Gwaltney 等首次报道了用 PCR 方法检测猪附红细胞体。2003 年，Hoelzle 等根据全基因组酶切（EcoRI）找到的一段猪附红细胞体特有的 1.8kb 的 DNA 片段设计引物，特异性扩增出一 782bp 基因片段，建立了更为特异的猪附红细胞体 PCR 诊断方法。2001 年，Vandervoort 等报道了诊断温氏附红细胞体的 PCR 方法，在形态学诊断呈阴性的涂片中用 PCR 方法检验出来有病原的存在。紧接着又有羊附红细胞体的 PCR 技术报道。在国内，杨鹏华等均根据 16S rRNA 建立了羊附红细胞体的 PCR 诊断方法，均具有敏感、特异的特点。

（3）实时荧光定量 PCR。实时荧光定量 PCR 检测方法于 2007 年由 Hoelzle 报道，此方法使猪的附红细胞体的定量检测相比于传统 PCR 敏感性高近 100 倍，可检测的最小量为 160pg。此方法是在猪的附红细胞体的 16S rRNA 基因保守区设计 1 对引物，并在下游引物的 5′ 端标记了生物素，检测扩增出的带有生物素标记的产物。

（4）巢式 PCR。赵晓薇等根据 GenBank 上发表的羊附红细胞体 16S rRNA 基因序列设计 2 对引物，用巢式 PCR 方法扩增 16S rRNA 的部分序列，可检测的最低 DNA 量为 25fg，具有较高的敏感性和特异性。

六、类症鉴别

1. 羊铜中毒症

相似点：病羊体温升高，贫血，黄疸，腹泻，有血红蛋白尿，尿液呈酱油色，呼吸困难。剖检可见病羊可视黏膜苍白或黄染，浆膜黄染；血液稀薄如水，呈暗红黑色；肝脏肿大，呈黄褐色；胆囊肿大，充满浓稠胆汁。

不同点：病羊粪便含有大量蓝绿色黏液，触诊背部、臀部肌肉有痛感，反刍停止，瘤胃蠕动音极弱。剖检可见腹腔内积有大量淡红色或淡黄色液体；真胃、小肠、盲肠、结肠黏膜充血严重，皱胃和肠道内有棕褐色液体；脾脏柔软如泥，呈棕黑色。

2. 羊钩端螺旋体病

相似点：病羊体温升高（40.0 ～ 41.5℃），黏膜黄染，血红蛋白尿，尿液呈暗红色，结膜炎。剖检可见皮下组织黄染，血液稀薄如水，肝脏呈黄褐色、质脆。

不同点：病羊体温最高可达 42.5℃，流泪，鼻流黏液脓性或脓性分泌物，鼻孔周围的皮肤出现破裂；胃肠道弛缓，便秘；耳部、躯干及乳头处的皮肤发生坏死。剖检可见骨骼肌软弱且多汁，呈柠檬黄色，胸、腹腔有黄色液体；肺脏黄染；肾脏快速增大，被膜极易剥离，髓质与皮质的界线消失，组织柔软而脆弱；病程长久，则肾脏呈坚硬状。

3. 羊梨形虫病

相似点：病羊贫血，可视黏膜、皮下组织黄染，呼吸困难，排血红蛋白尿，尿液呈暗红褐色，腹泻，肠系膜淋巴结肿大。

不同点：病羊临死前口鼻有大量泡沫。肩前或下颌淋巴结肿大，四肢僵硬。剖检可见肺脏出现增生，肺泡大小不等、变形；肾脏呈黄褐色，表面有出血点和黄色或灰白色结节；皱胃黏膜有溃疡斑；膀胱扩张，充满红色尿液。

七、防治措施

1. 预防

（1）搞好舍内清洁卫生。舍内及时清除垫料和粪便，并撒上生石灰，保持舍内清洁卫生，干燥通风。

（2）清理舍外周围环境。要清除杂草，建好粪窖，将散落在舍外的粪便和垃圾清除干净，一并倒入粪窖发酵处理。

（3）控制传播途径。消灭蚊、蝇及其他吸血昆虫，消灭体表寄生虫，用伊维菌素注射驱虫等。

（4）严格消毒。做好医疗器械及用具的消毒，做到一畜一针头。

2. 治疗

处方 1：多西环素，按每千克体重肌内注射 0.2 mg，添加适量的灭菌用水配制成 5% 的溶液，然后按每千克体重 10 mL，每日 1 次，连用 3 次。

处方 2：四环素，每千克体重 7 mg 加入 10% 葡萄糖溶液 500 mL 中静脉注射，每日 1 次，连用 2 次。

处方 3：全群羊只用贝尼尔（血虫净）每千克体重 6 mg，深部肌内注射，隔日 1 次，连用 2 次，进行灭源性治疗。

处方 4：严重病例静脉注射 10% 葡萄糖 300 mL，加入 10% 安钠咖 5 mL，B 族维生素 5 ～ 10 mL；肌内注射补血素 5 ～ 10 mL，同时，饮水中加入电解多维和口服补液盐。

第二十五节　无浆体病

无浆体病，旧称边虫病，是由各种无浆体寄生于牛、羊、鹿等动物以及人的血细胞内，引起动物贫血、黄疸、营养不良等症状，急性时甚至引起动物死亡的一种由节肢动物传播的疾病。1910 年在北非首次发现牛无浆体病，后来发现该病广泛分布于世界各地。羊无浆体病主要由绵羊无浆体和嗜吞噬细胞无浆体引起。

一、病原

1. 分类地位与形态特征

无浆体属于立克次体目，无浆体科，无浆体属。无浆体主要种类有：边缘无浆体、绵羊无浆体、中央无浆体、牛无浆体、嗜吞噬细胞无浆体、扁平无浆体。其中，对羊危害较大的有绵羊无浆体和嗜吞噬细胞无浆体。

绵羊无浆体：主要感染羊，还有一些野生的反刍动物，具有较弱的致病性，专性寄生于红细胞内。绵羊无浆体染色镜检可见紫红色染色质团，无原生质，呈圆球形、椭圆形、斑点状、三角形及二分裂形态。大部分位于红细胞边缘，少数虫体寄生于红细胞的偏中央，偶有贴于红细胞外缘。圆球形直径 0.2 ～ 1.0 μm，多在 0.4 ～ 0.6 μm。

嗜吞噬细胞无浆体：旧种名为嗜吞噬细胞埃立克体。1932 年时在苏格兰地区首次发现该病原，引起了羊的不明发热，因为当时发现该病与牧草中的蜱有关，所以，将其称为蜱传热病（TBF）。该病原是人粒细胞无浆体病以及牛蜱传热病的致病因子，具有广泛的宿主群，包括人类、野生动物和家畜等。人粒细胞无浆体病（HGA）是一种新兴的蜱传性疾病，1990 年美国首次报道该病，1997 年欧洲也相继出现该病的报道，它是由嗜吞噬细胞无浆体（也称人粒细胞无浆体）引起的。最初该病原被称为人粒细胞埃立克体，2001 年时将其重新分类归属于立克次体目，无浆体科，无浆体属，更名为嗜吞噬细胞无浆体。

2. 培养特性

无浆体的体外培养较为困难，目前，无浆体还不能在无细胞培养基和鸡胚上生长。尽管近年来边缘无浆体的体外培养取得了一定的进展，但绵羊无浆体的体外培养至今尚未见报道。Hidalgo（1975），Hruska 等（1968）以及 Marble 和 Hanks（1973）报道了用哺乳动物器官的组织培养系统对边缘无浆体的培养获得了一定的成功。Mazzola 等（1976）用白纹伊蚊的组织为培养物体外培养边缘无浆体病原体 21 d 后，将培养物接种犊牛，病原体仍有活力。Hidalgo 等（1989）又报道了在蜂细胞培养物中能获得有感染性和抗原性的边缘无浆体。Edmour 等（1998）将边缘无浆体在蜂肩脚细胞系中进行了繁殖和连续传代后发现边缘无浆体仍具有很强的感染性，并在竞争性 ELISA 和补体结合实验中有很强的抗原性。

3. 生活史

无浆体在宿主体内的发育情况较为复杂，主要以分裂增殖的方式进行无性繁殖，大体上分为两个过程：在蜱体内的发育和在牛等哺乳动物体内的发育。虫体在蜱体内的发育是指蜱吸取了含虫体的血液后，虫体随血液经蜱的上消化道到达蜱小肠中段，红细胞破裂，虫体释放出来，并侵袭至小肠中段组织内进行分裂增殖，形成无性繁殖期的网状形虫体，继而发育成具有感染力的浓密型虫体，并继续感染其他组织，进行反复增殖，最终具有感染力的虫体汇集在蜱的唾液腺中。虫体在牛等哺乳动物体内的发育比较简单，主要是指蜱或牛蛇、厩蝇、蚊子等其他吸血类昆虫叮咬牛时将具有感染力的虫体带入牛体内血液循环系统中，虫体在红细胞内进行无性繁殖，并不断地侵袭大量红细胞来进行反复增殖。

二、流行病学

1. 易感动物

绵羊无浆体可以引起绵羊、山羊、鹿等反刍动物发病，但不感染牛，主要寄生于动物血液的红细胞中，成年或幼龄的绵羊和山羊均易感。

嗜吞噬细胞无浆体能广泛感染各种家畜、野生动物以及人类。欧洲的有关报道显示，该病原能感染包括牛、羊、马、狗、猫、狍子、驯鹿、欧洲野牛、野猪、红狐狸以及人等。

2. 传染源

发病动物和病愈后动物（带毒者）是该病的主要传染源。动物一旦感染无浆体，将终生带菌，成为持续感染者。

3. 传播途径

无浆体病可以通过 3 种途径进行传播。生物性传播：蜱吸取了感染无浆体的血液后，无浆体在蜱的内脏和唾液腺中繁殖，随后通过蜱叮咬动物传播给未感染的动物；通过刺蝇属的厩螫蝇也可将无浆体传播给未感染的动物。机械性传播：感染血液的污染物品（如针头、手术器械）将无浆体传播给未感染的动物。胎盘传播：无浆体可以从感染的母体传播给胎儿。

据报道，至少 20 种蜱是无浆体的生物学传播媒介，如微小牛蜱、有矩牛蜱、有纹革蜱、璃眼蜱、扇头硬蜱、篦子硬蜱、金钩硬蜱等。另外，吸血昆虫虻、厩螫蝇、刺蝇、蚊等也有重要的传播作用。病原在蜱体内的生活史十分复杂，病原是先进入蜱的中肠细胞，经肌肉细胞，最后进入到蜱的唾液腺中，在蜱叮咬动物时，通过唾液传播病原。

1990 年，吕文顺等通过传播试验首次确定了我国西北广大养羊区有 3 种硬蜱为绵羊无浆体病的媒介蜱，甘肃省和宁夏回族自治区为草原革蜱，内蒙古自治区西部地区为亚东璃眼蜱和短小扇头蜱。试验证明，上述 3 种蜱对绵羊无浆体都不能经卵传递，也不产生发育阶段性传播，唯一的传播方式为蜱成虫间歇性吸血传播。

有多种蜱是嗜吞噬细胞无浆体的媒介蜱。在北美洲该病原的主要传病媒介蜱为肩突硬蜱和太平洋硬蜱，欧洲主要为篦子硬蜱，此外，还有很多蜱与该病的传播有关，例如长棘血蜱、森林硬蜱等。尽管有人在螨虫体内也发现了该病原，但是它在流行病学上的重要性是有限的。

4. 流行特点

发病季节多在蜱和吸血昆虫活跃季节，一般在夏末秋初为传播感染高峰。

绵羊无浆体病在世界上分布广泛，除非洲和欧洲外，在亚洲的伊朗、叙利亚、伊拉克和中亚地区，以及印度和美国均有分布。我国于 20 世纪 80 年代后相继在新疆、辽宁和内蒙古发现绵羊和山羊的无浆体病的流行。

嗜吞噬细胞无浆体能广泛感染各种家畜，近些年该病的流行日益广泛，包括美国、欧洲、亚洲等许多国家和地区都有该病的发生以及报道。对欧洲的不同地区的篦子硬蜱感染情况的调查显示，欧洲不同地区的篦子硬蜱感染嗜吞噬细胞无浆体病的感染率为 0.25% ～ 25% 不等。最近的一些研究还表明，在欧洲被带病原的篦子硬蜱叮咬过的迁移鸟在该病的传播中起到了一定的作用。感染该病后的持续期因个体差异性、病原变异以及宿主的差异性而不同，一般很少出现持续感染的现象。哺乳动物在该病原的生存和传播中起到了重要的作用，最近的研究显示，一个宿主可能同时感染不同的变异型，而且不同变异型之间在同一宿主体内还可以互相影响。

三、临床症状

该病潜伏期为 18 ～ 36 d。病羊体温升高，呈不规则热型，精神沉郁，食欲不振，大便正常或便秘，有时下痢，两颊、眼睑、咽喉和颈部发生水肿。体表淋巴结稍肿大，有时发生瘤胃臌气，全身肌肉震颤。黄疸和贫血，皮肤、可视黏膜苍白、黄染，尿量减少，消瘦。血液检查发现红细胞总数、血红素和血细胞压容积均减少。在染色的血片中，可见到许多红细胞中存在无浆体。病羊的死亡率不高，一般为 5% 左右。病羊多为隐性感染，发病率大致为 10% ～ 20%。

四、病理变化

主要病变为消瘦、贫血造成的组织苍白、黄疸和脾脏肿大。急性死亡，无明显消瘦，病程较长时，尸体消瘦，被毛粗乱，失去应有光泽；黏膜苍白，乳房、会阴部明显黄染，皮下组织有黄色胶样浸润；血液稀薄如水，血凝速度较慢，血沉速度加快；下颌、肩前和乳房淋巴结明显肿大，切面多汁，有斑状出血。心脏肿大，心肌软而色淡（图 5-25-1），心包积液，心内外膜和冠状沟有出血点；肝、肾肿大，呈黄褐色或红褐色；胆囊肿大，常充满胆汁（图 5-25-2 至图 5-25-4）；脾脏肿大，脾髓软腐、色深如果酱色。真胃有出血性炎症变化（图 5-25-5）；大小肠黏膜发炎，间或有斑点状出血。

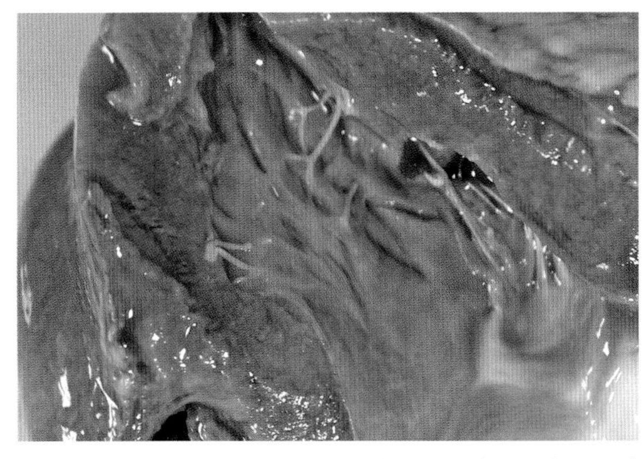

图 5-25-1　病羊心脏肿大，心肌软而色淡（李学瑞　供图）

图 5-25-2　病羊肝脏肿大，红褐色，胆囊肿大，常充满胆汁（李学瑞　供图）

图 5-25-3　病羊肝肿大，呈黄褐色（李学瑞　供图）

图 5-25-4　病羊肾肿大，呈黄褐色（李学瑞　供图）

五、诊断

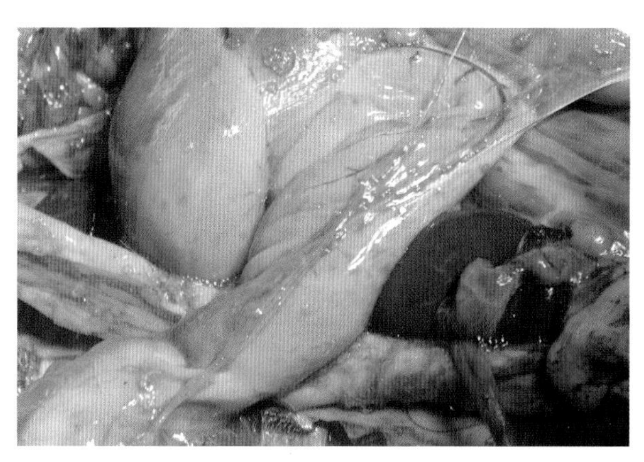
图 5-25-5　病羊真胃有出血性炎症变化（李学瑞 供图）

1. 血涂片检查

虽然当前已有很多诊断无浆体的方法，但是血涂片检查仍是最经典、最常用的检查方法，也是实验室基础诊断方法。血涂片检查要求在疑患病动物用药之前体温较高时进行采血做血片，采用吉姆萨染色方法染色。染色时，先用无水甲醇固定 1 min，然后用吉姆萨染色液染色半个小时，水洗，晾干后用 1 000 倍油镜观察。边缘无浆体吉姆萨染色后的菌体呈紫色，大多数寄生在红细胞边缘，大小为 0.2 ～ 0.9 μm，每个红细胞中的菌体数为 1 ～ 3 个，寄生 1 个菌体的约占 87.4%，寄生 2 个菌体的约占 11.1%，寄生 3 个菌体的约占 1.5%，红细胞感染率为 14.7%。绵羊无浆体与边缘无浆体类似，鉴别诊断需要借助免疫学或分子生物学方法。牛无浆体常发现其特定地寄生于某些吞噬细胞，例如单核细胞，大小为 0.2 ～ 0.9 μm，大部分虫体介于 0.5 ～ 0.7 μm，虫体染成蓝紫色的染色质团，周围无原生质，呈圆形、椭圆形、点状、二分裂球形。嗜吞噬细胞无浆体与牛无浆体类似，其主要感染的是粒细胞，菌体也是呈现紫红色，常常多个出现，严重时中性粒细胞会出现包涵体。血涂片检查虽然简单可靠，但这要求检查者对无浆体浆态特征要充分了解，并对其他血液寄生虫，如巴贝斯虫、泰勒虫的浆态特点也有所了解，因为无浆体经常都是与这些血液寄生虫混合感染的。而且该方法只能在动物感染之后第 16 ～ 26 天检出该病，耐过动物染虫率在 0.1% 上下波动，这样低的感染率在边缘无浆体病的检测中易发生漏检。

2. 动物接种试验

在临床上，如果被检动物的染虫率很低，不能确诊，可以通过动物接种试验确定，该试验需要培养病原。1979 年，Kessler 等基于疟原虫的培养方法建立了边缘无浆体的全血培养方法，他将病原接种易感动物牛，13 ～ 33d 收集接种牛的血液，尽管这种方法不能够使边缘无浆体持续性增殖，但是为人们后来的研究奠定了基础。1976 年，Mazzola 等用白纹伊蚊的组织为培养物，在体外成功培养了边缘无浆体。2003 年，Ulrike 等用蜱细胞成功培养了白尾鹿无浆体，他们在 38℃培养 8 d 后成功用 PCR 诊断分离到的病原，确定分离到的是与扁平无浆体最为接近的一种无浆体。因为无浆体的体外培养往往需要较好的实验条件和操作熟练的专业技术人员，因此该方法不适用于田间流行病学调查，而较适合于病原的实验室分离。

3. 血清学诊断

（1）补体结合试验（CF）。补体结合试验具有良好的特异性和敏感性，已被国内外广泛用于牛边缘无浆体病的诊断。1963 年，Franklin 等首次将该方法用于该病的诊断，发现该诊断方法敏感性高，可以检出带菌牛。在我国，张其才等较早进行了补体结合试验诊断边缘无浆体感染牛的研究，研究中利用边缘无浆体高染虫率的含虫血所制备的补反诊断抗原具有敏感性良好和特异性很强的特点，CF 方法对试验条件下人工感染牛的补反检出率为 99%，安全区无假阳性反应。尽管如此，补体结合试验仍存在其自身的不足，它要求抗原和抗体的比例适当，否则，会出现假阳性或假阴性现象。另外，有研究表明，补体结合试验对诊断持续感染牛的诊断效果不佳。2001 年，Daniel 等做了关于 CF 检测牛持续性感染边缘无浆体的敏感性和特异性的研究，研究中他们用了 232 头先前经 PCR 方法确诊是否为边缘无浆体病的牛，采集它们的血清进行补体结合试验，2 种诊断方法对比结果显示，补体结合试验的阳性诊出率仅为 20%，存在假阴性现象，说明 CF 试验不适合对持续感染的牛进行诊断。补体结合试验虽然具有很多优点，但也由于一些缺点，如对操作条件和技能等的要求较高等限制而不适合用于田间流行病学调查。

（2）凝集试验（AT）。常用于无浆体病检测的凝集试验方法有卡片凝集试验、试管凝集试验、团集凝集试验（CAT）、快速凝集试验（RCA）、乳胶凝集试验（LAT）等。1976 年，Howarth 等用改良卡片凝集试验诊断出了哥伦比亚的黑尾鹿无浆体病，研究中一组将从患病的 35 只黑尾鹿采集的血接种给易感的实验用牛，用补体结合实验诊断显示有 21 只黑尾鹿感染了边缘无浆体，另一组将从黑尾鹿得到的血清直接做改良卡片凝集试验来诊断，结果也是有 21 只感染了边缘无浆体，14 只没有感染，实验结果显示，改良卡片凝集试验在诊断边缘无浆体病中的可靠性。在我国，1992 年吴鉴三等报道了快速卡片凝集试验的改进及研究应用，他们用 0.1 mol/L、pH 值为 3.0 的甘氨酸缓冲液除去红细胞表面附着的抗体，同时，从不同途径确保染虫红细胞不被白细胞污染，使卡片凝集试验抗原快速达到较高的质量，保证了试验的准确性。1993 年，吴鉴三等用团集凝集试验诊断了牛边缘无浆体病，结果显示 13 份人工感染牛血清，阳性率为 100%，98 份流行区的感染率为 16%，267 份非疫区牛，全部为阴性。1994 年张肖正等对快速卡片凝集试验（RCA）与补体结合试验（CF）进行了比较，结果显示，RCA 检测 IgM 和 IgG 均较灵敏，而 CF 最适合检测 IgG，因而 RCA 的敏感性更好些，检出感染后的阳性反应持续时间更长。2004 年，袁建丰等利用边缘无浆体可溶性抗原，以化学交联的方式致敏羧化胶乳制成胶乳抗原，成功地建立了一种检测牛边缘无浆体血清抗体的胶乳凝集试验（IAT）诊断方法。用制备的胶乳抗原分别检测瑟氏泰勒虫、双芽巴贝虫、衣原体、附红细胞体阳性血清，结果均为阴性；与边缘无浆体标准阳性血清、免疫牛血清、流行区血清样品均呈明显的凝集反应。研究结果表明，LAT 方法具有操作简单、快速、敏感性高、特异性强、成本低廉等优点，是一种特别适合于基层现场检测边缘无浆体血清抗体的新方法。

（3）间接荧光抗体试验（IFA）。间接荧光抗体试验作为一种经典的血清学诊断方法，已经广泛用于寄生虫病的诊断。Ristic 等（1960）和 Schindler 等（1966）等将间接荧光抗体法应用到边缘无浆体的血清诊断中，得到了满意的效果。Lohr 等（1973）、Gonzales 等（1978）、Wilson 等（1978）先后用 IFA 法进行牛边虫病流行病学和地理分布调查，并同补体结合试验（CF）、卡片凝集试验（CT）等诊断方法比较，一致认为 IFA 法在无浆体病的临床和亚临床诊断中具有很高的敏感性，而且对慢性感染牛和带虫牛的诊断也有一定的价值。之后 Goff（1985），Montenegro-James（1985）又进一步改进该方法。现在 IFA 已经成为诊断无浆体病的一种常用方法。在我国，1990 年余丰等首次用 IFA 诊断牛的边缘无浆体病，实验结果显示人工感染牛的诊断符合率为 100%，疫区的阳性率为 35.2%，安全区的假阳性率为 3%，再一次证明 IFAT 的特异性强敏感性高，能够快速准确地诊断检测边缘无浆体感染牛，在实际应用中具有重要的价值。

（4）酶联免疫吸附试验（ELISA）。1980 年，Charles 等报道了 ELISA 方法诊断牛边缘无浆体病，并与 CT、CFT 方法作了对比，证明了 ELISA 是一种容易实现自动化操作，且可靠的诊断方法，尤其是对检测持续感染边缘无浆体牛也是一种较可靠的方法。1987 年，Winkler 等用 SDS 裂解抗原的改进 ELISA 方法检测边缘无浆体，结果显示，其具有较高的敏感性和更低的背景吸收。近几年来，ELISA 检测边缘无浆体方法又有了新的发展。Susana 等用重组 MPS5 蛋白作为抗原的 cELISA 方法诊断了美国的东俄勒冈州区域性流行的牛边缘无浆体病，结果显示，cELISA 方法的敏感性高达 96%，特异性为 95%，这证明了该方法很适合用于流行病学调查研究。在我国，2008 年马米玲等也建立了边缘无浆体 MSP5 重组抗原间接 ELISA 检测方法，结果表明，建立的间接 ELISA 方法具有良好的特异性和敏感性。

4. 分子生物学诊断

（1）核酸探针技术。1988 年，Goff 等用克隆的 DNA 探针检测出了蜱感染了的边缘无浆体，证明了该方法在检测边缘无浆体时敏感性很强，适合用于边缘无浆体的实验室诊断以及田间流行病学调查。1989 年，Eriks 等发布了关于核酸探针技术检测牛边缘无浆体和山羊的绵羊无浆体的报道，而且证明了该方法具有较强敏感性。1995 年，Ge 等用 PCR 介导的含有地高辛标记物的 DNA 探针通过槽印迹杂交法诊断出了牛红细胞内的边缘无浆体 DNA，试验证明这一 PCR 介导的非放射性基因探针在诊断边缘无浆体病时的敏感性。1997 年，Ge 等又进一步报道了关于非放射性基因探针对野牛边缘无浆体的诊断，并与血清学补体结合试验和显微镜检查的诊断结果做了比较，证明了该方法诊断结果的真实可靠性，而且认为这种方法不仅可以用于流行病学调查和带虫牛的检测，而且由于其较强的敏感性、特异性、无毒性，以及操作简单、价格低廉等特征，也适用于实验室诊断。不过，我国研究者马米玲等的报道表明，与病原学检查和血清学方法相比，核酸探针方法的敏感性并不具有明显的优势，而且需要特殊设备，检出速度又慢，不适于大批量样品的检测，但它的最大优点是可较准确地区分浆态相似的病原。因而，它多被用于虫种的分类鉴定，而较少用于分子流行病学调查。

（2）PCR 方法。急性感染无浆体后的康复动物将终生带毒，PCR 方法能检测出带虫动物。关于 PCR 方法检测无浆体的报道很多，近年来，更是成为研究的热点。2010 年，Zhou 等基于 16S rRNA 对我国西南部无浆体属进行了种系发育分析，发现了在我国西南部至少有 2 种无浆体，在此研究中从牛分离到的 2 个菌株属于边缘无浆体分枝，另外 7 个从羊体内分离到的菌株在进化树中的位置要早于边缘无浆体、中央无浆体以及绵羊无浆体分枝。2012 年，刘志杰等对我国中南部 262 份羊血液样品无浆体感染情况进行了分子流行病学调查，发现感染率高达 73.9%，其中，单一病原感染情况为：*A.ovis* 的感染率为 15.3%，*A.phagocytophilum* 的感染率为 16.1%，*A.bovis* 的感染率为 16.0%，同时感染 2 种无浆体的情况分别为：*A.ovis* + *A.bovis* 的感染率为 27.1%，*A.ovis* + *A.phagocytophilum* 的感染率为 1.9%，*A. bovis* + *A. phagocytophilum* 的感染率为 4.2%，这一调查表明，在我国羊的无浆体病感染率较高，在此研究中用到的分子检测方法为巢式 PCR，第一个循环所用的引物为 EE-1、EE-2，第二个循环中针对羊能够感染的 3 种无浆体的引物分别为：*A.bovis*:AB1f 和 AB1r（产物片段长度 551bp）；*A.phagocytophilum*:SSAP2f 和 SSAP2r（产物片段长度 641bp）；*A.ovis*: 引物 MSP45 和 MSP43（产物片段长度 867bp）。2010 年，李静等对湖北省随州市羊携带嗜吞噬细胞无浆体的情况进行了调查，调查中运用聚合酶链反应方法对湖北随州市采集的羊血标本进行嗜吞噬细胞无浆体 16S rRNA 基因片段扩增和序列分析，将扩增序列与 GenBank 相应基因序列进行一致性比较和进化分析，共检测羊血标本 29 份，阳性标本 25 份，嗜吞噬细胞无浆体阳性感染率为 86.2%。

除了上述一些常规 PCR 方法外，还有很多非常规 PCR 检测方法。2004 年，Courtney 等设计了复合实时荧光定量 PCR 方法，同时检测边缘无浆体和伯氏疏螺旋体，敏感性试验显示该方法的敏感性为 100%。2005 年，Sirigireddy 等也用实时反转录 PCR 同时检测埃里希体属和无浆体属，再次证明了 RT–PCR 不仅能够检测边缘无浆体病，还能用于检测边缘无浆体与其他疾病的混合感染。2007 年，Carelli 等也做了关于 RT–PCR 检测和定量牛血中边缘无浆体的研究，证明了 RT–PCR 不仅可以检测边缘无浆体病，还可以定量牛血中边缘无浆体，所以该方法可以用于检测无浆体疫苗的效力和治疗无浆体病用的抗立克次体药的药效。2008 年，Decaro 等报道了双重 RT–PCR 方法，同时检测和定量边缘无浆体及中央无浆体的方法，研究显示该方法最低可以检测到 10 ～ 10^2 个量的边缘无浆体和中央无浆体 DNA，而且该方法可用于牛急性无浆体病发病机制的研究中。2009 年，Noaman 等发表了关于伊朗地区无浆体带虫牛的分子生物学检测方法报道，其中就包括巢氏 PCR 和 PCR–RFLP 方法，这 2 种方法都用 16S rRNA 设计引物，试验中共有 75 份样品，其中的无浆体含量均为 0.01% ～ 0.001%，诊断结果有 58 份为边缘无浆体阳性，而这些样品用传统吉姆萨染色法检测不出来，可见这 2 种方法适用于边缘无浆体带虫牛的检测，还证明了伊朗地区普遍存在无浆体带虫牛。

虽然 PCR 方法的敏感性高，特异性强，但是其操作烦琐，不适合实践应用，更适合用于长期带虫动物的检测。

六、类症鉴别

1. 羊附红细胞体病

相似点：病羊体温升高，黄疸和贫血，皮肤、可视黏膜苍白、黄染。剖检可见血液稀薄，浆膜、黏膜、黄染，皮下组织浸润，心肌软而色淡，心包积液，肝脏土黄色，脾脏肿大，胆囊肿大，充满胆汁。

不同点：羊附红细胞体病羊皮肤出现紫斑或发红，尿色呈深黄色或者酱油色，前期便秘，后期腹泻，粪便含有血和黏液，母羊表现流产、产死胎、弱羔增加、产羔数下降、不发情等繁殖障碍；剖检可见病羊肠系膜淋巴结肿胀，颜色较深或发红，肝脏脂肪变性，脾被膜有结节，肝脏脂肪变性，实质性炎症变化、坏死。羊无浆体病两颊、眼睑、咽喉和颈部发生水肿，尿量减少，无血红蛋白尿；剖检可见脾髓软腐、色深如果酱色，真胃有出血性炎症变化。

2. 羊钩端螺旋体病

相似点：病羊体温升高，黄疸，消瘦，可视黏膜呈黄色。剖检可见血液稀薄，皮下组织、器官黄染，心脏色淡。

不同点：羊钩端螺旋体病病羊尿液呈红色，下痢，有结膜炎并且流泪；其鼻腔会流出黏液脓性或脓性分泌物，鼻孔周围的皮肤出现破裂。剖检可见胸、腹腔内有黄色积液；肾脏增大，髓质与皮质的界线消失，后期呈坚硬状。

3. 羊梨形虫病

相似点：病羊体温升高，有的羊只下痢，消瘦，可视黏膜黄染或苍白；剖检可见皮下组织、器官黄染，肠道有出血点或出血斑。

不同点：羊梨形虫病羊出现血红蛋白尿，呼吸浅表、困难，感染泰勒虫的病羊临死前口鼻有大量泡沫，四肢僵硬，行走困难，不出现两颊、眼睑、咽喉和颈部水肿，全身肌肉震颤症状。感染泰勒虫的病羊剖检可见肺脏出现增生，肺泡大小不等、变形；肾脏黄褐色，表面有出血点和黄色或灰白色结节；皱胃黏膜有溃疡斑。

七、防治措施

1. 预防

（1）消灭传播媒介。灭蜱是防治该病的关键。经常用杀虫药消灭宿主体表寄生的蜱。常用的杀虫剂及使用方法有：0.002 5%～0.005 0%溴氰菊酯进行喷洒、药浴、涂擦。也可选用伊维菌素或阿维菌素（每千克体重 0.2～0.3 mg）等口服或注射。蜱密度高的草场可用杀蜱药物（如马拉硫磷）进行超低量喷雾灭蜱，畜舍要及时清理，堵洞和缝隙防止蜱类滋生。堵塞前先向裂缝内塞入杀蜱药物，然后以水泥、石灰、黄泥堵塞，并用新鲜石灰乳粉刷畜舍。用马拉硫磷等药物喷洒圈舍内墙、门窗、柱子等灭蜱，保持圈舍及周围环境的卫生清洁。

（2）及时隔离防控。对病畜及时进行隔离治疗，并加强护理，供给足够的饮水和饲料，每日喷药驱杀吸血昆虫。

2. 治疗

一般多选用四环素或土霉素等药物进行治疗，也可用黄色素、盐酸氯喹、双缩氨基脲等药物进行治疗，而青霉素、链霉素则对该病无效。

处方 1：黄色素，每千克体重 3～4 mg 配成 1% 水溶液，缓慢静脉注射，每日 1 次，连用 7 d。

处方 2：贝尼尔，每千克体重 7 mg 配成 7% 水溶液，分点深部肌内注射，每日 1 次，3 d 为 1 个疗程。

处方 3：锥虫蓝，每千克体重 2～4 mg 配成 1% 水溶液，静脉注射，连续注射 2 d。

处方 4：土霉素（或四环素）粉针，按每千克体重 12 mg，口服或肌内注射，每日 1 次，连用 12～16 d。

处方 5：强力霉素，每千克体重 3 mg，每日 1 次，以 5% 葡萄糖注射液溶解为 0.1% 的浓度，缓慢静脉注射。

严重病例还应对症治疗，如强心、补液、退热、补血、调理胃肠等，进行综合治疗。

第六章

羊寄生虫病

第一节　消化道线虫病

消化道线虫病是由寄生于消化道内的各种线虫引起的寄生虫病的总称。羊的消化道寄生线虫在我国已查明的有9科21属124种，对养羊业危害较大的优势虫种有5科10属的50余种。这一大类寄生线虫的多寄生现象通常会引起羊的消化道线虫病。表现为贫血、消瘦、生产性能下降。各种消化道线虫引起疾病的情况大致相似，该病在全国各地均有不同程度的发生和流行，尤以西北、东北地区和内蒙古广大牧区较为普遍。

一、病原

1. 病原分类与特征

（1）捻转直矛线虫。捻转直矛线虫寄生于真胃，偶见于小肠。在真胃中属大型线虫。虫体线状，呈粉红色，头端尖细，口囊小，内有斗角质背矛。雄虫长15～19 mm，其交合伞的背肋偏于左侧，呈倒“Y”字形。雌虫长27～30 mm，由于红色的消化管和白色的生殖管相互缠绕，形成红白相间的外观，俗称“麻花虫”。阴门位于虫体后半部，有二拇指状的阴门盖。虫卵大小为（75～95）μm×（40～50）μm，无色或稍带黄色，壳薄。新鲜虫卵内含16～32个胚细胞。

（2）奥斯特线虫。奥斯特线虫寄生于真胃。虫体呈棕色，亦称棕色胃虫，长4～14 mm。雄虫交合伞由2个大的侧叶和1个小的背叶组成。1对交合刺较短，末端分2～3叉。雌虫阴门在体后部，子宫内的虫卵较小。

（3）马歇尔线虫。马歇尔线虫寄生于真胃，似棕色胃虫，但虫体较大。雄虫交合伞宽，背叶不明显，具有附加背叶；其外背肋和背肋细长，发自同一基部；背肋远端分成2枝，端部再分为2个小枝；交合刺粗短，远端亦分3枝。雌虫子宫内虫卵较大。

（4）毛圆线虫。毛圆线虫寄生于小肠，偶可寄生于真胃和胰脏。虫体小，长5～6 mm，呈淡红色或褐色。口囊不明显，缺颈乳突。排泄孔位于体前端，呈一凹陷。雄虫交合伞侧叶大，背叶板不明显；交合刺粗短且带扭转。阴门开口于虫体后半部。

（5）细颈线虫。细颈线虫寄生于小肠或真胃，为小肠内中等大小的虫体。虫体前部呈细线状，后部较粗。雄虫交合伞有2个大的侧叶和1个小的背叶；1对交合刺细长，互相联结，远端包在共同的薄膜内。雌虫阴门开口于虫体的后1/3，或1/4处；尾端钝圆，带有1小刺。虫卵大，产出时内含8个胚细胞，易与其他线虫卵区别。

（6）古柏线虫。古柏线虫寄生于小肠、胰脏，偶见于真胃。虫体呈红色或淡黄色，大小与毛圆线虫相似，前端角皮膨大，可见许多横纹，雄虫交合伞侧叶大、背叶小；背肋分叉为“U”字形，并有侧小分枝；1 对交合刺粗短。

（7）仰口线虫。仰口线虫寄生于小肠，虫体较粗大，前端弯向背面，故有钩虫之称。口囊大，内有齿及切板。雄虫交合伞发达，腹肋与侧肋起于同一总干，背肋系统的分枝不对称；有交合刺 1 对，等长，雌虫阴门位于虫体前 1/3 处的腹面，尾端尖细。

（8）夏伯特线虫。夏伯特线虫亦称阔口线虫，寄生于大肠。虫体大小近似食道口线虫；前端有半球形的大口囊，口孔由两圈小叶冠围绕。雄虫交合伞发达，1 对交合刺较细。雌虫阴门靠近肛门。

（9）食道口线虫。寄生于大肠。虫体较大，呈乳白色。头端尖细，口囊不发达，有内外叶冠及 6 个环口乳突。雄虫交合伞发达，分叶不明显，有交合刺 1 对。雌虫生殖孔开口处有肾状排卵器。由于其幼虫在发育时钻入肠壁形成结节，故又称结节虫。

（10）毛首线虫。寄生于盲肠。整个虫体形似鞭子，亦称鞭虫。虫体较大，呈乳白色；前部细长，为其食道部，约占虫体长度的 2/3；后部粗大，为其体部。雄虫后端卷曲，有 1 根交合刺和能伸缩的交合刺鞘。雌虫尾直，末端钝圆，阴门位于虫体粗细交界处。

2. 致病作用

羊感染消化道线虫后，依感染的虫种和感染程度不同，表现出不同的疾病特征和病理损伤。一般情况下，均表现出贫血和消瘦。血矛线虫以其前端刺入胃黏膜，引起胃炎及出血，同时分泌毒素干扰消化功能和造血功能，故羊感染后常出现贫血及消化功能的紊乱，有时出现下颌间和下腹部水肿。最急性感染的肥羔可发生突然死亡。有些羊经数月，陷于恶病质而死亡。食道口线虫感染后，主要引起大肠的结节病变，终生难愈。有时大量的幼虫可到达腹膜而引起坏死性腹膜炎。幼虫的移行可引起肠黏膜组织的广泛坏死，常引起羔羊带黏液和脓液的持续性下痢。成虫可分泌毒素造成胃肠炎。仰口线虫的危害主要在小肠寄生期，以其锋利的切板和口囊，切破肠黏膜引起出血并分泌毒素使凝血不全。严重感染时，患畜骨髓腔内充满透明的胶状物。患羊黏膜苍白、皮下水肿、下痢。重度感染时后肢无力、昏睡等。

二、流行特点

1. 易感动物

各品种、年龄的羊均可感染羊消化道线虫，绵羊比山羊易感，其中，3 月龄以下羔羊更加易感。

2. 传染源

病羊和带虫羊是该病的主要传染源，而被带虫羊或病羊的粪便污染的牧草、饮水等也可成为新的传染源。

3. 传播途径

羊通过吃草、饮水将感染性虫卵或感染性的幼虫带入机体而被感染。仰口线虫的感染性幼虫还可以主动钻入羊皮肤而感染。还有些线虫如副柔线虫、美丽筒线虫、螺咽线虫等要有中间宿主——吸血蝇、食粪甲虫等参与。

4. 流行特点

该病的发生与流行直接受温度、湿度的影响。在温暖潮湿的环境中，线虫卵极易发育。我国几大牧区的调查资料显示，消化道线虫病感染和发病随气候、季节的变化呈规律性的变化。在冬天寒冷的气候条件下，不利于虫卵生存和发育。血矛线虫卵在低于5℃经4～6 d就会死亡，11℃时发育至感染期要15～20 d；食道口线虫在9℃以下不能发育，且对干燥很敏感。Vasudevan研究结果显示，每月平均最低气温<10℃时，羊可保持较低的感染水平。而温度过高及强阳光照射下，同样不利虫卵的发育。40℃以上时，血矛线虫感染性幼虫会很快死亡，60℃时，其虫卵也会很快死亡。35℃以上时，食道口线虫所有幼虫都很快死亡。因而，我国的消化道线虫病多在3—5月出现春季高潮，到了秋季又出现一个小高潮。在我国北方牧区冬天感染基本不发生，夏季处于低潮。在我国南方，全年都存在消化道线虫的感染，冬季感染相对少，夏季在亚热带气候条件下不利于虫卵和幼虫的生存。据国内外研究表明，羊消化道线虫病春季高潮的出现，除了气候的因素外，还与羊的抵抗力密切相关。在夏秋季节，饲草丰富，羊的抵抗力较强，进入体内的幼虫发育处于被抑制状态，到了冬季，随饲养管理和环境条件的变化，羊只抵抗力下降，被抑制的幼虫重新发育起来，从而导致春季高潮。

三、临床症状

羊感染各种消化道线虫的主要表现为精神沉郁，消化功能障碍，食欲减退，消瘦，贫血，可视黏膜苍白，腹泻，血便等。严重时出现下颌及颈下水肿，羔羊发育不良，生长缓慢。少数病例体温升高，呼吸、脉搏增数，心音减弱，有的病羊在衰竭后死亡。

四、病理变化

剖检可见消化道各部有数量不等的相应线虫寄生。尸体消瘦，贫血，胃（图6-1-1）、肠及膀胱（图6-1-2）等内脏显著苍白（图6-1-3），胸、腹腔内有淡黄色渗出液，大网膜（图6-1-4）、肠系膜胶样浸润（图6-1-5），肝、脾出现不同程度的萎缩、变性（图6-1-6），真胃黏膜水肿，有时可见虫咬的痕迹和针尖大到粟粒大的小结节（图6-1-7），小肠和盲肠黏膜有卡他性炎症，大肠可见到黄色小点状的结节或化脓性结节以及肠壁上遗留下的一些瘢痕性斑点。当大肠上的虫卵结节向腹膜面破溃时，可引发腹膜炎和泛发性粘连；向肠腔内破溃时，则可引起溃疡性和化脓性肠炎。

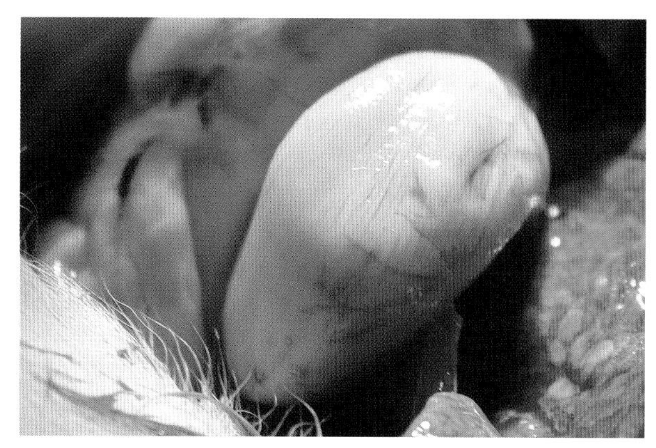

图6-1-1　病羊瓣胃苍白（骆学农　供图）

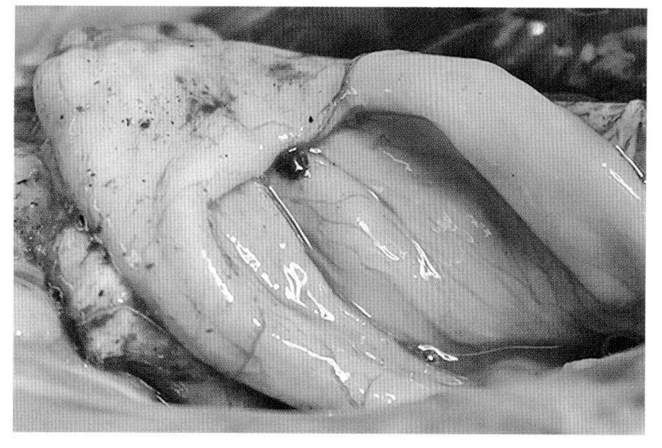

图6-1-2　病羊膀胱苍白（骆学农　供图）

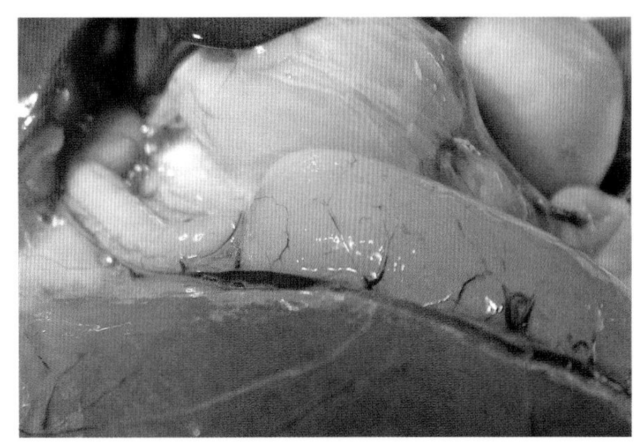

图 6-1-3　病羊内脏苍白（骆学农　供图）

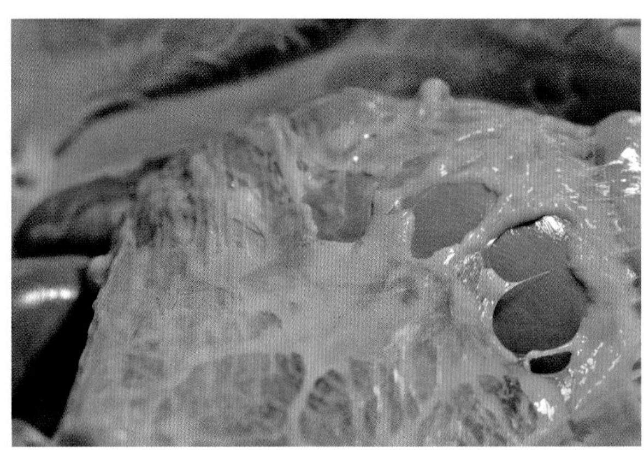

图 6-1-4　病羊大网膜呈胶样浸润（骆学农　供图）

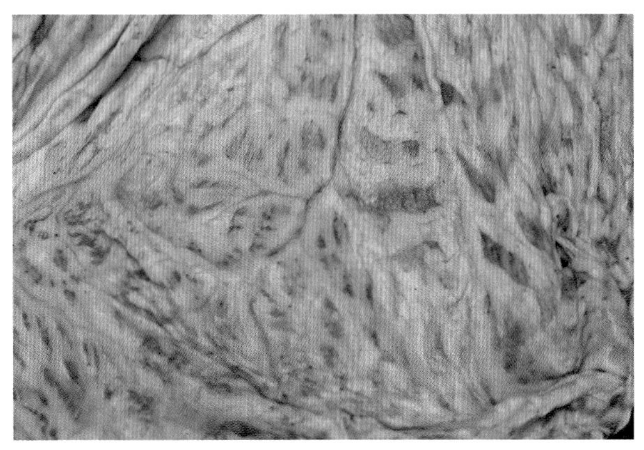

图 6-1-5　病羊肠系膜胶样浸润（骆学农　供图）

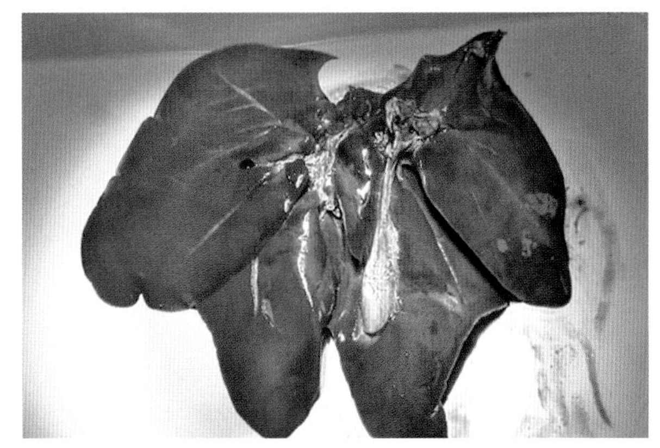

图 6-1-6　病羊肝、脾出现不同程度的萎缩、变性（骆学农　供图）

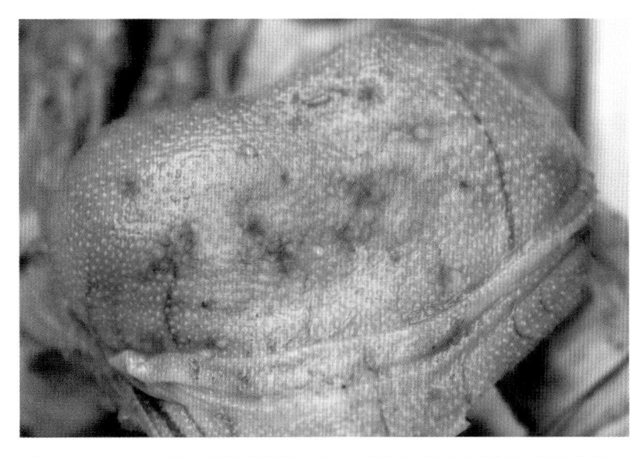

图 6-1-7　病羊真胃黏膜水肿，有时可见虫咬的痕迹和针尖大到粟粒大的小结节（骆学农　供图）

五、诊断

1. 临诊要点

羊消化道线虫病一般无十分特征性的临床症状，除最急性感染引起的重症感染外，主要表现为一种较长时间的渐进性的消瘦、贫血等。羊只体况差，光耗料不长膘。多有腹泻的临床表现，有时也出现便秘。该病的发生很容易与其他寄生虫病相混淆，所以，要采取综合手段进行诊断，从而获取比较准确的结果。一般来说应根据流行病学、临诊症状、粪便检查和剖检发现虫体进行综合诊断。为进一步提高检测结果的准确率，应加大粪便检查的力度。因牛羊等反刍动物草食习性的原因，带虫现象极为普遍，故发现大量虫卵时才能确诊。

2. 粪检虫卵

通常对症状可疑的羊应进行粪便虫卵检查。常用的方法为饱和盐水漂浮法，亦可用直接涂片法镜检虫卵。镜检时，各种线虫虫卵一般不易区分；因为各线虫病的防治方法基本相同，一般情况下亦无必要对虫卵的种类加以鉴别。据 Cabaret 等报道，每克粪中有 200 ～ 400 个线虫卵为显著感染，超过 400 个为严重感染。死后剖检诊断，可通过对虫体的鉴别，进一步确定病原种类。

饱和盐水漂浮法：采集可疑粪便 5 ～ 10 g，加入 10 ～ 20 倍饱和盐水混匀，通过 60 目网筛过滤，滤液静置 15 ～ 20 min，用载玻片蘸取液面并盖上盖玻片，在显微镜下观察。

3. 第三期幼虫的培养和鉴定

通过粪便培养收集第三期感染性幼虫，并对第三期幼虫进行鉴定，可作出诊断。羊消化道线虫第三期幼虫的鉴定主要依据为：幼虫大小、幼虫鞘膜、肠细胞数量与形态、尾鞘长短与构造、口囊形态等。

4. 剖检检查

这是一种最直接的诊断方式。通过剖检，收集虫体进行鉴定，直接作出诊断。值得注意的是，病畜死后应立即进行剖检，否则虫体往往很快崩解。如血矛线虫在羊死后 24 ～ 48 h 内迅速崩解。结节虫感染时，大肠黏膜等处还可发现大量结节和幼虫。

六、类症鉴别

1. 羊前后盘吸虫病

相似点：病羊精神沉郁，食欲减退，消瘦，贫血，可视黏膜苍白，腹泻，粪便带血，下颌及颈下水肿。

不同点：病羊高度贫血，血液稀薄如水，血红蛋白含量降到 40% 以下；眼睑水肿。剖检可见皮下脂肪呈胶冻样，颈部皮下有胶冻样物质，各脏器色淡；瘤胃、真胃和瓣胃的皱襞内有许多暗红色虫体，虫体附着处黏膜充血、出血或留有溃疡灶。

2. 羊阔盘吸虫病

相似点：病羊消瘦，贫血，下颌水肿，下痢。

不同点：病羊粪中常有黏液，不排血便。剖检病变主要在胰腺，呈现胰腺肿大，胰管因高度扩张呈黑色蚯蚓状突出于胰脏表面；胰管发炎肥厚，管腔黏膜不平，呈乳头状小结节突起，并有点状出血，内含大量虫体。

3. 羊双腔吸虫病

相似点：病羊消化功能紊乱，出现血便、顽固性腹泻，下颌水肿，贫血，逐渐消瘦，

不同点：病羊可视黏膜黄染，异嗜，肝区触诊有痛感，最后陷于恶病质而死亡。剖检主要病变为胆管出现卡他性炎症，管壁增生、肥厚，胆汁暗褐色，胆管周围结缔组织增生，胆囊、胆管内有数量不等的棕红色狭长虫体。肝脏表面有虫体移行的痕迹，寄生数量较多时，可使肝脏发生硬变、肿大，肝表面形成瘢痕，胆管呈索状。

4. 羊片形吸虫病

相似点：病羊下颌、胸下出现水肿，食欲减退或废绝，贫血、黏膜苍白，消瘦。

不同点：病羊肝脏叩诊时，半浊音区扩大，敏感性增高，压痛明显；眼睑、腹下部水肿；被毛粗乱，无光泽，脆而易断，有局部脱毛现象；便秘与腹泻交替发生，不出现顽固性腹泻；妊娠母羊可能生产弱羔，甚至死胎。剖检可见肝脏增生、肿大，表面有淡白色索状瘢痕；胆管扩大及管壁增厚，致使灰黄色的索状物出现于肝的表面，充满着灰褐色的胆汁和虫体；肺的某些部分有局限性的硬固结节。

七、防治措施

1. 预防

（1）加强饲养管理。从增强羊群抵抗力及减少感染机会的目的出发，在羊的饲养管理中采取的主要措施有：不让羊吃露水草，特别是在春夏秋季节，吃露水草易引起感染，同时，不在低湿地带牧羊。对牧草进行统一规划和管理，实行定期的轮牧制度，避免大量重复感染。在冬季来临之前及在整个冬季的饲养过程中，适时采取补饲措施。研究表明，每日给羊补充一定量的精料，可明显地降低血矛线虫、毛首线虫、同盘吸虫、球虫等的感染。国外一些牧场将成年羊和羔羊分开放牧，在久未放牧的草地或高平干燥的地方培育羔羊，能有效地控制消化道线虫病。

（2）加强粪便管理。羊粪收集后堆积发酵处理，特别是定期计划性驱虫后，许多牧场将羊群关养几天，并对粪便堆积发酵处理，可减少对草地的污染。

（3）加强虫情测报。我国青海、新疆、内蒙古、甘肃等地，对牧草牧地寄生虫污染状况进行了大量的动态研究报道，并建立了相应的监测方法和程序等，对指导放牧、计划性驱虫及对环境采取消毒措施有重要意义。

（4）定期驱虫。关于计划性驱虫问题，国内外研究报道很多，根据羊消化道线虫多混合感染，并出现春秋高潮的特点，国内外多选在春秋两季进行定期驱虫，获得较好的效益。1981—1989 年，甘肃仅定西地区共为 191.5 万只羊实行了春秋 2 次定期驱虫，使羊只死亡率由 20 世纪 80 年代初期的 14.7% 下降到 1989 年的 3.9%。

2. 治疗

驱虫药种类很多，常用的有以下 6 种。

处方 1：左旋咪唑，按每千克体重 8 ～ 10 mg，口服或肌内注射。

处方 2：丙硫苯咪唑，按每千克体重 8 ～ 15 mg，口服。

处方 3：伊维菌素，按每千克体重 0.2 mg，皮下注射。

处方 4：灭虫丁，按每千克体重 0.2 mg，皮下注射。

处方 5：阿福丁（虫克星、阿维菌素 B_1），按每千克体重 0.2 ～ 0.3 mg，皮下注射。

处方 6：硫酸铜，用蒸馏水配成 1% 溶液，剂量按大羊 100 mL、中羊 80 mL、小羊 50 mL，山羊用量不得超过 60 mL，灌服。

第二节　肺线虫病

羊肺线虫病是由网尾科和原圆科的线虫寄生在羊气管、支气管、细支气管乃至肺实质内引起的一种呼吸道寄生虫病，多发于夏季和秋季，该病主要表现为支气管肺炎症状，以咳嗽、呼吸困难为主要特征。

一、病原

1. 分类地位

引起羊肺线虫病的寄生虫主要为丝状网尾线虫，在分类学上属于网尾科的网尾属，因其体型较大而称为大型肺线虫；其次还有原圆科的许多线虫，其中，以缪勒属、原圆属线虫分布最广、危害较大，原圆科的线虫较小又称为小型肺线虫。

2. 形态结构

（1）丝状网尾线虫。虫体较大，呈细线状，乳白色，肠管好似一条黑线穿行体内。口的周围有两组乳突，有侧器。口囊小，宽度约为深度的 2 倍，底部有一突出的小齿，食道呈圆柱形，后部膨大，神经环位于食道前 1/3 处，雄虫长 25 ～ 80 mm，宽 0.315 ～ 0.398 mm，交合伞背肋较长，分两枝，末端各分三小枝，外背肋系单独一枝，侧肋只有两条，中侧肋和后侧肋合二为一，末端尚留有分枝的痕迹，前侧肋另为一条。侧腹肋和腹腹肋一长一短，其基部相连在一起。交合刺呈靴形，黄褐色，其质地呈多孔状结构，左右相等，长 0.498 ～ 0.587 mm，宽度为 83 ～ 99 μm。雌虫长 35 ～ 112 mm，宽 0.498 ～ 0.647 mm，阴门位于虫体中部，子宫为独立的两枝，内充满虫卵。肛门距尾端 0.473 mm，尾呈尖圆锥形。第 1 期幼虫长 550 ～ 585 μm，虫卵椭圆形，大小为（0.117 ～ 0.139）mm×（0.073 ～ 0.087）mm，无色透明，内含已发育的幼虫。

（2）小型肺线虫。虫体纤细，长 20 ～ 40 mm，多见于细支气管和肺泡内，呈灰色或褐色。口由 3 个小唇片组成，食道长柱形，后部稍膨大。雄虫交合伞背肋发达，交合刺长，呈锯齿状。

3. 生活史

（1）丝状网尾线虫。资料显示，对于丝状网尾线虫生活史的表述不尽相同，分歧较大的部分主要在体内移行及寄生阶段。雌虫产卵于羊的支气管内（系卵胎生），有的在肺中孵出，大多数和气管内的黏液由管壁颤动或咳嗽而至口腔，被咽入消化道，部分随痰或鼻腔分泌物排到外界。卵在通过消化道的过程中，孵化为第 1 期幼虫，并随粪便排到体外。第 1 期幼虫体长 550 ～ 585 μm，头端较圆，有一小的扣状结节，尾端细钝，体内有较多的黑色颗粒，易于辨识。在外界适宜的温度（25℃）和湿度下，第 1 期幼虫在 1 ～ 2 d 内进行第 1 次蜕化，变为第 2 期幼虫，但不蜕弃旧角皮。3 ～ 4 d，进行第 2 次蜕化，变为感染性幼虫，这时它们披有两层皮鞘；经 12 ～ 48 h，幼虫第 1 次蜕化的角皮，但仍保留第 2 次蜕化的角皮以保护。此时幼虫极为活跃。羊吃草或饮水时，摄入感染性幼虫。

（2）小型肺线虫。寄生在宿主细支气管和肺泡内的雌虫产卵并孵出幼虫，幼虫移行到口腔，再被吞咽到胃、肠道，随粪便排出。幼虫钻入旱螺和淡水螺体内，经 1 ～ 3 个月发育为感染性幼虫。当终末宿主吞食了感染性幼虫或被感染性幼虫所寄生的螺蛳后，幼虫经血液循环到肺脏发育为成虫。

4. 抵抗力

（1）丝状网尾线虫。丝状网尾线虫的幼虫对热和干燥敏感，可以耐低温。在 4 ～ 5℃时，幼虫就可发育，并保持活力达 100 d 之久。被雪覆盖的粪便，虽在 –40 ～ –20℃气温下，其中的感染性幼虫仍不死亡。干粪中幼虫的死亡率比在湿粪中大得多。

（2）小型肺线虫。原圆科线虫的 1 期幼虫的生存能力较强。在自然条件下，在粪便和土壤中可生存几个月。对干燥有显著的抵抗力，在干粪中可生存数周。在湿粪中的生存期较长，在相对湿度为75%时，最长可活14 d。幼虫耐低温，在3～6℃时，比在高温下生活得好。还能抵抗冰冻，冰冻3 d后仍有活力，12 d死亡。但直射阳光可迅速使幼虫致死。因为螺类以羊粪为食，幼虫通常不离开粪便，因而幼虫有更多的机会感染中间宿主。在螺体内的感染性幼虫，其寿命与螺的寿命同长，为12～18个月。

二、流行病学

1. 易感动物

各年龄、品种的羊均可感染。

2. 传染源

该病患畜、带虫动物是主要传染源。

3. 传播途径

主要通过消化道传播，羊食入被感染性幼虫污染的草料、饮水和螺等中间宿主引起该病。

4. 流行特点

该病的感染季节主要在春夏秋较温暖的季节，呈全国性分布。成年羊丝状网尾线虫的感染率比幼年羊高，但其对幼年羊的危害比成年羊更为严重。4月龄以上的羊，几乎都有原圆科线虫虫体寄生，甚至数量很大；除严冬软体动物休眠外，几乎全年均可发生感染。

三、临床症状

感染的首发症状为咳嗽，初为干咳、后变为湿咳，且咳嗽次数逐渐频繁。中度感染时，咳嗽强烈；严重感染时呼吸浅表、急促，并感到痛苦。初期少数病羊频繁出现剧烈咳嗽；继而波及全群，运动时和夜间咳嗽更为显著，此时呼吸声明显粗重，如拉风箱的声音；在频繁而痛苦的咳嗽中，常咳出含有虫卵及幼虫的黏稠痰液，咳嗽时伴发啰音和呼吸促迫，鼻孔中排出黏稠分泌物（图6-2-1），干涸后形成鼻痂（图6-2-2），从而使呼吸更加困难。随着病势的发展，病羊出现体温升高，常打喷嚏，逐渐消瘦，贫血、黏膜苍白，被毛干燥，头、胸及四肢水肿，最后由于严重消瘦或虫体与黏液缠绕成团堵塞喉头窒息而死亡。

图6-2-1　病羊鼻孔中排出黏稠分泌物（骆学农 供图）

图6-2-2　病羊形成鼻痂（骆学农 供图）

四、病理变化

剖检可见病羊尸体消瘦及贫血，主要病变在肺脏。肺膨胀不全和部分肺叶气肿，肺表面有肉样、坚硬的小结节（图 6-2-3），颜色发白，突出于肺的表面。肺的底部有透明的大斑块，形状不整齐，周围充血。支气管黏膜混浊、肿胀、充血（图 6-2-4），并有小出血点；支气管中有大量脓性黏液并有血丝的分泌物团块，其中，含有很多伸直的或成团的虫体；气管、支气管及细支气管内可发现数量不等的大、小肺线虫。

图 6-2-3　病羊肺膨胀不全和部分肺叶气肿，肺表面有肉样、坚硬的小结节（骆学农　供图）

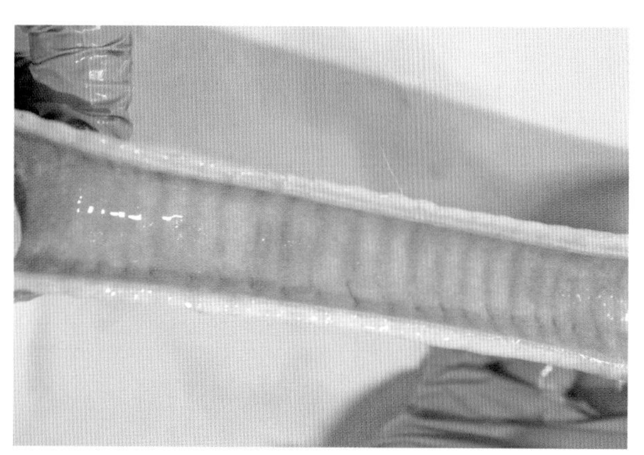

图 6-2-4　病羊气管黏膜混浊、肿胀、充血（骆学农　供图）

五、诊断

1. 诊断要点

根据临床症状，特别是羊群咳嗽发生的季节和发生率，考虑是否有肺线虫感染的可能。用幼虫检查法，在粪便、唾液或鼻腔分泌物中发现第 1 期幼虫，即可确诊。剖检时，在气管、支气管中发现一定量的虫体和相应的病变时，亦可确认为该病。

2. 粪便检查

最常使用的粪检方法为漂浮法，也可采用漏斗幼虫分离（又叫贝尔曼法）的简易方法。采集疑似病羊的新鲜粪球 15 ～ 20 g 放入平皿内，加入 40℃温水浸没，经 30 ～ 60 min，取出粪球，将余下液体置低倍镜下检查。用此法简单快速，能检查出活动的幼虫，如果要作详细的观察，可向含幼虫的液体内加入卢戈尔氏碘液，使虫体很快死亡，变为棕黄色，在镜下作详细观察，进行分类。镜下幼虫的形态特征为丝状网尾线虫的第 1 期幼虫，虫体粗大，体长 0.50 ～ 0.54 mm，头端有一纽扣状突起，尾端钝圆，肠内有明显颗粒，色较深。

六、类症鉴别

1. 山羊传染性胸膜肺炎

相似点：病羊咳嗽，呼吸促迫、困难，鼻流分泌物。

不同点：最急性病例病羊全身可视黏膜发绀，卧地不起，四肢伸直。急性病例经 4 ～ 5 d 鼻液由浆液性转变为铁锈色并黏附于口、鼻、唇等四周；肺部叩诊呈浊音，听诊时肺泡呼吸音减弱，严重者肺泡呼吸音消失、减弱或呈捻发音，触压胸壁敏感、疼痛；眼睑肿胀，流泪或有眼分泌物，流泡沫状唾液；怀孕母羊 70%～ 80% 发生流产、乳房炎等症状。剖检可见浆液性或纤维素性胸膜肺炎症状，胸腔各脏器呈灰色、白色或黄灰色样变；胸肋膜变厚，附着粗糙的纤维素，肺胸膜、肋胸膜、心包膜互相粘连；肺脏的病变最为明显，表面凹凸不平，色泽红色或灰色不等，切面呈典型的大理石样病变，流出带血液和大量泡沫样的褐色液体。

2. 羊巴氏杆菌病

相似点：病羊咳嗽，呼吸急促，鼻流黏性分泌物，颈部、胸部水肿。

不同点：羊群中有病羊突然发病，数分钟至数小时内死亡。病程稍长的病例可见患羊可视黏膜潮红；初期便秘，后期腹泻，有时粪便全部变为血水。剖检可见肠系膜淋巴结有不同程度的充血、出血、水肿，胃肠出血性炎症；心包液混浊，混有绒毛样物质，心肌外膜上粘连绒毛样物。

七、防治措施

1. 预防

（1）定期进行驱虫，每年可用阿维菌素驱虫 2 ～ 4 次。

（2）加强饲养管理，避免到低洼潮湿的地方放牧，不饮污浊水。

（3）及时清除粪便，并进行堆积发酵处理，利用生物热杀死虫卵和幼虫，以免污染环境和饲草料。

（4）发现病羊及早进行诊断，确诊后立即进行隔离治疗。

（5）对病死羊进行无害化处理。

2. 治疗

处方 1：伊维菌素或阿维菌素，按每千克体重 0.2 mg，皮下注射；或按每千克体重 0.6 mg，混饲。

处方 2：硝氯酚和左旋咪唑，分别按每千克体重 4 mg 和 8 mg，混合使用，口服。

处方 3：吡喹酮，按每千克体重 60 mg，口服，每日 1 次，连服 3 d。

处方 4：四咪唑，按每千克体重 15 ～ 20 mg，配成 1% ～ 2% 的水溶液，口服。

第三节　脑多头蚴病

脑多头蚴病俗称脑包虫病，又称羊眩倒病或蹒跚病，是由带科、多头属的多头带绦虫或多头绦虫的中绦期幼虫——脑多头蚴寄生于绵羊、山羊、黄牛、牦牛等有蹄类草食动物的脑及脊髓中引起的一种严重的人兽共患寄生虫病。该病多发于脑部，动物感染该病后临床上主要表现以神经机能障碍为主的综合征，感染严重时会引起颅骨萎缩甚至穿孔。

该病呈全球性分布。在欧洲、亚洲、北美洲发病率较高，特别是畜牧业发达的地区，其流行更为严重，并多见于犬活动频繁的地区。脑多头蚴病在我国为全国性分布，尤以西北、华北、东北等广大牧区常见，呈地方性流行。2 岁前的羔羊多发，全年都可见到因该病而死亡的动物。甘肃、宁夏、青海、新疆等局部地区绵羊发病率为 2.73% ～ 53%；吉林省白城地区羊场发病率为 6.88%；黑龙江依兰县种羊场发病率为 57.75%；辽宁省某些羊场发病率为 1.5% ～ 5%。

一、病原

1. 分类地位

多头带绦虫或称多头绦虫，属于扁形动物门、绦虫纲、真绦虫亚纲、圆叶目、带科、带属。根据幼虫寄生于宿主不同的部位，多头蚴又分为脑多头蚴和斯氏多头蚴，脑多头蚴主要寄生在羊、牛等中间宿主的大脑和脊髓内；斯氏多头蚴一般寄生在羊的肌肉、皮下组织，甚至心脏。

关于带科绦虫的分类一直存在争议，多头带绦虫曾经被归为带科多头属的一个种，但有学者认为带科绦虫只有 2 个属，即带属和棘球属，其中，带属包括 44 个种或亚种，这种观点近来已经被普遍接受。近年来，带科绦虫分类鉴定研究结果也支持该科分为带属和棘球属 2 个属。Hoberg 等基于形态学指标构建的带属绦虫系统进化树和 Lavikainen 等基于 *cox1* 和 *nad1* 基因序列构建的带属绦虫系统进化树分析均表明，*T.multiceps* 为带属绦虫的一个种，而且与 *T.krabbei* 的亲缘关系最近，位于系统树的同一分支，构成姊妹种。

2. 形态特征

多头带绦虫成虫长 40 ～ 100 cm，由 200 ～ 250 个节片组成，最大宽度为 5 mm。头节上有 4 个吸盘，顶突上有 22 ～ 32 个小钩，排列成两行。成熟节片呈方形，或长大于宽，睾丸 200 个左右，卵巢分两叶，大小几乎相等；孕节长 8 ～ 10 mm，宽 3 ～ 4 mm，孕节子宫内充满虫卵。卵为圆形，直径为 29 ～ 37 μm，内含六钩蚴。中绦期幼虫为脑多头蚴，呈圆形或卵圆形半透明的包囊（图 6-3-1），直径通常约 5 cm 或更大，也有大小仅 2 ～ 4 mm 的报道，主要取决于寄生的部位、发育的程度及感染动物的种类。囊壁由两层膜组成，外膜为角质层，内膜为生发层，其上生有许多原头蚴，直径为 2 ～ 3 mm，数目为 100 ～ 250 个，国内有 398 个原头蚴的报道。

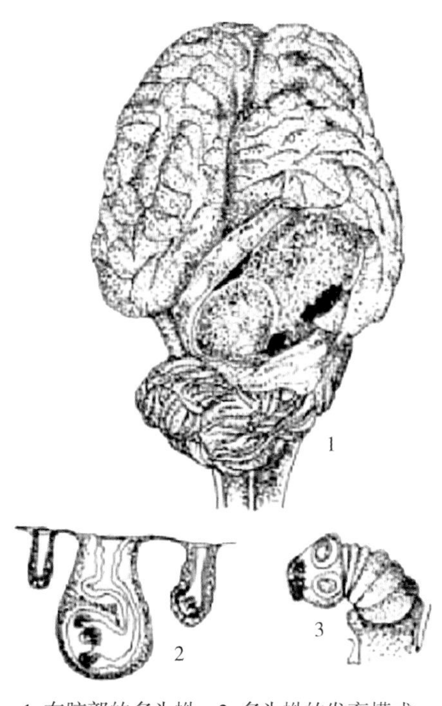

1. 在脑部的多头蚴；2. 多头蚴的发育模式；3. 多头蚴的头节。

图 6-3-1　多头蚴的形态（骆学农　供图）

3. 生活史

寄生在终末宿主犬、狼、狐狸等犬科动物小肠中的成虫，其孕节脱落后随宿主粪便排出体外。节片与虫卵散布在牧场上或饲草、饮水中，被中间宿主牛、羊等吞食而进入肠道；六钩蚴逸出，借小钩钻入肠黏膜血管内，而后随血流被带到脑及脊髓进一步发育。幼虫生长缓慢，感染后

15 d 平均大小仅有 2 ～ 3 mm。感染 1 个月后开始形成头节，进而出现小钩，大约经 3 个月可变为具有感染性的脑多头蚴。犬、狼等肉食动物吞食了含脑多头蚴的组织而受感染。脑多头蚴在终末宿主的消化道中经消化液的作用，囊壁溶解，原头蚴吸附于肠壁上逐渐发育，经 41 ～ 73 d 发育为成熟的绦虫，可排出孕节及感染性虫卵。

二、流行病学

1. 易感动物

多头蚴可感染绵羊、山羊、牛、骆驼等反刍动物，各年龄的山羊和绵羊均可感染，1 ～ 2 岁的绵羊和山羊更加易感。

2. 传染源

被多头带绦虫寄生的犬、狼、狐狸等犬科动物为该病主要的传染源，所排粪便含有虫卵、孕节，被污染的草地、饮水或饲草、用具等亦为该病的传染源。

3. 传播途径

羊通过食入被节片和虫卵污染的饲草和饮水而感染。

4. 流行特点

脑多头蚴病一年四季均可发生，没有明显的季节性。有调查证明，除 3 月龄以内的幼畜没有发现脑多头蚴病例外，各年龄段的动物都可感染。绵羊易受脑多头蚴侵袭的年龄为 4 ～ 96 月龄，由于包囊形成的潜伏期长，动物感染 3 个月后才会出现临床症状。

三、临床症状

羊脑多头蚴病分为急性型和慢性型，其症状表现取决于寄生部位和病原体的大小。

1. 急性型

该型以羔羊表现最为明显。感染初期，由于六钩蚴进入脑组织，虫体在脑膜和脑组织中移行，刺激和损伤脑部，并造成脑部炎症，使羊只呼吸加快、体温升高、脉搏加速，甚至有强烈的兴奋；患羊做回旋运动、前冲或后退及痉挛性抽搐等；有时沉郁，长时间躺卧，脱离畜群。部分病羊在 5 ～ 7 d 因急性脑膜炎死亡，或转为慢性型。

2. 慢性型

患羊耐过急性期后，症状表现逐渐消失，经 2 ～ 6 个月的缓和期，由于多头蚴在脑脊髓中不断发育长大，再次出现明显症状。慢性型病例一般脑部颅骨无变化。随着病程的进展，可在羊脑部、脊髓的不同部位发现 1 个或数个大小不等的囊状多头蚴；在病变或虫体相接的颅骨处，骨质松软、变薄，甚至穿孔，致使皮肤向表面隆起；病灶周围脑组织或较远的部位发炎，有时可见萎缩变性和钙化的多头蚴。当多头蚴位于脑部相邻 2 个部位或有 2 个以上虫体位于脑的不同部位时，羊表现出的症状复杂，但常以某一单个部位的症状为主。此外，患羊还表现食欲废绝，由于不能正常采食和休息，体重逐渐减轻，显著消瘦、衰弱，常在数次发作后或陷于恶病质时死亡。

（1）多头蚴位于大脑额叶。当多头蚴位于羊大脑额叶时，羊近于直线行走，有的易受惊，表现狂暴，有的站立时发呆。若要确定虫体位于哪一侧额叶，需要进行圈内试验，即把羊放入较大的圈内，在羊后侧以顺时针方向轻轻驱赶，若羊能靠圈墙行走，再改变方向按逆时针驱使羊前进，羊则不能靠墙行走，而向圈中央走，其部位在左侧额叶，反之，在右侧额叶，可反复进行试验。此外，羊常出现明显的对侧视力障碍。触诊局部颅骨一般无变化。

（2）多头蚴位于大脑颞顶叶。当多头蚴位于羊大脑颞顶叶时，羊头偏向病侧转圈，随病程发展转圈的直径逐渐变小。对侧视力障碍明显，常伴有眼内压升高。触诊局部颅骨有压痛或骨质软化，甚至穿孔。

（3）多头蚴位于大脑枕叶。当多头蚴位于羊大脑枕叶时，病羊呆立，吃草缓慢，对外界反应迟钝，眼睑半闭；对侧视力较差；常在两角基内侧颅骨各有一软化灶，个别羊出现角弓反张。

（4）多头蚴位于小脑。当多头蚴位于羊小脑时，病羊运动失调，无论静止或运动均不能保持平衡。若虫体位于小脑一侧的前部，病羊行走时患侧肢高举，步幅加大并强力伸出；若虫体在小脑一侧的后部，病羊行走时患侧肢提肢无力，抬不高，外展，病羊易受惊动，严重时不能行走，卧于患侧；若虫体压迫第四脑室，患羊出现双侧视力障碍。有的在两侧角基内侧的颅骨有软化灶。

（5）多头蚴位于骨髓。当多头蚴寄生在脊髓时，羊常表现为步伐不稳，甚至引起后肢麻痹，当影响到膀胱括约肌发生麻痹时，则出现小便失禁。

四、病理变化

剖开病羊脑部，前期急性死亡的可见脑膜炎和脑炎病变，脑膜上有六钩蚴移行时留下的弯曲痕迹；病程后期剖检时，可在大脑某个部位找到一个或更多囊体，位于大脑、小脑或脊髓的浅层或深部。与虫体接触的头骨骨质变薄、松软，甚至穿孔，致使皮肤向表面隆起。多头蚴寄生部位的脑组织萎缩，靠近多头蚴的脑组织，呈现炎性变化，有时可能扩展到整个的一侧脑半球，有时出现坏死；其附近血管发生外膜细胞增生；有时多头蚴萎缩变性并钙化。

五、诊断

1. 病原学诊断

（1）剖检诊断。尸体剖检发现脑多头蚴包囊是临床诊断的金标准。剖检病畜，可在脑部发现1个或数个囊包，囊包由豌豆到鸡蛋大。囊包内充满透明液体，外层覆盖有一层角质膜，囊的内膜有许多白色头节附着，头节直径为2～3 mm，其数目为100～250个。

（2）变态反应。变态反应也是实验室常用的诊断方法，即用多头蚴的囊壁及原头蚴制成乳剂变应原，注入羊的上眼睑内。患畜于注射1 h后出现直径1.75～4.20 cm的皮肤肥厚肿大，并可保持6 h以上，从而确诊。

2. 物理学诊断

针对脑多头蚴病，临床上一般应用超声波、X射线、CT扫描等现代检测技术，这些物理检测方法可以对包块的寄生部位、形状等进行较准确的判断，但是，这些技术不能对包块的具体性质进行准确判断。这些技术在人脑包虫病的诊断应用较多，而动物脑包虫病的诊断报道较少。兽用超声技术是一种比较经济的物理诊断技术，适合兽医临床研究应用。

3. 免疫学诊断方法

已经报道的应用于脑多头蚴病的免疫学诊断方法主要有间接血凝试验（IHA）、ELISA、斑点免疫金渗滤试验、斑点免疫吸附试验等，但由于所用的诊断抗原主要是原头节和囊液抗原，这些天然抗原常与其他绦虫蚴病发生交叉反应而出现假阳性，限制了在生产实践中的应用。

Daoudl 等从脑多头蚴囊液中分离到 2 种脂蛋白抗原，抗原 1 比抗原 2 反应性更好，而抗原 2 在 IHA 试验中其敏感性和特异性要优于囊液抗原。

Doganay 等应用间接 ELISA 方法检测人工感染多头带绦虫虫卵的绵羊血清，结果在感染后 35 d 血清抗体呈阳性。因此，免疫学诊断存在盲区，必须结合临床表现进行确诊。张西臣等以脑多头蚴原头节抗原、囊液抗原及多头带绦虫成虫节片抗原对羊脑多头蚴病血清进行 ELISA 检测，原头节抗原阳性率最高为 81.54%，但与细颈囊尾蚴和棘球蚴感染血清的交叉反应为 36% 和 33%。

姚新华等以 Sephadex G–200 柱层析后的原头节抗原建立 Dot–ELISA 检测羊脑多头蚴病，敏感性在 90% 以上，但是与棘球蚴感染血清和细颈囊尾蚴感染血清有 11.43% ～ 16.67% 的假阳性反应。

王春仁等以多头蚴原头节和囊壁混合抗原经 Sephadex G–150 柱层析后，用胶体金探针标记 SPA，建立的斑点免疫金渗滤试验检测脑多头蚴病，与 ELISA 具有良好的相符性，操作简便，反应快速，重复性好。

六、类症鉴别

1. 羊反刍兽绦虫病

相似点：病羊食欲减退，精神不振，消瘦，出现转圈、肌肉痉挛或头向后仰等神经症状。

不同点：患病羔羊可见腹泻，粪中混有虫体节片，有时还可见虫体一段吊在肛门外。若虫体阻塞肠管，则出现肠臌胀、腹痛。濒死期，病羊仰头倒地，咀嚼，口周围有泡沫，对外界反应丧失，全身衰竭而死。剖检可见小肠内有绦虫。

2. 羊鼻蝇蛆病

相似点：病羊表现运动失调，旋转运动，头弯向一侧。

不同点：病羊初期表现为打喷嚏，甩鼻子，磨鼻，摇头，磨牙，流泪，眼睑浮肿，流鼻液，干涸后形成鼻痂皮。剖检病羊见鼻腔黏膜和额窦黏膜发炎和肿胀，可在鼻腔、鼻窦或额窦内发现各期幼虫。

3. 羊脑膜脑炎

相似点：一般脑症状与羊脑多头蚴病急性型症状相似。病羊沿着羊舍墙壁走动，或做旋转运动，无目的地前冲或后退。

不同点：羊脑多头蚴病羊剖检可见脑膜上有六钩蚴移行时留下的弯曲痕迹。

七、防治措施

1. 预防

（1）定期驱虫。对牧羊犬进行定期驱虫，排出的犬粪便和虫体应深埋或烧毁。每年的 6 月中旬、10 月中旬及时对育成羊连续驱虫 2 次。

（2）处理病死羊。对病死羊的脊髓和脑组织应进行焚烧或深埋处理，以防止被犬等肉食兽食用。

（3）驱赶、捕杀终末宿主。注意驱赶意图靠近羊群的野犬、狼、豺、狐等多头蚴的终末宿主，以防病原的循环扩散感染，必要时进行捕杀。

2. 治疗

（1）药物治疗。

处方 1：吡喹酮，按每千克体重 50 mg 连用 5 d，或按每千克体重 70 mg 连用 3 d，可取得一定疗效。

处方 2：硫苯咪唑，每次 750 mg/ 只，口服，每日 2 次，连用 6 周。

处方 3：甲苯咪唑，每次 400 ～ 600 mg/ 只，口服，每日 3 次，连用 3 ～ 5 周。

处方 4：阿苯哒唑，每次 400 mg/ 只，口服，每日 2 次，连用 4 周。

（2）手术摘除法。根据病羊所呈现的典型症状，结合临床健康检查，确定虫体寄生的部位，然后对病羊进行手术。

术前处理：先剪去手术部位的毛，然后用 0.05% 的高锰酸钾液冲洗消毒术部，再用 3% 的碘酒将手术部位涂擦 1 次，用普鲁卡因作局部浸润麻醉，15 min 后侧卧保定，固定头部。用手术刀把皮肤作“U”字形切开，用止血钳与纱布止血。

手术操作：右手持手术刀呈 45°，划开骨膜（有条件的可用开颅器），用镊子轻轻夹起骨膜。当囊泡位于脑硬膜下，囊泡会因压力部分自行脱出，再把羊头侧转，因泡囊液体流动，可迫使泡囊脱出。若虫体寄生在大脑中间时，应避开脑部血管，轻轻划开脑膜，在脑膜边缘用止血钳轻轻向两边按压，泡囊也可因腔内压力脱出一部分，当不能完全脱出时，可根据情况采用无齿止血钳（或将钳齿用橡胶管套住）夹住泡体做捻转动作，泡液聚集过多时可用注射器配合 12 ～ 16 号针头抽取泡液，边捻边抽；当泡体脱出过多时，可将羊头部朝地；当多头蚴寄生部位较深时，可用 12 号针头连接 10 cm 的硬胶管避开脑血管插入泡体预诊所在部位，用注射器抽吸，当有流体吸入时，可证实有虫体存在。一般将虫体吸入的可能很小，这时用无齿直头止血钳顺针头的孔边插入，夹住泡体边捻转边抽出虫体；当有泡液流出时，应急速捻转泡体，以免头节流出泡体滞留于脑部。

缝合处理：泡体取出后用灭菌纱布将术部擦干，盖上骨膜撒上磺胺结晶粉，皮肤结节缝合，伤口周围用 5% 的碘酊涂擦消毒，用灭菌敷料包扎，伤口可用青霉素粉消炎，但禁止直接用在脑体上，以免过敏而导致死亡。

术后处理：根据临床经验，脑部损伤不严重的只要精心护理一般都能恢复。手术后立即注射安痛定 10 mL，一般注射 1 ～ 2 次即可；肌内注射磺胺嘧啶钠 10 mL，2 次 /d，一般注射 5 ～ 7 d。对体质较差、术后不能站立的，可静脉注射 10% 的葡萄糖 250 ～ 500 mL，并加入适量维生素 B_1、维生素 C，对于病情严重而久卧不起的还可给予舒筋活血，调理胃肠功能的中药。

第四节　细颈囊尾蚴病

细颈囊尾蚴病是寄生于犬和野狼、狐等肉食动物小肠内的带科带属的泡状绦虫的幼虫——细颈囊尾蚴，寄生在羊的肝脏浆膜、大网膜、肠系膜甚至肺等处，所引起的一种人兽共患寄生虫病。主要特征为六钩蚴移行时引起急性肝炎、腹膜炎、胸膜炎或肺炎等，对幼畜造成严重危害。

一、病原

1. 分类与形态特征

该病的病原为细颈囊尾蚴，是带科带属的泡状带绦虫的幼虫。细颈囊尾蚴呈乳白色，囊泡状，俗称“水铃铛”，内含无色透明液体，大小如黄豆，甚至鸡蛋大，直径约为 8 cm。囊壁分 2 层，外层厚而坚韧，是宿主结缔组织形成的，不透明，极易与棘球蚴相混淆。内层薄而透明，是虫体的外膜，肉眼观察可看到内层壁上有一个向内生长且具有细长颈部的乳白色头节。头节上有两行小钩，颈细而长（图 6–4–1），所以称为细颈囊尾蚴。

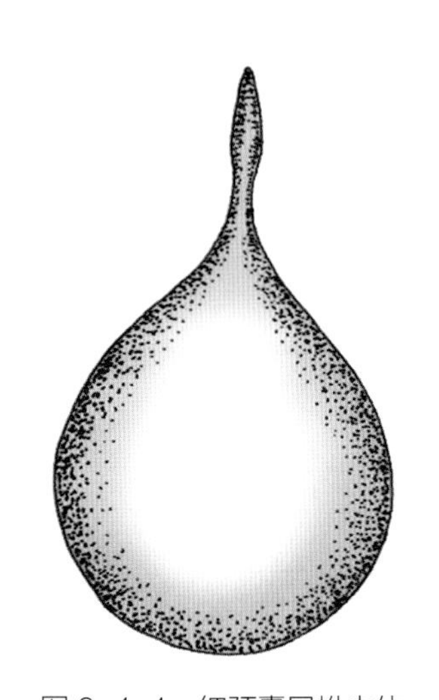

图 6–4–1　细颈囊尾蚴虫体形态（骆学农 供图）

泡状带绦虫是一种大型虫体，由 250 ～ 500 个节片组成，体长 1.5 ～ 2.0 m，有的可长达 5 m，宽 8 ～ 10 mm，颜色为黄白色。头节稍宽于颈节，上有 4 个圆形吸盘和一个顶突，顶突上有两圈排列的角质小钩 26 ～ 46 个。靠前部的节片宽而短，后部的节片逐渐变长。成熟节片有睾丸 359 ～ 566 个。卵巢分左右两叶，位于生殖孔的叶较小。生殖孔不规则地交互开口于节片两侧中部稍后处。孕节的长度大于宽度，子宫每侧分枝 5 ～ 16 对，有的侧枝又有分枝，子宫内充满虫卵。虫卵近似圆形，内含六钩蚴，大小（31 ～ 39）μm×（31 ～ 35）μm。

2. 生活史

成虫（泡状带绦虫）寄生于终末宿主犬、狼、狐等肉食动物的小肠内，孕节随粪便排出体外，破裂后散出虫卵污染牧草、饲料和饮水。中间宿主猪、牛、羊等采食、饮水而食入，六钩蚴在消化道内逸出，并钻入肠壁血管，随血流到肝实质，以后逐渐移行到肝表面，有些进入腹腔寄生于大网膜、肠系膜或腹腔的其他部位，也有进入胸腔到达肺脏开始发育，逐渐长大。一般要经过 3 个多月时间，其头节充分发育成熟而具有感染能力。犬等动物吞食了含有细颈囊尾蚴的脏器而被感染，潜伏期为 51 d，在犬体内泡状带绦虫可活 1 年左右。

3. 致病作用

细颈囊尾蚴对仔猪、羔羊和犊牛等幼龄家畜有很强的致病力。六钩蚴在肝脏移行时，穿行孔道可引起急性出血性肝炎，有些虫体在肝实质内发育，可引起结缔组织增生而发生肝硬化。虫体移行至肝被膜，或到腹腔网膜、肠系膜或其他部位寄生时，可引起局部性或弥漫性腹膜炎。虫体侵入胸腔及肺脏时，能引起胸膜炎和肺炎。

二、流行病学

该病在各地分布广泛，尤其在养犬地区，一般都会有牲畜感染。关于家畜感染细颈囊尾蚴病的情况，有关资料报道显示，猪最普遍，感染率为50%左右，个别地区高达70%；羊则以牧区感染较严重，黄牛、水牛受感染的较少见。该病的发生主要是由于感染泡状带绦虫的犬、狼、狐狸等动物的粪便污染了牧场、饲料和饮水，羊吃了被虫卵污染的饲草、饮水后感染。犬可能是引发该病的主要原因，苍蝇对该病的传播起着重要作用。

三、临床症状

通常成年羊症状表现不明显，羔羊症状明显。感染羊早期未见明显症状，当肝脏及腹膜在六钩蚴的作用下发生炎症时，病羊可出现体温升高，精神沉郁，全身苍白，四肢无力，行走困难，被毛粗乱、无光泽（图6-4-2），腹部增大（图6-4-3），腹水增加、腹壁有压痛，甚至发生死亡；病程长的病羊消瘦，衰弱，可视黏膜黄染（图6-4-4）。

图6-4-2　病羊四肢无力，行走困难，被毛粗乱、无光泽（骆学农　供图）

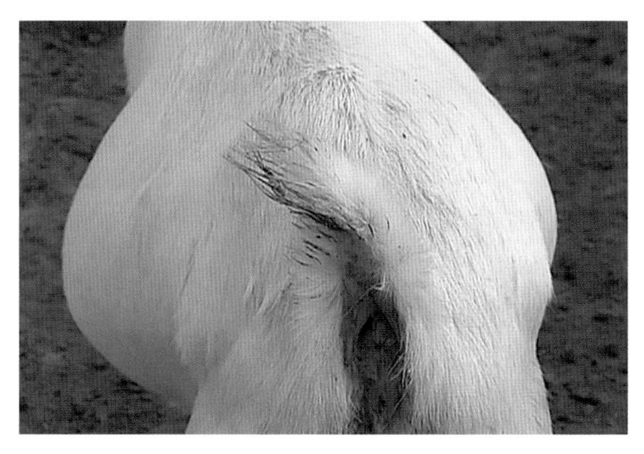

图6-4-3　病羊腹部增大（骆学农　供图）

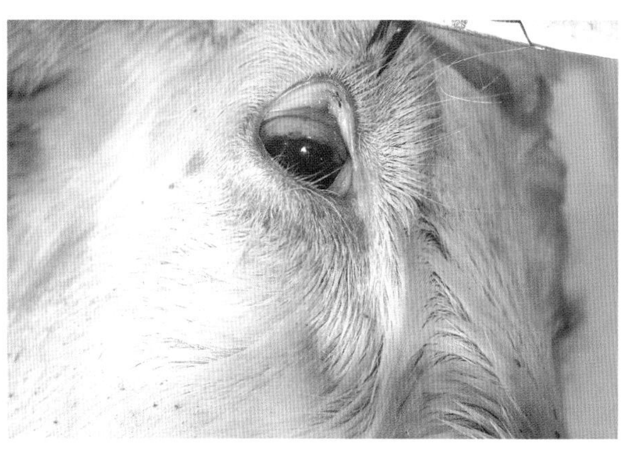

图6-4-4　病羊眼睛黄染（骆学农　供图）

四、病理变化

对病死羊进行剖检，病变主要集中在肝脏、肠系膜、网膜及肺脏。急性病例肝脏增大，肝表面有出血点和细颈囊尾蚴的囊泡，肝实质中和肝被膜下可见虫体移行的虫道（图6-4-5、图6-4-6）。初期虫道内充满血液呈暗红色，以后逐渐变为黄灰色。肝表面被覆大量灰白色纤维素性渗出物，质地较软（图 6-4-7、图 6-4-8）。急性腹膜炎时，腹腔内积水并混有渗出的血液，积液中能找到幼小的囊尾蚴。肠系膜、网膜、肝脏的浆膜等处可见有大小不等的乳白色泡囊，囊体直径可达 5 cm 或更大，囊内充满着液体，呈水泡状，俗称“水铃铛”（图 6-4-9）。囊壁上有一不透明的乳白色结节，为细颈囊尾蚴的颈部及内凹的头节所在。将头节的内凹部翻转出来，可见一个细长的颈部与其游离端的头节。肺脏出血，有坏死性结节及囊体，胸腔内积液增多（图 6-4-10）。

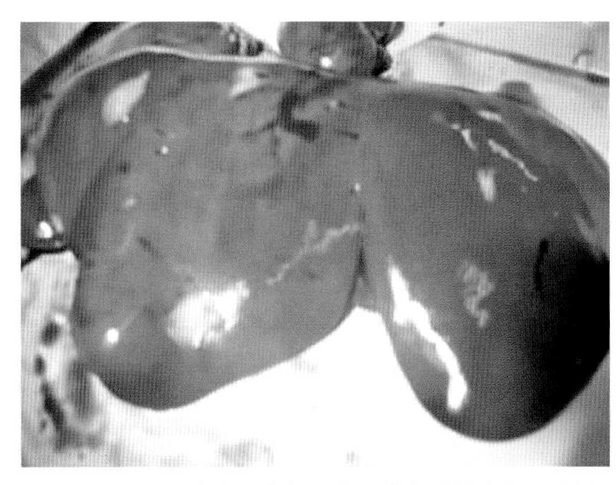

图 6-4-5　肝脏表面有细颈囊尾蚴寄生的囊泡和虫体移行的虫道（骆学农 供图）

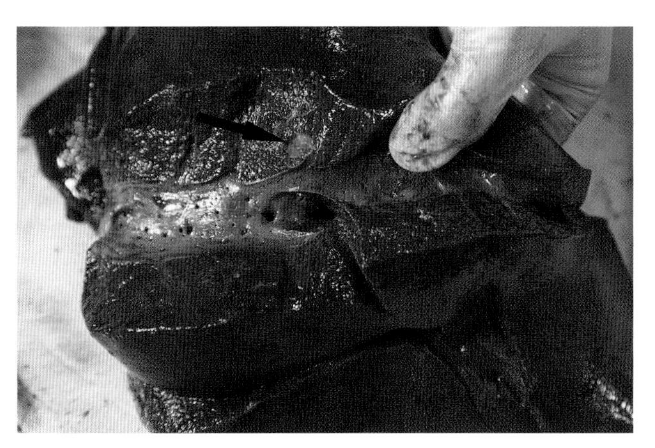

图 6-4-6　病羊肝脏增大，肝表面有出血点，在肝实质中和肝被膜下可见虫体移行的虫道（骆学农 供图）

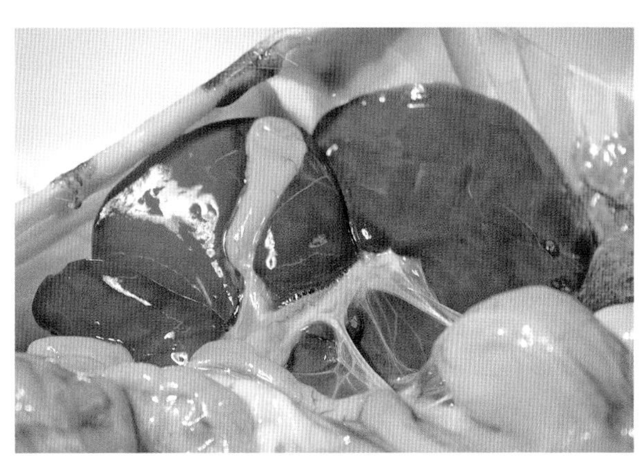

图 6-4-7　病羊肝表面被覆多量灰白色纤维素性渗出物，质地较软 A（骆学农 供图）

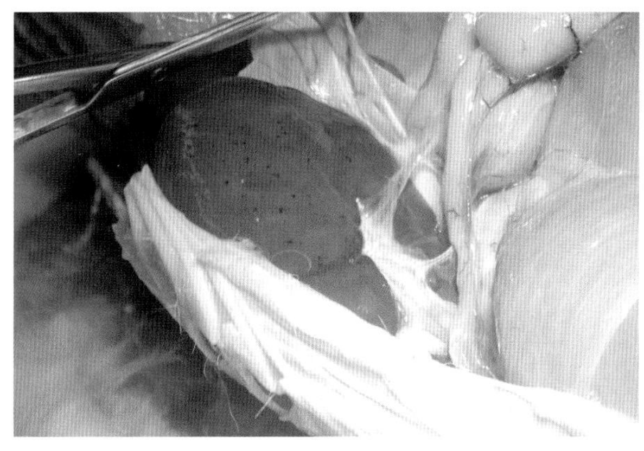

图 6-4-8　病羊肝表面被覆多量灰白色纤维素性渗出物，质地较软 B（骆学农 供图）

图 6-4-9　寄生于肠系膜上的囊泡状细颈囊尾蚴（骆学农 供图）

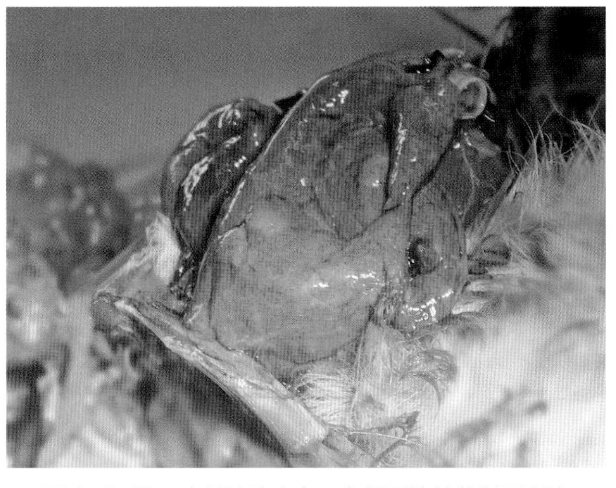

图 6-4-10　病羊肺脏出血，有坏死性结节以及囊体（骆学农 供图）

五、诊断

1. 剖检检查

肝脏上有虫体移行的孔道，肝脏浆膜、网膜及肠系膜等处可见悬挂着黄豆大到鸡蛋大的囊泡，腹部增大，有腹水（腹膜炎）。

2. 病原学观察

将泡囊的乳白色结节制成压片镜检，可见乳白色结节囊壁凹入处含有头节 1 个，为双层囊胚体，凹入处顶端中央有顶突，顶突上 3 对小钩成排排列，即为细颈囊尾蚴。

六、类症鉴别

羊片形吸虫病

相似点：病羊体温升高，精神沉郁，黏膜苍白，被毛粗乱、无光泽。剖检在肝实质中和肝被膜下有虫体移行的虫道，腹腔有血液。

不同点：剖检可见胆管扩大及管壁增厚，致使灰黄色的索状物出现于肝的表面，充满着灰褐色的胆汁和虫体。肝脏切面有污黄色的黏稠液体流出，液体中混杂有幼龄虫体。

七、防治措施

1. 预防

（1）管好家犬。饲养场原则上不能养犬，确需饲养应进行圈养，以防随意游走进入羊群。在该病的流行地区应及时给犬进行驱虫，驱虫可用每千克体重 5 ～ 10 mg 吡喹酮或每千克体重 15 ～ 20 mg 丙硫咪唑 1 次口服。对犬排出的粪便应集中发酵处理或深埋。

（2）加强检疫。中间宿主家畜屠宰后，应加强肉品卫生检验，对含有细颈囊尾蚴及其寄生的脏器应进行无害化处理，不得随意丢弃或喂犬。

（3）清洁卫生。保证羊饲料、饮水品质及卫生搞好圈舍的清洁卫生及环境卫生工作，排出的羊粪应及时清理、堆积发酵，尽量减少苍蝇的滋生，做好灭蝇与环境消毒工作。

（4）定期驱虫。每年在春秋两季定期对羊进行驱虫，按每千克体重 25 ～ 30 mg，连续 3 ～ 5 d 服用丙硫咪唑制剂，每日 1 次。外地引进羊要单独隔离观察，确定为健康羊后再混群饲养。

2. 治疗

处方 1：吡喹酮，按每千克体重 50 mg，肌内注射，同时按每千克体重 50 mg，腹腔注射，每日 1 次，连用 5 d。

处方 2：丙硫咪唑制剂，按每千克体重 25 ～ 30 mg，拌料喂服或投服，每日 1 次，连服 5 d。

第五节　棘球蚴病

棘球蚴病又称包虫病，是由棘球属绦虫的中绦期幼虫——棘球蚴寄生于绵羊、山羊和牛等家畜的肝脏、肺脏和心脏等组织中所引起的一种严重的人兽共患寄生虫病。人和各种野生的啮齿类动物也可感染。世界动物卫生组织将其归属于全球通报的传染性疫病；世界卫生组织也将其列为被忽视的 17 种热带传染病和人兽共患病之一。

棘球蚴病呈全球性分布，几乎在所有大洲都有病例报道。已发现的高度流行区域主要是欧亚大陆（如地中海地区、俄罗斯和邻近的国家）、非洲（北部和东部地区）、澳大利亚和南美洲的部分地区。我国是棘球蚴病高度流行区，在全国 25 个省（区、市）流行人体棘球蚴病，年手术病例 2 000 余例，患者几十万人，病畜高达 5 000 万头（只），每年新发病畜（羊、牛）700 余万头（只），年直接经济损失超过 30 亿元。

一、病原

1. 分类与形态结构

该病病原是棘球属绦虫的幼虫——棘球蚴，分类上属于带科、棘球属。棘球属绦虫种类较多，公认的棘球属绦虫有 5 个种：细粒棘球绦虫、多房棘球绦虫、石渠棘球绦虫、少节棘球绦虫、福氏棘球绦虫。在我国以细粒棘球绦虫为多见。

细粒棘球绦虫很小，仅长 2 ～ 7 mm，由一个头节和 3 ～ 4 个节片组成。虫体除头节、颈节外，有幼节、成节和孕节各 1 节。头节呈圆形，有 4 个吸盘和 1 个顶突。顶突上有 36 ～ 40 个钩，排成两圈。成节内有一套生殖器官，雌雄同体，睾丸数 35 ～ 55 个，分布于节片中部的前方和后方。生殖孔位于体侧中央或中央偏后。孕节的子宫侧枝为 12 ～ 15 对，其内充满虫卵，为 400 ～ 800 个或更多。

细粒棘球蚴常为球形单个大囊泡，但具体形状取决于所寄生的脏器，直径从几毫米到数十厘米，囊内呈透明或微混浊的水样液体。囊壁分两层，外层是角质层，为厚而完整的板层状角质膜组成。内层向囊内长出许多头节样的原头蚴。原头蚴可生成空泡，长大后形成生发囊，该囊连接在母囊壁上，也常有脱落悬浮于棘球液中，生发囊可转化为子囊，子囊还可产生孙囊。子囊、孙囊都可产生原头蚴。

细粒棘球绦虫卵呈椭圆形，大小为（32 ～ 36）μm×（25 ～ 30）μm。虫卵内含六钩蚴，六钩蚴外腹为一层具有辐射状纹理的外膜，六钩蚴大小为 20 ～ 25 μm。虫卵对外界环境的抵抗力较强，可耐低温和高温，对化学物质亦有相当的抵抗力，但直射阳光易使之致死。

2. 生活史

犬、狼、狐等肉食动物是细粒棘球绦虫的终末宿主。寄生于小肠内的成虫，孕节或虫卵随粪便排出体外，水源、饲料、牧草、圈舍被污染，中间宿主牛、羊等动物及人吞食虫卵后而感染，虫卵进入小肠内孵出六钩蚴，并钻入肠壁，随血液循环到肝脏、肺脏及其他组织、器官寄生。含有棘球蚴的动物内脏被犬等肉食动物食入后，囊内的原头蚴进入宿主的小肠经 48 ～ 61 d 发育为成虫，此时在宿主粪便中可查到虫卵。

3. 致病作用

一是机械压迫作用。其严重程度主要取决于棘球蚴寄生的部位、数量、大小及机体的反应性。在棘球蚴体积不大时，宿主无任何感觉，继续长大时可压迫组织，引起组织萎缩、坏死或功能障碍。二是毒素作用。棘球蚴囊液中含有毒蛋白，囊体破裂后可引起宿主过敏反应，如呼吸困难、体温升高、腹泻、休克甚至死亡。三是棘球蚴的作用。若棘球蚴囊壁破损或手术不慎使囊液流出，囊液中的原头蚴、子囊、育囊等进入体腔或血液循环系统，并到达其他组织发育成新的棘球蚴。

二、流行病学

1. 易感动物

细粒棘球绦虫的宿主种类十分广泛，其终末宿主包括犬、狼、狐狸等，中间宿主包括羊、牛、马、鹿和骆驼等野生或家养有蹄类动物，人也可感染。绵羊是棘球蚴的最适中间宿主。

2. 传染源

狼、狐、犬等终末宿主是棘球绦虫虫卵的传播者，虫卵随粪便排出体外，污染的牧场、牧草、饮水、用具和居住的生活环境，均成为该病的传染源。

3. 传播途径

该病多因直接接触犬、狐狸，或因吞食被虫卵污染的水、饲草、饲料等感染。人多因直接接触犬致使虫卵粘在手上再经口感染。

4. 流行特点

棘球蚴病呈全球性分布，其中，流行最为严重的区域是温带。

三、临床症状

轻度感染和感染初期通常无明显症状。严重感染的羊被毛逆立，时常脱毛（图 6–5–1），营养不良，消瘦。肺部感染时有明显的咳嗽，咳后往往卧地，不愿起立（图 6–5–2）。绵羊对棘球蚴敏感，死亡率较高。

图 6–5–1　病羊被毛逆立，时常脱毛（骆学农　供图）

图 6–5–2　病羊卧地，不愿起立（骆学农　供图）

四、病理变化

病变主要见于虫体经常寄生的肝脏和肺脏。肝、肺表面凹凸不平，重量增大，有数量不等的棘球蚴囊泡突起（图 6–5–3），肝、肺实质中存在有数量不等、大小不一的棘球蚴包囊，囊内含有大量液体，除不育囊外，囊液沉淀后，即可见大量的包囊砂。有时棘球蚴发生钙化和化脓。此外，在脾、肾、脑、脊髓管、肌肉及皮下偶见棘球蚴寄生。

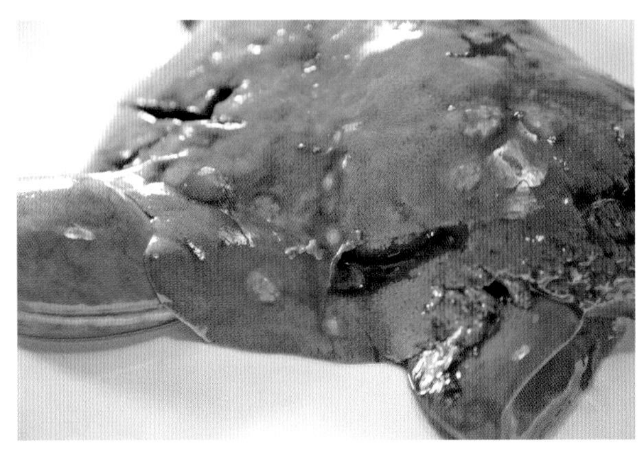

图 6-5-3　病羊肝表面凹凸不平，重量增大，有数量不等的棘球蚴囊泡突起（骆学农　供图）

五、诊断

1. 剖检检查

该病生前诊断比较困难。对动物进行尸体剖检，在肝、肺等处发现棘球蚴即可确诊。

2. 免疫学诊断方法

（1）皮内试验（IDT）。皮内试验诊断包虫病操作简单，敏感性高且易于现场应用。提取新鲜囊液，无菌过滤后在羊尾下无毛处和颈部分别进行皮内注射（0.2 mL/ 只），同时，在相邻部位皮内注射等量生理盐水作为对照，10 min 后观察注射部位，注射生理盐水处无变化，注射囊液处出现红斑、肿胀，水肿直径达 0.5 cm 以上的判为阳性，相反，判为阴性。但此技术抗原标准化难度较大、特异性较差。假阳性多见于癌症、结核、肾病和蠕虫病（尤其是各种绦虫 / 绦虫蚴病），且 IDT 可使部分患者发生过敏反应。

（2）间接血凝试验（IHA）。IHA 诊断棘球蚴病的敏感性和特异性较为理想。该技术是以戊二醛醛化红细胞，再经鞣酸鞣化，用棘球蚴囊液抗原（SHF）致敏红细胞后作 IHA 检测，具有简便、快速、敏感性高等优点。

IHA 的改进措施主要包括：制备冻干的致敏红细胞和热稳定蛋白抗原，使其与新鲜血球具有相同的敏感性和特异性。制备包虫 IHAT 冻干抗原和包虫囊壁冰冻切片抗原，该抗原在 –20℃可分别保存 2 年和 3 个月。

（3）酶联免疫吸附试验（ELISA）。因包囊寄生部位不同，ELISA 方法的敏感性在 36% ～ 90% 波动，特异性在 65% ～ 96% 波动；该法检测肝包虫病，其敏感性高于肺包虫病。包囊大小不同其敏感性也有所变化。包囊 >15 cm 时其敏感性为 69.7%，包囊 <15 cm 时为 78.7%。因检测样品来源不同，其检测结果也有明显的差异。有人采集包虫病人血清、唾液、尿液作 ELISA 检测，结果显示，血清、唾液、尿液的敏感性分别是 72%、56% 和 84%，所有样品的特异性均为 76%，且尿检与唾液检测有显著差异。

（4）斑点酶联免疫吸附试验（Dot–ELISA）。应用该方法进行棘球蚴病诊断时，以硝酸纤维素膜代替聚丙乙烯板作为反应载体，通过加样抽滤使抗原均匀牢固吸附于硝酸纤维膜上，简化包被抗原过程，缩短酶标二抗与抗原抗体结合物反应的时间。也可用白色聚乙烯（PVC）或聚偏氟乙烯

（PVDF）代替硝酸纤维膜，减少血清稀释误差，且洗涤方便、快速。

（5）间接酶联免疫吸附试验。间接 ELISA 技术利用酶标记的抗抗体与已与棘球蚴抗原结合的抗体相结合，具有很强的诊断价值。贾红等利用纯化的 EG95 重组蛋白建立间接 ELISA，检测采自新疆的 70 份羊包虫阳性血清和 70 份阴性血清进行检测。结果表明，该方法与新西兰 Wallaceville 动物研究中心提供的间接 ELISA 方法符合率为 100%。阻断试验结果显示，该方法无交叉反应，批内变异系数介于 3.8% ～ 5.6%，批间变异系数介于 5.7% ～ 8.5%，具有特异性强、敏感性高、重复性好的特点。

（6）免疫胶体金技术。胶体金作为标记物具有操作简单、省事、无毒、无致癌性物质、无需昂贵仪器等特点。固相金斑免疫试验（DIGFA）以微孔滤膜为固相载体，抗原抗体在膜上结合，渗滤浓缩促进反应，再以胶体金作为指示剂直观显色。郭志宏等利用快速诊断试剂盒对青海包虫病人进行血清学诊断获得良好效果。冯晓辉等利用粗提的囊液抗原 EgCF、纯化的囊液抗原 AgB、原头蚴抗原 EgP 以及体壁抗原 Em2 作为诊断抗原建立了固相金斑免疫试验，具有良好的特异性和敏感性。

六、类症鉴别

羊结核病

相似点：病羊营养不良，消瘦，肺部感染时有明显的咳嗽。

不同点：病羊流脓性鼻液；当乳房被感染时，乳房硬化，乳房淋巴结肿大；当患肠结核时，病羊有持续性消化机能障碍，便秘，腹泻或轻度胀气。剖检可在肺脏、肝脏和其他器官及浆膜上有特异性结核结节和干酪样坏死灶。

七、防治措施

1. 预防

（1）加强肉品卫生检验工作。有棘球蚴的脏器不可喂犬，应按肉品卫生检验规程进行无害化处理。

（2）对犬进行定期驱虫。常用药物有：吡喹酮，按每千克体重 5 mg，疗效 100%；氢溴酸槟榔碱，剂量按每千克体重 2 mg；盐酸丁奈脒，剂量按每千克体重 25 mg。犬驱虫时一定要把犬拴住，以便收集排出的粪便与虫体进行无害化处理，或烧毁或深埋，以防散布病原。

（3）加强管理。控制野犬或流浪犬等肉食动物，防止环境被犬粪污染。保持畜舍、饲草、饲料和饮水卫生，防止被犬粪污染。人与犬等动物接触或加工狼、狐狸等毛皮时，应注意个人卫生，严防感染。

2. 治疗

处方 1：丙硫咪唑，剂量为每千克体重 90 mg，口服，每日 1 次，连用 2 次，对原头蚴的杀虫率为 82% ～ 100%。

处方 2：吡喹酮，剂量为每千克体重 25 ～ 30 mg，总剂量不超出每千克体重 125 ～ 150 mg，口服，每日 1 次，连用 5 d。

第六节　片形吸虫病

羊片形吸虫病又称肝蛭病，是由片形属的肝片吸虫和大片吸虫寄生于羊的肝脏胆管所引起的一种人兽共患寄生虫病，是羊最主要的寄生虫病之一。其特征是发生急性或慢性肝炎和胆管炎，严重时伴有全身中毒和营养不良，生长发育受到影响，毛、肉品质显著降低，大批肝脏废弃，甚至引起大量羊只死亡。

片形吸虫病呈世界性分布，温带地区以肝片吸虫为主，大片吸虫则为热带地区的优势种。林宇光等报道 2 种片形吸虫在我国牲畜中普遍感染，肝片吸虫较为普遍，大片吸虫则较局限，东北、华北、西北、华中等地区以肝片吸虫为主要病原，华东、华南诸省更为严重，福建省各县，特别是沿海各县，2 种片形虫病均有流行。

一、病原

1. 分类与形态特征

片形吸虫病的病原为复殖目片形科片形属的肝片吸虫和大片吸虫。

（1）肝片性吸虫。虫体外观呈扁平叶状，长 20 ～ 40 mm，宽 8 ～ 13 mm。自胆管内取出的鲜活虫体为棕红色，固定后呈灰白色。其前端呈圆锥状突起，称头椎。头椎的基部扩展变宽，形成肩部，肩部以后逐渐变窄。体表生有许多小棘。口吸盘位于头椎前端，腹吸盘在肩部水平线中部。生殖孔开口于腹吸盘前方。虫体的消化系统由口、咽、食道和左右分开的两条肠管组成，每条肠管上又有许多侧小分支。生殖系统为雌雄同体。2 个分支状的睾丸前后排列于虫体的中后部。1 个鹿角状分支的卵巢位于腹吸盘后方的右侧。卵模位于紧靠睾丸前方的虫体中央。在卵模与腹吸盘之间为盘曲的子宫，充满黄褐色的虫卵。卵黄腺由许多褐色小滤泡组成，分布在虫体两侧。虫卵呈椭圆形，黄褐色，长 130 ～ 150 μm，宽 63 ～ 90 μm（图 6-6-1）。前端较窄，有卵盖，后端较钝。在较薄而透明的卵内，充满卵黄细胞和一个大的胚细胞。

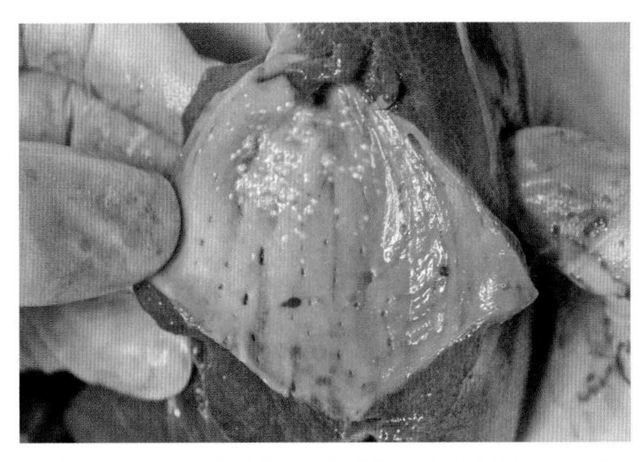

图 6-6-1　病羊肝胆管内有肝片吸虫虫卵（陈泽　供图）

（2）大片形吸虫。其形态及结构基本与肝片形吸虫相似。区别在于大片形吸虫的成虫呈长叶状，长 33 ～ 76 mm，宽 5 ～ 12 mm。虫体前端无显著的头椎突起，肩部不明显。虫体两侧缘几乎平行，前后宽度变化不大，虫体后端钝圆。腹吸盘较大，吸盘腔向后延长，并形成盲囊。肠管的内侧分支较多，并有明显的小支。睾丸分支较少，所占的空间及其长度也较小。虫卵呈深黄色，长 144 ～ 196 μm，宽 75 ～ 109 μm。

2. 抵抗力

虫卵在 12℃时停止发育，13℃时即可发育，但须经过 59 d 才能孵出毛蚴。25 ～ 30℃时虫体发育最适宜，经 8 ～ 12 d 即可孵出毛蚴。虫卵对高温和干燥较敏感。40 ～ 50℃时几分钟内死亡，在完全干燥的环境中迅速死亡。然而，虫卵在潮湿无光照的粪堆中可存活 8 个月以上。虫卵对低温的抵抗力较强，在 2 ～ 4℃的水里 17 个月仍有 60% 以上的孵化率，但结冰后很快死亡。虫卵在结冰的冬季是不能越冬的。

3. 致病机理

肝片吸虫的危害主要是肝片吸虫的幼虫能够在羊的肝脏组织中穿行，从而引起组织创伤性出血性肝炎。而进入并寄生在胆管中的肝片吸虫，它的体表上的角质小刺可刺伤胆管的上皮。另外，肝片吸虫还可以产生大量的毒素，引发慢性胆管炎或者全身中毒。肝片吸虫的幼虫从肠道移行到肝脏或胆管，能够带入各种细菌和微生物，极易导致肝脏和其他组织器官形成脓肿。因此，患有肝片吸虫病的羊在临床上会出现消瘦、贫血、被毛无光泽等营养不良症状。

二、流行病学

1. 生活史

肝片吸虫与大片吸虫的生活史相似。在发育过程中，都需要通过中间宿主椎实螺。成虫阶段肝片吸虫寄生在绵羊和山羊的肝脏胆管中。虫卵随粪便排到宿主体外，在温度为 15 ～ 30℃，而且水分、光线和酸碱度均适宜时，经过 10 ～ 25 d 孵化为毛蚴。毛蚴周身有纤毛，能借着纤毛在水中迅速游动。当遇到椎实螺时，即钻入其体内进行发育。毛蚴脱去其纤毛表皮以后，生长发育为胞蚴。胞蚴呈袋状，经 15 ～ 30 d 而形成雷蚴。每个胞蚴的体内可以生成 15 个以上的雷蚴。以后雷蚴突破胞蚴外出，而在螺体内继续生长。在此同时，雷蚴体内的胚细胞也进行发育，故在成熟的雷蚴体内充满着仔雷蚴或尾蚴。一般雷蚴的胚细胞多直接发育为尾蚴，有时则经过仔雷蚴阶段而发育成尾蚴。发育完成了的尾蚴，即由雷蚴体前部的生殖孔钻出，以后再钻出螺体而游入水中。尾蚴在水中作短时期游动以后，即附着于草上或其他东西上，或者就在水面上脱去尾部，而只需数分钟形成囊蚴。囊蚴是由包囊包起的，包囊可以防御外界环境的不良影响。当健康羊吞入带有囊蚴的草或饮水时，即感染片形吸虫病，囊蚴的包囊在消化道中被溶解，蚴虫即转入羊的肝脏和胆管中，逐渐发育为成虫。成虫经 2.5 ～ 4.0 个月的发育又开始产卵，卵再随羊的粪便排出体外，此后再经过毛蚴→胞蚴→雷蚴→尾蚴→囊蚴→成虫的各个发育阶段，继续不断地循环下去。绵羊由吞食囊蚴到粪便中出现虫卵，通常需 89 ～ 116 d，成虫在羊的肝脏内能够生存 3 ～ 5 年。

2. 流行特点

该病多流行于低洼而潮湿的地区，猪、马、驴、兔等也可感染。该病危害严重，并且分布极广，往往呈地方流行性。环境温度、水和椎实螺的存在是该病流行的重要因素。在多雨的年份，尤其是在久旱逢雨的温暖季节能够促使该病的暴发流行。羊群的感染在北方地区多发生于气候温暖、雨量较多的夏秋两季，而在南方地区，因雨水充沛且温暖季节较长，因而感染时间也更长一些，有时在冬季也能感染牛、羊。

三、临床症状

临床症状根据虫体多少、羊的年龄，以及感染后的饲养管理情况不同而不同。对于羊，当虫体达到 50 个以上时会发生显著症状，年龄小的症状更为明显。临床症状有急性型和慢性型之分。

1. 急性型

多见于秋季，多发于绵羊，是因短时间内遭受严重感染所致。患羊体温升高，精神沉郁，食欲废绝，离群，偶有腹泻。肝脏叩诊时，半浊音区扩大，敏感性增高，压痛明显。病羊迅速贫血，黏膜苍白，红细胞及血红素显著降低。严重病例在表现症状 3 ～ 5 d 内发生死亡。

2. 慢性型

较为常见，可发生在任何季节，多见于病羊耐过急性期或轻度感染时。病情发展很慢，一般在 1 ～ 2 个月体温稍有升高，食欲略见降低，眼睑、下颌、胸下及腹下部出现水肿。病程继续发展时，食欲趋于消失，黏膜苍白，贫血剧烈。由于毒素危害以及代谢障碍，患羊的被毛粗乱，无光泽，脆而易断，有局部脱毛现象。3 ～ 4 个月后水肿更为剧烈，病羊更加消瘦，便秘与腹泻交替发生。妊娠母羊可能生产弱羔，甚至死胎。如不采取医疗措施，最后常发生死亡。

四、病理变化

有肝脏病变者为 100%，有肺脏病变者只占 35% ～ 50%，器官的病变程度因感染程度不同而异。受大量虫体侵袭的患羊，因童虫在体内移行，引起各组织器官的严重损伤和出血，尤其肝脏受损严重，引起急性肝炎。肝脏出血和肿大，其中有长达 2 ～ 5 mm 的暗红色虫道（图 6-6-2）。挤压切面时，有污黄色的黏稠液体流出，液体中混杂有幼龄虫体。因感染特别严重而死亡者，可见有腹膜炎，有时腹腔内有大量出血，黏膜苍白。

慢性病例主要呈现慢性增生性肝炎，肝脏增大更为剧烈。到了后期，受害部分显著缩小，出现淡白色索状瘢痕；肝实质萎缩、褪色、变硬，边缘钝圆，小叶间结缔组织增生。由于胆管内胆汁积留与胆管肌纤维的消失，可以引起管道扩大及管壁增厚，致使灰黄色的索状物出现于肝的表面，充满着灰褐色的胆汁和虫体。绵羊胆管的扩大颇不一致，故在肝的表面呈曲折的索状，触摸时感觉管壁厚而硬。肺的某些部分有局限性的硬固结节，大如胡桃到鸡蛋，其内容物为暗褐色的半液状物质，往往含有 1 ～ 2 条活的或半分解状态的虫体，结节的包囊为钙化结缔组织。

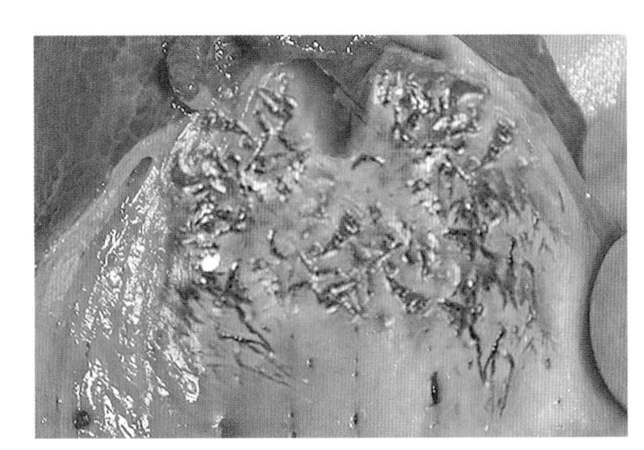

图 6-6-2　肝胆管内有肝片吸虫虫体（陈泽　供图）

五、诊断

1. 粪便检查方法

（1）直接涂抹法。在清洁的载玻片上滴加水或甘油与水的等量混合液 2 ～ 3 滴，然后取粪球表面的一小块粪便，与载玻片上的水滴混合，除去粪渣，涂成薄膜，加盖盖玻片后，即可镜检。

（2）漂浮沉淀法。采取粪便样品，最多 3 g，放在玻璃杯内，注满饱和盐水，用玻璃棒仔细搅拌为均匀的混悬液，静置 15 ～ 20 min。用小铲除去浮于表面的粪渣。用吸管吸去上清液，大量检查样品时，为了加速操作程序，可将上清液倒出，在杯底留 20 ～ 30 mL 沉渣。向沉渣中加水至满杯，仔细用玻璃棒搅拌。对混悬液进行过滤，使滤液静置 5 min。过滤时可以使用纱布，最好使用网眼直径为 0.25 mm 的金属筛。从杯中吸去上清液，于底部剩余 15 ～ 20 mL 沉渣。将沉渣移注于锥形小杯，再用少量水洗涤玻璃杯，并将洗液加入小杯。混悬液在锥形小杯中静置 3 ～ 5 min，然后吸去上清液，如此反复操作，将沉渣移于载玻片上进行镜检即可。

2. 免疫学诊断方法

（1）变态反应。应用制备的肝片吸虫各种抗原液注射于受试动物皮内，抗原与局部肥大细胞表面的 IgE 结合，从而引起超敏反应，以观察红肿（丘疹和红晕）的程度判断反应的强弱。1974 年，грачев 等报道，用成熟的肝片吸虫，按 ВаБапщаноя 方法制成的多糖抗原，用人工液稀释 1 000 倍后取 0.2 mL 皮内注射，经 15 ～ 20 min 观察，以红肿面积 $S>20\ mm^2$ 为强阳性，$S>12\ mm^2$ 为阳性，红而不肿的隆起为可疑，不红不肿的隆起为阴性。但皮内试验有时会引发过敏性反应；此外，肝片吸虫抗原与棘球蚴等的感染存在交叉反应，因此近年来该方法已逐渐被新的诊断方法所替代。

（2）间接血凝试验（IHA）。用新鲜虫体制备抗原，以醛化的红细胞作为载体，在 V 型孔微量血凝板上进行间接血凝试验。张雪娟等报道，肝片吸虫纯化抗原诊断液，能检出 1 ～ 3 周龄的病羊，并且灵敏度较高；能查出人工感染 10 ～ 100 个囊蚴 14 ～ 90 d 的羊体内的抗体及只寄生 2 条成虫的自然感染的机体。 倪兆朝等报道，IHA 操作简单，敏感性高，特异性强 ，适合于大规模的血清流行病学调查，可以快速筛选出大量的阴性样品。

（3）血清凝集反应（HA）。用来自羊肝脏的新鲜肝片吸虫制成虫体颗粒抗原或炭抗原。用虫体颗粒抗原或炭抗原各 0.05 mL 与等量或接近等量的羊血清反应。据陈德成等报道，检出率均在 90% 以上，且该法亦用于诊断牛肝片吸虫病，具有明显的特异性。

（4）琼脂扩散反应（AGP）。向 pH 值为 7.0，1/60 mol/L 的 PBS 中添加 NaCl，使 NaCl 的浓度达 8% 以上，再按 10% 的比例向上述溶液中添加精制琼脂，配制成试验用琼脂。采集新鲜肝片吸虫，制成虫体抗原，并向抗原中加入肝片吸虫虫体 1/2 量的生理盐水，制成试验用抗原。 将试验琼脂制成 3 mm 厚的琼脂板，抗原与被检血清间距为 6 mm。

（5）酶联免疫吸附试验（ELISA）。1986 年王佩雅等报道，应用该法对人工感染肝片吸虫山羊和绵羊血清进行系统检测，均在感染后 2 周可部分检出，感染后 3 周则全部检出，阳性符合率为 100%；对自然感染肝片吸虫病羊的检出阳性率高于粪检阳性率。经过实验，众多学者一致认为该方法对诊断牛、羊肝片吸虫病具有敏感性强、特异性高、操作简便，适合于肝片吸虫病的早期诊断，对肝片吸虫病的普查也是一种较好的诊断方法。

（6）斑点酶联免疫吸附试验（Dot-ELISA）。国内张雪娟等建立了家畜肝片吸虫病斑点酶标诊断技术，并研制了斑点酶标诊断试剂盒，经临床应用显示该诊断试剂盒具有敏感性高、特异性强、成本低和易操作等特点。浙江省农业科学院畜牧兽医研究所和浙江省农业农村厅血防站联合报道，利用 Dot-ELISA 反应原理制成的“斑点酶标株联快诊盒”不仅能同时诊断肝片吸虫、血吸虫、锥虫3 种不同虫害，而且利用“快诊盒”诊断容易控制试验条件，缩短了试验时间，节约了试剂，适宜于牛羊大批量样品的检测，反应结果可以作为技术资料保存。

（7）斑点免疫金渗滤试验（DIGFA）。1998 年黄维义等报道，在不经任何放大的情况下，胶体金探针检测吸虫相应的抗原和抗体敏感性至少可达到斑点酶联免疫吸附试验（Dot-ELISA）水平。DIGFA 特别适合制备成诊断盒，适于基层现场使用。

3. 分子生物学诊断方法

自 20 世纪 50 年代以来，分子生物学一直是生物学的前沿与生长点。1992 年 Marrin 等用 RNA 印迹法，发现了肝片吸虫 cDNA 核酸序列中有 1 个 1 636 bp 的开放阅读框架。它编码 24 个连续的重复序列，每一重复序列有 20 个 AA，另外还有 65 个位于终止密码子前的非重复 AA。免疫荧光研究表明，该抗原是虫体肠上皮细胞分泌的，由于这种抗原出现得较早，因此，可用重复抗原序列建立一种感染早期诊断方法，具体研究尚在进行中。

1995 年，Tkalcevic 等用 N 末端测序技术，通过测定新脱囊童虫分泌排泄的蛋白质成分，进行快速诊断。由于水牛的感染率与中间宿主——蜗牛的感染情况呈正相关，所以可用蜗牛的感染率估测水牛的感染率。1997 年，Kaplan 等应用重复性 DNA 探针技术对蜗牛的肝片吸虫感染情况进行检测，结果表明，这种方法的敏感性为 100%，特异性为 99%，目前，正在研究将这一方法用于对终末宿主的检测。

六、类症鉴别

1. 羊双腔吸虫病

相似点：肝区触诊有痛感，下颌水肿，贫血。剖检可见肝脏表面有虫体移行的痕迹，瘢痕；胆管增生、肥厚，呈索状，胆汁暗褐色，内有红色虫体。

不同点：病羊可视黏膜黄染，出现血便、顽固性腹泻，异嗜。剖检后取出并固定虫体，镜检，双腔吸虫呈矛形，虫体较片形吸虫小。矛形双腔吸虫大小为（6.67 ～ 8.34）mm×（1.61 ～ 2.14）mm，中华双腔吸虫大小为（3.54 ～ 8.95）mm×（2.03 ～ 3.09）mm。

2. 羊前后盘吸虫病

相似点：病羊消瘦，高度贫血，黏膜苍白，血液稀薄；眼睑、下颌、胸下及腹下部出现水肿。

不同点：病羊发生顽固性腹泻，粪便呈粥状或水样，恶臭，混有血液。剖检可见病羊瘤胃、真胃和瓣胃的皱襞内有许多暗红色虫体，虫体肥厚，长 2 ～ 3 cm，宽 0.5 ～ 1 cm，其数量不等，呈深红色、粉红色，如将其强行从皱襞剥离，可见虫体附着处黏膜充血、出血或留有溃疡灶。

3. 羊阔盘吸虫病

相似点：病羊消瘦，贫血，下颌及胸前水肿。

不同点：病羊经常下痢，粪中常有黏液。剖检可见病羊尸体消瘦，胰腺肿大，胰管因高度扩张呈黑色蚯蚓状突出于胰脏表面。胰管发炎肥厚，管腔黏膜不平，呈乳头状小结节突起，并有点状出血，内含大量虫体。

4. 羊细颈囊尾蚴病

相似点：病羊体温升高，精神沉郁，黏膜苍白，被毛粗乱、无光泽。剖检可见在肝实质中和肝被膜下可见虫体移行的虫道，腹腔有血液。

不同点：病羊腹部增大，腹水增加、腹壁有压痛，病程长的可视黏膜黄染。在肠系膜、网膜肝脏的浆膜等处可见有大小不等的乳白色泡囊，囊体直径可达 5 cm 或更多，囊内充满着液体，呈水泡状。

七、防治措施

1. 预防

（1）防止健康羊吞入囊蚴。不要把羊舍建在低湿地带，不在有片形吸虫的潮湿牧场上放牧。不让羊饮用池塘、沼泽、水潭及沟渠里的脏水和死水。在潮湿牧场上割草时，必须割高一些。否则，应将割回的牧草贮藏 6 个月以上再饲用。

（2）定期驱虫。驱虫是预防该病的重要方法之一，应有计划地进行全群性驱虫。一般是每年进行 1 次，可在秋末冬初进行。对染病羊群，每年应进行 3 次驱虫。第 1 次在大量虫体成熟之前 20 ～ 30 d，第 2 次在第 1 次以后的 5 个月，第 3 次在第 2 次以后的 2.0 ～ 2.5 个月。不论在何时发现羊患该病，都要及时进行驱虫。

（3）避免粪便散布虫卵。对病羊的粪便应经常用堆肥发酵的方法进行处理，杀死其中的虫卵。对于施行驱虫的羊只，必须留圈 5 ～ 7 d。对这个时期所排的粪便，更应严格消毒。对被屠宰羊的肠内容物也要认真处理。

（4）防止病羊的肝脏散布病原体。必须加强兽医卫生检验工作。对检查出严重感染的肝脏，应该全部废弃；对感染轻微的肝脏，应该废弃被感染的部分。将废弃的肝脏煮沸，然后用作其他动物的饲料。

（5）消灭中间宿主。灭螺时要特别注意小水沟、水洼及河的岸边等处。具体方法为，对于沼泽地和低洼的牧地进行排水，利用阳光暴晒杀死螺蛳。对于较小而不能排水的死水地，可用 1∶50 000 的硫酸铜溶液定期喷洒，以杀死螺蛳，至少用 5 L 溶液，每年喷洒 1 ～ 2 次。也可用 2.5∶1000 000 的“血防 67”（主要成分为氯硝柳胺）浸杀或喷杀椎实螺。拣拾螺蛳，消灭池塘、沼泽、河岸及沟渠中的螺蛳。

2. 治疗

（1）西药治疗。

处方 1：“别丁”（主要成分为硫双二氯酚），用法为，每千克体重 80 ～ 100 mg，口服；同时配合使用左旋咪唑，剂量为 10 mg，口服。驱虫率高达 98.7% ～ 100.0%，但对童虫无效。用药后 1 d 有时出现减食和下痢等反应，经过 3 d 左右可以恢复正常。

处方 2：“血防－846”（主要成分为六氯对甲苯），用量为每千克体重 0.15 g，口服。

处方 3：硫溴酚，剂量为，绵羊每千克体重 50 ～ 60 mg，山羊每千克体重 30 mg。也可以少量面粉做成悬浮液，用胃管灌服。如用片剂，成年羊可用 2 g，一般没有明显的临床反应。

处方 4：六氯酚，用量为，每千克体重 20 ～ 30 mg，配成悬浮液，1 次灌服。

处方 5：硝氯酚，按体重计算，对成年羊为每千克体重 4 ～ 6 mg，1 次灌服，驱虫率可达

100%；或以每千克体重 1 ～ 2 mg，皮下或肌内注射。

处方 6：硫苯唑为广谱驱虫药，剂量为每千克体重 5 ～ 6 mg，口服。

处方 7：丙硫苯唑，每千克体重 10 mg，口服，对成虫的驱虫率可达 99%。

（2）中药治疗。

处方 1：苏木 15 g、贯仲 9 g、槟榔 12 g，水煎去渣，加白酒 60 mL，灌服。

处方 2：苏木 9 g、槟榔 9 g、龙胆草 9 g、木通 9 g、泽泻 9 g、厚朴 6 g、草豆蔻 6 g，水煎，去渣，1 次灌服。

（3）对症治疗。

由于肝片吸虫对红细胞的破坏能力很强，驱虫后肌内注射“牲血素”补血，成羊 5 mL/ 只，羔羊 2 ～ 3 mL/ 只。必要时 3 d 后再肌内注射 1 次。

对体质较差及怀孕母羊的病后恢复，可用“速补 E・A・D”及复合维生素 B，混合饮水，并肌内注射“牲血素”。

对于腹泻及水肿的羊只，使用抗生素辅助治疗。

妊娠母畜须在分娩 2 个月后驱虫，同时补充“速补 E・A・D”及复合维生素 B，混合饮水，并肌内注射“牲血素”。

第七节　梨形虫病（焦虫病）

羊梨形虫病是羊泰勒虫病和羊巴贝斯虫病的总称，旧称羊焦虫病。羊泰勒虫病是由媒介蜱传播的由泰勒属的原虫寄生于绵羊和山羊巨噬细胞、淋巴细胞和红细胞内所引起的疾病的总称。该病以高热稽留、黄疸、贫血、消瘦、体表淋巴结肿大为临床特征。1914 年，此病首先由 Jittlewood 发现于埃及的绵羊。我国最早是 1958 年由杨辅国等在四川发现。

羊巴贝斯虫病是由寄生于绵羊和山羊红细胞内的巴贝斯属的各种原虫而引起的一种蜱传性血液原虫病。该病以发热、黄疸、溶血性贫血、血红蛋白尿、消瘦和死亡为临床特征。1888 年，Babes 首次在罗马尼亚以血红蛋白尿和红水热为临床症状的牛红细胞内发现了巴贝斯虫，随后他又在绵羊的红细胞内发现了巴贝斯虫。1893 年，Smith 和 Kilborne 将美国牛的得克萨斯热命名为 *Pyrosoma bigeminum*，并证实该虫种是由蜱传播的，这也是第一次报道原虫可以被节肢动物传播。同年，Starcovici 将这几种寄生虫分别命名为 *B. bovis*、*B. ovis* 和 *B. bigemina*。巴贝斯虫病也是重要的人兽共患寄生虫病，1956 年，首次证实了人感染巴贝斯虫的病例。迄今为止，被证实能够感染多种哺乳动物和某些禽类的巴贝斯虫已超过 100 种，而能够感染羊的巴贝斯虫已经被报道了 5 种。

一、病原

1. 地位分类

该病病原为顶复门、孢子虫纲、梨形虫亚纲、梨形虫目、泰勒科、泰勒属和巴贝斯科、巴贝斯属的各种原虫。

到目前为止，国内外已报道的羊泰勒虫至少有 6 个种，即莱氏泰勒虫、绵羊泰勒虫、隐藏泰勒虫、分离泰勒虫、吕氏泰勒虫和尤氏泰勒虫。有些泰勒虫的致病性很强，如莱氏泰勒虫、吕氏泰勒虫和尤氏泰勒虫，被称为恶性泰勒虫。有些泰勒虫的致病性很弱或没有致病性，如绵羊泰勒虫、隐藏泰勒虫和分离泰勒虫，被称为温和型泰勒虫。能够感染羊的巴贝斯虫有莫氏巴贝斯虫、绵羊巴贝斯虫、粗糙巴贝斯虫、泰氏巴贝斯虫和叶状巴贝斯虫。在这 5 种巴贝斯虫中，绵羊巴贝斯虫的致病性最强，其次是莫氏巴贝斯虫，而粗糙巴贝斯虫致病性很低或无致病性。

2. 形态特征

羊泰勒虫寄生于羊红细胞内和淋巴细胞内。红细胞内羊泰勒虫虫体形态与牛环形泰勒虫相似，有环形、椭圆形、短杆状、逗点状、半圆形、钉形、圆点形等各种形态，以圆形最多见。红细胞内虫体的形态多样（图 6-7-1），主要有：①典型的梨形虫体，虫体的大小为 0.7 ～ 1.4 μm，虫体小于红细胞的半径；②点状虫体，虫体呈点状、其周围有一较为明显的淡染区，位置不定；③非典型的梨形虫体，与典型的梨形虫体相比较无明显的空泡状透明区，并且梨形虫体多数尖端分离相对；④环形虫体，虫体呈环形空泡状，透明区外有一圈被染成淡红的区域，大小在 0.5 ～ 1.8 μm，大多数虫体小于红细胞半径。

莫氏巴贝斯虫寄生于羊红细胞内，虫体有双梨籽形、单梨籽形、椭圆形和变形虫形等各种形状，其中双梨籽形占 60% 以上，其他形状虫体较少（图 6-7-2）。梨籽形虫体大小为（2.5 ～ 3.5）μm× 1.5 μm，大于红细胞半径，虫体有两个染色质团块。双梨籽虫体尖端以锐角相连，位于红细胞中央。

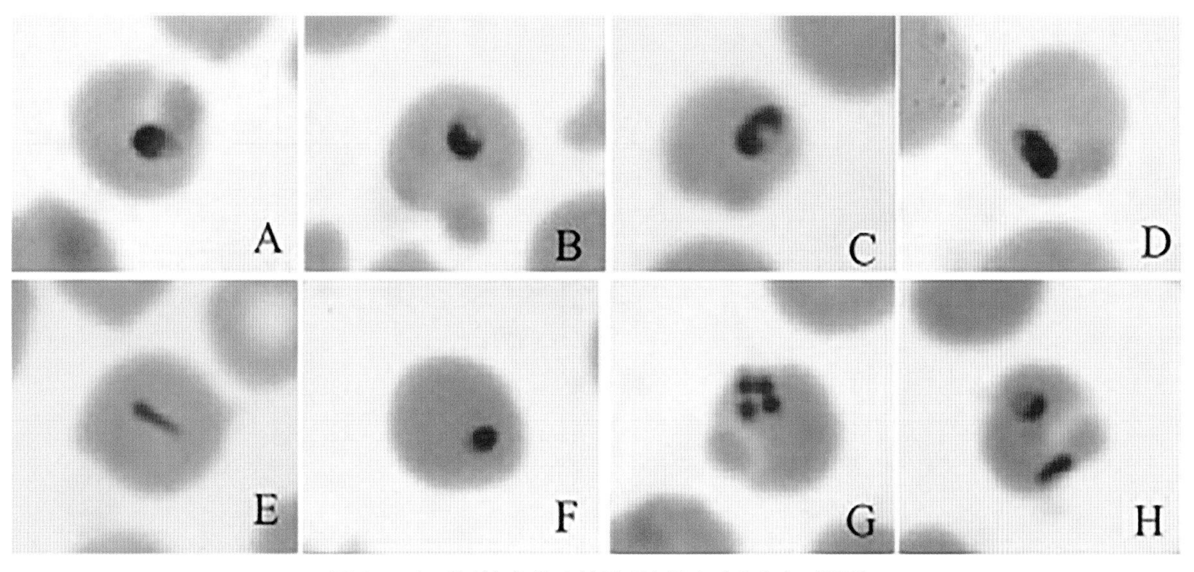

图 6-7-1　绵羊红细胞内的吕氏泰勒虫（李有全 供图）

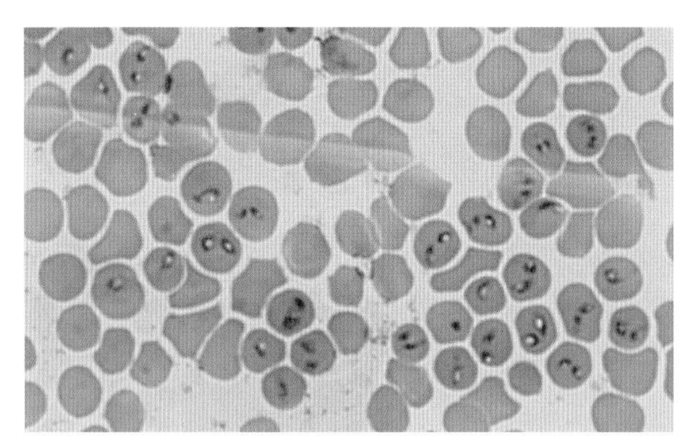
图 6-7-2　绵羊巴贝斯虫（王锦明　供图）

3. 生活史

羊梨形虫的生活史尚不十分明了，但据资料记载，我国羊泰勒虫病的传播者为青海血蜱和长角血蜱，莫氏巴贝斯虫病的传播蜱种尚未证实，病原在蜱体内要经过有性的配子生殖并产生孢子，当蜱吸血时即将病原注入羊体内。羊巴贝斯虫寄生于羊的红细胞内并不断进行无性繁殖。羊泰勒虫在羊体内首先侵入网状内皮系统细胞，在肝、脾、淋巴结和肾脏内进行裂殖增殖，并继而进入红细胞内寄生。病原的传播者——硬蜱吸食羊血液时，病原又进入蜱体内发育，如此周而复始，流行发病。

二、流行病学

羊泰勒虫病发病具有显著的季节性，该种疾病流行的时间一般在 3—6 月，5 月为发病高峰，羊患病的数量通常情况下与当年春季气候温度和雨水有着密切的关系。特别是在遇到持续干旱下透雨之后，温暖潮湿的环境十分有利于蜱虫的繁殖和活动。通常情况下，牧区的羊患病的数量较多，舍饲羊的患病数量较少，或者基本不患病，但是在羊养殖过程中，养殖场处于低洼地区，环境潮湿以及粪便长时间不清理等也会导致该病发生。该病主要会危害当年生产的羔羊，常见的是生产后 1 ～ 6 个月的羔羊，其发病率和死亡率都十分的高，1 ～ 2 岁羊次之，3 ～ 4 岁羊很少发病。羊泰勒虫病呈地方性流行，可引起羊只大批死亡，有的地区发病率高达 36% ～ 100%，病死率高达 13.3% ～ 92.3%。通常情况下当地的羊都具有一定免疫性，纯种羊引进之后很容易导致感染。

三、临床症状

1. 泰勒虫病

感染泰勒虫的羊，在发病初期，表现为稽留热，体温升高至 40 ℃，精神沉郁，卧地不起，食欲减退甚至废绝，有的羊瘤胃蠕动减慢或停止。有的羊只下痢，呼吸困难，肺泡音粗，心律不齐。病羊出现血红蛋白尿，发病初期为淡红色，后期酱油状，为褐色。发病羊体消瘦，可视黏膜黄染或苍白，临死前口鼻有大量泡沫。肩前或下颌淋巴结肿大（图 6-7-3），四肢僵硬，行走困难，俗称“硬腿病”，病程一般为 3 ～ 14 d，但急性病例在发病 1 ～ 2 d 死亡。

图 6-7-3　羊焦虫病疑似病例，病羊抑郁、体温升高，肩前淋巴结肿大（李有全　供图）

2. 巴贝斯虫病

病羊的主要症状为体温升高至 41 ～ 42℃，稽留数日或直至死亡。呼吸浅表，脉搏加速，精神委顿，食欲减退乃至废绝。黏膜苍白，显著黄染，时而出现血红蛋白尿，并出现腹泻。红细胞每立方毫米减少至 200 万～ 400 万个，大小不匀。

四、病理变化

1. 泰勒虫病

发病羊的尸体消瘦，可视黏膜苍白或黄染，有少数的病例出现全身黄染；全身淋巴结有不同程度的肿大，尤以颈前、肠系膜、肝、肺等处淋巴结更为明显。肺脏出现增生，肺泡大小不等、变形，肺间隔增大，肺脏内有淤血；肾脏呈黄褐色，表面有出血点和黄色或灰白色结节（图 6-7-4）；心肌细胞坏死，心包液增多；肝脏内有细胞坏死，肝脏肿大、出血；胆囊肿大，内膜出血；皱胃黏膜有溃疡斑，肠道有出血点或出血斑。

图 6-7-4　肾脏呈黄褐色，表面有出血点，皮质区有出血点（李有全　供图）

2. 巴贝斯虫病

剖检死于巴贝斯虫感染的羊，可见黏膜与皮下组织贫血、黄染。肝、脾肿大变性，有出血点。胆囊肿大 2 ～ 4 倍。心内、外膜及浆膜、黏膜有出血点和出血表现。肾脏充血发炎，膀胱扩张，充满红色尿液。

五、诊断

1. 病原学诊断

该病的诊断主要是根据临床症状、调查了解该病及其传播媒介的信息以及对吉姆萨染色的血液涂片和淋巴结涂片进行检查。

（1）血液涂片染色镜检。血液涂片检查方法比较简单，制成血液涂片后，经甲醇固定，吉姆萨染色后在油镜下检查。镜检观察红细胞内有无梨籽形、环形、椭圆形、短杆形、逗点形、钉子形、圆点形等形态，以圆形多见。在动物感染初期及度过急性感染期而变成带虫状态时血液中红细胞染虫率较低，薄血片检查时很难发现虫体，需要制作厚血片检查，厚血片制作、染色及检查方法与薄血片相同，只是细胞以 2 层或 3 层涂布于载玻片上，该方法检出率在 10^{-5} ～ 10^{-6}。

（2）淋巴结穿刺涂片镜检。镜检主要观察涂片内有无裂殖体（又称石榴体或柯赫氏蓝体）。在人工感染羊的体表淋巴结中裂殖体检出率较低，但往往表现为两侧肩前和股前淋巴结中某一个淋巴结先检查到裂殖体，后相继出现。

2. 血清学诊断方法

（1）间接荧光抗体试验（IFAT）。1971 年 Hawa 等报道了用细胞培养的裂殖体抗原制成间接免疫荧光（IFA）的抗原玻片，检测山羊泰勒虫的血清抗体。成功地建立了山羊泰勒虫病的间接荧光抗体（IFAT）诊断方法。1997 年 Leemans 等报道了用基于裂殖体抗原的 IFA 检测莱氏泰勒虫的研究。

（2）酶联免疫吸附试验（ELISA）。2005 年高玉龙等用羊泰勒虫血液型虫体作抗原，建立了间接 ELISA 方法。其方法是以血液型虫体作为抗原，并通过冻融、超声波裂解后，其可溶性抗原通过 Sephadex-G200 层析后得到的抗原进行 ELISA 试验，结果表明，该抗原具有良好的特异性和敏感性。2006 年，Miranda 等以裂殖子重组体作为抗原，建立了间接 ELISA 方法。对我国西部地区流行的羊泰勒虫进行了检测，结果表明，该重组体抗原与裂殖子组织匀浆抗原相比具有良好的特异性和敏感性。2016 年，He 等以吕氏泰勒虫裂殖子重组表面蛋白（rTlSP）为抗原，建立了检测羊泰勒虫病的间接 ELISA 方法。

3. 分子生物学诊断方法

（1）常规 PCR 方法。PCR 方法已被用于动物血液内泰勒虫 DNA 的检测，实验证明，它可检测出染虫率仅为 10^{-9} 的感染动物，敏感性相当于显微镜检查方法的 100 倍。1998 年，Kirvar 等利用 PCR 方法检测了蜱、绵羊和山羊体内的莱氏泰勒虫，扩增出 785 bp 的特异 DNA 片段。2005 年，Altay 等建立了检测绵羊泰勒虫的巢式 PCR 方法。

（2）半套式 PCR 方法。田万年等根据羊泰勒虫 18S rRNA 基因序列设计了 3 条引物，建立了羊泰勒虫病半套式 PCR 诊断方法。根据建立的半套式 PCR 方法扩增出了一段 671 bp 的特异性片段，新孢子虫、弓形虫、巴贝斯虫均没有扩增出特异性条带。试验结果表明，第 1 次 PCR 扩增的敏感性是 1.6 fg/μL，第 2 次 PCR 扩增的敏感性是 0.016 fg/μL；与血液涂片镜检法相比，半套式 PCR 方法更加敏感，临床检测 65 份血液样本，半套式 PCR 与血液涂片镜检法阳性率分别为 35.38% 与 15.38%。

（3）实时荧光 PCR 技术（Real-time PCR）。实时荧光 PCR 方法的建立，不但能对所检测的病原进行定性，还能对靶基因进行定量检测。Chul 等用实时 PCR 方法对来自加纳和巴西 2 个地区的马匹进行血液原虫的检测，结果显示，马泰勒虫阳性检出率为 100%，比巢式 PCR 阳性检出率（为 70.77%）更高。

（4）反向线状印迹杂交技术（RLB）。反向线状印迹杂交技术，是近年来应用较多的技术，该技术是以 PCR 和探针杂交为基础的分子诊断方法，最初称为点印迹法或斑点印迹，用于镰状细胞性贫血的诊断。1999 年 Gubbels 等采用该技术成功地建立了检测牛巴贝斯虫、双芽巴贝斯虫、大巴贝斯虫、分歧巴贝斯虫、小泰勒虫、东方泰勒虫、环形泰勒虫、刚果锥虫、活动锥虫、布鲁氏锥虫、边缘无浆体和反刍兽考德里氏体等多种病原的方法，并且其敏感性非常高，当染虫率在 10^{-8} 时仍能够检测出来。

（5）限制性内切酶片段长度多态性技术（RFLP）。2000 年 Gubbels 等成功地应用 RFLP 技术来检测牛巴贝斯虫和牛泰勒虫，2007 年 Jefferies 等应用 RFLP 技术来鉴定狗的梨形虫。徐宗可应用了 PCR-RFLP 技术来鉴别和诊断羊梨形虫，为梨形虫的流行病学调查、致病机理研究以及梨形虫的防控提供了一个有效方法。

（6）环介导恒温扩增技术（LAMP）。日本学者 Andy 等建立了针对马泰勒虫 EMA-1 基因的 LAMP 检测方法，对 10^{-6} 倍稀释的血样中的相应虫体仍然可以检测出来。在国内，Liu 等针对吕氏泰勒虫的保守片段（UTRlu8）和尤氏泰勒虫保守片段（UTRlu6）建立了 LAMP 方法，该方法在

63℃恒温的条件下，45 min 就可以完成检测。刘庆建立的 LAMP 方法在试验羊攻蜱后 14 d 检测出吕氏泰勒虫，13 d 检测出尤氏泰勒虫。

六、类症鉴别

1. 羊钩端螺旋体病

相似点：病羊精神沉郁，食欲减退，体温升高，呼吸浅表，脉搏加速，黏膜显著黄染，出现血红蛋白尿。剖检可见病羊黏膜与皮下组织黄染，肝脏肿大。

不同点：病羊有结膜炎、流泪；鼻腔流黏液脓性或脓性分泌物，鼻孔周围的皮肤出现破裂；除最急性病例外，其他病羊胃肠道明显弛缓，出现便秘。剖检可见骨骼肌软弱、多汁，呈柠檬黄色；胸腹腔有黄色积液；肾脏的病变有诊断意义，肾脏快速增大，被膜极易剥离，切面常湿润，髓质与皮质的界线消失，组织柔软而脆弱；病程长久，则肾脏呈坚硬状。

2. 羊铜中毒

相似点：病羊精神沉郁，食欲下降或废绝，排血红蛋白尿，可视黏膜苍白或黄染。

不同点：急性中毒病羊表现严重的胃肠炎，腹痛、腹泻，粪便含有大量蓝绿色黏液。剖检可见病羊周围糜烂、溃疡；肾脏肿大呈青铜色；脾脏肿大，实质呈棕黑色。

七、防治措施

1. 预防

（1）杀灭传播媒介。在发病季节积极开展灭蜱工作，阻断其传播疾病。对羊群、运动场和羊舍每日用 0.5% ～ 1% 敌百虫喷洒 1 次，每隔半个月可对羊进行药浴预防，以杀灭各种传播疾病的吸血昆虫。

（2）药物预防。对同群无临床症状的其他羊只采用每千克体重 4.0 mg 贝尼尔，深部肌内注射，5 d 后再肌内注射 1 次。

2. 治疗

（1）西药治疗。

处方 1：贝尼尔，剂量为每千克体重 6.0 mg，配制成 7% 水溶液，分点深部肌内注射，每日 1 次，连用 3 次。

处方 2：咪唑苯脲，剂量为每千克体重 2 mg，配制成 5% ～ 10% 水溶液，皮下或肌内注射。

处方 3：阿卡普林，剂量为每千克体重 1 mg，配制成 5% 水溶液，皮下或肌内注射，48 h 后再注射 1 次。

处方 4：磷酸伯胺喹啉，剂量为每千克体重 0.75 mg，灌服，每日 1 剂，连用 3 d。

处方 5：血虫净，每千克体重 5 mg，复方氨基比林 100 mg，维生素 B_{12} 注射液 5 mL，每日 1 次，连用 3 d。

处方 6：用 5% 的葡萄糖 200 mL，10 % 的维生素 C 注射液 2 ～ 4 mL，乙酰辅酶 A 0.5 g，ATP 2 ～ 4 mL，混合静脉注射，每日 1 次，连用 3 d。

处方 7：五神散（茵陈蒿散）1 000 g，扶正解毒散 1 000 g，红弓链灭（磺胺喹噁啉二甲苄啶预混剂）100 g。以上三者混合，均匀拌料 75 kg，每日 1 次，连用 5 ～ 7 d。

（2）中药治疗。

处方 1：党参 15 g、白术 10 g、云苓 10 g、炙甘草 10 g、熟地 10 g、白芍 10 g、当归 10 g、川芎 10 g、柴胡 15 g、青蒿 15 g、枳壳 15 g、麦芽 15 g、神曲 20 g，水煎，候温灌服。

处方 2：栀子、茯苓、木通、甘草、泽泻、黄芪各 10 g，郁金、党参各 15 g，龙胆草 20 g，大青叶 100 g。混水煎汁，倒出汤汁，待温后灌服。个别食欲不振病例，可考虑加焦三仙、枳壳；个别结膜苍白，可考虑加川芎，重用当归、白术。

第八节　弓形虫病

弓形虫病是由弓形虫科弓形虫属的刚地弓形虫寄生于多种动物和人的有核细胞内所引起的一种人兽共患寄生虫病，可引起羊不孕、流产或产死胎等。

一、病原

1. 分类与形态特征

刚地弓形虫属于孢子虫纲，球虫亚纲，真球虫目，肉孢子科，弓形虫亚科弓形虫属（*Toxoplasma*）。至今发现的弓形虫全为一个种，寄生于不同动物的弓形虫在形态学和生物学特性上均无任何差异。

弓形虫在整个发育过程中分 5 种类型，即滋养体、包囊、繁殖体、配子体和卵囊。

滋养体，又叫速殖子，呈弓形或香蕉形（图 6–8–1），长 4 ～ 8 μm，宽 2 ～ 4 μm，一端稍尖，一端钝圆。其是在中间宿主有核细胞内迅速分裂繁殖的虫体，当数个或数十个虫体占据整个宿主的细胞浆，宿主的细胞膜变成速殖子集合体的胞膜，称为假包囊。吉姆萨或瑞氏染色后镜下观察，胞浆浅蓝色，有颗粒，核呈深蓝紫色，偏于钝圆一端。

包囊，又称组织囊，呈卵圆形，直径可达 50 ～ 60 μm，囊膜较厚，由虫体分泌形成，囊内虫体数目有时可达数千个之多（图 6–8–2）。囊内有大量的缓殖子，名称与速殖子相对应。速殖子繁殖迅速，缓殖子则在虫体分泌物所形成的囊内缓慢增殖，速殖子的核位于正中，而缓殖子的核位于末端，被囊壁包住的许多缓殖子谓之包囊。

裂殖体为圆形，直径为 12 ～ 15 μm，是缓殖子或子孢子进入猫的肠上皮细胞后，配子生殖开始之前，虫体在猫小肠上皮细胞内，通过内二芽殖、内多芽殖裂体增殖，最终成为多个虫体（裂殖子）的集合体（4 ～ 20 个）。裂殖体破裂、裂殖子侵入新的宿主细胞，继续增殖为下一代的裂殖体。配子体也是寄生在猫的肠上皮细胞内，是经裂殖生殖后产生的有性世代，又分大配子体（雌配子）和小配子体（雄配子），大配子体核小而致密，并含有颗粒，小配子体色淡，核疏松。

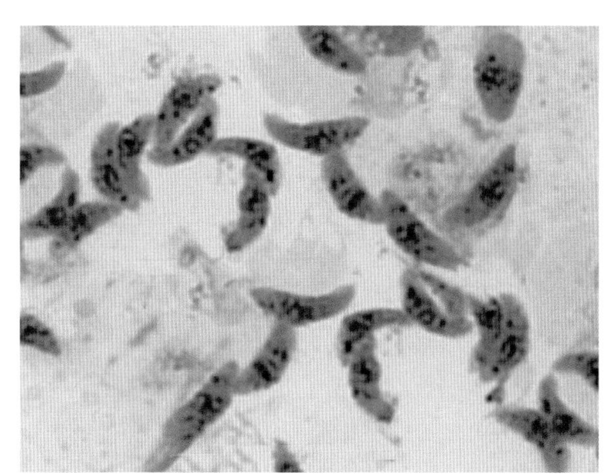
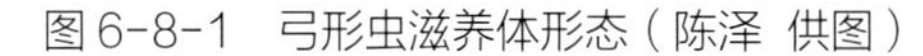
图 6-8-1　弓形虫滋养体形态（陈泽 供图）

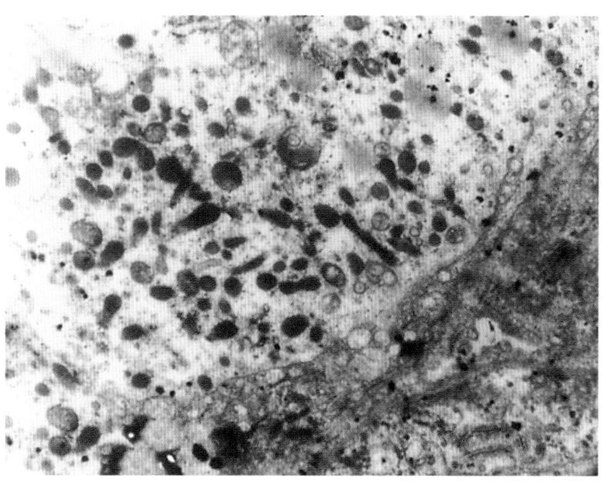
图 6-8-2　弓形虫包囊内有大量孢子（SEM × 10 倍）（陈泽 供图）

卵囊主要见于猫科动物，是随猫粪便排至体外阶段，呈卵圆形，表面光滑，囊壁分 2 层，大小为（11 ～ 14）μm×（7 ～ 11）μm。感染性卵囊内有 2 个卵圆形的孢子囊，每个孢子囊内含 4 个长形弯曲的子孢子。其中，滋养体、包囊和感染性卵囊具感染能力。卵囊、包囊的抵抗力强，滋养体的抵抗力弱。1% 石炭酸溶液 5 min，3% ～ 5% 石炭酸溶液 1 min，1% 来苏儿溶液 1 min，1% 盐酸溶液 1 min，75% 酒精 10 min 可将滋养体杀死，另外，在日光直射、紫外线或超声波作用下也能迅速将滋养体杀死。包囊在冰冻或干燥的条件下不易生存，但在 4 ℃时尚能存活 68 d。包囊对过氧乙酸和乙醇敏感。卵囊的抵抗力很强，在常温下可以保持感染力 1 年以上；常用的消毒药对卵囊没有影响。

2. 生活史

弓形虫共有 5 种存在形式，即滋养体、包囊、裂殖体、配子体和卵囊。滋养体和包囊是在中间宿主（如猪、狗、猫等动物和人）体内形成，裂殖体、配子体和卵囊是在终末宿主——猫体内形成。弓形虫的全部发育过程需要 2 个宿主，终末宿主——猫（肠内发育）和中间宿主（肠外发育）。滋养体、包囊和感染性卵囊被猫食入后，经胃到消化道，在胃液和胆汁作用下，包囊和卵囊壁溶解后，放出滋养体和子孢子，侵入肠上皮细胞，首先形成裂殖体，经过裂殖体产生大量裂殖子。如此反复若干次后，裂殖子转化为雌雄配子体，进行配子生殖，雌雄配子交合产生合子，外被囊膜，形成卵囊，随猫的粪便排到外界，在适宜的环境中，经 2 ～ 4 d 发育为感染性卵囊。易感动物和人摄食含有包囊或滋养体的肉食或被感染性卵囊污染的食物而感染。此外，滋养体也可通过口腔、鼻腔、呼吸道黏膜、眼结膜和皮肤侵入体内，通过淋巴结血液循环进入各脏器有核细胞，在胞浆内以内出芽的方式进行无性繁殖。如果虫株毒力强，宿主还没有产生足够的免疫力，即可引起急性发病过程。相反，如果虫株毒力强，宿主又很快产生免疫力，弓形虫的繁殖受阻，则慢性发病或无症状感染，此时虫体在中间宿主体内一些脏器组织中形成包囊型虫体。猫既是弓形虫的终末宿主，又是中间宿主，弓形虫既可在猫的肠上皮细胞进行有性繁殖过程，经裂殖生殖（无性繁殖）和配子生殖（有性繁殖）后形成卵囊，又可经淋巴血液循环侵入各脏器有核细胞内进行无性繁殖。

二、流行病学

1. 易感动物

目前，已知中间宿主有45种哺乳动物，70余种鸟类和5种爬行动物，终末宿主为猫和猫科动物。现已查明刚地弓形虫可以感染200余种脊椎动物，包括猪、绵羊、山羊、牛、马、犬、猫和实验动物等，人类也能感染。

2. 传染源

病猫和带虫猫排出的卵囊污染过的土壤、饲料、饲草、饮水等。患病和带虫动物的唾液、痰、粪便、乳汁、蛋、腹腔液、眼分泌物、肉、内脏淋巴结、流产胎儿体内、胎盘和流产物中，以及急性病例的血液中都可能含有滋养体。

3. 传播途径

通过消化道吞食含有包囊或滋养体的肉类和被感染性卵囊污染的饲料、饲草、饮水；滋养体还可经口腔、鼻腔、呼吸道黏膜、眼结膜和皮肤感染，母体胎儿还可通过胎盘感染。许多昆虫（食粪甲虫、蟑螂、污蝇等）和蚯蚓可以机械地传播卵囊；吸血昆虫和蜱类通过吸血传播病原。

4. 流行特点

人和动物的弓形虫感染广泛分布于世界各地，一般来说弓形虫的流行没有严格的季节性，但秋冬季和早春发病率最高，可能与动物机体的抵抗力因寒冷、运输、妊娠而降低有关。该病没有严格的地区分布，但在一些卫生条件差的农村，该病的感染率比城市显著较高。Kawarabayashi发现在巴西卫生条件差的农村调查，阳性率48.08%，城市26.14%；Frenkel发现哥斯达黎加城市阳性率比农村高，因城市养猫数量比农村高10～250倍，猫的感染率亦高。一些作者报告气候潮湿地区比干旱地区人的感染率高，认为可能与卵囊在湿润土壤存活时间长，利于传播有关。

三、临床症状和病理变化

大多数成年羊呈隐性感染，主要表现为妊娠羊常于正常分娩前4～6周出现流产，其他症状不明显。剖检可见流产母羊有1/2的胎膜有病变，绒毛叶呈暗红色，在绒毛中间有许多直径为1～2 mm的白色坏死灶。产出的死羔皮下水肿，体腔内有过多的液体，肠内充血，脑尤其是小脑前部有广泛性非炎症性小坏死点。此外，在流产组织内可发现弓形虫。

少数病例可出现神经系统和呼吸系统症状，表现呼吸困难，咳嗽，流泪，流涎，有鼻液，走路摇摆，运动失调，视力障碍，心跳加快，体温41℃以上，呈稽留热，腹泻等。剖检可见淋巴结肿大，边缘有小结节，肺表面有散在的小出血点，胸、腹腔有积液。此时，肝、肺、脾、淋巴结涂片检查可见弓形虫速殖子。

四、诊断

1. 病原学诊断方法

（1）直接镜检。取病羊病料（心、肺、肝、淋巴结、腹液、脑脊液、血液、尿液、淋巴穿刺液等）作抹片或涂片，固定、染色、镜检，查出弓形虫虫体即可确诊。

（2）集虫检查。如脏器涂片未发现虫体，可采集肺门淋巴结或肝组织 3 ～ 5 g，捣碎后加 10 倍生理盐水混匀，用双层纱布过滤，以 500 r/min 的速度离心 3 min，取上层液，再以 2 000 r/min 离心 10 min，取其沉淀物涂片染色镜检。

（3）压片及切片检查。主要用于检查慢性或隐性感染的患畜各组织中的包囊型虫体。检查时需将病变组织制成切片或压片，染色后镜检。

（4）动物接种。对于未查出虫体的可疑病例，可采集其肺、肝、脾及淋巴结等组织研磨过滤，加 10 倍的 PBS（每毫升加青霉素 1 000 IU、链霉素 1 000 μg）混匀，静置 10 min，取上清液接种于小鼠腹腔，每只 0.5 ～ 1 mL，连续观察 20 d，若小鼠出现呼吸促迫或死亡，取腹腔液或脏器进行涂片检查。若不发病，可对小鼠进行连续 3 代盲传，最终没发现弓形虫才可以认为阴性。

2. 免疫学诊断方法

（1）染色试验（DT）。DT 曾被视为是弓形虫病特有的血清学检测方法，被认为是最有价值的检测手段，具有良好的特异性、敏感性和重复性。但由于在进行检查时必须使用活的、有毒力的速殖子，存在巨大的危险性，致使其应用受到了限制。随后在此基础上建立的免疫酶染色试验（IEST），是以玻片上的甲醛固定的弓形虫虫体作为抗原，与血清样本中抗体反应，加入酶标二抗及底物，以虫体周围出现完整的淡黄色作为阳性标准。该法简单、敏感、特异、快速，可在现场使用。赵恒梅等用该法检测了 11 份阳性兔血清和 34 份弓形虫病人的血清，阳性率分别为 100% 和 94.1%，与血吸虫病、肺吸虫病、疟疾等均无交叉反应，并与间接免疫荧光法（IFAT）检测结果无差异。

（2）凝集试验（AT）。

直接凝集试验（DAT）：本法简便快速，阳性反应出现时间比间接血细胞凝集试验（IHA）早。试验以甲醛固定的弓形虫悬液作为抗原与被检血清直接进行反应。在玻片上加不同稀释度的试验血清，混匀，几分钟后在显微镜下观察，如发生凝集，则为阳性反应。

间接血细胞凝集试验（IHA）：主要优点是简便、快速、灵敏，已广泛应用于流行病学调查。陈义民等建立了以弓形虫滋养体（速殖子）抗原致敏绵羊红细胞的 IHA 方法，应用此试剂检测人工感染弓形虫的兔血清，首次检测出抗体的时间为感染后 7 d，检出率为 100%。在此基础上张德林等又创建了一种以弓形虫代谢分泌抗原致敏羊红细胞的 IHA 方法，用此方法制备的试剂较前者提前 2 d 检出血清中的抗体，且在检测结果上两者的符合率为 100%。

改良凝集试验（MAT）：MAT 是 Dubey 和 Desmonts 建立的，被认为是特异敏感的检测方法。Dubey 对 1 000 头自然感染的母猪进行了各种血清学检测方法的对比实验，结果表明 MAT 可以检测猪的潜伏感染和现症感染。Venturini 等应用 MAT 首次在阿根廷发现存在猪弓形虫病的先天感染。但 MAT 存在着检测费时、费用高等缺点。

（3）酶联免疫吸附试验（ELISA）。ELISA 是当前诊断弓形虫感染应用最广的技术。间接 ELISA 法检测弓形虫 IgM 抗体，急性病例检出率较高，但类风湿因子阳性者易出现假阳性反应。近年来，新发展的双夹心法检测 IgM，是采用抗 IgM 抗体包板，样本中的 IgG、类风湿因子及抗核抗体等均在第一步捕获 IgM 步骤中被分离去，从而消除了非特异的干扰，提高了敏感性及特异性。除此以外，研究人员在此基础上还创建了多种新的测定方法，如葡萄球菌 A 蛋白 ELISA（SPA-ELISA）、亲和素生物素 ELISA（ABC-ELISA）、Dot-ELISA、PCR-ELISA。

（4）胶体金免疫层析法（GICA）。李昕等用胶体金标记弓形虫单克隆抗体，制成检测宿主血清中的弓形虫循环抗原的胶体金免疫层析试剂条。用其检测 75 份感染弓形虫速殖子后不同时间小鼠血清中的循环抗原及 30 份正常小鼠血清中的抗原，并与 ELISA 夹心法进行比较。2 种方法检测高免弓形虫循环抗原的符合率为 95%，胶体金免疫层析试剂条的灵敏度与 ELISA 相近。又用其检测了 20 例临床肿瘤病人的血清中弓形虫循环抗原，结果显示检出率为 20%。

3. 分子生物学诊断方法

（1）常规 PCR 方法。Ho-yen 等应用 B1 基因设计合成一对扩增片段长度为 194 bp 的引物，成功建立了一种巢式 PCR 方法，用于检测病人血液样品中的弓形虫。Savva 等首先应用 P30 基因设计引物进行 PCR 检测，发现对所检测的 7 株弓形虫株都能扩增，且对任何其他寄生虫与微生物都未见扩增。Jauregui 等根据弓形虫核糖体第一内转录间隔区（ITS-1）序列设计引物，建立了猪弓形虫的 PCR 检测方法。

（2）多重 PCR 方法。戴克胜等选择弓形虫、巨细胞病毒、Ⅰ型和Ⅱ型单纯疱疹病毒特异性基因片段，按照多重 PCR 引物设计的特殊要求，各设计一对引物，建立先天致畸多种病原体（TORCH）感染的多重 PCR 诊断方法，结果各病原体扩增片段及多重 PCR 扩增条带均清晰、均一，产量较高，无非特异扩增，片段长度与理论值一致。

（3）免疫 PCR 方法。郑兰艳等用链亲素将生物素化的二抗和生物素化的 DNA 耦联起来，通过 PCR 扩增标记 DNA 检测固定的抗原，建立了弓形虫循环抗原免疫 -PCR 检测技术，用该技术和 ELISA 法平行检测系列稀释的弓形虫感染鼠阳性血清中的 CAg 以及实验感染鼠血清中 CAg 的动态变化，对比研究二者之间的敏感性。结果发现免疫 PCR 方法敏感性较 ELISA 方法提高了 200 倍，免疫 PCR 检出阳性结果时间早，为弓形虫病早期诊断提供了依据。

（4）实时定量 PCR 方法。刘世国等用实时 PCR 检测弓形虫感染的 16 只雄兔精液中弓形虫 DNA，结果 16 只雄兔感染前其精液中均不能检测到弓形虫 DNA，精液中虫体含量在感染后 7 周左右达到高峰期，然后虫体含量逐渐下降，在感染 9 ～ 15 周维持较低水平。

（5）巢式 PCR 方法。陈俏梅等采用 P30 基因设计引物，建立巢式 PCR。检测感染弓形虫小鼠血液和腹腔波中的 DNA 动态变化和自然状态下的普通级豚鼠、教学和科研用兔的弓形虫感染率，并和常规 PCR 检测结果比较。结果巢式 PCR 可检测到 1fgDNA 含量，比常规 PCR 敏感 100 倍；对其他微生物 DNA 无交叉现象，特异性强；对同一样品重复检测 3 次，阴、阳性结果一致，稳定性好。

五、类症鉴别

1. 羊布鲁氏菌病

相似点：怀孕母羊流产、产死胎或分娩出弱羔。

不同点：病羊流产前 2 ～ 3 d，阴道黏膜潮红肿胀，由阴道排出黏液或黏性带血分泌物；流产的胎儿多数都是早期死亡，成活的则极度衰弱、发育不良；流产后持续排出黏液或灰色的恶臭分泌物。公羊发生睾丸炎；非妊娠期的羊出现慢性关节炎，关节局部肿大，跛行，行动困难。剖检可见子宫内部有灰色或呈黄色胶冻样渗出物，表面覆有黄色坏死物。

2. 羊衣原体病

相似点：怀孕母羊在妊娠后期流产、产死胎或分娩出弱羔。剖检可见母羊子叶呈暗红色，流产胎儿皮下水肿。

不同点：母羊排浅黄色分泌物，有时可见乳房炎，乳房肿胀、热痛，后期萎缩，泌乳量减少或停止。羊群中公羊患有睾丸炎、附睾炎。羔羊见关节炎或结膜炎；羔羊跛行，关节摸之有痛感，拱背而立或侧卧；眼结膜充血、水肿，流泪，角膜发生不同程度的混浊、溃疡。

3. 羊沙门氏菌病

相似点：怀孕母羊在妊娠后期流产、产死胎或分娩出弱羔。

不同点：母羊流产前体温升高至 40 ～ 41℃，流产前后数天阴道有黏性带有血丝或血块的分泌物流出，发病母羊可在流产后或无流产的情况下死亡。羔羊出现腹痛症状，发生剧烈下痢，初期下痢为黑色并混有大量泥糊样粪便；中期患病羔羊排粪时用力努责后流出少许粪便，污染其后躯和腿部，患病羔羊喜食污秽物；后期下痢呈喷射状，粪便内混有多量血液，经 1 ～ 5 d 死亡。

六、防治措施

1. 预防

做好羊舍卫生工作，定期消毒。饲草、饲料和饮水严禁被猫的排泄物污染。对羊的流产胎儿及其他排泄物要进行无害化处理，流产的场地也应严格消毒。死于该病或疑似该病的尸体，要严格处理，以防污染环境或被猫及其他动物吞食。弓形虫疫苗研究已取得一定的进展，目前，已经有弱毒虫苗、分泌代谢抗原及基因工程疫苗研究报道。

2. 治疗

对急性病例可应用磺胺类药物，与抗菌增效剂联合使用效果更好，也可使用四环素族抗生素和螺旋霉素等，但上述药物通常不能杀灭包囊内的慢殖子。

处方 1：磺胺嘧啶，每千克体重 70 mg，甲氧苄氨嘧啶，每千克体重 14 mg，口服，每日 2 次，连用 3 ～ 4 d。

处方 2：磺胺甲氧吡嗪，每千克体重 30 mg，甲氧苄氨嘧啶，每千克体重 10 mg，口服，每日 1 次，连用 3 ～ 4 d。

处方 3：磺胺-6-甲氧嘧啶，每千克体重 60 ～ 100 mg，配合甲氧苄氨嘧啶，每千克体重 14 mg，口服，每日 1 次，连用 4 d。

第九节　双腔吸虫病

羊双腔吸虫病是由矛形双腔吸虫和中华双腔吸虫等寄生于羊的肝脏的胆管和胆囊内所引起的疾病。该病主要危害反刍动物，能引起胆管炎、肝硬变，并导致代谢障碍和营养不良，羊严重感染时甚至会导致死亡。该病广泛分布于世界各地；在中国，主要分布在西北地区、东北地区和内蒙古等地。

一、病原

1. 分类地位

双腔吸虫在分类上属于斜睾目双腔科双腔属。羊双腔吸虫病的病原为双腔吸虫属的矛形双腔吸虫和中华双腔吸虫。

2. 形态特征

（1）矛形双腔吸虫。矛形双腔吸虫的虫体狭长呈矛形，棕红色，大小为（6.67 ～ 8.34）mm×（1.61 ～ 2.14）mm，体表光滑。口吸盘后紧随有咽，下接食道和 2 支简单的肠管。腹吸盘大于口吸盘，位于体前端 1/5 处。睾丸 2 个前后排列或斜列于腹吸盘的后方。虫卵呈卵圆形或椭圆形，暗褐色，卵壳厚，两侧稍不对称，大小为（38 ～ 45）μm×（22 ～ 30）μm。虫卵一端有明显的卵盖，卵内含毛蚴。

（2）中华双腔吸虫。中华双腔吸虫与矛形双腔吸虫相似，但虫体较宽扁，其前方体部呈头锥形，后两侧作肩样突出；大小为（3.54 ～ 8.95）mm×（2.03 ～ 3.09）mm。睾丸两个，呈圆形，边缘不整齐或稍分叶，左右并列于腹吸盘。虫卵与矛形双腔吸虫卵相似，大小为（45 ～ 51）μm×（30 ～ 33）μm。

3. 抵抗力

双腔吸虫虫卵对外界环境条件的抵抗力很强，在土壤和粪便中可存活数月，仍具感染性，在 18 ～ 20℃时，干燥 1 周仍能存活。对低温的抵抗力更强，虫卵和在第一、第二中间宿主体内的各期幼虫均可越冬，且不丧失感染性。虫卵能耐受 -50℃的低温。虫卵亦能耐受高温，50℃时，24 h 仍有活力。

二、流行病学

双腔吸虫在生活史中，需要 2 个中间宿主。双腔吸虫的第一中间宿主是陆地螺类即蜗牛，第二中间宿主是蚂蚁。成虫在终末宿主体内的胆管或胆囊内产卵，虫卵随粪便排出，虫卵被蜗牛吞食后其内的毛蚴孵出，经母胞蚴、子胞蚴而发育为尾蚴。尾蚴在螺的呼吸腔形成尾蚴群囊，并被排出，粘在植物或其他物体上。从卵被螺吞噬至黏性球离开螺体需要 82 ～ 150 d，尾蚴在外界的生活期一般只有几天。黏性球被第二中间宿主蚂蚁吞食后，在其体内形成囊蚴。动物因吞食了含囊蚴的蚂蚁导致感染。吞食的囊蚴在肠内脱囊，并到达肝脏胆管内寄生后发育为成虫，从终末宿主吞噬囊蚴至发育为成虫需 72 ～ 85 d，成虫在宿主动物体内能够存活 6 年以上。整个发育过程需 160 ～ 240 d。

该病的分布几乎遍及世界各地，多呈地方性流行。在我国主要分布于东北、华北、西北和西南诸省（区）。尤其以西北各省（区）和内蒙古较为严重。宿主动物极其广泛，至今已有 70 余种，除马、羊、牛等家畜外，相当数目的野生偶蹄类动物也成为其感染对象。

在潮湿温暖的南方，陆地螺和蚂蚁可全年活动，动物几乎全年均可感染。而在寒冷干燥的北方，中间宿主需要冬眠，动物的感染明显具有春秋两季特点，但动物发病多在冬春季节。

动物随年龄的增加，其感染率和感染强度也逐渐增加，感染的虫体数可达数千条，甚至上万条。

三、临床症状

羊的症状表现因感染强度不同而有所差异。轻度感染的羊，通常无明显的症状。严重感染时，病羊可视黏膜黄染，下颌水肿，消化功能紊乱，出现血便、顽固性腹泻、异嗜、贫血，逐渐消瘦，粪便有血腥味，体温升高，肝区触诊有痛感，最后陷于恶病质而死亡。

四、病理变化

剖检所见主要病变为胆管出现卡他性炎症，管壁增生、肥厚，胆汁暗褐色，胆管周围结缔组织增生。肝脏表面有虫体移行的痕迹（图6-9-1）。肠系膜严重水肿（图6-9-2），腹腔、心包积液（图6-9-3、图6-9-4）。胆囊、胆管内有数量不等的棕红色狭长虫体。寄生数量较多时，可使肝脏发生硬变、肿大，肝表面形成瘢痕（图6-9-5），胆管呈索状。

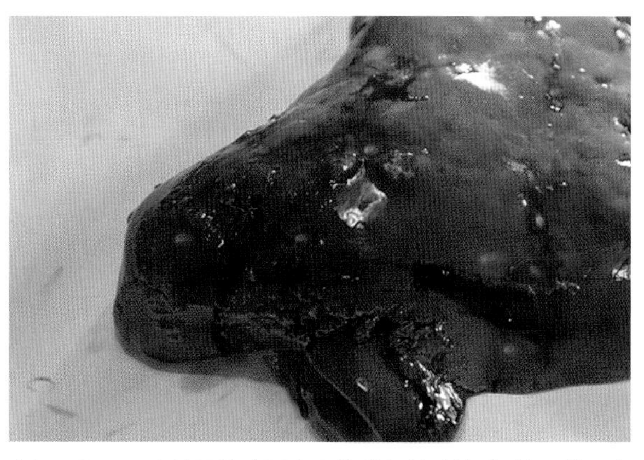

图6-9-1　病羊肝脏表面有虫体移行的痕迹（陈泽　供图）

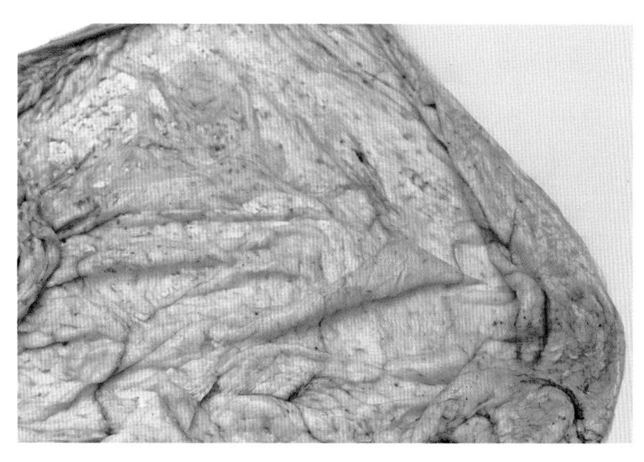

图6-9-2　病羊肠系膜严重水肿（陈泽　供图）

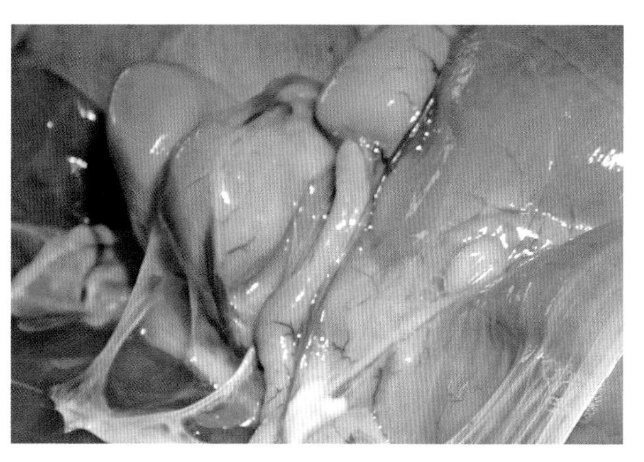

图6-9-3　病羊腹腔积液（陈泽　供图）

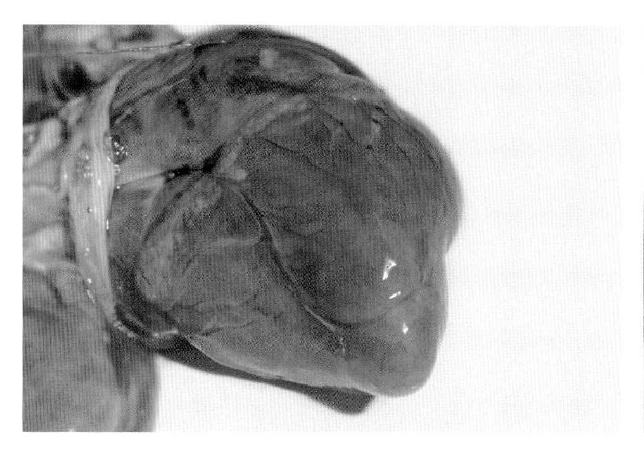

图6-9-4　病羊心包积液（陈泽　供图）

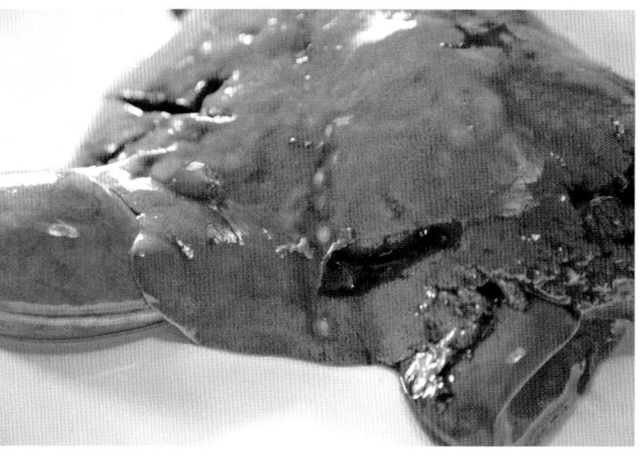

图6-9-5　病羊肝脏发生硬变、肿大，肝表面形成瘢痕，胆囊茶褐色（陈泽　供图）

五、诊断

1. 虫体检查

将肝脏浸入加有 NaCl 的水中，挤压变碎，连续洗涤，充分除去肝组织后筛查虫体。检出的虫体侵染，再用二甲苯透明。借助显微镜观察虫体的内部结构，并测定虫体规格。检查时，应严格按照操作规程，一定要选择适宜倍数的目镜进行观察。

2. 虫卵检查

将肠内容物与体外新鲜粪便加水搅拌均匀，用 40 目铜筛网过滤于离心管中，用离心机离心 2 min（1 000 ～ 2 000 r/min 的速度），小心倒去上层液，再加水离心，直至上层液完全清凉透明。倾去上层液，吸出适量沉淀物，滴于载玻片上，于显微镜下观察虫卵的形态组织结构，并测虫卵大小。

六、类症鉴别

1. 羊前后盘吸虫病

相似点：病羊下颌水肿，消化功能紊乱，出现血便、顽固性腹泻、贫血，逐渐消瘦。

不同点：病羊高度贫血，血液稀薄如水，血红蛋白含量降到 40% 以下；眼睑、胸腹下部水肿。剖检可见皮下脂肪呈胶冻样，颈部皮下有胶冻样物质，各脏器色淡；瘤胃、真胃和瓣胃的皱襞内有许多暗红色虫体。

2. 羊阔盘吸虫病

相似点：病羊下颌水肿，消化功能紊乱，下痢，贫血，消瘦。

不同点：病羊胸前水肿，粪中常有黏液。剖检可见病变主要在胰腺，胰腺肿大，胰管因高度扩张呈黑色蚯蚓状突出于胰脏表面；胰管发炎肥厚，管腔黏膜不平，呈乳头状小结节突起，并有点状出血，内含大量虫体。

3. 羊消化道线虫病

相似点：病羊消化功能紊乱，消瘦，贫血，腹泻、血便，下颌水肿。

不同点：病羊颈下水肿，可视黏膜苍白。剖检可见病羊消化道各部有数量不等的相应线虫寄生；真胃黏膜水肿，有时可见虫咬的痕迹和针尖大到粟粒大的小结节；小肠和盲肠黏膜有卡他性炎症，大肠可见到黄色小点状的结节或化脓性结节以及肠壁上遗留下的一些瘢痕性斑点。

七、防治措施

1. 预防

（1）预防性驱虫。对羊群定期进行虫情监测，应用水洗沉淀法检查绵羊粪便虫卵。根据虫情监测情况，进行预防性药物驱虫。

（2）粪便生物热杀虫。对圈舍内的粪便定期勤起勤垫，清理的粪便最好放在离圈舍稍远的地方，堆积发酵。

（3）改善饲养管理条件。注意饮水卫生，饮用水源要加以保护，防污染。饮水槽要经常刷洗，保持清洁。

（4）合理放牧。在夏秋两季节，尽量避免到湿涝草地或沼泽放牧，应选择干燥的草地放牧。

（5）灭螺、灭蚊。因地制宜，结合改良牧地开荒种草，除去灌木丛或烧荒等措施杀灭宿主。牧场可养鸡灭螺，人工捕捉蜗牛。该病严重流行的区域，可用氯化钾灭螺，每平方米用 20 ～ 25 g。

2. 治疗

（1）西药治疗。

处方 1：三氯苯丙酰嗪，剂量为每千克体重 50 mg，配成 2% 悬浮液，一次口服，这是治疗该病最有效的药物。

处方 2：吡喹酮胶囊，剂量为每千克体重 60 ～ 65 mg，一次口服；油剂腹腔注射，每千克羊体重用 50 mg。

处方 3：三氯苯咪唑（肝蛭净）注射液，注射剂量每只羊每千克体重 2 mL；口服剂量每只羊每千克体重 10 mg。

处方 4：溴酚磷（蛭得净），口服剂量每只羊每千克体重 15 mg。

处方 5：丙硫咪唑，剂量为每千克体重 30 ～ 40 mg，牛的剂量为每千克体重 10 ～ 15 mg，一次口服，疗效甚好。

处方 6：六氯对二甲苯，该药的用量较大，羊的剂量为每千克体重 200 ～ 300 mg，一次口服，驱虫率可达 90% 以上，连用 2 次，可达 100%。

（2）对症治疗。

为调解体内酸碱失衡，水分及电解质的流失、脱水，服用口服补液盐。氯化钠 3.5 g、氯化钾 1.5 g、葡萄糖 20 g、碳酸氢钠 2.5 g，加温水 1 000 mL 溶解后灌服，连服 3 d。

第十节　阔盘吸虫病

阔盘吸虫病是由阔盘属的数种吸虫寄生于宿主的胰管中所引起的疾病，亦称胰吸虫病。此外，病原还可寄生于胆管和十二指肠中。羊患此病后，可表现下痢、贫血、消瘦和水肿等症状，严重时可引起死亡。该病除发生于牛、羊等反刍动物外，还可感染猪、兔、猴和人等。我国东北、西北及南方各省（区）均有该病流行。

一、病原

寄生于羊的阔盘吸虫主要有胰阔盘吸虫、腔阔盘吸虫和枝睾阔盘吸虫，其中以胰阔盘吸虫最为常见。

1. 胰阔盘吸虫

虫体扁平、较厚，呈棕红色。虫体长 8 ～ 16 mm，宽 5.0 ～ 5.8 mm，呈长卵圆形。口吸盘大于腹吸盘。咽小，食道短。2 个睾丸呈圆形或稍分叶，位于腹吸盘水平线的稍后方，左右排列。雄茎囊呈长管状，位于腹吸盘前方与肠管分支处之间。生殖孔位于肠管分支处稍后方。卵巢分叶34瓣，位于睾丸之后，虫体中线附近。卵黄腺呈颗粒状，成簇排列，分布于虫体中部两侧。子宫弯曲，处于虫体后部。2条排泄管沿肠管外侧走向于虫体两侧。虫卵呈黄棕色或深褐色，椭圆形，两侧稍不对称，一端有卵盖，大小为（42～53）μm×（23～38）μm。卵壳厚，内含毛蚴。

2. 腔阔盘吸虫

虫体较为短小，呈短椭圆形，体后端有一明显的尾突，虫体长7.48～8.05 mm，宽2.73～4.76 mm。卵巢多呈圆形整块，少数有缺刻或分叶。睾丸大都为圆形或椭圆形，少数有不整齐的缺刻。虫卵大小为（34～47）μm×（26～36）μm。

3. 枝睾阔盘吸虫

虫体呈前尖后钝的瓜子形，长4.49～7.90 mm，宽2.17～3.07 mm。口吸盘略小于腹吸盘，睾丸大而分枝，卵巢分叶5～6瓣。虫卵大小为（45～42）μm×（30～34）μm。

二、生活史

阔盘吸虫的发育须经虫卵、毛蚴、母胞蚴、子胞蚴、尾蚴、囊蚴及成虫各个阶段。寄生在胰管中的成虫产出的虫卵随胰液进入消化道，再随粪排出。虫卵在外界被第一中间宿主陆地蜗牛吞食后，在其体内孵出毛蚴并依序发育为母胞蚴、子胞蚴和尾蚴，包囊着尾蚴的成熟子胞蚴经呼吸孔排出到外界。从蜗牛吞食虫卵至排出成熟的子胞蚴，在温暖季节需5～6个月，夏季以后感染蜗牛的则大约经过1年才能发育成熟。

成熟的子胞蚴被第二中间宿主草螽或针蟀吞食后，经23～30 d尾蚴发育为囊蚴。羊等终末宿主吃草时吞食了含有囊蚴的草螽或针蟀而感染，经80～100 d发育为成虫。从虫卵到成虫，全部发育过程需要10～16个月才能完成。

三、临床症状

阔盘吸虫大量寄生时，由于虫体刺激和毒素作用，胰管发生慢性增生性炎症，使胰管管腔窄小甚至闭塞，胰消化酶的产生和分泌及糖代谢机能失调，引起消化及营养障碍。患羊表现消化不良，消瘦，贫血，下颌及胸前水肿，衰弱，经常下痢，粪中常有黏液，严重时可引起死亡。

四、病理变化

剖检可见病羊尸体消瘦，胰腺肿大（图6-10-1），胰管因高度扩张呈黑色蚯蚓状突出于胰脏表面。胰管发炎肥厚，管腔黏膜不平，呈乳头状小结节突起，并有点状出血，内含大量虫体（图6-10-2）。慢性感染则因结缔组织增生而导致整个胰脏硬化、萎缩，胰管内仍有数量不等的虫体寄生（图6-10-3）。

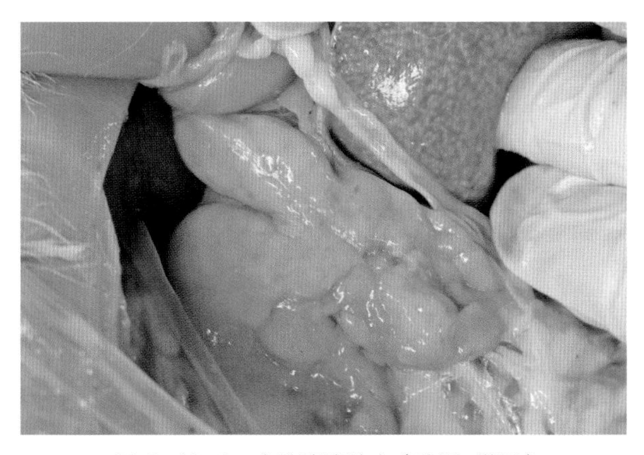

图6-10-1　病羊胰腺肿大（陈泽　供图）

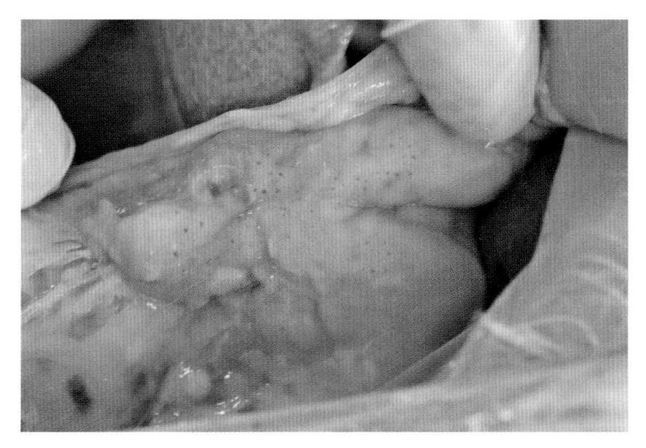
图6-10-2　病羊胰腺有点状出血（陈泽　供图）

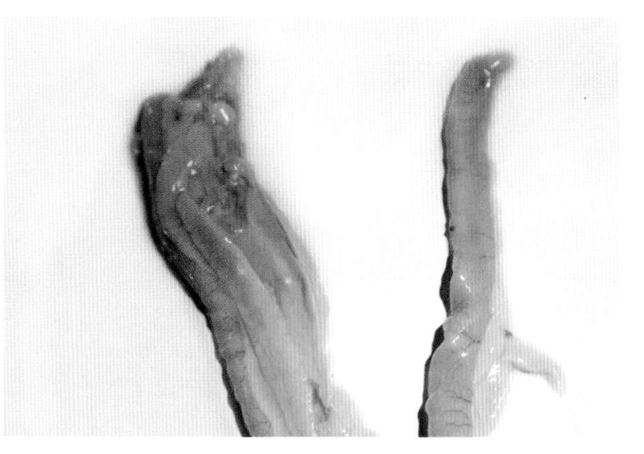
图6-10-3　病羊胰脏硬化、萎缩（陈泽　供图）

五、诊断

阔盘吸虫病的诊断主要是传统寄生虫学诊断方法，包括临床症状观察、流行病学调查，粪便虫卵检查和尸体剖检等。生前诊断用水洗沉淀法检查虫卵；死后剖检，在胰脏胰管中检获大量虫体，并结合症状进行确诊。

粪检虫卵时，可采用直接涂片法或水洗沉淀法。通常以改进的水洗沉淀法效果较好。方法是直肠采集粪 3 ～ 5 g，置于 300 mL 烧杯内，加少量水捣碎搅拌混合，依次通过 100 目、200 目和 250 目 3 种纱网的过滤，每次滤完都要以少量净水冲洗纱网。3 次滤完后的粪液再反复水洗沉淀 4 ～ 5 次，每次 10 ～ 15 min，直到上清液清亮为止，最后吸取沉渣，制片镜检虫卵。

六、类症鉴别

1. 羊前后盘吸虫病

相似点：病羊消瘦，贫血，下颌及胸前水肿，衰弱，下痢。

不同点：病羊顽固性腹泻，粪便呈粥状或水样，混有血液；高度贫血，血液稀薄如水，血红蛋白含量降到 40% 以下；眼睑水肿。剖检可见皮下脂肪呈胶冻样，颈部皮下有胶冻样物质，各脏器色淡；瘤胃、真胃和瓣胃的皱襞内有许多暗红色虫体。

2. 羊双腔吸虫病

相似点：病羊下颌水肿，消化功能紊乱，下痢，贫血，消瘦。

不同点：病羊可视黏膜黄染，顽固性腹泻、血便，异嗜，肝区触诊有痛感。剖检所见主要病变为胆管出现卡他性炎症，管壁增生、肥厚，胆汁暗褐色，胆管周围结缔组织增生，胆囊、胆管内有数量不等的棕红色狭长虫体。肝脏表面有虫体移行的痕迹，寄生数量较多时，可使肝脏发生硬变、肿大，肝表面形成瘢痕，胆管呈索状。

3. 羊消化道线虫病

相似点：病羊消瘦，贫血，可视黏膜苍白，腹泻，下颌及颈下水肿。

不同点：剖检可见病羊消化道各部有数量不等的相应线虫寄生；真胃黏膜水肿，有时可见虫咬的痕迹和针尖大到粟粒大的小结节；小肠和盲肠黏膜有卡他性炎症，大肠可见到黄色小点状的结节或化脓性结节以及肠壁上遗留下的一些瘢痕性斑点。

4. 羊片形吸虫病（慢性型）

相似点：病羊眼睑、下颌、胸下及腹下部出现水肿，食欲减退或废绝，黏膜苍白，贫血剧烈，病羊逐渐消瘦。

不同点：病羊的被毛粗乱，无光泽，脆而易断，有局部脱毛现象；病羊消瘦，便秘与腹泻交替发生，不出现顽固性腹泻；妊娠母羊可能生产弱羔，甚至死胎。剖检可见肝脏增生、肿大，表面有淡白色索状瘢痕；胆管扩大及管壁增厚，致使灰黄色的索状物出现于肝的表面，充满着灰褐色的胆汁和虫体；肺的某些部分有局限性的硬固结节。

七、防治措施

1. 预防

该病流行地区应在每年初冬和早春各进行 1 次预防性驱虫；有条件的地区可实行划区放牧，以避免感染；应注意消灭其第一中间宿主蜗牛（其第二中间宿主草螽在牧场广泛存在，扑灭甚为困难）；同时加强饲养管理，以增加畜体的抗病能力。

2. 治疗

处方 1：六氯对二甲苯，剂量按每千克体重 400 mg，口服 3 次，每次间隔 2 d。

处方 2：硫喹酮，口服时，剂量按每千克体重 65 ～ 80 mg；肌内注射或腹腔注射时，剂量按每千克体重 50 mg，并以液状石蜡或植物油（灭菌）制成 20%油剂。腹腔注射时应防止注入肝脏或肾脂肪囊内。

第十一节　前后盘吸虫病

前后盘吸虫病也称胃吸虫病、瘤胃吸虫病等，是由前后盘科的各属吸虫寄生于牛、羊等反刍动物的瘤胃和胆管壁上，童虫在移行过程中寄生在真胃、小肠、胆管和胆囊所引起。一般寄生于羊的瘤胃、网胃壁及瓣胃上的成虫危害不严重，但如果大量童虫在移行过程中寄生在真胃、小肠、胆管和胆囊，可引起严重的疾患，甚至发生大批死亡。

一、病原

该病病原为前后盘科各属的吸虫，有同盘属、腹袋属和腹盘属，其代表种是鹿前后盘吸虫。

鹿前后盘吸虫为淡红色，圆锥形，长 5 ～ 11 mm，宽 2 ～ 4 mm。背面稍拱起，腹面略凹陷，有口吸盘和后吸盘各 1 个。后吸盘位于虫体后端，吸附在羊的胃壁上。口吸盘内有口孔，直通食道，无咽。有盲肠 2 条，弯曲伸达虫体后部。有 2 个椭圆形略分叶的睾丸，前后排列于虫体的中部。睾丸后部有圆形卵巢。子宫弯曲，内充满虫卵。卵黄腺呈颗粒状，散布于虫体两侧，从口吸盘延伸到后吸盘。虫卵的形状与肝片吸虫很相似，灰白色，椭圆形，卵黄细胞不充满整个虫卵，只在一方面集结成群。

二、生活史

成虫寄生于羊（终末宿主）的瘤胃和网胃壁上，成虫产卵后卵进入肠道随粪便排出体外，在水中孵化出毛蚴。毛蚴遇到淡水螺（中间宿主）再钻入其体内，育成胞蚴、雷蚴和尾蚴。尾蚴具有前后吸盘及一对眼点。尾蚴离螺体，附着在水草上形成囊蚴。羊采食有囊蚴的水草而感染。囊蚴到达肠道后，幼虫从囊内游离出来，附着在瘤胃黏膜之前，先在小肠、胆管、胆囊和真胃内移行，寄生数十天，最后到达瘤胃发育成成虫。

前后盘吸虫病山羊感染率高，而且感染强度大。该病南方较多见，南方羊可常年感染前后盘吸虫病，北方羊主要在 5—10 月感染，多雨年份易造成该病流行。

三、临床症状

在童虫大量入侵十二指肠期间，病羊精神沉郁，厌食、消瘦，几天后发生顽固性腹泻，粪便呈粥状或水样，恶臭，混有血液。以致病羊急剧消瘦，高度贫血，黏膜苍白，血液稀薄，血红蛋白含量降到 40% 以下。白细胞总数稍增高，出现核左移现象。体温一般正常。病至后期，精神萎靡，极度虚弱，眼睑、下颌、胸腹下部水肿，最后常因恶病质而死亡。成虫引起的症状也是消瘦、贫血、下痢和水肿，但经过缓慢。

四、病理变化

病羊血液呈淡红色，稀薄如水，皮下脂肪呈胶冻样，颈部皮下有胶冻样物质（图 6-11-1），各脏器色淡。患羊瘤胃、真胃和瓣胃的皱襞内有许多暗红色虫体，虫体肥厚，长 2 ~ 3 cm，宽 0.5 ~ 1 cm，其数量不等，呈深红色、粉红色，如将其强行从皱襞剥离，可见虫体附着处黏膜充血、出血或留有溃疡灶（图 6-11-2）。

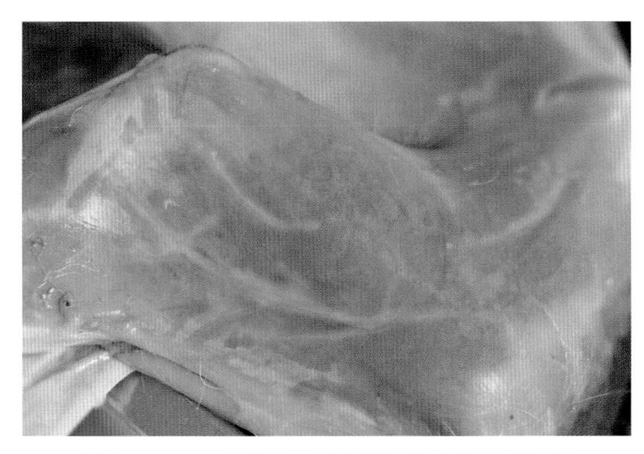
图 6-11-1　病羊皮下胶冻样浸润（陈泽 供图）

图 6-11-2　病羊胃黏膜充血、出血或留有溃疡灶（陈泽 供图）

五、诊断

童虫引起的疾病，主要是根据临床症状，结合流行病学资料分析来判断。还可进行试验性驱虫，如果粪便中找到相当数量的童虫或症状好转，即可作出诊断。对成虫可用沉淀法在粪便中找出虫卵加以确诊。病羊死后进行剖检，在瘤胃发现成虫或在其他器官找到幼小虫体，即可确诊，同时可以推测其他羊只是否患有该病。

1. 离心沉淀法

采集 5 ～ 10 g 山羊的粪便放入一个 400 mL 烧杯中，加入少许水，用玻璃棒捣碎，搅匀，再用 40 目铜筛或两层纱布过滤至另一干净的 50 mL 离心管内，放入台式离心机内，以 2 000 r/min 的速度离心 2 ～ 3 min，此时，因虫卵相对密度大，经离心后沉于管底，然后倒去上清液，取沉渣进行镜检。结果发现有少数前后盘吸虫卵。

虫卵形态：镜下虫卵呈椭圆形，浅灰色，有卵盖，内含圆形胚细胞，卵黄细胞未充满整个虫卵，一端拥挤，另一端有窄隙，长 110 ～ 120 μm，宽 70 ～ 100 μm。

2. 幼虫分离法

使用贝尔曼装置，取直接采自山羊的新鲜真胃，剪碎，放入漏斗中的金属筛上，然后沿漏斗边缘缓慢地倒入约 40℃温水直至粪便的表面。静置 1 ～ 2 h，然后小心地用金属夹或捏住橡胶管。拔去小试管，将上端的水弃去。再用吸管吸试管内的上清液，将沉渣物吸于载玻片上，置显微镜镜检。

六、类症鉴别

1. 羊阔盘吸虫病

相似点：病羊消瘦，贫血，下颌及胸前水肿，衰弱，下痢。

不同点：剖检可见病变主要在胰腺，胰腺肿大，胰管因高度扩张呈黑色蚯蚓状突出于胰脏表面；胰管发炎肥厚，管腔黏膜不平，呈乳头状小结节突起，并有点状出血，内含大量虫体。

2. 羊双腔吸虫病

相似点：病羊下颌水肿，出现血便、顽固性腹泻、贫血，逐渐消瘦。

不同点：病羊可视黏膜黄染，异嗜，肝区触诊有痛感，最后陷于恶病质而死亡。剖检所见主要病变为胆管出现卡他性炎症，管壁增生、肥厚，胆汁暗褐色，胆管周围结缔组织增生，胆囊、胆管内有数量不等的棕红色狭长虫体。肝脏表面有虫体移行的痕迹，寄生数量较多时，可使肝脏发生硬变、肿大，肝表面形成瘢痕，胆管呈索状。

3. 羊消化道线虫病

相似点：病羊精神沉郁，食欲减退，消瘦，贫血，可视黏膜苍白，腹泻，粪便带血，下颌及颈下水肿。

不同点：剖检可见病羊消化道各部有数量不等的相应线虫寄生；真胃黏膜水肿，有时可见虫咬的痕迹和针尖大到粟粒大的小结节；小肠和盲肠黏膜有卡他性炎症，大肠可见到黄色小点状的结节或化脓性结节以及肠壁上遗留下的一些瘢痕性斑点。

4. 羊片形吸虫病（慢性型）

相似点：病羊眼睑、下颌、胸下及腹下部出现水肿，食欲减退或废绝，黏膜苍白，严重贫血，病羊逐渐消瘦。

不同点：该病全年可发生，无明显季节性。病羊的被毛粗乱，无光泽，脆而易断，有局部脱毛现象；便秘与腹泻交替发生，不出现顽固性腹泻；妊娠母羊可能生产弱羔，甚至死胎。剖检可见肝脏增生、肿大，表面有淡白色索状瘢痕；胆管扩大及管壁增厚，致使灰黄色的索状物出现于肝的表面，充满着灰褐色的胆汁和虫体；肺的某些部分有局限性的硬固结节。

七、防治措施

1. 预防

（1）定期驱虫。驱虫的次数和时间结合本地该病的具体流行情况及流行条件。确定每年 3—4 月用阿苯达唑伊维菌素片进行 1 次驱虫，9—10 月进行 2 次驱虫。常在低洼潮湿地区放牧的山羊，每 3 个月用阿苯达唑伊维菌素片驱虫 1 次。

（2）加强饲养管理。发病季节避免在坑塘、低洼地区放牧，高发季节可采用轮牧方式，以减少病原的感染机会，以免感染囊蚴。 饮水最好用自来水、井水或流动的河水，并保持水源清洁卫生。合理补充精料和矿物质，以提高其抵抗力。及时对畜舍内的粪便进行堆积发酵，利用生物热杀死虫卵。

（3）开展灭螺工作。可结合水土改造，破坏螺蛳的生活条件。流行地区可采取养鸭灭螺和药物灭螺相结合。可应用药物进行灭螺，一般选用 20% 的氨水、1∶50 000 的硫酸铜溶液，或 2.5 mg/L 的“血防 67”双螺液进行喷杀或浸杀。

2. 治疗

（1）西药治疗。

处方 1：溴羟苯酰苯胺，用药剂量为每千克羊体重 65 mg，经口投服，驱除前后盘吸虫的成虫效果为 100%，对童虫的效果为 87%。

处方 2：硫双二氯酚，广谱驱虫药，每千克羊体重用 70 mg，口服，对前后盘吸虫成虫及童虫有效率 92.7% ～ 100%。

处方 3：氯硝柳胺，每千克羊体重用 75 ～ 80 mg，一次口服，驱除真胃及小肠内的童虫。

处方 4：六氯对二甲苯，每千克羊体重用 200 mg，灌服，每日 1 次，连用 2 d，对成虫疗效较好。

（2）对症治疗。在使用抗生素的同时，也需对贫血病羊进行补血，常采用牲血素，成羊 5 mL/只，幼羊 3 ～ 4 mL/ 只，每隔 3 d 补血 1 次。

（3）补充营养。由于病羊呈现高度消耗性恶病质状态，体质较弱，所以，需加喂高蛋白质饲料，用速补 –14 和复合维生素 B 混合饮水。病羊脱水时，应及时补盐、补糖。

第十二节　分体吸虫病

羊分体吸虫病是由裂体属的吸虫寄生在门静脉、肠系膜静脉和盆腔静脉内，引起贫血、消瘦与营养障碍等疾患的一种蠕虫病。羊分体吸虫病和东毕吸虫病统称为血吸虫病。

美国学者福斯特和梅伦奈于1924年首次报告在中国福建省役用水牛的粪便中检测到日本血吸虫虫卵。中国学者吴光先生于1937年在杭州市屠宰场的黄牛体内发现了日本血吸虫虫体。翌年在上海屠宰场的调查显示，水牛、黄牛、山羊、绵羊的粪检阳性率（指虫卵）分别为18.7%、12.6%、8.2%和1.7%。之后，家畜日本血吸虫病和家畜本身的宿主作用，开始逐渐被重视。目前，在我国已知的感染日本血吸虫的家畜有水牛、黄牛、奶牛、绵羊、山羊、马、驴、猪、家猫、犬等，野生动物包括鼠类、貂、狐、猴、刺猬、山猫等，共计7个目28属42种。我国血吸虫病主要在长江流域及其以南的浙江、上海、江苏、安徽、湖北、湖南、江西、广东、广西、福建、云南、四川12个省（区、市）流行。

一、病原

1. 分类地位与形态特征

该病病原为裂体科、裂体属（又称血吸虫属）的吸虫，导致发生血吸虫病的病原主要有日本血吸虫、曼氏血吸虫、埃及血吸虫，在我国流行的主要为日本分体吸虫。

日本血吸虫呈线状，为雌雄异体，常呈合抱体态。腹吸盘大于口吸盘，两吸盘相距较近。雄虫乳白色，大小为（9～18）mm×0.5 mm。雌虫暗褐色，大小为（15～26）mm×0.3 mm。虫卵椭圆形，呈淡黄色，大小为（70～100）μm×（50～80）μm。

埃及血吸虫为雌雄异体，但雌雄经常呈合抱状态。虫体呈线状。雄虫为乳白色，大小为（4.2～8.0）mm×（0.36～0.42）mm。雌虫大小为（3.4～8.0）mm×（0.07～0.12）mm。虫卵呈椭圆形，无色，大小为（72～74）μm×（22～26）μm。

曼氏血吸虫体表有结节。雄虫大小为（3.12～4.99）mm×（0.23～0.34）mm。雌虫大小为（2.63～3.00）mm×（0.09～3.00）mm。虫卵大小（80～130）μm×（30～50）μm。

2. 生活史

雌虫交配受精后，在宿主肠系膜静脉及门静脉处产卵，卵随血流进入肝脏和肠壁，形成虫卵肉芽肿，肠壁的虫卵肉芽肿向肠腔内面破溃，虫卵进入肠腔并随粪便排出，落入水中，在适宜条件下孵出毛蚴。毛蚴侵入中间宿主钉螺，在其体内经胞蚴、子胞蚴，发育为具有感染力的尾蚴。尾蚴从螺体逸出，进入水面游动，遇到易感宿主，经宿主皮肤或消化道感染，进入体内后脱去尾部成为童虫，再经小血管或淋巴管随血流移行到宿主门静脉和肠系膜静脉中寄生，发育为成虫。 一般从尾蚴侵入发育为成虫需30～50 d。

3. 发病机理

当童虫发育为成熟成虫并大量产卵时，虫卵释放出来的大量虫卵可溶性抗原，刺激宿主迅速产生抗体，在抗原过剩的情况下，形成可溶性抗原抗体复合物造成血管损害而致病。血吸虫尾蚴、童虫和虫卵对宿主产生机械性损伤，并引起复杂的免疫病理反应。尾蚴穿透皮肤时引起皮炎，皮炎仅发生于曾感染过尾蚴的人和动物。童虫在体内移行时，对所经过的器官，主要是肺脏，引起血管炎，毛细血管栓塞、破裂，出现局部细胞浸润和点状出血。血吸虫感染可导致整体免疫功能的下降，从而加剧伴发疾病的发展或并发感染。在虫卵周围出现细胞浸润，形成虫卵肉芽肿。肉芽肿可影响宿主的肝肠组织，造成肝硬化与肠壁纤维化。人和动物对血吸虫无先天免疫力，可能具有保护性免疫力。宿主经过初次感染产生抗感染抵抗力之后，在一定程度上能破坏重复感染的虫体，但不能杀伤初次感染的成虫或阻止其产卵，这种现象称为伴随免疫。

二、流行病学

1. 易感动物

分体属的血吸虫可寄生于人、绵羊、山羊、水牛、黄牛、猪、马属动物、犬、猫、家兔和30多种野生动物。

2. 传染源

患病动物和带虫动物是该病主要的传染源。

3. 传播途径

该病主要经皮肤和消化道感染。

4. 流行特点

日本分体吸虫主要发生在我国南方，该病的发生主要与中间宿主的活动有关，多呈地方流行性。急性病例多见于夏秋季节，慢性病例多见于冬春季。

三、临床症状

大量感染时，病羊出现腹泻，粪中带有黏液、血液，体温升高，黏膜苍白，日渐消瘦，生长发育受阻，可导致不孕或流产。

四、病理变化

病羊明显消瘦，贫血，出现大量腹水。肠系膜、大网膜，甚至胃肠壁浆膜层出现显著的胶样浸润。肠黏膜有出血点、坏死灶、溃疡、肥厚或瘢痕组织。肠系膜淋巴结及脾变性、坏死。肠系膜静脉内有成虫寄生。肝脏病初肿大，后期萎缩、硬变。在肝脏和肠道处有数量不等的灰白色虫卵结节。心、肾、胰、脾、胃等器官有时也可发现虫卵结节。

五、诊断

目前我国诊断血吸虫病应用最多的 3 种办法是改良加藤厚涂片粪检法（Kato-Katz 法）、间接红细胞凝集试验（IHA）和酶联免疫吸附试验（ELISA）。基于病原学检查的改良加藤厚涂片粪检法是直接诊断方法，是 WHO 推荐的诊断血吸虫病的金标准。

病原检查最常用的方法是粪便尼龙绢筛集卵法和虫卵毛蚴孵化法，临床上常将 2 种方法结合使用。有时也可刮取动物的直肠黏膜做压片镜检，查到虫卵即可确诊。动物死后剖检门静脉系统，检到虫体或虫卵结节，可确诊。

动物血吸虫病常用的免疫学诊断方法包括间接免疫荧光、ELISA、环卵沉淀试验、胶体染料试纸条法和斑点金免疫渗透法。免疫学检查有辅助诊断价值，以皮内试验、尾蚴膜试验、环卵沉淀试验特异性较高而应用较多，一般此类方法不作确诊依据。

六、类症鉴别

1. 羊前后盘吸虫病

相似点：病羊腹泻，粪中混有血液，黏膜苍白，日渐消瘦。

不同点：羊前后盘吸虫病病羊病程后期极度虚弱，眼睑、下颌、胸腹下部水肿；剖检可见皮下脂肪呈胶冻样，颈部皮下有胶冻样物质，瘤胃、真胃和瓣胃的皱襞内有许多暗红色虫体附着。羊分体吸虫病病孕羊不孕或流产，病羊无水肿症状；剖检可见肝脏初肿大，后期萎缩、硬变，肠系膜、大网膜，甚至胃肠壁浆膜层出现显著的胶样浸润，肠系膜静脉内有成虫寄生，在肝脏和肠道处有数量不等的灰白色虫卵结节。

2. 羊阔盘吸虫病

相似点：病羊腹泻，贫血，消瘦，粪中带有黏液。

不同点：羊阔盘吸虫病病羊消化不良，下颌及胸前水肿；剖检可见胰腺肿大，胰管因高度扩张呈黑色蚯蚓状突出于胰脏表面，胰管发炎肥厚，管腔黏膜不平，呈乳头状小结节突起，并有点状出血，内含大量虫体。

3. 羊双腔吸虫病

相似点：病羊体温升高，腹泻，贫血，逐渐消瘦，粪中带血。

不同点：羊双腔吸虫病病羊可视黏膜黄染，下颌水肿，异嗜，肝区触诊有痛感；剖检可见胆管管壁增生、肥厚，肝脏表面有虫体移行的痕迹，胆囊、胆管内有数量不等的棕红色狭长虫体。

4. 羊消化道线虫病

相似点：病羊消瘦，贫血，腹泻，粪中带血。剖检可见大网膜、肠系膜胶样浸润，肠壁有瘢痕组织。

不同点：羊消化道线虫病病羊严重时出现下颌及颈下水肿；剖检可见消化道各部有数量不等的相应线虫寄生，真胃黏膜水肿，有时可见虫咬的痕迹和针尖到粟粒大的小结节，大肠可见到黄色小点状的结节或化脓性结节。

七、防治措施

1. 预防

（1）定期驱虫。北方地区一般在每年4—5月和10—11月定期驱虫，每年2次。驱虫药可以用口服吡喹酮，或肌内注射伊维菌素注射液，过7 d最好再用1次。如果有病羊出现要及时淘汰。

（2）做好粪肥处理。粪便进行堆肥发酵和制造沼气，既可增加肥效，又可杀灭虫卵，是切断虫卵传播的主要措施。

（3）安全放牧。管好水源，保持清洁，选择无螺水源，实行专塘用水，防止尾蚴的污染；不饮地表水，必须饮用时，须加入漂白粉，确保杀死尾蚴后方可饮用；安全放牧，合理规划草场建设，逐步实行划区轮牧；结合水土改造工程或用灭螺药物杀灭中间宿主，阻断血吸虫的发育途径。

2. 治疗

处方1：硝硫氰胺，每千克体重4 mg，配成2%～3%水悬液，静脉注射。

处方2：敌百虫，绵羊每千克体重70～100 mg，山羊每千克体重50～70 mg，灌服。

处方3：六氯对二甲苯（血防846），每千克体重200～300 mg，灌服。

处方4：吡喹酮，每千克体重30～50 mg，一次口服。

处方5：硝硫氰醚（7804），每千克体重20～60 mg，灌服。

第十三节　脑脊髓丝状线虫病

羊脑脊髓丝状线虫病又称腰麻痹病，是指形丝状线虫（指状丝虫）和唇乳突丝状线虫（唇乳突丝虫）的幼虫寄生于羊体内导致的一种寄生虫病。丝状线虫的成虫寄生于终末宿主的腹腔，数量往往不多，且致病性不强，但丝状线虫的幼虫（童虫）可侵入羊的脑或脊髓的硬膜下及实质中，导致羊只行走困难、卧地不起，甚至死亡，临床以腰部麻痹并伴发神经症状为特征，特征性病变为脑脊髓炎和脑脊髓实质破坏。

一、病原

1. 分类地位及形态特征

指形丝状线虫、唇乳突丝状线虫属于丝状科丝状属。

指形丝状线虫雄虫长40～60 mm，雌虫长60～120 mm；唇乳突丝状线虫雄虫长40～50 mm，雌虫长60～80 mm。2种丝状线虫的晚期幼虫均呈乳白色，长15～45 mm。

2. 生活史

成虫寄生于腹腔，所产生的微丝蚴进入宿主血液循环。微丝蚴在畜体外周血液中的出现具有周期性的变化。中间宿主为吸血昆虫。当中间宿主刺吸终末宿主血液时，微丝蚴进入中间宿主——蚊的体内，经过一定时间的发育，成为感染性幼虫，并移行到蚊的口器内。当这种蚊刺吸终宿主的血液时，感染性幼虫进入终末宿主体内，发育为成虫；当这种蚊刺吸非固有宿主的血液时，幼虫即进入非固有宿主的体内。但由于宿主不适，它们常循淋巴或血液进入脑脊髓停留于童虫阶段，引起脑脊髓丝虫病。指形丝状线虫的终末宿主为黄牛、水牛、牦牛，唇乳突丝状线虫的终末宿主为牛、羚羊和鹿。

二、流行病学

1. 易感动物

山羊和绵羊均易感，各品种、年龄、性别的羊均可发生。

2. 传染源

患病动物和带虫动物是该病主要的传染源。

3. 传播途径

该病经血液传播，传播媒介为蚊。

4. 流行特点

该病的发生有明显的季节性，多发生于蚊虫活跃的7—10月，一般在气温28℃、相对湿度在90%的夏秋季，蚊活跃度高，以夏末秋初的8月底至9月初为发病高峰期。流行地区发病数与当地牛只数量和蚊虫数量呈正比。

三、临床症状

因幼虫在羊脑脊髓中移行，无固定寄生部位，且有一定时间的生长过程，故潜伏期长短不一，人工感染为5～30 d，平均为15 d。

1. 急性型

病羊突然卧倒，不能起立。眼球上转，颈部肌肉强直或痉挛，而且表现倾斜。健肢抓褥草，呈现兴奋、骚乱及鸣叫等神经症状。有时可见全身肌肉僵直、完全不能起立。由于卧地不起、头部不住地抽搐，致使眼球受到摩擦而充血，眼眶周围的皮肤被磨破，呈现显著的结膜炎，甚至发生外伤性角膜炎。

2. 慢性型

腰部无力、步态踉跄，或横卧地上不能起立，但食欲及精神正常。时间长久时，则逐渐发生褥疮，食欲逐渐下降，病羊消瘦，贫血甚至死亡。

四、病理变化

1. 剖检变化

该病病变常局限在脑脊髓系统，呈现出血性、液化坏死性脑脊髓炎（图6-13-1），或不同程度的浆液性、纤维素性脑脊髓膜炎。病变尚无固定的部位，有的在灰质区，有的在白质区，或两者同时都存在，常以白质区多见。病灶外观呈褐黄色、淡橙红、红褐色或淡黄色胶冻样。在羊脑底部、颈椎和腰椎膨大部的硬膜下腔、蛛网膜下腔或蛛网膜与硬膜下腔之间，可见不同程度的浆液性、纤维素性炎症，胶冻样浸润灶或大小不等的红褐色或鲜红色出血灶。在病灶处或其附近，可查到虫体。

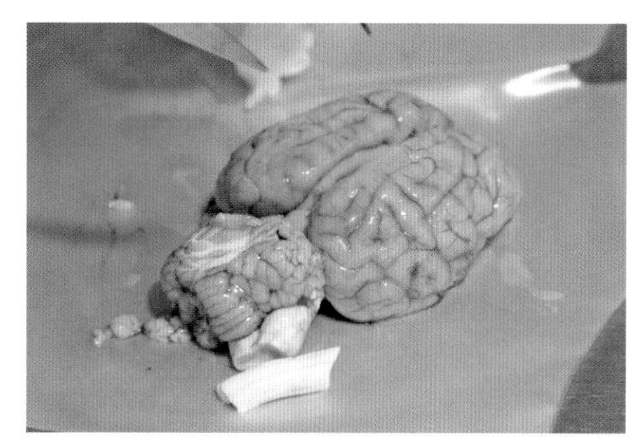

图 6-13-1　病羊呈现出血性、液化坏死性脑脊髓炎
（陈泽 供图）

2. 组织学变化

病变部位脊髓软膜增厚，血管扩张、充血、出血，血管周围淋巴间隙水肿，神经细胞肿胀、变性、坏死，神经纤维脱鞘或溶解消失，并有炎性细胞浸润。脊髓各段中以腰部脊髓变化为特征，表现为腰部脊髓血管出血，血管周围淋巴间隙水肿，有红细胞聚集，灰质神经细胞肿胀，部分细胞核溶解消失，或见胞体皱缩成干树枝状；脊髓毛细血管扩张、充血，神经细胞肿胀，神经纤维脱鞘或溶解消失，血管周围淋巴间隙水肿，脊髓白质神经纤维疏松、水肿，部分纤维溶解消失；脊髓神经细胞皱缩，灰质毛细血管充血、水肿。

五、诊断

该病根据流行病学情况及临床症状，在 200 ～ 600 倍显微镜下观察脑脊髓液，若发现微丝蚴虫体，可作出初步诊断。

六、类症鉴别

羊脑多头蚴病

相似点：病羊运动失调，躺卧不起，颈部倾斜。

不同点：羊脑多头蚴病病羊常转圈行走，视力障碍。剖检可见脑膜上有六钩蚴移行时留下的弯曲痕迹，可在大脑找到一个或更多囊体，与虫体接触的头骨骨质变薄、松软，甚至穿孔，致使皮肤向表面隆起。

七、防治措施

1. 预防

（1）控制传染源。将羊舍建在地势高燥通风处，并远离牛舍 1 000 ～ 1 500 m。在蚊虫出没季节尽量防止羊群与牛接触，严禁同群混牧和同舍饲养。对羊场附近的幼年牛，定期应用药物驱虫，以消灭病源。

（2）切断传播途径。搞好环境卫生，消灭蚊虫滋生地。针对蚊虫对杀虫剂敏感的特点，在夏秋季节喷洒药物灭蚊驱蚊，以消除羊蚊接触机会。

（3）药物预防。将乙胺嗪按 0.2% ～ 0.3% 的比例混于食盐中，在每年的 4—10 月坚持用此药全程喂羊，具有保护羊群预防感染的作用。也可用丙硫咪唑。

2. 治疗

（1）西药治疗。

处方1：驱虫净，按每千克体重11～12 mg，肌内注射或皮下注射，每日1次，连用2～3 d。

处方2：丙硫咪唑，按每千克体重20 mg，1次灌服，每日1次。

处方3：乙胺嗪（海群生），配制成20%注射液，每千克体重20 mg，肌内注射；随后每千克体重10 mg，口服，每日3次，连服3 d。

处方4：呋喃嘧酮，每千克体重15 mg，分3次口服，连服15～20 d。

处方5：左旋咪唑，每千克体重20 mg，连服15～20 d，或每千克体重10 mg肌内注射，每日1次，连用10 d。

处方6：配合维生素C 0.5 g、10%葡萄糖500 mL，混合静脉注射，每日1次，连用3 d。

（2）中药治疗。

处方：独活寄生汤加减，独活25 g、桑寄生25 g、川芎25 g、乳香20 g、没药20 g、牛膝30 g、当归25 g、千年健25 g、木瓜25 g、防己25 g、防风25 g、熟地25 g、苍耳子25 g、柴胡25 g、炒杜仲25 g、菟丝子30 g、巴戟天20 g、川续断25 g、故破纸25 g、桂心25 g、生姜20 g、甘草20 g，水煎，候温分3次灌服，每日1剂，每次500 mL，连用4 d。

第十四节 球虫病

羊球虫病又称出血性腹泻或球虫性腹泻，是由艾美耳属球虫寄生于肠道而引起的一种急性或慢性的原虫病，是羊的常见疾病之一，其临床特征是以下痢为主，病羊发生渐进性贫血和消瘦。尤其对羔羊和幼龄羊危害较大（图6-14-1）。

一、病原

1. 分类与形态特征

该病的病原为艾美耳科艾美耳属的多种球虫。已报道的绵羊球虫有16种，山羊球虫有15种。其中，致病力较强的有浮氏艾美耳球虫、阿氏艾美耳球虫、错乱艾美耳球虫和雅氏艾美耳球虫4种。

图6-14-1　罹患球虫的羔羊病例（马利青 供图）

（1）浮氏艾美耳球虫。卵囊呈长卵圆形，有卵膜孔无极帽。卵囊壁 2 层，平滑，厚 1 μm。卵囊呈黄褐色，平均大小为 29 μm×21 μm，孢子化需 24 ～ 48 h。无外残体，而有内残体。寄生于小肠。

（2）阿氏艾美耳球虫。卵囊呈卵圆形或椭圆形，有卵膜孔和极帽。卵囊壁 2 层，光滑，外层无色，厚 1 μm；内层褐黄色，厚 0.4 ～ 0.5 μm。无外残体而有内残体。孢子化时间为 48 ～ 72 h。卵囊的平均大小为 27 μm×18 μm。寄生于小肠。

（3）错乱艾美耳球虫。它是一种较大型的球虫，卵囊平均大小为 45.6 μm×33 μm。卵囊椭圆形，卵膜孔明显，有极帽。卵囊壁 2 层，厚 3.6 μm，内层和外层都有横纹，为橙黄褐色，无外残体，有内残体。孢子化时间为 72 ～ 120 h。寄生于小肠后段。

（4）雅氏艾美耳球虫。卵囊呈卵圆形或椭圆形，平均大小为 23 μm×18 μm。卵囊壁 2 层，光滑，外层无色或稍呈淡黄色，厚 1 μm；内层淡黄褐色，厚 0.4 μm，无卵膜孔也无极帽，无内外残体。孢子化时间是 24 ～ 48 h。寄生于小肠后段、盲肠和结肠。

2. 生活史

球虫发育不需要中间宿主。当宿主吞食了感染性卵囊后，孢子在肠道内逸出进入寄生部位的上皮细胞内，首先反复进行无性的裂体生殖，产生裂殖子；裂殖子发育到一定阶段时形成大、小配子体，大小配子结合形成卵囊排出体外；排至体外的卵囊在适宜条件下进行孢子生殖，形成孢子化的卵囊，只有孢子化的卵囊才具有感染性，宿主吞食孢子化的卵囊又发生感染，重复上述发育过程。

二、流行病学

1. 易感动物

各种品种的绵羊、山羊对球虫病均有易感性。成年羊一般都是带虫者，1 ～ 3 月龄羔羊最易感染而且发病严重，时有死亡。

2. 传染源

病羊和带虫羊是该病主要的传染源，虫卵随粪便排到外界，污染牧地、牧草、饲料、饮水、用具和环境。

3. 传播途径

该病主要经消化道感染。健康羊只通过摄入有活力的球虫孢子化卵囊感染该病；另外，昆虫叮咬、鸟类粪便、尘埃及饲养管理人员携带也可能传染该病。

4. 流行特点

该病的发病时间同气温度、湿度有密切关系，流行季节多为春夏秋潮湿季节。冬季气温低，不利于卵囊发育，很少感染。突然变更饲料和羊抵抗力降低的情况下也易诱发该病。

三、临床症状

该病潜伏期为 15 d 左右，依感染的种类、感染强度、羊只的年龄、抵抗力及饲养管理条件等不同而发生急性或慢性过程。

急性经过的病程为 2 ～ 7 d，慢性经过的病程可长达数周。病羊精神不振，食欲减退或废绝，体重下降，可视黏膜苍白，腹泻，粪便中常含有大量卵囊。体温上升到 40 ～ 41℃，严重者可导致死亡，死亡率常达 10% ～ 25%，有时可达 80% 以上，主要症状为急剧下痢，排出黏液血便，恶臭，并含有大量卵囊，时见病羊肚胀，被毛脱落，眼和鼻在黏膜有卡他性炎症，贫血，迅速消瘦。

四、病理变化

剖检可见小肠有明显病变（图 6-14-2），肠道黏膜上有淡白、黄色圆形或卵圆形结节，大小如粟粒到豌豆大。有时在回肠和结肠有许多白色结节，都是由大配子浓集形成的病灶。十二指肠和回肠有卡他性炎症，有点状或带状出血，肠系膜淋巴结炎性肿大。尸体消瘦，尸体后躯被稀粪或血粪污染。胆管扩张，胆汁浓稠，胆囊内有大量块状物体。

图 6-14-2　在小肠形成的溃疡病灶（马利青 供图）

五、诊断

除根据症状、病理变化和流行特点初步诊断外，可应用饱和盐水漂浮法检查新鲜羊粪，能发现大量球虫卵囊（图 6-14-3），也可进行球虫结节的涂片或切片做病原检查，发现大量卵囊或不同发育阶段的裂殖体、配子体即可确诊（图 6-14-4）。

刮取病羊小肠黏膜或内容物涂片或取新鲜羔羊粪便 5 ～ 10 g，加少量饱和盐水混匀，再将粪液用双层纱布过滤到另一杯内，滤液静置 15 ～ 30 min，此时球虫即漂浮在液面上。再用直径 8 mm 的小铁丝圈平行接触液面，蘸取一层水膜，将此水膜抖在载玻片上，然后加盖玻片镜检，球虫的卵囊呈圆形或椭圆形，卵囊壁有两层厚薄不一的轮廓，卵囊内有一球形原生质，根据上述特征可诊断为球虫病。

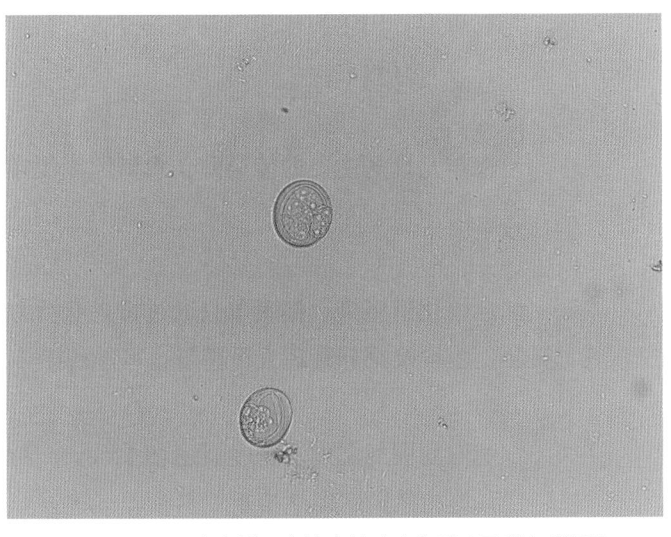

图 6-14-3　在粪样品中检出的球虫卵囊（马利青 供图）

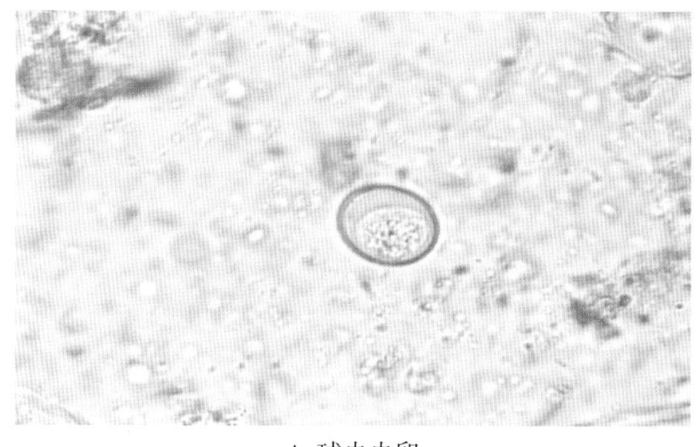

A. 球虫虫卵

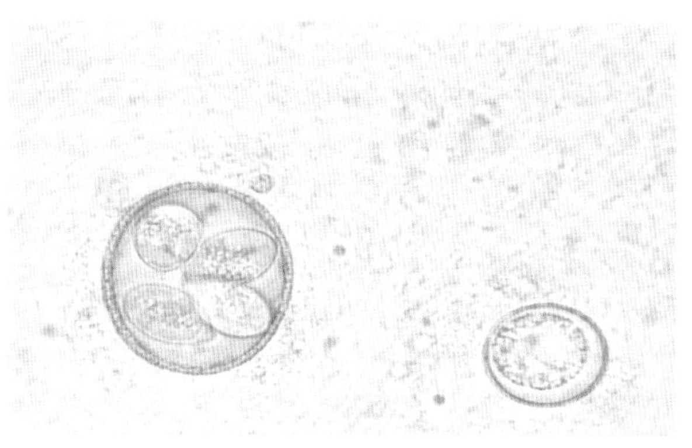

B. 熟化不同阶段的球虫 1

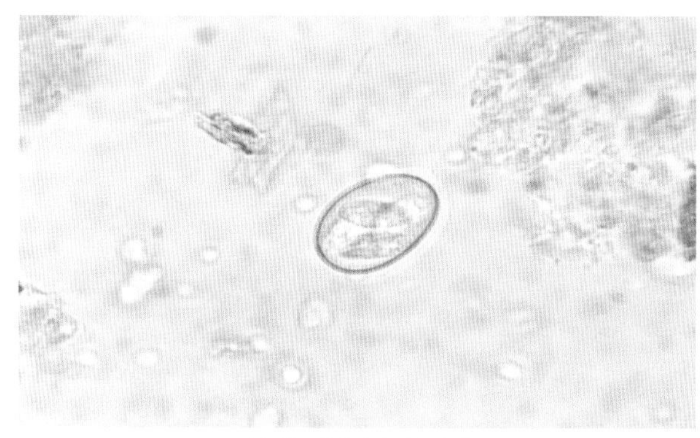

C. 熟化不同阶段的球虫 2

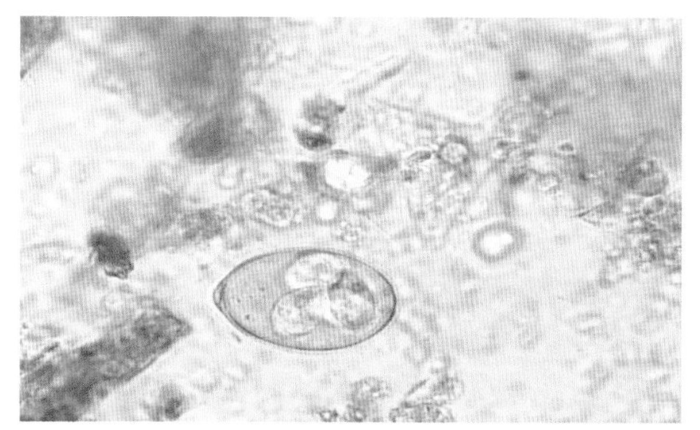

D. 熟化不同阶段的球虫 3

图 6-14-4　不同阶段球虫（马利青 供图）

六、类症鉴别

1. 羊莫尼茨绦虫病

相似点：病羊食欲减退或废绝，逐渐消瘦，贫血，可视黏膜苍白，腹泻。剖检可见肠系膜淋巴结肿大，肠黏膜出血。

不同点：羊莫尼茨绦虫病病羊粪便中有脱落的绦虫节片，个别病羊出现痉挛、肌肉抽搐、回转运动、口吐白沫等神经症状；剖检可见胸膜腔积液增多，肠黏膜增生性变性，小肠内有大量带状分节虫体。

2. 羊前后盘吸虫病

相似点：病羊精神不振，食欲减退，腹泻，贫血，可视黏膜苍白。

不同点：羊前后盘吸虫病病羊病程后期眼睑、下颌、胸腹下部水肿，眼和鼻在黏膜无卡他性炎症。剖检可见皮下脂肪呈胶冻样，颈部皮下有胶冻样物质，瘤胃、真胃和瓣胃的皱襞内有许多暗红色虫体。羊球虫病无水肿症状，剖检可见肠黏膜有白色、黄色结节。

3. 羊阔盘吸虫病

相似点：病羊消瘦，贫血，腹泻。

不同点：羊阔盘吸虫病下颌及胸前水肿，眼和鼻黏膜无卡他性炎症；剖检可见病变主要在胰腺，胰腺肿大，胰管因高度扩张呈黑色蚯蚓状突出于胰脏表面；胰管发炎肥厚，管腔黏膜不平，呈乳头状小结节突起，并有点状出血，内含大量虫体。

4. 羊双腔吸虫病

相似点：病羊腹泻，贫血，逐渐消瘦。

不同点：羊双腔吸虫病病羊可视黏膜黄染，下颌水肿，肝区触诊有痛感；剖检所见主要病变为胆管出现卡他性炎症，管壁增生、肥厚，胆汁暗褐色，胆管周围结缔组织增生，胆囊、胆管内有数量不等的棕红色狭长虫体；肝脏表面有虫体移行的痕迹，寄生数量较多时，可使肝脏发生硬变、肿大，肝表面形成瘢痕，胆管呈索状。

七、防治措施

1. 预防

（1）控制饲养密度，保持舍内清洁卫生。羊球虫病与养殖舍内外环境有密切关系，养殖环境差可降低羊只抵抗力，导致羊只感染发病的概率大增。尤其是春夏交替，湿度过高，更有利于球虫卵囊发育感染羊体。合理的养殖密度，保证舍内通风良好，可有效防控此病。成年羊常携带球虫，因此，应将成年羊和羔羊分开饲养。

（2）科学调配日粮，按时饲喂。羊只饲喂不及时，长期处于饥饿状态，营养满足不了其生长发育需求，机体抵抗力将大幅降低，增加患病风险。因此，日常饲喂一定要按需、按时进行，参照不同生长阶段营养需求科学配制。严禁在低洼处进行放牧，每日定时清扫圈舍，合理组织消毒，及时清洗母羊乳房及挤奶工具，做好蚊蝇消灭工作。

（3）适量补充粗纤维饲料。饲喂粗纤维饲料可促进胃部蠕动，可有效破坏球虫卵囊及孢子囊。饲料中的抗营养因子，如抗胰蛋白质、植酸、棉酸等都容易与肠壁结合，导致肠壁损伤，妨碍蛋白质和维生素等的吸收与利用，有机物落到垫料经微生物的作用导致垫料的温度、湿度增加等，这些都对球虫病的传播和发生起着重要作用。

2. 治疗

处方 1：复方磺胺甲基异噁唑，剂量按每千克体重 0.1 g，口服，每日 2 次，7 ～ 14 d 为一个疗程。群体治疗可用每千克体重 0.2 g，混合饮水或拌入饲料中。

处方 2：氨丙啉，剂量按每千克体重 25 ～ 50 mg，混合饮水或拌入饲料中，14 ～ 21 d 为一个疗程。

处方 3：磺胺二甲氧嘧啶，剂量按每千克体重 50 ～ 100 mg，肌内注射，每日 1 次，连用 3 ～ 5 d。

处方 4：磺胺脒、次硝酸铋各 1 份，矽炭银 5 份，混合口服，每次按每 30 千克体重 10 g 的量添加，3 ～ 4 d 为一个疗程。

处方 5：贫血病羊可用右旋糖酐铁 2 mL，深部肌内注射。

处方 6：脱水病羊用生理盐水 200 mL，5% 葡萄糖注射液 150 mL，维生素 C 0.4 g，混合一次静脉注射，每日 1 次，连用 3 d。

第十五节　东毕吸虫病

东毕吸虫病是由东毕属的多种吸虫寄生于牛、羊等动物门静脉和肠系膜静脉内而引起的一种血吸虫病。慢性感染可引起家畜贫血、腹泻、水肿、发育不良，影响受胎或发生流产；急性感染可引起牛、羊等家畜死亡。同时，东毕吸虫的尾蚴可以引起人的尾蚴性皮炎，严重影响人类的健康，是一种非常重要的人兽共患寄生虫病。

东毕吸虫病呈世界性分布，主要分布于亚洲和欧洲的一些国家和地区，包括亚洲的中国、伊朗、蒙古国、哈萨克斯坦、印度、伊拉克及欧洲的俄罗斯、法国等。常呈地方性流行，对畜牧业危害十分严重。在中国，1938 年 Hsü 首次在羊体内检测出土耳其斯坦东毕吸虫，起初称为土耳其斯坦裂体吸虫。据报道，我国的东毕吸虫病分布于 24 个省（区、市），主要发生于东北、西北地区。

一、病原

1. 分类地位

东毕吸虫病的病原为东毕吸虫，在分类地位上隶属于扁形动物门、吸虫纲、复殖目、裂体科、裂体亚科、东毕属。该属原隶属于鸟毕属，1955 年 Dutt 和 Srivastava 重新对鸟毕属进行修订，分出东毕属和东毕属，东毕属用以容纳寄生于杓鹬的奥氏鸟毕吸虫，东毕属用以容纳原隶属于鸟毕属的寄生于哺乳动物的种类。

从目前研究来看，东毕属吸虫有 6 个种，即土耳其斯坦东毕吸虫、土耳其斯坦东毕吸虫结节变种、程氏东毕吸虫、彭氏东毕吸虫及 1962 年从鸟毕属移入水牛的达氏东毕吸虫和在泰国叙述的另一种水牛血吸虫哈氏东毕吸虫。关于东毕属吸虫的种类，不同学者观点不同，主要是由于分类方法和依据不同，现在主要倾向于土耳其斯坦东毕吸虫、土耳其斯坦东毕吸虫结节变种、程氏东毕吸虫均为土耳其斯坦东毕吸虫的观点。

2. 形态特征

土耳其斯坦东毕吸虫，雌雄异体，但雌雄经常呈合抱状态。虫体呈线形，雄虫为乳白色，雌虫为暗褐色，体表光滑无结节。口、腹吸盘相距较近，无咽，食道在腹吸盘前方分为 2 条肠管，在体后部再合并成单管，抵达体末端。雄虫大小为（4.39 ～ 4.56）mm×（0.36 ～ 0.42）mm。腹面有抱雌沟。睾丸数目为 78 ～ 80 个，细小，呈颗粒状，位于腹吸盘后下方，呈不规则的双行排列。生殖孔开口于腹吸盘后方。雌虫较雄虫纤细，略长，大小为（3.95 ～ 5.73）mm×（0.07 ～ 0.116）mm。卵巢呈螺旋状扭曲，位于两肠管合并处之前方。卵黄腺在肠单干的两侧。子宫短，在卵巢前方，子宫内通常只有一个虫卵，虫卵大小为（72 ～ 74）μm×（22 ～ 26）μm。无卵盖，两端各有一个附属物，一端较尖，另一端钝圆。

程氏东毕吸虫虫体前部结实，从腹吸盘向后直至末端，两侧卷起而形成抱雌沟。吸盘及抱雌沟边缘有细刺，各处表面上均有结节。口吸盘直径 0.125 ～ 0.172 mm，腹吸盘大小为（0.172 ～ 0.226）mm×（0.094 ～ 0.187）mm，两吸盘间距离为 0.140 ～ 0.250 mm，食道管状，有时有膨大部，长 0.211 ～ 0.312 mm。食道四周有食道腺，尤其靠近食道后部较多。食道在腹吸盘前分支成肠干、肠干弯曲，在体后端 0.620 ～ 0.780 mm 处联合成肠单支，直达虫体末端。睾丸椭圆形，呈拥挤重叠式单向排列，长 1.052 ～ 1.607 mm，位腹吸盘后中间背部。睾丸数目 53 ～ 99 个，生殖孔开口于腹吸盘后。雌虫体长 2.627 ～ 2.995 mm，体宽 0.088 ～ 0.140 mm。雌虫比雄虫细，口吸盘（0.037 ～ 0.041）mm×（0.014 ～ 0.031）mm；腹吸盘 0.037 mm×（0.014 ～ 0.024）mm。两吸盘间距离为 0.087 ～ 0.109 mm，食道长 0.039 mm，在腹吸盘前分支成肠干。肠干弯曲，延至 0.827 ～ 1.279 mm，在卵巢后汇合成肠弧，形成肠单支继续向右。卵巢呈椭圆形，前部扭曲，长 0.125 ～ 0.187 mm，宽 0.047 ～ 0.062 mm，子宫内有卵 1 个。宿主粪便中发现的虫卵大小为（84 ～ 133）μm×（30 ～ 50）μm，卵形状为一端有小刺，一端有附属物的长椭圆形，刺长 0.006 ～ 0.011 mm。

土耳其斯坦东毕吸虫结节变种与土耳其斯坦东毕吸虫相似，但其表皮具有结节。雄虫体长 3.192 ～ 3.768 mm，宽 0.268 ～ 0.371 mm，表皮布满结节。吸盘上有小刺。口吸盘直径 0.167 ～ 0.206 mm，腹吸盘直径 0.18 ～ 0.21 mm，两吸盘间距离 0.250 mm。食道长 0.165 mm，肠单支占体长 1/2。睾丸小颗粒状，数目 81 ～ 86 个，呈不规则的双行排列，生殖孔开于腹吸盘后。雌虫体长 2.306 mm，体宽 0.094 mm。与雄虫相比雌虫较短而细。口吸盘与腹吸盘不显著，肠单支弯曲约占体长 2/3。卵巢螺旋状，长 0.120 mm，宽 0.049 mm，卵黄腺排列于肠单支两侧，从肠弧稍后处开始直达肠单支末端。虫卵为淡黄色，椭圆形，大小为（120 ～ 160）μm×（47 ～ 67）μm，两端各有一个附属物，一端的比较尖，另一端的钝圆。

3. 生活史

东毕吸虫的生活史经历有性世代和无性世代，可划分为卵、毛蚴、母包蚴、子包蚴、尾蚴、童虫和成虫 7 个阶段。成虫雌雄异体，生活状态通常是雌雄合抱。成虫寄生于牛羊等终末宿主的门静脉和肠系膜静脉。虫体成熟后产卵，虫卵在肠壁黏膜或被血流冲积到肝脏内形成虫卵结节（图 6-15-1）。虫卵在肠壁处可破溃而入肠腔，在肝脏处的虫卵或被结缔组织包埋，钙化而死亡或结节随血流或胆汁而注入小肠随粪便排出体外。虫卵在适宜的条件下，经大约 10 d 孵出毛蚴。实验室毛蚴孵出的最适宜条件是 20 ～ 24℃，pH 值为 7.2 ～ 7.4 的水中。光对毛蚴的孵化影响不大，这一特点与日本血吸虫不同。毛蚴在水中遇到适宜的中间宿主锥实螺类即钻入其体内，首先发育成为母包蚴和子包蚴，然后发育成尾蚴。实验证明，毛蚴侵入螺蛳后经 22 ～ 25 d 可发育繁殖达到成熟尾蚴。

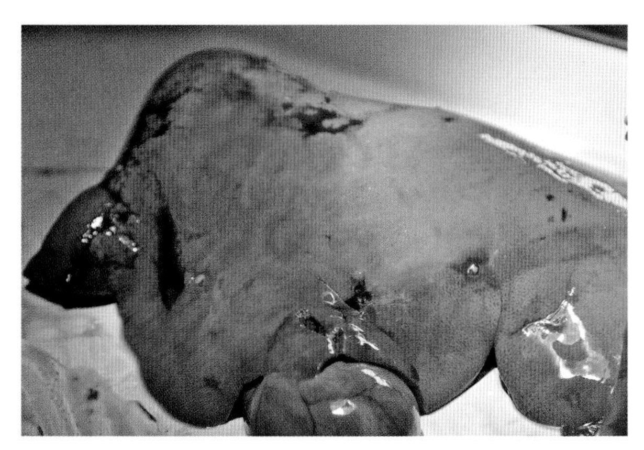
图 6-15-1　病羊肝脏被膜下可见大小不等散在的灰白色虫卵结节（陈泽 供图）

虫卵、毛蚴及尾蚴对外界环境的抵抗力不强，低浓度的多种化学药品及消毒药品均能在短期内杀死。如敌百虫、硫酸铜、五氯酚钠、福尔马林、盐酸等均能在 24 h 内杀死。虫卵对温度也很敏感，粪便中的虫卵在 –4℃以下 24 h 即死亡，–1 ～ 1℃时可存活 30 d，7 ～ 10℃时于 20 d 内死亡，35 ～ 40℃时 48 h 内死亡。故寒冷地区虫卵不能在外界越冬。

二、流行病学

1. 易感动物

东毕吸虫的终末宿主有奶牛、黄牛、水牛、绵羊、山羊、绒山羊、骆驼、马、驴、骡、猫、马鹿、犬及野生啮齿类。人也可以被东毕吸虫尾蚴感染，患尾蚴性皮炎。程氏东毕吸虫寄生于黄牛、羊、猪。土耳其斯坦东毕吸虫寄生于黄牛、水牛、绵羊、山羊、马、驴、骆驼、马鹿、猫、兔和小鼠。土耳其东毕吸虫结节变种寄生于黄牛、绵羊和山羊。该病各种年龄的易感动物均可感染，一般成年畜的发病率高于幼年畜，外地新引进的牲畜发病率和感染强度明显高于本地品种，而且感染后所表现的临床症状更明显。

2. 中间宿主

东毕吸虫的中间宿主为椎实螺科萝卜螺属和土窝螺属的多种螺蛳。不同地区其中间宿主不同，主要有耳萝卜螺、卵萝卜螺、狭萝卜螺、长萝卜螺和梯旋萝卜螺及小土窝螺。这些螺蛳生活在沟渠、泡沼和水田边角以及水流缓慢的小溪中，当气温达到 10℃以上时，螺蛳开始活动，当气温达到 20 ～ 23℃时，开始繁殖幼螺。

3. 传播途径

东毕吸虫感染宿主的途径有 2 种，一种途径通过胎盘感染，另一种是皮肤刺入感染，这是东毕吸虫感染的主要途径，东毕吸虫尾蚴有向光性，当牛、羊等家畜在水中吃草或从水中走过时，尾蚴就借吸盘吸附于皮肤上。

4. 流行特点

该病的发生与年度降雨时间的早晚和降水量的多少密切相关，降雨时间越早、雨量越充足，发病就越早、越严重；相反，干旱少雨年份，由于中间宿主螺类的生长繁殖受到限制，使其数量减少，分布面较窄，因此动物感染该病的机会也减少。

三、临床症状

图 6-15-2　病羊营养不良，体质日渐消瘦，腹泻（陈泽 供图）

东毕吸虫病多取慢性经过，患畜表现为营养不良，体质日渐消瘦，贫血和腹泻（图 6-15-2），粪便常混有黏液和脱落的黏膜和血丝。家畜可视黏膜苍白，下颌和腹下部出现水肿，成年患畜体弱无力，使役时易出汗，母畜不发情、不妊娠或流产。幼年家畜生长缓慢，发育不良。突然感染大量尾蚴或新引进家畜感染会引起急性发作，表现为体温上升到 40℃以上，食欲减退，精神沉郁，呼吸促迫，腹泻，消瘦，直至死亡。

四、病理变化

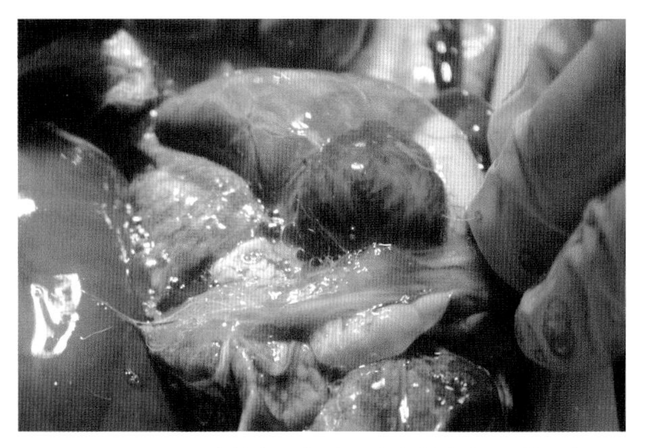
图 6-15-3　病羊心冠脂肪呈胶冻样（陈泽 供图）

剖检可见，病畜尸体明显消瘦，贫血，皮下脂肪很少，腹腔内有大量积水，且混浊不清，心冠脂肪呈胶冻样（图 6-15-3），大肠和肠系膜脂肪呈胶样浸润（图 6-15-4），小肠壁肥厚（图 6-15-5），黏膜上有出血点或坏死灶，肠系膜淋巴结水肿。肝脏在病的初期呈现肿大（图 6-15-6），后期萎缩，硬化，表面凸凹不平（图 6-15-7），质硬，被膜下可见大小不等散在的灰白色虫卵结节。虫体主要存在于肝脏叶下静脉、肠系膜静脉、肝门淋巴结和肠系膜淋巴结。由于虫体寄生于心血管系统，随血液循环进入全身各器官，引起血栓性静脉炎、纤维性淋巴炎、肝硬变、胃肠炎、肾小球肾炎等。血栓阻塞血管，使网状纤维胶原化，使血栓机化。血栓死亡的虫体首先被吞噬细胞包围，逐渐对虫体进行消化吞噬。最后网状纤维被胶原纤维代替，而没有肉芽组织形成。在整个过程中，淋巴细胞、巨噬细胞、嗜酸性粒细胞、浆细胞、成纤维细胞等聚于肝脏内成虫或虫卵周围，参与肉芽肿形成的细胞免疫和体液免疫的病理过程，从而引起全身组织和肝脏的损伤。

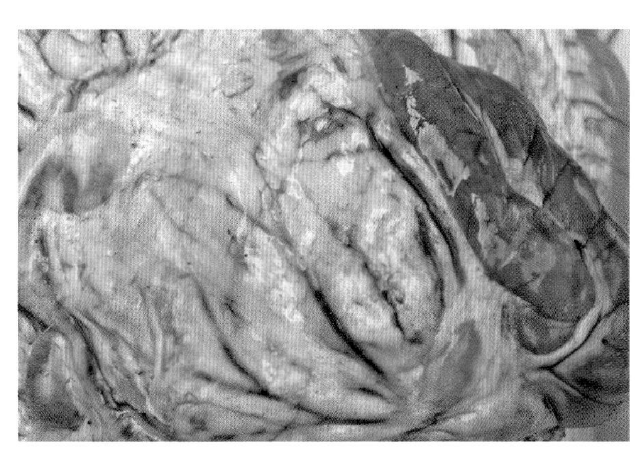
图 6-15-4　病羊肠系膜脂肪呈胶样浸润（陈泽 供图）

图 6-15-5　病羊小肠壁肥厚（陈泽 供图）

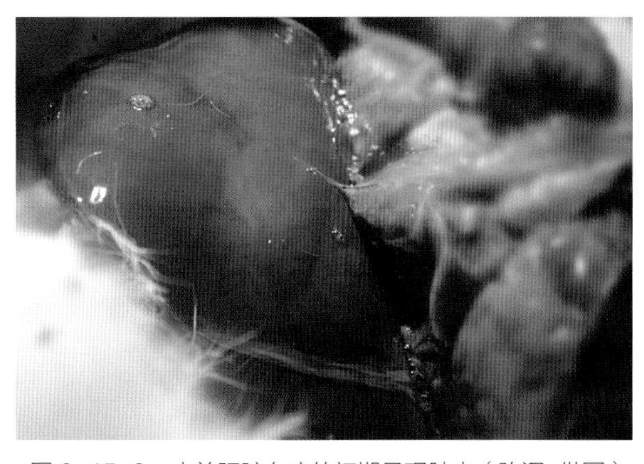
图 6-15-6　病羊肝脏在病的初期呈现肿大（陈泽 供图）

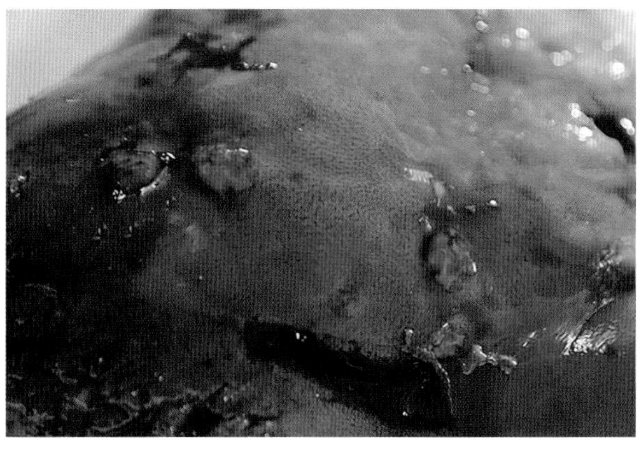
图 6-15-7　病羊肝脏后期萎缩，硬化，表面凸凹不平（陈泽 供图）

五、诊断

1. 病原检查

（1）虫卵检查法。东毕吸虫的虫卵检查采用粪便水洗沉淀法。因东毕吸虫成熟雌虫子宫内只有一个虫卵，又寄生于肠系膜静脉和肝门静脉内，排卵量很少，因此，在粪检时应采集较多的粪便。采集患畜粪便 50 ～ 100 g，加入量筒内，加适量水混匀后，经 15 ～ 30 min 沉淀，如此反复水洗沉淀 4 ～ 5 次，然后吸取沉渣镜检虫卵。虫卵为椭圆形，淡黄色，一端有附属物，另一端有小刺。水洗沉淀法检出率低，如病畜感染强度高，检出率约 18%，否则，很难查出虫卵。张世英等使粪便依次经过三层筛（第一层 40 目，第二层 140 目，第三层 260 目）集卵检查虫卵，检出率有所提高。在检查时应注意，如果在炎热的夏天可用 0.8% 的生理盐水代替常水，并将待检样本放入 4℃冰箱中，防止毛蚴过早孵出，影响检验效果。

（2）毛蚴孵化法。由于东毕吸虫虫卵很少，因此，虫卵检查时检出率很低，造成漏检，现在多采用虫卵检查阴性者再用毛蚴孵化法复核的方法。取新鲜粪便 100 g 左右，反复洗涤沉淀或尼龙筛兜内清洗后，将粪便沉渣倒入三角烧瓶内，加清水（城市中须用去氯水）至瓶口，在 20 ～ 30℃的条件下，经 4 ～ 6 h 用肉眼或放大镜观察结果。如见水面下有白色点状物作直线来往游动，即是毛蚴，必要时也可以用吸管将毛蚴吸出镜检。东毕吸虫和日本血吸虫的毛蚴从形态上无法区分，但东毕吸虫的毛蚴比日本血吸虫的毛蚴出现的时间早 1 h，见有毛蚴即为阳性。随着科学技术的发展，一些机器已经应用于日本血吸虫的毛蚴孵化工作中。阎立耕采用粪孵操作机和常规的毛蚴孵化法对同一批阳性兔粪（日本血吸虫阳性）孵化实验表明，此法较常规粪孵法检出率高 18.3%，但该法没有在东毕吸虫中使用过。

以上方法的缺点是检出率较低，而且只有当虫体在体内发育成熟时才能从粪便中检出虫卵，这时急性期已过，而东毕吸虫对牛羊的危害，大多是急性期虫体在实质器官移行时引起损伤造成的，这样延误了有效治疗时间，影响了对该病的控制。

（3）虫体收集法。羊死亡或扑杀后，切开肝脏，用力挤压，收集流出的血液或将肠系膜粗大的血管切断，集血放在盆内，并加入普通水适量，经 10 ～ 20 min 沉淀后，除去上面的水。如此反复水洗沉淀 2 ～ 3 次，使水变清后，再加入适量的水沉淀，手持放大镜和直接用眼观察，在强光下可见到虫体，这种方法简单、实用，但此法需要剖杀动物，主要适合疾病确诊。

2. 免疫学诊断方法

目前，用于东毕吸虫病免疫诊断方法主要包括间接血凝试验、酶联免疫吸附试验、酶联免疫印迹技术和斑点免疫金渗滤法。

（1）间接血凝试验（IHA）。张世英等使用虫体粗抗原对 100 多只羊试验表明，此法较毛蚴孵化和粪便虫卵检查简易快速，特异性强、敏感性高，阳性符合率大约 86%。耿进明等首次使用 Sephadex G200 柱层析将虫体粗抗原进行了部分纯化，初步建立了使用 IHA 诊断牛羊东毕吸虫病的方法，并对 62 份阳性血清、25 份阴性血清分别进行了检测，阳性符合率可达 96.8%，具有较强的特异性和较高的敏感性。呼和巴特尔（1992）用此法诊断绵羊东毕吸虫病，也取得了较好的效果。

（2）酶联免疫吸附试验（ELISA）。刘振玲应用 ELISA 检测绵羊抗东毕吸虫抗体取得了满意结果，阳性符合率为 98.4%，阴性符合率为 95%，比沉淀法、孵化法分别高 57.55% 和 24.25%，在特异性方面，仅与肝片吸虫有 4.8% 的交叉反应，未发现与矛形双腔吸虫、前后盘吸虫有交叉反应。另外，用碳酸钠溶液包被东毕吸虫的可溶性抗原于聚苯烯塑料管壁，采用特检血清和酶标的二抗（Ig G–HRP），通过酶标仪判定结果。还有一种改良的斑点 ELISA 方法，当出现红色的斑点即为阳性。该法具有灵敏度高、特异性强的特点，也非常适用于东毕吸虫的大规模流行病调查。

（3）酶联免疫印迹技术（ELIB）。该法是通过粗提东毕吸虫的可溶性抗原进行 SDS 电泳，然后电转印到硝酸纤维素膜上，加入待检血清和酶标的二抗（IgG–HRP）底物显色，阳性血清即可在膜上显色。该法可用于东毕吸虫的免疫诊断，极大地提高了检测的特异性和灵敏性，达到纳克级水平。

（4）斑点免疫金渗滤法（DIGFA）。王春仁等应用该法检测羊东毕吸虫，采用胶体金标记 SPA，在特制的醋酸纤维膜上进行免疫学反应，该法与解剖法阳性符合率为 98.35%，阴性符合率为 97.78%，与 ELISA 法检测结果相似；除与肝片吸虫阳性血清有 2.86% 交叉反应外，与前后盘吸虫、胰阔盘吸虫阳性血清没有交叉反应，其阳性检出率明显高于沉淀法、孵化法和 IHA 法，本法具有操作简单、反应快速、灵敏性强、重复性好、检出时间早的优点，而且标记好的诊断试剂盒可在 4 ～ 10℃下贮存 1 年，非常适用于基层推广使用。

六、类症鉴别

1. 羊双腔吸虫病

相似点：病羊腹泻，粪便带血，下颌水肿。剖检可见腹腔积液。

不同点：羊双腔吸虫病病羊可视黏膜黄染，异嗜，肝区触诊有痛感。剖检所见主要病变为胆管出现卡他性炎症，管壁增生、肥厚，胆汁暗褐色，胆管周围结缔组织增生，胆囊、胆管内有数量不等的棕红色狭长虫体；肝脏表面有虫体移行的痕迹，寄生数量较多时，可使肝脏发生硬变、肿大，肝表面形成瘢痕，胆管呈索状。

2. 羊消化道线虫病

相似点：病羊腹泻，贫血，日渐消瘦，下颌水肿，羔羊发育不良，体温升高，呼吸促迫。剖检可见腹腔内大量积水，肠系膜胶样浸润。

不同点：羊消化道线虫病病羊剖检可见消化道各部有数量不等的相应线虫寄生，真胃黏膜水肿，有时可见虫咬的痕迹和针尖到粟粒大的小结节，大肠可见到黄色小点状的结节或化脓性结节以及肠壁上遗留下的一些瘢痕性斑点。

3. 羊阔盘吸虫病

相似点：病羊消瘦，下颌水肿，下痢，衰弱。

不同点：羊阔盘吸虫病病羊剖检可见胰腺肿大，胰管因高度扩张呈黑色蚯蚓状突出于胰脏表面。胰管发炎肥厚，管腔黏膜不平，呈乳头状小结节突起，并有点状出血，内含大量虫体。

七、防治措施

1. 预防

（1）定期驱虫。定期驱虫应根据本地的地理和气候特征，结合春秋防疫，选用吡喹酮等有效药物，给牛羊等牲畜各驱虫 1 次。初春驱虫可以防止东毕吸虫虫卵随粪便传播，深秋驱虫可以保证动物安全越冬。在多雨年份，应反复用药几次。驱虫时一定要在划定的干燥无积水的驱虫草场上进行。有条件的牧场，要定期采集粪便或血样进行东毕吸虫检查，随时发现，随时驱虫，以减少病原的扩散。

（2）杀灭中间宿主（螺类）。根据椎实螺的生态学特点，因地制宜，结合农牧业生产采取有效的措施，改变螺类的生存环境，进行灭螺。也可以使用无氯酚钠、氯硝柳胺、氯乙酰胺等杀螺剂灭螺，但是要防止人畜中毒，污染环境。同时，可以饲养水禽进行生物灭螺。

（3）加强畜粪管理。由于东毕吸虫虫卵必须接触水才可以孵出毛蚴感染椎实螺，因此，防止患畜粪便污染水源是防控该病的重要环节，要加强粪便管理，将粪便堆积发酵，杀灭虫卵。

（4）加强饲养卫生管理。严禁家畜接触和饮用“疫水”，特别是在该病流行区里不得饮用池塘、水田、沟渠、沼泽、湖水的水，最好给家畜设置清洁饮水槽，饮用井水或自来水。

（5）安全期放牧。根据螺类生存时间和活动规律，确定安全放牧期。在放牧安全期内，可在污染牧地上放牧，其余时间应该在没有被污染的草地上放牧，有条件的牧场可以实行轮牧。

2. 治疗

处方 1：吡喹酮，按每千克体重 40 mg，口服；或按每千克体重 10 mg，肌内注射。

处方 2：复方吡喹酮（抗血吸虫Ⅱ号），按每千克体重 30 mg，口服用药。

处方 3：10% 吡喹酮的吸虫净注射液，按每千克体重 10 ～ 20 mg，一次肌内注射。

处方 4：硝硫氰醚，按每千克体重 50 ～ 70 mg，口服。

处方 5：硝硫氰醚，按每千克体重 3 ～ 4 mg，用甲乙酰胺溶解，静脉注射。

第十六节　莫尼茨绦虫病

羊莫尼茨绦虫病是由莫尼茨属的绦虫寄生于羊的小肠引起的一种寄生虫病。该病主要危害羔羊，影响幼羊生长发育，严重感染时，可致死亡。临床上以食欲降低、腹泻、贫血为主要特征。

一、病原

1. 分类和形态特征

我国常见的莫尼茨绦虫有贝氏莫尼茨绦虫和扩展莫尼茨绦虫，二者均属于裸头科莫尼茨属。

莫尼茨绦虫虫体呈带状，由头节、颈节及链体组成，全长可达 6 m，最宽处 16 ～ 26 cm，呈乳白色。头节上有 4 个近椭圆形的吸盘，无顶突和小钩。体节短而宽。成熟节片具有两套生殖器官，在两侧对称分布。卵巢和卵黄腺围绕着卵膜构成圆环形，位于节片两侧，生殖孔开口于节片两侧边缘。睾丸数百个，分布于节片两纵排泄管内侧，在靠近纵排泄管处较为稠密。扩展莫尼绦虫在每个节片后缘有 8 ～ 15 个泡状节间腺，呈单行排列，其两端几乎到达纵排泄管。贝氏莫尼茨绦虫的节间腺则呈密集的小颗粒状，仅排列于节片后缘的中央部。莫尼茨绦虫的孕卵节片内子宫汇合呈网状，内含大量呈三角形、圆形或不整立方形的虫卵。虫卵长 50 ～ 60 μm，内含 1 个被梨形器包围着的六钩蚴。贝氏莫尼茨绦虫的虫卵呈四角形。

2. 生活史

这 2 种莫尼茨绦虫的中间宿主均为生活在牧场表层土壤内的地螨。莫尼茨绦虫寄生在牛、羊等反刍动物的小肠内。其孕卵节或虫卵随粪便排出体外，如被中间宿主地螨吞噬，则虫卵内的六钩蚴在地螨体内发育为似囊尾蚴。当终末宿主牛、羊等反刍动物在采食时，吞食了含有似囊尾蚴地螨的牧草，似囊尾蚴在其消化道逸出，附着在肠壁上，逐渐发育为成虫。莫尼茨绦虫在牛、羊体内生活的期限为 2 ～ 6 个月，而后即自行排出体外。

3. 致病作用

寄生在患畜肠内的莫尼茨绦虫长达数米，而且寄生的数量常常可达数十条之多，这样在虫体集聚的部位，可造成肠腔狭窄，严重妨碍食糜通过，并引起部分肠道扩张，炎症和臌气。当虫体扭结成团时，可发生肠阻塞、套叠、扭转和破裂等继发症。病畜表现腹围增大，腹痛，食欲减退，下痢或便秘等症状。

莫尼茨绦虫在肠道中生长迅速，每昼夜可生长 8 cm，夺取宿主体内大量营养，使幼畜生长缓慢。虫体的代谢产物能破坏肠内容物的养分，加剧病畜的营养流失，使患畜消瘦、贫血，甚至引起死亡。

绦虫的代谢产物对宿主呈现中毒作用。使患畜出现抽搐、回旋运动等神经症状，最后卧地不起，仰头空嚼，全身衰竭而死。

二、流行病学

1. 易感动物

牛、羊等反刍动物对莫尼茨绦虫均易感，各品种、年龄的羊均易感，2 ～ 8 月龄羔羊最易感，且常见于膘肥体壮的羔羊，成年羊基本不发病。扩展莫尼茨绦虫羔羊最易感，贝氏莫尼茨绦虫犊牛最易感。

2. 传染源

患病动物是该病主要的传染源。

3. 传播途径

该病主要经消化道传播，羊吞食被地螨污染的牧草和饮水等被感染。

4. 流行特点

该病呈世界性分布，具有明显的季节性，与地螨的分布、习性密切相关。地螨体型小，长约 1.2 mm，生命期 14 ～ 19 个月，喜温暖、潮湿的环境，早晚或阴雨天时，经常爬至草叶，生活于大量腐烂植物的草地上。因此，在潮湿牧地、早晚和雨后放牧最易感染。各地的感染期不同，南方的感染高峰一般在 4—6 月，北方在 5—8 月。我国东北、西北的广大牧区为该病多发区，呈局部流行。

三、临床症状

成年羊症状较轻或基本无症状。该病的主要特点是病羊消化机能紊乱，食欲减退或废绝，饮欲增加，腹痛，肠臌气和下痢，粪便中发现脱落的绦虫节片。病羊逐渐消瘦，发育不良，贫血，可视黏膜苍白（图 6–16–1），淋巴结肿大，精神沉郁，运动无力，卧地不起，最后死亡。个别病羊出现痉挛、肌肉抽搐、回转运动、反应迟钝或消失、空口咀嚼及口吐白沫等神经症状，直至死亡。

图 6–16–1　病羊消瘦，发育不良，贫血，可视黏膜苍白（骆学农　供图）

四、病理变化

主要病变是尸体消瘦，贫血，胸腹腔积液增多，瘤胃臌气，瓣胃结实，心、肝（图 6–16–2）、肺（图 6–16–3）、肾（图 6–16–4）、脾（图 6–16–5）等内脏器官色淡，血液稀薄如水，肠黏膜有出血，并发生增生性变性，肠系膜淋巴结出血，肿大小肠内有大量长 1 ～ 2 m，宽 1 ～ 1.5 cm，黄白色的带状分节虫体。

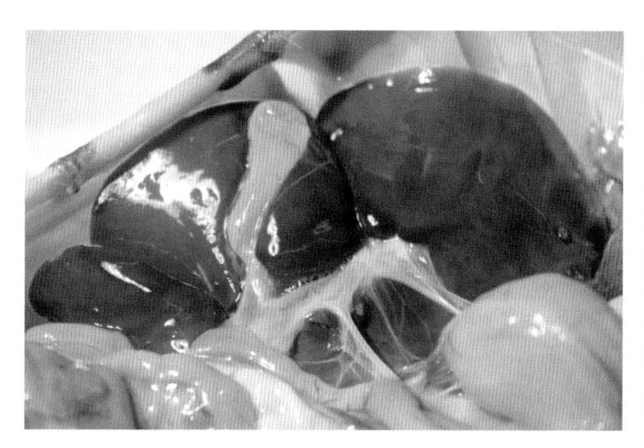

图 6–16–2　病羊肝脏苍白色（骆学农　供图）

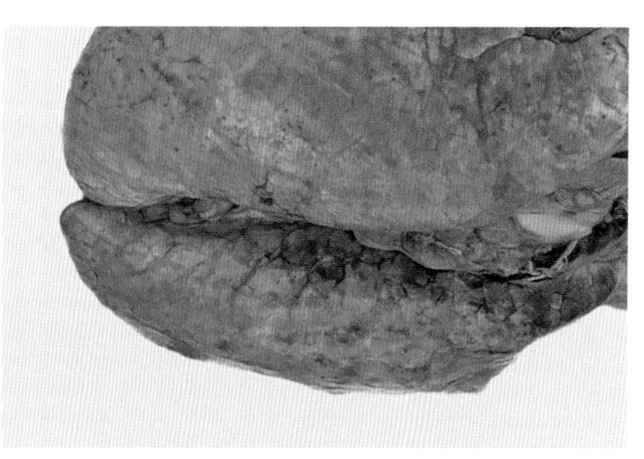

图 6–16–3　病羊肺脏色淡（骆学农　供图）

图 6–16–4　病羊肾脏色苍白（骆学农　供图）

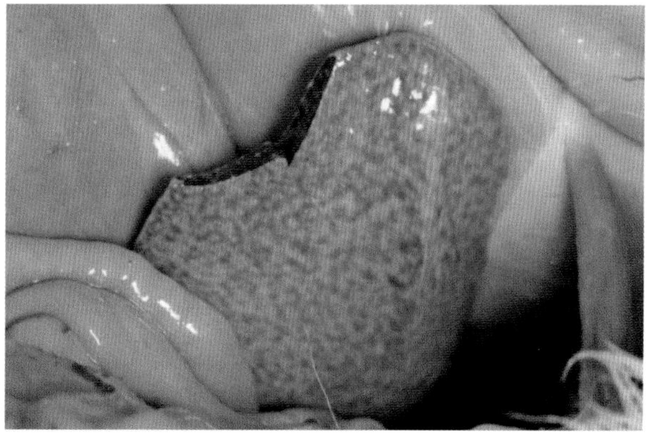

图 6–16–5　病羊脾脏色淡（骆学农　供图）

五、诊断

该病无典型临床症状，必须进行实验室检查，结合病理解剖及流行特点才能确诊。

1. 节片检查

检查可疑羊粪便中是否有莫尼茨绦虫的孕卵节片。孕卵节片长约 1 cm，呈黄白色、煮熟米粒状，用载玻片压扁粪便后容易发现。

2. 虫卵检查

涂片法检查：采集适量新鲜粪便，通过肉眼观察，可看到长度为 1.5 cm、米粒状的孕卵节片。取洁净的载玻片，把孕卵节片放于玻片中央，滴 2 ～ 3 滴 5% 甘油生理盐水与粪便混合均匀，加盖玻片镜检，发现有大量的灰白色虫卵。

饱和盐水漂浮法：取可疑粪便 5 ～ 10 g，加入 10 ～ 20 倍饱和盐水搅匀，通过 60 目筛网过滤，用直径 5 ～ 10 mm 的铁丝圈与液面平行接触以蘸取表面液膜，将液膜抖落在载玻片上，盖上盖玻片即可镜检。莫尼茨绦虫虫卵呈不正圆形、四角形、三角形或四周隆厚中部较薄的饼形，卵内有特殊的梨形器，内含六钩蚴。

3. 驱虫试验

对因绦虫未成熟而无节片排出的患羊可进行诊断性驱虫试验，如发现排出莫尼茨绦虫虫体和症状明显好转即可作出确诊。

六、类症鉴别

1. 羊球虫病

相似点：病羊食欲减退或废绝，逐渐消瘦，贫血，可视黏膜苍白，腹泻。剖检可见肠系膜淋巴结肿大，肠黏膜出血。

不同点：羊球虫病病羊肚胀，眼和鼻黏膜有卡他性炎症；剖检可见肠道黏膜有淡白、黄色圆形或卵圆形结节，胆管扩张，胆囊内有大量块状物。羊莫尼茨绦虫病病羊粪便中有脱落的绦虫节片，个别病羊出现痉挛、肌肉抽搐、回转运动、口吐白沫等神经症状；剖检可见肠黏膜增生性变性，小肠内有大量带状分节虫体。

2. 羊前后盘吸虫病

相似点：病羊精神不振，食欲减退，腹泻，贫血，可视黏膜苍白。

不同点：羊前后盘吸虫病病程后期眼睑、下颌、胸腹下部水肿，粪便中无绦虫节片，无痉挛、回转运动、口吐白沫等神经症状。羊前后盘吸虫病剖检可见皮下脂肪呈胶冻样，颈部皮下有胶冻样物质，瘤胃、真胃和瓣胃的皱襞内有许多暗红色虫体；羊莫尼茨绦虫病剖检可见小肠内有大量黄白色的带状分节虫体。

3. 羊阔盘吸虫病

相似点：病羊消瘦、贫血、腹泻。

不同点：羊阔盘吸虫病病羊下颌及胸前水肿，粪便中无绦虫节片，无神经症状；剖检主要病变在胰腺，呈现胰腺肿大，胰管因高度扩张呈黑色蚯蚓状突出于胰脏表面；胰管发炎肥厚，管腔黏膜不平，呈乳头状小结节突起，并有点状出血，内含大量虫体。

4. 羊双腔吸虫病

相似点：病羊腹泻，贫血，消化功能紊乱，逐渐消瘦。

不同点：羊双腔吸虫病病羊可视黏膜黄染，下颌水肿，肝区触诊有痛感；剖检主要病变为胆管卡他性炎症，管壁增生、肥厚，胆汁暗褐色，胆管周围结缔组织增生，胆囊、胆管内有数量不等的棕红色狭长虫体；肝脏表面有虫体移行的痕迹，寄生数量较多时，可使肝脏发生硬变、肿大，肝表面形成瘢痕，胆管呈索状。

七、防治措施

1. 预防

（1）预防性驱虫。在本地流行区，凡羔羊开始放牧时，从第 1 天算起，到第 30 ～ 35 天，进行绦虫成熟期前驱虫；断奶时再进行 1 次驱虫。成年羊往往是带虫者，应同时驱虫，驱虫后转入清洁的草场放牧。

（2）合理放牧。羊莫尼茨绦虫的中间宿主为地螨，地螨主要分布在潮湿肥沃的土地里，在雨后的牧场，地螨数量将明显增加。因此，羊群放牧时应尽量避开地螨活动高峰期。夏秋一般以太阳露头、牧草上露水消散时将羊群赶入牧场；冬季、早春地螨钻入腐殖层土壤中越冬，故可按常规时间放牧。

（3）加强饲养管理。平时做好羊群的驱虫工作，搞好羊舍卫生，定期消毒。使用 20% 生石灰水或 5% 克辽林溶液喷洒、洗刷羊舍、饲具。对粪便和垫草要堆肥发酵，以杀死粪内虫卵。对新鲜采集的牧草等要清洗干净或在阳光下暴晒后再喂养羊群，最好采用干牧草饲喂。在羊群饮水中添加电解多维，投放富矿舔砖，适当补充精料，以增强病羊体质。

（4）消灭中间宿主。消灭地螨是预防该病的重要手段，可通过更新牧地，农牧轮作，种植高质量牧草等措施来消灭地螨。

2. 治疗

（1）西药治疗。

处方 1：吡喹酮，按每千克体重 10 ～ 45 mg，一次口服。

处方 2：将硫双二氯酚按每千克体重 80 ～ 100 mg 配成混悬液，口服。

处方 3：将氯硝柳胺（灭绦灵）按羊每千克体重 100 mg 配成 10% 的水悬液口服。

处方 4：1% 硫酸铜溶液，按每千克体重 2.5 mL 的剂量一次性灌服。配制方法为蒸馏水 1 000 mL、硫酸铜 10 g、2% 的盐酸 3 mL（加速硫酸铜的溶解），用木棍充分搅拌，待硫酸铜完全溶解后待用。

处方 5：丙硫咪唑，按每千克体重 10 ～ 20 mg，配成 1% 的水悬液口服。

处方 6：腹泻较重的病羊，用菌毒孢锋（主要成分为 10% 的乳酸环丙沙星）肌内注射，每日 1 次，连用 3 d，同时给予口服补液盐，让其自由饮用。

（2）中医治疗。

处方：大黄 55 g、南瓜子 20 g、槟榔 28 g、皂角 30 g、黑丑 30 g、雷丸 29 g、沉香 10 g、本香 15 g、苦楝子 15 g，研为末，温水冲服，分早晚 2 次灌服，2 d 后重复 1 次。

第十七节　鼻蝇蛆病

羊鼻蝇蛆病是由羊鼻蝇的幼虫寄生在羊的鼻腔及附近腔窦内所引起的寄生虫病，临床表现为羊只不安、呼吸困难、慢性鼻炎和额窦炎症状。羊鼻蝇呈世界性分布，感染率高，主要危害绵羊，山羊受害较轻，在欧洲有寄生于骆驼和人的报道。

羊鼻蝇蛆病在我国西北、东北地区感染较为严重，流行严重地区感染率可高达 80%。研究表明，患羊增重降低 3.58% ～ 8.29%，每只羊月均活重损失 0.479 ～ 0.6 kg，最终胴体肉损失达 1.19 ～ 4.6 kg，羊毛损失 200 ～ 500 g，产奶量下降 10%，严重影响羊只生长发育和生产性能。

一、病原

羊鼻蝇亦称羊狂蝇，属双翅目、狂蝇科、狂蝇属。

羊狂蝇成虫的形态学特征的描述开始由 Linne 在分类时进行了论述，将成虫翅脉的特征用作种的鉴定。成虫体长 10 ～ 12 mm，淡灰色，略带金属光泽，体态似蜜蜂，头大呈黄色，口器退化。全身密生绒毛，胸部结节上长有细长毛，腹部长有银白色闪光点（图 6-17-1）。雄蝇与雌蝇交配后，雄蝇死亡；产完幼虫（蛆）后，雌蝇立即死亡。

羊鼻蝇不同龄期幼虫间的形态学差异多采用 Capelle 与 Zumpt 报道的分类鉴定方法。即Ⅰ期幼虫为浅黄白色，体长约 1 mm，前方有 2 个黑色强大的口钩向后弯曲，口钩高度角质化。尾部末端突起上有 10 个或 11 个小刺。背部第 3 节片上有 3 排刺，其余节片上有 2 排完整的刺和位于中间部分的 8 ～ 12 个刺。腹面的每个节片上有 3 排刺，最后 2 节有不完整的第 4 排刺。Ⅱ期幼龄虫体长 9 ～ 20 mm。体表的刺不明显。Ⅲ期幼虫体形似圆柱形，前端尖，强壮而弯曲，体长 25 ～ 30 mm。有 2 个强大的黑色口前钩，较发达，内部连接于咽部骨架上。虫体背面无刺，成熟后各节上具有颜色深浅不一的带斑（随成熟程度不同颜色深浅不同）。腹面各节前端具有小刺约 11 列。虫体后端平齐，凹处有 2 个“D”字形气门板，中央有钮孔，两后气门板明显黑色且几乎相接，封闭着气门钮。

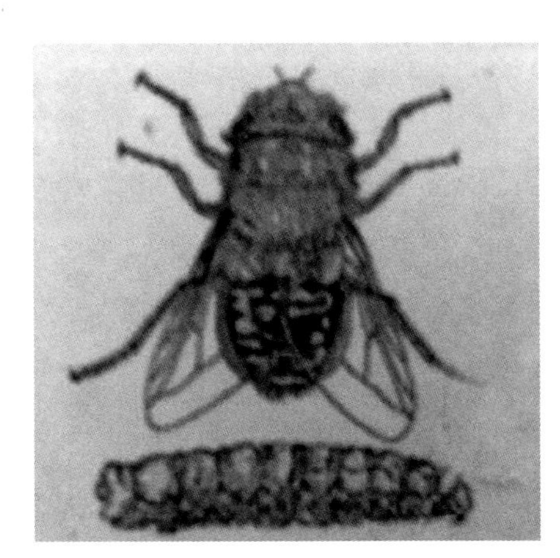

图 6-17-1　羊鼻蝇的成虫及幼虫
（李有全　供图）

Guitton 和 Dorchies 还对幼虫进行了电镜扫描观察，他们发现Ⅰ期幼虫体表有许多小刺，且口钩发达强壮；Ⅱ期幼虫刺较少；Ⅲ期幼虫腹侧有很多小刺。

二、流行病学

1. 易感动物

羊鼻蝇的宿主特异性较强，通常寄生于羊科动物，主要是绵羊。但胡巴雅尔等报道还可寄生于骆驼和驯鹿，杨晓野等研究表明，驯鹿狂蝇蛆与羊狂蝇蛆不是一个种，人亦有被寄生的报道。

2. 流行特点

就同一地区而言，绵羊的感染率高于山羊，夏秋季高于冬春季，幼龄羊高于成年羊。羊狂蝇成虫出现于每年 5—9 月，尤以 7—9 月为最多，一般只在炎热晴朗无风的白天活动而侵袭羊只，幼虫一般寄生 9 ～ 10 个月，到翌年春天发育为第 3 期幼虫，所以，该病流行特点是夏季感染春季发病。

三、临床症状

羊鼻蝇蛆病的致死率不高，偶尔可由大量的虫体阻塞呼吸道致患羊窒息或继发病菌感染死亡。其发病情况通常在夏秋季成虫大批出现时以表现卡他性鼻炎为主要症状，采食羊只为躲避成虫侵袭常将鼻孔紧贴于地面，或将头藏于其他羊只两后肢中间；冬季无明显症状，春季则多摇头、打喷嚏。羊鼻蝇蛆成虫在袭击羊群产幼虫（蛆）时，会造成羊只的恐慌，骚动不安，拥挤。导致其频频甩头或鼻孔紧贴于地面，严重影响羊只的采食及休息，也容易对羊只造成伤害。当幼虫在鼻腔内固着或移动时，以口前钩和体表小刺机械地刺激和损伤鼻黏膜，引起鼻腔黏膜和额窦黏膜发炎和肿胀，流脓性鼻液（图 6-17-2）。剖检病死羊，可在鼻腔、鼻窦或额窦内发现各期幼虫（图 6-17-3）。

图 6-17-2　寄生有羊鼻蝇的羊摩擦鼻部，流脓性鼻液
（李有全　供图）

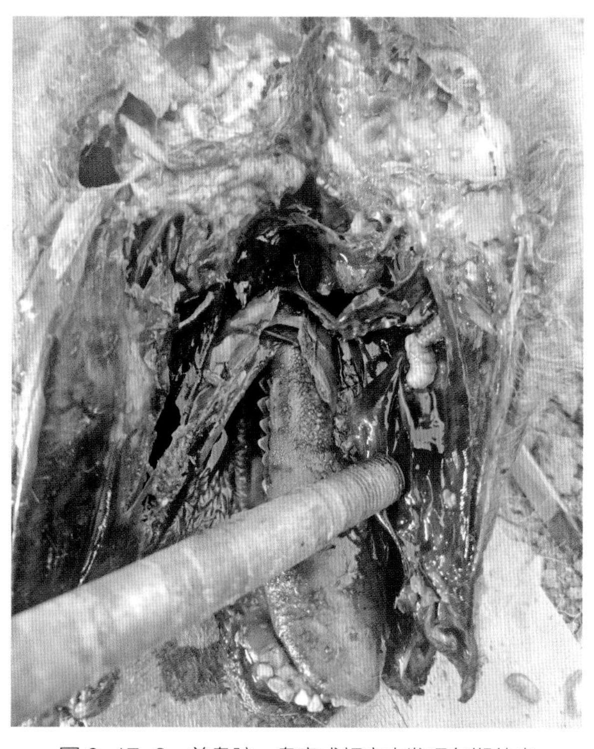

图 6-17-3　羊鼻腔、鼻窦或额窦内发现各期幼虫
（李有全　供图）

1. 前期

初期患羊鼻腔受到刺激，产生大量清鼻液，后由于病情恶化及继发细菌感染导致产生大量黏稠的，甚至脓样鼻液，更严重的会有带血鼻液流出。大量鼻液干涸后，在鼻腔及鼻孔周围形成鼻痂，导致羊只呼吸困难。患羊表现为打喷嚏，摇头，磨牙，磨鼻，流泪，眼睑水肿，食欲减退，日渐消瘦。

2. 中期

数月后症状逐渐减轻，幼虫在鼻腔深处稳定生长发育，当发育为三期幼虫时，虫体变硬，增大，且开始向鼻腔浅部移行，此时症状又有所加剧。当个别幼虫进入颅腔，损伤脑膜或因鼻窦发炎波及脑膜时，会引起神经症状，病羊表现为运动失调，旋转运动，头弯向一侧或发生麻痹，即所谓的“假性回旋症”。

3. 后期

最后，大部分病羊表现消瘦和营养不良；少部分病羊因食欲废绝，衰竭而死亡。

四、诊断

诊断要点：病羊生前诊断可结合流行病学情况和症状表现，于发病早期用药液喷射鼻腔，查找有无死亡的幼虫排出。死后诊断时，剖检时在鼻腔、鼻窦或额窦内发现羊鼻蝇幼虫，即可确诊。

五、类症鉴别

羊肺线虫病

相似点：病羊呼吸困难，打喷嚏；鼻流黏稠分泌物，干涸后形成鼻痂；逐渐消瘦。

不同点：病羊剧烈咳嗽，运动时和夜间咳嗽更为显著，此时呼吸声明显粗重，如拉风箱的声音，常咳出含有虫卵及幼虫的黏稠痰液；贫血、黏膜苍白，头、胸及四肢水肿。剖检可见主要病变在肺部，肺表面有肉样、坚硬的小结节；肺的底部有透明的大斑块，支气管中有多量脓性黏液并有血丝的分泌物团块；气管、支气管及细支气管内可发现数量不等的大、小肺线虫。

六、防治措施

1. 预防

（1）药物预防。消灭羊舍或牧场上的羊鼻蝇成虫，在成虫飞翔季节，在羊鼻腔周围与鼻部涂擦1%敌敌畏软膏。隔 7 d 换药 1 次，可防成虫飞进鼻腔与杀死幼虫。

（2）合理放牧。夏季中午炎热的时候，也是羊鼻蝇最活跃期，把羊赶到有阴凉的树下或凉棚里休息，不在天热的中午放牧，可避免羊鼻蝇的危害。放牧时间不足时，可夜牧羊群，此时没有羊鼻蝇的危害和打扰，因此，夜牧是一种有效的预防举措。

（3）杀灭鼻蝇。羊舍或羊圈及运动场地是羊鼻蝇生存的最好环境，可用敌百虫等有机磷进行定期喷洒，以杀死成蝇，减少感染，切断羊鼻蝇的生活史，就能大为减少其繁殖率。

（4）杀灭蝇蛹。可在每年 3—4 月，在羊舍或羊圈四周及屋角下，挖掘蛆蛹，打死或烧掉均可，防止天热后，在土里羽化成蝇。

2. 治疗

（1）直拉处置。用镊子或锐匙除去蝇蛆和腐烂组织，用 3% ～ 5% 来苏儿或石炭酸溶液冲洗干净，最后用脱脂棉蘸上松节油、四氯化碳或碘溶液填塞伤口。从伤口除去的蝇蛆应深埋或焚毁，以免发育为成虫。也可在伤口涂擦薄荷油，可使蝇蛆从伤口迅速掉下，1 h 以后即完全无蛆。

（2）鼻腔内注射药液。使用 0.1% ～ 0.2%辛硫磷，0.03% ～ 0.04%巴胺磷，0.012%氯氰菊酯水乳液，羊每侧鼻孔各 10 ～ 15 mL，用注射器分别向内喷射，两侧喷药间隔时间 10 ～ 15 min，对杀灭羊鼻蝇蛆的早期幼虫有效。

（3）烟熏法。将羊只赶入一个密闭的烟雾室，以每立方米的容积用“敌敌畏”原液 1 mL 的剂量计算好总的药用量后，将其倒在烤热但不红的铁板上，使药液挥发为烟雾。羊只在此烟雾室内吸雾在 10 ～ 15 min 为宜。此法可 100%驱杀羊鼻蝇一期幼虫。

（4）碘水杨酸酰基丙胺。为每颗内含 300 mg 的丸剂。剂量：体重 31 ～ 40 kg 服 1 颗，41 ～ 60 kg 的服 1.5 颗，60 kg 以上服 2 颗。据报道，1 次口服可以驱除 98%的发育阶段的羊鼻蝇幼虫。

（5）口服碘醚柳胺。按每千克体重 60 mg 配成悬浮液，经口灌服，此法可杀灭 98% 以上的羊狂蝇各期幼虫。

（6）四氯化碳眶孔注射。此法对杀灭第 2 期和第 3 期幼虫效果较好。方法：用四氯化碳与清油等量的混合液，于眼眶上孔向额部内侧，以 45° 角引直线 1 ～ 1.2 cm 处，注入混合液 1 ～ 1.5 mL，注射时将羊头高抬，不要伤及眶上神经。

（7）阿维菌素注射。用 1% 阿维菌素，按每千克体重 0.2 mg 剂量进行皮下注射，可驱杀羊狂蝇各期幼虫。

第十八节　痒螨病

羊痒螨病是由羊痒螨寄生在羊体表引起的一种慢性寄生性皮肤病，以剧痒、湿疹性皮炎、脱毛、患部逐渐向周围扩展和具高度传染性为特征。

1903 年 Salmon 和 Stiles 第一次对痒螨作了历史性的调查，1936 年 Downing 最早研究了绵羊痒螨的形态特征并命名，还进行了该螨生活史方面的调查研究。美国在 17 世纪 60 年代对痒螨作了首次报道，但是，直到 19 世纪 80 年代才第一次对螨病采取了防治措施；之后又在 1898 制定了第一部防治螨病的法规，但是痒螨病直到 1952 年才得到根除，20 年后痒螨病再次暴发。英国于 1952 年根除绵羊螨病后，于 1973 年再度出现。我国于 20 世纪 50 年代才对痒螨病的流行情况进行了普查并加以防治。

一、病原

1. 分类与形态结构

羊痒螨在分类学上属于蛛形纲、蜱螨亚纲、真螨目、粉螨亚目、痒螨科、痒螨属。

羊痒螨虫体呈长圆形，乳白微带浅褐色，虫体大小（0.3 ～ 0.9）mm×（0.2 ～ 0.52）mm，口器长，呈圆锥形，躯体背面有稀疏的刚毛和细皱纹，肢体圆锥形，前 2 对肢粗大，后 2 对肢细长突出体缘，幼虫 3 对足，第 1、第 2 对足有吸盘，若虫、雌虫 4 对足，第 1、第 2、第 4 对足有吸盘，雄虫前 3 对足有吸盘，吸盘柄长，分节，雌虫躯体腹面有一呈倒“U”字形生殖道，雄虫体后缘有 2 个尾突，体末端腹面有一呈杯状肛吸盘（图 6–18–1）。

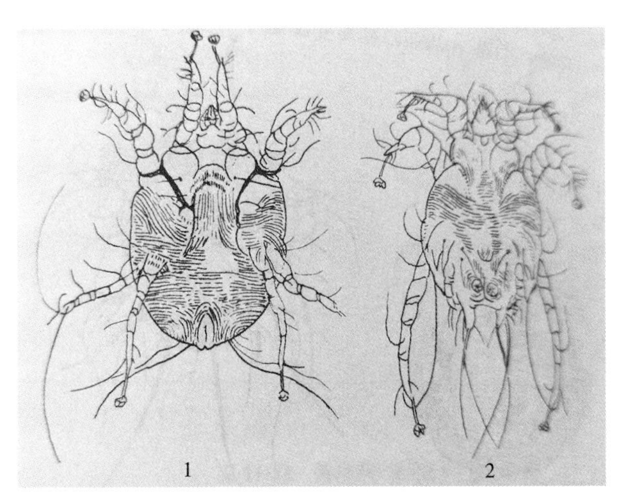

1. 雄虫；2. 雌虫。

图 6–18–1　痒螨（仿 Baker）

2. 生活史

痒螨口器为刺吸式，不在表皮内挖隧道，在羊体表痒螨以螯肢和须肢上的吸盘附着在皮肤表面或毛根部，用口器吮食体表渗出液。雌螨多在皮肤上产卵，约经 3 d 孵化为幼螨，采食 24 ～ 36 h 进入静止期后蜕皮为第一若螨，采食 24 h，经过静止期蜕皮成为雄螨或第二若螨（“青春雌”）。雄虫通常以其吸盘与第二若螨躯体后部的一对瘤状突起相接，这一接触约需 48 h。第二若螨蜕皮变为雌螨，雌雄才进行交配。痒螨整个发育过程 10 ～ 12 d。

3. 生物学特性

痒螨在宿主体外的生活期限，因温度、湿度和日光照射强度等多种因素的变化而有显著的差异。在 6 ～ 8℃和 85% ～ 100% 空气湿度条件下，在畜舍内能存活 2 个月，在牧场上能活 25 d，在 –12 ～ –2℃经 4 d 死亡，在 –25℃经 6 h 死亡。痒螨常寄生在毛根部，侵害被毛稠密和温湿度比较恒定的皮肤部分。在适宜条件下，感染后 2 ～ 3 周呈现致病作用。

二、流行病学

1. 易感动物

不同年龄和不同品种的羊均可感染痒螨，但绵羊更易感，其中，又以幼龄羔羊多发。成年羊对痒螨有一定的抵抗力，体质瘦弱、抵抗力差的羊易受感染；体质健壮、抵抗力强的羊则不易感染。

2. 传染源

病羊和带螨的羊为该病主要的传染源，特别是成年体质健壮的羊的“带螨现象”往往成为该病最危险的感染源。同时，被螨及其卵污染的厩舍、用具及饲养人员或兽医人员的衣服和手也是重要的传染源。

3. 传播途径

该病以接触性传播为主。引进动物未经检查即与本地动物接触最容易导致该病的发生与传播。

4. 流行特点

羊痒螨病季节性很强，主要发生于寒冷的冬季和秋末春初，因为这些季节日光照射不足，家畜毛长而密，特别是厩舍潮湿、畜体卫生状况不良、皮肤表面湿度较高的条件，最适合痒螨的发育繁殖。夏季家畜绒毛大量脱落，皮肤表面受阳光照射，皮温增高，经常保持干燥状态，这些条件都不利于螨的生存和繁殖，大部分虫体死亡，但有少数螨潜伏在耳壳、蹄踵、腹股沟部以及被毛深处，这种带虫家畜没有明显症状，但到了秋季，随着季节改变，螨又重新活跃起来，不但容易引起疾病的复发，而且成为最危险的传染源。

三、临床症状

痒螨可引起一些普遍的行为症状，例如躁动不安、不停地在木柱、墙壁等处摩擦，或用后肢搔抓患部。

剧痒是贯穿于整个病程的主要症状。剧痒使病羊不停地咬啃患部，并与各种物体上用力摩擦，因而越发加重患部的炎症和损伤，同时，还向周围环境散布大量病原，即典型的瘙痒症症状。

结痂、脱毛和皮肤肥厚也是螨病必然出现的症状。在虫体机械刺激和毒素的作用下，皮肤组织发生炎性浸润，发痒处皮肤形成结节和水疱。当病羊蹭痒患部皮肤时，结节、水疱破溃，流出渗出液，渗出液与脱落的上皮细胞、被毛及污垢混杂在一起，干燥后就结成痂皮。痂皮的大小与患病的轻重有关。

病羊日渐消瘦。由于发痒，病羊终日啃咬、摩擦和烦躁不安，影响正常的休息，并使消化和吸收机能降低。加之在寒冷的季节因皮肤裸露，体温大量放散，体内蓄积的脂肪被大量消耗。所以，病羊体重减轻、全身性的严重脱毛（图 6-18-2）、长期慢性皮炎；同时，受痒螨侵袭部位的羊皮质下降，最终导致产毛量减少。并且被痒螨侵袭部还易感染蝇蛆病等。如果被感染羊不及时治疗，病情不断加剧，则会导致脱水、肺炎或细菌败血症，最终死亡。

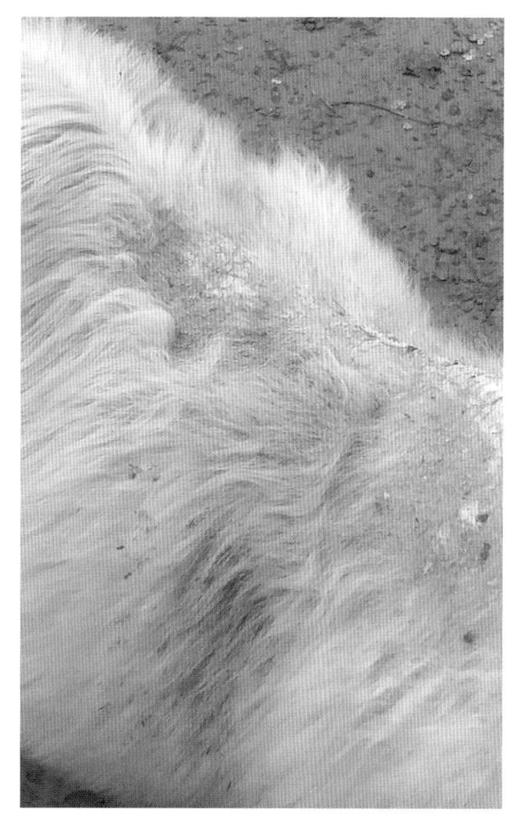

图 6-18-2　病羊体重减轻，形成痂皮，并有脱毛现象（李有全 供图）

四、诊断

1. 诊断要点

根据临床症状如剧痒、皮肤增厚、有痂皮、脱毛和消瘦等特征可作出初步诊断，根据痒螨侵蚀方式的特点，对早期发病羊只可通过患部侵蚀状况进行肉眼观察诊断，判别标准为：一是患部羊毛湿润较黏乱，患羊患部有明显的搔、舔、蹭等痒觉症状。二是拨开患部被毛，皮肤上有青色、炎性浸润灶，中央有溃烂点，有少量湿润的黄白色痂皮。要确诊还需进一步作病原学诊断。其方法主要有直接检查法、温水检查法、皮屑溶解法和漂浮法。

2. 病原学诊断方法

（1）直接检查法。直接刮取皮肤病变物，37℃恒温箱中作用 2 h，解剖镜下观察，如果看到活动的痒螨，即可确诊。

（2）温水检查法。将病料浸入 40 ～ 45℃的水中，置恒温箱内，在温热水的作用下，螨虫由皮屑内爬出，集成团而沉入水底，1 ～ 2 h，将浸过病料的液体倒出，将沉渣倾倒入表面皿中镜检。

（3）漂浮法。将刮取的皮屑放在试管中以 10% 氢氧化钾（钠）溶液煮沸数分钟（或浸泡 2 h）然后离心沉淀 5 min，取沉淀物，用蒸馏水将其中的氢氧化钾清洗干净，在沉淀物中加 60% 硫代硫酸钠溶液使液体满于管口，但不溢出。静置 5 ～ 10 min，痒螨即浮集于液面，可用载玻片直接蘸取镜检。

（4）光照法。根据绵羊痒螨避光这一生物学特性进行病料检查诊断。将刮取的病料放于透明广口瓶底部中央，然后将整个瓶子用深色的纸罩上，在罩中央挖一个与被检病料堆同样大小的圆孔，让光（阳光、灯光等均可）透过圆孔照射，揭开罩子观察瓶底、瓶壁上有无白色点状物爬行，如有即可确定是由螨虫引起（观察虫体时可在瓶壁上衬用深色纸看得更清楚）。

（5）加温法。因痒螨不耐高温，而且温度升高后爬行速度加快，根据这一特点，可在盛放病料装置底部施以较高温度，最好置于 60 W 灯泡上或用火微微加热，螨虫在高温下迅速从病料堆爬出，可确诊。

（6）隔绝氧气法。痒螨的发育有需氧这一生理需求，可将病料放入小药瓶中，盖紧瓶盖，2.5 h 后观察，可见离瓶壁口较近的瓶壁上部、瓶盖边缘爬有很多螨虫（隔绝时间越长观察到的痒螨越多），即可判定是由螨虫引起。

3. 免疫学诊断方法

1992 年董文其等用兔耳痒螨抗原，以间接酶联免疫吸附试验法对绵羊血清内抗羊痒螨抗体进行了检测，试验结果表明，9 份阳性血清全部呈阳性反应，10 份阴性血清 9 份呈阴性反应，特异性强。能够准确诊断出痒螨病。88 份来自疫区无临床症状的绵羊血清，其中，有 8 份呈阳性反应，另有 28 份的 OD 值介于阴性和阳性血清之间，从而说明该法可用于早期诊断。试验结果与 Fisher、Boyce 先后所做的 ELISA 试验结果相一致。

1996 年 Matthes 等把几种螨的抗原粗提物采用斑点杂交方法与抗绵羊痒螨的免疫球蛋白反应，几种螨虫抗原都可发生反应，从而表明这几种螨具有同源性；他还把几种螨的粗提物注入动物体内，刺激机体产生不同的抗体，根据 SDS-PAGE 电泳形成的不同蛋白条带，来鉴别诊断症状比较相近的螨病。

五、类症鉴别

1. 羊疥螨病

相似点：病羊剧痒，病羊不断在墙、栏柱、石头等处擦痒；患处脱毛，严重的全身脱毛，皮肤增厚，形成结节、水疱、破溃后结痂、皲裂；逐渐消瘦。

不同点：山羊易感性高于绵羊。疥螨病多发于皮肤薄、被毛稀少的地方，如山羊的头部。绵羊患疥螨病时，因病变主要局限于头部，病变部位有如干涸的石灰，故有“石灰头”之称。

2. 羊痒病

相似点：病羊瘙痒，不断搔抓、啃咬痒处，或在墙壁、栅栏、树干等物体上摩擦，被毛脱落，逐渐消瘦。

不同点：病羊敏感、易惊、癫痫，或表现过度兴奋、抬头、竖耳、眼凝视；后期共济失调严重，腹肋部以及头颈部肌肉发生频繁震颤；常以一种特征的高抬腿姿态跑步，呈特殊的驴跑步样姿态或雄鸡步样姿态，后肢软弱、无力，肌肉颤抖，步态蹒跚，驱赶时常反复跌倒；视力丧失，常不能跳跃，遇沟坡、土堆等障碍时，反复跌倒或卧地不起。

六、防治措施

1. 预防

（1）保持清洁。畜舍要保持干燥清洁、通风、透光、不拥挤，定期消毒；畜体要经常刷、晒，减少感染。

（2）及时治疗。经常注意畜群中有无发痒、掉毛现象，及时检查找出可疑患畜，隔离饲养，迅速查明病因，发现患畜及时隔离治疗或淘汰。

（3）加强饲养管理。科学地饲养管理，引入动物要先隔离观察一段时间，经检查无该病虫体寄生时再合群饲养，防止将螨病一同带入。

（4）定期药浴。对羊只进行药浴，对曾经发病羊药浴 1 周后再进行第二次药浴，药浴时药浴液温度不低于 30℃；药浴后 5 ～ 7 d 再药浴 1 次；最好将长毛剪后药浴或于剪毛后全群药浴；药浴顺序为先药浴无症状羊只，后药浴有症状羊只；药浴时严禁羊只误饮药浴液；药浴前羊只绝食 12 h 以上，并于药浴前给羊只以充足清洁的饮水。

2. 治疗

（1）西药治疗。

处方 1：碘硝芬注射液，按每千克体重 10 ～ 20 mg 剂量，皮下注射，3 周后重复用药 1 次。

处方 2：伊维菌素注射液，按每千克体重 0.2 mg 剂量，皮下注射，每 7 d 1 次，共注射 4 次。

处方 3：害获灭注射剂，按每千克体重 0.2 mg 剂量，皮下注射，1 剂 / 次，间隔 10 d 后再注射 1 次。

处方 4：拟除虫菊酯类（如溴氯菊酯），药物用量为每千克体重 500 mg，使用方法为涂抹或者是喷淋以及药浴。

处方 5：有机磷农药（如辛硫磷）药物用量为每千克体重 500 mg，使用方法为涂抹或者是喷淋以及药浴。

（2）药浴治疗。0.05% ～ 1% 敌百虫水溶液、0.05% 辛硫磷乳油水溶液、0.05% 蝇毒磷乳油水溶液或 0.1% ～ 0.5% 溴氰菊酯水溶液对病羊及健康羊进行药浴，应先对健康羊，后对病羊进行。为了确保治疗效果，必须使羊只在药液中保持 1 ～ 2 min，间隔 7 d 后需再进行 1 次，若是为了预防则药浴 1 min 即可。药浴前应使羊只喝足水，并且要进行试浴，防止羊只发生中毒。

第十九节　疥螨病

羊疥螨病又称羊疥癣、羊疥疮、俗称羊癞病，是由于疥螨或痒螨在动物体表皮肤寄生而引起的一种慢性外寄生虫病，主要侵害羊的皮肤，其发病特征主要表现为皮炎、剧痒、脱毛、结痂。

一、病原

1. 分类与形态特征

寄生于人和哺乳动物的疥螨属真螨目、粉螨亚目、疥螨科、疥螨属。Fain（1968）曾记述疥螨约有 30 个种和 15 个变种。但近年来，研究倾向于单种说，认为疥螨只有一个种，其起源于灵长类动物，后来经演化变异传染到驯养的动物体上，并最终传染到野生动物。

疥螨虫体呈龟形，腹部扁平，背面隆起似半球形，乳白色。扫描电镜显示排列于兔疥螨棘突区与刚侧板上的针刺只有 6 对，雌螨生殖孔形成一横沟，横沟上方有一颜色较深的生殖吸盘（图 6-19-1、图 6-19-2）。幼螨仅有 3 对足；若螨具有 4 对足，但无生殖孔。螨卵呈圆形或椭圆形，淡黄色，壳薄，大小约 80 μm× 180 μm。扫描电镜显示，卵壳表面被覆有一薄层内部结构一致的由五边形和六边形凹凸所构成的多面体结构，螨卵则依靠由这种多面体结构精确叠加而形成一种胶合物质牢牢地黏附于穴底。

透射电镜表明疥螨成虫的体壁由表皮和真皮组成，表皮由上表皮、外表皮和内表皮组成，其中，上表皮又可分为盖质层和表皮质层，骨骼肌细胞由肌质膜、肌质和核组成。1991 年 Deseh 等研究发现疥螨消化系统由咽、食道、中肠、1 对侧囊、结肠、直肠、肛门以及唾液腺组成，并认为中肠上皮细胞为 2 种不同功能的上皮细胞。然而，陈克强等研究认为，中肠上皮细胞应属于同一种细胞，只不过这种细胞处于 4 种不同功能的生理状态，即鳞状细胞期、柱状细胞期、核变性圆细胞

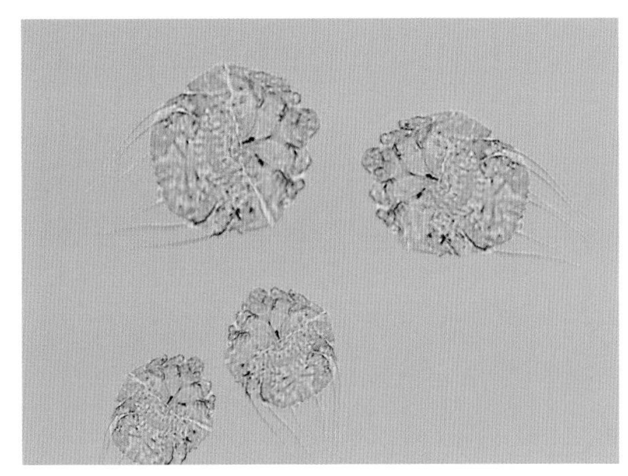

图 6-19-1　疥螨成虫（李有全 供图）

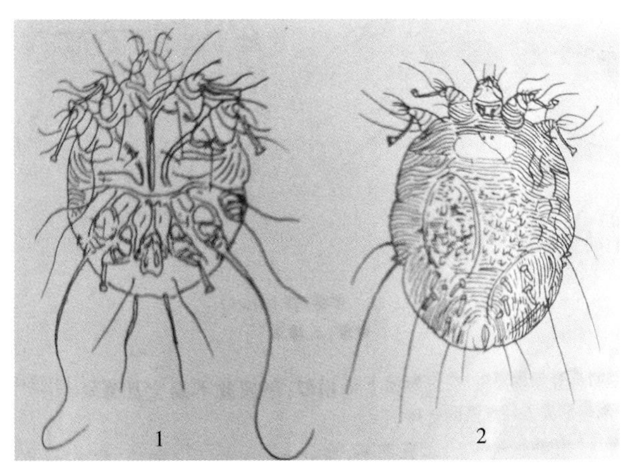

1. 雄虫；2. 雌虫。

图 6-19-2　疥螨（仿 Hirst）

期和全变性细胞期；研究还同时认为其唾液腺细胞可分为Ⅰ期、Ⅱ期和Ⅲ期3种不同生理功能时期以及疥螨采食方式是以唾液酶作用为主，机械挖掘为辅，从而支持了Van Neste（1986，1987）提出的假设。

2. 生活史

疥螨的生活史过程包括卵、幼螨、若螨、成螨4个阶段，且幼螨阶段致病力最强。幼螨发育时其背脊位于卵壳与穴底紧密黏附的部位，螨卵孵化发育成熟后，幼螨自动用足推动卵壳，这时幼螨只有3对足；待卵壳破裂后幼螨即从卵壳中爬出，离开皱褶到达表皮上，然后再钻入皮内，造成新的隧道，在隧道内隐蔽和摄食食物，约3 d发育为若螨，若螨具4对足，可分辨出雌雄；雌雄若螨在晚间于表皮进行交配，交配后雄螨大多死亡，雌性若螨在交配后20～30 min内钻入宿主角质层内，蜕皮为成螨，通常从卵发育至成螨需要10～13 d，而后成螨在体内进行卵细胞受精，经2～3 d后即在隧道内产卵；每日每只螨可产2～4枚卵，一生可产卵40～50枚，雌螨寿命5～6个月。

3. 生活习性

疥螨有强烈的热趋向性，能感知宿主体温、气味的刺激，当脱离宿主后，在一定范围内可再次移向宿主。试验表明，63%的疥螨在距离小于5.6 cm时将移向宿主，随着距离的加大其百分率降低。各发育阶段的疥螨经常钻出隧道滞留在皮肤表面，并可脱离宿主。脱离后一部分仍具有感染能力，可成为圈舍等处的潜在传染源。疥螨离开宿主后在高湿低温的环境中更易存活；各发育阶段的疥螨钻入宿主表皮内至少需要30 min，其钻入皮内的主要方式是通过其分泌物来溶解宿主组织。

二、流行病学

1. 易感动物

Fain报道疥螨的宿主有7目17科40多种哺乳动物。在过去30年中野生犬科动物的疥螨病病例报道得较多，如郊狼、红狐、狼、犬、野犬等。此外疥螨的宿主还包括牛、鼠、美洲野猪、猫、马、貘、羚羊、骆驼、小熊猫、苏门羚、刺猬、猪、绵羊、山羊、兔、豚鼠等。山羊的易感性高于绵羊，幼龄羔羊易患，发病也较严重，成年羊有一定的抵抗力，体质瘦弱、抵抗力差的羊更易受感染。

2. 传染源

病羊和带螨的羊为该病主要的传染源，特别是成年体质健壮羊的“带螨现象”往往成为该病最危险的感染源。

3. 传播途径

该病的传播主要是接触传染，健康山羊与病羊接触，与其他患畜接触，与被螨虫污染的厩舍、用具等环境间接接触，由饲养人员的鞋服和手机械性间接传播病源。

4. 流行特点

疥螨病的流行季节差异显著，春冬季发病率明显比夏秋季节高。同时，疥螨病的流行还具有周期性。历史上人疥螨曾呈世界性流行，一般认为30年为一周期，在一次流行的末尾至下次流行的时间间隔为15年，而每次流行的时间约为15年。疥螨病多发于皮肤薄、被毛稀少的地方，如山羊的头部。绵羊患疥螨病时，因病变主要局限于头部，病变部位有如干涸的石灰，故有“石灰头”之称。

三、临床症状

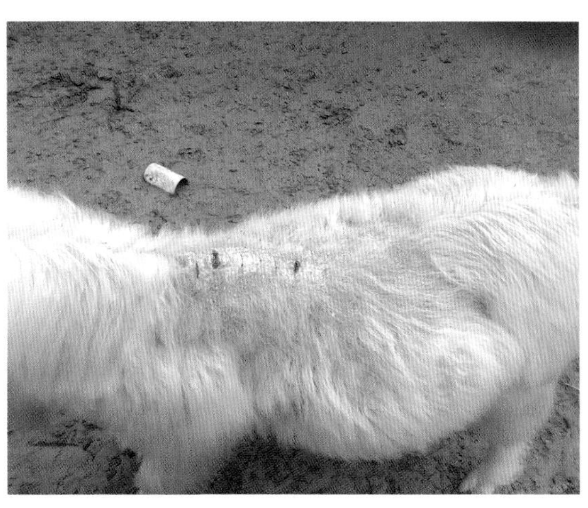

图 6-19-3　疥螨寄生的绵羊脱毛、痂皮形成，患部有白色的皮屑（李有全　供图）

该病感染后一般都在 3 ～ 6 周发病，主要症状是剧痒。因螨体表的小刺、刚毛、鳞片和口器分泌的毒素刺激神经末梢而引起剧痒。病势越重，痒感越剧烈，在阴雨天气、夜间、通风不良的圈舍表现尤为明显。可见病羊不断在墙、栏柱、石头等处擦痒。

起初是在羊的嘴角与眼睛周围及四肢等毛少皮薄的地方出现痒觉和脱毛，而后逐步危及到全身。患部皮肤逐渐变厚，随着时间的推移，出现丘疹、结节、水疱色的皮屑，病情重者全身脱毛（图 6–19–3）。

四、诊断

1. 诊断要点

根据发病季节（秋末、冬季及春季多发）和症状（剧痒和皮肤病变）以及接触感染，大面积发生等可作出初步诊断。该病单从临床症状上确诊易与痒螨病混淆，还需要结合流行特点及病原学检查才可作确诊。

2. 病原学诊断

疥螨大多数寄生于家畜的体表或皮内。因此，刮取病变边缘皮屑，置于显微镜下，可找到虫体或虫卵。刮取皮屑时，应选择患病皮肤与健康皮肤交界处，这里的螨较多。刮取时先剪毛，取凸刃小刀，在酒精灯上消毒，用手握刀使刀刃与皮肤表面垂直，刮取皮屑，直到皮肤轻微出血为止。将刮下的皮屑放于载玻片上，滴加煤油，覆以另一张载玻片上。搓压玻片使病料散开，分开载玻片置显微镜下检查。煤油有透明皮屑的作用，使其中虫体易发现，但虫体在煤油中容易死亡。如欲观察活螨，可用 10% 氢氧化钠溶液，液体石蜡或 50% 甘油水溶液滴于病料上，在这些溶液中，虫体短期内不会死亡，可观察到其活动。

五、类症鉴别

1. 羊痒螨病

相似点：病羊剧痒，病羊不断在墙、栏柱、石头等处擦痒；患处脱毛，严重的全身脱毛，皮肤增厚，形成结节、水疱、破溃后结痂、皲裂；逐渐消瘦。

不同点：绵羊易感性高于山羊，羊痒螨病多先发生于被毛浓密的部位，而羊疥螨病多先发生于皮肤薄、被毛稀少的部位，如头部。

2. 羊痒病

相似点：病羊瘙痒，不断搔抓、啃咬痒处，或在墙壁、栅栏、树干等物体上摩擦，被毛脱落，逐渐消瘦。

不同点：病羊敏感、易惊、癫痫，或表现过度兴奋、抬头、竖耳、眼凝视；后期共济失调严重，腹肋部以及头颈部肌肉发生频繁震颤；常以一种特征的高抬腿姿态跑步，呈特殊的驴跑步样姿态或雄鸡步样姿态，后肢软弱、无力，肌肉颤抖，步态蹒跚，驱赶时常反复跌倒；视力丧失，常不能跳跃，遇沟坡、土堆等障碍时，反复跌倒或卧地不起。

六、防治措施

1. 预防

（1）定期药浴。剪毛后 1 周对所有羊只进行药浴，对曾经发病羊药浴 1 周后再进行第 2 次药浴，药浴时药浴液温度不低于 30℃；药浴后 5 ～ 7 d 再药浴 1 次；最好将长毛剪后药浴或于剪毛后全群药浴；药浴顺序为先药浴无症状羊只，后药浴有症状羊只；药浴时严禁羊只误饮药浴液；药浴前羊只绝食 12 h 以上，并于药浴前给羊只以充足清洁的饮水。

（2）隔离治疗。对发现病羊及时进行隔离治疗。

（3）定期消毒。定期用 10% 的火碱水溶液对羊圈、墙壁、地面、用具、栅栏和赶羊道进行彻底消毒，然后把地表面土清除并换新土。

（4）加强放牧管理。禁止到原来发病羊放牧过的牧地放牧，最少要间隔 2 个月后才可去放牧。

（5）保持圈舍卫生。经常清扫圈舍，每日清扫 1 ～ 2 次，保持圈舍的干燥通风，清洁卫生。

（6）引进健康羊只。从外地引入种羊时，检查好健康状况，先隔离观察，最好经过一个冬季的观察，确定无螨后并群饲养。

（7）药物预防。对健康羊群用伊维菌素拌食盐分别让羊自己舔食，每只羊 2 ～ 3 g，可降低发病率。

2. 治疗

（1）西药治疗。

处方 1：螨净，将螨净配成 1∶500 的水溶液进行涂擦患部。若发病的羊只较多，可将螨净配成 1∶500 水溶液用喷雾器进行喷浴，同时，将厩舍墙壁、粪便、垫草进行喷雾处理。有条件的地方进行药浴，将螨净配成 1∶2 000 的溶液给羊群药浴。

处方 2：伊维菌素，用量按每千克体重 0.2 mg，颈部皮下注射，每日 1 次，每个疗程为 3 d，隔 5 ～ 7 d 再治疗 1 个疗程。

（2）中药治疗。

处方 1：花椒 8 g、儿茶 6 g、苦参 5 g、冰片 3 g、狼毒 5 g、明矾 4 g（1 只羊的量）。将以上药用水煮沸 25 min，过滤去渣，待温后洗羊患处，有结节者用刷子浸药液轻轻刷洗。患羊多者进行药浴治疗。每只羊药洗不少于 10 min。可连洗 2 ～ 3 d。

处方 2：辣椒烟叶合剂，配方为辣椒 500 g，烟叶 1 500 g，水 1 500 ～ 2 500 mL，混合后煮沸，熬至 500 ～ 1 000 mL，滤去粗渣，使用时加温至 60 ～ 70℃，擦涂患处，每日 1 次，连用 7 d。

（3）药浴治疗。选用 0.05% 辛硫磷乳剂水溶液。先将药液加热到 40℃左右，然后倒进药浴池中，按照先健康羊，后病羊，病羊由轻到重的顺序浸泡 2 min，注意将羊头压入药液中浸泡数次，并在 7 ～ 8 d 重复药浴 1 次。

第七章

羊常见内科病

第一节 口 炎

口炎是羊口腔黏膜表层和深层组织的炎症。根据病羊流涎、齿龈肿胀、唇内水疱或溃疡性病灶的不同，可分为卡他性口炎、水疱性口炎或溃疡性口炎，并且可能出现相继交错发病的迹象。

一、病因

1. 卡他性口炎

由于机械性、化学性或有毒物质以及传染性因素的刺激侵害所致，如粗硬尖锐的饲草饲料、坚硬的异物、腐蚀性药品等。

2. 水疱性口炎

主要是由于带有锈病、黑穗病的腐败饲料引起，或者细菌、病毒感染所致。羊痘、羊口疮、羊霉菌毒中毒等常见传染病亦可引起羊消化道继发或并发性感染。

3. 溃疡性口炎

主要是因口腔不洁、细菌繁殖，从而使黏膜糜烂发生溃疡引起。

二、流行病学

该病常年发生，不同品种、性别、日龄的羊均易感，其中，以夏季高温高湿环境条件下、秋冬大幅降温时节较为高发。单位面积上养殖密度过大、环境污染程度较大、空气质量不达标的羊场发病率最高。30 日龄以内低龄羔羊最易感，发病及死亡率较高，育成以后的羊只有一定的抵抗力，病死率较低。最初的发病羊是主要传染源，被发病羊粪便及分泌物污染的空气、土壤、器皿及饮食源等可造成直接或间接性传播，主要经消化道和呼吸道侵入而构成传染。饲草料长期过于单一、营养物质严重缺乏、纤维性饲草过于粗糙、饲草料过期及霉变等，均容易诱发该病。

三、临床症状

病羊食欲降低，流涎，咀嚼速度降低，继发细菌感染出现口臭。卡他性口炎口腔黏膜充血、肿胀、有疼痛感，以上下唇、齿龈、面颊部病灶最为明显（图 7–1–1）。水疱性口炎的特点是上下唇散布较为密集的颗粒状、半透明、大小不一的水疱（图 7–1–2）。溃疡性口炎可见口腔黏膜出现成片坏死灶、黏膜脱落、出血等（图 7–1–3、图 7–1–4）；病程中后期造成病羊采食困难、饮食欲显著下降，继发感染、多元混感现象较为普遍，某种单纯性口炎独立存在的情况较为少见。

图 7-1-1　病羊颊部有灰白色疱（窦永喜　供图）

图 7-1-2　病羊唇部散布较为密集的颗粒状、半透明、大小不一的水疱（窦永喜　供图）

图 7-1-3　病羊口鼻有水疱、唇部结痂、溃疡（窦永喜　供图）

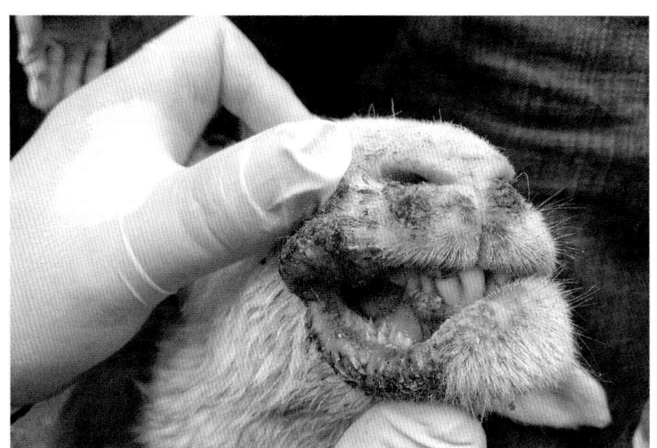

图 7-1-4　病羊口腔黏膜出现成片坏死灶、黏膜脱落、出血（窦永喜　供图）

四、类症鉴别

1. 羊口蹄疫

相似点：病羊食欲降低，流涎，唇部出现水疱、溃疡。

不同点：口蹄疫病羊体温升高可达 40 ～ 41℃，除口腔外，鼻端、蹄部、乳房等部位也可出现水疱、溃疡和糜烂；严重病例可在咽喉、气管、前胃等黏膜上发生圆形烂斑和溃疡，上盖黑棕色痂块；剖检可见，病羊消化道黏膜有出血性炎症，心包膜有弥散性及点状出血，心肌松软，心肌切面有灰白色或淡黄色条纹，或者有不规则的斑点。羊口炎病变一般局限在口腔和面颊部，剖检不见消化道和心肌的病变。

2. 羊传染性脓疱

相似点：病羊口腔黏膜有水疱、溃疡、糜烂症状。

不同点：羊传染性脓疱病羊有红斑、结节、水疱、脓疱、结痂过程，脓疱破溃后结成黄色或棕色的疣状硬性结痂，严重者整个嘴唇牙齿处有肉芽桑葚样增生，病羊蹄部、外阴部也可能出现水疱、脓疱、溃疡。

五、防治措施

1. 预防

加强饲养管理，防止化学、机械及草料异物等对口腔的损伤；提高羊的饲料品质，饲喂富含维生素的柔软饲料，以提高羊群免疫力，避免喂食霉变饲料；要定期对饲槽和所用饲具进行消毒。定期检查羊的口腔，如有牙齿磨面不平要及时修复。在羊场引种的过程中，要充分地考虑引出地与引入地的饲料差异，注意避免突然变换饲料。

2. 治疗

（1）西药治疗。

处方 1：用 2%～3%碳酸氢钠溶液、0.1%高锰酸钾溶液、0.1%雷夫奴尔或 2%食盐水冲洗。

处方 2：慢性口炎发生糜烂或渗出时，用 1%～5%蛋白银溶液或 2%明矾溶液冲洗，有溃疡时用 1∶9 碘甘油擦涂。

（2）中药治疗。

处方 1：加味清胃散，生地 30 g、当归 20 g、丹皮 20 g、黄连 10 g、升麻 12 g、石膏 50 g、神曲 30 g、甘草 20 g。水煎取汁，候温灌服，2 次 /d，300 mL/ 次。

处方 2：冰片 6 g、硼砂 9 g、青黛 12 g，研成细末，涂抹羊口腔、口舌溃疡处。

处方 3：黄檗、牛蒡子、木通各 15 g，大黄 24 g，花粉、黄芩、枝子、连翘各 30 g，芒硝 60 g，混合研磨为粉末，加入芒硝，开水冲服，可供 10 只羊饮用。

第二节　食道阻塞

食道阻塞俗称“草噎”，就是食道某段被食物或其他异物阻塞。该病的主要特征是病羊表现咽下障碍和痛苦不安。根据阻塞程度，分为完全阻塞和不完全阻塞。根据阻塞部位，分为颈部和胸部食道阻塞。

一、病因

食道阻塞，其病因有原发性和继发性 2 种。原发性食道阻塞，主要因为羊过于饥饿，或者是抢食，吞咽马铃薯、甘薯、甘蓝、萝卜等块根饲料过急，或因采食大块豆饼、玉米棒以及谷草、干稻草、青干草和未拌湿均匀的饲料等，咀嚼不充分忙于吞咽而引起。继发性食道阻塞，常见于食道狭窄、麻痹、扩张和食道炎；也有因中枢神经兴奋性增高，发生食道痉挛，采食中引起食道阻塞。

二、发病机理

当食道被完全阻塞时，由于梗死物刺激，使病羊分泌大量唾液，可反射性地引起梗阻，局部食道发生痉挛性收缩，频率、强度和持续时间向贲门方向侧加剧。在梗阻处前段聚集的团块饲料刺激下，病羊易发生食道肌肉逆蠕动。由于不能反刍和嗳气，病畜迅速发生瘤胃臌气，扩张的瘤胃使胸腹腔压力增高，血液循环和呼吸发生障碍，出现酸中毒，甚至窒息。

三、临床症状

采食中突然发病，停止采食，病羊口涎下滴，头向前伸，表现吞咽动作，精神紧张，痛苦不安（图 7-2-1）。严重时，嘴可伸至地面。由于嗳气受到障碍，常常发生瘤胃臌气，并因食道和颈部肌肉收缩，引起反射性咳嗽，呼吸困难。由于阻塞物的位置和阻塞程度不同，临床症状有所不同。上部食道阻塞，流涎并有大量唾沫附着唇边和鼻孔周围，吞咽的食糜和唾液有时从鼻孔逆出；下部食道发生阻塞时，咽下的唾液先蓄积在上部的食道内，颈左侧食道沟呈圆桶状膨隆，触压可引起哽噎运动。食道完全阻塞时，采食、饮水完全停止，表现空嚼和吞咽动作，大量流涎，不能进行反刍和嗳气，迅速发生瘤胃膨胀，呼吸困难；不完全阻塞时，液体可以通过食道而食物不能下咽，多伴有轻度臌气。随病程加长，饮食废绝，反刍嗳气停止，瘤胃臌气，呼吸、心跳增速。

图 7-2-1 病羊流涎，头向前伸，痛苦不安
（窦永喜 供图）

四、诊断

根据病史和大量流涎，呈现吞咽动作等症状，结合食道外部触诊。如果阻塞发生在颈部，外部触诊可感到阻塞物；若发生于食道的胸段，胸部食道阻塞时，在阻塞部位上方的食道内积满唾液，触诊能感到波动并引起哽噎运动。用胃导管进行探诊，当触及阻塞物时，感到阻力，不能推进。

用 X 射线检查：在完全性阻塞时，阻塞部呈块状密影；食道造影检查，显示钡剂达到该处则不能通过。食道阻塞时，如鼻腔分泌物吸入气管，可发生异物性气管炎和异物性肺炎。

诊断时应注意和咽炎、急性瘤胃臌气、口腔和牙齿疾病、食道痉挛、食道扩张等疾病相区别。

五、类症鉴别

羊瘤胃积食

相似点：病羊食欲减退，反刍减少或废绝，流涎，瘤胃臌气，呼吸增数，呕吐，瘤胃触诊坚实、胀满。

不同点：瘤胃积食病羊腹痛剧烈，呕吐物酸臭呈酸性反应，剖检胃内大量食糜滞留，胃内容物气味刺鼻，具有酸霉味；羊食道阻塞逆流物不具酸味，呈碱性反应，无腹疼痛症状。

六、防治措施

1. 预防

在日常工作中应严格遵守饲养管理制度，避免羊只过于饥饿而发生饥不择食和采食过急的现象，饲养中注意补充各种无机盐，以防止发生异食癖。经常清理牧场及圈舍周围的废弃物。

2. 治疗

（1）破碎法。将病畜右侧卧于平地，四肢保定牢固，拉颈部，充分暴露阻塞部位，在阻塞颈部下面垫上 1 块长约 30 cm、宽约 25 cm、厚 2 ～ 3 cm 的木板，阻塞部颈部上面也垫上 1 块同规格木板，术者用铁锤或木槌，猛击，一锤打在阻塞部位，即可把阻塞物击碎而入胃，锤击后可用胃导管（注：羊用洗好的灌肠器）通入或注水或打气。但针对阻塞时间超过 48 h 时，应慎用该法，可将阻塞物挤动离开原发阻塞部位后再用此法，以防因原发食道阻塞部位发炎而发生坏死、食道穿孔和周围组织蜂窝组织炎等不良后果。若病羊出现严重瘤胃臌气、呼吸困难时应先进行瘤胃穿刺，缓缓放气后再施术。术后应给予必要对症治疗和饮食护理。该方法是在无开口器、胃管和硫酸镁而就地紧急采用的治疗方法，容易被饲养户掌握运用。

（2）开口取物法。如堵塞物位于颈部，可用手沿食道轻轻按摩，使其上行，用镊子掏出或用铁丝圈套取。必要时，可先注射少量阿托品以消除食道痉挛和逆蠕动，对施行这种方法极为有利。

（3）探送法。如堵塞物位于胸部食道，可先将 2% 普鲁卡因溶液 5 mL 和石蜡油 30 mL，用胃管送至阻塞物位置，然后用硬质胃管推送阻塞物进入瘤胃。若不能成功，可先灌入油类，然后插入胃管，手捏住阻塞物上方，在打气加压的同时推动胃管，使梗死物入胃。但油类不可灌入太多，以免引起吸入性肺炎。

（4）手术疗法。在无法取出或下咽时，需要施行手术将其取出。手术时要注意同食道并行的动、静脉管壁的损伤。首先保定确定手术部位，然后按外科手术规程，局部剪毛、消毒，用 0.25% 的普鲁卡因进行局部浸润麻醉。切开皮肤，剥离肌肉，暴露食道壁，距阻塞物前后 1.5 cm 处的食道用套有细胶管的止血钳夹住，不宜过紧，然后在阻塞部位纵行切开取出阻塞物。取出后用 0.1% 的雷佛奴尔洗涤消毒，再用生理盐水进行冲洗，缝合黏膜与肌肉层，然后缝合肌肉与浆膜层内翻缝合，再进行肌肉缝合，最后结节缝合皮肤，为防止污染，涂外伤膏。术后用青霉素 80 万 IU、安痛定 10 mL 混合一次肌内注射，每日 2 次，连用 5 d。维生素 C 0.5 g，每日 1 次，肌内注射，连用 3 d。当天术后禁食 1 d，防止感染，第 2 天饮喂小米粥，第 3 天开始给少量的青干草，直至痊愈。

第三节　前胃弛缓

前胃弛缓是羊前胃兴奋性降低和收缩力量减弱导致的疾病。临床特征为正常的食欲降低，反刍减少，嗳气，胃蠕动减弱或停止，可继发酸中毒。根据发病经过，该病可分为急性和慢性前胃弛缓；根据发病原因可分为原发性和继发性前胃弛缓，继发性前胃弛缓的发病率在临床上要高于原发性前胃弛缓。

一、病因

1. 原发性前胃弛缓

即单纯性前胃弛缓。给羊饲喂单一饲料，长时间饲喂含有过多粗纤维而缺乏营养成分的饲料，如豆秸、麦秸、稻草、花生蔓、甘薯蔓等，导致消化机能适应性降低，只要更换饲料，就会导致消化不良，从而引起发病。草料品质不良，由于含有过于粗硬的纤维，会产生较强的刺激，很难消化，往往会引起前胃弛缓。饲料搭配不合理，日粮中缺乏维生素和矿物质，尤其是摄取钙不足，会发生低钙血症，使机体神经体液调节机能受到影响，从而引起该病。饲养不合理，没有定时饲喂，或者突然更换谷物，并任其自由采食，都容易导致消化程序发生紊乱，从而引起该病。日常管理不当，如冬季缺乏足够的运动，没有照射足够的日光，神经反应性减弱，消化道出现弛缓，也容易发生该病。羊只发生应激反应，如离群、酷暑、严寒、饥饿、恐惧、疲劳、断奶、严重疼痛、中毒与感染等不良因素的刺激，会导致应激而出现复杂的生理反应，从而引起前胃弛缓。

2. 继发性前胃弛缓

即复杂性前胃弛缓，一般是一种临床综合征，具有比较复杂的病因。瘤胃臌气、积食（图 7-3-1）、创伤性网胃炎、子宫炎、乳房炎等；某些寄生虫病，如肝片吸虫、血孢子虫病等；某些传染病，如结核病、布鲁氏菌病等；某些代谢性疾病，如酮病、维生素 A 及维生素 B_1 缺乏症等，都可以导致此病发生。此外，因疾病长期过量使用抗生素，破坏瘤胃内菌群的平衡，引起消化不良，也可导致羊只胃肠消化功能减退而引起羊前胃弛缓。

图 7-3-1　瘤胃积食（马利青 供图）

二、发病机理

原发性前胃弛缓发病机理是由于饲养管理不当，长期饲喂单一的难消化的饲料，引起机体微量元素或维生素缺乏，消化机能减退，导致前胃弛缓，或由于饲喂过细的粉状饲料，引起羊瘤胃的兴奋性降低，导致前胃弛缓；继发性前胃弛缓的发病机理是羊只长期患病，引起机体消化功能紊乱，消化能力弱。此外，治疗用药不当，长期大量使用抗生素，瘤胃内微生物生存环境受到改变，瘤胃内菌群共生关系受到破坏，大量消化微生物失活，最终导致羊前胃弛缓。

三、临床症状

1. 急性型前胃弛缓

多呈现急性消化不良，精神委顿，表现为应激状态。食欲减退或消失，反刍减少或停止，体温、呼吸、脉搏及全身机能状态无明显异常。瘤胃收缩力减弱、松弛下垂，蠕动次数减少，蠕动减弱，时而嗳气，有酸臭味。触诊瘤胃内容物充满、坚硬或呈粥状，用力触诊胃内容物有面团样感觉。由于瘤胃积存大量未充分消化的饲草（图 7-3-2），内容物变质产气产酸，引起瘤胃轻度或中度鼓胀现象。一般病情较轻者，容易康复。如果伴发瘤胃炎或酸中毒，则病情恶化，呻吟、磨牙、食欲、反刍废绝，排出大量棕色褐色糊状粪便，具有恶臭味；精神高度沉郁，皮温不整，体温下降；鼻镜干燥，眼结膜发绀，眼窝下陷，被毛粗乱，发生脱水现象。实验室检查，瘤胃液 pH 值为 5.5 ～ 6.5，纤毛虫活性降低，血浆二氧化碳结合力降低。

图 7-3-2　瘤胃充满未消化的饲草料（马利青 供图）

2. 慢性型前胃弛缓

多数为继发因素所引起，或由急性转变而来，多数病例食欲不定，消化功能时好时坏，有时减退或消失。常常空嚼、磨牙、有异嗜现象。反刍不规则或间断无力或停止，嗳气减少，嗳出气体带有酸臭味。病情时而转好，时而恶化，日渐消瘦，皮肤干燥无弹性，鼻镜干燥，被毛粗糙，干枯无光泽，精神不振，周期性消化不良，体质衰弱。粪便稀软，呈黑色泥状或稀便，生理机能下降。

四、诊断

临床确诊要结合瘤胃内容物检测进行，通常情况下，健康羊只瘤胃内 pH 值变动范围为 6 ～ 7。在发生前胃弛缓时，瘤胃内 pH 值可下降到 5.5 以下，少数升高到 8 以上，有的更高，如此可导致瘤胃内微生物环境严重受损，诱发此病。

五、类症鉴别

1. 羊瘤胃积食

相似点：病羊食欲减退或消失，反刍减少或停止，磨牙，瘤胃蠕动次数减少，蠕动减弱，瘤胃触诊有面团感，瘤胃内容物酸臭。

不同点：瘤胃积食病羊腹痛，呻吟，流涎，腹围增大，脉搏加快，心跳加速，黏膜呈深紫红色，排出的粪便中混杂未完全消化的饲料。前胃弛缓病羊体温、呼吸、脉搏正常，不流涎，无腹痛症状。

2. 羊瓣胃阻塞

相似点：病羊食欲逐渐减退，精神沉郁，嗳气，空嚼，磨牙，腹胀，瘤胃蠕动力量减弱。

不同点：瓣胃阻塞病羊瓣胃蠕动消失，触压病羊右侧第 7 ～ 9 肋间，肩甲关节水平线上下时，羊表现疼痛不安，回顾腹部、努责、摇尾、左侧横卧，粪便干少，色泽暗黑，后期停止排便。

六、防治措施

1. 预防

加强护理，去除病因，增强瘤胃机能。具体方法为：改善饲养管理，合理调配饲料，不饲喂霉败、冰冻饲料，防止突然变换饲料，加强运动，合理使役。

2. 治疗

（1）西药治疗。

处方 1：硫酸镁、硫酸钠 500 g，松节油 50 mL，水 5 L，口服。液状石蜡 500 ～ 1 500 mL，口服。3% ～ 5% 碳酸氢钠 500 ～ 1 500 mL，静脉注射。甲基硫酸新斯的明、氨甲酰胆碱，肌内注射。

处方 2：当 pH 值高（7 ～ 8）时，宜用偏酸性药物。稀盐酸 15 ～ 30 mL，番木鳖酊 15 ～ 25 mL，水 500 ～ 1 500 mL，口服。同时，可接种健康瘤胃液，用胃管抽取健康羊瘤胃液 300 ～ 500 mL，迅速给病羊灌服。

处方 3：静脉注射维生素 B_1、葡萄糖酸钙溶液。肌内注射甲基硫酸新斯的明、“扑敏灵”（主要成分为由吡那敏），300 ～ 500 mg，输血。

处方 4：5% 氯化钙 12 ～ 15 g，5% 氯化钠 12 ～ 15 g，咖啡因 2.0 ～ 2.5 g。“促反刍”注射液（氯化钙 5 g、氯化钠 25 g、咖啡因 1 ～ 2 g）200 ～ 400 mL，静脉注射，每日 1 次。

处方 5：10% 氯化钠 200 ～ 500 mL，5% ～ 10% 氯化钙 100 ～ 200 mL，维生素 $B_1$20 ～ 50 mL，静脉注射。

处方 6：对有脱水症状的病羊，可用 5% 葡萄糖生理盐水 500 ～ 1 000 mL，按脱水程度进行补液，葡萄糖酸钙 100 ～ 200 mL，补充血钙含量，对有酸中毒症状的病羊，可用 5% 碳酸氢钠液 200 ～ 300 mL，静脉注射。口服补液盐，用葡萄糖 20 g，氯化钠 3.5 g，碳酸氢钠 2.5 g，氯化钾 1.5 g，加水 1 000 mL，用胃管灌服，每日 2 次 。

（2）中药治疗。

处方 1：党参 15 g、白术 15 g、黄芪 15 g、茯苓 30 g、泽泻 12 g、青皮 12 g、木香 12 g、厚朴

12 g、苍术 15 g、甘草 10 g，共为细末，开水冲调，候温灌服，每日 1 剂，连服 3 剂。

处方 2：麦芽（炒）20 g、健曲 20 g、木香 15 g、厚朴 20 g、槟榔 20 g、茯苓 20 g、玄胡 10 g、当归 20 g、白术 20 g、苍术 20 g、陈皮 15 g、芒硝 20 g、甘草 10 g、大黄 30 g（另包，分 3 包）。上述药物加水煎沸 25 min 后，加入 10 g 大黄，用文火煎 5 min，连煎 3 次，取汁混合，每次加 5 g 食盐灌服，每日 2 次。

（3）手术治疗。采用综合疗法效果不明显的病羊，瘤胃内多存有异物，一经确诊，可采用瘤胃切开术，取出异物。临床所见主要异物为塑料袋、废塑料、橡皮条、尼龙绳、毛发团、小石子等，只要取出异物，病羊可很快康复。

第四节　瘤胃积食

瘤胃积食即急性瘤胃扩张，俗称“宿草不转”，亦称瘤胃食滞、瘤胃阻塞。它是由于过量的饲料滞留在羊瘤胃内引起的一种消化不良性疾病。该病以病羊反刍、嗳气停止，瘤胃容积增大，胃壁受压及运动神经麻痹为特征，尤以舍饲情况下最为多见。山羊比绵羊多发，年老母羊较易发病。

一、病因

1. 采食大量不易消化的粗饲料

羊采食过多的秸秆类或者藤类饲料，尤其是呈半干枯状的黄豆秸、山芋藤或者花生藤等，容易对瘤胃造成极大的刺激和压迫，导致植物神经系统功能发生紊乱，使饲料在瘤胃内积聚，受到发酵菌的作用，出现异常发酵而产生大量气体，发生臌胀，进一步使瘤胃所受的刺激和压迫加重，促使感受器过于兴奋，增强瘤胃蠕动，此时，如果瘤胃内积聚的内容物无法通过瘤胃的收缩蠕动而向后移动，就会导致瘤胃感受器从兴奋性状态转变成抑制性状态，进而造成瘤胃蠕动缓慢，甚至完全停止，并进一步增大瘤胃容积，导致瘤胃明显扩张且发生麻痹，引发该病。

2. 采食大量的精料

羊一次性或者持续多次采食过多的精料，或者由于管理粗放导致其在野外采食过多的未完全成熟的豆谷类农作物，造成瘤胃内的微生物大量繁殖，精料加速发酵和分解，产生大量的挥发性脂肪酸和乳酸等，破坏瘤胃内的酸碱平衡，导致机能紊乱，引起该病。

3. 饲养管理不合理

羊从饲喂粗劣饲料为主突然变成饲喂精良饲料为主，或者由长时间放牧突然变成舍饲，或者采食过多的干料后没有供给充足饮水，或者突然大量饮水，或者食入大量发生霉败的饲料等，都能够导致机体出现过食行为或者对瘤胃直接造成压迫刺激，伤害瘤胃，导致其机能发生紊乱而引起积食不转，引起发病。

二、临床症状

病羊会由于不同病因以及瘤胃内容物分解毒物吸收的程度不同而表现不同的症状。病羊主要表现腹围增大，且瘤胃上部（左侧）比较饱满，而中下部则向外突出引起臌胀。伴有腹痛症状，往往会频繁回头望腹或者用后肢踢腹，起卧不安，拱背摇尾，排出的粪便中混杂未完全消化的饲料。食欲彻底废绝，减少反刍或者完全停止，对瘤胃进行听诊，发现蠕动音减弱，甚至完全消失；对瘤胃进行触诊，感到坚实、胀满，如同面团感，用手指按压会遗留压痕。病羊症状严重时，还会表现磨牙、流涎，不停呻吟，脉搏加快，心跳加速，黏膜呈深紫红色，但体温基本正常。病羊瘤胃吸收大量的氨，导致血氨浓度明显升高，通常视力出现障碍，表现盲目转圈或者直行。部分病羊烦躁不安，卧地不起，用头抵墙，经常撞人或者呈嗜睡状。部分病羊还由于蓄积过多的乳酸，导致瘤胃渗透压明显升高，促使体液从血液流向胃部，从而发生严重脱水、眼球下陷、血液浓缩以及酸中毒。

三、病理变化

剖检可见瘤胃容积增大（图 7-4-1），胃壁扩张，胃壁区内少数乳头脱落、充血水肿，胃黏膜轻微出血；大量草料滞留在其内（图 7-4-2），消化不良；胃内容物气味刺鼻，具有酸霉味。

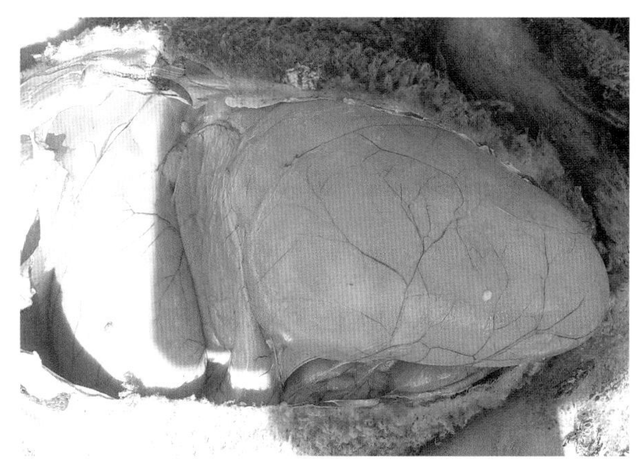

图 7-4-1　瘤胃容积增大（窦永喜　供图）

图 7-4-2　瘤胃内滞留大量草料（窦永喜　供图）

四、诊断

依据过食病史，再加上瘤胃内容物充满而坚硬等症状，可以确诊。

五、类症鉴别

1. 羊食道阻塞

相似点：病羊食欲减退，反刍减少或废绝，流涎，瘤胃臌气，呼吸增数，呕吐。

不同点：食道阻塞病羊头向前伸，表现吞咽动作，咳嗽，呼吸困难，食糜和唾液有时从鼻孔溢出，溢出食物不呈酸性，食道有时可见膨隆。

2. 羊前胃弛缓

相似点：病羊食欲减退或消失，反刍减少或停止，磨牙，瘤胃蠕动次数减少，蠕动减弱，瘤胃触诊有面团感，瘤胃内容物酸臭。

不同点：前胃弛缓病羊有异嗜现象，瘤胃内容物呈粥状，不断嗳气，瘤胃呈间歇性臌胀。

3. 羊瘤胃臌气

相似点：病羊腹部臌胀，频频顾腹，黏膜发绀，瘤胃蠕动音减弱、消失。

不同点：瘤胃臌气病羊左侧肷窝明显凸出，腹部紧张，叩诊鼓音，张口伸舌呼吸，泡沫性臌气可能从口腔中喷出或者逆出泡沫状唾液，病程后期呼吸极度困难，心力衰竭，大量出汗，无法稳定站立，出现痉挛和抽搐，最终出现窒息和心脏停搏的症状。

六、防治措施

1. 预防

做好饲养管理，饲养要有规律，防止饥饱不均，防止羊脱栏造成过食、偷食；日常搭配饲料要适当，避免大量给予纤维干硬而不易消化的饲料，对可口喜吃的精料要限制给量；转换饲料时要逐渐过渡，切不可突然改变。冬季由放牧转为舍饲的时候，一定要给予充足的饮水，并应创造条件供给温水，尤其是饱食以后不要给大量冷水，舍饲羊要保持适当运动，尽量减少应激。

2. 治疗

羊发病后，即停食 1 ～ 2 d，多饮水，按摩瘤胃，每日按摩数次，每次 15 ～ 20 min，并增加运动量。在病情恢复期间，应逐渐给予适量柔软易消化的饲料。

（1）洗胃治疗。将胃导管插入羊瘤胃中，外部导管位置放低让胃内容物外流。不流时，可灌入适当温水，用手按摩瘤胃予以配合，再将外部导管头放低让其胃内容物外流，如此反复数次即可。而后再灌入碳酸氢钠片 0.3 g×50 片、人工盐 50 g、酵母片 0.5 g×50 片，健康羊胃液适量。

（2）药物治疗。

处方 1：硫酸镁或硫酸钠 300 ～ 500 g，液体石蜡或植物油 500 ～ 1 000 mL，鱼石脂 15 ～ 20 g、5% 酒精 50 ～ 100 mL、常水 6 000 ～ 10 000 mL，灌入羊的胃内。也可也用毛果芸香碱 0.05 ～ 0.2 g，或者新斯的明 0.01 ～ 0.02 g 等药物，进行皮下注射，促进瘤胃内容物运转与排除。但心脏功能不全的羊不可以用。

处方 2：对于出现严重脱水、自体中毒的病症，可用 5% 的葡萄糖生理盐水注射液 1 500 ～ 2 000 mL、20% 的安钠咖注射液 10 mL，5% 维生素 C 注射液 20 mL，混合一次静脉注射。如果病症呈现酸中毒现象，可以取碳酸氢钠注射液 200 ～ 300 mL 进行静脉注射。

处方 3：促进瘤胃蠕动，用龙胆酊 10 g、橙皮酊 10 g、番木鳖酊 7 g、水 200 mL，混匀后一次灌服。

处方 4：心脏衰弱时用 10% 樟脑磺酸钠 4 ～ 5 mL，一次肌内注射；呼吸和血液循环衰弱时用尼可刹米注射液 2 mL，一次肌内注射。

（3）中药治疗。

处方 1：山楂 60 g、建曲 80 g、槟榔 40 g、枳壳 50 g、青皮 50 g、厚朴 40 g、木香 30 g、刘寄奴 30 g、木通 40 g、茯苓 40 g、甘草 10 g，煎水口服。

处方 2：陈皮 9 g、枳实 6 g、枳壳 6 g、神曲 9 g、厚朴 6 g、山楂 9 g、莱菔籽 9 g，用水煎汤灌服。

处方 3：大黄 9 g、枳实 6 g、厚朴 6 g、芒硝 12 g、神曲 9 g、山楂 9 g、麦芽 6 g、陈皮 9 g、草果 6 g、槟榔 6 g，水煎，去渣灌服。

（4）手术治疗。瘤胃切开术：病羊以右侧卧地进行保定，在百会穴注射 10 mL 0.2% 的利多卡因用于麻醉。接着与其背中线平行从髋结节到最后肋骨划线作为手术部位，距离中点下方 3 ～ 5 cm 处切一条长度 10 ～ 15 cm 的切口，打开腹壁，在瘤胃上较容易切开部位的四角进行牵引固定，将胃壁一次性切开，翻转固定，但要避开大血管。用镊子将瘤胃中的异物以及内容物的 1/3 取出，用生理盐水对伤口进行冲洗。最后从内向外对切口进行缝合，瘤胃一般采取内翻法和螺旋法缝合，腹膜采取螺旋法缝合，肌肉采取结节法缝合，皮肤采取减张法缝合，同时，撒布 4 支 80 万 IU 的青霉素钠，避免发炎；添加 10 mL 液体石蜡油或樟脑油，避免发生粘连。术后为防感染，肌内注射青霉素，40 万 IU/ 次，每日 2 次，连用 5 d。术后不需禁食，每日可少量饲喂易消化的饲料。如不能采食的，可静脉注射 5% 葡萄糖生理盐水，每日 2 ～ 3 次。

第五节　瘤胃臌气

瘤胃臌气，俗称肚胀或气臌胀，是由于瘤胃内容物过度发酵，产生大量气体，引起羊瘤胃急剧扩张的一种疾病。

一、病原

1. 原发性原因

泡沫性臌气：是由于采食了大量含蛋白质、皂苷、果胶等物质的豆科牧草，如新鲜的豌豆蔓叶、苜蓿、草木樨、红三叶、紫云英、豆面等，或者饲喂大量的谷物性饲料，如玉米粉、小麦粉等。羊吃了雨后水草或露水未干的青草、冰冻饲料，尤其是在夏季雨后清晨放牧时，易患该病。此外，采食较多粉碎过细的谷物饲料，也极易发生臌气。

非泡沫性臌气：主要是因采食大量水分含量较高、易发酵的饲草和饲料，如幼嫩多汁的青草或者经雨、露、霜、雪侵蚀的饲草和饲料而引起。采食了霉败饲草和饲料，如品质不良的青贮饲料、发霉饲草和饲料引起。突然更换饲草和饲料或者改变饲养方式，特别是舍饲转为放牧时或由一个牧场转移到另一个牧场，更容易导致羊急性瘤胃臌气的发生。

2. 继发性原因

主要是由于前胃功能减弱，嗳气功能障碍。多见于前胃弛缓、食道阻塞、创伤性网胃炎、瓣胃与真胃阻塞、发热性疾病、腹膜炎等。秋季绵羊易发肠毒血症，也可出现急性瘤胃臌气。

二、致病机理

反刍动物采食后，瘤胃中的食物发酵分解产生气体是一种正常现象，而这些气体则通过嗳气、反刍、胃肠吸收或排出体外，从而保持着产气与排气的动态平衡。若在致病因素的作用下，这种原有的动态平衡被打破，使得牛羊体内发生病变，例如牛羊食入大量豆类饲料及豆科牧草，在微生物及胃酸的作用下，迅速发酵产生大量气体，在瘤胃内与牧草形成泡沫状食糜，使瘤胃的消化机能紊乱，致使中枢神经调节机能障碍，胃蠕动机能减弱，排气机能下降，加之豆科牧草在瘤胃内剧烈发酵产气（二氧化碳、沼气、硫化氢），使排气机能与剧烈的发酵产气不相适应，失去了动态平衡，致使剧增的大量气体积于瘤胃内，导致气体过分充满而发生瘤胃臌气。

三、临床症状

急性瘤胃臌气，病程通常呈急性经过。发病初期，病羊临床上表现出精神萎靡，骚动不安，频繁起卧，并回头望腹，腹部明显臌胀（图 7–5–1）。瘤胃开始时收缩明显增强，之后逐渐减弱或者彻底消失，且左侧肷窝明显凸出。腹部比较紧张，且具有弹性，进行叩诊能够发出鼓音。随着瘤胃的不断扩张，会压迫膈肌，导致呼吸加速且过于费力，有时甚至会伸展头颈，张口伸舌呼吸（图 7–5–2），次数明显增加，呼吸非常困难。病羊还会出现心悸，脉搏加速，后期心力严重衰竭，症状严重。如果发生泡沫性臌气，往往会从口腔中喷出或者逆出泡沫状唾液。发病后期，病羊呼吸极度困难，心力衰竭，血液循环发生紊乱，静脉怒张，目光恐惧，黏膜发绀，大量出汗，无法稳定站立，行走摇摆，通常会突然倒地，并出现痉挛和抽搐，最终出现窒息和心脏停搏的症状。

慢性瘤胃臌气，通常是继发性因素导致，病程持续时间较长，瘤胃发生中度臌胀，往往在饮水或者采食后多次发作。及时采取穿刺排气，会再次发生膨胀，但瘤胃蠕动基本正常或者略有减弱，病情通常呈缓慢发展，食欲不振，反刍减少，逐渐消瘦，影响生产性能。

图 7–5–1　腹部明显臌胀（窦永喜　供图）

图 7–5–2　瘤胃扩张压迫膈肌引起呼吸困难，张口伸舌呼吸（窦永喜　供图）

四、诊断

通常情况下，原发性瘤胃臌气，采食易发酵的饲草后几小时可迅速发生，而继发性瘤胃臌气则在饲喂后 12 h，将出现明显的典型症状。具体施诊，参考如下。

腹部鼓胀为此症典型症状。严重臌胀，甚至高出脊背。腹壁紧张，触诊有弹性，叩诊有鼓音。瘤胃早期，蠕动音先强后弱，后期逐渐消失。

出现臌胀，病羊频繁回望，甚至后肢频踢，起卧不安，触之有疼痛感。

呼吸加快，张口喘气，体温正常。心跳加快，脉搏浅快。黏膜发绀，运动失调。严重感染病例倒地呻吟致死。

慢性瘤胃臌气多数呈周期性发生。症状时好时坏，采食后经常发生。发病个例，逐渐消瘦。此症多数因其他疾病继发，同时可见典型的原发性症状。

泡沫性瘤胃臌气，因采食过量的豆科牧草和谷物饲料所致。多数症状可见腹胀加快，症状严重，触诊臌胀部位，有坚实感，瘤胃内高度充满，上下不一致，严重的可导致病羊窒息而亡。

瘤胃臌气因食道阻塞导致，可见病羊吞咽马铃薯、萝卜等，未经咀嚼卡在食道处而诱发，可见嗳气停止，同时流涎。

五、类症鉴别

羊瘤胃积食

相似点：病羊腹部臌胀，频频顾腹，黏膜发绀，瘤胃蠕动音减弱、消失。

不同点：瘤胃积食病羊腹部疼痛，粪便中混杂未完全消化的饲料，瘤胃触诊坚实、胀满，磨牙、流涎，不停呻吟，严重时发生脱水、眼球下陷，瘤胃内容物酸臭，大量食糜滞留。

六、防治措施

1. 预防

改善饲养管理。合理搭配日粮，确保日粮中含有适量的粗料。大多数情况下，羊只每日都要采食一定量的粗料，至少应保持在日采食量的 10% ～ 15%。控制发酵日粮的喂量，且饲喂谷物类饲料不能够研磨过细。加强看管，避免羊只偷食豆科作物，并控制采食含露水青草的量，都具有较好的预防效果。禁止采食霉变的饲料、饲草以及容易发酵或者难于消化的饲料，且在补饲过程中，最好添加适量的制酵剂，如人工盐等，也具有较好的预防效果。羊只更换草料前，最好经过一段时间的适应。例如羊只从冬季舍饲变成春季放牧饲养时，可提前几天在舍内饲喂一些干草，使其逐渐适应。

2. 治疗

（1）手术方式放气并制酵。该方法适合于患有较重瘤胃臌气的病羊，即腹围明显膨大，呼吸非常困难，要马上采取穿刺放气，确保瘤胃内的气体尽快排出，避免引起窒息。病羊可直接插入胃导管进行排气，也可使用套管针进行穿刺放气，先剪去插入部位的被毛，并进行消毒，在左肷部将套管针刺入，然后拨出套管针芯，即可使气体排出，但要注意控制排气速度，不能够过快，防止发生急性脑贫血。

（2）药物治疗。

药物制酵如下。

处方1：在100～300 mL植物油中添加2～4 g研成粉末的大黄苏打片，充分混合后灌服1次。

处方2：使用适量酒精溶解1～5 g鱼石脂，在添加适量饮水进行稀释后，充分混合后灌服1次。

处方3：取5～10瓣大蒜，全部捣碎后添加10 mL酒，混合均匀后灌服。

服用药物的同时，配合在瘤胃进行按摩，主要适合发生泡沫性臌气的病羊，且治疗效果较好。

给予瘤胃兴奋药、促反刍、消气胀方法如下。

处方1：按每千克体重皮下注射，0.05～0.1 mg氨甲酰胆碱，同时，配合肌内注射，10～20 mL复合维生素B。

处方2：使用5 g头孢和10 mL健胃消食针，充分混合后每只肌内注射2～6 mL，每日1次。

（3）中药治疗。

处方1：取酢浆草（酸酒缸）鲜草200～250 g，在沸水中煎5～8 min，取药汁200～300 mL，加入红糖适量，候温灌服。

处方2：青皮5 g、白术10 g、砂仁5 g、甘草5 g、茯苓10 g、党参15 g、陈皮5 g，添加适量清水煎煮后给病羊灌服。

第六节　瓣胃阻塞

瓣胃阻塞又叫百叶干，是牛羊等反刍动物的一种常见病，是由于前胃蠕动机能障碍，瓣胃收缩力减弱，瓣胃内容物不能顺利排入皱胃而停滞于胃小叶间，瓣胃中食糜积聚，水分逐渐被吸收，胃内容物干枯，以致瓣胃阻塞的一种疾病。

一、病因

该病主要由于长期饲喂刺激性小或缺乏刺激性的饲料如秕糠、麸皮等，以致瓣胃的兴奋性和收缩力逐渐减弱。给羊只长期过多地饲喂粗硬难消化的饲料等，使瓣胃排空缓慢，水分逐渐吸收，以致内容物干固积滞（图7-6-1、图7-6-2）。尤其是饮水严重不足时，更易发生该病。饲料和饮水中混有过多的泥沙，使泥沙混入食糜，沉积于瓣胃瓣叶之间也可引起发病，另外过度使役和运动不足，可促使该病发生。该病可继发前胃弛缓、瘤胃积食、皱胃阻塞、瓣胃和皱胃与腹膜粘连等疾病。

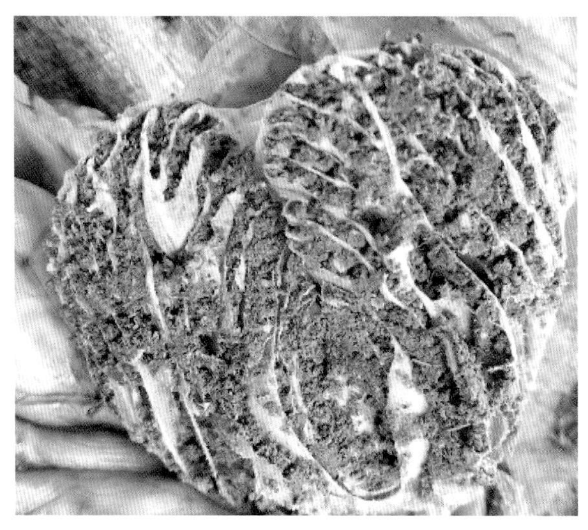

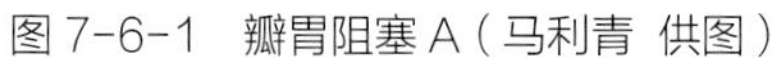

图 7-6-1 瓣胃阻塞 A（马利青 供图）

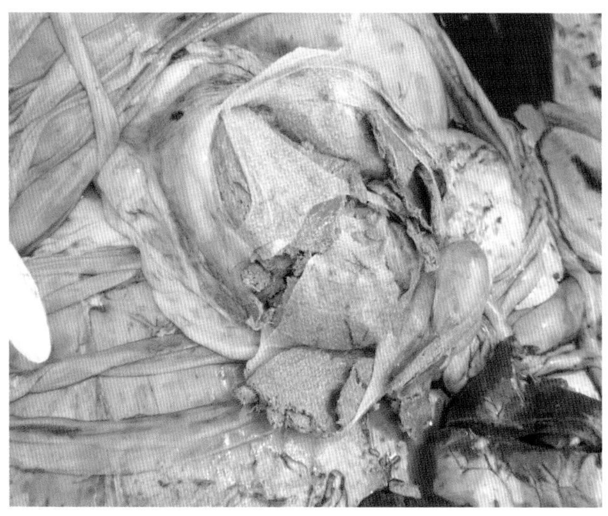

图 7-6-2 瓣胃阻塞 B（马利青 供图）

二、临床症状

病羊初期症状不明显，食欲逐渐减退，继而缓慢无力，精神沉郁，嗳气，有时空嚼、磨牙，腹胀。随着病情加重，食欲废绝，反刍缓慢或停止，鼻镜干燥，嗳气减少，瘤胃蠕动力量减弱，内容物柔软，瓣胃蠕动消失，触压病羊右侧第 7 ～ 9 肋间，肩甲关节水平线上下时，羊表现疼痛不安，回顾腹部、努责、摇尾、左侧横卧，粪便干少，色泽暗黑，后期停止排便。随着病程延长，病羊瓣胃小叶发炎或坏死，常可继发败血症，此时可见病羊体温升高，呼吸和脉搏加快，尿少或无尿，全身表现衰弱。病羊卧地不能站立，最后死亡。

三、诊断

根据病史和临床表现，病羊不排粪，瓣胃区敏感，瓣胃扩大、坚硬等，即可确诊。

四、类症鉴别

1. 羊前胃弛缓

相似点：病羊食欲逐渐减退，精神沉郁，嗳气，空嚼，磨牙，腹胀，瘤胃蠕动力量减弱。

不同点：前胃弛缓病羊有异嗜现象，嗳气有酸臭味；瓣胃阻塞病羊粪便干少，色泽暗黑，后期停止排便，瓣胃触诊疼痛。

2. 羊皱胃阻塞

相似点：病羊前胃弛缓，食欲减退，疼痛，粪便干燥、量少，或停止排粪，腹胀。

不同点：皱胃阻塞病羊皱胃扩张，瘤胃积液，触诊皱胃疼痛、坚硬、膨胀，后期持续腹泻；瓣胃阻塞病羊空嚼、磨牙，瓣胃蠕动消失，触压瓣胃区表现疼痛。

五、防治措施

1. 预防

加强饲养管理，减少坚硬的粗饲料，增加青饲料和多汁饲料，避免单纯饲喂麸皮、糟粕等，清除饲料中的泥沙，保证足够的饮水，并给予适当的运动。

2. 治疗

（1）药物治疗。

处方 1：用 25% 硫酸镁溶液、食用醋 2.5 kg、食盐 0.1 kg、温水 1.0 kg，混合后投服；用 10% 氯化钠 300 ～ 500 mL，5% 氯化钙 100 mL，10% 安钠咖溶液 20 mL，混合后静脉注射。

处方 2：5% 糖盐水 250 ～ 500 mL、大开胃（银黄注射液）10 mL、能量合剂 20 mL 1 次性静脉注射，每日 1 次，连用 3 d，同时灌服石蜡油 100 mL、温水 500 mL，每日 1 次，连用 3 d；肌内注射复合维生素 B 注射液 5 ～ 10 mL，每日 1 次，连用 3 d。

处方 3：病轻者用乳酸菌素片 50 片或酸牛奶 300 ～ 500 mL，1 次口服，连用 3 d。

瓣胃投药：病情较重的，可采用瓣胃内直接注入药液的方法。注射部位为右侧肩关节水平线与 5 ～ 8 肋间的交点，用较长的封闭针头，向左肋头方向进针 10 ～ 12 mm，即可进入瓣胃。为了判断针头是否刺入瓣胃内，应先注入少量注射用水，并立即抽回，如见带草料的黄色液体，则表示针头已进入瓣胃内，然后将 10% ～ 20% 硫酸镁 500 ～ 1 000 mL，1 次注入瓣胃内。也可用氯化钠 150 g，甘油 250 mL，水 750 ～ 1 000 mL 溶解后，1 次注入瓣胃内。

（2）中药治疗。

处方 1：藜芦 60 g、常山 60 g、二丑 60 g、当归 60 ～ 100 g、川滚 60 g、滑石 90 g、石蜡油 1 000 mL、蜂蜜 250 g，水煎去渣后口服。

处方 2：玄参 40 g，麦冬 50 g，芒硝 120 g，杏仁 40 g，生地、大黄、当归、郁李仁、麻仁各 60 g，共为细末，加生菜油 250 g，灌服，每日 1 剂，连服 3 d。

第七节　皱胃阻塞

皱胃阻塞又称皱胃积食，是因皱胃的迷走神经调节机能紊乱引起，主要表现为皱胃内容物滞积，胃壁扩张，体积增大形成阻塞，继发瓣胃秘结，导致消化机能紊乱、瘤胃积液、自体中毒和脱水的严重病理过程。

一、病因

该病多因羊的消化功能紊乱、胃肠分泌和蠕动功能降低造成；或因长期饲喂细碎饲料；或因迷走神经分支损伤，幽门痉挛，幽门阻塞等。羔羊因过食羊奶使凝乳块聚结而充满皱胃，或因毛球阻塞于幽门部而发生皱胃阻塞。

二、发病机理

皱胃阻塞的发生，主要起因于迷走神经紊乱或损伤。因为胃的运动机能是在大脑皮层的控制下进行的，通过交感神经和副交感神经调节，调节中枢在延脑。迷走神经出延脑至食道干，分为背腹两支。背支主要支配前胃，而腹支主要支配前胃和皱胃。迷走神经具有两重作用，即兴奋与抑制作用，平时兴奋强于抑制，在迷走神经机能紊乱或受损的情况下，若受到饲养管理等不良因素的影响，即反射性地引起幽门痉挛、皱胃弛缓或扩张；或因皱胃炎、皱胃溃疡、幽门部狭窄、胃肠道运动障碍，则由前胃进入皱胃的食物，来不及进入小肠而大量聚集，形成阻塞，继而导致瓣胃秘结，更加促进其病情急剧的发展。但是个别病例，若继发于小肠秘结，会由于肠壁坏死而引起全身败血症。

三、临床症状

病羊初期前胃弛缓，食欲减退，排粪量少，粪便干燥，附有大量黏液或血丝，或停止排粪。右腹部皱胃扩张，瘤胃积液，全身脱水，触诊皱胃区可感到坚硬并有痛感。进而食欲废绝，腹胀疼痛，持续腹泻，体质虚弱，结膜发绀，严重脱水，触诊瘤胃、皱胃臌胀（图7-7-1）。

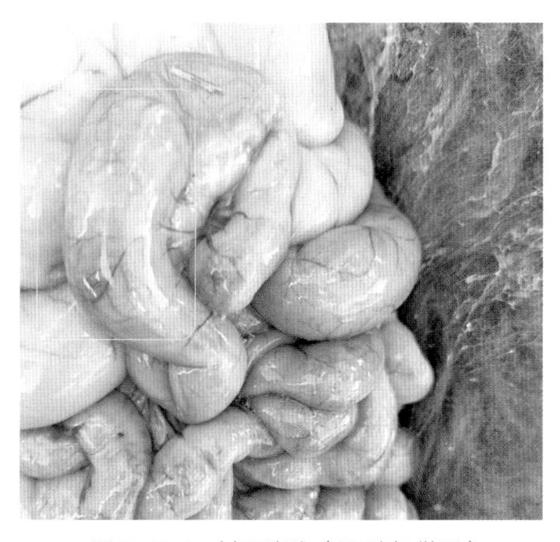

图 7-7-1　皱胃膨胀（马利青 供图）

四、诊断

根据临床症状可作出初步诊断。实验室检查皱胃液pH 值在 7 ～ 9。

五、类症鉴别

羊瓣胃阻塞

相似点：病羊前胃弛缓，食欲减退，疼痛，粪便干燥、量少，或停止排粪，腹胀。

不同点：瓣胃阻塞病羊空嚼，磨牙，瓣胃蠕动消失，触压病羊右侧第 7 ～ 9 肋间，肩胛关节水平线上下时表现疼痛；皱胃阻塞病羊皱胃扩张，瘤胃积液，触诊皱胃疼痛、坚硬、臌胀，后期持续腹泻。

六、防治措施

1. 预防

加强日常的饲养管理，合理搭配精粗饲料的比例和调配方法，精饲料应少加勤添，而且不能粉碎过细。饲草尤其是干草在粉碎时调整合适长度，豆饼、豆粕及糠麸等添加比例不能过多，以免影响消化机能。做到定时定量喂料，供给足量的清洁饮水，冬季注意圈舍保暖和环境卫生。为增强体质保证羊群健康，要加强羊群的运动和户外活动。

2. 治疗

（1）药物治疗。

处方 1：病初可用硫酸钠 80 ～ 100 g、石蜡油 500 mL、鱼石脂 5 g、乙醇 20 mL，加水 3 000 mL，1 次口服。

处方 2：哺乳羔羊用石蜡油 50 mL、水合氯醛 1 g、复方陈皮酊 3 mL、三酶合剂 5 g，加水 20 mL，1 次灌服。

处方 3：龙胆酊、橙皮酊各 10 mL，番木鳖酊 7 mL，水加至 100 mL，1 次灌服，每日 2 次。

当瘤胃大量积液、严重脱水时，先静脉输液，提高体质。药物治疗无效时可进行手术，切开皱胃排除阻塞物。

（2）中药治疗。

处方 1：龙胆末、大黄末各 10 g，人工盐 20 g，B 族维生素 15 片，混合，分 2 次灌服，每日 2 次。

处方 2：陈皮、枳实、神曲、山楂、萝卜籽各 9 g，厚朴、枳壳各 6 g，水煎去渣灌服。

处方 3：制香附 60 g，炒神曲 30 g，土炒陈皮 24 g，三棱、莪术各 9 g，炒麦芽 30 g，炙甘草、砂仁、党参各 15 g，共研细末，用药每日 2 次，每次用药粉 2 g，以开水冲调成糊状，候温灌服。

（3）手术疗法。左肷部剪毛、消毒，局部浸润麻醉，加隔离创布，垂直一次切开腹壁，切口长 15 cm，瘤胃以 6 针结节缝合固定在腹壁创缘上，周围塞无菌纱布；切开瘤胃，放入自制塑料创布，取出瘤胃中饲草液体，将皮管插入网胃冲洗后，再插入网瓣孔，边灌入温水边活动导管，直至第三、第四胃内容物全部冲净为止。

4 个胃全空后向真胃内注入 0.1% 雷佛奴尔溶液 150 mL，瘤胃中放入 500 g 切碎的青草，常规闭合创口，缝合瘤胃，闭合腹腔，创口涂抹青霉素 160 万 IU，绷带保护创口。

术后加强护理，静脉注射 10% 葡萄糖注射液 500 mL、维生素 C 10 mL、B 族维生素 64 mL，每日 1 次；肌内注射青霉素 160 万 IU，每日 2 次，连用 3 d。

第八节　胃肠炎

胃肠炎是胃肠黏膜及其深层组织的出血性或坏死性炎症。临床表现以病羊食欲减退或废绝，体温升高，腹泻，脱水，腹痛和不同程度的自体中毒为特征。

一、病因

饲养管理不合理。羊舍保暖性能较差，导致其受到寒冷侵袭；由长时间的放牧饲养突然变成舍饲，或者突然更换饲料；饲喂过饱或者过饥，暴饮或者缺乏饮水；没有定期进行驱虫等，都能够导致机体抵抗力明显降低，使日常在羊胃肠内腐生且无法致病的微生物，如大肠杆菌等，在此时毒力明显增强，从而具有致病作用，损害胃肠道，导致胃肠道功能发生紊乱，最终引发该病。

饲料品质低劣或者被污染。羊饲喂冰冻或者腐败变质的草料，或者饲喂的草料被重金属物质、化肥以及农药污染等，都能够使其胃肠道黏膜上皮的感受器被直接刺激，从而使胃肠的正常分泌、蠕动和消化机能受到直接或者间接的影响，进而导致胃肠出现卡他性炎症，最终引起该病。

用药不规范。羊只大量滥用抗生素，往往会导致机体胃肠道内平衡的微生物菌群被破坏，从而引起严重的胃肠炎。

继发性胃肠炎，常见于许多传染病（如结核、副结核、口蹄疫、出血性败血症等）和寄生虫病（如羊钩虫、结节虫、肝征形吸虫等），其他器官（如牙齿、口腔、心、肺、肝、肾等）的疾病，均可继发胃肠炎。

二、临床症状

1. 急性型

病羊初期表现出消化不良的症状，接着出现胃肠炎症状。精神萎靡，食欲不振，甚至彻底废绝，口腔干燥，且散发臭味，具有较重的舌苔，一般呈黄白色。反刍次数减少，甚至完全停止，鼻镜变得干燥。发生腹泻，排出从粥样到水样的粪便，且散发腥臭味，还会有坏死的组织碎片和血液混杂在粪便中。表现出程度不同的腹痛，往往蜷缩腹部。严重脱水时，体温明显升高，尤其是耳根发烫，呼吸急促，心率加快，眼窝下陷，眼结膜发绀，皮肤弹性较差，体质消瘦，排尿量减少，且颜色较深，散发骚臭味。症状严重时，病羊体温会开始降低，脉搏较弱且快，四肢和耳根发凉，处于昏睡状态，出现抽搐，最终发生死亡。

2. 慢性型

病羊表现出精神沉郁，食欲时坏时好，严重挑食，且出现异食癖，便秘和腹泻交替出现。该类型病程持续较长，且病势较弱，能够导致恶病质。

三、病理变化

羊肠内容物往往含有血液，且散发恶臭味，黏膜存在溢血斑或者发生出血，并有霜样或者麸皮样覆盖物在肠黏膜表面形成；黏膜下发生水肿，浸润有白细胞；剥落坏死的病变组织后，会出现烂斑和溃疡（图 7-8-1）。当病程持续时间过长，可能会导致肠壁变厚，且发硬（图 7-8-2）。肠系膜淋巴结以及淋巴滤泡发生肿大，往往还会伴发腹膜炎。

图 7-8-1 肠黏膜出现烂斑和溃疡（窦永喜 供图）

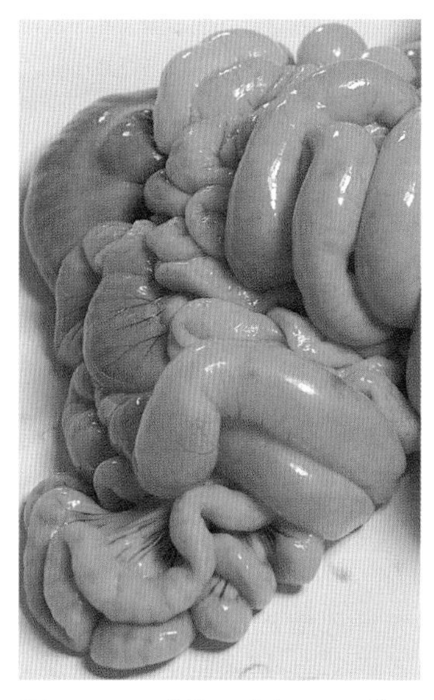

图 7-8-2 病羊肠壁变厚，且发硬（窦永喜 供图）

四、诊断

根据病羊的病史及临床症状可进行初步的诊断。实验室检查见病羊白细胞总数增多，中性粒细胞增多，核型左移，血液浓稠，红细胞压积容量和血红蛋白均增高，尿呈酸性反应，尿中出现蛋白质，尿沉渣内可能有数量不等的肾上皮细胞、白细胞、红细胞，严重者可出现管型。

五、类症鉴别

羊肠套叠

相似点：病羊精神萎靡，食欲不振，呼吸急促，口腔干涩，舌苔重、黄白色，眼结膜发绀，腹痛，排尿量少，颜色深，腹泻，排糊状粪便，粪便带血。

不同点：羊肠套叠病的羊肠音往往突然消失，剖检可见部分肠段发生套叠，病变部位可能有淤血和坏死。

六、防治措施

1. 预防

完善饲养管理制度，注意饲料质量和饲养方法，饲料变换要逐渐过渡；加强饲养员的业务培训，提高饲养管理水平；饲喂要定时定量，勤添少量，先干后湿，先粗后精；注意饲料保管和调配工作，杜绝用发霉变质饲料喂羊；饮水要清洁卫生，平时要保证饮水的质量和数量，炎夏要防止暴饮，严寒季节要温水饮羊；注意观察羊只，发现采食、饮水及排粪异常时应及时治疗，加强护理。

2. 治疗

（1）西药治疗。

止酵：一次投服 1 000 ～ 2 000 mL 0.1% 的高锰酸钾溶液，每日 1 ～ 2 次。磺胺脒（琥珀酰磺胺噻唑、酞磺胺噻唑)4～8 g，萨罗2～8 g，常水适量，口服。肌内注射庆大霉素（1 500～3 000 IU/kg）、环丙沙星（2.0～5 mg/kg）、乙基环丙沙星（2.5～3.5 mg/kg）等抗菌药物。

止泻：取0.3～1 g鞣酸蛋白、3～9 g木炭、6～8 g硼酸，每日分成3次给病羊口服。

补液强心，解除毒素如下。

5%葡萄糖生理盐水500 mL，10%维生素C注射液10 mL，40%乌洛托品10 mL，混合后一次静脉注射。

5%葡萄糖生理盐水150 mL，碳酸氢钠50 mL，20%安钠咖液5 mL，一次静脉注射。

葡萄糖溶液200～300 mL，10%樟脑硫酸钠4 mL，维生素C 100 mg，药物混合，1次静脉注射，每日1～2次。

（2）中药治疗。

处方1：玉金、大黄各10 g，黄芩、黄柏各5 g，黄连、栀子、白芍、茵陈各3 g，共研为末，开水冲调，候温后口服，每日1次，连服3～5 d。

处方2：茵陈3 g、白芍3 g、栀子3 g、黄连3 g、黄蘗5 g、黄琴5 g、大黄10 g、郁金10 g，共研为细末，开水冲后候温灌服，每日服用1次，连用1周。

处方3：苍术10 g、厚朴6 g、枳壳6 g、茯苓6 g、陈皮6 g、胆草10 g 、甘草5 g，水煎，去渣灌服。

处方4：茯苓10 g、泽泻10 g、白术12 g、赤芍15 g、桂皮5 g、滑石10 g、建曲15 g、水煎服，或研末开水冲服。

处方5：黄芩3 g、秦皮9 g、山楂6 g、黄连2 g、郁金9 g、山枝3 g、茯苓3 g、泽泻6 g、大黄3 g、木香2 g、白头翁12 g，加水后煎煮，1次口服。

处方6：连翘15 g、葛根12 g、白头翁15 g、丹皮6 g、黄芩9 g、黄连6 g、银花15 g、赤芍9 g、秦皮15 g、黄柏9 g，加水后煎煮，1次口服。

处方7：粳米100 g、干姜20 g，赤石脂35 g，延胡15 g，全部研成细末用开水冲调，温度适宜后灌服1次，每日1剂，连续使用4 d。

第九节　肠套叠

肠套叠是一段肠管伴同肠系膜套入与之相连续的另一段肠管内，形成双层肠管壁重叠现象（图7-9-1）。常见细毛羊、绒山羊，成年羊比周岁内的羊发病率高，放牧羊比舍饲羊发病率高。不同性别的羊均可发病，但母羊较为多见。

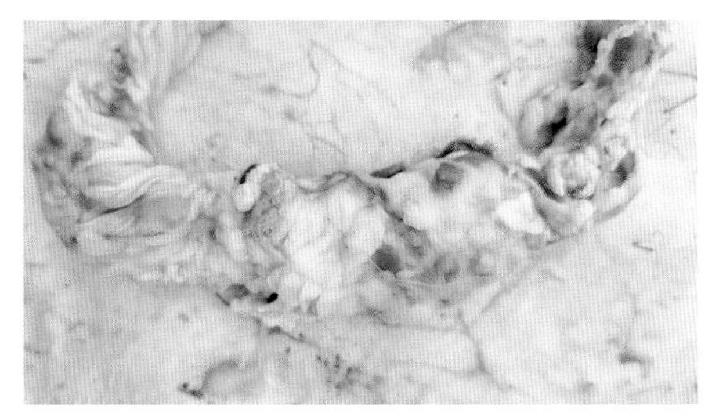

图7-9-1　肠套叠（直肠）（马利青 供图）

一、病因

1. 肠内寄生虫病

主要由羊只患肠结节虫病引起，由于肠结节虫在肠壁寄生，形成质地坚硬的结节，导致肠管正常的规律性运动直接被破坏或者发生紊乱，当前一部分肠管呈痉挛性向后进行收缩蠕动，而后一部分肠管处于弛张或者静止状态，就会导致前一段肠管以及肠系膜共同套入与其邻近的后一段肠腔里面，由于肠壁存在结节而造成障碍，导致套入的肠管不能自行恢复原状，从而引起套叠性肠梗阻。这时如果病羊持续努责，会进一步导致前段肠管持续进入被套进的肠腔内，会导致套叠更加严重。据临床记载，病羊有时套入肠管的长度能够达到 60 ～ 100 cm。

2. 局部异常刺激

主要是指羊机体局部受到异常机械刺激，如息肉、寄生虫、肿瘤、溃疡等，或者温度刺激，如久卧冰地、暴饮冷水、食入冰冻饲料等，或者化学刺激，如食糜中的异常刺激性物质、寄生虫毒素等。以上局部刺激都会对肠壁作用，通过神经反射，导致被刺激的肠段出现痉挛性收缩，当该段肠道受到肠蠕动波影响时，就会导致痉挛部被套入。同时，套叠引起的刺激会造成迷走神经过度兴奋，促使肠蠕动进一步加强，从而加重肠套叠。

3. 神经机能失调

交感神经和迷走神经是调节小肠平滑肌的神经，其中，迷走神经兴奋时，会增强肠蠕动，导致肠壁过度紧张；而交感神经兴奋时，会抑制肠管蠕动，导致肠壁紧张度降低，使其比较松弛。当机体神经机能发生紊乱时，就会导致肠管运动功能失调，往往使紧张肠段套入到松弛的肠段，从而发生套叠。例如羊突然受到惊吓、分娩以及爬跨等都能够导致该病。

二、临床症状

发病初期，病羊主要表现出食欲突然废绝，独自离群站立，频繁伸腰，眼结膜存在淤血，口腔干涩，口色发青，舌苔发白。脉搏加快，达到 80 ～ 120 次 /min。呼吸略快且浅表。体温没有明显变化。肠音往往突然消失，瘤胃蠕动音减弱，有时排出较少的稀糊状粪便，也就是盲肠或者结肠内残留的粪便。右腹部进行触诊，会伴有明显的疼痛感，腹壁比较紧张，能够触摸到痛块，也即是发生套叠的肠道部分。

发病中期，即发病 2 ～ 4 d，病羊表现出精神萎靡，低头耷耳，时起时卧，拒绝走动或者独自在背角处站立，有时排出少量稀便，呈铁锈色，排尿量减少，且呈红黄色或者浓茶水色，心跳加速，超过 120 次 /min，呼吸浅表，且不停呻吟。肠蠕动音明显减弱或者彻底消失，瘤胃蠕动缓慢或者完全停止，食欲废绝，停止反刍，但饮水增加，眼结膜出现严重淤血，口腔干涩，口色呈青紫色，舌苔呈微黄色或者白色或者较厚。

发病后期，即发病超过 5 ～ 7 d，病羊瘤胃发生中度臌气，肠音彻底消失，心跳频速且微弱，节律不齐，呼吸困难，并发出痛苦的呻吟声，伴有磨牙，基本处于俯卧状，很少站立，停止采食和饮水，两眼呈嗜睡状，最终由于体质严重衰竭而发生死亡。

三、诊断

根据该病的发病原因、临床症状可作出初步诊断。诊断时可通过腹部触诊做进一步检查，将病羊左侧横卧保定，左手将羊右后肢拉直，用右手在左肷部及下腹壁逐一触压，病羊出现皮肤和肌肉震颤的压痛反射即可确诊。

四、类症鉴别

羊胃肠炎

相似点：病羊精神萎靡，食欲不振，口腔干涩，舌苔重、黄白色，眼结膜发绀，腹痛，排尿量少，颜色深，腹泻，排糊状粪便，粪便带血。

不同点：羊胃肠炎病羊剖检可见肠黏膜存在溢血斑或者发生出血，并有霜样或者麸皮样覆盖物在肠黏膜表面形成。

五、防治措施

1. 预防

加强饲养管理。羊场禁止外来人员随意进入参观，禁止舍内大声喧哗。放牧时，注意防止鸟类对羊群造成惊吓。羊舍粪便、异物要定期进行清扫，并严格消毒，保证舍内温度适宜、通风良好，确保舍内干燥、清洁。羊只尽可能供给品质优良的饲料，提高机体抵抗力和免疫力，禁止饲喂发霉变质或者冰冻的饲草。羊群定期进行有效驱虫，避免感染肠道寄生虫病。

2. 治疗

（1）直肠充气治疗法。将羊保定好后，用自行车打气筒和消毒的胃导管，胃导管一端接上打气筒，另一端涂上润滑剂，插入羊直肠 20 ～ 25 cm，慢慢打入气体。待腹部微膨胀后，取出导管，用手托住患羊腹部两侧，轻轻揉动，使气体串通，慢慢充开套叠肠段。待肠音变得响亮，肛门连连排气时，腹痛症状可消失。该方法对于治疗早期发病羊效果理想。

（2）手术方法。将羊侧卧保定，做好消毒、麻醉等术前准备。在右肷部切开长 10 ～ 15 cm 的小口，顺腹肌伸入右手，导出套叠肠管，先检查骨盆腔内肠管，再检查其他部位。

若套叠部肠管颜色正常，粗如香肠，没有腐烂趋势，将其轻轻牵出切口外，进行整复，然后用两手拇指和食指推压使套叠恢复原位，并将肠管送回腹腔。为防止术后腹腔粘连，用灭菌石蜡或樟脑油擦于术部肠管。若有浆液性出血渗出物，在整理完套叠部肠管后，可将腹水排出一部分。将所有肠管送回腹腔，按常规方法缝合腹壁切口，用脱脂棉和纱布包扎。

若肠管颜色变成暗紫色，并且有腐烂的趋势，确定腐烂部位，结扎两端，切除该部位，彻底清洗吻合部，术部喷洒青霉素、链霉素混合液，并用无菌肠线进行肠管吻合术，在吻合部涂上磺胺软膏，将肠段复位。

术后，将羊放在护理室内，及时采取输液疗法，用青霉素、链霉素或磺胺类药物 3 ～ 5 d，以防感染。手术 2 ～ 3 d，可喂服一些流食和温水，而后逐渐喂较柔软、易消化的青绿饲料，适当运动，以促进胃肠机能的恢复，直至康复。

第十节 感 冒

感冒是机体由于受风寒侵袭而引起羊上呼吸道炎症为主的急性全身性疾病，以流清涕、羞流泪、呼吸增快、皮湿不均为特征。

一、病因

感冒主要是由气候变化，没有做好保暖引起，多发在初春和秋末。在天气湿冷或气候发生急剧变化时，羊只易患病，绵羊在剪毛或药浴以后，常因受凉而在短时间内发病。

饲料、饲槽及山林中的尘埃、热空气、烟雾、霉菌、狐尾草及大麦芒等，均可刺激呼吸道引起感冒。奶用仔山羊常在天热时呈流行性出现，主要是由于热空气的刺激，尤其当羊舍拥挤时，容易发生。

草原或高寒地区羊只寒夜露宿、久卧凉地、贼风袭击，羊只在寒冷的天气突然外出放牧或出汗后在潮湿阴凉的地方，突然遭受风雨袭击等均可发生感冒。

二、临床症状

病羊精神不振，头低耳耷，初期皮温不均，耳尖、鼻端和四肢末端发凉，继而体温升高（图7-10-1），呼吸、脉搏加快。眼结膜潮红、打喷嚏（图7-10-2），或轻度肿胀，害怕光、流泪。鼻黏膜充血、肿胀、鼻塞不通，初流清鼻（图7-10-3），患羊鼻黏膜发痒，不断喷鼻，并在墙壁、饲槽擦鼻水。食欲减退或废绝，反刍减少或停止，鼻镜干燥，肠音不整或减弱，粪便干燥。

若羊患风热感冒，表现体温升高，口渴喜饮水，鼻流黄涕或脓涕（图7-10-4），鼻镜干燥，口腔发热，舌紧缩，口色红赤。

图7-10-1　病初，体温升高（马利青 供图）

图7-10-2　眼结膜潮红，打喷嚏（马利青 供图）

图 7-10-3　鼻塞不通，初流清鼻（马利青　供图）

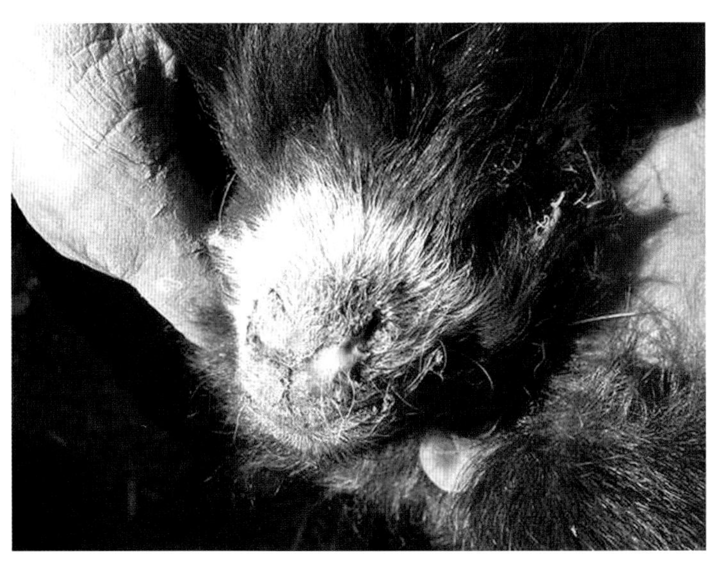
图 7-10-4　后期鼻涕呈脓液（马利青　供图）

三、诊断

一般根据受寒病史和临床症状即可作出诊断。

四、防治措施

1. 预防

加强饲养管理，防止羊只受寒、淋雨，加强圈舍防潮、防寒管理的同时，保持羊圈的卫生。外出放牧时，先在圈舍内通风，防止室内外温差太大造成应激。

2. 治疗

治疗以解热镇痛、祛风散寒为主。

（1）解热镇痛。如 30% 安乃近、安痛定、复方氨基比林等 3 ～ 6 mL，肌内注射，柴胡注射液 3 ～ 5 mL，每日 1 次，连用 3 ～ 5 d。配合清热解毒针 10 ～ 20 mL，静脉滴注 5% ～ 10% 葡萄糖 300 ～ 1 000 mL，每日 1 次。

（2）防止继发感染。当高烧不退或继发感染时，要及时应用青霉素、链霉素或磺胺类等药物。青霉素每千克体重 40 万～ 80 万 IU；链霉素每千克体重 20 mg；10%～ 20% 磺胺嘧啶，首次每千克体重 0.2 g，维持量每千克体重 0.1 g；肌内注射，每日 2 次，连用 1 个疗程。

（3）中药治疗。

处方 1：荆芥 10 g、紫苏 10 g、薄荷 10 g，水煎灌服，每日 2 次。

处方 2：紫苏 18 g、防风 20 g、桔梗 20 g、黄皮叶 40 g、鸭脚木 40 g，煎水，口服。

处方 3：荆芥 6 g、防风 6 g、羌活 5 g、独活 5 g、柴胡 5 g、前胡 5 g、枳壳 5 g、桔梗 5 g、茯苓 6 g、川芎 5 g，共研为细末，开水冲调给患羊口服。

处方 4：金银花 6 g、连翘 6 g、淡豆豉 5 g、荆芥 6 g、薄荷 5 g、牛蒡子 5 g、桔梗 5 g、淡竹叶 5 g、芦根 6 g、生甘草 5 g，共研为细末，开水冲调给患羊口服。适用于风热感冒。

第十一节　贫　血

贫血是指单位容积血液中的红细胞数、血红蛋白量和红细胞积压值均低于正常水平的综合征。临床上有皮肤和可视黏膜苍白、体质消瘦、虚弱无力以及各组织器官因缺氧而产生的各种症状。贫血不是一种独立的疾病，而是许多不同病因引起或各种不同疾病伴发的临床综合征。

一、病因

按病因，家畜贫血症可分为失血性贫血、溶血性贫血、营养性贫血和再生障碍性贫血。

1. 失血性贫血

各种创伤，如产后大出血、创伤性出血、内脏器官破裂等急性出血性疾病，马血斑病、血小板减少性紫癜等急性失血性贫血。胃肠寄生虫病，胃肠溃疡、慢性血尿、血友病、血小板病等慢性失血性贫血。

2. 溶血性贫血

属急性溶血性贫血的包括以下情况，细菌感染，如钩端螺旋体病、溶血性梭菌病等。血液寄生虫病如血孢子虫病、锥虫病等。抗原抗体反应，如新生畜溶血病、不相融血的输注自体免疫性溶血性贫血、红斑狼疮等。溶血毒，如蛇毒、野洋葱、蓖麻籽、甘蓝、吩噻嗪、铅、铜等。物理因素，大面积烧伤、犊牛水中毒，以及牛产后血红蛋白尿病。属慢性溶血性贫血的有血液寄生虫病如血巴尔通氏体病、附红细胞体病。

3. 营养性贫血

该类型贫血属血红素合成障碍的有铁缺乏、铜缺乏、吡哆素缺乏等。属核酸合成障碍的有钴胺素缺乏、钴缺乏、叶酸缺乏和烟酸缺乏。属蛋白合成障碍的有蛋白质不足、赖氨酸不足等。

4. 再生障碍性贫血

此类贫血属骨髓受细胞毒性损伤的有放射线、化学毒、植物毒、真菌毒素。属感染因素的有鼻疽、马传染性贫血、猫白血病等。

二、临床症状

贫血病羊均有眼结膜苍白（图 7-11-1），阴门、乳房及口腔黏膜等可视黏膜发白，肌肉无力、心跳加快及心音显著增强等症状。轻度贫血者可视黏膜稍淡，精神沉郁，食欲不振，仍有一定的生产和使役能力，但持久力差。中度贫血者可视黏膜苍白，意欲减退，倦怠无力，脉搏增数，不耐使役，容易疲劳。重度贫血者可视黏膜苍白如纸，出现浮肿，呼吸促迫，脉搏显著增数，心脏听诊有缩期杂音（贫血性杂音），不堪使役，即使稍微运动，也会引起呼吸困难和心跳加快，甚至休克。

1. 失血性出血

急性失血性出血引起的病羊可表现可视黏膜急剧苍白，体温低下，四肢厥冷，脉搏细弱，全身出冷汗，严重者出现血容量性休克而迅速死亡。慢性失血性贫血病羊日趋消瘦，贫血症状逐渐增重，后期伴有四肢和胸腹下浮肿（图 7-11-2），乃至体腔积水。血液检查呈正细胞低色素性贫血，血浆蛋白减少。

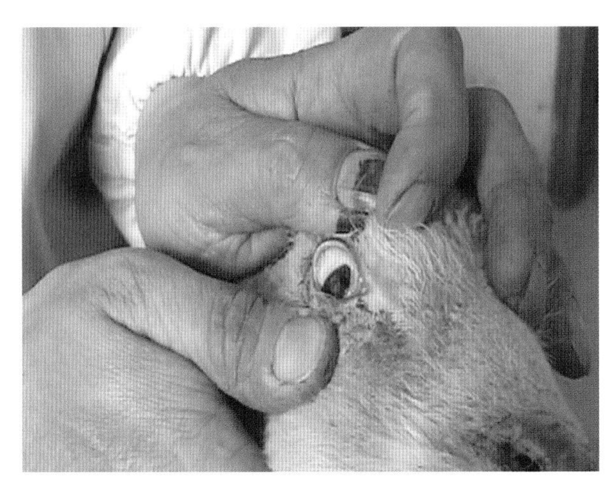

图 7-11-1　眼结膜苍白（马利青 供图）

2. 溶血性贫血

可视黏膜苍白、黄染（图 7-11-3），体温正常或升高，严重病例可出现血红蛋白尿和脾脏肿大（图 7-11-4），肾脏土黄，肾盂中有结石（图 7-11-5），肾炎，粪便呈黑色等症状。

3. 再生障碍性贫血

除继发于急性放射病者外，一般发病较缓，但可视黏膜苍白有增无减，全身症状越来越重。皮肤发紫（图 7-11-6），在皮肤和黏膜上有出血点和出血斑，常常发生难以控制的感染，预后不良。血液学变化为正细胞正色素、非再生型，红细胞、血小板、粒细胞均减少，确诊须进行骨髓检查。

图 7-11-2　四肢和胸腹下浮肿（马利青 供图）

4. 营养性贫血铁缺乏

有铁缺乏病史，呈群体发病、地区性发病。幼畜多发，生长缓慢，被毛粗乱，免疫力降低，食欲、饮欲降低，眼结膜、口腔黏膜苍白（图 7-11-7），粪便干而少，排尿少而黄，眼窝凹陷，病羊极度消瘦（图 7-11-8、图 7-11-9）。小细胞低色素性贫血，可能是缺铁性、缺铜性、缺吡哆素性贫血。大细胞正色素性贫血，则可能是叶酸缺乏、钴胺素缺乏、钴缺乏所致的贫血。

血液学检查，红细胞数目可由每升（9 ～ 15）$\times 10^{12}$ 个（绵羊）或（8 ～ 18）$\times 10^{12}$ 个（山羊）减少到 1/4 左右。因红细胞含有血红素，可以携带氧供机体所需，以维持正常的新陈代谢和生理机能，故当红细胞大量减少时，势必影响机体的新陈代谢，从而发生营养障碍。

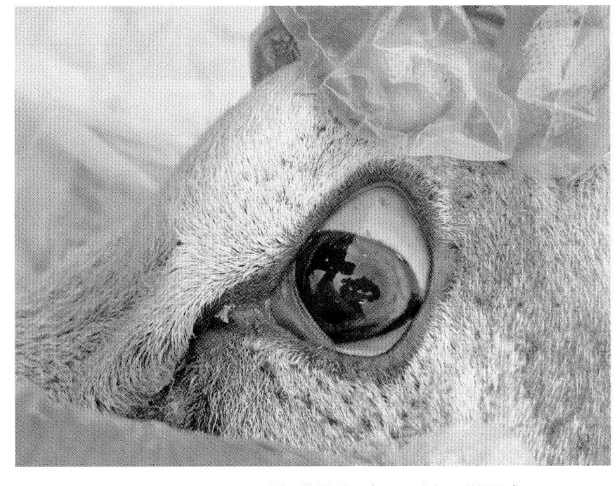

图 7-11-3　眼结膜黄染（马利青 供图）

图 7-11-4　脾脏肿大数倍（马利青　供图）

图 7-11-5　肾脏土黄，肾盂中有结石（马利青　供图）

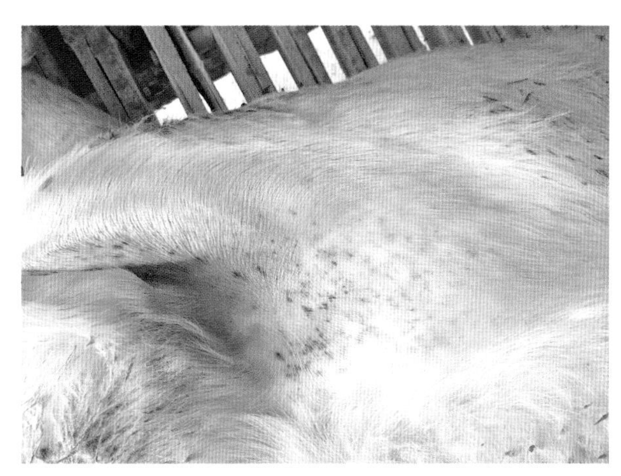

图 7-11-6　皮肤发紫（马利青　供图）

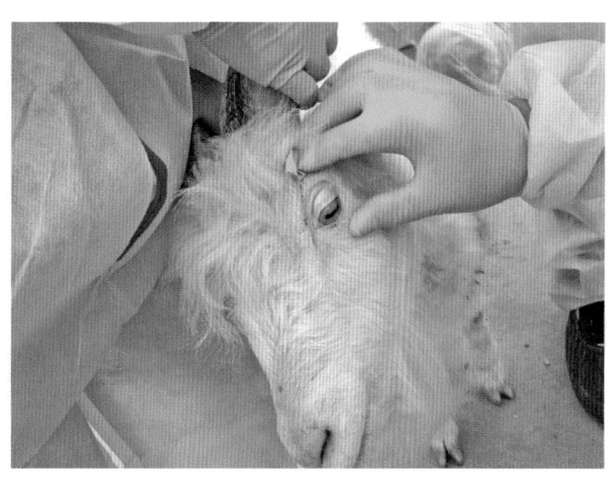

图 7-11-7　患羊眼结膜苍白（马利青　供图）

图 7-11-8　极度消瘦，脊梁凸显（马利青　供图）

图 7-11-9　极度消瘦，肷窝下陷（马利青　供图）

三、诊断

根据临床症状可作出初步判断，对内出血所造成的贫血需要进行全面检查，可对其进行腹腔穿刺，检查是否有大量血液存在，肝脏和脾脏破裂时，穿刺可见有血液。

实验室诊断贫血时临床上最常用的指标有红细胞、红细胞压积、血红蛋白、红细胞血常规及骨髓细胞。前三项中有任何一项低于正常值，即可诊断为贫血。后两项是用以进一步辨别贫血的性质及判定贫血程度的辅助指标，可根据需要和条件酌情选用。

四、防治措施

1. 急性出血性贫血

首先，止血和解除循环衰竭。外出血时，可用外科止血方法进行结扎或压迫止血。

可静脉注射各种止血剂，如 1%刚果红液 100 mL，10%柠檬酸钠液 100 ～ 150 mL，或 10%氯化钙液 100 ～ 200 mL。

为解除循环衰竭应立即静脉注射生理盐水、葡萄糖氯化钠溶液 1 000 ～ 3 000 mL，其中，可加入 0.1%肾上腺素液 3 ～ 5 mL。

条件许可时应立即输血，输血疗法不但可以补充失去的血液，而且还有良好的止血作用，每次可输血 1 000 ～ 2 000 mL，用氯化钙作抗凝剂隔 1 ～ 2 d 再输 1 次。

急性失血制止后及慢性失血病因除去后，应喂给家畜含铁饲料或铁制剂，以便恢复血红蛋白及刺激红细胞的再生。硫酸亚铁 2 ～ 10 g，口服。枸橼酸铁铵 5 ～ 10 g，口服，每日 2 ～ 3 次。

中兽医疗法出血性贫血，可用八珍汤治疗，当归 75 g、川芎 25 g、炒白芍 40 g、熟地 50 g、党参 50 g、白术 50 g、炙黄芪 50 g、炙甘草 50 g，研成末，开水冲，候温灌服（此为牛用剂量，羊可适当减量）。

2. 溶血性贫血

要消除原发病，排除毒物，可由静脉泻血，成年羊 500 ～ 1 000 mL，泻血后随即输入 5%葡萄糖生理盐水 1 500 ～ 3 500 mL。对新生畜溶血病，可先泻血后输血，输血时力求一次输足，不要反复输注，以免因输血不当而加重溶血。

3. 营养性贫血

补给所需的营养物质，并促进其吸收和利用。

缺铁性贫血可用硫酸亚铁，羊为 6 ～ 8 g，加人工盐，200 ～ 300 g，制成散剂，混入饲料中喂给，或制成丸剂投给（3 ～ 4 d 后逐渐减到 3 ～ 5 g，连用 1 ～ 2 周为个疗程；为促进铁的吸收，可同时用稀盐酸 10 ～ 15 mL，加水 0.5 ～ 1.0 L 投服，每日 1 次）。

缺铜性贫血，通常应用硫酸铜口服或静脉注射，羊 0.5 ～ 1.0 g，溶于适量水中灌服，每隔 5 d 1 次，3 ～ 4 次为个疗程，静脉注射时，配成 0.5%硫酸铜溶液，羊 30 ～ 50 mL。

缺钴性贫血，可直接补钴或应用钴胺素、硫酸钴，羊 7 ～ 10 mg，口服，每周 1 次，4 ～ 6 次为 1 个疗程。绵羊可肌内注射钴胺素 100 ～ 300 μg，每周 1 次，3 ～ 4 次为 1 个疗程。

4. 再生障碍性贫血

消除病因，提高造血机能，补充血容量，尽快找出致病因素，竭尽全力消除原发病。提高造血机能，睾酮类具有刺激骨髓新生细胞的作用，是目前比较有效的药物。

输血可参照溶血性贫血的治疗。再生障碍性贫血可用补血益气的归脾汤，黄芪 100 g、党参 100 g、白术 50 g、当归 50 g、阿胶 500 g、熟地黄 60 g、甘草 25 g，研成末，开水冲，候温灌服（此为马、牛用剂量，羊可适当减量）。

第十二节　尿结石

羊尿结石又叫羊尿道结石，是一种尿道中盐类结晶凝结成数量不等、大小不同的结石，因为结石可引起泌尿器官发生炎症，使患羊出现排尿困难。该病主要以尿道结石为主，而肾盂结石和膀胱结石较罕见。尿结石有 3 种类型，即硅酸盐结石、钙结石、磷酸盐结石。尿结石相对于舍饲育肥羊和羔羊、种公羊、羯羊容易发生，母羊较少发生。

一、病因

1. 饲草钙、磷比例失调

主要致病因素是日粮中的钙、磷比例失调。钙、磷的比例一般应保持 2∶1，不应该少于 1∶1。食入钙、磷比例比较高的谷物，就会使尿液中存在大量的磷。大量的磷也存在于羊的唾液中，当饲喂的日粮精料偏多时，由于精料不能大量增加唾液的分泌（粗饲料可以增加唾液的大量分泌，让体内多余的磷随唾液分泌进入消化道然后随粪便排泄出体外），因此，多余的磷就只能从尿中排出而不是随唾液分泌进入消化道随粪便排泄出体外，这样就非常容易引起磷酸盐结石。三叶草含磷量较低，含钙量较高，而且草酸含量也很高，易形成不容易吸收的草酸钙，并且使尿液呈碱性，易形成草酸钙结石。山羊采食大量的紫花苜蓿和甜菜也会出现草酸钙结石，形成结石的起源是黏蛋白。富含雌激素或促生长剂的饲料（含雌激素的豆科植物或己烯雌酚），会增加尿液的黏蛋白浓度，饲喂大量的蛋白质以及颗粒饲料都会使尿液中的黏蛋白浓度增加，从而生成结石。结石的形成也与黏多糖有关，应尽量少喂黏多糖含量高的饲料，如西非高粱、棉籽饼等。

2. 维生素缺乏

维生素的缺乏（如维生素 B_6 和维生素 A）会导致膀胱上皮细胞脱落，增加结石形成的概率。

3. 饮水缺乏

无足够的饮用水，使尿液中含有过饱和矿物质（脱水是各种结石发生的主要因素），也容易诱发尿结石。

4. 阉割

尿结石更容易出现在公羊身上，这和公羊尿道的长度和直径有关。过早阉割使性激素缺乏，从而影响了尿道和阴茎的发育，使尿道的直径变小，这样也可导致结石的发生。

5. 感染

肾脏和尿路感染发炎时，由于细菌积聚及脱落的上皮细胞，这些都可能成为尿结石形成的主要物质。

6. 其他

经常尿液潴留或浓稠，或长期、过量使用某些乙酰化率高的磺胺类药物，如磺胺甲基异恶唑等，都可以促进尿结石的形成。

7. 遗传

结石也有遗传性。体质差的羊易发生尿结石。

二、临床症状

当尿道不完全阻塞时，排尿困难，频繁做排尿姿势（图 7-12-1），叉腿，拱背，强烈努责（图 7-12-2），排尿时间延长，呈线状或滴状流出混有脓汁和血凝块的红色尿液。包皮肿胀，大量的沙粒样物质附着在包皮皮毛上（图 7-12-3）。龟头发炎，不能正常排尿（图 7-12-4）。

当尿道完全阻塞时，病羊频繁做排尿动作但无尿排出，尿道外触摸病畜有疼痛感，直肠内触诊时，膀胱内充满尿液，体积变大。闭尿时间过长，则可导致膀胱破裂或引起尿毒症而死亡。

图 7-12-1　排尿困难，频繁做排尿姿势（马利青　供图）

图 7-12-2　叉腿，拱背，强烈努责（马利青　供图）

三、病理变化

对病羊进行解剖，除了泌尿系统外，其余器官无显著变化。肾脏及输尿管肿大而充血（图 7-12-5），甚至出现出血点。膀胱因积尿而臌大，可在尿道（图 7-12-6）、膀胱（图 7-12-7）、输尿管和肾盂内发现乳白色小颗粒凝聚物（图 7-12-8），其大小和数量不等，有的附着在黏膜上。

图 7-12-3　包皮龟头肿胀后引起排尿困难（马利青　供图）

图 7-12-4　龟头炎患羊，不能正常排尿（马利青　供图）

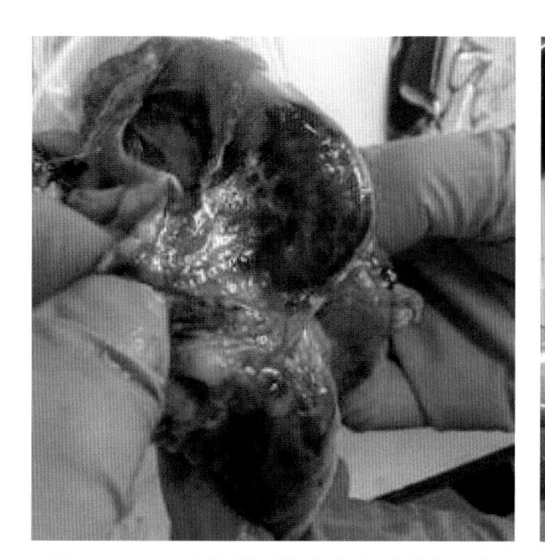

图 7-12-5　公羔羊尿道“S”状弯曲部出血（马利青　供图）

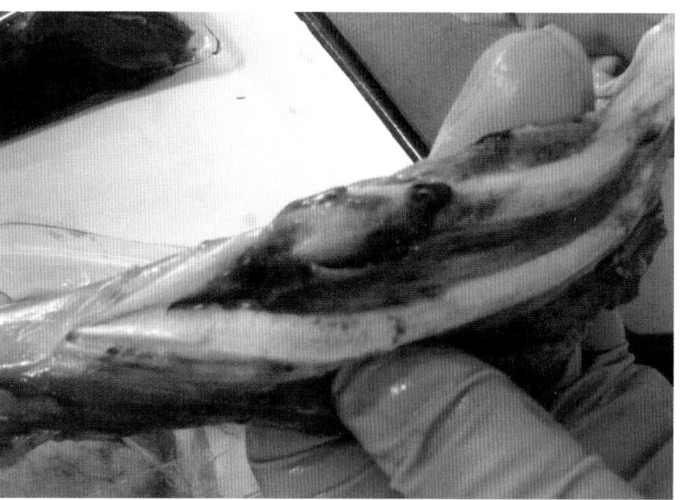

图 7-12-6　尿路结石（马利青　供图）

图 7-12-7　膀胱内结石（马利青　供图）

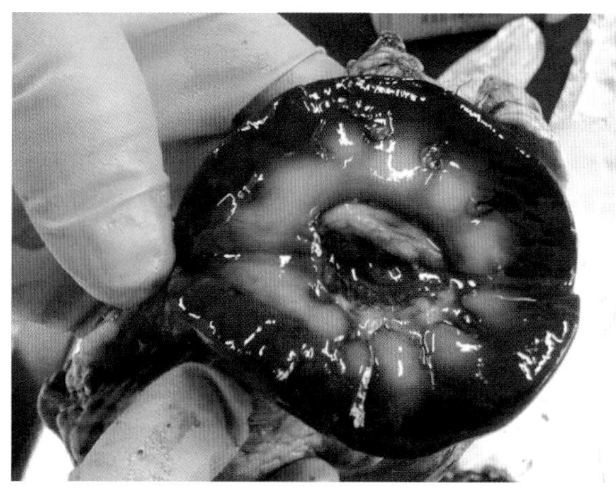

图 7-12-8　尿结石后引起患羊肾脏的肾盂肾炎（马利青　供图）

四、诊断

根据临床症状、病理变化，提取尿液进行镜检，可见有脓细胞、脱落的上皮细胞或红细胞。尿道探诊不仅可以判断是否有结石，还可判断结石的部位。

五、类症鉴别

1. 羊肾炎

相似点：病羊排尿困难，拱背，排尿频繁但尿少或无尿，尿色红。

不同点：肾炎病羊肾区疼痛，不见尿道和包皮的症状；尿结石病羊包皮肿胀，尿道疼痛，膀胱胀满，剖检可见乳白色小颗粒凝聚物。

2. 羊膀胱炎

相似点：病羊排尿次数增多，排尿少或无尿，疼痛不安。

不同点：膀胱炎病羊不见包皮肿胀，剖检无结石。

六、防治措施

1. 预防

（1）饲料中的钙、磷比例要合理。合理调配饲料，使饲料中钙、磷比例达到2∶1，镁含量小于0.2%，可以减少肠道对磷和镁的吸收，使多余的磷和镁随粪便排出体外，而不是随尿排出。以谷物饲料为主要饲料时，要适量补充钙。为了防止钙结石的形成，公羊的主要饲料应该是禾本科干草，同时，不能饲喂大量的精料。使用长秸秆饲料能增加唾液的分泌，让多余的磷随粪便排出，而且应多喂维生素A含量丰富的饲料。

（2）增加饮水量。增加饮水量是预防羊尿道结石最重要的方法。给羊饮用干净、新鲜的水会增加羊的饮水量；冬季用温水和夏季用凉水同样可以增加羊的饮水量；饮用水经常换水和多设饮用水点都可以增加羊的饮水量。增加盐的饲喂量也能使羊的饮水量有所增加，但食盐不应加入水中，因为羔羊可能认为味道不好，会导致其饮水更少。

（3）调整尿的pH值。食草动物的尿通常pH值偏高。而酸性尿有助于磷酸盐、碳酸盐和硅酸盐的溶解，所以可利用尿的酸化剂（氯化铵）降低尿液的pH值，使尿液酸性更强，从而达到使尿结石溶解的目的。加入氯化铵添加剂对于尿结石的溶解是最有效的，对于碳酸钙和硅酸盐结石的溶解也是有效的。因为长期饲喂氯化铵的副作用会导致母羊骨骼矿物质含量降低，也可添加食糖溶解尿结石。

（4）避免阉割过早。早龄阉割是出现尿道结石的一种危险因素，如果可能的话，避免在3月龄前进行阉割。

（5）自由采食。饲喂的最佳方式是自由采食。如果每日饲喂1～2次会引起抗利尿激素的释放，使尿液的排泄量暂时减少，从而加大了尿液的浓度。

（6）补充维生素A。维生素A可以减少膀胱上皮细胞的脱落，而上皮细胞正是形成尿结石的母体（或称前体）。

2. 治疗

（1）药物治疗。适用于症状较轻的羊，服用抗菌消炎药及利尿药（链霉素、青霉素、乌洛托品等），饲喂液体饲料和饮用大量的水。这种简单的治疗方法，只针对症状较轻的羊，作为药物治疗的辅助治疗有时可用膀胱穿刺法。

处方 1：消石灵（主要成分为柳栎浸膏粉），每千克体重 1.5 mL，肌内注射。

处方 2：呋喃苯胺酸（速尿），每千克体重 1 mg，肌内注射，每日 1 ～ 2 次，连用 3 ～ 5 d，同时喂给羊大量的清洁饮水。

处方 3：轻症羊喂服双氢克尿噻，每只 0.2 g。

处方 4：羊泌尿器官有炎症时，应使用抗菌消炎药物，如青霉素钠（钾）每千克体重 5 万 IU、链霉素每千克体重 10 ～ 15 mg，分别肌内注射，每日 2 次，连用 3 ～ 5 d。

（2）中药治疗。

处方 1：金钱草 15 g、海金砂 15 g、鸡内金 10 g、滑石 20 g、木通 15 g、千金子 30 g、厚朴 15 g、藏茜草 25 g、红花 15 g、豆蔻 15 g、渣驯膏 15 g、紫草茸 15 g、獐牙菜 15 g、圆柏膏 15 g，共为细末，一分为二，开水冲，候温灌服，连用 3 d。

处方 2：石苇 25 g、金钱草 20 g、冬葵子 10 g、瞿麦 9 g、滑石 15 g、车前子 15 g、海金沙 15 g、鸡内金 10 g、木通 9 g，煎汤饮水服。

（3）手术治疗。手术治疗是用于对药物治疗效果不明显或尿道完全阻塞的患羊。首先要限制羊的饮水，对膨大的膀胱进行穿刺，使尿液排出，同时，用 3 ～ 6 mg 阿托品进行肌内注射，使羊的尿道肌松弛，减轻疼痛，然后在相对应的结石部位，切开尿道取出结石。

术后的护理是非常重要的，它关系到病羊能否康复，术后要给病羊饲喂液体饲料；手术后的治疗也很关键，可给病羊注射抗菌消炎药及利尿药。

第十三节　中　暑

中暑亦称羊热衰竭，根据致病原因的不同分为日射病和热射病 2 种类型。日射病多由于夏季烈日下放牧时，强烈的日光长时间照射羊只头部，日光中的红外线和紫外线透过颅骨直接作用于脑组织所引起的急性脑病。而热射病则是由于夏季闷热的天气或者居住环境拥挤、通风不良造成温度、湿度过高，产热与散热不平衡，大量的热量聚积在体内，引起全身过热，出现脱水与酸中毒的一种急性病。轻症病例表现脑与脑膜充血、出血、水肿，重症病例表现脑内呼吸中枢、血管运动中枢等的麻痹。

一、病因

在强烈阳光下，放牧时间过长，长途赶运羊只或长途运输，车船无遮阳设备等因素，使日光直射羊的头部，易引发中暑。羊舍通风不良，潮湿，饲养密度大，使局部环境湿度大，温度高，体热散失困难，易发生中暑。饮水不足，食盐缺乏和体弱的羊只，体温调节能力差，常易发生中暑。

二、发病机理

1. 日射病

因动物头部持续受到强烈日光照射，日光中紫外线穿过颅骨直接作用于脑膜及脑组织，即引起头部血管扩张，脑膜充血，颅顶温度和体温急剧升高，甚至导致神智异常。又因日光中紫外线的光化反应，引起脑神经细胞炎性反应和组织蛋白分解，从而导致脑脊液增多，颅内压增高，影响中枢神经调节功能，新陈代谢异常，导致自体中毒，心力衰竭，患病动物卧地不起、痉挛、昏迷。

2. 热射病

由于外界环境温度过高，潮湿闷热，动物体温调节中枢的机能降低、出汗少、散热障碍，且产热与散热不能保持相对平衡，产热大于散热造成动物机体过热引起中枢神经机能紊乱，血液循环和呼吸机能障碍而发生该病。热射病发生后，机体温度高达 41 ～ 43℃，体内代谢加强，氧化产物大量蓄积，导致酸中毒；同时因热刺激，反射性地引起大出汗，致使患病动物脱水。由于脱水和水、盐代谢失调，组织缺氧，碱储下降，脑脊髓与体液间的渗透压急剧改变，影响中枢神经系统对内脏的调节作用，肺脏等脏器代谢机能衰竭，最终导致窒息和心脏麻痹。

三、临床症状

日射病：病羊开始精神沉郁（图 7–13–1），眼结膜潮红（图 7–13–2），鼻黏膜潮红，喘气急促（图 7–13–3），有时全身出汗，眼球突出（图 7–13–4），四肢无力，走路不稳，突然倒地（图 7–13–5）。病程急剧发展，心血管、呼吸、体温调节中枢神经紊乱，心力衰竭，皮肤、角膜、肛门反射机能减退或消失（图 7–13–6），全身痉挛、抽搐而迅速死亡，或呼吸麻痹死亡。

热射病：病羊体内积热不能散发，体温急剧上升，高达 41℃以上，同时，皮肤温度也增高。全身出汗，精神恐惧，惊厥不安，随着病情急剧恶化，心力衰竭，黏膜发绀，呼吸困难，临死之前体温下降，昏迷，陷于窒息和心脏麻痹状态。

四、病理变化

脑及脑膜血管高度淤血，并有出血点，脑脊液增多，脑组织水肿。肺充血和肺水肿（图 7–13–7），心脏充出血，心包积液（图 7–13–8），胸膜、心包膜及肠黏膜都有淤血斑、浆液性炎症，肝、肾、心脏及骨骼肌发生变性。

图 7-13-1 精神沉郁，腹式呼吸（马利青 供图）

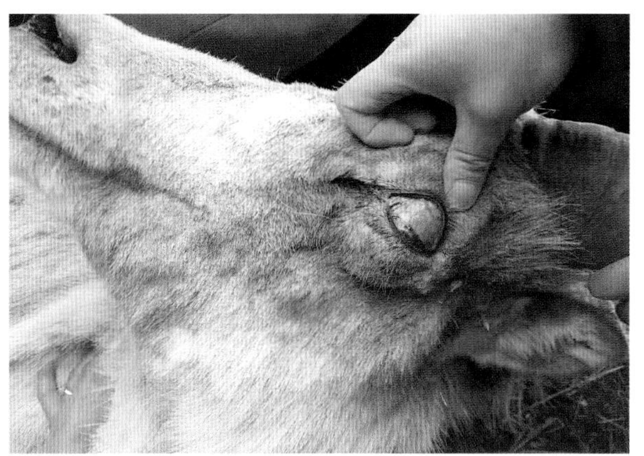
图 7-13-2 患羊眼结膜潮红（马利青 供图）

图 7-13-3 鼻黏膜潮红，喘气急促（马利青 供图）

图 7-13-4 舌头露出在外，张口呼吸，眼球突出（马利青 供图）

图 7-13-5 走路不稳，突然倒地（马利青 供图）

图 7-13-6 肛门反射机能减退或消失（马利青 供图）

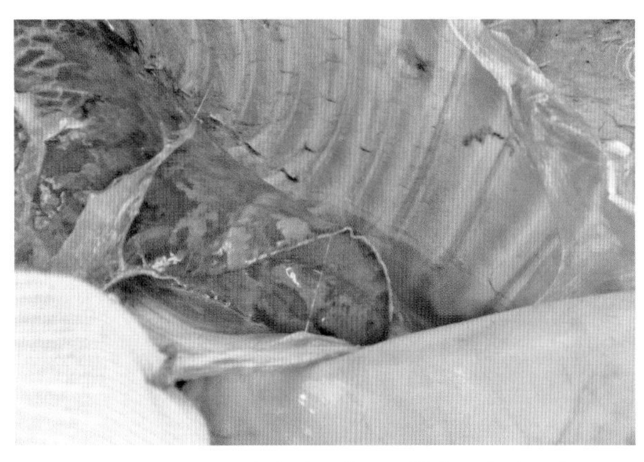

图 7-13-7 肺脏水肿，大理石样变，胸腔积液（马利青 供图）

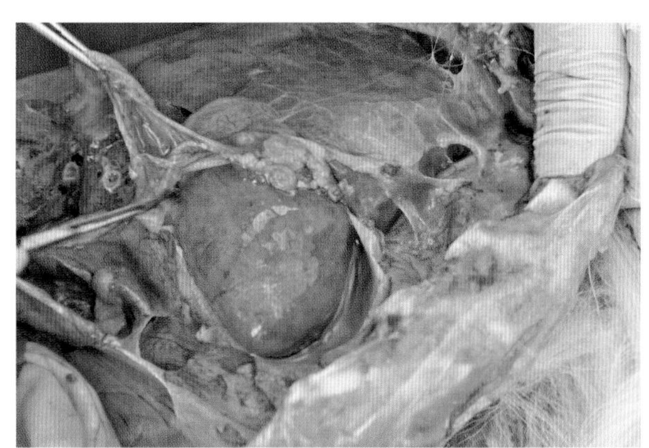

图 7-13-8 心脏充出血，心包积液（马利青 供图）

五、诊断

根据发病季节和气候，体温急剧升高和倒地昏迷等临床症状，容易确诊。

六、类症鉴别

羊癫痫

相似点：病羊猝然倒地，肌肉痉挛，全身抽搐，呼吸障碍，黏膜发绀。剖检可见脑部水肿、淤血、出血，脑积液。

不同点：羊癫痫病羊无全身出汗症状，发作后恢复正常，而羊中暑抽搐或窒息、心脏麻痹死亡。羊癫痫病羊剖检症状局限于脑部，而中暑病羊还有肺充血、水肿，胸膜、心包膜、肠黏膜淤血等症状。

七、预防措施

1. 预防

加强夏季防暑工作，饲槽、饮水处要搭有凉棚，羊舍通风良好。要经常给羊洗澡，不具备洗澡条件时，也要经常喷洒凉水，淋浴降温。饲养密度合理，每只公羊应占有 1.5 ～ 2 m^2、怀孕母羊和哺乳母羊占有 1.0 ～ 1.2 m^2、幼龄羊占有 0.5 ～ 0.6 m^2 的舍内面积。

放牧的羊群，要求早出晚归，中午返回的羊群要找通风、有树阴的地方休息，并保证有清洁的饮水。要及时驱散扎堆的羊只，避免一些羊将自己的头钻到其他羊的肚子底下，致使更加受热，加重中暑。

每日要保证有清洁凉水，让羊只自由饮用，如羊只出汗较多可适当加点盐。舍饲的羊要注意运动，以增强体质和抵御暑热的能力。

羊只长途运输，车船要有遮阳设备，空气流通，密度不要太大，中途每日饮水 1 次，运输要选择在早、晚和夜间天气凉爽时进行。

2. 治疗

（1）促进散热。立即将患羊置于安静、通风、凉爽的树荫下或阴凉处，同时饮2%凉盐水。以冷水泼浇羊体或用凉水浸毛巾冷敷其头部，3～5 min用凉水浸湿1次及1%的冷盐水灌肠。

（2）维护心肺机能。病初伴发肺充血及肺水肿时，应静脉放血100～300 mL，口服十滴水10～20 mL。放血后，静脉注射生理盐水100～300 mL加20%安钠咖或氧化樟脑10 mL、5%葡萄糖100～300 mL和氢化可的松20～80 mg。可每隔3～4 h重复进行1次输液。

（3）镇静。对兴奋不安的羊只，可静脉注射静松灵2 mL，或静脉注射25%硫酸镁50 mL。生理盐水500 mL，加10%樟脑磺胺钠10 mL，静脉注射。

（4）预防酸中毒。可静脉注射5%碳酸氢钠200 mL。

（5）治疗脑水肿。出现呼吸不规则，两侧瞳孔大小不同和颅内压升高的症状时，可采用20%的甘露醇或25%的山梨醇100～200 mL，静脉注射，每4～6 h 1次。

（6）中药治疗。可用藿香正气水20 mL，加凉水500 mL，灌服。西瓜瓤1 kg，白糖50 g，混合加冷水500～1 000 mL，1次口服。

第十四节　癫　痫

癫痫俗称“羊癫疯”或“羊羔疯”，是因大脑皮层功能障碍而引起，呈现运动感觉和意识障碍的临床综合征。临床上以间断性，短暂反复发作，猝然倒地，全身肌肉强直性痉挛和意识紊乱，行为障碍或植物性神经机能异常等为特点。

一、病因

1. 不良遗传基因

原发性羊癫痫多是由于父本或母本羊存在该病的病史，其后代在生长发育过程中遇到环境不适、饲养管理缺陷、疾病滋扰等，发生该病的风险极高。现代医学验证，凡具有癫痫素质的羊只，由于脑细胞分子处于不稳定状态，当大脑某部细胞突然传入异常兴奋冲动，或大脑血压产生任何轻微变动时，就可由短期高度兴奋转入高度抑制，其根源与潜在的遗传因子有关，或与潜在的病理因子有关。

2. 脑组织损伤

临床上后天继发性羊癫痫病主要是颅部受到物理性创伤或脑膜及脑实质发生病变，较常见的有脑膜脑炎、羊角折断创部感染、脑部肿瘤以及感染某些寄生虫病（鼻蝇蛆、脑包虫等）。这些致病因素直接导致大脑皮层机能障碍、植物性神经机能异常，以致出现各种典型的临床症状。

3. 不良应激

养殖生产过程中，养殖水平较高的现代标准化、规模化肉羊养殖场较少发羊癫痫病，主要是成熟的养殖技术管理模式，消除了各种不良应激因素（致病诱因）。农牧区散养羊较高发的原因在于：养殖圈舍基础设施落后，圈舍保洁及消毒灭源措施执行不到位，羊群容易罹患脑炎、寄生虫病等相关疾病，例如羊感染“脑包虫（角心虫）”就容易引发该病；不同品种、性别、功用的羊混养，特别是多只公羊同群混养，存在频繁打斗现象，少数羊只脑部遭受机械性损伤，即会出现相应的临床症状；炎热夏季，羊只中暑（日射病、热射病），以及羊舍通风散热排湿不良，导致羊只产生“热应激”，这也是诱发该病的重要原因之一。

二、临床症状

病羊突然发作，体温正常或升高，惊恐，转圈，猝然倒地（图 7-14-1），四肢强直（图 7-14-2）或四肢滑泳（图 7-14-3）。全身肌肉发生强直性、阵发性痉挛和惊厥，随之抽搐，先从头颈开始，迅速扩展到全身，头颈向一侧歪斜或向后背弯曲。四肢强直性抽搐，口眼歪斜，咬牙，牙关紧闭，口吐白沫（图 7-14-4）。第三眼睑遮盖大部分眼球，眼球回转，瞳孔散大，对光反射消失（图 7-14-5）。呼吸障碍，黏膜发绀。可能呈现尿液自流和排粪失禁（图 7-14-6）。发作持续时间不等，多为几分钟或十几分钟，短者几秒钟，长者 0.5 h 以上。发作后惊厥现象迅速消失，自动起立，恢复正常。在间隔期病羊和健康羊完全一样，没有任何症状。

图 7-14-1　突然发作，转圈，站立不稳（马利青　供图）

图 7-14-2　突然倒地，四肢强直（马利青　供图）

图 7-14-3　突然倒地，四肢滑泳（马利青　供图）

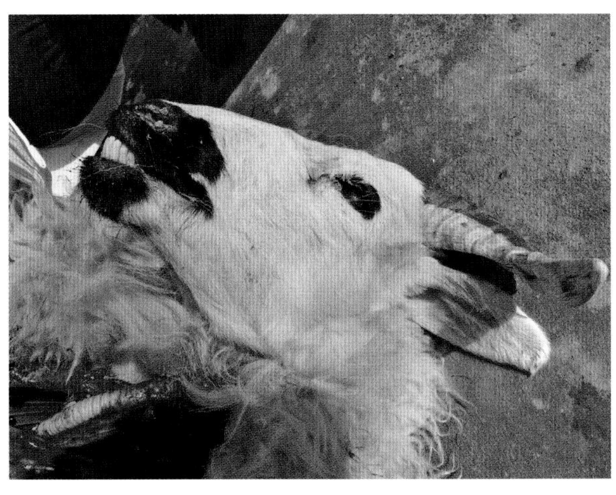

图 7-14-4　四肢强直，牙关紧闭（马利青　供图）

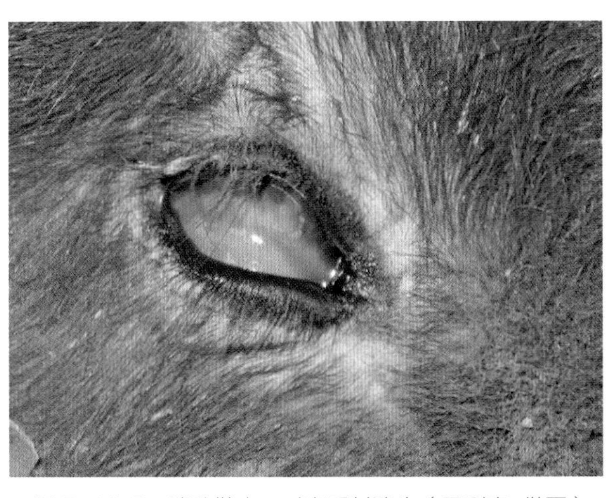

图 7-14-5　瞳孔散大，对光反射消失（马利青　供图）

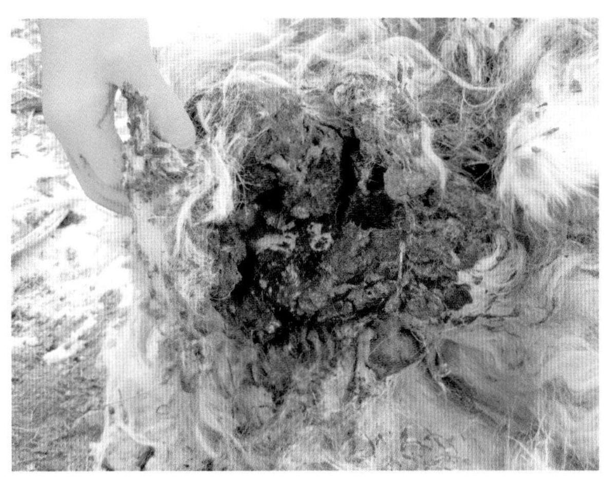

图 7-14-6　大小便失禁（马利青　供图）

三、病理变化

主要可见脑部发生充血、溢血和水肿等变化（图 7-14-7）。重症病例的脑髓肿胀，大脑回增宽而脑沟变浅（图 7-14-8），血管扩张充血，在软脑膜和硬脑膜之间，可见有一处或数处大小不等的紫红色溢血斑，硬脑膜有充血现象，脑腔内有少量淡红色透明液体，脉络丛明显充血。轻症病例的脑和脑室容积增大，有少量无色透明液体；枕叶的内侧可见高出的“压梁”，小脑被向后下方推移，并挤向增宽的第四脑室，视神经交叉、乳头体、大脑脚、动眼神经根、四叠体等均受压变扁、起皱或伸长。心、肝、肾、脾、胃、肠、膀胱等器官无明显肉眼病变。

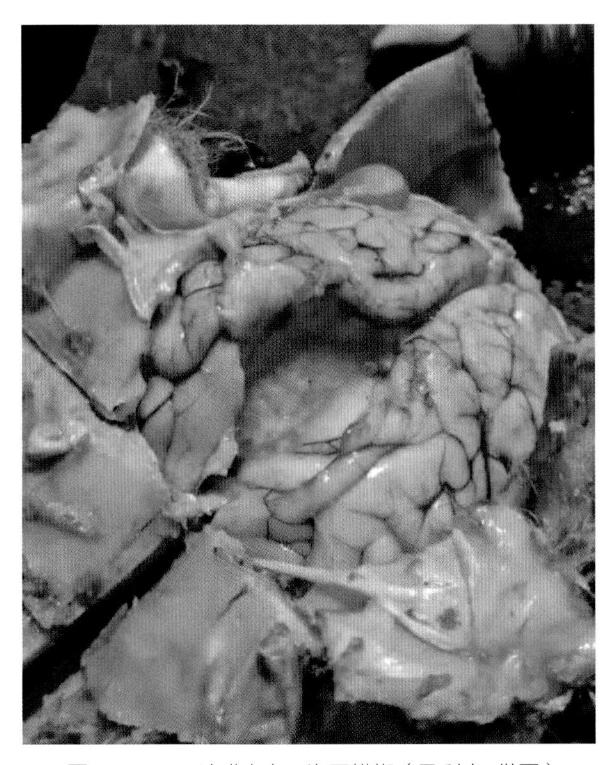

图 7-14-7　脑膜充血，沟回模糊（马利青　供图）

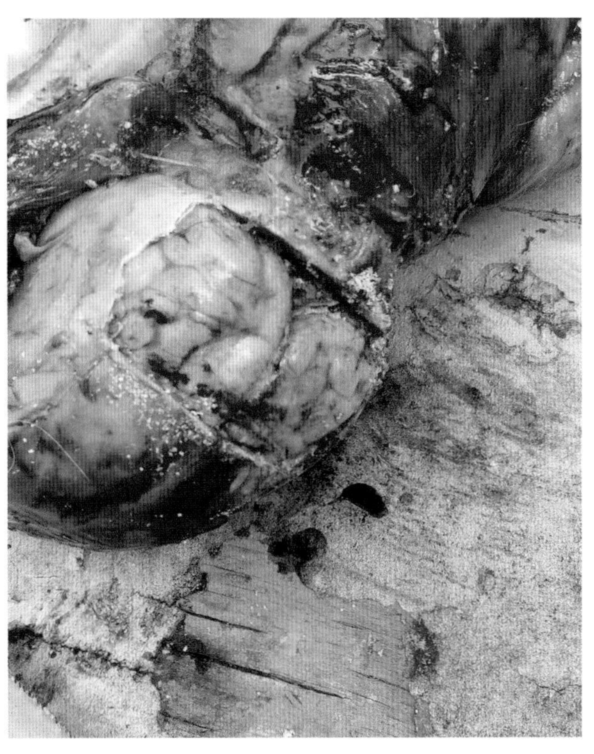

图 7-14-8　大脑回增宽而脑沟变浅（马利青　供图）

四、诊断

该病根据地区发病史及典型临床症状即可作出诊断，其中，以癫痫症状发作呈突发性、短暂性和反复性为特征，病羊呈短暂地反复发作、感觉障碍、肢体强直抽搐、意识暂时丧失、行为障碍和植物性神经异常等为重要诊断依据。单个发生，无传染性，死亡率不高。

五、类症鉴别

羊中暑

相似点：病羊猝然倒地，肌肉痉挛，全身抽搐，呼吸障碍，黏膜发绀。剖检可见脑部水肿、淤血、出血，脑积液。

不同点：中暑病羊全身出汗，抽搐、呼吸麻痹、心脏麻痹死亡，羊癫痫病羊发作后即恢复正常。中暑病羊剖检，除脑部病变外，还可见肺充血和肺水肿，胸膜、心包膜及肠黏膜都有淤血斑、浆液性炎症，肝、肾、心脏及骨骼肌发生变性。

六、防治措施

1. 预防

（1）加强日常饲养管理、综合防治各种常见病。改良养殖环境，重点抓好羊舍环境控制，及时清扫保洁、落实消毒灭源措施，最大化降低养殖环境中的病原体含量，减少病毒、细菌、寄生虫感染概率；根据当前羊只的性别、功用（生产需要）和生长情况等合理组群，商品肉羊、种公羊、种母羊、妊娠母羊、育肥羔羊应分栏舍饲养，尽量避免随意混群饲养；随羊只的个体生长适时均群限密，保持单位面积上放养适宜的数量，避免过于拥挤、打斗而导致意外创伤，尤其要注意避免高密饲养造成的通风排湿不畅、空气质量恶化、夏季引起中暑等，以有效降低该病发生；全舍饲模式要配套建设相应面积的运动场（圈舍3倍面积），满足山羊必需的运动与光照福利，增强机体免疫力从而减少发病。

（2）淘汰劣质种羊。该病属于遗传性疾病，羊场留作种羊的公羊和母羊若有过癫痫病史，则其后代具有高发病风险，因此，禁止将癫痫病羊作为种用，应果断淘汰具有这种不良基因的种羊，以免留下严重后患。羊场引种及配种前，应认真调查家族系谱及血缘关系，坚决避免近亲交配，利用远缘杂交（非亲系杂交）的优势，选择优势品种和优良遗传基因，充分发挥基因优势增产增收，并有效防止遗传性癫痫病个体出现。

（3）适时驱虫。当感染鼻蝇蛆、脑包虫2种相关寄生虫且较为严重时，即会出现一些较为典型的癫痫症状。因此，合理的驱虫程序是预防该病的必要措施。可用阿维菌素或伊维菌素拌料，1次投喂，必要时间隔3～7 d重复用药1次，以彻底杀灭体内外寄生虫，降低虫源性致病风险。

2. 治疗

（1）西药治疗。

处方1：重症病例用10%葡萄糖250 mL、安溴20 mL，静脉注射，每日1次；安钠咖5 mL，肌内注射，每日 2 次。

处方 2：轻症肌内注射安钠咖 5 mL，静脉注射安溴 20 mL，每日 2 次。或用苯妥英钠 1 ～ 2 g，肌内注射，每日 2 ～ 3 次，连用 7 d。

处方 3：10% $MgSO_4$ 10 mL，阿托品 2 ～ 4 mg，速尿每千克体重 0.5 ～ 1 mg，分别肌内注射；10% 葡萄糖 250 mL，维生素 C 2 000 mg，1 次静脉滴注。

处方 4：体温不高者，可用 10% $MgSO_4$ 2 ～ 3 mL，肌内注射；20% 甘露醇 10 ～ 20 mL，10% 葡萄糖 100 mL，分别静脉滴注，同时配合使用 10% 葡萄糖酸钙 3 ～ 5 mL。

处方 5：体质虚弱病例，可用苯妥英钠 25 mg，糖钙片 1 片，1 次口服；10% 葡萄糖 200 mL，加入维生素 C 1 000 mg、维生素 B_6 25 mg、ATP 20 mg、辅酶 A 50U、KCl 400 mg，1 次静脉滴注。

（2）中药治疗。

处方 1：赤芍 30 g、红花 30 g、钩藤 30 g、远志 40 g、半夏 25 g、南星 25 g、丹参 30 g、琥珀 15 g、朱砂 9 g、防风 30 g、枣仁 40 g，水煎灌服，每日 1 剂，连服 5 ～ 6 剂。

处方 2：葛根 60 g、南星 20 g、蜈蚣 6 条、地龙 30 g、薄荷 20 g、藁本 60 g、红花 30 g、牛膝 40 g、泽泻 30 g、防风 20 g、琥珀 20 g、白术 30 g、玉片 30 g、枳壳 20 g，共为粗末拌于饲草中吞服。此为 2 d 量，共用 3 ～ 4 剂。

第八章

羊常见外科病

第一节　腐蹄病

腐蹄病是由坏死梭杆菌单独感染，或与节瘤拟杆菌协同感染反刍动物趾间皮肤及深层软组织的一种高度接触性传染病，以动物蹄部组织的化脓坏死性分解、腐败恶臭和角质形成受到破坏为主要特征。

腐蹄病自 1960 年 Adams 首次报道以来，该病在美国、比利时、荷兰、日本和澳大利亚等多个国家相继发生，我国牛、羊腐蹄病的发病率为 8% ～ 50%。腐蹄病又称趾间腐烂，在我国多称为指（趾）间蜂窝织炎，又称腐蹄病。腐蹄病是引起牛、羊跛行的主要原因，它已成为牛、羊蹄病中危害性最大的一类疾病，患病动物表现为运动困难，食欲减退，泌乳量下降，繁殖能力降低等特征，严重的将被迫淘汰。

一、病因

1. 细菌感染

该病由坏死梭杆菌单独或和节瘤拟杆菌等致病菌协同作用引起。在腐蹄病的发展过程中，节瘤拟杆菌分泌一种蛋白酶，这种酶对羊蹄的角质层进行消化，破坏了蹄部的表层以及基层的完整，方便了坏死梭杆菌侵入蹄部并进行感染。一旦坏死梭杆菌感染，就会引起蹄部组织的化脓、坏死以及全身的病理变化，同时也可继发其他病原菌感染，加重病情。

2. 营养因素

羊日粮中缺乏钙、磷、锌、铜等矿物质元素，致使羊在蹄部角化过程中遇到阻碍而没有角化完整，主要表现为蹄部不完整或蹄壳变薄、松软、开裂，容易导致腐蹄病的发生。此外，矿物质营养还和机体免疫有关，缺乏某些矿物质，会导致机体免疫力下降，容易感染细菌。

3. 饲养、管理因素

羊圈泥泞不洁，羊舍潮湿，没有经常进行清洁扫除，或因羊舍漏雨，羊蹄长期浸泡在脏水中，导致感染各种腐败菌。泥泞、潮湿而排水不良的草场可以成为疾病暴发的因素。坚硬物质刺伤蹄部，使蹄部皮肤受损，但没有正确及时地治疗，是腐蹄病发生的诱因。钙、磷缺乏，维生素不足，长途运输等也是腐蹄病发病的诱因。

二、流行病学

1. 易感动物

腐蹄病主要侵害反刍动物，其中，牛、羊、鹿易感。任何年龄的羊均可发病，发病率随年龄的上升而下降。

2. 传染源

患病动物和带菌动物是该病主要的传染源。动物饲养场、沼泽、池塘、土壤中均有该病原存在，健康动物的扁桃体和消化道黏膜也可存在该菌，并可经唾液和粪便排菌，污染周围环境。

3. 传播途径

病原主要通过皮肤、黏膜损伤而侵入体内，尤其是发生创伤的四肢。

4. 流行特点

在炎热、多雨、潮湿的季节，腐蹄病发生的频率会增多。该病主要发生于 7—8 月高温多雨季节，尤其是阴雨天气。因为高温潮湿的季节，会使羊舍内的卫生条件变差，且易于病菌存活，提高了腐蹄病的发病概率。据调查，这种病在牧区主要先发生于低洼的潮湿地带放牧的羊群，然后开始流行和散发。

三、临床症状

该病潜伏期数小时至 1 ～ 2 周，一般 1 ～ 3 d。发病后几小时即可出现单肢跛行（图 8–1–1）。系部和球节屈曲，以蹄尖轻轻着地，约 75% 病例发生在后肢。18 ～ 36 h，趾间隙和蹄冠部出现肿胀、发热（图 8–1–2），皮肤出现小的裂口，有难闻的恶臭气味，裂口表面有伪膜覆盖。36 h 以后，病变更加明显，肿胀向上部蔓延，很快蔓延到球节以上，病趾不愿负重，并出现明显的全身性征候，体温升高，食欲减退，产奶量明显下降。当叩击蹄壳或用力按压病部时出现痛感。经过 1 ～ 2 d，趾间皮肤完全剥离。在趾间、蹄冠、蹄缘、蹄踵出现蜂窝织炎时，多形成脓肿、脓瘘和皮肤坏死（图 8–1–3）。这种坏死随病程进展还可蔓延至滑液囊、腱、韧带、关节（图 8–1–4）、骨骼，以致蹄匣或趾端变形、脱落（图 8–1–5、图 8–1–6）。同时，向深部组织发展可出现各种并发症，如化脓性蹄关节炎、舟状骨滑膜囊炎等，如因治疗不当，病羊卧地不起，全身症状更加恶化，进而发生脓毒败血症而死亡。

图 8–1–1　前蹄不敢着地（马利青　供图）

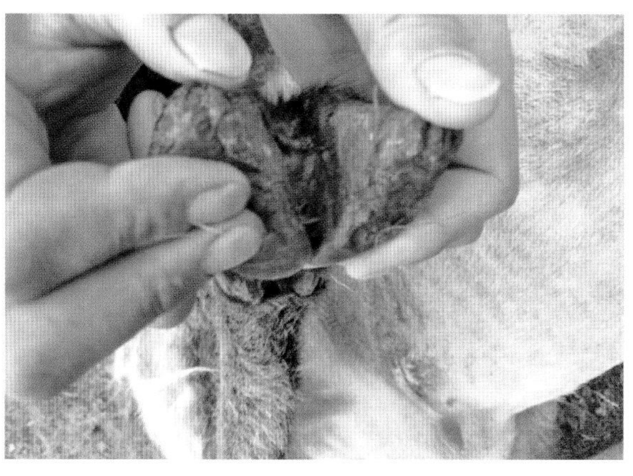

图 8–1–2　趾间隙和蹄冠部出现肿胀、发热（马利青　供图）

图 8-1-3　趾间脓包（马利青　供图）

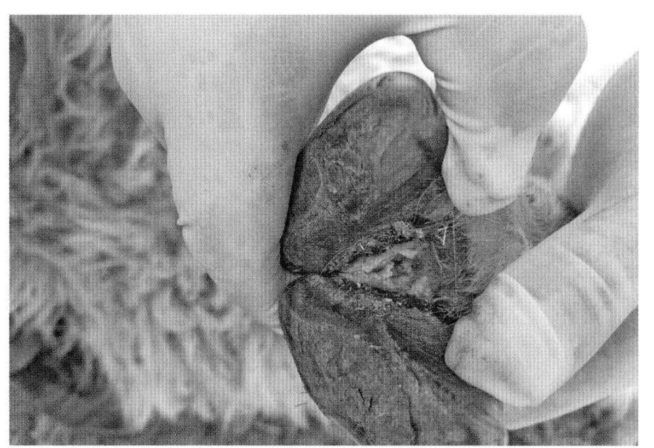
图 8-1-4　趾关节脓肿，恶臭（马利青　供图）

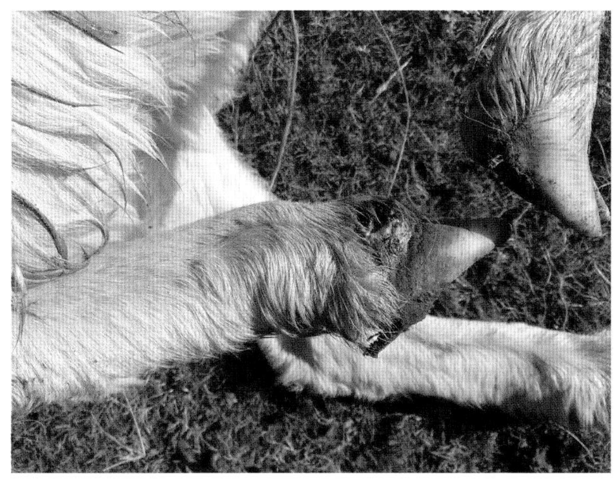
图 8-1-5　蹄部、冠部的溃疡（马利青　供图）

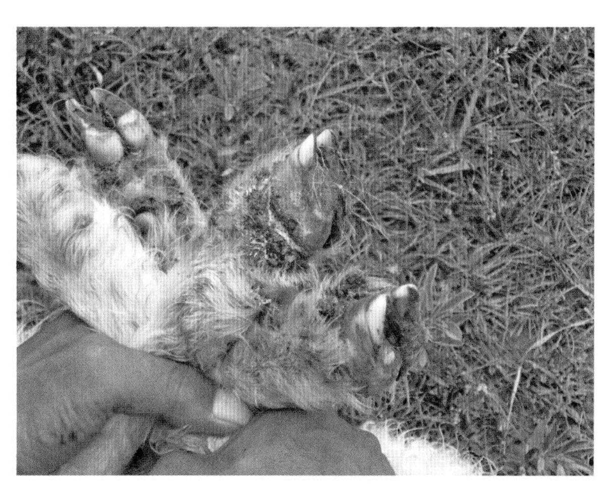
图 8-1-6　蹄匣或趾端变形、脱落（马利青　供图）

四、诊断

根据发病季节、临床症状、发生部位，蹄部坏死组织的恶臭味和流行的特点，可作出初步诊断。在蹄部坏死组织与健康组织交界处采集病料抹片染色镜检，发现坏死梭杆菌和结状梭杆菌，最终确诊。

五、类症鉴别

羊口蹄疫

相似点：病羊跛行，站立、步态不稳，体温升高，蹄部糜烂、溃疡。

不同点：羊口蹄疫病羊口腔、蹄、乳房等部位出现水疱、溃疡和糜烂，流涎；剖检可见消化道黏膜有出血性炎症，心肌松软，心肌切面有灰白色或淡黄色条纹或斑点。羊腐蹄病病羊蹄部恶臭，裂口表面有伪膜覆盖。

六、防治措施

1. 预防

（1）科学饲养管理。合理安排羊群饲养密度，平均每只羊最少需要 1 m^2 的圈内面积，防止羊群拥挤，相互践踏踩伤羊蹄，尽量避免在低洼、潮湿的地区放牧。搞好羊舍卫生，及时清除积粪，消除诱发该病的各种因素。应用多种微量元素（羊专用舔砖）补饲，平衡营养，冬季早春适当补饲精料，以增强机体抗病能力。加强蹄部护理，经常修蹄，及时处理蹄部外伤，严防细菌滋生。

（2）规范羊舍建设。羊舍应坐北朝南，地势干燥，背风向阳，冬暖夏凉，排水良好，切忌选在凹陷地、潮湿地和排水不良处建羊舍，漏粪板缝隙宽窄适度，确保漏粪，缝隙不能太宽，以免夹伤羊脚，切忌平地关养。

（3）严格消毒制度，定期消毒。交替使用聚维酮碘、癸甲溴铵、戊二醛、月苄三甲氯铵、火碱等进行全场定期消毒，每月消毒 1 ～ 2 次。

（4）严格引种申报制度。从异地引进羊只时，主动向所在地动物卫生监督机构申报，取得合法的检疫手续再进行调入，调入后隔离观察 15 d，无异常再混群饲养，降低因引种带来的疫病风险。

（5）病羊及时治疗。当羊群中发现该病时，应及时进行全群检查，将病羊隔离放养，加强全场消毒和对病羊的护理、治疗，治疗时患部处理配合肌内注射抗生素直到痊愈后才能混群放养。

2. 治疗

（1）西药治疗。先用清水洗净病羊蹄部污物，除去坏死、腐烂的角质，蹄叉腐烂的用 2% ～ 3% 来苏儿、5% 甲醛、0.1% 高锰酸钾溶液或 20% 硫酸铜溶液清洗和消毒患部，再撒上硫酸铜或磺胺粉，或涂上磺胺软膏，用纱布包扎；蹄底软组织腐烂，有坏死性或脓性渗出液，彻底扩创，将坏死组织和脓汁都清除干净，再用 2% ～ 3% 来苏儿或 20% 饱和硫酸铜溶液消毒患部，用纱布包裹硫酸铜粉或磺胺粉填充包扎封闭患部，每隔 2 d 换 1 次药。

局部用药的同时，应全身用磺胺类药物或抗生素，其中以注射磺胺嘧啶或土霉素效果最好。青霉素按每千克体重 4 ～ 6 IU，磺胺 20 mL/ 次，肌内注射，每日 3 次，连用 3 d。

（2）中药治疗。

处方 1：乳香 100 g、乌贼骨 70 g、龙骨 100 g、枯矾 100 g，共研为细末敷于患部。有生肌、散血、消肿、止痛等功效。

处方 2：金银花 200 g、防风 100 g、川芎 60 g、桂枝 60 g、木香 60 g、陈皮 60 g、木通 60 g、香附 60 g、腹毛 60 g、泽泻 60 g、白芍 60 g、绿豆 400 g、连翘 80 g、白芷 80 g、天丁 80 g、熟地 80 g、甘草 40 g，煎水灌服或自饮。每日 2 次。以上处方根据羊群大小而酌情加减。

第二节　脓　肿

组织或气管内由于化脓性感染，其病变组织坏死、溶解，形成的有局限性、完整性的腔壁，其中有脓汁、外有包膜的蓄脓腔体，称为脓肿。

一、病因

大多数脓肿是由感染引起，常继发于各种化脓性感染、皮肤和黏膜损伤后感染、血肿、淋巴结炎、蜂窝织炎等，最常继发于急性化脓性感染的后期（图 8-2-1）。致病菌侵入的主要途径是皮肤或伤口。引起脓肿的致病菌主要是葡萄球菌，其次是化脓性链球菌、大肠杆菌、绿脓杆菌和腐败菌。由于家畜种类不同，对同一致病菌的感受性亦有差异。

图 8-2-1　下颌脓肿患羊（马利青 供图）

除感染因素外，静脉注射各种刺激性的化学药品，如水合氯醛、氯化钙、高渗盐水等，若将它们误注或漏注到静脉外也能发生脓肿。其次是注射时不遵守无菌操作规程而引起的注射部位脓肿。也有的是由于血液或淋巴将致病菌由原发病灶转移至某一新的组织或器官内所形成的转移性脓肿。

在局部形成脓肿以前，局部出现炎性浸润，感染局部有大量的血细胞，主要是分叶核粒细胞的积聚，由发炎病灶发出的刺激，到达附近的脊髓中枢及神经节，并由中枢神经系统发出回答性反应，于是这种反应便引起发炎病灶出现相应的生物化学变化。

在炎症的生物学过程中，组织中常出现酸中毒，急性化脓时，酸中毒的现象极为明显，在此影响下，血管壁扩张，血管壁的渗透性增高，因而，白细胞能经过血管壁渗出，使周围组织浸润。

二、临床症状

根据脓肿发生的部位可分为浅在性脓肿和深在性脓肿，浅在性脓肿常发生于皮下结缔组织、筋膜下及表层肌肉组织内。深在性脓肿常发生于深层肌肉、肌间、骨膜下及内脏器官（图 8-2-2、图 8-2-3）。根据脓肿经过可分为急性脓肿和慢性脓肿，急性脓肿经过迅速，一般 3 ～ 5 d 即可形成，局部呈现急性炎症反应。慢性脓肿发生发展缓慢，缺乏或仅有轻微的炎症反应。

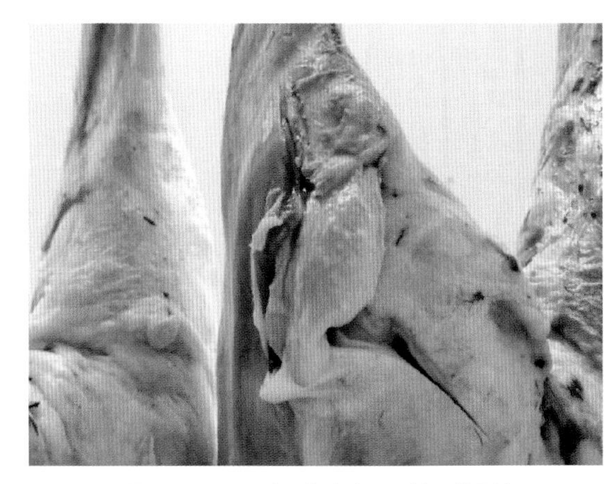
图 8-2-2　肌间脓肿（马利青 供图）

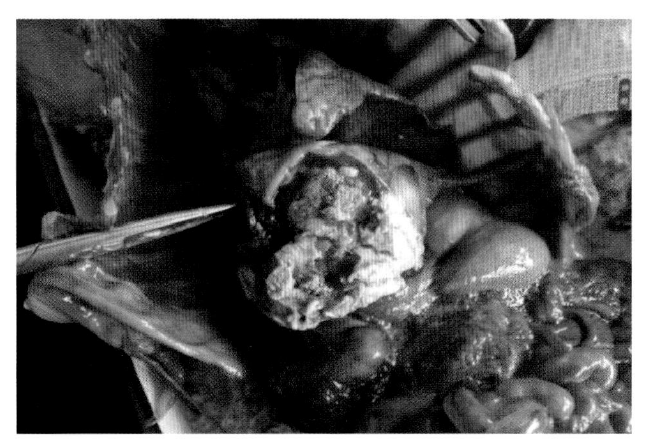
图 8-2-3　肝脏脓肿（马利青 供图）

1. 浅在脓肿

初期局部肿胀，无明显的界线。触诊局温增高、坚实有疼痛反应。以后肿胀的界线逐渐清晰成局限性，最后形成坚实样的分界线；在肿胀的中央部开始软化并出现波动，并可自溃排脓。但常因皮肤溃口过小，脓汁不易排尽。浅在慢性脓肿一般发生缓慢，虽有明显的肿胀和波动感，但缺乏温热和疼痛反应或非常轻微。

2. 深在脓肿

深在脓肿由于部位深，加之被覆较厚的组织，局部增温不易触及。常出现皮肤及皮下结缔组织的炎性水肿，触诊时有疼痛反应并常有指压痕。在压痛和水肿明显处穿刺，抽出脓汁即可确诊。

当较大的深在性脓肿未能及时治疗，脓肿膜可发生坏死，最后在脓汁的压力下可穿破皮肤自行破溃，亦可向深部发展，压迫或侵入邻近的组织和器官，引起感染扩散，而呈现较明显的全身症状，严重时还可能引起败血症。最常见的是由于子宫冲洗而造成的子宫穿孔或助产时子宫破裂而引起的腹腔局限性蓄脓和弥漫性化脓性腹膜炎。

内脏器官的脓肿常常是转移性脓肿或败血症的结果，严重妨碍发病器官的功能。

三、诊断

浅在性脓肿诊断多红肿热痛，皮肤和皮下结缔组织有水肿，局部有波动感，穿刺诊断可以发现脓汁；深在脓肿可经诊断穿刺和超声波检查后确诊。后者不但可确诊脓肿是否存在，还可确定脓肿的部位和大小。当肿胀尚未成熟或脓腔内脓汁过于黏稠时，常不能排出脓汁，但在后一种情况下针孔内常有干固黏稠的脓汁或脓块附着。根据脓汁的性状并结合细菌学检查，可进一步确定脓肿的病原菌。

四、类症鉴别

羊蜂窝织炎

相似点：病羊皮下肿胀，热痛，初坚实，后波动，穿刺有脓汁。

不同点：蜂窝织炎肿胀无界线，呈弥漫性渐进性肿胀，初期呈捏粉状有指压痕；脓肿中央软化，可自行破溃，有清晰局限，形成坚实样硬度的分界线。

五、防治措施

1. 预防

预防脓肿发生，平时要注意圈舍卫生，圈舍要定期消毒，要勤起、勤垫，最好垫细沙质干土。放牧时应避开低洼及潮湿或荆棘多的地区。静脉注射时要格外小心，如果有羊只外伤感染情况出现，一定要进行彻底的治疗。喂给柔软易消化的且富含营养的饲料。

2. 治疗

（1）消炎、止痛及促进炎症产物消散吸收。当局部肿胀正处于急性炎性细胞浸润阶段可局部涂擦樟脑软膏，或用冷疗法（如复方乙酸铅溶液冷敷，鱼石脂酒精、栀子酒精冷敷），以抑制炎症渗出和止痛。当炎性渗出停止后，可用温热疗法、短波透热疗法、超短波疗法以促进炎症产物的消散吸收。局部治疗的同时，可根据病畜的情况配合应用抗生素、磺胺类药物并采用对症疗法。

（2）促进脓肿的成熟。当局部炎症产物已无消散吸收的可能时，局部可用鱼石脂软膏、鱼石脂樟脑软膏、超短波疗法、温热疗法等以促进脓肿的成熟。待局部出现明显的波动时，应立即进行手术治疗。

（3）手术疗法。脓肿形成后其脓汁常不能自行消散吸收，因此，只有当脓肿自溃排脓或手术排脓后经过适当处理才能治愈。

术前准备：剃毛，洗净局部皮肤。局部浸润麻醉，注药时应从脓肿周围向中心注射，但不要注入脓腔。

手术方法：碘酒或酒精消毒局部皮肤，铺无菌巾。切口应选择在脓肿隆起、波动明显和位置较低的部位，以利引流。深部脓肿应沿浅层肌肉纤维方向，关节脓肿应横行切开，以防影响关节的屈伸。浅部脓肿，切开皮肤后脓液即可流出，然后根据脓腔的大小，再向两端延长切口，直到脓腔边缘。深部脓肿先用一粗针头穿刺定位后，将针头留在原处作为引导，然后切开皮肤、皮下组织，用止血钳钝性分离肌层，直达脓腔，并将其充分扩张。用手指伸入脓腔，分开脓腔的纤维间隔，使引流通畅。脓液及坏死组织排出后，脓腔内可放入凡士林纱布。若创面有渗血，用凡士林纱布稍加压迫填塞止血，外用敷料包扎。

术后处理：根据脓液渗出的多少及时更换敷料，引流物填塞不宜过紧，以免影响引流。伤口应保持口大底小，以保证引流通畅并使伤口从基底部逐渐愈合。脓肿切开引流后创面经久不愈合时，应考虑异物或坏死组织存留；脓腔壁硬化，无效腔过大；换药技术不当等原因。

第三节　蜂窝织炎

蜂窝织炎是皮下、筋膜下、肌间隙等处或深部疏松结缔组织发生的急性弥漫性化脓性炎症。发炎组织内有大量中性粒细胞呈弥漫性浸润，含有大量浆液，使结缔组织坏死溶解。其主要特点是浆液性、化脓性、腐败性炎性渗出并易扩散，与正常组织无明显界线，临床上表现重剧的红、肿、热、痛，然后表现出明显的全身症状。

一、病因

蜂窝织炎有原发性蜂窝织炎和继发性蜂窝织炎。原发性蜂窝织炎由于皮肤或软组织损伤后感染，继发性蜂窝织炎由于局部化脓引流不畅、淋巴结炎、骨髓炎的扩散所致。有的由于药物渗出，吸收不良引起，如水合氯醛、葡萄糖酸钙等溶液漏出于血管外。致病菌多为溶血性链球菌，能产生透明质酸酶和链激酶，前者能降解结缔组织基质的糖胺聚糖和透明质酸酶，后者能激活从血管中渗出的不活动的溶纤维蛋白酶原，使之转变为溶纤维蛋白酶，此酶能溶解纤维蛋白，从而有利于细菌

通过组织间隙和淋巴管蔓延，严重时引起脓毒血症。金黄色葡萄球菌及某些厌气性或腐败性细菌也会引起蜂窝织炎。

二、临床症状

按蜂窝织炎发生部位的深浅可分为浅在性蜂窝织炎（皮下、黏膜下蜂窝织炎）和深在性蜂窝织炎（筋膜下、肌间、软骨周围、腹膜下蜂窝织炎）；按渗出液的性状和组织的病理学变化可分为浆液性、化脓性、厌气性和腐败性蜂窝织炎，如伴发皮肤、筋膜和腱的坏死时则称为化脓性蜂窝织炎，临床上也常见到化脓菌和腐败菌混合感染而引起的化脓腐败性蜂窝织炎；按蜂窝织炎发生的部位可分关节周围蜂窝织炎、食道周围蜂窝织炎、淋巴结周围蜂窝织炎、股部蜂窝织炎、直肠周围蜂窝织炎等。

皮下蜂窝织炎病初局部出现热痛，明显的肿胀（图 8-3-1），其后肿胀迅速扩大。触诊皮肤紧张，初期呈捏粉状，指压留痕，切开有渗出（图 8-3-2）；后期患病动物的热肿痛加剧，随着组织的坏死、溶解，肿胀变为柔软的波动，如手术切开，即有脓液流出（图 8-3-3）。

筋膜下蜂窝织炎多发于前肢前臂、鬐甲部、背部、后肢小腿部的筋膜下疏松结缔组织，肿胀不如皮下蜂窝织炎明显，触诊坚实感，热痛剧烈，全身症状明显，机能障碍显著，因筋膜紧张而有弹性，虽有脓汁蓄积，但波动不明显，如不及时切开，容易向深部扩散蔓延，严重者继发败血症。

肌间蜂窝织炎常继发于开放性骨折、化脓性骨髓炎、关节炎等。特征是感染沿着血管或神经干行走的肌间和肌群间的疏松结缔组织蔓延，患部肿大、肥厚、坚实、界线不清，热痛、机能障碍特别严重。容易继发血栓性血管炎和神经炎，患畜精神沉郁，食欲废绝，体温升高，最后出现败血症状。感染可沿肌间和肌群间大动脉及大神经干的路径传播。首先是肌外膜，然后是肌间组织，最后是肌纤维。先发生炎性水肿，继而形成化脓性浸润并逐渐发展成为化脓性溶解。患部肌肉肿大、肥厚、坚实、界线不清（图 8-3-4），机能障碍明显，触诊和运动时疼痛剧烈。表层筋膜因组织内压增高而高度紧张，皮肤可动性受到很大的限制。

图 8-3-1　局部出现热痛，肿胀（马利青 供图）

图 8-3-2　指压有压痕，切开有渗出（马利青 供图）

图 8-3-3　切开肿胀部位，流出浓汁（马利青　供图）

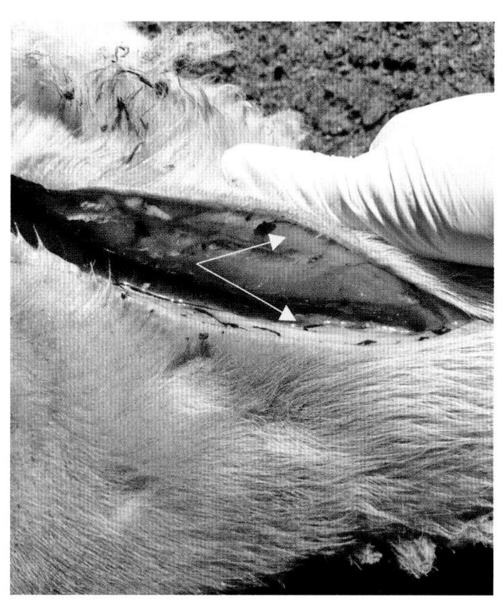

图 8-3-4　患部肿胀，肌肉界线不清（马利青　供图）

三、诊断

根据临床症状及病理变化可确诊。

四、类症鉴别

羊脓肿

相似点：病羊皮下肿胀，热痛，初坚实，后波动，穿刺有脓汁。

不同点：羊脓肿中央软化，可自行破溃，有清晰局限，形成坚实样硬度的分界线；蜂窝织炎肿胀无界线呈弥漫性渐进性肿胀，初期呈捏粉状有指压痕。

五、防治措施

1. 预防

注意圈舍清洁卫生，防止细菌感染，如果羊只皮肤、黏膜有炎症或创伤要及时处理。注射时要加强消毒，防止将刺激性药物误注或漏注于皮下。定期驱虫，特别要做好肝片吸虫的防治，因该病常常与肝片吸虫病并发。

2. 治疗

原则上控制感染范围、减少炎症渗出、改善体况、增强疾病抵抗能力，方法上要局部治疗配合全身疗法。

（1）局部治疗。患病初期（1～2 d）局部涂擦复方乙酸铅散（乙酸铅 100 g、明矾 50 g、樟脑 20 g、薄荷脑 10 g、白陶土 800 g），或者使用 10% 鱼石脂软膏、金黄散（主要成分为大黄、乳香等）敷于患处。在患部上方用 0.5% 盐酸普鲁卡因青霉素溶液做局部封闭。口服中药以清热解毒为主，用金银花 60 g、板蓝根 90 g、黄连 60 g、大青叶 60 g、蒲公英 60 g，共为末，分 3 剂口服，每日 1 剂。

（2）手术治疗。若冷敷后炎性渗出仍然没有减轻，组织出现肿胀，患畜体温升高和其他全身症状明显，则应实行手术切开，以减轻内压，排出炎性渗出物，减少化脓和坏死。手术应在消毒和麻醉下进行。切口部位选在炎症最明显处或病灶最下端，以便清创后创口内的污物流出。浅表性的蜂窝织炎，充分切开皮肤或黏膜、筋膜、腱膜及肌肉组织等即可。筋膜下或肌间深在性的，可通过触诊或穿刺，选择病变或波动明显的部位，切开直达病灶，切口必须有足够的长度和深度，减压并用纱布引流。止血选用创腔填塞，注射酚磺乙胺等。

（3）全身治疗。应用抗生素、磺胺类药物及对症疗法。青霉素（大动物 160 万 IU）静脉滴注或肌内注射，也可用 30% 磺胺间甲氧嘧啶钠注射液，每千克体重 0.1 ～ 0.2 mL；或头孢噻呋钠每千克体重 10 ～ 20 mg。

第九章

羊产科疾病

第一节　绵羊妊娠毒血症

绵羊妊娠毒血症是妊娠后期由于碳水化合物和挥发性脂肪酸代谢障碍而发生的亚急性代谢病，以低血糖、酮血症、酮尿症、虚弱和失明为主要特征。主要临床表现为精神沉郁（图 9-1-1），食欲减退，运动失调，呆滞凝视，卧地不起，甚至昏睡死亡等。俗称羊酮病，双羔病，多发于双羔或以上的妊娠母羊。

图 9-1-1　患羊早期症状（马利青　供图）

一、病因

妊娠毒血症的病因尚不十分清楚。一般认为，母羊怀双羔、三羔或胎儿过大，在妊娠后期，这些多胎羔迅速发育，消耗大量营养物质，造成营养负平衡，可能是该病的诱因。而营养不良和天气寒冷，往往是导致羊妊娠毒血症发生的主要原因。依据目前的研究，认为至少有下列因素与该病有关。

1. 与饲养有关的因素

妊娠末期的母羊营养不足、饲料单一，特别是饲喂低蛋白、低脂肪饲料，且碳水化合物供给不足。这会导致妊娠绵羊不能从日粮中获得足够的糖来满足自身和胎儿的需要，从而引起低血糖。

在妊娠末期突然降低营养水平。这大多出现在秋季配种的羊，在妊娠末期自身和胎儿对糖的需要量急增时，营养水平的降低必然引起糖分供给不足，诱发妊娠毒血症。

日粮中维生素及矿物质缺乏，如钙、钴、维生素 B_{12}、维生素 A、维生素 C 等。钴和维生素 B_{12} 的缺乏，导致肝脏利用丙酸盐的能力下降。维生素 A 缺乏破坏消化道上皮细胞组织的完整性，降低其对营养物质的吸收。维生素 C 缺乏时，促肾上腺皮质激素等分泌机能紊乱，而诱发妊娠毒血症。

2. 与管理有关的因素

妊娠后期缺乏运动，造成脂肪蓄积、机体抵抗力下降。脂肪蓄积为母羊妊娠末期大量分解体内脂肪，提供能量创造了条件。

应激因素。如气候突变，外界刺激，连续给予剧烈的应激可引起脑垂体－肾上腺负担过大，使其终因不能忍受而陷入衰竭，并使肾上腺机能不全而引起糖皮质激素的不足，进而导致低血糖的发生。

饲料加工、贮存和调制不当时，出现酸败，使饲料中丁酸、乙酸的含量升高，丁酸、乙酸在体内代谢生成乙酰辅酶 A，后者在代谢时增加了草酰乙酸的消耗，引起酮体代谢障碍等。

3. 继发因素

消化系统疾病引起母羊的采食量下降，导致糖分供给不足。另外，瘤胃微生物异常活动所产生的短链脂肪酸，也与酮病的发生有着密切关系。肝脏疾病引起脂肪代谢障碍，造成脂肪在肝脏的蓄积及酮体代谢障碍。寄生虫疾病时消耗机体内能量，引起机体能量的不足。

二、流行病学

绵羊妊娠毒血症仅在妊娠后期的母羊发生，通常是妊娠最后 1 个月怀双羔的母羊发病，偶尔怀胎儿过大的单羔母羊也可能发病。多在分娩前 10 ～ 20 d，甚至 2 ～ 3 d 发病，发病率可达 20%，死亡率高达 70% ～ 80%。母羊所产的羔羊多体弱，死亡率高。

三、临床症状

妊娠毒血症多发生于妊娠最后 1 个月内，以分娩前 10 ～ 20 d 最多，也有在分娩前 2 ～ 3 d 发病者，临床症状随分娩期的迫近而加剧，也视多胎怀孕时营养消耗和供给之间的平衡程度而定，如果母羊在疾病早期流产、早产或进行剖腹产，症状可立即缓解，经过改善饲养和护理，也可以痊愈。

病初精神沉郁，放牧或运动时常离群孤立，对周围刺激缺乏反应；瞳孔散大，视力减退，角膜反射消失，出现意识紊乱，随着病情的发展，精神极度沉郁，黏膜黄染。体温一般正常。食欲减退或废绝，磨牙，前胃弛缓，反刍停止。排粪减少，粪球硬而小，常附有黏液，甚至带血。排尿频繁，呼吸浅表，呼出气带醋酮味（烂苹果味），脉快而弱。运动失调，表现为行动小心或不愿走动，行走时步态蹒跚，无目的地走动，或将头部抵靠某一物体，或做圆圈运动。也有直往前行、遇人及坑沟或障碍物不能自行躲避的。姿势异常，包括四肢姿势异常和下颌抬高——“仰视姿势”。

病至后期，肌肉震颤或痉挛，头向后仰或弯向一侧，严重时卧地不起、虚脱，多在 1 ～ 3 d 死亡。死前昏迷，全身痉挛，四肢做不随意运动。即使不死，亦常伴有难产，所产羔羊极度衰弱，或者死亡。

四、病理变化

其病理变化表现为多胎，黏膜黄染。肝脏肿大变脆、色微黄，肝细胞有明显的脂肪变性，有些区域有颗粒变性及坏死。肾脏亦有类似病变，肾上腺肿大（正常母羊的约为 3.8 g，患病母羊可达 6.7 g），皮质变脆，呈黄色，肾小球出血，脑实质空泡化。

五、诊断

1. 诊断要点

妊娠后期有明显的神经症状，失明，呼出气体中有酮臭味，6 ～ 7 d 死亡，血液中糖浓度下降，酮体浓度升高等均可作出判断。

2. 实验室诊断

血液检查表现为低血糖和高酮血症，血液总蛋白减少。血糖含量下降至 1.4 mmol/L（正常值为 3.33 ～ 4.99 mmol/L），血清酮体升高至 547 mmol/L 或以上（正常值为 5.85 mmol/L），β－羟丁酸由正常的 0.06 mmol/L，升高至 8.50 mmol/L。血浆游离脂肪酸增高，淋巴细胞和嗜酸性白细胞减少，尿丙酮呈强阳性反应。病程后期，血清非蛋白氮含量升高，有时可发展为高血糖。

六、类症鉴别

1. 羊脑多头蚴病

相似点：病羊视力障碍，离群，食欲减退，运动失调，做转圈运动，痉挛性抽搐等。

不同点：剖开病羊脑部，前期急性死亡的可见脑膜炎和脑炎病变，脑膜上有六钩蚴移行时留下的弯曲痕迹；后期病程中剖检时，可在大脑某个部位找到一个或更多囊体，位于大脑、小脑或脊髓的浅层或深部。

2. 山羊关节炎－脑炎（神经型）

相似点：病羊精神沉郁，头颈歪斜，做转圈运动，视力障碍，四肢划动，卧地不起。

不同点：该病常见于 2 ～ 6 月龄染病羔羊，多见于 3—8 月，病程为半月至数年。病羊不出现黏膜黄染，粪球干硬带血，呼出带醋酮味气体等症状。剖检可见小脑和脊髓白质出现数毫米大、不对称性褐色—粉红色肿胀区。

3. 羊脑膜脑炎

相似点：病羊食欲减退，头部下垂，沿着羊舍墙壁走动，或做旋转运动，无目的走动，遇障碍物不躲避，头颈后仰，肌肉痉挛。

不同点：该病还可见病羊眼球震颤、斜视、牙关紧闭，或口唇歪斜、耳下垂、舌脱出、吞咽障碍，视觉、味觉、嗅觉丧失等症状。进行脑脊液穿刺，在穿刺液中发现蛋白质与细胞的含量显著增多，中性粒细胞、病原微生物以及淋巴细胞时，即可确诊。

七、防治措施

一般当绵羊表现出妊娠毒血症的临床症状后，再采取任何的治疗措施都收效甚微。虽然在疾病初期采取剖腹产术或引产的，母羊可以恢复，但弱羔和死胎增多。因此，对于该病应加强饲养管理，预防该病的发生。

1. 预防

（1）合理饲养。妊娠期前 3 个月，胎儿生长发育较慢，所需营养并不显著增多，但要求母羊能继续保持良好的体况和膘情。如放牧不能满足其所需营养时，就应考虑补饲。日粮可由50%青干草、30%秸秆、15%玉米青贮料、5%精料配成。

在妊娠后期的2个月中，胎儿生长很快，如母羊营养供应不足，就可能诱发妊娠毒血症。因此，在妊娠的最后5～6周，营养供给量可在维持需要的基础上，怀单羔的母羊增加12%，怀双羔的母羊增加20%。日粮组成中精料的含量可在妊娠前期5%的基础上，产前6周增至18%，产前3周再增至30%。

与此同时，定期检查妊娠母羊的健康状况及尿中酮体含量，以便早发现、早防治。这样不仅可以减少母羊的损失，而且还可增加产羔数。

（2）加强管理。避免饲料及饲喂制度的突然改变，冬季设防寒棚舍，减少应激因素，增强运动，每日应驱赶运动2次，每次1～2 h。

2. 治疗

该病的治疗原则激素疗法、补糖保肝、促进代谢、纠正酸中毒和对症治疗，以上均不奏效时，尽早对母羊实施剖腹产或引产。

（1）保肝、提高血糖。为了保护病羊肝脏机能和供给机体所必需的糖原，可用10%葡萄糖溶液150～200 mL、维生素C 0.5 g，静脉注射，每日1次，连用7 d。同时还可肌内注射维生素B_1。

（2）促进代谢。氢化可的松0.08 g，100 g/L葡萄糖溶液250 mL，静脉注射，每日1次；50 g/L维生素B_1注射液2 mL，肌内注射，每日1次，连用7 d。

（3）纠正酸中毒。出现酸中毒症状时，可静脉注射5%碳酸氢钠溶液100 mL，每日1次，连用4 d。

（4）激素疗法。用胰岛素、生长素、皮质醇等激素来治疗绵羊妊娠毒血症，有一定的疗效。

（5）剖腹产术或引产。如果在出现妊娠毒血症24 h内，静脉注射葡萄糖后，病羊血清中的碱性磷酸酶提升速度缓慢或没有变化，血糖不能恢复正常，应尽早采取剖腹产术或引产的方法治疗；但卧地不起的病羊，即使引产也预后不良。

第二节　乳房炎

乳房炎是乳腺、乳池和乳头局部的炎症；多见于泌乳期的绵羊、山羊。其临床表现为乳房发热、红肿、疼痛，影响泌乳机能和产乳量。常见的有浆液性乳房炎、卡他性乳房炎、脓性乳房炎和出血性乳房炎。该病以产奶量高和经产的舍饲羊多发。

一、病因

1. 微生物感染

由微生物从乳头管侵入乳腺组织而引起，病菌主要有葡萄球菌、链球菌和肠道杆菌等，病毒、支原体及霉菌也可引起该病。

2. 病灶转移

由其他病灶转移而来，随着血液、淋巴液进入乳腺，尤以子宫疾病转移多见。如结核、产后脓毒血症等。

3. 其他因素

因挤乳技术不熟练，损伤了乳头、乳腺体；或因挤乳员手臂不卫生，或放牧、舍饲时划破乳房皮肤，病菌通过乳孔或伤口感染；或羔羊吮乳咬伤乳头；另外饲养管理不当、乳腺分泌功能过强也可诱发该病。

二、临床症状

1. 急性型

急性乳房炎表现为发炎、红肿、热痛，乳汁排出不畅。乳房颜色可变为红色或紫红色，手摸感发烫。如发生坏疽，手摸感到冰凉，乳上淋巴结肿大。乳量减少或停止，乳汁稀薄变性，常混有血液、脓汁和絮状物，乳汁褐色或淡红色。严重时可伴有精神沉郁、发热、厌食等全身症状。食欲减退，反刍停滞，体温升高达 41 ～ 42℃，呼吸、脉搏加快，行走时后肢跛行。有的表现关节炎、角膜炎。以后乳房越发肿大（图 9-2-1），外观有许多小丘，直至化脓溃烂，乳腺组织坏死，病羊急剧消瘦，常因败血症而死亡。

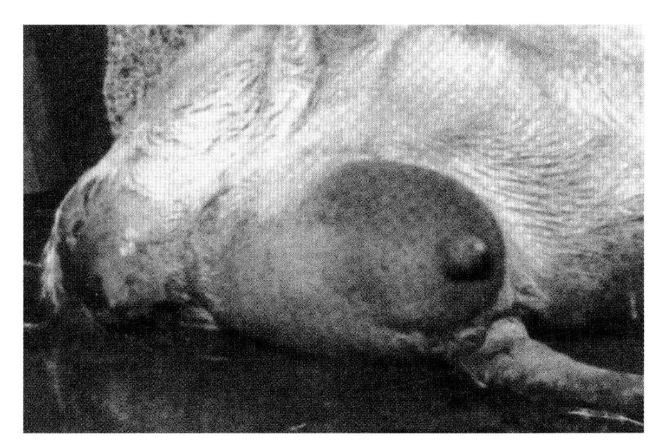

图 9-2-1　乳房肿大，紫红色（周绪正　供图）

2. 慢性型

急性未彻底治愈即转为慢性。慢性病例触诊乳房内常有大小不等的硬块，患部组织弹性降低，形成硬结、泌乳减少或停止，脓性乳房炎可形成腔，腔体与乳腺相通，若穿透皮肤可形成瘘管，多无全身症状。

三、诊断

诊断羊乳房炎的方法主要是采用乳汁检查的手段，对于早期确诊有着十分重要的作用和意义。在诊断过程中，先使用 70% 的医用酒精将羊的乳房清洗干净，等到乳房晾干之后，挤去最初的乳汁，再直接挤取乳汁存放于完全灭菌的广口瓶内，然后等待检查。

检查主要分为 2 个步骤：

1. 乳汁表面感官检查

观察乳汁中是否存在血液、血块、凝片和脓汁，同时还要密切观察乳汁的颜色和浓稠情况，一旦出现上述情况，应该判断是乳房炎的表现。在观察过程中，如果乳汁稀薄、颜色呈现橙红色，放置一段时间之后，出现了厚重的沉淀物，则判断为结核性乳房炎；如果乳汁中存在凝片和凝块则判断为链球菌感染；如果乳汁的颜色呈现黄色的浓稠现象，则判断为大肠杆菌感染；观察羊的乳房患病部位如果肿大并且坚硬者，则判断是绿脓杆菌和酵母菌感染。

2. 检查乳汁的酸碱度

用 0.5% 的溴麝香草酚蓝指示剂滴入待检的试管中，或者将乳汁滴入沾有指示剂的试纸上，如果出现了紫色或者紫绿色的颜色，则表示碱度显著增高，证明是乳房炎。

四、类症鉴别

1. 羊传染性无乳症

相似点：病羊乳房肿大、发热，触摸疼痛、有硬团结节，乳汁减少，乳汁稀薄变性。

不同点：病羊乳汁变黏稠，似酸奶状或有凝乳块，区别于乳房炎的乳汁带血或絮状物；最后乳腺逐渐萎缩。发病羊群同时有关节炎和结膜炎发生，各年龄段均可发生。关节炎型病羊跗跖关节、腕关节发病，病羊跛行，关节热痛、肿胀，加重后关节僵硬，病羊躺卧不动。结膜炎病例惧光、流泪，角膜混浊增厚、白翳、溃疡，溃疡转变、融合形成角膜白斑，随后角膜逐渐透明，白斑消失。严重病例的角膜组织会发生崩解，晶状体甚至连眼球均会脱落出来。

2. 羊衣原体病

相似点：病羊乳房明显肿胀、发热，产奶量下降，乳汁中带有大量纤维素。

不同点：衣原体侵害乳房使最后双侧或单侧乳房萎缩、不对称变形。母羊感染衣原体通常于妊娠的中后期流产，母羊排浅黄色分泌物，流产、死产或分娩出弱羔。羊群中公羊患有睾丸炎、附睾炎。流产母羊胎膜水肿、增厚，子叶呈黑红色或土黄色。

五、防治措施

1. 预防

（1）规范挤奶操作。每次挤奶前要用温水将乳房及乳头洗净，用毛巾擦干，挤完奶后，应配用 0.05% 新洁尔灭浸泡或擦拭乳头；在挤病羊奶时，应另用一个容器，病羊的奶应该毁弃，以免传染。并应经常清洗及消毒容器。在按摩乳房时，不要强力粗暴地揉、捏、压、搓，以免损伤组织。

（2）加强管理。改善羊圈的卫生条件，扫除圈舍污物，使乳房经常保持清洁；对病羊要隔离饲养，单独挤乳，防止病菌扩散，定期消毒棚圈。避免把产奶羊、哺乳期羊放于寒冷环境，在临产前 20 d 应尽早减少或停止饲喂精料及多汁饲料。

2. 治疗

（1）西药治疗。

处方 1：治疗前将羊乳房挤空，取生理盐水 50 mL、链霉素 1 g×5 支、氨苄青霉素 0.5 g×5 支、利多卡因 10 mL，于羊乳头灌注，每日 2 次，可缓解乳房症状。

处方 2：封闭疗法。在乳房基部和腹壁之间分 3 ～ 4 点，进针 2 ～ 5 cm，注射普鲁卡 8 mL，青霉素 160 万 IU。

处方 3：体温升高时，灌服磺胺类药物，或者静脉注射磺胺噻唑钠或磺胺嘧啶钠 20 ～ 30 mL，每日 1 次。或者用青霉素 400 万 IU、链霉素 100 万 IU、鱼腥草注射液 10 mL、地塞米松 5 mL，肌内注射，每日 2 次。

（2）中药治疗。

处方 1：金银花 10 g、蒲公英 10 g、紫花地丁 10 g、连翘 15 g、陈皮 5 g、青皮 5 g、黄芩 15 g、甘草 8 g，水煎候温加黄酒 10 ～ 20 mL，1 次灌服，每日 1 剂，连用 2 ～ 3 d。

处方 2：当归 15 g、生地 6 g、蒲公英 30 g、二花 12 g、连翘 6 g、赤芍 6 g、川芎 6 g、瓜蒌 6 g、龙胆草 12 g、山栀子 6 g、甘草 10 g，共研成细末，用开水调服，每日 1 剂，连用 5 d。

（3）物理治疗。

处方 1：冷敷法。主要适用于发病在 24 h 以内的羊，症状较轻，用干净的毛巾浸湿冷水或 2% 硼酸对乳房进行冷敷，每次 15 ～ 20 min，每日 3 次，也可用冰块直接冷敷，同时喂服磺胺噻唑、土霉素和酵母片。

处方 2：热敷法。此法适用于发病 24 h 以后的母羊，病症较轻，乳房内还没有结有硬块和发生化脓。用净手挤出患羊乳房内乳汁，用干净毛巾或纱布浸湿 5% 的硫酸镁溶液敷于乳房患部，5 min 后挤出纱布上的水分，再浸药液热敷，每次 20 ～ 25 min，每日 2 次，每次热敷后再涂上鱼石脂软膏。

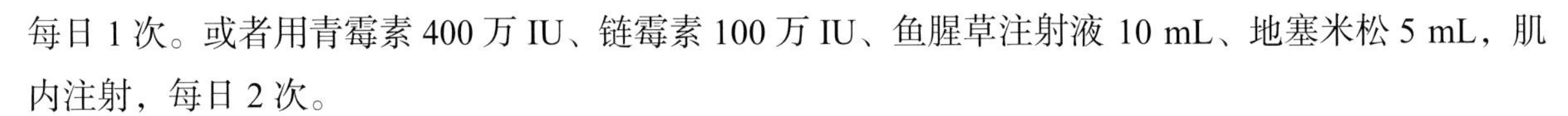

第三节　子宫内膜炎

子宫内膜炎为病原微生物侵入母羊子宫而使子宫黏膜发生黏液性、脓性炎症，为母羊产后或流产后常见的一种生殖器官疾病。该病不仅影响母羊正常的生理功能，还会导致母羊长期不能正常怀孕，有时还会继发其他生殖器官的疾病，造成终生难以受孕。

一、病因

此症常见分娩后，由于难产、胎衣不下、子宫脱、流产、死胎等，导致病原微生物侵入患羊子宫，诱发感染。此外，人工授精消毒不严；助产操作不当；母羊患布鲁氏菌病、沙门氏菌病、寄生虫病及生殖道侵染的传染病，同样可导致母羊分娩时抗病能力降低，加重子宫受损率，导致慢性子宫内膜炎转变为急性感染。

二、临床症状

1. 急性型

常发生于母羊产后 4 ～ 7 d，患羊体温升高，精神不振，食欲减退或废绝，反刍紊乱，轻度臌气，泌乳量减少，拱背，努责，从阴门内流出大量黏性或黏液脓性分泌物，个别严重时分泌物颜色呈暗红或棕色，且有腥臭味，卧地时排出量更多，大量脓性分泌物黏附在阴门周围及尾部，有干痂附着（图 9–3–1），若治疗不及时或治疗不当，则可转为慢性型，常继发子宫积液、子宫积脓与周围组织粘连等。

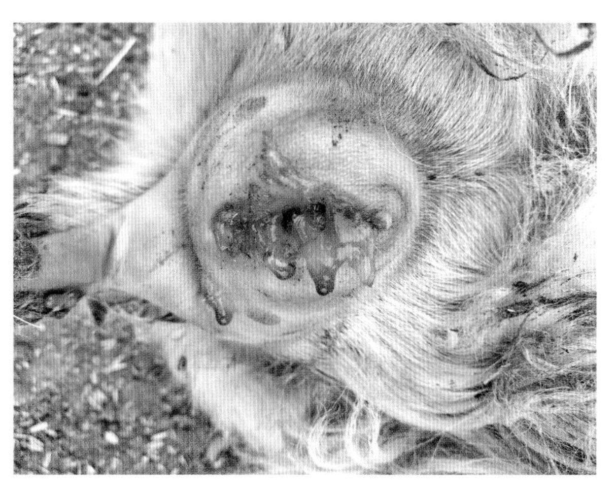

图 9–3–1　病羊阴门内流出大量黏性脓性分泌物
（周绪正　供图）

2. 慢性型

慢性型子宫内膜炎，多由急性转变而来，往往是经多次使用药物治疗后，效果不明显，但症状较轻，全身无明显症状，食欲略差，主要是从阴门不定期排出透明、混浊或脓性絮状物，发情不规律或停止发情，屡配不孕。卡他性子宫内膜炎有时可以转为子宫积水，导致母羊长期不孕，由于外表也几乎不排出黏液，所以不易诊断，只能根据子宫是否有卡他性炎症的病史进行推测，若不进行及时治疗，很有可能会发展为子宫坏死，进而感染其他器官，引起全身症状加剧，最终发生败血症或脓毒性败血症。

三、病理变化

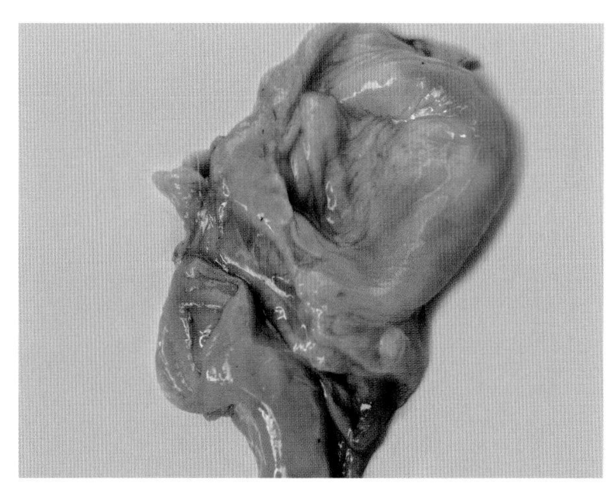

图 9–3–2　病羊子宫黏膜充血、水肿、黏液分泌增多
（周绪正　供图）

早期病理变化以急性卡他性子宫内膜炎的变化为主，子宫黏膜充血、水肿、黏液分泌增多（图 9–3–2），黏膜下中性白细胞、巨噬细胞浸润，部分黏膜上皮细胞变性、坏死、脱落。电镜观察可见胞核染色质向核周边凝聚，核内容物外溢。细胞核内陷收缩，核呈多边形，核膜消失，线粒体嵴多破坏溶解，胞质中出现大小不等的空泡或液泡。个别重症病例发展为化脓性子宫内膜炎的病理变化，亦可扩散而引起输卵管炎、卵巢炎等。

四、诊断

根据母羊分娩史，从发病羊体温升高、拱背、努责、不时做排尿姿势、阴户中流出黏性或脓性分泌物或乌红色分泌物、发情不规律或停止、屡配不孕等临床表现以及病因分析就可判断出该病。

五、类症鉴别

母羊流产

相似点：母羊食欲减退，精神不振，体温升高，努责，阴户流分泌物，有时为红褐色恶臭黏液。

不同点：流产发生于母羊分娩前。母羊阴户流分泌物后有胎儿、胎衣排出。若因胎儿过大、死胎、胎位不正、胎势不易造成流产，胎儿在母羊体内浸溶，排出的黏液中可能带有小的骨片。

六、防治措施

1. 预防

（1）加强羊圈卫生管理。圈内残留的粪便、污物等，及时清扫，指定地点，集中堆积发酵，做无害化处理。被病羊污染的圈舍，取 3% 火碱溶液，彻底消毒，确保圈舍洁净卫生。尤其母羊舍卫生护理应到位。饲养过程中，有感染病例出现，立即隔离确诊。同时，禁止病羊与分娩羊混群饲养，避免疫病扩散。

（2）注意母羊饲养管理。增强母羊体质，防止感染流产、胎衣不下、子宫脱等情况。严格消毒管理，做好接种工作，注意传染性疾病的发生，例如羊快疫、羊布鲁氏菌病、羊脑炎等，都应作为重点防疫对象。此外，注意子宫脱、胎衣不下、阴道炎等病的防治，力求做到早发现、早治疗，避免延误最佳治疗时机。

（3）规范助产操作。产羔季节加强管理，接产、助产应有规范流程，做好各项消毒措施。在接生羔羊时，严格规范操作流程，避免操作不当导致病原微生物侵入，诱发子宫内炎症。同时，留意配种公羊群的健康状况，一旦发现生殖器官疾病，应立即进行隔离治疗。

2. 治疗

（1）西药治疗。

处方 1：恩诺沙星注射液，剂量为每千克体重 3 ～ 5 mg，肌内注射，2 次 /d，1 周 / 疗程。

处方 2：氨苄西林钠，剂量为每千克体重 3 ～ 8 mg，肌内或静脉注射，2 次 /d，2 ～ 3 d/ 疗程。

处方 3：磺胺甲基异恶唑、维生素 E，剂量为 1 000 IU/kg，混饲，5 ～ 7 d/ 疗程。

处方 4：缩宫素，10 ～ 50 IU/ 次，皮下注射，增强子宫收缩力，提升子宫防御机能，排出子宫内渗出物，改善子宫内环境。

（2）中药治疗。

处方 1：甘草 25 g，醋香附、醋元胡、黄芩各 40 g，连翘、酒知母、酒黄檗、芡实各 40 g。上述药剂研磨成粉，开水冲服，待温后灌服，每日 1 服，3 d/ 疗程。

处方 2：复方中草药（成分为桃红、当归、车前草、红花、黄连、白术、党参、山药、甘草等）配合热毒康，治疗山羊子宫内膜炎，康复率达 89.6%。

（3）冲洗子宫。

处方 1：马齿苋 12 g，生甘草 8 g，水煎，一次口服；或鲜桃树叶 250 g，水煎去渣，隔日冲洗子宫 1 次。

处方 2：先用冲洗液（1% 盐水、0.1% 高锰酸钾液、1% 明矾液）每日或隔日冲洗患羊子宫和阴道 1 次，待冲洗液排尽后，再向子宫和阴道内注入抗生素药液（如青霉素、链霉素药液、四环素药等），促进炎症消除。

第四节　流　产

流产是指母羊在怀孕期未满之前，由于各种原因引起的妊娠中断或胎儿不足月就停止发育而排出，最终导致死亡的病理现象。母羊流产不但会使胎儿死亡，还会危及母羊的健康，极易患生殖器官的疾病，导致不育，严重者还会引起母羊死亡。

一、病因

1. 饲养管理不当

此为非传染性流产的重要病因，由此导致的流产率极高。多数因疏于管理，人为所致。主要有如下 4 点。

（1）饲养环境的改变。长途运输、缺水缺粮、饲喂方式改变等，这些均可导致不良应激，降低羊体抵病能力，诱发代谢功能紊乱，使血液中的血氧浓度降低，而腹中胎儿同样会因得不到足够的氧气补充而导致死亡。此外，存在的不良应激，降低母羊免疫能力，更容易诱发慢性疾病，导致抗病能力进一步下降，诱发流产。

（2）营养缺乏。尤其冬季草料不足，母羊长期处于饥饿状态。如果此时正值怀孕期，那么孕羊为自保，在营养吸收入不敷出的情况下，大多数孕羊会因此发生流产，或产下孱弱羔羊。此外，各种维生素的缺乏，同样可导致母羊流产。例如维生素 A 缺乏，可导致子宫黏膜上皮细胞角质化，影响胎盘机能，导致羔羊生下后孱弱。维生素 E 缺乏，可降低胎羊活力，导致胎盘早期死亡，诱发流产。维生素 D 缺乏，可影响羔羊的发育，导致出生时孱弱。维生素 B_2 缺乏，易产生畸形怪胎羊。在所有的维生素中，维生素 A 和维生素 E 的缺乏，最易导致流产，造成的危害最为严重。

（3）意外损伤。日常管理不当，孕羊腹部受顶撞，如抢食、圈舍拥挤、惊吓、粗暴驱赶等，导致子宫收缩，诱发流产。同时，夏季不注意防暑，冬季不注意防寒，同样可导致流产。

（4）饲料品质差。饲喂腐败变质的饲料，或者是有毒植物，均可导致中毒流产。饲喂尿素时，用量不当，同样可导致中毒流产。炎热夏季缺水导致机体紊乱、过食精料、突然更换饲喂模式等，均可导致母羊流产。

2. 治疗措施不当

怀孕母羊患病，诊治方式不当，用药失误。如使用过量的泻药、驱虫药、子宫收缩药、催情药等，或使用禁忌的中草药，或剖腹产期导致子宫剧烈收缩，均可损伤胎儿导致流产。母羊假发情，真受精，或粗暴的阴道检查，也可导致流产。此外，输精器消毒不严，导致子宫受感染，同样可导致流产。

3. 普通病及生殖激素反常

母羊发生疾病，如高热、腹痛、瘤胃臌气、肺炎、肾炎、严重腹泻、尿毒症等可引起流产。与怀孕有关的生殖激素失调，内分泌功能异常，如雌激素分泌过多、黄体酮分泌不足、前列腺素分泌过多或食入有雌激素作用的植物等，可引起流产。

4. 由传染病所引起的流产

（1）病毒性原因。如羊口蹄疫是引起羊流产的一个原因，同时流产也是山羊口蹄疫的一个主要症状。

（2）细菌性原因。布鲁氏菌病、沙门氏菌病、支原体病、衣原体病、钩端螺旋体病等均可直接或间接引起怀孕母羊流产。机理为胎盘或胎儿直接受到病原体侵害，流产也是这些病的一个特征性症状。

（3）寄生虫性流产。生殖道黏膜及胎儿直接受到寄生虫侵害所致，同时流产为某些寄生虫病的一个症状。没有定期驱除体内、外寄生虫，引起寄生虫大量繁殖，造成母羊贫血、体弱，引发流产。

二、临床症状

多数流产均有一个共同特征（除隐性流产）：或多或少地表现弓腰、呈努责排尿姿势，外阴挂有红色污秽分泌物或血液，病畜多有回头视腹等腹痛现象。

1. 隐性流产

常在怀孕 25 d 左右发生，胎儿死亡后组织在母体内液化被母体吸收，无明显临床症状。

2. 小产和早产

因胎体及胎膜发育分化程度小，多数母羊在无症状的情况下排出胎儿，临床上叫小产；母羊有类似正常分娩的征兆，但不太明显，排出不足月的活胎，临床上叫早产，早产通常在排出胎儿的前 3 ～ 4 d 母羊有乳腺稍肿胀的征兆。

3. 干尸化胎儿

因黄体依然存在，子宫颈不能打开，微生物难以侵入母畜子宫中，胎儿在母体的保护下不会腐败降解，随着妊娠的中断，后期羊水等水分被母畜吸收，体积缩小硬如干尸（图 9-4-1）。这种情况母畜没有任何发病现象，因此，容易被忽视。细心者可发现的唯一外在迹象是母羊怀孕至某一时间后腹围不增大反而变小。通过直肠检查可摸到子宫呈圆球状，体积较正常怀孕月份小得多，无胎动、胎水，也无怀孕脉搏。

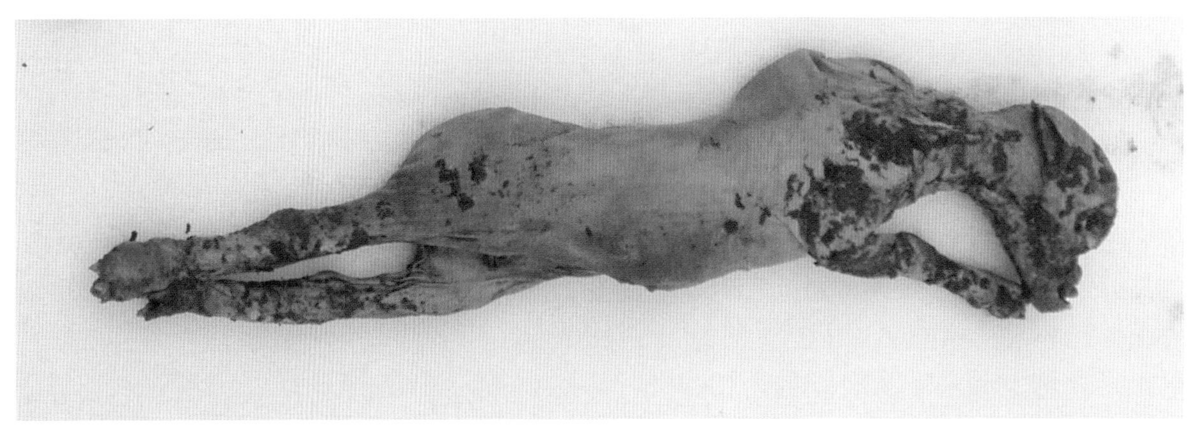

图 9-4-1　干尸化胎儿（窦永喜 供图）

4. 排出浸溶胎儿

死于母体子宫内的胎儿在非腐败性微生物作用下软组织液化崩解，而骨头毛发则没有完全分解，母羊产道排出恶臭黏液，黏液中夹杂着碎骨片和毛发等，通过直肠检查可以发现子宫内有残存的碎骨片。

5. 胎儿崩解转气

这种现象是胎儿浸润进一步的恶化，死于子宫内的胎体，受到腐败菌降解，产生硫化氢、氨气以及二氧化碳等气体，充塞母畜胸腹腔。母羊临床表现：腹围变大、频繁努责，阴门流出恶臭的液体，并伴随体温升高，触诊可听到胎体有捻发音发出。

三、诊断

羊流产病因复杂，具体何种病因，需根据饲养管理情况、流产病史、感染症状、胎儿胎衣等综合判断。病因确诊，需要采集内容物、胎衣等做实验室镜检，或经血清学检测判断。

四、类症鉴别

羊子宫内膜炎

相似点：母羊食欲减退，精神不振，体温升高，努责，阴户流分泌物，有时为红褐色恶臭黏液。

不同点：羊子宫内膜炎常发生于母羊分娩后。母羊流产除隐性流产外，母羊在阴户流黏液后，有弱胎、死胎、木乃伊胎或被浸润的胎儿的碎骨片排出。子宫内膜炎病羊子宫黏膜充血、水肿、黏液分泌增多，黏膜下中性白细胞、巨噬细胞浸润，部分黏膜上皮细胞变性、坏死、脱落。

五、防治措施

1. 预防

流产的原因千差万别，症状也呈多种多样，通常一旦发生流产，往往无法阻止、预后不良，因此对于流产应该防治结合、防重于治。做好羊的流产的预防需要做好如下 5 点。

（1）重视传染病预防。根据当地流行的羊传染病态势，带有明确目的去做好常发病的免疫防疫工作，通常情况下，在母羊的空怀期完成各种疫苗的免疫工作，针对衣原体流产，可注射甲醛灭活的卵黄囊灭活疫苗，一般为皮下注射 3 mL/ 只，免疫期为 7 个月；针对布鲁氏菌流产，非疫区定期饮水免疫接种布鲁氏菌羊型 5 号弱毒活菌苗，剂量为 100 亿活菌一次饮完，同时应尽量实施人工授精技术。在引种种羊时，严格要求从无疫病区域引种，新入羊只要进行隔离观察 15 d 以上，待确定无疫方可入群，防止病原传入养殖区。

（2）加强场舍卫生消毒工作。及时清理栏舍的粪便和废弃物，并对栏舍等活动区定期消毒，严格要求对发生流产疾病的母羊做好隔离并加强消毒力度，从而保证舍场清洁卫生。

（3）制订合理驱虫计划。因地制宜地制订体内外驱虫计划以减少寄生虫性流产的发生，通常采用伊维菌素、阿维菌素和抗螨虫药对羊只进行定期定量驱虫，驱虫要求在准备怀孕母羊的空怀时期施行，驱虫后对粪尿等污物堆积进行生物发酵。对疑似病羊的分泌物、排泄物及被污染的土壤、场地、用品、人员等进行消毒和灭菌处理。

（4）做好孕羊的饲养管理。给孕羊补饲适当精饲料，以增强孕羊的体质，从而提高抗病能力。同时严格禁止饲喂霉变的饲料、饲草，禁止饮用冰冻水。实行怀孕后期母羊单独饲养，严防孕羊受到挤压。避免孕羊受惊吓与剧烈运动，同时要加强通风和保暖，特别在炎热的季节要防止孕羊中暑。

（5）规范日常用药、淘汰部分种羊。妊娠后禁用慎用可能引发母羊流产的某些药物，如硫酸钠等泻下剂、硫酸奎宁等解热镇痛药、毛果芸香碱等拟胆碱药、催产素等子宫收缩药、前列腺素等催情药、地塞米松等糖皮质激素类等。淘汰一些有遗传病史和患有生殖系统疾病的公母羊，怀孕羊的普通病应及时治疗，并严格注意药物的禁忌和用法用量，从而保证母体的健康并预防流产的发生。

2. 治疗

（1）流产前母羊的治疗。母羊出现回头视腹等腹痛、起卧不安、呼吸急促等临床症状，此时如果子宫颈黏液塞还没有溶解，即暗示可能即将发生流产。临床上通常采取以下安胎措施治疗：肌内注射黄体酮 40 mg，1 次 /d，连用 3 ～ 5 次；同时，肌内注射镇定剂制止母羊阵缩和努责，若配合中药对出现流产预兆的母羊进行安胎效果更好，如白术安胎散。

（2）干尸化胎儿和浸溶胎儿的处理。对于这 2 种情况的处理有一个原则：加速促排，分离后取，消毒防炎。加速促排，通常通过前列腺素制剂和雌激素溶解黄体等方法，促使孕羊子宫颈扩张，进而使得产道顺畅（可以在产道内灌入混合着抗生素的润滑剂润滑产道），便于子宫内容物的快速排出。分离后取，在母畜排出内容物和死胎过程中，切记不要死拽硬拉，应将胎骨缓慢取出（动作要轻柔，防止损伤产道），如遇大块骨头，应该先将其拆成小块儿后再取出。消毒，待内容物排出后，用消毒液或配有抗生素的 10% 盐水洗净母畜子宫，可适量注射部分缩宫素（有利于子宫归位，残余液体排出），对于胎儿浸溶的流产情况，建议在子宫内注入抗生素，同时给予全身的补液治疗，防止产后后遗症。

第五节　阴道脱出

阴道脱出是指母羊阴道壁部分或全部脱出于阴门之外，阴道黏膜暴露在外，引起阴道黏膜充血、发炎、水肿，甚至形成溃疡或坏死的一种疾病。如果治疗不当或治疗不及时会导致羊流产、不孕甚至死亡。

一、病因

1. 缺乏运动

羊场采取全舍饲的饲养方式，但饲养密度过大，导致活动空间过于狭小。一般每只羊至少应占有 2.5 m^2 的空间，如果活动空间过小会导致羊只日常处于俯卧状态，因缺乏活动，导致机体虚弱，容易发生阴道脱出。

2. 营养不良

母羊日粮中营养搭配不均衡，不能满足母羊生长发育的营养需求，特别是妊娠期间，日粮中能量、蛋白质、维生素及微量元素等营养水平较低，使母羊长期处于营养不良、过于消瘦的状态，导致其阴道脱出，常发生于妊娠末期或产羔后数天内。

3. 分群、组群不合理

正常情况下，妊娠母羊必须按照年龄、膘情、体格大小、体质强弱等进行合理分群、组群并结合群体间存在的差异确定精料的喂量，如果没有仔细分群，可能会导致膘情差的羊只越来越差，而对于体况过肥的羊只，还会伴有腹内压持续升高的趋势，从而容易发生阴道脱出。

4. 人为因素

对母羊进行助产或者人工授精操作过程中，由于没有提前对各种器械进行严格消毒，或者没有按照操作要求进行，都能够导致阴道撕裂或者损伤，再加上没有及时治疗，会引起炎症，导致母羊用力努责，从而发生阴道脱出。

5. 胎儿因素

胎儿体重过重，多见于肉羊品种与本地羊的杂交一代，常造成母羊在分娩时体力消耗过多导致疲劳过度进而引起阴道脱出；或因胎位不正，母羊难产，强制拽出，导致阴道脱出。

6. 其他疾病

这类情况数量较少，但当母羊患有瘤胃臌气、腹泻、便秘等疾病，可能导致阴道脱出。

二、临床症状

该病症状不一，分阴道完全脱出和阴道部分脱出 2 种。

1. 部分阴道脱出

发病时部分阴道黏膜暴露在外，且黏膜充血、肿胀、发炎，但精神尚好，食欲正常；脱出阴道在羊卧时露出，约乒乓球大小，呈粉红色，（图 9-5-1），站时则自行还纳腹中。

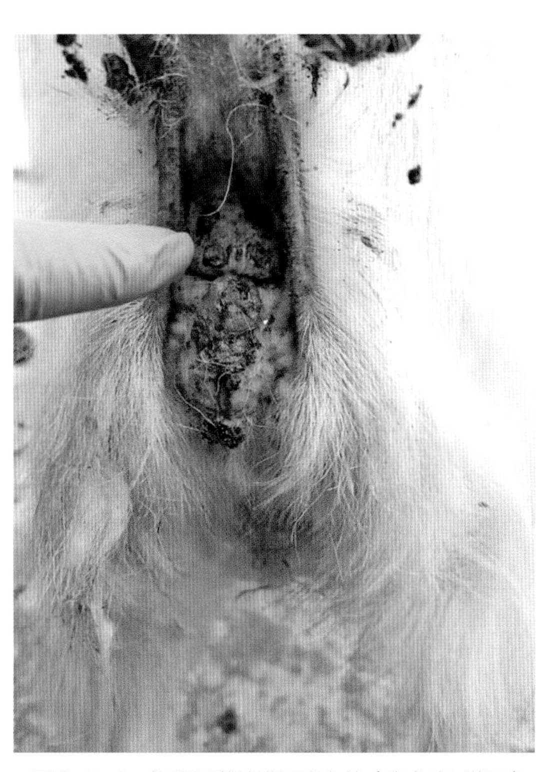

图 9-5-1　部分阴道黏膜暴露在外（窦永喜　供图）

2. 全部阴道脱出

多是由部分阴道脱出发展而来，脱出阴道约拳头大小、圆形、紫红色，脱出末端可见子宫颈，有时可见灰白色条状黏液挂在子宫颈口，站时通常不能自行回缩，且努责剧烈，排尿困难，精神沉郁，食欲下降，阴道黏膜发紫、水肿、干裂、溃疡且有渗出液流出，脱出的阴道沾有粪渣、泥土、饲草等污染物。如果黏膜受到刺激或者尿道发生阻塞而造成膀胱明显扩张时，病羊腹部紧张。

三、诊断

根据临床见脱出的阴道症状即可确诊。

四、类症鉴别

羊子宫脱出

相似点：病羊阴门外有红色物体突出。

不同点：子宫脱出病羊可见脱出子宫上有许多母体胎盘，子宫颈也脱出阴门外；而阴道脱出末端才可见子宫颈。

五、防治措施

1. 预防

加强日常饲养管理，母羊最好饲喂全价的配合饲料，并配合饲喂适量的青绿饲料。如果采取自配料，则要确保供给充足的蛋白质、维生素和微量元素。推荐全价配合饲料含有 59% 玉米、20% 麸皮、15% 豆粕、4% 预混料、2% 石粉。母羊妊娠后期，要少量多次饲喂和饮水。尽量促使母羊运动，如果配合放牧或者运动，既能避免阴道脱出，也能够促使机体健壮，并在很大程度上提高生产性能。

2. 治疗

（1）整复。病羊在呈前低后高的木栏内进行保定，两侧用绳索或者木棍进行固定，接着将 2% 普鲁卡因注射液 4 ～ 10 mL 注射在交巢穴，通过局部麻醉避免在推送过程中出现用力努责的现象，然后在污染的患部用高锰酸钾溶液进行清洗、消毒，再于脱出部位涂抹 2 ～ 4 支 160 万 IU 青霉素或者适量的碘甘油，接着将脱出的阴道用纱布包好，避免整复过程中阴道黏膜损伤。然后在助手协助下，术者将脱出的阴道用手缓慢推送到盆腔内，注意从脱出的阴道顶端或者接近阴门处开始进行推送，且缓慢轻微挤压，从而促使阴道被送回到盆腔内复位，但要停留一段时间，然后再将手和纱布慢慢退出。

（2）气球法。如果病羊有习惯性脱出的现象，比较适宜采用该方法，特别是刚开始出现阴道脱出症状或者已经有小部分阴道脱出时，用经过消毒的双手将脱出阴道还纳于骨盆腔，并用手推平，确保整个都恢复原状，接着在阴道一侧放入干净的气球，注意气球口要朝外，然后对气球进行充气，一般根据症状轻重以及具体情况确定气球的充气量。如果气球已经鼓起，就能够正好卡在阴道口处，接着将气球用绳子扎好，同时，将绳子的另一端牢牢系在羊的尾部。该方法的优点是不会损伤阴道。症状严重可将另一个气球放在另一侧。但要注意，必须使用质量较好的气球，并适时更换新气球。

（3）防止感染。病羊患有轻度阴道脱出，可先对阴道进行整复，为避免发生感染，每日肌内注射或者静脉注射适量的抗生素，连续使用 3 ～ 5 d 即可。病羊可静脉注射由 500 mL 5% 葡萄糖、640 万 IU 青霉素钠以及 10 mL 维生素 C 组成的混合溶液，每日 1 次，连续使用 3 d，同时配合静脉注射 200 mL 10% 葡萄糖酸钙。然后根据病羊的恢复情况，继续肌内注射 3 ~ 5 d 的抗生素。

（4）中药治疗。体弱母羊可灌服补中益气汤，取炙黄芪 90 g、党参 60 g、白术 60 g、当归 60 g、陈皮 60 g、炙甘草 45 g、升麻 30 g、柴胡 30 g，水煎分 3 次口服，每日 1 次。

第六节 子宫脱出

子宫角前端翻入子宫腔或阴道内，称为子宫内翻；子宫全部翻出于阴门之外，称为子宫脱出。子宫脱出多发生于母羊产出胎儿后数小时内。

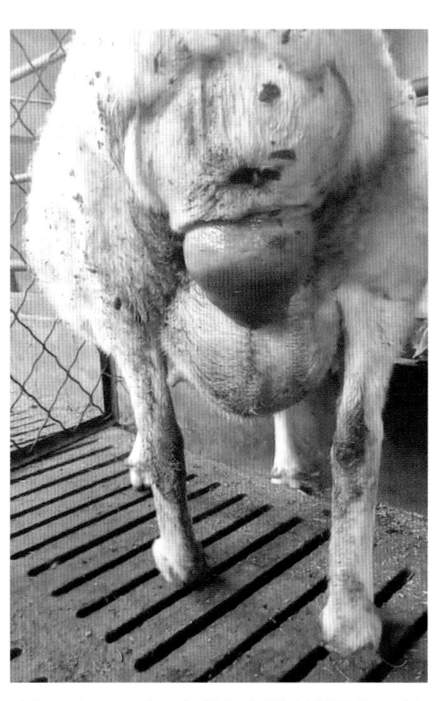

图 9-6-1 暗红色的子宫脱出阴门外，明显看到子宫颈（窦永喜 供图）

一、病因

怀孕母羊衰老经产、营养不良及运动不足，分娩时阴道受强烈刺激，产后强力努责、腹压增高，易产生顽固性子宫脱出；胎儿过大、双胎或多胎、子宫过度扩张、产后阵缩微弱，努责力强，均可导致顽固性子宫脱出；难产时产道干燥，子宫紧裹住胎儿，助产时未经过很好处理即强力拉出胎儿，使子宫内压突然降低，腹压相对增高，也可导致顽固性子宫脱出。便秘、腹泻、子宫内灌注刺激性药物，努责频繁也可发生该病。

二、临床症状

病羊心跳、呼吸加快，结膜发绀，起卧不安，频繁努责，排尿困难，有暗红色呈不规则的长圆形物体突出阴门之外（图 9-6-1），脱出的子宫上可见到许多暗红色的母体胎盘，为浅杯状，每一角的末端都向内凹陷，子宫颈（肥厚的横皱襞）也暴露于阴门之外（图 9-6-2），影响排尿，脱出过久，子宫发生淤血、糜烂、坏死。

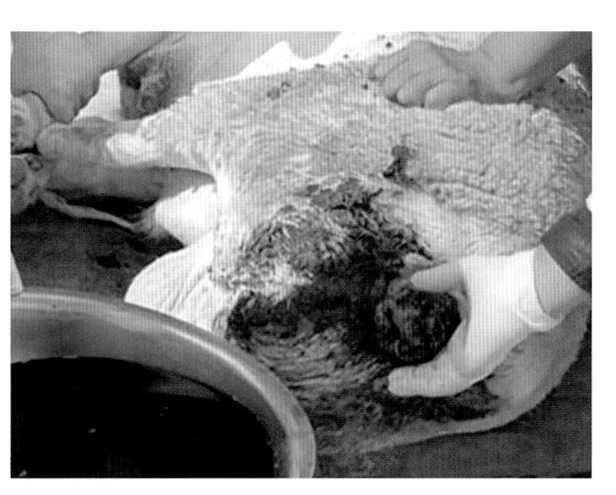

图 9-6-2 暗红色的子宫脱出阴门外，子宫上有许多暗红色的母体胎盘（窦永喜 供图）

三、诊断

根据脱出的子宫即可作出诊断。

四、类症鉴别

羊阴道脱出

相似点：病羊阴门外有红色物体突出。

不同点：病羊阴道脱出末端可见子宫颈；子宫脱出病羊可见脱出子宫上有许多母体胎盘，子宫颈也脱出阴门外。

五、防治措施

1. 预防

妊娠母羊在分娩过程中，往往需要消耗大量的体力，为此必须在母羊还没有正式生产前做好充足的准备，保证其能够顺利生产。母羊妊娠后，如果采取圈养，必须保持足够的运动，圈舍面积宽敞、干净，保证其运动空间足够，妊娠母羊获得充分的运动，增强子宫张力，从而有利于其在生产过程中顺产，进而有效减少子宫脱出。

另外，还要加强母羊饲养管理，如在配种前控制适宜膘情，防止由于体况过肥或者过瘦而影响分娩。母羊临产前，应时刻注意，只要出现难产，要立即采取相应有效的助产措施，但须规范助产操作，助产过程中要灵活用力，将胎儿缓慢拖出，禁止使用蛮力或者粗暴操作，防止造成不良刺激而导致阴道痉挛加重，从而引起严重的子宫脱出。如果生产母羊由于胎儿畸形或者体型过大而发生难产，可采取产道助产，但也不能够过度用力。

如果母羊已经发生子宫脱出，胎衣通常还没有完全脱落，助产人员要立即将胎衣彻底剥离，但操作必须谨慎、轻柔，防止损伤母体胎盘。

2. 治疗

（1）消毒、术前处理及麻醉。用 0.1% 高锰酸钾液等温消毒液将母羊脱出的子宫及外阴、尾根部充分洗净，并除去污杂物、坏死组织及附着的胎膜。如有血液流出时先止血，黏膜上有创伤或创口则应涂以消炎药或缝合，最后涂上适量的明矾粉、甘油或鱼石脂等防腐剂；如果脱出部分水肿明显，用消毒针头刺黏膜挤压排液；如有裂口，应涂擦碘酊，裂口深而大的要缝合。用 2% 静松灵作全身麻醉，并用 3% 普鲁卡因作腰旁神经传导麻醉。采取横卧保定，后躯适当抬高，尾拉向体背侧并固定。术者剪短指甲，并进行常规消毒。

（2）整复。由两助手用消毒好的塑料薄膜将子宫兜起提高（子宫在薄膜上需展开平铺），使之与阴门等高。在确定子宫腔内无肠管和膀胱时，方可整复。整复时应先从靠近阴门的部分开始，将手指并拢，用手掌或拳头压迫靠近阴门的子宫壁（切忌用手抓子宫壁），将其向阴道内推送。推进去一部分后，由助手在阴门外紧紧顶压固定，术者将手抽出来，再以同法将剩余部分逐步向阴门内推送，直到脱出的子宫全部送入阴道内。

（3）清洗。用 0.1% 高锰酸钾配合青霉素加热到 38 ～ 40℃，对子宫进行清洗和消毒。反复消毒几次，用虹吸法将里面的液体吸出后，用生理盐水、磺胺加温到 38 ～ 40℃注入子宫内。然后把病羊做驱赶运动，走几步停一下，然后再走几步停几步，通过水的重力作用将子宫展平，避免子宫内翻，并有消炎的作用。注入的水可以不用抽出，让母畜缓慢排出。

（4）防脱。为了防止脱出，在阴门上部到中部做 1 ～ 2 个纽扣状缝合。一般 2 ～ 3 周或母畜不努责时可拆除缝线。为防止子宫再度脱出，用 75% 酒精 10 mL 在母羊阴门的两侧各注射 5 mL。

（5）辅助疗法。为了促进子宫收缩，防止失血，注射催产素、垂体后叶激素。加强营养，调整饲养管理方式并适当运动。静脉注射复方氯化钠，5% 糖盐水，青霉素 G，5% 碳酸氢钠，维生素 C，可有效改善血液循环，促进子宫康复，并预防感染。肌内注射青霉素、链霉素，每日 2 次，连用 5 ～ 7 d。

（6）子宫切除。子宫脱出时间长，已经发生严重损伤、感染及坏死，确实无法整复或送回后可能引起全身感染，导致死亡，可以考虑做子宫切除。后海穴注入 2% 普鲁卡因麻醉，为防止手术过程中失血过多或休克，皮下注射 0.1% 肾上腺素 0.5 ～ 1.0 mL，在子宫基部先做一小纵切口，检查其中有无肠管，如有先将肠道送回腹腔，在子宫颈后端用粗丝线结扎子宫体，为便于扎紧线的两端可缠上木棒拉紧。为了保险，可在第一道线后作一道贯穿缝扎，在此后 2 cm 处把子宫切掉，烧烙断端后送回阴门。每日静脉注射或肌内注射抗生素，连注 7 d。

第七节　难　产

难产是指母羊在分娩过程中出现困难，胎儿无法顺利产出。正常情况下，母羊在羊膜破水后数分钟至 30 min，可产下羔羊。母羊通常是由于阵缩无力、骨盆狭窄、子宫颈狭窄以及胎位不正等因素导致难产（图 9-7-1）。

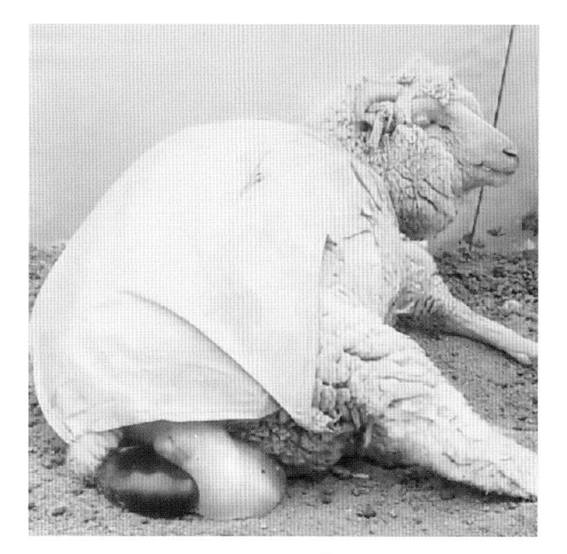

图 9-7-1　绵羊难产（马利青 供图）

一、病因

1. 母羊过早配种

70% 左右难产的母羊是初产母羊，其中，有 60% 左右的初产母羊是由于在初次发情就立即进行配种而引起。母羊通常在 5 ～ 6 月龄达到性成熟，且具有繁殖能力，并表现初次发情，但此时母羊身体还没有完全达到体成熟，如果进行配种就会对其生长发育产生影响，同时严重影响妊娠效率以及胎儿健康，从而容易发生难产。

2. 体型选配不当

难产的母羊约 50% 是由于胎儿体型过大，特别是当母羊未完全发育成熟时就与体型较大的公羊配种，更容易难产，甚至会造成比配种过早更加严重的后果。

3. 母羊妊娠期饲养管理不当

母羊妊娠期饲养管理不规范，如妊娠期体况过肥或缺乏营养不良，往往会导致产力不足，从而引起难产。另外，妊娠母羊需要坚持适量运动，否则容易导致胎儿胎位不正，产力不足，引起难产。

4. 胎向、胎位或者胎势异常

这是母羊发生难产的主要原因，少数是由于胎儿出现偶然性移动以及母体产力不足而引起错位，大多数是由于胎儿在母体子宫内的空间过于狭小而导致。母羊可由于多种异常的胎向和胎势引起难产，其中，比较常见的是在正生过程中胎儿头颈发生侧弯，且肩关节或者腕关节发生俯屈，造成前肢出现滞留；倒生过程中，跗跖关节发生屈曲，且先流出胎儿臀部；横产位，通常是由于子宫持续收缩，导致胎儿出现异位。

5. 胎儿体型过大

通常可分成绝对过大和相对过大 2 种类型。胎儿绝对过大是指母体具有正常大小的骨盆，但胎儿体型过大，往往在通过产道时导致损伤。胎儿相对过大，是指胎儿具有正常大小，但母体骨盆相对较小，无法顺产。胎儿相对过大可能会导致先露异常，即发生胎位不正性难产。

二、临床症状

母羊表现烦躁不安，频繁起卧或者站立，站起时往往出现拱腰，阴道流出胎水与污血，阴唇湿润松弛，不停阵缩及努责，有时见胎膜悬挂在阴门外，且子宫颈口已经张开，同时，脉搏、呼吸加快，但很难产出胎儿。长时间产不出胎儿，可致母羊阵缩减弱，精神变差，呼吸与心率加快，不断呻吟甚至昏迷，有时死亡。

三、诊断

难产越是早期发现并合理处理，效果越好。如拖延过久、助产不合理，将会变成复杂的难产。因此，早期发现和正确处理难产是非常重要的。对于每一难产病例，必须详细了解病史，仔细检查产道，胎儿及母羊全身状态，经过周密检查分析，找出难产的原因。

1. 产道检查

首先，清洗和消毒母畜的外阴部及检查者的手臂，然后手臂部分或全部伸入产道，检查产道，骨盆腔是否狭窄，子宫颈是否完全开张，产道是否干燥以及有无水肿和损伤等。

2. 胎儿检查

主要检查胎儿进入产道的程度，正生和倒生、胎势、胎位、胎向及胎儿的死活情况。

3. 胎儿死活的检查

在正生时可将手伸入胎儿口内，轻拉舌头，轻压眼球或牵拉前肢，注意有无生理性活动。也可触摸颈动脉有无搏动。倒生时可牵拉后肢，将手指伸入肛门内或触摸脐带血管，判定有无生理性活动，判定胎儿的死活。当发现有某一项生理活动时，就可判定是活胎儿；判定胎儿死亡时，必须确认生理性活动全部消失，才能下结论。

4. 全身检查

对待难产母畜，除重点检查产道、胎儿外，还要检查母畜的精神、体温、脉搏、呼吸及结膜，以及阵缩、努责强弱等全身情况，注意有无并发症。

四、类症鉴别

母羊流产

相似点：母羊有分娩症状。

不同点：有分娩症状的流产母羊早产，可产出不足月胎儿；难产母羊则迟迟无法产出胎儿。

五、防治措施

1. 预防

（1）选配适宜体型。母羊达到体成熟后才能够进行初配，并根据公、母羊体重和体尺进行选配，一般中母羊配小公羊、大母羊配中公羊、大母羊配大公羊，禁止小母羊配大公羊。母羊进行人工授精时，必须清楚记录采精的种公羊系谱，防止近亲繁殖或者体型不合理。

（2）妊娠期供给充足营养。后备母羊如果作为繁殖使用，必须从羔羊阶段就加强饲养管理。接近配种时，饲养标准要适当提高，确保其营养状态保持良好，正常发育。空怀母羊通常要按照标准规定进行饲养。母羊妊娠期必须保持良好体况，避免过于肥胖。母羊临产前要及时转入产房，饲喂品质优良的草料，确保供给足够的饮水，但在产前一周开始要逐渐减少精料的喂量。

（3）加强日常管理。圈舍冬季温度应控制在10℃以上，降低二氧化碳和氨气等有害气体浓度，加强卫生消毒。夏季加强遮阳避雨，可搭建凉棚，供给充足的清洁饮水。妊娠母羊坚持适量、适度运动，一般每日控制在2～4 h。羊舍定期进行消毒，一般10～15 d进行1次消毒。随时对妊娠母羊进行观察，及时掌握发病情况，适时采取应对措施。

2. 治疗

（1）助产。

胎儿过大：在确定母羊难产的原因在于胎儿过大之后，需要通过对母羊阴门实施扩张术来帮助母羊顺利生产。可以用专门的扩张器对难产母羊进行阴门扩张，也可以由接羔人员抓住小羊的两只前腿，在母羊努责时，随着母羊的节奏轻轻往下拉小羊的前腿，在母羊不努责时将拉出的部分送回，当母羊再次努责时再按照同样的方法将小羊外拉，如此反复多次，母羊的阴门就会有所扩张，可容纳过大的胎儿。这时接羔人员可以一手拉着小羊的两个前肢，一手扶着小羊的头顶，由另一名接羔人员护着母羊阴门，随着母羊的努责缓缓将小羊拉出母体。

胎位不正：常见的胎位不正包括后位、侧位、横位和正位异常4种情况。

后位是指小羊臀部对着母羊阴门口，后肢和臀部先露出来，也称作倒位。遇到这种情况，接羔人员伴随着母羊阵缩和努责的节奏将胎儿送回母羊子宫之中，让小羊的2个后肢先出来，由接羔人员一手抓着小羊的2个后肢，一手护住母羊阴门，将小羊缓缓拉出母羊体外。

侧位可分为前左侧位、前右侧位、后左侧位和后右侧位，前左右侧位是指小羊头朝前，左或右肩膀先露出来，这种情况需要随着母羊的阵缩和努责将小羊送回母羊子宫调整为正位，方便母羊自然生产或进行人工助产产出。后左右侧位可将胎儿送回母羊的子宫调整为后位，再以后位的方法进行助产。

横位是指小羊背部或腹部对着母羊阴门口，整个小羊横在母羊子宫里，这种情况必须马上对母羊进行助产，首先将小羊送回母羊的子宫，人为地调整小羊在子宫内的位置为正位或后位，随着母羊的阵缩和努责，用正位或后位的助产方法进行助产。

正位异常是指俯位、仰位及其肢前头后、头前肢后4种正位的异常状态。俯位的小羊两条腿在前，头部在前肢下的胸脯位置或者直接靠在背脊上，这种情况称为肢前头后。如果小羊的头在前，前肢弯曲在胸下或者前肢向后靠在头部的后上方，这种情况称为头前肢后。仰位的情况与俯位正好相反。遇到母羊因正位异常而难产时，同样需要随着母羊的阵缩和努责的节奏，将小羊推回母羊的子宫，将小羊的位置调整为正位之后让母羊自然分娩，或人工进行助产。

（2）剖腹产手术。如果母羊子宫颈口无法很好地开张，尤其是初产母羊往往因产道过于狭窄，且较难进行矫正，以及胎位异常等而发生难产，要立即采取剖腹产手术。

准备工作：将母羊保定在手术架上，后躯抬高30°～45°，以减轻腹压，避免腹腔内脂肪或小肠顺切口挤出体外。麻醉、刮毛，清洗并碘伏消毒。注意麻醉时药物不得过量，比如静松灵类，根据个体大小肌内注射0.35～0.45 mL，麻醉药物使用过量，羊表现深呼吸、频率缓慢并口吐白沫，应及时注射解毒药品。如静松灵用肾上腺素；鹿眠宝用鹿醒灵等，一般情况下，用多少剂量的麻醉药物就用多少剂量的解毒药品。备皮先用清水将手术部位被毛洗湿，涂上肥皂使羊毛软化后，用刮毛刀片将羊毛刮净。

剖腹取胎：在乳腺前10～15 cm、腹中线侧15～20 cm处，切口10～12 cm，注意切口时避开表皮血管，下刀不可过深，到腹膜时用刀柄捅开腹膜后用手指撕开腹膜及部分肌肉，这样既防止用刀过深割伤内脏，还不会切伤血管。打开腹腔后，术者手进入腹腔内找到怀孕子宫，并将之拽出，一般可摸到羔羊肢体，摸到羔羊一后肢末端连子宫一起拽出腹腔，若母羊腹部脂肪过多和子宫一起拽出后，撕开脂肪层露出子宫体。由助手抓住含羔羊子宫后蹄部位，术者切开子宫（8～10 cm），然后，手伸入切开子宫再找到另一后肢，将羔羊拉出子宫。羔羊取出后，将子宫内露出的污物还原填入子宫内再进行缝合。

缝合：先将子宫切口缝合，第1遍用肠衣线连续缝合，第2遍用肠衣线包埋缝合；子宫缝合后清理腹腔污物，包括凝血块等，可倒入生理盐水清洗后腹腔再倒入抗菌药物，后用非吸收性缝合线将腹膜肌肉连续缝合。缝合腹膜肌肉时，不得连上腹腔脂肪膜或其他内脏，否则，有生命危险。一般缝合下针时，或用持针钳提起下针部位，或用手指伸入切口内隔开腹膜与脏器，腹膜及肌肉缝好后，缝合口撒布青链霉素粉剂；将皮肤用结节缝合，后刀口用碘伏消毒即可。

术后对母羊进行一般消炎治疗，刀口定期消炎处理。

第八节　胎衣不下

胎衣不下是指母畜分娩后，胎盘（胎衣）在第3产程的生理时限内不能排出体外，又称胎盘滞留。各种家畜分娩后，排出胎衣的时间各不相同。一般羊为4 h，如超出以上时间，则为异常。

一、病因

1. 营养因素

母羊在怀孕间期，特别是在怀孕中后期饲料中缺乏维生素 A 或补充量不足引起，多在秋季和冬季由于缺乏青绿饲料，在补饲时没有补充足够胡萝卜素或维生素 A 而引起胎衣不下；其次钙和磷以及其他矿物质不足，也易引起子宫收缩无力而胎衣不下。

2. 母体因素

母羊过度消瘦或过度肥胖、胎膜积水、胎水过多、双胎、子宫损伤、流产、难产、助产不力、年龄过大等，都可以引起子宫收缩无力，运动不足也可引起母羊生产力不足，导致胎衣不下。产后未能及时哺乳，催产素释放不足，可导致胎衣不下。

3. 胎盘异常

胎盘未成熟或老化。胎盘一般在妊娠期满前 2 ～ 5 d 成熟，胎盘结缔组织受激素的影响变松，因此，早产时间越早，胎衣不下的发病率越高。胎盘老化时，胎盘重量增加，母体子叶表层组织增厚，使绒毛钳闭在腺窝中，不易分离。胎盘充血或水肿，家畜在分娩过程中，子宫异常强烈收缩或脐带血管关闭太快都会引起胎盘充血，致使腺窝和绒毛发生水肿，胎盘组织间持续紧密连接，不易分离。羊、牛胎盘属于结缔组织，绒毛膜胎盘、胎儿胎盘和母体胎盘联系紧密，容易产生胎衣不下。

4. 疾病因素

布鲁氏菌病、结核病、链球菌病、沙门氏菌病、生殖道感染，绒毛膜和子宫内膜发生病理性变化，胎儿胎盘和母体胎盘粘连，易产生胎衣不下。激素紊乱，胎衣受子宫颈阻隔，剖腹产误缝胎衣于子宫壁、切口上等，都可以引起胎衣不下。

二、临床症状

胎衣不下分为胎衣部分不下和胎衣全部不下。

胎衣部分不下是指没有排出完整的胎盘，或是排出部分胎儿胎盘，母畜阴门外悬垂部分胎衣或无悬垂物。全部胎衣不下是指停滞的胎衣先排出的部分悬垂于阴门外，呈红色和灰白色的绳索状（图 9-8-1），如果时间过长，则被粪土污染。

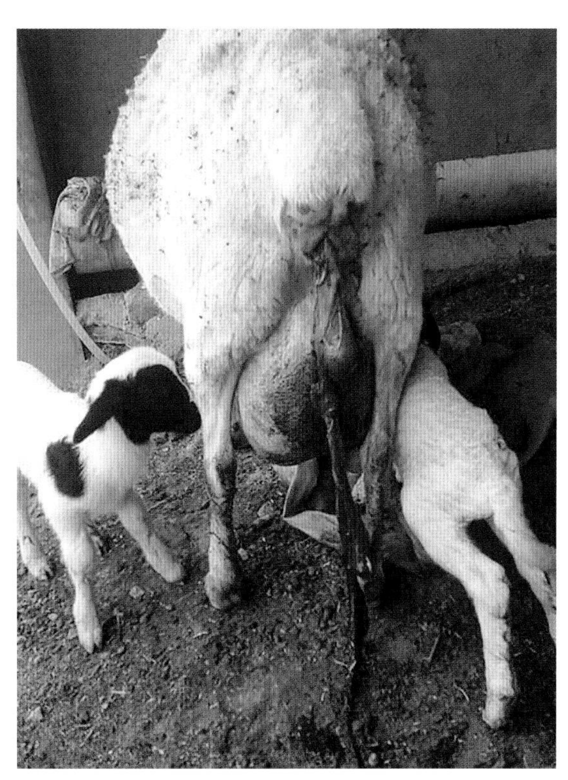

图 9-8-1　胎衣部分不下，阴门外悬垂部分胎衣
（窦永喜 供图）

当子宫高度弛缓时，胎衣不露出阴门外，全部停留粘连在子宫内、阴道内。病羊表现不安、拱背、努责，从阴道排出污红色腐败液体及胎衣组织碎块（图 9-8-2），站立时排出量不多，卧下时排出量大，体温升高，呼吸促迫，脉搏加快。如不及时治疗，常伴发急性子宫炎症，或引起败血症死亡。

三、诊断

根据病羊发病史和临床症状，结合产道检查和子宫检查可确诊。

四、类症鉴别

母羊子宫内膜炎

相似点：病羊生产后体温升高，精神不振，食欲减退或废绝，拱背，努责，从阴门内流出大量黏性或黏液脓性分泌物。

不同点：母羊胎衣不下可见悬挂在外的胎衣，或者产道、子宫检查可见胎衣滞留于体内。

图 9-8-2　胎衣全部不下，母羊阴道排出污红色液体污染尾部（窦永喜　供图）

五、防治措施

1. 预防

（1）加强饲养管理。给怀孕中后期母畜多增加青绿饲料，特别是在秋冬季节更应该增加胡萝卜素和维生素 A；同时，给予含蛋白质丰富的饲料，增加钙磷矿物质补充量，使其临产前的身体丰满度达到中上水平。增加妊娠家畜的运动量和光照，增强体质，使妊娠母羊的身体机能处于一个良好的状态。

（2）定期检疫，预防疾病。要定期给羊做检疫，预防布鲁氏菌病、结核病。可在饲料之中增加保健药物如黄芪多糖粉、左旋咪唑粉等增加动物机体的免疫力，防止链球菌、沙门氏菌、李氏杆菌病对生殖系统的破坏和感染。

（3）规范操作。加强孕畜的生殖卫生保健，在人工授精、阴道检查、子宫检查、助产分娩时，都要严格按操作规程进行严格消毒。

2. 治疗

（1）西药治疗。

处方 1：用 20 IU 催产素溶于 500 mL 5%葡萄糖生理盐水中缓慢静脉注射。

处方 2：用 10%的浓盐水 100 mL 注入子宫内，可促进胎儿胎盘与母体胎盘的分离，防止胎衣腐败，促进子宫收缩，加快胎衣排出。

处方 3：肌内注射 30%安乃近 10 mL，160 万 IU 青霉素，链霉素 100 万 IU，每日 2 次，连用 5 d，可预防子宫内膜炎。

（2）中药治疗。

处方 1：炙黄芪 10 g、党参 15 g、白术 10 g、当归 10 g、陈皮 10 g、甘草 10 g、升麻 5 g、柴胡 10 g，水煎服，连服 3 剂。

处方 2：当归 20 g、党参 10 g、益母草 30 g、车前子 30 g，水煎服，每日 1 次，连用 3 d。

处方 3：益母草 30 g、车前子 30 g、炙黄芪 10 g、川芎 8 g、桃仁 8 g，水煎服，每日 1 次，连用 5 d。

（3）手术剥离。经药物治疗无效者，可使用手术剥离。术前先用温水灌肠，排出（用手掏尽）粪便再用 0.1% 高锰酸钾溶液洗净外阴。然后左手握住外露的胎衣，右手顺阴道伸入子宫，寻找到子叶，先用拇指找出胎儿的边缘，然后将食指或拇指伸入胎儿胎盘与母体胎盘之间，慢慢把它们分开，至胎儿胎盘被分离一半时，用拇指、食指、中指握住胎衣轻轻一拉，就可把叶状胎盘完整地剥离下来。如果粘连较紧，则须缓慢剥离，切不可硬拽。剥离时必须由外向内循序渐进，而且左手将握在手中的胎衣不断扭转。越靠近子宫角尖，越不易操作，此时术手应沿着牵引较紧的方向寻找胎盘剥离，细心操作。

第九节　母羊生产瘫痪

生产瘫痪又称产后瘫痪、低钙血症、乳热症，是母羊分娩后突发性的一种代谢性疾病（图 9–9–1）。该病主要由母羊血糖和血钙量在短时间内快速降低所致，临床表现为发病急骤，发病初期体温短时间内迅速升高（有时高达 41℃以上），四肢瘫痪和知觉丧失，呼吸迫促；病重及病至后期，体温逐渐下降，有时降至 36℃以下，预后不良。该病在 3 ～ 6 岁的舍饲、产乳量高和营养良好的母羊多发，多在母羊产羔后的一段时间内暴发。

图 9-9-1　产后瘫痪（马利青 供图）

一、病因

1. 饲养方式不合理

该病主要诱导因素是饲喂方式不合理，处于孕产期母羊日粮要求多元化，保证营养全价。若母羊日粮中钙磷物质不足量或搭配比例不当，或者长期饲喂单一的粗饲料，就很容易引起该病。在规模化、集约化舍饲模式下，高产乳量、多胎率的怀孕末期母羊，其饲料营养不全价或过剩，特别是钙磷物质长期缺乏或比例失调，极易引发该病。

2. 母羊分娩、泌乳消耗能量大

临产过程中，母羊分娩时间过长、失血量较多、泌乳耗钙等，可引起血糖、血钙含量急剧降低，降钙素抑制甲状旁腺素的骨溶解作用，导致调节过程不能适应，而变为低钙状态，于是引起发病；临产母羊个体属于过敏体质、不良基因后代等，生产过程中神经系统过度紧张（抑制或衰竭），

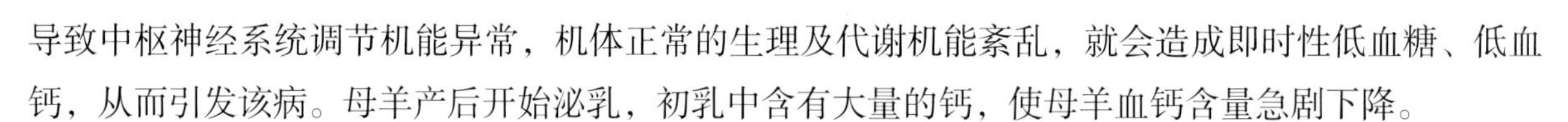
导致中枢神经系统调节机能异常，机体正常的生理及代谢机能紊乱，就会造成即时性低血糖、低血钙，从而引发该病。母羊产后开始泌乳，初乳中含有大量的钙，使母羊血钙含量急剧下降。

3. 母羊运动量少

母羊配种受孕后的营养需要量增加，而母羊的怀孕期一般在冬季，许多养殖户习惯饲喂秸秆，少精料，羊因营养不良冬季掉膘严重，再加上冬季气温低、光照时间短，羊的户外活动减少，接受紫外线的照射少，很容易因维生素 D 缺乏和钙磷比例失调而患骨质软化病，治疗不及时，极易发生产后瘫痪。

二、临床症状

最初症状通常出现于分娩之后，少数的病例，见于妊娠末期和分娩过程。由于钙的作用是维持肌肉的紧张性，故在低钙血情况下病羊总的表现为衰弱无力。病初抑郁，食欲减少，反刍停止，后肢软弱，步态不稳，甚至摇摆。有的羊弯背低头，蹒跚走动。由于发生战栗和不能安静休息，呼吸常见加快。这些初期症状维持的时间通常很短。此后羊站立不稳，在企图走动时跌倒。有的羊倒后起立很困难。有的不能起立，头向前直伸，不吃食，停止排粪和排尿。皮肤对针刺的反应很弱。

少数羊知觉完全丧失，发生极明显的麻痹症状。舌头从半开的口中垂出，咽喉麻痹。针刺皮肤无反应。脉搏先慢而弱，以后变快，勉强可以摸到。呼吸深而慢。病的后期常常用嘴呼吸，唾液随着呼气吹出，或者从鼻孔流出食物。病羊常呈侧卧姿势，四肢伸直，头弯于胸部，体温逐渐下降，有时降至 36℃。皮肤、耳朵和角根冰冷，很像将死状态。有些病羊往往死于没有明显症状的情况下。

三、诊断

尸体剖检时，未见任何特殊病变，唯一精确的诊断方法是分析血液样品。但由于病程很短，必须根据临床症状的观察进行诊断。乳房通风及注射钙剂效果显著，亦可作为该病的诊断依据。

四、类症鉴别

羊白肌病

相似点：病羊精神萎靡，食欲不振，后躯摇摆，蹒跚走动，倒地不起，瘫痪，肢体僵直。

不同点：羊白肌病病羊还表现异嗜、强直性痉挛、腹式呼吸、腹泻等症状，部分病羊角膜炎、结膜炎，频繁排尿，且尿液呈红褐色或淡红色。剖检可见部分皮下出现胶冻样浸润；心肌有斑块或者条束样的病灶，呈苍白色或者灰白色；背肌、腰肌、臀肌处的骨骼肌发生对称性病变呈灰白色；肾脏表面形成土黄色与紫红色相间的变化。

五、防治措施

1. 预防

加强饲养管理。加强分娩前后的母羊，尤其是初产羊和产仔多的母羊的饲养管理，及时清除粪尿，经常更换垫料，保持圈舍干燥、卫生；严格控制母羊的饲养密度，做好舍内保温及通风工作；饲料要合理搭配，适当补充豆粕等精料，可以多喂一些胡萝卜等维生素含量高的根茎类植物，以促进钙的吸收。在整个怀孕期间都应喂给富含矿物质的饲料，单纯饲喂富含钙质的混合精料，似乎没有预防效果，若同时给予维生素 D，则效果较好。定期或不定期开展消毒工作，减少病原菌滋生；为母羊提供充足的干净饮水，注意观察母羊的饮食及行动，避免因管理疏忽而引发疾病。

适量运动。产前应保持适当运动，但不可运动过度，因为过度疲劳反而容易引起发病。

药物预防。对于习惯发病的羊，于分娩之后及早应用下列药物进行预防注射：5% 氯化钙 40 ～ 60 mL，25% 葡萄糖 80 ～ 100 mL，10% 安钠咖 5 mL 混合，一次静脉注射。在分娩前和产后 1 周内，每日给予蔗糖 15 ～ 20 g。

2. 治疗

（1）药物治疗。

处方 1：肌内注射黄芪多糖注射液 10 ～ 20 mL，每日 1 ～ 2 次，连用 3 d。

处方 2：肌内注射 50 mg 维生素 B_1 与维丁胶性钙注射液 8 mL，每日 1 次，连用 5 ～ 7 d。

处方 3：静脉 10% 葡萄糖酸钙 50 ～ 100 mL。

处方 4：5% 氯化钙 60 ～ 80 mL，10% 葡萄糖 120 ～ 140 mL，10% 安钠咖 5 mL 混合，一次静脉注射。

当补钙后，病羊机敏活泼，欲起不能时，多伴有严重的低磷血症。此时可应用 20% 的磷酸二氢钠溶液 100 mL，一次静脉注射。随着钙的供给，血液中胰岛素的含量很快提高而使血糖降低，有时可引起低血糖症，故补钙的同时应当补糖。

（2）乳房送风法。使羊稍呈仰卧姿势，挤出少量乳汁；用酒精棉球擦净乳头，尤其是乳头孔。然后将煮沸消毒过的导管插入乳头中，通过导管打入空气，直到乳房中充满空气为止。用手指叩击乳房皮肤时有鼓响音者，为充满空气的标志。在两侧的乳房中都要注入空气；为了避免送入的空气的逸出，在取出导管时，应用手指捏紧乳头，并用纱布绷带轻轻扎住每一个乳头的基部。经过 25 ～ 30 min 将绷带取掉。将空气注入乳房各叶以后，小心按摩乳房数分钟。然后使羊四肢蜷曲伏卧，并用草束摩擦臀部、腰部和胸部，最后盖上麻袋或布块保温。注入空气以后，可根据情况考虑注射 50% 葡萄糖溶液 100 mL。如果注入空气后 6 h 情况并不改善，应再次乳房送风。

第十节　乳房创伤

乳房创伤常见于奶山羊，其特征是乳房皮肤、皮下蜂窝组织，甚至腺体组织发生破裂开口。

一、病因

奶山羊常喜穿越树丛，或在树丛附近采食，乳房常被划破。有时由于穿越带刺铁丝的围栏，而发生刺伤或裂伤。卧地时可受到玻璃、瓷片、钉子、针头等锐利物品的刺伤或划伤。

二、临床症状

根据损伤程度的不同，乳房创伤可分为表层和深层 2 种。表层创伤是指皮肤和皮下组织受到破坏，深层则是乳房实质受到损伤。

表层创伤没有什么特点，但如处理不当，会导致病羊疼痛不安，影响到挤奶。

深层创伤的特点是根据创伤发生的部位而定。如果创伤穿透了乳房乳池或乳头乳池，则经常有乳汁通过伤口外流。如果创伤损坏了乳头管，则挤奶时会妨碍乳汁的排出，或者乳汁呈点滴状或细股状流出；有时会发生持续性的漏乳。有时乳头全被撕掉，则因不断地大量漏乳，会使一侧乳房完全萎缩。由于乳房创伤主要是边缘不整齐的裂伤，所以愈合很缓慢，而且常因乳房深部的腺体组织受到感染而使病情加重。

当受到感染时，病原菌可以从创伤出发，沿着输乳管和淋巴管扩散，因此在创伤发生后不久，即会引起蜂窝织炎、脓性乳房炎以及乳房坏疽等并发症。

这些并发症的病程都很严重，往往会导致半个乳房完全丧失产乳能力。乳头乳池上的穿透伤，由于伤口中经常漏乳，细菌不易停留，故不易引起乳房炎。但因漏乳妨碍肉芽组织的生长和伤口的愈合，所以在治疗不当时，容易形成瘘管。

三、诊断

根据临床症状可进行确诊。

四、类症鉴别

羊漏乳

相似点：乳房创伤损坏乳头管时，乳汁可呈点滴或细股状流出，与漏奶症状相似。

不同点：羊漏乳常发生在哺乳、挤奶前后，常因遗传或乳头括约肌发育不良、麻痹引起；而乳房创伤乳汁流出则多出现在挤奶时，且因乳头管损伤导致。

五、防治措施

1. 预防

放牧时，应避免荆棘多的树丛，防止划伤；驱赶羊群不可太快，避免羊群受到惊吓，钻入树丛或铁丝网。给羊剪毛时，应特别小心，防止刀划伤。检查褥草，不可用夹杂有铁丝、铁钉及玻璃等锐利物品的褥草。给羊进行药物注射时，不可将废弃的医疗废物乱抛弃。

2. 治疗

（1）表层创伤。对于乳房沟内的创伤，应该使用粉剂药物，以保持干燥，促进其愈合。如果伤口的范围较大，应在清洗之后，除去坏死组织，修整创缘，然后施行局部浸润麻醉，并用结节缝合法加以缝合。但伤口必须新鲜（一般在 6 h 之内），而且污染程度不大，否则不可缝合。如果伤口边缘发生水肿而妨碍排液，可以抽出 1 ～ 2 针缝线，以扩大伤口。待炎症开始消散时，再将遗留的开口紧密缝合起来。

（2）深部创伤。只有在确信其没有受到感染和将创缘修整为新伤口之后，才可进行缝合。而且不能完全缝合，应使其下端敞开，以利渗出物的排出。对于特别大而深的创伤，可在伤口内塞入引流橡皮条或纱布。向下向内深入的伤口，其炎性渗出物会沿血管、淋巴管和输乳管扩散，容易引起整个乳腺的感染，因此治疗时必须设法局限炎症，以保持整个乳腺的机能。所以在缝合这种创伤之前，必须扩大伤口，向下做 1 条切口，以便创腔排液。如果是刺伤而带有从上向下的管道，也应该扩大伤口。泌乳盛期的深部创伤，为避免漏乳而影响愈合，可在皮下注射 1% 阿托品注射液 1 ～ 2 mL，以降低泌乳机能。

（3）乳头穿透伤。缝合必须紧密，因为缝合不严时，乳汁会继续外漏，而导致伤口成为瘘管；若缝合过迟，则由于组织增生变脆，而使缝合手术遇到很大困难。在缝合乳头穿透伤前，应在乳房基部施行皮下浸润麻醉，使其以下部分完全失去知觉。缝合时须用 3 道缝合线，由内向外依次缝合。第 1 道缝合用尼龙线（不用丝线）紧密缝合黏膜，用连续缝合法。第 2 道缝合用丝线缝合黏膜下层，亦用连续缝合法。第 3 道缝合用丝线缝合皮肤上的伤口，采用结节缝合法。第 1、第 2 道缝线应分别在伤口两端的皮肤外打结，以便抽线，但抽线必须在 10 d 以后。

乳头穿透伤的手术疗法，常因从伤口漏乳而失败。为了保证伤口的愈合，除了缝合紧密以外，还要经常保持乳头中的乳汁向外流出。但是，通常应用的乳头管，仅在末端具有数孔，其余大部分没有排出孔，当插入乳头时，只是乳头基部的乳汁能够排出，而其余部分的乳汁仍旧积蓄起来，浸泡着创伤，有碍于创伤的愈合。或采用多孔的硬橡胶管做成乳导管。硬橡胶管可用小动物导尿管代替，给两侧各造 7 ～ 8 个小孔即成。应用时借钝头探针将其插进乳头内，并将导管的下端固定在乳头皮肤上，以免滑掉或进到乳头内。为了避免污物从导管的末端进入乳头内引起污染，可给其末端缚以长 1.5 ～ 2.0 cm，宽 0.3 ～ 0.4 cm 的薄橡皮条（从废橡皮手套上剪下的），作为 1 个瓣膜，将导管的末端封住；但当导管没积有乳汁，仍可将橡皮条压开而流出来。橡皮导管还有好处，就是在羊只卧下时，不至损伤乳头的黏膜。

位于乳头末端的创伤，尤其是损伤括约肌，愈合起来更慢，而且常由于组织增生而形成乳头管的狭窄或闭锁。为了预防这种不良后果，在用一般外科方法治疗的时候，应把乳导管经常插在乳头管中。

术后经常给手术部位涂搽 5% 碘酊等药物。视创伤情况，可肌内注射抗菌消炎药物，以加快伤口愈合。

第十章

羊营养代谢病

第一节　白肌病

白肌病又称肌肉营养不良症，是由于饲料中微量元素硒和维生素 E 缺乏或不足，而引起临床上以羊运动障碍和循环衰竭，病理学上以骨骼肌、心肌和肝脏组织变性坏死为特征的一种急性或亚急性代谢性疾病。成年羊发病表现为繁殖机能障碍。

一、病因

羊白肌病主要是由于羊采食含有较少或者缺乏维生素 E 和微量元素硒的饲料，或者饲料内含有高水平的锌、钴、银等微量元素而导致机体无法吸收足够的硒而发病。当饲料牧草中硒含量低于 0.1 mg/kg 时，就可发生硒缺乏症。此外，维生素 E 属于天然抗氧化剂之一，如果饲料储存条件较差，如温度过高、湿度过大，经受暴晒或者淋雨，以及长时间存放，发生酸败变质，就会非常容易分解破坏其中所含有的维生素 E。尤其是在缺硒地区，羊非常容易发生该病。当羊体内缺乏维生素 E 和硒时，会导致生理性脂肪被过度氧化，损伤细胞组织的自由基，导致组织细胞出现退行性病变或者坏死，还能够造成钙化。该病变能够蔓延至全身，其中最为严重的是心肌、骨骼肌受损，从而导致急性心肌坏死和运动障碍。

二、致病机理

硒与维生素 E 在维持细胞完整性的生物学作用方面已有许多研究，硒是谷胱甘肽过氧化物酶的重要组成部分。该酶能消除在生物氧化过程中所产生的脂质过氧化物，而维生素 E 作为抗氧化剂，它的作用是抑制或降低生物膜类脂产生过氧化物，保护暴露于高浓度脂质过氧化物的细胞膜的作用。

当硒、维生素 E 缺乏时，谷胱甘肽过氧化酶活性降低，导致脂质过氧化物增多，从而损害生物膜结构，尤其是线粒体、内质网等，富含不饱和脂肪酸的生物膜易受损害。过氧化物的 ROOH 游离基还能破坏溶酶体，释放水解酶来损害细胞。结果，细胞膜系统不稳定性可能增强，细胞控制过氧化作用的能力降低，致使细胞膜结构和功能遭破坏。因此，当动物营养中缺硒时，特别是幼畜生长发育快，代谢旺盛、细胞增殖快，则其氧化过程必然强烈，产生的过氧化物相对增多，而其细胞结构尚不够完善，膜结构对过氧化物的抵抗力和耐受力均低，产生过多的过氧化物，必然损害细胞的膜结构。亚细胞膜首先发生损害，当应激因素发生时，即可促使处于低硒临界水平的幼年动物发病。

三、临床症状

白肌病通常 7 ～ 60 日龄羊较易发生，随着年龄的增长以及多产母羊所产羔羊具有更高的死亡率，尤其是生长速度较快、体质强壮的羔羊更容易发病和死亡。

1. 最急性型

羊只在采食、放牧过程中或者运动之后突然发病倒地，且快速死亡。不同病羊的病程存在一定的差异，非常严重时会突然表现出兴奋不安，发出哀叫，经过 10 ～ 30 min 就出现死亡。当病羊呈急性死亡时，大部分没有出现明显的症状，通常在发病后的 6 ～ 8 h 出现死亡，死前具有呼吸困难、频率加快，且鼻孔流出粉红色鼻液的症状。

2. 急性型

病羊精神较差，体质消瘦，运动乏力，不愿走动，步态僵硬，后躯摇摆（图 10–1–1）；部分卧地后拒绝起立；部分出现异嗜、强直性痉挛、腹式呼吸、腹泻和瘫痪等症状，往往在 1 周左右死亡（图 10–1–2）。病羊体温基本保持正常，且胃肠蠕动没有出现明显的异常，但心跳加快、节律不齐，脉搏超过 200 次 /min，出现明显的传导阻滞和心房纤维颤动现象。触诊背部、臀部肌肉，有肿胀，比正常肌肉硬，病变部位常呈对称性。

3. 慢性型

病羊精神萎靡，离群自处，不喜运动，食欲不振或食欲废绝，最后，卧地无法起立，颈部明显僵直，且偏向一侧（图 10–1–3）。如果迫使病羊起立，轻者肢体僵硬，走路晃动，重者无法稳定站立或很快跌倒。病羊还会发生腹泻，肺泡音粗粝，能够听到明显的湿性啰音，呼吸浅表、急促，80 ～ 90 次 /min，少数出现腹式呼吸，肠音没有出现明显变化，少数病羊发生便秘。可视黏膜苍白（图 10–1–4），部分会引起角膜炎、结膜炎，个别最终失明（图 10–1–5），频繁排尿，且尿液呈红褐色或淡红色。

图 10–1–1　不愿走动，步态僵硬，口流涎水（马利青　供图）

图 10–1–2　间歇性痉挛，瘫痪（马利青　供图）

图 10–1–3　发作时头颈偏向一侧（马利青　供图）

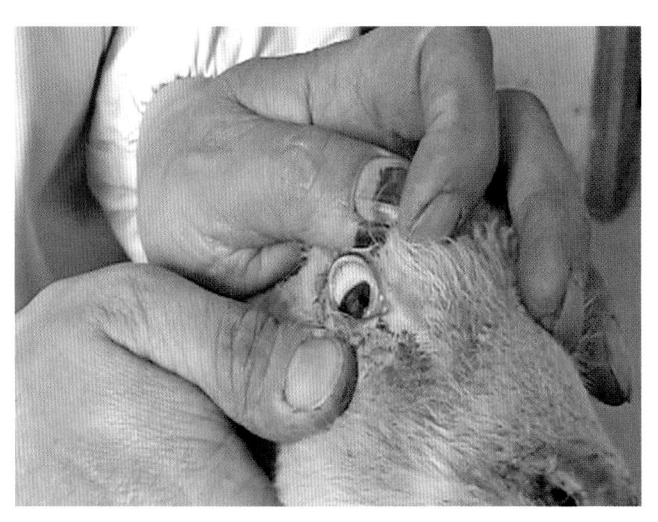

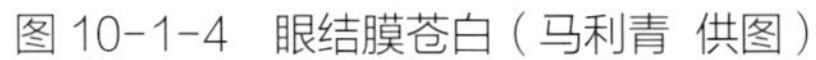

图 10-1-4　眼结膜苍白（马利青　供图）

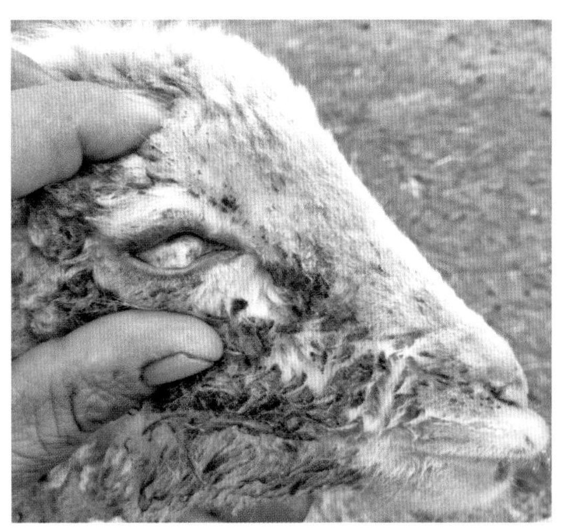

图 10-1-5　眼结膜炎导致失明（马利青　供图）

四、病理变化

剖检发现鼻侧、眼睑、下颌、耻骨部、胸部、尾根、股内侧等部位的皮下出现胶冻样浸润（图 10-1-6）。心肌质地柔软且脆弱，横径变宽，明显扩张，心壁变薄，心内膜和心外膜有出血斑点，形成斑块或者条束样的病灶，呈苍白色或灰白色（图 10-1-7），如同煮熟一样。背肌、腰肌、臀肌处的骨骼肌发生对称性病变，且非常容易与正常肌肉相区别，肌肉发生变性后呈灰白色，且比较干燥，弹性完全消失（图 10-1-8、图 10-1-9）。肺间质发生水肿，被膜下存在出血斑点（图 10-1-10）。肾脏变得柔软，且表面形成土黄色与紫红色相间的变化（图 10-1-11）。胸腔、腹腔及心包腔存在大量的淡黄色液体。肝脏质地脆弱，呈黄色，胆囊发生肿大且充盈（图 10-1-12）。脾脏肿大，

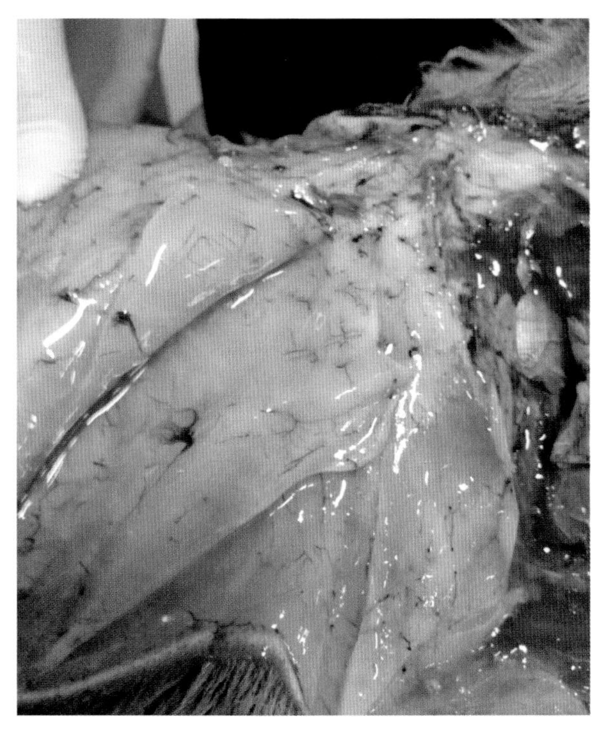

图 10-1-6　皮下胶冻样浸润（马利青　供图）

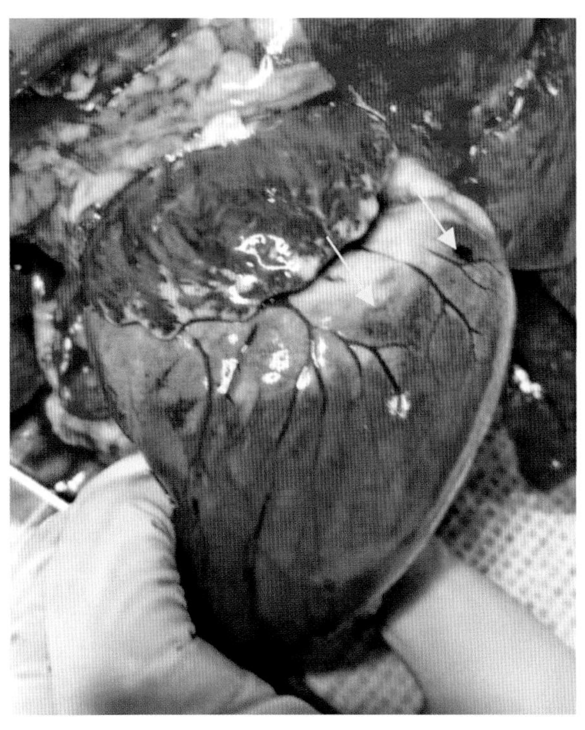

图 10-1-7　心脏颜色变淡，形成斑块（马利青　供图）

色淡，有点状出血（图 10-1-13）。真胃发生炎症且出血，回肠、空肠、十二指肠和部分盲肠黏膜发生充血或出血，呈紫红色（图 10-1-14）。肠系膜淋巴结肿胀，变得柔软，按压会流出大量的浅黄色液体，切面上出现小粒状的突出物（图 10-1-15）。

组织学病变为肌纤维颗粒变性、透明变性或蜡样坏死以及钙化和再生。透明变性时肌纤维肿胀，嗜伊红性增强，横纹消失。蜡样坏死的肌纤维常崩解呈碎块或变成无结构的大团块，着色较深，可发生钙化、核浓缩或破碎。肌间成纤维细胞增生。

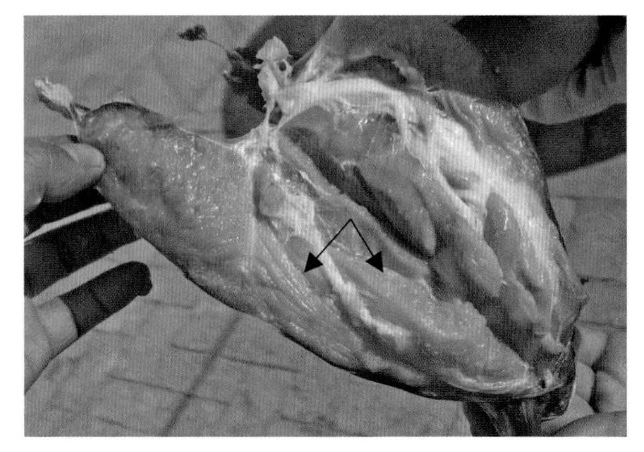

图 10-1-8　患羊骨骼肌肌肉组织干燥，色淡（马利青　供图）

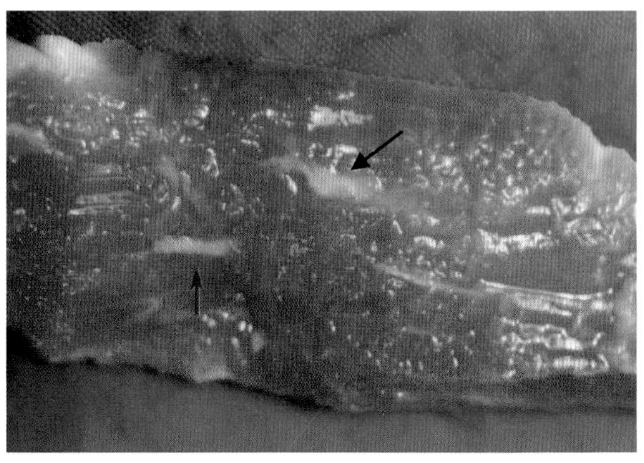

图 10-1-9　患羊肌间纤维发生病变，形成白色斑点（马利青　供图）

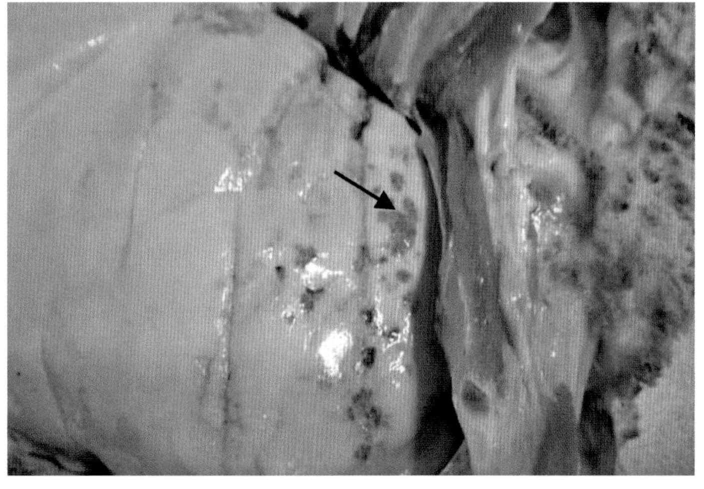

图 10-1-10　肺水肿，被膜下有出血斑点（马利青　供图）

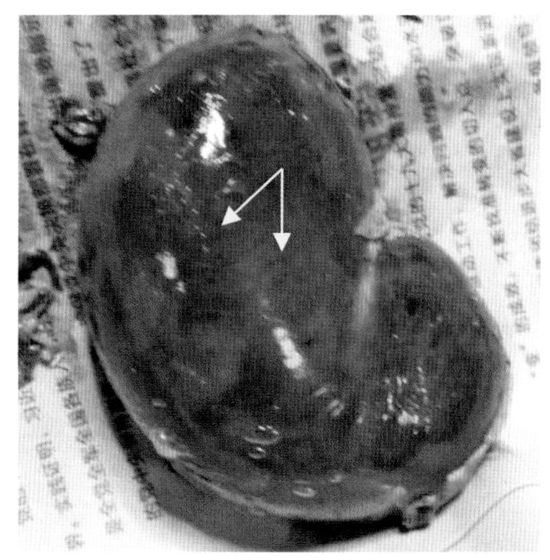

图 10-1-11　肾脏变软，颜色深浅不一（马利青　供图）

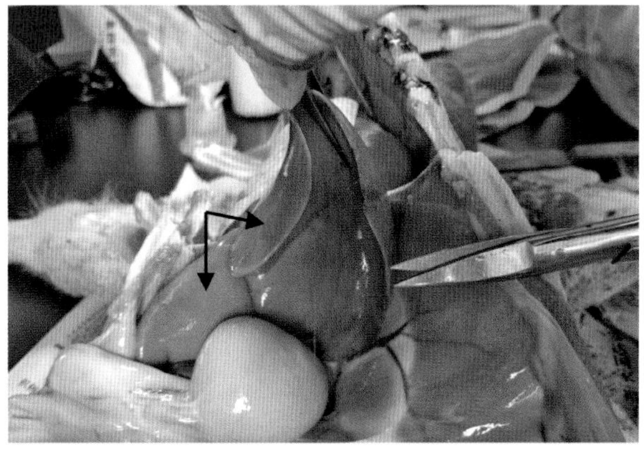

图 10-1-12　肝脏稍肿大，色土黄（马利青　供图）

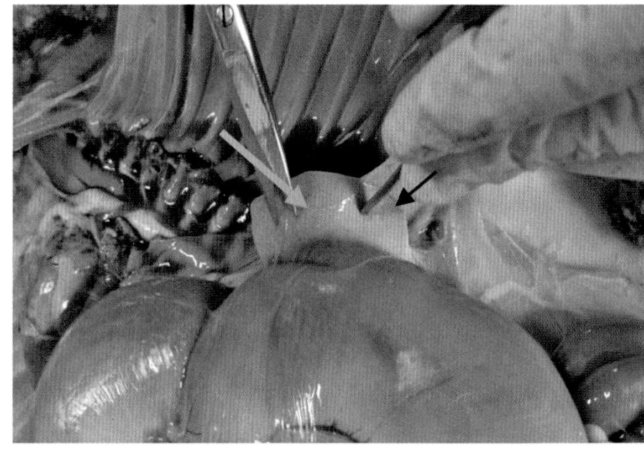

图 10-1-13　脾脏肿大，色淡，有点状出血（马利青　供图）

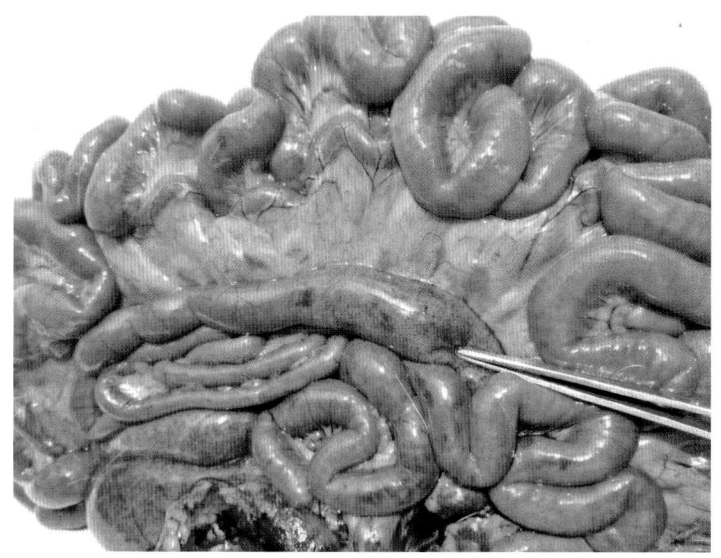
图 10-1-14 肠道充血或出血（马利青 供图）

图 10-1-15 肠系膜淋巴结肿胀（马利青 供图）

五、诊断

1. 诊断要点

根据幼龄羊多发、群发；病羊运动障碍、心脏衰弱、渗出性素质、神经机能紊乱；剖检可见骨骼肌、心肌、肝脏、胃肠道、生殖道有典型营养不良病变，骨骼肌色淡，呈鱼肉样或熟肉样，可作出初步诊断。

2. 血液检测

病羊血液和肝脏中维生素 E 的含量测定及血液 CPK、AST、GSH-Px 的活性测定有助于确诊。

六、类症鉴别

羊丝状线虫病

相似点：最急性病例为病羊突然倒地不起，兴奋不安，哀鸣。慢性病例为病羊运动无力，步态踉跄，不能站立，卧地。

不同点：丝状线虫病最急性病例为表现眼球上旋，颈部肌肉强直或痉挛，抽搐后病羊四肢强直，向两侧岔开，不出现流粉红色鼻液症状。慢性病例为病羊不见腹泻，腹式呼吸，可视黏膜苍白，角膜炎，频繁排尿等症状。剖检可见脑、脊髓的硬膜、蛛网膜有浆液性、纤维素性炎症和胶样浸润，以及大小不等的出血灶；脑、脊髓实质（尤其是白质区）可见由虫体所致的斑点状、线条状的黄褐色病灶，以及形成大小不同的空洞和液化灶。

七、防治措施

1. 预防

（1）加强管理。加强对妊娠、哺乳母羊及羔羊的饲养管理，特别是冬春季节应注意补充蛋白质饲料和富硒饲料，如苜蓿干草等的供给。

（2）预防补硒。应用亚硒酸钠维生素 E 注射液进行预防注射，怀孕母羊 8 mL/ 只，每隔半月至 1 个月注射 1 次，共注射 2 ～ 3 次。生后 2 ～ 3 日龄的羔羊，每只注射亚硒酸钠维生素 E 注射液 1 mL，具有较好的预防作用。

（3）硒缓释丸。把硒粉与其他金属混合，用物理方法压成一定的性状，投入羊的瘤胃和网胃中，使其缓慢释放，供机体利用。目前常用的基质有铁粉、偏磷酸盐、氧化铝胶。

2. 治疗

（1）补饲。加强护理，供给富含微量元素硒的牧草。

（2）西药治疗。每只颈部肌肉或者皮下注射 2 ～ 4 mL 0.1% 的亚硒酸钠溶液，经过 10 ～ 20 d 再进行 1 次注射；同时，在适量的清水中添加 4 mg 氯化锰、3 mg 氯化钴、8 mg 硫酸铜、3 g 碘盐，充分搅拌混合均匀，然后给病羊口服；同时辅助给每只病羊静脉注射 5 ～ 10 mL 葡萄糖酸钙注射液或者氯化钙注射液，或者每日肌内注射维生素 E 注射液 10 ～ 15 mg，一个疗程连续使用 5 ～ 7 d。

（3）补充维生素。适当补充维生素 A、B 族维生素、维生素 C。

第二节　食毛症

羊食毛症是营养失衡引起的一种以嗜食被毛成癖为特征的营养缺乏性疾病。该病在我国西北、东北各地均有报道，以新疆、青海和甘肃发病较多，尤其在甘肃河西走廊的荒漠草场表现为严重的地方性流行。

一、病因

1. 日粮中缺乏矿物质和微量元素

羔羊食毛症的病因目前尚未完全清楚。一般认为，羊日粮中矿物质（包括微量元素）不足，特别是钙、磷的缺乏或比例失调，可导致矿物质代谢障碍，致使羊啃咬被粪尿污染部位的被毛而诱发食毛症。

2. 日粮中缺乏含硫氨基酸

有人提出，日粮中含硫氨基酸缺乏是诱发该病的重要原因，羊毛生长需要大量必需的含硫丰富的蛋白质或氨基酸，如果该类蛋白质供应不足，会引起羊食毛。

3. 饲料和饮水中锌、钼的含量高

据报道，在土壤、饲料和饮水中含锌、钼高的地区，该病的发病率较高。饲料和饮水中含锌过高，会导致羊瘤胃内游离脂肪酸的含量以及乙酸和丁酸的比例下降，使羔羊发生异嗜。

根据黄有德对甘肃省阿克塞哈萨克族自治县和肃北蒙古族自治县绵羊和山羊“食毛症”的调查

研究，成年绵羊、山羊体内常量元素硫缺乏是该病的主要病因，病羊被毛硫含量仅为2.61%，明显低于正常值（3.06%～3.48%）。同时，当地牧草中氟含量较高、铜含量不足和高磷低钙型钙磷比例不当。由于当地实行“草畜双承包”替代传统的游牧制度，这种局部地域性水土病流行，羊只终年只限制在同一狭小地域放牧、饮水，而该地域处于区域性季节性硫元素供应不足之地。

二、致病机理

硫是机体必需的常量矿物元素之一。其在羊体内的含量约为0.15%，可以合成多种含硫有机物并实现其作用。其合成的含硫氨基酸，如蛋氨酸、胱氨酸、半胱氨酸等，占体蛋白的0.6%～0.8%。还有硫胺素、生物素等维生素，骨与软骨中的硫酸软骨素，参与胶原和结缔组织的糖胺聚糖，以及含巯基酶等在机体代谢中起着不可替代的重要作用。被毛蛋白质含硫相对集中，绵羊毛蛋白质中约含4%的硫。羊对硫的吸收利用因品种而异。当饲料蛋白质供给不足或蛋白质外硫源不足时，羊则发生硫元素缺乏。此时由于硫代谢扰乱，病羊出现采食量下降、生长缓慢、掉毛脱毛，并以本能的“吃毛补毛”来补偿硫元素的不足，从而表现出了“食毛症”。

三、临床症状

发病羊只啃食自身或其他羊只被毛，尤其是臀部，然后扩展到腹部、肩部等部位，被啃毛的羊只，轻者被毛稀疏，重者大片皮肤裸露（图10-2-1），甚至全身被毛被啃落。病羊食欲不振、消化不良、逐渐消瘦，消化道毛球梗阻，表现腹肚胀满、腹痛，甚至衰竭死亡。病羊还可啃食毛织品，部分羊只出现采食煤渣、骨头、砖头、泥土等异嗜症状（图10-2-2、图10-2-3）。

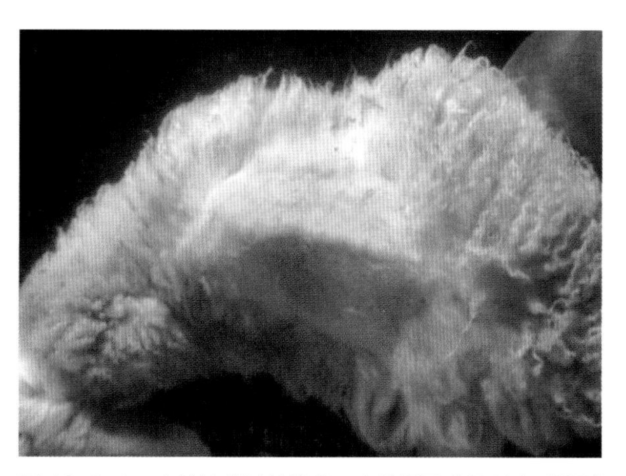

图10-2-1　病羊被啃过的羊背，皮肤裸露（马利青　供图）

图10-2-2　病羊异食癖，在瘤胃中发现的建筑垃圾（马利青　供图）

图10-2-3　病羊异食癖，在牧草丰盛的季节也在舔土（马利青　供图）

四、病理变化

病羊皮下脂肪少、消瘦（图 10–2–4），一些部位呈胶样水肿，血液稀薄；背部与臀部肌肉色淡，其中，混有淡灰色条纹、斑点；心室壁薄，心肌有灰白色变性；肾脏被膜增厚，常与实质粘连；肝脏呈紫褐色；胃幽门部或小肠内常有大小不等的毛球（图 10–2–5、图 10–2–6）。

图 10-2-4　病羊极度消瘦（马利青　供图）

五、诊断

根据羊嗜食被毛成瘾，大批羊只同时发病，具有明显的地域性和季节性，可作出初步诊断。对发病地区的土、草、水和病羊被毛矿物质进行检测，硫元素供给不足和含量低于正常范围，以含硫化合物补饲病羊疗效显著，即可确诊。

图 10-2-5　病羊在瘤胃中形成的毛球（马利青　供图）

图 10-2-6　病羊瘤胃中大量的毛球（马利青　供图）

六、类症鉴别

1. 羊疥螨病

相似点：病羊啃咬被毛，被毛脱落，严重者全身脱毛；食欲不振，逐渐消瘦，贫血，甚至极度衰竭而死。

不同点：疥螨病羊眼部、嘴角等无毛或少毛部位首先发病，出现痒感、丘疹、结节、水疱、脓疱、结痂，患部皮肤增厚，有白色皮屑。病羊不断在墙、栏柱、石头等处擦痒。

2. 羊痒螨病

相似点：病羊啃咬被毛，被毛脱落，严重者全身脱毛；病变先从臀部发生，后遍布全身；食欲减退，消瘦。

不同点：痒螨病羊躁动不安、不停地在木柱、墙壁等处摩擦，或用后肢搔抓患部。发痒部位形成结节、水疱，破溃后结痂。

七、防治措施

1. 预防

（1）补充营养饲料。应补给羔羊富含蛋白质、维生素和矿物质的饲料，平时可适当补喂羔羊一些青绿饲料、胡萝卜、甜菜和麸皮等，每日补给优质蛋白性饲料 5 ～ 10 g，适当补给食盐。对经常发生食毛症的羊群，日粮中应补给食盐、维生素和蛋白性饲料。

（2）补充含硫颗粒饲料。对发病率高的羊群用药物颗粒饲料补饲。建议使用如下配方的颗粒饲料：硫酸铝 143 kg、生石膏 27.5 kg、硫酸亚铁 1 kg、玉米 60 kg、黄豆 65 kg、草粉 950 kg，加水 45 kg，用颗粒饲料加工机经搅拌加工成直径为 5 mm 颗粒。放牧羊平均每只每日 20 ～ 30 g，可盆饲或撒于草地上自由采食。

2. 治疗

用硫酸铝、硫酸钙、硫酸亚铁等含硫化合物治疗，效果良好。

（1）排出毛团，促进反刍。灌服植物油、液体石蜡、人工盐、碳酸氢钠等缓泻剂，用量为 250 mL/ 次，以利于羊胃肠内毛团的顺利排出；兴奋前胃，促进反刍，5% 氯化钙 50 mL，10% 氯化钠 50 mL，10% 安钠咖 5 mL，一次灌服，连续治疗 6 d。

（2）补充硫元素。个别病羊可灌服硫酸盐水溶液；大群羊投服含硫化合物颗粒饲料，用量控制在饲料干物质的 0.05%，或者成年羊每日 0.75 ～ 1.25 g；有机硫化物如蛋氨酸等含巯基的氨基酸治疗该病效果明显。

（3）对症治疗。有腹泻症状的进行强心补液。用樟脑磺酸钠或安钠咖 5 ～ 10 mL，肌内注射，2 次 /d。用 5% 糖盐水 500 ～ 1 000 mL，25% 葡萄糖 200 mL 进行静脉注射，1 次 /d。有酸中毒症状时，可每次静脉注射 200 ～ 300 mL 碳酸氢钠注射液，1 次 /d。给瘦弱的羊补给维生素 AD 和微量元素，特别是有舔食被毛的羔羊应重点补喂。

（4）手术治疗。灌服缓泻剂后仍无法排出毛球的病情严重的病羊可用手术方法切开真胃，取出毛球。手术时将病羊右侧卧保定，手术部位选在左侧离最后肋骨 2 ～ 3 cm 处，即肩关节与膝关节水平连线与最后肋骨交界处。待进入麻醉状态后，术部剪毛、消毒，逐层切开皮肤、腹肌、腹膜，将皱胃牵出，术者用拇指、食指捏紧固定好皱胃内毛球沿纵向切开，取出毛球和异物。缝合胃壁，还纳皱胃，缝合腹膜、肌肉和皮肤，按常规方法处理创口边缘，同时连续使用抗生素 3 d，以防止切口感染。

第三节　佝偻病

羊佝偻病是因维生素 D 缺乏及钙、磷代谢障碍引起骨组织发育不良的一种非炎性疾病，该病的发生主要是由于饲料中维生素 D 的含量不足，导致羔羊体内维生素 D 缺乏，影响钙、磷的吸收和血液内钙、磷的平衡。

一、病因

先天性佝偻病是由于妊娠母羊矿物质如磷、钙及维生素 D 缺乏，而影响胎儿骨骼的正常发育。

紫外线照射不足，饲料中维生素 D 含量低。将羊放于阴冷或冬天太阳光线不足的地方，均可诱发该病。

羔羊吃的奶量不足，断奶后饲料单一，磷、钙比例失调，维生素 D 缺乏也可发生该病。一般认为，幼羔日粮中钙、磷比为（1 ～ 2）∶1，高于或低于此比例，特别是伴有轻度维生素 D 不足，即可发病。

甲状旁腺和胸腺的代谢机能紊乱，也会影响钙的代谢。该病多在冬末春初发生。绵羊和山羊均可患该病。

二、发病机理

维生素 D 本身并无生物活性，它在肝脏羟化呈 25(OH)D_3（25- 羟维生素 D_3）再在肾脏羟化生成 1,25$(OH)_2D_3$（1,25- 二羟维生素 D_3）等活性物质后才具有生化功能。1,25$(OH)_2D_3$ 是迄今已知维生素 D 衍生物中活性最强的一种。在正常情况下，1,25$(OH)_2D_3$、甲状旁腺激素和降钙素三者互相配合，通过对骨组织、肾和小肠的作用，适应环境的变化，维持血钙浓度的相对恒定。肾脏中 1,25$(OH)_2D_3$ 的生成受血钙中钙磷水平、甲状旁腺素和降钙素等的调节，其中，有的直接影响 1α－羟化酶系，有的则通过间接作用，如甲状旁腺素和低血钙能提高 1α－羟化酶系的活力，促进 1,25$(OH)_2D_3$ 的生成。低血钙引起甲状旁腺激素分泌增多，而甲状旁腺激素对 1,25$(OH)_2D_3$ 生成有促进作用，又使血钙升高。总之，1,25$(OH)_2D_3$ 最主要的作用是促进肠道钙和磷的吸收，增加血液钙磷含量，故具有促进成骨作用。

饲料中钙、磷和维生素 D 缺乏引起发育中羊的骨样组织和软骨组织钙化不全，成骨细胞钙化延迟。骨骺软骨增生，骨骺板增宽，骨干和骨骺软骨钙化不全，在正常负重下长骨弯曲和骨骺膨大，关节明显增大。同时，反射性使甲状旁腺分泌增强，动员骨钙以维持血液钙水平，骨基质不能完全钙化，导致骨样组织增多。

三、临床症状

先天性佝偻病，羔羊生下后软弱无力，数日仍不能站立。后天性的佝偻病，病羔羊消瘦，食欲减退，消化不良，精神不振，常有舔食或啃咬墙壁、泥沙、饲槽的异嗜现象。

幼羊不愿起立和运动，常跪地发抖。强迫运动时出现跛行现象，其四肢骨弯曲变形，呈“O”字形或“X”字形，关节肿胀，触摸时羊有明显痛感（图 10-3-1、图 10-3-2）。肋骨下端出现佝偻病性念珠

图 10-3-1　病羔四肢骨弯曲变形，不能站立
（马利青　供图）

状物，膨起的部分初期疼痛。骨骼弯曲，足的姿势也发生改变，呈熊掌足；肋骨向内弯曲，胸廓的两侧被压扁（图 10-3-3）。胸廓的高度减少，呼吸活动受到限制。齿形不规则，齿质钙化不良（凹凸不平，有沟，有色素沉着），齿面不平整，口腔闭合困难。

图 10-3-2　病羔足的姿势发生改变，不能行走
（马利青　供图）

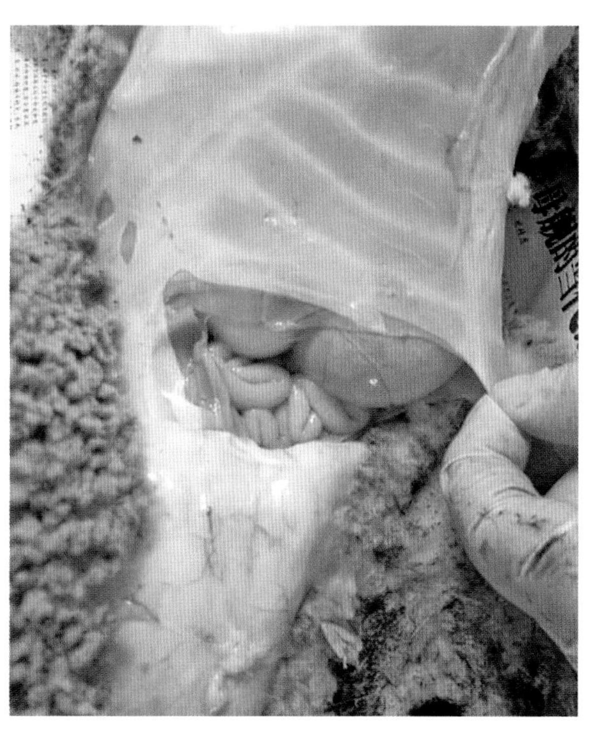
图 10-3-3　肋骨向内弯曲，有“S”弯
（马利青　供图）

四、诊断

根据羊的年龄、饲养管理条件，呈慢性经过，生长迟缓，异食癖，运动困难以及牙齿和骨骼变化等特征不难作出判断。血清钙、磷水平以及碱性磷酸酶（AKP）活性的变化，有参考意义。检测血清 AKP 同工酶，若是骨性 AKP 同工酶的活性升高，对判定为佝偻病具有重要意义。骨的 X 射线检查及骨的组织学检查，可帮助确诊。X 射线检查发现普遍性骨质疏松，骨质密度降低，骨皮质变薄，骨小梁稀疏粗糙，甚至消失，支重骨弯曲变形。骨干后端膨大，呈杯口状凹陷，出现“羊毛状”或“蚕食状”外观，早期钙化带模糊不清，甚至消失。

五、类症鉴别

羊白肌病

相似点：病羊步态不稳，运动乏力，不愿走动。

不同点：羊白肌病病羊病变主要发生在肌肉，背部、臀部肌肉有肿胀，比正常肌肉硬。剖检可见背肌、腰肌、臀肌处的骨骼肌发生苍白色、灰白色对称性病变，形成苍白色、灰白色斑块或者条束样的病灶。羊佝偻病患羊病变发生在骨骼，四肢骨弯曲变形，呈“O”字形或“X”字形，关节肿胀，骨骼弯曲，足的姿势也发生改变，呈熊掌足，肋骨向内弯曲，胸廓的两侧被压扁；齿形不规则，齿质钙化不良（凹凸不平，有沟，有色素沉着）。

六、防治措施

1. 预防

加强怀孕母羊、泌乳母羊和羔羊的饲养管理，供给充足的青绿饲料和青干草，并按需要量添加食盐、各种微量元素等，可以预防佝偻病的发生。

2. 治疗

当羊只患有佝偻病时，可肌内注射维生素 A、维生素 D 注射液 3 mL 或灌服精制鱼肝油 3 mL。另外，也可用 10% 的葡萄糖酸钙注射液 5 ～ 10 mL。

维丁胶性钙注射液 6 mL（每毫升含钙 0.5 mg，维生素 D_3 0.125 mg），肌内注射，每日 1 次，连用 7 d。地塞米松酸钠注射液 5 mg，肌内注射，每日 1 次，连用 7 d。

患病的羔羊根据体重用维生素 D_2 胶性钙注射液（钙中灵），主要成分：维生素 D_2、有机钙（含量为 20 mL/10 万 IU）。初生羔羊 1 ～ 2 mL，肌内注射，隔天 1 次，连用 3 次。同时用精制鱼肝油 2 ～ 3 mL 灌服，隔天 1 次，连用 3 次。病情严重的羔羊，可用 10% 葡萄糖酸钙注射液 20 ～ 30 mL，静脉注射。

第四节　铜缺乏症

铜缺乏症又称缺铜病，是动物体内铜含量不足所致的，以贫血、腹泻、运动失调、被毛褪色、皮肤角化不全、骨和关节肿大、生长受阻和繁殖障碍为特征的一种营养代谢性疾病。

该病几乎世界各地均有发生，如美国、澳大利亚、新西兰、英国等均有报道。我国黑龙江、辽宁、吉林、内蒙古、宁夏、青海、甘肃、新疆等省（区）也相继报道过该病。牛、羊、猪、鹿、马等多种动物均可发生，且以地方性形式出现。动物发生铜缺乏症时，因发病地区及动物的种类不同其名称也各异，如羔羊晃腰病、羔羊地方性运动失调、犊牛消瘦病、骆驼摇摆病、猪铜缺乏症等。

一、病因

1. 原发性缺铜症

病羊长期饲喂低铜土壤上生长的饲料饲草，草料中铜含量低，导致铜的摄入量不足而引起。一般情况下，土壤中含铜量为 18 ～ 22 mg/kg，植物中含铜量 11 mg/kg。土壤中铜的含量低于 18 mg/kg 可导致植物或牧草中铜的含量低。病区牧草（干物质）含铜量低于 5 mg/kg，为缺铜临界值，而低于 3 mg/kg 则为铜缺乏。

2. 继发性缺铜症

土壤和日粮中含有充足的铜，但动物对铜的吸收受到干扰，主要是饲料成分干扰铜吸收利用钼、硫等含量太高，如采食高钼土壤上生长的植物或牧草，或采食被工矿钼污染的饲草，或饲喂含硫过多的硫酸盐、蛋氨酸等物质，经过瘤胃微生物的作用均转化为硫化物，形成难溶解的铜硫钼酸盐复合物，降低铜的利用。饲料中硫酸盐的含量大于 0.4%，即使钼的含量在正常范围内也可造成继发性缺铜症。植株内硫的含量达 0.3%（干物质），也可发生继发性缺铜症。一般认为，土壤含钼 2 mg/kg、牧草中钼低于 2 mg/kg（干物质）属于正常范围，当 Cu∶Mo< 2∶1 时就会导致缺铜症发生。

3. 羔羊铜缺乏症

羔羊铜缺乏症，又称羔羊地方性运动失调或摇背病，由母体或胎儿缺铜引起。先天型的羔羊缺铜病，是胎儿一出生就患病；迟发型羔羊缺铜病则是羔羊出生时可能正常，在一周至几月龄之间突然发病。

二、发病机理

铜是机体必需的微量元素，是体内许多酶的组成成分或活性成分中心，它参与色素沉着，毛的角化，促进骨和胶原形成；参与造血机能，参与铁的吸收、运输、释放和利用。在各种家畜的肝、肾、心、脑、毛发中铜的含量较高，在体内自由的铜离子被快速结合形成许多具有活性的铜蛋白酶，如铜蓝蛋白酶，是血液中铜的主要载体蛋白酶，呈蓝色，血清中 80% ～ 95% 的铜在铜蓝蛋白酶中，与铁的利用有关，是含铜的核心酶，由肝脏合成，当机体缺铜时，该酶活性下降，铁的利用受到影响，造成低色素性贫血；细胞色素氧化酶属泛在性酶，心肌、肝、肾、骨骼肌线粒体都能合成，与磷脂代谢有关，主要参与细胞呼吸，将氧还原并和氢结合为水，该酶活性下降时，可造成神经脱髓鞘和神经系统损伤，产生运动失调；酪氨酸酶，与色素代谢有关，该酶活性下降时，可造成色素代谢障碍，引起被毛褪色；超氧化物歧化酶（SOD）与过氧化作用有关，主要存在于线粒体，体内凡是需氧的组织都含有 SOD，当机体缺铜时，机体内的 SOD 生成减少，消除超氧阴离子自由基（O^{2-}）的能力减弱，体内 O^{2-} 的含量增多，对机体产生危害。主要表现为心功能障碍，如心肌变性或纤维化，常发生心力衰竭而突然死亡，即"摔倒症"。

在继发性缺铜中，影响铜吸收利用有多种因素，主要有钼（Mo）、硫（S）、氟（F）、锌（Zn）、铁（Fe）等干扰因素。铜钼之间存在明显的拮抗作用，高钼日粮或 Cu∶Mo< 2∶1 时均会阻止动物对铜的吸收，反刍动物食入高钼饲料后，在硫的参与下，在瘤胃中形成硫钼酸盐，并与铜形成硫化复合物。钼酸盐可与铜形成钼酸铜，或与硫化物形成硫化铜沉淀影响铜吸收，还有促使蛋氨酸等分子中的硫形成硫化铜，从而加重铜缺乏。高氟能提高机体对锌的吸收率，且干扰铜的吸收，而锌对铜的吸收也具有干扰作用，通过锌诱导肠黏膜金属硫蛋白（MT）与被吸收的铜结合，使铜不能被利用。高含量的铁可使羊发生缺铜症，当羊摄入过多的含铁添加剂或富含铁的土壤，大部分铁以不溶形式存在，如 Fe_2O_3 可抑制铜的吸收。将富铁土壤（以 10% 干物质形式）加入某一青贮，使其铁的含量提高到 2.35 g/kg（干物质），铜的利用率便下降 30%。

三、临床症状

绵羊较山羊易感，羔羊较成年羊多发。成年羊被毛稀疏、粗糙，缺乏光泽，羊毛弯曲度下降而变得平直，呈线状称为钢毛，黑色毛失去色素变成灰白色。膘情稍差，贫血，部分运动时缓慢或走路姿势不正常；个别羊腹泻。

有的羔羊产下后即死亡。羔羊贫血，出现运动障碍表现为两后肢呈“八”字形站立，驱赶时后肢运动失调，跗跖关节屈曲困难，球节着地，后躯摇摆，极易摔倒，快跑或转弯时更加明显，呼吸和心率随运动而显著增加。严重者做转圈运动，或呈犬坐姿势，后肢麻痹，卧地不起，最后死亡（图 10-4-1）。

图 10-4-1　绵羊缺铜引起的后肢麻痹和死亡（李有全 供图）

贫血是羊缺铜的常见症状之一，发生于铜缺乏的后期。羔羊主要表现低色素小红细胞性贫血，成年羊则呈巨红细胞性低色素性贫血。病羊肝脏、血中铜含量很低。

腹泻是羊继发性铜缺乏的症状之一，排出黄绿色或黑色水样粪便，极度衰弱，腹泻的严重程度与条件与钼的摄入量呈正比。

此外，母羊常发现发情症状不明显，不孕或流产，产奶量下降；羔羊生长受阻。

四、病理剖检

患羊尸体消瘦，贫血，血液稀薄，凝固不良。肌肉苍白，心肌变软、色暗红，心包积液；肝色泽不匀，轻度肿大；肾脏萎缩，苍白无光色，肾皮质和髓质界线不清，髓质颜色暗红。大脑软组织软化、水肿、皮质充血。肝、脾、肾呈广泛性血铁黄素沉着。膀胱黏膜有少量出血，肠管后端充气。

五、诊断

根据患羊临床症状、病理变化，肝、脾、肾内血铁黄蛋白沉着等特征，补饲铜以后疗效显著，可作出初步诊断。确诊有待于对饲料、被毛、血液、肝脏等组织铜浓度和某些含铜酶的活性测定。如果怀疑为继发性缺铜病，应检测钼、硫等干扰元素的含量。目前，对微量元素的检测方法有很多种，主要有火焰原子吸收法、动力学荧光分光光度法、原子吸收光谱分析法（检测 Cu、Mo、Fe、Zn 等微量元素）、离子选择性电击法（检测 F）、分子生物学方法（检测含铜酶的活性）。

血液铜含量的降低是羊低铜血症的直接指示性指标之一。血清铜含量在 0.19 ～ 0.57 μg/mL 为临界值，低于 0.19 μg/mg 为功能缺乏或低铜血症。在羊生产性能降低和功能紊乱之前，血清铜水平可降至 0.19 μg/mL。

健康绵羊被毛铜含量为（3.68±0.74）μg/g。铜缺乏绵羊被毛铜含量为（2.17±0.36）μg/g。

绵羊正常血清铜蓝蛋白含量为 120 ～ 200 mg。有研究认为，血浆铜蓝蛋白含量在临床症状出现之前已明显下降。

铜缺乏时红细胞数可减少至（2.0 ～ 4.0）$\times 10^{12}$ 个 /L，血红蛋白降至 50 ～ 80 g/L。

六、类症鉴别

羊白肌病

相似点：病羔羊后躯摇摆，步态僵硬，不愿走动。

不同点：白肌病病羊还可表现异嗜、强直性痉挛、腹式呼吸症状，触诊背部、臀部肌肉有肿胀，比正常肌肉硬，病变部位常呈对称性；剖检可见心肌形成白色斑块或者条束样的病灶，背肌、腰肌、臀肌处的骨骼肌发生灰白色对称性病变。羊铜缺乏症成年病羊被毛稀疏、粗糙，羊毛弯曲度下降而变得平直，黑色毛失去色素变成灰白色，有的羊排黄绿色或黑色水样粪便，病羔羊贫血，剖检可见肌肉苍白，肝、脾、肾色泽不均，呈广泛性血铁黄素沉着。

七、防治措施

1. 预防

加强饲养管理，改善日粮比例及组成，饲草料含铜量应保持一定水平，一般来说要保证日粮干物质中含铜量不低于 5 mg/kg。也可用含硫酸铜的矿物质舔盐，舔盐的含铜量羊为 0.25 % ～ 0.5 %。每年的春天到夏天上山放牧 3 个月时间，盐渍化芦苇草场上的羊群必须 1 年内换 1 次草场，每年给牧草地喷洒硫酸铜溶液亦可有效预防铜缺乏。

怀孕母羊分娩前 9 周内口服硫酸铜，剂量为每千克体重 30 mg；有机铜乙胺四酸铜钙按每千克体重 20 mg 口服，3 周后重服。在母羊怀孕期间，从怀孕第 2、第 3 周开始到产羊后 1 月灌服 10% 硫酸铜溶液 50 mL，每 15 d 1 次，共 6 ～ 8 次。在病区缺铜牧场，可投服 1% 硫酸铜液，成年绵羊 50 mL，1.5 岁绵羊 10 ～ 15 mL，一周龄内绵羊 10 mL。

2. 治疗

处方 1：对发病的羔羊、犊牛每日口服 1% 硫酸铜溶液 10 ～ 30 mL；或者口服硫酸铜 10 ～ 20 mg/d，每服 2 ～ 3 周需间隔 2 周，直至症状消失为止，配合使用钴剂效果更好。

处方 2：每 4 ～ 6 个月给牛注射 400 mg 乙二胺四乙酸钙铜、氨基乙酸铜、甘氨酸铜等。

处方 3：0.5 g 硫酸铜缓慢静脉注射，配合葡萄糖盐水，每周 2 ～ 3 次。

第五节　碘缺乏症

碘缺乏症又称地方性甲状腺肿，是动物机体摄入碘不足引起的甲状腺激素合成障碍，临床以甲状腺结缔组织增生、腺体肿大、甲状腺机能减退为特征的慢性营养代谢性疾病。该病在世界各地均有发生，以绵羊较为常见。

一、病因

原发性碘缺乏是饲料中碘含量不足引起的，动物体内的碘来自饲料和饮水，而饲料和饮水中碘的含量与土壤密切相关，土壤中碘含量因土壤类型而不同。当饲料碘低于 0.3 mg/kg 时，饮水碘低于 5 μg/L，土壤中的碘含量低于 0.2 ～ 2.5 mg/kg 时即可引起动物缺碘症。碘是植物必需微量元素，不同品种的植物碘含量不一样，碘缺乏地区植物中碘含量较少。普通牧草碘含量仅 0.06 ～ 0.5 mg/kg，而海带中碘含量达 4 000 ～ 6 000 μg/kg，许多地区如不补充碘则可造成地区性缺碘。

继发性碘缺乏是由于在饲料中含有干扰碘吸收和利用的物质。有些植物中含有碘的拮抗剂，干扰或阻碍碘的吸收与利用，如硫氰酸盐、葡萄糖异硫氰酸盐和含氰糖苷等可降低甲状腺聚碘的作用。氨基水杨酸、硫脲类、磺胺类药物具有致甲状腺肿大的作用。硫脲及硫脲嘧啶可干扰酪氨酸碘化过程，白菜、油菜、甘蓝、菜籽饼、菜籽粉、花生粉甚至豆粉、豌豆、芝麻饼及三叶草等，其中甲硫脲、甲巯咪唑含量较高，饲料中上述成分含量较多时容易引起动物碘缺乏，称为条件性碘缺乏症。另外，由于钙的大量摄入而干扰肠道对碘的吸收，抑制动物甲状腺内碘的有机化过程，加速肾脏的排碘作用，导致甲状腺肿大。

二、发病机理

碘是动物所必需的微量元素，动物机体中 70%～ 80%的碘集中在甲状腺中。甲状腺中的碘在氧化酶的催化下，转化为活性碘，并与激活的酪氨酸结合生成一碘和二碘甲状腺原氨酸，最后生成甲状腺素，即三碘甲状腺原氨酸（T_3）和四碘甲状腺原氨酸（T_4），并与甲状腺球蛋白结合，储存在甲状腺滤泡内，当甲状腺受到甲状腺激素的刺激后，与甲状腺球蛋白结合的 T_3、T_4 在溶酶体蛋白水解酶的作用下生成游离 T_3、T_4 进入血液，到靶细胞发挥作用。

甲状腺素的排放是复杂的生物学过程，受动物下丘脑分泌的促甲状腺释放因子和垂体分泌的促甲状腺素控制。甲状腺释放甲状腺素进入血，并分布于全身，当碘摄入不足或甲状腺聚碘障碍时，动物机体可利用的碘将减少。甲状腺素合成和释放减少，血中甲状腺素浓度降低，对腺垂体的负反馈作用减弱，促甲状腺素释放激素和促甲状腺素分泌增多，甲状腺腺泡增生，加速甲状腺对碘的摄取和甲状腺素的合成及排放。但因缺乏碘，甲状腺即使增生，仍不能满足动物的需要，因而导致促甲状腺素进一步分泌，甲状腺进一步增生的恶性循环，最终导致甲状腺肥大，形成甲状腺肿。体表触诊即可感知到肿大的甲状腺，严重时局部听诊可听到呼吸性杂音。

低浓度的硫氰酸盐可抑制动物甲状腺上皮代谢活性，某些硫氧嘧啶类药物对碘化酶、过氧化酶和脱碘酶有抑制作用，可干扰碘的代谢，最终导致甲状腺肥大。有些牧草、饲料性植物，如甘蓝、油菜、三叶草中硫氰酸糖苷含量较高，甲状腺素合成受到明显的影响。甲状腺具有调节物质代谢和维持正常生长发育的作用。动物缺碘时，由于甲状腺素合成和释放减少，胎儿发育不全，出现畸形。甲状腺素还可抑制肾小管对钠和水的重吸收。幼畜生长发育停滞，全身脱毛，青年动物性成熟延迟，成年家畜生产、繁殖性能下降。动物甲状腺机能减退时，水、钠在皮下间质内潴留，并与硫酸软骨素、黏多糖和透明质酸的结合蛋白形成胶冻样黏液性水肿。

三、临床症状

主要症状为甲状腺肿大（图 10-5-1）、代谢障碍和繁殖能力降低。成年羊缺碘时繁殖性能降低，公羊表现性欲降低，精液品质下降；母羊发情率与受胎率下降，影响胎儿生长发育，所产羔羊虚弱、无毛、眼瞎或死胎等，怀孕时胎儿可能在任何阶段停止发育，导致胚胎或胎儿死亡、胎儿吸收或流产等，有时可发生怀孕期延长或难产、胎衣不下。缺碘影响羊毛的质量和含量，新生羔羊表现虚弱、脱毛、毛品质降低、呼吸困难、不能吮乳。

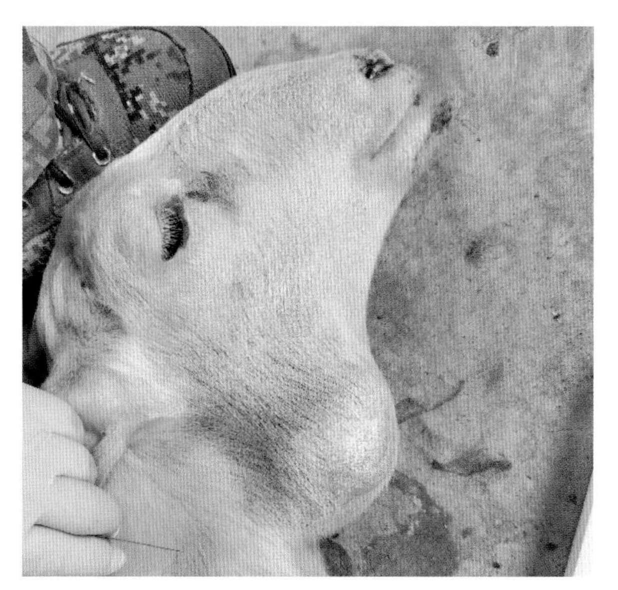

图 10-5-1　碘缺乏症的病羔（马利青 供图）

四、病理变化

剖检可见病羊甲状腺肿大，皮下结缔组织水肿；甲状腺坚实肉厚，呈黄褐色，切面呈蜂窝状。

五、诊断

根据流行病学和甲状腺肿大，被毛生长不良等临床症状表现即可初步诊断。确诊要通过饲料、饮水、尿液、乳汁、血清蛋白结合碘和血清 T_3、T_4 及甲状腺的称重检验。血液中蛋白结合碘浓度明显低于 24 ng/mL，羊乳中低于 80 ng/mL 时则出现碘缺乏症。另外，缺碘母羊妊娠期将延长，胎儿大多有掉毛现象。测定死亡新生羔羊甲状腺的重量有重要的诊断意义，羔羊新鲜甲状腺重在 2.8 g 以上为甲状腺肿，1.3 ～ 2.8 g 为可疑，1.3 g 以下为正常，腺体中碘的含量在 0.1% 以下者为缺碘。血清甲状腺素的浓度不太可靠，不仅因为甲状腺素浓度有季节性变化，而且受年龄、生理状态及肠道寄生虫等因素的影响。

六、防治措施

1. 预防

（1）合理配比饲料。在饲养过程中，应按羊各饲养阶段标准所需量补充碘及其他微量元素，尽量不要饲喂单一饲料，做到饲草多样化。补碘可在饲料中掺入海藻、海草类物质，或将碘化钾或碘酸钾与硬脂酸混合后，掺入饲料或盐砖内，浓度达 0.01%，或者用含碘的盐砖让羊自由舔食以预防碘缺乏。

（2）注意营养均衡。保持日粮中各种微量元素之间的平衡，如日粮中钴、钼缺乏，锰、钙、磷、铅含量太高，抑制碘在体内吸收的镁和影响碘在甲状腺贮存的溴、氟含量偏多，以及日粮中的维生素 C 和胡萝卜素太少，均可导致羊体碘的缺乏。

（3）补碘。放牧羊可不定期补充碘，主要通过口服或在饮水中添加碘化合物 0.5 ～ 2 g，每日 1 次，连用数天。羔羊出生后 4 周，1 次给予碘化钾 280 mg 或碘酸钾 360 mg。在妊娠第 4 个月或产羔前 14 ～ 21 d 时，以同样剂量给母羊 1 次口服，可预防新生羔羊死亡。也可肌内注射碘油或在妊娠后期及产后在肚皮、乳头等处涂擦碘酊，亦有良好的预防效果。补碘要适量，摄入过多碘会造成高碘甲状腺肿，国家调查委员会标准认为绵羊对碘的最大耐受剂量为 50 μg。

2. 治疗

碘化钾或碘化钠，每只羊每日 5 ～ 10 mg，混于饲料中饲喂，或在饮水中每日加入 5% 碘酊或 10% 复方碘液 5 ～ 10 滴，20 d 为 1 个疗程，间隔 20 d，再饲喂 20 d。

第六节　锌缺乏症

锌缺乏症是由于饲料中锌含量绝对或相对不足所引起的一种营养缺乏症，可造成生长缓慢、皮肤皲裂、皮屑增多、蹄壳变形开裂甚至磨穿、繁殖机能障碍及骨骼发育异常等。各种动物均可发生，猪、鸡、犊牛、羊较为多见。有些毛皮动物因缺锌产生掉毛、消瘦而影响价值。

一、病因

1. 锌摄入不足

土壤和饲草料中锌含量不足是动物锌缺乏症发生的主要原因。一般认为，土壤锌含量低于 30 mg/kg，饲草料低于 20 mg/kg 即可发病。

2. 锌的吸收率降低

某些疾病特别是消化系统疾病，导致胃肠功能紊乱，出现腹泻等症状，会导致锌的吸收减少。另外，机体对植物性饲料和动物性饲料锌的吸收率也不同，植物性饲料锌的吸收率只有 10%～ 20%，而动物性饲料锌的吸收率可以达到 40%左右。

3. 饲料中存在拮抗锌的物质

饲料高钙会影响锌的吸收，植酸、纤维素会影响锌的利用。此外，铜、铁、铬、磷、碘、镉、钼等元素也可干扰锌的吸收。

4. 锌的需要量增加

生长加速、营养不良后的恢复期、妊娠和哺乳期，动物对锌的需要量明显增加。

5. 锌丢失增加

反复失血、溶血、外伤、高锌血症（肝脏病、肾脏病）、长期多汗和药物影响，如长期使用金属螯合剂（如青霉素胺等）、反复滴注谷氨酸盐，都会导致动物体内锌元素大量丢失。

二、发病机理

锌参与多种酶、核酸及蛋白质的合成。缺锌时，胱氨酸、蛋氨酸代谢紊乱，含锌酶的活性降低，脱氧核糖核酸、核糖核酸、谷胱甘肽合成减少。细胞分裂、生长受阻，动物生长停滞，增重缓慢。缺锌使皮肤胶原合成减少，胶原交联异常，表皮角化障碍。锌作为碱性磷酸酶的成分参与成骨过程，锌缺乏时，动物易得骨质疏松症，锌还可促进肉芽生长，促进创伤愈合。缺锌可引起动物生殖能力下降，如公畜睾丸萎缩。动物缺锌也可引起顽固的夜盲症，补充维生素 A 不能治疗该病，补充锌则可很快治愈。

三、临床症状

病羊食欲下降到食欲废绝，生长停滞，发育受阻。毛纤维丧失卷曲，松乱且脆弱，易脱落而发生大面积秃毛（图 10-6-1）。皮肤增厚、皲裂。羔羊流涎，腕、跗跖关节肿胀，眼、蹄冠皮肤肿胀、皲裂，创伤愈合缓慢。公羊睾丸生长发育受阻、萎缩，精子生成障碍，当饲料中锌含量达 32.4 mg/kg 时，可恢复精子生成；母羊性周期紊乱，繁殖力下降，易流产、死胎。

图 10-6-1　绵羊缺锌引起的脱毛现象（李有全　供图）

四、诊断

根据病史并结合临床症状进行诊断。皮肤严重角化、掉毛及骨骼发育异常；食欲下降，公羊睾丸发育不良，伤口久治不愈，用锌剂治疗能明显改善病羊的体征，可诊断为锌缺乏症。

绵羊正常血清锌每毫升含量为 0.8 ～ 1.2 μg。绵羊血清锌每毫升含量低于 0.39 μg 为锌缺乏的标志。羔羊饲喂低锌日粮，血清锌含量每毫升可降至 0.18 μg 以下。被毛锌含量与日粮锌水平也有一定的相关性，但被毛锌含量不是锌缺乏敏感的指标，健康绵羊被毛锌每克含量为 84 ～ 142 μg，个体差异较大，同时与年龄和采样部位有关。羊锌缺乏时，血清和组织中碱性磷酸酶活性及金属硫蛋白含量会降低，肋骨锌含量显著下降。

五、类症鉴别

1. 羊疥螨和痒螨病

相似点：病羊食欲下降，发育受阻，被毛脱落，皮肤增厚、皲裂。

不同点：疥螨和痒螨病病羊有强烈痒感，患处有丘疹、结节、水疱、脓疱等症状，刮取病变皮屑可观察到疥螨。羊锌缺乏症病羊可见毛纤维丧失卷曲，羔羊腕、跗跖关节肿胀，公羊睾丸生长发育受阻、萎缩，母羊性周期紊乱，繁殖力下降，易流产、死胎。

2. 羊钴缺乏症

相似点：病羊食欲减退或废绝，被毛粗乱、易断、易脱落，皮肤增厚。

不同点：钴缺乏症病羊痒感明显，贫血，消瘦，便秘，流泪，病羔瘦弱无力，眼睛流浆液性分泌物，有光过敏症状，被毛少的皮肤有浆液性分泌物，背部皮肤出现血清样渗出物的斑块，严重病例有共济失调、痉挛、震颤及失明等神经症状。

六、防治措施

1. 预防

消除妨碍锌吸收利用的因素，调整饲草料日粮组成，保证日粮中含有足够的锌，保证钙、锌比例合理。在饲喂新鲜青绿牧草时，适量添加些大豆油，对预防和治疗锌缺乏症可收到较好的效果。地区性缺锌可施用锌肥。

2. 治疗

羊对锌的需要量为每千克饲料 50 ～ 60 mg。

处方 1：硫酸锌或氧化锌，每千克体重 1 mg，口服，连用 10 ～ 15 d；注射维生素 A 50 万 IU、维生素 D 37.5 万 IU 和维生素 E 50 万 IU。

处方 2：0.02%碳酸锌，每千克体重 2 ～ 4 mg，肌内注射，连续使用 10 d。

第七节　钴缺乏症

钴缺乏症是由于日粮中钴缺乏或不足，以及维生素 B_{12} 合成因子受到阻碍所引起的慢性营养消耗性疾病。临床上以食欲降低、贫血和消瘦为主要特征。钴缺乏的发生不受品种、性别、年龄的限制，但以 5 ～ 12 月龄生长的羔羊最易发生，绵羊比牛敏感，羔羊和犊牛比成年牛羊患病严重。该病呈地方性，任何季节均可发生，春季发病率较高，在钴严重缺乏地区，绵羊发病率可达 60%，死亡率可高达 80%。

一、病因

钴缺乏症的主要原因是土壤饲料中缺钴。在土壤中钴含量 0.3 ～ 2.0 mg/kg 的地区，钴缺乏症的发病率很高。而在土壤含钴 2 ～ 2.3 mg/kg 的地区则很少发病。土壤中钴含量低于 0.17 mg/kg 时，牧草中钴含量极低，易发生钴缺乏症。风沙堆积性草场、沙质土、碎石或花岗岩风化的土地、灰化土或是火山灰烬覆盖的地方，土壤钴含量低于 0.11 mg/kg，在此生长的饲草含钴量过低。大量施用石灰可影响土壤内钴的利用，而施用过磷石灰，则能促进植物对钴的吸收。有试验表明，当植物中钴含量低于 0.01 mg/kg，可发生严重的急性钴缺乏。

牧草中钴含量也因牧草种类、生长阶段不同而有很大差别，普通饲草中钴含量偏低，仅为 0.03 ～ 0.2 mg/kg；豆科饲料钴含量相对较高，棉籽饼中钴含量可达 2.0 ～ 2.1 mg/kg。另外，土壤 pH 值过高，钙、锰、铁含量过高，可降低植物的含钴量。

二、发病机理

钴在动物（尤其是反刍动物）机体代谢过程中起很大的作用。钴在体内贮存量有限，只有在反刍动物的瘤胃中，钴才能发挥其生物学作用。这是因反刍动物瘤胃中细菌生长、繁殖需要钴，其中一部分细菌可利用钴合成维生素 B_{12}。有资料表明，细菌在 30 ～ 40 min 可把瘤胃液中 80% ～ 85% 的钴固定到体内，利用率很高。瘤胃中有 50 亿～ 80 亿个细菌 /g 瘤胃液，所合成的维生素 B_{12} 是反刍动物必需的维生素，不仅可保证瘤胃原生动物生长、繁殖，而且也使纤维素的消化正常进行。如缺乏钴，则因维生素 B_{12} 合成不足，可直接影响细菌及原生动物的生长、繁殖，也影响纤维素等的消化。

反刍动物能量来源与非反刍动物不同，它主要由在瘤胃中产生的丙酸，通过糖异生的途径合成体内的葡萄糖，并供给能量。在由丙酸转为葡萄糖的过程中，需要甲基丙二酰辅酶 A 变位酶参与。维生素 B_{12} 是该酶的辅酶，如缺乏，则可产生反刍动物能量代谢障碍，引起消瘦、虚弱。

钴可加速体内贮存铁的动员，使之容易进入骨髓。钴还可抑制许多呼吸酶活性，引起细胞缺氧，刺激红细胞生成素的合成，代偿性促进造血功能。维生素 B_{12} 在由 N5- 甲基四氢叶酸转为有活性的四氢叶酸的过程中有重要作用。当缺乏维生素 B_{12} 时，胸腺嘧啶合成受阻，细胞分裂中止，导致巨幼细胞性贫血。

此外，钴还可改善锌的吸收，锌与味觉合成密切相关，缺钴情况下，可引起食欲下降，甚至异食癖。

三、临床症状

患羊主要表现食欲减退或废绝，异嗜；羊毛产量下降，被毛粗乱、易断、易脱落；皮肤增厚，痒感明显，贫血，消瘦，便秘。后期可导致繁殖机能下降，腹泻，流泪，绵羊表现明显（图 10-7-1）。当长期缺钴时，这些症状表现逐渐显著，几个月内可导致死亡。母羊泌乳性能和繁殖性能降低，有的母羊不孕、流产。

羔羊还可发生以肝功能障碍和脂肪变性为特征的白肝病。初生病羔瘦弱无力，成活率低。眼睛流浆液性分泌物，有光过敏症状，被毛少的皮肤有浆液性分泌物，背部皮肤出现血清样渗出物的斑块，有的结痂。严重的病羔出现共济失调、痉挛、震颤及失明等神经症状。少数病羔出现黄疸。如不采取治疗措施，多数病羔会死亡，少数病程为 10 d 左右，多数病程为 30 d 左右。

图 10-7-1　绵羊缺钴引起的被毛粗乱、消瘦和腹泻
（李有全　供图）

四、病理变化

病死羊尸体明显消瘦、贫血，剖检可见胃肠卡他，瘤胃空虚，内容物为水样，骨髓为粉红色。组织学检查，肝脏和肾脏颗粒变性，肝脏、心肌和骨骼肌糖原含量明显下降，骨髓浆液性萎缩，肝脏、脾脏和淋巴结有髓外造血灶，红细胞溶解性增高，并有明显的含铁血黄素沉着。

白肝病羔羊最明显的病变在肝脏，发病中期肝脏色灰白，肿大为正常的 2 ～ 3 倍，质地脆弱，相对密度变小（可浮于水面）。后期病羔肝脏常无明显的眼观异常，或呈暗灰褐色。组织学检查发现，肝细胞变性，肝细胞肿胀，胞浆内有大小不等的脂肪空泡，门区胆管和间质增生，存在蜡样质。

五、诊断

根据病羊食欲降低，被毛粗乱，贫血，消瘦等临床症状，结合土壤、饲草料、血液、组织钴含量分析及肝脏维生素 B_{12} 和钴水平测定，即可确诊。土壤中钴低于 3 mg/kg，饲料中钴低于 0.07 mg/kg，即可作为诊断钴缺乏的指标；血钴含量低于正常水平 15%，则认为已发生钴缺乏病；当肝脏中维生素 B_{12} 含量低于 0.1 mg/kg，钴含量低于 0.07 mg/kg 时，认为已发生钴缺乏病。

健康绵羊肝脏维生素 B_{12} 每克含量应大于 0.19 mg（湿重）。当肝脏维生素 B_{12} 含量介于 0.11 ～ 0.19 μg 时钴轻度缺乏，每克含量 0.07 ～ 0.1 μg 为中度钴缺乏，小于 0.07 μg 为严重钴缺乏。

正常绵羊血清维生素 B_{12} 和钴含量每升分别为 1.0 ～ 3.0 μg 和每升 0.17 ～ 0.51 μmol，血清维生素 B_{12} 每升含量 0.2 ～ 0.25 μg、钴含量每升 0.03 ～ 0.41 μmol 为钴缺乏的指标。

正常血清中甲基丙二酸（MMA）每升含量低于 2 μmol。亚临床钴缺乏时血清 MMA 每升含量为 2 ～ 3 μmol，出现临床症状时每升大于 4 μmol。

健康羔羊尿中亚氨甲基谷氨酸（FIGLU）每升含量为 80 μmol，钴缺乏时每升可升高至 200 μmol。

六、类症鉴别

1. 羊锌缺乏症

相似点：病羊食欲减退或废绝，被毛粗乱、易断、易脱落，皮肤增厚。

不同点：锌缺乏症病羊毛纤维丧失卷曲，皮肤皲裂，羔羊流涎，腕、跗跖关节肿胀，公羊睾丸生长发育受阻、萎缩，母羊易流产、死胎。

2. 羊疥螨和痒螨病

相似点：病羊被毛脱落，皮肤增厚，皮肤瘙痒。

不同点：疥螨病病羊先于嘴角与眼睛周围及四肢等毛少皮薄的地方出现痒觉和脱毛，皮肤有丘疹、结节、水疱、脓疱，患部有白色的皮屑，无眼流泪、光过敏及神经症状。

七、防治措施

1. 预防

羊饲料含钴参考值为 0.3 ～ 0.5 mg/kg，血钴值为 10 ～ 40 mg/L。若饲料中钴含量不足，应在日粮中补充钴。在缺钴草场喷施含钴肥料是解决放牧羊钴缺乏的有效途径，剂量为每公顷 400 ～ 600 g 硫酸钴，每年 1 次，或 1.2 ～ 1.5 kg 硫酸钴，每 3 ～ 4 年 1 次。

作为饲料添加剂的含钴化合物有硫酸钴、氧化钴、碳酸钴、氯化钴、硝酸钴、乙酸钴、葡萄糖酸钴等，不同钴源对动物的利用效率不同。通过瘤胃投服钴丸或硒、铜和钴微量元素缓解丸，均有良好预防效果。

2. 治疗

处方 1：氯化钴，0.1 g，口服，每周 1 次，连用 3 次。

处方 2：维生素 B_{12}，100 ～ 300 μg，肌内注射；氯化钴，30 mg，加水灌服。

处方 3：硫酸钴，每次 1 ～ 2 mg，一次口服，每周 2 次；维生素 B_{12} 注射液 100 ～ 300 mg，肌内注射。

第八节　维生素 A 缺乏症

维生素缺乏症是由体内维生素或维生素原缺乏或不足所引起的一种营养代谢病，以生长缓慢、视觉异常、骨形成缺陷、繁殖机能障碍以及机体免疫力低下等为主要临床症状。该病以幼畜和幼禽最为常见，一年四季均可发生，但以冬春季发病率为最高。

维生素 A 参与动物视色素的正常代谢及骨骼的生长，维持上皮组织的完整性及正常的繁殖机能，在动物体内具有重要的生理功能。维生素 A 完全依赖外源供给，所以，当饲料日粮中不足或缺乏，或长期单一使用配合饲料作日粮又不添加维生素 A 时，就会引起动物机体维生素 A 的缺乏。

一、病因

1. 饲料营养不足

饲料中维生素 A 原或维生素 A 含量不足是引起该病的主要原因。饲料调制加工不当，使其中的脂肪酸败变质，导致饲料中的维生素 A 快速氧化分解，以致于不能满足正常生理代谢需求；饲料中蛋白质严重缺乏时，机体不能合成足够的视黄醛（又称维生素 A 醛）来结合蛋白质运送维生素 A，于是造成维生素 A 缺乏；脂肪供量不足影响维生素 A 类物质在肠中的溶解和吸收，即使维生素 A 被足量摄入，也可发生功能性维生素 A 缺乏症；羊罹患慢性肠道疾病和肝病时，机体代谢紊乱容易继发维生素 A 缺乏症。

2. 疾病因素

临床上，羊患多种常见病（病毒性、细菌性），尤其是发生严重呼吸系统疾病并出现全身症状时，极易继发眼结膜（图 10-8-1）和角膜炎症，眼流泪、分泌物增多、红肿热痛症状明显，严重者视力减弱、羞明或失明，此时，就常伴随严重的维生素 A 缺乏症。

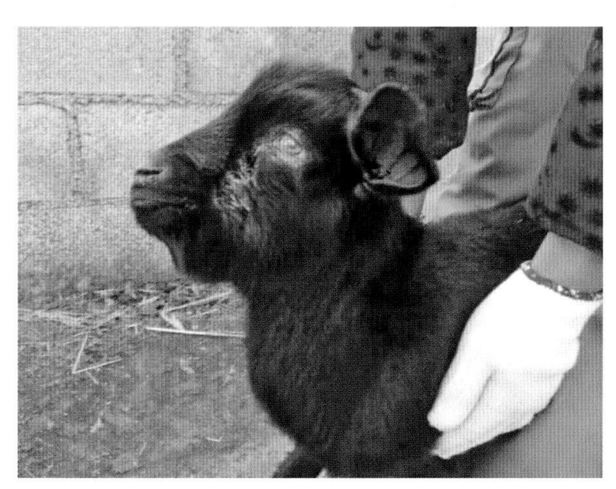

图 10-8-1　维生素 A 缺乏后引起的结膜炎
（马利青　供图）

3. 代谢障碍

当羊患严重消化道疾病（以胃肠炎为主）及肝脾出现病变时，各种营养物质运化失调，不能为动物机体正常分解、消化和吸收利用，此时维生素 A 的合成与吸收利用均会受到影响，乃至于各种必需的微量元素暂时性丢失或缺乏。

4. 饲养管理不善

现代规模化肉羊生产中，最常见的就是在全封闭、全舍饲模式下，肉羊运动与自然光照严重不足，导致维生素 A、维生素 D 等微量元素摄入不足和自体合成量不足；长期投喂品种单一的饲草料，全价料补给量不足，导致维生素 A 缺乏。

二、致病机理

健康羊视网膜中的维生素 A，在酶的作用下氧化，转变为视细胞的生色基因视黄醛。视细胞本身是一种暗光感受器，在光线较暗时，视黄醛转化为视紫红质，在光线亮时，再转化为视黄醛。当维生素 A 不足或缺乏时，视紫红质的再生更替作用受到干扰，羊在阴暗的光线下呈现视力减弱或夜盲。

维生素 A 维持成骨细胞和破骨细胞的正常位置和活动。维生素 A 缺乏使软骨的生长受阻。视黄醇和维生素 A 酸两者共同缺乏时还能使神经系统严重受损。骨骼生长迟缓和造型异常使颅腔脑组织过度拥挤，大脑变形和形成脑疝，脑脊液压力增高，临床上出现水肿、共济失调和晕厥等特征性神经症状。

维生素 A 缺乏导致所有的上皮样细胞萎缩，特别是具有分泌机能的上皮样细胞被复层角化上皮样细胞取代，主要见于唾液腺、泌尿生殖腺、眼旁腺和牙齿。

三、临床症状

不论何种发病机制引起的羊维生素 A 缺乏，均以继发眼疾为典型特征。病羊表现畏光，视力减退，甚至完全失明。由于角膜增厚，结膜细胞萎缩，腺上皮机能减退，故不能保持眼睑的湿润，表现出眼干燥症。患羊盲目前进，碰撞障碍物，或行动迟缓，小心谨慎；继而骨骼异常，使脑脊髓受压和变形，上皮细胞萎缩，常继发唾液腺炎、副眼腺炎、肾炎、尿石症等；后期病羔羊的干眼症尤为突出，导致角膜增厚和形成云雾状。成年羊缺乏维生素 A 时，机体不表现消瘦。

四、病理变化

当羊维生素 A 缺乏时没有特征性的眼观变化，主要为被毛粗乱，皮肤异常角化。泪腺、唾液腺及食道、呼吸道、泌尿生殖道黏膜发生鳞状上皮化。维生素 A 缺乏时，羊角化上皮样细胞数目增多。组织学检查发现典型的上皮变化是柱状上皮样细胞萎缩、变性、坏死分解，并被化生的鳞状角化上皮替代，腺体的固有结构完全消失。羔羊腮腺主导管发生明显变化，初期为杯状细胞消失和黏液缺乏，继而杯状细胞被鳞状上皮取代，并发生角化。呼吸道黏膜的柱状纤毛上皮发生萎缩，化生为复层鳞状上皮，并角化，有的病例形成伪膜和小结节，导致小支气管阻塞。黏膜的分泌机能降低，易继发纤维素性炎症。另外，肾盂和泌尿道其他部位脱落的上皮团块可沉积钙盐，形成尿结石。幼龄羊由于骨内成骨受到影响和骨成形失调，出现长骨变短和骨骼变形。

五、诊断

根据病羊临床症状，比如畏光、视力减退或失明及长期饲喂缺乏含维生素 A 的饲料，即可作出初步诊断。血浆、肝脏维生素 A 和胡萝卜素含量的分析为确诊该病提供依据。结膜图片检查，角化上皮样细胞数目增加有辅助诊断价值。

血浆维生素 A 水平是羊体内维生素 A 营养状况的判定指标。每毫升 0.25 mg 为最佳水平，每毫升 0.1 μg 为机体正常生长所必需，每毫升 0.07 ～ 0.08 μg 为临界值，小于 0.05 μg 即可出现临床症状。血浆胡萝卜素含量每毫升 1.5 μg 为最佳水平，0.09 μg 以下时若不补充维生素 A 即可出现缺乏症状。肝脏维生素 A 水平比血浆维生素 A 含量更能反映羊体内维生素 A 状况，肝脏维生素 A 和胡萝卜素正常含量分别为 60 μg/g 和 4 μg/g 以上，临界水平分别为 2 μg/g 和 0.5 μg/g。除此之外，羊维生素 A 缺乏时脑脊髓液压力显著升高。

六、类症鉴别

羊传染性角膜结膜炎

相似点：病羊眼畏光，视力减退，角膜增厚，有的形成云雾状。

不同点：传染性角膜结膜炎病羊流泪，眼睑肿胀，结膜潮红，有分泌物，严重的形成角膜瘢痕及角膜翳，并发生溃疡，甚至角膜破裂，晶状体脱出。维生素 A 缺乏症病羊眼干燥症状突出。

七、防治措施

1. 预防

全面均衡日粮营养供应，科学配制饲草料及加强储存管理，防止饲料发霉变质，以保证饲料中维生素 A 不被破坏。秋冬季进入枯草期前，要储备充足的越冬饲草料，防止肉羊掉膘造成整体免疫力下降。饲料要注意保管，防止雨淋、暴晒及避免长期贮存和霉烂变质，以减少饲料中的维生素 A 的损失。可适量投喂青贮饲料或胡萝卜等瓜果蔬菜，以补充各种必需的维生素。若长期饲喂枯黄干草、秸秆等，应适当投喂鱼肝油补充部分营养。

重视强化日常饲养管理。羊场应配套建设运动场，满足羊的运动及自然光照，以促进机体对维生素 A、维生素 D 等微量元素的合成与吸收利用。抓好羊场（舍）保洁及定期消毒灭菌、生物安全防范等重点工作，长期维持羊舍干燥、清洁、无菌及空气质量良好。

2. 治疗

黄芪多糖注射液或双黄连注射液（0.2 mL/kg）、鱼腥草注射液（0.1 ～ 0.2 mL/kg）、头孢噻呋钠或氨苄西林钠（0.1 g/kg）混合肌内注射，1 剂 /d，连续注射 2 ～ 3 d；颈部肌内注射复合维生素 B 注射液 1 ～ 2 剂；拌料或灌服鱼肝油适量。

口服鱼肝油，每次 20 ～ 30 mL；维生素 A、维生素 D 注射液，肌内注射，每次 2 ～ 4 mL，每日 1 次；在日粮中加入青绿饲料及鱼肝油，可迅速治愈。

整群防治可采用日粮添加青绿饲料及鱼肝油，这样可迅速控制病情。

第九节　醋酮血病

羊醋酮血病又称酮病、酮血病、酮尿病，是由于蛋白质、脂肪和糖的代谢发生紊乱，在血液、乳、尿及组织内酮的化合物蓄积而引起的一种营养代谢性疾病。多见于营养良好的羊、高产母羊及妊娠羊，死亡率高。奶山羊和高产母羊泌乳的第一个月易发。多发生于冬末春初，而完全的圈养羊则没有明显的季节性。

一、病因

1. 原发性酮病

常由于大量饲喂含蛋白质、脂肪高的饲料（如豆饼、油饼），而碳水化合物饲料（粗纤维丰富的干草等）不足，或突然给予大量蛋白质和脂肪的饲料，特别是缺乏糖和粗饲料的情况下供给大量精料，更易致病。在泌乳高峰期，高产奶羊需要大量的能量，当所喂饲料不能满足需要时，就动员体内贮备，因而产生大量酮体，使酮体积聚在血液中而发生酮血病。

2. 继发性酮病

该病还可继发于前胃弛缓、真胃炎、子宫炎和饲料中毒等过程中。主要是由于瘤胃代谢紊乱而影响维生素 B_{12} 的合成，导致肝脏利用丙酸盐的能力下降。另外，瘤胃微生物异常活动产生的短链脂肪酸，也与酮病的发生有密切关系。

3. 诱发因素

妊娠期肥胖，运动不足，饲料中缺乏维生素 A、B 族维生素以及矿物质不足等，都可促进该病的发生。

二、发病机理

由于上述原因，使瘤胃中的正常微生物菌群发生变化，使乙酸和丁酸形成过多，而丙酸形成减少。乙酸和丁酸吸收后形成大量的乙酰辅酶 A，而丙酸则形成少量草酰乙酸。大量的乙酰辅酶 A 由于缺乏草酰乙酸不能形成柠檬酸进入三羧酸循环，过剩的乙酰辅酶 A 就形成大量的酮体，大量的酮体随尿液排出，即形成酮尿病。

该病和羊妊娠毒血症，即产羔病、双羔病的生化紊乱基本相同，而且在相似的饲养管理条件下发病，但在临床上是不同病种，发生在妊娠至泌乳周期的不同阶段。

三、临床症状

病羊初期食欲减退，食草不食料，呆立不动，空嚼，口流泡沫状唾液，驱赶或强迫其运动时，步态摇晃。后期意识紊乱，不听使唤，视力减退。神经症状常表现为头部肌肉痉挛，并可出现耳、唇震颤。由于颈部肌肉痉挛，故头后仰或偏向一侧，亦可见到转圈运动。若全身痉挛则突然倒地死亡。在病程中，病羊食欲减退，前胃蠕动减弱，黏膜苍白或黄疸，体温正常或低于正常，呼出的气及尿中有丙酮气味。

四、病理变化

剖检可见主要病变是肝脏的脂肪变性，严重病例的肝比正常的大 2 ～ 3 倍。

五、诊断

根据临床症状结合饲料检查，然后再结合血酮、尿酮的检查结果可作出准确诊断。应用亚硝基铁氰化钠法检验尿液作出诊断，将病羊的尿液加入5%浓度的亚硝基铁氰化钠，如果反应物为淡紫色者判断为阳性反应，即可确诊。

六、类症鉴别

绵羊妊娠毒血症

相似点：病羊食欲减退，黄疸，磨牙，运步失调，颈部肌肉痉挛，头后仰或弯向一侧，做转圈运动，全身痉挛，呼出的气中有丙酮气味。剖检可见肝脏脂肪变性。

不同点：绵羊妊娠毒血症多发生于双羔或以上的妊娠母羊，剖检可见肾脏肿大、脂肪变性，肾上腺肿大，皮质变脆，肾小球出血，脑实质空泡化。

七、防治措施

1. 预防

（1）加强妊娠母羊的饲养管理。供给营养充足和富含维生素和矿物质的饲料，最好保持在八分膘情，使之不要过肥，也不要过瘦。

（2）加强运动。给予母羊充足的活动场地，加强分娩前的运动，必要时进行驱赶运动或诱导运动。

（3）合理更换、添加饲料。更换饲料时要采取新旧品种按比例增减，逐渐过渡的方式进行。根据生产情况需要增加精料饲喂量时，要采取在完全消化的情况下逐日缓慢增量或增加每日饲喂次数的方式来提高精料饲喂量。

（4）保证合理的饲草比例、品质。羊是草食动物，忌草料主次换位。一定要保证饲草的比例和品质，同时，注意饲草料的细碎程度。籽实饲料和牧草秸秆的粉碎减少了家畜咀嚼对能量的耗用，但是过细乃至粉末状会影响羊的反刍消化，甚至会导致瘤胃积食，诱发代谢病的发生。草料粉碎的程度应以反刍及消化的情况来确定。

2. 治疗

处方1：25%葡萄糖注射液50～100 mL，静脉注射，以防肝脂肪变性。

处方2：调理体内氧化还原过程，可每日饲喂醋酸钠15 g，连用5 d。

处方3：柠檬酸钠15～20 g，每日1次，灌服，连用4 d。

处方4：应用糖皮质激素（5 mg地塞米松或50 mg氢化可的松，但怀孕的母羊禁用地塞米松）。

处方5：饲喂丙二醇20 g/d，连用5 d。

处方6：硫代硫酸钠20 g、葡萄糖200～400 g、蒸馏水1 000 mL，溶解灭菌后1次静脉注射30～80 mL，每日肌内注射维生素C 20 mL。

第十一章

羊中毒病

第一节　铜中毒症

铜中毒又称铜过多症，是由于摄食铜过多，或因肝细胞损伤，大量蓄积在肝脏等组织中的铜突然释放进入血液循环所引起的一种重金属中毒性疾病。临床上以慢性铜中毒较为多见。Boughton 等 1934 年首次报道了绵羊的铜中毒，他们证实，饲喂含铜的矿物质添加剂几周或数月的绵羊，会发生一种快速死亡的急性病，该病与红细胞迅速遭受破坏、黄疸和血红蛋白尿有关，病羊在出现危象的几天内死亡。

一、病因

1. 急性铜中毒

由于铜盐直接作用于胃肠道而引起胃肠炎，病羊排出绿蓝色液体样粪便，发生休克，甚至死亡。多因一次注射或误食大剂量可溶性铜引起。

2. 慢性铜中毒

铜在小肠吸收后，与血清蛋白结合而广泛分布于机体组织和红细胞中，肝脏容易蓄积铜而发生慢性铜中毒。慢性铜中毒又可以分为单纯性铜中毒、肝源性慢性铜中毒和绵羊摄入某些植物后的慢性铜中毒。

（1）单纯性铜中毒。病羊食入被熏剂或杀真菌药喷过的饲料；食用矿物质配合日粮；用硫酸铜溶液淋浴；饮用了硫酸铜处理过水藻和螺的水。

（2）肝源性慢性铜中毒。病羊食入天芥菜和菊科千里光等植物后，由于植物生物碱对肝脏的损伤，导致肝脏对铜的亲和力和铜的蓄积增加，形成一种肝脏损伤的特殊代谢类型。

（3）绵羊摄入某些植物后的慢性铜中毒。一般发生于铜含量正常的牧场放牧的绵羊，但这些牧场含硫酸盐过多或钼缺乏，硫酸盐影响植物吸收和贮存钼的能力，而钼与铜有拮抗作用。所以，缺钼提高了植物对铜的吸收能力。

二、铜的生理作用和中毒机理

1. 生理作用

铜参与造血过程，它可促进铁在小肠内的吸收；由铜组成的铜蓝蛋白可将储存于肝中的 Fe^{3+} 转变为 Fe^{2+}，促进血红蛋白的合成与红细胞的生成。铜是脑超氧化物歧化酶的辅基，促进脑磷脂的合成，以保证大脑和脊髓的神经髓鞘发育正常。铜是细胞色素氧化酶的组成成分，参与传递电子，以保证三磷酸腺苷的生成。铜所构成的多酚氧化酶，可催化酪氨酸转变为黑色素，将—SH 转变成—S—S—，以促进绒毛的生长和增大弯曲度。铜还是赖氨酰氧化酶和单胺氧化酶的辅基，参与骨中胶原交叉连接，促进胶原成熟，保证了骨胶原的稳定性和强度。

2. 中毒机理

铜中毒时，大量铜在肝中蓄积，许多重要酶的活性受到抑制，导致肝功能障碍，甚至肝坏死，使谷草转氨酶、乳酸脱氢酶、血浆精氨酸酶及血浆胆红素含量升高。当肝铜蓄积到一定程度后，肝释放大量铜入血。血铜浓度迅速提高，并进入红细胞和排入尿液。红细胞中铜浓度不断升高，可降低红细胞中谷胱甘肽的浓度，使红细胞的脆性增加而发生血管内溶血。溶血时，肾铜浓度升高，肾小管被血红蛋白阻塞，从而引起肾单位坏死、肾功能衰竭、血红蛋白尿，甚至出现尿毒症。同时，由于溶血时释放出的某些因子和缺氧，血浆肌酸酐磷酸激酶浓度升高，骨骼肌受到损害。此外，血液中尿素和氨浓度增加，K_6L 酶受到抑制，导致中枢神经系统受损。铜中毒的动物常死于严重的溶血或尿毒症。

各种动物对过量铜的敏感性不同。羔羊最敏感，其次是绵羊、山羊、牛等反刍动物。铜的中毒剂量因动物的品种、年龄、食物中的钼和硫酸盐含量等而异。羊铜中毒的剂量参考值为 14 mg/kg。

三、临床症状

1. 急性中毒

病羊精神不佳，严重口渴、衰竭，脉搏微弱而快，磨牙，腹痛，呼吸加速，腹泻，粪便含有大量蓝绿色黏液，肌肉痉挛，昏迷，重者死亡。

2. 慢性中毒

病羊病初体温达 40℃以上，呼吸 36 次 /min 以上，脉搏 120 次 /min 以上。精神高度沉郁，可视黏膜苍白或黄染，呼吸困难，走路摇晃，虚弱无力，肌肉震颤，触诊背部、臀部肌肉有痛感。口渴，饮水次数及饮水量均高于日常，反刍停止，瘤胃蠕动音极弱。排暗红色或酱油样尿液。听诊心脏有显著的缩期杂音。后期表现严重的血红蛋白尿症、贫血和黄疸，多数羔羊在表现症状 2 ～ 3 d，因机体极度衰竭而死亡。

四、病理变化

剖检可见，口腔黏膜、眼结膜等可视黏膜苍白。血液色淡，呈巧克力色，稀薄如水。腹腔内积有大量淡红色或淡黄色液体。胸膜、腹膜、肠系膜、大网膜均呈黄色。真胃、小肠、盲肠、结肠黏膜充血严重，皱胃和肠道内有棕褐色液体。心包积液，心外膜有出血点，心肌色淡，似煮肉样，易碎。肝脏脆弱、肿大，呈黄褐色，切面结构模糊。胆囊肿大，充盈绿色浓稠的胆汁。脾脏柔软如泥，呈棕黑色，切面膨隆，边缘稍外翻，结构模糊。肾呈青铜色，肿大，切面三界不清。膀胱内积有红葡萄酒色或酱油色尿液。

五、诊断

取病羊肝脏、肾脏、血清和浓缩料做铜含量测定，如肝脏铜含量超过 500 mg/kg（正常 100 ～ 500 mg/kg），肾脏铜含量超过 25 mg/kg（正常 7 ～ 25 mg/kg），血铜含量超过 170 mg/dL（正常 40 ～ 170 mg/dL），饲料铜含量超过 12 mg/kg（正常 7 ～ 12 mg/kg），可视为铜中毒。

采集饲料、胃内容物、呕吐物、尿、粪及肝、肾等脏器进行有机质试验。若有机质含量不多，可以直接灼烧，残渣溶于 3% 硝酸中供检验。

亚铁氰化钾法。试剂是 5% 亚铁氰化钾溶液，取少许待检液，加 1 滴 5% 亚铁氰化钾溶液，如有铜存在，则生成棕红色沉淀。

六、类症鉴别

1. 羊附红细胞体病

相似点：病羊体温升高，贫血，黄疸，腹泻，有血红蛋白尿，尿液呈酱油色，呼吸困难。剖检可见病羊可视黏膜苍白或黄染，浆膜黄染；血液稀薄如水，呈暗红黑色；肝脏肿大，呈黄褐色；胆囊肿大，充满浓稠胆汁。

不同点：附红细胞体病急性死亡病羊口鼻及肛门出血，全身红紫；亚急性病例腹泻粪便带血，不呈蓝绿色；颈部、四肢内侧皮肤等部位发红，指压不褪色；眼结膜发炎。剖检可见肠系膜淋巴结肿胀，颜色较深或发红，有的淋巴结呈索状肿胀；肾脏不呈青铜色，脾脏质地不软如泥。病羊血液镜检，可见大部分红细胞呈锯齿状、星状或菜花状，在红细胞上见到球状虫体，其周围血浆中的虫体有运动性。

2. 羊钩端螺旋体病

相似点：病羊食欲减退，精神沉郁，贫血，排血红蛋白尿，可视黏膜黄染。剖检可见皮下组织黄染，血液稀薄，腹腔积液，肝脏肿大、呈黄褐色，心脏色淡。

不同点：钩端螺旋体病病羊发生结膜炎，并且流泪；其鼻腔会流出脓性黏液或脓性分泌物，鼻孔周围的皮肤出现皲裂；胃肠道蠕动弛缓，便秘；耳部、躯干及乳头处的皮肤均可能发生坏死。剖检可见骨骼肌柔软且多汁，呈柠檬黄色；肾脏快速增大，被膜极易剥离，切面常湿润，髓质与皮质的界线消失，组织柔软而脆弱；病程长久，则肾脏呈坚硬状。

3. 羊梨形虫病

相似点：病羊精神沉郁，食欲下降或废绝，排血红蛋白尿，可视黏膜苍白或黄染，腹泻。剖检可见皮下组织黄染。巴贝斯虫病羊膀胱内积有血尿。

不同点：感染泰勒焦虫的病羊呼吸困难，临死前口鼻有大量泡沫；肩前或下颌淋巴结肿大，四肢僵硬，行走困难；腹泻粪便无蓝绿色黏液。剖检可见全身淋巴结有不同程度的肿大，尤以颈前、肠系膜、肝、肺等处淋巴结更为明显；肺脏出现增生，肺泡大小不等、变形；肾脏呈黄褐色，区别于铜中毒的青铜色。血液涂片镜检可见梨形虫。

七、防治措施

1. 预防

（1）定期监测牧草、饲料和饮水中的铜含量。通过采样化验，及时采取相应的预防措施，减少动物铜中毒的发生。在铜含量高的牧场喷洒磷钼酸（如过磷钼烟胺）可预防铜中毒。

（2）饲料添加硫、钼，预防中毒。羊群在铜含量高的草场放牧时，应在每只羊的饲料中，每日添加或灌服硫酸钠 1 g，钼化铵 500 mg，连用 2 周，然后，用硫酸钠 1 g，钼化铵降至 100 mg，再继续服用 2 周。也可在饮水中加入钼化铵，浓度为 20 g/L。

（3）正确使用铜制剂。使用铜制剂时，必须注意浓度和用量，并根据具体情况灵活、准确地调整用量。由于不同国家、地区土壤中铜、锌含量不同，所以，饲料添加剂中铜的加入量应因地制宜，绝对不能盲目推广添加剂配方。

2. 治疗

（1）急性中毒。对急性中毒者，可用 1 g/kg 亚铁氰化钾（黄血盐）溶液洗胃。对溶血危象期的羊，静脉注射三硫钼酸钠，剂量为每千克体重 0.5 mg，稀释至 100 mL，3 h 后根据病情可再注射 1 次。

（2）慢性中毒。

处方 1：按每千克体重 50 ～ 100 mg 四环硫钼化铵和 2 ～ 7 mg 静脉注射氨苄青霉素，2 次 / 周。或按每千克体重 3.4 mg 四环硫钼化铵皮下注射，2 次 /d，连用 3 ～ 4 d。

处方 2：对价值高的种羊，可用依地酸钙钠（每千克体重 15 mg）和氨苄青霉素（每千克体重 2 ～ 7 mg）静脉注射，2 次 /d，连用 3 d 后依病情酌用。

（3）配合治疗。同时应用硫和钼治疗效果较好，每只羊可每日补充 0.5 ～ 1.0 g 硫酸钠和 50 ～ 100 mg 钼酸铵，连用 3 周，可有效控制羊群死亡。避免使用维生素 C 和硒，因为维生素 C 和硒会加剧铜中毒症。

第二节　食盐中毒

食盐中毒是在饮水不足的情况下，过量摄入食盐或含盐饲料而引起的消化机能紊乱和神经症状为特征的中毒性疾病，主要的病理学变化为嗜酸性粒细胞性脑膜炎。食盐是动物饲料中不可缺少的成分，适量的食盐能维持动物体内的正常水盐代谢，还可增进食欲和胃肠活动。若过量则可引发中毒，羊每千克体重食盐的中毒量是 3 ～ 6 g，致死量是 125 ～ 250 g。

一、病因

1. 饲料中食盐投入过量

舍饲羊中毒多见于配料疏忽，如误投过量食盐或大块结晶盐未经粉碎和充分拌匀。

2. 长期缺乏食盐

放牧羊多见于供盐时间间隔过长，或长期缺乏补饲食盐，突然加喂大量食盐，加上补饲方法不当，如在草地撒布食盐不匀或让羊只在饲槽中自由抢食。

3. 营养物质缺乏、饮水不足

当缺乏维生素 E、含硫氨基酸和矿物质时，羊对食盐的敏感性增高。另外，环境温度高时水分散失多，敏感性亦升高。

二、发病机理

食盐中毒的实质是钠离子中毒，其在体内的毒性作用包括 2 个方面：一是高渗氯化钠对胃肠道的局部刺激作用；二是钠离子潴留所造成的离子平衡失调和组织细胞损害，特别是阳离子之间的比例失调和对脑组织的损害。

在摄入大量食盐且饮水不足而发生急性中毒的情况下，首先呈现的是高浓度食盐对胃肠黏膜的直接刺激作用，引起胃肠道炎症，同时，由于胃肠内容物渗透压显著增高，大量体液向胃肠腔渗漏，使机体陷入脱水状态，被吸收的食盐，则因机体脱水，丘脑下部抗利尿激素分泌增加，排尿量减少，体内的钠离子不能经肾及时排出，而游离于血液循环之中，积滞于组织细胞之内，造成高钠血症和机体的钠潴留。高钠血症破坏了机体一价阳离子和二价阳离子的平衡，使一价阳离子占优势，而血液内一价阳离子（如钠离子）可使神经应激性增高，神经反射活动加强。

在食盐摄入量不大，但由于持续限制饮水而发生慢性中毒的情况下，胃肠内容物的渗透压只是略微偏高，构不成对胃肠黏膜的强烈刺激，通常不会造成胃肠炎症，也不会使胃肠、口腔大量积液。毒性作用主要是在食盐的吸收之后，由于机体长期处于水的负平衡状态，吸收的食盐排泄得非常缓慢，钠离子逐渐地潴留于全身各组织器官，特别是脑组织，继之发生脑水肿，以致颅内压升高，脑组织氧供应不足，只好通过葡萄糖无氧酵解以获取能量，而钠潴留兼有抑制葡萄糖无氧酵解的作用，结果导致脑组织变性和坏死，临床上表现一系列神经症状。

三、临床症状

病羊的主要症状是口渴，饮欲大大增加，食欲、反刍减弱或停止，瘤胃蠕动消失，常伴发瘤胃臌气。急性发作的病例，口腔流出大量泡沫，结膜发绀（图 11-2-1），瞳孔散大或失明，脉搏细弱而增数，呼吸困难。呕吐、腹痛、腹泻、有时便血。病初兴奋不安，磨牙，肌肉震颤，盲目行走和转圈运动，继而行走困难，后肢拖地，倒地痉挛，头向后仰，最后倒地，四肢不规则地划动，昏迷而死。

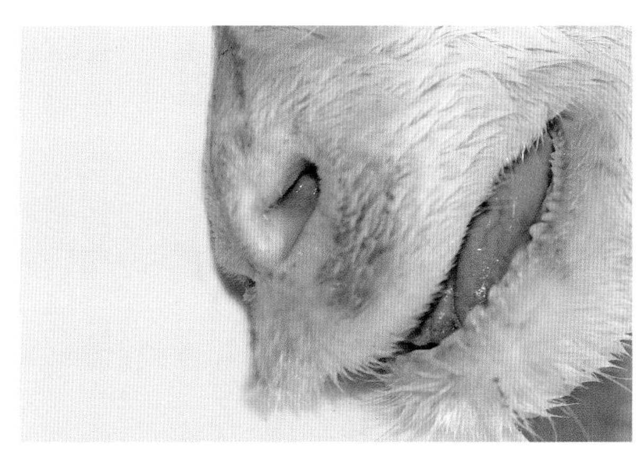

图 11-2-1　病羊可视黏膜发绀（骆学农 供图）

四、病理变化

主要是脑膜和脑内充血与出血，胃肠黏膜潮红、出血或水肿（图 11-2-2）。

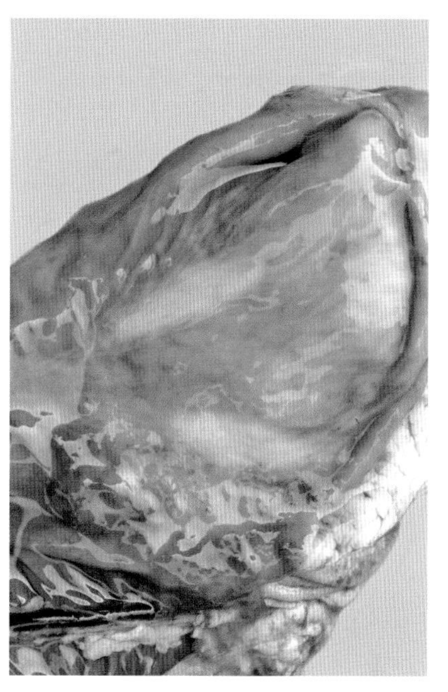

图 11-2-2　病羊胃黏膜潮红、出血和水肿（骆学农　供图）

五、诊断

该病主要是根据病羊有采食过量食盐的病史，有消化机能紊乱及神经症状等，病理组织学检查发现特征性的脑与脑膜炎血管嗜酸性粒细胞浸润，可作出初步诊断。

必要时，可做饲料、饮水、肝、胃内容物食盐的含量，以及血钠的含量测定。确诊需要测定体内氯离子、氯化钠或钠盐的含量。尿液氯含量大于 1% 为中毒指标。血浆和脑脊髓液钠离子浓度大于 160 mmol/L，尤其是脑脊液钠离子浓度超过血浆时，为食盐中毒的特征。

六、类症鉴别

1. 羊硝酸盐与亚硝酸盐中毒

相似点：病羊流涎，瘤胃弛缓，腹痛，腹泻，呼吸促迫，可视黏膜发绀；步态不稳，后肢麻痹，卧地不起，肌肉震颤、痉挛。剖检可见病羊胃肠黏膜充血。

不同点：硝酸盐与亚硝酸盐中毒病羊不出现盲目行走和转圈运动。亚硝酸盐中毒病羊剖检可见血液呈咖啡色或黑红色、酱油色，凝固不良；肺充血、水肿，肝、肾淤血，心外膜和心肌出血。硝酸盐中毒病羊剖检可见肠道充气，胃黏膜溃疡。

2. 羊氢氰酸中毒

相似点：病羊呼吸急促、困难，流涎，口有白色泡沫状唾液；卧地不起，肌肉震颤、痉挛、抽搐，角弓反张，瞳孔散大。剖检可见病羊胃肠黏膜充血、出血。

不同点：羊氢氰酸中毒病羊在 10 ～ 15 min 内有采食含有氰苷的饲料或植物。病羊可视黏膜鲜红，流泪，心动过速，呼出带有苦杏仁味气体，不发生腹痛、腹泻症状。剖检可见病羊尸体鲜红色，静脉血液呈鲜红色，凝固不良，尸僵缓慢，不易腐败；胃内容物有苦杏仁味，心内外膜出血，肺充血水肿。慢性中毒时，妊娠母羊和羔羊甲状腺肿大，羔羊骨骼畸形。

3. 羊棉籽饼中毒

相似点：病羊腹泻，便血；呼吸急促，黏膜发绀；运动失衡，肌肉震颤。剖检可见胃肠道黏膜充血、出血。

不同点：棉籽饼中毒病羊先便秘后腹泻，心跳加快，全身性水肿；妊娠母羊流产，尿呈红色；慢性病例视觉障碍、失明，公羊出现尿石症。剖检可见全身皮下组织浆液性浸润，水肿部位尤其明显；实质器官广泛性充血和水肿。

4. 羊毒芹中毒

相似点：病羊兴奋不安，流涎，流白色泡沫状液体；瘤胃臌气，腹泻，腹痛；共济失调，步态不稳，肌肉震颤，痉挛，倒地不起，瞳孔散大，呼吸促迫，头颈后仰，四肢划动。剖检可见胃肠黏膜充血，脑膜和脑充血。

不同点：毒芹中毒病羊有采食毒芹的历史。病羊跳跃，出现强制性或阵发性痉挛，牙关紧闭，鼻唇抽搐，眼球震颤。剖检可见皮下结缔组织出血，血液色暗、稀薄，胃肠内充满气体，有毒芹根茎与叶，肾脏和膀胱黏膜出血，肺充血、水肿。

5. 羊有机氯中毒

相似点：急性型症状与羊食盐中毒相似。病羊兴奋不安，流涎，腹痛，腹泻，运动失调，肌肉痉挛，角弓反张，昏迷而死。

不同点：有机氯中毒病羊感觉敏感，易惊厥，不出现黏膜发绀和盲目行走症状。剖检病羊仅内脏器官淤血、出血、水肿，全身小点出血，脑部无充血、出血。

6. 羊砷中毒

相似点：病羊腹痛，腹泻，粪便带血；流涎，口渴喜饮，呼吸促迫；站立不稳，肌肉震颤，后肢瘫痪，卧地不起，脉搏细弱。

不同点：砷中毒病羊可出现血尿或血红蛋白尿，被毛粗乱、干燥、脱落，眼睑浮肿，鼻唇和口腔黏膜红肿、溃疡。剖检可见真胃、小肠、盲肠黏膜水肿、糜烂、坏死和穿孔；淋巴结水肿，呈紫红色；心脏、肝脏、肾脏实质器官脂肪变性。

七、防治措施

1. 预防

（1）加强饲养管理。饲料中加入适量食盐，预防“盐饥饿”出现。成年羊日用量不超过 15 g，羔羊日用量以 2% 为宜；使用含有食盐的残渣时，必须严格控制用量。

（2）充足饮水。适度饮水补给，保证有充足的饮水量。

（3）避免误食。加强食盐管理，严禁羊只靠近。

2. 治疗

确诊为食盐中毒后，要立即停喂含食盐饲料，保证充足清洁饮水，加强护理。

处方 1：静脉注射 20% 甘露醇 100 ～ 200 mL、10% 的硫酸镁 30 ～ 40 mL、维生素 C 0.25 ～ 1.00 g、维生素 B_1 250 mg、10% 的葡萄糖液 500 ～ 1 000 mL 静脉射；间隔 8 ～ 12 h 再静脉注射 1 次 5% 葡萄糖液 500 mL。

处方 2：肌内注射速尿注射液，每千克体重 1 mg，促进毒物排出。

处方 3：静脉注射 10% 的葡萄糖酸钙 50 ～ 100 mL，可恢复血液中 1 价钠离子、钾离子和 2 价钙离子、镁离子的平衡。

第三节 硝酸盐与亚硝酸盐中毒

硝酸盐及亚硝酸盐中毒往往紧密联系在一起。虽然大量的硝酸盐被动物食入会引起急性胃肠炎，但主要症状还是硝酸盐变成毒性更大的亚硝酸盐而引起动物中毒，因此，亚硝酸盐中毒一词较为通用。亚硝酸盐中毒是植物中的硝酸盐在体外或体内转化形成亚硝酸盐，进入羊血液后使血红蛋白氧化为高铁血红蛋白而失去携氧能力，引起以黏膜发绀、呼吸困难为临床特征的一种中毒性疾病。硝酸盐中毒是一次性食入大量硝酸盐制剂引起的胃肠道炎症性疾病。

一、病因

秋末冬初是亚硝酸盐中毒的多发季节。因为此时是收获旺季，在萝卜、白菜、菜花、圆头菜、芥菜叶及甘薯藤、玉米秸、马铃薯秧等茎叶中（图 11-3-1），含有数量不等的硝酸盐和亚硝酸盐。特别是施用化肥的作物中含量更多。若遇霜冻、霉烂变质，枯萎及小火焖煮时，可促使硝酸盐还原为亚硝酸盐，被羊采食可发生中毒。由于消化机能紊乱，可能出现胃酸过少而利于硝酸盐还原菌大量增殖，使硝酸盐还原成亚硝酸盐，被吸收后引起中毒。

图 11-3-1 过食新鲜马铃薯秧后的症状（马利青 供图）

二、中毒机理

一次性大量食入硝酸盐后，硝酸盐及其与胃酸释放的 NO_2 对消化道产生的腐蚀刺激作用，可直接引起胃肠炎。硝酸盐在体外或体内转化形成亚硝酸盐。

亚硝酸盐吸收入血后，同 Cl^- 交换进入红细胞，使血红蛋白迅速氧化为高铁血红蛋白（MtHb），致血红蛋白中的二价铁（Fe^{2+}）转变为三价铁（Fe^{3+}），使血红蛋白丧失了携氧能力，从而引起全身性缺氧。在缺氧过程中，中枢神经系统最为敏感，出现一系列神经症状，最终发生窒息，甚至死亡。亚硝酸盐还可松弛血管平滑肌、扩张血管，使血压降低，导致血管麻痹而使外周循环衰弱。此外，亚硝酸盐还有致癌和致畸作用。亚硝酸盐、氮氧化物、胺和其他含氮物质可合成强致癌物——亚硝胺和亚硝酸胺，其不仅引起成年羊癌症，还可透过胎盘屏障使胎儿致癌。亚硝酸盐可通过母乳和胎盘影响羔羊及胚胎，故常有死胎、流产和畸形胎儿。

羊的亚硝酸盐钠最小致死量为每千克体重 40 ～ 50 mg。

三、临床症状

亚硝酸盐中毒，根据食入量的多少，其主要症状可分为 3 种。

1. 最急性型

食入量极大而中毒尤其严重者，一般不表现任何症状，突然急躁不安，倒地死亡。

2. 急性型

病情较重者，在饱食后 2 ～ 3 h 表现无力，肌肉震颤、站立不稳，之后呼吸困难、心跳加快、腹痛、腹泻、流涎、反刍停止、瘤胃弛缓、轻度臌气、尿频、卧地不起，体温下降到正常体温以下，耳、鼻、肢端等部位发凉，黏膜初期苍白，后期发绀，最后全身痉挛，虚脱而死。妊娠母羊有的出现流产。

3. 慢性型

病情较轻者，在采食后数小时反刍停止，精神沉郁，下痢，鼻镜发干，行走强拘，卧地昏迷，瘤胃臌气，皮肤苍白，母羊受胎率低，流产等，若不及时治疗，病情逐渐加重，最终死亡。

一次性摄入大量的硝酸盐，可直接刺激消化道黏膜引起急性胃肠炎，表现为流涎、呕吐、腹痛、腹泻。

四、病理变化

耳、皮肤、肢端和可视黏膜呈蓝紫色（发绀），血液凝固不良，呈咖啡色、黑红色、酱油色或巧克力色。支气管与气管充满白色或淡红色泡沫样液体。肺气肿明显，肺脏膨满，伴发肺水肿、淤血。肝、肾、脾等脏器呈紫黑色，切面有明显淤血（图 11-3-2）。心肌变性、坏死，心外膜出血，心包积液（图 11-3-3）。真胃和小肠黏膜出血，肠系膜血管充血，尸体常呈显著的急性胃肠炎病变。

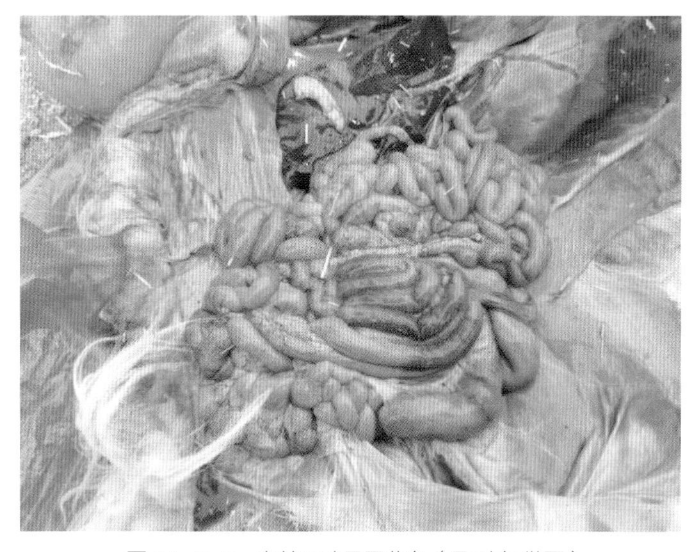

图 11-3-2　患羊肝脏呈黑紫色（马利青 供图）

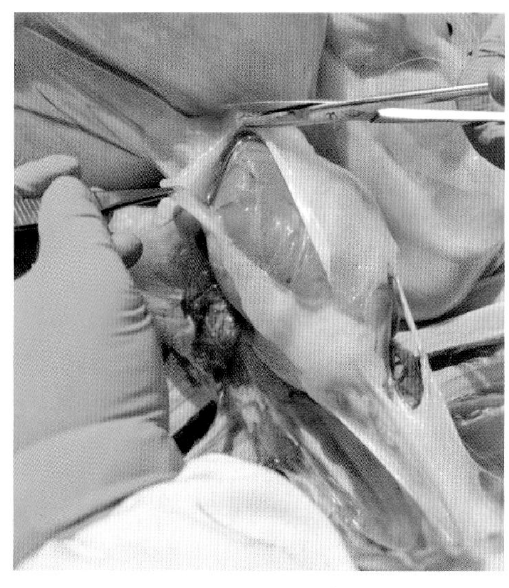

图 11-3-3　患羊心包积液（马利青 供图）

五、诊断

1. 诊断要点

根据在饱食后突然发生中毒症状，结合饲料调制和保管情况，尤其是血液呈赭红色，即使久置空气中也不转变为鲜红色，且凝固不良，较易判断。

2. 实验室诊断

氯酸盐、乙酰苯胺中毒等，有类似症状，因此，应及时进行剖检和实验室检验。检样最好是采取胃和胃内容物、剩余饲料、尿、血清，检查亚硝酸盐。

（1）饲料和胃内容物中亚硝酸盐的检查。格里斯法试剂分为Ⅰ液和Ⅱ液。Ⅰ液是用 0.5 g 对氨基苯磺酸溶于 150 mL 30% 乙酸中；Ⅱ液是用 0.1 g 甲萘胺溶于 20 mL 水中，过滤，滤液与 150 mL 30% 乙酸混合。同时将Ⅰ、Ⅱ液等量混合。取检液 1 滴，置白瓷板上，加试剂 1 ～ 2 滴，如有亚硝酸盐存在，即显紫红色，颜色深浅视含量而定。但一般要呈紫红色才能引起中毒。该法反应非常灵敏，饮水中和空气中微量亚硝酸盐也能检出。所以，除要求色深外，还应作空白对照试验。

（2）血清及血浆中亚硝酸盐的检查。试剂有粉末状态的锌，5% 氯化汞溶液，磺胺试液（20% 盐酸溶液中溶解 0.2% 氨苯磺胺），显红色试剂。将 8 mL 水及 1 mL 氯化汞溶液加入于 1 mL 血浆或血清中，并离心分离或过滤，用以除去其中的蛋白质。将 1 mL 处理后的血清或血浆移至一只 10 mL 量瓶中，加入磺胺试液 1 mL，混合后再加入显色试剂 1 mL，混合后加水至 10 mL，如为阳性，10 min 即可显色并保持约 2 h。如在波长 520 nm 条件下采用分光光度计可以测定其浓度。也可用已知浓度的硝酸钴钠、硝酸钠或两者的混合物代替 1 mL 血清或血浆作为标准，红色的程度和亚硝酸盐的浓度呈正比。

六、类症鉴别

1. 羊食盐中毒

相似点：病羊流涎，瘤胃弛缓，腹痛，腹泻，呼吸促迫，可视黏膜发绀；步态不稳，后肢麻痹，卧地不起，肌肉震颤、痉挛。剖检可见病羊胃肠黏膜充血。

不同点：食盐中毒病羊瞳孔散大或失明，病初兴奋不安，磨牙，肌肉震颤，盲目行走和转圈运动。剖检可见病羊脑膜和脑内充血与出血，血液不呈黑红色，肝、肺、肾、脾等实质器官不淤血。

2. 羊氢氰酸中毒

相似点：最急性型病例短时间内倒地死亡。病羊站立不稳，肌肉震颤，瘤胃臌气，呼吸急促、困难，心跳加快，流涎，卧地不起，全身抽搐、痉挛，体温下降。剖检可见气管内有泡沫状液体，肺充血、水肿，胃和小肠黏膜充血、出血。

不同点：氢氰酸中毒病羊兴奋不安，流泪，可视黏膜鲜红色，呼吸极度困难，张口伸颈，呼出苦杏仁味气体，眼球震颤，瞳孔散大。剖检可见病羊血液呈鲜红色，胃内容物有苦杏仁味。慢性中毒时，妊娠母羊和羔羊甲状腺肿大，羔羊骨骼畸形。

七、防治措施

1. 预防

（1）合理收割、保存饲料。为防止饲用植物中硝酸盐蓄积，在收割前要控制无机氮肥的大量施用。青绿菜类饲料切忌堆积放置而发热变质，使亚硝酸盐含量增加，应采取摊开敞放或青贮方法，防止发霉、霜冻、腐烂、枯萎，可减少亚硝酸盐含量。

（2）饲料合理搭配。饲喂蔬菜或青牧草，要按照饲养标准进行合理搭配，不要在短时间内饲喂大量叶菜类蔬菜和水分较高的牧草。羊可能饲喂或接触含硝酸盐较高饲料时，要保证适宜的碳水化合物的饲料量，并添加碘盐和维生素 A、维生素 D 制剂，以提高对亚硝酸盐的耐受性，并减少硝酸盐变成亚硝酸盐。

（3）合理饲喂。尽可能地将青贮玉米秸或发酵饲料放入饲槽中让羊自由采食，喂食应少量多次，可每日 4 次，水槽中不能断水，注意每日换水。

2. 治疗

（1）西药治疗。

处方 1：静脉注射 1% 亚甲蓝酒精生理盐水液，剂量为每千克体重 2 mL，每千克体重补 1 ～ 2 mL 的 20% ～ 50% 的葡萄糖注射液，维生素 C 注射液每千克体重 10 ～ 25 mg，每隔 2 h 注射 1 次，直到可视黏膜变成正常颜色为止。

处方 2：辅助治疗法可用呼吸兴奋剂和强心剂。抢救较严重的病羊，灌服 1% 亚甲蓝酒精生理盐水或用 0.2% 高锰酸钾溶液饮水，治愈效果良好。

（2）中药治疗。可在西药治疗的同时配合中药辅助治疗。

处方：甘草，煮沸，甘草与水的比例为 1∶10，整群羊饮用，对出现中毒反应的羊要加大用量，进行灌注，保证每日能够饮用 100 ～ 200 mL。

第四节　氢氰酸中毒

氢氰酸中毒是由于羊采食或饲喂了含有氰苷配糖体的植物，氰苷配糖体在体内水解成氢氰酸，引起以呼吸困难、震颤、痉挛和突然死亡为特征的一种中毒性缺氧综合征（图 11-4-1）。

图 11-4-1　氰化物中毒（马利青 供图）

氰苷存在于许多植物中，现已知有 80 个科、250 ～ 300 个属、1 000 余种的植物中含有氰苷或其游离物。其中，最常发生中毒的植物性饲料有亚麻籽饼、木薯，某些豆类如箭舌豌豆、狗爪豆、海南刀豆、菜豆等，某些牧草如苏丹草、白三叶等，高粱幼苗及其再生苗，橡胶籽饼，蔷薇科植物，如杏、梅、桃、李、枇杷仁、樱桃等的叶和核仁中均含有氰苷。

一、病因

1. 采食富含氰苷的植物或饲料

采食富含氰苷的植物或饲料是羊氢氰酸中毒的主要原因。常见富含氰苷的植物包括：玉米和高粱幼苗、亚麻籽、豆类、木薯和蔷薇科植物的叶和种子等。

2. 接触和误食氰化物

羊接触无机氰化物和有机氰化物（乙烯基腈等），如误饮冶金、电镀、化纤、染料、塑料等工业排放的废水，或误食、吸入氰化物农药，以及人为投毒均可引起中毒。

3. 羊长期饥饿、缺乏蛋白质

羊的瘤胃为氰苷的转化提供了适宜的环境，有利于微生物发酵和酶的作用，使羊易感性增高而多发氢氰酸中毒。长期饥饿、缺乏蛋白质时，可大大降低动物对氢氰酸的耐受性。

二、中毒机理

氰苷本身是无毒的，但当含有氰苷的植物被动物采食、咀嚼后，在有水分和适宜的温度条件下，氰苷经酶的作用水解产生氢氰酸（HCN）。反刍动物由于瘤胃微生物的作用，无需特殊的酶亦可将氰苷水解产生氢氰酸。氢氰酸被机体吸收后，氰离子（CN^-）大部分在硫氰酸酶的催化下，与体内的硫代硫酸盐结合，形成低毒的硫氰酸盐（其毒性约为氰化物的 1/200），随尿排出。CN^- 小部分可转化为氰化氢或分解为 CO_2 与 NH_3 从呼气中排出。还有一部分在肝脏内与葡萄糖醛酸结合成低毒的腈类从尿中排出。CN^- 也可形成氰钴胺而参与维生素 B_{12} 的代谢。不过，上述的解毒作用是有限的，只有在极少量的氢氰酸进入机体时才不致发生中毒。

氢氰酸的主要毒性作用在于 CN^-，当氰氢酸进入机体，CN^- 能抑制细胞内许多酶的活性，如细胞色素氧化酶、过氧化物酶、接触酶、脱羟酶、琥珀酸脱氢酶、乳酸脱氢酶等，其中，最重要的是在细胞线粒体中与氧化型细胞色素氧化酶（呼吸酶中的三价铁结合），形成氰化细胞色素氧化酶而失去了传递氧的作用。破坏了组织内的氧化过程，阻止组织对氧的吸收作用，导致组织缺氧。中枢神经系统对缺氧最为敏感，尤以呼吸中枢和血管运动中枢为甚，临床表现为先兴奋后抑制。呼吸麻痹是氢氰酸中毒的重要表现和致死的主要原因。由于组织细胞中毒性缺氧，组织细胞不能从血液中摄取氧，血液中的氧不能利用即发生内呼吸障碍，这时静脉和动脉的血均呈鲜红色，故在中毒初期，动物的可视黏膜呈鲜红色。此外，硫氰酸盐还可干扰甲状腺激素的合成，使甲状腺机能减退，羔羊慢性氰化物中毒时常伴有甲状腺肿。

反刍动物由于瘤胃微生物的作用可将氰苷水解产生氢氰酸，因而在食入含氰苷的饲料时比单胃动物更易引起中毒。通常植物性饲料中氢氰酸含量若超过 200 mg/kg 就有引起中毒的危险。以氰苷形式经口摄入 HCN，对羊的最小致死量约为每千克体重 2 mg。

三、临床症状

羊只在采食后 15 ～ 20 min 即可出现症状。最急性者突然极度不安，在短时间内倒地死亡。主要表现为不安，可视黏膜呈鲜红色，呼吸急速、困难，张口伸颈，流涎、流泪，呼出气体有苦杏仁气味，肌肉痉挛乃至角弓反张，全身或局部出汗，多伴发瘤胃臌气。随后呈现精神沉郁，全身衰弱无力，行走、站立不稳或卧地不起，心动徐缓，脉搏细弱，呼吸浅表，感觉或反射迟钝或消失。严重者很快失去知觉，后肢麻痹，眼球突出，瞳孔散大，强直性痉挛，牙关紧闭，有癫痫样发作，不自主排尿，体温下降，终因呼吸中枢麻痹而死亡。中毒病程很短，一般 10 ～ 30 min，严重者在 15 ～ 20 min 甚至数分钟内即可死亡。

四、病理变化

剖检可见病羊血管充血，血液颜色鲜红，凝固不良，且尸体不易腐败等现象。气管和支气管黏膜有出血点，有泡沫状液体，肺部出现水肿或充血。胃内有大量的气体和未消化的饲料，具有氢氰酸的特殊臭味（苦杏仁味）；胃与小肠黏膜充血、出血（图 11–4–2）。心内外膜下出血，实质器官变性。

图 11-4-2　肠道出血（马利青 供图）

五、诊断

1. 诊断要点

根据发病情况、病状及病理剖检，特别是呼出的气体有苦杏仁味、血液呈鲜红色等典型症状，可作出初步诊断。

2. 实验室诊断

由于病程较短，典型症状并不一定会全部出现，确诊还需要进行毒物化验。由于氰苷能在酸性环境中水解产生出氢氰酸、葡萄糖和苯甲醛，氢氰酸属挥发性毒物，因此，应采取新鲜的胃内容物或呕吐物及时检验，以免不稳定的氢氰酸挥发而影响准确检出。

（1）苦味酸试纸预试法。将滤纸浸在苦味酸饱和液中，取出后阴干备用。使用时，在 10 % 的碳酸钠溶液中浸泡。将 20 ～ 30 g 被检样品置于三角烧瓶中，加水 50 mL 搅拌成粥状，再加 10 mL 10% 酒石酸调节至酸性。将装有苦味酸试纸塞塞上，在沸水浴上加热 30 min。若有氢氰酸存在，试纸呈现橙红至砖红色。但此法在样品中含有醛、铜、硫化氢等时会干扰检测结果。

（2）快速普鲁蓝法。将被检样品加水 5 ～ 10 mL 调成糊状置于三角烧瓶中，加 10 % 的酒石酸调至酸性，瓶口加盖滤纸。在滤纸中心滴 1 滴新配制的硫酸亚铁及 1 滴氢氧化钠，小火缓慢加热三角烧瓶，数分钟后，气体上升，在滤纸上再滴加 10% 的稀盐酸。若样品中有氰化物存在，则滤纸中心呈蓝色，阴性反应滤纸中心呈黄色。

六、类症鉴别

1. 羊硝酸盐与亚硝酸盐中毒

相似点：最急性型病例短时间内倒地死亡。病羊站立不稳，肌肉震颤，瘤胃臌气，呼吸急促、困难，心跳加快，流涎，卧地不起，全身抽搐、痉挛，体温下降。剖检可见气管内有泡沫状液体，肺充血、水肿，胃和小肠黏膜充血、出血。

不同点：硝酸盐与亚硝酸盐中毒病羊腹痛，腹泻，尿频，妊娠母羊出现流产，耳、皮肤、肢端和可视黏膜呈蓝紫色（发绀）。一次性摄入大量的硝酸盐，还可表现呕吐。剖检可见血液呈咖啡色、黑红色、酱油色或巧克力色。肝、肾、脾等脏器呈紫黑色，切面有明显淤血。

2. 羊尿素中毒

相似点：病羊不安，反刍停止，瘤胃臌气，肌肉抽搐，步态不稳，强直性痉挛，呼吸困难，口流泡沫状液体，出汗，瞳孔散大，卧地不起，窒息死亡。

不同点：羊尿素中毒病程较氢氰酸中毒长，可达 4 h。病羊呻吟，心跳加速，肛门松弛，不出现黏膜和血液呈鲜红色症状，胃内无氢氰酸的特殊臭味（苦杏仁味）。胃内容物氢氰酸定性试验呈阴性。

七、防治措施

1. 预防

（1）严禁饲喂含过量氰苷的饲料。不能喂给过量的含氰苷类植物，而且喂给的含氰苷类植物要经减毒处理，并与其他饲料搭配喂给。氰苷在 40 ～ 60℃时最易分解为氢氰酸，而氢氰酸在酸性溶液中易挥发。因此，在浸泡亚麻籽饼或煮含氰苷类的饲料时，可加点食醋，打开锅盖搅拌，让氢氰酸挥发掉再喂。

（2）防止羊只误食氰化物。对于含有氰化物的农药、杀虫剂等，要严加保管，避免其污染饲料或者被羊只误食，引起中毒。

2. 治疗

（1）洗胃。中毒早期可用洗胃方法治疗。

处方 1：0.1% ～ 0.5% 的高锰酸钾溶液或 3% 的过氧化氢稀释 3 ～ 4 倍后进行彻底洗胃。

处方 2：口服催吐剂，如 1% 的硫酸铜溶液 50 mL，然后再口服 10 mL 10% 的硫酸亚铁溶液，重复洗胃。

（2）解毒。亚硝酸钠或亚甲蓝与硫代硫酸钠可进行特效配伍解毒。

处方 1：0.1% 的亚硝酸钠按照每千克体重 1 mL，加入 10 % ～ 25% 的葡萄糖注射液 50 ～ 100 mL，静脉缓慢注射，然后再用新配的 10% 硫代硫酸钠缓慢静脉注射，剂量为每千克体重 0.5 ～ 1.0 mL。

处方 2：1% ～ 2% 亚甲蓝溶液，剂量为每千克体重 1.0 mL，静脉注射，然后再用新配的 10% 硫代硫酸钠，缓慢静脉注射，剂量为每千克体重 0.5 ～ 1.0 mL。

处方 3：1%～ 2%亚甲蓝溶液，按每千克体重 10 ～ 20 mg 剂量，静脉注射；10% 4– 二甲氨基苯酚，按每千克体重 10 mg，静脉或肌内注射，1 h 后静脉注射 10% 硫代硫酸钠，剂量按每千克体重 0.5 ～ 1.0 mL。

（3）对症、支持治疗。进行兴奋呼吸、强心、补液。静脉注射大剂量的葡萄糖溶液，在支持治疗的同时，使葡萄糖与氰离子结合生成低毒的腈类。病羊突然虚脱时，可注射 0.1% 盐酸肾上腺素。

第五节　棉籽饼中毒

羊棉籽饼中毒是指长期饲喂大量的棉籽饼，有毒的棉酚在体内特别是在肝脏中蓄积而引起羊的一种慢性中毒性疾病。其临床特征是全身水肿、出血性胃肠炎、血红蛋白尿、肝炎、神经症状以及脱水和酸中毒，病理学特征为肺水肿、肝脏和心肌变性坏死。

一、病因

棉籽饼含粗蛋白质 43.17%、消化能 2.90 Mcal/kg、钙、磷含量与豆科饲料相当，营养价值较高，但其含有毒的棉酚色素，同时，还缺乏维生素 A、维生素 D。单纯以棉籽饼长期饲喂，或在短时间内大量以棉籽饼作为蛋白质补饲时易发生棉籽饼中毒。尤其冷榨生产的棉籽饼，不经过炒、蒸直接进行榨油的棉籽饼，其游离棉酚含量较高，更易引起中毒。棉花植株的叶、茎、根和籽实中含较多的棉酚，用未经去毒处理的新鲜棉叶或棉籽作饲料，放牧羊过量采食亦可发生中毒。日粮不平衡，特别是饲料中维生素 A 不足或缺乏，蛋白水平过低，都可使羊的易感性增高。

二、发病机理

以游离棉酚为主的有毒物质是一种嗜细胞性、嗜血管性和嗜神经性毒物。当其进入消化道后，刺激胃肠黏膜，引起胃肠卡他或中毒性胃肠炎；毒素进入血液之后，促使血浆和红细胞渗入到周围组织，发生浆液浸润和出血性炎症；游离棉酚易与体内的铁结合，引起缺铁性贫血，并能直接破坏红细胞，导致溶血；也可降低血中维生素 A 含量，引起维生素 A 缺乏，导致消化、呼吸、泌尿系统的器官黏膜发炎，甚至出现眼炎、夜盲症或目盲；有些地区尿道结石发生率较高（图 11-5-1）；游离棉酚易溶于磷脂，故能在神经细胞中蓄积，引起机能紊

图 11-5-1　尿路结石（马利青 供图）

乱；它可使子宫剧烈收缩，从而引起流产、早产，有的生下弱畜或瞎眼的幼畜。棉酚引起动物中毒死亡可分 3 种形式：急性致死的直接原因是血液循环衰竭；亚急性致死是因继发性肺水肿；慢性中毒死亡多因恶病质和营养不良。

三、临床症状

病羊初期体温变化不大，后期常升高。食欲不振，反刍减少或废绝，前胃弛缓，肠蠕动减弱，便秘，排出带黏液的粪便，后腹泻，排恶臭、稀薄的粪便，并混有黏液和血液甚至脱落的肠黏膜。喜喝水但尿少，尿频、排尿困难，严重时尿呈淡红色，血红蛋白尿。四肢肌肉痉挛，伸腰或拱背，肌肉震颤，腹痛，呻吟。心率加快，呼吸急促，全身性水肿，黏膜发绀。有的神经兴奋不安，运动失去平衡，全身肌肉颤抖。慢性病例，消瘦，羞明，视觉障碍甚至失明。妊娠母羊流产。公羊易出现尿石症。

四、病理变化

胸腹腔积液，呈黄色，暴露于空气中有蛋白凝块析出。全身皮下组织呈浆液性浸润，尤其以水肿部位明显。肺充血、水肿，肺门淋巴结肿大，气管内有血样气泡和出血点。肝肿大，胆囊扩充，充满胆汁，胆囊、黏膜充血。胃肠黏膜卡他性或出血性炎症，肠系膜淋巴结肿大。

五、诊断

1. 诊断要点

根据长时间大量用棉籽饼或棉籽作为饲料的病史，结合呼吸困难、出血性胃肠炎和血红蛋白尿等症状和全身水肿、肝小叶中心性坏死、心肌变性坏死等病变可作出初步诊断。

2. 实验室检查

红细胞与血红蛋白减少，白细胞数增加，中性粒细胞显著增多，核型左移，单核细胞和淋巴细胞显著减少，呈现血尿和血红蛋白尿。

取棉籽饼粉少量，研成细末，加硫酸数滴，振荡 1 ～ 2 min，若显深红色，将其煮 1.0 ～ 1.5 h，红色消失者表明有棉酚存在。一般认为，小于 4 月龄的羊日粮中游离棉酚的含量每千克高于 100 mg，即可发生中毒，成年羊对棉酚的耐受量较大，但日粮中游离棉酚的含量每千克应小于 1 000 mg。

六、类症鉴别

1. 羊食盐中毒

相似点：病羊食欲不振或饮欲增加；肠胃蠕动减弱，腹痛，腹泻，便血；呼吸急促，黏膜发绀；运动失衡，肌肉震颤；视觉障碍、失明。剖检可见胃肠道黏膜充血、出血。

不同点：食盐中毒病羊磨牙，呕吐，口腔流出大量泡沫；病初盲目行走和转圈运动，倒地痉挛，头向后仰，最后倒地，四肢不规则地划动；病羊不出现血红蛋白尿，全身水肿症状。剖检可见脑膜和脑内充血与出血。

2. 羊硝酸盐与亚硝酸盐中毒

相似点：病羊肌肉震颤，站立不稳，卧地不起，呼吸困难，腹痛、腹泻，流涎，尿频，黏膜发绀，妊娠母羊流产。剖检可见胃肠道黏膜充血、出血。剖检可见病羊肺水肿，气管充满白色或淡红色泡沫样液体，胃肠黏膜出血。

不同点：硝酸盐与亚硝酸盐中毒病羊耳、鼻肢端等部位发凉，黏膜初期苍白；不出现血红蛋白尿，全身水肿症状。剖检可见病羊血液凝固不良，呈咖啡色、黑红色、酱油色或巧克力色；肝、肾、脾等脏器呈紫黑色，切面有明显淤血；心肌变性、坏死，心外膜出血。

七、防治措施

1. 预防

（1）饲喂全价饲料。当日粮营养全面时，动物对棉酚的耐受能力增强。要补充维生素 A、维生素 D、维生素 E 和石粉。棉籽饼最好与豆饼等蛋白质饲料混合饲用，以防中毒。

（2）限量饲喂。绵羊每日棉籽饼用量不能超过 0.5 kg，且脱毒后饲喂。 孕畜和幼畜禁用棉籽饼或棉籽壳。

（3）脱毒处理。

加热减毒法：棉籽饼、棉籽壳炒后喂或加热蒸煮 1 h 后再喂。

加铁去毒法：0.1% ～ 0.2% 硫酸亚铁溶液浸泡棉籽饼或棉籽壳后，再饲喂，或将硫酸亚铁粉按 0.1% 加入棉籽饼或棉籽壳中再喂。可使棉酚的破坏率达 81.81% ～ 100%。

生物脱毒法：食用酵母菌进行发酵后新鲜饲喂或将发酵的棉籽饼烘干后饲喂。

2. 治疗

目前，尚无特效解毒药，治疗原则为消除病因，加快毒物的排出，阻止渗出，增强心脏功能，解毒。

（1）停止饲喂。首先要对所有育肥羔羊停止饲喂棉籽饼。禁食 1 ～ 2 d，给予青绿多汁饲草及充足的饮水。

（2）加速排毒。为了破坏毒物，加快毒物的排出，对症状明显的羔羊根据体重用 0.1% 高锰酸钾 100 mL 口服。

（3）排毒消炎。为了排出胃肠道的毒物和消炎：每只羔羊用硫酸镁 10 ～ 20 g、水 200 mL、磺胺脒片 0.2 mg/kg。每日 1 次，连用 3 d，口服。

（4）增强心脏功能，补充营养和增强肝脏的解毒能力。5% 葡萄糖 250 mL、10% 安钠咖 5 mL、10% 葡萄糖酸钙 30 mL、0.9% 氯化钠 20 ～ 300 mL，5% 碳酸氢钠 80 mL、维生素 C 10 mL，前后一次静脉注射，每日 1 次，连用 3 d。有些有饮欲的病羔羊饮水中添加口服补液盐适量（200 ～ 300 mL）。

（5）注射维生素。对视力减弱的羔羊用维生素 A、维生素 D 2 mL，肌内注射。

第六节 疯草中毒

疯草主要包括豆科棘豆属和黄芪属的有毒植物。由疯草引起的动物中毒称为疯草中毒或疯草病。

疯草中毒最早报道于美国，当时不清楚其发病原因。直到20世纪初才证实是由于采食了豆科棘豆属和黄芪属有毒植物。我国最早在1954年发现疯草中毒，20世纪70年代后，我国疯草中毒越来越严重，成为我国草原“三大毒草”灾害之一。国外疯草主要分布于北美洲的美国、墨西哥、加拿大，欧洲的俄罗斯、冰岛、西班牙以及北非的埃及和摩洛哥等国家。疯草危害最严重的国家是美国。在我国主要分布在西藏、内蒙古、青海、甘肃、新疆、宁夏、陕西、四川等省（区），分布面积达1 100万 hm^2，约占全国草场总面积的3%，占西部草场面积的3.3%。

一、病因

疯草是危害羊只最为严重的一类有毒植物。我国已报道能引起动物中毒的黄芪属植物2种，棘豆属植物8种，其中，已确定含有苦马豆素的植物有黄花棘豆、急弯棘豆、甘肃棘豆、茎直黄芪、小花棘豆、冰川棘豆、变异黄芪、宽苞棘豆、毛瓣棘豆、镰形棘豆10种。

疯草中毒多因在生长棘豆属和黄芪属的有毒植物的草场上放牧引起。在青草季节，因疯草有不良气味，羊一般不愿采食，而采食其他牧草。进入冬季以后，牧场转为枯草期，牧草相对缺乏时，羊只才可能采食疯草。所以，每年11月开始发病，翌年2—3月达到高峰，死亡率上升，5—6月停止发病。发病羊能耐过者，进入青草季节后，病情可逐渐好转。但在新发病区，或刚从外地购入的家畜不能识别这些有毒的牧草，全年任何季节均可发生中毒病。

二、致病机理

棘豆属和黄芪属有毒植物的主要有毒成分可归纳为3类，即脂肪族硝基化合物、硒化合物和生物碱，而疯草的主要有毒成分已经被确定为一种生物碱——苦马豆素。

苦马豆素因最早从灰苦马豆分离出来而得名，其分子式为 $C_8H_{15}O_3N$，相对分子质量为173，熔点144～145℃，纯品为白色针状晶体，酸解离常数为7.4。苦马豆素属于吲哚兹定生物碱，性质比较稳定。

苦马豆素主要通过抑制溶酶体 α－甘露糖苷酶Ⅰ活性引起细胞功能紊乱，尤其是神经细胞功能紊乱，而使家畜表现出一系列神经症状，即为疯草中毒症状。苦马豆素抑制溶酶体中的 α－甘露糖苷酶Ⅰ，造成甘露糖积累，使糖蛋白合成受阻。溶酶体内低聚糖大量聚集，导致细胞特别是神经细胞出现空泡变性，使家畜中枢神经系统和实质器官的主质细胞受到损害。苦马豆素对 α－甘露糖苷酶I的抑制是可逆的，只有苦马豆素达到一定剂量后，才能表现出中毒症状，家畜停止进食疯草后，细胞修复很快开始，但是可能导致永久性神经功能紊乱。

三、临床症状

山羊对疯草较绵羊敏感。开始采食时，羊有增膘现象，随后逐渐消瘦。在没出现中毒症状之前，用手提耳给予应激后，出现摇头、转圈，甚至突然倒地，起立较困难。出现中毒症状后精神沉郁，放牧时易落群，常拱背站立，放牧时盲目行走。心音亢进，节律不齐。不自主摇头或头颈部水平颤动，步态蹒跚，驱赶前进时步态强拘，后肢弯曲外展，手压头部时则头向后仰，视力障碍。严重者食欲下降，采食困难，跛行，起立困难，容易摔倒，甚至卧地不起，终至衰竭而死（图 11–6–1）。公羊性欲低下，怀孕母羊易发生流产或胎儿畸形。

图 11–6–1　致死的病羊（马利青 供图）

四、病理变化

病羊消瘦，多数病羊皮下呈胶样浸润，口腔和咽部溃疡，腹腔积液；甲状腺、肝脏、肾脏肿大，质地脆软；脑膜充血。流产胎儿全身皮下水肿，骨骼脆弱，母体胎盘明显减小。组织学变化为各组织细胞，尤其是神经细胞发生空泡变性。

五、诊断

1. 诊断要点

根据羊采食疯草的病史，结合典型临床症状，如嗜食疯草成瘾、明显的迟钝、步态蹒跚、运动失调、视力障碍、绵羊头颈部水平摆动、头后仰等，可作出初步诊断。死羊经解剖及病理切片，发现各器官组织细胞，尤其是神经细胞空泡变性等病理变化，即可作出诊断。

2. 实验室诊断

（1）病羊血、尿及脑脊液等的检测。羊疯草中毒症之后，血液中红细胞、血红蛋白、血细胞压积、白细胞等呈下降趋势。血清中碱性磷酸酶、谷草转氨酶、乳酸脱氢酶以及同工酶、肌酸磷酸激酶、精氨酸酶活性和血尿素氮的含量明显升高。脑脊液中的乳酸脱氢酶、同工酶、谷草转氨酶活性升高。血清或组织（肝、肾、脑）中 α–D– 甘露糖苷酶活性下降，尿低聚糖含量上升。胎儿的血清镁和妊娠羊血清蛋白结合碘含量均下降。上述检测指标具有临床诊断意义，尤其是血清 α–D–甘露糖苷酶活性和尿低聚糖的含量，在疯草中毒早期变化明显，有一定的特异性。

（2）病羊的血、尿、脑脊液中生物碱的定性测定。生物碱定性及样品前处理如下：尿液在

60℃ 30 min 条件下挥干，加 3% 盐酸使干物质溶解，过滤。滤液中滴加氨水到 pH 值为 9.0，用氯仿萃取 3 次。萃取液挥发后得微黄色结晶（如尿液中无生物碱存在，则提取不出结晶），将结晶用少量丙酮溶解，进行薄层层析。血清 5 mL 或脑脊液 1 mL，加 10% 三氯乙酸 10 mL，充分振荡后过滤。滤液中滴加氨水到 pH 值为 9.0，用氯仿萃取 3 次。将萃取液挥发后得少许微黄色或无色结晶（如血清、脑脊液中无生物碱存在，则提取不出结晶），然后进行薄板层析。将血、尿、脑脊液中提取出的结晶经薄板层析展开后，分别用改良碘化铋钾显色剂和 Ehrlich 显色剂显色。

六、类症鉴别

羊硒中毒

相似点：羊亚急性型硒中毒与羊疯草中毒症状相似。病羊视力障碍，盲目行走，不避障碍，步态蹒跚。

不同点：硒中毒剖检可见病羊肝脏变性、坏死、硬化；脾脏肿大，灶状出血；脑充血、出血、水肿。

七、防治措施

1. 预防

（1）合理轮牧。合理利用草场，控制载畜量，防止过度放牧而引起草原进行性退化。采用轮牧制，使草地轮流休闲，牧草得以正常生长发育，保持一定的优良牧草植被，防止羊只因牧草不足而采食疯草。在棘豆结荚期和枯草期实行轮牧，在有棘豆草场上放牧 10 ～ 15 d，再在无棘豆草场上放牧 10 ～ 15 d 或更长时间。

（2）人工防除和化学防除。人工挖除疯草的方法低效且容易破坏草场的生态平衡，目前不建议采用。化学除草剂广泛应用于疯草的防除，目前主要采用的化学除草剂有 2,4–D 丁酯、草甘膦、棘豆清等，但化学除草剂的使用，往往会将无毒的牧草杀死，导致大面积草场土壤裸露，退化，而且不能杀除疯草的发达根系。疯草分布面积较广，使用化学除草剂会大大增加牧民的经济成本。另外，长期使用化学除草剂还会造成环境污染，危害着畜牧业的发展，因此，化学除草剂也不完全适于疯草的长期治理。

（3）疯草的综合利用。疯草除含有疯草毒素外，还含有丰富的营养，例如作为豆科植物，黄花棘豆的粗蛋白质含量高达 20%，超过“饲料之王”的苜蓿。如能将其合理利用，草原畜牧业将增加近一倍的饲草资源。对我国而言，将西部草原 30% 以上的生长茂盛的疯草等有毒植物变成可利用的优质牧草，无疑对当地畜牧业的发展将起到强大的促进作用。通过解毒或免疫方法能够解除牲畜的疯草中毒综合征，使其可以采食疯草，以替代人工挖除和化学杀除疯草的方法，可避免草原沙化和环境污染，保护草地类型生物物种多样性和遗传多样性。同时，充分利用疯草地，均衡草地负载，有利于环境保护和畜牧业可持续发展。

2. 治疗

该病尚无特效解毒药物。中毒羊只应立即停止饲喂疯草或脱离疯草蔓延的草地放牧，供给优质牧草并加强补饲，用硫代硫酸钠溶液静脉注射，同时，肌内注射维生素 B_1 100 mg。

苦马豆素单克隆抗体的制备为该病的防治疗奠定了基础。

中药处方：黄芪、甘草、党参、何首乌、丹参各 30 g，大枣 10 枚，煎服，可获得一定的疗效。

第七节　有机磷中毒

羊有机磷中毒是羊误食喷洒过有机磷农药的农作物、种子、青草或应用有机磷杀虫剂防治羊体外寄生虫病时使用方法不当而发生中毒性疾病。临床上以流涎、腹泻和肌肉痉挛等为特征。

一、病因

有机磷是磷和有机化合物合成的一类农用杀虫剂的总称，有机磷农药是农业上常用的杀虫剂，也是畜牧业上常用的驱虫药。有机磷农药按照毒性大小可以划分为剧毒类，如甲拌磷、内吸磷、对硫磷等；强毒类，如敌敌畏、甲基对硫磷、甲基内吸磷、氧化果乐等；低毒类，如敌百虫、马拉硫磷等。

在农业生产中，有机磷农药被广泛地应用到农作物病虫害防治过程中，特别是在农忙季节，是有机磷农药使用的高峰时期，因此，在动物养殖过程中，这个时期家畜很容易接触到该种药剂，并出现中毒的现象。羊误食喷洒有机磷农药的青草或农作物，误饮被有机磷农药污染的饮水，饲养者误把配制农药的容器当作饲槽或水桶喂饮羊。当用有机磷制剂驱杀羊体内外寄生虫时，由于药量过大或使用方法不当也可引起中毒。例如有些养羊户为杀灭羊体内、外寄生虫，用敌百虫（邻氨基苯甲酸）等有机磷农药对羊进行喷雾药浴，由于用量过大而引起羊有机磷中毒。

二、致病机理

有机磷化合物属神经毒，进入羊体内主要抑制胆碱酯酶的活性，引起乙酰胆碱蓄积，使胆碱能神经传导紊乱，导致先兴奋后衰竭的一系列毒蕈碱样、烟碱样和中枢神经系统等症状。有机磷农药进入体内后，与胆碱酯酶结合，形成比较稳定的磷酸化胆碱酯酶，使胆碱酯酶失去分解乙酰胆碱的能力，导致体内大量乙酰胆碱积聚，引起神经传导功能紊乱，从而发生胆碱能神经持续兴奋的一系列症状。此外，有机磷化合物对中枢神经系统、神经节和效应器官可能有直接刺激作用，还具有抑制三磷酸腺苷酶、胰蛋白酶、胰凝乳蛋白酶活性的作用。

三、临床症状

有机磷农药进入羊体内后大约 20 min 发病，病初表现为磨牙、口鼻白色泡沫样流涎（图 11-7-1），反刍停止、瘤胃臌气，排稀粪并呈腹痛感、呻吟，粪便往往带血，并逐渐变稀，甚至出现水泻。

全身出汗、末梢冰凉、肌肉颤抖，惊恐状、瞳孔缩小、视力减退等。呼吸脉搏增数，体温升高、严重时剧烈兴奋、倒地后四肢呈游泳状抽动、以后转入昏迷，心跳加速、脉搏细弱不易感触、呼吸极度困难、黏膜发绀，听诊肺部有广泛性湿啰音，多数病例继发肺水肿。后因呼吸中枢麻痹和心脏衰竭而死亡。

图 11-7-1　病羊鼻腔和鼻孔内存在大量泡沫性唾液（周绪正　供图）

四、病理变化

剖检可见羊鼻腔和鼻孔内存在大量白色或红色泡沫性液体；肠道内出现大量的暗红色血色粪水，肠系黏膜淋巴结出现肿胀；肺部出现淤血和水肿（图 11-7-2）；肝脏出现肿大，胆囊肿大胆汁充溢（图 11-7-3）；心脏内外黏膜出现斑点状的病斑；脑部出现淤血和水肿现象（图 11-7-4）；胃内充满气体，瘤胃、网胃、瓣胃前三胃黏膜出现脱落，胃内容物存在酸臭味，真胃和十二指肠出现充血。

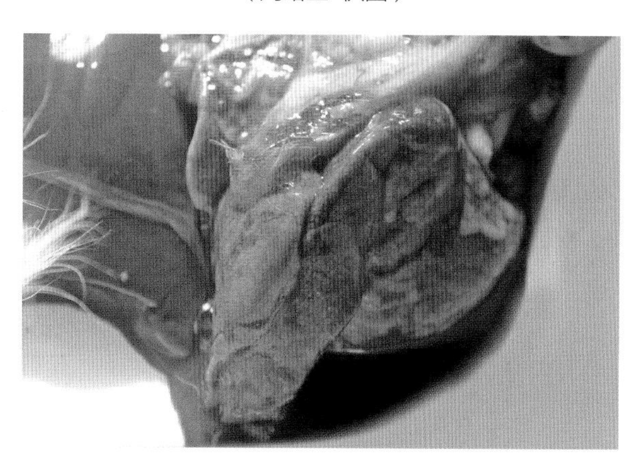

图 11-7-2　病羊肺部出现淤血和水肿（周绪正　供图）

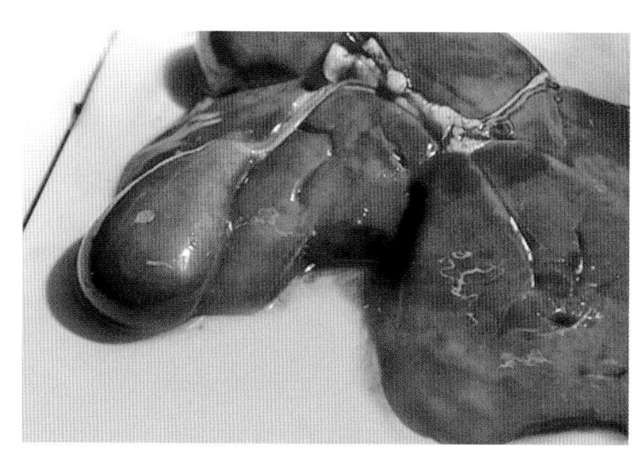

图 11-7-3　病羊肝脏肿大，胆囊胆汁充溢（周绪正　供图）

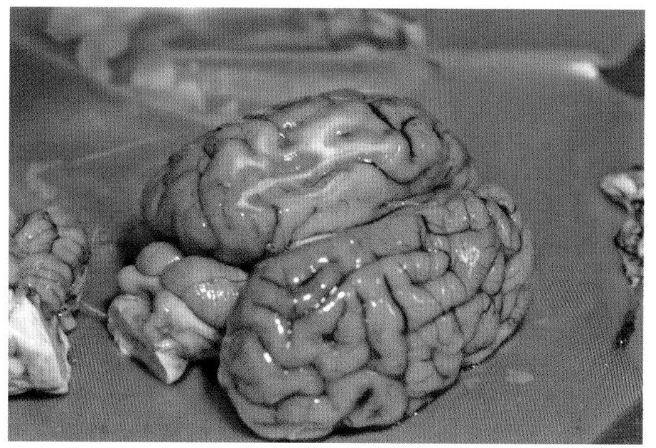

图 11-7-4　病羊脑部出现淤血和水肿现象（周绪正　供图）

五、诊断

1. 诊断要点

根据接触毒物的病史，结合有胆碱能神经机能亢进相似的症状群，可作出初步诊断。确诊需进行有机磷毒物的检验或胆碱酯酶活性检查。

2. 定性诊断

一般应用酶化学纸片法进行定性诊断。试剂为乙酰胆碱试纸、马血清或干燥马血清、氯仿、溴水（1 mL 饱和溴水加水 4 mL 稀释）。取样品约 10 g，加氯仿 10 ～ 20 mL 于三角瓶中，振摇数分钟后，过滤。取滤液 1 ～ 2 mL 于蒸发皿中挥干，加水 1 mL，用玻棒充分摩擦皿壁，使残渣完全刮下（如检查对硫磷、甲拌磷时则需加溴水 1 滴进行氧化）。用滴管滴 1 滴上述检液（约 0.05 mL）于白瓷板上，另加马血清 1 滴（约 0.05 mL）混合后，加盖试纸片，10 ～ 20 min 观察纸片颜色，若呈绿色或蓝色，表示存在有机磷。同时，应做空白对照试验，阴性为黄色。

六、类症鉴别

羊毒芹中毒

相似点：病羊流白色泡沫样涎，反刍停止、瘤胃臌气，腹泻、腹痛，肌肉颤抖，倒地后四肢不停划动，如游泳状，末梢冰凉。胃肠内充满大量气体，胃肠黏膜充血，肺部出现淤血和水肿，心包膜和心内膜出血，脑及脑膜充血、淤血和水肿。

不同点：毒芹中毒病羊鼻流白色泡沫状液体，出现强制性或阵发性痉挛，呈阵发性发作。发作时，突然倒地，头颈后仰，四肢强直，牙关紧闭，瞳孔散大，心跳增强，呼吸促迫，但不出现呼吸极度困难、黏膜发绀等症状；剖检可见病羊皮下结缔组织出血，血液色暗而稀薄，肾脏和膀胱黏膜出血，而机磷中毒病变则是肺部和脑部的淤血和水肿。

七、防治措施

1. 预防

（1）加强农药管理。要加强农药管理，不能用装过农药的口袋装饲料，拌药用过的所有器具都要妥善处理好，对农药保管、放置、运输和使用应建立制度，由专人负责；妥善保管好拌有有机磷农药的种子。

（2）注意饲料饮水。用喷洒过有机磷农药的植物茎叶作为饲料时，喷洒药物 1 月后方可利用；不能用大田地里流出的地沟水作为饮水喂羊。

（3）注意用量、防止误食。用有机磷制剂给家畜驱虫时必须严格掌握剂量和浓度；喷洒过有机磷农药的农作物必须在田间或地埂设立醒目的标志牌，以免误食。

2. 治疗

（1）清除毒物。发现中毒后，首先立即停止食用疑为有机磷农药来源的饲料和饮水，防止毒物继续进入机体。同时，用 0.1% 高锰酸钾充分洗胃，直至没有磷臭味为止。如当毒物已进肠道，可用硫酸镁或硫酸钠 30 ～ 50 g，加水适量，一次口服，以排除毒物。

（2）特效解毒剂。可使用 1% 阿托品 5 ～ 10 mg，皮下注射或肌内注射。10% 葡萄糖注射液 500 mL，碘解磷啶注射液每千克体重 15 mg，静脉滴注；并且应间隔 2 ～ 4 h 后可重复应用阿托品和碘解磷定，直至痊愈，以防病情反复。

（3）对症治疗。强心、补液、镇静，消除肺水肿，增加肝脏解毒能力。5% 糖盐水 300 ～ 500 mL，安钠咖 5 mL，维生素 C 5 mL，静脉注射，以加速血液循环，促进毒物排出。

（4）中药疗法。绿豆甘草汤，将 1 000 g 绿豆做成豆浆，加入甘草末 150 g，分 3 ～ 5 次口服。

第八节　尿素中毒

尿素中毒是由于羊大量误食尿素或饲喂尿素方法不当，造成采食尿素后，在胃肠道中释放大量的氨所引起的急性氨中毒。尿素含氮量较高，在反刍家畜瘤胃内可作为合成蛋白质所需的氮源。正确使用尿素可以代替部分蛋白质饲料，降低饲养成本。羊瘤胃中的微生物能将尿素合成本身需要的高级蛋白质，即“细菌蛋白”，小肠内的蛋白酶把微生物合成的“细菌蛋白”分解成氨基酸加以吸收利用。但是，微生物利用尿素的能力有限，所以，尿素喂羊的量亦不能太大。尿素不能代替羊日粮中的全部蛋白质，可占到日粮总氮量的30%，或日粮干物质的1%～2%。羊尿素的安全量每日为20 g/只，中毒量为每千克体重2.2 g，即体重50 kg的山羊的中毒量为110 g。

一、病因

1. 用量过大

饲用非蛋白氮过量，尿素的分解速度就会超过瘤胃微生物合成菌体蛋白的速度。

2. 误食或喂法不当

由于误食含氮化学肥料而导致中毒。以尿素溶液饮用或没有经过适应阶段便突然间大量饲喂而导致中毒。

3. 生理因素

饲料中糖类含量不足、豆科饲料比例过大、肝功能紊乱、瘤胃pH值升高（8.0以上）、饥饿或间断性饲喂尿素等因素亦可诱发中毒。

二、发病机理

尿素呈极强的碱性，首先破坏瘤胃的酸性环境，使胃内容物的pH值升至8.0以上，并对胃黏膜造成灼伤。尿素水解成大量二氧化碳和氨气，氨量的迅速增多超过微生物群合成氨基酸、蛋白质的限度，导致氨蓄积，使瘤胃迅速膨胀。瘤胃液呈偏碱性时，氨多以游离氨形式存在，氨易通过瘤胃壁进入血液，血氨含量增多，血液pH值升高，血液酸碱平衡破坏，引起碱中毒。氨被大量吸收后，使三羧酸循环受到妨碍，从而降低氧化酶的作用，造成缺氧。氨大量在肝脏中代谢，超过肝脏转化能力，引起肝、肾中毒。氨吸收后的分解产物氨甲酰胺，对机体也有毒性作用。

三、临床症状

临床上多为急性经过，以强直性痉挛和呼吸困难等症状为主要特征。羊食入中毒量尿素后30～60 min出现症状。

初期：表现不安，肌肉震颤，步态不稳，共济失调，严重者摔倒在地，不能起立。

中期：食欲废绝，反刍、嗳气停止，瘤胃蠕动减弱，并伴有不同程度的臌气，强直性痉挛，牙关紧闭，反射机能亢进和角弓反张，知觉丧失。心跳加快，心音不清，节律不齐。

后期：高度呼吸困难，流涎，口鼻流出泡沫状液体，出汗，肛门松弛，排粪失禁，瞳孔散大，四肢无力，卧地不起。急性中毒病例多在 4 h 以内窒息死亡。

四、病理变化

全身静脉怒张，尸体迅速变暗。口鼻、咽喉、气管内充满泡沫状液体。心内、外膜点状出血，内脏严重出血（图 11–8–1）。脑膜充血，胸膜充血、水肿。肝、脾肿大。肾脏淤血、出血肿胀（图 11–8–2）。胃肠黏膜充血、出血、糜烂（图 11–8–3、图 11–8–4）。胃肠内容物为白色或红褐色，带有强烈氨味。瘤胃膨胀，内容物干燥，散发氨臭气味。

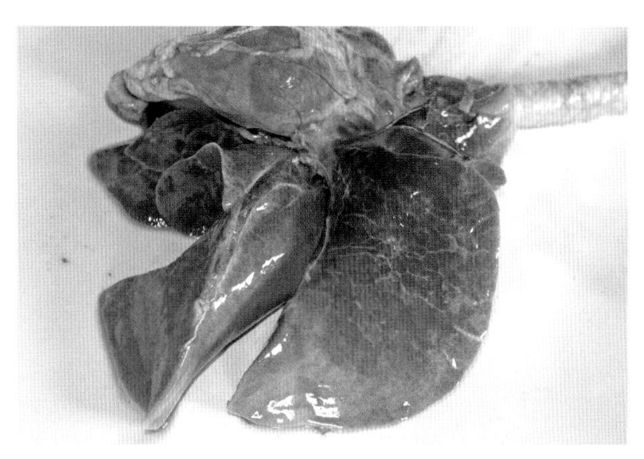

图 11-8-1　病羊心脏、肺脏严重出血（周绪正　供图）

图 11-8-2　病羊肾脏淤血、出血肿胀（周绪正　供图）

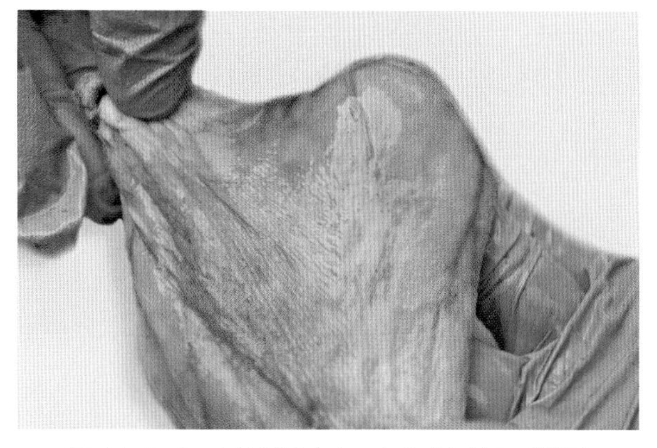

图 11-8-3　病羊瓣胃充血、出血（周绪正　供图）

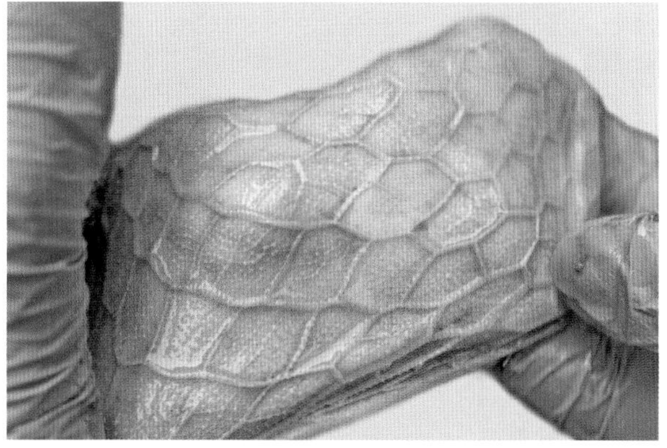

图 11-8-4　病羊网胃充血、出血（周绪正　供图）

五、诊断

1. 诊断要点

根据有非蛋白氮化合物采食病因和病情急剧、强直性痉挛、呼吸困难等症状，即可作出初步诊断。

2. 血液化验

白细胞数减少，血红蛋白含量、红细胞压积值增高；血氨含量高达 2 ～ 4 mg/100 mL，瘤胃液氨含量高达 80 ～ 200 mg/100 mL（瘤胃液中氨的最适浓度范围为 8.5 ～ 30 mg/ mL）；尿蛋白、尿潜血检测结果均呈阳性。

六、类症鉴别

羊毒芹中毒

相似点：病羊兴奋不安，肌肉震颤，步态不稳，共济失调，反刍停止，瘤胃臌气，强直性痉挛，牙关紧闭，角弓反张，心跳增强，高度呼吸困难，流涎，口鼻流出泡沫状液体，瞳孔散大，出汗，四肢无力，卧地不起。剖检可见胃内充满气体，胃黏膜充血、出血、糜烂；脑膜充血。

不同点：毒芹病羊腹泻，频频排尿，倒地后四肢不停划动如游泳状；轻度中毒病例，除一般症状外，呈现犬坐姿势，头颈高抬，鼻唇抽搐，眼球震颤，呈阵发性发作。剖检可见皮下结缔组织出血，血液色暗而稀薄，肺脏充血、水肿，膀胱黏膜出血，心包膜和心内膜出血。

七、防治措施

1. 预防

（1）严格控制喂量。日粮中尿素的正常量、中毒量和致死量三者差距甚微。一般山羊、绵羊为 20 ～ 30 g/d，或以不超过日粮干物质总量的 1% ～ 3% 作为适宜量。如果饲喂量不能严格限制在正常量的范围内，只要稍微超出就有可能引起家畜大批中毒，甚至死亡。因此，一定要严格控制饲喂量。如日粮蛋白质已足够，不宜加喂尿素，犊牛、羔羊不宜使用尿素。

（2）饲喂方法应正确。采取喂量渐加的方法，开始喂尿素时，喂量要由少到多，循序渐进，须将尿素的日喂量平均分配在全天 24 h 的日粮中，切不可一顿喂食全日量，一般经 10 ～ 15 d 预饲后逐步增加到规定量，而且要连续饲喂，中途不得中断。如果因故中途停喂后，要恢复时，也必须从头开始进行适应训练，同样应按照上述渐进的过程，否则易引起家畜中毒。

（3）切忌单喂尿素。由于尿素吸湿性大，不可单独饲喂，以免引起中毒。应与饲料充分混合饲喂，但不要与豆类饲料或小麦粉混合，也不应在饥饿和空腹时补饲尿素。正确的饲喂方法是把尿素配成 30% ～ 40% 的溶液，喷洒到饲料中，拌匀后分 2 ～ 3 次喂给，或制成尿素舔砖舔喂。

（4）其他措施。尿素不能配成水溶液，也不能混入含水量大的稀薄饲料中，同时，还应严禁家畜摄入尿素后 1 h 内饮水，以免因尿素在瘤胃中停留时间短，迅速吸收进入血液而引起中毒。

（5）严格化肥保管使用制度。应妥善保管尿素，决不能让家畜当作食盐误食，也不能让家畜偷饮洗涤过尿素袋的水，否则将引起中毒。

2. 治疗

（1）中和、洗胃。5% 乙酸溶液，羊 0.5 ～ 2 L，加糖蜜水适量，经口投服，以降低瘤胃内实物的酸碱度，制止瘤胃臌气，阻止尿素继续在瘤胃内分解为氨，避免氨被吸收及发生碱毒症。用食醋溶液反复多次洗胃，直至胃内大部分内容物排出，然后灌服适量温水。

（2）解毒。药物治疗可选用 100 ～ 200 mL 的 10% 葡萄糖注射液加入谷氨酸钠 15 ～ 20 mL 给

羊静脉注射，谷氨酸钠能与血液中的氨结合成无毒的谷氨酸酰胺，随尿排出体外而起到解毒作用。

（3）对症治疗。同时应用强心剂、利尿剂、高渗葡萄糖等疗法。

强心：注射樟脑制剂、25% 葡萄糖酸钙、三磷酸腺苷、B 族维生素等。

制酵：鱼石脂，10 ～ 20 g，加水 1 L，1 次灌服。

穿刺：瘤胃臌气时，安装瘤胃套管针，施行穿刺放气。

镇静：按每千克体重 0.5 mg 肌内注射地西泮，每日 2 次，连用 2 ～ 3 d。

接种：给病羊从健康羊胃中移入瘤胃内容物，接种瘤胃菌群。

（4）中药治疗。大黄 100 g、芒硝 120 g、枳实 60 g、厚朴 45 g、木通 45 g、陈皮 45 g、木香 40 g、焦槟榔 120 g、醋香附 50 g、焦三仙 100 g、甘草 20 g，水煎。分 2 次灌服。喂药前灌服菜籽油 100 ～ 200 mL。

第九节　毒芹中毒

毒芹中毒是羊误食毒芹根茎或幼苗后，引起的以肌肉痉挛、麻痹、呼吸困难、心力衰竭等为特征的中毒性疾病。

一、病因

毒芹为伞形科毒芹属，具有圆形、多肉的根茎和枝干，根茎微甜，家畜特别是羊喜采食。毒芹多生长在潮湿低洼的地方，比如沟渠、河流的岸边。我国东北、西北、华东均有毒芹生长，特别是东北地区最多。毒芹生长比其他植物耐低温，故早春季节生长速度较快。羊经过冬季的枯草期后，早春放牧的羊不仅能采食毒芹的幼苗，还可以采食毒芹的地下根茎，而毒芹的地下根茎毒性最大，常常造成羊毒芹中毒。

二、致病机理

毒芹植物的根茎中含有毒芹碱，γ-去氢毒芹碱、羟基毒芹碱、N-甲基毒芹碱等生物碱。全草含有毒芹毒素、毒芹醇、毒芹甲素等。此外，还含有挥发油，其中主要成分为毒芹醛、烃和酮类。毒芹的毒性很强，羊采食鲜根的中毒量为 60 ～ 80 g。

毒芹所含的有毒物质通过胃肠道被吸收后，侵害中枢神经系统（脑和脊髓）。首先，神经兴奋性升高，引起肌肉痉挛和抽搐。同时，刺激呼吸中枢、血管中枢及植物性神经，导致呼吸、心脏和内脏器官的功能障碍。继而抑制运动神经，导致骨骼肌麻痹。最后，破坏延脑的生命中枢，羊因呼吸中枢麻痹而窒息死亡。

三、临床症状

一般在 1.5 ～ 3 h 出现症状（绵羊有时在 0.5 h 内），初期表现兴奋不安，突然跳跃，流涎，口、鼻流出白色泡沫状液体。反刍停止，瘤胃臌气，腹泻，腹痛，频频排尿，心跳和呼吸加快。站立不稳，步履蹒跚，共济失调，全身肌肉震颤，出现强制性或阵发性痉挛。发作时，突然倒地，头颈后仰，四肢强直，牙关紧闭，瞳孔散大，心搏增强，呼吸促迫。病程后期，体温下降，步态不稳或卧地不起，四肢不停划动如游泳状，四肢末梢冰凉，在 1 ～ 2 h 内死亡。轻度中毒病例，除一般症状外，呈现犬坐姿势，头颈高抬，鼻唇抽搐，眼球震颤，呈阵发性发作。

四、病理变化

病羊皮下结缔组织出血，血液色暗而稀薄。胃肠内充满大量气体，胃肠黏膜充血。肾脏和膀胱黏膜出血，心包膜和心内膜出血，肺脏充血、水肿，脑及脑膜充血、淤血和水肿。

五、诊断

1. 诊断要点

根据接触和采食毒芹的病史，结合急性型发作的癫痫样神经症状和瘤胃臌气等特征性症状，以及很快死亡的病程，可作出初步诊断。病例剖检：内脏器官广泛充血、出血、水肿等变化（图 11–9–1 至图 11–9–3），特别是胃肠中发现未消化的毒芹根茎与叶等，有助于诊断。将瘤胃内容物进行毒芹生物碱的定性诊断，可为诊断提供依据。

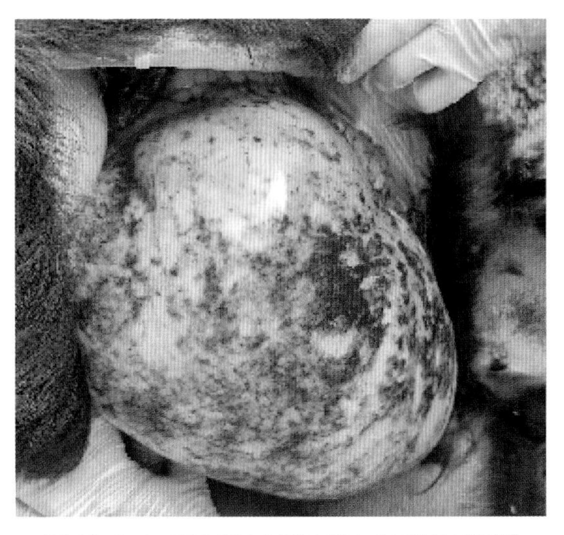

图 11-9-1　死亡后大网膜充出血（马利青 供图）

2. 毒性检查

取疑似中毒死亡羊瘤胃内容物 100 g 于烧杯中，加 75% 酒精搅拌成粥状，加入少量 10% 氢氧化钠，使其呈碱性。再加乙醚 50 mL 充分混合后，使毒芹毒素溶于乙醚之中，吸取乙醚放入蒸发皿中，水浴蒸发干后的残渣，与试管中 0.5% 高锰酸钾浓硫酸溶液 0.5 ～ 1 mL 混合，充分振荡后，出现紫色反应，即为毒芹毒素阳性反应。

3. 动物试验

取瘤胃内容物中毒芹根块 10 g，喂重 1.5 kg 家兔 2 只，观察是否与病羊出现一样的中毒症状。

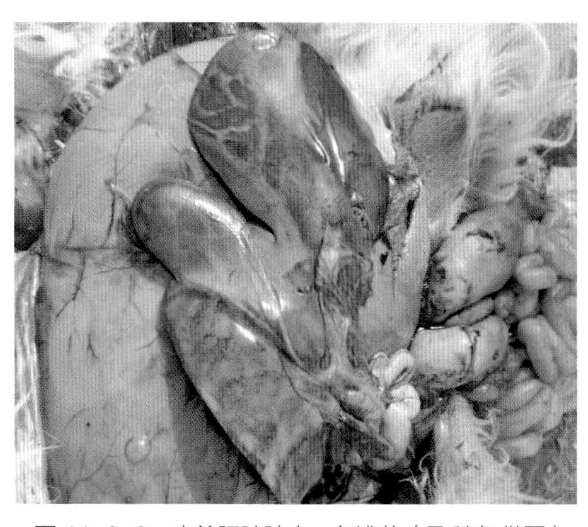

图 11-9-2 病羊肝脏肿大，色浅黄（马利青 供图）

图 11-9-3 肠道的不规则出血（马利青 供图）

六、类症鉴别

1. 羊食盐中毒

相似点：病羊兴奋不安，流涎，流白色泡沫状液体；瘤胃臌气，腹泻，腹痛；共济失调，步态不稳，肌肉震颤，痉挛，倒地不起，瞳孔散大，呼吸促迫，头颈后仰，四肢划动。剖检可见胃肠黏膜充血，脑膜和脑充血。

不同点：食盐中毒病羊黏膜发绀，呕吐，盲目行走和转圈运动。病羊尿液氯含量大于 1%，血浆和脑脊髓液钠离子浓度大于 160 mmol/L。

2. 羊硝酸盐与亚硝酸盐中毒

相似点：病羊反刍停止，瘤胃臌气，腹泻，腹痛，流涎，尿频，心跳加快，肌肉震颤，站立不稳，卧地不起，全身痉挛。剖检可见胃黏膜充血，心外膜出血。

不同点：硝酸盐与亚硝酸盐中毒病羊呼吸困难，黏膜初期苍白，后期发绀。剖检可见病羊耳、皮肤、肢端和可视黏膜呈蓝紫色（发绀），血液凝固不良，呈咖啡色、黑红色、酱油色或巧克力色；支气管与气管充满白色或淡红色泡沫样液体；肺气肿明显，肺脏膨满，伴发肺水肿、淤血；肝、肾、脾等脏器呈紫黑色，切面有明显淤血。

3. 羊有机磷中毒

相似点：病羊口鼻流出白色泡沫状液体，反刍停止、瘤胃臌气，腹泻、腹痛，肌肉颤抖，倒地后四肢不停划动如游泳状，四肢末梢冰凉。胃肠内充满大量气体，胃肠黏膜充血，肺部出现淤血和水肿，心包膜和心内膜出血，脑及脑膜充血、淤血和水肿。

不同点：有机磷中毒病羊粪便往往带血，并逐渐变稀，甚至出现水泻；全身出汗、惊恐状、瞳孔缩小、视力减退；呼吸极度困难、黏膜发绀，听诊肺部有广泛性湿啰音。剖检可见羊鼻腔和鼻孔内存在大量白色或红色泡沫性唾液；肠道内出现大量的暗红色血色粪水，肠系膜淋巴结出现肿胀；肝脏出现肿大，胆囊胆汁充溢；胃内容物存在酸臭味。

七、防治措施

1. 预防

（1）避免在毒芹生长地区放牧。避免早春和晚秋在有毒芹生长的地方放牧。因其生长较其他植物快，根芽发绿有甜味，部分在土壤中不太牢固，羊喜采食。而毒芹根茎早春的含毒量最高，羊易中毒。

（2）适当补饲。在早春和晚秋，当出牧较晚时，应适当给羊添加饲草料，以防羊饥不择食而误食毒芹。

（3）注意区分。毒芹的外形与芹菜、胡萝卜、茴香、水芹等伞形科的食用植物十分相似，临床注意区分，谨防误食中毒。

2. 治疗

（1）排出毒物。用每 2 L 水加 50 ～ 100 g 木炭末，或每 2 L 水加食醋 150 mL 灌服。每隔 5 min 1 次，连洗数次。

（2）中和毒素。灌服碘液（碘片 1 g，碘化钾 2 g，溶于 1 500 mg 温水中）200 mL，或灌服解百毒冲剂 400 g。本溶液可沉淀中和毒芹碱，经过 2 ～ 3 h 再投服 1 次。

（3）减轻痉挛。出现兴奋不安和痉挛时，可口服水合氯醛，每只羊 2 ～ 4 g。

（4）缓解瘤胃臌气。出现瘤胃臌气严重时，可穿刺放气，或让羊口中放木棍固定，让羊空嚼。

（5）维护心脏功能。心脏衰弱时注射樟脑和安钠咖，每只羊 10 mL。

（6）补液。中毒较重的羊，应静脉大剂量补液，每只羊补液 1 000 mL 糖盐水。

第十二章

羊常见多病原混合感染性疾病

第一节 巴氏杆菌和腐败梭菌混合感染

巴氏杆菌可引起羊巴氏杆菌病，腐败梭菌主要引起羊急性、致死性传染病羊快疫，两者可发生混合感染。

一、病原

病原为巴氏杆菌属的多杀性巴氏杆菌或溶血性巴氏杆菌和腐败梭菌。

二、临床症状

潜伏期 2 ～ 3 d，病程持续 7 ～ 10 d，少数病例病程仅 2 ～ 3 d。

急性型病例主要表现为发病急、突然死亡、腹部臌胀（图 12–1–1）、口鼻出血等症状；有的病羊表现步态不稳，倒卧，死前四肢划动、肌肉震颤，有的病羊表现兴奋不安、空嚼、咬牙，有的病羊体温升高到 41℃以上。

亚急性型病例前期食欲减退，体温 41 ～ 42℃，结膜充血（图 12–1–2），粪便少，变得干黑且黏附黏液或夹有血丝，病情缓慢的有轻度脱水，腹痛、磨牙、不安，呼吸次数增多，喘气，呼吸困难；在疾病的后期，病羊出现明显的神经机能障碍，行走摇晃，盲目运动，转圈运动，视物不见；出现神经症状后 3 ～ 6 h，转为抑制状态，角膜混浊，倒地抽搐，角弓反张（图 12–1–3），最后昏迷死亡。

图 12–1–1　病羊腹部臌胀（刘永生 供图）

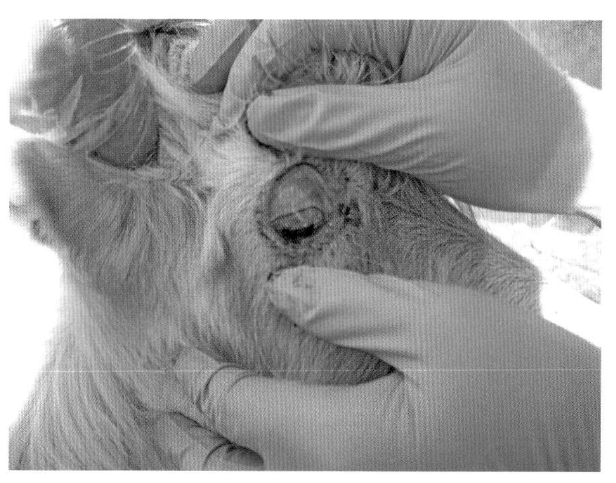
图 12–1–2　病羊眼结膜充血（刘永生 供图）

三、病理变化

病死羊尸体腹部臌胀，鼻孔里流有暗红色血，对尸体进行剖检，皮下有红黄色胶样浸润，在淋巴结及其附近尤其明显，腹腔有大量血水（图 12-1-4），真胃胀大，内有大量脏物，指压留痕，真胃黏膜出血、充血（图 12-1-5）；心脏心包积液、心脏出血（图 12-1-6、图 12-1-7）；肺脏也严重充血和出血、水肿，肺小叶间浆液浸润（图 12-1-8）；气管黏膜充血、出血；淋巴结肿大；肝脏肿大质脆、坏死，胆囊肿大，胆汁浓稠，结肠浆膜出血，肾皮质变软、肿大伴有出血；肾脏萎缩，质脆。

图 12-1-3　病羊倒地抽搐，角弓反张（刘永生 供图）

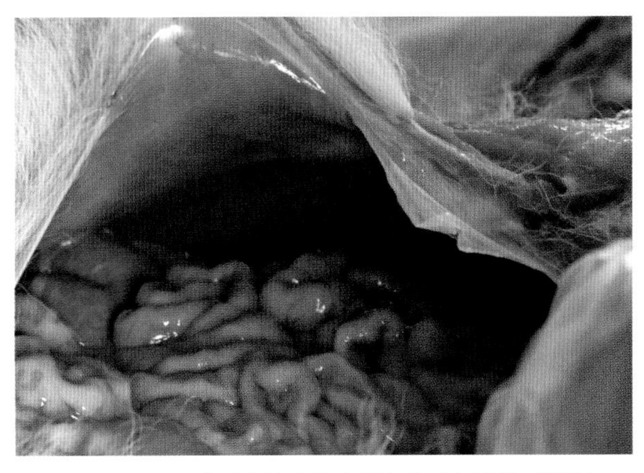

图 12-1-4　病羊腹腔内有大量血水（刘永生 供图）

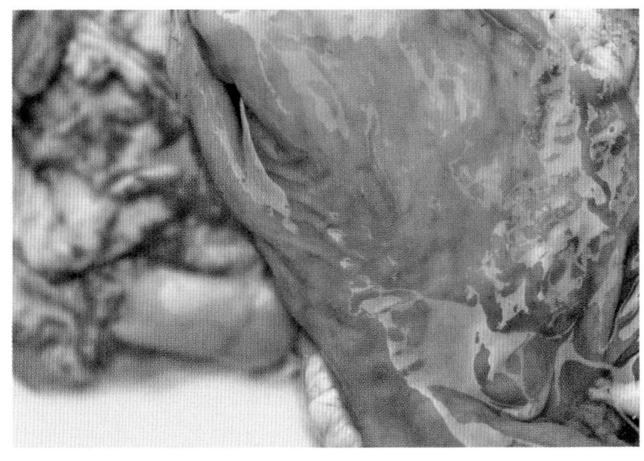

图 12-1-5　病羊真胃黏膜出血、充血（刘永生 供图）

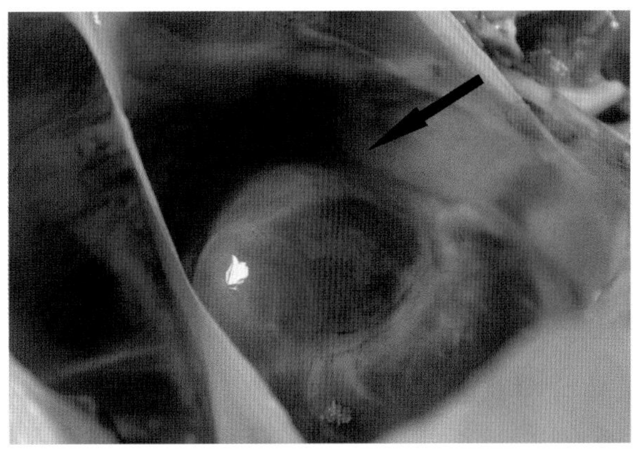

图 12-1-6　病羊心包积液、心脏出血（刘永生 供图）

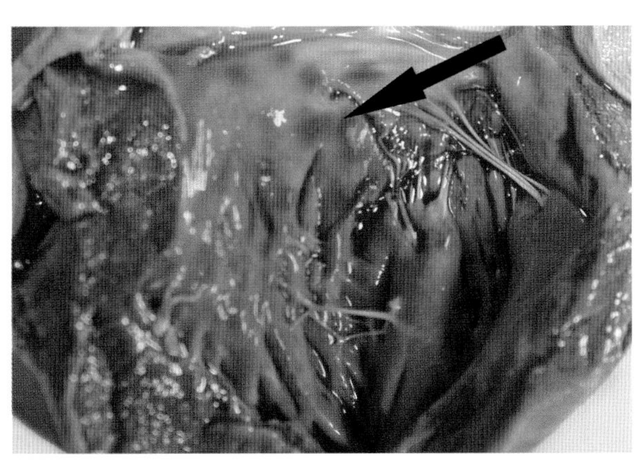

图 12-1-7　病羊心内膜出血（刘永生 供图）

四、诊断

1. 细菌分离培养

取病死羊的心血、肺、肝脏、胆汁、肾脏做触片和涂片，用革兰氏染色，镜检可见两端钝圆的红色短杆状的细菌和蓝紫色的两端钝圆的粗大杆菌。

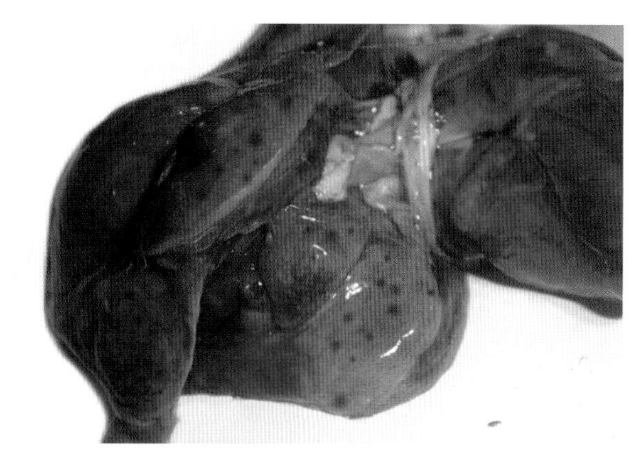
图 12-1-8　病羊肺脏充血、水肿，表面有大小不等的出血点（刘永生　供图）

用病死羊的深部肺脏、肝脏、肾脏组织分别接种于普通肉汤、琼脂、血琼脂培养基上，置 37℃恒温箱培养 24 h 观察。可见血平板上有 2 种菌落，一种为淡灰白色，带闪光的露珠样中等大小，不溶血的菌落，另一种为数量较少、灰白色、不透明、表面光滑、边缘整齐的菌落，该菌落有双层溶血环、内环透明，外环淡绿。将 2 种不同的菌落分别涂片，用革兰氏染色镜检，一种为多数两端钝圆的红色短杆状、双排列或单个存在的细菌；另一种为蓝色的两短钝圆、单在或成双的粗大杆菌。将灰白色、不透明、表面光滑、边缘整齐的菌落用亚甲蓝染色镜检，可见蓝色两极浓染短杆状细菌。

2. 动物试验

取 2 只健康小白鼠（体重在 16 ～ 19 g），将分离菌的营养肉汤培养物分别接种其腹腔 0.2 mL/只，另设空白对照 2 只，腹腔注射灭菌生理盐水 0.2 mL/ 只，经 48 h 观察，试验组小鼠全部死亡，剖检呈典型败血症变化。用死亡小白鼠的脏器涂片，革兰氏染色镜检，可见蓝色两端钝圆的粗大杆菌，亚甲蓝染色镜检，可见两极浓染的蓝色短杆状细菌。

根据细菌的形态和培养特性可确诊为巴氏杆菌和腐败梭菌混合感染。

五、类症鉴别

1. 羊炭疽病

相似点：最急性型病羊发病急，步态不稳，倒卧，突然死亡，天然孔流血；发热；亚急性型病羊体温升高，食欲减少，呼吸困难，结膜充血。粪尿中带血；剖检可见胃肠黏膜有出血；都具有神经症状。

不同点：炭疽病病羊呼吸高度困难，可视黏膜呈蓝紫色；炭疽夏季多发，混合感染常在天气突变和秋末冬初易发；炭疽病病羊脾脏变性，淤血、出血、肿大，而混合感染脾脏无明显变化。

2. 羊传染性胸膜肺炎

相似点：病羊体温升高至 41 ～ 42℃，精神沉郁，咳嗽，呼吸困难，鼻流带血黏性分泌物，眼有分泌物；胸下部发生水肿。剖检可见病羊胸腔内有大量渗出液，肺脏流出血色泡沫样液体。羊巴氏杆菌病病程长的病羊剖检可见纤维素性胸膜炎，与山羊传染性胸膜肺炎及其相似，肺脏切面均呈大理石状，肺间质水肿变宽；脾脏无变化。

不同点：混合感染病羊皮下有液体浸润和小点状出血，而传染性胸膜肺炎无此病理变化；传染性胸膜肺炎便秘与腹泻交替出现，而混合感染病初期便秘，后期腹泻，有时粪便全部变为血水，胃肠出血性炎症；传染性胸膜肺炎全身淋巴结肿胀出血，而混合感染病羊剖检可见肠系膜淋巴结有不同程度的充血、出血、水肿；传染性胸膜肺炎心肌脂肪变性，而混合感染病心包液混浊，混有绒毛样物质，心肌外膜上粘连绒毛样物；传染性胸膜肺炎肝肾无特殊病理变化，而混合感染病肝脏坏死灶和肾实质变性。

3. 羊肠毒血症

相似点：发病急，磨牙，突然死亡；腹腔积液；具有神经症状；肾变软，病程短促，无肉眼可见变化；肺脏出血水肿；真胃内含有未消化的食物；胃肠道出血；脾脏多正常；心包扩大出血，有积液；胆囊肿大，胆汁量增加；肝脏肿胀变大出血、质地脆软。

不同点：羊肠毒血症部分病羊发生腹泻，混合感染无腹泻；羊肠毒血症病羊脑和脑膜血管周围水肿，脑膜出血，脑组织液化性坏死，混合感染无明显变化；羊肠毒血症皮下水肿，而混合感染多在肩前、股前、尾底部皮下有红黄色胶样浸润，在淋巴结及其附近尤其明显；羊肠毒血症肝脏因被膜出血而呈褐色，而混合感染肝脏多呈水煮色；羊肠毒血症无明显肌肉出血，而混合感染肌肉出血，肌肉结缔组织积聚血样液体和气泡。

六、防治措施

1. 预防

（1）加强饲养管理，坚持自繁自养。防止外引新羊带入病原。提高羊群的营养水平，补充富含维生素的饲料，给予清洁饮水，提高羊的抗病力。防止饲草、饲料发霉变质，舍饲期间，最好喂干草，不喂青草或湿草，注意不突然喂给大量苜蓿草或饼类等高蛋白质的饲料。及时清除粪便，保持栏舍干燥，污染的环境、用具用 20% 漂白粉或 5% 烧碱进行彻底消毒。

（2）免疫接种。入冬前应给羊群定期接种羊五联疫苗（羊快疫、羊猝狙、羊肠毒血症、羊黑疫、羔羊痢疾），无论羊只大小，每只一律皮下注射 5 mL，2 周后即产生免疫抗体，免疫期 5 个月以上。在每年春秋两季可按 1 ～ 1.5 mL/ 只给羊群接种羊巴氏杆菌灭活疫苗。

2. 治疗

处方 1：上午用乳酸环丙沙星注射液，每千克体重 5 mg，下午用氟苯尼考注射液，每千克体重 20 mg，连续用药 7 d。

处方 2：重症配合使用葡萄糖 500 mL，碳酸氢钠 50 mL，三磷酸腺苷 12 mL，每日 1 次，连续 3 ～ 4 d。

第二节　巴氏杆菌和 B 型诺维氏梭菌混合感染

巴氏杆菌可引起羊巴氏杆菌病，而 B 型诺维氏梭菌引起羊黑疫，二者可混合感染。

一、病原

病原为多杀性或溶血性巴氏杆菌和 B 型诺维氏梭菌。

二、临床症状

病程急促，绝大多数未出现症状即突然死亡，少数病例病程稍长，可拖延几小时到 1 d，放牧时病羊掉群、不食，呼吸困难，流涎，寒战，鼻孔出血，体温升高至 41.5℃左右，呈昏睡俯卧，并保持在这种状态下毫无痛苦地突然死去，有的粪便带血或全部变为血水。

三、病理变化

病羊尸体皮下静脉显著充血，其皮肤呈暗黑色外观，颈、胸下部水肿，皮下胶样浸润。胸、腹腔、心包内有大量液体渗出，液体呈黄色，有纤维素性絮状物。心内膜下出血（图 12-2-1），真胃幽门部和小肠充血和出血（图 12-2-2）。大网膜出血，肺边缘出血，脾点状出血（图 12-2-3），咽喉肿大、有出血，瘤胃沟有纤维素性絮状物。肝脏充血肿胀，质地脆弱，并有多个凝固性坏死灶，灰黄色，坏死灶直径可达 2 ～ 3 cm，切面呈半圆形。肝胆管内有少量片形吸虫和大量的双腔吸虫。

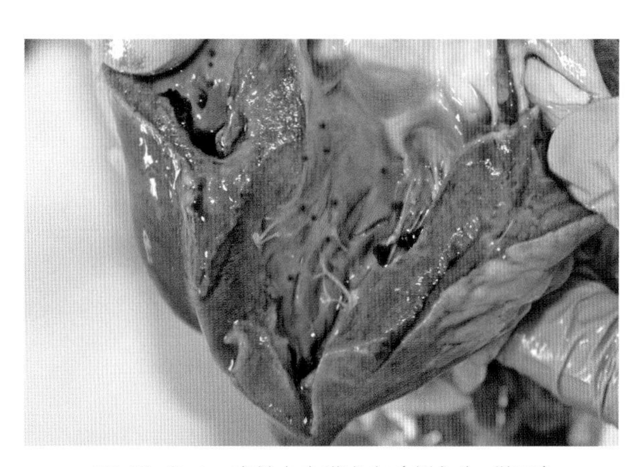

图 12-2-1　病羊心内膜出血（刘永生　供图）

图 12-2-2　病羊小肠出血（刘永生　供图）

图 12-2-3　病羊脾脏点状出血（刘永生　供图）

四、诊断

1. 直接涂片镜检

取病羊的肝、脾、肾、肺和心肌，直接涂片，分别用革兰氏染色、亚甲蓝染色，镜检。结果革兰氏染色可见有革兰氏阳性粗大杆菌和革兰氏阴性小杆菌，亚甲蓝染色可见革兰氏阳性粗大杆菌均匀着色，无荚膜；革兰氏阴性小杆菌呈两极浓染，有荚膜，呈单个、成对排列。

2. 细菌培养鉴定

（1）革兰氏阳性大杆菌。将革兰氏阳性粗大杆菌分别接种于普通琼脂、葡萄糖血液琼脂、肉肝汤厌氧培养。

普通琼脂：琼脂平板上生成灰白色，表面光滑，不规则菌落。

葡萄糖血液琼脂：菌落浅薄透明、周边不整、有溶血环。

肉肝汤：在肉肝汤培养时初混浊，后上液清，底部有沉淀，产生腐葱味臭气。

动物接种试验：将培养的细菌悬液肌内注射豚鼠，豚鼠死后剖检，可见接种部位有出血性水肿，腹部皮下组织呈胶样水肿，透明无色或呈玫瑰色，厚度有时可达 1 cm，这种变化极具特征，具有诊断意义。

（2）革兰氏阴性小杆菌。将革兰氏阴性小杆菌分别接种于普通琼脂、普通肉汤、麦康凯平板、血液琼脂，置于需氧环境中培养。

普通琼脂：可见分离菌能在普通琼脂中生长，但不旺盛。在加有血液或葡萄糖的培养基上生长良好。

普通肉汤：呈轻度混浊，培养时间稍长，表面形成菌环，且有黏性沉淀出现。轻轻振荡，形成小辫样混悬。

麦康凯平板：该菌不生长。

血液琼脂：呈湿润的露滴样小菌落，菌落周围无溶血现象。于 45° 折光观察，出现荧光现象，即呈现蓝绿色带金光，边缘有黄红色光带。

五、类症鉴别

1. 羊炭疽病

相似点：最急性型病羊发病急，步态不稳，倒卧，突然死亡，天然孔流血；发热；亚急性型病羊体温升高，食欲减少，呼吸困难，结膜充血。粪尿中带血；剖检可见胃肠黏膜有出血；都具有神经症状。

不同点：羊炭疽病病羊呼吸高度困难，可视黏膜呈蓝紫色；羊炭疽病病羊初期便秘，后期下痢并带有血便，唾液及排泄物呈暗红色；剖检可见血液黏稠似煤焦油样，全身淋巴结呈黑红色，皮下、肌间、浆膜下、肾周围、咽喉部等处有黄色胶样浸润，并有出血点；剖检可见尸体腹部膨胀，真胃胀大，肺脏严重出血、水肿。炭疽病病羊脾脏变性，淤血、出血、肿大，混合感染脾脏无明显变化。

2. 羊传染性胸膜肺炎

相似点：病羊体温升高至 41 ～ 42℃，精神沉郁，咳嗽，呼吸困难，鼻流带血黏性分泌物，眼有分泌物；胸下部发生水肿。剖检可见病羊胸腔内有大量渗出液，肺脏流出血色泡沫样液体。羊巴氏杆菌病病程长的病羊剖检可见纤维素性胸膜炎，与山羊传染性胸膜肺炎极其相似，肺脏切面均呈大理石状，肺间质水肿变宽；脾脏均无变化。

不同点：混合感染病羊皮肤呈暗黑色外观；混合感染病羊皮下有液体浸润和小点状出血；传染

性胸膜肺炎腹部皮下水肿，而混合感染颈、胸下部水肿，皮下胶样浸润；传染性胸膜肺炎便秘与腹泻交替出现，而混合感染病初期便秘，后期腹泻，有时粪便全部变为血水，胃肠出血性炎症；传染性胸膜肺炎全身淋巴结肿胀出血，而混合感染病羊剖检可见肠系膜淋巴结有不同程度的充血、出血、水肿；传染性胸膜肺炎心肌脂肪变性，而混合感染病羊心包炎；传染性胸膜肺炎肝脏无特殊病理变化，而混合感染病羊肝脏充血肿胀，质地脆弱，伴有坏死灶。羊传染性胸膜肺炎病羊肾脏无特殊变化，而混合感染病羊肾脏实质变性。

3. 羊链球菌病

相似点：绵羊易感性高于山羊。新疫区常呈流行性，老疫区散发。最急性型病例常在短时间内死亡。急性型病例体温升高，精神沉郁，食欲减退；鼻腔流黏性分泌物，咳嗽，呼吸急促、困难；可视黏膜潮红，有黏性分泌物；颈部、胸下部肿大；淋巴结肿大；病程 2 ～ 5 d。慢性型病例消瘦，僵硬，病程 20 ～ 30 d。

不同点：羊链球菌感染潜伏期为 2 ～ 7 d，而混合感染潜伏期不清楚；粪便带有黏液或血液，但病羊不出现严重腹泻，而混合感染有腹泻症状。孕羊阴门红肿，流产。鼻腔、咽喉、气管黏膜出血，肺水肿、气肿、出血，有时呈肝变区、坏死部与胸壁粘连；胆囊肿大，胆汁外渗，混合感染肺脏淤血肝变；靠近胆囊的十二指肠呈黄色；肾脏变白、质软、有贫血性梗死区，混合感染肾脏实质变性；第三胃内容物如石灰；羊链球菌肝脏呈泥土色，而混合感染肝脏充血肿胀，有多个界线明显的凝固坏死灶，切面呈半圆形；取脏器组织涂片镜检，可见双球形或带有荚膜 3 ～ 5 个相连的革兰氏阳性球菌，而混合感染的巴氏杆菌为革兰氏阴性。

六、防治措施

1. 预防

（1）加强饲养管理，坚持自繁自养。防止从外部引进新羊带入病原。提高羊群的营养水平，补充富含维生素的饲料，给予清洁饮水，提高羊的抗病力。防止饲草、饲料发霉变质，及时清除粪便，保持栏舍干燥。定期对羊舍环境、用具用 20% 漂白粉或 5% 烧碱进行消毒。

（2）定期驱除蚊蝇、寄生虫。杀灭圈舍内外的蚊蝇等吸血昆虫。羊黑疫发病常与肝片吸虫的感染侵袭密切相关，或由于某些原因对肝脏的损伤导致发病。因此，要定期对羊群进行驱虫，不在有肝片吸虫的牧区放牧，禁止饮入有肝片吸虫的水。

（3）免疫预防。在常发病地区定期接种羊快疫、羊肠毒血症、羊猝狙、羔羊痢疾、羊黑疫五联苗，每只羊皮下注射或肌内注射 5 mL，注苗后 2 周产生免疫力，保护期达半年。在每年春秋两季可按 1 ～ 1.5 mL/ 只给羊群接种羊巴氏杆菌灭活疫苗。

（4）及时隔离。发现病羊应及时将其隔离并进行相应的治疗，污染的草场、羊舍、环境及用具等可采用 5% 的来苏儿、强力碘等有效消毒剂进行全面彻底的消毒，避免羊群啃食或饮用污染的青草及饮水。

2. 治疗

处方 1：土霉素或氟苯尼考剂量为每千克体重 20 mg，肌内注射，每日上午 1 次；磺胺嘧啶钠，每千克体重 50 ～ 100 mg，肌内注射，每日下午 1 次。

处方 2：青霉素，80 ～ 160 IU，肌内注射，每日 2 次，连用 3 d；同时口服丙硫苯咪唑片每千克体重 20 mg。

处方 3：病情严重患羊静脉注射 5% 葡萄糖注射液、0.9% 生理盐水、樟脑、维生素 C、能量合剂等，每日 1 次，连续 3 d。

处方 4：治疗发病早期病羊，可静脉注射抗诺维氏梭菌血清 50 ～ 80 mL，肌内注射抗巴氏杆菌高免血清 30 ～ 80 mL。

第三节　巴氏杆菌与产气荚膜梭菌混合感染

巴氏杆菌可引起羊巴氏杆菌病，产气荚膜梭菌可引起羊猝狙、羊肠毒血症等，两者可发生混合感染。

一、病原

病原为巴氏杆菌与产气荚膜梭菌，其中，巴氏杆菌有多杀性巴氏杆菌和溶血性巴氏杆菌 2 个种，而产气荚膜梭菌主要为 B、C 2 个型。

二、临床症状

病羊精神沉郁，呼吸困难，不愿走动，常卧地不起，食欲大减或废绝；口腔黏膜发红，腹胀，腹泻，体温 39 ～ 40℃，个别发生急性死亡，死前全身肌肉震颤，随后倒地，四肢划动，狂叫，很快昏迷死亡。

三、病理变化

主要表现为全身实质器官出血和小肠阶段性坏死，胃肠高度臌气。剖开胃壁，胃黏膜脱落，并有出血斑点。小肠阶段性坏死，呈红褐色，似红肠，切开后流出大量深棕色黏稠液体。肠黏膜严重脱落，坏死，呈弥漫性出血。肠系膜淋巴结肿大，严重出血，切开呈大理石样。心脏质地变软，心耳有大量出血点，有的心耳呈紫褐色，心冠弥漫性出血。肝肿大、质脆，有大量出血斑。脾肿大或不肿大，呈紫黑色。肺水肿，呈鲜红色（图 12–3–1）。肾肿大质脆，有出血点（图 12–3–2）。

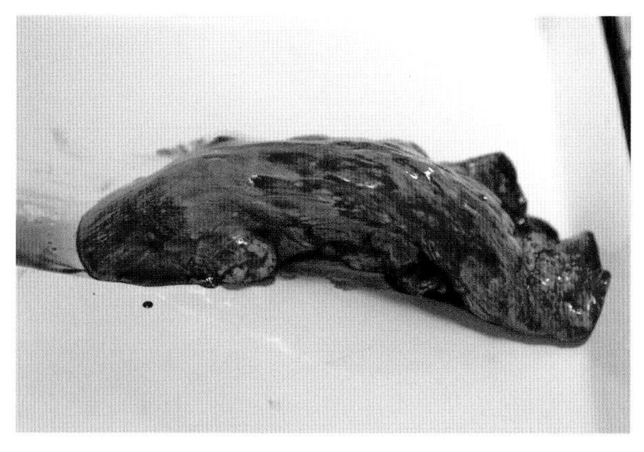
图 12-3-1　病羊肺水肿，呈鲜红色（李学瑞　供图）

图 12-3-2　病羊肾脏肿大质脆，出血点（李学瑞　供图）

四、诊断

1. 直接涂片镜检

取病羊的肝、脾、肾、肺和心肌，直接涂片，分别用革兰氏染色、亚甲蓝染色，镜检。革兰氏染色可见有革兰氏阳性粗大杆菌和革兰氏阴性小杆菌，亚甲蓝染色可见革兰氏阳性粗大杆菌均匀着色，有荚膜，单个、成双或短链排列；革兰氏阴性小杆菌呈两极浓染，有荚膜，呈单个、成对排列。

2. 细菌的分离培养

取病料分别接种于厌氧肉肝汤中，37℃培养 16 h，可见培养基混浊，产生大量气泡，24 h 后出现沉淀，上部液体透明，肝片呈红色。培养物涂片染色镜检，见有大量单个或成双的革兰氏阳性粗大杆菌，并可见到少量两极浓染的革兰氏阴性小杆菌。在 45℃下每培养 3 ～ 4 h 传代 1 次，经过此高温快速传代，至第 6 代革兰氏阴性小杆菌被排除，得到较为纯的革兰氏阴性大杆菌。划线接种到血液琼脂平板上进行厌氧培养，可长出均匀一致的菌落。

取病料少许，直接接种于加有葡萄糖的普通肉汤中，37℃培养 24 h 后，取肉汤培养物划线接种于血液琼脂平板上；再经 37℃培养 24 h 后，生长出圆形、隆起、光滑、湿润、边缘整齐、无溶血、露滴状的小菌落，直径 1 ～ 2 mm。涂片染色镜检，呈两极浓染，有荚膜，革兰氏阴性，卵圆形短杆菌。

3. 细菌的鉴别培养

（1）革兰氏阳性粗大杆菌。将革兰氏阳性粗大杆菌分别接种于普通琼脂、葡萄糖血液琼脂、牛乳培养基、蛋白胨牛乳培养基中，厌氧培养。

普通琼脂：在普通琼脂中培养 15 h 可见到菌落生长；培养 24 h，菌落直径可达 2 ～ 4 mm，呈凸面状，表面光滑，半透明，边缘整齐的菌落。

葡萄糖血液琼脂：葡萄糖血液琼脂上形成中央隆起或圆盘样大菌落，菌落表面有放射状条纹，边缘锯齿状、灰白色、半透明，外观似“勋章样”。

牛乳“暴烈发酵”试验：被检菌接种于牛乳培养基中（脱脂牛乳 100 mL 加 1% 灭菌亚甲蓝水溶液 2 mL），分装于试管中，用石蜡油封顶，115℃高压 10 min 灭菌，37℃培养 10 h，培养基由紫变黄，乳被凝固，并产生大量气体，形成所谓“暴烈发酵”现象。

蛋白胨牛乳培养基：在蛋白胨牛乳培养基中，加入硫酸钠和三氯化铁（本培养基可抑制其他细菌生长，而利于产气荚膜梭菌生长），发现培养基很快变黑。

（2）革兰氏阴性小杆菌。将革兰氏阴性小杆菌分别接种于普通琼脂、普通肉汤、麦康凯平板、血液琼脂，置于需氧环境中培养。

普通琼脂：可见分离菌能在普通琼脂中生长，但不旺盛。在加有血液或葡萄糖的培养基上生长良好。

普通肉汤：呈轻度混浊，培养时间稍长，表面形成菌环，且有黏性沉淀出现。轻轻振荡，形成小辫样混悬。

麦康凯平板：该菌不生长。

血液琼脂：呈湿润的露滴样小菌落，菌落周围无溶血现象。于45°折光观察，出现荧光现象，即呈现蓝绿色带金光，边缘有黄红色光带。

4. 动物试验

（1）革兰氏阳性大杆菌。家兔接种：取24 h厌氧液体培养物各1 mL，分别给6只家兔耳静脉注射，24～36 h内家兔全部死亡。取肝、肾涂片镜检，可发现大量与接种菌一样的细菌。2只对照兔接种生理盐水，未见死亡。

人工接种家兔处死试验（泡沫肝试验）：取24 h厌氧肉肝汤培养物1 mL，经耳静脉接种家兔，10 min后将家兔处死，尸体置37℃恒温箱中，4 h后家兔腹围开始膨胀，6 h后腹围胀圆。剖检可见，各脏器均肿大，并有大量气泡，尤以肝脏为甚。整个肝脏被大量气体冲破，蜂窝状，呈“泡沫肝”。肝、肾涂片染色镜检，可发现大量与接种菌相似的细菌，尤以其肝脏为最多。

（2）革兰氏阴性小杆菌。将培养24 h的肉汤培养物（培养基内含有葡萄糖）腹腔注射体重约1.5 kg的家兔3只，每只各注射1 mL，接种后24～36 h，家兔全部死亡；而对照家兔仅注射生理盐水，则正常生长。剖检死兔，采取肝、脾涂片染色镜检，可见到大量与接种菌相似的细菌。

通过病原分离与细菌鉴定的结果可确定所分离的革兰氏阳性粗大杆菌为产气荚膜梭菌；所分离的革兰氏阴性小杆菌为多杀性巴氏杆菌。由此可以确诊，该病为多杀性巴氏杆菌和产气荚膜梭菌混合感染。

五、类症鉴别

1. 羊炭疽病

相似点：最急性型病羊发病急，步态不稳，倒卧，突然死亡，天然孔流血，发热。亚急性型病羊体温升高，食欲减少，呼吸困难，结膜充血，粪尿中带血；剖检可见胃肠黏膜有出血。都具有神经症状。

不同点：羊炭疽病病羊呼吸高度困难，可视黏膜呈蓝紫色；羊炭疽病病羊初期便秘，后期下痢并带有血便，唾液及排泄物呈暗红色；剖检可见血液黏稠似煤焦油样，全身淋巴结呈黑红色，皮下、肌间、浆膜下、肾周围、咽喉部等处有黄色胶样浸润，并有出血点；剖检可见尸体腹部臌胀，真胃胀大，肺脏严重出血、水肿。炭疽病病羊脾脏变性，淤血、出血、肿大，混合感染脾脏无明显变化。

2. 羊传染性胸膜肺炎

相似点：病羊体温升高至 41 ～ 42℃，精神沉郁，咳嗽，呼吸困难，鼻流带血黏性分泌物，眼有分泌物；胸下部发生水肿。剖检可见病羊胸腔内有大量渗出液，肺脏流出血色泡沫样液体。羊巴氏杆菌病病程长的病羊剖检可见纤维素性胸膜炎，与山羊传染性胸膜肺炎及其相似，肺脏切面均呈大理石状，肺间质水肿变宽；脾脏均无变化。

不同点：传染性胸膜肺炎腹部皮下水肿，而混合感染颈、胸下部水肿，皮下胶样浸润；传染性胸膜肺炎便秘与腹泻交替出现，而混合感染病羊腹泻；传染性胸膜肺炎肌肉无明显变化，而混合感染病羊骨骼肌肌肉出血，有气性裂空；传染性胸膜肺炎全身淋巴结肿胀出血，而混合感染病羊剖检可见肠系膜淋巴结有不同程度的肿大，切开呈大理石样；传染性胸膜肺炎心肌脂肪变性，而混合感染病羊心耳有出血，心冠弥漫性出血；传染性胸膜肺炎肝脏无特殊病理变化，而混合感染病羊肝肿大、质脆，有大量出血斑。羊传染性胸膜肺炎病羊肾脏无特殊变化，而混合感染肾脏肿大质脆，有出血点。

3. 羊链球菌病

相似点：绵羊易感性高于山羊。新疫区常呈流行性，老疫区散发。最急性型病例常在短时间内死亡。急性型病例体温升高，精神沉郁，食欲减退；鼻腔流黏性分泌物，咳嗽，呼吸急促、困难；可视黏膜潮红，有黏性分泌物；颈部、胸下部肿大；淋巴结肿大；病程 2 ～ 5 d。慢性型病例消瘦，僵硬，病程 20 ～ 30 d。

不同点：羊链球菌感染潜伏期为 2 ～ 7 d，而混合感染羊潜伏期不清楚；粪便带有黏液或血液，但病羊不出现严重腹泻，而混合感染腹泻。孕羊阴门红肿，流产。鼻腔、咽喉、气管黏膜出血，肺水肿、气肿、出血，有时呈肝变区坏死部与胸壁粘连；胆囊肿大，胆汁外渗，混合感染羊肺脏淤血肝变；靠近胆囊的十二指肠呈黄色；肾脏变白、质软、有贫血性梗死区，混合感染肾肿大质脆，有出血点；第三胃内容物如石灰；羊链球菌肝脏大呈泥土色，而混合感染肝肿大、质脆，有大量出血斑。

六、防治措施

1. 预防

（1）加强饲养管理。坚持自繁自养，防止外引新羊带入病原。提高羊群的营养水平，补充富含维生素的饲料，给予清洁饮水，提高羊的抗病力。防止饲草、饲料发霉变质，避免羊只采食冰冻饲料或饲喂大量蛋白质，青贮饲料。羊群放牧时，宜晚出早归，避免采食带露水青草，禁止在低洼积水地带放牧。及时清除粪便，保持栏舍干燥。

（2）免疫接种。疫区每年定期注射三联苗（羊快疫、羊猝狙、羊肠毒血症）或五联苗（羊快疫、羊猝狙、羊肠毒血症、羊黑疫、羔羊痢疾）。每年春秋两季可按 1 ～ 1.5 mL/ 只给羊群接种羊巴氏杆菌灭活疫苗。

（3）紧急防控。发现病羊应及时将其隔离并进行相应的治疗，同时，对场内其他羊群及时进行产气荚膜梭菌及巴氏杆菌疫苗的紧急接种。急性病羊只通常快速死亡，其尸体应及时进行无害化处理，一般先焚烧，再深埋，可有效控制疫情蔓延。污染的草场、羊舍、环境及用具等可采用 5% 的来苏儿、强力碘等有效消毒剂进行全面彻底的消毒，避免羊群啃食或饮用污染的青草及饮水。

2. 治疗

发病初期可使用抗菌血清对病羊进行接种，结合抗生素治疗可获得良好疗效。临床上可通过药敏试验确定分离菌株的敏感药物，常用的药物有以下 3 种。

处方 1：土霉素或氟苯尼考，每千克体重 20 mg，肌内注射，每日 1 次。

处方 2：磺胺嘧啶钠，每千克体重 50 ～ 100 mg，肌内注射，每日 1 次。

处方 3：重症配合 5% 葡萄糖生理盐水 200 ～ 400 mL，5 ～ 10 mL 10% 安钠咖，2 ～ 4 mL 25% 维生素 C 及 0.2 ～ 0.5 mL 1% 地塞米松，静脉混合注射，每日 1 次，连用 3 ～ 5 d。

第四节　伪狂犬病毒与巴氏杆菌混合感染

伪狂犬病病毒可感染羊引起羊伪狂犬病（PR），死亡率高达 100%，临床上以发热、奇痒以及脑脊髓炎症状为特征，巴氏杆菌感染羊引起羊巴氏杆菌病，为一种急性、热性传染疾病，两者可发生混合感染。

一、病原

病原为伪狂犬病毒（PRV）和巴氏杆菌，巴氏杆菌有多杀性巴氏杆菌（PM）和溶血性巴氏杆菌 2 个种。

二、临床症状

病羊精神沉郁，食欲不振，发病初期有短期的体温升高，体温升高到 41 ～ 42℃，随后很快降至常温或更低。流脓性鼻液，咳嗽，呼吸困难，流涎，腹泻，个别羊粪便中带有血丝。病羊顽固地摩擦鼻镜或面部、蹄子拼命搔痒，甚至因剧烈摩擦致眼球破裂塌陷；也有呈犬坐姿势用力在地面上摩擦肛门或阴户。个别病羊在肩胛部或胸腹部乳房周围发生“奇痒”，奇痒部位皮肤脱毛（图 12-4-1）、水肿，甚至出血。个别病羊表现某些神经症状，如磨齿、后足用力踏地，表现间歇性烦躁不安。后期四肢无力直到麻痹，出现咽喉麻痹时大量流涎，最后死亡。病程一般为 1 ～ 3 d。

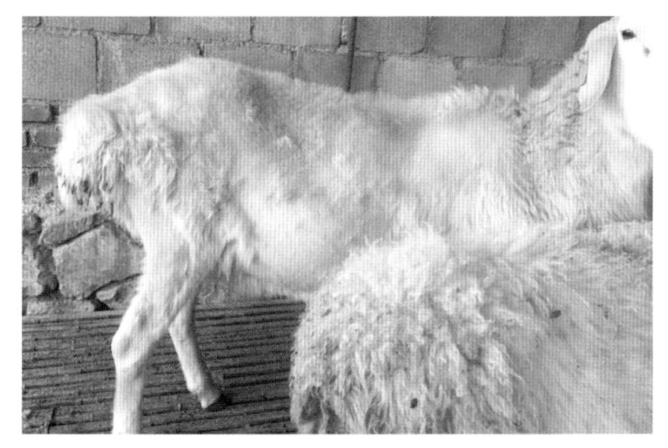

图 12-4-1　部分病羊掉毛（马利青 供图）

三、病理变化

病羊头部表皮擦伤、出血，皮下水肿；胸腔有黄色渗出液，喉头及气管内有大量黏液，肺脏大面积出血、淤血，心外膜出血；脾脏有小点状出血，肾脏淤血，胆囊肿大；胃肠道出血。

四、诊断

1. 细菌学检查

（1）直接涂片镜检。无菌采集肝脏、脾脏及肾脏涂片，革兰氏染色、瑞氏染色镜检，可见革兰氏染色阴性的卵圆形的小短杆菌，瑞氏染色可见两端钝圆的小短杆菌。

（2）细菌分离培养。无菌采集肝脏、脾脏及肾脏接种于鲜血琼脂平板、麦康凯琼脂培养基，37℃培养 24 h，麦康凯琼脂培养基上未见细菌生长，鲜血琼脂平板上可见灰白色、半透明、光滑、湿润、隆起、边缘整齐的露滴状小菌落，直径 1 ～ 2 mm；取典型菌落制涂片，革兰氏染色为阴性两极浓染的短小杆菌。将典型菌落接种于三糖铁琼脂斜面可生长，底部变黄。

2. 病毒学检查

（1）血清学方法。血清学诊断方法快速、不需要精密的仪器，因此，常应用于临床检测中。用于检测伪狂犬病毒的血清学方法主要有微量血清中和试验（MSN）、酶联免疫吸附试验（ELISA）、乳胶凝集试验（LA）、补体结合试验（CF）、琼脂免疫扩散（AGDP）、对流免疫电泳（CIE）、间接荧光抗体技术（IPA）、荧光抗体技术（PA）。其中，ELISA 是国际贸易指定用于检查 PR 的试验方法之一，国内外研究者成功地将其运用于实践。该方法灵敏、快速、简便，适于大面积血清学调查，国际上已有各种商品化伪狂犬病 ELISA 试剂盒出售，具体检测步骤按试剂盒要求操作即可。

（2）动物试验。主要接种动物为家兔和小鼠，其中，家兔最为敏感。将采集到的病料用生理盐水配制成 1∶10 的组织悬液，同时，加青霉素、链霉素 500 ～ 1 000 IU/mL，然后，皮下或肌肉接种家兔 1 ～ 2 mL/ 只，接种后 48 ～ 72 h 开始发病，出现食欲废绝，狂躁不安，体温升高，注射部位表现奇痒等 PRV 感染症状，频频回头用嘴啃咬接种部位，出现脱毛、溃烂、出血，数小时后卧地不起，衰竭死亡。病料亦可直接接种猪肾或鸡胚的红细胞，可产生典型的细胞病变。分离出的病毒可再作中和试验确诊。也可将病料脑内或鼻腔接种 1 ～ 4 周龄小鼠，接种后有奇痒症状，持续 12 h，多数在 3 ～ 5 d 死亡。

五、类症鉴别

1. 羊狂犬病

类似处：病羊精神沉郁，皮肤瘙痒（“奇痒”），咽喉麻痹，大量流涎，吞咽困难，卧地不起。剖检可见胃肠道有出血现象；胆囊肿大；肝、肾、脾充血、出血。

不同处：病羊一般有被犬咬伤的病史。病羊只有被咬部位瘙痒（混合感染肩胛部或胸腹部乳房周围发生“奇痒”），前驱期异嗜，兴奋期有攻击性行为；未见流涕、腹泻等症状（混合感染流脓性鼻液，咳嗽，呼吸困难，流涎，腹泻，个别羊粪便中带有血丝）；病羊下颌肌、舌肌、眼肌不全麻痹，斜视。剖检可见可视黏膜蓝紫色，血液黏稠、不凝固，体表有伤口；胃内空虚或有异物（如木片、石片、沙土等）；脑实质水肿、出血；肺部病变不明显（混合感染肺脏大面积出血、淤血）。病料悬液皮下接种家兔，通常不易感染；脑内接种，发病后没有皮肤瘙痒症状。

2. 羊螨病

类似处：病羊剧痒，不断在墙、栏柱、石头等处擦痒；患处脱毛。病羊唇部、眼睑、面部瘙痒，不断擦痒，消瘦，衰竭死亡。

不同处：幼龄羔羊多发。病羊不出现神经症状，口鼻无分泌物（混合感染流脓性鼻液，咳嗽，呼吸困难，流涎，腹泻，个别羊粪便中带有血丝）。严重者全身脱毛，皮肤有丘疹、结节、水疱，甚至脓疱，后形成痂皮、皲裂，局部皮肤增厚。

3. 羊链球菌病

类似处：病羊精神沉郁，体温升高，食欲减退；鼻腔流黏性分泌物，咳嗽，呼吸急促。个别羊粪便中带有血丝。剖检可见肺脏大面积出血；肝脏、胆囊肿大。

不同处：急性型病例咽喉、下颌淋巴结肿大。粪便带有黏液或血液，但病羊不出现严重腹泻。孕羊阴门红肿，流产。剖检可见病死羊全身性的败血变化，各脏器广泛出血，淋巴结肿大；鼻腔、咽喉、气管黏膜出血（混合感染喉头及气管内有大量黏液）；肺水肿、气肿、出血，有时呈肝变区坏死部与胸壁粘连；靠近胆囊的十二指肠呈黄色；肾脏变白、质软、有贫血性梗死区（混合感染肾脏淤血）；第三胃内容物如石灰；腹腔器官的浆膜面附有纤维素。取脏器组织涂片镜检，可见双球形或带有荚膜 3 ～ 5 个相连的革兰氏阳性球菌。

六、防治措施

1. 预防

（1）疫苗接种。疫病多发区，应按照羊群的免疫程序，定期对羊群免疫接种伪狂犬基因缺失疫苗或牛羊伪狂犬病氢氧化铝甲醛灭活疫苗，增强羊群对该病的抵抗力。在每年春秋两季可按 1 ～ 1.5 mL/ 只给羊群接种羊巴氏杆菌灭活疫苗。

（2）加强饲养管理，提倡自繁自养，不从疫区引种。引种时严格检疫，扑杀、销毁阳性羊。同群羊隔离观察 30 ～ 60 d，证实无病后，方可混群饲养。养羊场和养羊户应做好灭鼠和驱鼠工作，避免鼠在羊群和其他动物间的媒介传播。

（3）及时隔离、治疗、消毒。一旦发现病羊应立即隔离，采集病料送检，确诊后立即扑杀。对羊舍（场）进行封锁，对病羊和已出现临床症状的羊立即进行隔离扑杀，将病、死羊尸体进行无害化处理，禁止疫区内的羊流通。羊舍地面用生石灰消毒，墙壁、用具、运动场地等被污染的环境用 5% 苛性钠溶液或 20% 石灰水喷洒消毒，水槽、饲料槽等用具，用癸甲溴氨消毒液按 1∶500 浸泡、刷洗，1 次 /d，连续 7 d。将羊粪、垫草等污物密封后集中运往指定地点消毒后堆积发酵。

2. 治疗

处方：氟苯尼考注射液按每千克体重 0.2 mL，肌内注射，同时分点注射银黄提取物注射液按每千克体重 0.2 mL。在全群的饲料和饮水中加入抗病毒一号（成分为板蓝根、黄芪多糖、淫羊藿等）、电解多维，以增强机体免疫力。

第五节 传染性胸膜肺炎并发 D 型产气荚膜梭菌感染

羊传染性胸膜肺炎（CCPP）主要是由山羊支原体山羊肺炎亚种（Mccp）感染引起的羊的一种高度传染性肺炎；D 型产气荚膜梭菌可在羊肠道中大量繁殖并产生毒素引起羊肠毒血症。患传染性胸膜肺炎的病羊可并发肠毒血症病原 D 型产气荚膜梭菌感染，导致死亡率上升。

一、病原

病原为山羊支原体山羊肺炎亚种（Mccp）和 D 型产气荚膜梭菌。

二、临床症状

病羊精神沉郁，体温升高 41 ～ 41.5℃，食欲减退、咳嗽、呼吸困难、喘气、流浆液性或泡沫样鼻液，有的流红色鼻液，口流涎，眼睑肿胀，流泪，有的病羊腹泻，患羊离群呆立或卧于地上，磨牙，有的头向后仰或弯向一侧、转圈，腹部臌胀，昏迷倒地后死亡。

三、病理变化

剖检病羊发现，皮下大量出血，心包、胸腔、腹腔有大量积液、粘连（图 12-5-1 至图 12-5-4）；腹腔臌胀，有腐败臭味；肝、脾出血肿大，肝脏质脆，表面有蚕豆大小浅黄色坏死灶；胆囊充盈，胆汁浓稠有黑色颗粒状物；肺脏充血、发炎、坏死，肺组织充满大小不等的黄色结节，肺脏有一侧呈实质肝变；心包膜、肺脏、胸膜有纤维素性组织粘连；气管内环状出血，有浓稠渗出物；支气管内有大量血色液体和纤维素性凝块；支气管淋巴结、下颌淋巴结和肠系膜淋巴结肿大、充血、淤血呈暗紫色；真胃内有未消化饲料，刮去内容物后见有大面积出血点；小肠黏膜弥漫性出血，呈紫红色，充满大量气体和少量血色内容物，肠系膜淋巴结呈气囊状肿大；肾脏有出血点，质地变软，触压即碎（图 12-5-5）。

图 12-5-1　羊传染性胸膜肺炎肺脏与胸腔粘连
（马利青 供图）

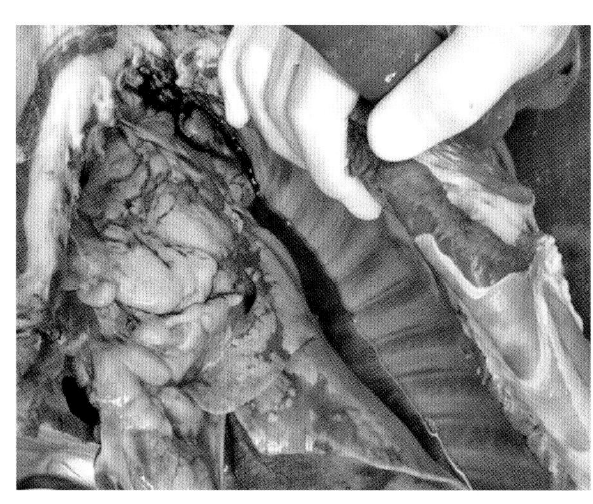

图 12-5-2　传染性胸膜肺炎病羊的胸腔渗出液
（马利青 供图）

图 12-5-3　D 型产气荚膜梭菌病羊肠道出血
（马利青 供图）

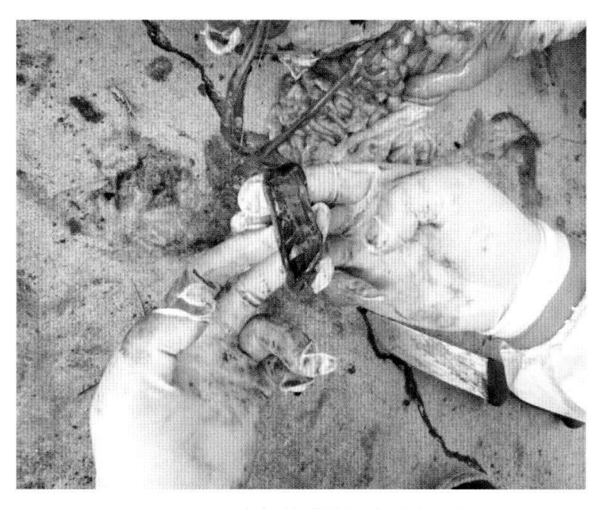

图 12-5-4　D 型产气荚膜梭菌病羊十二指肠出血
（马利青 供图）

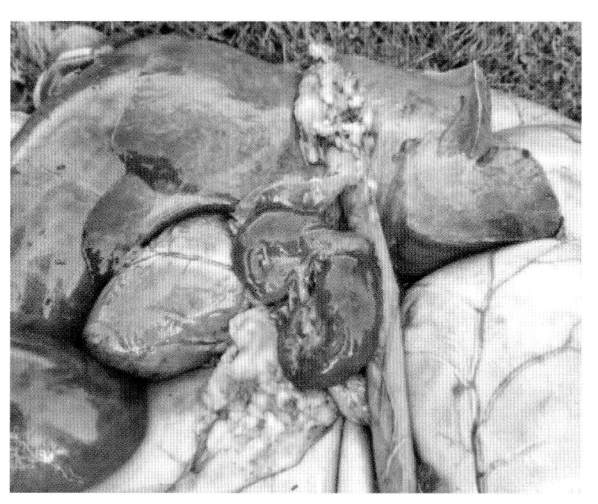

图 12-5-5　D 型产气荚膜梭菌病羊的软肾
（马利青 供图）

四、诊断

1. 涂片镜检

采集肺、肝、肾等病变组织触片、染色镜检见革兰氏阳性、两端钝圆的粗大杆菌，排列整齐，呈单个散在或双链排列，菌体中央有大而卵圆的芽孢，记录为细菌 A；呈球状、杆状的多型性、瑞氏染色呈淡紫色的微小细菌，记录为细菌 B。

2. 分离培养

病料接种于绵羊血琼脂和加 10% 血清的 BHI 琼脂，37℃厌氧培养 24 h 后，血平板上长出直径 3 mm 左右、半透明、表面光滑、隆起、呈 β 溶血的菌落；BHI 琼脂上长出灰白色、半透明、圆形、光滑隆起的菌落。染色镜检，可见细菌形态大小同细菌 A 基本一致。72 h 后，在 BHI 琼脂上长出湿润、透明，中心深入培养基中的微小菌落，用接种环不易刮下。染色镜检，可见细菌形态大小同细菌 B 基本一致。

3. 生化试验

细菌 A 能使牛乳培养试管发酵，产酸产气；发酵葡萄糖、麦芽糖、乳糖、蔗糖，消化酪蛋白，水解明胶，而酯酶、卵磷脂酶、吲哚试验为阴性。细菌 B 能分解葡萄糖和甘露醇，能液化明胶和消化酪蛋白，而水解精氨酸、分解尿素、磷酸酯酶试验为阴性。根据细菌形态、培养特性及生化特性，鉴定 A 菌为产气荚膜梭菌，B 菌为支原体。

4. 动物试验

取 12 只小鼠，分为 4 组，每组 3 只。取病死羊回肠内容物，经离心沉淀后取上清液分成 2 份，一份不加热处理，一份 60℃ 30 min 处理，分别腹腔注射第 1、第 2 两组小鼠（0.3 mL/ 只）；再用支原体增菌肉汤注射第 3 组小鼠（0.3 mL/ 只）；对照组注射同等剂量的生理盐水。结果显示，加热处理组和对照组小鼠未见异常，第 1 组和第 3 组小鼠均在 24 h 内死亡。将死亡小白鼠肝脏组织进行细菌分离培养，触片镜检，分别检测到产气荚膜梭菌和支原体。

根据流行特点、临床症状和剖检病变、病原菌的分离与鉴定，诊断该病为产气荚膜梭菌和支原体混合感染所致，为传染性胸膜肺炎和羊肠毒血症并发症。

五、类症鉴别

1. 羊巴氏杆菌病

类似处：急性病例病羊体温升高至 41 ～ 42℃，精神沉郁、咳嗽、呼吸困难、鼻流带血黏性分泌物，眼有分泌物。剖检病羊可见心包、胸腔内有积液；肺脏淤血、出血；肝脏淤血质脆；肠系膜淋巴结有不同程度的充血、出血、水肿，胃肠出血性炎症。病程长的羊巴氏杆菌病羊剖检可见纤维素性胸膜炎，与山羊传染性胸膜肺炎极其相似。

不同处：病原为多杀性巴氏杆菌和溶血性巴氏杆菌。最急性型多见于哺乳羔羊，发病突然，数分钟至数小时内死亡。病程稍长的病羊可视黏膜潮红；初期便秘，后期腹泻，有时粪便全部变为血水；颈部和胸下部发生水肿。剖检可见心包液混浊，混有绒毛样物质，心肌外膜上粘连绒毛样物；肺体积肿大，流出粉红色泡沫状液体；肝脏偶见有黄豆至胡桃大的化脓灶，脾脏不肿大。取肝脏、心脏、淋巴结、脾脏、肠系膜或体腔渗出物等涂片镜检，可见大量的革兰氏阴性两端钝圆的杆菌。

2. 羊肺线虫病

类似处：病羊咳嗽，呼吸促迫、困难，鼻流分泌物。剖检可见肺表面有小结节，支气管肿胀、充血。

不同处：引起羊肺线虫病的寄生虫主要为丝状网尾线虫。常发于夏、秋季，病羊呼吸音粗重，如“拉风箱”声音；常咳出黏液团块，镜检可见虫卵和幼虫；病羊常打喷嚏，贫血，头、胸及四肢水肿。剖检可见病羊肺部膨胀不全、肺气肿，表面隆起，呈灰白色，触之坚硬；支气管中有黏液性或脓性混有血丝的分泌团块。在粪便、唾液或鼻腔分泌物中发现第一期肺线虫幼虫，气管、支气管及细支气管内发现数量不等的大、小肺线虫即可确诊。

3. 羊鼻蝇蛆病

类似处：病羊流鼻液，呼吸困难，眼睑肿胀，流泪。

不同处：病原为羊鼻蝇的幼虫。病羊打喷嚏，甩鼻，磨鼻，摇头，不表现咳嗽症状；数月后病羊可能表现神经症状，运动失调，旋转运动，头弯向一侧或发生麻痹。发病早期用药液喷射鼻腔，可见有死亡的羊鼻蝇幼虫排出。剖检病死羊，可见鼻腔黏膜和额窦黏膜发炎和肿胀，可在鼻腔、鼻窦或额窦内发现各期幼虫。

4. 羊快疫

类似处：病羊步态不稳，离群呆立或卧于地上，呼吸困难、倒卧、流涎、腹部膨胀、腹泻、磨牙。最急性病例突然发病，病羊痉挛倒地，四肢划动，几分钟或者几小时就会死亡。剖检可见真胃有出血性变化，肝脏、胆囊肿大，胸、腹腔积液。

不同处：病原为腐败梭菌。病羊腹痛、呻吟，眼结膜充血；排粪困难，粪便中带有炎性黏膜或产物，呈黑绿色。剖检可见病死羊腹部臌气，腐臭味大；胃底部及幽门附近常有大小不等的出血点、出血斑或弥漫性出血；肠道内容物充满气泡，不见十二指肠、回肠炎性出血；肝脏有脂变，呈土黄色。

5. 羊猝狙

类似点：病羊精神委顿，停止采食，离群卧地，多数体温升高；有的羊发生腹泻；中、后期病羊，磨牙，流涎，侧卧，头向后仰或弯向一侧。最急性病例出现症状数小时内死亡。剖检可见胸腔、腹腔和心包大量积液，渗出的液体暴露于空气后可形成纤维素絮块。

不同处：病原为 C 型产气荚膜杆菌。病羊发生剧烈腹痛、呻吟，口吐白沫。剖检可见十二指肠和空肠黏膜严重充血、糜烂，有的区段可见大小不等的溃疡（区别于羊肠毒血症的炎性出血，肠壁呈红色“血灌肠”）；浆膜上有针尖大小的点状出血。

6. 羊黑疫

类似处：病羊体温升高至 41.5℃，离群、站立不动，精神沉郁，呼吸急促、困难，流涎、磨牙。最急性病例出现症状数小时内死亡。剖检可见肝脏表面有坏死灶，体腔多积液。

不同处：病原为 B 型诺维氏梭菌。病羊尸体皮下静脉显著淤血，使羊皮呈暗黑色外观。剖检可见心内膜常见有出血点；肝脏表面和深层的凝固性坏死灶，呈灰黑不整圆形，周围有一鲜红色充血带围绕，坏死灶直径可达 2 ～ 3 cm，切面呈半月形，肝脏的坏死变化具有重要诊断意义。

六、防治措施

1. 预防

（1）严格引种。避免从疫病区域引种，引入前需检测为阴性方可引种，防止外引新羊带入病原；在引入羊之后，需根据要求为羊接种山羊传染性胸膜肺炎疫苗，且在引入到羊群之前，必须将其隔离观察 45 d 以上，在确认无疫病之后才能够将其混入羊群进行饲养。

（2）加强饲养管理。对饲养管理条件进行改善，为羊只提供营养均衡的日粮；加强通风换气，坚持对圈舍进行清扫，保证圈舍始终干净；保持适宜的温度，秋冬注意保暖，夏季注意防暑降温。必要时可在饲料中加入维生素、防霉剂和微量元素，饮水中加入多维电解质。合理放牧，避免采食带露水青草，禁止在低洼积水地带放牧，防止感染产气荚膜梭菌。

（3）预防接种。接种山羊传染性胸膜肺炎疫苗，接种时间最好选在春秋两季，为了提高安全性，可采用灭活的山羊传染性胸膜肺炎疫苗，其抗体保持周期较长，可持续 12 个月之久。预防产气荚膜梭菌可在发病季节前使用羊肠毒血症单苗或多价苗（如羊肠毒血症、羊快疫、羊猝狙三联苗，羊快疫、羊猝狙、羊肠毒血症、羔羊痢疾四联苗，羊肠毒血症、羊快疫、羊猝狙、羔羊痢疾、羊黑疫五联苗等）进行预防。

（4）严格消毒。加强羊舍环境卫生，及时对排泄物和羊舍的粪便等进行清理，同时对这些排泄物和粪便进行集中的焚烧或者密封发酵处理；定期进行日常消毒处理，避免外来病原的传入导致疾病。建议每周进行1次消毒，消毒剂应选择杀灭病毒效果显著的消毒剂，建议选择2～3种，进行轮流使用。此外，对羊舍和周边进行消毒处理，并积极落实杀虫灭鼠等工作，避免这些昆虫、老鼠等成为媒介带入疾病。

2. 治疗

处方1：30%替米考星按每千克体重0.1 mL、乳糖酸红霉素按每千克体重3 000 IU，混合后肌内注射，每日1次，连用3 d。每千克体重按青霉素5万IU、氨苄青霉素20 mg，分别肌内注射，每日2次，连用3 d。

处方2：每千克体重肌内注射15%氟苯尼考注射液0.1 mL，隔天1次，连用2次；同时灌服20%生石灰水250 mL，每日1次，连用3～5 d；按每千克体重肌内注射麻杏石甘注射液0.1～0.15 mL，每日1次，连用2～3 d。

处方3：阿米卡星（每千克体重6 mg），酚磺乙胺注射液（2 mL/只），肌内注射，每日2次，3日1疗程；重症配合补液疗法（按40 kg体重羊计算）5%葡萄糖生理盐水200～300 mL、维生素C 1.5～2 g、维生素B_6 1.5～2 g、肌苷1.5～2 g、10%葡萄糖酸钙20 mL；0.5%盐酸环丙沙星注射液100 mL；分别静脉滴注，每日1次，连用3 d。

处方4：全群用药，用咳喘混感干扰素（荆防败毒散），500 g拌料250 kg，连用7～15 d。每100 kg饮水中加1 kg葡萄糖和100 g维生素C，连用7～10 d。

第六节　传染性胸膜肺炎并发链球菌感染

羊传染性胸膜肺炎（CCPP）主要由山羊支原体山羊肺炎亚种（Mccp）引起，C群链球菌感染可引起羊链球菌病，患传染性胸膜肺炎的病羊可并发C群链球菌发生混合感染。

一、病原

病原为山羊支原体山羊肺炎亚种（Mccp）和C群链球菌。

二、临床症状

病羊精神沉郁，体温升高，起卧不定，呼吸、心跳加快，咳嗽，流泪，眼有脓性分泌物，流涎，鼻流清液，以后转为脓性黏液。咽喉肿胀，下颌淋巴结肿胀；粪便软、有时带血。部分孕羊流产。濒死时，头颈弯向一侧、磨牙、羞明、抽搐、惊厥而死。

三、病理变化

剖检病羊可见尸僵不全，血液稀薄、凝固不良；鼻、咽、气管黏膜出血；头颈部淋巴结肿大、出血、坏死；上呼吸道卡他性炎症，有大量黏液（图 12-6-1）；胸、腹腔、心脏充满淡黄色液体、心冠沟间有出血点；胸膜变厚、粗糙，有黄白色纤维素层附着，有的胸膜与肋膜、心包膜发生粘连；各脏器浆膜面常覆有黏稠、丝状的纤维素样物质（图 12-6-2 至图 12-6-5）；肺实质淤血、出血、水肿、间质增宽，肺脏肝变，呈大叶性肺炎，颜色由红色至灰色不等（图 12-6-6），切面呈大理石样（图 12-6-7）；肝淤血肿大、被膜下出血（图 12-6-8）；肾脏肿大、质地变脆、变软、肿胀，被膜下有出血点（图 12-6-9）；胆囊肿大、充满墨绿色胆汁；脾稍肿；蛛网膜、大脑沟充血、出血。

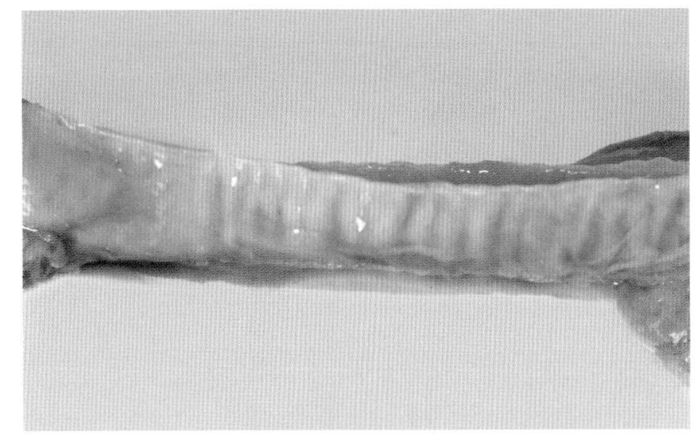

图 12-6-1　病羊上呼吸道卡他性炎症，有大量黏液（李学瑞　供图）

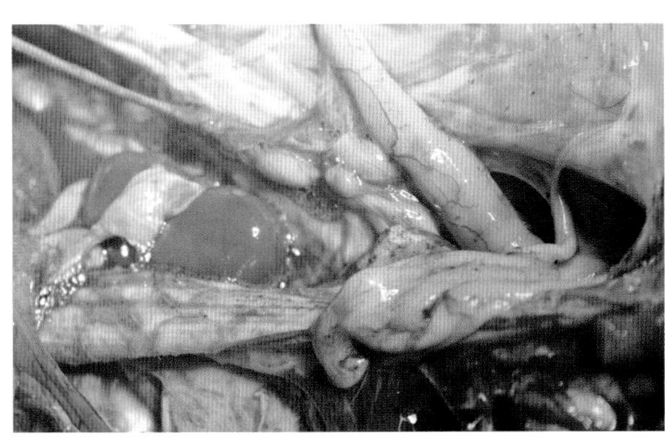

图 12-6-2　病羊各脏器浆膜面常覆有黏稠、丝状的纤维素样物质（李学瑞　供图）

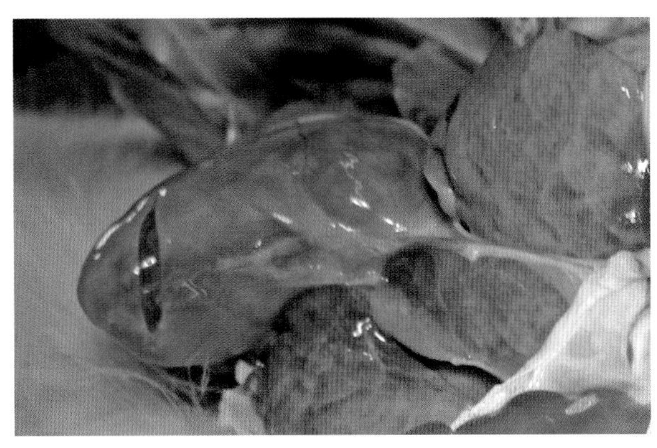

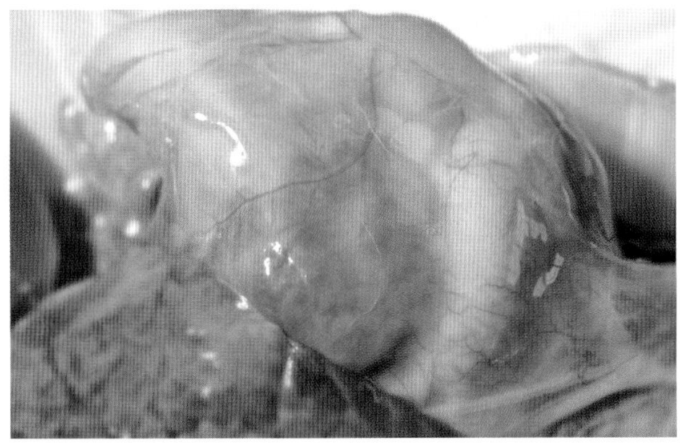

图 12-6-3　病羊心脏浆膜面常覆有黏稠、丝状的纤维素样物质，被膜增厚（李学瑞　供图）

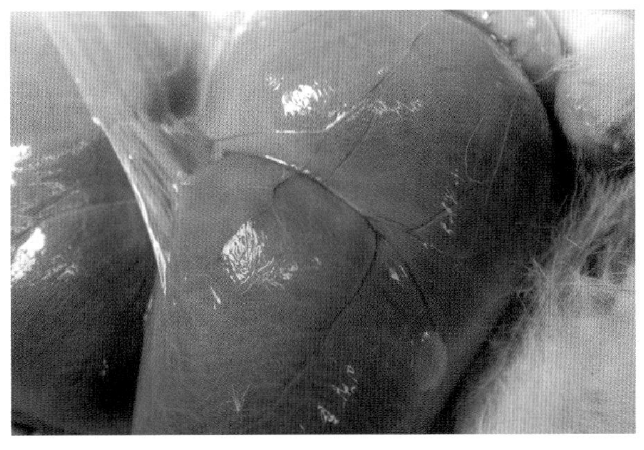

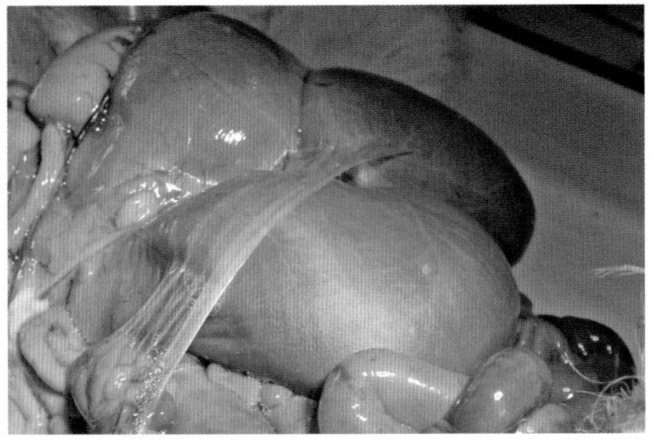

图 12-6-4　病羊瘤胃浆膜面常覆有黏稠、丝状的纤维素样物质（李学瑞　供图）

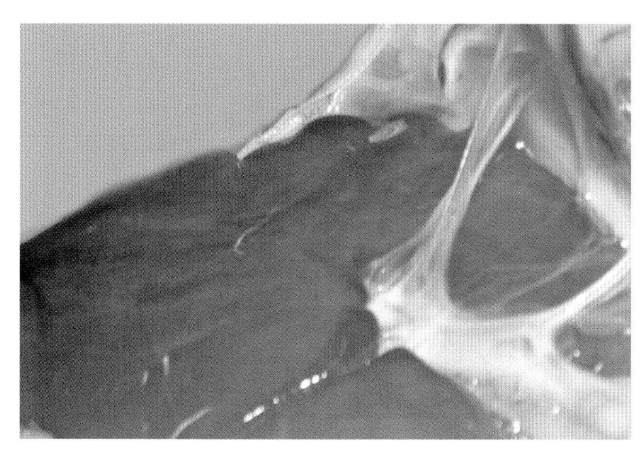

图 12-6-5　病羊肝脏浆膜面常覆有黏稠、丝状的纤维素样物质（李学瑞　供图）

图 12-6-6　病羊肺脏肝变，呈大叶性肺炎，颜色由红色至灰色不等（李学瑞　供图）

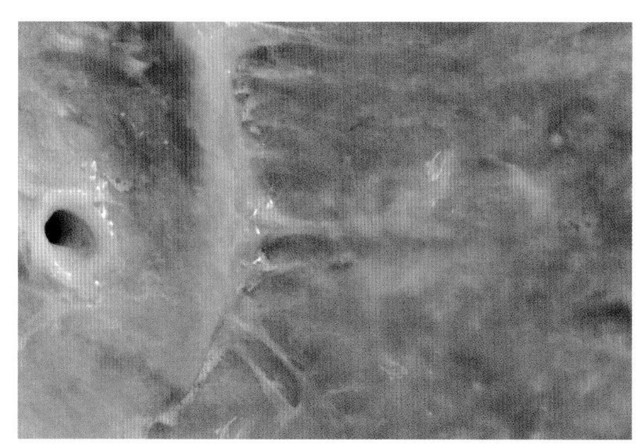

图 12-6-7　病羊肺切面呈大理石样（李学瑞　供图）

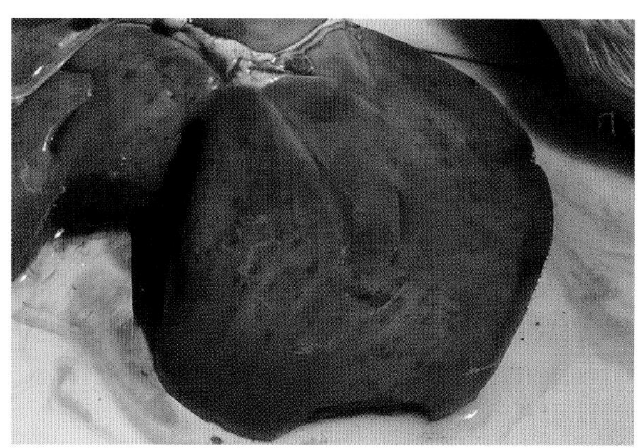

图 12-6-8　病羊肝淤血肿大、被膜下出血（李学瑞　供图）

四、诊断

1. 抹片镜检

无菌取新鲜病死羊只的肝脏、脾脏等病料涂片，自然干燥，革兰氏染色，吉姆萨染色，显微镜下观察，可见革兰氏染色阳性、有荚膜、大多数呈双球状排列、极少数单个或有 3 ～ 5 个相连的球菌，吉姆萨染色下可见蓝紫色或淡蓝色菌体，形态多样。

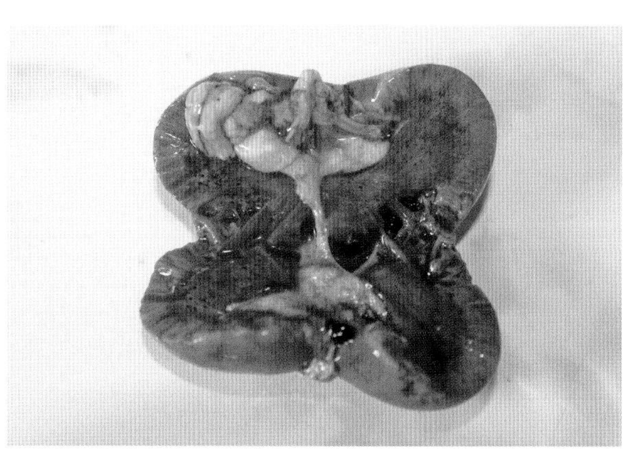

图 12-6-9　病羊肾脏肿大、质地变脆、变软、肿胀，被膜下有出血点（李学瑞　供图）

2. 分离培养

无菌取新鲜病死羊只的肝脏、脾脏等病料接种于血液琼脂培养基，37℃恒温培养箱培养，24 h 后可见灰白色、半透明或不透明、表面光滑、有乳光的细小菌落，染色镜检可见革兰氏阳性球菌，多数呈双球状排列。3 ～ 6 d 可见有细小、半透明、微黄色菌落，中间突起呈“煎蛋状”，吉姆萨染色镜检可见蓝紫色或淡蓝色菌体，形态多样。

根据临床症状、病理变化及实验室诊断，可初步诊断为羊传染性胸膜肺炎和链球菌混合感染。

五、类症鉴别

1. 山羊传染性胸膜肺炎和羊链球菌病的类比

类似处：最急性病例 24 h 内突然死亡。病羊体温升高，呼吸急促而困难，眼睑肿胀，眼、鼻流分泌物，流涎，咳嗽。怀孕母羊多发生流产、出现乳房炎等症状。

不同处：山羊传染性胸膜肺炎的病原为羊肺炎支原体；病羊流浆液性带血鼻液，流泡沫状唾液；肺部叩诊呈浊音，听诊时肺泡呼吸音减弱，严重者肺泡呼吸音消失、减弱或呈捻发音，触压胸壁敏感、疼痛；剖检可见胸腔浆液性或纤维素性胸膜肺炎症状，各脏器呈灰色、白色或黄灰色样变；胸腔积液严重，长时间暴露于外界空气中则形成纤维蛋白凝块；切开病变的肺脏组织可见切面呈典型的大理石样病变。

羊链球菌病病原为 C 群链球菌；病羊鼻孔流出浆液性鼻涕，后转化为脓性分泌物，经常挂满鼻孔的两侧；咽部，下颌淋巴结肿大，有的舌肿大；病羊濒死前会出现角弓反张等神经症状；剖检可见全身性的败血变化，各器官组织广泛性出血，脏器淋巴结肿大、出血、化脓、坏死；肺常有大叶性肺炎变化，表现为水肿、气肿和出血变化；肾肿大、变性，脆弱质软，有贫血性梗死区，被膜不易剥离。

2. 羊巴氏杆菌病

类似处：病羊精神沉郁，体温升高，咳嗽，呼吸困难；鼻流黏性分泌物；眼有分泌物；粪便有时带血。剖检可见病羊胸腔内有大量黄色渗出液，肺脏流出血色泡沫样液体，肝脏淤血，肾脏、胆囊水肿。羊巴氏杆菌病病程长的病羊剖检可见纤维素性胸膜炎，与山羊传染性胸膜肺炎极其相似，肺脏切面均呈大理石状，肺间质水肿变宽；脾脏无明显变化。

不同处：病原为多杀性巴氏杆菌和溶血性巴氏杆菌。最急性型多见于哺乳羔羊，突然发病，数分钟至数小时内死亡，呈散发。病程稍长的病羊可视黏膜潮红；皮下有液体浸润和小点状出血；初期便秘，后期腹泻，胃肠出血性炎症，有时粪便全部变为血水（混合感染便秘与腹泻交替出现）；颈部和胸下部发生水肿（混合感染头颈部淋巴结肿大、出血、坏死）。剖检可见心包液混浊，混有绒毛样物质，心肌外膜上粘连绒毛样物；肝脏质脆，偶见黄豆至胡桃大的化脓灶。取肝脏、心脏、淋巴结、脾脏、肠系膜或体腔渗出物等涂片镜检，可见大量的革兰氏阴性两端钝圆的杆菌。

3. 羊肺线虫病

类似处：病羊咳嗽，呼吸促迫、困难，鼻流分泌物。

不同处：羊肺线虫病为寄生虫性传染病，病原主要为丝状网尾线虫，经消化道传播（混合感染主要通过呼吸道和接触性传播）；多发于夏、秋较温暖的季节（季节和气候等因素对混合感染的易感性无影响）；病羊呼吸音粗重，如“拉风箱”声音（混合感染短咳，弱而无力，低沉）；病初为干咳，后为湿咳（混合感染为干咳）；夜间咳嗽增多（混合感染于早晨冷空气时咳嗽增多）；病羊常打喷嚏，贫血，头、胸及四肢水肿。剖检可见病羊肺部膨胀不全、肺气肿，肺表面有肉样、坚硬的小结节，颜色发白，突出于肺的表面，肺底部有透明的大斑块，形状不整齐，周围充血（混合感染的肺脏为纤维素性切面大理石样）。在粪便、唾液或鼻腔分泌物中发现第一期肺线虫幼虫，气管、支气管及细支气管内发现数量不等的大、小肺线虫即可确诊。

4. 羊鼻蝇蛆病

类似处：病羊流鼻液，呼吸困难，眼睑肿胀，流泪。

不同处：病原为羊鼻蝇的幼虫。羊鼻蝇蛆病病羊打喷嚏，甩鼻，磨鼻，摇头，不表现咳嗽症状（混合感染发生干性咳嗽）；无腹泻便秘出现；没有怀孕母羊流产、乳房炎等症状；数月后病羊可能表现神经症状，运动失调，旋转运动，头弯向一侧或发生麻痹（混合感染无明显的神经症状）；发病早期用药液喷射鼻腔，可见有死亡的羊鼻蝇幼虫排出。剖检病死羊可见鼻腔黏膜和额窦黏膜发炎和肿胀，可在鼻腔、鼻窦或额窦内发现各期幼虫。

5. 羊快疫

类似处：常有羊只突然发病，未见临床症状就突然死亡。病羊呼吸困难，停止采食，流涎，眼结膜充血，磨牙、尖叫，四肢呈游泳状，甚至角弓反张。胸、腹腔及心包积液；肝脏、胆囊肿大。

不同处：病原为腐败梭菌。病羊腹痛、腹部膨胀，口鼻流出泡沫状的液体（混合感染鼻流清液，以后转为黏液、脓性）；粪便中带有炎性黏膜或产物，呈黑绿色（混合感染排软便，有时带血）。剖检可见尸体迅速腐败，腐臭味大；真胃有出血性炎症变化，胃底部及幽门附近的黏膜，常有大小不等的出血点、出血斑或弥漫性出血；肠道内容物充满气泡；胸、腹腔及心包积液与空气接触后凝固；肝脏肿大，有脂变，呈土黄色。

六、防治措施

1. 预防

（1）加强饲养管理。做好四季补饲，注意防寒保暖，严禁到疫区放牧，搞好圈内卫生，定期消毒，消灭蚊蝇等吸血昆虫。严禁饲喂发酵变质、霉变的饲料。必要时，可在饲料中加入维生素、防霉剂和微量元素，饮水中加入多维电解质。发现病羊后应立即隔离治疗或无害化处理，划定疫区，禁止动物进出，对疫区进行彻底消毒。

（2）严格引种。避免从疫区引种，引入前需检测相关疫病为阴性方可引种，防止外引新羊带入病原；在引入羊之后，须根据要求为羊接种山羊传染性胸膜肺炎疫苗和羊链球菌疫苗，且在引入羊群之前隔离观察 30 d 以上，在确认无疫病之后才能够将其混入羊群进行饲养。

（3）彻底消毒。及时清扫羊舍运动场地，圈舍内垫料、剩余饲草彻底清除焚烧，粪便集中堆积发酵处理，活动场地、过道、厩舍、用具用 3%烧碱或 0.25%三氯异氰脲酸钠消毒，病死羊进行无害化处理。

（4）免疫接种。使用山羊传染性胸膜肺炎疫苗和羊链球菌疫苗定期进行免疫接种；发生疫病区域应对健康羊只实行紧急接种。常规接种前后 7 ～ 10 d 不要注射抗生素类药物，以免影响免疫效果。

2. 治疗

处方 1：泰乐菌素、氟苯尼考注射液联合用药。上午使用泰乐菌素 50 万 IU，用地塞米松 10 mL 稀释，按每千克体重 1 万 IU 注射，发热明显的加安痛定 5 ～ 10 mL；下午用氟苯尼考注射液按每千克体重 0.2 mL 注射，连续 3 d。

处方 2：重症病例用 25% 葡萄糖液 50 ～ 100 mL，维生素 C 2 ～ 4 g，安钠咖 0.5 ～ 2 g 混合，静脉注射，每日 2 次，连用 3 d。

第七节　传染性胸膜肺炎继发大肠杆菌感染

羊传染性胸膜肺炎（CCPP）是由山羊支原体山羊肺炎亚种（Mccp）引起的一种高度接触性传染病，大肠杆菌病是由致病性大肠杆菌引起羊的一种急性、败血性传染病。羊患传染性胸膜肺炎时可继发大肠杆菌感染。

一、病原

病原主要为山羊支原体山羊肺炎亚种和大肠杆菌。

二、临床症状

急性病例病羊可发现少食和呼吸浅表，体温升高至 41℃，常来不及治疗，于当日发病，当日死亡。

慢性病例病羊精神沉郁，消瘦，食欲减退或废绝。病初体温 41℃左右，咳嗽，有鼻液，口腔内有泡沫状稀薄黏液；腹泻，粪中有时混有血液，有的发生严重腹泻，粪便呈水样；不爱运动，喜卧，驱赶后常出现咳嗽、呼吸困难、头颈伸直、腰背拱起、眼睑浮肿等症状。2 ～ 3 d 咳嗽加重，鼻液变为黏液性、浆液性，并呈铁锈红色或红棕色，黏附在鼻孔周围和上唇，形成污垢块。按压胸部时病羊表现敏感、疼痛，听诊肺部出现支气管呼吸音和喘鸣音，病羊腹泻，渐进性消瘦，后期卧地不起，直至死亡。

三、病理变化

剖检具有典型症状的羔羊，打开胸腔后可见大量淡黄色胸腔积液，并有腐臭味（图 12–7–1）。病变主要表现在胸腔：肺肿大，色泽不均，部分发生肝变、肝变区与正常肺组织界线明显，病程较长者部分肺叶萎缩坏死（图 12–7–2），切面红白相间呈大理石样，小叶间质增宽，小叶之间界线明显；胸膜厚而粗，上有黄色纤维素样物附着，胸膜与心外膜、肺浆膜、横膈胸膜相互粘连（图 12–7–3）；支气管淋巴结和纵隔淋巴结肿大、出血，切面多汁，主支气管有纤维素性渗出物；心包有大量淡黄色液体，暴露空气后形成纤维蛋白凝块。心包有纤维素渗出，冠状脂肪有出血点，心肌软化；胃内容物酸化呈粥状；个别有明显的肠炎症状，肠内容物稀薄，肠臌气，肠黏膜出血且肠系膜淋巴结明显肿大（图 12–7–4）。

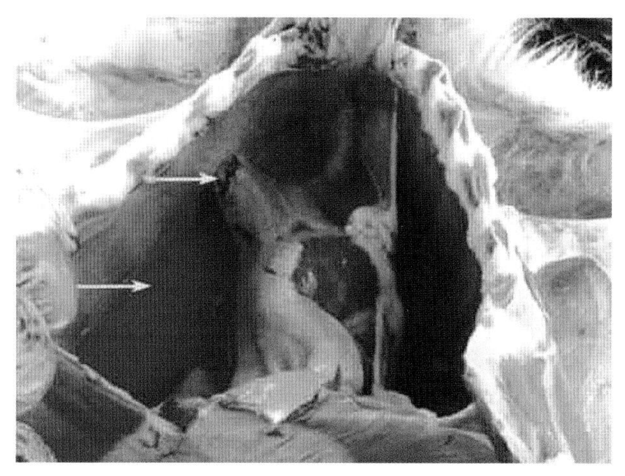
图 12-7-1　病羊胸腔积液，病变肺与胸膜粘连（李学瑞　供图）

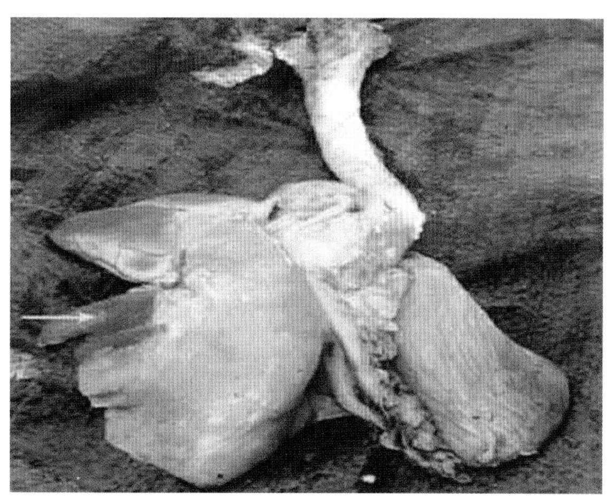
图 12-7-2　病羊肺尖叶肝变，界线明显，表面有点状坏死灶（李学瑞　供图）

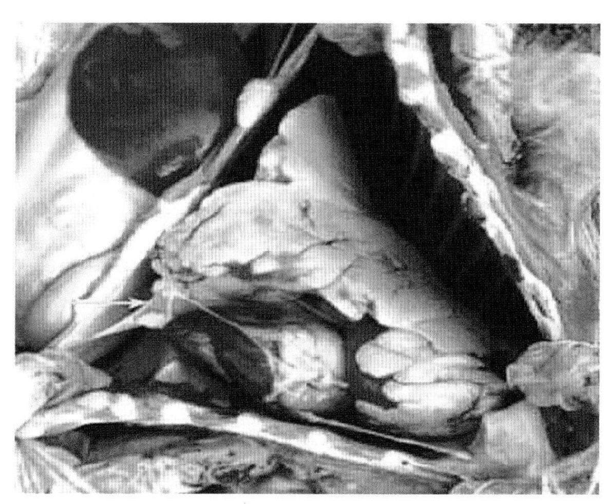
图 12-7-3　病羊肺胸膜、心包膜、横膈膜互相粘连（李学瑞　供图）

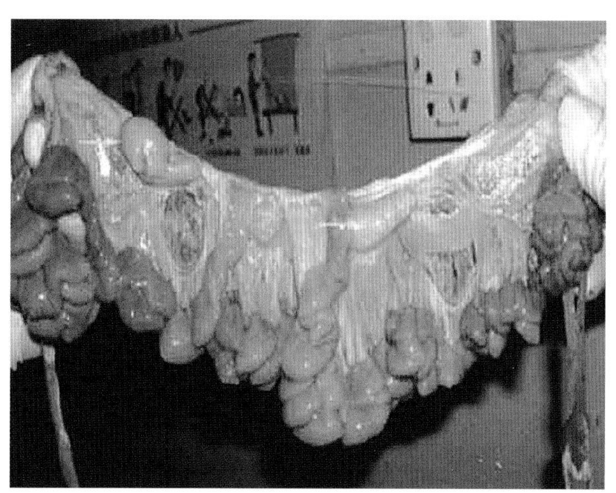
图 12-7-4　病羊肠黏膜潮红，肠系膜淋巴结肿大（李学瑞　供图）

四、诊断

1. 细菌学检查

（1）细菌的分离鉴定。参见羊大肠杆菌病章节。

（2）动物试验。参见羊大肠杆菌病章节。

2. 支原体检查

参见羊传染性胸膜肺炎章节。

五、类症鉴别

1. 羊巴氏杆菌病

相似点：病羊均表现体温升高，精神沉郁，咳嗽，呼吸困难，鼻流带血黏性分泌物，水样腹泻，有时候带血。剖检可见病羊胸腔内有黄色渗出物，肺脏流出血色泡沫样液体。最急性型病例发病后很快死亡。

不同点：巴氏杆菌病羊群中有病羊突然发病，数分钟至数小时内死亡。病程稍长的病例可见患羊可视黏膜潮红；初期便秘，后期腹泻，有时粪便全部变为血水；颈部和胸下部发生水肿。剖检可见肠系膜淋巴结有不同程度的充血、出血、水肿，胃肠出血性炎症；心包液混浊，混有绒毛样物质，心肌外膜上粘连绒毛样物。

2. 羔羊痢疾

相似点：病羊均表现腹泻，粪便含血液、黏液，粪便污染后躯。剖检可见腹泻病羊胃肠黏膜充血、出血、水肿，胃内有乳凝块，肠内有血液，肠系膜淋巴结肿胀。

不同点：羔羊痢疾病羊腹痛剧烈，无头往后仰、粪便含气泡、关节肿大等症状。剖检可见小肠黏膜有直径为 1 ～ 2 mm 大小的溃疡，溃疡周围有一出血带环绕；肺有充血区域或淤血斑；无胸、腹腔和心包大量积液，肿大的关节，滑液混浊，内含纤维性脓性絮片，内脏器官表面有出血点症状。

3. 羊沙门氏菌病

相似点：病羊均表现体温升高，精神委顿，食欲减退，下痢，污染其后躯和腿部，病羔脱水。剖检可见肠系膜淋巴结肿大、充血。

不同点：沙门氏菌侵害孕羊会致其流产或产死胎。病羔羊初期下痢为黑色并混有大量泥糊样粪便，喜食污秽物，后期下痢呈喷射状；剖检可见真胃和肠道内空虚，胆囊肿大，胆汁充盈。

4. 羊肺线虫病

相似点：病羊均表现咳嗽，呼吸促迫、困难，鼻流分泌物。

不同点：肺线虫病病羊呼吸声粗重，如“拉风箱”声音；常咳出黏液团块，镜检可见虫卵和幼虫；病羊常打喷嚏，贫血，头、胸及四肢水肿。剖检可见病羊肺部膨胀不全、肺气肿，表面隆起，呈灰白色，触之坚硬；支气管中有黏液性或脓性混有血丝的分泌团块；气管、支气管及细支气管内可发现数量不等的大、小肺线虫。

5. 羊鼻蝇蛆病

相似点：病羊均表现流鼻液，呼吸困难，眼睑肿胀，流泪。

不同点：鼻蝇蛆病病羊打喷嚏，甩鼻，磨鼻，摇头，不表现咳嗽症状；数月后病羊可能表现神经症状，运动失调，旋转运动，头弯向一侧或发生麻痹。没有怀孕母羊流产、乳房炎等症状。剖检病死羊，可见鼻腔黏膜和额窦黏膜发炎和肿胀，可在鼻腔、鼻窦或额窦内发现各期幼虫。

六、防治措施

1. 预防

（1）严格引种。避免从疫区引种，引入前须相关疫病检测为阴性方可引种，防止外部引进新羊带入病原；在引入羊之后，须根据要求为羊接种山羊传染性胸膜肺炎疫苗，且在引入羊群之前，必须将其隔离观察 45 d 以上，在确认无疫病之后才能够将其混入羊群进行饲养。

（2）加强饲养管理。对饲养管理条件进行改善，为羊只提供营养均衡的日粮；加强通风换气，坚持对圈舍进行清扫，保证圈舍始终保持干净；保持适宜的温度，秋冬注意保暖，夏季注意防暑降温。必要时，可在饲料中加入维生素、防霉剂和微量元素，饮水中加入多维电解质。

（3）预防接种。接种山羊传染性胸膜肺炎疫苗，接种时间最好选在春秋两季，为了提高安全性，可采用灭活的山羊传染性胸膜肺炎疫苗，其抗体保持周期较长，可持续 12 个月之久。

（4）严格消毒。加强羊舍环境卫生，及时对排泄物和羊舍的粪便等进行清理，同时，对这些排泄物和粪便进行集中焚烧或者密封发酵处理；定期进行日常消毒处理，避免外来病原的传入导致疾病。建议每周进行 1 次消毒，消毒剂应选择杀灭病毒效果显著的消毒剂，并且建议选择 2 ～ 3 种，进行轮流使用。

2. 治疗

（1）西药治疗。

处方 1：30% 氟苯尼考注射液，按每千克体重 10 ～ 20 mg，肌内注射，2 d 1 次，最多连用 3 次。

处方 2：泰乐菌素 50 万 IU，用地塞米松 10 mL 稀释，按每千克体重 1 万 IU 肌内注射，发热明显的加安痛定 5 ～ 10 mL，肌内注射。

处方 3：恩诺沙星注射液，按每千克体重 2.5 ～ 5 mg，2 d1 次，连用 5 d。

处方 4：交替口服土霉素、链霉素、磺胺类、呋喃类，连用 5 d 停 2 d（注射药物当天停止口服）。

处方 5：对不食、腹泻者可采取输液（5% 葡萄糖氯化钠注射液 + 抗生素 +ATP+ 辅酶 A）及饮服口服补盐，补充体液，防止脱水。

（2）中药治疗。用喘克星每代（1 000 g）伴料制成颗粒料，分早晚 2 次喂。主要治疗肺热咳喘，化痰止咳，消肿散结（主要成分：板蓝根、葶苈子、浙贝母、桔梗、甘草）。

第八节　山羊痘病毒和传染性胸膜肺炎病原混合感染

山羊痘病毒属的山羊痘病毒（GTPV）引起羊痘，临床症状以高热，皮肤、黏膜丘疹和疱疹为特征；山羊传染性胸膜肺炎（CCPP）病原为山羊支原体山羊肺炎亚种（Mccp），临床主要表现为高热、咳嗽、喘气及浆液性、纤维素渗出性肺炎和胸膜炎；2 种病原可混合感染。

一、病原

病原为山羊痘病毒（GTPV）和山羊支原体山羊肺炎亚种（Mccp）。

二、临床症状

病羊体温升高至 41 ～ 42℃，食欲下降或废绝、精神沉郁、结膜潮红、流泪。在口、鼻、眼眶、乳房、阴囊和股内侧等部位的皮肤出现红斑，形成丘疹，突出于皮肤表面，随后丘疹逐步扩大形成灰白色或淡红色坚实的痘斑（图 12-8-1），病情严重者的结节遍布全身，结节 3 ～ 5 d 形成水疱，后变成脓疱，破溃后形成褐色痂皮。病羊鼻腔流出黏附、脓性分泌物（图 12-8-2），严重者流铁锈色黏稠分泌物；眼睑肿胀，呼吸困难，咳嗽，多在患羊一侧呈现胸膜肺炎变化，听诊有支气管呼吸音和摩擦音，按压胸壁表现敏感疼痛，发病的怀孕母羊出现流产和死胎。

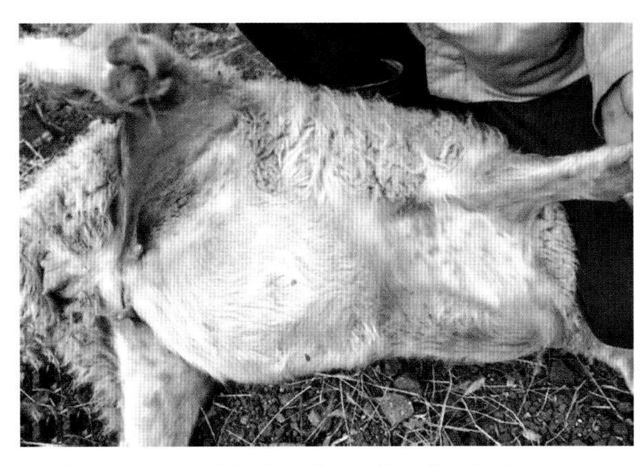

图 12-8-1　全身少毛部位的痘斑（曾巧英 供图）

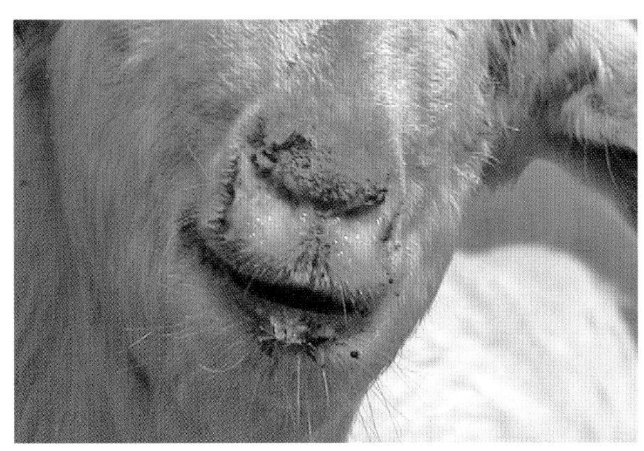

图 12-8-2　病羊鼻腔流出黏附、脓性分泌物（曾巧英 供图）

三、病理变化

病死羊主要在口腔周围、咽喉、气管出现痘疹病变；胸腔内积有数量不等的淡黄色液体，胸膜与肺脏、肋膜、心包膜发生粘连；肺脏呈纤维素性肺炎，肺心叶、尖叶和膈叶的尖端明显肝变，肺部色调不均、凹凸不平，有的肺部有坏死结节，切面呈大理石样病变；气管内充满白色泡沫状液体；心包积液，呈纤维性心包炎，心冠脂肪、心肌出血；全身淋巴结肿大、充血。

四、诊断

1. 羊痘的诊断

参见羊痘相关章节。

2. 支原体的实验室诊断

参见羊传染性胸膜肺炎相关章节。

五、类症鉴别

1. 羊口蹄疫

相似点：病羊均高热，口腔黏膜、乳房、乳头、鼻端、鼻孔等部位出现水疱和溃疡症状。

不同点：口蹄疫流涎；羊蹄部皮肤有水疱病变，而混合感染病羊在外生殖器、尾下面和腿内侧亦有病变；口蹄疫病羊舌面和硬腭有水疱，弥漫性口炎；口蹄疫剖检可见心包膜有弥散性及点状出血，心肌松软，心肌切面有灰白色或淡黄色条纹，称“虎斑心”，而混合感染心包膜互相粘连积水，心肌灰白色；口蹄疫肺脏没有变化，而混合感染的典型病变是肺脏切面呈大理石样，纤维素性，充血水肿，凹凸不平。

2. 羊传染性脓疱（羊口疮）

相似点：具有传染性，羔羊病死率高。病羊皮肤无毛或少毛部分，如眼周围、唇、鼻、脸颊、四肢和尾内面、阴唇、乳房、阴囊和包皮上，可见痘疹、疱疹，经过丘疹、水疱、脓疱、溃疡、结痂。

不同点：羊传染性脓疱病羊脓疱破溃后形成疣状硬性结痂，严重时痂皮融合，波及整个口唇、口腔黏膜、颜面部、眼睑等部位，形成烂斑或溃疡，更为严重者整个嘴唇齿牙处有肉芽桑葚样增生，剖检无明显特征性变化；而混合感染病羊剖检可见口腔、咽部、胃部、肺部、肝脏有痘疮、结节。

3. 羊巴氏杆菌病

相似点：病羊体温升高至 41 ～ 42℃，精神沉郁，咳嗽，呼吸困难，鼻流带血黏性分泌物，眼有分泌物；胸下部发生水肿。剖检可见病羊胸腔内有大量渗出液，肺脏流出血色泡沫样液体。羊巴氏杆菌病病程长的病羊剖检可见纤维素性胸膜炎，与山羊传染性胸膜肺炎极其相似，肺脏切面均呈大理石状，肺间质水肿变宽；脾脏无变化。

不同点：巴氏杆菌病羊群中有病羊突然发病，数分钟至数小时内死亡，散发，且混合感染发病率为 60% ～ 70%；巴氏杆菌病羊皮下有液体浸润和小点状出血；巴氏杆菌病羊初期便秘，后期腹泻，有时粪便全部变为血水，胃肠出血性炎症，而混合感染便秘与腹泻交替出现；巴氏杆菌病羊剖检可见肠系膜淋巴结有不同程度的充血、出血、水肿，而混合感染全身淋巴结肿胀出血；心包液混浊，混有绒毛样物质，心肌外膜上粘连绒毛样物，而混合感染心肌脂肪变性；巴氏杆菌病肝脏坏死灶和肾实质变性，而混合感染无特殊病理变化。

4. 羊肺线虫病

相似点：病羊咳嗽，呼吸促迫、困难，鼻流分泌物，咳嗽均逐渐频繁，伴有疼痛感，运动时咳嗽加剧。

不同点：羊肺线虫病为寄生虫性传染病，而混合感染为病毒和细菌混合传染病；肺线虫病经消化道传播，而混合感染主要经过呼吸道和接触性传播；羊肺线虫病感染季节主要在春夏秋较温暖的季节，而季节和气候等因素对混合感染的易感性无影响；羊肺线虫病病羊呼吸声粗重，如“拉风箱”声音，而混合感染短咳，弱而无力，低沉；羊肺线虫病初为干咳后为湿咳，而混合感染为干咳；羊肺线虫病夜间咳嗽增多，混合感染则在早晨冷空气时；病羊常打喷嚏，贫血，头、胸及四肢水肿。羊肺线虫病剖检可见病羊肺部膨胀不全、肺气肿，表面隆起，呈灰白色，触之坚硬，而混合感染肺脏纤维素性切面大理石样；羊肺线虫病支气管中有黏液性或脓性混有血丝的分泌团块；羊肺线虫病气管、支气管及细支气管内可发现数量不等的大、小肺线虫。

5. 羊鼻蝇蛆病

相似点：病羊流鼻液，呼吸困难，眼睑肿胀，流泪。

不同点：羊鼻蝇蛆病病羊打喷嚏，甩鼻，磨鼻，摇头，不表现咳嗽症状，而混合感染发生干性咳嗽；羊鼻蝇蛆病病羊数月后病羊可能表现神经症状，运动失调，旋转运动，头弯向一侧或发生麻痹，而混合感染无明显的神经症状；剖检病死羊可见鼻腔黏膜和额窦黏膜发炎和肿胀，可在鼻腔、鼻窦或额窦内发现各期幼虫；羊鼻蝇蛆病病羊无腹泻、便秘出现；没有怀孕母羊流产、乳房炎等症状。

六、防治措施

1. 预防

（1）加强饲养管理。做好四季补饲，注意防寒保暖，严禁到疫区放牧，搞好圈内卫生，定期消毒。必要时，可在饲料中加入维生素、防霉剂和微量元素，饮水中加入多维电解质。发现病羊后，应立即隔离治疗或无害化处理，划定疫区，禁止动物进出，对疫区进行彻底消毒。

（2）严格引种。避免从疫区引种，引入前需检测相关疫病为阴性方可引种，防止外来引进新羊带入病原；在引入羊之后，须根据要求为羊接种山羊传染性胸膜肺炎疫苗和羊痘疫苗，且在引入到羊群之前，必须将其隔离观察 30 d 以上，在确认无疫病之后，才能够将其混入羊群进行饲养。

（3）彻底消毒。及时清扫羊舍运动场地，圈舍内垫料、剩余饲草彻底清除焚烧，粪便集中堆积发酵处理，活动场地、过道、厩舍、用具用 3%烧碱或 0.25%三氯异氰脲酸钠消毒，病死羊进行无害化处理。

（4）免疫接种。科学制订免疫程序，并严格执行免疫程序，应用羊痘疫苗和传染性胸膜肺炎疫苗定期进行免疫接种；对发生疫病区域应采取健康羊只紧急接种，分别于尾根部皮内注射和颈部皮下注射。

2. 治疗

处方 1：体表的痘疹用碘甘油或龙胆紫涂擦，口腔病变用 0.1% 高锰酸钾洗涤后再涂碘甘油或龙胆紫。

处方 2：同时注射“支原净”（主要成分为泰妙菌素）和替米考星。一侧颈部肌内注射“支原净”，每次按每千克体重 10 mg，每日 2 次。另一侧颈部肌内注射 30% 替米考星，每次按每千克体重 0.2 mL 用药，每日 1 次。连用 4 d。

处方 3：重症病例用 25% 葡萄糖液 50 ～ 100 mL，维生素 C 2 ～ 4 g，安钠咖 0.5 ～ 2 g 混合进行静脉注射，每日 2 次，连用 3 d。

处方 4：发病羊用头孢噻呋、多西环素、维生素 B_{12} 和维生素 C 配制成 10% 葡萄糖盐水 200 mL 静脉注射，1 次 /d，连续注射 3 d。全场饲料用酒石酸泰乐菌素粉 10 g/50 kg 拌料，连续饲喂 7 d，控制胸膜肺炎感染。

第九节　传染性脓疱病毒与坏死杆菌混合感染

羊传染性脓疱病毒引起的传染性脓疱，又称为羊接触传染性脓疱性口炎、羊传染性脓疱皮炎、羊口疮、口癣等。坏死梭杆菌引起腐蹄病、坏死性皮炎、坏死性口炎（白喉）等多种病型的坏死杆菌病。二者可发生混合感染。

一、病原

病原为羊传染性脓疱病毒（CEV）亦称羊口疮病毒（ORFV）和坏死杆菌。

二、临床症状

患病羔羊唇部、口角、鼻镜或眼睑皮肤上，首先出现红色圆形斑点，经 1 ～ 2 d 形成丘疹并突出于皮肤表面（图 12-9-1）。随后丘疹逐渐扩大变为黄豆或蚕豆大的灰白色或淡红色隆起结节，有的融合成片，触感较硬，指压褪色。再稍后结节变为水疱，水疱的内容物为透明液体，持续时间较短，常难以察觉即转为脓疱。脓疱的内容物为脓性黄水，表面呈暗黄色且易破溃，持续时间较长（6 ～ 8 d）；再后脓疱表面形成一层坚硬的褐色痂皮，突出于皮肤表面呈结节状，呈“桑葚样”外观，强行剥离痂皮后留下易出血的浅粉红色乳头状真皮（图 12-9-2）。同时，病羊患部发痒，不断在建筑物、饲槽用具和树木上强行摩擦。极少数的成年病羊，除上述症状外，还可在外阴、蹄叉和母羊的乳房、乳头上出现水疱、脓疱与结痂，同时表现为跛行和拒绝羔羊吮乳（图 12-9-3、图 12-9-4）。

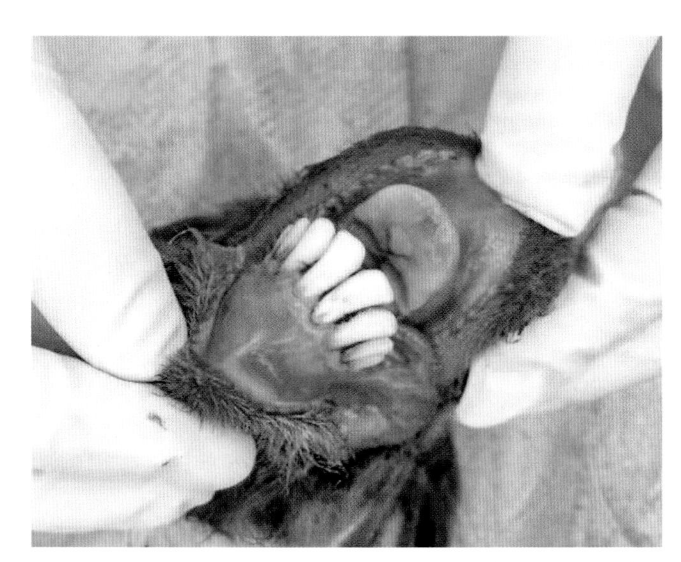

图 12-9-1　羊传染性脓疱性口炎早期症状（马利青　供图）

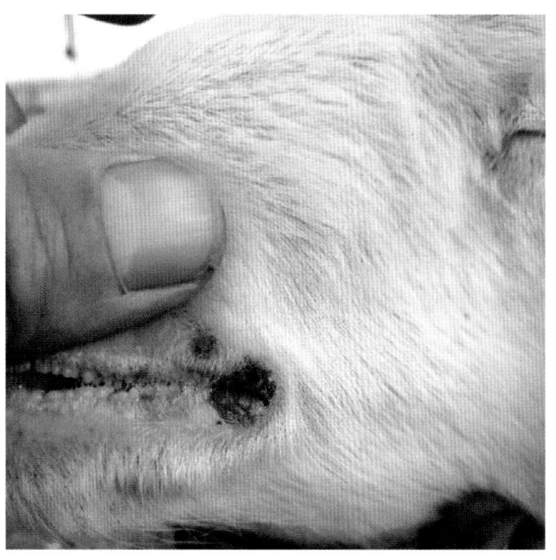

图 12-9-2　羊传染性脓疱性口炎（口疮性）（马利青　供图）

图 12-9-3　坏死杆菌引起的蹄甲发炎（马利青　供图）

图 12-9-4　坏死杆菌引起蹄部浓汁（马利青　供图）

严重者精神沉郁，体温升高，厌食，流涎，鼻漏，口臭或气喘。同时，有些病羊在口腔黏膜、舌、齿龈等处可见有水疱、脓疱或烂斑。有些病羊在口腔黏膜、齿龈、舌、上腭、颊等处可见有粗糙、污秽的灰褐色或灰白色伪膜，强力撕脱后露出易出血的不规则溃疡面，并且口腔红肿、温度升高。有些病羊下颌水肿，呕吐，不能吞咽及表现严重的呼吸困难。有些病羊掉牙和部分舌面脱落。有些则兼有以上 2 种或多种病型的症状。

三、病理变化

剖检病死羔羊可见尸体消瘦。肺脏水肿，肺上分布有灰白色或灰黄色大如豌豆的结节，圆而硬固，切面干燥；气管、支气管内有较多的血色样泡沫液体。肝脏肿大，土黄色，表面分布有黄白色、坚实的坏死灶或脓肿。有些病死羔羊瘤胃或真胃黏膜上有扁豆或黄豆大的乳白色圆形或半球形的坚实丘疹，切开后有白色脓样液。有些病死羔羊肾脏表面有许多小米粒或扁豆大的白色斑点。有些病死羔羊则兼有以上 2 种病型的病变。

四、诊断

1. 细菌学检查

（1）涂片镜检。无菌采集病羊肝、肺等坏死病灶，涂片，以酒精与醚的等量混合液固定 5 ～ 10 min，用石炭酸复红 – 亚甲蓝液染色 30 s。病菌着色不均，呈蓝色的长丝状，背景略带粉红色。可将病料接种于肝片肉汤、血清琼脂或血清葡萄糖琼脂平板上做厌氧分离培养。

（2）动物试验。将病料研磨后制备成 1 : 5 的组织悬液，分别皮下注射家兔 0.5 mL，小鼠 0.2 mL。接种部位局部坏死，经 8 ～ 12 d 死亡。在内脏可见转移性坏死灶。

2. 病毒学检查

采集病羊口唇部位痂皮，用分子生物学方法检测痂皮内病原，出现阳性结果即可确诊为羊传染性脓疱病毒感染。常用的分子生物学诊断方法有常规 PCR 方法、双重 PCR 方法、荧光定量 PCR 方法、环介导等温扩增快速检测方法等。这些方法具有敏感性高，特异性强，快速的特点，但由于需要精密仪器，因此常被广泛应用于实验室。

基层多应用血清学方法（如 ELISA 方法）检测病羊体内抗体以诊断。该方法主要是应用纯化的病毒作为抗原，利用抗原抗体反应，检测疑似 ORFV 感染动物的血清为一抗，用 HRP 标记的抗羊的抗体作为二抗，然后用 OPD 或者 TMB 显色，终止液终止显色反应，在酶标仪上观察结果。该方法已经用于检测疑似 ORFV 感染的骆驼、羔羊和人。

五、类症鉴别

1. 羊坏死杆菌病与羊传染性脓疱的鉴别

类似处：病羊口腔黏膜形成烂斑或溃疡；蹄部肿胀、溃疡、化脓、疼痛，患肢不敢负重，跛行或喜卧，重症者发生败血症而死亡。

不同处：羊坏死杆菌病病原为坏死梭杆菌，病羊主要表现为组织坏死，在舌、齿龈、上腭、颊、喉头等处黏膜红肿，上附有假膜，粗糙、污秽的灰褐色或灰白色。

羊传染性脓疱病原为羊传染性脓疱病毒，亦称羊口疮病毒，病羊口腔黏膜苍白，先于患处发生红斑，后发展为结节、脓疱，破溃后结成黄色或棕色的疣状硬性结痂，痂垢并相互融合，可波及整个口唇、口腔黏膜、颜面部、眼睑等部位，更为严重者整个嘴唇牙齿处有肉芽桑葚样增生向外突出，导致不能闭拢嘴部。

2. 羊口蹄疫

类似处：有传染性，体温升高，食欲减退，精神沉郁、跛行。病羊口腔、咽喉处黏膜、蹄部、乳房等部位有水疱、烂斑、溃疡。

不同处：羊口蹄疫病原为口蹄疫病毒，死亡率高。哺乳羊泌乳量显著减少，孕羊流产。在病变部位发生水疱，水疱破溃后，体温明显下降，症状逐渐好转，无疣状硬性结痂，无肉芽桑葚样增生。剖检可见病羊消化道黏膜有出血性炎症；心包膜有弥散性及点状出血，心肌松软，心肌切面有灰白色或淡黄色条纹，或者有不规则的斑点，称“虎斑心”；严重病例可在气管、前胃黏膜上发生圆形烂斑和溃疡，上盖黑棕色痂块。

3. 羊蓝舌病

类似处：有传染性。病羊体温升高，精神沉郁，厌食，流涎。口腔和唇、齿龈、颊、舌黏膜糜烂。蹄部疼痛敏感，溃烂跛行，甚至卧地不动。剖检可见肺脏水肿。

不同处：病原为蓝舌病病毒，有明显季节性，一般发生于5—10月，发病率较低。病羊口、唇、面部、耳部水肿，甚至蔓延至颈部和腹部，患病部位不出现水疱、脓疱，无疣状硬性结痂，无肉芽桑葚样增生。口腔黏膜、舌黏膜充血后发绀，呈青紫颜色。鼻流炎性、黏性分泌物，鼻孔周围有结痂。剖检可见舌齿龈硬腭颊部黏膜出现水肿，舌发绀，似蓝舌头；肺部充血严重，肺泡和肺间质水肿严重；骨骼肌变性和坏死非常严重，肌间浸润有清亮的液体，呈现胶样外观。

4. 羊痘

类似处：有传染性，羔羊病死率高。病羊精神沉郁，体温升高，食欲不振，甚至食欲废绝。病羊皮肤无毛或少毛部分，如眼周围、唇、鼻、脸颊、四肢和尾内面、阴唇、乳房、阴囊和包皮上，发生痘疹，经过丘疹、水疱、脓疱，最后结痂。剖检可见肺部有结节，肾脏表面有灰白色斑点（结节）。

不同处：绵羊痘和山羊痘分别由绵羊痘病毒和山羊痘病毒引起。全身反应严重，后期往往引起孕山羊流产。病羊的痘疹结节呈圆形突出于皮肤表面，界线明显，在几天之内变成水疱，中央常常下陷成脐状，内有清亮黄色的液体。脓疱不破溃即结痂，不形成疣状硬结痂，无桑葚样增生。剖检可见前胃或皱胃的黏膜上有大小不等的圆形或半圆形坚实的结节。咽喉、气管、支气管等呼吸系统器官表面有大小不等的痘斑。

六、防治措施

1. 预防

（1）加强饲养管理。搞好产羔母羊舍、育羔舍的卫生，养殖密度要适中。彻底清除棚圈内的草、毛等污物，使圈内保持清洁、干燥。同时加强羔羊的护理，防止皮肤、黏膜的损伤。母羊产羔前要对周围环境、圈舍及用具进行消毒。

（2）加强防疫工作。禁止从疫区引进新羊，在羊传染性脓疱病发病期引进新羊时必须隔离观察，经检验健康者才与其他羊混合饲养。该病常发地区，用羊传染性脓疱疫苗对 7 日龄以内的羔羊进行接种，可防止该病的发生。

（3）及时隔离、消毒。一旦发生疫情，迅速隔离病羊，在病羊污染的地方用 1% ～ 2% 火碱或福尔马林溶液严格消毒。对病羊要加强护理，给予柔软的饲料。

2. 治疗

处方 1：小心去除口腔内伪膜和口唇硬痂，用 0.1% ～ 0.2% $KMnO_4$ 溶液冲洗创面，然后涂上碘甘油，每日 1 ～ 2 次，连用 1 周。

处方 2：病毒唑 100 mg/mL、地塞米松 5 mg/mL，按 2∶1 混合肌内注射，每只羊 1.5 ～ 2 mL。同时，配合青霉素、链霉素注射，每日 2 次，连用 2 ～ 3 d。青霉素成年羊每次肌内注射 160 万 IU，羔羊 20 万 IU。

无法进食的病羊，可静脉注射 200 ～ 400 mL 10% 葡萄糖盐水。

第十节　传染性脓疱病毒与传染性角膜结膜炎病原混合感染

羊传染性脓疱由传染性脓疱病毒所致，而羊等反刍动物传染性角膜结膜炎可由支原体、衣原体等多种病原体所引起，两者可同时出现混合感染。

一、病原

病原为羊传染性脓疱病毒和引起羊传染性角膜炎的病原如结膜支原体、鹦鹉热衣原体、嗜血杆菌、立克次氏体、李氏杆菌等。

二、临床症状

病羊精神沉郁，不愿走动，食欲减退，呆立墙角，最初在唇、口角等皮肤上出现小而散在红斑（图 12-10-1、图 12-10-2），2 ～ 3 d 形成米粒大小的结节，继而成为水疱或脓疱（图 12-10-3、图 12-10-4），脓疱破溃后形成黄色或棕色的硬痂（图 12-10-5、图 12-10-6），牢固地附着在真皮层的红色乳头状增生物上，轻症病例，痂垢逐渐扩大、增厚、干燥，1 ～ 2 周内脱落而恢复正常；严重病例，患部继续发生丘疹、水疱、脓疱、疣状痂，并相互融合，可波及整个口唇周围及额面、眼睑和耳郭等部位，形成大面积具有皲裂、易出血的污秽痂垢，痂垢下面有肉芽组织增生，使整个口唇肿大外翻呈桑葚状，口腔舌部和上下腭黏膜都有大小不等的溃疡面（图 12-10-7、图 12-10-8），病变部位有红晕，严重影响采食。有的羔羊一眼或双眼患病，初期出现流泪、羞明、眼睑肿胀（图 12-10-9、图 12-10-10）；其后角膜凸起，周围充血、水肿（图 12-10-11），结膜和瞬膜红肿（图 12-10-12），或在角膜上发生白色或灰色小点。病情严重者，角膜增厚，发生溃疡，形成角膜翳或失明（图 12-10-13）。最后病羔羊因食欲减退，生长缓慢，逐渐消瘦，衰竭而死亡。

图 12-10-1　病羊唇口角散在红斑 A（刘永生　供图）

图 12-10-2　病羊唇口角散在红斑 B（刘永生　供图）

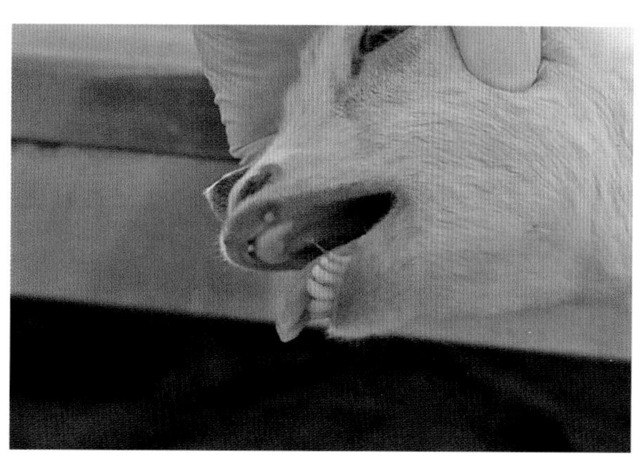

图 12-10-3　病羊唇口角形成水疱 A（刘永生　供图）

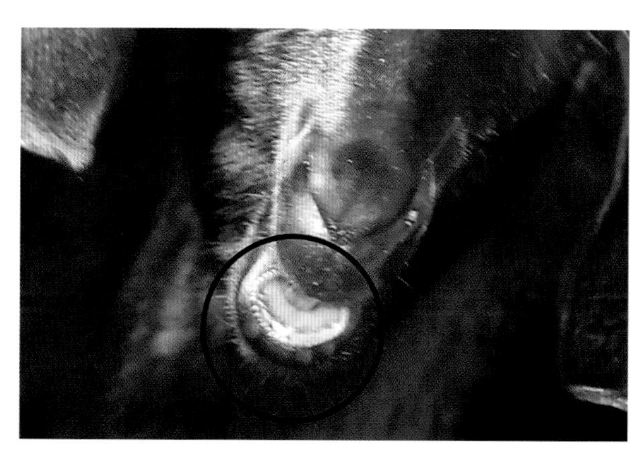

图 12-10-4　病羊唇口角形成水疱 B（刘永生　供图）

图 12-10-5　病羊唇口角水疱形成硬痂 A（刘永生　供图）

图 12-10-6　病羊唇口角水疱形成硬痂 B（刘永生　供图）

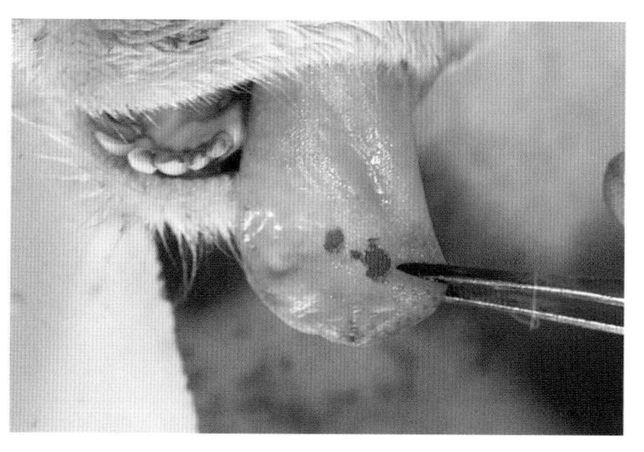

图 12-10-7　病羊舌溃疡（刘永生　供图）

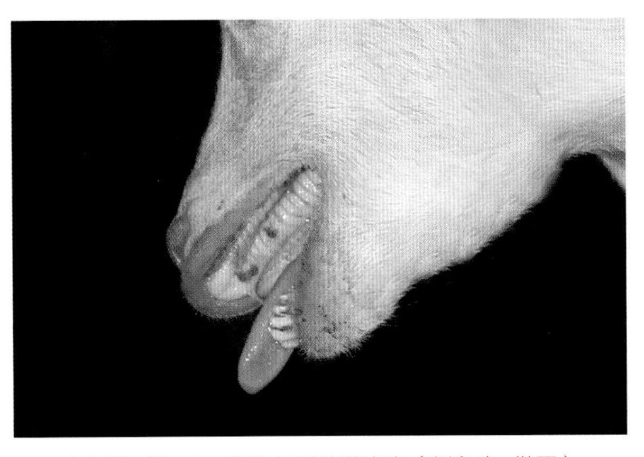

图 12-10-8　病羊上腭黏膜溃疡（刘永生　供图）

图 12-10-9　病羊流泪眼睑肿胀 A（刘永生　供图）

图 12-10-10　病羊流泪眼睑肿胀 B（刘永生　供图）

图 12-10-11　病羊后角膜凸起，充血水肿（刘永生　供图）

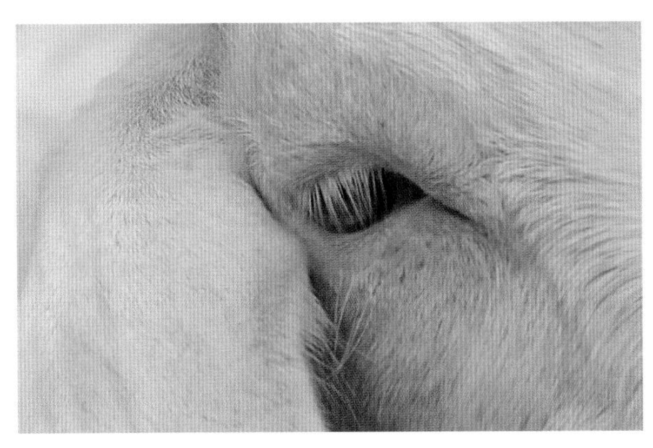

图 12-10-12　病羊结膜和瞬膜红肿（刘永生　供图）

图 12-10-13　病羊角膜发生溃疡形成角膜翳（刘永生　供图）

三、诊断

1. 涂片镜检

取眼部拭子涂片，革兰氏染色、吉姆萨染色，镜检，可见有革兰氏染色球形或球杆状、杆状、短丝状等多形性的菌体。

2. 病毒学检查

参见羊传染性脓疱相关章节。

根据临床症状和实验室检测可确诊为传染性脓疱并发传染性角膜结膜炎。

四、类症鉴别

1. 羊传染性无乳症

相似点：病羊结膜炎，怕光、流泪，随着病程的发展角膜有白色混浊、增厚形成角膜翳，溃疡，甚至角膜破裂，晶状体脱出；部分病羊跛行。

不同点：羊传染性无乳症多发生于母羊产羔后，而混合感染多发生春秋季节；羊传染性无乳症有乳房炎和关节炎症状，而混合感染则无乳房炎及关节炎同时发生。羊传染性无乳症同时发病，而混合感染则是多数病例起初一侧眼患病，后期双眼感染；泌乳母羊乳量减少，乳汁黏稠，有凝块；羊传染性无乳症乳房先肿大、热痛、有结节，后萎缩，泌乳停止，而混合感染只是母羊拒绝哺乳；羊传染性无乳症剖检可见脓性或纤维素性渗出物充满了整个关节腔内，骨关节面及关节囊壁内面充血，关节囊壁肥厚。

2. 羊衣原体病

相似点：羔羊多发，病羊结膜炎，单眼或双眼均可感染，眼结膜充血、水肿，流泪，角膜发生混浊、溃疡。

不同点：羊衣原体病发病无季节性，而混合感染多发生于春秋季节。妊娠母羊感染衣原体发生流产，常发生于妊娠中后期，母羊排浅黄色分泌物，流产、产死胎或分娩出弱羔而混合感染只是生长发育受阻，母羊拒绝哺乳；羊群中公羊患有睾丸炎、附睾炎。羔羊还发生关节炎，体温升高至41～42℃，跛行，肢关节有痛感，羔羊拱背或侧卧。剖检可见流产母羊胎膜水肿、增厚，子叶呈黑红色或土黄色。

3. 羊口蹄疫

相似点：有传染性，发病率高。病羊口腔、蹄部、乳房等部位有水疱、烂斑、溃疡。

不同点：羊口蹄疫死亡率高。哺乳羊泌乳量显著减少，孕羊流产，水疱破溃后，体温明显下降，症状逐渐好转（区别于 ORF 的疣状硬性结痂）。剖检可见病羊消化道黏膜有出血性炎症，心包膜有弥散性及点状出血，心肌松软，心肌切面有灰白色或淡黄色条纹，或者有不规则的斑点，称“虎斑心”。

4. 羊蓝舌病

相似点：有传染性。病羊口腔、鼻、唇、舌、蹄等部位出现糜烂，跛行。

不同点：有明显季节性，一般发生于 5—10 月，发病率低于羊传染性脓疱。病羊患病部位不出现水疱、脓疱、痂皮，口唇、舌不发绀，不呈青紫色。病羊口、唇、面部、耳部水肿，甚至蔓延至颈部和腹部。剖检可见肺泡和肺间质水肿严重，肺部充血严重；骨骼肌变性和坏死非常严重，肌间浸润有清亮的液体，呈现胶样外观。舌、齿龈、硬腭、颊部黏膜出现水肿。

5. 羊痘

相似点：有传染性，羔羊病死率高。病羊皮肤无毛或少毛部分，如眼周围、唇、鼻、脸颊、四肢和尾内面、阴唇、乳房、阴囊和包皮上，发生痘疹、疱疹，顺序经过丘疹、水疱、脓疱、溃疡、结痂。

不同点：羊痘病羊的脓疱不破溃即结痂，不形成疣状硬结痂，无桑葚样增生。剖检可见前胃或皱胃的黏膜上有大小不等的圆形或半圆形坚实的结节。咽和支气管黏膜上有痘疱，肺的表面多见干酪样结节。

五、防治措施

1. 预防

（1）加强饲养管理。平时要定期清扫和消毒羊圈，保持圈舍清洁、卫生和空气新鲜；冬春季节要做好防寒保暖和补饲工作，垫草和补饲时要拣出铁丝、竹签等芒刺物，防止刺伤羊只皮肤、黏膜。饲喂的草料要科学搭配，并合理补充矿物质，保证羊只营养全面，同时加喂适量食盐，以防羊只啃土、啃墙而引起口唇黏膜损伤。

（2）严格引种。引种要严格按照规定申报检疫，经动物卫生监督机构确认引种地为非封锁区或未发生相关动物疫情，引入羊只已免疫，并在有效保护期内，确认临床健康后，方可引种。引种后，应对种羊隔离观察 3 ～ 4 周，合格后，方可混群饲养。

（3）做好疫苗接种工作。在该病常发地区，每年用羊口疮弱毒疫苗进行免疫接种 1 次，可以较好地预防该病。

（4）严格消毒，做好无害化工作。对病羊污染过的圈舍、饲料、用具、场地用石灰水、消毒威等消毒药进行彻底消毒，杀灭病原微生物；对病死羊只作无害化处理，防止疫源扩散。

2. 治疗

对传染性脓疱病羊只以清洗口腔、消炎、收敛为治疗原则。

先用 0.5% 高锰酸钾液、1% 热盐水冲洗口腔，清除污物，再用阿昔洛韦软膏或碘甘油或 2% 龙胆紫涂擦创面，每日 1 ～ 2 次，或用 3% ～ 5% 的碘伏清洗患部，每日 2 次，同时注射病毒灵、抗生素、磺胺类药物，可以有效防止继发感染。

对传染性角膜炎用 2% ～ 4% 硼酸液洗眼，拭干后再用 3% ～ 5% 弱蛋白银溶液滴入结膜囊中，每日 2 ～ 3 次，也可以用 0.025% 硝酸银液滴眼，每日 2 次，或涂以青霉素、四环素软膏。如有角膜混浊或角膜翳时，可涂以 1% ～ 2% 黄降尿软膏，每日 1 ～ 2 次。可用 0.1% 新洁尔灭，或用 4% 硼酸水溶液逐头洗眼后，再滴以 5 000 IU/mL 普鲁卡因青霉素（用时摇匀），每日 2 次，重症病羊加滴醋酸可的松眼药水。

第十一节　腐败梭菌与李氏杆菌混合感染

腐败梭菌引起羊快疫，以突然发病，病程短促，真胃出血性、炎性损害为特征；单核细胞增生性李氏杆菌引起家畜和人的李氏杆菌病，以脑膜炎、败血症、流产为临床特征；二者可发生混合感染。

一、病原

病原为腐败梭菌和单核细胞增生性李氏杆菌。

二、临床症状

怀孕母羊发生流产。有的病羊不见异常突然死亡。有的离群独处，精神沉郁，吞咽困难，磨牙，流涎，流鼻液，体温表现不一，眼结膜潮红，角膜混浊，流泪，视力减退或消失；继而发生神经症状，步态不稳，横着行走，斜视，头颈弯向一侧，做圆圈运动或强直后仰，角弓反张；后期卧地不起，四肢呈游泳状，痉挛，昏迷而死。病程 3 ～ 5 d。

三、病理变化

病羊腹部膨胀（图 12-11-1），剖检可见皮下有出血性胶样浸润；胸、腹腔及心包积液，心包膜增厚，心肌松弛变软；胆囊肿胀；真胃黏膜充血、肿胀；肺有淤血斑；幽门和十二指肠有明显的出血斑和黏膜水肿；脾萎缩呈蓝紫色。出现神经症状的羊可见脑膜呈树枝状充血和水肿（图 12-11-2），脑干变软，有黄白色的小脓灶；脑脊液增多，混浊。

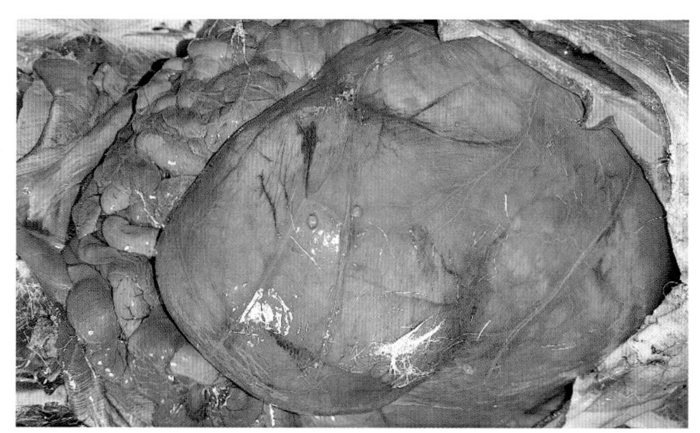

图 12-11-1 腐败梭菌引起腹腔的腐败、膨胀（马利青 供图）

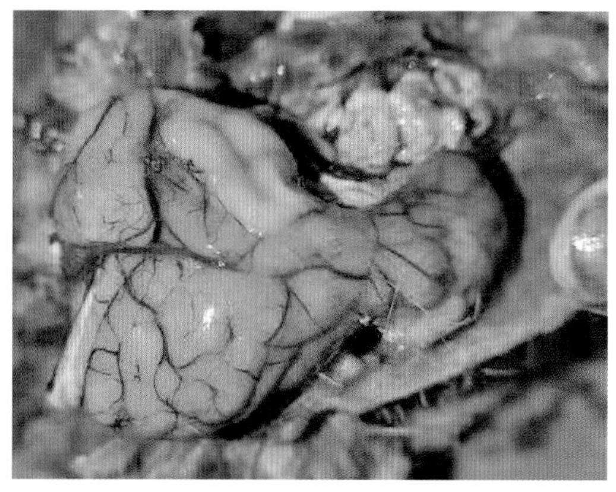

图 12-11-2 李氏杆菌病羊脑膜水肿（马利青 供图）

四、诊断

1. 涂片镜检

无菌取脑、心、肝、脾、肾病变组织及血液抹片，干燥，火焰固定，采用革兰氏染色，镜检发现，呈“V”字形排列或散在的革兰氏阳性小杆菌；在肝脏被膜触片上发现两端钝圆的粗大杆菌，有的革兰氏阳性小杆菌呈无关节长丝状；在脑组织触片上发现大量脓细胞。

2. 分离培养

无菌采集心、肝、脾病变组织，分别接种血琼脂平板、葡萄糖鲜血琼脂培养基、亚碲酸钾血琼脂培养基，分别在需氧和厌氧环境下培养。可见血琼脂平板有中等大小的扁平菌落，表面光滑、边缘整齐、半透明状，在透光检查时呈淡蓝色或浅灰色，作反射光线检查时呈乳白色，亚碲酸钾血琼脂培养基上有黑色菌落，有 β 溶血现象，涂片镜检见革兰氏阳性短杆菌；葡萄糖鲜血琼脂培养基有中间微隆起，边缘不规则的丝状突起，菌落形态呈心脏形或扁豆形、淡灰色、周围有 β 溶血环，涂片镜检见革兰氏阳性粗大杆菌。

根据临床症状、病理变化和实验室检查，可确诊为羊快疫和羊李氏杆菌混合感染。

五、类症鉴别

1. 羊炭疽病

相似点：两种病的最急性型病例突然发病，站立不稳、倒地，磨牙，呼吸困难，短时间内死亡，或常不见临床症状即死亡。病羊尸体腐败迅速，皮下组织胶样浸润。

不同点：炭疽病病羊体温升高到 40 ～ 42℃，恶寒战栗，心悸亢进，脉搏细弱，可视黏膜呈蓝紫色，死前体温下降，唾液及排泄物呈暗红色，肛门出血。剖检可见病羊血液呈暗红色，不易凝固，黏稠似煤焦油样。脾脏肿大 2 ～ 5 倍，脾髓呈黑红色，软化为泥状或糊状。全身淋巴结，特别是胶样浸润附近的淋巴结高度肿胀，呈黑红色，切面湿润呈褐色并有出血点。炭疽病的病原为炭疽芽孢杆菌。

2. 羊肠毒血症

相似点：两种病的最急性病例均突然发病，病羊痉挛倒地，四肢划动，短时间内死亡。个别病羊步态不稳，倒卧，流涎，排黑绿色粪便。剖检可见病羊迅速腐败，肝脏、胆囊肿大，胸、腹腔积液。

不同点：肠毒血症病羊濒死期有明显的血糖升高（从正常的 2.2 ～ 3.6 mmol/L 升高到 20 mmol/L），尿液中含糖量升高（从正常的 1%升高至 6%）。病羊不出现腹痛、腹部膨胀症状。剖检可见病羊肾表面充血肿大，质软如泥，稍加触压即碎，这一特征具有诊断意义；十二指肠、回肠黏膜炎性出血，严重的整个肠壁呈红色“血灌肠”，故亦称“血肠子病”；全身淋巴结充血、肿大，切面呈黑褐色。

3. 羊黑疫

相似点：两种病的最急性病例突然死亡，临床症状不明显。病程长的可见病羊放牧时离群或站立不动，食欲废绝，反刍采食停止，精神沉郁，呼吸急促，体温升高，流涎、磨牙、呼吸困难，常呈俯卧姿势昏睡而死。病羊幽门部黏膜充血、出血，体腔积液。

不同点：剖检羊黑疫病羊可见尸体皮下静脉显著淤血，使羊皮呈暗黑色外观，肝脏表面和深层有数目不等的凝固性坏死灶，呈灰黑不整圆形，周围有一鲜红色充血带围绕，坏死灶直径可达 2 ～ 3 cm，切面呈半月形。

4. 羊猝狙

相似点：病羊均表现精神委顿，停止采食，离群卧地，排软粪；中、后期病羊腹痛剧烈，呻吟磨牙，口吐白沫，侧卧，头向后仰，全身颤抖，四肢划动。出现症状数小时内死亡。

不同点：剖检羊猝狙病羊可见十二指肠和空肠黏膜严重充血、糜烂，有的区段可见大小不等的溃疡；胸腔、腹腔和心包大量积液，渗出的液体暴露于空气后可形成纤维素絮块。

5. 羊脑多头蚴病

相似点：病羊均表现流涎，孕羊流产症状，转圈运动，视力减退，角弓反张。

不同点：羊脑多头蚴病病羊根据多头蚴侵害部位的不同表现出不同症状，除转圈运动、视力减退、角弓反张外，还会出现运动失调，行走时患侧肢高举，提肢无力，后肢麻痹，膀胱括约肌麻痹，小便失禁等症状，不出现颜面神经、肌肉麻痹，大量流涎；剖检可见脑膜上有六钩蚴移行时留下的弯曲痕迹，可在脑部找到一个或更多囊体，与虫体接触的头骨骨质变薄、松软，甚至穿孔，在多头蚴寄生的部位脑组织萎缩。

6. 山羊关节炎－脑炎

相似点：病羊均做转圈运动，头弯向一侧，双目失明，吞咽困难，头颈痉挛，四肢划动做游泳状，角弓反张，倒地不起。

不同点：山羊关节炎－脑炎神经型发病早期表现跛行、后肢麻痹，随后四肢僵硬，无颜面神经、肌肉麻痹，大量流涎症状；剖检可见小脑和脊髓白质出现数毫米大、不对称性褐色—粉红色肿胀区。羊李氏杆菌病剖检可见脑膜和脑实质炎性水肿，脑脊液增加且稍混浊。

六、防治措施

1. 预防

（1）加强饲养管理。提高羊群的营养水平，补充富含维生素的饲料，给予清洁饮水，提高羊的抗病力。防止饲草、饲料发霉变质，舍饲期间，最好喂干草，不喂青草或湿草，注意不突然喂给大量苜蓿草或饼类等高蛋白质的饲料。及时清除粪便，保持栏舍干燥，污染的环境、用具用 20% 漂白粉或 5% 烧碱进行彻底消毒。

（2）免疫接种。入冬前应给羊群定期接种羊五联疫苗（羊快疫、羊猝狙、羊肠毒血症、羊黑疫、羔羊痢疾），无论羊只大小，每只一律皮下注射 5 mL，2 周后即产生免疫抗体，免疫期 5 个月以上。每年发病季节来临之际，及时使用羊链球菌氢氧化铝甲醛苗进行免疫接种。

（3）坚持自繁自养。通过自繁自养可以有效地防止因引种不慎而将疫病传入羊场的风险。如确需引进羊只，严格检疫，不从有病地区引入羊只，从外地引进的羊只，要调查其来源，引进后在隔离场所饲养 2 个月，健康羊才能混群饲养。

（4）加强消毒灭源工作。加强环境和羊舍的消毒，可选用 3% 来苏儿、10% 漂白粉、5% 石炭酸或 4% 苛性钠溶液进行彻底消毒。通过消毒能有效降低羊场环境和羊舍内病原微生物的危害，降低羊感染的风险。进出羊场的人员和车辆必须经消毒后方可进出，从而切断传播途径。同时加大灭鼠力度，夏秋季节应注意消灭蜱、蚤、蝇等体外寄生虫。

2. 治疗

处方 1：磺胺嘧啶注射液，肌内注射，每只羊注射 10 mL，每日 1 次，首次用量加倍。

处方 2：10% 安钠咖注射液 2 ～ 4 mL，维生素 C 注射液 0.5 ～ 1.0 g，地塞米松注射液 2.0 ～ 5.0 g，维生素 B_1 注射液 100 ～ 200 mg，苄青霉素钠 600 万～ 800 万 IU，5% 葡萄糖溶液 200 ～ 400 mL，混合，1 次静脉注射，1 次 /d，连用 5 d。

第十二节 腐败梭菌与C型产气荚膜梭菌混合感染

腐败梭菌引起羊快疫，C型产气荚膜梭菌引起羊猝狙。二者可混合感染。

一、病原

病原为腐败梭菌和C型产气荚膜梭菌。

二、临床症状

最急型：一般发生于疫病流行的前期，病畜突然停止采食，精神不振，四肢分开，弓腰，向上仰头，行走时后躯摇摆，喜伏卧，头颈向后弯曲，磨牙，不安，有腹痛表现。眼羞明流泪，结膜潮红，呼吸促迫。从口鼻流出泡沫，有时带有血色。随后呼吸愈加困难，痉挛倒地，四肢做游泳动作，迅速死亡。从出现症状到死亡通常为2～6 h。

急性型：多出现于疫病流行的后期。病羊食欲减退，步态不稳，排粪困难，有里急后重的表现。喜卧地，牙关紧闭，易惊厥。粪团变大，色黑而柔软，其中，夹杂有黏稠的炎症产物或脱落的黏膜，或排油黑色或深绿色的稀粪，有时带有血丝。有的排蛋清样稀粪，带有难闻的臭味。心跳加快，一般体温不升高，但临死前呼吸极度困难，体温可上升到40℃以上，维持时间不久即死亡。从出现症状到死亡通常为1 d左右，但也有少数病例延长到数天的。

三、病理变化

羊猝狙及快疫混合感染死亡的羊，营养多在中等以上，营养不良的占少数。尸体迅速腐败，死后不久，腹围迅速膨大，可见黏膜充血。血液凝固不良。在口鼻等处常见有白色泡沫或血色泡沫。消化道、肝及肾等器官的变化，多数病例症状明显，其他器官的变化则各有所不同。

胃肠的变化与病程的长短有关。最急性的病例在第四胃及十二肠处有较明显的变化，胃内充满食物，胃黏膜皱襞发生水肿，增厚数倍，黏膜上有紫红斑，十二指肠充血、出血。小肠前段的黏膜发生水肿、充血，后段也充血水肿，但程度较轻。黏膜面常附有糠皮样的坏死物，肠壁增厚。盲肠的变化不显著。结肠和直肠有条状的溃疡，并有条、点状的出血斑点。

肝的变化与病程长短、死后解剖的时间有关，呈水煮过的颜色，混浊、稍肿大或显著肿大、质脆，在肝的包膜下常见有大小不一的出血斑。切开后流出含气泡的血液，切面无光泽，肝小叶结构模糊，多呈土黄色，有出血。胆囊胀大，胆汁浓稠呈深绿色。

肾在病程短促或死后不久的病例，多无肉眼可见的变化。病程稍长或死后时间较久的，眼见“软肾”变化。软化严重的肾如嫩豆腐，触之即烂。已经开始软化的肾切面三层界线模糊不清。尚未软化的肾三层界线清楚，皮质有小出血点，有时中间层扩大。

四、诊断

羊快疫和羊猝狙病程迅速，生前诊断比较困难。如果羊突然发病死亡，死后又发现第四胃及十二指肠等处有急性炎症，肠内容物中有许多小气泡，肝肿胀而色淡，胸腔、腹腔、心包有积水等变化时，应怀疑可能是这一类疾病。确诊需进行微生物学和毒素检查。

羊快疫的病原腐败梭菌虽然可产生毒素，但直到目前，还没有直接从病羊体内检查出毒素的有效方法。它的微生物学诊断，是根据死亡羊只均有菌血症而检查心血和肝、脾等脏器中的病原菌。该菌在肝脏的检出率较其他脏器高。由肝脏被膜作触片染色镜检，除可发现两端钝圆、单在及呈短链的细菌之外，常常还有呈无关节的长丝状者。在其他脏器组织的涂片中，有时也可发现。但并非所有病例都能发现这种特征表现。必要时可进行细菌的分离培养和实验动物（小鼠或豚鼠）感染。据报道，荧光抗体技术可用于该病的快速诊断。

羊猝狙的诊断是从体腔渗出液、脾脏取材作 C 型产气荚膜梭菌的分离和鉴定，以及用小肠内容物的离心上清液静脉接种小鼠，检测有无毒素。

五、类症鉴别

1. 羊快疫和羊猝狙的类比

类似处：病羊精神委顿，停止采食，离群卧地，排软粪；中、后期病羊腹痛剧烈，呻吟磨牙，口吐白沫，侧卧，头向后仰，全身颤抖，四肢划动。出现症状数小时内死亡。

不同处：羊快疫病羊腹部臌胀，排粪困难，呼吸急促，眼结膜充血。粪便中带有炎性黏膜或产物，呈黑绿色。体温升高至 40℃以上时呼吸困难，不久后死亡。剖检可见病死羊尸体迅速腐败、腹部臌气，皮下组织胶样浸润；胃底部及幽门部黏膜有出血点、出血斑或弥漫性出血；肠道内容物充满气泡；胸、腹腔及心包积液与空气接触后易凝固，不形成纤维素絮块。肝脏肿大、有脂变，呈土黄色，胆囊多肿胀。

羊猝狙病羊剖检可见十二指肠和空肠黏膜严重充血、糜烂，有的区段可见大小不等的溃疡；胸腔、腹腔和心包大量积液，渗出的液体暴露于空气后可形成纤维素絮块。

2. 羊肠毒血症

类似处：最急性病例突然发病，病羊痉挛倒地，四肢划动，短时间内死亡。有的羊步态不稳，倒卧，流涎，排黑绿色粪便。剖检可见病羊迅速腐败；胸、腹腔积液；混合感染病程稍长或死后时间较久的病例与羊肠毒血症肾脏典型病变类似，肾脏眼见“软肾”变化，质软如泥，稍加触压即碎；十二指肠充血、出血；肝脏肿大质脆；胆囊肿大。

不同处：病羊濒死期有明显的血糖升高（从正常的 2.2 ～ 3.6 mmol/L 升高到 20 mmol/L），尿液中含糖量升高（从正常的 1% 升高至 6%）。病羊不出现腹痛、腹部臌胀症状。剖检可见胃肠黏膜炎性出血，严重的整个肠壁呈红色“血灌肠”（混合感染胃肠的变化与病程的长短有关，出血程度较轻）；全身淋巴结充血、肿大，切面呈黑褐色。

3. 羊黑疫

类似处：最急性病例突然死亡。病程长的可见病羊放牧时离群或站立不动，食欲废绝，反刍采食停止，精神沉郁，呼吸急促，流涎、磨牙、呼吸困难，常呈俯卧姿势昏睡而死。剖检可见病羊体腔积液；胃肠黏膜充血、出血。

不同处：羊黑疫冬季少见，多发于春夏季节，发病常与肝片吸虫的感染侵袭密切相关。体温升高（混合感染一般体温不升高，但临死前体温可上升到40℃以上）。剖检可见病羊皮下静脉显著淤血，使羊皮呈暗黑色外观；肝脏表面和深层有数目不等的凝固性坏死灶，呈灰黑不整圆形，周围有一鲜红色充血带围绕，坏死灶直径可达2～3 cm，切面呈半月形，肝脏的坏死变化具有重要诊断意义（混合感染肝的变化与病程长短、死后解剖的时间有关，呈水煮过的颜色，混浊、稍肿大或显著肿大、质脆，在肝的包膜下常见有大小不一的出血斑。切开后流出含气泡的血液，切面无光泽，肝小叶结构模糊，多呈土黄色，有出血）。

4. 羊炭疽病

类似处：最急性型病例突然发病，站立不稳、倒地，磨牙，呼吸困难，短时间内死亡，或常不见临床症状即死亡。病羊尸体腐败迅速，皮下组织胶样浸润；口鼻中流出暗红色带泡沫的血水；胃肠道有出血性变化；肝、肾充血肿胀，质软而脆弱。

不同处：病原为炭疽芽孢杆菌。病羊体温升高到40～42℃，恶寒战栗（混合感染一般体温不升高，但临死前体温可上升到40℃以上），心悸亢进，脉搏细弱，死前体温下降，唾液及排泄物呈暗红色，肛门出血。剖检可见病羊血液呈暗红色，不易凝固，黏稠似煤焦油样；黏膜呈蓝紫色（混合感染黏膜充血）；脾脏高度肿大2～5倍，脾髓呈黑红色，软化为泥状或糊状。全身淋巴结，特别是胶样浸润附近的淋巴结高度肿胀，呈黑红色，切面湿润呈褐色并有出血点。

六、防治措施

1. 预防

（1）免疫预防。疫区每年定期注射三联苗（羊快疫、羊猝狙、羊肠毒血症）或五联苗（羊快疫、羊猝狙、羊肠毒血症、羊黑疫、羔羊痢疾）。在羔羊经常发病的羊场，应对在产前怀孕母羊进行2次免疫，第1次在产前1～1.5个月，第2次在产前5～30 d，母羊获得的免疫抗体，可经由初乳授给羔羊。在发病季节，羔羊也应接种菌苗。

（2）加强饲养管理。防止受寒，避免羊只采食冰冻饲料或饲喂大量蛋白质，青贮饲料。避免清晨过早放牧，发病后立即更换牧场，圈舍应建于干燥处。羊舍饲期间，最好喂干草，不喂青草或湿草，注意不突然喂给大量苜蓿草或饼类等高蛋白质的饲料，消除发病诱因。适当补充维生素类添加剂和矿物质添加剂，要注意观察羊群，发现病羊及时隔离对症治疗。

2. 治疗

处方1：青霉素，肌内注射，每次80万～160万IU，每日2次。

处方2：磺胺嘧啶，灌服，按每次每千克体重5～6 g，连用3～4次。

处方3：磺胺脒，按每千克体重8～12 g，第1天1次灌服，第2天分2次灌服。

处方4：复方磺胺嘧啶钠注射液，肌内注射，按每次每千克体重0.015～0.02 g（以磺胺嘧啶计），每日 2 次。

处方 5：10% 安钠咖 10 mL 加入 500 ～ 1 000 mL 的 5% 葡萄糖中，静脉注射。

处方 6：可用含糖盐水 500 mL，5% 碳酸氢钠 200 ～ 300 mL，混合后静脉注射，每日 1 次。

处方 7：10%～ 20% 石灰乳，灌服，每只每次 50 ～ 100 mL，每日 1 ～ 2 次。

第十三节　链球菌与产气荚膜梭菌混合感染

羊链球菌引起以下颌淋巴结和咽喉肿胀，各脏器充血，大叶性肺炎，胆囊肿大为特征的羊链球菌病；C 型产气荚膜梭菌引起羊猝狙病，而 D 型产气荚膜梭菌引起羊肠毒血症；链球菌可和 C 型或 D 型产气荚膜梭菌发生混合感染。

一、病原

病原为 C 群链球菌和 C 型或 D 型产气荚膜梭菌。

二、临床症状

发病羊精神萎靡不振，食欲减退，反刍停止，病初体温 41℃以上；眼结膜充血、流泪，部分病羊眼流黏脓性分泌物（图 12-13-1）。鼻流浆液性、黏脓性鼻涕（图 12-13-2）；下颌淋巴结肿大（图 12-13-3），咽喉肿胀，咳嗽、呼吸迫促，口流泡沫样涎，心跳加快。粪便初期稀薄，有的混有黏膜或血液，后期干硬。有的怀孕母羊流产（图 12-13-4）。病程较长的羊只食欲废绝，卧地不起，因心力衰竭而死亡，病程 5 ～ 7 d。

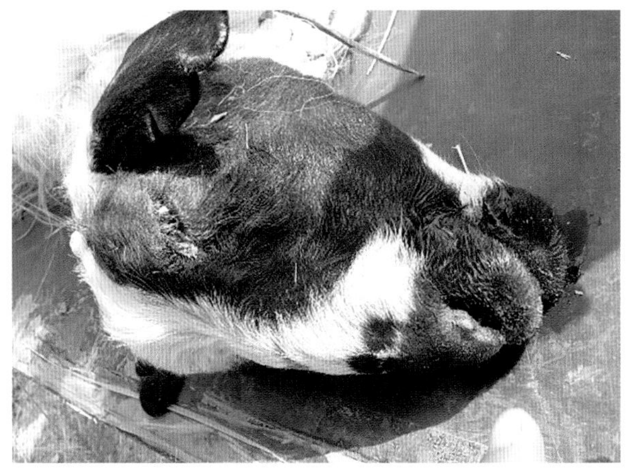

图 12-13-1　眼流黏脓性分泌物（马利青　供图）

图 12-13-2　体温升高，呼吸急促，鼻腔流脓性鼻涕（马利青　供图）

图 12-13-3　下颌淋巴结肿大（马利青　供图）

图 12-13-4　引起妊娠母羊流产（马利青　供图）

三、病理变化

剖检可见全身淋巴结充血、肿胀呈紫红色或黑紫色（图 12-13-5），切面多汁。突出的病变为各脏器广泛出血，咽喉、气管黏膜充血。肺部充血，出现肺水肿及气肿，肺叶有成片出血性紫色瘀斑（图 12-13-6）。胸、腹腔内有淡黄色积液，心包肿大、积液（图 12-13-7）。心脏冠状沟及心内膜、心外膜有小点出血（图 12-13-8）。肝脏稍肿大（图 12-13-9），质地松脆；胆囊肿大数倍，有的羊只胆囊极度萎缩甚至看不到胆囊。肠内充气膨胀（图 12-13-10），大网膜和肠系膜严重充血并有出血点。有的羊肾脏变软（图 12-13-11）；脾脏有小点出血（图 12-13-12）。第 3 胃内容物干如石灰石结块，胃肠黏膜有出血和溃疡。

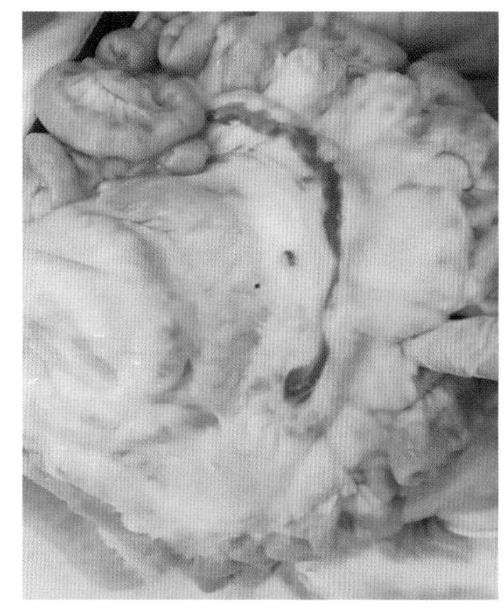

图 12-13-5　淋巴结肿大，呈条索状（马利青　供图）

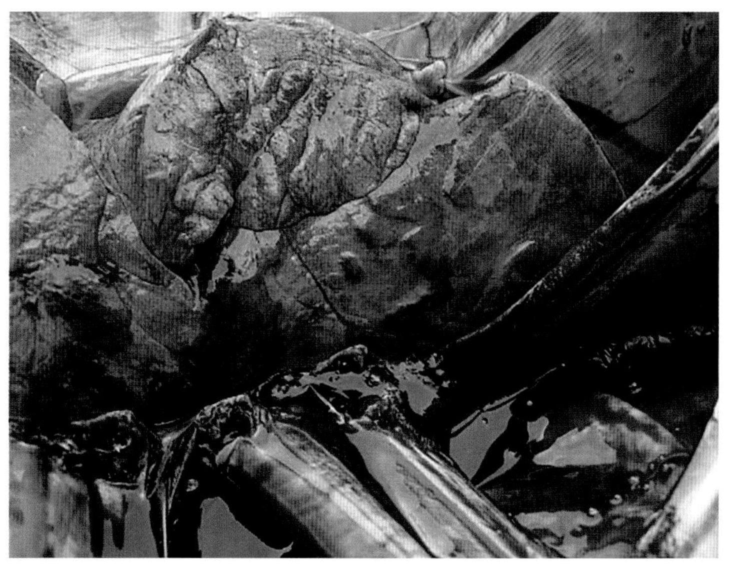

图 12-13-6　肺脏水肿，有出血斑块（马利青　供图）

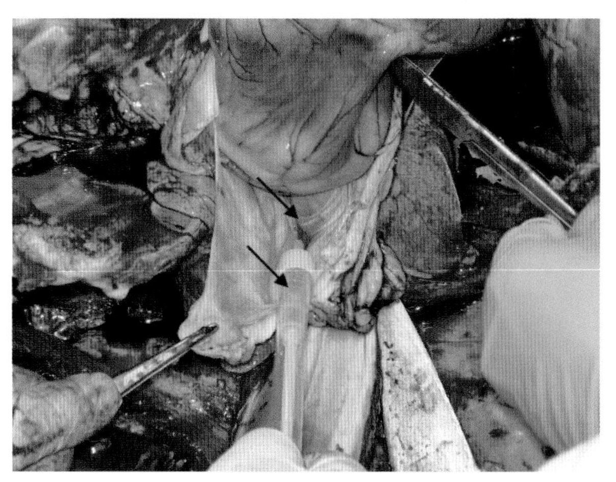
图 12-13-7　心包积液（马利青　供图）

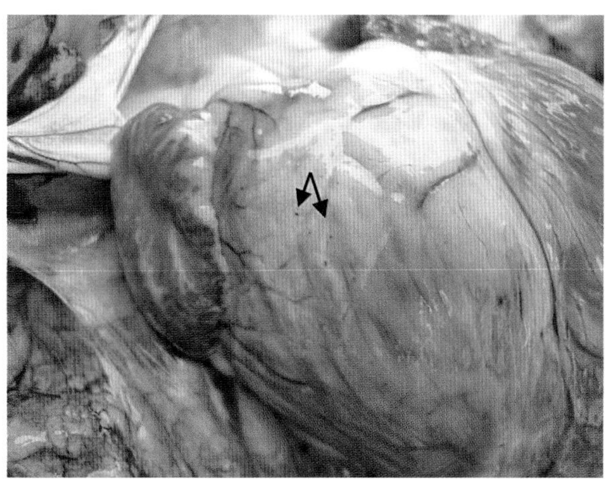
图 12-13-8　心脏上有点状出血（马利青　供图）

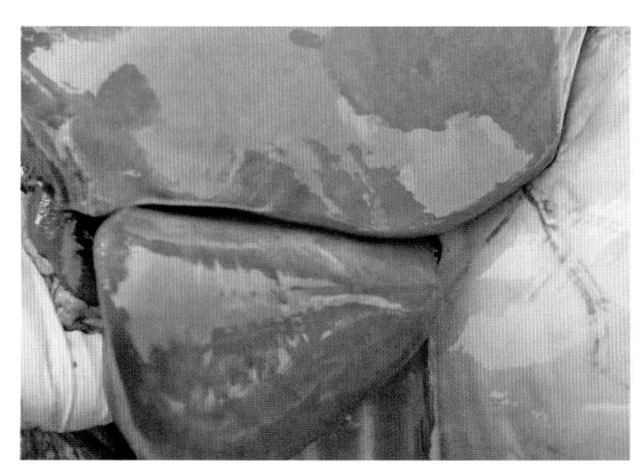
图 12-13-9　肝脏肿大，边缘钝圆（马利青　供图）

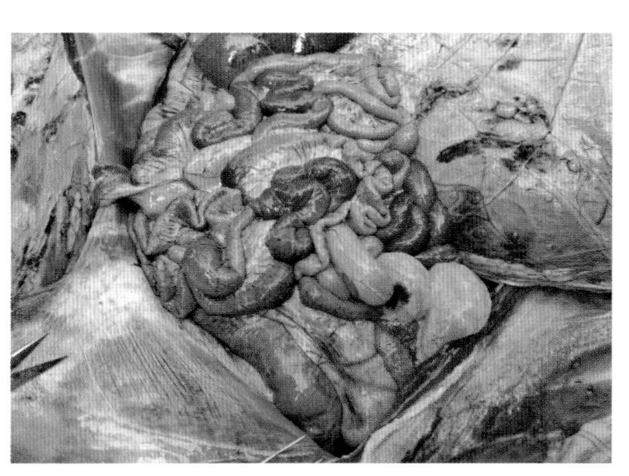
图 12-13-10　肠内臌气（马利青　供图）

图 12-13-11　肾脏肿大，质地松软（马利青　供图）

图 12-13-12　脾脏有小点出血（马利青　供图）

四、诊断

1. 直接涂片镜检

无菌取新鲜病死羊只的肝脏、脾脏等病料涂片，自然干燥，革兰氏染色，显微镜下观察，可见有革兰氏阳性粗大杆菌和革兰氏染色阳性、有荚膜、大多数呈双球状排列、极少数单个或有 3 ～ 5 个相连的球菌。

2. 细菌的分离培养

无菌条件下取新鲜病死羊只的肝脏、脾脏等病料接种于血液琼脂培养基，37℃恒温培养箱培养，24 h 后可见灰白色、半透明或不透明、表面光滑、有乳光的细小菌落，菌落周围有溶血现象，染色镜检可见革兰氏阳性球菌，多数呈双球状排列。

无菌取新鲜病死羊只的肝脏、脾脏等病料接种于葡萄糖血液琼脂中，37℃厌氧培养，可见葡萄糖血液琼脂上形成中央隆起或圆盘样大菌落，菌落表面有放射状条纹，边缘锯齿状、灰白色、半透明，外观似“勋章样”。染色镜检见革兰氏阳性粗大杆菌。

牛乳“暴烈发酵”试验：挑取葡萄糖血液琼脂上的典型菌落接种于牛乳培养基中（脱脂牛乳 100 mL 加 1% 灭菌亚甲蓝水溶液 2 mL），分装于试管中，用石蜡油封顶 115℃ 10 min 高压灭菌，37℃培养 10 h，培养基由紫变黄，乳被凝固，并产生大量气体，形成所谓“暴烈发酵”现象。

根据临床症状、病理变化和细菌的分离鉴定结果可确诊为链球菌和产气荚膜梭菌混合感染。

五、类症鉴别

1. 羊黑疫

类似处：病羊均表现精神沉郁，体温升高，食欲不振或废绝，离群，卧地。

不同处：羊黑疫冬季少见，多发于春夏季节，发病常与肝片吸虫的感染侵袭密切相关。病羊呼吸急促、困难，常呈俯卧姿势昏睡而死。剖检可见病羊皮下静脉显著淤血，使羊皮呈暗黑色外观；肝脏表面和深层有数目不等的凝固性坏死灶，呈灰黑不整圆形，周围有一鲜红色充血带围绕，坏死灶直径可达 2 ～ 3 cm，切面呈半月形，肝脏的坏死变化具有重要诊断意义。

2. 羊快疫

类似处：病羊精神委顿，体温升高，停止采食，离群卧地，眼结膜充血，排软粪等症状。剖检可见胃黏膜有出血。

不同处：羊快疫病羊腹部臌胀，排粪困难，呼吸急促。粪便中带有炎性黏膜或产物，呈黑绿色。体温升高至 40℃以上时呼吸困难，不久后死亡。剖检可见病死羊尸体迅速腐败、腹部臌气，皮下组织胶样浸润；胃底部及幽门部黏膜有出血点、出血斑或弥漫性出血；肠道内容物充满气泡；胸、腹腔及心包积液与空气接触后易凝固，不形成纤维素絮块。肝脏肿大、有脂变，呈土黄色，胆囊多肿胀。

3. 羊肠毒血症

类似处：病羊均表现精神委顿，停止采食，离群卧地，排软粪，有的羊发生腹泻。

不同处：肠毒血症病羊濒死期有明显的血糖升高（从正常的 2.2 ～ 3.6 mmol/L 升高到 20 mmol/L），

尿液中含糖量升高（从正常的1%升高至6%）。剖检可见病羊肾表面充血肿大，质软如泥，稍加触压即碎，这一特征具有诊断意义；十二指肠、回肠黏膜炎性出血，严重的整个肠壁呈红色“血灌肠”，故亦称“血肠子病”；全身淋巴结充血、肿大，切面呈黑褐色。

4. 羊巴氏杆菌病

类似处：病羊体温升高，咳嗽，呼吸困难，眼结膜潮红，眼、鼻有分泌物。剖检可见心包积液。

不同处：巴氏杆菌病病羊初期便秘，后期腹泻，有时粪便全部变为血水；颈部和胸下部发生水肿。剖检可见肺体积肿大，流出粉红色泡沫状液体；肝脏淤血质脆，偶见有黄豆至胡桃大的化脓灶；心包液混浊，混有绒毛样物质，心肌外膜上粘连绒毛样物。

六、防治措施

1. 预防

（1）加强饲养管理。加强放牧管理，改善草场条件。做好抓膘、保膘、贮备饲草料和羊舍棚圈的维修工作，提高抗御风雪严寒等自然灾害的袭击，以提高抗病能力。坚持自繁自养，防止外引新羊带入病原。提高羊群的营养水平，补充富含维生素的饲料，给予清洁饮水，提高羊的抗病力。防止饲草、饲料发霉变质，避免羊只采食冰冻饲料或饲喂大量蛋白质、青贮饲料。羊群放牧时，宜晚出早归，避免采食带露水青草，禁止在低洼积水地带放牧。

（2）及时隔离病羊。对发病羊只单独饲养和治疗，加强管护，增加饲草料营养，以增强羊只机体免疫力，提高预防和治疗效果。

（3）严格消毒。对发病羊群周围的环境采取紧急预防措施，水源、牧道用草木灰、生石灰等消毒；羊粪堆积发酵，羊圈内用3%来苏儿或1%甲醛消毒；彻底消除牧场遗留的尸骨、皮毛等污物并深埋或焚烧，封锁和限制染疫羊群流动，加强卫生防护，净化污染环境，防止疫情扩散。

（4）免疫预防。常发病区每年定期注射三联苗（羊快疫、羊猝狙、羊肠毒血症）或五联苗（羊快疫、羊猝狙、羊肠毒血症、羊黑疫、羔羊痢疾）。每年发病季节来临之际，及时使用羊链球菌氢氧化铝甲醛苗进行免疫接种。

2. 治疗

处方1：肌内注射青霉素400万IU/只，10%磺胺嘧啶钠30 mL/次，安痛定注射液10 mL/次，每日2次。

处方2：高热者每只用30%安乃近3 mL肌内注射；病情严重、食欲废绝的给予强心补液，5%葡萄糖盐水500 mL，安钠咖5 mL，维生素C 5 mL，地塞米松10 mL静脉滴注，连用3 d，每日2次。

第十四节　羔羊链球菌和大肠杆菌混合感染

链球菌引起羊链球菌病，该病为一种急性热性传染病，其临床特征为下颌淋巴结和咽喉肿胀，各脏器充血，大叶性肺炎，胆囊肿大；致病性大肠杆菌可引起羔羊大肠杆菌病，该病为一种急性、败血性传染病，死亡率高，在临床上主要表现为腹泻、脱水和酸中毒，进而衰竭导致死亡，部分病例表现败血症状。这 2 种病原可发生混合感染。

一、病原

病原为链球菌与大肠杆菌。

二、临床症状

急性病例多无临床症状，在夜间死于圈内，或采食时突然倒地，四肢挣扎几下而死亡。部分病羊精神高度沉郁，独处一隅，有的磨牙、空嚼，共济失调，尖叫，甚至出现角弓反张（图 12-14-1）等神经症状。流行后期出现关节肿胀、跛行等关节炎病例（图 12-14-2），病羊消瘦，最后因衰竭麻痹而死。病程 1 ～ 7 d 不等。

慢性病例病羊体温升高达 41℃，呈稽留热型，精神不振（图 12-14-3），食欲减少或不食，腹部凹陷，反刍停止，步态不稳，虚弱，甚至卧地不起；气喘，呼吸困难，结膜充血、流泪，咽喉、舌肿胀，下痢，腹痛，粪便含有气泡或带血（图 12-14-4）。

图 12-14-1　病羔羊共济失调，角弓反张（翟军军　供图）

图 12-14-2　病羔羊关节肿胀、跛行（翟军军　供图）

图 12-14-3　病羔羊精神不振（翟军军 供图）

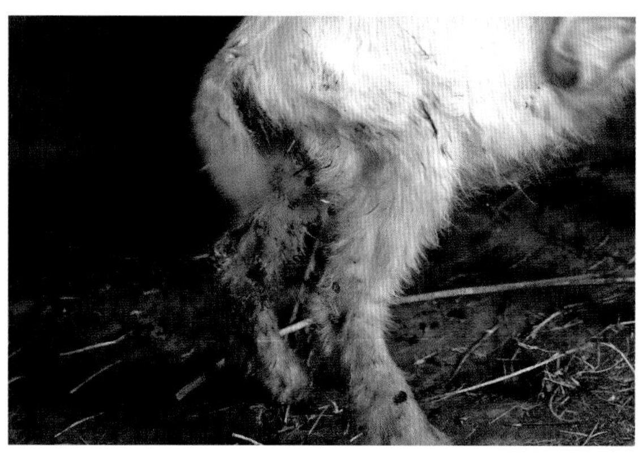
图 12-14-4　病羔羊粪便带血（翟军军 供图）

三、病理变化

剖检可见败血症症状明显，病羊肝脏肿大呈泥土色，包膜下有出血点（图 12-14-5），胆囊肿大（图 12-14-6）；心脏有出血点（图 12-14-7）；肺脏充血，可见散在点、片状出血（图 12-14-8），喉头气管黏膜有出血；肾脏质脆、变软、出血梗死；皱胃、小肠、大肠内容物稀薄，黏膜充血、肿胀，大网膜、肠系膜有出血点，肠系膜淋巴结肿胀、出血（图 12-14-9）。

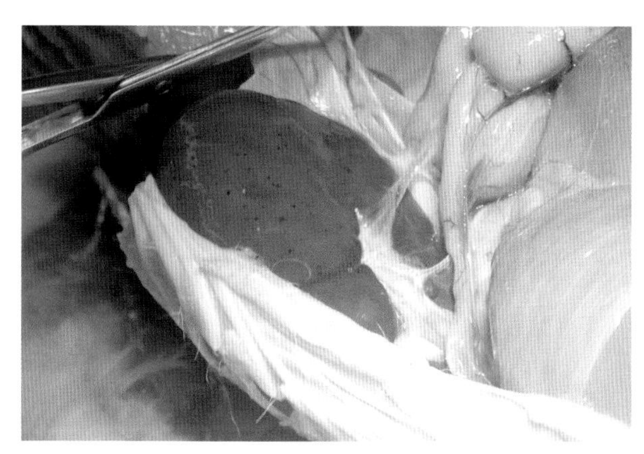
图 12-14-5　病羔肝脏肿大呈泥土色，包膜下有出血点（翟军军 供图）

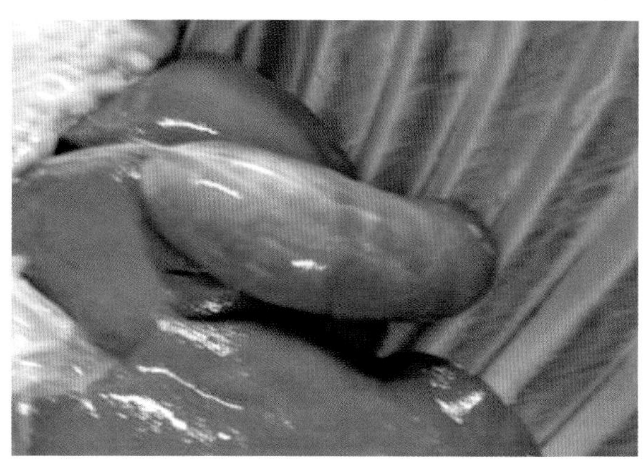
图 12-14-6　病羔胆囊肿大（翟军军 供图）

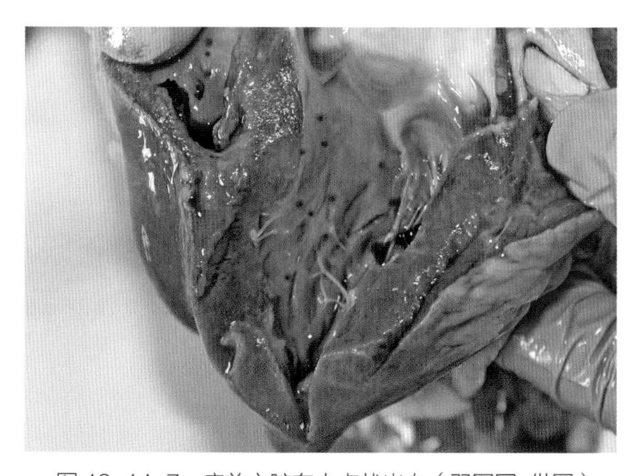
图 12-14-7　病羔心脏有小点状出血（翟军军 供图）

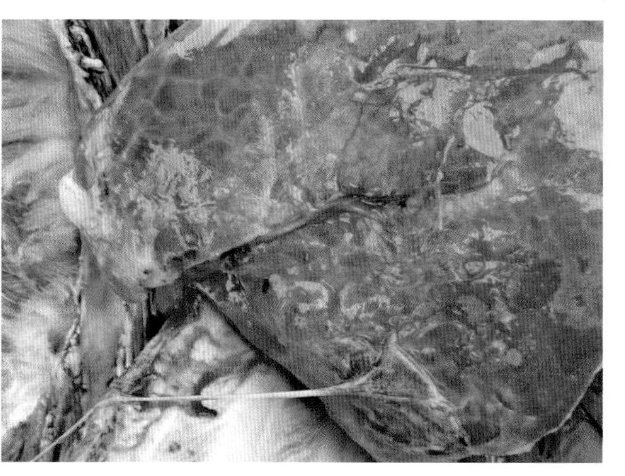
图 12-14-8　病羔肺脏充血，可见散在点、片状出血（翟军军 供图）

四、诊断

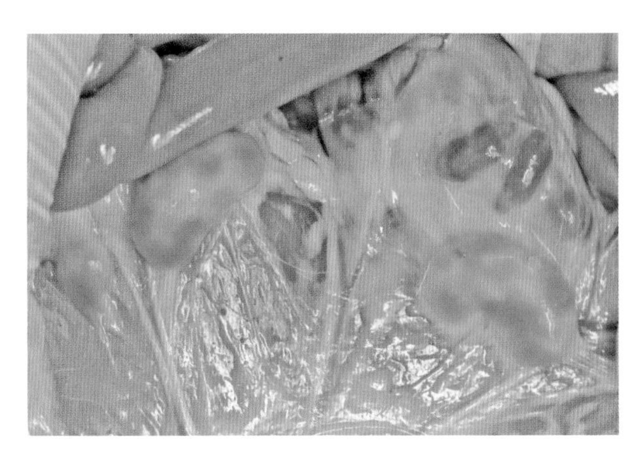
图 12-14-9　病羔羊肠系膜淋巴结肿胀、出血
（翟军军　供图）

1. 直接涂片镜检

无菌条件下取新鲜病死羊只的肝脏、脾脏等病料涂片，自然干燥，革兰氏染色，显微镜下观察，可见有革兰氏染色阳性、有荚膜、大多数呈双球状排列、极少数单个或有 3 ～ 5 个相连的球菌和革兰氏阴性小杆菌。

2. 细菌的分离培养

无菌条件下取新鲜病死羊只的肝脏、脾脏等病料接种于血液琼脂培养基、麦康凯培养基、伊红亚甲蓝琼脂培养基，在 37℃、有氧和无氧条件下分别培养。无氧环境下血液琼脂培养基有灰白色、溶血的小菌落生长，染色镜检可见革兰氏阳性球菌；有氧环境下可见灰白色、半透明或不透明、表面光滑、有乳光的细小菌落，菌落周围有溶血现象，染色镜检可见革兰氏阳性球菌，多数呈双球状排列。灰白色、湿润，大小为 1.5 ～ 2.0 mm 的圆形菌落，染色镜检可见革兰氏阴性小杆菌；麦康凯培养基上长出红色细菌，伊红亚甲蓝琼脂上产生黑色带金属闪光的菌落，染色均为革兰氏阴性小杆菌。

3. 生化试验

革兰氏阳性菌能发酵葡萄糖、蔗糖、乳糖、麦芽糖、水杨苷、海藻糖和菊糖产酸，不能发酵阿拉伯糖、甘露醇、山梨醇、甘油、松三糖和核糖。革兰氏阴性菌能发酵葡萄糖、乳糖、麦芽糖、甘露醇，产酸产气；吲哚试验阳性、甲基红试验阳性；伏 - 波试验、枸橼酸盐利用试验、硫化氢试验均阴性。

根据临床症状、病理变化和细菌学检查，可确诊为链球菌与大肠杆菌混合感染。

五、类症鉴别

1. 炭疽病

相似处：都具有热性传染性，均可通过消化道和呼吸道感染。病羔都有神经症状，都具有败血症的病理变化，都血液凝固不良，全身淋巴结肿大。

不同处：炭疽夏季多发，病程较急，而链球菌和大肠杆菌混合感染病多发于冬春寒冷季节，且呈地方流行。炭疽缺少大叶性肺炎症状和变化，混合感染典型的病理特征是肺脏呈浆液纤维素性胸膜肺炎。炭疽尸体迅速腐败而极度膨胀，天然孔流血呈酱油色，凝固不全，尸僵不全。炭疽患羊无咽喉炎、肺炎症状，唇、舌、面颊、眼睑及乳房处等部位无肿胀，眼鼻不流浆性、脓性分泌物，各脏器尤其是肺浆膜面无丝状黏稠的纤维素样物质。混合感染瓣胃干硬。炭疽沉淀试验，羊链球菌病应为阴性，而炭疽则为阳性。

2. 羊巴氏杆菌

相似处：都多发于羔羊；都经呼吸道和消化道传播感染；均腹泻；体温均升高至 41 ～ 42℃；

眼结膜均充血潮红，有黏液分泌物；胃肠道都具有出血性炎症。且都有纤维素性胸膜肺炎。绵羊易感性高于山羊。新疫区呈流行性，老疫区散发。最急性型病例常在短时间内死亡。急性型病例体温升高，精神沉郁，食欲减退；鼻腔流黏性分泌物，咳嗽，呼吸急促、困难；颈部、胸下部肿大；病程 2 ～ 5 d。慢性型病例消瘦，僵硬，病程 20 ～ 30 d。

不同处：羊巴氏杆菌潜伏期不清楚，而链球菌和大肠杆菌混合感染潜伏期为 2 ～ 7 d；巴氏杆菌初期便秘，后期腹泻。巴氏杆菌病在皮下有液体浸润出血（图 12-14-10）。混合感染与此病极为类似，通过实验室诊断，方可确诊。

3. 羊快疫

相同处：绵羊最为易感，心包均有大量积液；胆囊肿胀；肾脏变软；肝脏多呈泥土色。

不同处：羊快疫病程更快，特殊症状不明显。病死畜尸体腐烂更快，四肢张开，皮下带血，剖检可见，肝脏、心脏如煮熟状。肛门裂开，皮下有出血性胶样浸润。胸腔积有大量淡红色液体，消化道内产生大量气体，四胃和肠黏膜有出血性炎症。但羊快疫脾脏多正常，少数淤血，链球菌和大肠杆菌各脏器泛发性出血。

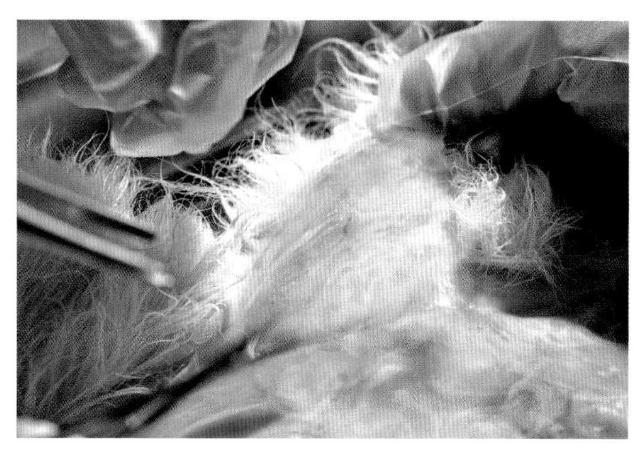

图 12-14-10　病羊皮下有液体浸润出血（翟军军　供图）

六、防治措施

1. 预防

（1）加强饲养管理。做好抓膘、保膘工作，要防风、防冻、防拥挤、防病源传入。羊舍的饲养密度要适宜，不能过于拥挤，通风性好，定期消灭体内外寄生虫。给予全价饲料，病羊、体弱羊适当提高饲料品质，在冬春季节饲喂优质牧草，提高机体免疫力，减少和防止该病的发生。

（2）定期清扫、消毒。做好圈舍及场地、用具的消毒工作。改善羊舍环境卫生，保持羊舍卫生清洁，定期消毒，及时清理圈舍内的杂物，以免损伤皮肤，减少感染机会。

（3）及时隔离、治疗。发生该病后，对病羊和可疑羊要分别隔离治疗，场地、器具等用 10% 的石灰乳或 3% 的来苏儿严格消毒，羊粪便及污物等堆积发酵，病死羊进行无害化处理。同群羊未发病的要及时注射油乳剂青霉素或抗羊链球菌血清，有良好的预防效果。

（4）免疫接种。入冬前，用链球菌氢氧化铝甲醛菌苗进行预防注射，羊不分大小，一律皮下注射 3 mL，3 月龄内羔羊 14 ～ 21 d 再免疫注射 1 次。

2. 治疗

处方 1：5% 葡萄糖生理盐水中加入青霉素 320 万 IU、链霉素 2 g，地塞米松 1 mL，静脉滴注，每日 2 次。同时灌服碳酸氢钠、磺胺嘧啶各 5 g，每日 2 次。

处方 2：硫氰酸红霉素注射液按每千克体重 2 mg，肌内注射，每日 2 次，连续应用 3 ～ 5 d。重症同时应用 10% 葡萄糖 100 mL，维生素 C 10 mL，静脉注射，恩诺沙星按每千克体重 2.5 mg，肌内注射。

第十五节　腐败梭菌和链球菌混合感染

腐败梭菌可引起羊快疫，C 群链球菌可引起羊链球菌病，二者可混合感染。

一、病原

病原为腐败梭菌和 C 群链球菌。

二、临床症状

最急性病例未见任何症状而突然死亡。急性病例病羊体温升高 41℃以上，精神沉郁；食欲减退，重症食欲废绝；流浆液性鼻涕，磨牙、尖叫，四肢呈游泳状，甚至角弓反张，呼吸急促，喘气，腹式呼吸，后期呼吸极度困难；心跳加快；不愿走动，强行运动时步态不稳，腹泻。

三、病理变化

剖检突然死亡病例可见病羊营养良好，尸僵不全，血液凝固不良呈暗红色；肝脏、肾脏混浊、肿胀呈紫红色，胆囊充盈，脾肿大，肺脏有大量坏死灶，胃黏膜脱落。

剖检急性病例可见肩前淋巴结肿大，肺水肿、气肿、出血，出现肉样变，浆膜面附着大量纤维素性渗出物，部分病肺与胸壁粘连，并出现化脓灶，胆囊肿大。

四、诊断

1. 涂片、染色及镜检

无菌采集病羊肝脏等病料，制作被膜触片，经亚甲蓝染色镜检，可见革兰氏染色阳性、两端钝圆粗大杆菌，呈无关节的长丝状菌体链；无菌采集病羊肺脏化脓灶，制作组织触片，经革兰氏染色镜检，可见革兰氏阳性，呈球形、短链状排列的链球菌。

2. 细菌的分离、培养及鉴定

以无菌操作从肝脏中分离出细菌，后接种到绵羊全血琼脂和肝片肉汤培养基中，厌氧培养 16 h后，琼脂表面菌落呈灰白色，扁平，边缘不整齐，有微溶血区。肉汤培养基均匀混浊，产生气体并有腐败的气味。将培养物涂片、染色及镜检，可见革兰氏阳性，两端钝圆、粗大的杆菌。以无菌操作从肺脏中分离出细菌，后接种到鲜血琼脂平板和肝片肉汤培养基中，培养 16 h 后，在血琼脂平板上形成灰白色、透明、湿润，黏稠的露珠样菌落，有明显的 β 溶血环。肉汤培养基均匀混浊，继而肉汤上部澄清无菌膜，管底有少许沉淀。将培养物涂片、染色及镜检，可见革兰氏阳性，圆形、呈短链排列的球菌。

根据以上流行病学调查，结合临床症状、病理变化及实验室诊断，可以确诊为腐败梭菌和链球菌引起的混合感染。

五、类症鉴别

1. 羊腐败梭菌病和链球菌病的鉴别

相似点：两种病的病羊均突然发病，未见临床症状就突然死亡。病羊呼吸困难，体温升高，鼻流分泌物，停止采食，流涎，眼结膜充血，磨牙、尖叫，四肢呈游泳状，甚至角弓反张。

不同点：腐败梭菌病羊表现腹痛、腹部膨胀，口鼻流出泡沫状的液体；粪便中带有炎性黏膜或产物，呈黑绿色。剖检可见尸体迅速腐败，腐臭味大；真胃有出血性炎症变化，胃底部及幽门附近的黏膜，常有大小不等的出血点、出血斑或弥漫性出血；肠道内容物充满气泡，肠道广泛性出血（图 12-15-1）；胸、腹腔及心包积液，积液与空气接触后凝固；肝脏肿大、有脂变，呈土黄色。链球菌病羊粪便稀软，常常还带有白色黏液或者血液，眼角膜充血、流泪，随后流出脓性分泌物；咽部、下颌淋巴结肿大，呼吸困难、流涎、咳嗽，有的舌头也出现肿大，有时可见部分病羊的眼睑、面颊、嘴唇以及乳房有肿胀的现象。剖检链球菌病病羊可见病羊的鼻子、咽喉、气管黏膜出血，气管充满白色泡沫（图 12-15-2），肺常有大叶性肺炎变化，表现为水肿、气肿和出血变化，各器官组织广泛性出血，尤以大网膜、肠系膜最为严重。

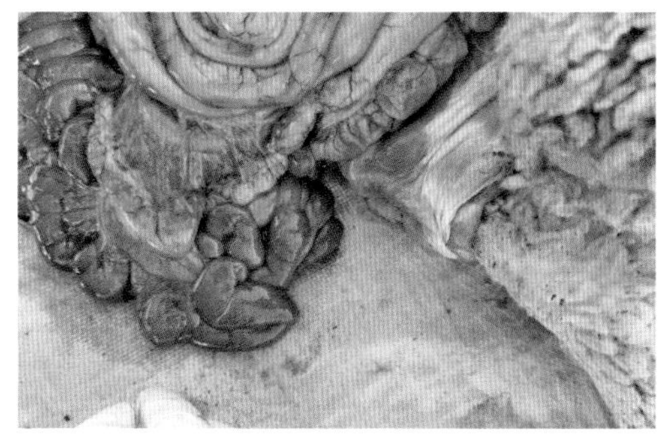

图 12-15-1　腐败梭菌引起肠道的广泛性出血（马利青 供图）

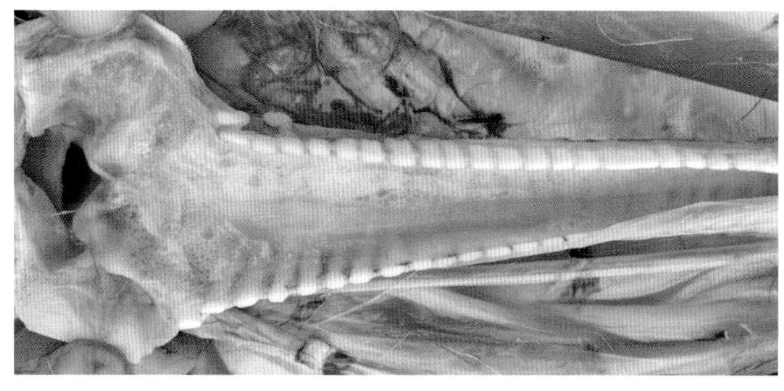

图 12-15-2　羊链球菌病羊气管充满白色泡沫（马利青 供图）

2. 羊炭疽病

相似点：最急性型病例均突然发病，病羊均表现体温升高，站立不稳、倒地，磨牙，呼吸困难，短时间内死亡，或常不见临床症状即死亡。病羊尸体腐败迅速，皮下组织胶样浸润。

不同点：炭疽病病羊恶寒战栗，心悸亢进，脉搏细弱，可视黏膜呈蓝紫色，死前体温下降，唾液及排泄物呈暗红色，肛门出血。剖检可见病羊血液呈暗红色，不易凝固，黏稠似煤焦油样。脾脏高度肿大 2 ～ 5 倍，脾髓呈黑红色，软化为泥状或糊状。全身淋巴结，特别是胶样浸润附近的淋巴结高度肿胀，呈黑红色，切面湿润呈褐色并有出血点。炭疽病的病原为炭疽芽孢杆菌。

3. 羊肠毒血症

相似点：最急性病例均表现突然发病，病羊痉挛倒地，四肢划动，几分钟或者几小时就会死亡。有的羊步态不稳，倒卧，流涎，排黑绿色粪便。剖检可见病羊迅速腐败，肝脏、胆囊肿大。

不同点：肠毒血症病羊濒死期有明显的血糖升高（从正常的 2.2 ～ 3.6 mmol/L 升高到 20 mmol/L），尿液中含糖量升高（从正常的 1%升高至 6%）。病羊不出现腹痛、腹部膨胀症状。剖检可见病羊肾表面充血肿大，质软如泥，稍加触压即碎，这一特征具有诊断意义；十二指肠、回肠黏膜炎性出血，严重的整个肠壁呈红色"血灌肠"，故亦称"血肠子病"；全身淋巴结充血、肿大，切面呈黑褐色。

4. 羊黑疫

相似点：最急性病例均表现突然发病，临床症状不明显。病程长的可见病羊放牧时离群或站立不动，食欲废绝，反刍采食停止，精神沉郁，呼吸急促，体温升高至 41.5℃，流涎、磨牙、呼吸困难，常呈俯卧姿势昏睡而死。

不同点：剖检可见尸体皮下静脉显著淤血，使羊皮呈暗黑色外观，肝脏表面和深层有数目不等的凝固性坏死灶，呈灰黑不整圆形，周围有一鲜红色充血带围绕，坏死灶直径可达 2 ～ 3 cm，切面呈半月形。

5. 羊猝狙

相似点：病羊均表现精神委顿，停止采食，离群卧地，排软粪；中、后期病羊腹痛剧烈，呻吟磨牙，口吐白沫，侧卧，头向后仰，全身颤抖，四肢划动。出现症状数小时内死亡。

不同点：羊猝狙病羊剖检可见十二指肠和空肠黏膜严重充血、糜烂，有的区段可见大小不等的溃疡；胸腔、腹腔和心包大量积液，渗出的液体暴露于空气后可形成纤维素絮块。

6. 羊巴氏杆菌病

相似点：最急性病例均表现突然发病，临床症状不明显即死亡。病羊均表现体温升高，咳嗽，呼吸困难，眼结膜潮红，眼、鼻有分泌物。

不同点：巴氏杆菌病病羊初期便秘，后期腹泻，有时粪便全部变为血水；颈部和胸下部发生水肿。剖检可见肺体积肿大，流出粉红色泡沫状液体；肝脏淤血质脆，偶见有黄豆至胡桃大的化脓灶；心包液混浊，混有绒毛样物质，心肌外膜上粘连绒毛样物。

六、防治措施

1. 预防

（1）加强饲养管理，坚持自繁自养。防止外引新羊带入病原。提高羊群的营养水平，补充富含维生素的饲料，给予清洁饮水，提高羊的抗病力。防止饲草、饲料发霉变质。舍饲期间，最好喂干草，不喂青草或湿草。注意不突然喂给大量苜蓿草或饼类等高蛋白质的饲料。及时清除粪便，保持栏舍干燥。污染的环境、用具用 20% 漂白粉或 5% 烧碱进行彻底消毒。

（2）免疫接种。入冬前应给羊群接种羊五联疫苗（羊快疫、羊猝狙、羊肠毒血症、羊黑疫、羔羊痢疾），无论羊只大小，每只一律皮下注射 5 mL，2 周后即产生免疫抗体，免疫期 5 个月以上。每年发病季节来临之际，及时使用羊链球菌氢氧化铝甲醛菌苗进行免疫接种。

（3）及时隔离、治疗及处理。一旦有发病症状出现，对于疑似病羊立即进行隔离，封锁疫病区。同时，对病患畜饲养区域进行消毒处理。对于圈舍内残留的粪便，集中处理，堆积发酵，病死畜深埋或焚烧。圈舍常用的消毒药剂有二氯异氰尿酸钠（用药按照 1∶800 的比例进行稀释）、石灰乳（用药浓度为 10%）、来苏儿（用药浓度为 3%）、甲醛液（用药浓度为 1%）等。同时，病羊只要固定地点进行放牧，严禁与健康羊只接触。

2. 治疗

处方 1：盐酸头孢噻呋钠按每千克体重 15 mg，每日 2 次；复方磺胺嘧啶，每次 5 g，口服，每日 2 次；恩诺沙星按每千克体重 0.05 mL，每日 2 次，连续肌内注射 4 ～ 5 d。

处方 2：高热者每只用 30% 安乃近 3 mL 肌内注射；病情严重、食欲废绝的给予强心补液，5% 葡萄糖盐水 500 mL，安钠咖 5 mL，维生素 C 5 mL，地塞米松 10 mL 静脉滴注，连用 3 d，每日 2 次。

第十六节　附红细胞体与链球菌混合感染

附红细胞体引起的附红细胞体病简称附红体病，C 群链球菌引起羊链球菌病。二者可发生混合感染。

一、病原

病原为羊附红细胞体和 C 群链球菌。

二、临床症状

有的病羊不表现任何临床症状，突然死亡。发病羊多数初期便秘，后期腹泻，并且粪便中带有少量血丝，尿色黄或有血尿等，多在 2 ～ 3 d 内死亡；有的病羊体温升高到 42℃，短时间内迅速死亡；有的仅在死前表现口吐白沫、四肢抽搐等神经症状；有的病羊表现为体温升高至 41 ～ 42℃，高热稽留，精神沉郁，食欲减退或废绝，反刍停止，咽喉部肿胀，下颌淋巴结肿大；有的出现舌体肿大，结膜潮红或发绀，眼睑水肿，流泪，呼吸困难，叫声嘶哑；有的鼻孔流出带血色的泡沫状鼻液；有的出现神经症状，最后衰竭死亡。

三、病理变化

剖检病羊，血液稀薄，有的呈淡红色，有的呈酱油色，凝固不良，且皮下有出血性紫斑，呈蓝紫色；有的呈出血性败血性变化，口鼻流出血色泡沫样液体，全身淋巴结肿大，充血呈黑褐色；肺充血，切开有多量泡沫；心包液呈浅黄色，心脏质软，心内膜及冠状沟附近有出血点；肝脏充血肿大，切面外翻；胆囊增厚有水肿（图 12-16-1）；脾脏质软且切面模糊；肾脏肿胀变性（图 12-16-

2)，质地变脆、变软，有贫血性梗死区，被膜不易剥离；膀胱黏膜有出血点。有的第三胃（瓣胃）的内容物干如石灰，大部分第四胃（真胃）的内容物稀薄而且黏膜出血，胃肠黏膜有不同程度的充血、出血现象；有的脏器浆膜附有黏稠的纤维素渗出物，脑膜充血、出血，并有脑膜下积液。

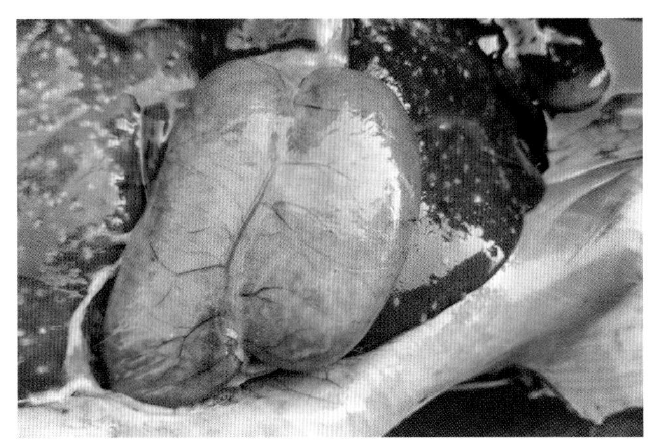

图 12-16-1　病羊胆囊水肿（马利青 供图）

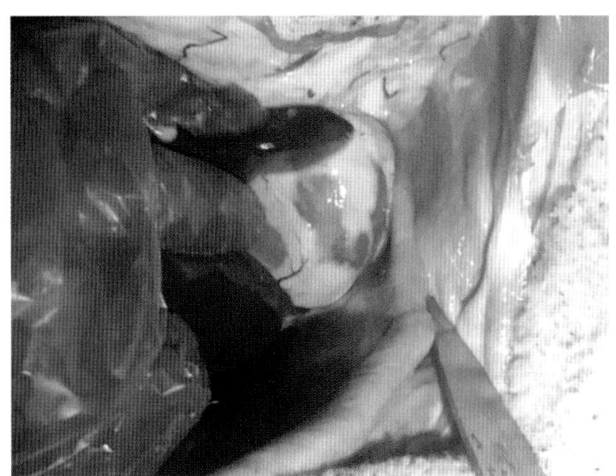

图 12-16-2　肾脏肿大（马利青 供图）

四、诊断

1. 血液检查

（1）血液压片镜检。采集病羊耳静脉血1滴于载玻片上，加等量生理盐水，混匀，加盖玻片，在400～600倍镜下观察，可见到红细胞大部分变形，呈星状或菜花状，被许多球形体附着、包围，在血浆中震颤或上下左右摆动，血浆中也有少量圆形虫体，在红细胞内可见附红细胞体具有较强的折光性，中央发亮，形似空泡快速游动，做收缩、旋转运动。

（2）血液染色镜检。采集耳静脉血1滴于载玻片上推片，自然干燥，吉姆萨染色后油镜观察，可见红细胞边缘不整齐，呈菜花状或圆形、椭圆形的紫红色虫体，虫体具有折光性，中央发亮，形似气泡。

2. 细菌学检查

（1）抹片镜检。无菌条件下采集新鲜病死羊只的肝脏、脾脏等病料涂片，自然干燥，革兰氏染色，显微镜下观察，根据颜色可判断为革兰氏染色阳性，有荚膜，大多数呈双球状排列，极少数单个或有3～5个相连的球菌。

（2）细菌的分离培养。无菌条件下采集新鲜病死羊只的心血、肝脏、脾脏等病料分别在鲜血琼脂平板上划线接种，置于37℃恒温箱中培养24 h。挑选可疑菌落，涂片，革兰氏染色，镜检后进行纯培养，得到的菌落呈透明或半透明、表面光滑、β 溶血、黏稠、圆形突起的细小菌落，即细菌的纯培养物。将纯培养物涂片进行形态学观察，结果与前所述相同。

五、类症鉴别

1. 羊巴氏杆菌病

类似处：最急性型病例常突然死亡。病羊体温升高，精神沉郁，食欲减退或废绝，反刍停止，咳嗽，呼吸困难，初期便秘，后期腹泻，粪便带血；眼结膜潮红，流分泌物；鼻有带血分泌物。

不同处：病原为多杀性巴氏杆菌。病羊鼻孔常有出血，有时混于黏性分泌物中（混合感染有的鼻孔流出带血色的泡沫状鼻液）；有时粪便全部变为血水（混合感染粪便中带有少量血丝，尿色黄或有血尿）；颈部和胸下部发生水肿（混合感染咽喉部肿胀，下颌淋巴结肿大，有的出现舌体肿大）。剖检可见皮下有液体浸润和小点状出血（混合感染皮下有出血性紫斑）；肺体积肿大，流出粉红色泡沫状液体（混合感染肺充血，切开有大量泡沫）；肝脏淤血质脆，偶见有黄豆至胡桃大的化脓灶；心包液混浊，混有绒毛样物质，心肌外膜上粘连绒毛样物（混合感染心包液淡黄色）。

2. 羊快疫

类似处：常有羊只突然发病，未见任何临床症状就突然死亡。病羊呼吸困难，停止采食，流涎，眼结膜充血，磨牙。剖检可见口、鼻流出泡沫状的液体；胃黏膜有不同程度的充血、出血现象；肝脏肿大。

不同处：病原为腐败梭菌。病羊腹痛、腹部臌胀，排便困难（混合感染病羊初期便秘，后期腹泻）；粪便中带有炎性黏膜或产物，呈黑绿色（混合感染粪便中带有少量血丝）。剖检可见尸体迅速腐败，腐臭味大，皮下组织胶样浸润（混合感染皮下有出血性紫斑，呈蓝紫色）；肠道内容物充满气泡；胸、腹腔及心包积液，积液与空气接触后凝固；肝脏有脂变，呈土黄色。

3. 羊铜中毒症

类似处：病羊体温升高，呼吸困难，反刍停止，贫血，黄疸，腹泻，有血尿现象。剖检可见病羊血液稀薄，呈酱油色；胃肠黏膜有不同程度的充血、出血现象；心包积液；肝脏肿大，呈黄褐色；脾脏质软且切面模糊；胆囊肿大。

不同处：病羊粪便含有大量蓝绿色黏液（混合感染粪便中带有少量血丝）。触诊背部、臀部肌肉有痛感。剖检可见，视黏膜苍白（混合感染结膜潮红或发绀）。腹腔内积有大量淡红色或淡黄色液体；胸膜、腹膜、肠系膜、大网膜均呈黄色；皱胃和肠道内有棕褐色液体；脾脏呈棕黑色；膀胱内积有红葡萄酒色或酱油色尿液（混合感染膀胱黏膜有出血点）。

4. 羊钩端螺旋体病

类似处：病羊体温升高，流泪，有血尿，结膜炎。剖检可见血液稀薄如水；肝、肾肿大；膀胱黏膜出血；脑室积液。

不同处：病原为多种致病性钩端螺旋体。病羊胃肠道弛缓，便秘（混合感染病羊初期便秘，后期腹泻）鼻流黏液脓性分泌物，鼻孔周围的皮肤出现破裂（混合感染鼻流出带血色的泡沫状鼻液）；耳部、躯干及乳头处的皮肤发生坏死。剖检病羊可见，皮下组织可见水肿而黄染（混合感染皮下有出血性紫斑，呈蓝紫色）；骨骼肌软且多汁，呈柠檬黄色；胸、腹腔内有黄色液体；肺脏黄染（混合感染肺充血，切开有大量泡沫）；肾脏快速增大，被膜极易剥离，髓质与皮质的界线消失，组织柔软而脆弱，病程长久则肾脏呈坚硬状（具有诊断意义，混合感染肾脏肿胀变性，质地变脆、变软，有贫血性梗死区，被膜不易剥离）。

5. 羊梨形虫病

类似处：病羊精神委顿，贫血，食欲减退甚至废绝，呼吸困难，有血尿，腹泻。剖检可见全身淋巴结有不同程度的肿大；胆囊肿大；肝脏充血肿大；肠道黏膜有不同程度的出血现象。

不同处：病原为羊泰勒虫病和羊巴贝斯虫。泰勒虫病羊四肢僵硬，行走困难（俗称“硬腿病”)，临死前口鼻有大量泡沫。剖检可见，黏膜与皮下组织贫血、黄染（混合感染皮下有出血性紫斑，呈蓝紫色）；颈前、肠系膜、肝、肺等处淋巴结肿大明显；肺脏出现增生，肺泡大小不等、变形（肺充血，切开有多量泡沫）；肾脏呈黄褐色，表面有出血点和黄色或灰白色结节（混合感染肾脏肿胀变性，质地变脆、变软，有贫血性梗死区，被膜不易剥离）；心肌细胞坏死，心包液增多，心内、外膜及浆膜、黏膜有出血点和出血表现。

六、防治措施

1. 预防

（1）加强饲养管理。给予全价饲料，以保证营养，给予清洁饮水，增强机体的抗病能力。防止饲草、饲料发霉变质。定期消灭蚊、蝇及其他吸血昆虫，消灭体表寄生虫，可用伊维菌素每千克体重 0.3 mg，连用 2 d。做好医疗器械及用具的消毒，避免血源传播。

（2）严格引种。坚持自繁自养，严禁自疫区引进羊只及相关动物制品，做好疾病检疫措施。

（3）免疫接种。要加强日常免疫接种工作，尤其是常发病区，每年发病季节来临之际，及时使用羊链球菌氢氧化铝甲醛苗进行免疫接种。

（4）隔离消毒。及时将病羊隔离饲养，所处环境用 0.5％的漂白粉消毒，每日 1 次，连用 7 ～ 10 d；用 3％的过氧乙酸全群带羊喷雾消毒，每日 1 ～ 2 次，连用 5 ～ 7 d。搞好羊舍内每日蚊蝇的杀灭处理，防止蚊蝇叮咬传播；对病死羊及污染的粪尿一同消毒后深埋处理。同时加强饲养管理，精心照料，并注意饮食及饮水卫生。

2. 治疗

处方 1：恩诺沙星 10 ～ 20 mL，肌内注射，每日 2 次，连用 3 ～ 5 d；同时用 5% 的生理盐水 50 ～ 100 mL、丁胺卡那霉素按每千克体重 5 mg、维生素 K_3 混合腹腔注射，每日 1 次，连用 3 ～ 5 d。

处方 2：头孢噻呋钠，剂量为每千克体重 15 mg，肌内注射，每日 1 次，连用 3 ～ 4 d。

处方 3：血虫净（贝尼尔）按每千克体重 5 ～ 9 mg，用灭菌水稀释成 5% 溶液后，用灭菌注射器对深部肌内注射，每 48 h 用药 1 次，连用 2 ～ 3 次。用药时注意不可每次在同一部位注射，一旦发生副作用应立即停药。

处方 4：严重病例可静脉注射 10% 葡萄糖 300 mL，加入 10% 安钠咖 5 mL，复合维生素 B 5 ～ 10 mL；贫血病例肌内注射牲血素 5 ～ 10 mL，同时，饮水中加入电解多维和口服补液盐。

处方 5：中药治疗以杀虫、清热为主，佐以补气补血，选用青蒿（捣烂）1 000 g，知母、生地、双花、连翘、蒲公英、大青叶、柴胡、熟地、大枣各 100 g，丹皮、炙黄芪各 60 g，党参、酒当归、常山各 80 g，炙甘草 30 g，除青蒿外其他混合煎汤，捣烂的青蒿用药液浸泡，可供 10 ～ 20 只发病羊口服，每日 2 次，连用 5 ～ 7 d。

第十七节 附红细胞体和巴氏杆菌混合感染

附红细胞体引起羊附红细胞体病。巴氏杆菌可引起羊巴氏杆菌病，又称羊鼻疽、羊出血性败血症、卡他热。二者可发生混合感染。

一、病原

病原为羊附红细胞体和巴氏杆菌属的多杀性巴氏杆菌或溶血性巴氏杆菌。

二、临床症状

体温升高，精神不振，食欲减少或废绝，被毛粗乱，部分羊只眼结膜苍白，呈贫血症状，咳嗽，有的发喘，心跳、呼吸频率加快，鼻腔中有黏性分泌物，有的羊面部肿胀，颈、胸部水肿，有的病羊便秘或腹泻，粪便带血。羔羊病程短，症状明显。病程长的病羊后期贫血，黄疸，排血红蛋白尿，极度消瘦，个别羊有神经症状，虚脱衰竭而死。

三、病理变化

剖检死亡病羊可见，结膜和皮下水肿、黄染，胸腹腔蓄积大量的积水；血液稀薄、暗红、凝固不全，心内外膜有出血点，心耳及心冠脂肪有血样胶状物包围；脾肿大，表面有出血点；肾变黑、肿大、皮质与髓质界线不清（图 12-17-1）；肺充血、淤血，颜色暗红（图 12-17-2），肺间质水肿、尖叶肝变（图 12-17-3），切面外翻，有粉红色泡沫样液体（图 12-17-4）；肝脏肿大，表面有灰白色坏死灶（图 12-17-5、图 12-17-6）；多数淋巴结肿大；胃黏膜脱落（图 12-17-7），肠壁充血（图 12-17-8）。成年羊胸肋膜有纤维素性假膜，肺切面有颗粒感（图 12-17-9），心外膜有绒毛样物。

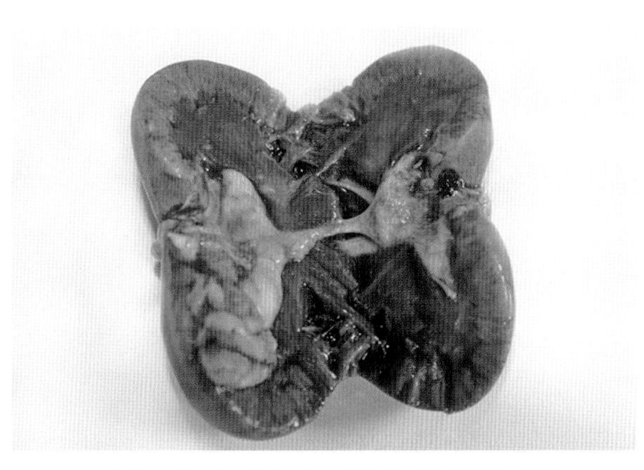

图 12-17-1 肾肿大、皮质与髓质界线不清
（周绪正 供图）

图 12-17-2　肺充血、淤血，颜色暗红（周绪正　供图）

图 12-17-3　肺间质水肿、尖叶肝变（周绪正　供图）

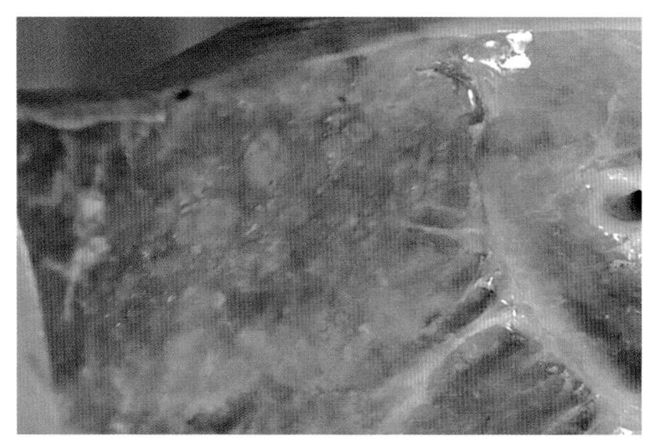

图 12-17-4　肺切面外翻，有粉红色泡沫样液体（周绪正　供图）

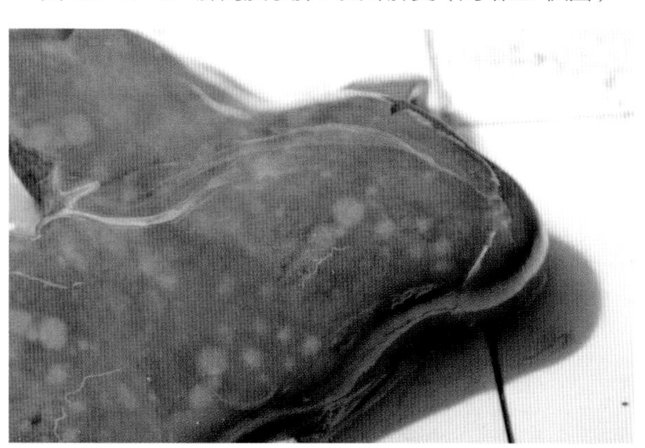

图 12-17-5　肝脏肿大，表面有灰白色坏死灶 A（周绪正　供图）

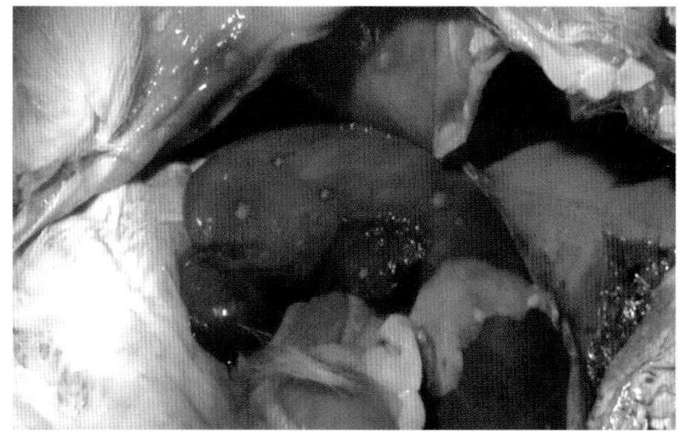

图 12-17-6　肝脏肿大，表面有灰白色坏死灶 B（周绪正　供图）

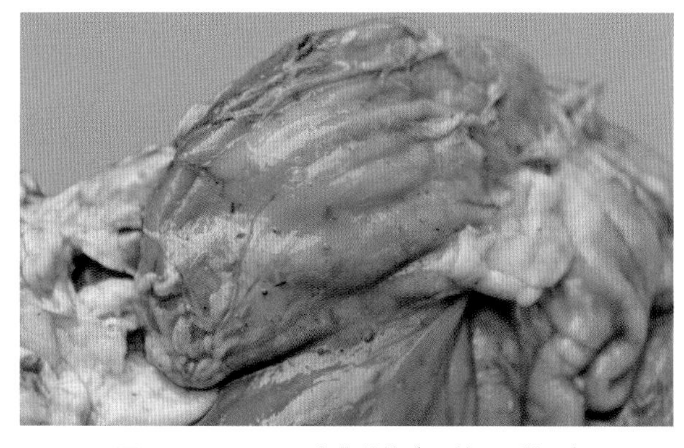

图 12-17-7　胃黏膜脱落（周绪正　供图）

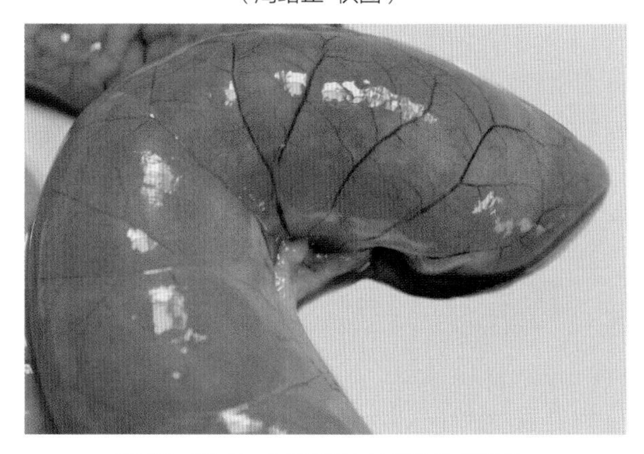

图 12-17-8　肠壁充血（周绪正　供图）

图 12-17-9　肺切面有颗粒感（周绪正　供图）

四、诊断

1. 血液检查

（1）血液压片镜检。采集发病羊耳静脉血1滴于载玻片上，加等量生理盐水，混匀，加盖玻片，在400～600倍镜下观察，可见到红细胞大部分变形，呈星状或菜花状，被许多球形体附着、包围，在血浆中震颤或上下左右摆动，血浆中也有少量圆形虫体，在红细胞内可见附红细胞体具有较强的折光性，中央发亮，形似空泡快速游动，做收缩、旋转运动。

（2）血液染色镜检。采集耳静脉血1滴于载玻片上推片，自然干燥，吉姆萨染色后油镜观察，可见红细胞边缘不整齐，呈菜花状或圆形、椭圆形的紫红色虫体，虫体具有折光性，中央发亮，形似气泡。

2. 细菌学检查

（1）直接涂片镜检。无菌采集肝脏、脾脏及肾脏涂片，革兰氏、瑞氏染色镜检，可见革兰氏染色阴性的卵圆形的小短杆菌，瑞氏染色可见两端钝圆的小短杆菌。

（2）细菌分离培养。无菌采集肝脏、脾脏及肾脏接种于鲜血琼脂平板、麦康凯琼脂培养基，37℃培养24 h，麦康凯琼脂培养基上未见细菌生长，鲜血琼脂平板上可见灰白色、半透明、光滑、湿润、隆起、边缘整齐的露滴状小菌落，直径1～2 mm；取典型菌落制涂片，革兰氏染色为阴性两极浓染的短小杆菌。将典型菌落接种于三糖铁琼脂斜面可生长，底部变黄。

（3）动物试验。采集新鲜病料研磨，用无菌生理盐水制成1∶5的悬液，腹腔接种小鼠5只，每只接种剂量为0.2 mL，2 d后小鼠全部死亡，呈败血症变化，取死亡小鼠肝和脾脏，涂片镜检，可见该菌。

五、类症鉴别

1. 羊附红细胞体病和羊巴氏杆菌病的类比

类似处：最急性型病例常突然死亡，多发生于哺乳期羔羊。病羊精神沉郁，体温升高，呼吸困难。初期便秘，后期腹泻，粪便带血。剖检可见皮下组织浸润，有出血。

不同处：羊附红细胞体病病原为附红细胞体。患羊死时口鼻及肛门出血，全身红紫；尿色呈深黄色或者酱油色；全身会出现严重的紫斑，颈部、四肢内侧皮肤等部位发红，指压不褪色；表现公羊性欲减退，睾丸、阴囊肿大，精子稀薄、变形，畸形精子增多，受胎率低，母羊流产、死胎、弱羔增加、产羔数下降、不发情等繁殖障碍症状。剖检可见血液稀薄呈水样，凝固不良；全身性黄疸，黏膜、浆膜黄染；肝脏脂肪变性，质地较脆，土黄色，实质性炎症变化、坏死；脾被膜有结节，结构模糊。

羊巴氏杆菌病病原为多杀性巴氏杆菌。病羊颈部和胸下部发生水肿。剖检可见胸腔内有黄色渗出物；肺体积肿大，流出粉红色泡沫状液体；肝脏淤血质脆，偶见有黄豆至胡桃大的化脓灶；心包液混浊，混有绒毛样物质，心肌外膜上粘连绒毛样物。

2. 羊铜中毒症

类似处：病羊体温升高，贫血，黄疸，腹泻，有血红蛋白尿，尿液呈酱油色，呼吸困难。剖检可见病羊胸腹腔大量积液；可视黏膜苍白或黄染，浆膜黄染；血液稀薄如水，呈酱油色；心外膜有出血点；肝脏肿大；胆囊肿大，充满浓稠胆汁；肾脏肿大，皮质与髓质界线不清。

不同处：病羊粪便含有大量蓝绿色黏液（混合感染粪便中带血）。触诊背部、臀部肌肉有痛感。剖检可见胸膜、腹膜、肠系膜、大网膜均呈黄色；皱胃和肠道内有棕褐色液体；心包积液，心肌色淡，似煮肉样，易碎（混合感染心耳及心冠脂肪有血样胶状物包围，心外膜有绒毛样物）；肝脏质脆，呈黄褐色，切面结构模糊（混合感染肝脏表面有灰白色坏死灶）；脾脏柔软如泥，呈棕黑色；成年羊胸肋膜无纤维素性假膜，肺部无典型病变（混合感染肺充血、淤血，颜色暗红，肺间质水肿、尖叶肝变，切面外翻，有颗粒感，有粉红色泡沫样液体）。

3. 羊钩端螺旋体病

类似处：病羊体温升高，精神不振，食欲减少或废绝，黏膜黄染，血红蛋白尿，尿液呈红色，鼻腔中有黏性分泌物。剖检可见皮下组织黄染；血液稀薄如水；肝脏肿大；肾脏肿大、皮质与髓质界线不清。

不同处：病原为多种致病性钩端螺旋体。病羊体温最高可达 42.5℃；眼有结膜炎、流泪；鼻孔周围的皮肤出现破裂；胃肠道弛缓，便秘；耳部、躯干及乳头处的皮肤发生坏死。剖检可见剖检骨骼肌软且多汁，呈柠檬黄色；胸、腹腔有黄色液体；心脏淡红，大多情况带淡黄色（混合感染心耳及心冠脂肪有血样胶状物包围，心外膜有绒毛样物）；肺脏黄染（混合感染肺充血、淤血，颜色暗红，肺间质水肿、尖叶肝变，切面外翻，有颗粒感，有粉红色泡沫样液体）；肝脏呈黄褐色，质脆弱或柔软（混合感染肝脏表面有灰白色坏死灶）；肾脏快速增大，被膜极易剥离，髓质与皮质的界线消失，组织柔软而脆弱；病程长久，则肾脏呈坚硬状（具有诊断意义）。

4. 羊梨形虫病

类似处：病羊精神委顿，贫血，食欲减退甚至废绝，呼吸困难，排血红蛋白尿，尿液呈酱油色。剖检可见可视黏膜、皮下组织黄染；肝、脾肿大；心内外膜有出血点。

不同处：病原为羊泰勒虫病和羊巴贝斯虫。泰勒虫病羊四肢僵硬，行走困难（俗称“硬腿病”），临死前口鼻有大量泡沫。剖检可见全身淋巴结有不同程度的肿大，尤以颈前、肠系膜、肝、肺等处淋巴结更为明显；心肌细胞坏死，心包液增多，肺脏出现增生（混合感染心耳及心冠脂肪有血样胶状物包围，心外膜有绒毛样物）；肺泡大小不等、变形（混合感染肺充血、淤血，颜色暗红，肺间质水肿、尖叶肝变，切面外翻，有颗粒感，有粉红色泡沫样液体）；肾脏呈黄褐色，表面有出血点和黄色或灰白色结节（混合感染肾脏肿胀变性，质地变脆、变软，有贫血性梗死区，被膜不易剥离）；肝脏内有细胞坏死、出血（混合感染肝脏表面有灰白色坏死灶）；胆囊肿大 2 ～ 4 倍，内膜出血；皱胃黏膜有溃疡斑；肠道有出血点或出血斑。

5. 羊快疫

类似处：病羊呼吸困难，羊精神不佳，食欲减退，流涎，呼吸急促。胸、腹腔积液；肝脏肿大。

不同处：病原为腐败梭菌。最急性病例羊突然发病，未见临床症状就突然死亡。病羊口鼻流出泡沫状的液体（混合感染鼻腔中有黏性分泌物）；结膜潮红（混合感染眼结膜苍白，呈贫血症状）；腹痛、腹部膨胀，粪便中带有炎性黏膜或产物，呈黑绿色（混合感染粪便带血）。剖检可见尸体迅速腐败，腐臭味大；真胃有出血性炎症变化，胃底部及幽门附近的黏膜，常有大小不等的出血点、出血斑或弥漫性出血（混合感染胃黏膜脱落）；肠道内容物充满气泡；心包积液（混合感染心耳及心冠脂肪有血样胶状物包围，心外膜有绒毛样物）；肝脏有脂变，呈土黄色（混合感染肝脏表面有灰白色坏死灶）。

6. 羊链球菌病

类似处：体温升高，精神沉郁，食欲减退；鼻腔流黏性分泌物，咳嗽，呼吸急促、困难；粪便带有黏液或血液。剖检可见多数淋巴结肿大；肺水肿、充血、淤血，有时呈肝变区；肝脏、脾肿大。

不同处：最急性型病例常在短时间内死亡，病羊濒死前有角弓反张等神经症状。咽喉、下颌淋巴结肿大（混合感染面部肿胀，颈、胸部水肿）；结膜潮红（混合感染眼结膜苍白，呈贫血症状）。孕羊阴门红肿，流产。剖检可见病死羊尸僵不全，各器官组织广泛性出血，尤以大网膜、肠系膜最为严重；肺有大叶性肺炎变化，气肿，坏死部与胸壁粘连；胆汁外渗；靠近胆囊的十二指肠呈黄色；肾脏变白、质软、有贫血性梗死区（混合感染肾变黑、肿大、皮质与髓质界线不清）；第三胃内容物如石灰；腹腔器官的浆膜面附有纤维素。取脏器组织涂片镜检，可见双球形或带有荚膜3～5个相连的革兰氏阳性球菌。

六、防治措施

1. 预防

（1）加强饲养管理。给予全价饲料，以保证营养，给予清洁饮水，增强机体的抗病能力。保持环境的干燥清洁，饲养密度要合理，圈舍要通风排气。防止饲草、饲料发霉变质。定期消灭蚊、蝇及其他吸血昆虫，消灭体表寄生虫，可用伊维菌素按每千克体重0.3 mg，连用2 d。做好医疗器械及用具的消毒，避免血源传播。

（2）严格引种。坚持自繁自养，必须要引进种羊时，严禁自疫区引进羊只及相关动物制品，做好疾病检疫。

（3）疫苗接种。疫病多发区，应按照免疫程序，定期对羊群免疫接种。在每年春秋两季可按1～1.5 mL/只给羊群接种羊巴氏杆菌灭活疫苗。

（4）隔离消毒。及时将病羊隔离饲养，所处环境用0.5%的漂白粉消毒，每日1次，连用7～10 d；每日用3%的过氧乙酸全群带羊喷雾消毒，每日1～2次，连用5～7 d。搞好羊舍内蚊蝇的日常杀灭，防止蚊蝇叮咬传播；对病死羊及污染的粪尿消毒后深埋处理。同时，加强饲养管理，精心照料，并注意饮食及饮水卫生。

2. 治疗

处方1：病羊用庆大霉素，按每千克体重4 mg，肌内注射，每日1次，连用3 d；血虫必杀（复方磺胺嘧啶钠注射液－三氮脒），按每千克体重0.07 mL，深部肌内注射，每日1次，连用2 d。贫血病例肌内注射牲血素5～10 mL，同时饮水中加入电解多维和口服补液盐。

处方2：血虫净按每千克体重7 mg，注射用水稀释成5%溶液，深部肌内注射；克菌先锋9号，成羊每次200万IU，羔羊每次100万IU，卡那霉素每千克体重1.5万IU，地塞米松钠4 mg，每日1次，3 d 1个疗程。贫血病例肌内注射牲血素5～10 mL，同时饮水中加入电解多维和口服补液盐。

处方3：大群使用磺胺六甲氧嘧啶饮水，首次量为每千克体重80 mg，维持量为每千克体重40 mg，2 h左右饮完，每日1次，连用5～7 d；使用多种维生素、微量元素和鲜尔康（饲用葡萄糖氧化酶）拌料，连用7 d。

第十八节　羔羊附红细胞体继发产气荚膜梭菌感染

附红细胞体为专性血液寄生生物，引起羊附红细胞体病，C 型产气荚膜梭菌引起羊猝狙病，D 型产气荚膜梭菌引起羊肠毒血症；羔羊附红细胞体感染可继发 C 型或 D 型产气荚膜梭菌感染而出现混合感染。

一、病原

病原为附红细胞体和 C 型或 D 型产气荚膜梭菌。

二、临床症状

病羔羊精神沉郁、有的病羊体温升高至 40 ～ 42℃，吃乳无力，部分病羊拒乳，呼吸急促、心跳加快，可视黏膜苍白、黄染（图 12-18-1），排粥状、黄褐色粪（图 12-18-2），尿少而黄。

图 12-18-1　病羊可视黏膜苍白、黄染（曾巧英　供图）

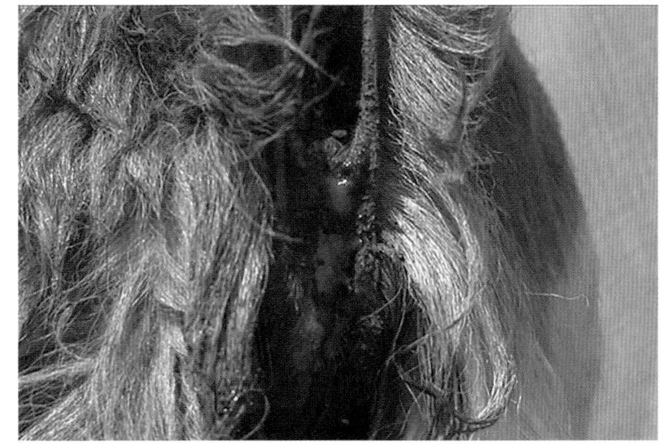

图 12-18-2　病羊粥状、黄褐色粪（曾巧英　供图）

三、病理变化

剖检病死羔羊可见体况消瘦、腹部膨满（图 12-18-3），皮下苍白、稍黄染，切开腹腔，散出尸腐臭味，腹水淡黄色、量多，血液稀薄，肝肿大、出血、有较多黄白色坏死灶（图 12-18-4），瘤胃膨胀（图 12-18-5）、黏膜出血（图 12-18-6），小肠系膜紫红色，肠系膜淋巴结髓样肿大，小肠臌气、粗细不均（图 12-18-7），肠黏膜严重出血、坏死、内容物棕红色、呈稀粥状（图 12-18-8），心肌柔软，心内、外膜出血，其他无异常所见。

图 12-18-3　病羔消瘦、腹部臌胀（曾巧英　供图）

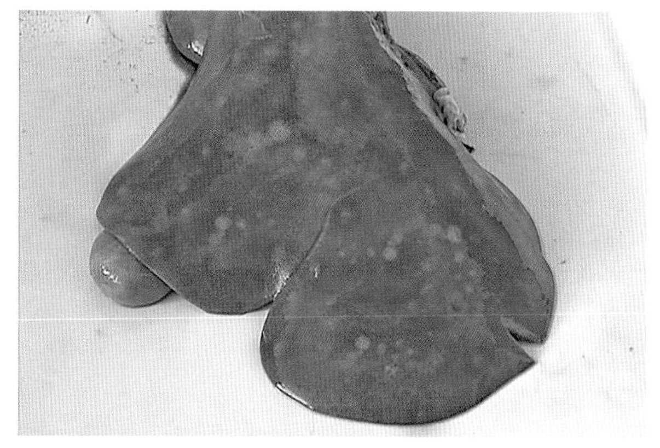

图 12-18-4　病羔肝肿大、出血、有较多黄白色坏死（曾巧英　供图）

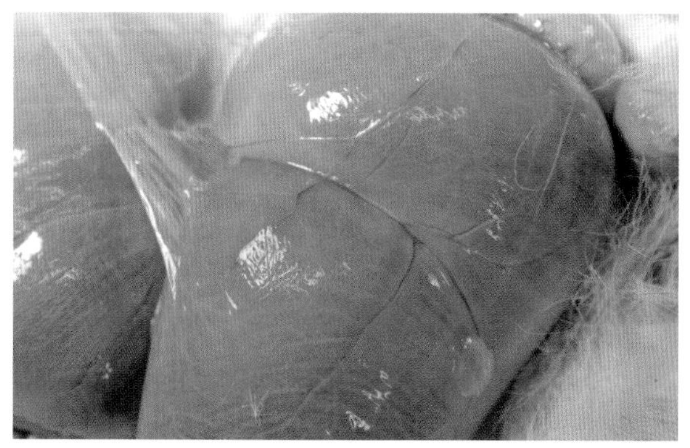

图 12-18-5　病羔瘤胃臌气（曾巧英　供图）

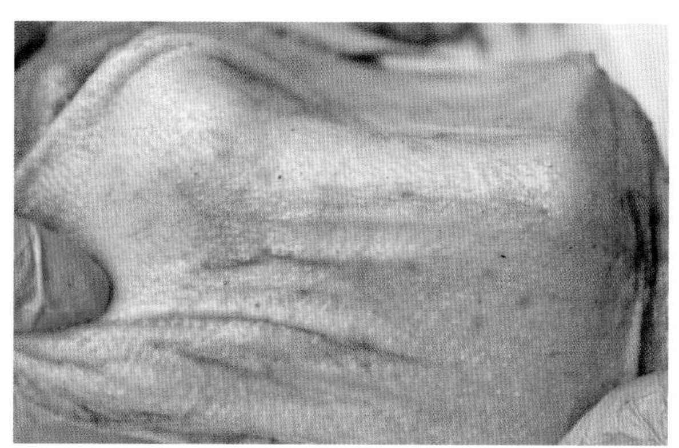

图 12-18-6　病羔瘤胃黏膜出血（曾巧英　供图）

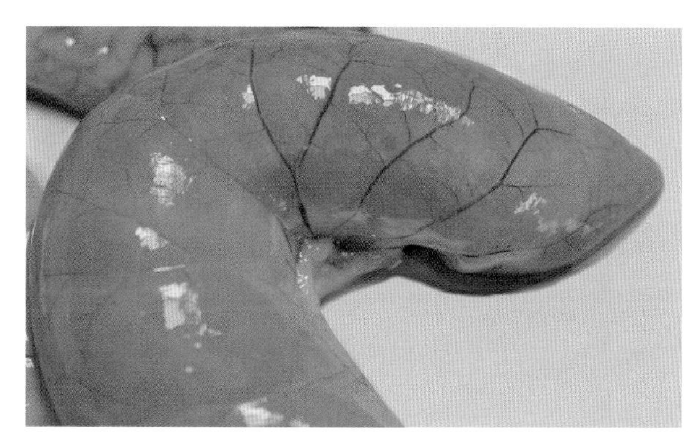

图 12-18-7　病羔小肠臌气（曾巧英　供图）

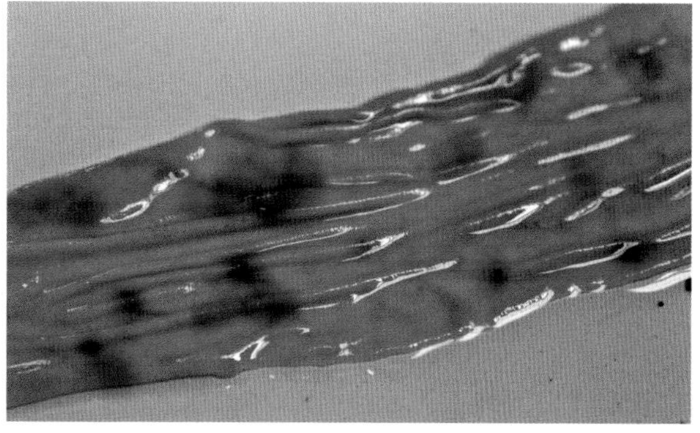

图 12-18-8　病羔肠黏膜严重出血、坏死、内容物棕红色、呈稀粥状（曾巧英　供图）

四、诊断

1. 血液检查

参见羊附红体病相关章节。

2. 细菌学检查

（1）直接涂片镜检。取病羊的肝、脾、肾、肺和心肌，直接涂片，分别用革兰氏染色、亚甲蓝染色，镜检。革兰氏染色可见有革兰氏阳性粗大杆菌，亚甲蓝染色可见革兰氏阳性粗大杆菌均匀着色，有荚膜，呈单个、成双或短链排列。

（2）细菌培养鉴定。将病料分别接种于普通琼脂、葡萄糖血液琼脂、牛乳培养基、蛋白胨牛乳培养基中，厌氧培养。

普通琼脂：在普通琼脂中培养 15 h 可见到菌落生长；培养 24 h，菌落直径可达 2 ～ 4 mm，呈凸面状，表面光滑，半透明，边缘整齐的菌落。

葡萄糖血液琼脂：葡萄糖血液琼脂上形成中央隆起或圆盘样大菌落，菌落表面有放射状条纹，边缘锯齿状、灰白色、半透明，外观似“勋章样”。

牛乳“暴烈发酵”试验：被检菌接种于牛乳培养基中（脱脂牛乳 100 mL 加 1% 灭菌亚甲蓝水溶液 2 mL），分装于试管中，用石蜡油封顶 115℃ 10 min 高压灭菌，37℃培养 10 h，培养基由紫变黄，乳被凝固，并产生大量气体，形成所谓“暴烈发酵”现象。

蛋白胨牛乳培养基：在蛋白胨牛乳培养基中，加入硫酸钠和三氯化铁（本培养基可抑制其他细菌生长，而利于产气荚膜梭菌生长），发现培养基很快变黑。

五、类症鉴别

1. 羊快疫

类似处：发病快、病程短、死亡率高，常引起羊的急性死亡，都经消化道传染。二者呈最急性经过，常未见到症状即突然死亡。都表现为神经症状，可混合感染。中等膘情以上营养较好的绵羊多发。

不同处：羊快疫由腐败梭菌引起，以真胃呈出血性炎症为特征。C 型产气荚膜梭菌即 C 型产气荚膜梭菌，以溃疡性肠炎和腹膜炎为特征。D 型产气荚膜梭菌心包大量积液，肾脏软化，回肠的某些区段呈急性出血性炎症变化。

2. 羊钩端螺旋体病

类似处：病羊均表现体温升高，血红蛋白尿，尿液呈暗红色，可视黏膜潮红。剖检可见血液稀薄如水，凝固不良。

不同处：钩端螺旋体病病羊体温最高可达 42.5℃，流泪，鼻流黏液脓性或脓性分泌物，鼻孔周围的皮肤出现破裂；胃肠道弛缓，便秘；耳部、躯干及乳头处的皮肤发生坏死。剖检可见，骨骼肌软且多汁，呈柠檬黄色，胸、腹腔有黄色液体；肺脏黄染；肾脏快速增大，被膜极易剥离，髓质与皮质的界线消失，组织柔软而脆弱；病程长久，则肾脏呈坚硬状。

3. 羊梨形虫病

类似处：病羊均表现贫血，可视黏膜苍白，呼吸困难，排血红蛋白尿，尿液呈暗红褐色，腹泻。

不同处：梨形虫病病羊临死前口鼻有大量泡沫。肩前或下颌淋巴结肿大，四肢僵硬。剖检可见肺脏出现增生，肺泡大小不等、变形；肾脏呈黄褐色，表面有出血点和黄色或灰白色结节；皱胃黏膜有溃疡斑；膀胱扩张，充满红色尿液。

4. 羊黑疫

类似处：最急性病例的病羊均未见明显临床症状，就突然死亡。病程长的病羊均表现精神沉郁，体温升高，食欲不振或废绝，呼吸急促，离群，卧地，呼吸困难，常呈俯卧姿势昏睡而死。

不同处：羊黑疫冬季少见，多发于春夏季节，发病常与肝片吸虫的感染侵袭密切相关。剖检可见病羊皮下静脉显著淤血，使羊皮呈暗黑色外观；肝脏表面和深层有数目不等的凝固性坏死灶，呈灰黑不整圆形，周围有一鲜红色充血带围绕，坏死灶直径可达 2 ～ 3 cm，切面呈半月形，肝脏的坏死变化具有重要诊断意义。

5. 羊肠毒血症

类似处：病羊精神委顿，停止采食，离群卧地，腹泻；中、后期病羊，磨牙，流涎，侧卧，头向后仰，全身颤抖，四肢强烈划动。出现症状数小时内死亡。

不同处：羊肠毒血症多发于夏初至秋季。一类病羊死亡前出现四肢强烈划动、肌肉抽搐、磨牙、流涎、头颈显著抽搐症状；另一类病羊感觉过敏，流涎，上下颌摩擦，继而安静的死亡；有的病羊腹泻，排黑色或深绿色稀粪。病羊濒死期有明显的血糖升高（从正常的 2.2 ～ 3.6 mmol/L 升高到 20 mmol/L），尿液中含糖量升高（从正常的 1%升高至 6%）。剖检可见病羊肾表面充血肿大，质软如泥，稍加触压即碎，这一特征具有诊断意义；十二指肠、回肠黏膜炎性出血，严重的整个肠壁呈红色“血灌肠”，故亦称“血肠子病”；全身淋巴结充血、肿大，切面呈黑褐色。

六、防治措施

1. 预防

（1）加强饲养管理。给予全价饲料，以保证营养，给予清洁饮水，增强机体的抗病能力。防止饲草、饲料发霉变质。合理放牧，避免采食带露水青草，禁止在低洼积水地带放牧，避免感染产气荚膜梭菌。定期消灭蚊、蝇、蜱及其他吸血昆虫，消灭体表寄生虫，可用伊维菌素按每千克体重 0.3 mg，连用 2 d。做好医疗器械及用具的消毒，避免血源传播。坚持自繁自养，必须要引进种羊时，严禁自疫区引进羊只及相关动物制品，做好疾病检疫措施。

（2）预防接种。预防产气荚膜梭菌可在发病季节前使用羊肠毒血症单苗或多价苗（如羊肠毒血症、羊快疫、羊猝狙三联苗，羊快疫、羊猝狙、羊肠毒血症、羔羊痢疾四联苗，羊肠毒血症、羊快疫、羊猝狙、羔羊痢疾、羊黑疫五联苗等）进行预防。

（3）隔离消毒。及时将病羊隔离饲养，所处环境用 0.5% 的漂白粉消毒，每日 1 次，连用 7 ～ 10 d；用 3% 的过氧乙酸全群带羊喷雾消毒，每日 1 ～ 2 次，连用 5 ～ 7 d。搞好羊舍内每日蚊蝇的杀灭处理，防止蚊蝇叮咬传播；对病死羊及污染的粪尿消毒后深埋处理。同时，加强饲养管理，精心照料，注意饮食及饮水卫生。

2. 治疗

处方 1：血虫净（贝尼尔）按每千克体重 5 ～ 9 mg，用水稀释成 5% 溶液后，用灭菌注射器对深部肌内注射，每 48 h 用药 1 次，连用 2 ～ 3 次。用药时注意不可每次在同一部位注射，一旦发生副作用应立即停药。

处方 2：土霉素或氟苯尼考，每千克体重 20 mg，肌内注射，每日 1 次。

处方 3：1 ～ 2 g 头孢噻呋钠、5 ～ 10 mL 磺胺间甲氧嘧啶，肌内注射，每日 1 次，连续给药 3 ～ 5 d。

处方 4：严重病例可静脉注射 10% 葡萄糖 300 mL，加入 10% 安钠咖 5 mL，复合维生素 B 5 ～ 10 mL；贫血病例肌内注射牲血素 5 ～ 10 mL，同时，饮水中加入电解多维和口服补液盐。

第十九节　李氏杆菌和脑多头蚴混合感染

单核细胞增生性李氏杆菌引起李氏杆菌病，脑多头蚴寄生于绵羊、山羊、黄牛、牦牛等有蹄类草食动物的脑及脊髓中引起脑多头蚴病，俗称脑包虫病，又称羊眩倒病或蹒跚病。二者可发生混合感染。

一、病原

病原为单核细胞增生性李氏杆菌和多头绦虫的中绦期幼虫脑多头蚴。

二、临床症状

病羊体温 39 ～ 41℃，呼吸正常或急促，心跳基本正常。初期精神沉郁，呆立（图 12-19-1），低头垂耳，轻热，流涎（图 12-19-2），食欲减退。咀嚼吞咽迟缓，有时在口颊一侧积聚大量没有嚼烂的饲草料，甚至流出口外。头向一侧歪曲（图 12-19-3），进而向歪曲一侧做转圈运动，有的向前做直线运动（图 12-19-4），有的做后退运动（图 12-19-5）。遇障碍物，则以头抵靠而不动，或头后仰，颈项强硬呈角

图 12-19-1　初期精神沉郁，呆立（马利青　供图）

图 12-19-2　低头垂耳，精神沉郁（马利青　供图）

图 12-19-3　咀嚼吞咽迟缓，头向一侧歪曲（马利青　供图）

弓反张势。严重时跌倒侧卧（图 12-19-6），强使翻身，又很快翻转回来，多数病例单侧眼或双眼失明，后期卧地不起，呈昏迷状，四肢呈游泳状划动（图 12-19-7），直至死亡。

图 12-19-4　向前做直线运动（马利青　供图）

图 12-19-5　做后退运动（马利青　供图）

图 12-19-6　跌倒后，卧地不起（马利青　供图）

图 12-19-7　跌倒后，四肢呈游泳状划动（马利青　供图）

三、病理变化

剖检可见脑中有黄色病灶，挤压病灶时冒出了豌豆大小无色透明的囊泡，有的病羊丘脑中有豌豆大小的球形血块。见不同程度的脑膜水肿、充血、出血（图 12-19-8），脑脊液增多（图 12-19-9）；脑回沟中有黄色干酪样物质，呈条梭状镶嵌其间；在脑组织间有条梭状黄色干酪样物质。肺叶不同程度实变（图 12-19-10、图 12-19-11），肝肿大且有小坏死灶，脾肿大，心脏冠状沟的脂肪上有点状出血（图 12-19-12）；肾脏水肿，有点状出血点（图 12-19-13）前胃有瘀斑，小肠段呈粉红色似火腿样。

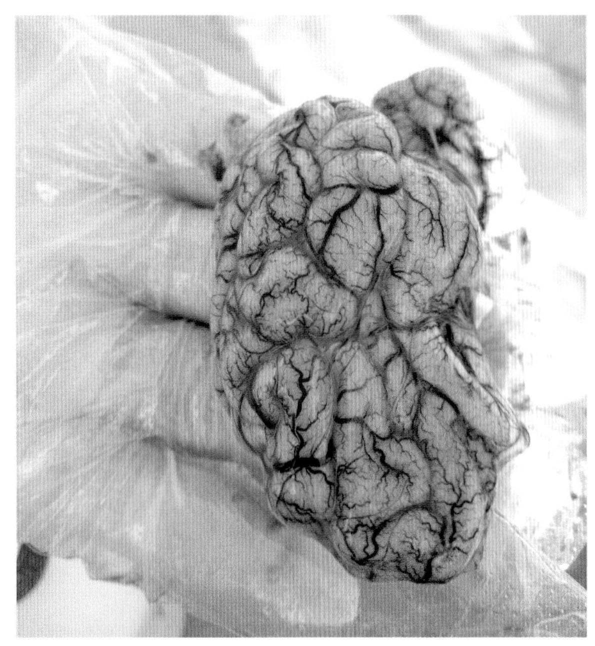

图 12-19-8　脑水肿，沟回纹理模糊（马利青　供图）

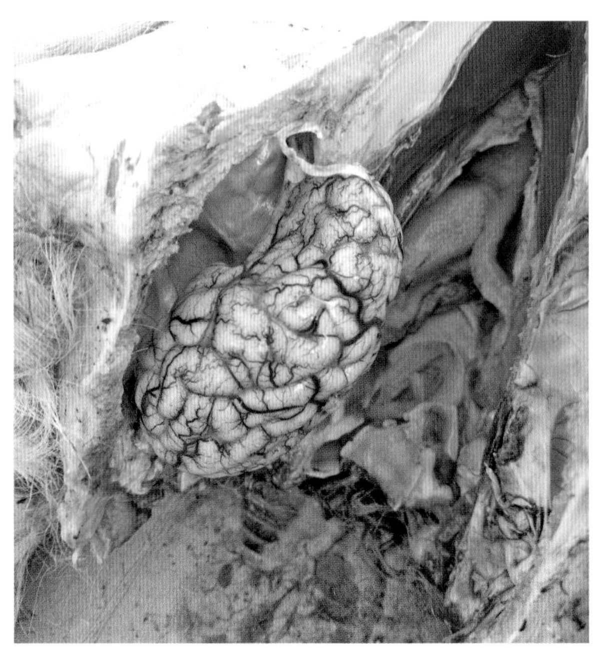

图 12-19-9　脑脊液增多，脑水肿（马利青　供图）

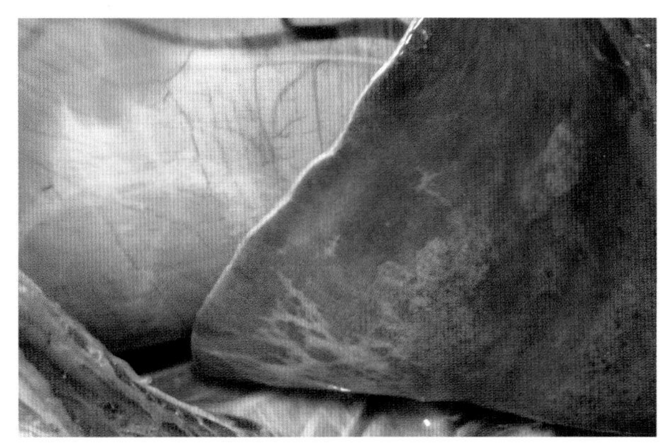

图 12-19-10　肺部大理石样变（马利青　供图）

图 12-19-11　肺脏有出血斑或出血点（马利青　供图）

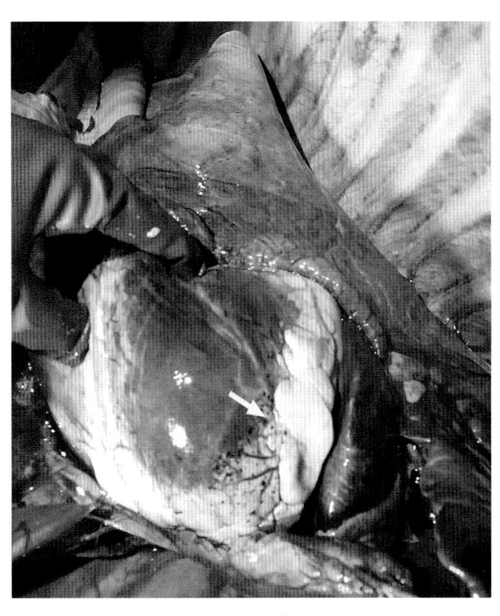

图 12-19-12　心脏冠状沟脂肪有出血点（马利青　供图）

图 12-19-13　肾脏水肿，有点状出血点（马利青　供图）

四、诊断

1. 涂片镜检

将心、肝、肺、脾和脑组织涂片、染色、镜检。在脑组织涂片中有单个或数对呈“V”字形或平行排列的革兰氏阳性小杆菌。

2. 病原分离培养

无菌采集心、肝、肺、脾和脑组织，分别接种在营养肉汤、普通营养琼脂平板、鲜血平板和麦康凯平板培养基上。37℃培养，24 h后营养肉汤均匀混浊，在液面上有一层淡淡的菌环；麦康凯琼脂平板培养基上不生长；在普通营养琼脂平板上生长非常贫瘠，菌落细小、透明、光滑、边缘整齐；鲜血平板上菌落细小、透明、光滑、边缘不整，并有窄的 β－型溶血环。

3. 动物接种试验

将病死羊的脑组织用尖剪刀剪碎，在乳钵中研磨，按 1∶5 的比例加上灭菌盐水。取 1.5 kg 左右的 3 只健康试验兔，1 只兔用点眼的方法接种 0.2 mL；1 只兔肌内注射 0.5 mL；1 只试验兔不做任何处理为对照。结果显示，点眼兔于点眼后 31 h 时出现精神沉郁，眼屎堆积，眼球发红，体温升高等症状，并于 60 h 时死亡。肌内注射的兔在注射后 46 h 时出现发热、精神沉郁等症状并于 77 h 时死亡，剖检 2 只死兔均脑膜充血。而对照兔未出现任何异常。

4. 生化试验

该分离纯化菌能发酵葡萄糖、鼠李糖、麦芽糖、蔗糖和蕈糖，产酸不产气，不发酵乳糖、木糖和甘露醇，不产生硫化氢，VP 和 MR 试验均呈阳性。

根据发病情况、临床症状、剖检变化、实验室检查可确诊为脑包虫和李氏杆菌混合感染。

五、类症鉴别

1. 羊李氏杆菌病与羊脑多头蚴病的鉴别

类似处：两者病羊视力减退，做转圈运动，角弓反张等神经症状，孕羊可出现流产。

不同处：李氏杆菌病病羊主要表现神经症状，羔羊多因急性败血症而迅速死亡，可在 2 ～ 3 d 死亡，比脑多头蚴病急性型死亡快。剖检李氏杆菌病羊可见，支气管淋巴结、肝门淋巴结及肠系膜淋巴结增大、水肿而湿润，切面上有小点出血。肺充血、水肿。有时具有卡他性支气管炎。心、肝、肾发生变性，并有多数出血。有时可见有瓣膜性心内膜炎，在肝、脾及深层肌内常可见到化脓性坏死灶。羊脑多头蚴病病羊根据多头蚴侵害部位的不同表现出不同症状，除转圈运动、视力减退、角弓反张外，还会出现运动失调，行走时患侧肢高举，提肢无力，后肢麻痹，膀胱括约肌麻痹，小便失禁等症状，不出现颜面神经、肌肉麻痹，大量流涎；剖检可见脑膜上有六钩蚴移行时留下的弯曲痕迹，可在脑部找到一个或更多囊体，与虫体接触的头骨骨质变薄、松软，甚至穿孔，在多头蚴寄生的部位脑组织萎缩。

2. 羊绦虫病

类似处：病羊均表现食欲减退，精神不振，消瘦，出现转圈、肌肉痉挛或头向后仰等神经症状。

不同处：绦虫病患病羔羊可见腹泻，粪中混有虫体节片，有时还可见虫体一段吊在肛门外。若虫体阻塞肠管，出现肠臌胀、腹痛。濒死期，病羊仰头倒地，咀嚼，口周围有泡沫，对外界反应丧失，全身衰竭而死。剖检可见小肠内有绦虫。

3. 羊鼻蝇蛆病

类似处：病羊均表现运动失调，旋转运动，头弯向一侧。

不同处：鼻蝇蛆病病羊初期表现为打喷嚏，甩鼻子，磨鼻，摇头，磨牙，流泪，眼睑浮肿，流鼻液，干涸后形成鼻痂皮。剖检病羊见鼻腔黏膜和额窦黏膜发炎和肿胀，可在鼻腔、鼻窦或额窦内发现各期幼虫。

4. 山羊关节炎－脑炎

类似处：病羊均做转圈运动，头弯向一侧，双目失明，吞咽困难，头颈痉挛，四肢划动作游泳状，角弓反张，倒地不起。

不同处：山羊关节炎－脑炎神经型发病早期表现跛行、后肢麻痹，随后四肢僵硬，无颜面神经、肌肉麻痹，大量流涎症状；剖检可见小脑和脊髓白质出现数毫米大、不对称性褐色→粉红色肿胀区。羊李氏杆菌病剖检可见脑膜和脑实质炎性水肿，脑脊液增加且稍混浊。

六、防治措施

1. 预防

（1）坚持自繁自养。通过自繁自养可以有效地防止因引种不慎而将疫病传入羊场的风险。如确需引进羊只，应严格检疫，不从有病地区引入羊只，从外地引进的羊只，要调查其来源，引进后在隔离场所饲养 2 个月，健康羊才能混群饲养。

（2）加强饲养管理。圈舍通风、干燥、保暖、供给青绿饲草和优质青贮料。尤其在冬季舍饲期间，应供给富含蛋白质、维生素及矿物质的饲料，夏秋季节应注意消灭蜱、蚤、蝇等体外寄生虫。青贮饲料是草食动物的基础饲料。pH 值为 3.5 ～ 4.2 的青贮饲料气味酸香，柔软多汁、适口性好、营养丰富，其喂量一般以不超过日粮的 30% ～ 50% 为宜。不要饲喂不合格的青贮饲料，防止和减少“青贮病”的发生。

（3）加强消毒灭源。加强环境和羊舍的消毒，药物可选用 3% 来苏儿、10% 漂白粉、5% 石炭酸或 4% 苛性钠溶液进行彻底消毒。对进出羊场的人员和车辆必须经消毒后方可进出，从而切断传播途径。加大灭鼠力度，减少李氏杆菌的储存宿主，注意驱赶靠近羊群的野犬、狼、豺、狐等多头蚴的终末宿主。

（4）定期驱虫。对牧羊犬进行定期驱虫，排出的犬粪便和虫体应深埋或烧毁。每年的 6 月中旬、10 月中旬及时对育成羊连续驱虫 2 次。

2. 治疗

（1）西药治疗。

处方 1：驱虫可用吡喹酮，按每千克体重 50 mg 连用 5 d，或按每千克体重 70 mg 连用 3 d，可取得一定的疗效。还可用硫苯咪唑，每次 750 mg/ 只，口服，每日 2 次，连用 6 周。

处方 2：10% 磺胺嘧啶钠 50 mL、乌洛托品 10 mL、5% 葡萄糖盐水 250 mL，混合静脉注射，每日 2 次，连用 5 d，首次剂量加倍。

（2）手术摘除法。根据病羊所呈现的典型症状，结合临床健康检查，确定虫体寄生的部位，然后对病羊进行手术。

术前处理：先剪去手术部位的毛，然后用 0.05% 的高锰酸钾液冲洗消毒术部，再用 3% 的碘酒将手术部位涂擦 1 次，用普鲁卡因作局部浸润麻醉，15 min 后侧卧保定，固定头部。用手术刀把皮肤作“U”字形切开，用止血钳与纱布止血。

手术操作：右手持手术刀呈 45°，划开骨膜（有条件的可用开颅器），用镊子轻轻夹起骨膜。当囊泡位于脑硬膜下，囊泡会因压力部分自行脱出，再把羊头侧转，因囊泡液体流动，可迫使囊泡脱出。若虫体寄生在大脑中间时，应避开脑部血管，轻轻划开脑膜，在脑膜边缘用止血钳轻轻向两边按压，囊泡也可因腔内压力脱出一部分，当不能完全脱出时，可根据情况采用无齿止血钳（或将钳齿用橡胶管套住）夹住泡体做捻转动作，泡液聚集过多时可用注射器按在 12 ～ 16 号针头抽取泡液，边捻边抽；当泡体脱出过多时，可将羊头部朝地，当多头蚴寄生部位较深时，可用 12 号针头连接 10 cm 的硬胶管避开脑血管插入泡体预诊所在部位，用注射器抽吸，当有流体吸入时，可证实有虫体存在。一般将虫体吸入的可能很小，这时用无齿直头止血钳顺针头的孔边插入，夹住泡体边捻转边抽出虫体；就有泡液流出，这时应急速捻转泡体，以免头节流出泡体滞留于脑部。

缝合处理：泡体取出后用灭菌纱布将术部擦干，盖上骨膜撒上磺胺结晶粉，皮肤结节缝合，伤口周围用 5% 的碘酊涂擦消毒，用灭菌敷料包扎，伤口可用青霉素粉消炎，但禁止直接用在脑体上，以免过敏而导致死亡。

术口处理：根据临床经验，脑部损伤不严重只要精心护理一般都能恢复。术后立即注射安痛定 10 mL，一般注射 1 ～ 2 次即可；肌内注射磺胺嘧啶钠 10 mL，每日 2 次，一般注射 5 ～ 7 d。对体质较差、术后不能站立的，可静脉注射 10% 的葡萄糖 250 ～ 500 mL，并加入适量维生素 B_1、维生素 C，对于病情严重而久卧不起的还可给予舒筋活血，调理胃肠功能的中药。

第二十节　B 型诺维氏梭菌与肝片吸虫混合感染

B 型诺维氏梭菌感染引起羊黑疫，肝片吸虫寄生于羊的肝脏胆管引起肝片吸虫病，两者可同时出现感染。

一、病原

病原为 B 型诺维氏梭菌和肝片吸虫。

二、临床症状

急性病羊常表现为未见症状即突然死亡。病程稍长的病羊，出现离群或站立不动、食欲废绝、精神萎靡、流涎、磨牙、贫血、黏膜苍白、间歇性瘤胃臌气，腹泻与便秘交替进行，肝区有压痛表现，叩诊呈浊音，呼吸困难、昏睡俯卧等症状，体温升至41.5 ℃左右，1～2 d死亡。少数病羊病程较长，表现为掉队，消瘦，吃不上膘，至冬春枯草期死亡。精神沉郁，运动无力，不愿行走，可视黏膜极度苍白，黄疸。病羊逐渐消瘦，被毛粗乱，无光泽。消化系统发生障碍，便秘与腹泻交替发生，拉黑褐色稀粪。

三、病理变化

尸体迅速腐败，皮下显著充血，使羊皮外观呈紫红色（图12-20-1）；皮下组织水肿、充血，并呈胶样浸润。胸腔积液，腹腔大量积液，心内膜有出血点，真胃黏膜、小肠充血、出血。肝脏明显充血肿胀，肝实质有明显坏死灶，界线清晰，被出血性带状物包围，常能发现肝脏表面有像虫一样弯曲的带状瘢痕，肝胆管中寄生棕红色扁平叶片状虫体（图12-20-2、图12-20-3）；肾脏淤血，实质较软。

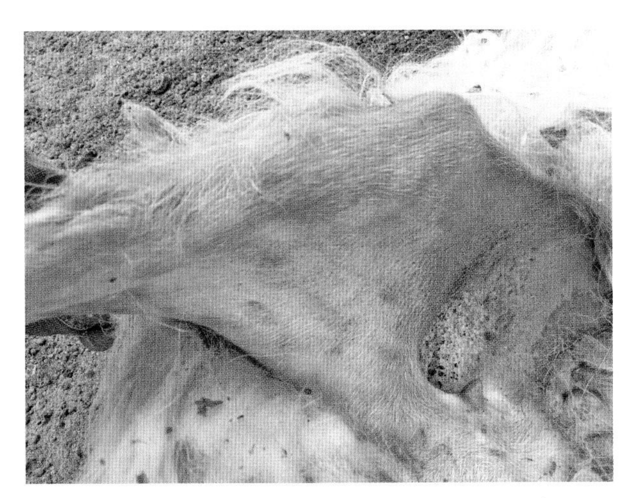

图12-20-1　病羊皮下紫红色（马利青　供图）

图12-20-2　肝脏坏死、肠道臌气、肠壁充血（马利青　供图）

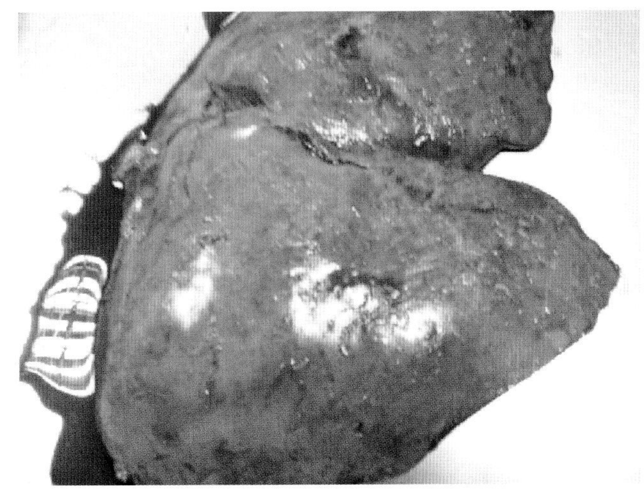

图12-20-3　肝脏上的肝片吸虫幼虫（马利青　供图）

四、诊断

1. 直接涂片镜检

取病羊的肝、脾、肾、肺和心肌，直接涂片，用革兰氏染色，镜检。结果可见，粗大而两端钝圆的革兰氏阳性粗大杆菌，排列多为单在或成双存在，也见3～4个菌体相连的短链。

2. 细菌分离培养、鉴定

将组织病料分别接种于普通琼脂、葡萄糖血液琼脂、肉肝汤厌氧培养。可见，在普通琼脂上生成灰白色，表面光滑，不规则菌落。葡萄糖血液琼脂上菌落浅薄透明、周边不整、有溶血环。在肉肝汤培养时初混浊，后上液清、底部有沉淀，产生腐葱味臭气。

3. 动物接种试验

将培养的细菌悬液肌内注射豚鼠，豚鼠死后剖检可见接种部位有出血性水肿，腹部皮下组织呈胶样水肿，透明无色或呈玫瑰色，厚度有时可达 1 cm，这种变化极为典型，具有诊断意义。

4. 虫体检查

将胆管中的虫体固定、观察，固定后虫体呈白色，显微镜观察虫体符合肝片吸虫的结构形态。

5. 虫卵检查

参见羊片形吸虫病粪便检查法。

根据病羊的临床症状、病理变化和细菌学、寄生虫检查确诊为羊黑疫与肝片吸虫混合感染。

五、类症鉴别

1. 羊阔盘吸虫病

类似处：病羊精神沉郁，消瘦，贫血，衰弱，下颌及胸前水肿。

不同处：阔盘吸虫病羊经常下痢，粪中常有黏液，而羊黑疫与肝片吸虫混合感染则便秘与腹泻交替发生，排黑褐色稀粪。阔盘吸虫病剖检可见病变主要在胰腺，胰腺肿大，胰管因高度扩张呈黑色蚯蚓状突出于胰脏表面；胰管发炎肥厚，管腔黏膜不平，呈乳头状小结节突起，并有点状出血，内含大量虫体。慢性感染病例结缔组织增生，整个胰脏硬化、萎缩。

2. 羊双腔吸虫病

类似处：病羊体温升高，肝区触诊有痛感，下颌水肿，贫血。剖检可见胸腹腔大量积液；肝脏表面有虫体移行的痕迹，瘢痕；肝胆管中寄生有虫体。

不同处：双腔吸虫病病羊可视黏膜黄染，而羊黑疫与肝片吸虫混合感染可视黏膜极度苍白；双腔吸虫病出现血便、顽固性腹泻，羊黑疫与肝片吸虫混合感染腹泻与便秘交替进行。双腔吸虫病剖检可见主要病变为胆管出现卡他性炎症，胆管周围结缔组织增生，胆囊、胆管内有棕红色狭长虫体，混合感染寄生的为棕红色扁平叶片状虫体。

六、防治措施

1. 预防

（1）加强饲养管理。不要把羊舍建在低湿地带，合理放牧，不在被片形吸虫或诺维氏梭菌污染的潮湿牧场上放牧。不让羊只饮用池塘、沼泽、水潭及沟渠里的脏水和死水。对病羊的粪便应经常用堆肥发酵的方法进行处理，以杀死其中的虫卵；被屠宰的病羊的寄生部位也要严格无害化处理。提高羊群的营养水平，补充富含维生素的饲料，合理补充精料和矿物质，给予清洁饮水，提高羊的抗病力。防止饲草、饲料发霉变质，及时清除粪便，保持栏舍干燥。定期对羊舍环境、用具用 20% 漂白粉或 5% 烧碱进行消毒。

（2）定期驱虫。驱虫是预防该病的重要方法之一，应有计划地进行全群性驱虫，一般于春季和秋末、冬季进行 2 ～ 3 次预防性投药，可在早春（2 月左右）、秋季（9 月中旬）、冬季（12 月）各驱虫1次（每次驱虫时中间隔7～14 d各投药1次），可选用丙硫咪唑与阿维菌素2合1乳剂、硝氯酚、硫双二氯酚等驱虫药。

（3）消灭中间宿主。椎实螺是肝片吸虫的中间宿主，灭螺对肝片吸虫的预防有重要意义。对于沼泽地和低洼的牧地进行排水，利用阳光暴晒以杀死螺蛳。对于较小而不能排水的死水地，可用1∶50 000的硫酸铜溶液定期喷洒，以杀死螺蛳，至少用5 000 mL/m^2，每年喷洒1～2次。

（4）免疫预防。常发病地区定期接种羊快疫、羊肠毒血症、羊猝击、羔羊痢疾、羊黑疫五联苗，每只羊皮下或肌内注射5 mL，注苗后2周产生免疫力，保护期达半年。

（5）及时隔离。发现病羊应及时将其隔离并进行相应的治疗，污染的草场、羊舍、环境及用具等可采用5%的来苏儿、强力碘等有效消毒剂进行全面彻底的消毒，避免羊群啃食或饮用污染的青草及饮水。

2. 治疗

处方1：急性病例或发病初期羊可用抗诺维氏梭菌血清50～80 mL，肌内注射，连用1～2次。

处方2：配合抗生素治疗，可用青霉素80万～120万IU，肌内注射，每日2次。

处方3：使用三氯苯唑（肝蛭净）驱虫，剂量为每千克体重0.1 mL，肌内或皮下注射。

第二十一节　焦虫与产气荚膜梭菌混合感染

羊焦虫是羊泰勒虫和羊巴贝斯虫的总称，感染引起羊焦虫病，C型产气荚膜梭菌病引起羊猝狙，D型产气荚膜梭菌引起羊肠毒血症，羊焦虫和产气荚膜梭菌可发生混合感染。

一、病原

病原为羊泰勒虫或巴贝斯虫和C型或D型产气荚膜梭菌。

二、临床症状

有的病羊未发现异常，第二天早晨即死于圈内。病羊精神沉郁，食欲减退，体温可升高至41.2℃，呼吸急促，反刍减弱或停止，有的病羊排出恶臭粥样粪便，混有黏液（图12-21-1）。个别羊出现尿液混浊，也有的病羊出现血尿。初期结膜潮红，随病情发展，结膜苍白，而后黄染；肩前淋巴结明显肿大，触诊如鸡蛋大小且有痛感；四肢无力，卧地不起。病羊颈部肌肉震颤、四肢战栗、运动失调；有的病羊发生抽搐，四肢强直，横卧于地，眼球震颤，口角流涎；有的病羊离群，独立一隅；咬牙呻吟，呈现腹痛症状；病羊耳静脉放血观察，血液稀薄，淡红色，不易凝固。病羊临死前多有四肢乱划呈游泳状表现。

三、病理变化

尸体表面观察可见眼、耳、唇周围有大量蜱寄生。眼结膜、鼻唇部、腿部内侧皮肤苍白或黄染。肛门周围有粪便污染。皮下有大量出血斑点，四肢肌肉条纹状出血，颈下、胸前有胶冻样渗出物。肩前淋巴结肿大 5 ～ 6 倍，切面水肿，周边淤血、出血；下颌淋巴结、腹股沟（浅、深）淋巴结水肿。

腹壁上有大量胶冻样渗出物，肝脏呈土黄色，胆囊肿大。脾脏质软，切面模糊不清。前胃胃黏膜易脱落，有点状和片状出血。真胃壁水肿，呈弥漫性出血，幽门处有溃疡灶。肠系膜淋巴结出血、水肿。整个肠管外观暗红色，内容物呈番茄酱样至柏油样，肠黏膜严重出血。右肾质脆易碎、出血，膀胱积尿，尿液混浊，膀胱壁有大面积出血。

心包增厚，心包液增多，心外膜表面有条纹状出血和坏死点，心耳有出血点和坏死灶（图 12–21–2），左心内膜有大面积弥漫性出血斑，右心内膜有少量出血斑点。肺脏有轻度的水肿，肺门淋巴结出血水肿，肺脏与胸壁出现粘连，左肺尖叶呈紫红色肝变，胸腔有积液。

图 12–21–1　病羊出现腹泻（李有全　供图）

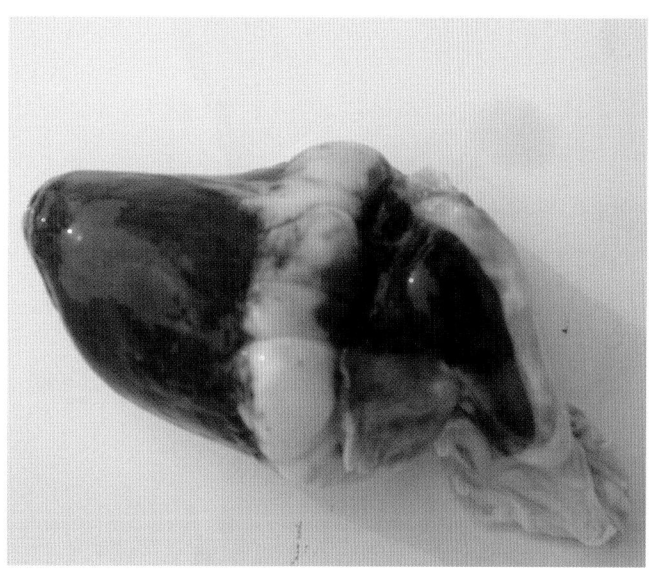

图 12–21–2　羊焦虫病与产气荚膜梭菌病混合感染心肌出血（李有全　供图）

四、诊断

1. 血液涂片染色镜检

病羊耳静脉采血，制成血液涂片后，经甲醇固定，吉姆萨氏染色后即可在油镜下检查。可见红细胞内有梨籽形、圆形、椭圆形、短杆形、逗点形、钉子形、圆点形等形态的虫体。

2. 细菌学检查

（1）直接涂片镜检。采集病羊的肝、脾、肾、肺和心肌，直接涂片，分别用革兰氏染色、亚甲蓝染色，镜检。革兰氏染色可见有革兰氏阳性粗大杆菌，亚甲蓝染色可见革兰氏阳性粗大杆菌均匀着色，有荚膜，呈单个、成双或短链排列。

（2）细菌培养鉴定。将病料分别接种于普通琼脂、葡萄糖血液琼脂、牛乳培养基、蛋白胨牛乳培养基中，厌氧培养。

普通琼脂：在普通琼脂中培养 15 h 可见到菌落生长；培养 24 h，菌落直径可达 2 ～ 4 mm，呈凸面状，表面光滑，半透明，边缘整齐的菌落。

葡萄糖血液琼脂：葡萄糖血液琼脂上形成中央隆起或圆盘样大菌落，菌落表面有放射状条纹，边缘锯齿状、灰白色、半透明，外观似"勋章样"。

牛乳"暴烈发酵"试验：被检菌接种于牛乳培养基中（脱脂牛乳 100 mL 加 1% 灭菌亚甲蓝水溶液 2 mL），分装于试管中，用石蜡油封顶 115℃ 10 min 高压灭菌，37℃培养 10 h，培养基由紫变黄，乳被凝固，并产生大量气体，形成所谓"暴烈发酵"现象。

蛋白胨牛乳培养基：在蛋白胨牛乳培养基中，加入硫酸钠和三氯化铁（本培养基可抑制其他细菌生长，而利于产气荚膜梭菌生长），发现培养基很快变黑。

五、类症鉴别

1. 羊钩端螺旋体病

相似点：病羊均表现精神沉郁，食欲减退，体温升高，呼吸浅表，脉搏加速，黏膜显著黄染，出现血红蛋白尿。剖检可见病羊黏膜与皮下组织黄染，胸腹腔有黄色积液，肝脏肿大。

不同点：钩端螺旋体病病羊有结膜炎、流泪；鼻腔流黏液脓性或脓性分泌物，鼻孔周围的皮肤出现破裂；除最急性病例外，其他病羊胃肠道明显弛缓，出现便秘。剖检可见骨骼肌软、多汁，呈柠檬黄色；肾脏的病变有诊断意义，肾脏快速增大，被膜极易剥离，切面常湿润，髓质与皮质的界线消失，组织柔软而脆弱；病程长久，则肾脏呈坚硬状。

2. 羊铜中毒

相似点：病羊均表现精神沉郁，食欲下降或废绝，排血红蛋白尿，可视黏膜苍白或黄染。

不同点：羊铜急性中毒病羊表现严重的胃肠炎，腹痛、腹泻，粪便含有大量蓝绿色黏液。剖检可见胃肠糜烂、溃疡；肾脏肿大呈青铜色；脾脏肿大，实质呈棕黑色。

3. 羊黑疫

相似点：病羊均表现精神沉郁，食欲不振或废绝，离群，卧地，磨牙，流涎。

不同点：羊黑疫冬季少见，多发于春夏季节，发病常与肝片吸虫的感染侵袭密切相关。病羊呼吸急促、困难，体温升高至 41.5℃，常呈俯卧姿势昏睡而死。剖检可见病羊皮下静脉显著淤血，使羊皮呈暗黑色外观；肝脏表面和深层有数目不等的凝固性坏死灶，呈灰黑不整圆形，周围有一鲜红色充血带围绕，坏死灶直径可达 2 ～ 3 cm，切面呈半月形，肝脏的坏死变化具有重要诊断意义。

4. 羊快疫

相似点：病羊均表现精神委顿，停止采食，离群卧地，眼结膜充血，排软粪；中、后期病羊腹痛剧烈，呻吟磨牙，口吐白沫，侧卧，头向后仰，全身颤抖，四肢划动。出现症状数小时内死亡。

不同点：羊快疫病羊腹部臌胀，排粪困难，呼吸急促。粪便中带有炎性黏膜或产物，呈黑绿色。体温升高至 40℃以上时呼吸困难，不久后死亡。剖检可见病死羊尸体迅速腐败、腹部臌气，皮下组织胶样浸润；胃底部及幽门部黏膜，有出血点、出血斑或弥漫性出血；肠道内容物充满气泡；胸、腹腔及心包积液与空气接触后易凝固，不形成纤维素絮块。肝脏肿大、有脂变，呈土黄色，胆囊多肿胀。

5. 羊肠毒血症

相似点：病羊均表现精神委顿，停止采食，离群卧地，排软粪，有的羊发生腹泻；中、后期病羊，磨牙，流涎，侧卧，头向后仰，全身颤抖，四肢强烈划动。出现症状数小时内死亡。

不同点：肠毒血症病羊濒死期有明显的血糖升高（从正常的 2.2 ～ 3.6 mmol/L 升高到 20 mmol/L），尿液中含糖量升高（从正常的 1%升高至 6%）。剖检可见病羊肾表面充血肿大，质软如泥，稍加触压即碎，这一特征具有诊断意义；十二指肠、回肠黏膜炎性出血，严重的整个肠壁呈红色“血灌肠”（图 12-21-3），故亦称“血肠子病”；全身淋巴结充血、肿大，切面呈黑褐色。

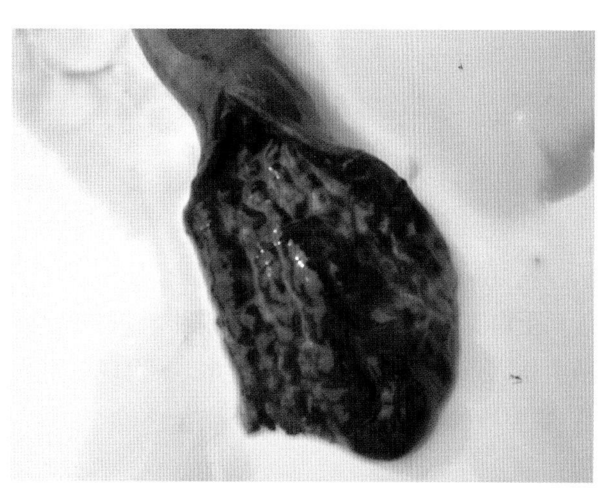

图 12-21-3　肠毒血症病羊整个肠壁呈红色“血灌肠”
（李有全　供图）

六、防治措施

1. 预防

（1）加强饲养管理。必须保证饲粮均衡营养，合理搭配精粗饲料比例，同时，保证羊舍干燥通风、冬暖夏凉，确保羊群适量运动。合理放牧，避免采食带露水青草，禁止在低洼积水地带放牧，避免感染产气荚膜梭菌。

（2）隔离治疗和消毒。发现病羊应第一时间隔离，并进行相应的治疗。对污染的草场、羊舍、环境及用具等可采用 5% 的来苏儿、强力碘等有效消毒剂进行全面彻底的消毒，避免羊群啃食或饮用污染的青草及饮水。病死羊及病羊粪便要进行无害化处理。

（3）杀灭传播媒介。在发病季节积极开展灭蜱工作，阻断其传播疾病。对羊群、运动场和羊舍每日用 0.5% ～ 1% 敌百虫喷洒 1 次，每隔半个月可对羊进行药浴预防，以杀灭各种传播疾病的吸血昆虫。

（4）预防接种。预防产气荚膜梭菌可在发病季节前使用羊肠毒血症单苗或多价苗（如羊肠毒血症、羊快疫、羊猝狙三联苗，羊快疫、羊猝狙、羊肠毒血症、羔羊痢疾四联苗，羊肠毒血症、羊快疫、羊猝狙、羔羊痢疾、羊黑疫五联苗等）进行预防。

2. 治疗

处方 1：贝尼尔，剂量为每千克体重 6.0 mg，配制成 7%水溶液，分点深部肌内注射，每日 1 次，连用 3 次。

处方 2：土霉素或氟苯尼考，剂量为每千克体重 20 mg，肌内注射，每日 1 次。

处方 3：1 ～ 2 g 头孢噻呋钠、5 ～ 10 mL 磺胺间甲氧嘧啶，肌内注射，每日 1 次，连续给药 3 ～ 5 d。

处方 4：重症配合 5% 葡萄糖生理盐水 200 ～ 400 mL，5 ～ 10 mL 10% 安钠咖，2 ～ 4 mL 25% 维生素 C 及 0.2 ～ 0.5 mL 1% 地塞米松，静脉混合注射，每日 1 次，连用 3 ～ 5 d。

第二十二节　焦虫与附红细胞体混合感染

羊焦虫的 2 个种羊泰勒虫和羊巴贝斯虫可分别与附红细胞体发生混合感染。

一、病原

病原为羊泰勒虫或巴贝斯虫和羊附红细胞体。

二、临床症状

病羊高热稽留，体温可达 40 ～ 42℃，不愿走动，离群呆立，采食量减少，喜卧（图 12-22-1）；随后呼吸急促，但未见咳嗽症状；腹部臌胀，排恶臭、粥样粪便；贫血，可视黏膜、眼结膜、肛门苍白，皮肤苍白、黄染，体表淋巴结肿大，皮肤有大量蜱寄生。

图 12-22-1　羊泰勒虫、巴贝斯焦虫与附红细胞体混合感染（李有全　供图）

三、病理变化

病死羊全身肌肉、可视黏膜苍白，呈现典型的贫血症状；血液稀薄，呈樱桃红色；肺脏苍白色淡，表面有明显的出血斑点；心脏冠状脂肪及腹部脂肪呈胶样浸润，心脏冠状脂肪有针尖状出血点；心内膜严重出血；胆囊、瘤胃及皱胃黏膜有斑块状出血；皱胃内充满黑褐色水样内容物，黏膜有指甲盖大小的溃疡斑；肝脏、肾脏均呈黄褐色；脾脏肿胀、出血；颈部淋巴结、肠系膜淋巴结、腹股沟淋巴结、下颌淋巴结均明显肿大，切面多汁，呈灰白色；小肠黏膜出血。

四、诊断

1. 血液压片镜检

取病羊耳静脉血压片镜检，血液压片后直接油镜镜检，发现红细胞边缘残缺、大小不均，因被虫体包围而呈星星状、菠萝状、锯齿状等不规则形状。有长条状黑色物沿细胞壁黏附，有的似小尖刺放射状地沿红细胞壁附着；有的红细胞被虫体携带着做翻滚、转体动作；有时可见虫体做伸展、收缩运动。

2. 血液抹片镜检

取病羊耳静脉血液抹片，待至自然干燥。固定后经吉姆萨或瑞氏染色镜检。红细胞被染成红色，部分红细胞破裂崩解；部分红细胞的细胞壁上有蓝紫色虫体附着；部分红细胞内有梨籽形、杆状、圆形、逗点形等蓝紫色虫体。

根据病羊发病季节、临床症状、剖检变化和镜检结果，确诊为羊梨形虫与附红细胞体混合感染。

五、类症鉴别

1. 羊钩端螺旋体病

类似处：病羊精神沉郁，体温升高，食欲减退，呼吸急促，出现血红蛋白尿。剖检可见肝脏肿大，呈黄褐色；肾脏黄褐色。

不同处：病羊黏膜显著黄染（混合感染贫血，黏膜苍白）；有结膜炎、流泪；鼻腔流黏液脓性或脓性分泌物，鼻孔周围的皮肤出现破裂；除最急性病例外，其他病羊胃肠道明显弛缓，出现便秘（混合感染腹部膨胀，排恶臭、粥样粪便）。剖检可见骨骼肌软、多汁，呈柠檬黄色；胸腹腔有黄色积液；肾脏的病变有诊断意义，肾脏快速增大，被膜极易剥离，切面常湿润，髓质与皮质的界线消失，组织柔软而脆弱，病程长久者则肾脏呈坚硬状。

2. 羊铜中毒

类似处：病羊精神沉郁，体温升高，贫血，腹泻，食欲下降或废绝。剖检可见视黏膜苍白或黄染，血液稀薄如水；肝脏呈黄褐色；皱胃内充满褐色水样内容物；小肠黏膜出血。

不同处：急性铜中毒病羊表现严重的胃肠炎，腹痛、腹泻，粪便含有大量蓝绿色黏液。触诊背部、臀部肌肉有痛感，反刍停止，瘤胃蠕动音极弱。剖检可见腹腔内积有大量淡红色或淡黄色液体；心包积液，心外膜上有出血点，心肌色淡，似煮肉样，易碎（混合感染心脏冠状脂肪及腹部脂肪呈胶样浸润，心脏冠状脂肪有针尖状出血点，心内膜严重出血）；真胃、小肠、盲肠、结肠黏膜充血严重；脾脏柔软如泥，呈棕黑色（混合感染脾脏肿胀、出血）；肾呈青铜色，肿大，切面三界不清（混合感染肾脏黄褐色）。

3. 羊梨形虫病

相似点：病羊精神委顿，呼吸困难，腹泻。剖检可见黏膜与皮下组织贫血、黄染；颈部、肠系膜淋巴结显著肿大；心内膜有出血表现；肾脏黄褐色；胆囊出血；皱胃黏膜有溃疡斑。

不同处：病原为羊泰勒虫病和羊巴贝斯虫。泰勒虫病病羊四肢僵硬，行走困难（俗称“硬腿病”），临死前口鼻有大量泡沫。剖检可见肺脏出现增生，肺泡大小不等、变形（肺脏苍白色淡，表面有明显的出血斑点）；心肌细胞坏死，心包液增多，心外膜及浆膜、黏膜有出血点和出血表现（心脏冠状脂肪及腹部脂肪呈胶样浸润，心脏冠状脂肪有针尖状出血点）；肾脏表面有出血点和黄色或灰白色结节；膀胱扩张，充满红色尿液。

4. 羊巴氏杆菌病

类似处：病羊体温升高，精神沉郁，食欲减退或废绝，反刍停止，呼吸困难。剖检可见肺脏有出血；胃部有出血现象；肠系膜淋巴结有不同程度的水肿。

不同处：病原为多杀性巴氏杆菌。最急性型病例常突然死亡。病羊鼻孔常有出血，有时混于黏性分泌物中；可视黏膜潮红，有黏性分泌物（混合感染可视黏膜苍白，呈现典型的贫血症状），初期便秘；后期腹泻，有时粪便全部变为血水（混合感染排恶臭、粥样粪便）；颈部和胸下部发生水肿（混合感染颈部、下颌淋巴结均明显肿大）。剖检可见心包液混浊，混有绒毛样物质，心肌外膜上粘连绒毛样物（混合感染心脏冠状脂肪及腹部脂肪呈胶样浸润，心脏冠状脂肪有针尖状出血点，心内膜严重出血）；肺体积肿大，流出粉红色泡沫状液体（混合感染肺脏苍白色淡，表面有明显的出血斑点）；肝脏淤血质脆，偶见有黄豆至胡桃大的化脓灶；脾脏不肿大（混合感染脾脏肿胀、出血）。

5. 羊快疫

相似点：病羊体温升高，呼吸困难，腹部臌胀，采食量减少。剖检可见肝脏黄褐色。

不同点：常有羊只突然发病，未见临床症状就突然死亡。病羊有神经症状（混合感染无）；眼结膜充血（混合感染结膜苍白）；口鼻流出泡沫状的液体；粪便中带有炎性黏膜或产物，呈黑绿色（混合感染排恶臭、粥样粪便）。剖检可见尸体迅速腐败，腐臭味大；真胃有出血性炎症变化，胃底部及幽门附近的黏膜，常有大小不等的出血点、出血斑或弥漫性出血（混合感染瘤胃及皱胃黏膜有斑块状出血；皱胃内充满黑褐色水样内容物，黏膜有指甲盖大小的溃疡斑）；肠道内容物充满气泡（混合感染小肠黏膜出血）；胸、腹腔及心包积液，积液与空气接触后凝固；肝脏肿大、有脂变。

六、防治措施

1. 预防

（1）加强饲养管理。饲料必须保证均衡营养，合理搭配精粗饲料比例，同时，保证羊舍干燥通风、冬暖夏凉，确保羊群适量运动。定期消灭蚊、蝇及其他吸血昆虫，消灭体表寄生虫，可用伊维菌素按每千克体重 0.3 mg，连用 2 d。做好医疗器械及用具的消毒，避免血源传播。

（2）隔离治疗和消毒。发现病羊应第一时间将其隔离，并进行相应的治疗。对污染的草场、羊舍、环境及用具等可采用 5% 的来苏儿、强力碘等有效消毒剂进行全面彻底的消毒，避免羊群啃食或饮用污染的青草及饮水。

（3）杀灭传播媒介。在发病季节积极开展灭蜱工作，阻断其传播疾病。对羊群、运动场和羊舍每日用 0.5% ～ 1% 敌百虫喷洒 1 次，每隔半个月可对羊进行药浴预防，以杀灭各种传播疾病的吸血昆虫。

（4）严格引种。坚持自繁自养，必须要引进种羊时，严禁从疫区引进羊及相关动物制品，做好疾病检疫。

2. 治疗

（1）西药治疗。

处方 1：三氮脒（贝尼尔、血虫净），剂量为每千克体重 6.0 mg，配制成 7%水溶液，分点深部肌内注射，每日 1 次，连用 3 次。三氮脒药性猛烈，副作用大，故应与盐酸多西环素、咪唑苯脲等药物交替使用。

处方 2：盐酸多西环素注射液，按每千克体重 0.2 mL，每日 1 次，连用 3 ～ 5 d。

处方 3：咪唑苯脲，按每千克体重 1.5 ～ 2.0 mg，配成 5% ～ 10% 水溶液，皮下或肌内注射。

处方 4：黄芪多糖注射液和复合维生素 B 注射液，均按每千克体重 0.2 mL，每日 2 次，连用 3 ～ 5 d。

处方 5：焦虫净，按每千克体重 5 mg，溶解后肌内注射，每日 1 ～ 2 次。

处方 6：长效土霉素，按每千克体重 10 mg，肌内注射，每日 1 次，连用 3 ～ 5 d。

治疗病羊的同时，大群注射阿维菌素注射液，杀灭体表寄生虫，饲料中加入土霉素和黄芪多糖。

（2）对症治疗。

解热疗法：高烧病例可用解热药物如安乃近、复方氨基比林及柴胡针等治疗。

抗菌消炎疗法：该病在发展过程中往往易继发感染，应适当使用抗生素治疗，如青霉素、链霉素、林可霉素等。

强心补液：心脏衰弱的病羊可使用安钠咖、樟脑磺酸钠等强心药物，以提高心肌的兴奋性，同时采用能量补充性强心剂，如葡萄糖、右旋糖酐、三磷酸腺苷等。

健胃整肠疗法：对于食欲减退、反刍减弱的病羊用健胃药，如大蒜酊、稀盐酸、胃蛋白酶、乳酶生等改善胃肠机能，促进食欲。

纠正贫血：可用维生素 B_{12}、维生素 C、维生素 E、牲血素等纠正贫血。

预防出血和水肿：有出血倾向或伴有胸、腹、下肢水肿时，可应用止血敏、维生素 K_3、氯化钙或葡萄糖酸钙注射液等。

第二十三节　东毕吸虫与双腔吸虫混合感染

东毕属的吸虫寄生于牛、羊等动物门静脉和肠系膜静脉内引起东毕吸虫病，矛形双腔吸虫和中华双腔吸虫等寄生于羊的肝脏的胆管和胆囊内所引起羊双腔吸虫病，两者可发生混合感染。

一、病原

病原为东毕吸虫和双腔吸虫（或歧腔吸虫），其中东毕吸虫有土耳其斯坦东毕吸虫、土耳其斯坦东毕吸虫结节变种、程氏东毕吸虫、彭氏东毕吸虫、达氏东毕吸虫及哈氏东毕吸虫 6 个种，双腔吸虫包括双腔吸虫属的矛形双腔吸虫和中华双腔吸虫 2 个种。

二、临床症状

病羊主要症状为消瘦、贫血、可视黏膜苍白、腹泻、下颌轻度水肿，用抗生素治疗无效，病程后期呈恶病质状态。

三、病理变化

肝脏呈淡黄色、肿胀，表面粗糙，有黄白色结节，胆管显露呈索状，管腔扩张。剖开胆囊和胆管，有大量葵花籽状虫体；肠系膜静脉和门静脉内有大量线头状的东毕吸虫，腹腔内大量腹水。

四、诊断

1. 剖检检查

根据剖检后在胆管、胆囊和肠系膜静脉等寄生部位发现东毕吸虫和双腔吸虫虫体可确诊。双腔吸虫狭长呈矛形，棕红色，注意与寄生于肝脏的片形吸虫进行区别；东毕吸虫可切开肝脏，用力挤压，肠系膜血管切开，收集流出的血液，加入水洗涤、沉淀，直至水变清，沉淀后观察虫体。

2. 粪便检查

用粪便水洗沉淀法检查粪便中虫卵，具体方法参见羊东毕吸虫病相关部分。

3. 毛蚴孵化法

由于东毕吸虫虫卵很少，因此，虫卵检查时检出率很低，造成漏检，现在多采用虫卵检查阴性者再用毛蚴孵化法复核的方法，具体方法参见羊东毕吸虫病相关部分。

五、类症鉴别

1. 羊前后盘吸虫病

类似处：病羊均表现下颌水肿，消化功能紊乱，出现血便、顽固性腹泻、贫血，逐渐消瘦。

不同处：前后盘吸虫病病羊高度贫血，血液稀薄如水，血红蛋白含量降到 40% 以下；眼睑、胸腹下部水肿。剖检可见皮下脂肪呈胶冻样，颈部皮下有胶冻样物质，各脏器色淡；瘤胃、真胃和瓣胃的皱襞内有许多暗红色虫体。

2. 羊阔盘吸虫病

类似处：病羊均表现下颌水肿，消化功能紊乱，下痢，贫血，消瘦。

不同处：阔盘吸虫病病羊胸前水肿，粪中常有黏液。剖检可见病变主要在胰腺，胰腺肿大，胰管因高度扩张呈黑色蚯蚓状突出于胰脏表面；胰管发炎肥厚，管腔黏膜不平，呈乳头状小结节突起，并有点状出血，内含大量虫体。

3. 羊消化道线虫病

类似处：病羊均表现腹泻，贫血，消化功能紊乱，日渐消瘦，下颌水肿，羔羊发育不良，体温升高，呼吸促迫。剖检可见腹腔内大量积水，肠系膜胶样浸润。

不同处：羊消化道线虫病病羊剖检可见消化道各部有数量不等的相应线虫寄生，真胃黏膜水肿，有时可见虫咬的痕迹和针尖大到粟粒大的小结节，小肠和盲肠黏膜有卡他性炎症，大肠可见到黄色小点状的结节或化脓性结节以及肠壁上遗留下的一些瘢痕性斑点。

六、防治措施

1. 预防

（1）定期驱虫。驱虫不仅是治疗手段，而且是积极的预防措施。因此，要对羊群定期进行虫情监测，应用水洗沉淀法检查绵羊粪便虫卵。根据虫情监测情况，进行预防性药物驱虫。

（2）加强饲养管理。注意饮水卫生，饮用水源要加以保护，防污染。饮水槽要经常刷洗，保持清洁。对圈舍内的粪便定期勤起勤垫，清理的粪便最好放在离圈舍稍远的地方，堆积发酵。

（3）合理放牧。要全面合理地规划草场，逐步实现划区轮牧，夏季防止羊群涉水，避免到湿涝草地或沼泽放牧，应选择干燥的草地放牧。

（4）灭螺、灭蚊。因地制宜，结合改良牧地开荒种草，除去灌木丛或采用烧荒等措施杀灭宿主。牧场可养鸡灭螺，人工捕捉蜗牛。疾病严重流行的区域，可用氯化钾灭螺，每平方米用20 ～ 25 g。

2. 治疗

吡喹酮对东毕吸虫和双腔吸虫均有较好的效果，因此，可用吡喹酮进行治疗。

处方：吡喹酮，剂量为每千克体重 50 mg，与煮沸过的液体石蜡按 1∶5 比例混合，1 次肌肉深部分点注射。

第二十四节　肝片吸虫与前后盘吸虫混合感染

肝片吸虫寄生于羊的肝脏胆管引起肝片吸虫病，前后盘吸虫成虫寄生于牛、羊等反刍动物的瘤胃胃壁上，或童虫在移行过程中寄生在真胃、小肠、胆管和胆囊可引起前后盘吸虫病。二者可发生混合感染。

一、病原

该病病原为肝片吸虫和前后盘吸虫。

二、临床症状

年幼病羊呈急性死亡，临床表现可见病羊体温升高到 40.0 ～ 41.5℃，精神沉郁；被毛粗乱无光泽，食欲减退，黏膜苍白、黄染，有的顽固性腹泻；不愿活动，经常离群；急性病羊表现症状后3 ～ 7 d 发生死亡，多数在 7 ～ 15 d 内死亡。慢性病羊黏膜渐进变为苍白，食饮减退，急剧消瘦，被毛粗散容易脱落；眼、下颌、胸下及腹下部出现水肿。病程长的病羊食欲废绝，仅有饮欲。大部分病羊腹泻，黏膜苍白无血色，运动障碍，离群喜卧；有的孕羊流产，已产出的羔羊瘦弱、营养缺乏并很快死亡。

三、病理变化

剖检可见尸体消瘦、脱水，可视黏膜苍白，肛门周围被稀粪污染，血液稀薄，不易凝固。剖开腹腔腹水显著增多，呈淡红色，腹膜炎；肝脏肿大，肝脏表面有暗红色凝血块和条状物且凸凹不平；有的肝脏体积萎缩、硬化，颜色变成褐色，肝脏表面有纤维素膜附着（图 12–24–1）；胆总管肿粗如小手指样、胆管肥厚，扩张呈绳索样突出于肝表面，胆囊膨大，切开肝脏，挤压切面时，胆管内充满虫体和污浊稠厚棕褐色的黏膜液体，从流出液体中混杂多个虫体，虫体棕褐色，呈扁平叶片状，前宽后窄。在瘤胃、网胃有大量的（几百个甚至上千个）大米粒样棕红色椭圆形、梨形有吸盘的虫体吸附在胃壁上（图 12–24–2）。胃肠黏膜水肿、充血、出血或形成溃疡，小肠内充满棕色稀粪。

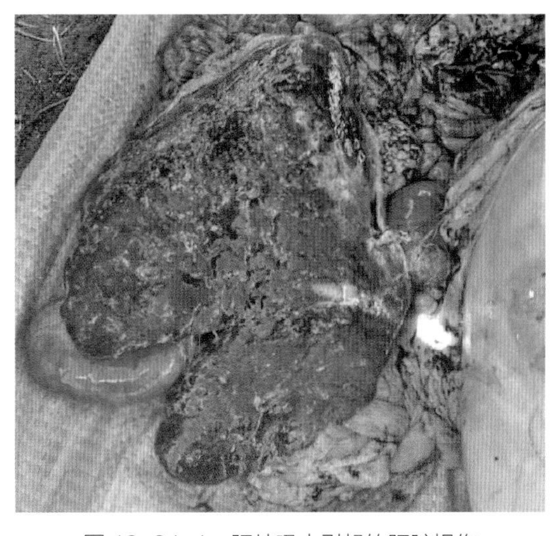

图 12–24–1　肝片吸虫引起的肝脏损伤（马利青 供图）

图 12–24–2　寄生在胃壁上的前后盘吸虫（马利青 供图）

四、诊断

1. 粪便检查方法

（1）漂浮沉淀法。采集粪便样品，最多 3 g，放在玻璃杯内，注满比重为 1.2 的饱和盐水，用玻璃棒仔细搅拌为均匀的混悬液，静置 15 ～ 20 min。用小铲除去浮于表面的粪渣。用吸管吸去上清液，大量检查样品时，为了加速操作程序，可将上清液倒出，在杯底留 20 ～ 30 mL 沉渣。向沉渣中加水至满杯，用玻璃棒仔细搅拌。对混悬液进行过滤，使滤液静置 5 min。过滤时可以使用纱布，最好使用网眼直径为 0.25 mm 的金属筛。从杯中吸去上清液，于底部剩余 15 ～ 20 mL 沉渣。将沉渣移注于锥形小杯，再用少量水洗涤玻璃杯，并将洗液加入小杯。混悬液在锥形小杯中静置 3 ～ 5 min，然后吸去上清液，如此反复操作，将沉渣移于载玻片上进行镜检即可。

（2）离心沉淀法。采集 5 ～ 10 g 病羊的粪便放入一个 400 mL 烧杯中，加入少许水，用玻璃棒捣碎，搅匀，再用 40 目铜筛或两层纱布过滤至另一干净的 50 mL 离心管内，放入台式离心机内，以 2 000 r/min 的速度离心 2 ～ 3 min，此时，因虫卵相对密度大，经离心后沉于管底，然后倒去上清液，取沉渣进行镜检。

肝片吸虫虫卵呈椭圆形，黄褐色，长 130 ～ 150 μm，宽 63 ～ 90 μm。前端较窄，有卵盖，后端较钝。在较薄而透明的卵内，充满卵黄细胞和一个大的胚细胞。

前后盘吸虫虫卵呈椭圆形，浅灰色，有卵盖，内含圆形胚细胞，卵黄细胞未充满整个虫卵，一端拥挤，另一端有窄隙，长 110 ～ 120 μm，宽 70 ～ 100 μm。

2. 剖检检查

剖检病羊可见在胆管内充满红棕色扁平叶状虫体，瘤胃、网胃中有大量大米粒样棕红色椭圆形、梨形有吸盘的虫体吸附在胃壁上。根据形态特征和显微镜检查可确定为肝片吸虫和前后盘吸虫。

根据临床症状和剖检变化，及检出的大量肝片吸虫和前后盘吸虫虫体，诊断为羊肝片吸虫与前后盘吸虫混合感染。

五、类症鉴别

1. 羊肝片吸虫病与前后盘吸虫病的类比

类似处：病羊精神沉郁，食欲减退或废绝，消瘦，高度贫血。剖检可见可视黏膜苍白，血液稀薄，眼睑、下颌、胸下及腹下部出现水肿。

不同处：羊肝片吸虫病全年可发生，无明显季节性。病羊的被毛粗乱，无光泽，脆而易断，有局部脱毛现象；便秘与腹泻交替发生，不出现顽固性腹泻；妊娠母羊可能生产弱羔，甚至死胎。剖检可见肝脏增生、肿大，表面有淡白色索状瘢痕；胆管扩大及管壁增厚，致使灰黄色的索状物出现于肝的表面，充满着灰褐色的胆汁和虫体；肺的某些部分有局限性的硬结节。

羊前后盘吸虫病羊发生顽固性腹泻，粪便呈粥状或水样，恶臭，混有血液。剖检可见病羊瘤胃、真胃和瓣胃的皱襞内有许多暗红色虫体，虫体肥厚，长 2～3 cm，宽 0.5～1 cm，其数量不等，呈深红色、粉红色，如将其强行从皱襞剥离，可见虫体附着处黏膜充血、出血或留有溃疡灶。

2. 羊阔盘吸虫病

类似处：病羊消瘦，贫血，下颌及胸前水肿，衰弱，下痢，粪中常有黏液。

不同处：剖检可见病变主要在胰腺，胰腺肿大，胰管因高度扩张呈黑色蚯蚓状突出于胰脏表面；胰管发炎肥厚，管腔黏膜不平，呈乳头状小结节突起，并有点状出血，内含大量虫体。慢性感染病例结缔组织增生，整个胰脏硬化、萎缩。

3. 羊双腔吸虫病

类似处：病羊体温升高，食欲减退，下颌水肿，出现血便、顽固性腹泻、贫血，逐渐消瘦。剖检可见胆管管壁增生、肥厚，胆囊、胆管内有虫体，胆汁暗褐色；肝脏肿大，表面有虫体移行的痕迹、瘢痕，寄生数量较多时，肝脏体积萎缩、硬化；胆管呈索状；肠系膜严重水肿。

不同处：病羊可视黏膜黄染（混合感染慢性病羊黏膜渐进变为苍白），肝区触诊有痛感，最后陷于恶病质而死亡。剖检可见主要病变为胆管出现卡他性炎症，胆管周围结缔组织增生，胆囊、胆管内有数量不等的棕红色狭长虫体（混合感染瘤胃、网胃有大量大米粒样棕红色椭圆形、梨形有吸盘的虫体吸附在胃壁上）。剖检后采集并固定虫体，镜检，双腔吸虫呈矛形，虫体较片形吸虫小。矛形双腔吸虫大小为（6.67 ～ 8.34）mm×（1.61 ～ 2.14）mm，中华双腔吸虫大小为（3.54 ～ 8.95）mm×（2.03 ～ 3.09）mm。

4. 羊消化道线虫病

类似处：病羊精神沉郁，食欲减退，消瘦，贫血，可视黏膜苍白，腹泻，粪便带血，下颌及颈下水肿。剖检可见腹腔积液增多。

不同处：剖检可见内脏显著苍白；胸、腹腔内有淡黄色渗出液（混合感染腹腔积液呈淡红色）；大网膜、肠系膜胶样浸润；肝、脾出现不同程度的萎缩、变性（混合感染肝脏肿大，肝脏表面有暗红色凝血块和条状物且凸凹不平）；消化道各部有数量不等的相应线虫寄生；真胃黏膜水肿，有时可见虫咬的痕迹和针尖大到粟粒大的小结节（混合感染瘤胃、网胃有大量大米粒样棕红色椭圆形、梨形有吸盘的虫体吸附在胃壁上）；小肠和盲肠黏膜有卡他性炎症，大肠可见到黄色小点状的结节或化脓性结节以及肠壁上遗留下的一些瘢痕性斑点。

5. 羊细颈囊尾蚴病

类似处：病羊体温升高，精神沉郁，黏膜苍白，被毛粗乱、无光泽。剖检可见在肝实质中和肝被膜下虫体移行的虫道，腹腔有血液。

不同处：病羊腹部增大，腹水增加、腹壁有压痛，病程长的可视黏膜黄染。剖检可见，在肠系膜、大网膜、肝脏的浆膜等处有大小不等的乳白色半透明泡囊，囊体直径可达 5 cm 或更多，囊内充满着液体，呈水泡状；肝表面被覆多量灰白色纤维素性渗出物，质地较软（混合感染肝脏表面有暗红色凝血块和条状物且凸凹不平）；肺脏出血，有坏死性结节以及囊体，胸腔内积液增多。

六、防治措施

1. 预防

（1）加强饲养管理。不要把羊舍建在低湿地带，不在有片形吸虫的潮湿牧场上放牧。不让羊只饮用池塘、沼泽、水潭及沟渠里的脏水和死水。对病羊的粪便应经常用堆肥发酵的方法进行安全处理，杀死其中的虫卵；被屠宰的病羊的寄生部位也要严格无害化处理。合理补充精料和矿物质，以提高其抵抗力。

（2）定期驱虫。驱虫是预防该病的重要方法之一，应有计划地进行全群性驱虫，一般于春季和秋末、冬季进行 2 ～ 3 次预防性投药，可在早春（2 月左右）、秋季（9 月中旬）、冬季（12 月）各驱虫 1 次（每次驱虫时中间隔 7 ～ 14 d 各投药 1 次），可选用丙硫咪唑与阿维菌素 2 合 1 乳剂、硝氯酚、硫双二氯酚等驱虫药。

（3）灭螺。灭螺时要特别注意小水沟、小水洼及小河的岸边等处。对于沼泽地和低洼的牧地进行排水，利用阳光暴晒以杀死螺蛳。对于较小而不能排水的死水地，可用 1∶50 000 的硫酸铜溶液定期喷洒，以杀死螺蛳，至少用 5 000 mL/m^2，每年喷洒 1 ～ 2 次。采用生物方法放养大量的鸭子，让鸭子吃光椎实螺，也是很好的办法。

2. 治疗

处方 1：硫双二氯酚，按每千克体重 80 ～ 100 mg，口服，1 次口服，间隔 15 d 投 1 次药。用药后 1 d 有时出现减食和下痢等反应，经过 3 d 左右可以恢复正常。

处方 2：溴羟苯酰苯胺，用药剂量为每千克羊体重 65 mg，经口投服，驱除前后盘吸虫的成虫效果为 100%，对童虫的效果为 87%。

处方 3：六氯对二甲苯，按每千克羊体重 200 mg，灌服，每日 1 次，连用 2 d。

第二十五节　肝片吸虫和莫尼茨绦虫混合感染

肝片吸虫寄生于羊的肝脏胆管引起羊肝片吸虫病，莫尼茨属的绦虫寄生于羊的小肠引起羊莫尼茨绦虫病，二者可发生混合感染。

一、病原

病原为羊肝片吸虫和莫尼茨绦虫。

二、临床症状

病羊精神不振，个别羊食欲废绝，静立或卧在角落，大部分羊被毛粗乱。离群羊结膜苍白，贫血，腹泻，排稀便，下颌水肿，消化功能紊乱，逐渐消瘦。肝脏叩诊区浊音范围扩大，触诊疼痛，腹部触诊有拍水音，个别体温低至 37.5℃。

三、病理变化

剖检可见病死羊消瘦，肌肉颜色淡，腹腔、胸腔积液，置于空气中不凝固；心脏冠状动脉脂肪呈胶冻样，心包积液，心肌松软；肝脏肿大，胆囊充盈，体积增大，在胆囊和肝脏胆管中见有片形吸虫；瘤胃内容物较少，真胃黏膜水肿；肾脏颜色较淡；肠系膜淋巴结水肿，肠黏膜增厚，潮红，有出血点，小肠内见有绦虫。

四、诊断

1. 虫体检查

取胆囊和胆管中的片形吸虫进行观察，肉眼可见其呈树叶状，棕红色，经固定后逐渐变为灰白色，大小为（22 ～ 39）mm×（9 ～ 13）mm，虫体前端有锥状突起。低倍镜下，口吸盘呈圆形，腹吸盘比口吸盘稍大，位于虫体的后方。消化系统由口吸盘底部的口孔、咽、食道和 2 条具有盲端的肠管组成，肠管的外侧枝较多，内侧枝较少。雄性生殖器官由 2 个多分支的睾丸组成，前后排列在虫体的中后部，每个睾丸各有一根输精管，汇合后进入雄茎囊；雌性生殖有一个鹿角状的卵巢，位于腹吸盘后的右侧，输卵管与卵膜相通，在卵模和腹吸盘之间是曲折重叠的子宫，子宫内充满虫卵。左右两侧的卵黄腺汇合后形成一个卵黄囊与卵模相通。无受精囊。体后端中央处有纵行的排泄管。

绦虫呈白色，取绦虫节片，低倍镜下观察，头节较小，近似球形，其上有4个吸盘，没有顶突和小钩。体节宽而短，成节内有两套生殖器官，列于两侧，生殖孔开口于节片的两侧。卵巢和卵黄腺在两侧形成花环状。有数百个睾丸，布满整个体节。子宫呈网状。

2. 虫卵检查

采用沉淀法和饱和盐水浮聚法配合检查粪便虫卵；肝片吸虫虫卵呈椭圆形，黄褐色，长130～150 μm，宽63～90 μm。前端较窄，有卵盖，后端较钝。在较薄而透明的卵内，充满卵黄细胞和一个大的胚细胞。莫尼茨绦虫虫卵呈不正圆形、四角形、三角形或四周隆厚中部较薄的饼形，卵内有特殊的梨形口，内含六钩蚴。

根据临床症状、剖检变化及虫体和虫卵的鉴定，可确诊为肝片吸虫和莫尼茨绦虫混合感染。

五、类症鉴别

1. 羊双腔吸虫病

类似处：两种病羊肝区触诊有痛感，下颌水肿，贫血，腹泻，消化功能紊乱，逐渐消瘦。剖检可见肝脏表面有虫体移行的痕迹，瘢痕；胆管增生、肥厚，呈索状，胆汁暗褐色，内有红色虫体。

不同处：羊双腔吸虫病羊可视黏膜黄染，出现血便、顽固性腹泻，异嗜。剖检所见，病变为胆管出现卡他性炎症，管壁增生、肥厚，胆汁暗褐色，胆管周围结缔组织增生，胆囊、胆管内有数量不等的棕红色狭长虫体。采集虫体并固定，镜检，双腔吸虫呈矛形，虫体较片形吸虫小。矛形双腔吸虫大小为（6.67～8.34）mm×（1.61～2.14）mm，中华双腔吸虫大小为（3.54～8.95）mm×（2.03～3.09）mm。混合感染病例病羊在胆囊和肝脏胆管中见有片形吸虫，小肠内见有绦虫。

2. 羊前后盘吸虫病

类似处：病羊消瘦，高度贫血，黏膜苍白，血液稀薄；眼睑、下颌、胸下及腹下部出现水肿。

不同处：前后盘吸虫病病羊发生顽固性腹泻，粪便呈粥状或水样，恶臭，混有血液。剖检可见病羊皮下脂肪呈胶冻样，颈部皮下有胶冻样物质，瘤胃、真胃和瓣胃的皱襞内有许多暗红色虫体，虫体肥厚，长2～3 cm，宽0.5～1 cm，其数量不等，呈深红色、粉红色，如将其强行从皱襞剥离，可见虫体附着处黏膜充血、出血或留有溃疡灶。混合感染病例病羊在胆囊和肝脏胆管中见有片形吸虫，小肠内见有绦虫。

3. 羊阔盘吸虫病

类似处：病羊均表现消瘦，贫血，腹泻，下颌及胸前水肿。

不同处：阔盘吸虫病病羊剖检可见尸体消瘦，胰腺肿大，胰管因高度扩张呈黑色蚯蚓状突出于胰脏表面。胰管发炎肥厚，管腔黏膜不平，呈乳头状小结节突起，并有点状出血，内含大量虫体。混合感染病例病羊在胆囊和肝脏胆管中见有片形吸虫，小肠内见有绦虫。

4. 羊细颈囊尾蚴病

类似处：病羊均表现体温升高，精神沉郁，黏膜苍白，被毛粗乱、无光泽。剖检可见在肝实质中和肝被膜下可见虫体移行的虫道。

不同处：细颈囊尾蚴病病羊腹部增大，腹水增加、腹壁有压痛，病程长的可视黏膜黄染。在肠系膜、大网膜、肝脏的浆膜等处可见有大小不等的乳白色泡囊，囊体直径可达 5 cm 或更多，囊内充满着液体，呈水泡状。混合感染病例病羊在胆囊和肝脏胆管中见有片形吸虫，小肠内见有绦虫。

5. 羊球虫病

类似处：病羊食欲减退或废绝，逐渐消瘦，贫血，可视黏膜苍白，腹泻。剖检可见肠系膜淋巴结肿大，肠黏膜出血。

不同处：羊球虫病病羊腹部臌胀，眼和鼻黏膜有卡他性炎症；剖检可见肠道黏膜上有淡白、黄色圆形或卵圆形结节，胆管扩张，胆囊内有大量块状物体。混合感染病例病羊在胆囊和肝脏胆管中见有片形吸虫，小肠内见有绦虫。

六、防治措施

1. 预防

（1）定期驱虫。根据当地的寄生虫病的流行情况制订驱虫时间和次数。一般于春季和秋末、冬季进行 2 ～ 3 次预防性投药，可在早春（2 月左右）、秋季（9 月中旬）、冬季（12 月）各驱虫 1 次（每次驱虫时中间隔 7 ～ 14 d 各投药 1 次），可选用丙硫咪唑与阿维菌素 2 合 1 乳剂、硝氯酚、硫双二氯酚等驱虫药。在莫尼茨绦虫病流行地区，凡羔羊开始放牧时，从第 1 天算起，到 30 ～ 35 d，进行绦虫成熟期前驱虫；断奶时再进行 1 次驱虫。成年羊往往是带虫者，应同时驱虫，驱虫后转入清洁的草场放牧。

（2）加强饲养管理。不要把羊舍建在低湿地带，不在潮湿牧场上放牧。不让羊只饮用池塘、沼泽、水潭及沟渠里的脏水和死水。对病羊的粪便应经常用堆肥发酵的方法进行处理，以杀死其中的虫卵；被屠宰的病羊的寄生部位也要严格无害化处理。

（3）开展灭螺工作。灭螺时要特别注意小水沟、小水洼及小河的岸边等处。对于沼泽地和低洼的牧地进行排水，利用阳光暴晒以杀死螺蛳。对于较小而不能排水的死水地，可用 1∶50 000 的硫酸铜溶液定期喷洒，以杀死螺蛳，至少用 5 000 mL/m^2，每年喷洒 1 ～ 2 次。

2. 治疗

处方 1：丙硫苯咪唑，按每千克体重 15 mg，1 次口服，休药期 7 d，间隔半个月后再服用 1 次，以后每 3 个月进行 1 次，连用 3 次。

处方 2：吡喹酮片，按每千克体重 20 mg，1 次口服。

第二十六节　东毕吸虫与肝片吸虫混合感染

东毕属的多种吸虫寄生于牛、羊等动物门静脉和肠系膜静脉内而引起东毕吸虫病，慢性感染可引起家畜贫血、腹泻、水肿、发育不良，影响受胎或发生流产；急性感染可引起牛、羊等家畜死亡；片形属的肝片吸虫寄生于羊的肝脏胆管引起羊肝片吸虫病，导致羊发生急性或慢性肝炎和胆管炎，严重时伴有全身中毒和营养不良，生长发育受到影响，甚至引起大量羊只死亡。两者可发生混合感染。

一、病原

病原为东毕属吸虫和肝片吸虫，其中东毕属吸虫有 6 个种，即土耳其斯坦东毕吸虫、土耳其斯坦东毕吸虫结节变种、程氏东毕吸虫、彭氏东毕吸虫、达氏东毕吸虫及哈氏东毕吸虫。

二、临床症状

病畜精神沉郁，食欲减少，少数食欲废绝，主要表现为日渐消瘦，黏膜苍白、黄染，贫血，眼睑、下颌、胸腹水肿，周期性瘤胃臌气或前胃弛缓，腹泻，被毛粗乱。体温变化不明显，急性病例体温升高，叩诊肝区半浊音界扩大，触诊有压痛。母畜不孕或流产。

三、病理变化

心肌松弛，高度贫血，肺气肿。肝脏充血、肿胀，部分实质变性，表面凸凹不平，有黄白色结节（图 12–26–1），胆管变性，管壁增厚，其内含有大量虫体和浓稠的胆汁或胆盐沉着。小肠壁肥厚，表面粗糙不平，散在分布黄褐色结节，门静脉和肠系膜内有大量虫体，腹腔内有大量腹水。

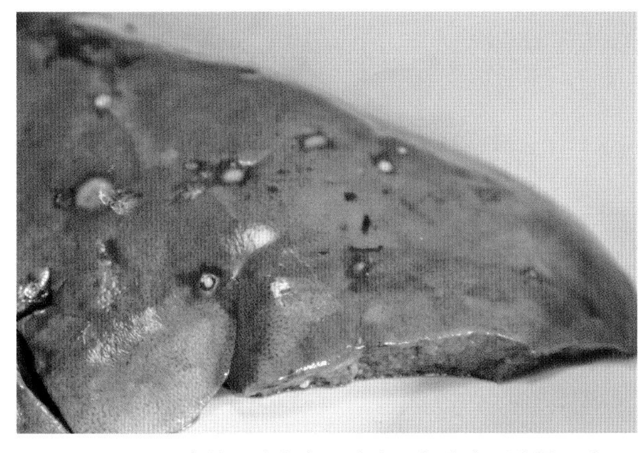

图 12–26–1　病羊肝脏充血、肿胀，部分实质变性，表面凸凹不平，有黄白色结节（周绪正　供图）

四、诊断

1. 剖检检查

根据剖检后在胆管和肠系膜等寄生部位发现东毕吸虫和肝片吸虫虫体可确诊。肝片吸虫虫体较大，确诊较容易；东毕吸虫可切开肝脏，用力挤压，肠系膜血管切开，收集流出的血液，加入水洗涤、沉淀，直至水变清，沉淀后观察虫体。

2. 粪便检查

用粪便水洗沉淀法检查粪便中虫卵，取患畜粪便 50 ～ 100 g，加入量筒内，加适量水混匀后，经 15 ～ 30 min 沉淀，如此反复水洗沉淀 4 ～ 5 次，然后吸取沉渣镜检虫卵。虫卵特征分别参见羊片形吸虫和羊东毕吸虫病相关章节。

3. 毛蚴孵化法

东毕吸虫虫卵很容易造成漏检，多采用虫卵检查加毛蚴孵化法复核的方法。方法参见羊东毕吸虫病相关章节。

五、类症鉴别

1. 羊双腔吸虫病

相似点：病羊肝区触诊有痛感，下颌水肿，贫血，偶见腹泻。剖检可见肝脏表面有虫体移行的痕迹，瘢痕；胆管增生、肥厚，呈索状，胆汁暗褐色，内有红色虫体。

不同点：双腔吸虫病羊可视黏膜黄染，出现血便、顽固性腹泻，异嗜。剖检后取出并固定虫体，镜检，双腔吸虫呈矛形，虫体较片形吸虫小。矛形双腔吸虫大小为（6.67 ～ 8.34）mm×（1.61 ～ 2.14）mm，中华双腔吸虫大小为（3.54 ～ 8.95）mm×（2.03 ～ 3.09）mm。

2. 羊前后盘吸虫病

相似点：病羊均表现消瘦，高度贫血，黏膜苍白，眼睑、下颌、胸下及腹下部出现水肿，腹泻。

不同点：前后盘吸虫病病羊发生顽固性腹泻，粪便呈粥状或水样，恶臭，混有血液。剖检可见病羊瘤胃、真胃和瓣胃的皱襞内有许多暗红色虫体，虫体肥厚，长 2 ～ 3 cm，宽 0.5 ～ 1 cm，其数量不等，呈深红色、粉红色，如将其强行从皱襞剥离，可见虫体附着处黏膜充血、出血或留有溃疡灶。

3. 羊阔盘吸虫病

相似点：病羊均表现消瘦，贫血，下颌及胸前水肿，腹泻。

不同点：阔盘吸虫病病羊经常下痢，粪中常有黏液。剖检可见病羊尸体消瘦，胰腺肿大，胰管因高度扩张呈黑色蚯蚓状突出于胰脏表面。胰管发炎肥厚，管腔黏膜不平，呈乳头状小结节突起，并有点状出血，内含大量虫体。

4. 羊细颈囊尾蚴病

相似点：病羊均表现体温升高，精神沉郁，黏膜苍白，被毛粗乱、无光泽。剖检可见在肝实质中和肝被膜下可见虫体移行的虫道，腹腔有血液。

不同点：细颈囊尾蚴病病羊腹部增大，腹水增加、腹壁有压痛，病程长的可视黏膜黄染。在肠系膜、大网膜、肝脏的浆膜等处可见有大小不等的乳白色泡囊，囊体直径可达 5 cm 或更多，囊内充满着液体，呈水泡状。

5. 羊消化道线虫病

相似点：病羊均表现腹泻，贫血，日渐消瘦，下颌水肿，羔羊发育不良，体温升高，呼吸促迫。

不同点：羊消化道线虫病羊剖检可见消化道各部有数量不等的相应线虫寄生，真胃黏膜水肿，有时可见虫咬的痕迹和针尖大到粟粒大的小结节，大肠可见到黄色小点状的结节或化脓性结节以及肠壁上遗留下的一些瘢痕性斑点。

六、防治措施

1. 预防

（1）消灭中间宿主。要结合水土改造工程，或用灭螺药物杀灭中间宿主，切断东毕血吸虫病和肝片吸虫病的感染途径。

（2）管好水源。选择无螺水源，实行专塘用水或用井水，以杜绝尾蚴的感染。

（3）安全放牧。要全面合理地规划草场，逐步实现划区轮牧，夏季防止牛羊涉水，避免感染尾蚴。

（4）粪便管理。在疫区内将人畜粪便堆积发酵和制造沼气，既可增加肥效，又可杀灭虫卵。

（5）定期驱虫。驱虫不仅是治疗手段，而且是积极的预防措施，因此，要选择有效药物，于春秋两季进行定期驱虫，尤其要在入冬前搞好驱虫，以保证牛羊安全越冬。

2. 治疗

处方 1：用 1.15% 硝硫氰胺（7505），剂量按 6 mL/ 只，先吸取 1 只份药量后，再吸取入等量的 5% 葡萄糖混匀，然后抽入 3% 盐酸麻黄碱注射液 1 mL 混匀，静脉注射。10%氯苯唑（肝蛭净）按每千克体重 0.1 mL，1 次口服。

处方 2：34% 五氯柳胺混悬液，羊按每千克体重 15 mg，1 次口服；20% 碘醚柳胺混悬液，羊按每千克体重 7 ～ 12 mg，1 次口服。

第二十七节　棘球蚴和细颈囊尾蚴混合感染

棘球属绦虫的中绦期、续绦期幼虫——棘球蚴寄生于绵羊、山羊和牛等家畜的肝脏、肺脏和心脏等组织中引起棘球蚴病，细颈囊尾蚴寄生在羊的肝脏浆膜、大网膜、肠系膜甚至肺等处引起细颈囊尾蚴病。二者可发生混合感染。

一、病原

病原为棘球属绦虫的幼虫棘球蚴和泡状带绦虫的幼虫细颈囊尾蚴。

二、临床症状

发病羊消瘦，精神萎靡，被毛枯干、粗乱无光泽，卧地不起；有腹泻症状，粪便稀糊状；黏膜苍白或淡黄。有的羊可触及肝区扩大，叩诊肝浊音区增大，触诊浊音区有疼痛反应；病羊有明显的呼吸障碍、咳嗽气喘，特别是驱赶后咳嗽加剧明显，叩诊肺部有浊音灶，病灶处肺泡呼吸音减弱。

三、病理变化

剖检病羊可见肝、肺表面凹凸不平，重量增加，表面有数量不等、大小不一的棘球蚴囊泡突起，充满透明液体，且内膜上有许多白色的点状头节。病羊肠系膜上有细颈囊尾蚴（俗称水铃铛，呈囊泡状，囊壁乳白色，泡内充满透明液体，囊体有蚕豆大小）寄生。

四、诊断

剖检检查

棘球蚴常寄生于肝、肺、脾、肾、脊髓等部位，以肝、肺最为常见（图 12-27-1）。剖检可见组织、器官有棘球蚴囊泡，正常囊泡呈球形，有的受到阻碍可发育为分枝状，囊内充满无色或微黄的透明液体，有的囊液沉淀后可见大量包囊砂（从胚层脱落的原头蚴和小生发囊），囊体深入机体组织，摘除常随带机体组织，组织实质内亦有囊泡。

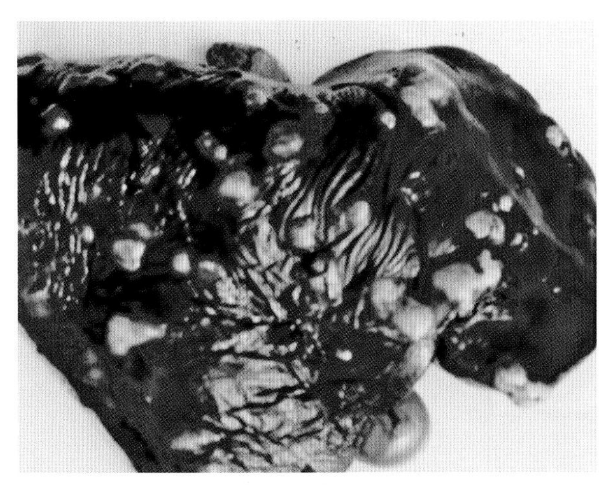

图 12-27-1　寄生棘球蚴的绵羊肝脏（窦永喜　供图）

细颈囊尾蚴常寄生于肠系膜、大网膜和肝脏表面。肠系膜、大网膜表面常可见悬挂的囊状水泡，易于组织分离，囊泡颜色较白，肉眼可见囊内有一白色的小结节（头节），撕去囊泡外膜后头节暴露，头节上有两行小钩，颈细而长，囊内充满无色透明液体，无颗粒状物质。将乳白色结节制成压片镜检，可看到乳白色结节囊壁凹入处含有头节 1 个，为双层囊胚体，凹入处顶端中央有顶突，顶突上 3 对小钩成排排列，即为特征性的六钩蚴。

五、类症鉴别

1. 羊棘球蚴病与羊细颈囊尾蚴病的类比

类似处：轻度感染和感染初期通常无明显症状。病羊体温升高，精神沉郁，营养不良，被毛粗乱、脱落。剖检可见肝脏、肺脏实质中有寄生的虫体。

不同处：羊棘球蚴病肺部感染时有明显的咳嗽，咳后往往卧地，不愿起立。绵羊对棘球蚴敏感，死亡率较高。剖检可见肝、肺表面凹凸不平，重量增大，有数量不等的棘球蚴囊泡突起，肝、肺实质中存在有数量不等、大小不一的棘球蚴包囊，囊内含有大量液体，除不育囊外，囊液沉淀后，即可见大量的包囊砂。有时棘球蚴发生钙化和化脓。此外，在脾、肾、脑、脊髓管、肌肉及皮下偶可见有棘球蚴寄生。

羊细颈囊尾蚴病羔羊症状明显。当肝脏发生炎症时，病羊腹部增大，腹水增加、腹壁有压痛。剖检可见病变，主要表现在肝脏、肠系膜、网膜以及肺脏上。急性病例肝脏增大，肝表面有出血点，在肝实质中和肝被膜下可见虫体移行的虫道。初期虫道内充满血液呈暗红色，以后逐渐变为黄灰色。肝表面被覆大量灰白色纤维素性渗出物，质地较软。急性腹膜炎时，腹腔内积水并混有渗出的血液，积液中能找到幼小的囊尾蚴体。在肠系膜、大网膜、肝脏的浆膜等处可见有大小不等的乳白色泡囊，囊体直径可达 5 cm 或更多，囊内充满着液体，呈水泡状，俗称水铃铛。囊壁上有一不透明的乳白色结节，为细颈囊尾蚴的颈部及内凹的头节所在。将头节的内凹部翻转出来，可见一个细长的颈部与其游离端的头节。肺脏出血，有坏死性结节以及囊体，胸腔内积液增多。

2. 羊结核病

类似处：病羊黏膜苍白，营养不良，消瘦，精神萎靡，被毛枯干，肺部感染时呼吸障碍、咳嗽气喘。剖检可见肝、肺表面凹凸不平，重量增加；肠系膜上有病灶。

不同处：病羊流脓性鼻液；当乳房被感染时，乳房硬化，乳房淋巴结肿大；当患肠结核时，病羊有持续性消化机能障碍，便秘，腹泻或轻度胀气（混合感染有腹泻症状，粪便稀糊状）。剖检可见，肺脏、肝脏和其他器官及浆膜上有特异性结核结节和干酪样坏死灶（混合感染肝、肺表面有数量不等、大小不一的棘球蚴囊泡突起，充满透明液体，且内膜上有许多白色的点状头节）；胸膜上有灰白色半透明珍珠状结节；肠系膜淋巴结有结节病灶（混合感染肠系膜上有细颈囊尾蚴寄生）。

3. 羊片形吸虫病

类似处：病羊精神沉郁，黏膜苍白，被毛粗乱、无光泽。叩诊肝浊音区增大，触诊浊音区有疼痛反应。剖检可见在肝实质中和肝被膜下可见虫体移行的虫道，腹腔有血液。

不同处：病羊不出现咳嗽症状；便秘与腹泻交替发生（混合感染有腹泻症状，粪便稀糊状）。剖检可见肝脏病变严重，胆管扩大及管壁增厚，致使灰黄色的索状物出现于肝的表面，充满着灰褐色的胆汁和虫体，肝脏切面有污黄色的黏稠液体流出，液体中混杂有幼龄虫体；肺的某些部分有局限性的硬固结节，内容物为暗褐色的半液状物质，往往含有 1 ～ 2 条活的或半分解状态的虫体（混合感染肝、肺表面凹凸不平，重量增加，表面有数量不等、大小不一的棘球蚴囊泡突起，充满透明液体，且内膜上有许多白色的点状头节）。

六、防治措施

1. 预防

（1）严防传染源进入饲养场。棘球蚴和细颈囊尾蚴可因带虫的犬、狼、狐狸等传播，犬可能是最主要的传染源，苍蝇对疾病的传播也起着重要作用。因此，饲养场不能养犬，严防狼、狐狸等野生动物进入。

（2）对犬进行定期驱虫。在该病的流行地区应及时给犬进行驱虫，常用药物有吡喹酮，剂量按每千克体重 5 mg，疗效 100%；氢溴酸槟榔碱，剂量按每千克体重 2 mg；盐酸丁奈脒，剂量按每千克体重 25 mg。犬驱虫时一定要把犬拴住，以便收集排出的虫体与粪便，彻底销毁。

（3）加强检疫。中间宿主的家畜屠宰后，应加强肉品卫生检验，对含有棘球蚴、细颈囊尾蚴及其寄生的脏器应进行无害化处理，不得随意丢弃或喂犬。

（4）加强饲养管理。做好羊饲料、饮水及圈舍的清洁卫生及环境卫生工作，排出的羊粪应及时清理、堆积发酵，做好灭蝇与环境消毒工作。每年在春秋两季定期对羊进行驱虫，按每千克体重 25 ～ 30 mg，连续 3 ～ 5 d 服用丙硫咪唑制剂，每日 1 次。外地引进羊要单独隔离观察，确定为健康羊后再混群饲养。

2. 治疗

处方 1：吡喹酮，按每千克体重 50 mg，肌内注射，同时按每千克体重 50 mg，腹腔注射，每日 1 次，连用 5 d。

处方 2：丙硫咪唑制剂，按每千克体重 25 ～ 30 mg，拌料喂服或投服，每日 1 次，连服 5 d。

第二十八节　莫尼茨绦虫和大肠杆菌混合感染

莫尼茨绦虫寄生于羊的小肠引起莫尼茨绦虫病，致病性大肠杆菌引起羊大肠杆菌病。二者可发生混合感染。

一、病原

病原为莫尼茨属的扩展莫尼绦虫或贝氏莫尼茨绦虫和致病性大肠杆菌。

二、临床症状

患羊精神沉郁，反应迟钝，食欲减退，发育迟滞，不同程度地消瘦、腹泻，粪便呈黄绿色带有血丝，有的粪中混有乳白色节片，腹部臌胀，时而回顾腹部，有明显疼痛反应，眼结膜、口腔黏膜及会阴部皮肤苍白，被毛粗乱、无光泽，喜卧地、不愿起立，步态不稳，体温 40 ～ 41℃，睡觉有空口咀嚼动作，口吐白沫。患羊死亡前严重者有角弓反张、抽搐、转圈等神经症状，最后呼吸、脉搏减弱，体温降低，全身衰竭死亡。

三、病理变化

病死羊血液稀薄，呈粉红色，血凝正常；心包膜积液，混浊不清，周围有胶冻样浸润，心肌表面有出血点；胸腔积液，肺部苍白，肝脏质脆、肿大，表面有出血点、白色坏死点，胆囊肿大；腹腔有大量腹水，肾脏肿大；病死羊的胃、小肠、大肠内容物呈灰黄色，肠黏膜充血、出血，肠系膜水肿、充血，肠系膜淋巴结肿大，盲肠臌气，肠壁薄呈透明状，小肠内寄生大量带状分节虫体，长 1 ～ 1.5 cm、宽 1.2 cm 左右，外观呈黄白色（图 12-28-1、图 12-28-2）。

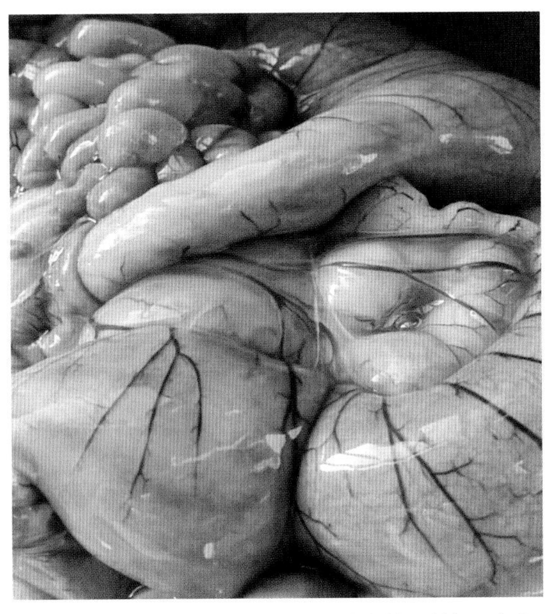

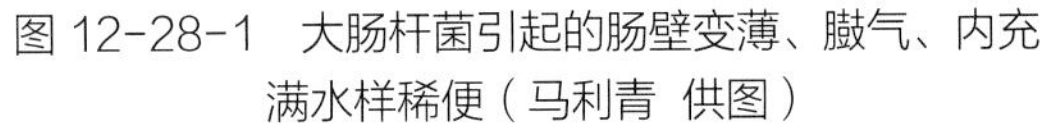
图 12-28-1　大肠杆菌引起的肠壁变薄、臌气、内充满水样稀便（马利青　供图）

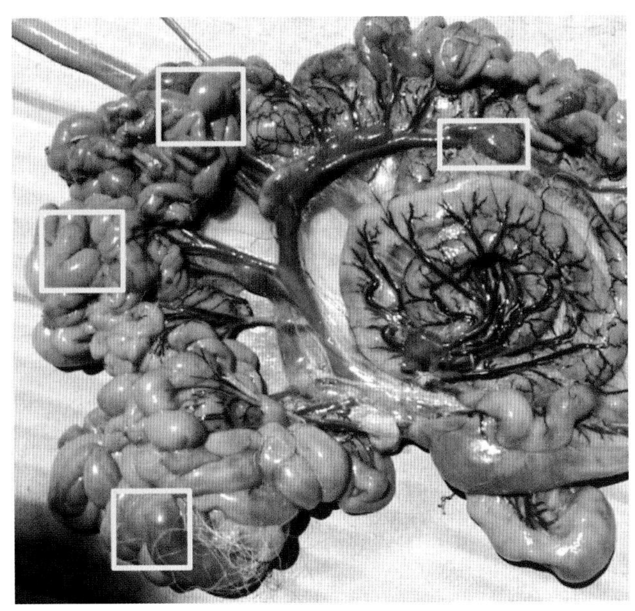

图 12-28-2　大肠杆菌致死后的肠道剖解变化（马利青　供图）

四、诊断

1. 血液检查

无菌采集病羊耳缘静脉血液，进行血液寄生虫检查，结果血液涂片未见任何虫体。

2. 细菌学检查

（1）涂片镜检。无菌取病羊的肺、肝脏、腹水、心包液直接涂片，革兰氏染色和瑞氏染色，镜检发现两极不浓染的阴性短杆菌。

（2）细菌分离鉴定。无菌操作将病变组织分别接种于普通琼脂、血平板、麦康凯培养基、伊红亚甲蓝琼脂培养基，37℃培养 24 h，结果细菌均生长良好。普通琼脂、血液琼脂平板上可见灰白色、湿润，大小为 1.5 ～ 2.0 mm 的圆形菌落；麦康凯培养基上长出红色细菌；伊红亚甲蓝琼脂上产生黑色带金属闪光的菌落。该菌能发酵葡萄糖、乳糖、麦芽糖、甘露醇，产酸产气；吲哚试验阳性、甲基红试验阳性；伏 – 波试验、枸橼酸盐利用试验、硫化氢试验均阴性。

3. 寄生虫检查

（1）节片检查。检查可疑羊粪便中是否有莫尼茨绦虫的孕节片。孕节片长约 1 cm、黄白色、呈米粒状，用载玻片压扁粪便后容易发现。

（2）虫卵检查。

涂片法检查：采集适量新鲜粪便，通过肉眼观察，可看到长度为 1.5 cm、米粒大小的孕卵节片。取洁净的载玻片，把孕卵节片放于玻片中央，滴 2 ～ 3 滴 5% 甘油生理盐水与粪便混合均匀，加盖玻片镜检，发现有大量的灰白色虫卵。

饱和盐水漂浮法：取可疑粪便 5 ～ 10 g，加入 10 ～ 20 倍饱和盐水搅匀，通过 60 目筛网过滤，用直径 5 ～ 10 mm 的铁丝圈与液面平行接触以蘸取表面液膜，将液膜抖落在载玻片上，盖上盖玻片即可镜检。莫尼茨绦虫虫卵呈不正圆形、四角形、三角形或四周隆厚中部较薄的饼形，卵内有特殊的梨形口，内含六钩蚴。

根据临床症状、病理变化和实验室诊断结果，可确诊为莫尼茨绦虫与大肠杆菌病混合感染。

五、类症鉴别

1. 羊球虫病

类似处：病羊均表现食欲减退或废绝，腹部膨胀，逐渐消瘦，贫血，可视黏膜苍白，腹泻。剖检可见肠系膜淋巴结肿大，肠黏膜出血。

不同处：球虫病病羊眼和鼻黏膜有卡他性炎症；剖检可见肠道黏膜上有淡白、黄色圆形或卵圆形结节，胆管扩张，胆囊内有大量块状物体。并不出现痉挛、肌肉抽搐、回转运动、口吐白沫等神经症状；剖检不见肠黏膜增生性变性，小肠内没有大量带状分节虫体。

2. 羊前后盘吸虫病

类似处：病羊均表现精神不振，食欲减退，腹泻，贫血，可视黏膜苍白。

不同处：羊前后盘吸虫病羊剖检可见皮下脂肪呈胶冻样，病程后期眼睑、下颌、胸腹下部水肿，颈部皮下有胶冻样物质，瘤胃、真胃和瓣胃的皱襞内有许多暗红色虫体。前后盘吸虫病羊粪便中没有绦虫节片，也不表现痉挛、回转运动、口吐白沫等神经症状

3. 羊阔盘吸虫病

类似处：病羊均表现消瘦，贫血，可视黏膜苍白，腹泻。

不同处：羊阔盘吸虫病羊下颌及胸前水肿，粪便中无绦虫节片，无神经症状；剖检可见胰腺肿大，胰管因高度扩张呈黑色蚯蚓状突出于胰脏表面；胰管发炎肥厚，管腔黏膜不平，呈乳头状小结节突起，并有点状出血，内含大量虫体。

4. 羊双腔吸虫病

类似处：病羊均表现腹泻，贫血，消化功能紊乱，逐渐消瘦。

不同处：羊双腔吸虫病羊可视黏膜黄染，下颌水肿，肝区触诊有痛感；剖检可见胆管出现卡他性炎症，管壁增生、肥厚，胆汁暗褐色，胆管周围结缔组织增生，胆囊、胆管内有数量不等的棕红色狭长虫体；肝脏表面有虫体移行的痕迹，寄生数量较多时，可使肝脏发生硬变、肿大，肝表面形成瘢痕，胆管呈索状。

5. 羔羊痢疾

类似处：病羊均表现体温升高，运步失调，口吐白沫，死前四肢划动，很少有腹泻症状。腹泻型病羊腹泻，粪便黄白色，含血液、黏液，粪便污染后躯。剖检可见腹泻病羊胃肠黏膜充血、出血、水肿，胃内有乳凝块，肠内有血液，肠系膜淋巴结肿胀。

不同处：羔羊痢疾病羊腹痛剧烈，无头往后仰，粪便含气泡等症状。剖检可见小肠黏膜有直径为 1 ～ 2 mm 大小的溃疡，溃疡周围有一出血带环绕；肺有充血区域或淤血斑；无胸、腹腔和心包大量积液，肿大的关节，滑液混浊内含纤维性脓性絮片，内脏器官表面有出血点症状。

6. 羊沙门氏菌病

类似处：病羊均表现体温升高，精神委顿，口吐白沫、抽搐、头后仰、四肢划动，低头拱背等神经症状，食欲减退，下痢，污染其后躯和腿部，病羔脱水。剖检可见肠系膜淋巴结肿大、充血。

不同处：沙门氏菌侵害孕羊会致其流产或产死胎。病羔羊初期下痢为黑色并混有大量泥糊样粪便，喜食污秽物，后期下痢呈喷射状；剖检可见真胃和肠道内空虚，胆囊肿大，胆汁充盈。大肠杆菌病肠型粪便呈黄、灰色，混有气泡、乳凝块，粪便中无绦虫孕节片；剖检可见肠胃内乳凝块发酵，胃、肠黏膜充血、水肿、出血；败血性胸、腹腔和心包大量积液，肿大关节滑液混浊，内含纤维性脓性絮片，脑膜充血、出血，内脏器官有出血点。

六、防治措施

1. 预防

（1）定期驱虫。在莫尼茨绦虫病流行地区，羔羊开始放牧时，从第 1 天算起，到 30 ～ 35 d，进行绦虫成熟期前驱虫；断奶时再进行 1 次驱虫。成年羊往往是带虫者，应同时驱虫，驱虫后转入清洁的草场放牧。

（2）加强饲养管理。平时做好羊群的驱虫工作，搞好羊舍卫生，定期消毒，消灭地螨。使用 20% 生石灰水或 5% 克辽林溶液喷洒、洗刷羊舍、饲具。对粪便和垫草要堆肥发酵，杀死寄生虫和细菌。对新鲜采集的牧草等要清洗干净或者在阳光下暴晒后再喂羊群，最好采用干牧草饲喂。在羊群饮水中添加电解多维，投放富矿舔砖，适当补充精料，以增强羊群体质。加强怀孕母羊、产羔母羊和羔羊的饲养管理，及时让羔羊吃上初乳。

（3）合理放牧。羊莫尼茨绦虫的中间宿主为地螨，地螨主要分布在潮湿肥沃的土地里，特别是在雨后的牧场，地螨数量将明显增加，因此，羊群最好采取圈养，防止其食入附着地螨的饲草。对于放牧的羊群，避免在潮湿的草地采食，尽量避免在雨天、清晨和黄昏进行放牧，防止感染虫体。

2. 治疗

处方 1：阿苯达唑，患羊按每千克体重 20 mg，连用 4 d。10% 葡萄糖 500 mL、维生素 C 20 mL、维生素 B_1 10 mL，肌苷、三磷酸腺苷等，静脉滴注。恩诺沙星注射液，按每千克体重 2.5 mg，肌内注射，每日 2 次，连用 3 d。

处方 2：丙硫咪唑，按每千克体重 20 mg，口服，每日 1 次，连用 2 d；同时选用环丙沙星注射液，按每千克体重 0.1 ～ 0.2 mL，配合地塞米松 2 mL/ 只羊，肌内注射，每日 1 次，连用 3 d，对病重羊强心补液、补铁、硒、维生素 C 和维生素 B_{12}。

第二十九节　脑包虫和鼻蝇蛆混合感染

羊脑包虫（脑多头蚴）寄生于绵羊、山羊、黄牛、牦牛等有蹄类草食动物的脑及脊髓中引起脑包虫病，羊鼻蝇的幼虫羊鼻蝇蛆寄生在羊的鼻腔及附近腔窦内所引起羊鼻蝇蛆病，二者可混合感染。

一、病原

病原为脑多头蚴和羊鼻蝇的幼虫羊鼻蝇蛆。

二、临床症状

病羊消瘦，精神沉郁，食欲减退，呼吸困难，出现喷鼻，甩鼻，摩擦鼻部，摇头，流脓性鼻液，带血，并发出咳嗽声音。还表现运动失调，原地转圈，低头，呆立不动等症状。

三、病理变化

剖检可见病羊鼻腔有大量羊鼻蝇幼虫存在，鼻窦内也发现羊鼻蝇幼虫。鼻腔内有大量黏液，鼻黏膜充血、水肿，上呼吸道水肿。打开颅腔，剥开脑组织，在大脑发现鸡蛋大囊泡，囊内充满无色透明液体，外层为角质膜，虫体相接的颅骨处，出现骨质松软、变薄。

四、诊断

显微镜镜检观察，鼻腔、鼻窦内幼虫为羊鼻蝇蛆第 3 期幼虫（成熟幼虫），幼虫体长 28 ～ 30 mm，前端细小并有 1 对黑色口前钩，背面隆起，腹面扁平，虫体背面无刺，后端齐平，有一对黑色气孔，各节上具有棕褐色带斑。

对大脑提取的囊状物进行检查，存在囊状多头蚴，乳白色，半透明的囊泡，囊内充满液体，呈卵圆形，直径 5 cm 大小，囊壁由两层膜组成，其中，内膜上有许多白色的点状头节。取囊内膜上的头节置于载玻片上，滴加少量生理盐水，低倍镜下观察，头节有 4 个吸盘，顶突上有 20 ～ 32 个小钩，排成两行。

根据病羊的临床症状、病理变化和实验室诊断，可确诊为脑多头蚴和羊鼻蝇蛆混合感染。

五、类症鉴别

1. 羊脑包虫病与羊鼻蝇蛆病类比

类似处：病羊精神沉郁，表现运动失调，旋转运动，头弯向一侧等神经症状。

不同处：羊脑包虫病剖检病羊脑部，前期急性死亡的可见脑膜炎和脑炎病变，脑膜上有六钩蚴移行时留下的弯曲痕迹；后期病程中剖检时，可在大脑某个部位找到一个或更多囊体，位于大脑、小脑或脊髓的浅层或深部。与虫体接触的头骨骨质变薄、松软，甚至穿孔，致使皮肤向表面隆起。在多头蚴寄生的部位脑组织萎缩，靠近多头蚴的脑组织，呈现炎性变化，有时可能扩展到整个的一侧脑半球。有时出现坏死，其附近血管发生外膜细胞增生；有时多头蚴萎缩变性并钙化。

羊鼻蝇蛆病羊初期表现为打喷嚏，甩鼻子，磨鼻，磨牙，流泪，眼睑浮肿，流鼻液，干涸后形成鼻痂皮。剖检可见鼻腔黏膜和额窦黏膜发炎和肿胀，可在鼻腔、鼻窦或额窦内发现各期幼虫。病

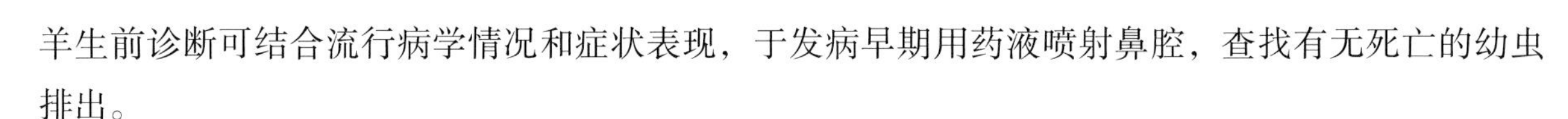
羊生前诊断可结合流行病学情况和症状表现，于发病早期用药液喷射鼻腔，查找有无死亡的幼虫排出。

2. 羊反刍兽绦虫病

类似处：病羊精神不振，食欲减退，消瘦，出现转圈、肌肉痉挛或头向后仰等神经症状。

不同处：病羊主要表现为消化系统病变（混合感染主要表现为呼吸系统病变）。可见腹泻，粪中混有虫体节片，有时还可见虫体一段吊在肛门外。若虫体阻塞肠管，出现肠臌胀、腹痛。濒死期，病羊仰头倒地，咀嚼，口周围有泡沫，对外界反应丧失，全身衰竭而死。剖检可见小肠内有绦虫。

3. 羊肺线虫病

类似处：病羊消瘦，精神沉郁，食欲减退；呼吸困难，打喷嚏，咳嗽；鼻流黏稠分泌物，干涸后形成鼻痂。

不同处：病羊剧烈咳嗽，运动时和夜间咳嗽更为显著，此时呼吸声明显粗重，如拉风箱的声音，常咳出含有虫卵及幼虫的黏稠痰液（混合感染咳嗽症状不显著）；贫血、黏膜苍白；头、胸及四肢水肿。剖检可见主要病变在肺部（混合感染主要病变在上呼吸道及脑部），肺膨胀不全和部分肺叶气肿，肺表面有肉样、坚硬的小结节；肺的底部有透明的大斑块，支气管中有多量脓性黏液并有血丝的分泌物团块；气管、支气管及细支气管内可发现数量不等的大、小肺线虫。

六、防治措施

1. 预防

（1）药物预防。消灭羊舍或牧场上的羊鼻蝇成虫，在成虫飞翔季节，在羊鼻腔周围与鼻部涂擦1%敌敌畏软膏。隔 7 d 换药 1 次，可防成虫飞进鼻腔与杀死幼虫。

（2）合理放牧。夏季中午炎热的时候，也是羊鼻蝇最活跃期，应把羊赶到有阴凉的树下或凉棚里休息，不在天热的中午放牧，即可避免羊鼻蝇的危害。羊吃不饱，放牧时间不够用，可夜牧羊群，没有羊鼻蝇的危害和打扰，夜牧是最好不过的有效举措。

（3）杀灭鼻蝇。羊舍或羊圈及运动场地，是羊鼻蝇生存的最好环境，用敌百虫进行定期喷洒，以杀死成蝇，减少感染，切断羊鼻蝇的生活史，就能大为减少其繁殖率。可在每年 3—4 月，在羊舍或羊圈四周及屋角下，挖掘蛆蛹，打死或烧掉均可，防止天热后，在土里羽化成蝇。

（4）驱赶、捕杀终末宿主。注意驱赶意图靠近羊群的野犬、狼、豺、狐等多头蚴的终末宿主，以防病原的循环扩散感染，必要时进行捕杀。对牧羊犬进行定期驱虫，排出的犬粪便和虫体应深埋或烧毁。每年的 6 月中旬、10 月中旬及时对育成羊连续驱虫 2 次。

2. 治疗

（1）药物治疗。全群羊口服吡喹酮按每千克体重 50 mg，5 d 为 1 个疗程，连用 2 个疗程；用1%敌百虫溶液喷冲鼻腔，连用 1 周；1%伊维菌素溶液皮下注射。

（2）手术摘除法。羊脑部手术是治疗脑包虫病的有效方法之一，但脑包虫的寄生数量、部位较为复杂，脑部手术难度大，因此，完全依靠手术方法无法根治，应结合药物治疗。

根据病羊所呈现的典型症状，结合临床健康检查，确定虫体寄生的部位，然后对病羊进行手术。

术前处理：先剪去手术部位的毛，然后用 0.05% 的高锰酸钾液冲洗消毒术部，再用 3% 的碘酒将手术部位涂擦 1 次，用普鲁卡因作局部浸润麻醉，15 min 后侧卧保定，固定头部。用手术刀把皮肤作“U”字形切开，用止血钳与纱布止血。

手术操作：右手持手术刀呈 45°，划开骨膜（有条件的可用开颅器），用镊子轻轻夹起骨膜。当囊泡位于脑硬膜下，囊泡会因压力部分自行脱出，再把羊头侧转，因囊泡液体流动，可迫使囊泡脱出。若虫体寄生在大脑中间时，应避开脑部血管，轻轻划开脑膜，在脑膜边缘用止血钳轻轻向两边按压，囊泡也可因腔内压力脱出一部分，当不能完全脱出时，可根据情况采用无齿止血钳（或将钳齿用橡胶管套住）夹住泡体做捻转动作，泡液聚集过多时可用注射器按在 12 ～ 16 号针头抽取泡液，边捻边抽；当泡体脱出过多时，可将羊头部朝地，当多头蚴寄生部位较深时，可用 12 号针头连接 10 cm 的硬胶管避开脑血管插入泡体预诊所在部位，用注射器抽吸，当有流体吸入时，可证实有虫体存在。一般将虫体吸入的可能很小，这时用无齿直头止血钳顺针头的孔边插入，夹住泡体边捻转边抽出虫体；就有泡液流出，这时应急速捻转泡体，以免头节流出泡体滞留于脑部。

缝合处理：泡体取出后用灭菌纱布将术部擦干，盖上骨膜，撒上磺胺结晶粉，皮肤结节缝合，伤口周围用 5% 的碘酊涂擦消毒，用灭菌敷料包扎，伤口可用青霉素粉消炎，但禁止直接用在脑体上，以免过敏而导致死亡。

术口处理：根据临床经验，脑部损伤不严重者，只要精心护理一般都能恢复。术后立即注射安痛定 10 mL，一般注射 1 ～ 2 次即可；肌内注射磺胺嘧啶钠 10 mL，每日 2 次，一般注射 5 ～ 7 d。对体质较差、术后不能站立的，可静脉注射 10% 的葡萄糖 250 ～ 500 mL，并加入适量维生素 B_1、维生素 C，对于病情严重而久卧不起的还可给予舒筋活血、调理胃肠功能的中药。

第三十节　双腔吸虫、细颈囊尾蚴和棘球蚴混合感染

矛形双腔吸虫和中华双腔吸虫等寄生于羊的肝脏的胆管和胆囊内引起羊双腔吸虫病，泡状绦虫的幼虫细颈囊尾蚴寄生在羊的肝脏浆膜、大网膜、肠系膜甚至肺等处引起细颈囊尾蚴病，又称包虫病，棘球属绦虫的中绦期、续绦期幼虫——棘球蚴寄生于绵羊、山羊和牛等家畜的肝脏、肺脏和心脏等组织中引起棘球蚴病，这三类寄生虫可发生混合感染。

一、病原

病原为双腔吸虫属的矛形双腔吸虫或中华双腔吸虫、细颈囊尾蚴以及棘球属绦虫的中绦期、续绦期幼虫——棘球蚴。

二、临床症状

病羊膘情普遍差，精神状态不好，被毛枯干、粗乱、无光泽，个别羊躺卧、昏睡，不愿起立、行走，手摸消瘦体轻。有的羊发热、虚弱，卧地不起；有的羊腹泻，粪便稀糊状或稀薄如水，黏膜苍白或淡黄；有的羊可触及肝区扩大，叩诊肝浊音区增大，触诊浊音区有疼痛反应。有的羊连续咳嗽后倒卧地上，不能站起。有些羊的体温、呼吸、反刍尚正常。

三、病理变化

剖检可见胃肠臌气，肠壁变薄。肾脏、脾脏基本正常。腹腔前半部恶臭、黄染。肝脏肿大、变性，边缘增厚，呈黄褐色，质脆，不小心就会弄破。胆囊肿大、变性，胆汁外溢。在肝胆管和胆囊内发现数以万计的形似柳叶状、体扁平、半透明、棕红色虫体，疑似双腔吸虫。有的羊在大网膜、肠系膜上找到 1 ～ 3 个细颈囊尾蚴（俗称水铃铛，呈囊泡状，囊壁乳白色，泡内充满透明液体，囊体由黄豆大到鸡蛋大）寄生。有的羊在肝脏、肺脏处找到大小不一、近似球形的包囊，内含无色或微黄色的透明液体，疑似棘球蚴感染。

四、诊断

1. 剖检检查

在胆管、胆囊和肠系膜静脉等寄生部位发现双腔吸虫虫体可确诊。双腔吸虫狭长呈矛形，棕红色，大小为（6.67 ～ 8.34）mm×（1.61 ～ 2.14）mm，体表光滑。

棘球蚴常寄生于肝、肺、脾、肾、脊髓等部位，以肝、肺最为常见。剖检可见组织、器官有棘球蚴囊泡，正常囊泡呈球形，有的受到阻碍可发育为分枝状，囊内充满无色或微黄的透明液体，有的囊液沉淀后可见大量包囊砂（从胚层脱落的原头蚴和小生发囊），囊体深入机体组织，摘除常随带机体组织，组织实质内亦有囊泡。

细颈囊尾蚴常寄生于肠系膜、大网膜和肝脏表面。肠系膜、大网膜表面常可见悬挂的囊状水疱，易于组织分离，囊泡颜色较白，肉眼可见囊内有一白色的小结节（头节），撕去囊泡外膜后头节暴露，头节上有两行小钩，颈细而长，囊内充满无色透明液体，无颗粒状物质。将乳白色结节制成压片镜检，可看到乳白色结节囊壁凹入处含有头节 1 个，为双层囊胚体，凹入处顶端中央有顶突，顶突上 3 对小钩成排排列，即为特征性的六钩蚴。

2. 粪便检查

用粪便水洗沉淀法检查粪便中虫卵，取患畜粪便 50 ～ 100 g，加入量筒内，加适量水混匀后，经 15 ～ 30 min 沉淀，如此反复水洗沉淀 4 ～ 5 次，然后吸取沉渣镜检虫卵。

五、类症鉴别

1. 羊双腔吸虫病、羊棘球蚴病与羊细颈囊尾蚴病的类比

类似处：轻度感染和感染初期通常无明显症状。严重感染时病羊精神沉郁，营养不良，被毛粗

乱、脱落。剖检可见肝脏表面有虫体移行的痕迹，肝脏实质中有寄生的虫体。

不同处：羊双腔吸虫病羊可视黏膜黄染，下颌水肿，消化功能紊乱，出现血便、顽固性腹泻、异嗜、贫血，逐渐消瘦，粪便有血腥味，体温升高，肝区触诊有痛感。剖检可见主要病变为胆管出现卡他性炎症，管壁增生、肥厚，胆汁暗褐色，胆管周围结缔组织增生。肝脏表面有虫体移行的痕迹。肠系膜严重水肿，腹腔、心包积液。胆囊、胆管内有数量不等的棕红色狭长虫体。寄生数量较多时，可使肝脏发生硬变、肿大，肝表面形成瘢痕，胆管呈索状。

羊棘球蚴病肺部感染时有明显的咳嗽，咳后往往卧地，不愿起立。绵羊对棘球蚴敏感，死亡率较高。剖检可见肝、肺表面凹凸不平，重量增大，有数量不等的棘球蚴囊泡突起，肝、肺实质中存在有数量不等、大小不一的棘球蚴包囊，囊内含有大量液体，除不育囊外，囊液沉淀后，即可见大量的包囊砂。有时棘球蚴发生钙化和化脓。此外，在脾、肾、脑、脊髓管、肌肉及皮下偶可见有棘球蚴寄生。

羊细颈囊尾蚴病羔羊症状明显。当肝脏发生炎症时，病羊腹部增大，腹水增加、腹壁有压痛。剖检可见病变主要表现在肝脏、肠系膜、网膜以及肺脏上。急性病例肝脏增大，肝表面有出血点，在肝实质中和肝被膜下可见虫体移行的虫道。初期虫道内充满血液呈暗红色，以后逐渐变为黄灰色。肝表面被覆多量灰白色纤维素性渗出物，质地较软。急性腹膜炎时，腹腔内积水并混有渗出的血液，积液中能找到幼小的囊尾蚴体。在肠系膜、大网膜、肝脏的浆膜等处可见有大小不等的乳白色泡囊，囊体直径可达 5 cm 或更多，囊内充满着液体，呈水泡状，俗称“水铃铛”。囊壁上有一不透明的乳白色结节，为细颈囊尾蚴的颈部及内凹的头节所在。将头节的内凹部翻转出来，可见一个细长的颈部与其游离端的头节。肺脏出血，有坏死性结节以及囊体，胸腔内积液增多。

2. 羊前后盘吸虫病

类似处：病羊消瘦，精神沉郁，卧地，昏睡。

不同处：前后盘吸虫病羊高度贫血，血红蛋白含量降到 40% 以下；顽固性腹泻，粪便呈粥状或水样，恶臭，混有血液。剖检可见血液稀薄如水，皮下脂肪呈胶冻样，颈部皮下有胶冻样物质，各脏器色淡；瘤胃、真胃和瓣胃的皱襞内有许多暗红色虫体，而混合感染虫体主要寄生于肝脏、肺脏、胆囊中。

3. 羊阔盘吸虫病

类似处：病羊消化功能紊乱，精神委顿，消瘦，贫血，可视黏膜苍白。

不同处：阔盘吸虫病羊下颌及胸前水肿，经常下痢，粪中常有黏液。剖检可见病变主要在胰腺，胰腺肿大，胰管因高度扩张呈黑色蚯蚓状突出于胰脏表面；胰管发炎肥厚，管腔黏膜不平，呈乳头状小结节突起，并有点状出血，内含大量虫体，混合感染虫体主要寄生于肝脏、肺脏、胆囊中。

4. 羊消化道线虫病

相似点：病羊消化功能紊乱，精神委顿，消瘦，贫血，黏膜苍白。

不同点：消化道线虫病羊下颌及颈下水肿，血便。剖检可见病羊消化道各部有数量不等的相应线虫寄生；真胃黏膜水肿，有时可见虫咬的痕迹和针尖大到粟粒大的小结节；小肠和盲肠黏膜有卡他性炎症，大肠可见到黄色小点状的结节或化脓性结节以及肠壁上遗留下的一些瘢痕性斑点。

5. 羊片形吸虫病

类似处：病羊精神沉郁，黏膜苍白，被毛粗乱、无光泽。叩诊肝浊音区增大，触诊浊音区有疼

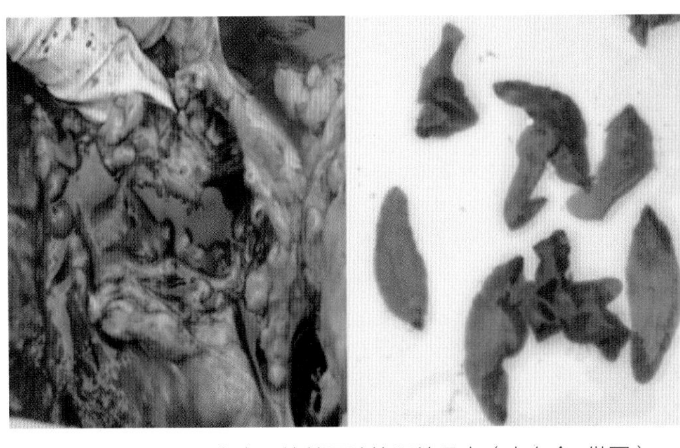
图 12-30-1　寄生于绵羊肝脏的肝片吸虫（李有全 供图）

痛反应。剖检可见在肝胆管中有虫体。

不同处：片形吸虫病羊不出现咳嗽症状；便秘与腹泻交替发生（混合感染有腹泻症状，粪便稀糊状）。剖检可见肝脏病变严重，胆管扩大及管壁增厚，致使灰黄色的索状物出现于肝的表面，充满着灰褐色的胆汁和虫体，肝脏切面有污黄色的黏稠液体流出，液体中混杂有幼龄虫体（图 12-30-1）；肺的某些部分有局限性的硬固结节，内容物为暗褐色的半液状物质，往往含有 1 ～ 2 条活的或半分解状态的虫体；混合感染肝脏、肺脏处可见大小不一、近似球形的包囊，内含无色或微黄色的透明液体。

6. 羊结核病

类似处：病羊黏膜苍白，营养不良，消瘦，精神萎靡，被毛枯干。剖检可见肝、肺表面凹凸不平，重量增加；肠系膜上有病灶。

不同处：结核病羊流脓性鼻液；当乳房被感染时，乳房硬化，乳房淋巴结肿大，病羊有持续性消化机能障碍，便秘，腹泻或轻度胀气，而混合感染有腹泻症状，粪便稀糊状。结核病羊剖检可在肺脏、肝脏和其他器官及浆膜上有特异性结核结节和干酪样坏死灶，混合感染肝、肺表面有数量不等、大小不一的棘球蚴囊泡突起，充满透明液体，且内膜上有许多白色的点状头节；结核病羊胸膜上可见灰白色半透明珍珠状结节，肠系膜淋巴结有结节病灶，而混合感染肠系膜上有细颈囊尾蚴寄生。

六、防治措施

1. 预防

（1）合理放牧。改变传统的粗放式饲养管理模式，随着季节气候变化而采取灵活多样的方式，将早出晚归改为迟出早归，防止羊吃入冰冻、带霜的饲草，或者改为舍饲圈养更好。若放牧要转移到高燥的草场，每年应采取轮牧制度，尽量避免去低洼、潮湿、死水滩、水质差的草地。

（2）严防传染源进入饲养场。棘球蚴和细颈囊尾蚴可因带虫的犬、狼、狐狸等传播，犬可能是最主要的传染源，苍蝇对疾病的传播也起着重要作用。因此，饲养场不能养犬，严防狼、狐狸等野生动物进入。

（3）对犬进行定期驱虫。在该病的流行地区应及时给犬进行驱虫，常用药物有吡喹酮，剂量按每千克体重 5 mg，疗效 100%；氢溴酸槟榔碱，剂量按每千克体重 2 mg；盐酸丁奈脒，剂量按每千克体重 25 mg。犬驱虫时一定要把犬拴住，以便收集排出的虫体与粪便。

（4）加强饲养管理。做好羊饲料、饮水及圈舍的清洁卫生及环境卫生工作，排出的羊粪应及时清理、堆积发酵，做好灭蝇与环境消毒工作。每年在春秋两季定期对羊进行驱虫，按每千克体重 25 ～ 30 mg，连续 3 ～ 5 d 服用丙硫咪唑制剂，每日 1 次。外地引进羊要单独隔离观察，确定为健康羊后再混群饲养。发现病羊立即隔离，妥善处理死羊和粪便。将平时及驱虫后的粪便及时堆积发酵，用生物热杀灭虫卵。

（5）灭螺、灭蚊。因地制宜，结合改良牧地开荒种草，除去灌木丛或采取烧荒等措施杀灭宿主。牧场可养鸡灭螺，人工捕捉蜗牛。疾病严重流行的区域，可用氯化钾灭螺，每平方米用 20 ～ 25 g。可采用 0.02% 硫酸铜对低洼、潮湿草地进行喷洒（灭螺、蜗牛等）。也可排水以改造死水洼地。

2. 治疗

处方 1：海涛林，按每千克体重 30 ～ 40 mg 配成混悬液，灌服。

处方 2：吡喹酮，按每千克体重 50 mg，肌内注射。

处方 3：丙硫咪唑，按每千克体重 30 mg，灌服。

处方 4：硝氯酚（拜耳 9015），按每千克体重 5 mg，口服。

处方 5：硫双二氯酚，按每千克体重 80 ～ 100 mg 配成混悬液，灌服。

处方 6：氯硝柳胺，按每千克体重 70 ～ 80 mg，口服。

第三十一节　产气荚膜梭菌、腐败梭菌、巴氏杆菌和附红细胞体混合感染

产气荚膜梭菌的 C 型引起羊猝狙，D 型引起羊肠毒血症，腐败梭菌引起羊快疫，巴氏杆菌可引起羊巴氏杆菌病，附红细胞体引起附红细胞体病。这些病原可发生混合感染。

一、病原

病原为产气荚膜梭菌 C 型或 D 型、腐败梭菌、多杀性巴氏杆菌或溶血性巴氏杆菌、羊附红细胞体。

二、临床症状

体温升高 41 ～ 42℃，精神沉郁，食欲减退或废绝，呼吸急促，心跳加快，心功能衰竭，肩前淋巴结肿大，部分排带血及腐败物样粪便。初期可视黏膜潮红，便秘。后期个别羊只出现血红蛋白尿，可视黏膜苍白，腹泻，血液稀薄，高度贫血，有的病羊出现磨牙，流涎，侧卧，头向后仰，全身颤抖，四肢强烈划动等神经症状，很快死亡。

三、病理变化

血液凝固不良。整体病变呈败血症变化，全身皮下有出血斑点，肺部有胶冻样渗出物。咽喉淋巴结肿大有出血点，肝脾肿大，表面有米粒大出血点。瘤胃、瓣胃、网胃有轻度出血，皱胃空虚，

有弥漫性出血点；整个肠道均有出血，肠黏膜脱落，肠内容物呈黑红色，有腐败气味。胆囊肿大，肾脏皮质部有出血点，膀胱有出血点且弹性减弱，积尿呈黄色。

四、诊断

1. 血液检查

（1）血液压片镜检。取发病羊耳静脉血 1 滴于载玻片上，加等量生理盐水，混匀，加盖玻片，在 400 ～ 600 倍镜下观察，可见到红细胞大部分变形，呈星状或菜花状，被许多球形体附着、包围，在血浆中震颤或上下左右摆动，血浆中也有少量圆形虫体，在红细胞内可见附红细胞体具有较强的折光性，中央发亮，形似空泡快速游动，做收缩、旋转运动。

（2）血液染色镜检。取耳静脉血 1 滴于载玻片上推片，自然干燥，吉姆萨染色后油镜观察，可见红细胞边缘不整齐，呈菜花状或圆形、椭圆形的紫红色虫体，虫体具有折光性，中央发亮，形似气泡。

2. 细菌学检查

（1）直接涂片镜检。无菌采集肝脏、脾脏及肾脏涂片，染色镜检，可见革兰氏染色阴性的卵圆形的小短杆菌，有荚膜和无荚膜 2 种革兰氏阳性粗大杆菌，肝被膜触片可见无关节的长菌丝，瑞氏染色条件下两端钝圆的小短杆菌。

（2）细菌分离培养。无菌采集肝脏、脾脏及肾脏接种于鲜血琼脂平板、麦康凯琼脂培养基、葡萄糖血液琼脂，37℃分别厌氧、有氧培养 24 h。

鲜血琼脂平板上可见灰白色、半透明、光滑、湿润、隆起、边缘整齐的露滴状小菌落，直径为 1 ～ 2 mm，于 45° 折光观察，出现荧光现象，即呈现蓝绿色带金光，边缘有黄红色光带；取典型菌落制涂片，革兰氏染色为阴性两极浓染的短小杆菌，将典型菌落接种于三糖铁琼脂斜面可生长，底部变黄。

厌氧条件下葡萄糖血液琼脂上形成中央隆起或圆盘样大菌落，菌落表面有放射状条纹，边缘锯齿状、灰白色、半透明，外观似“勋章样”。染色镜检见革兰氏染色阳性、有荚膜的粗大杆菌。将该培养物接种于加硫酸钠和三氯化铁的蛋白胨牛乳培养基和牛乳培养基中，发现蛋白胨牛乳培养基变黑，牛乳培养基由紫变黄，乳被凝固，并产生大量气体，形成“暴烈发酵”现象。

厌氧条件下葡萄糖血液琼脂和麦康凯琼脂培养基上形成中间微隆起，边缘不规则的丝状突起，菌落形态呈心脏形或扁豆形、淡灰色、周围有 β 溶血环。染色镜检见有鞭毛，无荚膜，革兰氏染色阳性粗大杆菌。用肝、肾制成 1∶5 乳剂，尾静脉注射小白鼠 0.2 mL，家兔灌服 3 mL，均死亡。或用分离培养的肉汤培养物用生理盐水 10 倍稀释，肌内注射接种 3 只豚鼠，0.5 mL/ 只，对照组注射等量生理盐水，试验组豚鼠于 9 ～ 24 h 死亡。用实验动物肝被膜触片检查，都见到革兰氏阳性大杆菌和无关节的长菌丝。取肝做血糖琼脂培养，涂片镜检结果同前。

五、类症鉴别

1. 羊黑疫

类似处：两种病的最急性病例的病羊均表现突然死亡，临床症状不明显。病程长的可见病羊均表现精神沉郁，体温升高，食欲不振或废绝，呼吸急促，离群，卧地，呼吸困难，常呈俯卧姿势昏睡而死。

不同处：羊黑疫冬季少见，多发于春夏季节，发病常与肝片吸虫的感染侵袭密切相关。剖检可见病羊皮下静脉显著淤血，使羊皮呈暗黑色外观；肝脏表面和深层有数目不等的凝固性坏死灶，呈灰黑不整圆形，周围有一鲜红色充血带围绕，坏死灶直径可达 2 ～ 3 cm，切面呈半月形，肝脏的坏死变化具有重要诊断意义。

2. 羊链球菌病

类似处：两种病的最急性型病例常在短时间内死亡，不见明显的临床症状。急性型病例均表现体温升高，精神沉郁，食欲减退；咳嗽，呼吸急促、困难；可视黏膜潮红，腹泻，血便。慢性型病例消瘦，僵硬。

不同处：急性型链球菌病病例病羊咽喉、下颌淋巴结肿大。孕羊阴门红肿，流产。剖检可见病死羊尸僵不全，各脏器广泛出血，淋巴结肿大；鼻腔、咽喉、气管黏膜出血，肺水肿、气肿、出血，有时呈肝变区、坏死部与胸壁粘连；肝脏、胆囊肿大，胆汁外渗；靠近胆囊的十二指肠呈黄色；肾脏变白、质软、有贫血性梗死区；第三胃内容物如石灰；腹腔器官的浆膜面附有纤维素。取脏器组织涂片镜检，可见双球形或带有荚膜 3 ～ 5 个相连的革兰氏阳性球菌。

3. 羊钩端螺旋体病

类似处：病羊均表现体温升高，血红蛋白尿，尿液呈暗红色，可视黏膜潮红。剖检可见血液稀薄如水，凝固不良。

不同处：钩端螺旋体病病羊体温最高可达 42.5℃，流泪，鼻流黏液脓性或脓性分泌物，鼻孔周围的皮肤出现破裂；胃肠道弛缓，便秘；耳部、躯干及乳头处的皮肤发生坏死。剖检骨骼肌软且多汁，呈柠檬黄色，胸、腹腔有黄色液体；肺脏黄染；肾脏快速增大，被膜极易剥离，髓质与皮质的界线消失，组织柔软而脆弱；病程长久，则肾脏呈坚硬状。

4. 羊梨形虫病

类似处：病羊均表现贫血，可视黏膜苍白，呼吸困难，排血红蛋白尿，尿液呈暗红褐色，腹泻。

不同处：梨形虫病病羊临死前口鼻有大量泡沫。肩前或下颌淋巴结肿大，四肢僵硬。剖检可见肺脏出现增生，肺泡大小不等、变形；肾脏呈黄褐色，表面有出血点和黄色或灰白色结节；皱胃黏膜有溃疡斑；膀胱扩张，充满红色尿液。

六、防治措施

1. 预防

（1）加强饲养管理。提高羊群的营养水平，补充富含维生素的饲料，给予清洁饮水，提高羊只抗病力。防止饲草、饲料发霉变质，避免羊只采食冰冻饲料或饲喂大量蛋白质、青贮饲料。羊群放牧时，宜晚出早归，避免采食带露水青草，禁止在低洼积水地带放牧。及时清除粪便，保持栏舍干燥。

（2）严格引种。坚持自繁自养，必须要引进种羊时，严禁从疫区引进羊及相关动物制品，做好疾病检疫，防止外引新羊带入病原。引进前后及途中要加强饲养管理，提高机体抵抗力，尽量减少应激因素的影响。

（3）免疫接种。疫区每年定期注射产气荚膜梭菌、巴氏杆菌和腐败梭菌疫苗对健康羊群进行免疫。

（4）及时隔离。及时将病羊隔离饲养，所处环境用0.5%的漂白粉消毒，每日1次，连用7～10 d；用3%的过氧乙酸全群带羊喷雾消毒，每日1～2次，连用5～7 d。搞好羊舍内每日蚊蝇的杀灭处理，防止蚊蝇叮咬传播；对病死羊及污染的粪尿一同消毒后深埋处理。

2. 治疗

治疗可用血虫净配合抗生素，重症病例还应配合强心补液。

处方1：血虫净，按每千克体重7 mg，注射用水稀释成5%溶液，深部肌内注射；克菌先锋9号，成羊每次200万IU，羔羊每次100万IU。贫血病例肌内注射牲血素5～10 mL，同时饮水中加入电解多维和口服补液盐。

处方2：盐酸头孢噻呋钠，按每千克体重15 mg，每日2次；复方磺胺嘧啶，每次5 g，口服，每日2次；恩诺沙星按每千克体重0.05 mL，每日2次，连续肌内注射4～5 d。

处方3：土霉素或氟苯尼考，按每千克体重20 mg，肌内注射，每日1次；磺胺嘧啶钠，按每千克体重50～100 mg，肌内注射，每日1次。

处方4：重症配合5%葡萄糖生理盐水200～400 mL，5～10 mL 10%安钠咖，2～4 mL 25%维生素C及0.2～0.5 mL 1%地塞米松，混合静脉注射，每日1次，连用3～5 d。

参考文献

包静月，李林，王志亮，等，2007. 一步法实时定量 RT-PCR 检测小反刍兽疫病毒方法的建立 [J]. 中国动物检疫 (8):21-23.

毕经影，2015. 羊传染性脓疱病病毒胶体金快速诊断试纸条的研制 [D]. 长春：吉林大学 .

陈薄言，2015. 兽医传染病学 [M].6 版 . 北京：中国农业出版社 .

陈建国，王占江，孙淑梅，等，2004. 羊快疫的诊断与防制 [J]. 畜牧与兽医 (11):29.

陈伟，2013. 羊瘤胃积食与瘤胃臌气的鉴别诊治 [J]. 养殖与饲料 (7):48-49.

陈轶霞，才学鹏，2008. 羊痘病毒分子特征及检测方法研究进展 [J]. 畜牧与兽医 (11):96-99.

迟源，王好，钱爱东，2010. 羊传染性脓疱病毒的分离鉴定 [J]. 中国预防兽医学报 (9):724-726.

崔保安，杨明凡，李瑞芳，等，2003. 间接 ELISA 检测羊伪狂犬病抗体的研究 [J]. 畜牧与兽医 (1):10-12.

崔治中，金宁一，2013. 动物疫病诊断与防控彩色图谱 [M]. 北京：中国农业出版社 .

邓博文，2007. 炭疽的研究进展及防控对策 [J]. 中国畜牧兽医 (3):90-92.

丁森，2012. 羊痘病毒属病毒的基因芯片检测方法研究 [D]. 重庆：重庆理工大学 .

丁忠庆，2006. 绵羊梅迪 - 维斯纳病毒核酸疫苗的制备及免疫学研究 [D]. 哈尔滨：东北农业大学 .

范春玲，孙斌，政伟，2007. 羊传染性脓疱病的病理组织学观察 [J]. 畜牧兽医科技信息 (8):32-33.

冯烨，2015. 中国动物狂犬病流行病学研究 [D]. 北京：中国人民解放军军事医学科学院 .

付国英，2015. 羊乳房炎的综合防治 [J]. 中兽医学杂志 (1):28-29.

付丽君，2013. 绵羊肺腺瘤病毒 CA 基因的克隆表达及间接竞争 ELISA 方法的建立 [D]. 哈尔滨：东北农业大学 .

高婕，赵晓静，2012. 羊伪狂犬病的诊断报告 [J]. 中国兽医杂志 (12):82-83.

高艳丽，王景林，2008. 肉毒毒素及其检测方法研究进展 [J]. 现代生物医学进展，8(12):2334-2337.

郜军荣，2007. 中西医结合治疗羊的瘤胃积食和瓣胃阻塞 [J]. 甘肃畜牧兽医 (3):30-32.

耿宏伟，2012. 蓝舌病病毒群特异性构象抗原表位的初步鉴定及竞争 ELISA 检测方法的建立与应用 [D]. 哈尔滨：东北农业大学 .

郭起绣，沈艳丽，李桂兰，2008. 牛、羊伪狂犬病的血清学调查 [J]. 上海畜牧兽医通讯 (3):43.

韩彩霞，2003. 绵羊肺腺瘤病毒的初步分离及 PCR 诊断的研究 [D]. 呼和浩特：内蒙古农业大学 .

韩彩霞，吴长德，赵德明，2005. 羊痒病概述 [J]. 中国畜牧兽医 (10):52-53.

韩春来，李全录，卢旺，2010. 国内外蓝舌病检测技术研究进展 [J]. 中国动物检疫 (1):67-69.

韩若婵，张强，吴国华，等，2008. 羊痘病毒多重 PCR 检测方法的建立 [J]. 中国兽医科学 (3): 206-208.

何红菊，2013. PPRV DAS-ELISA 和胶体金免疫层析试纸条检测方法的建立 [D]. 昆明：昆明理工大学 .

何晓辉，2005. 口蹄疫的 RT-PCR 检测及免疫抗体监测 [D]. 兰州：甘肃农业大学 .

何宇乾，吴海燕，徐琼，2012. 蓝舌病的流行现状 [J]. 中国兽医科学，42(5):537–540.
胡泽渊，林杰，胡尔玛西，等，1985. 新疆绵羊梅迪 (Maedi) 病毒的分离和初步鉴定 [J]. 中国兽医杂志 (9):2–4.
黄鹤，李应国，肖进文，等，2012. 羊痘病毒环介导等温扩增（LAMP）检测方法的建立 [J]. 中国畜牧兽医 (6):72–75.
黄炯，2005. 羊梭菌病三联四防苗厌氧产毒培养基的研制与应用 [D]. 杨凌：西北农林科技大学 .
江禹，2007. 我国动物狂犬病的流行病学调查及流行毒株的分离鉴定 [D]. 长春：吉林大学 .
蒋韬，2012. 免疫层析技术在口蹄疫 POCT 中的应用研究 [D]. 兰州：甘肃农业大学 .
蒋韬，梁仲，陈涓，等，2008. 口蹄疫病毒 O、A、Asia Ⅰ型定型诊断胶体金免疫层析方法的建立 [J]. 中国农业科学 (11):3801–3808.
荆文魁，王颖，张怀宇，等，2010. 绵羊肺腺瘤病 [J]. 中国兽医杂志 (5):88–89.
康文玉，徐自忠，高洪，等，2004. 羊痘病毒 [J]. 中国畜牧兽医 (12):33–36.
李冰，2007. 炭疽芽孢杆菌治疗性抗体的初步研究 [D]. 北京：中国人民解放军军事医学科学院 .
李超，赵魁，赵权，等，2010. 羊传染性脓疱病毒 SYBR Green Ⅰ实时荧光定量 PCR 检测方法的建立 [J]. 中国兽医科学 (3):270–273.
李慧霞，2013. 羊痘病毒 ORF95 和 ORF103 的表达及 iELISA 方法研究 [D]. 北京：中国农业科学院 .
李伟，李刚，范晓娟，等，2009. 快速检测小反刍兽疫病毒 RT–LAMP 方法的建立 [J]. 中国预防兽医学报 (5):374–378.
李文良，毛立，赵永前，等，2013. 江苏部分地区羊群边界病流行情况调查 [J]. 中国兽医学报，33(12):1808–1812.
李旭东，庞方圆，苏日娜，等，2015. 羊传染性脓疱病毒 SYBR Green Ⅰ实时荧光定量 PCR 方法的建立 [J]. 中国兽医学报 (9):1441–1445.
李赟，张改文，赵大雨，2010. 犬咬羊引发羊狂犬病疫情的报告 [J]. 中国兽医杂志 (10):72.
梁化春，齐景伟，刘淑英，等，2009. 绵羊肺腺瘤病的病理学及 RT–PCR 诊断 [J]. 中国预防兽医学报，31(6):443–447.
蔺国珍，2012. 布鲁氏菌病 LAMP 检测方法的建立及双基因共表达分子疫苗研究 [D]. 北京：中国农业科学院 .
刘畅，敖威华，李磊，等，2015. 绵羊肺腺瘤病毒致瘤机制研究进展 [J]. 动物医学进展，36(1):79–82.
刘凤祥，郭亚利，张素娟，2013. 牛羊口蹄疫的发生、鉴别诊断及防治 [J]. 畜牧与饲料科学，34(1):138–140.
刘慧敏，相文华，李一经，2014. 山羊关节炎 – 脑炎病毒 P28 蛋白的表达与间接 ELISA 方法的建立 [J]. 中国预防兽医学报 (7):555–558.
刘淑英，马学恩，2003. 绵羊肺腺瘤病研究进展 [J]. 动物医学进展 (1):19–22.
刘玮，杨一兵，邹慧，等，2006. 日本血吸虫病对湖区养羊业的危害及防治对策 [J]. 中国兽医寄生虫病 (1):18–19.
刘霄卉，于立新，罗军荣，等，2013. 绵羊肺腺瘤 LAMP 快速诊断方法的初步建立 (英文)[J]. 内蒙古农业大学学报 (自然科学版)，34(2):14–20.
刘永杰，张克山，孔汉金，等，2013. 羊传染性脓疱诊断技术研究进展 [J]. 动物医学进展，34(2):96–99.

刘宗平, 2006. 动物中毒病学 [M]. 北京：中国农业出版社 .

龙云凤, 刘晓慧, 周晓黎, 等, 2012. 小反刍兽疫流行病学及防控研究进展 [J]. 动物医学进展, 33(5):94–98.

罗建勋, 2018. 羊病早防快治 [M].2 版 . 北京：中国农业科学技术出版社 .

罗静, 何宏轩, 2009. 小反刍兽疫病毒的分子生物学特性及其在全球的流行 [J]. 河北师范大学学报（自然科学版）, 33(4):543–550.

罗军, 2012. 羊伪狂犬病的诊治 [J]. 中国畜禽种业, 8(12):118–119.

骆丹, 2013. 绵羊肺腺瘤病实时荧光定量 PCR 检测方法的建立 [D]. 哈尔滨：东北农业大学 .

吕建军, 张兰清, 英措, 2014. 山羊感染伪狂犬病毒的诊断 [J]. 畜牧与兽医, 46(8):92–94.

马同锁, 张燕, 刘宏博, 等, 2005. 腐败梭菌的培养方式及生化特性鉴定 [J]. 河北师范大学学报 (5):516–518.

毛开荣, 2003. 动物布鲁氏菌病防治研究进展 [J]. 中国兽药杂志 (9):37–40.

么宏强, 2006. 绵羊肺腺瘤病自然病例和人工感染病例的临床病理学及分子病理学研究 [D]. 呼和浩特：内蒙古农业大学 .

蒙学莲, 才学鹏, 2010. 小反刍兽疫病毒致病性的研究进展 [J]. 中国兽医科学, 40(7):758–761.

苗海生, 李乐, 廖德芳, 等, 2015. 蓝舌病病毒抗原捕获 ELISA 检测方法的建立 [J]. 中国预防兽医学报, 37(3):216–219.

苗海生, 李乐, 朱建波, 等, 2014. 蓝舌病病毒阻断 ELISA 抗体检测方法的建立 [J]. 中国预防兽医学报, 36(2):111–115.

齐新永, 刘建, 周锦萍, 等, 2015. 绵羊感染伪狂犬病的病理学观察与病毒分离鉴定 [J]. 中国畜牧兽医, 42(2):365–369.

邱文英, 李伟, 李刚, 等, 2011. 小反刍兽疫 N 蛋白单克隆抗体的制备及竞争 ELISA 方法的建立 [J]. 农业生物技术学报, 19(5):967–972.

邵洪泽, 2013. 羊传染性脓疱病毒 FIL 基因克隆表达及分子生物学检测方法的建立与初步应用 [D]. 长春：吉林农业大学 .

沈正达, 2005. 羊病防治手册 [M]. 北京：金盾出版社 .

史新涛, 古少鹏, 郑明学, 等, 2010. 布鲁氏菌病的流行及防控研究概况 [J]. 中国畜牧兽医, 37(3):204–207.

史宗勇, 史新涛, 袁建琴, 等, 2011. 羊痘研究进展 [J]. 中国畜牧兽医, 38(1):186–188.

宋玲玲, 王洪梅, 李瑞国, 等, 2010. 口蹄疫病毒感染机理及防控策略的研究进展 [J]. 家畜生态学报, 31(4):105–108.

眭丹, 2014. 矿物质与维生素缺乏引起舍饲滩羊异食癖发生机理的研究 [D]. 银川：宁夏大学 .

孙超, 2001. 裂谷热的预防与控制 [J]. 口岸卫生控制 (2):36–38.

孙恩成, 2014. 蓝舌病防控技术的初步研究 [D]. 北京：中国农业科学院 .

孙书华, 蒋正军, 王治才, 等, 1996. 用聚合酶链反应检测山羊关节炎 – 脑炎及梅迪 – 维斯纳病毒 [J]. 中国动物检疫 (4):10–11.

孙涛, 赵宝, 冉红志, 等, 2014. 布鲁氏菌病病原学研究进展 [J]. 家畜生态学报, 35(1):85–87.

孙晓智, 2007. 口蹄疫病毒环介导等温扩增检测方法的建立与评价 [D]. 呼和浩特：内蒙古农业大学 .

孙雨，宋晓晖，胡冬梅，等，2014. 羊痒病病原学特点与流行病学特征的研究进展 [J]. 中国畜牧兽医，41(9):254–258.

孙跃辉，2010. 山羊关节炎脑炎病毒分子检测技术研究 [D]. 天津：天津大学 .

谈奕丝，师永霞，卓锦雪，等，2013. 裂谷热流行现状和检测研究进展 [J]. 中国国境卫生检疫杂志，36(6):414–416.

谭仕旦，易志恩，谭大平，2009. 山羊腐败梭菌、巴氏杆菌混合感染的微生物学诊断 [J]. 江苏农业科学 (5):211–212.

田丽娜，程颖，卢金星，2013. 致病梭菌感染的实验室诊断方法的研究进展 [J]. 中国人兽共患病学报，29(5):490–493.

汪明，索勋，2003. 兽医寄生虫学 [M]. 3 版 . 北京：中国农业出版社 .

汪仕奎，蔡剑平，侯明，等，2005. 炭疽杆菌基因检测技术的研究进展 [J]. 中国兽医科技 (9):752–756.

王罡，2014. 蓝舌病的流行病学及防控技术研究 [J]. 中国畜牧兽医文摘，30(1):64.

王光祥，贾宁，方梅，等，2015. 绵羊小反刍兽疫临床病例的病理学观察 [J]. 畜牧兽医学报，46(6):1011–1017.

王华，吴晓东，王志亮，等，2014. 裂谷热的研究新进展 [J]. 中国动物检疫，31(3):43–45.

王辉暖，赵德明，宁章勇，等，2007. 疯牛病和羊痒病 Western blotting 检测方法的建立 [J]. 中国兽医学报 (1):66–69.

王建辰，曹光荣，2002. 羊病学 [M]. 北京：中国农业出版社 .

王金良，于新友，沈志强，等，2013. 绵羊肺腺瘤病毒 SYBR Green Ⅰ实时荧光定量 PCR 检测方法的建立及应用 [J]. 中国兽医学报，33(11):1657–1661.

王启帆，2015. 肉羊口蹄疫病的发生症状及综合防治措施 [J]. 当代畜牧 (8):38–39.

王淑萍，秦委进，常书兰，2013. 绵羊阴道脱出及子宫脱出的诊疗 [J]. 养殖技术顾问 (2):90.

王述诰，M DAWSON，1981. 绵羊梅迪和维斯纳病 [J]. 国外畜牧科技 (6):47–52.

王树林，1997. 国外绵羊边界病病毒研究进展 [J]. 畜牧兽医科技信息 (3):2–3.

王铁成，2009. 狂犬病毒胶体金检测试纸的制备与初步应用 [D]. 北京：中国人民解放军军事医学科学院 .

卫广森，2009. 羊病学 [M]. 北京：中国农业出版社 .

吴国华，张强，颜新敏，等，2008. 羊痘病毒双抗体夹心 ELISA 检测方法的建立 [J]. 江西农业大学学报 (5):860–864.

武迎红，张久华，王俊杰，等，2014. 羊传染性脓疱病的诊断和治疗 [J]. 内蒙古民族大学学报 (自然科学版)，29(6):673–674.

席进，2012. 狂犬病病毒属 7 种主要病毒检测芯片的研制 [D]. 北京：中国人民解放军军事医学科学院 .

相文华，吕晓玲，沈荣显，1996. 山羊关节炎 – 脑炎病毒实验感染的病理学变化 [J]. 中国兽医杂志 (7):8–9.

相文华，吕晓玲，沈荣显，1997. 山羊关节炎 – 脑炎 ELISA 方法的建立及其应用 [J]. 中国农业科学 (1):72–77.

肖雯，2012. 绵羊痘病毒和山羊痘病毒双重 PCR 检测方法的建立 [D]. 重庆：西南大学 .

徐军，孙志华，刘娟，等，2012. 梅迪 – 维斯纳病毒和羊痘病毒多联实时定量 PCR 检测方法的建立及

初步应用 [J]. 石河子大学学报 (自然科学版), 30(4):448–451.
许英民, 2014. 中西医结合治疗羔羊痢疾 [J]. 中兽医医药杂志, 33(6):61–62.
许运斌, 2011. 狂犬病病毒荧光定量 RT–PCR 检测试剂盒的研制与应用 [D]. 长春: 吉林大学 .
薛青红, 窦永喜, 2018. 羊场兽药规范使用手册 [M]. 北京 : 中国农业出版社 .
闫丰超, 2013. 小反刍兽疫 iELISA 方法的建立及其 H 和 F 蛋白 CTL 表位的筛选 [D]. 北京: 中国农业科学院 .
颜新敏, 吴国华, 李健, 等, 2010. 羊痘在中国的流行现状分析 [J]. 中国农学通报, 26(24):6–9.
杨素芳, 2015. 新疆部分地区绵羊肺腺瘤病分子流行病学调查、病理学诊断及全基因组分析 [D]. 石河子: 石河子大学 .
杨涛, 2013. 蓝舌病病毒反向遗传操作系统的建立 [D]. 哈尔滨: 东北农业大学 .
于金玲, 刘孝刚, 徐长顺, 2004. 绵羊梅迪 – 维斯纳病的病理学诊断 [J]. 畜牧与兽医 (3):32.
袁向芬, 吴绍强, 林祥梅, 2012. 小反刍兽疫诊断及其免疫防制的研究进展 [J]. 中国畜牧兽医, 39(12):195–199.
袁志芸, 2015. 羊传染性脓疱病流行现状及诊断防控 [J]. 中兽医学杂志 (12):91.
张克山, 何继军, 尚佑军, 等, 2010. 羊传染性脓疱病毒湖北株的鉴定及分子特征分析 [J]. 畜牧兽医学报, 41(9):1154–1157.
张克山, 刘永杰, 孔汉金, 等, 2013. 绵羊伪狂犬病病毒的鉴定及序列分析 [J]. 中国兽医科学, 43(3):221–224.
张念章, 储岳峰, 赵萍, 等, 2011. 梅迪 – 维斯纳病毒研究进展 [J]. 动物医学进展 (3):104–107.
张太翔, 凌宗帅, 孙涛, 等, 2011. 梅迪 – 维斯纳病毒实时荧光定量 PCR 检测方法的建立 [J]. 中国预防兽医学报 (2):163–165.
张文明, 2016. 羊前胃弛缓的病因、症状及中西药治疗 [J]. 现代畜牧科技 (11):132.
张喜悦, 2008. 小反刍兽疫 (PPR) ELISA 及 PCR 诊断方法的建立 [D]. 长春: 吉林农业大学 .
赵柏林, 宋晓晖, 胡冬梅, 等, 2014. 羊痒病诊断方法研究进展 [J]. 动物医学进展, 35(4):110–112.
赵魁, 贺文琦, 高丰, 2008. 羊传染性脓疱皮炎病毒研究进展 [J]. 中国畜牧兽医 (11):133–137.
赵树强, 刘伟, 刘建文, 2012. 非洲裂谷热及其传入我国的风险分析 [J]. 中国兽医杂志, 48(4):90–92.
赵同育, 谢选民, 刘安典, 1993. 奶山羊关节炎 – 脑炎的病理学观察 [J]. 中国兽医科技 (10):22–23.
赵泽赟, 2011. 绵羊肺腺瘤病毒的分子生物学技术检测 [D]. 呼和浩特: 内蒙古农业大学 .
赵泽赟, 刘淑英, 罗学东, 2011. 绵羊肺腺瘤病毒的巢式 RT–PCR 技术检测 [J]. 中国人兽共患病学报, 27(6):547–551.
郑艳军, 隋慧, 郑艳霞, 2005. 炭疽芽孢杆菌疫苗研究进展 [J]. 中国兽药杂志 (7):46–50.
ADAMS D S, KLEVJER–ANDERSON P, CARLSON J L, et al.,1983. Transmission and control of caprine arthritis–encephalitis virus[J].American Journal of Veterinary Research,44(9):1670–1675.
BALKHY H H, MEMISH Z A,2003. Rift valley fever: an uninvited zoonosis in the Arabian peninsula[J]. International Journal of Antimicrobial Agents,57:101–111.
CARN V M,1995. An antigen trapping ELISA for the detection of capripoxvirus in tissue culture supernatant biopsy samples[J]. Journal of Virological Methods,49:285–294.
CHEEVERS W P, ROBERSON S, KLEVJER–ANDERSON P, et al.,1981. Characterization of caprine

arthritis–encephalitis virus: a retrovirus of goats[J].Archives of Virology,67(1):111–117.

CRAWFORD T B, ADAMS D S, SANDE R D, et al.,1980. The Connective tissue component of the caprine arthritis–encephalitis syndrome[J]. American Journal of Pathology,100(2):443–454.

DAVIES F G, 1997. Nairobi sheep disease[J]. Parassitologia, 39:95–98.

DE K, STAUFFER L, KOYLASS S, et al.,2008. Novel Brucella strain (BO1) associated with a prosthetic breast implant infection [J]. Journal of Clinical Microbiology,46(1):43–49.

D G PUGH, 2004, 绵羊和山羊疾病学 [M]. 赵德明, 韩博, 译 . 北京 : 中国农业大学出版社 .

GENDELMAN H E,NARAYAN O,MOLINEAUX S, et al.,1985. Slow, persistent replication of lentiviruses: role of tissue macrophages and macrophage precursors in bone marrow[J]. Proc Natl Acad Sci USA,82(20):7086–7090.

HOUTEN D V, 2009.Bluetongue, current situation[J]. Tijdschrift Voor Diergeneeskunde, 134(9):409.

J PETER, PELLETIER R, JULIE M D, et al. The role of clostridium septicum in paraneoplastic sepsis[J]. Archives of Pathology and Laboratory Medicine, 124(3):353–356.

KATHERINE L, 郝永新 , 杨建民 , 2003. 羊痒病诊断和控制新措施 [J]. 中国畜牧兽医 (2):50–51.

KATO Y, MASUDA G, ITODA I, et al., 2007. Brucellosis in a returned traveler and his wife: probable person–to–person transmission of Brucella melitensis [J]. Journal of Travel Medicine, 14(5): 343–345.

LIU Q, HE B, HUANG S Y, et al.,2014. Severe fever with thrombocytopenia syndrome, an emerging tick–borne zoonosis[J]. Lancet Infectious Diseases,14(8):763–772.

LV M T, SUN Y, LIU P, et al., 2013. Advances in severe fever with thrombocytopenia syndrome virus(SFTSV)[J].Journal of Microbiology,33:86–88.

MARCZINKE B I, NICHOL S T,2002. Nairobi sheep disease virus, an important tick–borne pathogen of sheep and goats in Africa, is also present in Asia[J]. Virology,303:146–151.

MARKOULATOS P O, MANGANA–VOUGIOUKA, et al.,2000. Detection of sheep poxvirusin skin biopsy samples by a multiplex polymerase chain reaction[J]. Journal of Virological Methouds,84(2):161–167.

MONIES R J, PATON D J, VILCEK S,2004. Mucosal disease–like lesions in sheep infected with border disease virus[J]. Veterinary Record,155:765–769.

R F SELLERS, 张念祖 ,1989. 蓝舌病及其相关的疾病 [J]. 云南畜牧兽医 (4):72–77.

RAO T V S, NANDI,1997. Evaluation of immonocaputure ELISA for diagnosis of goatpox[J].Acta Virologica,41:345–348.

SALTARELLI M, QUERAT G, KONINGS D A, et al.,1990. Nucleotide sequence and transcriptional analysis of molecular clones of CAEV which generate infectious virus[J].Virology,179(1):347–364.

SEDHUKHAN T, NAG N C, et al.,1998. Application of dot–ELISA in the diagnosis of goat pox outbreak[J]. Indian Veterinary Journal,75:841–842.

WYATT H, 2005. How themistocles zammit found malta fever (brucellosis) to be transmitted by the milk of goats [J]. Journal of the Royal Society of Medicine,98(10):451–454.

ZHANG X, LIU Y, ZHAO L, et al.,2013. An emerging hemorrhagic fever in China caused by a novel bunyavirus SFTSV[J]. China Life Sciences,56: 697–700.

索 引

B

B 型诺维氏梭菌与肝片吸虫混合感染……… 573
巴氏杆菌病…………………………………… 193
巴氏杆菌和 B 型诺维氏梭菌混合感染 …… 502
巴氏杆菌和腐败梭菌混合感染……………… 499
巴氏杆菌与产气荚膜梭菌混合感染………… 506
白肌病………………………………………… 439
瓣胃阻塞……………………………………… 369
鼻蝇蛆病……………………………………… 342
边界病………………………………………… 107
布鲁氏菌病…………………………………… 125

C

产气荚膜梭菌、腐败梭菌、巴氏杆菌和
附红细胞体混合感染………………………… 607
肠毒血症……………………………………… 149
肠套叠………………………………………… 376
传染性脓疱病毒与传染性角膜结膜炎病原
混合感染……………………………………… 532
传染性胸膜肺炎并发 D 型产气荚膜梭菌
感染…………………………………………… 513
传染性角膜结膜炎…………………………… 240
传染性脓疱…………………………………… 55
传染性脓疱病毒与坏死杆菌混合感染……… 528
传染性无乳症………………………………… 235
传染性胸膜肺炎……………………………… 226
传染性胸膜肺炎并发链球菌感染…………… 517
传染性胸膜肺炎继发大肠杆菌感染………… 522
醋酮血病……………………………………… 464

D

大肠杆菌病…………………………………… 158
癫　病………………………………………… 393
碘缺乏症……………………………………… 454
东毕吸虫病…………………………………… 331
东毕吸虫与肝片吸虫混合感染……………… 591
东毕吸虫与双腔吸虫混合感染……………… 583
毒芹中毒……………………………………… 494

F

肺线虫病……………………………………… 274
分体吸虫病…………………………………… 320
疯草中毒……………………………………… 485
蜂窝织炎……………………………………… 405
腐败梭菌和链球菌混合感染………………… 552
腐败梭菌与 C 型产气荚膜梭菌混合感染 … 540
腐败梭菌与李氏杆菌混合感染……………… 536
腐蹄病………………………………………… 399
附红细胞体病………………………………… 251

附红细胞体和巴氏杆菌混合感染…………… 559
附红细胞体与链球菌混合感染……………… 555
副结核病………………………………… 174

G

肝片吸虫和莫尼茨绦虫混合感染…………… 589
肝片吸虫与前后盘吸虫混合感染…………… 585
感　冒………………………………… 379
羔羊附红细胞体继发产气荚膜梭菌感染…… 564
羔羊痢疾………………………………… 139
羔羊链球菌和大肠杆菌混合感染…………… 548
弓形虫病………………………………… 304
佝偻病………………………………… 447
钩端螺旋体病…………………………… 244
钴缺乏症………………………………… 458

H

坏死杆菌病……………………………… 181

J

棘球蚴病………………………………… 288
棘球蚴和细颈囊尾蚴混合感染……………… 594
焦虫与产气荚膜梭菌混合感染……………… 576
焦虫与附红细胞体混合感染………………… 580
结核病………………………………… 170
疥螨病………………………………… 350

K

口　炎………………………………… 355
口蹄疫…………………………………… 38
狂犬病…………………………………… 89
阔盘吸虫病……………………………… 313

L

蓝舌病…………………………………… 62
梨形虫病（焦虫病）……………………… 298
李氏杆菌病……………………………… 213
李氏杆菌和脑多头蚴混合感染……………… 568
链球菌病………………………………… 187
链球菌与产气荚膜梭菌混合感染…………… 543
裂谷热………………………………… 101
流　产………………………………… 419
瘤胃臌气………………………………… 366
瘤胃积食………………………………… 363

M

梅迪－维斯纳病 ………………………… 78
绵羊肺腺瘤病…………………………… 84
绵羊妊娠毒血症………………………… 410
棉籽饼中毒……………………………… 482
莫尼茨绦虫病…………………………… 337
莫尼茨绦虫和大肠杆菌混合感染…………… 597
母羊生产瘫痪…………………………… 433

N

难　产………………………………… 427
脑包虫和鼻蝇蛆混合感染………………… 600
脑多头蚴病……………………………… 278
脑脊髓丝状线虫病……………………… 323
尿结石………………………………… 385
尿素中毒………………………………… 491
脓　肿………………………………… 402

P

片形吸虫病…………………………………… 292
贫　血………………………………………… 381
破伤风………………………………………… 209

Q

气肿疽………………………………………… 204
前后盘吸虫病………………………………… 316
前胃弛缓……………………………………… 360
氢氰酸中毒…………………………………… 478
球虫病………………………………………… 326

R

肉毒梭菌中毒………………………………… 199
乳房创伤……………………………………… 435
乳房炎………………………………………… 413

S

沙门氏菌病…………………………………… 164
山羊痘病毒和传染性胸膜肺炎病原混合感染
……………………………………………… 525
山羊关节炎－脑炎 …………………………69
食道阻塞……………………………………… 357
食毛症………………………………………… 444
食盐中毒……………………………………… 471
双腔吸虫、细颈囊尾蚴和棘球蚴混合感染… 603
双腔吸虫病…………………………………… 309

T

胎衣不下……………………………………… 430
炭疽…………………………………………… 120
铜缺乏症……………………………………… 450
铜中毒症……………………………………… 468

W

维生素 A 缺乏症 …………………………… 461
伪狂犬病………………………………………96
伪狂犬病毒与巴氏杆菌混合感染…………… 510
胃肠炎………………………………………… 373
无浆体病……………………………………… 259

X

细颈囊尾蚴病………………………………… 284
消化道线虫病………………………………… 269
硝酸盐与亚硝酸盐中毒……………………… 475
小反刍兽疫……………………………………30
锌缺乏症……………………………………… 456

Y

羊　痘…………………………………………47
羊猝狙………………………………………… 145
羊黑疫………………………………………… 154
羊快疫………………………………………… 133
痒病…………………………………………… 113
痒螨病………………………………………… 345
衣原体病……………………………………… 221
阴道脱出……………………………………… 422
有机磷中毒…………………………………… 488

Z

中　暑………………………………………… 389
皱胃阻塞……………………………………… 371
子宫内膜炎…………………………………… 416
子宫脱出……………………………………… 425